白蓉生 編著

電路板與載板術語手冊

Terminology for PCB & Carrier

台灣電路板產業學院
Taiwan PCB Institute

理事長序

　　在台灣電路板協會(以下簡稱TPCA)成立前，具豐富技術涵養的白蓉生先生(以下尊稱白老師)便於1988年創立了「電路板資訊雜誌」，在TPCA 成立後，便將雜誌資訊的任務交給協會，擔任「電路板季刊」總編輯至今，40年期間前後共撰寫PCB上下游相關等技術文章超過800餘篇。博學多聞、喜好研究的白老師，這40年多來傾畢身精力鑽研學問，為產業界解決諸多技術問題與培養後進，以提高台灣PCB產業品質與生產技術，終身奉獻予台灣電路板產業。

　　有感電路板術語對產業應用與人才養成的重要性，白老師在2000年首次發行的「電路板術語手冊」，當時收錄了PCB、PCBA相關術語達1481則，而此書籍為產業重要典籍長期熱銷，二版亦於2009年順利發行。隨著近10年科技的日新月異，電路板下游終端產品對封裝載板、高頻高速電路板需求增加，電路板術語因此也有了新的名詞與應用。為此，白老師將此本電路板產業界的基礎字典，再次做了重新的詮釋，新版的「電路板與載板術語手冊」所收錄的術語總數達2010則，內容除涵蓋PCB及PCBA外，也加入大量的封裝載板、高速方波訊號新的術語，佐以簡易明瞭、豐富的彩圖，相信此書對於剛畢業邁入產業界的新鮮人、三至五年工作經驗的工程師、企業內部講師，都是一本深入淺出的知識寶典。

　　期待新版的「電路板與載板術語手冊」，不僅能引領各類讀者入門，更能為日後的進階學習打下良好基礎，提升台灣電路板產業人才素質。新版發行之際，本人謹代表TPCA，再次感謝白老師無私分享多年累積的豐富學識與其間支持協會的眾多專家學者。產業發展瞬息萬變、技術不斷推陳出新，期許所有企業與讀者都能如白老師追求新知的精神，勇於接受挑戰、精益求精，以沉穩的技術含量，迎接未來諸多挑戰。敬祝大家事事順心、生意興隆！

台灣電路板協會　理事長
李長明

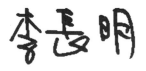

2019.12

自序 (2000年版)

　　電路板術語手冊最早出版於1994年，之後1997年又以增訂新詞方式發行第二版，兩次出書均早已悉數售罄。2000年之時，不但業界已在雷射成孔手機板與HDI封裝載板方面迅速進入量產，而且整體電子工業之高速數位與高頻通訊等多種產品也都突飛猛進。隨之而至的是極多術語大量出籠，影響所及非僅眾多新手莫衷一是，即便是老將們也泰半道聽塗說少見深究。有鑒於此，TPCA與技術發展委員會乃全力支持筆者，再接再勵以全面改版徹底重編方式，再度發行以三年為一代的術語手冊。此全新版本已儘可能廣泛收錄，與電路板本業及組裝與封裝等有關新詞新語，並大量使用圖表做為文字之延伸與輔佐，且對重要術語如Dk、Df、Tg、Flamability、ORP等，均特別加重文字與圖表之份量。在仔細解說之下，除了希望讀者能深入瞭解術語之完整背景外，亦盼能在入門之始即建立正確之觀念，故本書並非一般不負責任的簡單直譯而已。然在個人能力有限與長年忙碌之下，急就之作錯誤在所難免，尚望學者前輩們不吝指教。

　　2000年第三版十六開新書共得402頁，術語總共1481則，簡字416則，附圖960個，附表22個；遠比二版之227頁，術語1196則與簡字272則等增加極多，可見三年來業界在HDI方面突飛猛進的一斑了。全書採80磅高級雪銅白紙及藍黑雙色印刷，並以燙金封面厚實精裝發行，成本相當可觀。然以協會服務會員之立場，其意義自與營利目的有所不同。TPCA還將計劃全書作成光碟，使更具方便檢索分類與下載整理之功能，而進一步可做為分門別類在職教育的教材。此等後續工作還將十分耗時，計劃做為來日工作的一項，尚盼期待。

　　由於書中使用大小圖片與表格極多，除了文字部分的閱讀撰寫，與打字校稿改稿等無窮忙碌之外，圖表之逐一搭配與細心編輯，更是極為耗時費神。本書能在短時間內順利付梓，而得與TPCA SHOW第一屆國際大展同時登台亮相，幕後工作者之無盡努力功不可沒。其中首推TPCA賴家強先生之細心督導，與林庭裕與張明元兩位電腦美工之不眠不休，以及完稿製版承包商維美公司顏玉麟老闆與黃美芳小姐之連夜加班，更是十分關鍵臨門一腳。今於書成之際，特誌由衷之感謝，以示眾志之成城也。

台灣電路板協會　技術顧問

2000.11.17

再版序 (2009年版)

　　九年前本書由TPCA發行以來，已成為中文世界裡有關PCB與PCBA術語詮釋書類中最具規模者，若再與英文日文同類者相比也絕對不遑多讓甚至還有過之。不過當年是以黑白排版而只將詞語本身標以藍色以示區別而已。

　　近十年來不但業界技術長足進步，客觀環境變動也極多，當然全新的詞語自必增加不少於是乃有再版之倡議。三年來協會內各種場合不斷催促手民要進行再版的工作。然而在下每天東奔西跑忙碌於各種失效分析、與從未間斷的各種授課及準備教材，再加上每季會刊的費心編與寫，此等案牘勞形深宵難寐之沉重負擔，即使加諸一般青壯者亦可謂扛鼎之累，委之於年邁七一的老朽者實屬不忍。幸好此項堪稱頗苦的差事並無工作倫理與職業道德的壓力，也沒有金錢利益與人情包袱在內，有的只是做人道義與自我使命感而已。

　　TPCA會刊自15期起即以全彩發行，手冊之再版當然不能再用黑白去滿足讀者。然而各種全彩圖片與畫面資料蒐集自必極為耗時，老朽真正動手整理是從2009年春節之後，九個月以來無時無刻不在找文獻做切片，希望能儘可能取得精采的好圖而令文字得以增色。因而每當您翻閱到某個詞彙的配圖特多且文字份量又很大者，那就是極具觀念性或關鍵性的重要術語，當然您就要小心細讀甚至再讀，才能正本清源獲取真知。頗多業界人云亦云以訛傳訛的詞語，年青學子們更是要認真追根究底以減少老師傅型的誤導。再版之範圍除原具PCB、PCBA之領域外，尚納入半導體封裝之重要術語。新一代PCB業早已進入封裝載板的高端HDI範疇，當然不能置IC本身與其封裝之重點於事外，是故較之原版者此次再版在這方已增加極多，尚盼宿學與高明不吝斧正。

　　此次手冊全彩之再版工程極為浩大，個人能力有限不可能面面俱到，漢臨文化事業有限公司老闆娘李緣招女士，其盡心盡力之奉獻已遠超過生意的範疇，古道熱腸於今罕見。TPCA黃瓊慧經理精明能幹，從打字到草編裡裡外外一應俱全。在下每於長夜伏案之餘，則不免暗自思量，本書若無此二賢之貴人心襟與無私相助者則絕無付梓之可能。

台灣電路板協會　資深技術顧問

2009.10.20

三版序 (2019年版)

　　本書2009年版共印了3000冊十年來早已售罄，向隅的讀者們一再要求協會再版。讀者須知再版不是再印再刷，而是要收納更多更新的術語，其工程之浩大可想而知。然而筆者平日事務甚忙，加之年歲已高老眼既昏且花，連每次季刊文章的細心校稿都感到力不從心。由於十年來業界技術飛躍進步新詞新語增加頗多，如此大部頭的手冊當然必須翻新再版，否則必然遭到時代的淘汰而成為歷史。責任感驅使下筆者只得再次扛鼎完成時代使命。

　　三版共收納新詞214則，加上前版全書已達2010則的配圖細説專業術語。由於三版大量納入封裝載板(Carrier)的術語，因而特將書名改為『電路板與載板術語手冊』至於全書的彩色圖表則更從二版的1173圖續增750圖而達1923圖。所增214則新詞以載板專用術語與高速方波訊號的內容較多。並特別挑選容易看懂的圖與文加以編輯，希望有助於眾多非載板或非電子電機專業的讀者們也能進入情況。至於2019起逐漸發光發熱的5G通信，其中全新技術極多且已另外形成一大片新天地。然而起步之初雖出現極多專業用語，卻呈現眾説紛紜各言其是的場面，自必需要時間的過濾以去蕪存菁。為此筆者僅在Copper Inlay Board一詞中加入5G光模塊所用十層板的兩圖而已。至於其他如雨後新筍般的5G新詞則只好割愛，而將此重任交付於未來。流光荏苒一幌間十年已逝，值得慶幸的是業界與TPCA都仍然茁壯，衷心期盼未來歲月中繼續健康的成長。

台灣電路板協會　資深技術顧問

2019.10.14

電路板與載板術語手冊
Terminology for PCB & Carrier

Contents

電路板術語 (共2010則、660頁)

電路板簡字 (共500則、33頁)

A-stage A階段

　　指膠片（Prepreg）製造過程中，其補強材料的玻纖布或棉紙或其他纖維等，在通過膠水槽進行含浸工程時，該樹脂之膠水（Varnish，也譯為清漆水）尚處於單體或低分子量且被溶劑稀釋之狀態者，稱為該樹脂之A-stage。當玻纖布或棉紙吸入膠水，又經熱風及紅外線的能量趕走溶劑並促使聚合反應後，使其分子量增大為複體或寡聚物（Oligomer），再集附於各式補強材上形成膠片。此時樹脂之半硬化狀態稱為B-stage。當多層板壓合繼續再行加熱時又會軟化，並進一步聚合成為最後高分子樹脂者，則稱為C-stage。

Abietic Acid 松脂酸

　　是天然松香（Rosin）的主要成份，由其重量比約佔34%。在焊接的高溫下，此等有機酸能將銅面的輕微氧化物或鈍化物予以溶除，所得清潔銅面可與銲料中的純錫互動反應產生一薄層"介面合金共化物"（IMC；Cu_6Sn_5或稱介金屬）而完成焊接。此松脂酸在常溫中很安定，不會腐蝕金屬。

　　圖中左上為熔點175℃的松香（脂）酸，在300℃時可重組為中上之圖"新松脂酸"，此等常溫之固體酸類不具活性而十分安定，高溫融化後才具微活性。

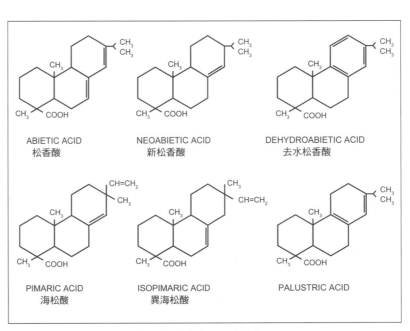

▲ 六種松脂酸之同分異構物

Abrasion Resistance 耐磨性

　　在電路板品質工程中，常指防焊綠漆固化後的耐磨性。其試驗方法是以1 kg重的軟性砂輪，在完成綠漆的IPC-B-25考試板上令其旋轉並壓迫磨刷50次，其板面梳型電路區不許磨破綠漆而見銅（詳見電路板資訊雜誌第54期P.70及本書之 Taber Abraser），即為綠漆的耐磨性。某些規範也對金手指的耐磨性有所要求。又，Abrasive是指磨料而言，如浮石粉或氧化鋁粉即是。

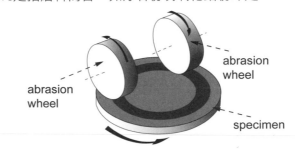

Abrasives 磨料、刷材

對板面進行清潔前處理而磨刷銅面所用到的各種物料，如聚合物不織布，或不織布摻加金剛砂，或其砂料之各型刷材，以及浮石粉之漿體（Pumice Slurry）等均稱之為Abrasives。不過這種摻和包夾砂質的刷材，其粉體經常會著床在銅面上，進而造成後續光阻層或電鍍層之附著力與焊錫性問題。附圖即為摻有耐磨砂粒的樹脂與線材纖維之示意情形。

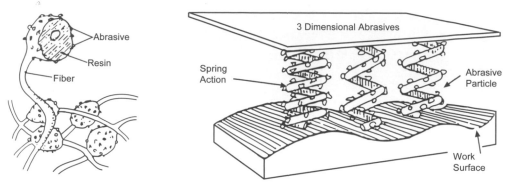

▲ 磨料與樹脂纖維結合而成的刷材

ABS 樹脂

是由Acrylonitrile-Butadiene-Styrene（丙烯腈-丁二烯-苯乙烯）所組成的三元混合樹脂，其中丁二烯之橡皮部份能被鉻酸所腐蝕而出現疏孔，可做為化學銅或化學鎳的著落點，因而得以繼續進行電鍍，並可得到某種強度的附著力。電路板上許多裝配的零件，即採用ABS塑料之鍍件，也是其他行業塑膠（料）可電鍍的重要基材。

Absorption 吸收、吸入

指被吸收物會進入主體的內部。是一種化學性質的吸入動作。如光化反應中的光能吸收，或板材與綠漆對溶劑的吸入等均是。另有一近似詞Adsorption則是指吸附而言，僅附著在主體的表面，只是一種物理式的親和吸著動作而已。

AC Impedance（交流）阻抗

交流電中綜合了電阻（Resistance；R）、容抗（Capacitive Reactance；X_C），及感抗（Inductive Reactance；X_L）而構成的交流性質的"電阻"，簡稱為"阻抗"（Impedance，符號為Z）。其公式為$Z=\sqrt{R^2+(X_L-X_C)^2}$

本詞與高速或高頻傳輸線中的訊號（Signal；此詞尚有其他同義字如脈衝Pulse，方波Square Wave，Step Wave階波等）所遇到阻力的"特性阻抗"（Characteristic Impedance，其代表符號為Z_0）完全不同，後者公式為$Z_0=\sqrt{L/C}$。口語中常將Z_0也稱為阻抗其實並不太正確。

又原詞中的AC是指Alternating Current即"極性交換之電流"而言（電力公司提供的低頻交流電只是其中一種特例）。亦即隨時間變化的電流，簡稱交流。此AC符號常用於每秒鐘變換極性（Polarity Switching）很多次的電流，其波形常為正弦波、方波或三角波等。

Accelerated（Aging）Test 加速試驗、加速老化

也就是加速老化試驗（Aging），如板子表面的熔錫、噴錫或為滾錫製程等，其對板子焊錫

性到底能維持多久，或銅箔的延伸率（Elongation）等。可用高溫高濕的加速試驗，模擬當板子老化後，其焊錫性或通孔銅壁劣化的情形如何，可用以決定其品質的允收與否。

　　此種人工加速老化之試驗，又稱為環境試驗，目的在看看完工的電路板（已有綠漆）其耐候性的表現如何。新式的"電路板焊錫性規範"中（ANSI AJ-STD-OO3，電路板雜誌57期或電路板規範手冊中均有全文翻譯）已有新的要求，即某些特殊的PCB在焊錫性（Solderabi1ity）試驗之前，還須先進行8小時的"蒸氣老化"（Steam Aging），亦屬此類試驗。

Acceleration 速化反應

　　廣義係指各種化學反應中，若添加某些加速劑後，使得反應得以加快之謂。狹義是指鍍通孔（PTH）製程中，非導體孔壁先經鈀膠體活化反應後，又在速化槽液中以酸類（如硫酸或含氟之酸類等）剝去所吸附鈀膠體的外氯殼及次外的錫殼，使露出活性的金屬鈀再與被還原的銅原子直接接觸，而得到化學銅層沉積之前處理反應。

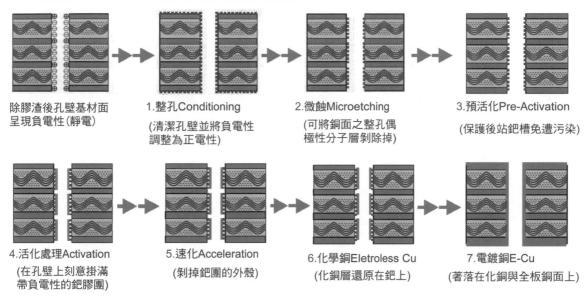

除膠渣後孔壁基材面呈現負電性(靜電)

1.整孔Conditioning
（清潔孔壁並將負電性調整為正電性）

2.微蝕Microetching
（可將銅面之整孔偶極性分子層剝除掉）

3.預活化Pre-Activation
（保護後站鈀槽免遭污染）

4.活化處理Activation
（在孔壁上刻意掛滿帶負電性的鈀膠團）

5.速化Acceleration
（剝掉鈀團的外殼）

6.化學銅Eletroless Cu
（化銅層還原在鈀上）

7.電鍍銅E-Cu
（著落在化銅與全板銅面上）

▲ 上述7道濕製程的原理圖示，即為PCB(含封裝載板及軟板)重要的PTH(鍍通孔)與電鍍銅的連貫流程，非常方便於業者深入了解與記憶。並參考下列阿托科技對速化反應之圖示說明。

▼ 此示意圖說明速化劑剝掉鈀膠團兩層外殼的動作

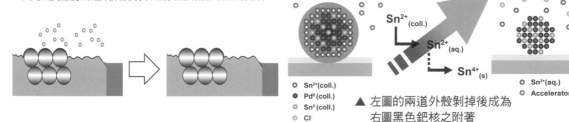

$Pd_{(coll.)} \rightarrow Pd_{(s)}$

$Sn^{2+}_{(coll.)}$

$Sn^{2+}_{(aq.)}$

$Sn^{4+}_{(s)}$

○ $Sn^{2+}_{(coll.)}$
● $Pd^0_{(coll.)}$
○ $Sn^0_{(coll.)}$
○ Cl^-

○ $Sn^{2+}_{(aq.)}$
○ Accelerator

▲ 左圖的兩道外殼剝掉後成為右圖黑色鈀核之附著

Accelerator 加速劑、速化劑

　　指能促使化學反應加速進行之添加物而言，電路板用語有時可與促進劑Promotor互相通用。又待含浸的液態樹脂，其A-stage中也有某種加速劑的參與。另在PTH製程中，當錫鈀膠體著落在底材孔壁上後，需以酸類溶去膠體外面的錫殼，使能直接與後來的化學銅完成反應，這種剝殼用的酸液也稱為"速化劑"（見上則）。

Acceptability，Acceptance 允收性、允收（大陸術語稱為接受）

前者是指在對半成品或成品進行檢驗時，所應遵守的各種作業條件及成文準則或尺度而言。後者是指執行允收檢驗的過程，如Acceptance Test。

Acceptance Quality Level（AQL）允收品質水準

係指被驗批在抽檢時，認為能滿足工程要求之"不良率上限"，或指百分率缺點數之上限。AQL並非為保護某特別批次而設，而是針對連續批品質所訂定的保證。

Access 存取、使用、接入、進入

指資訊產品的硬軟體作業中，對儲存器或應用程式進行資料的存放與取出的動作稱為Access，或進入某種電子系統作業也稱為Access。

Access Hole 露出孔（穿露孔、露底孔）

常指軟板外表具可撓性的保護層Coverlay（類似硬板之綠漆），須先沖出的穿露孔用以套準貼合在軟板線路表面做為防焊膜的用途。此種外加皮膜須刻意先局部露出焊接所需要的焊環或方型焊墊，以便於組裝零件的焊接。所謂"Access Hole"原文是指表層有了套合用的穿露孔，使外界能夠"接近"表護層下面之板面焊點的意思。某些多層板也具有這種露出孔。

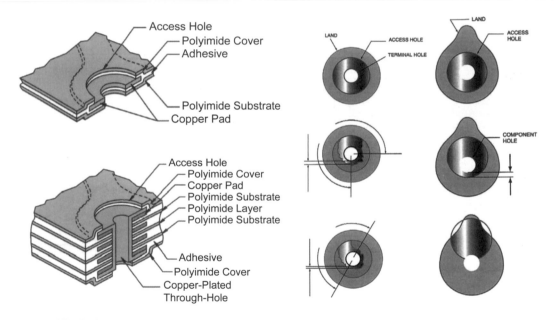

Accuracy 準確度

指所製作的成績與既定目標之間的差距而言。例如所鑽成之孔位，有多少把握能達到其"真位"（True Position）的能力。

Acid Copper Plating 酸性電鍍銅

板面現行的電鍍銅製程均採10%硫酸加上70g/l的$CuSO_4$之基本配方（酸銅比為10/1），此種強酸性的鍍液與早期pH 8.0左右接近中性的焦磷酸銅製程不同，為清楚分別起見，業者特別對硫酸銅鍍液所進行者稱為酸性電鍍銅層，其結晶幾乎呈現不規則之多邊形多面向結晶（Polygonal或Equiaxed），比焦磷酸銅的片狀結晶（Laminar）在物性上要好的很多。

Acid Dip 浸酸

電路板銅面或金屬物件進行各種表面處理前，常需浸酸用以清除氧化物並促進表面的活化，避免後續所處理皮膜的脫落。

Acid Number（Acid Value）酸值、酸價

是指1公克的油脂、臘或助焊劑中，所含的游離酸量而言。其測法是將試樣溶於熱酒精中以酚酞為指示劑，進行滴定所需氫氧化鉀的毫克數，即為其酸值。

Acoustic Microscope（AM）感音成像顯微鏡

利用頻率在10～100 MHz的超音波，以水為能量傳送的媒體，對精細電子密封產品進行非破壞性品檢的一種技術。如對已封裝傳統IC在密封品質方面，或密集組裝的PCBA，均可利用此法配合電腦軟體進行成像檢查。此技術已有雷射掃瞄式（SLAM）與C模式掃瞄（C-SAM）等兩種實用機種上市。尤以後者已成為電子產品失效分析的利器。

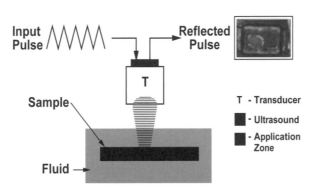
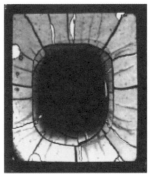

Acrylic 壓克力

是聚丙烯酸樹脂或其衍生物類的俗稱，大部份軟板皆使用其薄膜當成銅皮與基材（如PI樹脂膜）兩者接著之膠片用途。而且也是一種可感光的樹脂類，通常乾膜或濕膜等感光阻劑配方中，均採用此種成份。

Actinic Light（or Intensity, or Radiation）有效光

指用以曝光製程光化反應之各種光線中，其最有效反應之波長範圍之光源而言。例如在360～420 nm（以365 nm最好）波長範圍的紫外光，對偶（重）氮棕片、一般黑白底片以及橘色重鉻酸鹽（注意此重字應讀為ㄔㄨㄥˊ，表示分子式中有兩個鉻原子）感光膜等，其感光反應最快最徹底且功效最大者，謂之有效光。

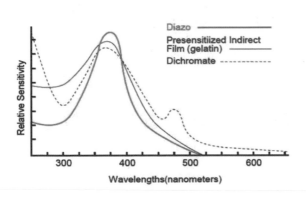
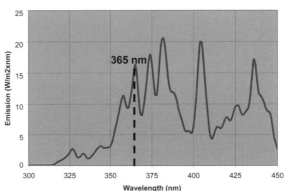

Activation 活化

通常汎指各種化學反應之初，已具有足夠能量而呈現之活潑激動狀態。狹義則指PTH製程中鈀膠體著落在非導體孔壁上的過程，而這種槽液則稱為活化劑（Activator，見前速化反應Acceleration流程圖之4）。另有Activity之近似詞，是指"活性度"而言。

Activator 活化劑

在PTH製程中是專指帶有Cl⁻殼的錫鈀膠團而言，經反應後的鈀離子會成為有機螯合劑（Chelator）式螯合物，而被吸著在孔壁板材上，其吸附強度則是樹脂面大於玻纖又大於銅面。

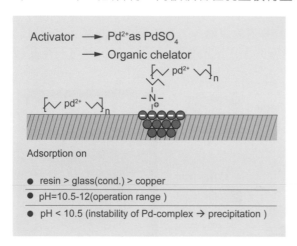
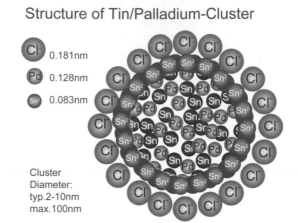

▲ 此二圖均取材自阿托科技之教材

Active Carbon 活性碳

是利用木質鋸末或椰子殼燒成粒度極細的木碳粉，因其擁有極大的表面積，而能具備高度的吸附性，可吸附多量的有機物，故稱為活性碳。常用於氣體脫臭、液體脫色，或對電鍍槽液進行有機污染清除之特殊用途。商品有零散式細粉或密封式罐裝碳粒等。

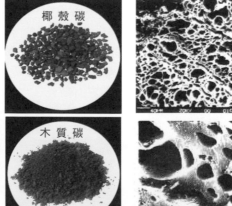

▲ 此三圖由誠風企業(股)有限公司提供

Active Parts（Components or Devices）主動零件、主動元件、有源元件

指半導體類之各種主動性積體電路器（IC）或電晶體（Transistor），相對另有Passive Parts被動零件（大陸稱無源零件），如電阻器、電容器等。

Acutance　解像鋭利度

是指各種由感光方式所得到的圖像，其形體邊緣的清晰鋭利情形（Sharpness）而言，此詞與解像度（Resolution）不同。後者是指在一定寬度距離中，可以清楚的顯像（Develope）而溶解出多少組"線對"之説法（Line Pair，係指一條線路及一個空間的組合），一般俗稱只説解析或分辨出幾條"線"而已。

Addition Agent　添加劑、助劑

改進產品性質的製程添加物，如電鍍所需之光澤劑或整平劑等即是，亦常稱為Additives。

Additive Process　加成法

指非導體的基板表面，在另加阻劑的協助下，以化學銅方式進行局部導體線路的直接生長製程，對1mil（25μm）以下的細密線路板非常有用。電路板所用的加成法又可分為全加成、半加成及部份加成等不同方式。自從增層法（Build-up Process）興起後，如感光成孔（Photovia）或無銅箔的各種介質材料，均可採用加成法完成線路體系。目前此種SAP（Sequential Additive Process或Semi-Additive Process）已在封裝載板的領域展開量產。

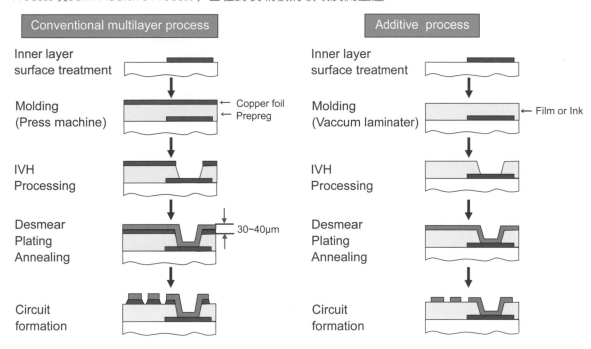

▲ 傳統增層板（BUM）與加成法增層法的比較

Additives　添加劑、助劑

指濕製程各種槽液其基本配方以外，另外添加少量的有機物或無機物，以改善產品的性能者，稱之為Additives。如光澤劑（Brightener），載運劑（Carrier），或整平劑（Leveller）或其他有機物等皆屬之。如同做菜的味精與香料等助劑。

Adhesion　附著、附著力

指表層對主體的附著性強弱而言，如綠漆在銅面，或銅皮在基材表面，或鍍層與底材間之附著力皆是。兩物間附著力的來源是出自物理性的錨著效果與化學性的氫鍵效果。

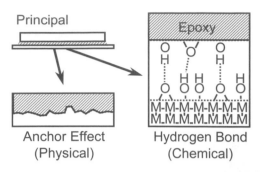

Principal

Anchor Effect
(Physical)

Epoxy

Hydrogen Bond
(Chemical)

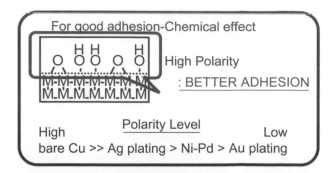

For good adhesion-Chemical effect

High Polarity
: BETTER ADHESION

Polarity Level
High   Low
bare Cu >> Ag plating > Ni-Pd > Au plating

Adhesion Promotor
附著力促進劑

多指乾膜中所添加的某些化學品，能促使其與銅面另外產生類似的"化學鍵"而言，一般凡能加強底材與表層間之附著力者皆謂之。事實上乾膜在銅面所展現的附著力主要來自①表面粗糙的機械扣鎖抓地力；②能與銅面形成錯合Complexing（大陸稱絡合）反應的有機物，也就是俗稱的附著力促進劑。右上所附示意圖即説明其間之關係。

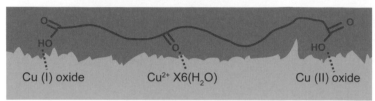

Cu (I) oxide   Cu²⁺ X6(H₂O)   Cu (II) oxide

但此種"附著力促進劑"只能在清潔的銅面上才會有所發揮，一旦銅面生鏽則無法生成化學鍵而發揮促進附著力的效果。右圖即説明ENIG後綠漆邊緣的浮離問題是出自銅鏽的真因。

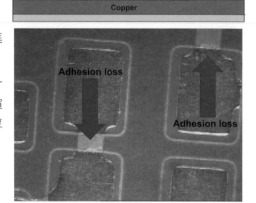

Adhesive 膠類或接著劑

能使兩介面完成黏合的物質，如樹脂或塗料等。

Admittance 導納

指交流電路中，電流在導體中流動的難易程度，為"阻抗Impedance"的倒數。即相對於直流電中的導電或電導（Conductance）與電阻（Resistance）之關係。

Adsorption 吸附（物理）

常指氣態或液態的微小粒子（原子、分子、離子等）附著在其他物體表面的行為稱為"吸附"。是利用微小的凡得瓦爾力量（Van Der Waal's Force）做為靜電吸附的能量，日常生活中常採用細粉狀活性碳、活性氧化鋁或矽膠類等去除顏色、臭味或濕氣等，就是利用吸附的原理進行有效的工作。注意此字之吸著力量比深入介面者在程度上較弱，與前述Absorption（吸入）之強力吸收不同，不宜誤用。

Aerosol 噴霧劑、氣溶膠、氣懸體

指在空氣中可分散成微小膠體粒子的混合氣體，是對某種液體採壓力容器的包裝，採洩壓噴出方式的分佈法。如日常生活中所用的噴霧髮膠、罐裝噴漆等。

Agglomeration 凝絮

指膠體混濁溶液中所漂浮的細微粒子或羽片等，在某種情況下會發生相互凝集與吸附動作，而呈現較大的粒子時，常會漂浮於溶液表面，或附著在槽壁管壁等區域，進而造成處理品質的不良與皮膜的劣化等情形，如黑孔製程之現場槽液，即應儘量避免出現凝絮現象。

Aging 老化、經時反應

指經由物理或化學製程而得到的產物，會隨著時間的經歷而逐漸失去原有的品質，這種趨向成熟或衰老劣化的過程即稱之"Aging"。不過在別的學術領域中亦曾譯為"經時反應"（注意，此字亦可寫成Ageing）。

Air Agitation 空氣攪拌

某些濕製程槽液可採吹入空氣的方式進行攪拌，如鍍光澤鎳或化學銅等即為常見的例子。後者還可藉由所吹入的氧氣而減緩化學銅槽過激的還原沈積反應，避免發生整槽大分解的激烈反應。亦可在其他電鍍槽底不斷吹入空氣，使槽液能達到上下交換，再配合過濾循環的流動，將可使整體鍍液在溫度與濃度方面更為均勻。有時鍍液中（例如鍍光澤鎳）加入某些有機光澤劑，還必須在吹氣情況下才能發生作用，故也必須進行空氣攪拌。

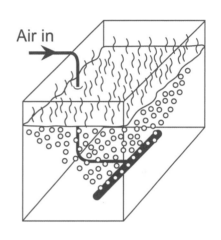

Air Gap 氣隙、開口笑

某些多層式互連之排線式局部軟板，為了彎折與扭曲動作中撓性良好而不致造成分層爆板起見，其各層扁平排線層其實是彼此分離的，特稱為Air Gap 式多層軟板。

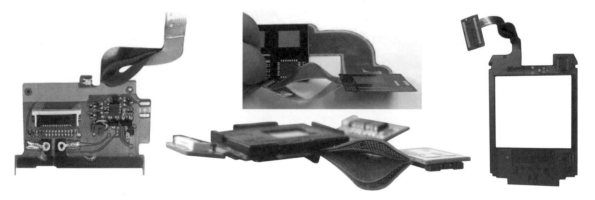

Air Bearing 空氣軸承

電路板所用高速鑽孔機，其主軸Spindle之轉速在60 kRPM以上者（目前已達350KRPM之高速），需採用Air Bearing以代替轉速較慢的球軸承（Ball Bearing或稱滾珠軸承）與潤滑油，以減少摩擦所產生之熱量。其做法係將冷空氣擠進轉軸與外襯套間的狹窄間隙，利用空氣做為軸承。同時也將熱空氣抽出以避免升溫，現行高速鑽機之主軸已全部採用空氣軸承了（見後頁附圖）。

Air Inclusion 氣泡夾雜、夾雜物

在板材進行液態物料塗佈工程時，常會有氣泡殘存在塗料中，如膠片樹脂中的氣泡，或綠漆印膜中的氣泡等，這種夾雜的氣泡對板子電性或物性都很不好。

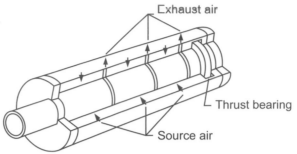

Air Knife　氣刀、氣簾

為求快速將板面吹乾以減少銅面的氧化劣化起見，常在水洗清潔後的連線中，加裝熱空氣的氣刀而將板面濕氣迅速趕走。有時開放空間之工作區在不能關門下，為防止房間冷氣的外洩，也可加裝下吹之氣簾以阻止冷氣的流失。

Algorithm　演算法

在各種電腦數值操控（CNC，Computer Numerical Control）的設備中，其軟體有限指令的集合體，稱為"演算法"。可用以執行簡單的機械動作，如鑽孔的呆板嚴謹的程式（Program）即根據某一演算法所寫出的。演算法需滿足五要素：①輸入可有可無；②至少一個輸出；③每個指令清晰明確定義；④執行需在有限步驟內結束；⑤每個指令需可由簡單的筆和紙執行。

Aliphatic Solvent　脂肪族溶劑

有機化合物之結構式大體上可分為近乎線性連接碳鍊的脂肪族，與含多個苯環為主的芳香族（Aromatic）兩大類。某些直鍊狀分子的有機溶劑，如乙醇、丙酮、丁酮（MEK）、三氯乙烷等學術名稱皆稱為"脂肪族溶劑"。

Alkaline Etchant　鹼性蝕刻液

電路板蝕刻成圖成線主要做法有酸性蝕刻（一般以$CuCl_2$為主，單面板以Fe_3Cl為主）及鹼性蝕刻（以NH_4Cl+NH_4OH兩者混合液為主）等兩大類，通常單面板與多層板之內層板，或目前外層板盛行的蓋膜法（Tenting）等，只要在壓貼附著阻劑（Resist）之後即可直接蝕刻成圖成線。其等阻劑不管是油墨或乾膜都很怕鹼性，因而只能採用蝕銅量較小的酸性蝕刻為之。

至於多層板之外層板面，在經過乾膜與二次銅鍍線路之後，還要再鍍純錫層（早先是電鍍錫鉛層）之金屬薄膜做為阻劑。在去除光阻乾膜之後的蝕刻（對一次銅而言）則又必須採用鹼性蝕刻，原因之一是可增加蝕銅量，其二是不致傷害錫面造成底銅受損，或避免錫面污染而在成線之後得以順利剝除表面的錫層。

Alternative Black Oxide　取代型黑棕氧化

內層銅面常用的黑棕化反應，其皮膜是由Cu_2O或CuO等混合組成，對於樹脂體積量減少20-30%的無鹵板材（增加了Filler，例如粉末狀的氫氧化鋁）而言，其附著力或固著力均將大幅減低，為了增強多層板內層銅面與樹脂的接著力起見，不但黑棕化皮膜本身要改善，而且之前的銅面粗化在Rz方面也要更好才行（Rz>3.0μm），如此才能使接著力不佳的無鹵板材得以通過更嚴酷的無鉛焊接。下圖即說明新式的取代型黑棕化皮膜的反應機理，係取材自美商Enthone公司產品在上海美維公司進行量產試驗，而在ECWC11（2008.3上海）所發表的資料。

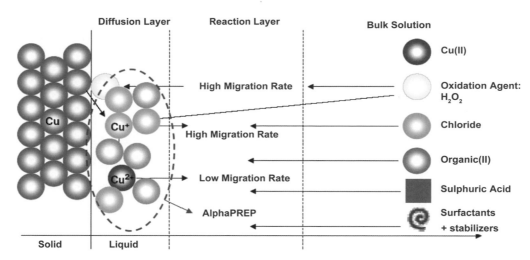

▲ 取代型黑棕氧化之反應機理，是在銅材表面形成 "有機物+銅+氧化銅" 之轉化式皮膜

Aluminium Nitride（AlN）氮化鋁

是一種相當新式的陶瓷材料，可做為高功率零件急需散熱的封裝填充材料，或做成載板（Substrate）用的基材板。此氮化鋁之導熱度極佳，可達200m²/°K，遠高於鋁金屬的20m²/°K，且其熱脹係數（TCE）也十分接近半導體晶粒的3-4μm/℃，成為一種IC的良好封裝材料，有替代氧化鈹（BeO）及氧化鋁（Al₂O₃）等陶瓷材料的可能性。未來之傳熱型基板也可能用到此物。

Ambient Temp. 環境溫度

指製程處理站或製程連線周圍附近的空氣溫度。

Amino Triazine Novolac（ATN）胺基三氮呯酚醛

此為無鹵板材中環氧樹脂的重要固化劑，兼具含氮阻燃與酚醛樹脂對Epoxy的架橋固化作用。比起Dicy之強極性與易吸水來要好很多，但成本也較貴。

(novolac portion)　　　(melamine portion, nitrogen-rich)

Amorphous 無定形、非晶形、非結晶狀

指微觀之原子堆疊排列不具有固定組態的物質，如某些塑膠或水泥等。

Amp-Hour 安培小時

是DC電流量的實用單位，即1安培電流經1小時所累積電量之謂。鍍液中添加的有機助劑常用 "安培小時計" 當成消耗量的監視工具。與理論值電量 "法拉第"（1個Farady等於96500庫倫）相較換算時，1 Farady = 26.8 A‧hr。

Analog Circuit / Analog SIgnal 類比電路 / 類比訊號（大陸稱仿真）

　　如左下圖當逐漸旋轉電位器之旋鈕，使輸入電流慢慢變化即可得到一種"類比訊號"。所謂"類比"是指輸出訊號針對輸入訊號做比較時，其間存在著一些類似或形成一定比例的變化量，採用此種方式組成的電路系統稱為"類比電路"（如麥克風）。其中傳輸的訊號則稱為"類比訊號"，多以正弦波表示之。又如右圖的一個電子計算機，係按0～9以十進位輸入。但在計算內部卻是另採0與1的二進位制進行資料處理。兩者不同進位數字之間是利用編碼和解碼器予以溝通，使得在輸出方面又回到十進位制。以此種方式組成的電路系統稱為"數位電路"（大陸稱數碼）。其中傳輸的訊號稱為"數位訊號"，係採低準位的0與高準位的1組成的方波形式表示之。早期在0與1之間的電位差是5V，但為省電起見，新式個人電腦的邏輯運算方面已降至3.3V。不久將來當硬體元件的精度再度提升後，還會再降壓至2.5V，其極限電位差應在1.5V或更低。為了省電與減少發熱起見，2009之Note Book工作電壓已降到1.1V的驚人地步了。但此等商品化超低電壓（CULV）之得以實現，其實是Intel已在CPU與北橋等元件內頻上下了功夫，單靠PCB技術的加油是根本無法上路的。

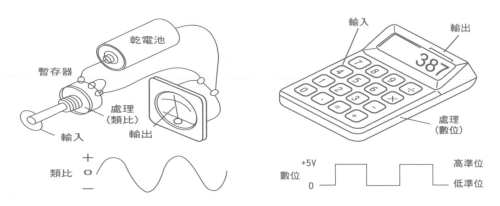

Anchoring Spurs 著力爪

　　軟板或單面板上，為使孔環焊墊在板面上具有更強力的附著性質起見，可在其孔環外多餘的空地上，再另行加附幾隻指爪，使孔環附著更為鞏固，以減少自板面浮離的可能。如附圖就是軟板"表護層"(或保護層)下所隱約見到的著力爪示意圖。

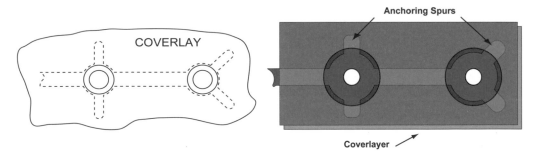

Anechoic Chamber 電波暗室（電性）

　　是一種與外界電磁波隔絕的密閉空間，利用大型金屬外壁使完全接地，以吸收掉空中外來所有的電波，並在密室內壁全面加裝立體尖錐狀造型的泡棉，以吸收掉所有內部發射出來的電波。如此不受外來電波的干擾如同無光波的暗室中，可用以測試與減少或改善各種電子產品所發出高頻雜訊之電磁波，是電子產品上市前必須要執行的工作。為了提高與強化此種暗室的效果，通常多建設在深谷底部各種電磁波不易到達的位置。

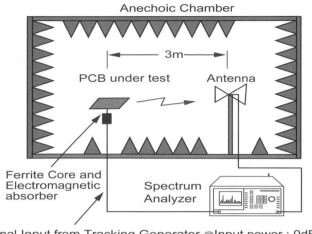

Anechoic Chamber

3m

PCB under test

Antenna

Ferrite Core and
Electromagnetic
absorber

Spectrum
Analyzer

Signal Input from Tracking Generator @Input power : 0dBm
Frequency 30MHz 1GHz

Angle of Contact（Contact Angle）接觸角

廣義上是指液體落在固體表面時，其向外擴散的邊緣與固體外表在截面所形成的夾角。在PCB的狹義上是指銲錫與銅面所形成的 θ 角，又稱之為雙反斜角（Dihedral Angle 指截面圖像之左右兩端）或直接稱為 Contact Angle 或潤濕角 Wetting Angle。

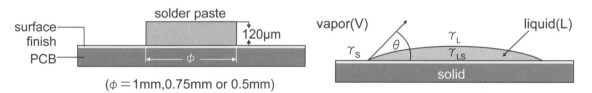

surface finish

solder paste

120μm

PCB

φ

(φ＝1mm,0.75mm or 0.5mm)

vapor(V)

γ_S θ γ_L γ_{LS} liquid(L)

solid

Anion 陽向游子（陰離子）

在鍍液（或其他電解液）中朝向陽極游動的帶負電性的離子團或游子團。

Anisotropic 非均向的、單向的（日文稱異方性）

在PCB製程常指良好蝕刻進行時，只出現垂直方向的正蝕，尚未發生不良的側蝕（Undercut）者，稱為單向蝕刻Anisotropic Etching。另外於封裝或組裝時，在無法進行正統焊接的情況下（如LCD玻璃顯示幕後的ITO線路，與PCB之互連及固著等），即可使用垂直單向的"導電膠"進行不同材質層之間的局部接合式裝配，以完成系統之互連。又如

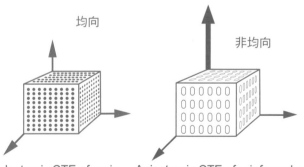

均向

非均向

Isotropic CTE of resin   Anisotropic CTE of reinforced resin

樹脂本身其三維原為等向之膨脹，但加入纖維補強後X、Y受到限制（約15ppm/℃），卻突顯出Z方向仍有很大的變形（約250ppm/℃），亦稱之單向變化。

Anisotropic Conductive Adhesive（ACA）單向（垂直）導向膠

指某種特殊的接著劑中，因刻意加入許多小粒或小片之導體（如銀片或銅粒），而達到接

著與導電的雙重目的者，稱為"等向導電膠"
（Isotropic Conductive Adhesive, ICA）。此等產品
可用於不能加熱場合代替銲料之用，如筆記型電
腦之PCB與玻璃板之互連即是。但若經由接著過程
之壓迫或擠壓後，只發生上下垂直導電，而不出
現水平導電者，則稱之ACA。如某種高分子胞狀物

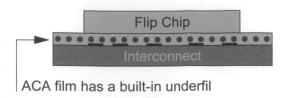

ACA film has a built-in underfil

被壓破表皮後，內部已鍍無電鎳空心球體可產生上下互連而導電，而水平方向卻仍保持絕緣者
即是。此ACA可整面塗用於密集比鄰的焊墊區，只有在踩腳的焊墊上才能導通，間距區域則仍可
保持絕緣，故而十分方便。

Anisotropic Conductive Film（ACF）（垂直）單向導電膜

係將可導電的微小空心鎳粒子外圍包覆絕緣物，或外表鍍有金屬的塑膠空心小球等，混在
接著劑之樹脂中，令其於壓迫接著時在X、Y方向呈現絕緣，但卻在受擠壓使得粒子破裂而露出
金屬，於是垂直Z方向即可完成導電。此種方式可在不能焊接的場合得以完成電性之互連。此
特殊互連技術可用於COF與COG等領域，日文稱之為"異方導電膜"，許多人不明實情的業者
竟然莫名其妙直接引用，頗有詞不達意之嫌。如筆記型電腦之玻璃顯示幕上，其ITO線路與晶
片或PCB線路之互連（即Chip on Glass；COG），或大哥大手機顯示幕後晶片與薄膜線路之互連
（即Chip on Film；COF）等，均可採用此種ACF技術。現行商業化之實用ACF，只有日商Hitachi
Chemical與Sony Toray以及Sharp松下等數種日本商品而已，以前者較流行。

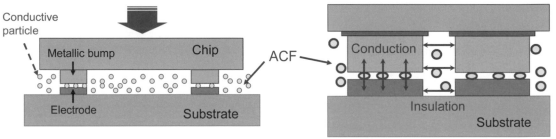

Sharp's ELASTIC chip-on-glass

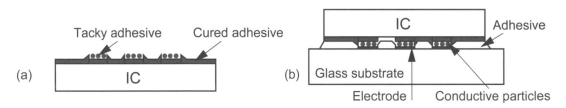

(a)

(b)

Annealing 韌化、熟化、回火

各種金屬材料成形之後（例如鑄造或電鍍），經過長時間的老化（Ageing）其堆積排列之
原子與結晶粒子會重新組合而逐漸變大，而此種再結晶過程中可使得晶界（Grain Boundary,GB）
減少，位能降低釋放應力而更為安定。若將電鍍銅層置於150℃烤箱中1~2小時或漂錫之快速強
熱，將可快速出現此種熟化的動作者稱為Annealing。

但若其鍍銅層由於添加劑之異常或雜質共鍍，將造成GB的斷層（Fault）而失效者
（Failure），則雖經韌化處理仍無法得到改善（下列圖片取材自阿托科技）。

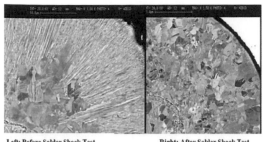

Left: Before Solder Shock Test　　　Right: After Solder Shock Test

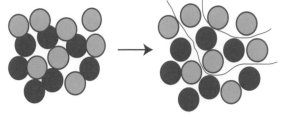

Grain Boundary Failures　　　Brittle After Thermal Stress

Annular Ring　孔環

指環繞在通孔周圍且平貼在板面上的銅環而言。在內層板上此孔環常以十字橋與外面大銅地相連，且更常當成線路的端點或過站（另見後例之Anti-Pad）與其他線路互連。在外層板上除了當成線路的過站之外，也可當成零件腳插焊用的焊墊。與此字同義的尚有Pad（圓墊）、Land（獨立點）等。但新式HDI非機鑽盲孔（例如雷射盲孔）外的孔環，則另稱為"面環"（Capture Pad），以對應底墊(Target Pad)之謂也（參見下四圖）。

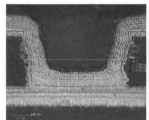 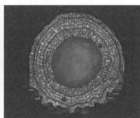 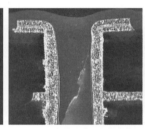 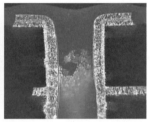

Anode　陽極

是電鍍製程中供應槽液中金屬離子與鍍層金屬的來源，並也當成通電用的正極。一般陽極分為可溶性陽極及不可溶的陽極（如白金鈦網即是）。又此字之形容詞為Anodic，如Anodic Cleaning就是將工作物放置在電解液的陽極上，利用其通電快速氧化溶蝕之作用，及同時所產生的氧氣泡進行有機摩擦性的清洗動作，謂之Anodic Cleaning。

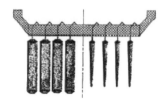 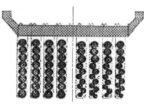  

Anode Bag　陽極袋

各種電鍍所用之金屬陽極在其溶蝕過程中，經常發生氧化性微粒或金屬晶粒溶出，這種尚未溶成離子或游子的固體微粒子，會在槽液的電場中出現往陰極的泳動遷移，一旦吸附在陰極高電流區後將呈現砂粒狀外觀。

可在陽極籃外加套一層或兩層的聚丙烯（內面起毛者）陽極袋，將可防止各式陽極泥落入槽液中，減少被鍍件高電流區出現砂粒狀不良外觀。

Anode Basket 陽極籃

為了增大陽極面積與快速溶化金屬而成為離子起見，現代酸性電鍍銅電鍍鎳等均已採用球形磷銅或鎳餅陽極，因而需採用可供導電但不致溶解的鈦質陽極籃做為盛裝的載具者，稱為陽極籃。

Anode Sludge 陽極泥

當電鍍進行時，常因陽極成分不純而有少許不溶的細小雜質出現在鍍液中，若令其散佈槽液中的話，將被電場感應而游往陰極，造成鍍層之粗糙。故需加裝陽極袋（Anode Bag）予以阻絕，以免影響鍍層品質。又另在粗銅進行電解純化時，其粗銅陽極所產生的陽極泥中，常附帶有鉑族貴金屬，尚可提煉出各種珍貴的元素。

Anodizing 陽極化、陽極處理

指將金屬體放在電解槽液中的陽極上所進行表面處理，與一般電鍍處理放置在陰極的電解電鍍處理恰好相反。此詞又可說成Anodize Treatment之陽極處理。例如鋁材即可由陽極處理，而在表面上生成一層結晶狀氧化鋁的保護膜。此種皮膜是一種由六角柱形所排列而成，中間留有疏孔還可將其完工皮膜再經水溶液染色，然後在85℃以上潔淨的熱水中浸泡約10分鐘，使形成有結晶水的氧化鋁，體積增大之下可將中央疏孔予以封合而成為彩色美觀又可防蝕的皮膜。

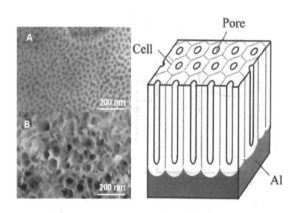

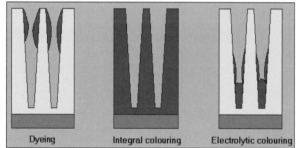

ANSI 美國標準協會

American National Standard Institute是一民間的法人學術組織，目前對各種工業已發佈了600多種權威而實用的規範標準。不過ANSI並不直接製訂規範，只是將各相關機構所呈現的成文規範，予以受費認可及允許冠上ANSI字眼，只是一種權威式的象徵而已，某些IPC規範即曾如此。

Anti-foaming Agent 消泡劑

PCB製程如乾膜顯像或剝膜液之槽液或後續沖洗過程中，因有多量有機膜材的溶入，又在抽取噴灑的動作中另有空氣混進，進而產生多量的泡沫，對製程非常不便。須在槽液中添加某些降低表面張力的化學品，如以辛醇（Octyl Alcohol）類或矽樹脂（Silicone）類等做為消泡劑，減少現場作業的麻煩與銅面腐蝕變色的問題。但含矽氧化物或陽離子介面活性劑之矽樹脂類，則不宜用於金屬表面處理。因其一旦接觸銅面後將牢牢附著而不易洗淨除去，造成後續鍍層附著力欠佳或焊錫性不良等問題。（下列附圖係取材自阿托科技）

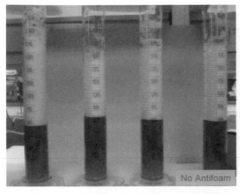

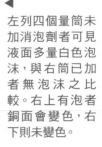

左列四個量筒未加消泡劑者可見液面多量白色泡沫，與右筒已加者無泡沫之比較。右上有泡者銅面會變色，右下則未變色。

Anti-pad 空環、空圈、隔離環

內層板大銅面若不欲與PTH之銅孔壁連通者，則將孔環外圍的銅箔蝕刻掉較大直徑的圓形空地，經壓合後鑽孔與鍍孔所得到銅孔壁之外，將有一圈露底材的隔離空環（Clearance）存在，如此將可完成電性上的絕緣與免於失熱之良好填錫。這種半成品內層板上無銅箔而見到底材的環形空地，特稱之為Antipad，即"反形"銅箔環墊之意(見右圖中之灰色環形基材面)。

內層板之線路可用孔環與孔壁對其他線路與各層次進行互連

不欲接通GND或VCC者之通孔，可採空環之隔離(Clearance)

欲接通GND或VCC者，可採孔環與十字橋(Thermal Pad)進行互連

Anti-pit Agent 抗凹劑

指電鍍溶液中所添加的有機助劑，可降低鍍液的表面張力，使鍍面上所生成的氫氣泡不易落腳而能迅速脫逸，而避免因其附著妨礙鍍層的成長而發生凹點（Pits）。一般而言，抗凹劑以鍍鎳槽液中最常使用也最有效。

Any Layer Interstitial Via Hole（ALIVH）阿力夫製程

此ALIVH為日本"松下電子部品公司"（Panasonic）HDI專密製程，係採用杜邦公司之Thermount紙材含浸環氧樹脂所成之膠片，以CO_2雷射進行成孔然後刮印塞入銅膏的做法，再於兩面壓附銅皮製作線路之互連方式，代替鍍通孔（PTH）之傳統互連體系，不但可靠度提高且設計快捷投資減少成本降低，但工藝卻不易掌控。

得到各內層板後，又利用已有通孔與專用銅膏的膠片，再總體一次壓合而成複雜的多

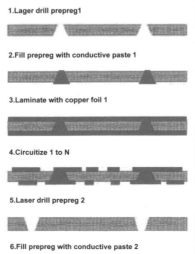
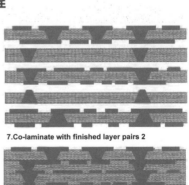

1.Lager drill prepreg1
2.Fill prepreg with conductive paste 1
3.Laminate with copper foil 1
4.Circuitize 1 to N
5.Laser drill prepreg 2
6.Fill prepreg with conductive paste 2
7.Co-laminate with finished layer pairs 2
8.Coat solder mask&finish

層板。由於各層面任何位置均可成孔，以及上下疊孔（Stacked Via）互連，故在設計上非方便。而最後完工組裝品不但密度更大、功能更多，且還更輕更小，也無PTH與鍍銅濕製程的麻煩，為一般傳統多層板與新式增層法多層板（BUM）所不及。

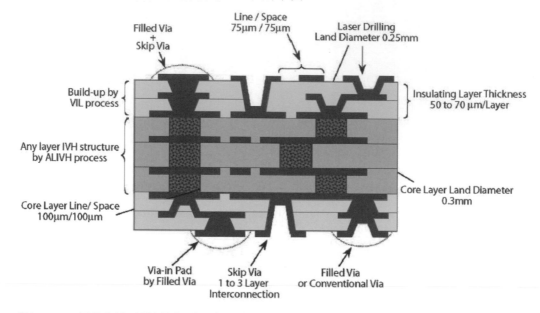

當年ALIVH標準製程所做的行動電話手機板，曾占日本市場的60%以上。其第二代ALIVH-B製程已使用於封裝載板（Substrate），而第三代之ALIVH-FB製程將於難度更高的DCA與MCM等載板發展。（詳情請參閱電路板會刊第39期）

All Layer Interstitial Via Hole with conductive paste

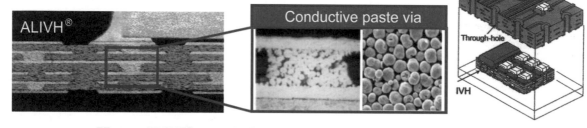

Apertures 開口、鋼版開口、光束出口

指下游SMD焊墊印刷錫膏所用鋼版之開口。通常此種不鏽鋼版之厚度多在8 mil左右(08年代已再減薄到4mil)，主機板某些多腳大型SMD貼焊元件，其I／O達208腳或256腳之密距者，當密印錫

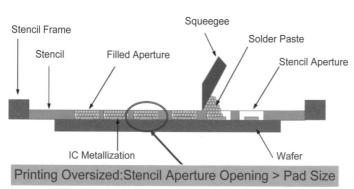

膏須採厚度較薄之開口時，則須特別對局部區域先行蝕刻成為6 mil之薄材，再另行蝕透成為密集之開口。下圖為實印時刮刀與鋼版厚薄面各開口接觸之側視示意圖。

又Aperture一詞，有時亦指光束之出口而言，無論是曝光用的可見光紫外光，或用以燒孔成孔的雷射光（CO_2或YAG），凡能控制其光徑大小及形狀的遮光板出口，皆可稱之。下右圖即為一種由電腦軟體產出底片所用感光繪圖機（Photoplotter）的轉動"出光口"，及可轉動選擇出光口的出口轉盤（Aperture Wheel），與其他配件及模擬工作之組合示意圖。

AQL 品質允收水準

Acceptable Quality Level，在大量產品的品檢項目中，按既定的百分比抽取少量樣本進行檢驗，再根據所得結果以決定整批動向的品管技術。

Aramid 聚醯胺樹脂

是一種芳香族（含苯環者）高分子量的聚合物，多以"醯胺鍵"（CONH）做為連接鍵。其補強材纖維製品為杜邦公司的專利，廣用於PCB業之Thermount短纖（杜

Aramid
(Aromatic Polyamide)

邦之商品），是一種黃色紙片狀的不織布基材，可含浸環氧樹脂做成膠片。日本松下電器公司即採用此種膠片，以CO_2雷射成孔並塞入銅膏做為導通，再於兩面壓附銅箔及蝕刻成內層雙面板，並經有銅膏孔之膠片再總體壓合成多層板，稱為ALIVH製程，具薄短小與電性優良等特性。日本行動電話手機板市場中有60%以上的產品即採此種板材。目前台灣長春人造樹脂公司正欲引進此項第三代補強材與膠片之技術。另外杜邦尚有數種醯胺纖維之商品，如Kevlar纖維(Para)具有高強抗拉強度與良好延展性，可用以製作防彈衣與汽車輪胎補強物或繩索等。而Nomex纖維(苯環之Meta位)則另具耐熱性（220℃）可做為過濾袋用途等。

Arc Resistance 耐電弧性、抗電弧性

是對無銅箔之清潔厚板面上，以高電壓低電流（0.1A以下）的兩個鎢金屬平面之電極測頭，在0.25吋的跨距下，當開動測試機時即可產生空中之電弧，不久即會自動消失於板材中。此時板材即將有電弧之軌跡（Tracking）出現，於是記錄下空中電弧消失前所經歷的"秒數"，即為"耐電弧"的數據。IPC-4101B之21號規格單要求應在60秒以上。

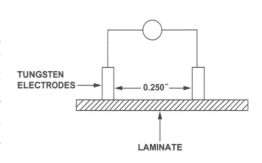

Area Array 面積式組列（組裝）

IC封裝體不但接腳數（I/O）一再增多，而總體大小更不斷壓縮下，使得其外圍整圈式線性排列接腳之QFP（伸腳或勾腳）也不得不改為腹底全面縱橫排列（Area Array）相距稍遠較輕鬆的球腳法，此即BGA或CSP成為主流的原

囚。然而人型BGA其腹底所到之內球在無鉛焊接回焊中想要完美似乎不太可能了，熱風能量對狹窄的空間幾乎無法完全送入，致使大型BGA者內球與外球的溫度相差達10℃之多，成為Lead Free無鉛回焊的隱憂。

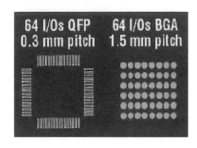

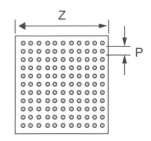

P,mm	Z,cm	I/O	TP/sq.cm	ET
1.5	2.53	300	46.9	QD
1.27	2.06	300	70.6	>QD
1.0	1.76	300	96.8	>QD

Aramid Fiber 聚醯胺纖維

此聚醯胺纖維係杜邦公司所開發，商品名稱為Kevlar。其強度與韌性都非常好，可用做防彈衣、降落傘或魚網之纖維材料，並能代替玻纖而用於電路板之基材。日本業者曾用以製成高功能樹脂之膠片（TA-01）與基板（TL-01），其等熱脹係數（TCE）僅6 ppm/℃，且Tg 高達194℃，在尺寸安定性上非常好，有利於密距多腳SMD的焊接可靠度。

Area Array Package 面積格列封裝（元件）

指封裝元件之各接腳全數安置在封裝體的底面，並以格點排列方式佈局，使其等球腳或針腳（如BGA與PGA）分別座落在X、Y縱橫交叉的格點上，不管是全面佈腳或局部佈腳均稱之"面積式"格列元件，有別於早期封裝體之外伸雙排插腳與貼腳，或外伸四面貼腳（QFP）等線性封裝元件。比早先雙排腳插孔組裝，或板面伸腳貼裝，或大型IC四邊接腳貼裝等元件，在板面利用率方面都要高出很多。不管底面格列者是球腳（如各式BGA）、柱腳或腹底平面接墊（Land Grid Array）等均屬Area Array之封裝法。

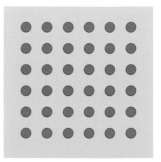

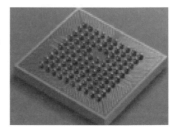

▲此三圖分別為密距(Fine Pitch)式CSP之球腳陣列以及內部疊晶與總體封裝成形的外觀，為手執電子品所常用。

Array 格列、排列、陣列、一排、一條、一套組合

例如通孔的孔位，或表面黏裝的焊墊，以方格交點式著落在板面的設計法（即矩陣式），常見"針腳格點式排列"的插裝零件稱為PGA（Pin Grid Array），另一種底面"球腳格列"的貼裝零件，則稱為BGA（Ball Grid Array or CSP；Chip scale Package）。

常指由數小片（5～7片）之BGA單元，或數片（4～5片）手機板單位等，所排列而暫未分割的連片板，如同一般完工出貨之板類，是一種重覆式的連載板。此種連板方式可方便下游客戶

之焊接組裝，之後再予以分割折斷成獨立的功用單位。其連載之空板特以Array（一排或一條）方式做為雙方交易或品檢之貨品單位，故其不良品之認定並非按單片統計，如手機板4片或5片為一條者，目前尚可允許有一片不良品（BGA亦然），但須按不良品位置而加以分類當成瑕疵品出貨，且不可超過總批量的某一比例（通常一片報廢打叉cross-out之不良條品，尚可允許10%，將來供過於求之下此一優惠是否繼續則未可知也。），故品質與成本意義上要比單片者更為嚴格。至於更小的CSP常以數十或上百而同居一大片集體生產者，則另稱為Panel。

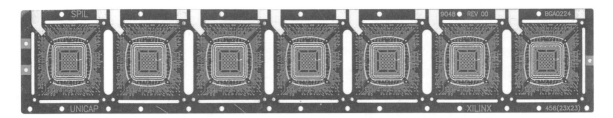

Artwork 底片

在電路板工業中，此字常指的是黑白底片而言。至於棕色的"偶氮棕片"（Diazo Film大陸稱重氮片）則另用Phototoo1以名之。PCB所用的底片可分為"原始底片"Master Artwork以及翻照後的"工作底片"Working Artwork等。

As Received 到貨、收貨

指所購原物料或設備等到貨進廠時之原始情況，亦即尚未經過進廠檢驗之待決定狀態。

ASIC 特定用途的積體電路器

Application-Specific Integrated Circuit，如電視、音響、錄放影機、攝影機等各種專用型訂做的IC即是(大陸術語IC稱為積成塊)。

Aspect Ratio 縱橫比、厚徑比

在電路板工業中特指"通孔"或"盲孔"本身的長度（或高度）與直徑二者之比值，也就是板厚與孔徑之比值。以國內的製作水準而言，此縱橫比在5：1以上者，即屬高縱比的深孔

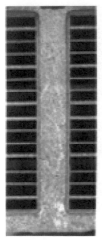

16 Layer Baord
8:1 Aspect Ratio
Pulse Plated

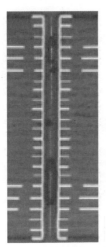

22 Layer Baord
14:1 Aspect Ratio
DC Plated

2 Layer Test Panel
15:1 aspect Ratio
Pulse Plated

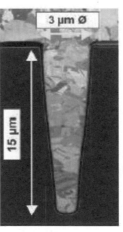

▲ 此兩圖為晶圓之深盲孔電鍍銅 Damascene Plating。左列三圖為厚大板類（High Layer Count）高縱橫比PTH全通孔之舉例。

（非機鑽的微盲孔Microvia，則超過1：1時才稱為高縱橫比），其鑽孔作業及鍍通孔製程都比較困難（大陸術語為厚徑比）。此詞也用於印刷錫膏鋼板（Stencil）的開口比例。

Assembly 裝配、組裝、安裝、構裝

是將各種電子零件，組裝焊接在電路板上，以發揮其整體功能的過程，稱之為Assembly。不過近年來由於零件的封裝（Packaging）工業也日益進步，不單是在板子上進行通孔插裝及焊接，還有各種SMD表面貼裝零件分別在板子兩面進行貼裝，以及COB、TAB、MCM等技術加入組裝，使得Assembly的範圍不斷往上下游分別延伸而更為廣義，故又被譯為"構裝"。大陸術語另稱為"配套"，或裝配。

Asymmetric Stripline 不對稱的帶線

是傳輸線的一種，從截面來看當上下均為互通的接地層，而正中間有訊號線者，稱為帶線。當中間訊號線對上下接地層的距離不相等時，稱為不對稱帶線。

Atomic Force Microscope（AFM）原子力顯微鏡

常用者為接觸式AFM，例如針對矽晶片載板利用氮化矽（Si_3N_4）微探針（長度約85~320μm），進行微表面的起伏量測，針尖曲率半徑約50nm。利用此種探針針對試樣表面所產生的排斥力（Repulsive Force），此力對於高低距離非常敏感，因而可得到表面粗糙起伏的原子級解析度，再配合電腦軟體繪製出試樣的表面形貌，或配合SEM觀察材料表面所產生化學變化的過程，或監控奈米級電子元件的製作等用途。

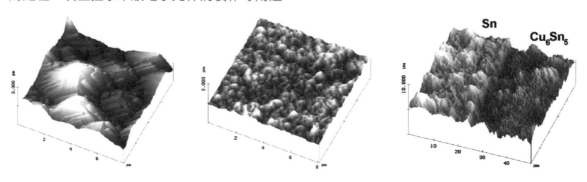

Attack Angle 攻角

是指橡皮（或金屬）刮刀（Squeegee，大陸稱刮板），在網版或鋼板上前傾（或後仰）推行中，與版（板）表面形成的前傾角度而言。由圖中可知刮刀（紫色者）的施力，可區分為水平的驅動力與垂直向下壓迫油墨穿過開口的擠（印）墨力。當攻角愈小時，其向下壓迫的擠墨力道將會愈大。

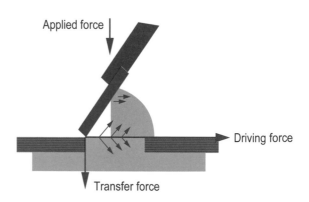

Attenuation 訊號衰減

指高頻訊號於導體中傳輸時，在縱標之振幅電壓（能量）方面，會因傳輸線愈來愈長者，其到達接受端的訊號能量（dB分貝）也將愈為衰減而言。無論類比訊號或數位訊號，都會因電路板的板材與傳輸線長度之各異，而出現不同程度的衰減。此詞亦稱為Decay。

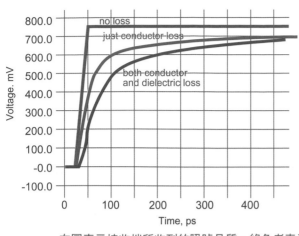
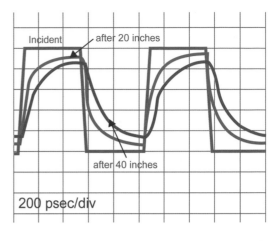

左圖表示接收端所收到的訊號品質，綠色者表示無損失之理想傳輸線，其方波之波形完整；藍色者表導線單獨造成的損失而使波形變動，紅色表導線與介質的雙重損失以致品質更差。右圖則表示傳輸線愈長者，其到達之訊號品質將愈差。

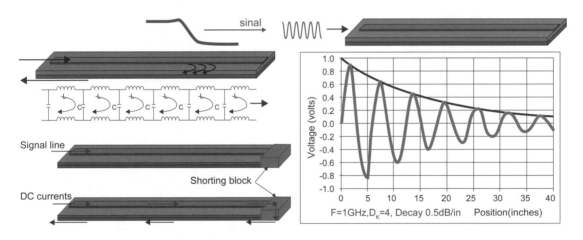

當數碼串流(Data String或Bit String簡稱碼流)之位元(bit)在訊號線中從Driver正向奔往遠端Reciver之際，也同時出現正向電流(+)的流動。到達目的後的電流即通過接地腳，再經訊號線正下方參考銅面的軌跡而負向(-)馳返。於是在動態工作之際，其訊號線中會產生交流式的電感，同時還會在絕緣材料中卻另出現無窮連續式的電容。

Autoclave 壓力鍋、壓力容器

是一種充滿了高溫飽和水蒸氣，又可以施加高氣壓的容器，可將層壓後之基板(Laminates)試樣，置於其中一段時間，強迫使水氣進入板材中，然後取出板樣再置於高溫熔錫表面，測量其"耐分層爆板"的特性。此字另有Pressure Cooker之同義詞，更被封裝載板業界所常用，如PCT Test即是。另在多層板壓合製程中，早期有一種以高溫高壓的二氧化碳進行的"艙壓法"，也類屬此種Autoclave Press。右二圖的小型壓力鍋，可用於微切片到位後表面缺口的二次填膠用。

Autoclave Press 艙壓機、壓力容器

　　是在密閉空間內灌入大量高溫（200℃）高壓（150-200PSI）非燃性的二氧化碳氣體，進行多層板壓合工作的另類方法。是先將多層板的散材散冊先行對準疊合，再用強韌不透氣的薄膜材料進行封包並將內部各散材予以抽真空，以達到整堆大量的壓合。此法的壓力是上下四方均等的，比起上下擠壓而向四方洩壓流膠的傳統液壓式（譯為水壓者並不正確）做法要好。但由於工作內容複雜，準備工作太長，成本較貴，目前已從業界出局了。

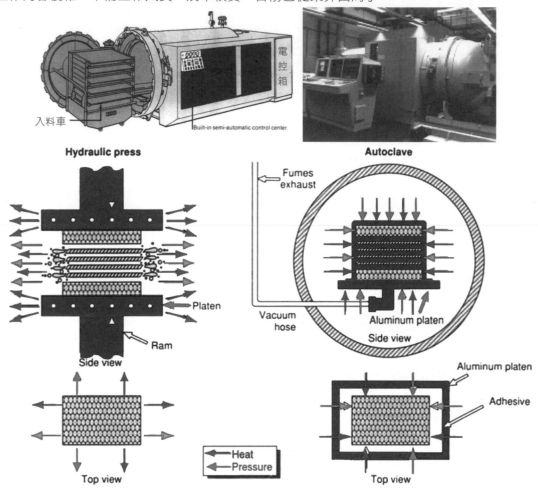

　▲ 左上下圖為常規液壓式壓機（Hydraulic Press）之工作示意圖，當其壓力來源的頂柱（Ram）向上舉起擠壓時，其壓力（藍箭）會向四周擴散而將流膠擠出。由上下熱盤所發出高熱，會向疊堆中央逐漸傳熱，但也會往週遭環境散熱，這是一種不得已的浪費，現行關門抽真空的壓機，已大幅改善了。右為艙壓法之加工示意圖，首先是將各種待壓的板材與輔助板，利用數層密閉性的包裹材料，包緊紮牢並密封在鋁製的載盤上，然後從載盤底部將內部空氣抽光，即完成前置準備工作。隨後送入壓艙中關緊艙門，並快速充入高溫高壓的氮氣或 CO_2，並利用此種強力氣壓法完成板堆的均勻壓合。但由於不易自動化，成本又貴致使此氣壓法已出局了。

Autodosing 自動添加

　　為濕製程現場槽液之各種輔助設備之一，例如可利用液位控制器而自動感應加水，或利用pH監測或光透射槽液樣而感應等方式之連動加液組件等，以維持槽液之正常操作。

Automatic Optical Inspection（AOI）自動光學檢驗

　　是利用各種波長的可見光源投射到內外層板面上，取得銅線路與基材強烈對比（Contrast）

的數位化訊號後，再與良好的標準板（Golden Board）已存在檢驗機電腦中的資料進行對比，隨即迅速找出標明量產板上導體的缺失，並進入修理站執行重工修理。對量產線而言數量極多的雙面內層板，若無AOI 的全檢則總體良率更將慘不忍睹也。

Automatic X-ray Inspection（AXI）自動X光檢驗

在精密的微焦距（Microfocus or Nanofocus）X光技術與強大軟體的配合下，各種銲點均可透過AXI的設備進行快速掃描式的全檢。現行奈米級X光技術其光點（Spot Size）已低於1μm因而可透視偵測到200-300 nm 的各種缺點。至於某些大型銲點或BGA腹底之球腳之深度檢驗，則不但需要更大的X光能量而且還要將試樣加以傾斜觀察（Oblique Views，可達70度）以減少某些外在雜物的干擾。而且還可對試樣做360度的水平與直立旋轉，再搭配電腦斷層掃描技術（CT），將可進行3D立體動畫的檢驗。以下各圖取材自德商Phonix之資料。

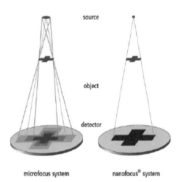
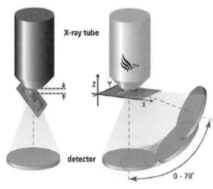

Automatic Testing Equipment（ATE）自動電測設備

為保證完工電路板其線路系統的通順，故需在高電壓（如250V）多測點的汎用型電測母機上，採用特定接點的針盤對板子進行快速（5秒以內）電測，此種汎用型的測試機謂之ATE。

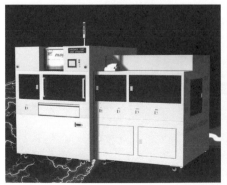

▲ 本術語之三圖片係由台灣港建股份有限公司提供

Automiging 霧化法

例如在綠漆靜電噴塗的設備中，可利用壓縮空氣協助將綠漆從帶正電的噴頭，將綠漆噴成帶正靜電的小霧點打在帶負靜電的PCB上，如此將形成正負電中和抵消之放電行為，並可出現成皮膜厚度均勻的效果（參見Spray Coating）。此外錫膏中的微球型錫粉，也是在高溫中將液錫以熱氮氣噴成小球者，也是霧化施工法的一種應用。

Auxiliary Anode（or Cathode） 輔助陽極（或陰極）

待鍍件死角低電流處不易沉積鍍層，常需使用特殊的輔助陽極，以協助鍍層分佈的均勻性。至於輔助陰極在PCB業也常有賊Thief或盜Robber之其他說法。

Availability 供應能力、供貨能力

量產工業中非常重視合格原物料的持續供貨能力，以防一旦來源中斷而影響本身流程與出貨。故對某項產品或原物料的最初認證時，必須要考慮對方的供貨能力如何。

Avionics 航空電子品

指專用於航空電子的各式電子產品與零件，含軍用與民用等各種功能精密且可靠度（Reliability）很高的專業電子產品。此等量少但又極其講究的特別品，通常價格要比日常生活的電子貴上好幾倍。不但對品質的要求一絲不苟且對可靠度（Reliability）的要求也極嚴格，屬IPC-6012中所劃分最高階之Class 3級。此種產品一般屬樣多量少之高單價特殊電子品類。

Axial Lead 軸心引腳

指傳統圓柱式大數值的電阻器或電容器，其兩端中心處皆有接腳引出，常利用波焊方式插裝在板子通孔中，以完成其整體功能。

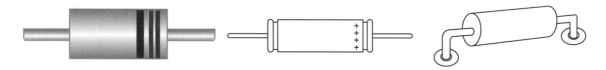

Azeotrope 共沸混合液

狹義是指由兩種或多種溶劑，按一定比例組成之混合液，其蒸氣不但具有共同沸點，而且蒸氣仍能保持相同的比例。且其沸點要比各組成溶劑本身還低，可利用其特殊的溶解力去洗淨焊後板面的殘餘物，此混合液並可利用多種回收法而循環使用。廣義是指任何混合液體，其液態與蒸氣的比例相同且沸點同一者，亦稱之Azeotrope。

Accuracy / Precision 量測準確度 / 量測精確度 NEW

準確度Accuracy是統計學上的概念，是指多次量測的平均值與真值（理論值或期望值）的差距，差距越小表示準確度越高（見所列直立圖）。精確度Precision也是統計學中的概念，是指多次量測數據的『集中程度』，集中度越高者表示精確度越高。此二詞可利用打靶的彈孔加以說明，即可明確認知兩者的不同。

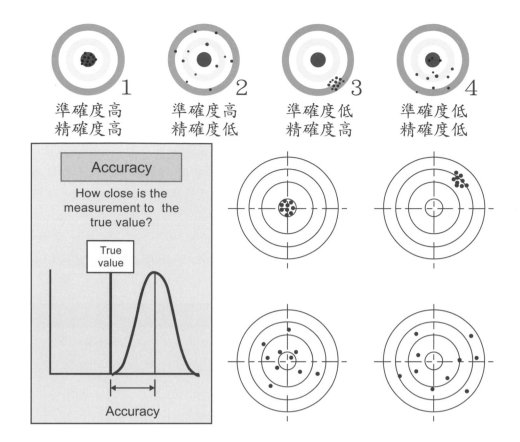

準確度高
精確度高
1

準確度高
精確度低
2

準確度低
精確度高
3

準確度低
精確度低
4

Accuracy

How close is the measurement to the true value?

True value

Accuracy

Acid Resistance 耐酸性 [NEW]

　　在PCB流程中多半是指內層板銅面的黑氧化或棕氧化皮膜，在壓合後續外層板的鑽孔與PTH直到酸性電鍍銅過程中，眾多側面裸露銅箔孔環光面黑棕化皮膜的耐酸能力而言。耐酸能力不足者將會出現俯視的粉紅圈Pink Ring，與切片側視所見的楔形孔破Wedge Void。並將使得出貨前電測能夠通過，但到了下游組裝多次焊接的Z膨脹中，猶如郵票孔一般經常會被拉斷（見附列電鏡所攝之黑白圖），造成極大的損失與困難。

　　改善黑棕氧化皮膜耐酸性的最直接辦法，就是把皮膜的厚度減薄，使高溫（90℃）氧化處理後長草般皮膜結晶，被強還原劑DMAB減短成草根狀薄膜則可增強皮膜耐酸性，至於後起之秀的替代化皮膜（Alternative or Replacement，如阿托科技的Bondfilm）則因厚度很薄且又非氧化銅，於是耐酸能力原本就比氧化銅皮膜要好。

　　從不受焦距限制的SEM黑白圖可見到郵票孔的真相，中圖光鏡受焦距的限制無法見到立體的郵票孔，右圈1000倍暗場畫面可清楚見到黑氧化膜太厚遭酸液側面攻擊而形成的楔形孔破。

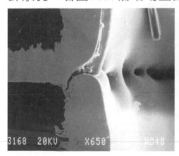

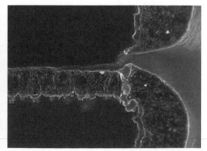

Advanced Modified Semi-Additive Process 先進式模擬半加成法 NEW

　　所謂半加成法是指利用特別基材，如膠片般的ABF(Ajinomoto Bond Film；如GX-13,GX-92等全無玻纖布的薄膜ABF板材，去製作線寬線距細到14μm/14μm覆晶式BGA(FC-BGA)載板的製程技術統稱SAP，也就是將ABF膜材先做超除膠渣處理把膜材中的微球挖除，在留下的球洞中續做上化學銅代替傳統銅箔者，稱為SAP半加成法。但此種ABF模材成本很貴，只能用於較大型BGA，小型的CSP則無法負擔。

　　而mSAP則是利用2-3μm超薄銅皮(連同18μm的載箔)的稜面直接壓貼在BT板材上，生產時只要把載箔撕掉即可用以製做20/20較粗的CSP類打線式細線載板。目前i-8或i-10蘋果手機板"類載板"(SLP)用的板材，則也採5μm的超薄銅皮壓貼在阻燃性的高Tg式 Epoxy樹脂上，不再用BT的原因是無法通過UL的V-0級燃燒試，而UL根本管不到載板業。

　　至於amSAP則仍利用1-3μm的超薄銅皮壓貼在BT樹脂上，但細線卻可再降低到14μm/14μm的地步，可用以承載各種高階覆晶式的CSP(FC-CSP)以及如下三圖所列出各種藍紅線包括的先進封裝產品。

PCB	技術演進	線寬線距 (μm)	導入時間
多層板		100	2002-2003
普通 HDI		60	2005
任意層 HDI		40	2010
類載板 SLP		30	2017E

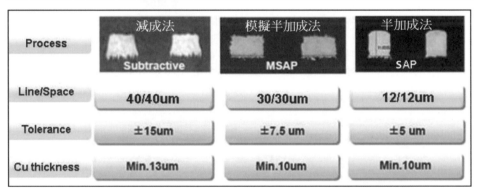

Process	減成法 Subtractive	模擬半加成法 MSAP	半加成法 SAP
Line/Space	40/40um	30/30um	12/12um
Tolerance	±15um	±7.5 um	±5 um
Cu thickness	Min.13um	Min.10um	Min.10um

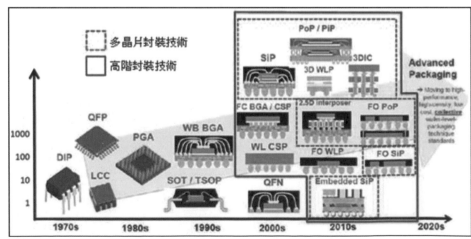

Aggressor Trace / Victim Trace 加害線 / 受害線 **NEW**

　　是指相鄰的兩條單股訊號線,其中一條正在工作者的紅線(也就是正在傳輸方波有電流的 "1" 碼者),稱為動線(Active line)或加害線;另一條藍色無工作者稱為被害線或靜線(Quiet line)。

　　由於有電流的紅線與無電流的藍線兩側壁間會出現互感(Lm)與互容(Cm),於是紅色動線透過 Lm互感使得藍靜線產生電壓,透過Cm互容使得藍靜線產生電流,也就是使得藍靜線出現近端串 擾(NEXT)與遠端串擾(FEXT)。

　　當兩條訊號線的間距(S)較近(例如4 mil見右圖)時,則所產生NEXT的感應電壓將超過0.2V。 但 當其S遠到12mil時則所感應的電壓只有0.05V了。

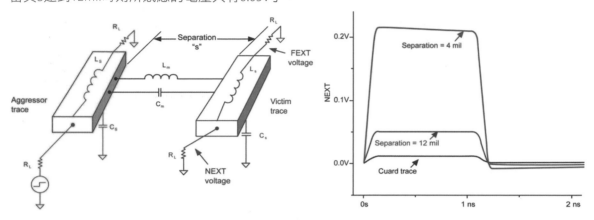

　　下右圖中的Guard Trace保護線是針對很重要的訊號線(例如時鐘線Clock line) 而設,為了避 受到外來干擾起見,特別在時鐘線的兩旁另加兩條不跑訊只防EMI的護線(或稱地線),在Guard Trace良好接地下,各種外來的雜訊均可洩放到大地中去了,因而其NEXT就將更低了。

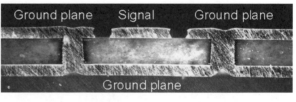

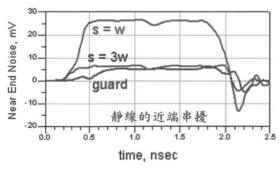

靜線的近端串擾

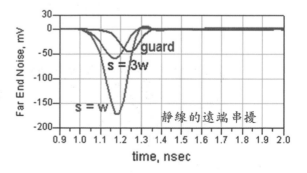

靜線的遠端串擾

Air Gap 開口笑 **NEW**

　　是指軟硬結合板(Rigid Flex)用於彎折的多層互連軟板,為了使180度折疊後各層軟板材料具有差別距離而不致彼此拉扯起見,刻意將各層軟板做成有長有短並加以彼此獨立分離,使便於彎折有如開合夾般的設計法,稱為空氣間隔 "Air Gap" 業界俗稱的開口笑。此種多層分離式絞鏈軟板之外長內短若未準確製備者,將出現如圖所示出現擠壓變形不良狀態。

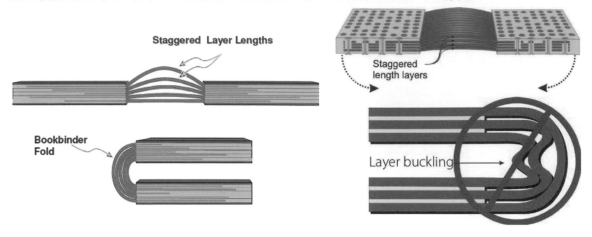

Airpits 氣坑、子彈坑 NEW

特指有乾膜光阻的二次鍍銅(圖形電鍍銅)於鍍銅線路上所出現的凹坑而言,電路會刊18期筆者曾有專文介紹〝線邊鋸齒與線表凹坑〞,文中的圖15與圖16即為典型鍍銅線路表面的微坑,也就是所俗說的〝子彈坑〞。其成因是鍍銅槽液過濾循環中出現許多細碎的氣泡,當此等細碎氣泡順著有乾膜的板面向上浮昇時,一旦被凸出乾膜阻擋而附著在待鍍線路表面時,即可妨礙鍍銅而形成凹坑。

至於銅槽中的細碎氣泡,則可能多半出自循環過濾泵浦抽水動作中躲藏的氣泡,良好設計的循環管路,應在最高點設置釋放氣體的排氣孔,以減少將細碎氣泡帶入鍍銅槽液中。

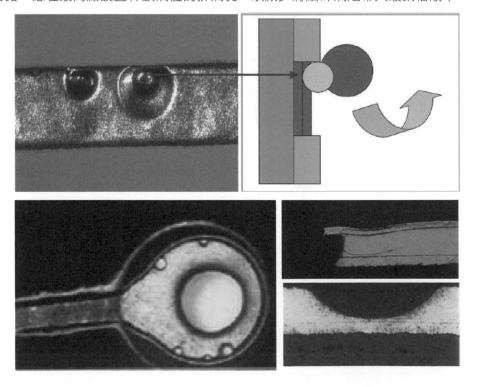

Aluminum Wire Wedge Bonding 鋁線打扁線 NEW

　　早期打線(Bonding)封裝的IC產品以打金線(標準線徑1mil，節省成本者有0.8mil-.07mil)為高檔的主流，至於便宜的電子產品如便宜的大型掛錶等，則只能以打鋁線方式作為封裝互連的訊號通道(線徑10mil-20mil以降低阻抗的影響)，此種打線的工法以打扁對打扁wedge to wedge為主，近年來為了節省成本也曾採用外包薄鈀膜的銅線進行打線。

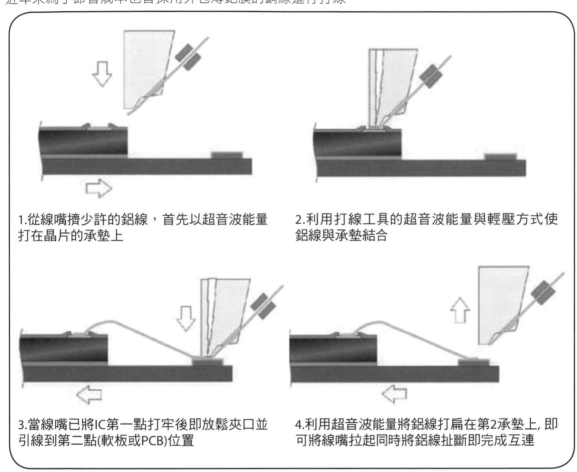

1.從線嘴擠少許的鋁線，首先以超音波能量打在晶片的承墊上

2.利用打線工具的超音波能量與輕壓方式使鋁線與承墊結合

3.當線嘴已將IC第一點打牢後即放鬆夾口並引線到第二點(軟板或PCB)位置

4.利用超音波能量將鋁線打扁在第2承墊上, 即可將線嘴拉起同時將鋁線扯斷即完成互連

Application Processor（AP）應用處理器 NEW

　　這是手機板上最大型也最重要的IC模塊，其地位正如同電腦的CPU一樣具有邏輯運算的功能，是由許多不同功用的核心所組成（例如S-7手機的8核心）。為了節省板面用地及加快計算以及縮短與記憶元件DRAM的互動距離起見，刻意將完工的DRAM或RAM模塊，再與完工AP兩者立體綑綁在一起成為Package on Package（PoP）的立體組裝方式，也就是將DRAM模塊做為頂件，並以其腹底外圍2圈或3圈的綑綁球，直接焊在底件AP外圍兩圈或三圈模料盲孔（TMV）中的錫膏上而成為單一組件，然後再貼在手機板上使得手機扮演電腦與通訊的兩大用途。

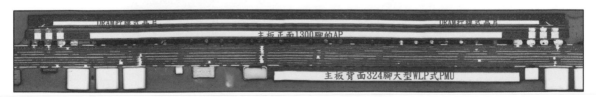

筆者曾三度拆解與切片分析蘋果著名的手機i-5、i-6與i-7，並在電路板會刊上（60、61、68、75、77期）發表文章以彩色切片的精采畫面細說種種最新的發現。以1-7為例共攝取4000多張切片彩圖，以所得證據深入剖析各種電子工藝的優缺與進展，絕非剪貼資料人云亦云拾人牙慧而已。下列各圖即為i-7板上蘋果A10式PoP中1300腳大型AP模塊的切片畫面，其中台積電專利InFO所製作的RDL成為電子構裝第四次革命中最亮眼的成就。

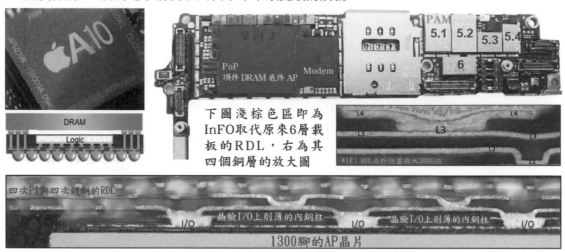

Area Array Packages（腹底）全面格列接腳封裝體 NEW

常見到的IC積體電路方型封裝體，大陸簡稱為積成模塊。早期腳數不多時，經常採用模塊外圍的兩排接腳或四邊接腳與PCB焊接互連。後來接腳數增加太多時，則改採腹底全面格列接腳的做法。最早出現的是腹底格列針腳，直到1993年美商Motorola發明腹底格列球腳的BGA後，針腳式插焊式封裝插座的間接組裝法則全面消失了。

2000年後各種大小IC積成塊，幾乎都已改採BGA式腹底格列球腳的方式，進行載板的封裝工程。2006後所有PCB承墊上的BGA球腳，都已改成為SAC305的無鉛銲料，且2010後連上游晶片與載板封裝用的凸塊（Bump）也都改為無鉛銲料了。下列各圖即為腹底針腳與腹底球腳的外形式樣，目前大型伺服機（Server）各類CPU用的超大型模塊載板，其頂面凸塊數竟達1.8萬個之多。

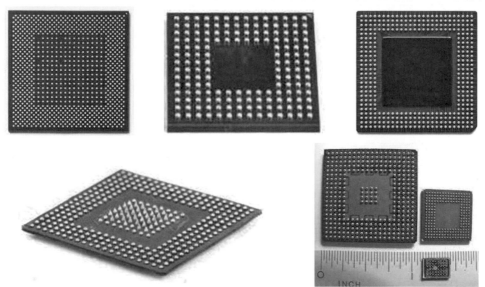

Area Ratio（A/R）鋼板開口面積比 NEW

SMT製程利用鋼板Stencil在PCB表面印刷錫膏時，其鋼板圓形開口的底面積對於開口側壁面積的比率，稱之為"鋼板開口的面積比"。從附圖的計算結果可知AR＝D／4t，也就是開口直徑D除以4倍的側壁高度（t），所得之商值即稱為"面積比"。實務經驗上AR必須大於0.66時，其刮刀所印刷錫膏與鋼板側壁才能順利脫離，後續焊接的效果才會良好。

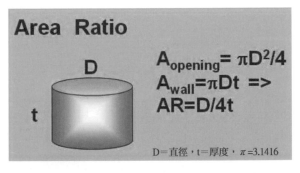

Automatic X-ray Inspection（AXI）自動X光檢驗 NEW

利用高檔AX機組中X-ray光源所發出的X射線，使其穿透待檢驗的產品，然後從另一端的X光攝影取像，即可得到2D的黑白透視畫面。不過這種俯視穿透式的取像，卻無法把Z方向縱深的空間結構呈現出來，只能俯視上下重疊落在一起，難以分辨其上下立體空間的關係（見下右圖）。

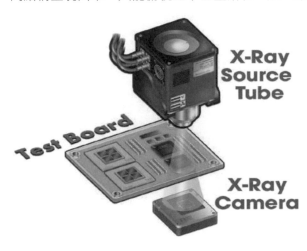

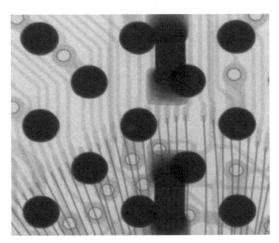

X-Ray輻射的原理如下右圖，先從X光管的右端陰極絲說起，當電流通過陰極絲加熱時，即出現眾多電子從金屬表面逸出並經過刻意加速而打到左端斜置的陽極鎢靶（Tungsten Target）上，於是鎢極立即發出X光往下方射出（即圖中X光管左下方黃色三角形者）。此圖最左端方框是說明鎢原子中的電子組態情形。

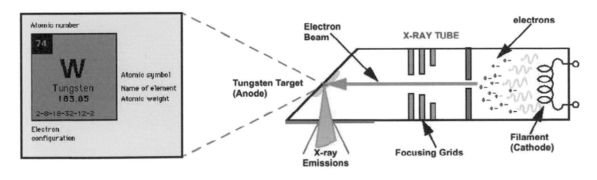

為了消除2D X-ray無法分辨立體結構的煩惱，於是業者們更不斷努力開發出對產品非破性的3D X-ray檢驗設備。現行機組共有三種形式，即○1Laminography分層攝影法，或稱X射線疊片法

○2Computed Tomography（CT）電腦斷層掃瞄○3Digital Tomosynthesis數位斷層合成法，後者早已專用於女性乳房X光掃瞄的動態畫面與取像的簡單過程。

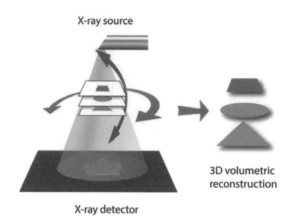

Axial Passive Parts 軸心引腳式被動零件 NEW

　　電路板下游組裝PCBA業使用最多者就是被動零件（大陸無源零件），其中資訊產品又以電容器最多電阻器次之。自從1980年代SMT板面錫膏貼焊流行後，此等被動零件幾乎全部取代早期軸心引腳的插孔波焊零件，改為更小更方便自動化錫膏貼焊的片式零件Chip Component了。事實上這種改變，主要是為了高速訊號傳輸中減少兩端引腳寄生效應而著想。從附圖可見到早年軸心引腳式的電阻器與現行最小的01005兩者強烈對比的外型了。

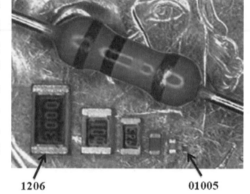

B-stage　B階段

　　指熱固型（Thermal Setting）樹脂的半聚合半硬（固）化狀態，係經由液態A-stage的環氧樹脂含浸與熱烤工程後，在膠片玻纖布上所附著的樹脂，尚可再加熱而軟化者即屬此類。

Back Drilling　背鑽、背向（反向）擴鑽法

　　某些承接多片已組裝功能板的背板（Back Panel），本身不但是又厚又大的高層數多層板之外，還更是多片功板能彼此生根與壓接（Press Fit）互連的重要基地。此等厚大板中也備有縱橫比很高的深通孔，例如某20層板之某一通孔，倘若只用於L1到L4兩層之間的訊號互連，與其他十六層毫無關係者，為了減少L1到L4之間的訊號傳輸不致受到通孔中其他多餘銅壁（有如盲腸一般）不致成為高速訊號的天線者，可在完工後再小心把L5到L20的鍍銅孔壁採擴鑽的方式予以削除，此種後續再度謹慎加工的做法稱為背鑽。

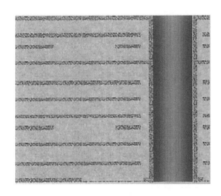

Back Light（Back Lighting）Test　背光檢查法

　　是一種早期檢查鍍通孔銅壁完好與否的半壁放大目測法。其做法是將完成化學銅後的通孔剖半成為攤開的半孔，然後自半孔的背後小心予以磨薄使逼近銅壁，再利用樹脂半透明的原理，自背後薄基材處射入光線。假若化學銅孔壁品質完好並無任何破洞或針孔時，則該銅層必能阻絕光線而在顯微鏡之畫面中呈現黑暗。一旦銅壁有破洞時，則必定有光點出現而被觀察到，並可加以放大攝影存證稱為"背光檢查法"，亦稱之為Through Lighting Method，但只能看到半個孔壁。其及格標準則視情況而定，通常FR-4以D7之畫面為允收準則，高Tg者需達D8。

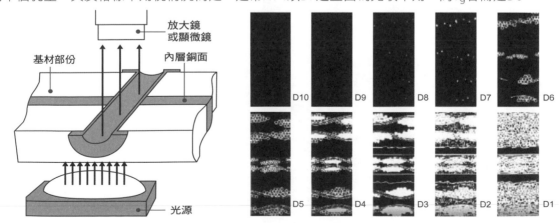

Back Taper 反斜錐角

指標準型鑽針（Standard Type）自其尖部向柄部延伸之主幹上，其外緣之投影稍呈現頭大尾小之外形，如此一來即可減少鑽針主幹表面邊刀與孔壁的摩擦。此一反斜角稱為Back Taper，其角度約1°～2°之間，或鑽部刃身頭尾外徑相差10mil或其他數字。至於中軸附近虛線處則為內心頭薄尾厚之正錐斜角，以維持應有的強度。

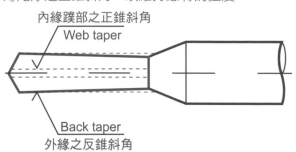

內緣蹼部之正錐斜角
Web taper

Back taper
外緣之反錐斜角

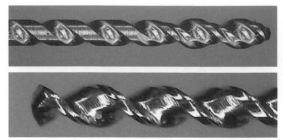

▲ 此二圖均為直徑0.2mm與0.3mm小針的立體圖

Back-up 墊板

是鑽孔時墊在各電路板的最下層墊料，避免鑽針與機器檯面直接接觸，可防止鑽針傷及檯面，並有降低鑽針溫度清除鑽針退屑溝中之廢屑，及減少銅面出現毛頭等功用。一般墊板可採酚醛樹脂板（俗稱脲素板）或木漿板為原料加工而成。通常墊板可正反兩面各使用一次，刺入深度約為墊板板厚的1/3。

Back up Shaft 支撐轉軸

製程中大排板需做機械刷磨之動作時，除了具備功能的刷軸或刷輪外，還需在板子的另一面備有支撐性的可轉動軸，才能讓行進中的板子得到有力支撐而能全面性的接受刷磨。

Brush 刷輪

傳動方向

PCB

Backpanels，Backplanes 背板、主撐板

是一種厚度較厚（如0.093"，0.125"甚至0.4"以上）的電路板，以多層板(20-50層)為主。專門用以插接聯絡其他功能性的板子。其組裝法是先插入多腳式連接器（Connector）在緊迫的通孔中，但並不焊接卻要在孔壁上浸鍍錫做插入壓接Press Fit用途，而在連接器穿過板子的各導針上，再以繞線方式逐一接線。連接器上又可另行插入一般的電路板。由於這種特殊

的板子，其通孔不能焊接卻要在孔壁上浸鍍錫做壓接Press Fit 用途，而是讓孔壁與導針直接卡緊使用（方便後續的抽換），故品質及孔徑要求都特別嚴格，訂單量又不是很多，一般電路板廠都不願也不易通過嚴格的要求而接下這種訂單，在美國幾乎成了一種高品級的專門行業。目前大背板之大小已達1.2mx0.8m重量約30kg，產線所用機台都非常高大，必須訂做才行。

Bail Out 扚出（半導體業稱之為"Bleed and Feed"）

指長期操作中之槽液由於已逐漸變質，若全部換新不但成本不經濟，且性質亦變異過大，造成處理效果不易掌控。於是以移出部份槽液而僅補充較少新液，以完成局部更新的效果，謂之Bail Out。目前採用非溶解性陽極（DSA）的盲孔填銅產線，為了減輕氧氣對添加劑破壞所累積的有機雜質污染，都採用此種不得已的做法。

Balanced Transmission Lines 平衡式傳輸線

指傳輸線體系中的訊號線，是由兩條相鄰平行線併成。這種平衡電路（Balanced Circuit）也稱為"差動線對"（Differential Pair）或差動線（Differential Line大陸稱差分線），又稱為耦合（Coupled）式傳輸線。至於由單條訊號線所組成的傳輸線，則稱為"未平衡式傳輸線"（Unbalanced Transmission Lines）。

此種雙條式"差動線"其特性阻抗值的量測，須用到TDR的兩組"取樣器"（Sampling Header），分別產生極性相同或相反的兩個梯階波（Step Wave）使進入兩條訊號線中。若兩梯階波之極性相同時，則從示波器所得讀值稱為"偶模阻抗"，須再除以2始得"共模阻抗"（Zcm）。若二梯階波之極性相反時稱為"奇模阻抗"，如須將讀值相減再除以2始得到"差動阻抗"。在現場實測時儀器的軟體將會自動計算而得到所謂的Z_0值（讀成Z none）。

BALANCED TRANSMISSION LINES

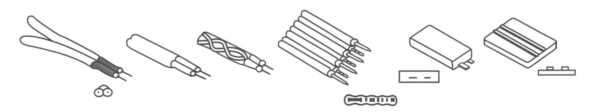

Ball Grid Array 球腳陣列（封裝）

是一種大型元件的引腳封裝方式，與QFP的四面引腳相似，都是利用SMT錫膏焊接與電路板相連。其不同處是將羅列在四周的"一度空間"線性單排式引腳，如鷗翼形伸腳、平伸腳，或縮回腹底鉤狀的J型腳等；改變成腹底全面陣列或局部陣列（Area Array）者，採行二度空間面積性的銲錫球腳分布，做為晶片封裝體對電路板的焊接互連工具。不但接腳增多且間距變鬆。

BGA是1986年Motorola公司所開發的封裝做法，先期是以日本三菱瓦斯公司的BT有機板材製做成雙面載板（Substrate），代替傳統的金屬腳架（Lead Frame）對IC進行封裝。BGA最大的好處是腳距（Lead Pitch）比起QFP要寬鬆很多，因而良率得以提高，板面得充分利用。先前許多QFP的腳距已緊縮到12.5 mil甚至9.8 mil之密距（如90年代筆記型電腦所用Daughter Card上320腳CPU（Pentium）的焊墊即是，其裸銅墊面上採超級銲錫（錫膏）Super Solder法施工，以減少密腳的短路），使得PCB的製做與下游組裝都非常困難。但同功能的CPU若改成腹底全面列腳的BGA方式時，其腳距可放鬆到50或60 mil，大大舒緩了上下游的技術困難。

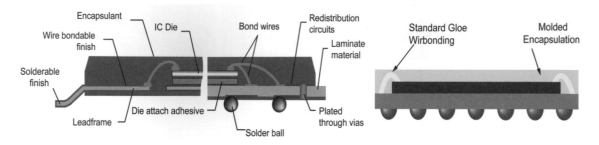

▲ 左為傳統金屬腳架（Lead Frame）式的鷗腳封裝與右半有機載板BGA球腳封裝兩者之對比

▲ 最基本BGA之Die up結構

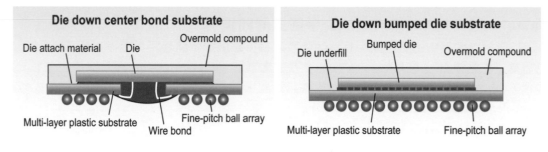

▲ 高功率方便散熱的Die Down式與現行CPU、北橋、繪圖晶片所採用覆晶式BGA組成的簡單示意圖

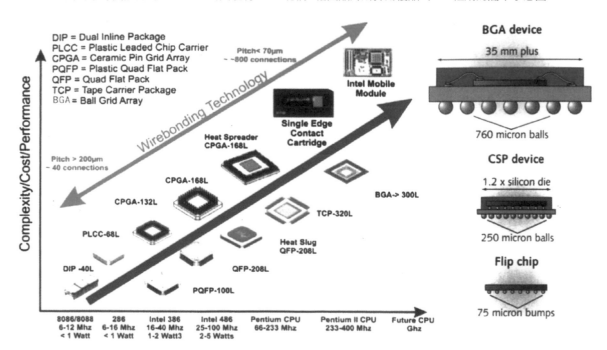

常見BGA類之產品形式很多，試舉五類如下，即：

①塑膠質載板（板材為BT）的P-BGA（有雙面及多層），此類國內早已開始量產。

②陶瓷載板的C-BGA，單價昂貴用量很少

③以TAB方式封裝的T-BGA，已逐漸消失

④只比原晶片稍大一些的超小型μ-BGA

⑤其他特殊BGA，如Kyocera公司的D-BGA（Dimpled）及Prolinx公司的V-BGA（已淘汰）等。後者特別值得一提，因其產品首先在台灣生產，且十分困難。做法是以銀膏做為層間互連的導電物料，採增層法（Build-up）製作的V-BGA（Viper），此載板中因有兩層厚達10 mil以上的銅片充任散熱層，故可做為高功率（5～6W）大型IC的封裝用途。由於手機與PDA的盛行，致使小型CSP更為快速發展，2007年的3G手機板上不但已採用封裝體內兩疊或三疊的晶片與打線，且更已在外部組裝上PoP（Package on Package）的重疊式CSP了。

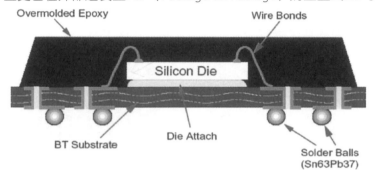
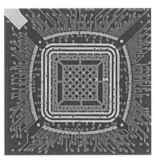

▲ 此為IPC-7095B（2008.3版本，厚達80頁）之 Fig3-6，說明最常見低功率 Die up 封裝方式之示意圖，右為編者補充之正頂面中間安晶區及外圍打線用的雙道金手指環列承墊真實圖，左上角黃色鍍金處即為填膠的入口。

Ball Pull Test 拉球試驗

是利用專機（Dage 4000，最新者為4000HS之高速機）與特殊工具將已焊妥的錫球（SAC305）自板面銲墊上夾牢並拉起，以觀察其焊接強度如何的品質試驗法，與觀察斷面進行失效分析。

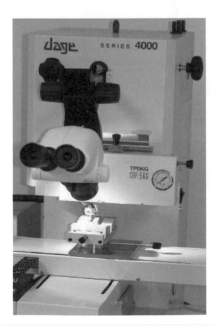

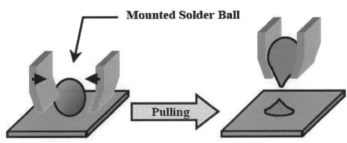

Solder ball pull Test conditions
Equipment : Dage #4000 / Tool Rate : 170um/sec
Flux : RMA-type / Alpha metal R5003
Reflow Condition : Hot plate 230/40sec (Sn–Pb)

Class 1
12% - 25% void area

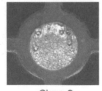
Class 2
4% - 12% void area

Class 3
0% - 4% void area

Ball Mounting 植球

　　BGA或CSP之底部全面性球腳IC封裝體，在完成頂部正面晶片之封膠後，最後還要將封件翻面使其腹部朝上，然後在每個球墊上加印黏度頗大的助焊膏，再將大小相等的錫球全數定位貼著貼穩，隨即再經熱氮氣之回焊（Reflow）即完成植球的焊接動作。此處改採助焊膏而不用錫膏的原因除了節省成本外，尚可減少高度變異而維持全部球腳的高低在規格之內（大型BGA須小於3 mil），以便於後續下游的組裝。

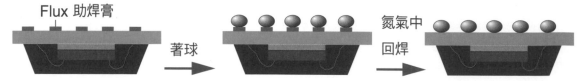

Flux 助焊膏　　著球　　氮氣中回焊

Ball Pitch 球距（球心到球心的跨距）

　　當封裝載板（IC Substrate）完成腹底植球後，其球心到球心的空間距離稱之Ball Pitch。

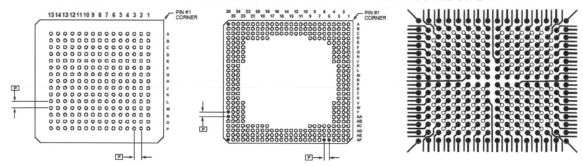

Ball Shear Test 推球試驗

　　是針對已焊妥的錫球（例如SAC305），採專用機具（如Dage 4000 HS）之工具進行推球試驗，以瞭解其焊接強度如何。其失效模式可分為5類，以1、5兩類最好，2、3、4三者最差。早

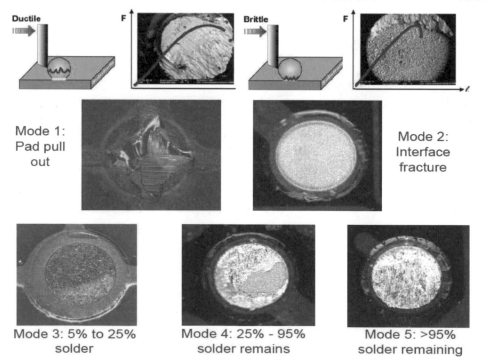

Ductile　F　　Brittle　F

Mode 1: Pad pull out　　Mode 2: Interface fracture

Mode 3: 5% to 25% solder　　Mode 4: 25% - 95% solder remains　　Mode 5: >95% solder remaining

先業界均採低速（1-2mm/s）推球試驗，發現SAC305的強度比63/37者好。目前為了模擬手機產品的掉落試驗（Drop Test）起見，已漸改為高速（1000mm/s）推球以更接近事實。

Bandwidth 頻帶寬度、頻寬、帶寬

此詞在無線電領域中原本是指其頻帶（Band）中，於最高頻率與最低頻率之間某種設備所能涵蓋的範圍而言。但後來在元件封裝與PCB組裝的領域中，也就是對數位訊號傳輸方面的敘述，卻是另指某一條傳輸線（Transmission Line，由訊號線、接地層與介質層三者所組成）系統中，對某種方波訊號進行波動之傳播（Propagation）時，其可靠之脈衝率（即每秒鐘有多少次方波，單位為Hz，亦即工作頻率或時脈速率）稱為頻寬，與前者意義並不相同。

對於多股訊號線（傳輸線三成員之一）所組成的"數據匯流排"（Data Bus）來說，其Bandwidth則是指單一訊號線中的脈衝率，再乘上平行傳輸的訊號線線數目所得最高的總Hz數，是一種系統工作頻率的上限，很難由字面上聯想到實際上的含意。這是原詞使用或轉用時的不夠謹慎，若按字面直譯時則極易混淆不清。以電腦主機板或附插板各元件間傳送數據（data）的速率而言，單股訊號線中是以每秒持續送出多少個位元組（Byte，大陸稱字元或碼流）為單位（Byte per Second，BPS），而一個Byte又等於8個Bit（位元或碼），每秒鐘送出多少個Bit（Hz）則稱為工作頻率或時脈頻率。若電腦之匯流排中8條訊號線中，則可得到單一訊號線傳送BPS的8倍，此種單位時間內所能傳送BPS的上限也稱為頻寬。目前這種電腦語言的頻寬，與早先無線電的頻寬其意義已大不相同了。

元件拉近傳輸線變短則可降低多股排線因遠近而先後到達之差時（skew）困擾。

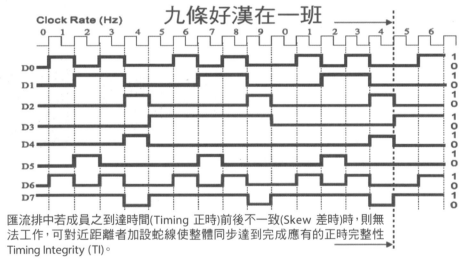

匯流排中若成員之到達時間(Timing 正時)前後不一致(Skew 差時)時，則無法工作，可對近距離者加設蛇線使整體同步達到完成應有的正時完整性 Timing Integrity (TI)。

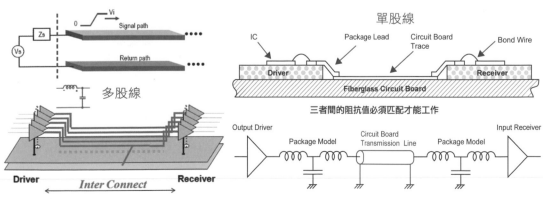

Banking Agent 護岸劑

是指在蝕刻液中所添加的有機助劑（Additives），使其在水流沖刷較弱的線路兩側處，可產生一種皮膜附著的作用，以減緩銅材被藥水側面攻擊的力量，進而發揮降低側蝕（Undercut）的程度，是細線路蝕刻的重要條件，此劑多屬供應商的機密。

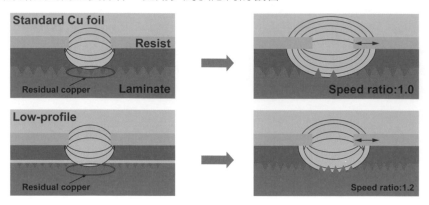

Bar Chart 直方圖

是各種管理技術所常使用的簡示圖，可由直方圖的高低在很短時間看出一些長期趨勢與動向來。

Bar Code 條碼

完工出貨板面某一角落，常貼有如大賣場眾多商品方便計價之線性式條碼，使板子的性能特徵與必要資料等一經讀碼機掃描即可一目瞭然，減少翻閱文件的麻煩。當然也可做二維面積式的另類條碼（亦稱為Data Matrices），此等資料之標誌（Label）與判讀器都很簡單便宜，可惜的是不能修改且資料儲量也太少，只能用在某些識別證用途。

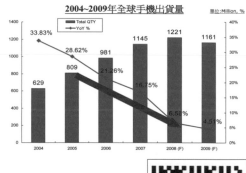

Bare Board 空板、未裝板（大陸業者稱光板）

指已完工待交運下游組裝客戶的出貨板。

Bare Chip Assembly 裸體晶片組裝

從已完工的晶圓（Wafer）上切下的晶片，不按傳統之IC先行封裝成體，而將晶片直接貼裝在電路板上，然後再打線封膠謂之Bare Chip Assembly。早期的COB（Chip on Board）做法就是裸體晶片的具體使用，不過COB是採晶片的背面黏貼在板子上再行打線及膠封。此兩種先進做法統稱為

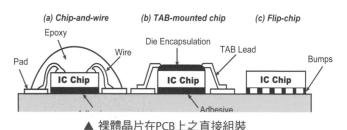

▲ 裸體晶片在PCB上之直接組裝

Direct Chip Attach（DCA），是電子構裝最理想的終極目標，目前仍只能以封裝載板Substrate做為安裝的基地。而新一代的Bare Chip卻連打線也省掉，是以晶片正面的各電極點，直接反扣熔焊在板面各配合凸塊上，稱為Flip Chip "覆晶" 法。或以晶片的凸塊反扣裝接在TAB的內腳上，再以其外腳連接在PCB上。此二種新式組裝法皆稱為 "裸體晶片" 組裝，可節省整體成本約30%左右。

Barium Titanate 鈦酸鋇

　　埋入式電容器為了要能儲蓄更多電容值（$C=\dfrac{\varepsilon_r A}{d}$）起見，不但要加大其正負兩極的重合面積（式中之A），還得逼薄其間距（d）以及提高其介質常數（D_k or ε_r）。早期杜邦公司即發現人工材料鈦酸鋇的D_k可高數千之譜。2005年在美舉辦的ECWC 10其中S11-2日本學者發表論文，說奈米級的鈦酸鋇微粒（70nm）的介質常數D_k（或另稱相對容電率Relative Permittivity ε_r）可高達15,000。此種人工合成奈米級的粉體材料，對埋入式電容器將帶來更大的利多。下式及附圖即為其發表的做法與成品。

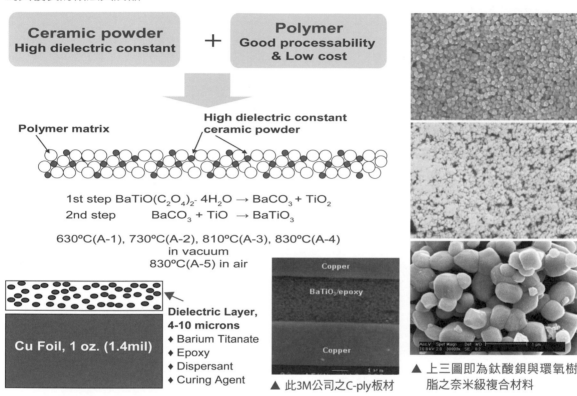

1st step $BaTiO(C_2O_4)_2 \cdot 4H_2O \rightarrow BaCO_3 + TiO_2$
2nd step $BaCO_3 + TiO \rightarrow BaTiO_3$

630°C(A-1), 730°C(A-2), 810°C(A-3), 830°C(A-4)
in vacuum
830°C(A-5) in air

▲ 此3M公司之C-ply板材

▲ 上三圖即為鈦酸鋇與環氧樹脂之奈米級複合材料

Barrel 通孔銅壁、滾鍍

　　在電路板上常用以表示PTH的孔壁，如Barrel Crack即表銅孔壁的斷裂。但在一般電鍍製程中卻用以表示"滾鍍"的滾桶。是將許多待鍍的小零件，集體堆放在可轉動的六角型滾鍍桶中，以互相搭接的方式與藏在其內的軟質陰極導電桿連通，而在直立上下轉動中進行翻滾彼此傳電的電鍍，這種滾鍍所用的電壓比正常電鍍約高出四倍，即9V左右。

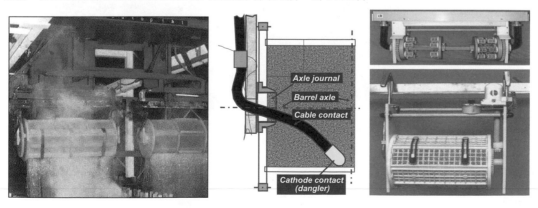

Barrel Crack 孔銅壁斷裂

多層板的PTH鍍通孔,在焊接過程中Z膨脹其實是扮演一種鉚釘的效果,由於無鉛焊接高溫中板材樹脂的Z膨脹高達250-300ppm/℃,至於銅材的CTE不管在X、Y、Z方面都只有17ppm/℃而已。近年來電鍍銅的技術在半導體晶圓改為銅製程後已大幅進步,目前延伸率超出30%以上已不是難事,因而焊接兩三次尚不至於斷孔,但長時的溫度循環(TCT)或IST可靠度試驗後所發生的斷孔或局部裂孔,則屬金屬疲勞(Fatigue)的失效行為,並不一定是電鍍銅的品質不好。

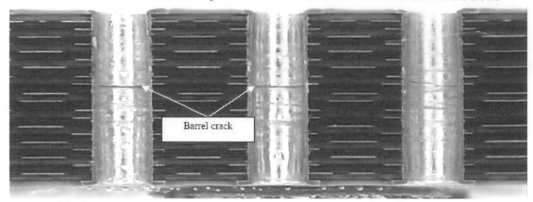

Barrier 障礙層

電路板之板邊連續接點(Edge Connector,即俗稱之金手指),其各裸銅獨立承墊電鍍黃金之前,需先鍍100μ-in的電鍍鎳,目的為了在阻止黃金原子對銅原子之互相"遷移"(Migration)作用,此種底鍍鎳層即稱為Barrier。

Base Material 基材

指CCL板材的樹脂及補強材料(含玻纖布玻纖蓆或填充粉料SiO_2等)所組成的本體部份,可當做為銅線路與導體的載體及絕緣材料。

Baseband Area 基頻區、基帶區

是指行動電話手機板上密集線路的數位(Digital)邏輯處理區,其與類比(Analog)訊號射頻(RF)管轄區之性質截然不同。基頻區不但線路密集,零件也多為主動元件且極度緊縮、線路細密,為數位資訊的密集處理區,通常採用Mini-BGA、μ-BGA、CSP等小型元件。至於射頻區(RF)雖然線路簡單,零件不多,但對導體蝕刻要求極嚴,不允許太大的側蝕存在,原因是將其蝕刻的線當成元件看待之故。右圖(原尺寸)右側多顆CSP之密集組裝區即為基頻區,左側空曠處即為射頻區。

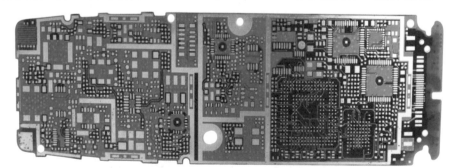

▲ 此為1998所生產1+4+1厚度21mil之手機板,右端即為基頻區。

Basic Grid 基本方格

指電路板在設計時,其導體佈局定位的縱橫格子,做為設孔與佈線的依據。早期的格距為

100 mil，目前由於細線密線的盛行，基本格距已再縮小到50 mil甚至更密，電性測試方面稱之為Double Spacing。

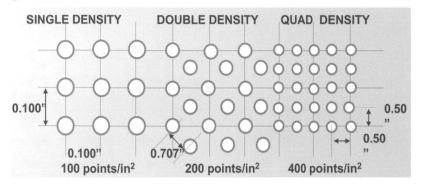

Batch 批

指在同時間發料某一數量（批量）的前後多批板子，是以批為單位之整體方式在製程中及品檢中進行作業，稱為"生產批"或"檢驗批"。此字有時也指某一濕式製程站的槽液，在完成一定板量的處理後即予更換新藥水，稱為"批式處理"。或非連續之生產方式，如手動曝光者即批式製程。

Baume 波美度

是一種英制系統的液體比重表示法，是為紀念法國化學家Antoine Baume，而取其姓氏為液體物質的比重單位，其與公制比重的換算如下：
- 將4℃純水之密度當成1 g/cm³;將其他各種同體積物質對此"純水"的比值做為比重，此即為公制之"比重"值（Sp.Gr.; Specific Gravity）。
- 凡液體比水重者，其Be值為：Be＝145－（145 / Sp.Gr.）。
- 凡液體比水輕者，其Be值為：Be＝140 /（Sp.Gr.－130）。

Beam Lead 光芒式的平行密集引腳

是指"捲帶自動結合"（TAB）式的載體引腳，可將裸體晶片直接焊接在TAB的內腳上，並再利用其發散放射式的外腳焊接在電路板上，這種做為晶片載體的櫟式平行密集排列引腳，稱為 Beam Lead，不過此種TAB的封裝法目前已極為沒落，將來很可能會消失。

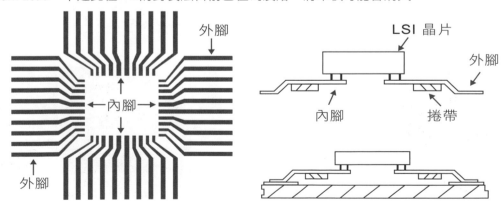

Bed-of-Nails Testing 針床測試

板子在進行斷短路（Open / Short）電性試驗時，需備有固定接線的針盤（Fixture），其各支探針的安插，需配合待測板之通孔或測墊的位置，在指定之電壓下進行電性測試，故又稱為

"針床測試"。其實這種電性測試的正式名稱應為Continuity Test，即 "連通性試驗" 才對。

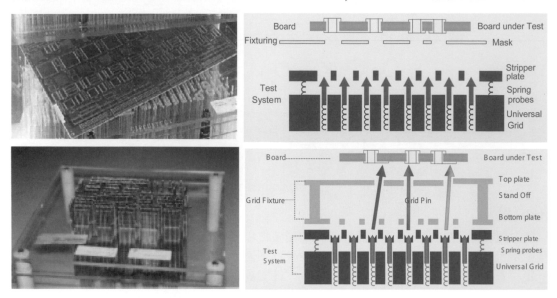

Bellows Contact 彈片式接觸

指板邊金手指所插入的插座中，有一種扁平的鍍金彈簧片可與鍍金的手指面接觸，以保持均勻與足夠的接觸壓力，使電子訊號容易流通。

Bend Redius 彎曲半徑

指軟板彎折區的曲徑半徑而言，當彎曲處的直徑愈小時其板材的延伸率（Elongation）要愈大才行。且彎曲處（含銅材）的外緣是呈現拉伸應力，而內緣則呈現壓縮應力，至於微觀時中心處則將呈中性無應力的狀態。

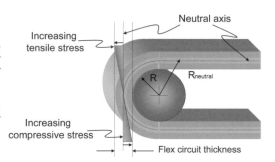

Bend Test 彎曲試驗

SMT零件貼裝完工後，為了瞭解其焊點之可靠度起見，刻意將組裝產品的零件朝下（尤其是表面性的BGA）做 "三點壓彎" 或 "四點壓扭" 的拉伸方式，觀察變形後焊點強度極限如何的試驗，稱之為Bend Test，早期插孔組裝者則無此種顧慮。

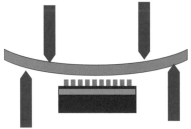

Bending Zone 彎折區

當軟板需彎折時，為了減少銅層與基材之間可能出現的浮離起見，應將銅線的走向做到與彎折呈直角關係，以減少彼此間受損傷的面積，此種實務經驗與硬板不同。

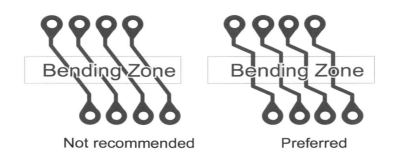

Bending Zone　Not recommended　Bending Zone　Preferred

Bendability 可彎曲性、彎曲能力

為動態軟板（Dynamic Flex Board）板材之一種特性，例如電腦磁碟機的列印頭（Print Heads）所接引之軟板，其品質即應達到十億次的"彎曲性試驗"。

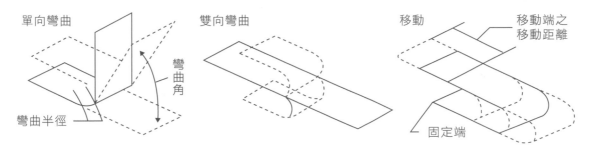

單向彎曲　雙向彎曲　移動　移動端之移動距離　彎曲角　彎曲半徑　固定端

Bernoulli Effect 柏努力效應

英國物理學者柏努力在兩個世紀以前發現，當空氣流動速度較大的地方其氣壓反而變小，飛機翅膀快速移動中產生浮力就是利用此種原理。而且對於其他流體（例如水流）也有相同的效應。為了使電鍍銅槽液得到更高速的沖流或水箭起見，可在過濾機回水管路上加裝多枚噴流器（Eductor），即可利用柏努力原理而得到更強力的水箭衝射，使深孔或盲孔鍍銅得到更好槽液的質量傳換（Mass Transfer）與趕走氫氣，而在鍍層上取得有利的品質。

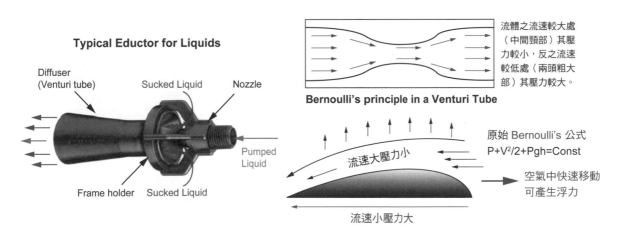

Typical Eductor for Liquids

Diffuser (Venturi tube)　Sucked Liquid　Nozzle　Pumped Liquid　Frame holder　Sucked Liquid

流體之流速較大處（中間頸部）其壓力較小，反之流速較低處（兩頭粗大部）其壓力較大。

Bernoulli's principle in a Venturi Tube

原始 Bernoulli's 公式 $P + V^2/2 + Pgh = Const$

流速大壓力小　流速小壓力大　空氣中快速移動可產生浮力

Benzoxazine 苯基噁嗪

這是現行三種重要無鹵型混合式環氧樹脂之一，是日立化成公司的專利配方，由其結構式中可見到是一種所謂富氮型（Nitrogen Rich）吸水低某種程度的耐燃板材，當然還要搭配有機磷（重量比2%以下）的協同作用（Synergistic，意指1+1大於2）才能讓此種無鹵板板材通過UL94 V-0的阻燃規定。目前台灣CCL業者台光電子材料公司已取得日立化成的授權進行製造與銷售，並自行研究性能更好的富氮樹脂。其特點是板材呈現明顯橘色外觀，切片則呈現棕色畫面。

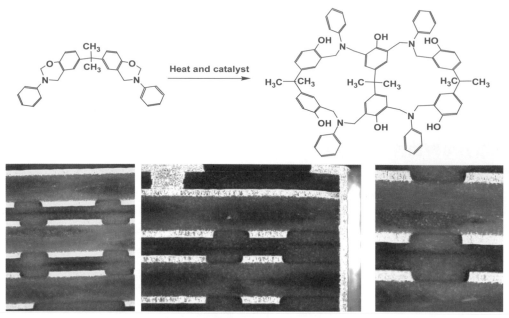

▲ 此三圖即為台光E-285之暗場切片

Beta Ray Backscatter 貝他射線反彈散射

是利用同位素不安定特性所發出的輻射線，使透過特定的窗口打在待測厚的鍍層樣本上，並利用測儀中具有的蓋氏計數管，偵測自窗口反彈散射回來部份的射線，再轉換成厚度的資料（ASTM B-567）。一般測金層厚度儀，例如UPA公司的Microderm即利用此原理操作。

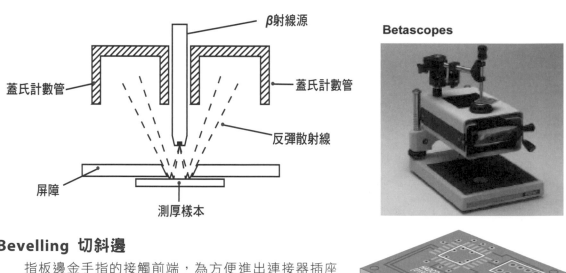

β射線源

蓋氏計數管　　　　蓋氏計數管

反彈散射線

屏障

測厚樣本

Betascopes

Bevelling 切斜邊

指板邊金手指的接觸前端，為方便進出連接器插座起見，特將其板邊上下兩直角之緣線削掉，使成30°～45°的斜角，這種特定的機工動作稱為"切斜邊"。

Bias 斜張網布、斜織法、偏壓

指網版印刷法的一種特殊張網（繃網）法，即捨棄掉網布經緯方向與外框平行的正統張法，故意令網布經向與兩側網框的縱向形成22°之斜向組合。至於圖形版膜的貼網，則仍按網框方向進行正貼。如此在刮刀往前推動油墨時，會讓油墨產生一種側向驅動的下擠力量。尤其在綠漆印刷時，可令其接觸油墨的線路後緣有較充足的油墨分佈。不過這種"斜張網"法卻很浪費網布，故從成本著眼時，仍可採用正張網，但卻也可改為斜貼版膜之方式，或往返各印一次，亦能解決漏印的問題。Bias也另指網布經緯紗不垂直的織法。此詞亦用於PCB板面或板內兩相鄰導體間電壓之差異而言，稱為偏壓。

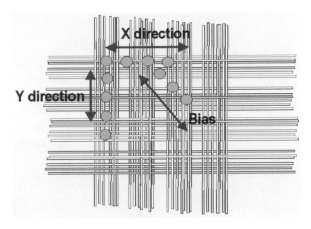

Bi-level Stencil 雙階式鋼版（板）

指印刷錫膏框架上所用的不鏽鋼模片，其本身具有兩種厚度（例如8mil與6mil），該刻意蝕刻之較薄區域可刮印腳距更密的焊墊。本詞又稱為Multi-level Stencil或稱為Stepped Stencil。

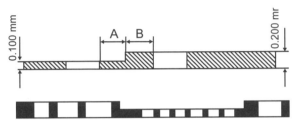

Binder 黏結劑

各種積層板中的接著樹脂部份，或乾膜之阻劑中所添加用以"成形"而使整體不致太"散漫"的固著劑或可形成固化類之化學品。

Biochemical Oxygen Demand 生化需氧量（BOD）

是一種針對污水廢水之污染量分析與檢驗的品質指標。

Bipolar Electrodes 偶極性電極組

係在某電解槽之正極與負極之間，另外加入某種金屬極板但卻不再分別引入電流，如圖中正負兩極間所增加的15片不帶電的金屬薄板。於是在真正兩片帶電極板所具有電場的感應下，其各片不帶電板子的兩面，分別被感應成極性相反卻可帶電的表面，於是在同一電解槽中卻形成了16個小槽，比原始一個大槽整整多出了15個各自工作的電解槽。

此種儘量利用槽液空間的做法，可施之於蝕刻液中銅份的電鍍回收，只要將原始電解槽的電壓提高16倍，其每片偶極性的電極板在同樣電流下，其單面上即可鍍得相同重量的銅層。此種做法可省掉15片板面所需的電纜與整流器，只要用一具高電壓與低電流的直流供電器即可，遠比低電壓與高電流的做法要容易多了。可用於電解回收的領域。

Bismaleimide Triazine（BT）BT樹脂

是一種由日商三菱瓦斯在1989年所開發的熱固型樹脂，是將前者"雙順丁烯二酸醯亞胺"與後者"三氮呷"兩種單體所共同聚合而成的高T_g（接近200℃）複合樹脂。由於加強剛性而減少高溫中的板彎板板翹且低$D_k$$D_f$的電性也很好，故多用於封裝載板（BGA、CSP）之領域。

▲ BT樹脂聚合反應式

▲ BT樹脂硬化後的結構式
其T_g高達200℃以上

Bits　頭、針尖

指各種金屬工具可替換之尖端，例如鑽針（頭）Drill Bits，板子切外形所用的旋切頭Routing Bits，或焊槍之烙鐵頭Solder Iron Bits等。

Black Oxide　黑氧化層（皮膜）

為了使多層板在壓合後能保持最強勁的固著力起見，其內層板的銅導體表面，為了增加表面積及防止樹脂聚合反應之攻擊銅面起見，必須要先做上黑氧化處理層才行。目前這種銅面粗化處理，又為適應不同需求而改進為棕化處理（Brown Oxide）或紅化處理，或黃銅化處理。為了減少無鉛焊接後的爆板與楔形孔破(Wedge Void)起見，一般黑化處理皮膜還需做後續減短絨毛的耐酸處理，並可加強其固著強度。（圖片係取材自阿托科技）

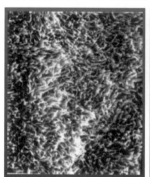

▲ 此為FIB切片搭配FE-SEM所見銅面黑氧化皮膜（CuO較多）高倍放大如草皮狀的真像

Black Hole　黑孔製程

是一種由碳粉組成的皮膜塗佈在鑽孔的裸孔壁上（Black Hole），完成可導電而得以進行後續電鍍銅的互連（Interconnection）的工作。也就是可替代PTH化學銅的任務，而具有簡化流程節省成本的好處。黑孔技術是1985年由美商Olin所引進到PCB業界，此技術最早是由一家Hunt的美商所開發，後來Hunt被Olin所併購，最後由麥特公司（MacDermid）取得此項Black Hole的主權，目前仍在一些商品多層板（以四層板為主）的自動線中使用。而另一種Shadow黑影製程則為美商Electrochemicals公司（2008年改名為OMG）之產品，也仍然在業界中活躍。

Black Pad 黑墊、黑盤

採ENIG做為可焊性表面處理時，若EN藥水老化或金水遭有機污染，以致在金水腐蝕性增強與Ni的氧化太快而來不及溶走之際，即遭快速沉積黃金的阻絕去路，進而在金層底部生成富磷與氧化鎳之複雜黑色物質。且經常在化鎳層瘤體之交界面處生成黑色物質並繼續擴大，且還能出現銲錫性尚好的假象，但銲點強度卻是一塌糊塗而導致後果悲慘的下場。一般治標的方法是控制EN槽液的壽命不可超過4個MTO，但無鉛焊接仍難以全身而退。

> 黑墊形成之機理及焊點強度不足的真因（Root Cause）如下：
> 1. IG反應時走了一個瘦鎳來了兩個胖金，去路被堵下未走的鎳只好以NixOy 留在介面。
> 2. IG置換沉積中鎳走磷不走，於是形成富磷（Phospher Rich 此層太厚者強度將大減）。
> 3. 下游焊接中鎳又二次出走（去形成Ni₃Sn₄的IMC）磷仍未走，再度富磷（達15%以上）。
> 4. 黑墊=NixOy+1次P-rich+2次P-rich（大多出現在EN的瘤界中）。
> 5. 化鎳浸金層焊點後續老化過程中，還會有Ni₃P的脆性介面出現，以致強度更差。

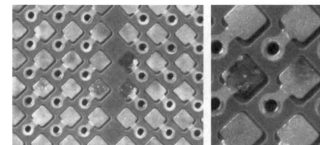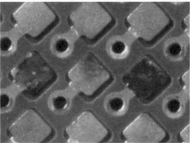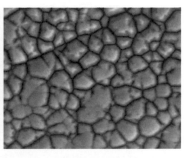

▲ 當化鎳藥水老化（例如4個MTO以上）或浸金藥水有機污染進而對化鎳層出現過度咬蝕時，則將容易形成黑墊問題。對後續銲點強度有絕對不良的影響，甚至還能用牙籤就可推斷銲點。但其銲錫性卻仍然看來不錯，經常造成很多誤解與煩惱。而一般不學無術姿態卻極高的下游客戶們，竟然還不斷要求繼續ENIG之焊接表面處理，其可悲處只能頓足與長嘆！

Blanking 衝空、衝斷

利用衝模方式，將板子中央無用的部份予以衝切（Punch）掉。

Bleach 漂洗

指網版印刷準備工程中，為使回用網版的網布與版膜（Stencil）或感光乳膠之間產生更好的附著力起見，須將用過的網框網布利用漂白水或細質金鋼砂粉為助洗劑，予以刷磨洗淨及粗化，謂之Bleach。

Bleeding 滲流

在電路板製程中常指完成通孔銅壁電鍍後，可能尚有破洞存在，以致常有殘液流出。有時也指印刷的液態阻劑圖形或乾膜光阻，在後續乾燥過程中可能有少許成份自其邊緣向外溢滲出，經常污染鍍銅藥水。而傳統烘烤式綠漆也常出現這種問題。

Blind Via Hole 盲導孔

指複雜的多層板中，部份導通孔由於只需某幾層之互連，故刻意不完全鑽透，若其中有一孔口是連接在外層板的孔環上。也可利用有孔的薄板，使逐次壓合而成的"壓合盲孔"。這種如杯狀死胡同的特殊孔，稱之為"盲孔"（Blind Hole）。不過近年來對外層的盲孔已改用雷射燒製成孔，且孔徑已縮小到6 mil以下，稱為"微盲孔"（Microvia）。2004年以前微盲孔的電鍍銅只能將其孔壁與底墊連通並達到銅厚0.8mil即可（俗稱Conformal適形鍍銅），自從2005年起HDI內層板的鍍銅填實（Filled）已經不成問題了，而且連全部填銅盲孔任意層互連的ELIC（Every Layer Interconnection；開發者日商Ibiden稱為FVSS）也已上線量產了。

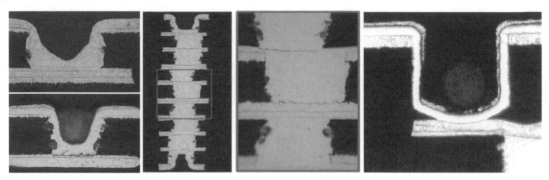

Blister 局部性分層或起泡

在電路板製程中常會發生局部板面綠漆或局部板材間之分層，或局部銅箔與外層之浮離情形，均稱為 Blister。另在一般電鍍過程中方常因底材處理不潔，也常發生由於鍍層內應力之起泡情形，尤其以鍍銀物件在後烘烤中最容易起泡。

電路板板材的中空起泡也常在下游焊接清洗後才發生，此時因零件皆已裝妥無法將全板報廢，只能以挖破另填入樹脂後再壓實使用，其修理方法可參考IPC-7711（電子組裝品重工返工規範）以及IPC-7721（未組裝電路板與組裝板修理法規範）。

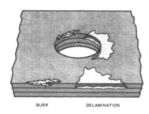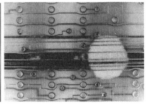

Block Diagram 電路系統整合圖

將組裝板及所需的各種零組件，在設計圖上以正方或長方形的空框加以框出，且利用各種電性符號，對其各框的關係逐一聯絡，使組成有系統的架構圖，以方便整體規劃，特稱之。

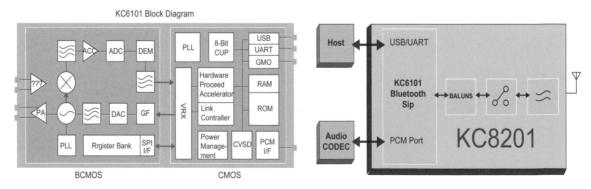

Blockout 封網

間接性網版完成版膜（Stencil）貼合後，其外圍的空網處須以水溶膠予以塗滿封閉及固化，以免在後續實印時造成邊緣的漏墨。

Blotting 乾印

"網版"經數次刮印後，其朝下的全面印面上常有多餘被擠出的殘墨存在，此時須以白報紙代替電路板，刻意在不覆墨情況下以刮刀（大陸業界稱為刮板）空推乾印（假印）一次，以吸收掉圖形邊緣的殘墨而有利於解析度者，稱為Blotting。早期傳統烘烤型綠漆必須要不斷的乾印，才能保持電路板上所印綠漆邊緣清晰的品質。

Blotting Paper 吸水紙、吸墨紙

用以吸收掉多餘液體的紙張，早期烘烤型全環氧樹脂之綠漆印刷時，必須在印完兩三片板子後，即需採用吸墨紙去做不覆墨的乾印，以吸掉網布中過多的油墨，而減少污印的機會。

Blow Hole 吹孔

鍍通孔（PTH）系列製作過程中，若出現各站品質不良之操作時，常會在銅孔壁上出現破洞（Void），此種不良破洞若穿透見底材時，則不免會吸入水份或化學品。此等劣質的通孔一旦在下游進行波焊之填錫灌錫之際，則高溫的劇烈膨脹會迫使破洞中水份迅速氣化並向孔中吹出，

此時已進孔的液態鉛錫將被強力吹開，形成孔中熔融錫柱的空虛部分，對焊接強度自然有害。此種孔壁有破洞且於高溫中會向外噴氣的惡劣通孔，特稱之為吹孔。吹孔為PCB製程不良的具體表徵，必須徹底避免才能在業界立足。

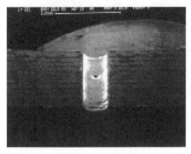
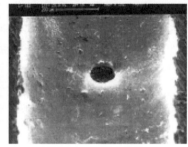
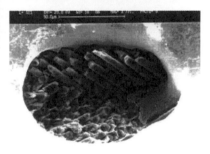

Blue Plaque 藍紋

熔錫或噴錫的光亮表面，在高溫濕氣中一段時間後，常會形成一薄層淡藍色的鈍化層，這是一種錫的氧化物薄層，稱為Blue Plaque。

Blue Print 藍圖

早期各種工程皆有其依據的藍圖，但目前均已採電腦設計根本不用藍圖，即使要用也只是列印出來的主圖（Master Drawing）而已。只有少數印刷工廠過程中的大版面校對畫面仍繼續使用藍圖，其他場合愈來愈少藍圖，反而變成一種工程的代名詞了。

Bluetooth 藍牙／藍芽（短程無線通訊之整合技術）

是以行動電話之手機、筆記型電腦、數位像機，與PDA等為工具，也就是將此等個人電子品當成無線收發報器，在涵蓋十公尺之射頻（RF）範圍（2.402～2.480 Gz，還可再放大功率至100

公尺）內，能將各種資訊產品進行無線之連接，如此將可節省掉固定纜線的麻煩與成本。此種無線連網的高度活動性，亦將使得各種工作與生活變得更為方便。

藍牙本是中古丹麥一位國王的名字，對與挪威之間的和平頗有貢獻。而行動電話大本營的Nokia與Ericsson都出自北歐的國家中，是故1994年在其等主導下的這種技術，仍引用此一奇怪的名字做為"個人無線通訊"計劃的總名稱。

1998年更加入了Intel、Toshiba、IBM等電子業巨擘而共同成立一個特別興趣小組（SIG；Special Interest Group），推動此等可公用的技術與規範。之後又有Lucent、3 Com、Motorola等知名電子商參與而氣勢漸旺，現全球已有1700廠商加入為會員，希望能共享此種新技術的市場大餅。台灣目前亦有宏碁、神通、英業達、廣達、仁寶、羅技、致伸、華邦、電通所及資策會等單位加入。此一全球市場打開後，IC晶片製造與封裝，電路板生產與組裝等行業之商機極大，屆時PCB業者又將會有另類的新生意到來。不過藍牙現行六層板的面積卻很小，只有2 cm×5 cm而已，而且未來還會更小，甚至可能將所用的ASIC直接安裝在原來產品的板面上，則PCB將不會有增加工作的機會了。

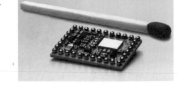

左圖為內藏被動元件藍芽射頻模組
(2003年ITRI電子所發表之樣品)

16.8 mm	11 mm	7.85 mm	7 mm
13.7mm	10mm	9mm	7mm
230mm²	**110mm²**	**71mm²**	**49mm²**

Blur Edge（Circle）模糊邊帶、模糊邊圈

多層板各內層孔環與孔位之間在做對準度檢查時，可利用X光透視法為之。由於X光之光源與其機組均非平行光之結構，故所得圓墊（Pad）之放大影像（即左圖中之灰色圓形區），其邊緣之解像並不明銳清晰，稱為Blur Edge。

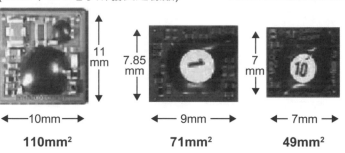

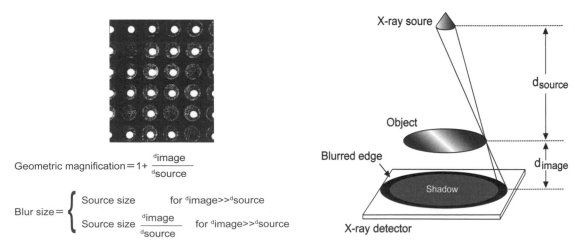

$$\text{Geometric magnification} = 1 + \frac{d_{image}}{d_{source}}$$

$$\text{Blur size} = \begin{cases} \text{Source size} & \text{for } d_{image} >> d_{source} \\ \text{Source size} \dfrac{d_{image}}{d_{source}} & \text{for } d_{image} >> d_{source} \end{cases}$$

X-ray soure

d_source

Object

Blurred edge

d_image

Shadow

X-ray detector

Board on Chip（BOC）載板覆接於晶片（的封裝法）

通常晶片（Chip，大陸稱芯片）是以背面利用銀膏貼合在BGA載板正面中央的旗誌區（Flag Area），然後從晶片上的訊號電極點打金線的第一點（First Bond），再引出打到載板正面的環形鍍金的手指上，稱為打扁形（Wedge Type）的第二點以完成互連，此即為晶片主動面遠離載板所常見Chip on Board式的Wire Bond的加工法。

若將上述做法反其道而行之，也就是將晶片的主動面趨近載板完成打線結合，然後再於載板上植球。此種讓晶片成為載板的基地者特稱為BOC。

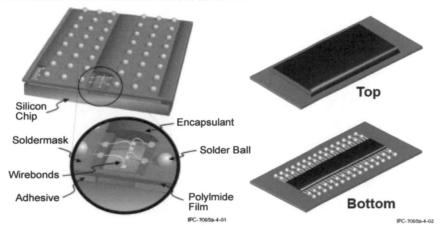

Bomb Sight　彈標

原指轟炸機投彈的目視瞄準之標線式透明幕。PCB在底片製作時，為對準起見也在各角落設置這種上下兩層彼此對準用的靶標。其更精確之正式名稱應叫做Photographer's Target，如下列中之三圖即是。

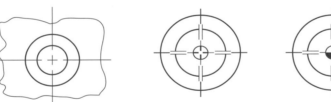

Bond Film　層壓結合膜、棕化製程

這是阿托科技風行已久的內層銅面的水平棕氧化製程，屬取代型皮膜，結合力甚強，各種大小板類均可通過無鹵板材之無錫焊接考驗。此製程之前處理銅面微蝕與粗化非常重要，其晶界性的咬蝕Rz深度可達3μm。且若將銅先做上此種特殊棕化時，將可直接進行雷射鑽孔而不必

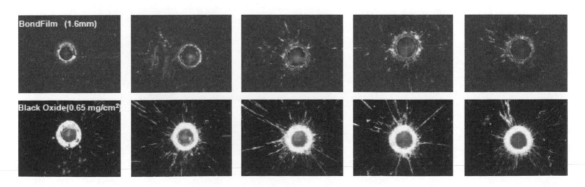

再做開銅窗的動作，在製程簡化下將可大幅節省成本。目前Bond Film經過多次改善之下已有13年的歷史，在全球內層板市場已占55%，台灣占65%，大陸占70%，封裝載板業已達90%以上。

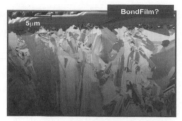

Bond Film的形貌是呈現碎石狀，其附著性與耐酸性均比傳統黑氧化之絨毛狀更好，且對雷射燒孔打到內層銅箔而言，正統黑化鬆散皮膜快速燒蝕後的光滑銅面會形成反光，造成孔壁擴張性的側蝕而得到大肚孔，以致盲孔鍍銅困難與孔底周圍厚度不足。至於Bond Film則因皮膜扎實耗掉雷射能量較多而減少反光之咬蝕孔壁，因而使得鍍銅也更容易孔銅品質也更好。（以上各圖均取材自阿托科技）

Bond Strength 結合強度、固著強度

指基層板材中，欲用力將相鄰層以反向之方式強行分開時（類似撕開），分解每單位長度所施加的力量（例如 lb/in）謂之結合強度，可採用各種數據加以表達。

Bondability 結合性、固著性

指待結合（或接著）的表面，必須保持良好的清潔度與微粗糙度，以達成及保持良好的結合強度，謂之"結合性"。

Bonding Layer 結合層、固著層

常指多層板之半固化膠片層，或TAB捲帶，或軟板等類同板材，其銅皮與聚亞醯胺（PI）基材間的各種接著劑層均屬之。

Bonding Ply（Sheet）接著劑、黏合層

是指靜態軟板做為 PI 基材與銅箔層黏合的膠接層，其本身必須要具備良好的接著性與柔軟性，以因應組裝的需求。

Bonding Sheet
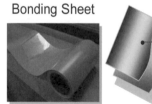
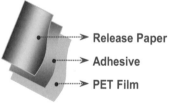
→ Release Paper
→ Adhesive
→ PET Film

Bonding Ply
→ Release Paper
→ Adhesive
→ PI Film
→ Adhesive
→ PET Film

Bond Ribbon 金帶式結合

半導體封裝之晶片（Chip）與金屬腳架（Lead Frame）或載板（Substrate）之間的互連（Interconnection）工程早期一向以打金線（Wire Bond）為主，近年來高端IC已逐漸往高鉛量錫球之覆晶（Flip Chip）進展（2008年約占總產值的12%），而且還會往3D立體封裝之未來遠景邁進。

μBGA Two-Metal Layer Construction.

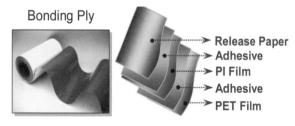
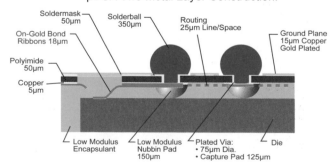

著名封裝業者Teserra曾在其μ-BGA採用一種細帶狀薄銅片鍍金後當成類似"打線"用的互連工具，稱為Bond Ribbon。再搭配其他較柔軟具撓性（Low Modulus）的封裝材料，使得此種μ-BGA更具耐震耐摔的特性。

Bonding Wire 結合線

指從IC封裝內藏的晶片與引腳之間完成打線式電性結合的細線而言，常用者高端產品之金線（直徑1 mil 以下）及平價品的鋁線（10 mil 以上）。

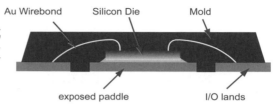

Bow，Bowing 板彎

當板子失去其應有的平坦度（Flatness）後，以其凹面朝下放在平坦的大理石表面上，若尚保持板角的四點落在一個平面上時，則稱為板彎或板翹（Warp或 Warpage），若只能三點落在平面上時，稱為板扭（Twist）。不過通常這種彎翹的情況很輕微不太明顯時，一律俗稱為板翹（Warpage），大陸稱為翹曲。

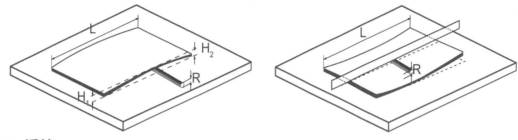

Braid 編線

採用外表鍍錫的細銅絲，編織成圓管狀的網層，套在已有絕緣層的電纜外圍，當成內部高速導線的遮蔽（Shield大陸稱屏蔽）用途，或另當成蓄電池的接地線用。在電路板修理工作中常另用此種編線沾上助焊劑，在烙鐵的高溫協助下，以吸掉孔內或表面焊墊上過多的銲錫稱為Wicking Braid。

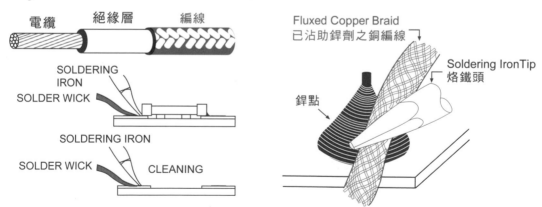

Brazing 硬焊

是指採用含銀的銅鋅合金焊條，採焊溫在425～870℃下進行熔接（Welding）方式，比一般電子工業常見的軟焊或錫焊（Soldering），在溫度及強度方面都要高出很多。

Break Point 出像點、顯像點、露銅點

生產板成像（Imaging）過程中，當待剝除之板面感光阻劑，在自動水平線噴灑碳酸鈉槽液

使之鬆弛軟化與剝落的行走過程中,其板面前緣開始"顯像""出像"(露銅)的時間(或水平線已行走過的長度)稱之為出像點。

以三槽式水平連線為例,PCB行走之第一槽多半是對阻劑進行漲鬆動作,當行走到總長度的45%時即應展現"出像點Breaking Point"(可隨時停機以觀察之)。當走完總長度75%時(落在二槽之區段中)即應全部剝除,剩下的25%行程則可執行高壓沖洗趕走所有的殘膜(Scum)以完成良好的顯像(Developing,一般俗稱的"顯影"其實並不正確。底片是影而板面才是像)。

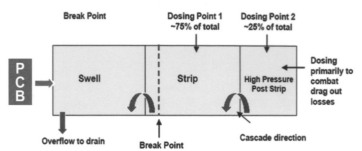

Breakaway Panel 易斷式連板

指許多面積較小的電路板,為了在下游裝配線上插件、放件、焊接等作業的方便起見;以及PCB製程節省成本增加產能起見,特將之併合在一個大板上,以進行各種加工。完工時再以跳刀方式,在各獨立小板之間進行局部旋切外形(Routing)斷開,但卻保留足夠強度的數枚"連片"(Tie Bar或Breakaway Tab)以組成連板,且在連片與板邊之間再連鑽幾個小孔;或上下各切出V形槽口,以利組裝製程完畢後,易於將各單板折斷分開。這種小板子聯合組裝方式,將來會愈來愈盛行,IC卡或行動電話手機板即是常見者。不過切V槽要小心以免無鉛焊接的爆板。

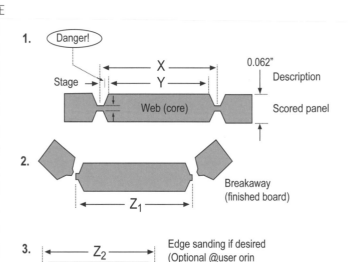

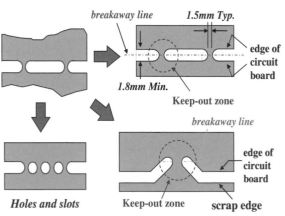

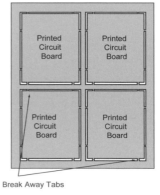

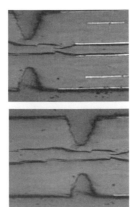

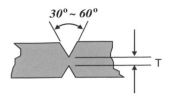

T = 0.9 for CEM-1
T = 0.4 for FR-4

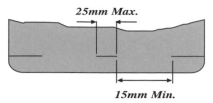

Score Jumping for manual breakaway
or substrate with extended components.

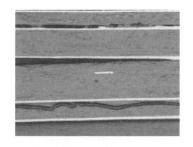

Breakdown Voltage 崩潰電壓、擊穿電壓

造成板子絕緣材料（如基材或綠漆）失效的一系列直流高電壓測試中，引發劣化之最低最起碼之DC電壓即為"崩潰電壓"或簡稱"潰電壓"。由於"薄板"日漸流行，這種基材板的特性也將要求日嚴。此詞亦常稱為介質可抵抗（30秒）之電壓Dielectric Withstanding Voltage。

Break-out 破出

是指所鑽的孔已自事先搭配的銅箔圓墊（Pad）範圍內破出形成斷環情形；即孔位與待鑽的配墊（Pad）二者之間並未對準，使得兩個圓心並未落在一點上。當然鑽孔及影像轉移二者都有可能性造成對不準或破出的原因。但板子好幾千個孔不可能每個都能對準，只要未發生"破出"，而所形成的孔環其最窄處尚未低於規格者（一般是2 mil以上），一般均可允收。

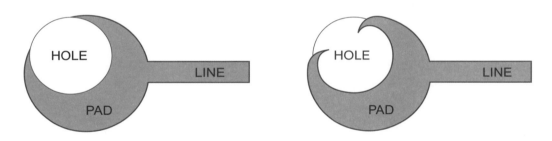

Brittleness 脆性

例如銅面錫球銲點在執行推球試驗時，當用F力而發現到l之應變中逐漸斷裂，其"應力應變曲線圖"（Stress Strain Diagram）出現平滑延伸（塑性）者稱為延性或展性。當其應力到達峰值而曲線呈立即垂直下降者稱為脆性。也就是具韌性者斷在銲料而脆性者卻斷在IMC，相較之下脆性者強度就不足了。若以ENIG焊接BGA球腳為例，若推裂位置在右圖1或2處者都表示是脆性斷裂而強度甚差也。（另下頁四圖取材自阿托科技）。

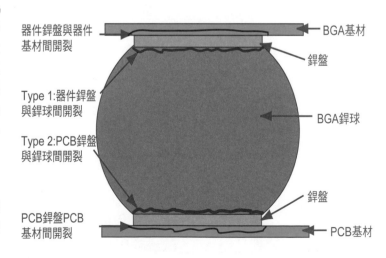

器件銲盤與器件基材間開裂 — BGA基材

銲盤

Type 1:器件銲盤與銲球間開裂

BGA銲球

Type 2:PCB銲盤與銲球間開裂

銲盤

PCB銲盤PCB基材間開裂 — PCB基材

Bridging 搭橋、橋接

指兩條原本彼此相互隔絕（Isolation）的線路之間，所發生的不當短路（Short）而言。

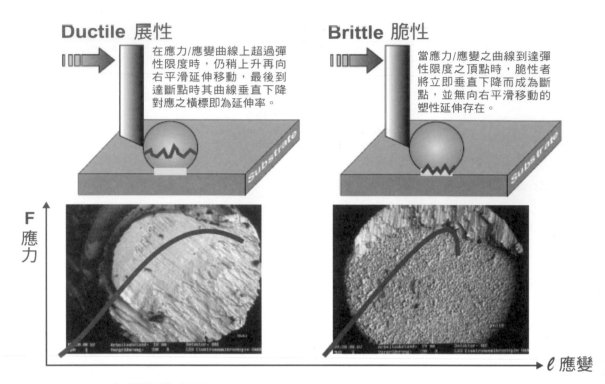

Bright Dip 光澤浸漬處理

是一種對金屬表面輕微咬蝕，使外觀呈現更平滑光亮者，此等槽液濕式處理均可謂之。

Brightener 光澤劑、光劑

是在電鍍溶液中加入的各種有機助劑（Additives），而令鍍層出現平滑反光之光澤外表的各式化學品，廣義上均稱之為光劑，大陸稱為光劑。

一般光澤劑可分為一級光澤劑（又稱為載體光澤劑Carriers）及二級光澤劑。前者是協助後者均勻分佈用的，皆為業者不斷試驗所找出的有機添加劑。

Brown Oxide 棕氧化

指內層板銅導體表面，在壓合之前所事先進行的氧化處理層。此層有增大表面積的效果，能加強樹脂固化後的固著力，並減少環氧樹脂中固化劑（Dicy）對裸銅面的攻擊，降低其附產物水份所引發爆板的機率。一般黑氧化層中含一價亞銅的成份較多，棕氧化層則含二價銅較多，故後者性質也較穩定。不過這兩種製程都要在高溫（80～90℃）槽液中處理（3～5分鐘），對

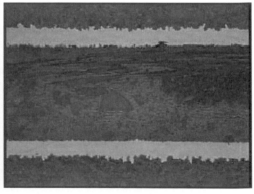

內層薄板既不方便又有尺寸走樣的麻煩,而且氧化膜太厚時還有引發PTH流程中酸液側向攻擊銅箔截面的"粉紅圈"(Pink Ring)後患。

近來業界又有一種新做法出現,即對內層銅面只進行"特殊有機性微粗化"的處理,就可得到固著力良好的多層板。如今無鉛化與無鹵化板材樹脂中,為了使耐熱性阻燃性更好起見,已刻意摻加了多量(重量比10-15%)的SiO_2與$Al(OH)_3$粉末,卻使得多層板的接著力大幅下降,為了避免爆板起見,內層銅面的黑棕化處理前,還必做好銅面的超粗化處理,多層板經多次強熱後才會有較好的固著強度。

Brush Plating 刷鍍

是一種無需電鍍槽之簡易手動電鍍設備,對不方便進槽的大型物件,另以"刷拭法"所做全面或局部電鍍而言。又稱為Stylus Plating畫鍍或擦鍍,通常只做為修補用途。

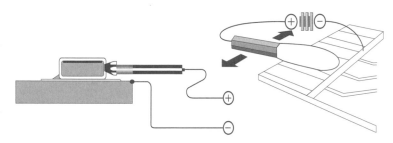

Bubbles(H₂),Gas Bubble 氣泡(氫)

板面在進行已有乾膜光阻的圖形(二次)鍍銅(Pattern Plating)時,陰極表面可能產生的細小氫氣泡逐漸爬行上升的歷程中,有可能被橫列乾膜所阻擋,造成二次銅無法鍍上的圓形凹陷(俗稱Gas Bubble Point,或子彈孔,見電路板會刊18期31頁)。電鍍鎳尤其容易發生小凹點(Pits),也出於氫氣泡或過濾機氣泡附著的作祟。

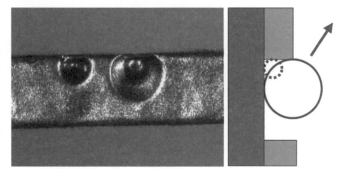

Build-up 增厚、堆積、增層

此詞在金屬表面處理中是指以電鍍方式對某一特定區域予以增厚;但在其他領域的意思為"堆積"或增重增胖。90年以後多層板產品中出現一種"增層"做法,亦稱之為BU。係於完成的雙面或四層多層板後,外層另以背膠銅箔(RCC)或感光介質(PID)等貼合,並以雷射成孔或感光成孔而得到微盲孔(Microvia),成為高密度互連(HDI)的新式"增層法多層板"(BUM),手機板與封裝載板即為常見之產品。

本法是1997年以後才大量生產的高密度板類做法,係將完工的傳統多層板外,再以RCC背膠銅箔的板材與CO_2雷射加工等進行增層,使全板之密集度提高功能加強。

A

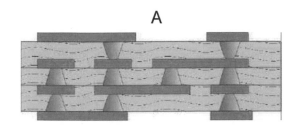

B

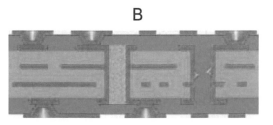

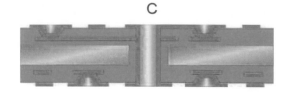

C

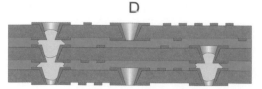

D

IPC-7095b-5-01a,b,c,d

Build-up Multilayer（BUM）增層法多層板

這是1997年以後才盛行的一種新工序，係將已完工的傳統板外，再繼續增加層數而得到更複雜的新式多層板，亦稱為Sequential Build up（BUM）"持續增層做法"或以總名詞HDI（High Density Interconnection）"高密度互連"稱之。目前以廣用於手機板與封裝載板中。

此等BUM在1999年已開始量產，以行動電話手機板之1＋4＋1最為盛行，約占總產量之90%。其主要考量係因多層板外層須安裝許多元件，其等眾多引腳以及為數不少的被動元件，使得板面元件與焊墊已擁擠不堪，於是眾多互連之訊號線只得埋入下一層去。因而原本四層板的兩個外層，不得已之下只好再向外發展，以夾層屋或立體床式的增層來做因應。並以非機鑽的微盲孔（μ-via）方式，讓其等原本同層面之金屬諸元（Features）彼此進行局部互連，而不必再鑽通全板貫穿既浪費又電性不佳的通孔，減少大銅面參考層被刺破的機會，使傳輸線回歸路線（Return Path）得以保持完好，而令訊號完整性（Signal Integrity）的品質更好。且亦可減少深長PTH的寄生電容與電感等不良效應，進而讓雜訊（Noise）得以降低。

早先增層之做法多以背膠銅箔（RCC）與CO_2雷射行之，近年來大板類為了尺寸安定性更好以及降低成本起見，多以改用有各式補強材（如玻纖布）的增層板材，各種嶄新技術也都紛紛出籠，其優勝劣敗的競爭也更極其無情與快速。

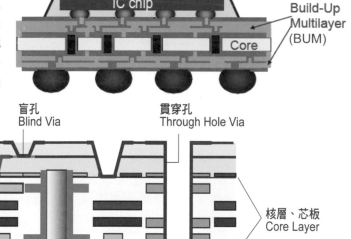

Build-up Process 增層法製程

這是一種全新領域的薄形多層板做法，最早啟蒙是源自IBM的SLC製程，係於其日本的Yasu工廠1989年開始試產的。該法是以傳統完工雙面板為基礎核心板（Core），自兩外板面先全面塗佈液態感光介質如Probmer 52，經半硬化與感光解像後，做出與下一底層相通的淺薄"感光導孔"（Photo-via），再進行化學銅與電鍍銅的全面增加導體層，又經線路成像與蝕刻後，可得到新的導線及與底層互連的埋孔或盲孔。如此反覆加層數將可得到所需層次的多層板。此法不但可免除成本昂貴的機械鑽孔費用，而且其孔徑更可縮小至6 mil以下。

過去5～6年間，各類打破傳統改採逐次增層的多層板技術，在美日歐業者不斷推動之下，使得此等Build-up Process聲名大噪，已有產品上市者亦達十餘種之多。除上述"感光成孔"外；尚有去除孔位銅皮後，針對有機板材的鹼性化學品咬孔、雷射燒孔（Laser Ablation），以及電漿蝕孔（Plasma Etching）等不同"成孔"途徑。而且也可另採半硬化樹脂塗佈的新式"背膠銅箔"（Resin Coated Copper Foil），利用逐次壓合方式（Sequential Lamination）做成更細更密又小又薄的多層板。日後多樣化的個人電子產品，將成為這種真正輕薄短小多層板的天下。

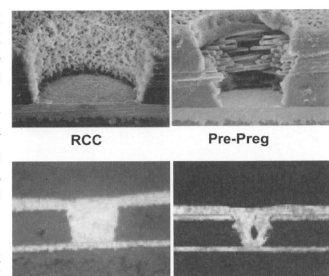

RCC   **Pre-Preg**

**Effect of Glass Reinforcement After
Laser Ablation (top) and Copper Via Fill (bottom)**

自從2002年HDI手機板大幅崛起後，大排板之量產也迅速上線，為了尺寸安定更好起見，所用增層材料也從原先的RCC而改為有玻纖的膠片了。彼時雷射機性能尚不很強時所燒出的孔形很差，以致電鍍銅也很不好，但目前的孔形與電鍍銅均已大幅改善了。

Built-in 內建

此為PCB最新興起的整合技術，係將板面眾多被動元件（Passive Parts）移到板子的內層，以蝕刻的方式做出埋入式電阻器（Buried Resistor），以極薄介質（可增大電容值）夾層方式做出埋入式電容器（Baried Capacitor），如此將大大節省板子外層面積與焊接工程，且可利用多出的板面安裝更多的主動元件，此種做法稱為內建式的BR與BC。不過因現行片式小型被動元件單價極低，加上內建元件的成本仍高，故一時仍叫好不叫座難以流行。

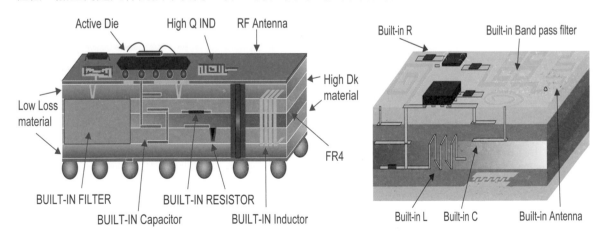

Bulge（Test）鼓起、凸出

多指表面的薄層，受到內在局部性壓力而向外做全面式的鼓出，一般對銅皮的展性（Ductility）進行試驗時，可使用機械方式去擠壓令其鼓出；或使用有色水溶液實施液壓去頂擠被夾緊試驗的銅箔而令其凸起，直到破裂為止，稱為Bulge Test。

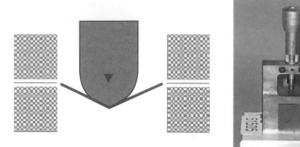
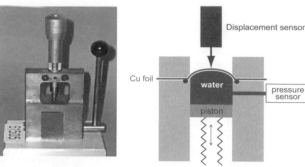

▲ 此處三圖均取材自ATOTECH

Bulk Solution 主槽液、主體溶液

一般水平濕製程連線中，板子行進路程中所用以反應的藥液，是用馬達自底部蓄液槽中所抽上來，採噴灑式溢流操作的，其主槽液中蓄存之藥液即稱之為主槽液。

有時在討論電鍍槽液陰極膜（Cathode Film 亦稱擴散層）或陽極膜之局部少量溶液的反應時，相對的也稱其整體溶液為"主槽液"。

Bump 突塊、凸塊、凸點

指各種突起的小塊，如杜邦公司一種SSD製程（Selective Solder Deposit）中的各種Solder Bumps法"即為"突塊"的一種用途（詳見電路板資訊雜誌第48期P.72）。目前此詞主要用場是在覆晶封裝技術中，晶片與載板互連用途之高鉛小球者特稱之為凸塊。

又，結合用捲帶TAB之組裝製程中，在晶片（Chip）朝上線路面的四周外圍，亦做有許多小型的銲錫或黃金"突塊"（面積約1μm²），可用以反向扣接在各TAB所對應的內腳上，以完成"晶粒"（Chip）與捲帶或"載板"（PCB）的各焊墊的覆晶式（FC）互連。此"突塊"之角色至為重要，目前台灣業界已正在量產此種製程。

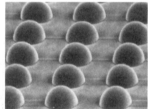
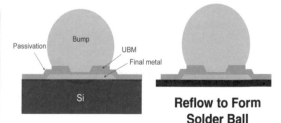

▲ 黃金凸塊的放大外觀　▲ 高鉛銲錫凸塊的放大外觀

Bumping Technology 凸塊封裝技術

是覆晶（Flip Chip）封裝法的重要步驟，係在完工晶圓或晶片之Input / Output各接點上，以黃金或錫鉛等電鍍方式，生長出所要形狀的凸塊，使能覆置於承載板面上預定的多處接點，完成不必打線的直接互連。此種凸塊技術的精密度及品質都要求嚴格，已超越PCB的層次，需半導體業或封裝業在大投資下才能去進行的。

半球型高鉛凸塊（含鉛量90-95%）的製作可分為：高單價精密微錫膏（Type 6）的印刷法，與電鍍錫鉛法等兩種途徑，之後均需氮氣中的回焊重熔才能得長牢在UBM底盤上的高鉛凸塊。下列者為兩種方法的流程圖的比較，以及三種商用專密電鍍製程與回焊凸塊未熔前香菇狀與熔後饅頭狀的比較圖。

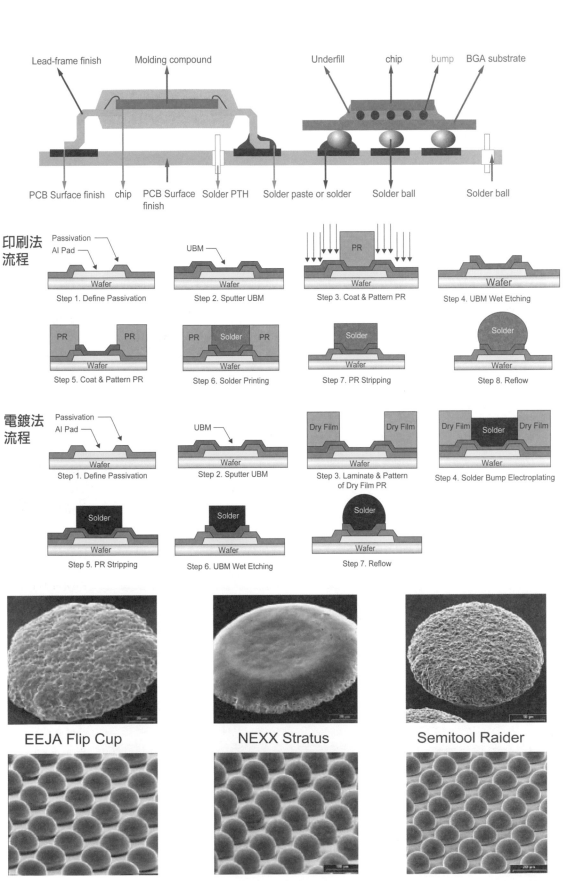

Lead-frame finish　Molding compound　　Underfill　chip　bump　BGA substrate

PCB Surface finish　chip　PCB Surface finish　Solder PTH　Solder paste or solder　Solder ball　Solder ball

印刷法
流程

Passivation
Al Pad
Wafer
Step 1. Define Passivation

UBM
Wafer
Step 2. Sputter UBM

PR
Wafer
Step 3. Coat & Pattern PR

Wafer
Step 4. UBM Wet Etching

PR　PR
Wafer
Step 5. Coat & Pattern PR

PR　Solder　PR
Wafer
Step 6. Solder Printing

Solder
Wafer
Step 7. PR Stripping

Solder
Wafer
Step 8. Reflow

電鍍法
流程

Passivation
Al Pad
Wafer
Step 1. Define Passivation

UBM
Wafer
Step 2. Sputter UBM

Dry Film　Dry Film
Wafer
Step 3. Laminate & Pattern of Dry Film PR

Dry Film　Solder　Dry Film
Wafer
Step 4. Solder Bump Electroplating

Solder
Wafer
Step 5. PR Stripping

Solder
Wafer
Step 6. UBM Wet Etching

Solder
Wafer
Step 7. Reflow

EEJA Flip Cup　　NEXX Stratus　　Semitool Raider

Bump Pitch 凸塊跨距

是指覆晶載板（Substrate or Interposer）上全面性凸塊，彼此前後左右中心到中心的距離而言。圖中之SRO是指圓面式綠漆在銅面上開口的大小。

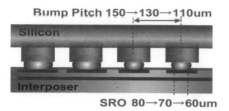

Buoyancy 浮力

固體進入液體時，不管浮沉均將會占有或排開液體部份或全固體的體積，該排開液體體積所具有的重量即為液體對該固體所表現的浮力。電子工業以沾錫天平（Wetting Balance）進行零件腳的銲錫性試驗時，即需先行克服熔錫的浮力（下左圖BCDE曲線向下所涵蓋的藍色面積即為負面性的浮力），才得取得沾錫力量的數據。

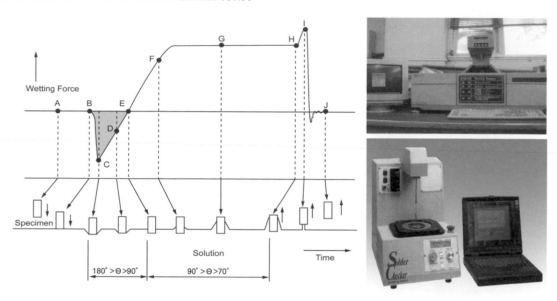

Buried Bump Interconnection Technology（B²it）埋入式錐塊互連技術

此為日本業者"大日本印刷"（DNP）與東芝（TOSHIBA）兩公司於2001年10月合作宣佈成功開發的新型HDI技術。係先在不鑽孔的各內層板面印上特殊錐形銀膏（含環氧樹脂），經熱硬化之後可於多層板壓合中刺穿FR-4膠片而得與另一層銅箔在擠扁銀膏錐尖下而完成互連，也稱為B²it。其流程從雙面板做起，可逐漸增層到所需的多層板。此法既無需鑽孔又不必金屬化與電鍍銅，不但成本降低而且頗有利於環保政策。但其特性銀膏材料卻非輕易可得。目前已在南韓三星電機出品的手機板已展開量產。

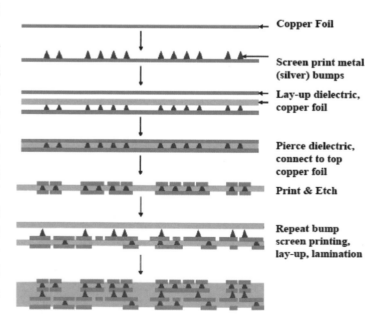

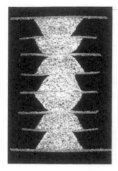 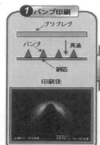   

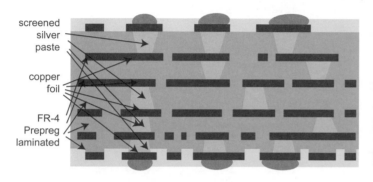 

screened silver paste

copper foil

FR-4 Prepreg laminated

Buried Capacitor（or Resistor）埋入式（內置式）電容器（或電阻器）

　　是目前正在興起中的整合式內建做法，係以銅與鎳之夾層金屬箔之特殊內層板材（如商品之Omega-ply），分別蝕刻掉部份銅與鎳的方式做出來所需的電阻器，或金屬箔夾心薄板蝕刻做出的電容器。並將之壓合在內層板中用以代替板面焊接的多量被動小元件者，特稱之BC或BR。目前埋容已漸進入量產，但埋阻值仍會出現漂移（Drift）失真，故尚未被量產所接受。所附列埋阻圖説明蝕刻法與印刷法所製作之不同電阻器。

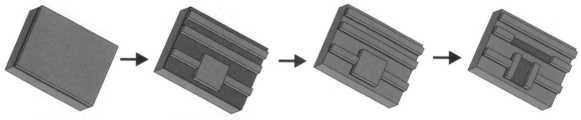

▲ 使用特殊板材　　　▲ 成像蝕銅而得線路　　▲ 用除膠渣法去掉電組模　▲ 二次蝕刻掉特定銅層

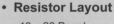

- **Resistor Layout**
  - 18 x 20 Panel.
  - 1154 circuits.
  - 6900 resistors.

ASH

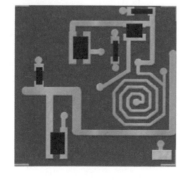 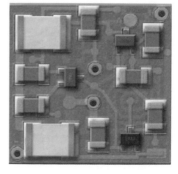

Buried Hole 埋通孔

原指持續增層SBU式多層板,其內部傳統芯板（Core）的PTH,被增層RCC的樹脂塞入後即成為埋通孔。不過現在的SBU若出現兩次增層時,則第一次微盲孔也會被埋在內,此種埋入式的盲孔,也可稱為埋孔。一般埋孔說法仍以前者居多。此等埋通孔已廣泛用於封裝載板與手機板。

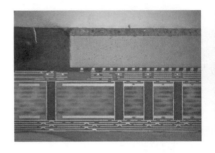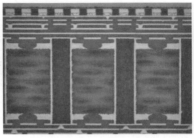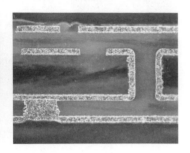

Buried Via Hole 埋導孔

指多層板內局部層次間所埋入的導通孔,此種導孔可以是傳統PTH,也可以是新型的雷射盲孔。可以填入壓合的樹脂,也可以先經電鍍銅填滿後再去逐次壓合（稱為ELIC或FVSS）。當其埋在多層板內部各層間的"內通孔",且未與外層板"連通"者,稱為埋導孔或簡稱埋孔。

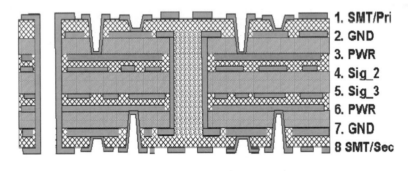

1. SMT/Pri
2. GND
3. PWR
4. Sig_2
5. Sig_3
6. PWR
7. GND
8 SMT/Sec

Burn-in 高溫加速老化試驗、壽命試驗

完工的電子產品,出貨前故意放在高溫中,置放一段時間（如7天）,並不斷模擬執行機器應有的工作以測試其功能的變化情形,或加倍工作電壓以觀察其忍耐的能力。是一種加速老化試驗（Aging Test）,也稱為壽命試驗。是具可靠度耐用型電子產品出貨前必須要進行的工作。

Burning 燒焦

指鍍層電流密度太高的區域,其鍍層已失去金屬光澤,而呈現灰白粉狀霧面情形。但並非一般人想像中的燒黑變焦的現象。

Burning Test 燃燒試驗

是對各種樹脂基材所做的阻（耐）燃性試驗（Flammability）,按UL94可分為水平燃燒（94HB or ASTM D635）與垂直燃燒試驗（94V-O or ASTM 3801）等兩類。

Burr 毛頭、毛刺

機械鑽孔板疊之最下一片最下一個銅面,當鑽針不利時經常將未切斷的銅皮向下推出或回刀拉出成為出口性毛頭(Exit burr)。於是後續又用手動砂帶振動的去毛頭機在銅面上來回削磨。事實上並未真正的磨掉而大部份只是推回孔腔而已,成為孔環側壁上的多蝕銅屑,完成PTH孔銅壁之後過度銅屑者將成為斷角的原因之一。

現行無鉛化或無鹵化之板材中,為了減少爆板以及通過UL94之V-0阻燃耐燃性試驗起見,兩類全新板材樹脂中均大量加入粉末狀之無機填充料【SiO_2或$Al(OH)_3$】,其用量占完工板之體積比高達20-30%左右(重量比在10-12%左右),大幅造成鑽孔作業的困難。尤其是小針退屑溝淺以致通路不足,導致退刀中粉屑與小針同時拉出,經常引發斷針或完工通孔的大量毛頭毛刺(Burrs),並造成下游電鍍銅的堵孔或半堵孔,以致孔銅厚度不足的痛苦。此等毛頭無法由光學式的檢孔機(Hole Inspecter)所全數挑出,成為品質的一大隱憂。

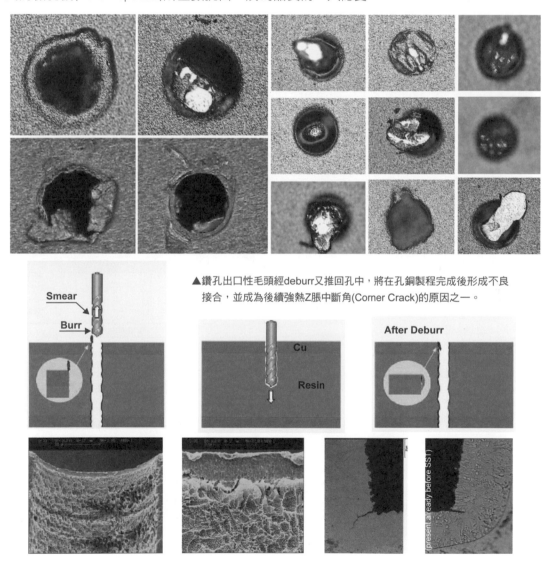

▲鑽孔出口性毛頭經deburr又推回孔中,將在孔銅製程完成後形成不良接合,並成為後續強熱Z脹中斷角(Corner Crack)的原因之一。

Bus Bar 匯電桿、匯電線

多指電鍍槽上的陰極或陽極其所懸掛的銅桿本身或其連接之電纜而言。另外在"製程中"

蝕刻成線後的電路板，其金手指外緣接近板邊處，有一條連通用的導線（鍍金操作時須加以遮蓋，以節省鍍金的成本），各另以一短小窄片（皆為節省金量故需儘量減小其面積）與各手指相連，此種導電用的連線亦稱為Bus Bar。而在各單獨手指與Bus Bar相連之小片則稱為Shooting Bar。在板子完成切外形與切斜邊時，二者都會一併切掉。

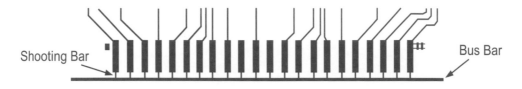

Butter Coat 板材外表樹脂層、奶油層

　　指基板去掉銅皮之後的曝露板材，其玻纖布外表的一層薄薄樹脂層而言。如同土司麵包表面所塗抹的奶油層一樣，故名之。

Bypass Capacitor 旁路電容器

　　PCB板中裝有極多大小不同的電容器，其主要功能是就近提供主動元件（Driver）某一I/O腳推送訊號所需的能量。原本板面上所有能量都是從電源層（Vcc）取自電源供應器，在高速時代此種從遠端取電的做法當然是緩不濟急，而且從Vcc大銅面長途取電過程中還會帶來很多雜訊，若就近先將能量存放在電容器中，隨時能派上用場而應急，之後該電容器又可從Vcc中充電，於是此等電容器介入了原本只有電源供應器與IC引腳兩者既有的耦合關係，故稱為解耦合電容器（Decoupling Capacitor）。事實組裝板上從電源供應的Vcc層取得能量後，各種解耦合電容器又有大盤商式高容值的大型電容器，與中型電容器，與專門伺候某一零件腳的旁路電容器，早

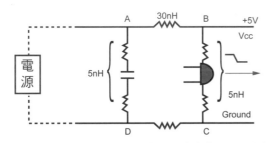

▲ 圖中紅色邏輯閘推送訊號工作時之能量，係取自最近的Decoupling紅色電容器，而非遠地之電源供應器。

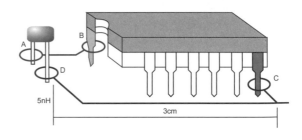

▲ 早期低頻時IC接腳與鄰近旁路電容器的示意圖，目前板面的電源線與接地線都取消，而直接與內層Vcc/Gnd互連了。

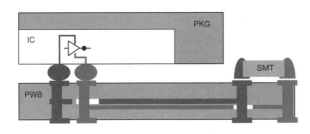

▲ 此為一個 IC 封裝體中某一訊號線引出處，所鄰近旁側焊接的SMT片狀去耦和之電容器示意圖。

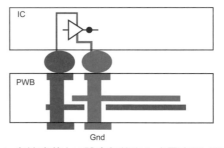

▲ 直接座落在IC體底部的嵌入式電容器，兩者皆具有"去耦合"(Decoupling)之功能，由於前者係屬並連接者，故又稱為旁路電容器(By-Pass Capacitor)。

期單雙面板無Vcc電源層者，此等電容器的一腳同時要接在電源線（下圖之紅線）與IC的電源腳上，而且非常靠近IC封體之旁側，故當年又稱為旁路電容器。

By-product　副產品、副產物

指生產線中出現不是原本目的的額外產物，或反應過程所得生成物以外的其他旁出品皆稱之。一般此等無法避免負面不良效果的東西，要儘量減輕其所帶來的惡果。

B²it（Buried Bump Interconnection Technology）埋錐式互連技術　**NEW**

是日商東芝Toshiba的精密多層板專利流程，簡稱為B²it埋錐式層間互連技術。其做法是在銅箔的毛面上，利用有錐孔鋼板印刷法，採刮刀以刮擠方式轉印上錐狀的銀膏（銀粉+有機接著劑）。烤乾硬化後將常規PP膠片或特殊液晶樹脂LCP核材小心落置在銀錐表面，然後再另貼一張銅箔並經熱壓刺穿膠片而完成上下銅面互連的雙面板，還可持續進行成為多層板。此B²it工法可省掉通孔或盲孔的全部或部分濕流程鍍銅工程，既能環保又能加快產出。然而在量產良率與可靠度的不佳與盲孔鍍銅的進步下，此法已進入歷史了。

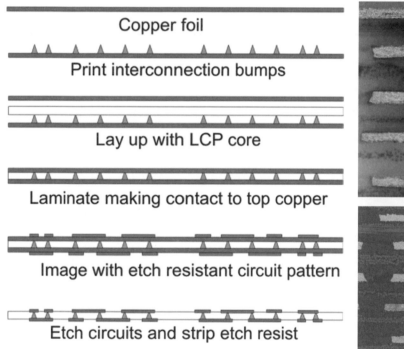

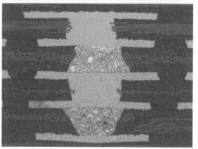

Ball Bond／Wedge Bond　打球點／打扁點　**NEW**

這是小型IC模塊將晶片的I/O與載板或腳架的I/O進行互連的方法，當年常規IC是打金線(從直徑1mil一路下降到0.7mil以節省成本)，而便宜的IC則打較粗的鋁線(20mil)。近年來手機板大量興起後，板子兩面多種RF小型模塊仍以打線互連為主，於是又有了外包鈀膜打銅線的全新線材。

打線其實就熔接welding法而不用銲料焊接的另一種互連法，先打晶片端是採Ball Bond打球點，第二打點是採打扁點在腳架或載板承墊上，同時順便將之拉斷以便下一回合的打線。夾頭有電阻加熱與超音波摩擦加熱兩法。大陸業界將Bond翻成為綁定，堪稱十分傳神。

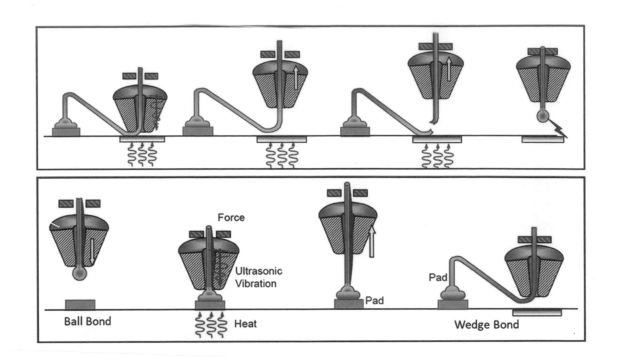

Force

Ultrasonic
Vibration

Ball Bond Heat Pad Pad Wedge Bond

Bandwidth 頻帶寬度、頻寬、帶寬 NEW

此術語在2009年版本中已經列入，但當時的說法現在看來並不完全正確。筆者根據大師級Eric Bogatin的說法重新說明如下：經常聽到有人說"頻寬不夠"，其實這是"頻域Frequency Domain"的術語，不是很容易聽懂；若換成"時域Time Domain"術語時，即成了容易懂的"速度不夠快"。事實上，時域中代表0與1數碼方波的能量是由極多正弦波能量所組成。於是電腦科學常見的時域方波，可採傅立葉數學手法展開成為頻域中許多單一頻率組成的頻譜圖。為了簡化運作起見，只能選取頻譜中能量(振幅或幅度)最大的前幾個諧波入圍組成時域的方波。例如下左圖的1、3、5三個諧波，或下右圖的0+1、3、5、7等四個諧波，其中0次諧波為DC直流電的能量。

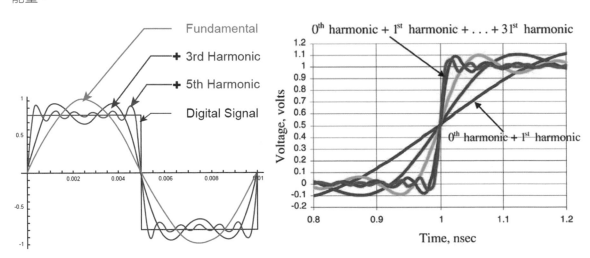

由上兩個圖可知時域方波的能量是由頻率的多個正弦波的能量所組成，為了簡化運作與說明，只選取能量最多的前三諧波或前四諧波去組成。這正如同一家大公司，其權力機構的董事

會是由出錢最多的7位或9位董事所組成，其他出錢不多的股東則無法進入董事會了。這正如頻譜中許多能量極低的高頻諧波無法參加方波的組成一樣，於是最後一個諧波(右藍色圖橫軸或直條圖的A5)進入方波的組成，此最低能量或最高頻率的5號諧波，其頻率則稱之為頻寬或帶寬。

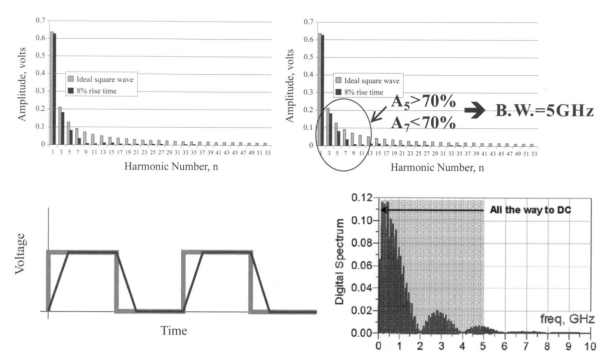

Base Station 基地台、基站 NEW

　　現行手機採蜂巢式基地台(BS或Cell Site)以單位細胞彼此邊接方式進行大面積的通話覆蓋，每個六角形的細胞內有一個100W功率的基地台，與另一個15公里外的六角形的細胞彼此接壤完成如同蜂巢般的平面覆蓋，而每個BS又有微波線路連到交換中心(Mobile Switching Centen)，並還可與各種網路相接，使得手機在通話外還可如電腦般的上網而非常方便。

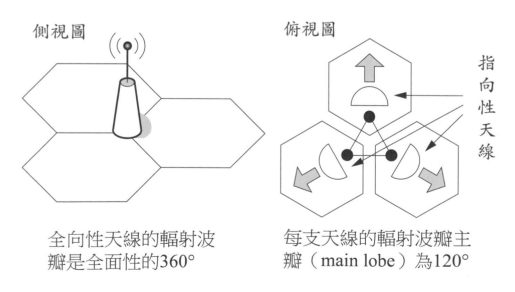

側視圖
全向性天線的輻射波瓣是全面性的360°

俯視圖
每支天線的輻射波瓣主瓣（main lobe）為120°

指向性天線

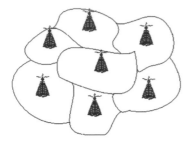

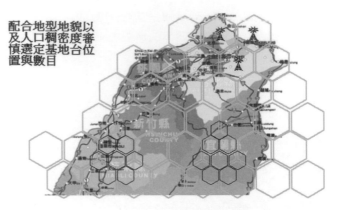

配合地型地貌以及人口稠密度審慎選定基地台位置與數目

實際上蜂巢式網路之涵蓋範圍

目前4G時代(900MHz)的這種數量不太多基地台,將來到了5G時代還會再大幅增加覆蓋度到每個城市數十萬個微型基地台之多,原因是5G手機所用的頻率已從4G的900MHz大幅提升到5G的3000-6000MHz(3-6GHz),一旦到達此種高頻微波時,其波長不但很短而且代表能量的振幅也已經很小很小,也就是説其微波能量已經非常微弱幾乎成為直線的傳播了,遇到任何微小的障礙物都會遭到反射與損耗,因而必須增加很多很多(一個城市將有數萬台到數十萬台)的微型基站台加以連續反射轉向,於是未來5G就出現了各種大小不同的微型基地台了。

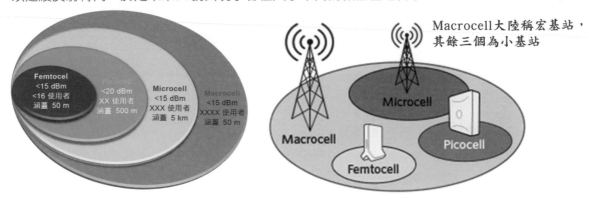

Macrocell大陸稱宏基站,其餘三個為小基站

Benzotriazole 苯基三連唑 NEW

是一種刻意合成的有機化合物,其水溶液會在清潔銅面上生成一層錯離子Complex ion式的淺棕色皮膜,於短期(2週)內保護銅面不要氧化生鏽。此化學品最早是IBM公司發明的,當時的水溶液稱為CU-56。後來將專利賣給Enthone公司後改稱為Entek。此物經過多年不斷改善而護銅效果更好並成為PCB銅墊可焊性最好的皮膜,也就赫赫有名的有機保焊劑Organic Solderability Preservative;OSP的主要成份。其結構式與右圖藍色錯離子皮膜的示意圖如下。注意早期金面上也會長出OSP皮膜,目前不斷改良下金面不再有OSP皮膜了。另外浸鍍銀I-Ag表面的防變色有機薄膜的主成分也是透明的OSP。

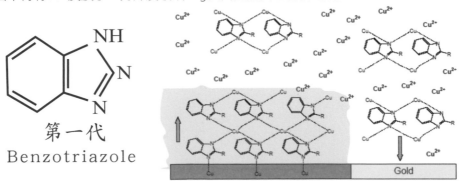

第一代
Benzotriazole

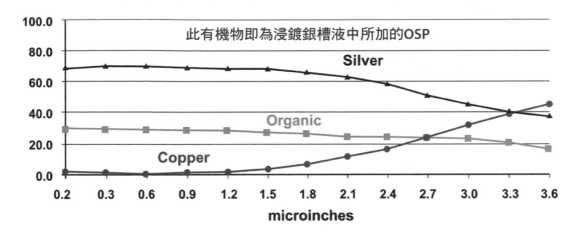

此有機物即為浸鍍銀槽液中所加的OSP

Bisbenzocyclobutene（BCB）雙苯環狀丁二烯 NEW

　　這是半導體晶圓頂部多層線路製程中的絕緣體介質層(Dielectric)，正如同PCB多層板中的膠片Prepreg一般的介質層。對目前數碼方波的高速傳輸而言，當訊號線跑電流時，其周圍介質材料中就會有電場與磁場如影隨形的電磁波跟著向前跑。由於電磁場的能量呈現忽正忽負、忽大忽小的波動狀態，因而介質材料本身的極性(Polarity)對高速傳輸而言要越低越好，也就介質材料的Dk/Df要越低越好，才不會拖累電磁波與訊號的傳輸速度。

　　半導體業對此種介質採旋塗法施工的BCB，其Dk僅2.65而Df更低到0.0008。常用者以Dow Chemical陶氏化學的商品DVS-bis-BCB為代表，其結構式如下：

(a)

(b)

　　多層線路的晶圓與晶片所用的介質材料除了BCB之外，也另有Polyimide(PI)與Polybenzoxazole(PBO)等。下列切片圖即為筆者於2017 Q1所做切片研究iphone7所見到PoP腹底，由台積電InFo專利製程所生產多層RDL中棕色的低濃度的PSPI溶液介質層，即為旋塗法所完工波浪狀的介質層。而RDL各層銅線路係先採濺射鈦與銅的乾式金屬化法，然後另採專用鍍銅機進行鍍銅與蝕刻所完成的RDL線路。

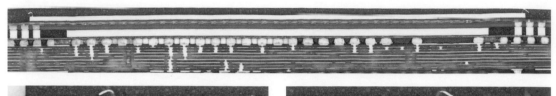

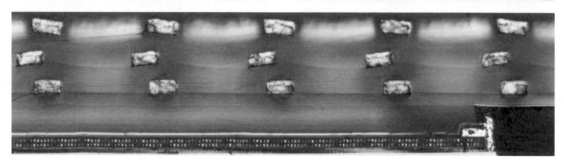

上列四圖均為iphone7拆解後仔細觀察手機板PoP區所攝取的彩色照片,最上圖所見到兩橫扁白色晶片者即為PoP上下兩模塊的組裝圖,上位較薄較大者為DRAM打線模塊,下位較小較厚者即為Application Processor(亦即電腦的CPU)的覆晶模塊。而AP晶片與下接各BGA球腳之間的細薄銅層即為RDL的四個波浪銅層。中左與中右兩圖即為上圖左右兩端的再放大圖,可清楚見到左右兩Fanout區做為PoP上下綑綁用的外圍三圈銅柱與下面的RDL層,最下圖即為RDL層放大6000倍的彩圖,所見到三層波浪式銅線周圍的棕色材料就是旋塗與乾燥後的各次PSPI感光介質層。

Bisphenol A（BPA）/ Bisphenol F（BPF）丙二酚 / 甲二酚 NEW

丙二酚是環氧樹脂單體之一(另一單體為環氧氯丙烷Epichlorohydrin ECH),是所有FR-4所用Epoxy的基礎。由於BPA左右兩個芳香族六角環的酚(Phonol)中間夾著一個三個碳原子丙基的丙烷(Acetone),因而就用了A來代表達中間是3個C的部分結構。至於BPF兩個酚環之間只有1個碳的甲基的甲醛,因而就用了F(Formaldehyde)表達中間是1個C的局部結構。由於BPF中間只有一個C,因而所組成的環氧樹脂就比3個C的環氧樹脂更為柔軟,不過此種小分子量的BPF單體的製備卻很困難,因而環氧樹脂就是只好由容易取得的BPA來進行量產了。下列各結構式即說明BPA與BPF兩單體與聚合後的環氧樹脂。

ECH 環氧氯丙烷 epichlorohydrin excess

BPA 丙二酚 bisphenol A

NaOH

環氧樹脂

ECH 環氧氯丙烷 epichlorohydrin excess

BPA 丙二酚 bisphenol A

NaOH

環氧樹脂

BPF 甲二酚

BPA 丙二酚

Bonding ply（sheet）軟板用純膠層 NEW

　　2010年以前軟板用的接著層一向採用亞克力Acrylics樹脂薄膜層，之後即逐漸改為目前所用的"純膠層"而更軟更薄。此種純膠層是由重量比70%最普及的環氧樹脂(由BPA與ECH所聚合硬板用之一般性Epoxy)，另與重量比30%的CTBN橡膠所混聚而成的接著劑層，其好處是比亞克力更薄更好而且更為柔軟。事實上環氧樹脂部份若能將丙二酚單體(BPA)改為甲二酚(BPF)單體時，其柔軟度將會更好，但後者BPF卻比BPA貴了很多。

　　純膠層加了CTBN橡膠後不但結合黏力更強外，而且結構中的橡膠部份還會成為板材各種裂縫的終止點，對軟板整體品質而言比起較便宜的Acrylics要來得更好。事實上硬板板材也可加入CTBN以減少爆板，只是此橡膠會降低板材的Tg而不利於客戶眼中的品質。下列者即為其結構式及學名，一般只簡稱為CTBN。

b 丙烯氰

$$HOOC-[(CH_2CH=CHCH_2)_a(CH_2CH)_b]_c COOH$$

a 丁二烯　　　　　CN

兩端各接羥酸基的丁二烯丙烯腈
Carboxyl-terminated butadiene-acrylonitrile (CTBN)

　　下列三切片圖即為筆者對現行軟板材料的真實切片，分別為台虹的補強材RHK，杜邦的覆蓋膜CVL301，及台虹的覆蓋膜CVL BS-20。軟板材料不但很薄而且非常柔軟非常不容易做切片。三個400倍的切片中，兩個可清楚見到純膠層中之點狀物正是CTBN已分散的顆粒。而杜邦黑色的CVL也正是蘋果手機LCP天線板所用的覆蓋膜。

台虹 補強材 RHK

台虹 補強材 RHK

杜邦 CVL 301

台虹 CVL BS-20

Bookbinder 折合互連（軟硬結合板）、開口笑 NEW

指軟硬結合板Rigid Flex類的可撓結構，亦即兩硬板之間用以互連且分分離式的多層軟板，主要是利用其刻意內短外長的設計，以方便180度折合時不致受到傷害，業界亦俗稱為開口笑。

Bottom Termination Device 腹底端接器件 NEW

許多手執小型電子產品為了更薄起見，PCB板面所貼焊的各式IC模塊都會把引腳（如四邊鷗翼型伸腳、四邊勾腳等）全部去除（見下左圖），而直接將腹底外露的可焊皮膜端點利用錫膏直接貼焊到PCB的承墊上（見下右圖）以降低整體組裝產品的高度者均稱之為BTD。若另將BGA的腹底球腳全部去除則成為所常見到的QFN了。

Breadboard 麵包板、洞洞板 NEW

這是一種無需零組件引腳焊接，而只做暫時插接或壓接(Press Fit)的實驗板。因為這種特殊的雙面板全無銅材固定線路與鍍銅的通孔，只將零件引腳穿過無銅通孔擠入背面可導電的金屬夾中，即得以形成各種零組件與雙面互連的電路；於是就可以任意更換各種大小部件與互連，快速發現所設計的電路系統是否達成使命。由於這種實驗板只有無銅的孔洞沒有銅線路故稱為洞洞板。其外型很像已切片的吐司麵包，是故最早即被業界稱為麵包板。

從所列上左二圖可見到早年麵包板的正面及背面，背面可在凹槽中卡入黑色可導電的金屬夾子，如此可將每5個孔洞完成如橫向佈線般的互連。正面紅色線表示卡入的電源線，藍色線表示卡入的接地線，於是再將5個卡夾進一步把25個孔洞完成互連，只要把零件引腳穿洞擠入背面夾內即可導電互連(見右二圖)。所列大橫圖即為麵包板正面所擠裝零件及利用各種卡入式跳線所完成縱橫互連的俯視圖。

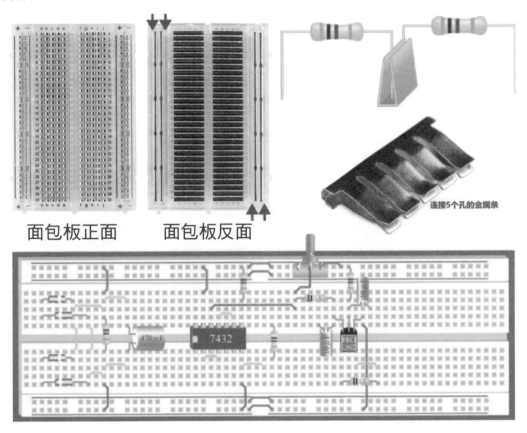

面包板正面　　　面包板反面

目前業界前期設計試驗用或學生實習用的麵包板，早就不再用卡夾式的簡單互連，而改用只有鍍銅通孔卻全無佈線真正FR-4的PCB了。實用商品各種尺寸都有每片不到新台幣100元，對於各種小系統的真實呈現堪稱非常方便。

Break out 破出 NEW

　　PCB著名品質規範IPC-6012D（2015.9.），在其3.4.2節的3-2圖中，是指通孔坐標位置已經失準，而從銅盤（Pad）中破出到銅盤外之謂也。下列兩示意圖即為其俯視畫面，並在規範的Table 3－9中詳細規定各種破出，在三級板類中（一般級、工業級、與高可靠度級）的允收標準，

　　附圖Figure3－2即從通孔俯視的圓周角度，去說明90°與180°兩種破出的圖像。

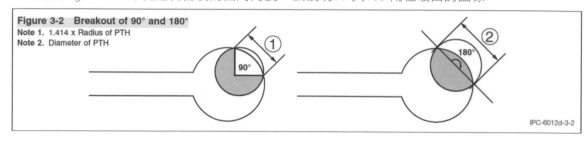

Figure 3-2　Breakout of 90° and 180°
Note 1. 1.414 x Radius of PTH
Note 2. Diameter of PTH
IPC-6012d-3-2

　　此項針對通孔破出Breakout的術語，事實上也常用在許多前後製程之間的對不準或失準等情況中，尤其在軟板板材的剛性不足容易走樣下，其各種"破出"非常容易發生。下二圖例即為剛性不足軟板通孔的破出，與軟板表面保護膜Coverlay失準其他種類的破出。

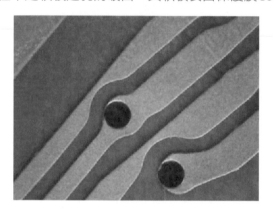
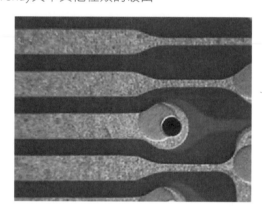

Broadband / Baseband 寬頻、基頻 / 寬帶、基帶 NEW

　　此二詞均為數據通訊或數據傳輸的專用術語。基頻傳輸Baseband Transmission是指通過PCB本身傳輸線對近距離數碼方波的傳輸，例如電腦周邊對列表機或區域網路的短途傳輸。寬頻傳輸Broadband Transmission是將待傳送的方波資料經由正弦波式的載波(carrier)承載，再發射到空中通過自由空間的長途傳輸到對方的接收機去；也就是利用發送端的數據機(Modem)的調變機制(Modulation)，把方波置於正弦波上然後經由空氣傳到對方。而對方也利用Modem的解調變作用(Demodulation)去掉載波後，直接把方波資料傳送到收訊方的電腦上，謂之寬頻傳輸。

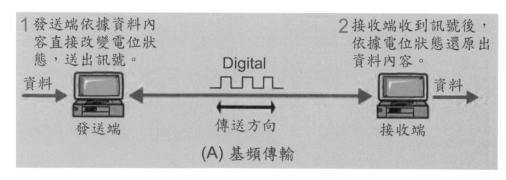

1 發送端依據資料內容直接改變電位狀態，送出訊號。

2 接收端收到訊號後，依據電位狀態還原出資料內容。

資料　　發送端　　Digital　　傳送方向　　接收端　　資料

(A) 基頻傳輸

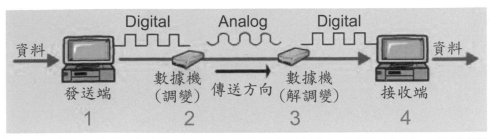

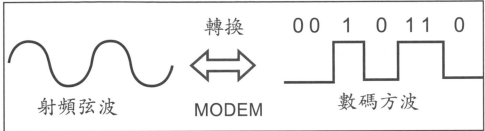

(Modulation；Demodulation)

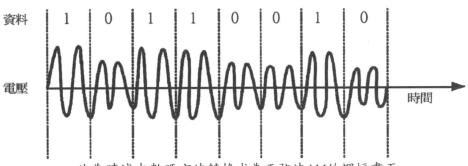

此為時域中數碼方波轉換成為正弦波AM的調幅畫面

ASK, 振幅偏移鍵制

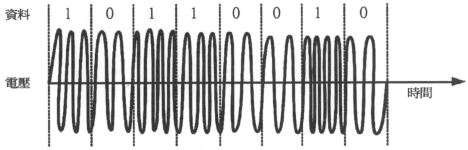

此為時域中數碼方波轉換成為正弦波的FM調頻畫面

FSK, 頻率偏移鍵制

C-stage C階段

一般基材板中，其等樹脂均可分為A、B、C等三種硬化（亦稱聚合或固化）階段。以用量最多的環氧樹脂為例，其供做含浸用的生膠水（Varnish）稱為A-stage；含浸後經熱空氣半硬化而成之膠片（Prepreg）即為B-stage。以多張半固化膠片與銅皮疊合成冊，並於高溫中再行流膠與壓合即可成為基板，此種無法回頭的全硬化樹脂狀態則稱為C-stage。

C4 Chip Joint（Controlled Collapse Chip Connection）C4晶片焊接

利用錫鉛之共融合金（63 / 37），或高鉛（Sn5Pb95）銲料做成可高溫軟塌的凸球，並定植於晶片背面或線路正面，以便對下游電路板進行"直接安裝"（DCA），謂之晶片焊接。

C4為IBM公司將近四十年前所開發的製程，原指"對晶片進行可控制軟塌的晶片焊接"，現又廣用於P-BGA對主機板上的組裝焊接，是晶片本身連接以外另一領域的塌焊接合法。

2004年IBM又推另一種以銅球為核心，外包有鉛銲料或無鉛銲料的複合凸塊（Bump）者，稱為C4NP(New Process)。此C4NP已通過跨距150μm (6mil)的密集陣列試驗，目前正朝向跨距50μm者努力中。且此種全新凸塊的導熱更好(398W/m‧k)電阻更低(1.69mΩ‧cm)，其性能均遠優於現行的C4銲料。不過在柔軟度方面不免有所犧牲。

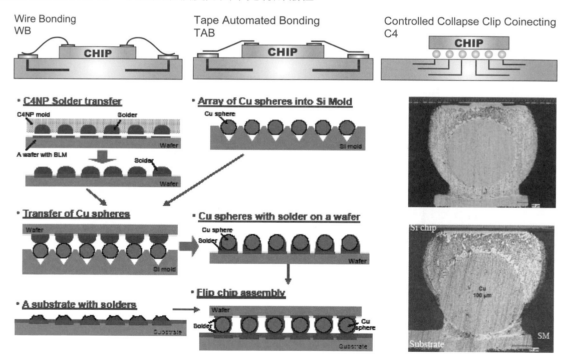

Cable 電纜

傳統稱呼的"電纜"，是指單股導線或一束導線（不管有無絕緣外皮）皆一律稱為電纜。在電路板下游組裝中，原有一種扁平的漆包排線，稱為 Flat Cable，後來為節省成本及縮小體積，而改用軟板的PI板材去製作更細更密的"扁平排線"，稱為軟性扁平排線（Flex Flat Cable），業者俗稱為單面軟板，也屬一般俗稱之電纜類。

CAD 電腦輔助設計

　　Computer-Aided Design，是利用特殊軟體及硬體，對電路板以數位化進行佈局（Layout）成為檔案，PCB業者並以光學繪圖機將數位資料轉製成原始底片。此種CAD對電路板的製前工程，遠比人工方式更為精確及方便。

Calendered Fabric 軋平式網布

　　是對傳統PET網布（商名特多龍），耐龍網布及不銹網布等，將其刮刀面予以單面軋平，或雙面壓平，使容易刮墨及令其"印墨"之厚度減薄，而讓UV油墨的曝光更為容易及透徹。據稱此種網布之尺寸較安定而墨厚也較均勻，但另據部份實用者之報導也不盡然。且這種"軋平工程"並不容易進行，常有軋出厚度不均，甚至產生縐摺的情形，而且目前UV的油墨已相當進步，故這種困難度很高的軋平式網布已逐漸消失。

Camcorder 攝錄影（像）機

　　即卡式錄影機VCR（Video Cassette Recorder）的另一種說法，不過現已從早先的類比式訊號轉變成目前數位式訊號的機種，故又稱為Digital Video Camera。

Cap Lamination 帽式壓合法

　　是指早期多層板的傳統層壓法，彼時MLB的"外層"（如同帽子）多採單面有銅皮的薄基板進行疊合及壓合。直到 1984年末MLB的產量大增後，才在台灣業界首先量產中改用現行銅皮的大面積大排版之大型或大量壓合法（Mass Lam.）。這種早期多層板利用單面銅皮薄基板的MLB壓合法，稱為 Cap Lamination。

Capacitance 電容值、電容量

　　當兩導體間出現電位差存在，則於其間之介質會集蓄電量，此時將會有"電容"出現。其數學表達方式為C＝Q／V，即電容（法拉）＝電量（庫倫）／電壓（伏特）。若兩導體為平行之平板（重合面積為A），而兩者相距或絕緣材料之厚度為d，且該絕緣物質之介質常數（Dielectric Constant）為ε_r 時，則 $C=\varepsilon_r A / d$。故知當A、d不變時，介質常數愈高者，則其間所出現的電容量也將愈多。

　　不過此一D_k介質常數之術語由於含意不夠明確，為避免引起誤解起見，正式規範中已改稱為"相對容電率"（Relative Permittivity ε_r；係指相對於真空而言）。

Capacitor 電容器

　　一般電容器可分為：①大容值微法拉（μF,Microfarad 10^{-6} F) ②中容值奈法拉(nF,Nanofarad 10^{-9}F) ③小容值皮法拉(pF, PicoFarad,10^{-12}F)。大容值者常用於家電板或電氣板當成臨時蓄電池用。

中小容值者則當成資訊與通訊板上解耦合用途(Decoupling)。所有電容器都定一隻腳接電源層 (Vcc，+號)另隻腳接地(Gud，−號)，是一種小型的蓄電池，其充電與放電都非常快速。

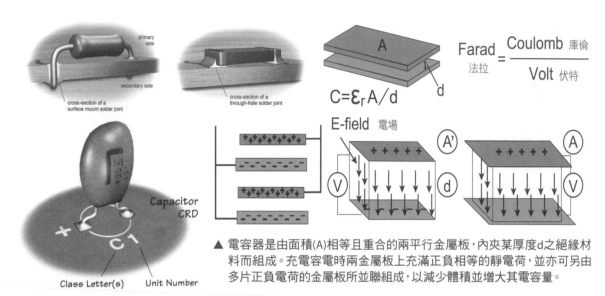

$$C = \varepsilon_r A/d$$

$$\text{Farad} \ \text{法拉} = \frac{\text{Coulomb} \ \text{庫倫}}{\text{Volt} \ \text{伏特}}$$

E-field 電場

Capacitor CRD

Class Letter(s)   Unit Number

▲ 電容器是由面積(A)相等且重合的兩平行金屬板，內夾某厚度d之絕緣材料而組成。充電容電時兩金屬板上充滿正負相等的靜電荷，並亦可另由多片正負電荷的金屬板所並聯組成，以減少體積並增大其電容量。

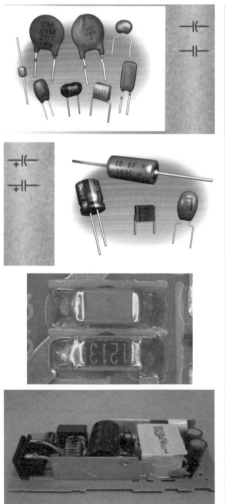

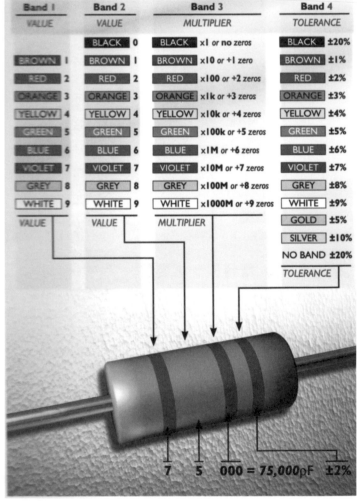

Band 1	Band 2	Band 3	Band 4
VALUE	VALUE	MULTIPLIER	TOLERANCE
	BLACK 0	BLACK x1 or no zeros	BLACK ±20%
BROWN 1	BROWN 1	BROWN x10 or +1 zero	BROWN ±1%
RED 2	RED 2	RED x100 or +2 zeros	RED ±2%
ORANGE 3	ORANGE 3	ORANGE x1k or +3 zeros	ORANGE ±3%
YELLOW 4	YELLOW 4	YELLOW x10k or +4 zeros	YELLOW ±4%
GREEN 5	GREEN 5	GREEN x100k or +5 zeros	GREEN ±5%
BLUE 6	BLUE 6	BLUE x1M or +6 zeros	BLUE ±6%
VIOLET 7	VIOLET 7	VIOLET x10M or +7 zeros	VIOLET ±7%
GREY 8	GREY 8	GREY x100M or +8 zeros	GREY ±8%
WHITE 9	WHITE 9	WHITE x1000M or +9 zeros	WHITE ±9%
VALUE	VALUE	MULTIPLIER	GOLD ±5%
			SILVER ±10%
			NO BAND ±20%
			TOLERANCE

7   5   000 = 75,000pF   ±2%

Capacitive Coupling 電容耦合

　　板面上或層次間相鄰兩導體間，因電容的積蓄而引發彼此各式額外的電性作用，甚至可能導致原有訊號的失真，稱為 "電容耦合"。尤其在高頻或高速訊號的細線密線板中，這種相互干擾的行為，必須要盡量設法避免 ，以提升終端產品的整體性能。因而對板材介質常數（D_k或ε_r）就應非常講究，不但愈低愈好，而且全板中變異愈小愈好。

新舊多層板其迴路品質之差異比較

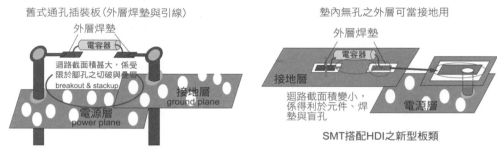

▲ 左為舊式多層板，其電容器須以兩通孔進行兩腳之插焊，缺點是迴路大雜訊多，且兩大銅面又遭到刺破影響迴歸，對 "訊號完整性"（SI）非常不利。右為SMT與墊內微盲孔及Gnd在外減少一孔之做法，在SI方面改善極多。

Capillary Action 毛細作用

　　指細管中液體表面與固體表面，在空氣中所接觸整圈性 "緣線" 的動作，若管徑愈細則此 "緣線" 的動作愈為明顯。將細玻璃管插入一杯液體中（例如水銀），當液體的內聚力大於對固體的附著力時，則管內液面將呈中央凸出型。且經交互作用後，管內的液面將下降而低於管外液面，稱為 "不潤濕"（Non-wetting），如水銀即是。

　　反之，若液體內聚力小於對固體的附著力時，則管內液面將呈中央凹下型。經連續作用後，管內液面將上升，稱為 "潤濕"（Wetting），如水或酒精即是。植物由根部吸水送到高處葉尖，衣物的水洗等，皆為毛細作用的一種具體表現。

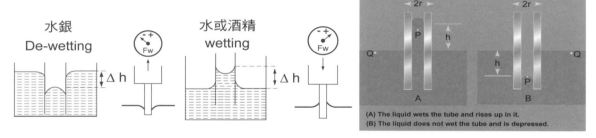

(A) The liquid wets the tube and rises up in it.
(B) The liquid does not wet the tube and is depressed.

Capillary Direct Film（CDF）毛細式直接版膜

　　是早期網版印刷阻劑時代，一種較精良細線的網版製作法，係介乎直接網版（指單面板所用之固定網版，是用感光乳膠兩面固定網布者）與間接網版（指雙面或多層板所用之非固定網版，係將Stencil版膜成像後再浮貼在網布上，可隨時更換）之間的版膜（約5 mil厚）。此CDF膜可藉吸水膨脹而能滲入並抓緊網布。此種毛細式的版膜原為英商Ulano的出品，並有可更換料號、解像良好及耐刮印等特性，兼具間接與直接兩種版膜的好處。某些日本同業之高手，竟可用以製作出4mil/4mil的細密線路。

Capture Pad（微盲孔）外環、面環

指電鍍銅完工之微盲孔（如6 mil之CO_2微盲孔）與孔壁孔底相連的外環而言，與早先鍍通孔之"孔環"（Annular Ring）無異，但卻只充當導電互連之用途，而不再做為焊接基地。附圖稱為Stacked Microvia，可清楚見到其等之面環與底墊（Target Pad）。

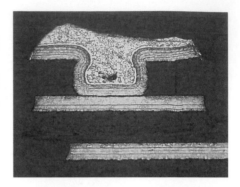

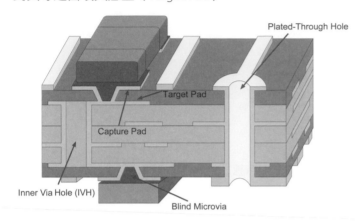

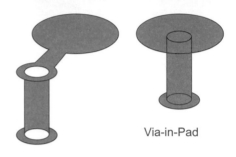

Via-in-Pad

Carbide 碳化物

在PCB工業中，此字最常出現在鑽孔所用的鑽針（頭）上，這種耗材的主要成份為"碳化鎢Tungsten Carbide"（WC），約占94%，其餘6%為金屬鈷粉（當成黏結劑）。此碳化鎢之硬度高達7度以上，可用以切割玻璃，業界多將其簡稱為Carbide。

Carbon Arc Lamp 碳弧燈

早期電路板底片的翻製或版膜的生產時，為其感光性化學反應所用的光源之一，是在兩端逼近的碳精棒之間，施加高電壓而產生弧光的裝置。某些電影放映機也採用此種強光燈。

Carbon Ink 碳膠、碳膜

是板面跳線（Jumper）或觸接導電用的厚膜糊（Poly Thick Film，PTF）皮膜層，可當成板面額外的導電通路，或當成摁鍵接觸或插拔接觸等如同金手指之用途，可採網印法施工，其平面電阻值可用配方加以控制（30 mΩ/cm²到2 mΩ/cm²），接觸電阻約4～5Ω。

本詞也表達一種可供印刷用途的特殊塗料，其中含多量碳粉，可做為導電或接觸導通（Contact）或電阻用途的印刷皮膜。當硬度夠強時亦可代替金手指做為接觸性導電的插接端子。

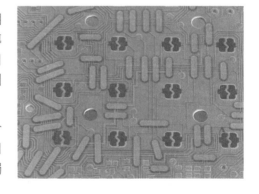

Carbon Treatment，Active 活性炭處理

各種電鍍槽液經過一段時間的使用後，都不免因添加劑的裂解，及板面阻劑的溶入而產生有機污染，需要用極細微活性炭粉摻入攪拌予以吸收，再經過濾而得以除污，稱為活性處理。平日也可以活性炭粒之濾筒進行維護過濾。

Carbon Nanotube（CNT）碳材奈米管

現行電子半導體之基本材料以無機矽材(Silicon)為主，但未來將逐漸轉型到耐米級的有機碳材的領域，也就是所謂碳材奈米管(CNT)。據2004年的報導利用CNT已做出電晶體(Transistor)，此種CNT不斷進步後將可能取代現行的矽材或鍺材(Germanium)，在PCB板材或導電膠類都將會有產品出現。 (取材自2004年IPC proceedings SO3-2) 日本富士通公司奈米中心曾利用CNT代替高鉛銲料做成覆晶封裝用的凸塊，CNT不但電阻低導電更好，而且具有彈性大可減少熱應力的傷害，也沒有電遷移的煩惱，為FC覆晶封裝帶來了新的希望。

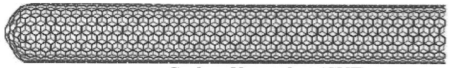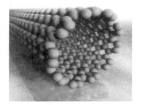

Carbon Nanotubes (CNT)

Card 卡板

是電路板的一種非正式的稱呼法，常指周邊功能之窄長型或較小型的板子而言。一般較大型的電路板通稱為 "板" （Board），對小面積的板類則稱為卡板，如介面卡、Memory卡、IC卡、Smart卡、DIMM卡或SIMM卡等，有時亦稱為Daughter Card。

Card Cages，Card Racks 電路板構裝箱

是一種將裝配板（Assembled Board或Loaded Board）逐片垂直或水平平行密集排列卡緊，而組成立體籠形或箱形的構裝體，是大型系統電子機器的中心部份，每片板間須留有空間以供工作中吹風散熱的作用。

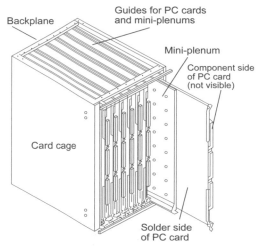

Carlson Pin 卡氏定位梢

是一種底座扁薄寬大（1.5"×0.75"），而立椿矮短的不銹鋼定位梢，當成待印板面在印刷施工時，可將其底梢以薄膠帶黏貼在印刷檯面的固定位置上，再將待印板的工具孔套進短梢中，方便網版圖形與板體彼此對準之用。其短梢是以點焊方式焊在長方基面上的一角，通常短梢的直徑是0.125"，高度為0.060"。

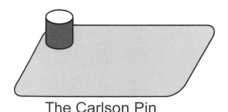

The Carlson Pin

Carrier　載體、載運劑（電鍍）

鍍鎳製程常在高溫槽液中加入兩種有機光澤劑，第一種稱為Primary Brightener或稱為Carrier Brightener，多為磺酸鹽類，是做為遞送的功用。第二種為真正發光發亮的二級光澤劑（Secondary Brightener），以不飽和雙鍵或三鍵類有機物居多。前者可進行分配分發的工作，使鍍層能全面均勻的發亮。此種初級載體光澤劑，本身對鍍層亦有整平的功用，且對鍍面亦具有半光澤的效果，為電路板金手指鍍鎳所常採用。一般電子工業功能性鍍鎳均為半光澤者。

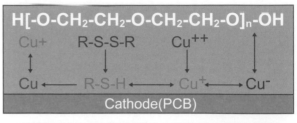

▲ 此圖說明鍍銅槽液陰極膜中之助劑(取材自阿托科技)

硫酸銅電鍍銅添加劑中載運劑（亦稱壓抑劑，Suppressor）亦極為重要，主要功用是形成穩定的陰極膜（上圖淺藍底色者，而反白式者即為載運劑），結合氯離子後協助光澤劑（RSSR）的加速鍍銅（著陸或登陸）。載運劑所用的化學品以大分子量的聚乙二醇（PEG）為主，係分別採用大小不同分子量的載運劑，高分子量為在高電流區還配合整平劑的作用而減少鍍銅，而低分子量者則可協同光澤劑進入低電流區加速鍍銅，最後在氯離子協同下才能達到整平的目的。

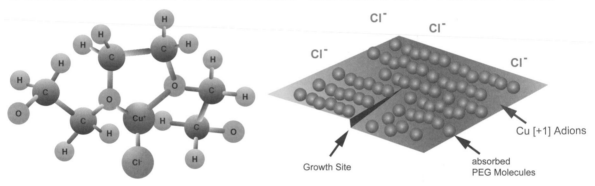

Cartridge　濾芯（濕製程）

此字原是指子彈殼或彈藥筒。在PCB及電鍍業中則是用以表達過濾機中的"可更換式濾芯"。是用聚丙烯的紗線所纏繞而成的中空短狀柱體，讓加壓的槽液從外向內流過，而將浮游的細小粒子予以捕捉，是一種深層式過濾的媒體。

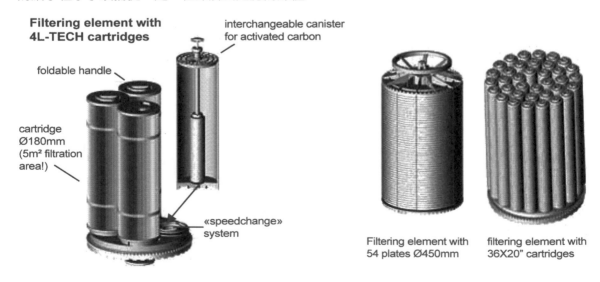

Cascade Rinse　連續溢流式清洗

係將三連或四連之水洗槽，使其液面維持由低到
高的階級溢流方式，如此可使產品由不乾淨的水一
路洗到最乾淨的水，以達到省水的目的，一般常見
者多為三連式的溢流水洗槽。某些濕式連線機組之
噴灑水洗裝置，也常使用此種連續溢流方式，最後
一槽有時還要改用DICK以達最大的水洗效果，與最潔
淨的產品表面。

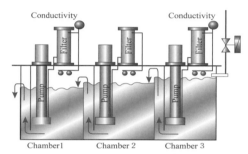

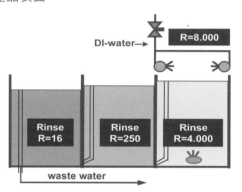
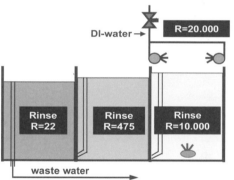

Castallation　堡型積體電路器

是一種無引腳的大型晶片（VLSI）的瓷質封裝體，可利用其四周半筒形各垛口中的金屬墊與
對應板面上的焊墊進行焊接。此種堡型IC較少用於一般性商用電子產品，只有在大型電腦或軍用
產品上才有用途。

不過某些已組裝妥當的模組（Module）載板，也常利用四周的多枚半個PTH銅壁（半孔）在
主板上採錫膏回焊的做法，以降低高度與節省空間，但這種PCB半個PTH的工藝卻很困難。

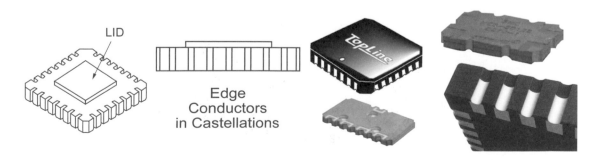

Catalyzed Board，Catalyzed Substrate（or Material）催化性板材

是一種CC-4（Copper Complexer 4）加成法製程所用的無銅箔板材，係由美國PCK公司在1964年所推出的。其原理是將其有活性的化學品，均勻的混在板材樹脂中，使"化學銅鍍層"能直接在板材上生長。目前這種全加成法的電路板，以日本的產量最多，國內設廠高雄的日立化成公司先前亦有生產，但因成本較貴而逐漸式微。

Catalyzing 催化

"催化"是一般化學反應前，在各反應物中所額外加入的"介紹人"，令所需的反應能順利展開。在電路板業中則是專指PTH製程中，其"氯化鈀"膠體槽液或硫酸鈀錯化物槽液（見下左圖），對非導體板材進行的"活化催化"，是對後續化學銅鍍層所預先埋下成長的種子。不過此學術性的用語現已更通俗的說成"活化"（Activation）或"核化"（Nucleating），或"下種"（Seeding）了。另有Catalyst，其正確廣用的譯名是"催化劑"。

事實上活化是利用PTH前段整孔劑的作用，讓非導體的孔壁帶上正電性（靜），然後帶負電性的錫鈀膠因才能吸附著落，繼續後來的速化（Acceleration）剝去氯殼與還原得到鈀鎢粒子之後，才得讓化學銅得著床成長。

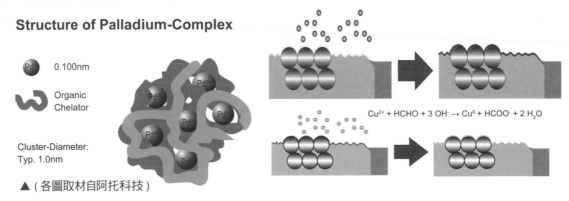

Structure of Palladium-Complex

Pd^0 0.100nm

Organic Chelator

Cluster-Diameter: Typ. 1.0nm

$Cu^{2+} + HCHO + 3\,OH^- \rightarrow Cu^0 + HCOO^- + 2\,H_2O$

▲（各圖取材自阿托科技）

Cathode 陰極

是電鍍槽液中接受金屬離子著陸登陸或鍍層生長的一極，而電路板在進行各種電鍍濕式加工時，亦皆放置在陰極。

Cathode Rod Agitation 陰極桿攪拌

電鍍進行中，為了排除陰極被鍍件上的氫氣泡，為了逼薄陰極膜（Cathode Film；亦即Diffusion Layer擴散層）的厚度，更為了降低高低電流區域之厚度差異等起見，一般掛接被鍍件之陰極桿，都盡量設法進行與陽極保持等距的水平往復式移動或上下垂直移動，使鍍層的品質更好。或於匯電桿上加裝機械振動器，以趕走液中板面可能聚集的氫氣泡。

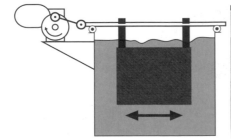

Cation 陰向游子、陽離子

由正負電荷離子所組成的電解質水溶液中，其帶正電荷的簡單離子，或聚集成群的大型游子團，均有泳向陰極的趨勢，稱為Cation。

Caul Plate 承載板

多層板在進行壓合時於壓床上下堆疊的多個開口（Opening）中裝有待壓合的板子，板子上下有光滑如鏡面般分隔用的不鏽鋼板。而此等組合最上與最下，直接與熱盤（Platen）接觸的可移動式較厚的鋼板稱為Caul Plate。可做為事先疊合板冊的承載與覆蓋之用，以方便整堆的運輸與上機。每當疊落許多"冊"待壓板子的散材（如8～10套），其每套"散材"（Book）之間，須以平坦光滑又堅硬的不銹鋼板予以分隔開，這種分隔用的鏡面不銹鋼板稱之為Separator Sheet 或 Outside Plate，目前常用者有AISI 430或AISI 630等不銹鋼板。

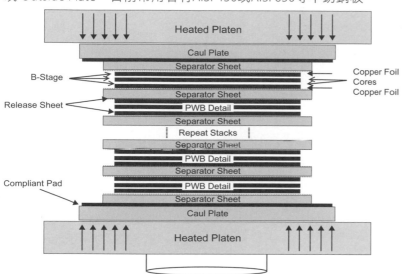

◀ 此為1990年以後各種四、六層板所常用的大量壓板法(MassLam)，其上機時的單一開口(Openning)的配置內容。目前業者對四、六層板而言，每個開口都已疊落到11高之多。而每一層的壓合尺寸也都增大到45"×50"的銅皮檯面。每檯面上又排到4-6片的裁板(Panel)散冊(Book)，而每個Panel(18×24吋、20×24吋或21×24吋)中又可排列多片的出貨單板(Board，通常18×24吋者其要排上四片PC主機板)。此等大量生產的大鍋飯做法，早已使得歐美業者瞠乎其後自嘆弗如！

Cavitation 空泡化、半真空狀態

在液體中實施超音波（大陸稱超聲波），係指縱波之頻在18KHz以上超出人類聽覺以外的音波而言，而做為助洗超音波者，其頻率常在20KHz~50KHz之間。當其振動能量朝著物體之正面與水體介面處之極短距離中以高頻能量不斷推開液體，其當液體尚未及時跟上時，會形成一種"半真空"的空洞，謂之Cavitation。如船舶螺旋槳的快速攪動所產生的假性氣泡一般。槽液中

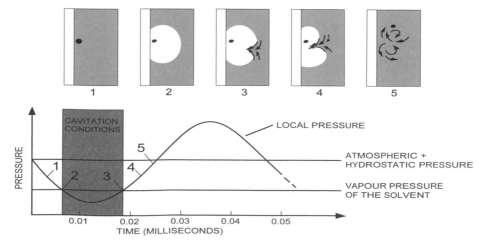

各種超音波振盪器的高頻快速推動水體，皆會產生這種瞬間的Cavitation。而超音波清洗法，則可利用這種空泡對物體產生摩擦力，再與液體的溶解力配合，以雙重效果達到清洗的目的。

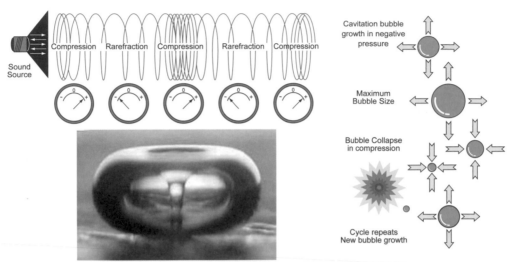

Cavitation bubble in a liquid irradiated with ultrasound implodes near a solid surface

Cavity Down / Cavity Up　方凹區朝下 / 方凹區朝上

就BGA封裝載板之中央處，係指其方型低陷之晶片安裝區所在之方位而言；其方向朝上而球腳在朝下背面者為一般較低功率（3w以下）之BGA。若中央凹區朝下且外圍球腳也同樣朝下，而其背面卻可另外加貼散熱片者，係供高功率BGA使用。此種表達亦可說成Face Down / Face Up。

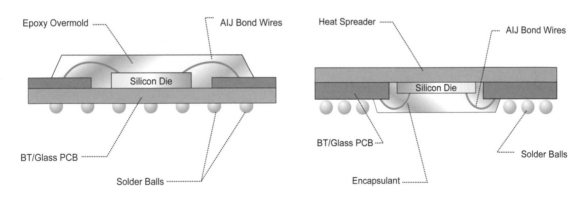

Cell Phone　行動電話、手機

是Cellular蜂巢式（指手機基站呈六角蜂巢形分佈以接續傳送電磁波）行動電話的簡稱。

Center-to-Center Spacing　中心間距

指板面上任何兩導體其中心到中心的標稱距離（Nominal Distance）而言。例如連續排列的各導體，而各自寬度及間距又都相同時（如金手指的排列），則此"中心到中心的距離"又稱為節距或跨距（Pitch），與平面間距Spacing或空間距離Clearance不同，不可亂用。

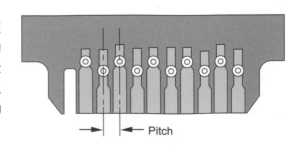

Ceramics 陶瓷

主要是由黏土（Clay）、長石（Feldspar）及砂（Sand）三者混合燒製而成的絕緣材料，其種類及用途都非常廣泛，如插座、電線桿上高壓線的絕緣礙子，或新式的電路板材（如日本富士通的62層板）等，其耐熱性良好、膨脹係數低、耐用性也不錯。常用者有Alumina（三氧化二鋁），Beryllia（鈹土、氧化鈹BeO）及氧化鎂等多種單用或混合的材料。

Ceramic Wheel 陶瓷刷輪

全板鍍銅（一次銅）後，為了使得板面上銅層厚度更為均勻起見，可利用精密調壓的刷（研）磨機與多枚小方塊陶瓷所組成的刷輪，進行全板銅面徹底平坦化的機械式整平，以調整後續的光阻與線路蝕刻的良好品質。但此種陶瓷刷輪的單價很貴，每支超過台幣四萬餘元以上，只能用在蝕刻減銅或通孔塞填樹脂後的整平動作上。事實上全板鍍銅之蓋孔製程（Tenting）若不採此種真正刷平法者，都將會存在著孔銅被滲漏蝕刻液咬傷的可能。

▲ 精密的陶瓷刷輪與刷磨機都很貴但卻可削到真平

Cermet 陶金粉

將陶瓷粉末與金屬粉末混合，再加入黏接劑做為一種塗料，可在電路板面上（或內層上）以厚膜或薄膜的印刷方式，做為 "電阻器" 的佈著安置，以代替組裝時的外加電阻器。

Certificate 證明書

當一特定的 "人員訓練" 或 "品質試驗" 執行完畢，且符合某一專業標準時，特以書面文字記載以茲證明的文件，謂之Certificate。

CFC 氟氯碳化物

係Chloro-Fluoro-Carbon的縮寫，是各種含氟含氯等非燃性有機溶劑的總稱，為電子產品焊接組裝後的優良清潔劑。但因其無法接受生物分解，且比重甚輕，空氣中逐漸上升累積後會破壞地球外圍的臭氧保護層，使地球生態環境遭受宇宙射線的攻擊而產生極大的危機。此事實經NASA證實發現，目前的情況比早先所偵測的更為嚴重，美國已自原來蒙特婁協約決議中由公元2000年起約全面禁用CFC，再提早到1995年，日本及澳洲隨即跟進亦提早至95年。德國更提前到94年全面杜絕。全世界已決定將自1993年起就要減產50%，此一情勢對電子產品將造成極大的衝擊。目前免洗流程已逐漸流行了。

Chamfer 倒角

在電路板的板邊金手指區，為了使其連續接點的插接方便起見，不但要在板邊前緣完成切斜邊（Bevelling）的工作外，還要將板角或方向槽（Slot）口的各直角也一併去掉，稱為 "倒角"。也指鑽頭柄部末端，為考慮夾頭拾取之方便，也以倒角方式處理之。

Nominal case   Edges just "broken"   Heavy chamfering

Champagne Bubble 香檳泡沫、介面空洞

係特指浸鍍銀I-Ag的表面處理皮膜，在強熱的焊接中迫使浸銀層外表極薄的有機膜（防止銀變色的一種OSP皮膜）迅速裂解氣化，形成許多小空洞介於銅基地與銲料之間，妨礙IMC（Cu_6Sn_5）的生成造成銲點強度的劣化而成為隱憂，某些新一代的商業I-Ag製程號稱已不再發生這種不良的介面空洞了。

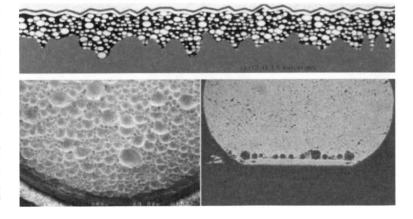

Characteristic Impedance 特性阻抗、特徵阻抗

是指當導體中有電子 "訊號" 方波之傳播時，其電壓對電流的比值稱為 "阻抗Impedance"。由於交流電路中或在高頻情況下，原已混雜有其他因素（如容抗、感抗等）的 "Resistance"，已不再只是簡單直流電的 "歐姆電阻"（Ohmic Resistance），因而在此等高頻高速訊號傳輸電路中不再稱為 "電阻"，而應改稱為 "阻抗"。不過到了真正用到 "Impedance阻抗" 的交流電情況時，免不了會與一般家用低頻交流電（AC）的阻抗值Z發生混淆，為了有所區別起見，只好將高頻高速電子訊號者稱為 "特性阻抗"（Z_0）。電路板線路中的訊號傳播時，影響其 "特性阻抗" 的因素有線路的截面積、線路與接地層之間絕緣材質的厚度，以及其

介質常數等三項。目前已有許多高頻與高傳輸速度的板子，已要求"特性阻抗"須控制在某一範圍之內（例如±10%），則板子在製造過程中，必須認真考慮上述三項重要的參數以及其他配合的條件。

現場實測時均採專用機具（包含軟體程式），針對正確的板邊試樣去逐片量測，及格者才能出貨。唯有當多層板本身的特阻抗能與主動 IC 元件（如Driver與Receiver）之特性阻相匹配時（例如±10%），才可減少雜訊的發生。

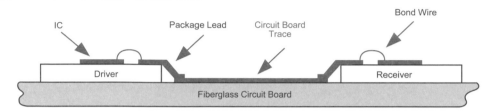

發訊端、傳輸線與收訊端三者間的阻抗值必須匹配才能正常工作

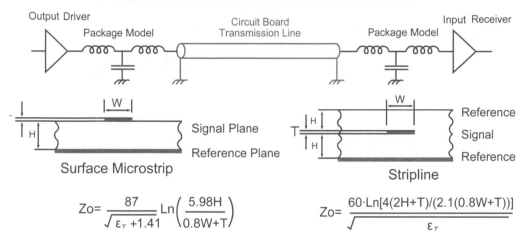

$$Zo = \frac{87}{\sqrt{\varepsilon_r + 1.41}} Ln\left(\frac{5.98H}{0.8W+T}\right)$$

$$Zo = \frac{60 \cdot Ln[4(2H+T)/(2.1(0.8W+T))]}{\sqrt{\varepsilon_r}}$$

Chase 網框

以網版印刷法做為影像轉移的工具時，支撐網布及版膜圖形的方形外框稱為網框。現行的網框多以空心或實心鋁條焊接而成，亦稱為Frame。

Check List 檢查清單

廣義是指在各種操作前，為了安全的考慮所應逐一檢查的項目。狹義指的是在PCB業中，客戶到生產現場欲對品質進行瞭解，而逐一稽查的各種項目。

Chelate / Chelator 螯合 / 螯合劑

某些有機化合物中，其部份相鄰原子上，互有多餘的"電子對"，可與外來的二價金屬離子（例如Ni^{2+}、Co^{2+}、Cu^{2+} 等）共同組成小環狀（Ring），類似螃蟹的兩支大螯般共同夾住外物一樣，稱之為螯合作用。具有這種功能的有機化合物者，稱為Chelating Agent。或Chelator如EDTA（乙二胺基四醋酸，以二鈉鹽與四鈉鹽最為常用），ETA等都是常見的螯合劑。

Chemical Milling 化學研磨

是以化學濕式槽液之方法，對金屬材料進行各種程度的腐蝕加工，如表面粗化、深入蝕刻，或施加精密的特殊感光阻劑後，再予以選擇性的咬穿蝕透等，以代替某些機械加工法的衝斷衝切（Punch）作業，又稱之為Chemical Blanking或Photo Chemical Machining（PCM）技術，不但可節省昂貴的模具費用及準備時間，且製品也無應力殘存的煩惱。

Chemical Resistance 抗化性、耐化性

廣義是指各種物質對化學品的忍耐或抵抗能力。狹義是指電路板基材對於溶劑或濕式製程中的各種化學品，以及對助焊劑等的抵抗性或忍耐性，其之傷害造成本身在機械性與電性方面的劣化，尚不至於失效的地步。例如綠漆的耐化性就非常重要，因浸鍍錫（I-Sn）與化鎳浸金（ENIG）等皆為綠漆後的高溫槽液與長時浸泡作業，一旦綠漆之抗化性不夠好者將引發無法彌補的缺失，下二圖即為綠漆後浸鍍錫後的破損露銅與ENIG後綠漆邊緣的浮空與破損。

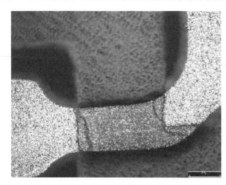 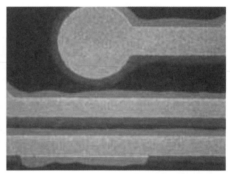

Chemisorption 化學吸附

指某些金屬表面的分子，或其他具有較高"表面能"（Surface Energy）的物質，當其等與某些氣體或液體物質接觸時，常與之形成化學鍵而加以吸附，稱之為Chemisorption。

Chip 晶粒、晶片、片狀、片式、芯片

在各種積體電路（IC）封裝體的心臟部份，皆裝有線路密集的晶粒 （Die）或晶片（Chip），此種小型複雜的 "線路片"，是從原本多片集合的晶圓（Wafer）上所切割而來。

但此字亦常用以形容小片狀貼裝的電阻器或電容器，如Chip Capacitor等則應譯為 "片狀電容器"，而非晶片也。某些人稱呼的 "晶片電阻" 當然是大大的不對了。

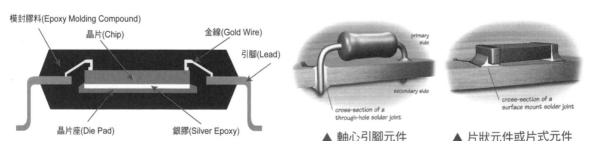

▲ 軸心引腳元件　　　　▲ 片狀元件或片式元件

Chip Carrier 晶片載板

此詞亦稱為IC載板，是多種IC晶片封裝（Packaging） 用各種材質載板的統稱，目前此種HDI半加成法（SAP）的有機材質精密細線載板，已成為傳統多層板移往大陸後台灣PCB的主力產品了。下圖即為組裝板拆解後IC與載板的切片，可見到IC載板與組裝在PCB的上下游關係。

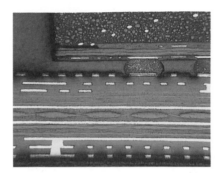  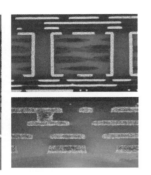

Chip Component 片狀零件、片式零件

　　一般是指表面貼裝（SMT）的小零件，如電阻器或電容器等，通常業界資淺者經常將此詞稱為「晶片電阻」或「晶片電容」者當然是不正確的，應改稱為片狀電阻或電容才對。

Chip Clearance　排屑間隙

　　指鑽針尾部接近或著落在"斜部"之排屑溝上端出口，其露出高度應為鑽部（Flute）直徑的兩倍，以方便鑽針進入板材切削後其廢屑的順利排出。

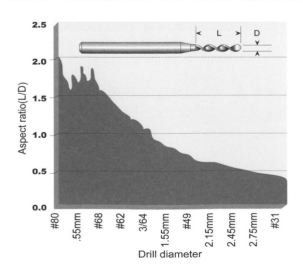 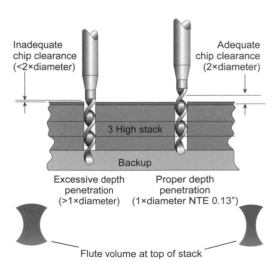

Chip Clogging 堵屑、塞屑

　　機械鑽孔動作中會有多量的廢屑湧入鑽針的排屑溝內，若未能順利將之清除板外時，將會造成劇烈摩擦生熱而導致膠糊渣（Smear）過多，釘頭變大，殘屑堵塞，甚至斷針等問題。日立精工曾在壓力腳內採用一種旋風式的吹氣清除設計，既可冷卻鑽針又可吹走溝中的廢屑而相當實用。以下即為其三種示意圖。注意，無鹵板材鑽小孔（0.35-0.25mm）一旦鑽針排屑溝不夠平滑而排屑不順時，將在電鍍銅後造成銅皮或殘屑堵孔現象。

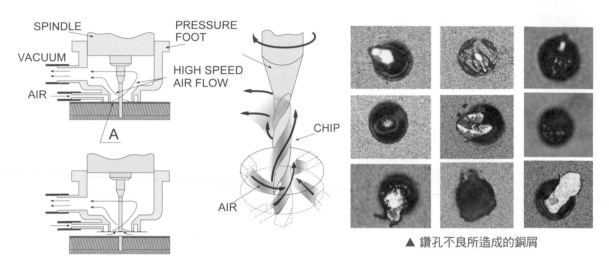

▲ 鑽孔不良所造成的銅屑

Chip Interconnection 晶片互連

　　是一種半導體積體電路（IC）內心臟部份之晶片（Chip），在進行封裝成為完整零件前之互連作業。傳統晶片互連法，早先是在其各電極點與引腳之間採打金線方式（Wire Bonding）進行；後有"捲帶自動結合"（TAB）法（現已逐漸式微），以及最先進困難採用高鉛凸塊的"覆晶法"（Flip Chip大陸稱倒晶）。後者是近乎裸晶大小的封裝法（CSP），精密度非常高。不久將來晶片互連還會進步到3D立體封裝的境界。

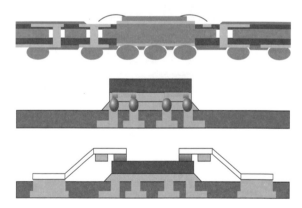

Chip On Board（COB）晶與板直接安裝

　　是將積體電路之晶片，以含銀微小碎片的環氧樹脂膠，直接貼合黏著在電路板上，並經由引腳之"打線"（Wire Bonding）後，再加以適當抗垂流性的環氧樹脂或矽烷（Silicone）樹脂，將其COB區予以密封，如此可省掉積體電路元件原需的封裝成本。一些消費級的電子錶筆或電子錶，以及各種計時器等，皆可利用此種方式製造。

　　其次微米級的超細線路是來自鋁膜真空蒸著（Vacuum Deposit），精密光阻，及精密電漿蝕刻（Plasma Etching）法所製得的晶圓。再將晶圓切割而得單獨晶片後，並續使晶粒在定架（腳架）中心完成焊裝（Die Bond），再經接腳打線、封裝、彎腳成型即可得到常見的IC。其中四面接腳的大型IC集成塊如VLSI的載板又稱"Chip Carrier晶片載體"，而新式的TAB也是一種無需先行封裝的"晶片載體"。

又自SMT盛行以來，原應插裝的電阻器及電容器等，為節省板面組裝空間及方便自動化起見，已將其玄柱或臥柱式軸心引腳的封裝法，一改而為小型片狀體，故亦稱為片狀電阻器Chip Resistor，或片狀電容器Chip Capacitor等。

又，Chips是指鑽針上鑽尖部份之第一面切削前緣刃口之崩壞，謂之Chips。

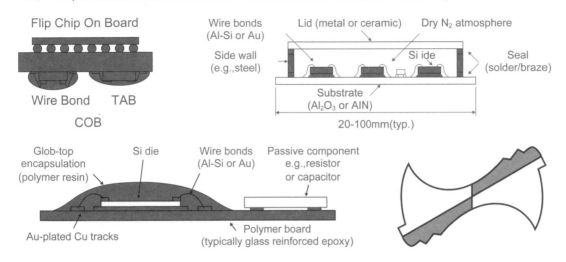

Chip on Chip 疊晶式封裝

是現行高密度3D立體封裝的一種，係將單一封裝體內第二晶片採覆晶方式 焊在第一晶片上，將稱為COC。其他立體封裝的做法尚有下列數種（取材自JEITA）

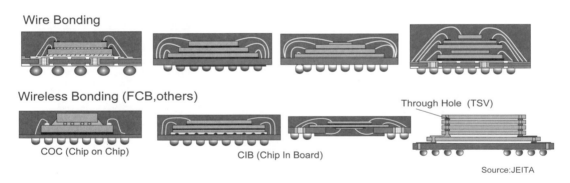

Chip on Flex（COF）晶片直接安裝在軟板

可將簡單的IC晶片，以垂直單向導電膠或FC覆晶法安裝在軟板上，然後再將軟板焊接在主板，或以無基材載附的 "飛腳"（Flying Lead）搭接在主板上。此種COF技術多用在小型PCB上，如電話手機板即是。

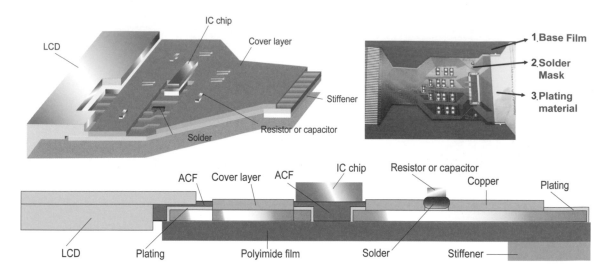

Chip On Glass（COG）晶玻接裝法

　　晶片對玻璃電路板的直接安裝常用在液晶顯示器（LCD）玻璃電路中，其各ITO（Indium Tin Oxide）近乎透明之電極，須與電路板上的多種驅動IC互連，才能發揮顯像的功能。目前各類大型IC仍廣採QFP封裝方式，故須先將QFP安裝在PCB上，然後再用導電膠（如Ag/Pd膏、Ag膏、單向導電膠等）與玻璃電路板互相結合。

　　新開發的做法是驅動訊號用的大型IC（Driver LSI）Chip，直接用導電膠帶"覆晶"方式扣裝黏牢在玻璃板的ITO電極點上，稱為COG法，是一種很先進的組裝技術。類似的説法尚有COF（Chip on Film）等。

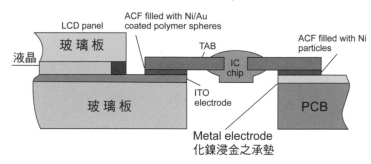

Chip Scaled Package　晶片級封裝

　　係極小型的體積電路封裝產品，其整體外型或面積只比晶片大不到1.2倍以下者，稱為CSP也稱為Chip Size Package即為其業之分類。此類小模塊多用在手機板的射頻前端。

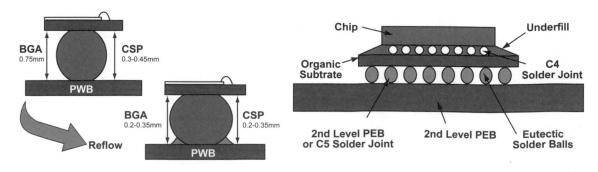

Category	Type	Schematic	Manufacturers
Rigid Substrate	Wire Bonding		Fujitsu, Motorola, Sony, NEC, Rohm, Toshiba
	Flip Chip		Sony, Motorola, Matsushita
Wafer-Level Assembly	Substrate, Molded		Fujitsu, Tessera, ShellCase, ChipScale
	Redistribution		NEC, Sandia National Labs, ChipScale
Flex Circuit Interposer	Wire Bonding		Hitachi, Sharp, Fujitsu, Toshiba, Mitsubishi
	Flip Chip/TAB		NEC, Tessera, Sony, Rohm, IZM
Lead Frame	Wire Bonding		Fujitsu, Hitachi, LG Semicon, Toshiba, Samsung,

Chisel 鑿刃

是指鑽針的尖部,具有稜線使尖部分割成金字塔狀的四個立體表面,此彎折的分割稜線有長短兩條,其較短的立體轉折稜線即圖中之2處兩立體交接的短刃稱為 "Chisel" ,是鑽針最先刺入板材的定位點。

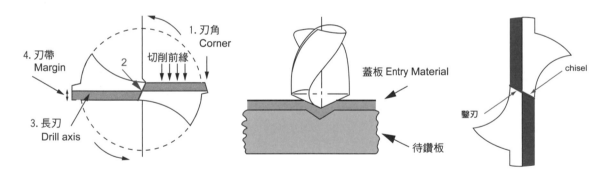

Chlorinated Solvent 含氯溶劑、氯化溶劑

含碳、氫、氧之有機溶劑,使用中很容易著火燃燒。為增加安全性起見,可將其分子中的部份氫原子換掉,改掛一個或數個鹵素原子(以氯原子為主),成為常見的難燃 "氯化溶劑" 。一般有機溶劑經氯化耐燃後,即擁有更安全更廣大的用途。常見者如三氯乙烷、三氯三氟乙烷、四氯化碳等。但由於此等CFC溶劑對地球生態環境有害,現已全球禁用。

Choline Hydroxide 膽鹼

是一種可協助乾膜剝除液工作的有機添加劑。

Circuitization 成線

是對電路板任何製成線路方法的一種總體稱呼字眼,例如銅箔或鍍銅層之蝕刻,導電塗料之印刷,選擇性化學銅或導電層等做法在內。

Circumferential Separation（Ring Void） 環狀斷孔

電路板的鍍通孔銅壁，有提供插焊及層間互相連通（Interconnection）的功能，其孔壁完整的重要性自不待言。環狀斷孔的成因可能有PTH的缺失，鍍錫鉛的不良造成孔中覆蓋不足以致又被蝕斷等，此種整圈性孔壁的斷開時稱為環狀斷孔，是一項品質上的嚴重缺點。不過要注意的是有時完工板已通過電測而出貨，到了下游無鉛焊接之後才斷孔者，多半是孔銅壁局部原本就很薄弱，到了焊接強熱時才被拉斷的，從良好的失效切片上均可清楚的判讀問題出自何處。

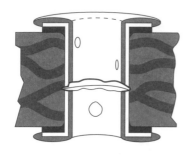 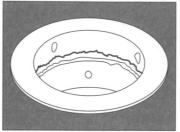 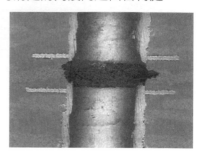

Clad / Cladding 披覆

是以薄層金屬披覆在其他材料的外表，做為護面或其他功用，電路板上游的基板（Laminates）即採用銅箔在基材板上披覆，故正式學名應稱為"銅箔披覆積層板CCL"（Copper Claded Laminates），而大陸業者即稱其為"覆銅板"，台灣業者則習慣說成"銅箔基板"。

Clamping System 導電夾

生產板在進行電鍍時，其夾掛在陰極者是利用專用掛架（Rack）上的導電夾，用以固定其搖擺中（垂直掛鍍）或行走中（水平走鍍）的大板面，並通入大量的直流電流（近百安培）而且還要持續到60分鐘之久，因而其與導電之接點不但要低而且不能生鏽，否則鍍層增厚中會因電流忽大忽小而出現許多分層的分界線（Demarcation）。此種分界線對通孔也許關係不大，但對盲孔與底墊處，或板面厚線處，在無鉛焊接後可能有分離脫層的危險。

▲ 自走式水平鍍銅夾具，取材自阿托科技

Clean Room 無塵室、潔淨室

是一個受到仔細管理及良好控制的房間，其溫度、濕度、壓力都加以調節，且空氣中的灰塵及臭氧已予以排除，為半導體及細線電路板生產製造必須的環境。一般"潔淨度"的表達方式，是以每"立方呎"的空氣中，所含粒徑大於0.5μm以上（particle的定義）的塵粒數目，做為分級的標準，其詳細內容如下表：

美國聯邦規格No.209 B之要點

等級	粒	子	壓力	溫度	濕度	氣流	度
	粒徑 (μ)	允許粒子數 (個/ft³)	(mmAq)	(℃)	(%)	(m/s) 換氣回數	(Lux)
100	0.5以上5.0以上	100個以下，0個以下	需1.25 mmAq以上氣流向外測流動，故壓力要較周圍為高。	未指定時22.2	未指定時45	層流方式0.45	1,080~1,620
1,000	0.5以上5.0以上	1.000個以下，10個以下		變動範圍±0.1	變動範圍±10	變動範圍±0.1	
10,000	0.5以上5.0以上	10.000個以下，65個以下		特要時±0.14	亂流方式≧20回/時	亂流方式≧20回/時	
100,000	0.5以上5.0以上	100.000個以下，700個以下					

又為節省成本或更高階標準起見，常只在工作檯面上設置局部無塵的環境，以執行必須的工作，稱為Clean Benches。

Cleanliness 清潔度

是指完工板的整體中，所殘餘離子多寡的情形。由於電路板曾經過多種濕式製程，一旦清洗不足而留下導電物質的離子時，將會降低板材的絕緣電阻，造成板面線路潛在的腐蝕危機，甚至在濕氣及電壓下會引起導體間（包含層與層之間）金屬銅的遷移（Copper Migration即CAF）問題。因而板子在印綠漆之前必須要徹底清洗及乾燥，以達到最良好的清潔度。按美軍規範MIL-P-55110D之要求，板子清潔度以浸漬其抽取液（75％異丙醇＋25％純水）之導電度（Conductivity）表示，必須低於2×10^{-6} mho（現已改成siemens），若以電阻值（Resistivity）表示時，應在2×10^{6} ohm以上，才算及格。

Clearance 空環、餘隙

指多層板之各內層上，若不欲其導體面與通孔之孔壁連通而欲使斷路（Open）時，則可將通孔周圍的銅箔蝕掉而形成空環，特稱為"空環"（又稱Antipad）。又外層板面上所印的綠漆與各孔環之間的距離也稱為Clearance。不過由於目前板面線路密度愈漸提高，使得這種綠漆原有的餘地也被緊逼至幾近於無了。

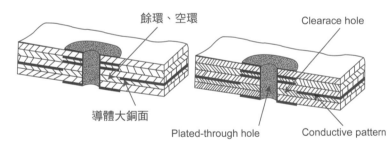
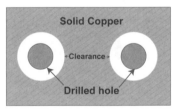

Clinched Lead Terminal 打彎緊箝式引腳

重量較大的零件，為使在板子上有更牢固的附著起見，常將穿過通孔的接腳打彎而不剪掉，使擁有較大面積的焊接而強度更好。通常單雙面板上較多採用。

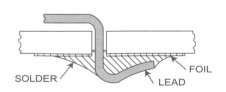
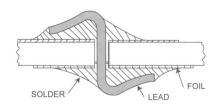

Clinched-wire Through Connection 通孔彎線連接法

當發現通孔電性導通不良而有問題或斷孔時，可用金屬線穿過通孔在兩外側打彎，並以焊錫與板面焊墊焊牢，以完成板子兩面電路的互連。無金屬化通孔的單面板，也可用此法導通。

Clip Terminal 繞線端接

　　是指電路板與外界連通的一種方式，即在板子已焊牢的鍍金外表導梢（Pin或Post）上，以去掉外皮的金屬導線採纏繞的方式，緊繞在梢柱上以完成連通。一般電路板測試用的針盤(Fixture)底座，其與測試母機的連接即採此種方式。

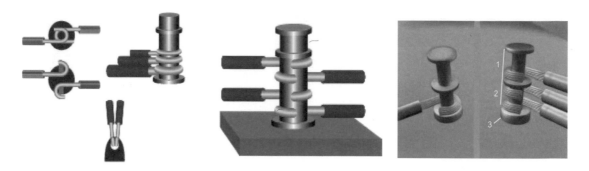

Clock Frequency（Clock Speed or Clock Rate）時脈頻率、時脈速率

　　係指數位訊號（大陸稱數碼信號）0與1（電壓高低）之高低準位，其每秒鐘內跳動交換的次數而言。若每秒鐘跳動一次則稱為1個赫茲（Hertz），早先Pentium III之CPU其內頻之時脈速率已高達500 MHz以上。此詞尚有許多其他的說法，甚至亦可直接稱為工作速率或速度等。

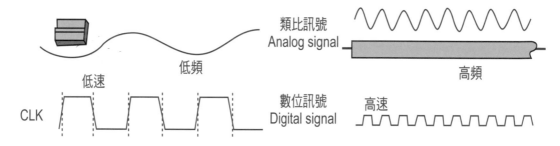

Coalescence 癒合

　　是指錫膏印刷又經熱風回焊後，原本錫膏中的眾多錫粉（Powder）圓球粒子與有機助焊劑的臨時調配組合體，在強熱熔融之下會熔合成為完整銲點者，稱為癒合。

　　癒合、熔合常用於錫膏回焊（Reflow）的製程中，係指錫膏中的錫粉（Powder，為圓球狀的錫粒）於強熱中到達熔點時彼此熔合成一體之謂。一旦某些錫粉小球本身在錫膏已出現較嚴重的氧化皮膜，而又無法被佔半數體積的助焊劑所去除時，則將不易熔合成外觀良好的銲點，且當熱量不足時也會整體出現未能癒合的現象。且前者還會因某些氧化皮膜較厚而無法熔合的錫球粒子會被助焊劑的眾多錫球（Solder Ball）所帶出而造成板面上品質不良。

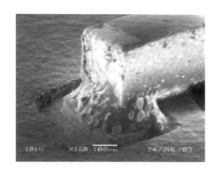  

Poor Coalescent　　　　Good Coalescent

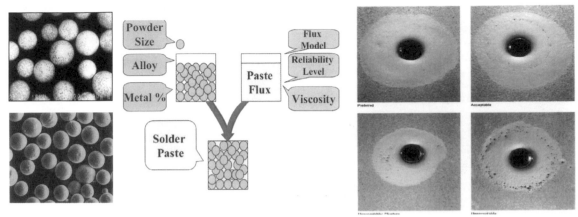

▲ 左上圖為有鉛錫粉在SEM中的圖像,在電子反彈成像顯微中其表面花紋的白色部份是鉛(因原子量較大,故會反射電子而成),黑色部份為錫(恰與光學顯微鏡之黑白相反);左下圖為無鉛錫粉(SAC305)兩者之對比情形。右上圖為錫膏配置的示意圖,其中有機物之重量比雖只占10-12%,但體積比卻高達50%以上,且焊後之良好銲點應全數氣化消失才對,否則即形成空洞。

▲ 此為錫膏規範中測試癒合性(Coalescence)的允收與拒收畫面,其臨時金屬載板為陽極處裡過的鋁板,只作為傳熱的工具。良好的錫膏熔合後其錫粉會集中成球,而其中氧化較嚴重的錫粉,在無法熔合下,將被排擠出來隨著助焊劑的擴散而向外流失,下二圖即為助焊劑擴散帶出太多氧化錫粉而無法允收的畫面。

Coat, Coating 皮膜、表層

常指板子外表所做的處理層而言。廣義則指任何表面處理層。

Coaxial Cable 同軸纜線

指圓形多層次式傳輸線組,中心有傳播或傳輸訊號用的金屬訊號線,而於其外圍披覆有絕緣層,此絕緣層之外又另有接地或屏障功能的管狀金屬層或金屬編線層者,此一組合線體稱為"同軸纜線"。

Coefficient of Thermal Expansion 熱膨脹係數

指各種物料在受熱後,其每單位溫度上升之間所發生的尺寸變化(分別有三維方向),一般縮寫簡稱為CTE,但也可稱為TCE。

Co-firing 共燒

是瓷質混成電路板(Hybrid)的一個製程,將小型板各層面上已印刷各式貴金屬厚膜糊(Thick Film Paste)的線路,置於高溫中同時燒製。使厚膜糊中的各種有機載體被燒成氣體走掉,而留下貴金屬導體的線路以做為互連導線的做法而稱之。

Cohesive Force 內聚力

當液體與固體接觸時,液體會對固體表面產生附著力(Adhesive Force),但液體本身分子間卻存在著彼此吸引的"內聚力",且當液體分子的極性愈大時其內聚力也愈大。以水為例其分子間的內聚力遠大於對空氣分子的附著力,因而會形成很大的表面張力(高達73mN/m),因而會PCB濕流程各種槽液均需加入潤濕劑以降低其表面張力以方便進孔。無鉛焊料SAC305熔融時的表面張力也遠大於63/37之錫鉛合金,致使其散錫性也就相對頗為遜色了。

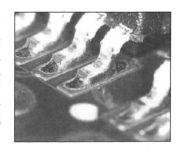

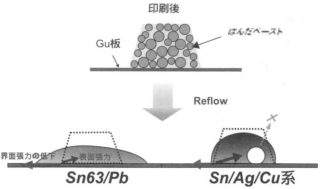

Cold Flow 冷流

指材料在室溫中長期受到固定外力的壓迫，形成尺度上的變形，謂之"Cold Flow"。

Cold Solder Joint 冷焊點

銲錫與銅面間在高溫焊接過程中，必須先出現Cu_6Sn_5的"介面合金共化物"（IMC）層，才會出現良好的沾錫或焊錫性（Solderability）。當銅面不潔、熱量不足，或銲錫中雜質太多時，都無法良好形成這種必須的良性IMC（Eta Phase），而出現灰暗多凹坑不平，且結構強度也不足的焊點，此種只由銲錫冷凝形成，但未真正焊牢的焊點，特稱為"冷焊點"，或俗稱冷焊。外觀上可見到最外緣的沾錫角太大或超過90度時，即表示銲點已有問題了。

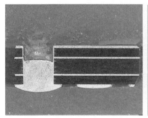

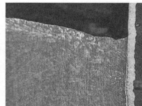
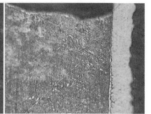

Collapse 塌扁

指一般PBGA或小型的CSP等載板，其底面與主板（PWB）用以互連焊接的球腳，係由錫鉛合金共融組成（Eutectic Composition即Sn 63 / Pb 37）的焊錫所充任。故當高溫中與主板焊墊上所印的錫膏焊合時，本身亦將因重量與軟化而變扁。如此將可使整體高度降低，焊點面積也稍形變大，而且也更為牢靠。現行無鉛錫球SAC305者，由於熔點較高剛性較強，使得在崩塌或塌扁方面已不如從前了。

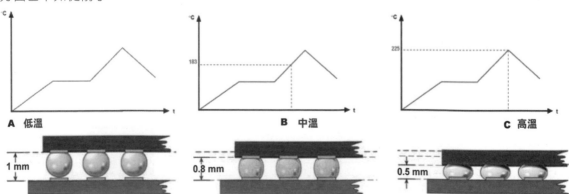

Collect 夾頭、夾筒

電路業界常見於鑽孔機各主軸（Spindle）下方的精巧組合，可三片或四片開合，以放鬆或夾緊方式自動換取鑽針的裝置。

▲ 本圖由安德力有限公司提供

Collimated Light 平行光

以感光法進行影像轉移時，為減少底片與板面間在圖案上因斜射光而引發的變形走樣起見，應採用平行光進行曝光製程。這種平行光是經由精密機器之多次反射折射，而得到低熱量且近似平行的光源，稱為Collimated Light，為細線路製作必須的曝光設備。由於垂直於板面的平行光，對板面或環境中的少許灰塵都非常敏感，常會忠實的表現在所曬出的影像上，造成許多額外的缺點，反而不如一般解像較差散射或漫射光源能夠自相互補而消彌。故採

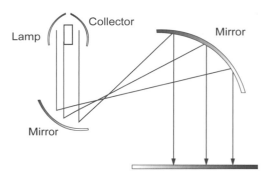

用平行光時，必須還要無塵室的配合才行。此時底片與待曝光的板面之間，已無需再做抽真空的密接（Close-contact），而可直接使用較輕鬆的Soft-contact或Off-contact了。

Colloid 膠體

是物質分類中的一種液體或流體，如牛奶、泥水等即是膠體溶液。是由許多巨分子或小分子聚集在一起，在真溶液中呈現不致下沉的懸浮狀態，與糖水鹽水等透明透光的真溶液不同。PTH製程其活化槽液中的"鈀團"，在供應商配製的初期是呈現真溶液，但經老化後到達現場操作時，卻另顯現出膠體溶液狀態。也唯有在膠體槽液中，板子孔壁才易完成吸著之活化反應。

Columnar Structure 柱狀組織

常指電鍍銅皮（ED Foil）在只加入過量光澤劑的高速鍍銅（1000 ASF以上）中所出現的結晶組織而言，此種快速成長的銅層組織其物性甚差，各種機械性能遠不如正常電流並另行添加載運劑常規鍍銅（25 ASF）者來得較好，後者無特定結晶之多面向多邊形組織（Polygonal）的銅層才是好銅。一旦鍍銅層出現柱狀結晶時，則在熱應力中將很容易發生拉伸的斷裂。

Comb Pattern 梳型電路

是一種正負極性"多指狀"排線彼此互相交錯的密集線路圖形,可用於板面清潔度、綠漆絕緣性等進行高電壓測試的一種特殊線路圖形(下二圖即為IPC-B-25考試板)。

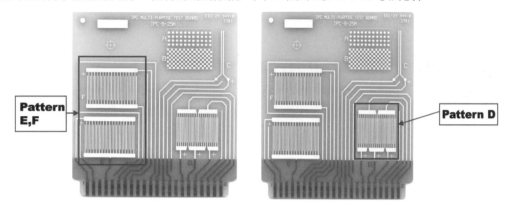

Commodity Board 商品板

是搭配商業電子品之大量生產用途,且價位較低的電路板類。

Comparative Tracking Index(CTI)比較性漏電指數

此CTI是針對一般家電用品,或其他高電壓(110V,220V)電器品,所用單面基材板之品質項目。因不屬於電腦資訊或通訊之領域,故IPC-4101並未將之納入。反倒是國際電工委員會(IEC)已收納於其IEC-STD-112之中(電路板資訊雜誌曾將該份Publication 112於53期中全文翻譯,讀者可參考之)。係模擬完工電路板在使用環境中遭到污染,致使板面線路間距處出現漏電短路,以致發熱燒焦的情形。是比較各種板材能否耐得惡劣環境的侵犯,能否減少危險機率之試驗,也就是在最壞的打算下,看看電路板之板材能否考試過關的試驗。

做法是在裸基材的板面上,在相距4 mm之兩點,從60°的方向以100g的力量向下刺入板材。電極尖端之錐度30°,刺定後在兩點之間不斷滴下0.1%的氯化銨溶液,每30秒1滴,並通入高電壓(100〜600V)之交流電(AC)進行試驗。可先試用300V並使出現1安培的電流。因板面上已有氯化銨溶液,故通電中會出現電阻而發熱,逐使溶液被蒸發走掉,於是又續滴下溶液直到50滴時,看看板材本身會不會漏電。一旦當絕緣板材出現0.1A的漏電並超過0.5秒以上者,立即記錄為故障或失效(Failure,此時蜂鳴器也會發出叫聲),測試儀器也會自動記錄下發生故障前已滴下的總滴數。

板材CTI的品質是指50滴仍未故障者,其所呈現的外加電壓數值。若上述300V可順利過關時,還可再增加電壓為400V,500V,或600V等,直到出現故障前之最高電壓,即為該板材的CTI數據。一般規定FR-4及格標準是200〜400V,而CEM-1也是200〜400V,但日本業界有時會要求到800V之嚴格標準。

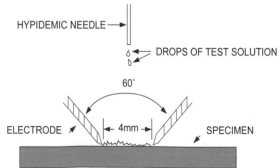

Complex Ion 錯離子、絡離子

電解質溶在水中會水解成為離子,如食鹽即可水解成簡單的Na^+與Cl^-。但有些鹽類水解後卻只會形成複雜的離子,如金氰化鉀(金鹽Potassium Gold Cyanide;PGC)$KAu(CN)_2$即水解為K^+

的簡單離子，及Au（CN）⁻₂的複雜離子。此一Complex即表示其"錯綜複雜"的含義，當年在選擇譯名時，是抄自日文漢字的"錯離子"。此名詞多少年來一直困擾著學生們，實在難以望文生義。早先的前輩學者若能在上述四字中只要不選"錯"字，其他三字都比較好懂，也不致一"錯"到現在已無法再改了，而且還要一直"錯"下去。可見譯筆之初，確實應該要抱執戒慎恐懼的心理，並小心從事認真考據才對。大陸業界已改稱為絡離子了。

$$KAu(CN)_2 \rightarrow K^+ + Au(CN)_2^-$$

又Complexant則為錯化劑（絡合劑），如氰化物、氨氣等均能使他種元素進行錯化（絡化）反應者謂之。

Component Density 零件密度

指板面所安裝元件或零件的多少，以平均單位面積中所具有數量之密度方式做為表達。

Component Hole 零件孔

指板子上零件腳插裝的通孔，這種腳孔的孔徑平均在40 ㎖左右。現在SMT盛行之後，大孔徑的插孔安裝已逐漸減少，只剩下少數連接器的金針孔或引腳孔還需要插焊，其餘多數SMD零件都已改採表面黏裝了。

Component Orientation 零件方向

板子零件的插裝或黏裝的方向，常需考慮到電性的干擾以及波焊的影響等，在先期設計佈局時，即應注意其安裝的方向。

Component Side 組件面

早期在電路板全採通孔插裝的時代，零件一定是要裝在板子的正面，故又稱其正面為"組件面"；板子的反面因只供波焊的錫波通過，故又稱為"焊錫面"（Soldering Side）。目前SMT的板類兩面都要黏裝零件，故已無所謂"組件面"或"焊錫面"了，只能稱為正面或反面。通常正面會印有該電子機器的製造廠商名稱，而電路板製造廠的UL代字與生產日期，則可加附在板子的反面。

Composite Epoxy Material（CEM）環氧樹脂複合板材

FR-4雙面基材板是由8張7628的玻纖布，經耐燃性環氧樹脂含浸成膠片，再壓合而成的常用板材。若將此種雙面板材中間的6張玻纖布改換成其他較便宜的複合材料，而仍保留上下兩張玻纖布膠片時，則在品質及性能上相差不大，但卻可在成本上節省很多。目前按NEMA LI 1-1988之規範，對此類CEM板材的規範只有兩種，即CEM-I與CEM-3。其中CEM-I兩外層與銅箔直接結合者，仍維持兩張7628玻纖布，而中間各層則是由"纖維素"（Cellulose）含浸環氧樹脂形成整體性的"核材"（Core Material）。CEM-3則除上下兩張7628外，

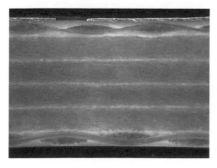
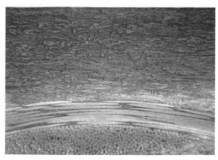

中層則為不織布狀之短纖玻纖蓆，再含浸環氧樹脂所成的核材。附圖即為2008年開始盛行的無鹵級板材CEM-1，可見到上下兩張FR-4玻纖布膠片的樹脂中，已加入20% V/V 白色的氫氧化鋁（ATH）粉末，因而在暗場放大畫面中出現白色背景的情形。

Compositech 非紡織型玻纖布

此拼湊字是一家美商玻纖布的名字，其"似布類板材"係將玻纖絲扁平排列，並上下縱橫疊置，經含浸樹脂後可製成非紡織式的膠片或板材，比傳統FR-4板材更具平坦與均勻性。但截至目前為止，尚未見到大量廉價的產品出現。

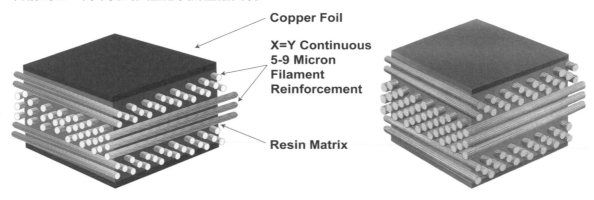

Copper Foil

X=Y Continuous
5-9 Micron
Filament
Reinforcement

Resin Matrix

Composites（CEM-1，CEM-3）複合板材

指基板底材是由玻纖布及玻纖蓆（零散短纖）所共同組成的，所用的樹脂仍為耐燃性環氧樹脂。此種板材的兩面外層，仍使用玻纖布所含浸的膠片（Prepreg）與銅箔壓合，內部則用短纖蓆材含浸樹脂而成的Web（不織布厚材或蓆材）以節省成本。若其"不織布材"纖維仍為玻纖時，其板材稱為CEM-3（Composite Epoxy Material）；若不織布基材為紙纖時，則稱之為CEM-1。此為美國電器品製造協會NEMA規範LI 1-1989中所記載。IPC-4101B將CEM-1基板的規格單（Specification Sheet）編為/10與/80兩份文件，將CEM-3編為/12，/14，/81等單頁文件。下列三圖為CEM-1所製作用於家電便宜的雙面板。

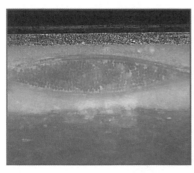
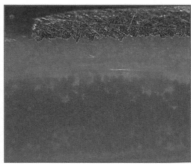
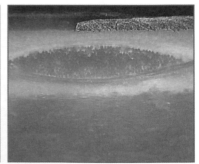

Compression 壓縮、擠壓

通常是指軟板板材其彎曲變形之內緣部分所受到的壓縮或擠壓而言，外緣部分之表現則稱為Tension拉伸。兩者皆為名詞其等形容詞分別為Compressive與Tensile，此二形容詞經常用於應力或受力的場合。

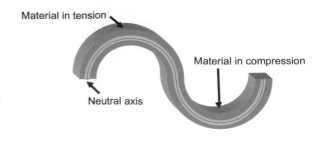

Material in tension

Material in compression

Neutral axis

Computed Tomography（CT）
電腦斷層掃描

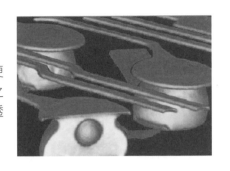

　　電腦斷層掃描圖像的觀察最早是用在醫療方面，彼時硬體軟體成本都很貴，經過十餘年的技術進步與競爭者增加之下，造價已大幅下降，目前可用在各種工業中做3D X-ray的透視掃描觀察，對小型產品失效分析的參考價值很高。

Concave / Convex 凹下 / 凸起

　　是指3D立體的外觀或毛細管中的液面，當附著力大於內聚力時凹下之側視圖，反之會呈現凸起的畫面。

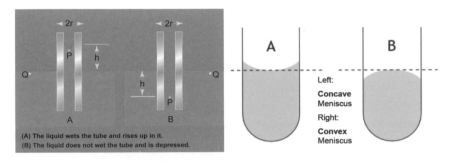

Condensation Soldering 凝熱焊接、液化放熱焊接

　　又稱為Vapor Phase Soldering，是一種利用高沸點有機液體（溶劑，如3M公司的商品FC-70）之蒸氣，於特定工作環境中接觸加工物體回凝成液態所放出的熱量，在組裝板全面迅速吸熱情形下對錫膏進行的熔焊，謂之"凝焊"。

　　早期曾有少部份業者將此法用在PCB熔錫板的"重熔"方面。先決條件是該溶劑蒸氣的溫度須高於銲錫熔點30℃以上才會有良好的效果。

Condenser 電容器

　　是電容器的老式說法，目前以Capacitor最為流行。有些場合（如軟板）或老一輩的文章中也常會出現此種表達方式。

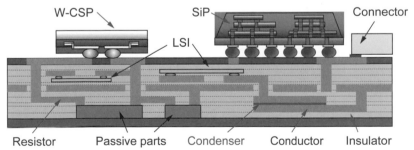

Conditioner 整孔劑、適況劑

　　是指機械鑽孔或雷射盲孔之除膠渣後，進入金屬化濕流程之第一站；本槽液添加有清潔作用的界面活化劑，此種助劑分子結構具親水端（如網球拍之大頭）與疏水端（小頭者），可執行整體與死角處的清潔作用。且此槽液中還加有大頭帶正電陽極性界面活化劑，可將原本帶負電的玻纖處調整成中性表面或正電表面，以方便繼續的正電性的鈀膠合物或傳統帶負電性的氯

化錫鈀膠團的附著,而形成所謂的活化反應。故知此第一站具有清潔與整孔(調整其正負靜電性)的雙重功用,是PTH工程中極重要的製程。

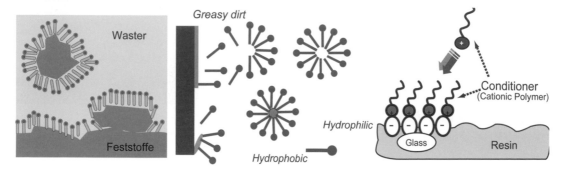

Conditioning 整孔處理

此字廣義是指本身的"調節"或"調適",使能適應後來的狀況。狹義是指乾製程後的板材其孔壁在進入PTH水溶液濕製程前,使先具有"親水性"並令孔壁帶有"正電性",同時完成清潔的工作,才能繼續進行其他後續的各種處理。鍍通孔系列製程(PTH)發動前,必須先行整理孔壁電性(將原本負電性改變成正電性)的動作,稱為整孔(Hole Conditioning)處理。

 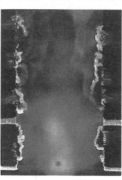 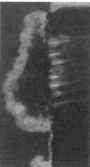 

◀ 孔壁偶而出現空心銅瘤的Root Cause 真因,就是PTH流程中不良整孔劑的作祟,只要把已劣化的清潔整孔(Conditioner)的槽液更換掉,即可免除空心銅瘤的發生。但孔壁銅層的斷裂卻需另從電鍍銅延伸率的改善上著手。

Conductance 導電值

是直流電"電阻值"的顛倒,電阻值的單位是歐姆ohm,而導電值的單位也是倒過來的"姆歐mho"(此詞現已改稱Siemens了)。當欲測物體上限的電阻值時,則不如測"導電度值"來的方便。例如欲測板子清潔度時,即可測其抽出液導電的"姆歐"值。然而一般人比較懂得電阻的"歐姆"值,故還需要換算"電阻值"才比較好。

Conductive Adhesive 導電膠

是一種含有銀粒或銀片與樹脂或膠類的摻和物,屬可導電的一種接著劑,能代替含鉛或無鉛焊錫的焊接,並可在80℃左右完成硬化,某些商名亦稱為Poly-solder。不過其等用於SMD的貼著後,長期可靠度方面仍不夠理想,加以成本很貴,故目前使用者不多。

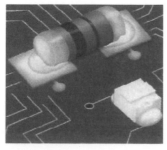 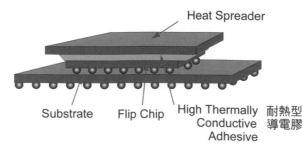

Conductive Anodic Filament（CAF）陽極性玻纖紗式漏電

當板面兩股線路或板中兩個鍍通孔相距太近，一旦板材吸收水氣較多時，相鄰銅線或孔壁其高低電壓的電極間會順著板材玻纖紗的表面，而出現電化性遷移之絕緣劣化情形。此乃因完工玻纖布為求能良好含浸有機樹脂起見，均在布表做過耦合性"矽烷處理"（Silane Treatment）之皮膜，一旦水氣較多又恰好線底壓觸到玻纖布時，將因此種皮膜具有較大的極性與出現縫隙進而吸水，逐漸呈現輕微之漏電現象，特稱為CAF。常見的CAF有孔壁與孔壁之間，孔壁到線路，與線路到線路間之各種漏電情形。

凡當板內出現細微通道又存在水氣與電解質，再加上紗束兩端銅導體之電壓不等時（即所謂的偏壓Bias），將有可能在陽極處（較高電位者）發生銅金屬的氧化而出現Cu^+或Cu^{+2}，進而會延著玻纖紗束中的空隙（通道也），往陰極產生電化性遷移（Electro-chemical Migration, ECM）。同時陰極端的電子也會往陽極移動，於是兩者相逢後即出現銅金屬的還原，並在兩端延著紗束逐漸搭成了短路的漏電，特稱為CAF亦稱為Copper Migration。

自從無鉛化與無鹵板材的盛行後，樹脂中即加入多量(10% V/V)的SiO_2或$Al(OH)_3$，且玻纖紗束中也不易含浸樹脂入內，甚至紗束與樹脂的介面也出現空隙。加以孔距日益拉近絕緣厚度不斷逼薄，在後續使用中無法防堵下，致使不斷出現的CAF已成為痛苦的問題。其最令人寢食難安的是PCB與PCBA過程中根本逮不到，直到最後出了大問題時已經太晚了。

CAF 發生的原理

PWB

Deposition of Copper

● Cathode side

/ $H_2O + e^- \rightarrow 1/2H_2\uparrow + OH^-$
/ $Cu^{2+} + 2e^- \rightarrow Cu$

Erosion of Copper

● Anode side

/ $H_2O \rightarrow 1/2O_2\uparrow + 2H^+ + 2e^-$
/ $Cu \rightarrow Cu^{2+} + 2e^-$

Migration of Copper ions

(Absorbed water behaves conductor path)

Cl^-, Na^+, OH^-, NO_3^- etc : Glass fabric/Resin

(Ion impurities promote the migration of copper ions.)

▲此圖取材自日立化成之資料

◀ 此圖係日立化成所發表CAF的成因說明，當五種失效條件皆具備完全時（1. 水氣 2. 電解質 3. 露銅 4. 偏壓 5. 通道），則居高電位陽極的銅金屬會先氧化成Cu^+或Cu^{++}，並沿著已存在不良通道的玻纖紗束向陰極慢慢遷移，而陰極的電子也會往陽極移動，路途中銅離子遇到電子時即會還原出銅金屬，並逐漸從陽極往陰極長出銅膜，故又稱為"銅遷移"。一旦完成通路導電時卻又遭到高電阻的焦耳熱所燒斷，且在原因未消失前，還將重新再複製多次之CAF。

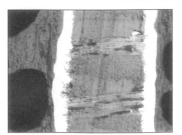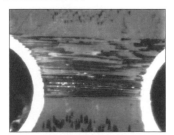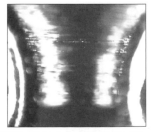

▲ 當兩通孔距離太近，又加上鑽孔動作不夠細膩而對板材造成衝撞微裂，事後自必引發滲銅，甚至造成CAF漏電的危險。

Conductive Paste 導電膏

常用者有銅膏與銀膏或碳膏，早期曾做為完工板面跳線（Jumper）之用，現行增層法亦用之於填孔或塞孔做為多層板的導通互連，如松下電器之ALIVH製程即為銅膏塞孔或東芝B²it的銀錐代替鍍銅通孔（PTH）的專密做法。

Conductive Salt 導電鹽

貴金屬鍍液中，因所加入貴金屬的含量不是很多（鍍金液中僅5 g/l左右），為維持槽液在低電壓下的良好導電起見，還須在槽液中另外加入一些鉀鈉的磷酸鹽或其他有機鹽類，增加鍍液的導電品質，稱為導電鹽。

Conductivity 導電度

是指物質導通電流順利與否的能力，以每單位體積每單位電壓下所能通過的電流大小做為表達的數據，也同樣是以電阻單位"歐姆"倒數的"姆歐"為單位（現已改稱Siemens）。

Conductor Spacing 導體間距

指電路板面的某一導體，自其邊緣到另一最近導體的邊緣，其間所涵蓋絕緣底材面的寬度，即謂之導體間距，或俗稱為間距。

又，Conductor是電路板上各種蝕刻成形導體的泛稱，如線路、孔環或方型焊墊、圓形承墊等。某些文章中也常用Features做為表達，很難從字面上去瞭解。

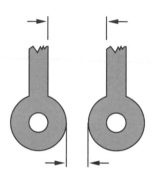

Cone Spray 錐形噴灑

是指高壓噴液的一種立體造型的水體（又分為空心及實心兩種），可形成強力沖打細小水點的漏斗形霧狀水體，以方便各種輸送式濕製程的工件。

Conformal Coating 貼護層、護形漆

完成零件裝配的板子，為使整塊組裝板外形受到仔細的保護起見，再以絕緣性的塗料予以封護塗裝使有更好的可靠性。一般軍用或較高層次的裝配板，才會用到這種外形密貼保護層。

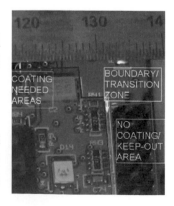

Conformal Mask 銅窗

以CO_2雷射鑽孔或採電漿（Plasma）蝕孔時，因其等能量無法擊穿銅層，故需在背膠銅箔（RCC）或玻纖膠片的增層過程中，將所需各微盲孔位置地點先行蝕刻掉孔徑大小的銅箔而露出樹脂基材再去進行成孔的動作，此種已有孔位的板面銅箔，特稱之為"銅窗"。

有時為了大排板對準度的考量，亦可將銅窗的直徑加大，稱為開"大窗"（Large Window），下列附圖取材自阿托科技。

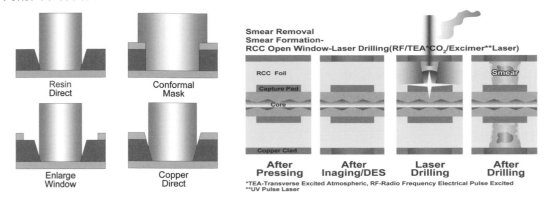

Conformity 吻合性、服貼性

在電路板工業中，是指乾膜對板子銅面或防焊乾膜對完工PCB表面，就其高低起伏表面的密著性而言，謂之Conformity（日文稱為追隨性）。某些二次成像的乾膜在已成線的板面進行加溫壓貼時，外表還有一層較硬充當載具的聚酯類Mylar存在，常造成吻合性不良的煩惱。濕式壓膜法是解決方法之一。此詞之日文稱為"追隨性"。

Connector 連接器

是一種供作電流連通及斷路的一種插拔零件。本身含有多支鍍金的插針，做為插焊在板子孔內生根的陽性插腳部份。其背面另有陰性外形的插座部份，可供其他外來的插接。通常電路板欲與其他的排線（Cable）接頭，或另與電路板的金手指區連通時，即可由此連接器執行。由於高頻或高速訊的的傳輸，此等連接器的品質與規格都很嚴格，絕非一般家電插座而已。

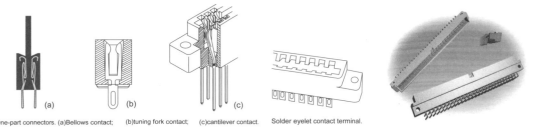

One-part connectors. (a)Bellows contact;　(b)tuning fork contact;　(c)cantilever contact.　Solder eyelet contact terminal.

Contact Angle 接觸角

一般汎指液體與固體接觸時，其整體交界全面性之邊緣，從液體與固體外表截面上見到所呈現的交接角度，謂之Contact Angle。亦稱Wetting Angle。

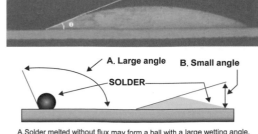

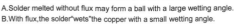

A.Solder melted without flux may form a ball with a large wetting angle.
B.With flux,the solder"wets"the copper with a small wetting angle.

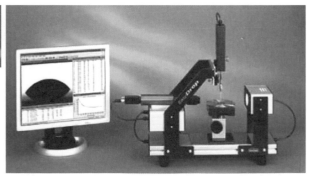

Contact Area 接觸區

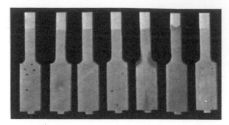

在電路板上是專指金手指在構裝時，與另一連接器的陰性卡夾兩相接觸的面積，通常是位在每一片手指中央五分之三的接觸區域最為關鍵。

Contact Resistance 接觸電阻

在電路板上是專指金手指與連接器之緊迫接觸點，當電流通過時所呈現的電阻之謂。為了減少金屬表面氧化物的生成，通常陽性的金手指部份，及連接器的陰性卡夾子皆需鍍以金層，以抑低其"接觸電阻"而減少雜訊（Noise）的發生。其他電器品的插頭擠入插座中，或導針與其接座間也都有接觸電阻的存在。

Continuity 連通性

指電路中（Circuits）電流之流通是否順暢的情形。另有Continuity Testing是指對各線路通電情況所進行的測試，即在各線路的兩端各找出兩點，分別以彈性探針與之做緊迫接觸（全板以針床實施之），然後施加指定的電壓（通常為實用電壓的兩倍），對其進行"連通性試驗"，也就是負面性俗稱的Open / Short Testing（找出斷短路試驗）。一般PCB為了能快速測出電性品質，皆採200-250V做1-2秒的電測，事實上根本無法找出有瑕疵的線路。這就是為什麼軍規要求只能對工作電壓提高一倍來進行電測。

Continuous Lamination 連續壓合、連續層壓

是一種將八張7628與上下兩銅皮，分別自專用捲軸牽引釋出，並通過一種特殊的高溫壓合機，使連續壓合送出所需的雙面銅箔之基板（Rigid Double Sided），以代替傳統散材之疊合與壓合所製作的雙面蓋板，理論上將可使CCL的產能大增，厚度與板面品質也較為穩定。

1960年代IBM就嚐試此種做法，後來歐洲有幾家基材板公司也曾試做過，甚至一家德商Dielektra還曾推出過小量產的產品DATLAM，然而終因價格與總體品質無法與傳統大量批式壓合基材板相抗衡而銷聲匿跡了。連續壓合是十年前由某些歐洲基材板業者所創行的材料壓合法，可令多種散材連續吻合及壓合，是一種自動化連線式的做法，比正統非自動化批式（Batch Type）的疊合與壓合做法，不但效率高而且成本便宜很多。可惜因品質不夠穩定而未能廣用，目前該技術已經消失無蹤了。

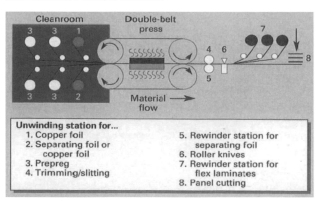

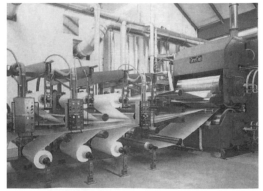

Contract Electronic Manufacturer（CEM or CM）合同式電子品製造商

係介於PCB與終端整機品牌客商之間的中間代工合同商群，是一種美式新興的電子商務業

者，純粹將PCB當成一般大量的商品來看待，可代客規劃設計、代客購板組裝等。由於其等對PCB之設計與生產頗具經驗，且又掌握大批長期訂單，故握有向PCB量產工廠削價與苛求的籌碼。此類業者現正不斷併購PCB與PCBA以及設計業者而逐漸坐大，讓東南亞的PCB量產工廠大受其控制，也使得美國許多正統PCB工廠生存更為困難。此等CEM或CM的知名業者有Solectron、Flextronic、SCI、Tyco、Jabil、Celestica、Sanmina、Via Systems以及富士康等，均擁有甚多組裝或設計工廠遍佈世界各地，幸而歐洲及日本業界尚少受其掌控。

Contract Service　協力廠、分包商、外包廠

供應商常因本身產能不足，而將部份流程或某些較次要的訂單，轉包到一些代工廠中去生產，而正式出貨仍由接單之原廠具名以保證其品質，一般俗稱為"二手訂單"。此等代工廠即稱為 Contract Service。原文是指逐件按合同進行代工之意。

Controlled Collapse　定高坍塌

指各種錫鉛合金的"球形"引腳或凸塊，在高溫熔焊（Reflow）過程中，將因已達熔點而軟化並在重力的壓迫下，其高度在控制中的變矮情形稱為"定高坍塌"。

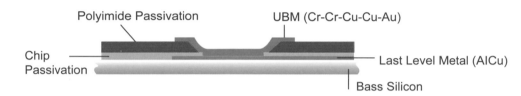

Passivation and UBM processing

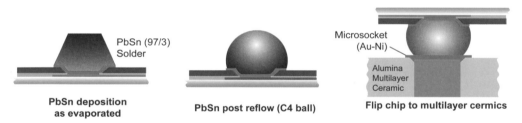

Controlled Depth Drilling　定深鑽孔

指完成壓合後之多層板半成品，經鑽機Z軸設定鑽深所鑽出之盲孔，其作業法稱為"定深鑽孔"。本工法非常困難，不但要小心控制Z軸垂直位移的準確度，而且還要嚴格控制半成品本身，與蓋板、墊板等厚度公差。之後的PTH與電鍍銅更為困難，一旦孔身縱橫比超過1：1時，就很難得到可允收的鍍銅孔壁了。這種早期不同深度的盲孔，目前已被"逐次壓合法"（Sequential Laminations）的壓合盲孔或"增層法"（Build-up Process）的微盲孔所取代。

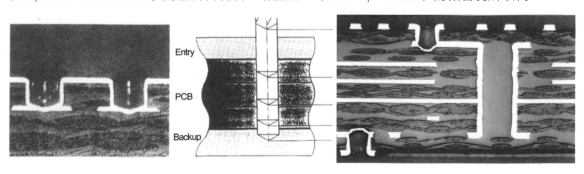

Conversion Coating　轉化皮膜

是指某些金屬表面，只經過特定槽液簡單的浸泡，即可在表面轉化而生成一層化合物的保護層，或其他有機性表面處理之預備處理。如鐵器表面的磷化處理（Phosphating），或鋅面耐蝕的鉻化處理（Chromating），或鋁面可鍍的鋅化處理（Zincating）等。後者可做為後續有機表面處理層的"打底"（Striking），也有增加附著力及增強耐蝕的效果。

Coplanarity　共面性

在進行表面黏裝時，一些多接腳的大零件，尤其是四面接腳（Quadpak）的極大型IC，為使每隻腳都能在板面的焊墊上緊緊的焊牢起見，這種Quadpak外伸的各鷗翼接腳（Gull Wing Leads）必須要保持在同一平面上，以防少數接腳在焊後出現浮空的缺失（J-Lead的問題較少）。同理，電路板本身也應該維持良好的平坦度（Flatness），一般板翹程度不可超過0.5％。目前BGA或CSP封裝載板（IC Substrate）本身更嚴格的要求到達0.1％。

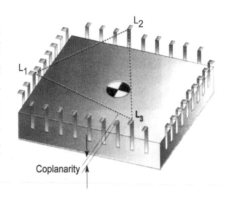

Copolymer　共聚物

指高分子聚合物並非由同一單體（Monomer）所組成，而是由不同性質的單體所共聚而成，使成品兼具不同的優點。例如常見的ABS即為可供電鍍的共聚塑膠。

Copper Claded Laminate　銅箔基板（覆銅板）

是PCB上游基本板材的通稱（簡稱為CCL），目前基材板的內容除了傳統的銅箔、樹脂與玻纖布之外，新式無鉛化與無鹵化板材，還加入多量（體積比30%以上）的無機填充料〔例如SiO_2與$Al(OH)_3$〕以降低強熱中的熱脹率（α_2/CTE-Z）與加強其阻燃性。

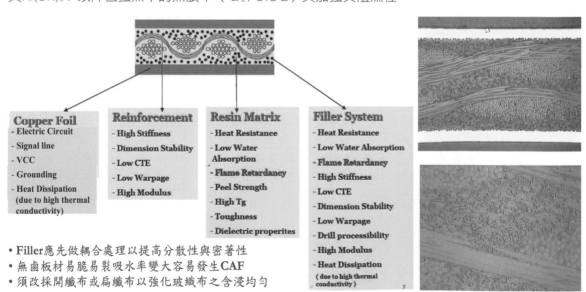

Copper Foil
- Electric Circuit
- Signal line
- VCC
- Grounding
- Heat Dissipation (due to high thermal conductivity)

Reinforcement
- High Stiffness
- Dimension Stability
- Low CTE
- Low Warpage
- High Modulus

Resin Matrix
- Heat Resistance
- Low Water Absorption
- Flame Retardancy
- Peel Strength
- High Tg
- Toughness
- Dielectric properites

Filler System
- Heat Resistance
- Low Water Absorption
- Flame Retardancy
- High Stiffness
- Low CTE
- Dimension Stability
- Low Warpage
- Drill processibility
- High Modulus
- Heat Dissipation (due to high thermal conductivity)

- Filler應先做耦合處理以提高分散性與密著性
- 無鹵板材易脆易裂吸水率變大容易發生CAF
- 須改採開纖布或扁纖布以強化玻纖布之含浸均勻

Copper Dissolution　熔（溶）銅現象

無鉛銲料尤以SAC305為甚，在焊接（回焊或波焊或噴錫）過程中很容易將PCB上的孔銅或零件的腳銅快速溶掉並以Cu_6Sn_5結構的IMC長在介面或溢入銲料之中。其強熱純錫溶銅之速率達

4.1μm/sec，經常在數次波焊或噴錫發現孔銅減薄甚至斷腳，還有時引發電鍍銅不良與厚度不足的冤枉。這種嚇人的快速蝕銅（Erosion）現象，早先的錫鉛焊接從未發現過。

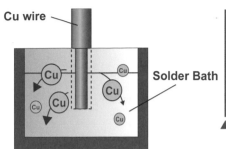

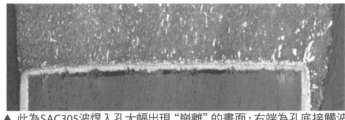

▲ 此為SAC305波焊入孔大幅出現 "崩離" 的畫面，右端為孔底接觸波峰熱量強大處Spalling，左端的動態情形為孔頂熱量較少處IMC較薄的畫面。

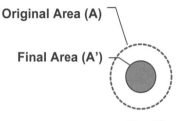

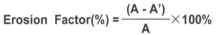

$$\text{Erosion Factor(\%)} = \frac{(A - A')}{A} \times 100\%$$

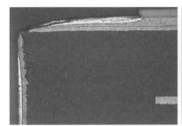
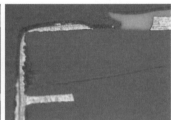

▲ 此二圖係SAC305噴錫處理的切片，事實上噴錫就等於波焊，其過程中大幅吃銅的淒慘場景令人不寒而慄印象深刻。右上白漆覆蓋處即為未遭溶蝕之原本銅厚。

Copper Foil 銅箔、銅皮

是CCL銅箔基板（大陸稱覆銅板）外表所壓覆貼牢的金屬銅層。PCB工業所需的銅箔大部分由電鍍方式（Electrodeposited）所製造，極少是以RA輥壓方式（Rolled Annealed，此種RA銅皮，日文稱為壓延銅箔）所取得，前者可用在一般硬質電路板，後者則可用於動態軟板上。現行的銅箔規範已改為IPC-4562。

Copper-Invar-Copper（CIC）複合金屬合夾心板

Invar是一種含鎳40%～50%、含鐵50%～60%的合金，其熱脹係數（CTE）很低，又不易生鏽，故常用於捲尺或砝碼等產品。電子工業中常用以製做IC的腳架（Lead Frame亦稱定架或花架），與另一種鐵鈷鎳合金的Kovar齊名。

將Invar充做中層而於兩表面再壓貼上銅層，使形成厚度比例為20／60／20之綜合金屬板。此板之彈性模數（Modulus）很低較易拉伸，可做為某些高階多層板的金屬夾心（Metal Core），以減少在X、Y方向的膨脹，讓各種SMD錫膏焊點更具可靠度。不過這種具有夾心的多層板其重量將很重，在Z方向的膨脹反不易控制，熱脹過度時容易斷孔。此金屬夾心板後來又有一種替代品 "鉬銅"（MoCu；70／30）板（見下圖），重量較輕，熱脹性亦低，但價格卻較貴。

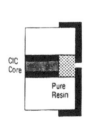

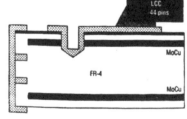

Copper Mirror Test 銅鏡試驗

是一種對助焊劑（Flux）腐蝕性所進行鑑別的試驗。可將液態助焊劑滴在一種特殊的銅鏡上（在玻璃片上以真空蒸著法塗佈500Å厚的單面薄銅膜而成），或將錫膏塗上或印上，使其中所含的助焊劑也能與薄銅面接觸。再將此試樣在室溫中放置24小時，以觀察其銅膜是否受到助焊劑的酸類或鹽類的腐蝕，或出現蝕透的情形（見IPC-TM-650之2.3.32節所述）。此法也可測知助焊劑以外其他化學品的腐蝕性如何。

Copper Paste 銅膏

是將銅粉與有機載體調配而成的膏體，可用在板面上印製簡單的線路導體。不過日商Panasonic之增層法ALIVH，係將優良品質的銅膏塞入Thermount不織布材的雷射孔中，當成導通互連而代替電鍍銅孔壁的作法，則已把銅膏的技術發揮到了極致（另見ALIVH）。

早期的覆晶凸塊一向以高鉛（Pb 90-95%，Sn 10-5%）銲料為之，但近年來載板凸塊的跨距已逼近到了50μm，高鉛凸塊（Bump）在軟塌變扁後容易造成彼此的空間短路，於是將載板上凸塊的體積大部份用電鍍銅柱或銅球所取代，只留下少許銲料做為焊接之用。除此銅柱做法外，亦可採電鍍錫銀取代高鉛的C4做為凸塊。

Copper Pillar 銅柱體

自從FC覆晶式IC量產後，高階大型的IC如CPU、北橋與繪圖晶片等均採用此等電性更好的封裝做法。但此種C4高鉛凸塊定高塌扁的焊接方式，已因前後左右距離而容易短路，以及無鉛政策也對高鉛凸塊的豁免權帶來壓力，於是IBM已從2005年起推動C4NP製程在錫鉛凸塊的內部置入銅球以減少其過度的坍塌，為了規避專利於是就另有"銅柱"免於坍塌的做法出現。

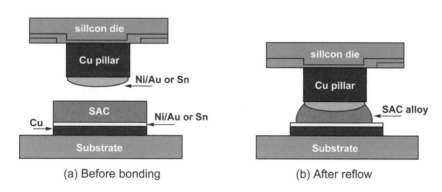

(a) Before bonding   (b) After reflow

Copper Whisker 銅鬚

硫酸銅鍍銅槽液之酸性電鍍銅作業中，一旦有機光澤劑（Brightener）過量時，經常在板面高電流密度區出現奇形怪狀的鬚狀物，特稱為銅鬚。（下圖取材自阿托科技之教材）

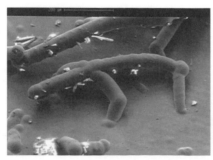
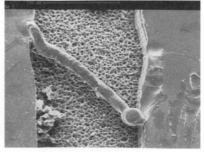

Core（Board）核心板、核板

指增層法多層板處於內在之正統鍍通孔多層板或雙面板而言，亦可直接稱為Core板。其簡寫表達法有1＋4＋1、1＋6＋1、2＋2＋2，或2＋4＋2等，其中間數字即為核心板的層數。

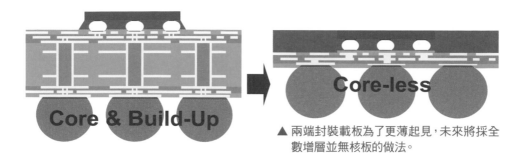

▲ 兩端封裝載板為了更薄起見，未來將採全數增層並無核板的做法。

Coreless Build up 無核心增層板

為了減薄增層板之厚度，乃放棄發起增層的傳統內核板（雙面或多層），而在一種當成工具用的平坦薄型的金屬補強板上進行雙面多次雷射盲孔填鍍銅之增層，最後從補強板上撕下兩張無核心的HDI增層板來。而日商Panasonic則乾脆利用ALIVH塞銅膏的方式增層，均稱為無核式增層載板。圖中Substrate為業界對封裝用載的老式說法，注意並非基材板。

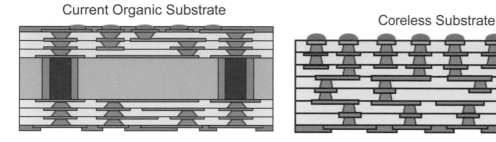

Current Organic Substrate

Coreless Substrate

Core Material 核心層板材、核材

指多層板之內層薄基板或一般基板，除去外覆銅箔後之C-Stage樹脂與補強材部份。

Corner Crack 通孔斷角

通孔銅壁與板面孔環之交界轉角處，其鍍銅層之熱應力（Thermal Stress）較大，當通孔受到猛烈的熱應力衝擊時（如漂錫或焊接），在Z方向的強力膨脹拉扯之下，或經長時間溫度循環（TCT）之脹縮而產生疲勞時，其孔角銅層很容易被拉斷，稱為Corner Crack。其對策可從鍍銅製程的延展性加以改善，或儘量降低板子的厚度，以減少Z膨脹的效應。

發生斷角的主因當然是電鍍銅裡相的結晶品質不夠好，不過從表相也可看出其延伸率

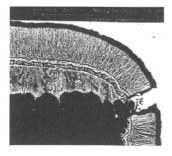

（Elongation）不足或銅箔毛頭所致。08年代的電鍍銅技術要達到30%的延伸率其實並不困難，各種監控的品管做法也都很齊備，出現斷角的機會已經不多了。某些切片中看到的斷角並非真的鍍銅有問題。下中與下右二切片圖可清楚見到是由無鉛噴錫（SAC305）的快速咬銅，造成孔銅的大幅流失變薄進而被脹斷者，當然不能歸罪於電鍍銅的不良。

Corner Fill 填角膠

大型BGA（35mm×35mm以上者）進行無鉛焊接時，由於載板封裝內晶片XY方向的CTE只有3.6 ppm／℃，而BT薄載板則高達15 ppm／℃，經常在強熱中造成載板向上翹起，而組裝基地較厚的PCB又由於頂面溫度比底面高約30℃而向下彎曲，進而造成BGA四個角落的球角會被垂直拉長。有鉛球時代的柔軟性較好，強熱中被拉長冷卻後還可復原。但SAC305無鉛球不但熔點高而且剛性較強，因而強熱中不易拉長但卻容易脫焊，即使冷卻後得以復原但卻未熔合成一體，即出現所謂的"枕頭效應"（Pillow Effect）。為了減少此種缺失起見，設計之初可完全取消四角之球或在印錫膏的同時另加印"角膠"，以協同減少或鞏固載板與組裝的Z膨脹，謂之填角膠，以有別於覆晶腹底全面性的填底膠（Under Fill）作業。

Corner-Fill/ Partial Underfill

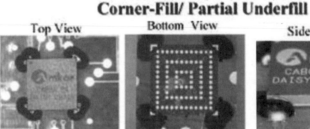 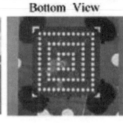 

Corner Mark 板角標記

電路板底片上，常在四個角落處留下特殊的標記做為板子的實際邊界。若將此等標記的中心點連線，即為完工板輪廓外圍（Contour）的界線。

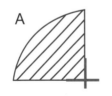   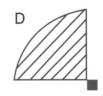 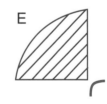

Counterboring 垂直向下擴孔、埋頭擴孔

電路板可用螺絲鎖緊固定在機器中，這種匹配用的非導通孔（NPTH可減少漏電短路的麻煩），其孔口須做可容納螺帽體積的"擴孔"，使整個螺絲能沉入埋入板面之內，以減少露在外表上造成的妨礙，可簡稱為"擴孔"。

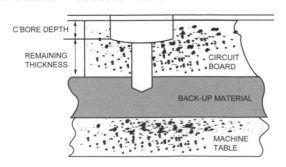 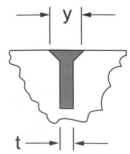

Counterflow（槽液）上下翻流、上下迴流

是一種讓整體槽液在外力推動下垂直翻騰迴流的攪拌方法，可使槽液的溫度與濃度更為均勻。其驅動方法可採過濾機與幫浦，或只用幫浦來進行。

Countersinking 錐型擴孔、喇叭孔

是另一種鎖緊用漏斗型埋頭的螺絲孔（見上圖），多用在木工傢俱上，較少出現在精密電子工業中。

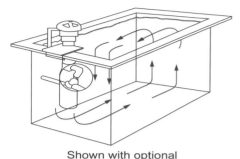

Shown with optional pump dispersion tube.

Coupling Agent 耦合劑（大陸稱偶聯劑）

電路板工業中是指玻纖布表面所塗佈的一層"矽烷化合物"（Silane）類，使在環氧樹脂與玻纖結合之間，多了一層"搭橋鉤連"的化學鍵，令二者間具有更強力的伸縮彈性及結合牢固性，一旦板材受到強熱而產生差異甚大的Z方向膨脹時，耦合劑將可避免二者之分離。

如板材樹脂、塞孔樹脂、IC封模膠或綠漆各種膠料塗料中，為了機械強度與耐久性更好而減少開裂起見，均摻入多量的無機填充料（Fillers）。且為讓此等粉料能與液膠之間具有更好的分散性與親合力起見，也可在摻混之前對未分料先行耦合處理。日商日立化成的FICS即為一例。

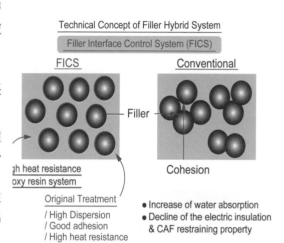

（取材自日立化成之資料）

Coupon，Test Coupon 板邊試樣

電路板欲瞭解其內部細部品質，尤其是多層板的通孔結構，不能只靠外觀檢查及電性測試，還須對其結構做進一步的微切片

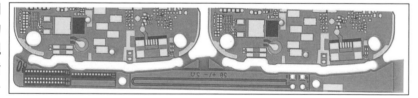

（Microsectioning）顯微檢查。因此需在板邊一處或多處，設置額外的"通孔及線路"圖樣，做為監視該片板子強熱後結構完整性（Structure Integrity）的解剖切片配合試樣（Conformal Coupon）。品質特嚴之板類，凡當切樣不及格時，該片板子也將不能出貨。注意：這種板邊切片，不但可當成出貨的品檢項目，也可做為失效問題之對策研究，及品質改進的監視工具。除微切片試樣外，板邊有時也加設一種檢查"特性阻抗"的特殊Coupon，以檢查每片多層板的"特性阻抗值"（Z_0）是否仍控制在所規定的範圍內。

Convection 對流

是三種傳熱方式之一（其餘為傳導與輻射），所謂對流是指固體、液體與氣體彼此之介面間，由於溫度的差異而呈現的交流與傳熱的現象。

Covering Power 電鍍覆蓋力

常用於電鍍業界，是指低電流區是否能鍍得出鍍層的能力，有時亦指Hull Cell哈式槽試片背

後能否鍍上或鍍膜面積大小的比較能力。就PCB的通孔鍍銅而言，深孔中的銅厚度分佈均勻與否一般稱為分佈力（Throwing Power），但深孔中央的凹陷是否能填平則應另稱為覆蓋力。

　　早些年較安全的線路鍍銅法（二次銅，圖形鍍銅）盛行時，乾膜後先鍍線路銅然後再鍍錫鉛之合金電鍍皮膜做為蝕刻成線時的金屬阻劑。彼時氟硼酸電鍍錫鉛之製程較簡單問題也不多。但2006年之後無鉛法令全面上路後只能鍍純錫做為阻劑。電鍍純錫的品管要比錫鉛電鍍困難很多，一旦純錫藥水遭到乾膜的污染，其於深通孔中央的覆蓋力將為之受損，以致後續蝕刻成線保護不足下造成孔銅遭到咬傷，出貨前的電測幾乎無法逮到，而多半在下游焊接拉斷才發現時已太晚了，故知電鍍純錫covering power有多重要了。

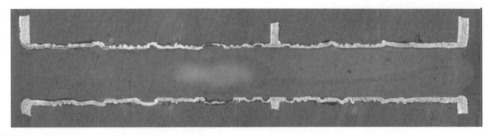

Coverlayer，Coverlay（CVL）表護層、保護層

　　軟板的外層線路其防焊不易採用硬板所用的綠漆，因在彎折時可能會出現開裂脫落的情形。需改用一種軟質的"壓克力"層壓合在板面上，既可當成防焊膜又可保護外層線路，及增強軟板的抵抗力及耐用性，這種專用的"外膜"特稱為表護層或保護層。

　　這種軟板線路外表的保護層，還可當成防焊皮膜用，與硬板表面的綠漆功能相同。只不過因綠漆硬化後不具可撓性，故只得改用柔性的薄膜軟材壓附，或液膜塗佈在完工軟板的外表做為保護用途。但於其壓貼之前，還需將板面待焊接的各處位置先行衝切出露出孔（Access Holes），然後才能對準套貼於兩外表面上，以便露出焊接之基地等。

　　此種"表護層"又分為Coverfilm與Covercoat兩類，其施工方法有壓膜法、網印法、噴塗法，浸塗法及濂塗法等。

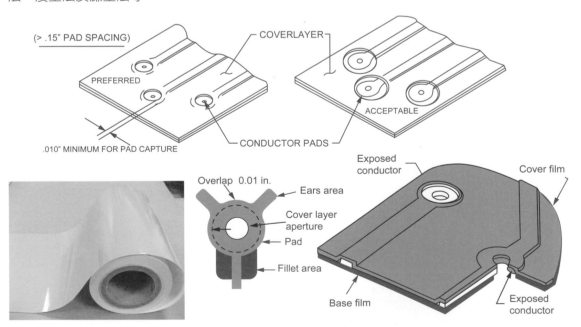

Crack 裂痕、開裂、斷裂、脹裂

在PCB中常指銅箔或鍍通孔之孔銅鍍層，在遭遇熱應力的考驗時，常出現各層次的局部或全部的拉伸斷裂，謂之Crack。其各種孔銅斷裂的詳細定義可見下左 IPC-6012B（2007.1）圖3-5的內容。另外也指板材內部玻纖布本身或與樹脂結合處之開裂等。

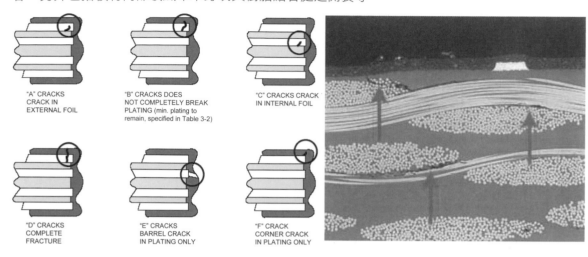

C

Crater 彈坑、凹坑

指板面受外力撞擊傷害而形成之圓錐形凹陷。有時亦指有了光阻的二次銅電鍍銅層因氫氣附著而形成局部線路凹陷情形。

Crazing 白斑

是指基板外觀上的缺點，可能是由於局部的玻纖布與環氧樹脂之間，或布材本身的紗束之間出現分裂，由外表可看到反光性的白色區域稱為Crazing。較小而又只在織點上出現者，稱為"白點"（Measling）。另外當組裝板外表所塗佈的護形膜（Conformal Coating），其破裂也稱為Crazing。通常一般日用品瓷器，或牆壁用瓷磚，在長時間使用老化後，也因應力的釋放，而在表面上出現不規則的眾多微細裂紋，亦稱為Crazing。

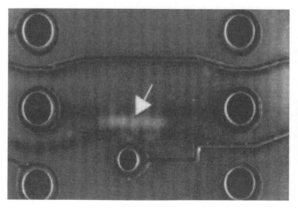
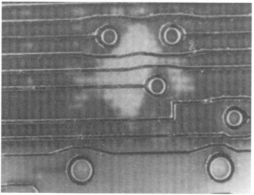

Crease 皺褶

在多層板大面積排板壓合，常指較薄銅皮在壓合前之疊合不當，而被流膠牽動所發生的皺褶而言。0.5 oz以下的薄銅皮在多層板大面積壓合時，較易出現此種缺點。

Creep 潛變、蠕變

　　金屬材料在受到壓力或拉力下，會出現少許伸長性的應變。但當外力一直未消除，將逐漸於老化中將形成金屬疲勞。一旦超過其應變伸長性的疲勞壽命（N_f，常指失效前溫度循環之總次數，意即疲勞年齡）時，可能會出現各種微斷裂的情形（Rapture），這種逐漸發生材質劣化尺寸變異的情形稱為潛變或蠕變。電路板上的焊點在應力持續不斷作用中就有這種情形存在。

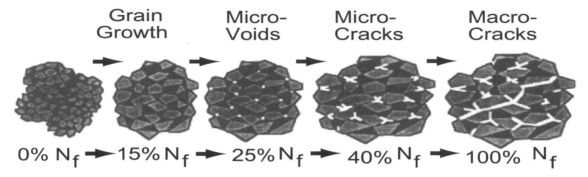

Creep Corrosion 蠕蝕、匐蝕

　　在PCB業係指浸鍍銀（Immersion Silver）的板面，在濕氣與含硫空氣賈凡尼效應的折磨下，綠漆邊緣的銀層扮演陰極，迫使綠漆邊緣死角處的露銅處扮演陽極，於是銅材即逐漸被腐蝕而又吸收硫份之下，乃不斷形成硫化銅Cu_2S的黑色鹽類。在體積增大下即逐漸爬出與向外蔓延。環境太差者連OSP皮膜底下的銅材也會發生這種硫化銅的腐蝕。

 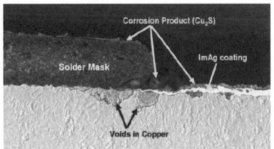

Crossection Area 截面積

　　電路板上金屬線路截面積的大小，會直接影響其載流能力，故設計時即應首先列入考慮。不過目前因工作電壓逐漸壓低下，線路一再變細，截面積自然也就變小了。

Crosshatching 十字交叉區

　　電路板面上某些大面積導體區（大銅面），為了與板面及綠漆之間都得到更好的附著力起見，常將其部份銅面蝕掉，而留下多條縱橫交叉的十字線，如網球拍的結構一樣，如此將可化解掉大面積銅箔，因熱膨脹不同而存在的浮離危機。其蝕刻所得十字圖形稱為Crosshatch，而這種刻意加做十字線的方式稱為Crosshatching，亦稱為Halftoning。

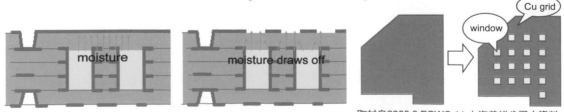

取材自2008.3 ECWC 11 上海美維公司之資料

Crosshatch Testing 十字割痕試驗

是對板面皮膜附著力的一種破壞性試驗。係按ASTM D3359之膠帶撕起法為藍本而稍加改變，針對板面各種乾濕式皮膜所執行的附著力試驗。採多刃口之銳利割劃刀，在皮膜表面垂直縱橫割劃，切成許多小方塊再以膠帶緊壓然後用力撕起。各方塊切口平滑且全未撕脫者以予5分，切口均有破屑又被撕起的方塊在35%～65%之間者只給1分，更糟者為0分。連做數次進行對比，其總積分即為皮膜附著力的評分數。

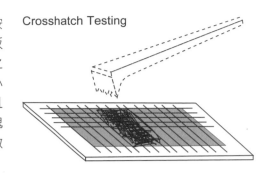

Crosshatch Testing

Crosslinking，Crosslinkage 交聯、架橋

有機高分子聚合反應是由眾多單體（Monomor），在加熱的能量中產生分子鍵的相互接合，進而形成熱固型（Thermosetting）的寡聚物（Oligonmer）或聚合物（Polymer），其化學架橋反應連接的過程是從長條狀或有分枝之鏈狀，不斷聚合並而成為"交聯"狀態（見c圖），最後可到達比重與強度都增大之立體網狀架構（見d圖）。

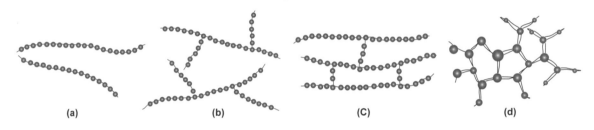

(a)   (b)   (C)   (d)

Crossover 越交、搭交

板面縱橫兩條導線之立體交叉，交點落差之間填充有絕緣介質者稱之。一般單面板綠漆表面所另加碳膜跳線（Jump Wire），或增層法之上下面佈線均屬此等"越交"。

Crosstalk 雜訊、串訊、串音

電路板上相鄰的訊號線（Signal Lines）間，在工作狀態中會發生能量相互耦合的現象（Energy Coupling），進而產生不受歡迎的干擾，稱為Crosstalk。

Crush zone 磨碎區

指鑽孔作業高速旋轉之鑽針，其針尖接觸到板材的瞬間，可將其磨碎成粉之定位區域而言。

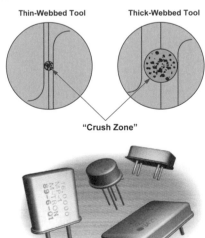

Crystal 晶體、振盪晶體

係數位訊號工作中擔任"打拍子"角色者，也就是類似石英振盪計時器（Clock）控制訊號（Signal）傳輸的正時性（Timing Integrity），或工作頻率快慢的調節者，此等晶體振盪器多半用金屬外殼加以包覆，可產生穩定的時脈（Pulse）（見右四圖）。

Crystalline Melting Point 晶體熔點

指結晶物質內部晶粒構體崩解之溫度。

CTE Mismatch 熱脹率失配（不匹配）

當兩種熱脹率（CTE）不同材料結合在一起的物件，一旦發生強烈熱脹冷縮的過程中，其強大應力（Stress）造成巨幅應變（Strain）超出其所能忍受的上限者，將發生破裂與斷裂等失效（Failure）情形，其主要原因就是CTE的差異所致。

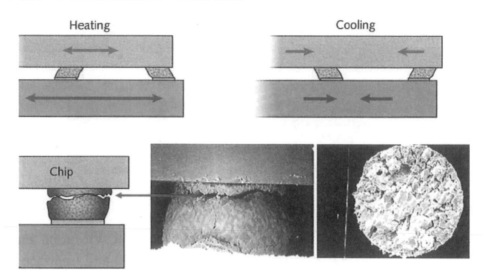

Cure（Curing）硬化、熟化、固化

聚合物在單體狀態下經硬化劑（固化劑）的協助，會吸收熱能或光能而發生聚合性化學反應，逐漸改變其原有性質，此交聯成聚合物的現象稱為Cure。又Curing Agents是指硬化劑而言。

Current-Carrying Capability 載流能力

指板子上大功率（Power）的導線，在指定的工作情況中能夠連續通過最大的電流強度（安培），而尚不致因電阻發熱而引起電路板在電性及機械性質上的劣化（Degradation）現象，此最大電流的安培數，即為該線路的 "載流能力"。

右圖為美軍標準MIL-STD-275（已更改為IPC-2223）所製訂的導線載流能力之對照表，例如:10 mil寬的線路，若其厚度為1 oz銅箔（即1.4 mil），則由下圖可看二者之交點在14 mil²的縱線上，再由此縱線往上推到上圖，若導線因電流發熱升溫最多只希望比週圍高30℃時，則由上述的縱線與此30℃的曲線交點，再水平向左尋，即可找到該線路最多只能負載的電流強度為1.5 A，即為其 "載流能力"。

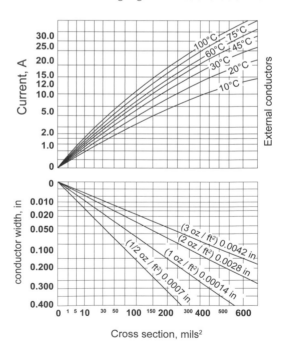

Current Density 電流密度

是指在電鍍或類似的濕式電解處理中，在其陰陽極 "單位面積" 上所施加的電流強度（安培）而言。假設陰極面積為10 ft²，所加的電流為300A，則陰極電流密度應為30 A/ft²（ASF）。

電流密度是電鍍操作的一項重要條件，通常若專指陽極時應註明為"陽極電流密度"，未特別指明時則多半指陰極電流密度。電流密度的公制單位是 A/dm^2（ASD），而1 ASD＝9.1 ASF。

在各種電鍍製程中，皆有其"臨界電流密度"（Critical Current Density），也可稱為『極限電流密度Limted Current Density』，（Jlim）是指能得到良好鍍層組織的最大電流密度，凡超過此一數值者，將產生其他意外電解水的發氣反應與結構變化，而導致鍍層劣化無法使用。不過銅箔表面上後來所加鍍的銅瘤，卻是故意先超過極限電流密度而使粗糙，然後又降回電流正常密度而得到好銅，並包覆著先前的粗銅即成為銅瘤了。

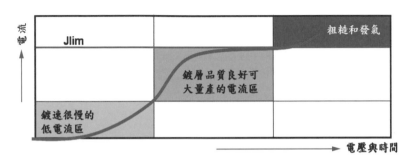
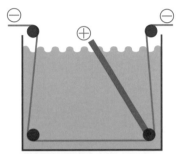

此圖為電鍍進行中，電流隨電壓變化所出現的三種區域，第一階段鍍速太慢不合生產原則，第二階段為良好鍍層的作業區，第三階段則已超出鍍層允收品質的極限，而在陰極上大量產生氫氣極限外的不良鍍層階段。

Curtain Coating 濂塗法

是一種電路板面感光綠漆塗裝的自動施工法，塗料為已調稀的非水溶性綠漆油墨。施工時此種綠漆會自一長條開口處，以大面積水濂方式連續流下，與自動輸送前進中的板面垂直交會，而在板面上拖行塗佈一層均勻的漆膜，待其溶劑逸走半硬化後，再翻轉板身及做另一面的塗佈。當兩面都完成後，即可進行感光法的影像轉移。

這種"濂塗法"並非電路板業之新創，早年亦曾多用於木製傢俱的自動塗裝，只是現在轉移陣地另闢用途、用場而已。

Cyanate Ester 腈酸酯樹脂

將環氧樹脂單體之Bisphenol A丙二酚（即雙酚A）或Novolac酚醛樹脂兩種有機物，使其等結構式中的OH基中的H被CN取代而成為OCN，且又在連續聚合反應之後所得到聚合物即稱為腈酸酯樹脂。1980年代日商三菱瓦斯公司曾利用此CE樹脂與雙馬來醯亞胺Bismaleimicles組成著名的BT板材，現已大量用於封裝載板的領域。此種熱固型樹脂CE的Tg極高（可達400℃，例如Nelco的商品材料N8000亦在250℃左右）剛性很高，耐熱性也好，電性更好。在2.5GHz的帶線（Stripline）作業中，其D_k僅3.6，D_f僅0.011，比起GETEK與BT都還更好。

但因純CE樹脂之剛性（Stiffness）太強脆性（Brittleness）太高而不易加工，且成本又太貴

（一般環氧樹脂1公斤約US\$3.00但CE每公斤卻高達US\$60.00元），故很少在廣大的電子商品中出現，但卻能在所謂High T_g 或Low D_k Low D_f 等板材中少量添加而已。只要在環氧樹脂中重量比加到7-8%者，即可拉高T_g約5℃以上，而且電性也能改善很多。不過由於CE製造困難供應商太少，因而單價一直無法降低，這就是高T_g或高頻板類單價不易下降的原因。

NCO—◯—OCN　　　• 1967;E. Grigat (Bayer AG)

NCO—◯—CH₃/CH₃—◯—OCN　　• 1977 (Bayer US)

Cyclotrimerization into s - Triazine

N≡C–O—◯—X—◯—O–C≡N　→　s-Triazine compound

Aryl Dicyanate Ester

Monomer

Cycle Mode　全程打擊模式

指CO_2雷射成孔過程中，其間續性的雷射光是採從大到小不同之能量，在某一特定的小區域內進行眾多微盲孔的逐次打穿樹脂，進而到達銅箔底墊（Target pad），以完成全部微盲孔的做法（例如全部先打第一槍15μs，再全部打第二槍5μs，與全部第三槍1μs等），此法的優點是較易散熱。比起對單一孔位連續多次打穿（Pulse Mode）之高能量（連續熱量不易散失）做法要來得慢，且在對準度上也較不易準位。不過近年來科技進步，許多困難已能予以克服了。

Cyclic Voltammetric Stripping　循環伏特（電壓）式剝鍍試驗

是針對鍍液的陰陽極快速改變其極性的做法，在一小型白金碟上進行鍍銅與剝銅的連續性試驗，用以測出添加助劑濃度的定量式分析法。此種CVS對於硫酸銅鍍銅最有效，且已成為電鍍銅槽液的重要管理方法。但對其他鍍液則仍具較少功效。

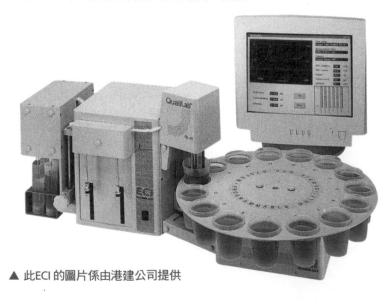

▲ 此ECI 的圖片係由港建公司提供

Camera Module 相機模組、攝像頭 NEW

　　這是智慧型手機重要的照相組件，內容非常精密複雜。從下左圖可見到其立體模組利用軟板連接到一片硬質的多層板(PWB)，並利用ACF垂直單向導電膜(ACF)與另一片軟硬結合板互連(Anisotropic Conductire Film,日文稱為異方性導電膜，於是台灣與大陸業界全不深入瞭解，竟也直呼為"異方性"，其實Anisotropic字只是單方向而已並無奇異方向的含意在內)。下右圖為iPhoneX所用Sony的相機模組，注意其底部硬質14L多層板，其內層中還埋藏有埋阻與埋容以及主動元件的X光透視照片。

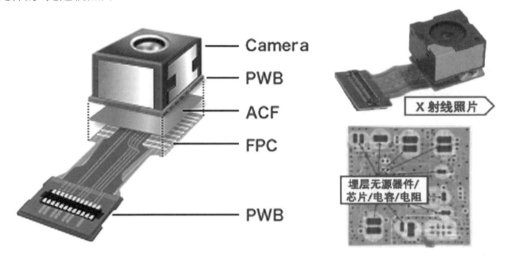

Cap Copper Plating 帽子鍍銅、蓋子鍍銅 NEW

　　新式多層板的某些內層板，經常特別設計有局部層次互連的通孔，為了整塊板子的強度更好起見，在壓合下一次增層之前，必須把內層板的眾多虛空的通孔先用特殊的樹脂，將之填滿並固化塞實，隨即進行雙面鍍銅與成線工程，然後才能執行後續雙面壓合而成為更高層次的多層板。

　　由於眾多通孔所塞絕緣體樹脂之兩端，還必須加做起步的PTH流程，使先長出化學銅來才能進行電鍍蓋銅。於是這種針對塞孔樹脂兩端的化銅與電銅工程，就稱為帽子或蓋子鍍銅了。右側所附彩繪圖係出自IPC-6012D（2015.9）的Figure3－21，可見到Note 3的Cap plating字樣。更可從後頁三切片圖見到厚大板高縱橫比（厚徑比）的深孔，其兩端塞孔樹脂處的帽子鍍銅，注意帽銅下緣與塞孔樹脂間黑色者即為PTH的活化用金屬鈀。

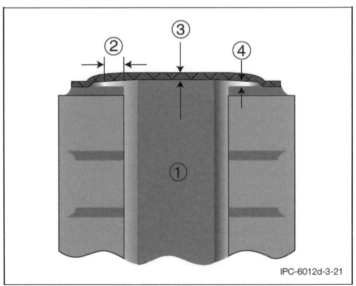

Figure 3-21　Surface Copper Wrap Measurement for Filled Holes

Note 1. Fill.
Note 2. Minimum wrap distance 25 μm [984 μin].
Note 3. Cap plating.
Note 4. Minimum copper wrap thickness.
Note 5: Cap plating, if required, over filled holes is not considered in copper wrap thickness measurements.

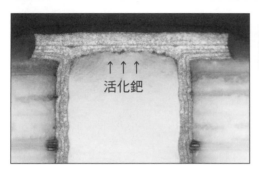

電鍍銅上下孔銅外局部黑色者即為PTH的活化鈀

活化鈀
↑ ↑ ↑

活化鈀
↑ ↑ ↑

Cavity Board 凹陷多層板 NEW

　　某些組裝板為了減少組裝總厚度起見，刻意將貼焊元件(含主動及被動元件)著落區域的板材厚度減薄，也就是元件貼焊區呈現比全板厚度低陷較薄的特殊PCB，稱之為"凹陷板"。這種需特殊加工的PCB，其成本要貴了很多。

　　一般凹陷多層板的做法很多，常見者是把整片完整的底板，與部份挖空的頂板兩者分別製作，然後再將兩者以無流性Non-Flow膠片壓合成為完工板。通常這種特殊PCB的數量都不多，因而單價比常規板貴了頗多。不過近來LED照明的板類大量興起時，為了良好散熱起見，也可將LED Chip及發光燈罩直接貼焊在全銅底板上成為新型的Cavity PCB(下列兩圖取材自AT&S)

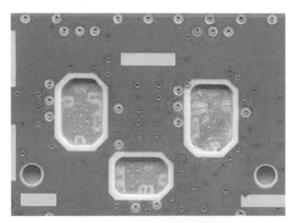

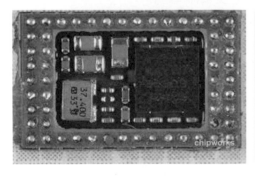

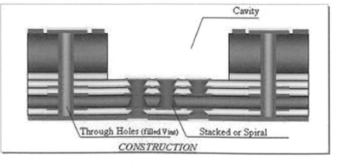

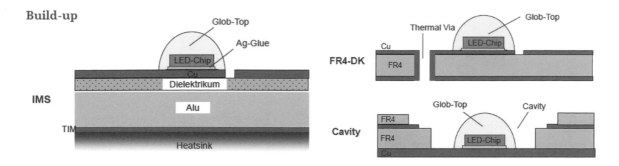

Build-up

IMS / TIM / Heatsink / Glob-Top / Ag-Glue / LED-Chip / Cu / Dielektrikum / Alu

FR4-DK / Cu / FR4 / Thermal Via / Glob-Top / LED-Chip

Cavity / FR4 / FR4 / Cu / Glob-Top / LED-Chip

Chamfered Corner 削尖（角）式拐直角佈線 NEW

電路板佈線時經常要做轉直角的動作，按數碼式佈線做法最簡單者就是如下圖①式的畫面，但如此一來直角處銅面積增大，將造成高速訊號之特性阻抗Z_0成為不連續傳輸而遭反彈。圖②是數碼式成像做不到的圓弧畫面③削去外直尖角但又造成銅面積減少，圖④的內外尖角都改成45度的平線者最好，目前先進的佈線軟體都已改進成為此種削尖角式的佈線了。

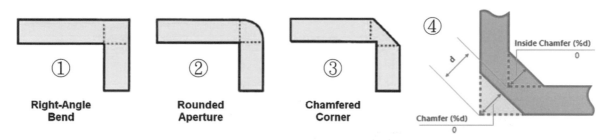

① Right-Angle Bend
② Rounded Aperture
③ Chamfered Corner
④ Inside Chamfer (%d) 0 / Chamfer (%d) 0 / d

Clinched Jumper wire 打彎式或穿孔式跳線 NEW

當某種數量不多的PCBA，在厚大組裝完工且使用了一段時間後，一旦發現某個通孔出現互連不良時，則可直接把原始的PTH孔銅壁鑽掉，利用實心銅線在通孔兩側的孔環上予以焊牢，使成為穿孔式的跳線即可救回已損壞的PCBA。

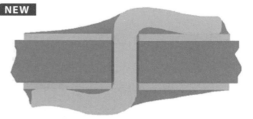

Cloud Point 起雲點 NEW

表面潤濕劑(Surfactants又稱Wetter)一般可分為(1)陰離子(Anionic)表面潤濕劑，(2)陽離子(Cationic)表面潤濕劑，(3)非離子(Nonionic)表面潤濕劑。三種均可加到各種槽液中，用以降低液體與固體接觸時的表面張力(Surface Tension純水為73dyne/cm)，進而達到PCB盲孔或死角處能夠產生親水濕潤的效果。也就是儘量趕走空氣泡使死角處也能得到各種濕流程的處理效果。

一般清潔劑中均需加入各式非離子表面潤濕劑，以完成各死角處趕氣的潤濕效果。通常清潔劑槽液為了效果更好起見，還需要加溫約40℃−50℃提高槽液的反應能量以取得快速徹底的成效。然而一旦液溫超過某一溫度點時，則該槽液將變成不透明的乳白色，此種特定溫度點即稱為起雲點。

現以非離子潤濕劑的聚乙二醇Glycol為例，並利用網球拍說明其分子結構。較大的圓面端可視為親水端Hydrophilic end，而其直柄處則可視為不親水或疏水端Hydrophobic end。低溫中非離子潤濕劑分子可均勻的溶入水中，而水體表面的潤濕劑分子則一律以親水的圓面朝內，以不親水的直柄端朝外，如此即可令乾燥的死角處得以親水。當槽液加熱到達某一溫度時，其水中眾多潤濕劑分子却另以直柄朝內糾纏成一大團並呈現不透明的乳白色，此時之溫度即稱為起雲點。已經起雲的槽液將不再對PCB死角處產生潤濕與趕走空氣泡的作用了。

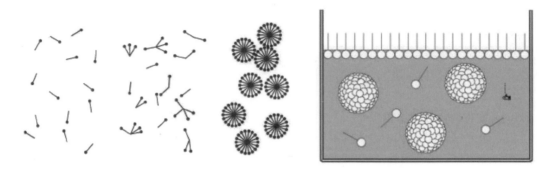

Coaxial Ribbon Cables 柔性扁平排線、柔性扁平電纜 NEW

是用於連接電腦與周邊設備外部互連的電纜，也就是各種電源與訊號間的柔性扁平排線組，也稱為FFC（Flexible Flat Cable）。這種多股式電纜線（Cable）的用途很廣，而且在線數越來越多之下就要考慮到體積大小，重量，柔軟度，耐用性與成本。此時多層排線正式軟板FPC就成為最佳的取代品了。

當某種規格的扁平排線用量夠大，而且要求傳輸品質也更高，體積與重量也要求更小時，則可改成為有回歸層真正軟板FPC式的扁排線。相同面積下軟板（上圖）的線數可增加到5倍之多，下列附圖即為實例之一

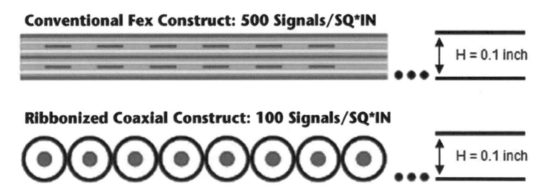

Cobblestone 鋪路的圓石子（亦即Folding摺鍍） NEW

是指通孔的孔銅高倍切片畫面中出現了許多橫紋式的摺鍍，使得切片整條孔銅看起來好像圓石子所鋪成的行道一般，故稱之。此種現象的成因很多主要有：陽極泥渣漂流，過度除膠渣造成孔壁粗糙，鑽孔粗糙，光澤劑太多整平劑不夠，乾膜殘渣或後清洗不足帶來異物的有機污染，鍍銅槽液過濾循不足等。

通常在鍍銅槽液老化後（配槽後約1年）較常見到這種不良品質的孔銅，亦即物性不良容易拉斷可靠度很差，不管是漂錫或溫度循環試驗幾乎一定會被拉斷。必須定期做活性碳處理或經常更換掉部分槽液以降低有機汙染，唯其如此才能解決老化的問題。

這種通孔孔銅發現如同折紙般出現摺（ㄓㄜˇ）子的銅層，幾乎一定會呈現柱狀結晶而在高溫強熱脹中被拉成微斷明顯的〝摺子〞，下右2000倍切片中可明顯看到焊後被拉斷的畫面

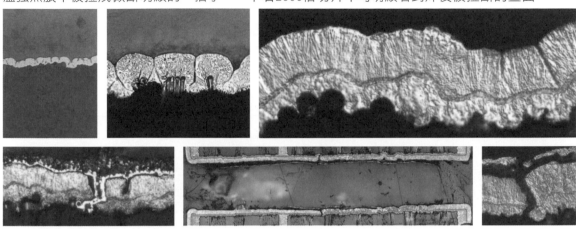

Conductor loss / Dielectric loss 導線損耗 / 介質損耗 **NEW**

電路板上傳輸線只有：①外層的微帶線Microstrip Line含外層板面的訊號線Signal Line，介質層與次外層大銅面的回歸層。②多層板內部的帶狀線Stripe Line。除了訊號線與微帶線相似外，其介質層與回歸會都分別有上下兩組，因而其訊號完整性的管理就麻煩多了。

當PCB所長途傳輸的是高速的數碼方波訊或高頻(或RF射頻)的正弦波訊號時，則其等訊號能量難免會在導線中與介質層中分別造成損耗。以高速方波為例，當所傳輸的是有電流電壓的〝1碼〞時，於是電流會在訊號線與大銅面回歸航道中去回急奔，同時所產生的電場磁場也會在介質層中快跑(此動態者應稱電波磁波了)，其導體趨膚效應Skin Effect的皮膚處，由於電阻造成發熱而一去不回的損耗即稱為Conductor loss。皮膚愈粗糙者發熱損耗愈大。

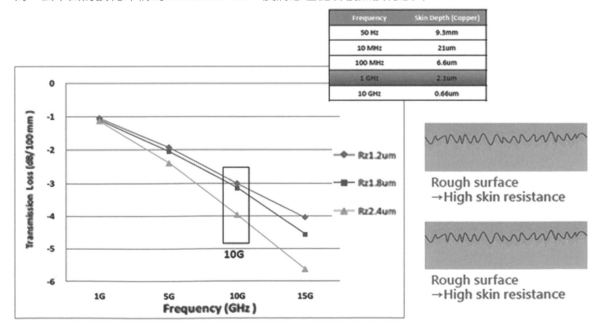

由於介質層材料本身的Dk/Df會形成有極性的粒子，對也具有極性的電波磁波將因正負相吸造成拖累，並使得訊號能量也受損稱為Dielectric Loss。以上兩者加在一起稱為Total Loss。兩者損耗都會造成訊號能量的降低(即電壓或振幅變扁)，但卻不會造成訊號頻率的改變。下左座標圖説明40吋長帶狀線的導線損耗與介質損耗。下右為介質層中電場磁場因損耗而減弱的示意圖，從其損耗公式中可見到Df的影響力比Dk更大。

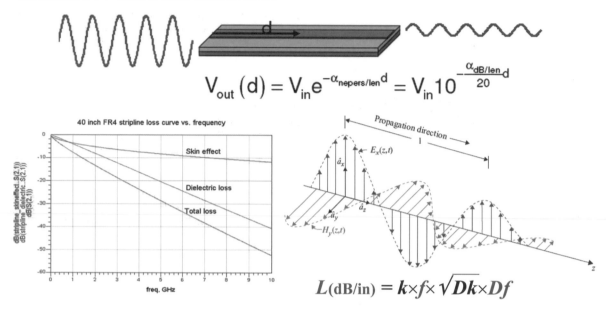

$$V_{out}(d) = V_{in}e^{-\alpha_{nepers/len}d} = V_{in}10^{-\frac{\alpha_{dB/len}}{20}d}$$

$$L_{(dB/in)} = k \times f \times \sqrt{Dk \times Df}$$

Connection Parasitic Inductance 引腳寄生電感 NEW

　　當PCB跑線或被動元件電容器(Capacitor) 所傳輸的是低速方波訊號時，則可按傳統集總(Lump)電路的原則，該電容器所呈現的只是單純的電容值。然而當所傳輸的是高速方波訊號時，則電容器本體除了本身固有的電容值以外，其引腳還會另外出現寄生電感與寄生電阻。甚至本體以外的接腳引腳則也會出現寄生電感值(見右下示意圖)。

　　早年此等被動元件係採兩端針狀引腳插焊在通孔中，於是這種兩端頗長的引腳在高速傳輸中的寄生電感就很大了。若改為SMT的兩端頭貼焊時，在傳輸路徑變短下其寄生電感也就當然減小了。上述各種寄生效應對傳輸中高速訊號的能量都會造成損耗而不利於〝訊號完整性〞，因而各種寄生效應都要愈少愈好。

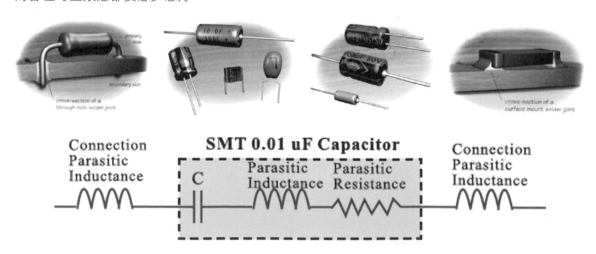

Contrast Agent 造影劑 NEW

　　某些基板的樹脂為了讓完工PCB易於自動光學檢查（AOI）起見，刻意在樹脂配方中加入少許對產品無害的造影劑，正如同人體在做X光檢查或電腦斷層掃瞄前，所喝下的硫酸鋇（3-5%）白色懸浮液造影劑一樣的功能，以方便所攝取影像的清晰度與分辨率。

Convection Zone / Diffusion Zone 對流區 / 擴散區 NEW

　　當深盲孔(AR比在1:0以上者)或很深的通孔(A/R比在10:1以上)，或半導體晶圓的深溝(Trench)中進行鍍銅或填銅時，在槽液強烈攪拌中孔內或溝內能夠交換槽液的上端區域稱為Convection Zone對流區。至於無法交換的盲底區域(或極深通孔的中心段)則另稱為Diffusion Zone擴散區。若需鍍銅填平盲孔盲溝，或將深通孔之孔銅壁鍍妥鍍好時，則只能採用極低的電流密度(例5 ASF)經過很長時間才能達到規格的要求。下列筆者所做三切片及取像之31:1極深通孔(板厚46mil孔徑14mil)者，就是在5 ASF經歷7小時所得到深通孔的精彩切片圖。注意由於該六層板實在太厚了，只能從兩端分別鑽通，因而出現從兩頭對鑽中間接口區的少許錯位情形。而且因為通孔太深若仍採傳統化鈀化銅之金屬化製程時，將會出現頗多氫氣泡的點狀孔破。下三切樣係先採直接電鍍DMSE導電高分子的金屬化皮膜，然後在較慢起鍍銅的做法所完成的深孔電鍍銅。

　　上列二圖說明晶圓鍍銅左右填滿光阻層間溝線(Trench)的示意圖。至於攪拌不到的擴散區，則另採有機助劑緩慢"電接枝"的鍍銅原理去完成金屬化了。請另見Electrografting一詞。

　　後頁所列極厚六層板極高縱橫比束中超深通孔之切片畫面，所見到玻纖紗已滲入的黑色者並非化學鈀，而是DMSE紫色皮膜，由於沒有化學銅，因而還可防止CAF的發生。

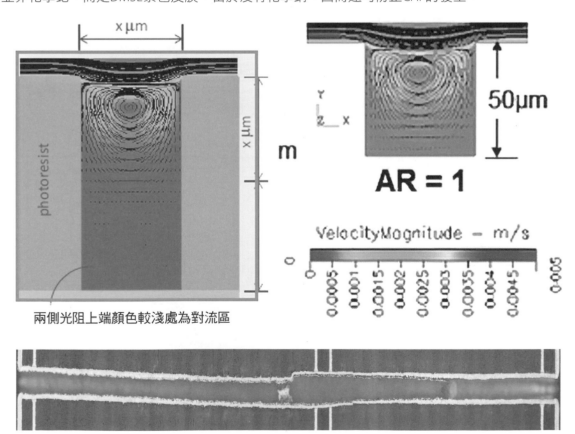

兩側光阻上端顏色較淺處為對流區

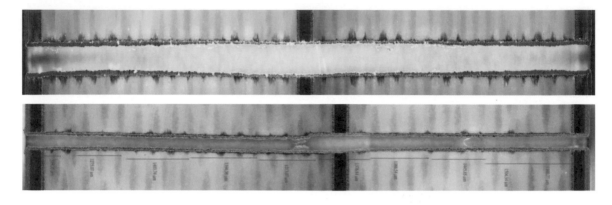

Convective（Convection）Reflow 熱對流式回焊 NEW

這是指各種組零件利用SMT錫膏在板面的貼焊技術，也就是用熱空氣或熱氮氣等熱源，在走動式的回焊設備中，將PCB頂面已踩錫膏的眾多零件腳予以熔錫而焊牢的量產做法。早年回焊機組中除了熱空氣還要另加紅外線熱源，因而通稱為IR Reflow。如今全球業界早已淘汰會產生障礙的紅外線照射而只用熱氣流，故不應再稱為IR Reflow了。此種對流式回焊的原文名詞在IPC-TM-650的2.6.27節中稱為Convection Reflow，但在IPC-7711的5.7.1到5.7.6中卻另稱為Convective Reflow。從眾多文獻中看來以Convection Reflow更為廣用。

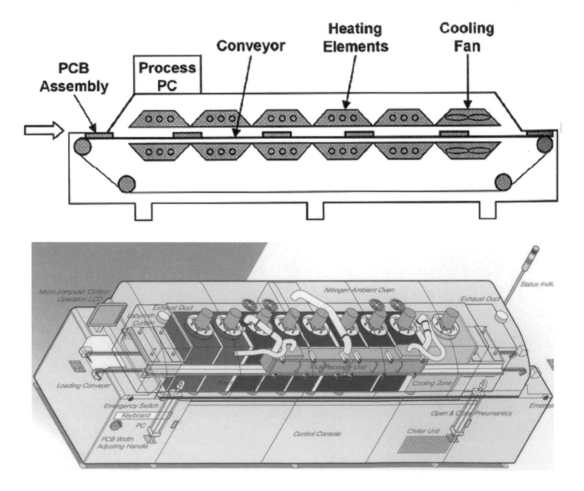

Coplanar Waveguide（CPW）共面波導，平面波導 NEW

　　這是類比微波（正弦波）在PCB單面板上用於電磁平面波的傳輸線，只能傳輸通訊用的類比弦波，不能傳輸資訊用的數碼方波。這種共面波導CPW組合的中間是訊號線，左右是一路相隨的是地線（Gnd Line）。若將左右地線採連續眾多通孔再連接到底部大銅面的地平面者，則此種雙面板的CPW又另稱為接地共面波導的CBCPW（Conductor Backed CPW）了。此種雙面波導可用在更高頻率如5G通信用毫米波（mm wave）的空間弦波傳輸領域，或做為CPW端口處的引領功用。下列四圖即為①單股線的CPW②雙股線的CPW③單股訊號線兩側地線利用極多通孔連接到底部接地平面（Gnd Plane）的CBCPW或CPWG（With Ground Plane）④雙股線的CBCPW或CPWG。

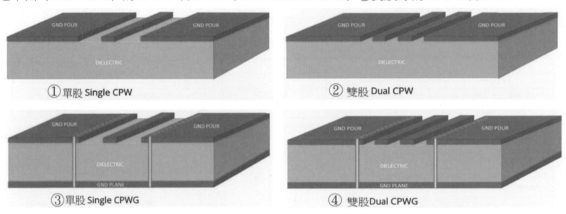

①單股 Single CPW　　②雙股 Dual CPW

③單股 Single CPWG　　④雙股 Dual CPWG

　　下附另兩圖則為單面板CPW所具有電場與磁場的分布情形。

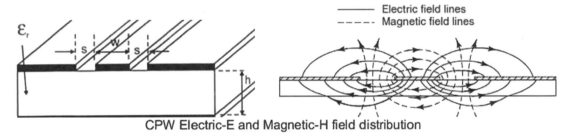

CPW Electric-E and Magnetic-H field distribution

　　此種CPW還可做為天線板前端的能量饋入的饋線，後端再與天線的圖形相合併，即成為下左圖的發射或接收用的天線了。注意：下左圖下半兩銅面間的空白板材區特稱為槽線Slot line，中間立體黑色跨接者稱為空橋或氣橋Air Bridge，可將上端天線部份左右槽線不相等所造成能量的反彈再行推送到天空中去。下右圖即為某種天線在PCB的實樣，其左端及為饋入能量的CPW式饋線，右側F形者即為輻射能量的天線。一般手機板的短距離天線幾乎全部做到RF模塊的晶片線路中稱Chip Antenna。但遠距離汽車雷達的收訊天線，由於晶片面積太小於是只能改做PCB上，這就是天線PCB的由來。

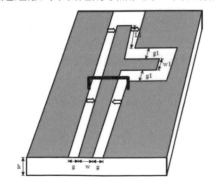

Copper Cap plating 蓋帽電鍍銅 NEW

　　這是指HDI多層板其內層雙面核心板，在增層之前要求鑽孔與填塞樹脂，固化後再加覆"蓋帽銅層"的做法。也就是當核心板所有通孔採特殊樹脂塞孔予以填滿與後續的削平，須再對上下兩圓形塞孔樹脂表面另做PTH金屬化處理，亦即先行沉積化學鈀與化學銅後，才能進行電鍍帽銅的蓋滿。右表及兩彩繪圖即取材自IPC-6012D(2015.9)之Table3-11及Fig3-25與3-26

　　此等塞孔樹脂兩端電鍍帽銅之前的化鈀化銅金屬化處理，要比一般通孔孔壁更為困難，必須徹底做好除膠渣且活化鈀層不宜過厚，而且砂帶精密削平也要夠粗化才行。一旦通孔孔徑較大者其兩端較大面積的帽銅尤其容易浮離，甚至還要把內層板待塞的通孔孔壁做好黑氧化處理以減少浮離。下列五切片圖即為常見的失效案例。

Table 3-11　Cap Plating Requirements for Filled Holes

	Class 1	Class 2	Class 3
Copper Cap – Minimum Thickness	AABUS	5 μm [197 μin]	12 μm [472 μin]
Filled via Depression (Dimple) – Maximum[1]	AABUS	127 μm [5,000 μin]	76 μm [2,992 μin]
Filled Via Protrusion (Bump) – Maximum[1]	AABUS	50 μm [1,970 μin]	50 μm [1,970 μin]

Note 1: Does not apply to copper filled microvias.

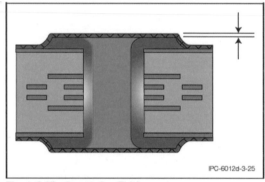

IPC-6012d-3-25

Figure 3-25　Copper Cap Thickness

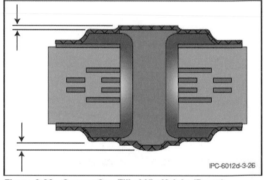

IPC-6012d-3-26

Figure 3-26　Copper Cap Filled Via Height (Bump)

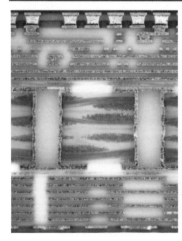

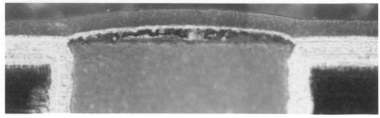

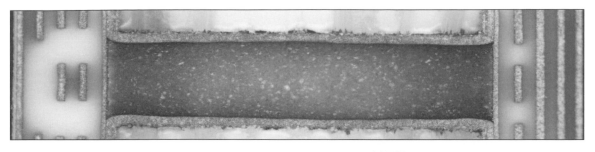

Copper Inlay Board 塞銅柱式多層板、塞銅柱板 NEW

　　某些特殊PCB必須局部發熱或發光元件，為了能快速散熱起見，特別在元件腹底PCB中擠入或卡入一塊圓柱形或方形的銅柱或銅塊或空心銅，甚至在通孔中擠入銅膏或HDI式堆疊填銅盲孔，以達到散熱的目的者，均稱為塞銅柱板類。

　　由於此類塞銅柱板數量不多且工序麻煩，亞太各大型PCB廠意願不高。但卻反而成為歐洲小眾型PCB廠賴以為生的領域了。左下圖為5G宏基站天線與主機間所用光纜兩端，或Data Center中眾多機櫃間光電轉換用的高階光模塊十層板，下右圖為該等十層板散熱用的內塞銅柱。

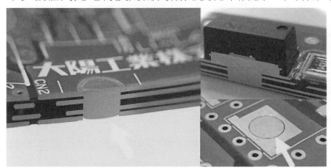

Copper Pillar（Copper Poster）銅柱 NEW

　　是半導體芯片對有機載板的另一種互連通道，原本是利用C4式高鉛（Pb95%）凸塊（Bump，大陸稱凸點）做為兩者之通路，但由於單位面積內所安置的Bump越來越多，經常造成近距鄰球體間的短路問題。因而半導體後段工程，改在芯片上採正型光阻及電鍍銅的方式做上銅柱，並利用少許銲料及焊接與載板完成互連，以降低密球間短路的風險。

上左圖為筆者研究i-6手機主板所做切片，見到該小型打金線模塊封裝體的四個無鉛球腳幾乎短路的畫面，右上圖為i-6手機板其他貼焊WLP元件的5個SAC305球腳。右下圖係將銲球改為芯片上所鍍的銅柱，於是使得前後左右的空距就立刻大為寬鬆。

此種芯片植球墊UBM上另外增加的電鍍銅柱自2010年起即已大量風行。當芯片與載板眾多互連點之跨距逼近80μm時，就必須捨銲球而改用銅柱以保証其絕緣品質與可靠度。主流做法是將銅柱事先鍍到芯片的UBM上，完成銅柱的柱頂還需加鍍Sn-Ag合金的帽層（SA3.5%），做為覆晶工程中對後續載板貼銲的銲料用途。

  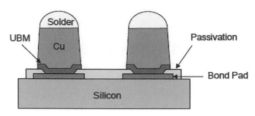

上左及上中為密距銲球短路的畫面，右圖為矽晶片上長出銅柱的畫面。

  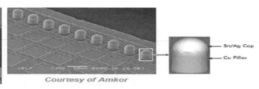

左圖上端為銅柱及超細線同時呈現的畫面，中圖為放大圖，右二圖為電鏡所攝之銅柱與柱頂Sn/Ag銲帽的黑白畫面。

Corner Flattening 通孔口部孔銅的削薄 NEW

一般厚大板深通孔兩端孔口處，其轉角處孔緣是屬於高流密度區，因而鍍銅厚度會更加厚一些稱為Dog Bone狗骨頭（見左圖）。但與此處所説明〝削薄〞卻恰好呈相反的畫面(見下右二圖紅箭處)，以下將細述其成因。

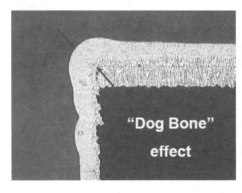 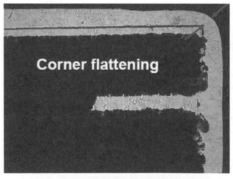 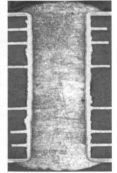

酸性電鍍銅槽液中通常要加入三種添加助劑；①光澤劑；協助銅層的成長②載運劑；用以降低槽液的表面張力，並攜帶光澤劑進入死角處而得以協助鍍銅，又稱為潤濕劑。但此載運劑卻不幫助銅厚的成長，甚至是抑制銅厚的成長③帶強正電性的整平劑，不但抑制銅的成長，而且特別容易附著在高電流密度區，與帶正電的Cu++形成競爭情勢並搶占高電流的區域。一旦槽液中刻意多加了一些整平劑時，則高電流區的銅層不但不易增厚，反而是低電流區整平劑較少處的銅厚增加較為明顯。下頁兩圖即為孔中央的反狗骨的畫面。

Courtyard Excess 板面器件放置周界的餘地 NEW

　　SMT自動取件及板面自動置放踩貼在錫膏的動作中，難免會出現XY二維方面的少許偏差，此種可前後左右餘裕性的活動範圍即為本詞之所指。

　　當器件被貼定與焊牢後的周邊刻意留出與鄰近器件應保持的安全空間，則稱為Courtyard緩衝間距，從附圖可知相鄰兩器件紅色箭所指的Courtyard，可以接觸但不宜重疊。

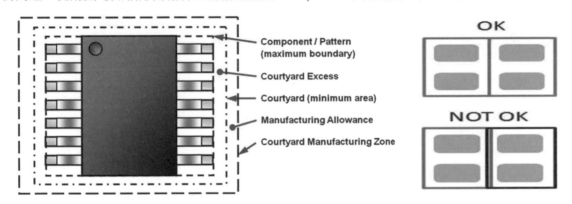

Covercoat / Coverlayer / Coverfilm 板面塗膜 / 板面壓膜 / 表面貼膜 NEW

　　為了軟板表面局部焊接的需求，須在完工軟板表面進行如硬板綠漆般的防焊皮膜，直接網印綠漆或感光綠漆者稱為Covercoat。但最常用者卻是熱壓上另一層已局部衝切開口的PI複合皮膜者稱為Coverlayer or Coverlay。不過開口邊緣毛刺較多，甚至有擠溢膠渣的毛病。第3法是將可感光式PI膜以加熱滾貼方式擠貼在完工軟板的表面，然後按感光成像法使露出待焊點者稱為Coverfilm。後者亦常用於半導體，做為感光式介質（PID）材料之精密用途，但成本較貴。

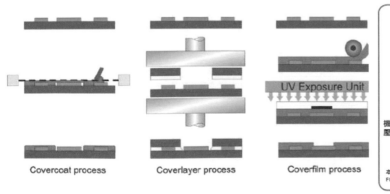

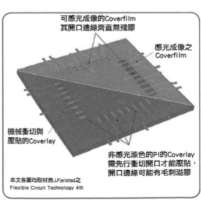

Cratering 坑裂 NEW

　　這是指大型BGA在厚大板單板上完成所有球腳平面貼焊後，又利用該單板的板邊金手指直立插接在大型機櫃中的背板(Backpanel)上。經過長時間機櫃較高溫度的運轉中，造成板材逐漸劣化，進而引發直立大型BGA的上緣PCB板材受地心引力向下拉扯的力量，而將厚大單板表面的銅承墊逐漸拉裂現象，稱之為坑裂正式名稱為Pad Cratering。

　　筆者曾在電路板會刊35期(2007.Q1)寫過專文，細說這種板材坑裂的來龍去脈，以及業界努力尋求改善的解決方法，雖經多家大廠聯合研究之下其實並無具體答案。事實上最簡單的辦法就是在直立單板大型BGA的上緣，從PCB上加裝簡單的機械扣鎖予以抓牢，即可避免機櫃長期工作中單板銅墊被地心引力拉裂的麻煩了。

CTBN（Carboxyl-Terminated Butadiene-Acrylonitrile）
兩端各接羥酸根之聚丁二烯丙烯腈式橡膠 NEW

　　這是加在軟板材料純膠層配方中的改質丁二烯式橡膠，目的是為了讓常規的環氧樹脂(由丙二酚與環氧氯丙烷所聚合者)變得更較為柔軟而於彎折中不致開裂。於是黏著力很強的環氧樹脂就取代了軟板業界早先用的亞克力(即Adhesive簡稱AD者)的接著層，使得各式軟板的柔軟品質更好，也較不怕強鹼的攻擊了。

　　絕膠層環氧樹脂中加入CTBN橡膠(約重量比30%)具有減少或避免開裂的機理，可用下列四張精采的TEM圖像加以解說。當Epoxy一旦受到外力出現裂紋者，一旦其裂紋延伸路途中遇到了CTBN橡膠的顆粒微胞時，即可予以終止而使得微小裂紋不再擴大。

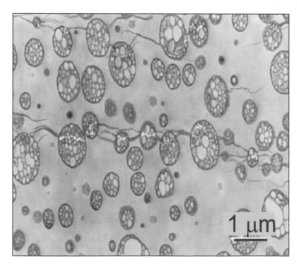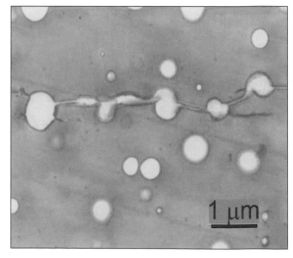

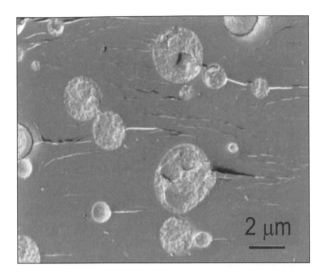

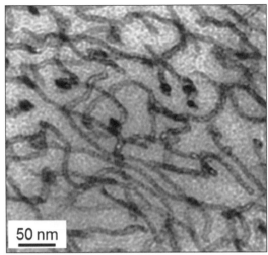

事實上當年(2006.7)全球進入無鉛焊接時代，在焊接熱量大幅提升中，業界爆板連連苦不堪言。於是CCL業者就想在樹脂配方中加入CTBN橡膠以減少熱脹開裂，但卻因加入後板材Tg會明顯下降甚致高溫中板材變軟而不敢嘗試。然而軟板卻無此顧慮，於是環氧樹脂就把先前的亞克力樹取而代之了，下列者即為Epoxy與CTBN兩者的結構式以及兩者共同聚合的IPN示意圖。

環氧樹脂的正式學名　Diglycidyl ether of bisphenol A (DGEBA)

兩端各接羥酸基的丁二烯丙烯腈
Carboxyl-terminated butadiene-acrylonitrile (CTBN)

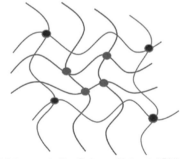

穿插聚合網狀 Interpenetrating Polymer Network (IPN)

CTE Mismatch 熱脹係數不匹配 NEW

電子產品經常用到許多不同的材料，在加熱與冷卻過程中難免會出現CTE不同步而出現脹縮有落差的垷象，長期以來將會造成各種失效問題。而焊接就是後續最容易出問題的製程。從附圖可見到BGA模塊與PCB兩者未焊接前都還算平整，但在錫膏焊接過程的100ºC時，該局部PCB會出現上翹的局面原因是頂部BGA載板及其晶片的CTE較小以致膨脹也較少，但底部的PCB在無外力減脹下就將出較大的X，Y，膨脹，造成向上彎翹的現象。有時會造成球體或上下焊點介面的應力與開裂，甚至還會發生四角的銲球出現枕頭效應，或內球的擠連短路等失效，通稱為CTE Mismatch。

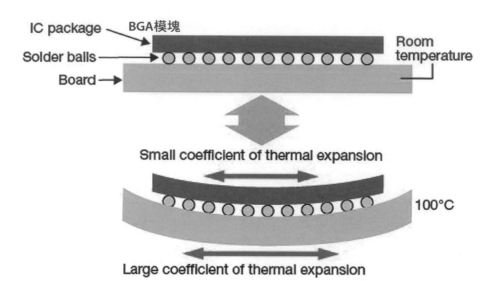

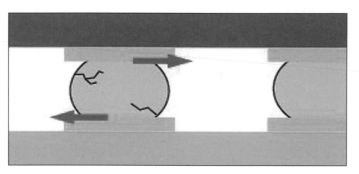

D-glass　D玻璃

　　是指用硼含量甚高的玻璃絲或纖維，以此種玻纖所織成的布材，用以製造出來的基板，其介質常數（D_k，更正確說法是ε_r 相對電容率）可控制到較低的地步，而有利於高速訊號在較長線路中的傳輸。

Daisy Chained Design，Daisy Chain　菊瓣設計、菊瓣（電測）鏈

　　指板面大型IC的SMD焊墊，於其四周 "矩墊" 緊密排列所組成之方環狀設計，如同菊花瓣依序羅列而成的花環。常見者如晶片正面外圍打線用之電極墊，或電路板面各式QFP之方環焊墊均是。通常亦另指測試層次間互連品質所用連續通孔與孔環之串列而言。例如TCT試驗觀察100次溫度循環後，其頭尾兩點之間 "電阻值" 的增加劣化是否超過規格上限的10%。

　　亦常指四面接腳大型QFP在主板上連續順列的SMD焊墊而言，因其排列整齊有如菊花瓣的排列一般，故稱之。其他類似排列有序的各式導體成員者，亦可稱之。

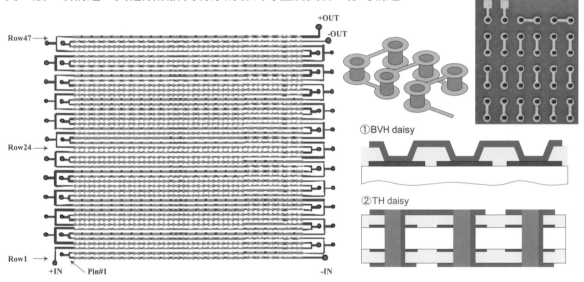

Dark Field Illumination　暗場影像畫面

　　是指一般光學顯微鏡（Optical Microscope, OM），可採一般性常用的明場（Light Field）觀察，讓適宜亮度的光線均勻分布在待放大觀看的物件表面，並直接反射回來而得到影像。也可利用遮光鏡片擋住光束中央區域的技巧，使形成環形投射光並將入射光的亮度調到最強，如此將可看到物件表面不同結構與材料的彼此界面，尤其是次表面內的各種缺失(例如裂縫等)均可清楚見到，頗有透視的感覺，此詞亦稱暗視野。

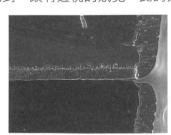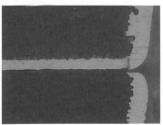

Data Base 資料庫

　　針對某一失效問題的長期研究與改善行動，而獲得許多真因（Root Cause）與真正有效的解決方法，於是將其努力過程中的各種OM、SEM切片圖、外觀圖與成份分析EDX能譜等，做有系統的整理與歸檔以當成後續者之良師，謂之Data Base。

Date Code 製造日期

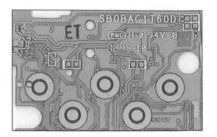

　　係指產品完工時的出貨日期，通常是用四碼數字（兩碼西元的年份兩碼週別）表達，並在板子第二面上以蝕刻或印白字的方式呈現，且常與公司的Logo以及UL認證等連成一組，做為後續追查之用。

Datum Reference 基準參考點

　　在PCB製造及檢驗的過程中，為了能將底片圖形在板面上得以正確定位起見，須選定某一點、線，或孔面以做為全板圖形的基準參考，稱為Datum Point、Datum Line，或稱Datum Level（Plane）等，有時亦稱Datum Hole。

Daughter Board 子板、小板

　　是對應於母板（Mother Board）或主板的稱呼，常指面積較小，且插裝於大型母板上的小型卡板（Card）而言，如個人電腦主機板上插接的各類介面卡，即為子板（原文習慣稱為女板）。通常"子板"多設有板邊金手指，可插接在母板已安裝的連接器上，以方便抽換。

Debris 碎屑、殘材

　　指鑽孔後孔壁上或孔口所殘留的銅質碎屑。又Debris Pack是指板子無導線基材表面所遺留之銅屑。由於無鹵化板材樹脂中添加了多量粉末狀的氫氧化鋁〔$Al_2(OH)_3$〕，致使小針（0.25-0.3mm）在排屑溝（Flute）變小變淺下，造成固體堅硬粉屑（原本只有樹脂之漿態冷後變殘屑）堵住排屑的通路。且又在快退刀中造成未被切斷的銅屑堵住孔口，或又被高壓水洗壓回孔中，為電鍍銅後的孔銅品質帶來極大的困擾，須從降低小孔操件之進刀量（Chip Load 須降到 0.6mil/R 以下才行）去著手改善。

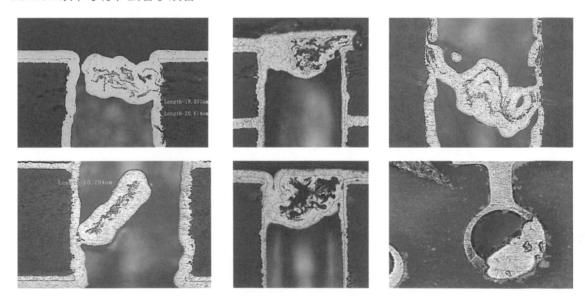

Deburring 去毛頭、去毛刺

指經各種鑽、剪、鋸等加工後，在材料邊緣會產生毛頭或毛口，需再經細部的機械加工或化學加工，以除去其所產生的各種小毛病，謂之 "Deburring"。在電路板製造中尤指鑽孔後對孔壁或孔口的整修而言。

Decibel（dB）分貝

係十分之一的Bel能量，是一種功率或電壓的相對讀值，並無單位，常用於高頻元件所組成的系統中。當對某一系統中其進與出的功率比值為正時，則稱為 "增益"（Gain），比值為負時稱為損失（Loss），

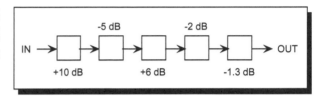

如右圖中的總增益為＋16 dB，總損失為－8.3 dB，故輸出訊號之淨值為Gain 7.7 dB。

又dBm則為功率的絕對單位，亦即1個dBm等於1個毫瓦（MW）。"分貝" 數字的大小可表達(1)功率之比值(2)電壓之比值(3)電流之比值，是一種增益的單位（Gain；指某元件輸出訊號之振幅對輸入訊號振幅之比值）。其計算公式如下：

1. $dB = 10 \times \log \dfrac{P_2}{P_1}$ P表功率 (Power)   2. $dB = 20 \times \log \dfrac{V_2}{V_1}$ V表電壓 (Voltage)

3. $dB = 20 \times \log(\dfrac{I_2}{I_1} \times \sqrt{\dfrac{Z2}{Z1}})$ I表電流，Z表阻抗

例如某電器品由13W增加到26W時，其增益分貝值可按1.式計算如下：

$$dB = 10 \times \log \frac{26w}{13w} = 10 \times \log 2 = 100.3 = 3$$

"分貝" 最為人所熟知的就是聲音的 "響度"（Loudness），下表即為各種聲音大小 "分貝值" 的比較情形。

聲音種類	音感功率W/cm^2	分貝	聲音種類	音感功率W/cm^2	分貝
令人頭痛臨界點	10^{-3}	130	對話	10^{-10}	60
壓迫感	10^{-4}	120	環境音樂	10^{-10}	60
轟響	10^{-5}	110	輕柔音樂	10^{-1}	30
非常大的聲音	10^{-5}	110	低語	10^{-14}	20
地下火車聲	10^{-6}	100	可聽臨界點	10^{-16}	0
大噪音	10^{-8}	80			

Declination Angle 斜射角

由光源所直接射下的光源，或經各種折射反射過程後，再行射下的光源中，凡受光面中某些未垂直投射，而與 "垂直法線"（虛線）呈某一斜角者（即附圖中之a角），該斜角即稱為Declination Angle。當此斜光打在乾膜阻劑邊緣所形成一種所謂的 "針孔相機"，並經Mylar面膜折光下，會出現另一種不夠 "平行" 之半角（Collimation Half Angle，CHA）。通常 "細線路" 曝光所講究的 "高度平行光" 的曝光機時，其所成的 "斜射角" 應小於1.5度，且其 "平行半角" 也須小於1.5度。（見後頁之詳圖）

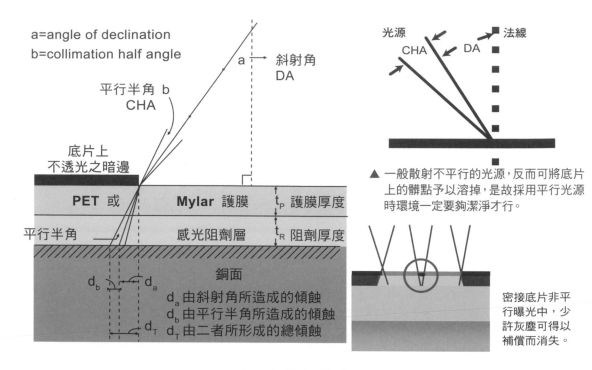

a=angle of declination
b=collimation half angle

a 斜射角 DA

平行半角 b CHA

底片上
不透光之暗邊

PET 或　　　Mylar 護膜　　t_P 護膜厚度

平行半角　　感光阻劑層　　t_R 阻劑厚度

銅面
d_a 由斜射角所造成的傾蝕
d_b 由平行半角所造成的傾蝕
d_T 由二者所形成的總傾蝕

光源　　　　　　　法線
CHA　　DA

▲ 一般散射不平行的光源，反而可將底片
上的髒點予以溶掉，是故採用平行光源
時環境一定要夠潔淨才行。

密接底片非平
行曝光中，少
許灰塵可得以
補償而消失。

Decomposition Temperature（Td）裂解溫度

是指板材樹脂升溫超過T_g到達橡膠態後，若再繼續加熱其高分子聚合物將逐漸發生分解而小部分成為氣體逸走，以致呈現失重現象。溫度愈高時失重愈嚴重，IPC-4101C規定凡失重到達5%以上者即稱該對應之溫度為裂解溫度，樣品實做係採TGA熱重分析儀去讀取數據。

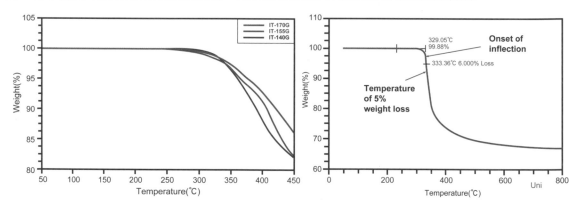

Decoupling Capacitor 解（去）耦合電容器

電路板組裝之各式零組件中最多的零件就是電容器，單雙面板式的家電產品，所安裝直立大型的電容器是當成蓄電池用。資訊與通訊多層板上各式SMT小型電容器，從功能角色是當成"解耦合"用途。早先插孔波焊時代從安裝模式上稱為"旁路電容器"（Bypass Capacitor，詳情請參考本書之此詞）現將由"解耦合"的真意說明如下：

1. 主動元件某一支引腳要推送訊號時，其能量原本來自Vcc大銅面遠端的"電源供應器"（Power Supply）為了瞬時快速起見，就在最接近引腳附近安置一枚電容器預先儲備能量以供急需，推送訊號之後又可充電以備下次之用。此種介入電源與引腳兩者供需耦合之關係者，稱為"去耦合"

2. 引腳所需能量可就近取得，將可避免掉遠程供電路途中訊號線出現的"寄生電感"，使得引腳（邏輯閘）所可能耦合到的雜訊也為之解除。

3. 大大減少了Vcc去Gnd兩面銅層之間一去一回的耦合性雜訊，故稱之為去耦合Decoupling。

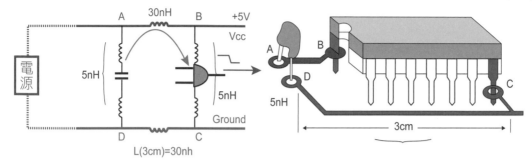

▲ 左圖中邏輯閘工作時之能量，係取自最近的Decoupling電容器，而非由遠地電源供應器所提供，如此將可減少寄生之雜訊。右圖為早期單面板低頻時代IC接腳的示意圖，目前板面的電源線與接地線都已取消，而直接用PTH接到內層的Vcc與Gnd去了。

Definition 邊緣齊直度、邊緣逼真度

在以感光法或印刷法進行圖形或影像轉移時，所得到的下一代圖案，其線路或各導體的邊緣，是否能展現齊直而又忠於原始設計或底片之外形，稱為 "邊緣齊直性" 或 "逼真度" （Definition）。

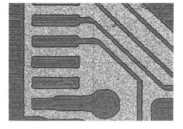

Degradation 劣化

指物質或產品歷經物理過程或化學變化後，性能變差的結果而稱之，較少涉及機械作用。通常板子或板材在受到環境試驗的考驗後，可允許某種程度上的劣化發生。

Degreasing 脫脂

傳統上是指金屬物品在進行電鍍或其他表面處理之前，需先將機械加工所留下的多量油漬予以清除。一般多採用有機溶劑之 "蒸氣脫脂" （Vapor Degreasing），或乳化溶液之浸泡脫脂。不過電路板製程並無脫脂的必要，因所有加工過程幾乎都沒有碰過油類，與金屬零件之電鍍並不相同。只是板子前處理仍須用到 "清潔" 的處理，在觀念上與脫脂並不全然一樣。

Degree of Cure 硬化度、固化度、熟化度

經常用以表達板材環氧樹脂聚合反應的程度如何，可利用TMA量測所取板材試樣之兩次T_g，若其後測者比前測所高出的度數（ΔT_g）未超過3℃時，則認為其固化度已達95%以上。此詞亦用於綠漆，利用棉花棒沾溶劑二氯甲烷（Methylene Chloride）在綠漆表面擦動幾次，觀察棉花有無變綠現象，硬化愈足夠者愈不容易變色。此詞IPC-4101B稱為Percent Cure，但既無試驗方法也無允收標準，只是列有術語而已。

Deionized Water 去離子水、DI水

利用陰性與陽性兩種交換樹脂。將水中已存在的各種離子予以吸附清除，而得到純度極高的水稱為"去離子水"，簡稱DI水，亦稱為Demineralized Water或Deioniged Water俗稱純水，可充做各種電鍍藥水的配製用途。

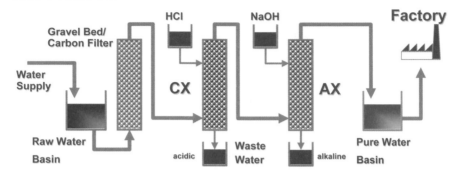

Delamination 分層、爆板、脫層

常指多層板的金屬層與樹脂層之間的分離而言，也指"積層板"之各層玻纖布之間的分離散開。主要原因是複合材料成員彼此之間的附著力不足，又受到後續焊錫強熱或外力的考驗或已吸入水氣的漲開，進而造成彼此的分離。

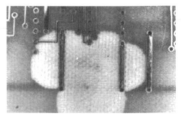

Delay Line（Serpentine Line）延遲線路（蛇形線路）

當一組數據匯流排（Data Bus）的8條或16條訊號線，各自從驅動IC元件（Driver）發出單一位元訊號（Bit）奔向接受元件（Receiver）時，必須要同時到達目的地才能併湊成有含意的位元組（Byte，大陸稱字元），此等"同時到達"的需求謂之"正時"（Correct Timing）。一旦各訊號線因遠近不同而有先來後到者，將會造成訊號正時之品質不良，謂之"參差誤時"（Skew）。為了避免這種誤時的發生，以及電腦板類之時序速率（Clock Rate）加快訊號內容增多，故特對近距早到者改換成延遲蛇線，現行多層板中出現蛇線的機會，遠比從前增加很多。

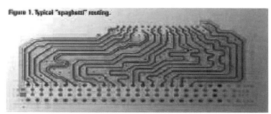
Figure 1. Typical "spaghetti" routing.

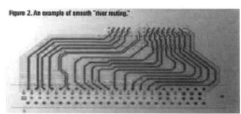
Figure 2. An example of smooth "river routing."

Demarcation 分界線

是指電鍍層次之間的分界線而言，例如水平連續電鍍銅通過不同整流器中間有極短暫（例如0.5秒）未通電的狀態時，則後續鍍銅又要從初生態的低電流情況爬升到正常電流的作業，此種短暫低電流所鍍得的銅層結晶較為細小，因而在微切片的微蝕中的咬蝕較為明顯，與正常電流之粗大結晶者不同，因而就呈現出清楚的分界線來了。

Dendrite 枝晶

譯為枝晶者是指無鉛焊料例如SAC305，在冷卻過程中最早是先析出Ag₃Sn的薄片狀結晶，之後即結晶最多量的富錫式主結晶，且在冷卻降溫快慢不同時，此種富錫式結晶會形成大小不等有如蕨類植物者，特稱為"枝晶"。降溫愈慢枝晶的體態也愈為碩大。

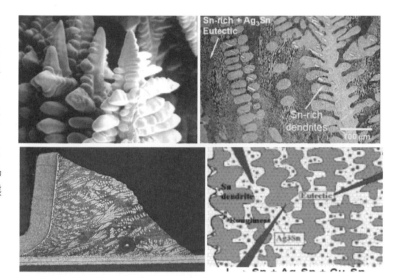

Dendritic Growth
枝狀生長

指電路板面兩導體之間在濕氣環境中，又受到長期工作電壓（偏壓Bias）的影響，而出現金屬離子電化遷移（ECM）性之樹枝狀蔓延生長，最後將越過絕緣的板材表面形成搭接，發生漏電甚至短路的情形，謂之"枝狀生長"。又當其不斷滲入絕緣材料中時，則稱為Dendritic Migration或Dendrices或Migration。

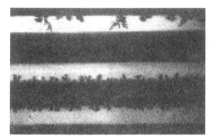  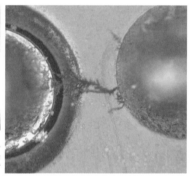

▲ 電路板在85℃/85%RH（簡稱雙八五）及偏壓（Bias）15V的電壓下經1500小時的長期老化後，在負極的銅線路上出現枝狀，且將延著板材表面向正極線路的生長情形，此圖是自強力的背光照透下所見到的影像。

Denier 丹尼爾

是編織紡織所用各種紗類的直徑單位，其原始定義是每9842碼（或9000米）長度紗束所具有的重量（以克gm計）。一般也常用此詞表達極細的絲織類，如女用玻璃絲襪類之超細絲類（約7～20丹尼爾），其織物已薄到接近透明狀態。

Dense Circuitry 密集線路

PCB是指線寬／線距（Line/Spacing）小於3mil（75μm），載板則在25μm以下之密集排線而言。在小型手執電子產品的軟板與封裝載板（IC Substrate）中經常出現此等密集細線。

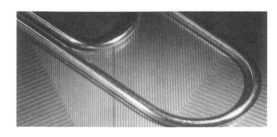 

Densitomer 透光光度計

是一種對黑白底片之透光度（符號是D_{min}）或遮光度（D_{max}）進行測量之儀器，以檢查該塑料底片連續使用後之劣化程度如何。其常用的商品儀器如X-Rite 369即是。

Density 密度、佈局密度

密度為科學上的基本名詞，是指單位體積中（如 cm3 即 c.c.）的質量或重量（例如 gram 而言）。並以4℃水的密度為準1g/cm3，去掉單位後即成為比重（Specific Gravity）。電路板業則常用此詞說明導體佈局的疏密情形，例如Double Density等。

Dent 凹陷

指銅面上所呈現緩和均勻的小區域局部下陷，可能由於壓合所用鋼板其局部有點狀突出所造成，或異物夾著所壓陷，若呈現斷層式邊緣整齊之下降者，稱為Dish Down。此等缺點若不幸在蝕銅後仍留在線路上時，將造成高速傳輸訊號其特性阻抗值的不穩，甚至出現雜訊Noise。故原始基板銅面上應儘量避免此種缺失。新興的HDI背膠銅箔（RCC）增層法，其核心板（Core）中的通孔區，經RCC真空壓貼時，膠層流進孔中充填，也常在附近銅面上留下凹陷，品質較高者常要求Core板的PTH先要做樹脂塞孔，才能去做壓合增層。

Depanelization 切開、分開

指考慮下游組裝小型板的方便起見，常將數片小板併合成為連載板類，當組裝完工後則予以逐一分開之謂。有時亦指電路板本身量產流程的大排板，完工後須加以分開成為單一的貨板者，亦可稱之。

Deposition 沉積、附積、皮膜處理

指在各種底材之表面上，以不同的方法如電鍍、真空蒸著、化學鍍、印刷、噴塗等，形成各式表層皮膜者，稱為Deposition。

DES（Developing-Etching-Stripping）顯像-蝕刻-剝膜之連稱

是指多層板各種內層板具影像轉移全流程之後段三道自動化連線而言，是一種節省人力與時間的做法。但濕製程機器的精密與良好管理，才是提升自動化連線良率的重要因素。否則任何固定位置影像轉移的瑕疵，將會造成整批性的缺失甚至報廢，行程中已無機會加以搶救。

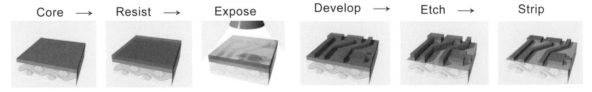

Core → Resist → Expose Develop → Etch → Strip

Desiccator 乾燥器

為一種厚重的玻璃器皿，具磨砂封口並塗上凡士林密實可隔絕空氣，底部內尚可放置乾燥劑（如氯化鈣或矽膠粒等），使放置在內的物品免於吸濕而得以保持乾燥。

Desmearing 除膠渣、去膠渣

　　常規多層板三片疊高外加鋁蓋板與木漿墊板在鑽孔磨擦中，其升溫可高達300℃，致使各種環氧樹脂板材都已超過T_g甚多以致軟化，並隨著鑽針的旋轉而將孔壁塗滿膠糊（冷後變渣）。為使後來的銅孔壁與各內層孔環具有更好的互連（Interconnection）起，必須要將此等Smear盡除之以維持低電壓（1.5v，目前省電型Net Book已再降低到1.1v了）操作中的訊號完整性（SI）。而雷射燒蝕出來的盲孔，不但有膠渣而且還有碳渣，也都應徹底清除，以保證低電壓的訊號完整性。通常環氧樹脂結構中，有部分具極性之鏈狀組織（見下結構式之棕色區），可加強行氧化而予以溶蝕，業界常用的氧化劑以高錳酸鈉居多。Desmear工序分成膨鬆，溶蝕與中和還原三步驟，一般品管對此流程必須抽樣進行微切片檢查，以盡可能的避免各種後患。

$$C_xH_y + (4x+y)MnO_4^- + (6x+y)OH^- \rightarrow xCO_3^{2-} + (4x+y)\ MnO_4^{2-} + (3x+y)H_2O$$

$$2C_xH_y + (4x+y)MnO_4^{2-} + 2xH_2O \rightarrow 2xCO_3^{2-} + (4x+y)\ MnO_2 + (4x+2y)OH^-$$

Desoldering 解焊

　　在板子上已焊牢的某些零件，為了要更換、修理，或板子報廢時欲再取回可用的零件，皆需對各零件腳施以解焊的步驟。其做法是先使焊錫點受熱熔化，再以真空吸掉銲錫，或利用"銅編線"之毛細作用，以其燈芯效應（Wicking）引流掉銲錫，再將之脫拉以達到分開的目的。

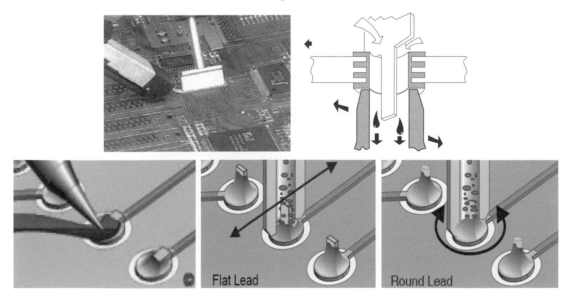

Developer 顯像液、顯像機

用以沖洗掉未感光未聚合的光阻膜層,而留下已感光聚合的阻劑層圖案,此等所用的化學品溶液稱為顯像液,如乾膜製程所用的碳酸鈉(1%)溶液即是。一般口語的"顯影"並不正確。

Developing(Development)顯像、顯影

是指感光式影像轉移過程中,對下一代之成像或乾膜圖案的顯像作業。既然是由底片上的"影"轉移成為板面的"像",當然就應該稱為"顯像",而不宜再續稱只在底片製作階段的"顯影",這是淺而易見的道理。然而業界前輩不察積非成是習用已久,已誤導的後輩們一時尚不易改正。日文則稱此為"現像"。

簡言之曝光前的乾膜尚未聚合故可被鹼液所洗掉,曝光後的光阻已發生聚合反應因而無法被沖洗掉,於是就繼續留在板面上扮演阻劑的角色。(下列各圖取材自ATOTECH)

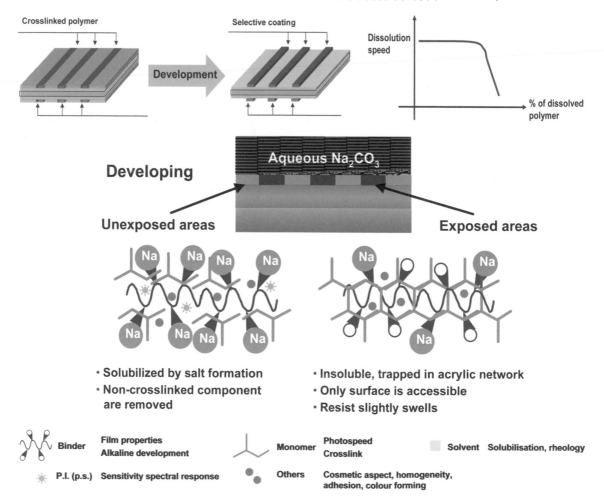

Deviation 偏差

指品檢所測得的數據或情況並不理想,其與正常允收規格之間的差距,謂之Deviation。

Device 電子元件

是指在一獨立完工的個體上,可執行獨立運作的功能,且非經機械法破壞無法再進一步分割其用途的基本電子零件。

Dewetting 縮錫、不潤濕

指高溫熔融的銲錫與被焊物表面接觸及沾錫反應後,當其冷卻固化完成兩種介面的焊接作用而得到結合強度之焊點(Solder Joint)過程中,正常的焊點或焊面,其已固化的錫面都應呈現均勻散佈且光澤平滑的外觀,是為焊錫性(Solderability)良好的表徵。所謂Dewetting是指焊點或焊面呈高低不平、多處下陷,或銲錫面支離破碎甚至曝露部份底金屬,或銲點外緣無法順利延伸展開,橫斷截面之接觸角大於90度者,皆稱為"縮錫"(大陸稱不潤濕)。其基本原因是局部底金屬表面不潔(有氧化物或其他污染),造成與銲錫之間不易形成"介面合金共化物"(如Cu_6Sn_5之Eta phase相IMC即是),難以親錫之下,無法維持銲錫的均勻覆蓋所致。

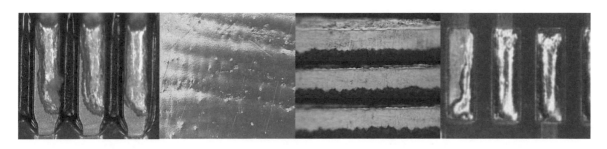

Diazo Film 偶氮棕片

是一種能阻止部分可見光的穿透但卻可令紫外光通過的棕色底片,做為手動式乾膜影像轉移時,使在紫外曝光中專用感光(大陸稱光致)的曝光用具(Phototool)。這種偶氮片之棕色的遮光區也還能在"黃光照明"中得以透視,能見到底片下的板面情形,而有利於手動之微移與對準,比黑白底片還要方便的多。

Dichromate 重鉻酸鹽

是指$Cr_2O_7^=$的化合物而言,常見有$K_2Cr_2O_7$、$(NH_4)_2Cr_2O_7$等,因其分子式中有兩個鉻原子,故稱之為"重"(ㄔㄨㄥˊ而非重要的重)鉻酸鹽,以便與鉻酸鹽($CrO_4^=$)有所區別。在電路板工業中PTH前之除膠渣製程,早年即採用高濃度的重鉻酸鉀(900 g/l)槽液,以這種強氧化劑當成孔壁清除膠渣的化學品。又單面板印刷之固定網版,其網布感光乳膠中亦加有"重鉻酸銨"的感光化學品,業界常簡稱之為Dichromate。近年來由於環保意識提高,這種惡名昭彰的"六價鉻"不但對生態環境為害極大,甚至有致癌的危險,故早已成為眾矢之的。歐盟RoHS甚至已列為法令六大有毒物質之一,因而不再為業界所樂用了。

Dicing 晶圓分割

指將半導體晶圓(Wafer),以鑽石刀逐一切割成電路體系完整的晶片(Chip面積較大)或晶粒(Die面積較小)單位,其分割之過程稱為Dicing。

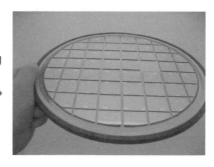

Dicing

Dicyandiamide（Dicy）雙氰胺

是一種環氧樹脂聚合硬化所需的固化劑或硬化劑，因其分子式中具有一級胺（－NH$_2$）、二級胺（＝NH），及三級胺（≡N）等三個強力的活性反應基，是一種不可多得的優秀硬化劑，又名Cyano-guanidine氰基胍。但因此物具有極性且吸水性很強，在板材中又會重新聚集的"再結晶"進而有爆板的麻煩，故須研磨極細後才能摻在供做含浸的A-stage液態樹脂中使用。由於Dicy極性強又容易吸水，為了減少無鉛銲接的爆板起見，於是業者已將其環氧樹脂的固化劑由Dicy改為PN。然而09年起逐漸進入無鹵板材時，性能良好的Dicy又可少量回到CCL產線了。

Dicyandiamide (Dicy) 雙腈胺固化劑

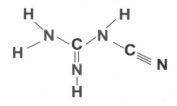

Phenolic Novolac

片狀結構之酚醛樹脂除可用以拉高FR-4的T$_9$外也可當成固化劑, 但脆性較大

Die 衝模、沖模、鑄模（晶片、芯片）

多用於單面板之外緣成形，及板內"非導通孔"（NPTH）之沖切成形用，有公模（Male）及母模（Female，亦稱Die Plate）之分。目前極多小面積大數量之低品級雙面板與大部分軟板，也都採用沖模方式去做成形製程。此種"衝切"（Punch）的快速量產方式，可代替邊緣光潔緩慢昂貴的旋切側銑（Routing）法，使成本得以大幅降低。但對於數量不大的板子則無法使用，因開模費用相當昂貴之故。此詞亦另指半導體工業中的晶片或芯片，通常面積較大者稱為Chip，面積較小者稱為Die或Dice（Die的複數）。

Die Attach 晶粒貼裝

將完成測試與切割後的良好晶粒，以各種方法安裝在向外互連的引線架或有機載板體系上（如傳統的Lead Frame金屬腳架或新型的BGA有機載板），稱為"安晶"。然後再自晶粒各輸出點（Output）與腳架引線間打線互連，或直接以凸塊（Bump）進行覆晶法（Flip Chip大陸稱倒晶）結合，完成IC的封裝。上述之"晶粒安裝"，早期是以晶片背面的鍍金層配合腳架上的鍍金層，採高溫結合（T.C. Bond）或超音波結合（U.C. Bond）方式完成結合，故稱為Die Bond。但目前為了節省鍍金與因應板面"直接晶粒安裝"（DCA或COB）之新製程起見，已改用含銀之導熱膠進行接著，代替鍍金層熔接，故改稱為"Die Attach"。

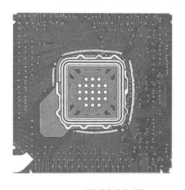

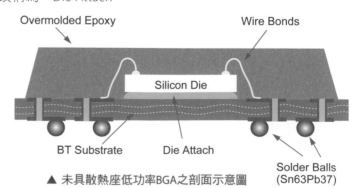

▲ 未具散熱座低功率BGA之剖面示意圖

Die Bonding 晶粒接著

Die亦指積體電路之心臟部份，係自晶圓（Wafer）上所切下一小片有線路的方型"晶粒"，以其背面的金層，與腳架（Lead Frame）中央的鍍金面，以含銀粒混合之環氧樹脂採黏著固定方

式予以接著，亦稱為"Die Bond"，係IC內部線路封裝的第一步。

Die Coating（or Die Casting）銅面流塗法之雙層式軟材

動態軟板（Dynamic FPC）必須放棄原本三層式軟材而改用成本較貴的兩層式軟材，方使之更為柔軟。此等2L式FCCL軟材有三種製程，其中之一的就是在銅箔之捲放捲收Roll process過程中，在壓延銅箔的單面或雙面塗佈聚亞醯胺樹脂（PI）之清漆，進而得到無亞克力樹脂（Acrylic）接著層的單面或雙面軟材，謂之雙層式流塗法。

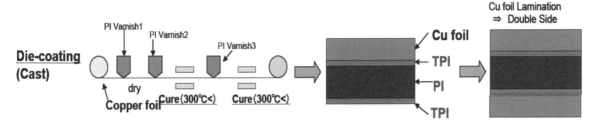

Die Stamping 衝壓、沖壓

是一種浮花壓製（Embossing，簡稱壓花）的施工法，是用鋼模在硬度較軟的金屬表面上，施力壓出陰文或陽文的紋路及字樣，最常見的金屬輔幣即是以此法大量快速生產。電路板中較少用到此種製程，有時會在多層板壓合後，為區別壓機、班次或是代工廠時，也常在板邊用手打模的"壓花"方式，刻意做出臨時性記號，以方便追查。

Dielectric 介質、絕緣材料

是"介電物質"的簡稱，原指電容器兩極板之間的絕緣材料而言，現已泛指任何兩導體之間的絕緣物質，如各種樹脂與配合的棉紙，以及玻纖布等皆屬之。此詞不宜稱為介電。

Dielectric Breakdown 介質崩潰

係刻意不斷提高AC測試之電壓至50KV以上，以觀察厚板材中相距1吋之兩插孔電極，其崩潰打穿的起碼電壓值為何。按IPC-4101表5的規定，此項品質亦係三個月測一次，每次取三個樣片。至於IPC-4101／21對FR-4原板之及格標準，則另訂下限為40KV。

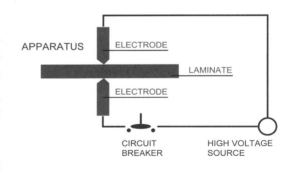

此試驗法係按IPC-TM-650之2.5.6 B法（1986.5）去進行。所取無銅箔之樣板其大小為3吋×2吋（厚度在30.5 mil以上），沿其板長方向的中心線上，鑽出相距1吋而直徑各為188 mil的穿孔兩個，並分別插入兩錐狀電極（其一為高電壓極，其二為接地極），然後連以電纜一同浸於絕緣油槽中（如Shell Dial Ax即可）。再按上表以每秒調升500V之方式逐漸升高測試電壓，仔細觀察所發生之崩潰的情形，且記錄其三個數據及求平均值。但若並未出現崩潰時，即以其可調之最高電壓值為紀錄。

Dielectric Breakdown Voltage 介質崩潰電壓

由兩導體及其間介質所組成的電場，當其電場強度超過該居中介質所能忍受的極限時（即兩導體之電位差增大到了介質所能絕緣的極限），則將迫使通過介質中的電流突然增大，時間稍長時將在原板材電阻極大的相乘下，大量發熱而令板材燃燒。此種在高電壓下瞬間造成

絕緣失效的情形稱為"介質崩潰"。而造成其崩潰的起碼電壓則稱為"介質崩潰電壓Dielectric Breakdown Voltage",簡稱"潰電壓"。

Dielectric Withstanding Voltage 介質耐電壓

是指完工板之板材絕緣基材(玻纖與樹脂)在Z方向與XY方向對其絕緣品的要求。此詞出自IPC-6012B之3.8.1節,其考試樣板與及格標準詳見下圖與6012B表3-10之規定。

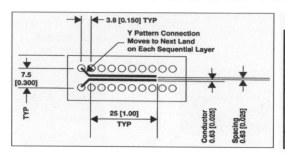

Table 3-10　Dielectric Withstanding Voltages

	Class 1	Class 2 and 3
Voltage For Spacing 80 μm [3,150 μin] or greater	No requirement	500 Vdc +15, -0
Voltage For Spacing less than 80 μm [3,150 μin]	No requirement	250 Vdc +15, -0
Time	No requirement	30 sec +3, -0

Dielectric Constant,Dk or ε_r 介質常數

請參閱Relative Permitivity相對容電率。

Dielectric Strength 介質強度

本詞又稱為Electric Strength抗電強度,係量測板材在Z方向抵抗高電壓的能力。本項品質之衡量,是將已發生打穿(Failure)之直流電壓實測數據,除以板厚所得數據之V/mil或V/mm為單位。此項試驗只針對薄板(31 mil以下)而做,實驗須按IPC-TM-650之2.5.6.2法(1997.8)去進行。IPC-4101B中21號規格單要求,及格標準之下限為2.90×104 V/mm。

Differential Etching 差別式蝕刻

封裝載板半加成法(SAP)所用之板材全無銅箔,是在絕緣板材之表面先做上化學銅層,隨即進行乾膜光阻以及線路與盲孔的選擇性鍍銅,之後剝除光阻後再進行全板面的總體蝕刻。由於化學銅很薄組織又較鬆散,因而很容易被咬光進而呈現出的獨立線路,其品質反而更好。可完成線寬線距1mil/1mil的覆晶載板。下三圖即為3+2+3之半加成全蝕法所取得的線路切片。

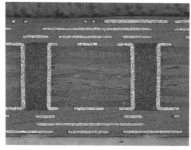

Differential Scanning Calorimetry（DSC）熱卡分析法

簡單的說當物質受熱時,在不同溫度下其試驗環境"熱量"流入物質的速率(mcal/sec)將會有所差異。DSC即為測量這種"熱流速率"(或熱量變化率)在不同溫度中待測物吸熱速率的微小變化。例如當一種商用環氧樹脂被加熱時,在不同溫度下其"熱流率"也將不同,但快要到達"玻璃態轉換溫度"時,其每℃間的熱流率會出現大幅加快的現象,其曲線轉折處斜率交

點所對應到橫軸的溫度，即為該樹脂的T_g，故可用DSC法去測定聚合物的T_g。

DSC的做法是將試樣（S）與參考物（R）同時加熱，因二者的"熱容量"不同，故上升的快慢與溫度也不同，但其間之差距△T卻可維持不變。不過將要到達T_g附近時，兩者間的△T就會出現很大的變化，DSC即可測出這種溫差的變化，這是一種改良式的"熱差分析法"（DTA）。DSC除可測定T_g外，尚可用以量測出塑膠類之比熱、結晶度、硬化交聯度，及純度等，是一種重要的"熱分析"儀器。

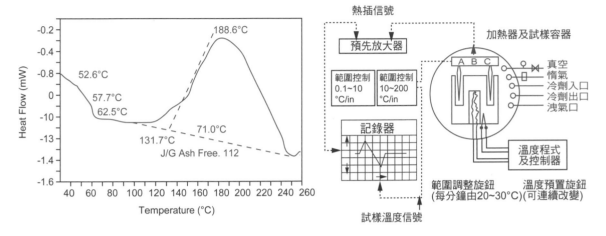

Diffusion Layer 擴散層

即電鍍時，液中鍍件陰極表面所形成極薄"陰極膜"（Cathodic Film）的另一種稱呼。係指極板表面槽液之金屬離子濃度，由正常下降到零的極薄液膜而言，如同一種擴散作用。有時亦可用於陽極表面或蝕刻過程中銅離子由濃到稀的變化情形。

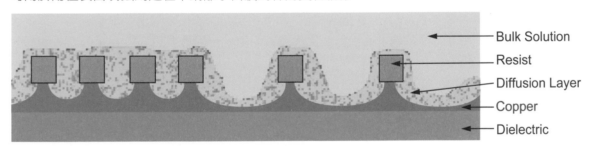

Digitizing 數位化、數碼化

在電路板工業中，是指將板面的孔位或導體之座落位置，各以其在X及Y座標上的數據表示之，以方便電腦作業，稱為"數位化"。

Dihedral Angle 雙反斜角

是指焊點或焊面外緣在截面微切片上兩外側所呈現的接觸角，有如噴射機之雙反斜翅膀，稱為"雙反斜角"。此種角度愈小時，表示其"沾錫性"愈好。

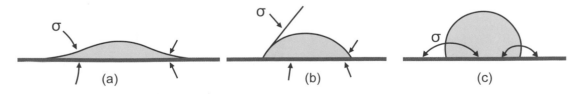

Dimensional Stability 尺度安定性、尺寸安定性

　　指板材受到溫度變化、濕度、化學處理、老化（Aging）或外加壓力之影響下，其在長度、寬度，及平坦度上所出現的變化量而言，一般多以百分率表示。當發生板翹時，其PCB板面距參考平面（如大理石平檯）之垂直最高點再扣掉板厚，即為其垂直變形量。或直接用測孔徑的鋼針去測出板子浮起的高度。以此變形量做為分子，再以板子長度或對角線長度當成分母，所得之百分比即為尺度安定性的表徵單位，俗稱"尺寸安定性"。

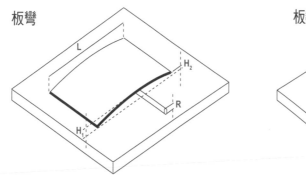
板彎

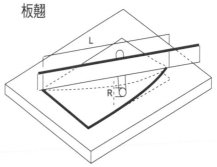
板翹

Dimensional Stable Anode（DSA）尺度穩定式陽極、非溶性陽極

　　亦即非溶解式陽極（例如電鍍銅所用的鈦網）的另一種說法，原用於電鍍銅箔工業之大型鉛合金或特殊材質之不溶解陽極，使生產銅箔之精密鍍銅機中，其陰極大型轉胴表面與大型陽極表面間之精確尺寸（約1-2 cm左右）得以維持，故謂之DSA。

　　現此詞亦可用於電鍍金之白金鈦網，或水平反脈衝鍍銅之非溶解式陽極。一般電鍍金用到白金鈦網的機會最多，但用於水平反脈衝之電鍍銅製程者其材質近年來更有改進，如在鈦網表面另均勻塗佈一層較厚（2μm）的氧化銥IrO₂，與氧化鉭TaO₂等混合陶瓷類導電層，可耐得大電流長期的攻擊。此種DSA的說法目前仍多用於電鍍銅箔，一般電鍍銅或黃金則仍以Insoluble Anode之說法較為流行。

Dimple 酒窩、微凹

　　指早期利用背膠銅箔(RCC)在傳統多層板的外板面上進行增層時，由於埋在內部的通孔中，會有RCC的流膠進入而塞滿，但卻會造成表面增層導體的輕微下陷，稱為Dimple。此種瑕疵若恰好發生在焊墊位置時，將造成其可靠度的問題，而且當上下疊置盲孔之內盲孔有Dimple時，可能因除膠渣不足而引發後續焊接強熱中的拉脫。目前電鍍銅已可填充微盲孔，甚至4 mil孔徑4 mil深的通孔也可塞滿，此等填孔（Filled）鍍銅的孔口處也呈現少許凹陷者亦稱為Dimple.

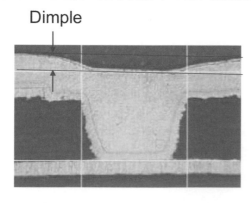
Dimple

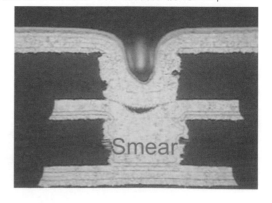
Smear

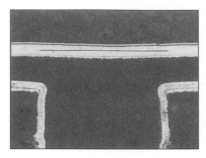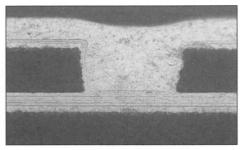

Diode 二極體

　　為半導體元件"電晶體"（Transistor）之一種，有兩端點接在一母體上，當所施加電壓的極性大小不同時，將展現不同導體性質。另一種"發光二極體"（LED）可代替儀錶板上各種顏色的小燈泡，不但比燈泡省電且又更耐用。目前二極體已多半改成SMT組裝形式，下圖中所示者即為電晶體SOT-23之解剖圖。

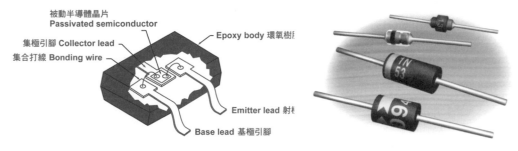

被動半導體晶片
Passivated semiconductor
集電引腳 Collector lead
集合打線 Bonding wire
Epoxy body 環氧樹脂
Emitter lead 射極
Base lead 基極引腳

DIP（Dual Inline Package）雙排腳封裝體

　　指老式具有雙排對稱接腳的零件，可在電路板的雙排對稱的PTH腳孔中進行波焊插焊。具此種封裝外形的零件以早期的各式IC居多，目前部份"網狀電阻器"亦採用之（見下面之圖示）。

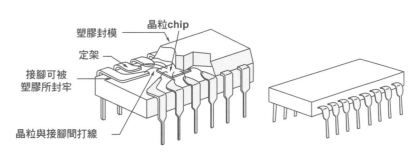

塑膠封模
晶粒chip
定架
接腳可被
塑膠所封牢
晶粒與接腳間打線

Dip Coating 浸塗法

　　是一種簡單便宜的表面塗裝法，其所附著皮膜的厚度，與塗液的黏度及拖起的速度有關，厚度均勻性較差。電路板基材所用的膠片（Prepreg）就一直採用此法處理。除可在玻纖布面外表進行塗裝外，亦能滲入玻纖紗束的空隙中，故又稱為含浸Impregnation。

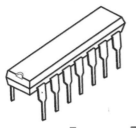

Dip Soldering 浸焊法

　　是一種組裝零件在電路板上早期最簡單的量產焊接法，也就是將板子的焊錫面，直接與靜止的高溫熔融錫池接觸並拖動，而令所有零件腳在插孔中填錫焊牢的做法。有時也稱為"拖焊法"（Drag Soldering）。

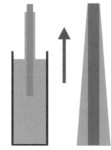

Dipole 偶極、雙極

指具有極性的分子或化合物，其限定距離的兩端各擁有電性互異的相同電量，謂之"偶極"，其間所呈現的力矩稱為Dipole Moment偶極矩。

Direct Chip Attach（DCA）晶片直接安裝在電路板

是跳過晶片的封裝階段，而將裸晶片直接安裝在PCB上，而不是在封裝載板(Substrate)上。是融合Package與Assembly於一體的最高境界做法，是訊號傳輸最佳化與最節省成本的方式。但困難度太高，目前還做不到。

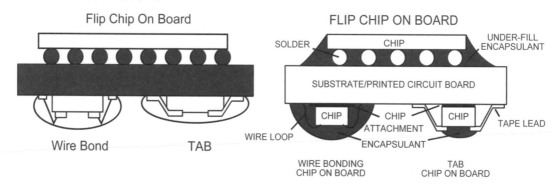

Direct Emulsion 直接乳膠

是單面板印刷網布上所用的感光乳膠阻劑，可在塗佈中進入網布直接遮閉封牢，比貼在網布上的間接版膜（Stencil）更為耐用。但其圖案邊緣的"逼真齊直度"Definition卻不好，故只能用於線路較粗的單面板影像轉移工作。

Direct Current（D.C.）直流電

早先是指直流發電機或乾電池或電瓶等輸出電壓穩定變化極少者謂之直流電，與家庭用之交流電（A.C.）者不同。現行各種電腦、數位化電子產品所使用之方波訊號，均以直流電流執行操作，因而就利用電流轉換器（Adaptor）可將高壓的交流轉換成低壓的直流（2009年最新NB已降低到了1.1V的CULV；Consumer Ultra-Low Voltage），以節省能源減少發熱。

Direct / Indirect Stencil 直間版膜

是採間接版膜阻劑貼在網布上的做法，因其膜層甚厚，且經噴水後會出現吸水膨脹之毛細作用，而令膜體膨脹擠入網布中，故又兼有直接乳膠的好處，如Ulano之商品CD-5即是。

Direct Plating 直接電鍍、直接鍍板

這是90年代所興起的一種新濕製程，欲將傳統有害人體含甲醛的化學銅從PTH中排除，而對孔壁做金屬化（Metallization）的先前準備工作（如黑孔法、導電高分子法、黑影法等）後，排除化學銅直接進行電鍍銅以完成孔壁，謂之"直接電鍍"。雖已有多種商用製程正在推廣中，但經量產後發現其穩定性仍不如化學銅來得耐操，目前產線中已很少在用了。

Discrete Component 散裝零件、散式零件

指一般小型被動式（大陸稱無源式）的電阻器或電容器，有別於主動零件功能集中的積體電路。筆者曾見過照字面直譯為「分離式零件」者其實並不貼切。常見散裝被動小件以電容器用量最多，電阻器次之，電感器較少，由於其SMT頗占用板面面積，因而已有埋入式的興起。此

詞不宜按字面譯為"分離式零件"，否則將大失原味也，若能全數內埋時將大幅節省通訊、網路、與工作站等板子面積及組裝成本等。

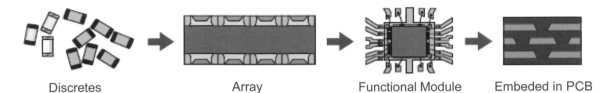

| Discretes | Array | Functional Module | Embedded in PCB |

Discrete Wiring Board 散線電路板、複線板

即Multi-wiring Board的另一說法，是將圓形的漆包線貼附在板面並另加通孔互連而成的電路板。此種複線板在高頻傳輸線方面的性能，要比一般PCB經蝕刻而成的扁方形線路更好。但因為成本太貴而逐漸式微，全球只剩下日本國內的日立化成還在小量生產。

Dish Down 碟型下陷

指電路板面銅導體線路上某些局部區域，壓合或電鍍銅出現不當的圓形壓陷，且經蝕刻後又不巧仍留在線路上，稱為"碟陷"。在高速傳輸的線路中，此種局部下陷處的介質厚度不均會造成特性阻抗值的意外變化，會出現雜訊對整體功能不利，故應儘量設法避免。

Dispensing 逐點分配、定點分配、定量分配

是利用一種特殊設計的定量幫浦擠出器，將所需用的膏體，按電腦指揮的既定路線在板面上加以定點定量擠出分配，如錫膏、助焊膏、底膠、傳熱膠、封口膠等，以單點或連續成線的方式加以塗著的做法，稱之Dispensing。

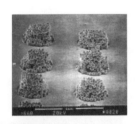
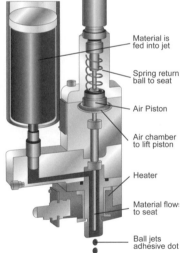

Material is fed into jet

Spring return ball to seat

Air Piston

Air chamber to lift piston

Heater

Material flow to seat

Ball jets adhesive dot

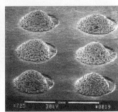

Dispersant 分散劑

是一種有機質界面活性劑，可加在溶液中使某些暫時懸浮的大型粒子，得以分散成更小的粒子，而能均勻分散（Disperse）在溶液中，使發揮更好固液均勻的乳化效果。

Disspation Factor（D_f）散失因素、損失因素

請參閱Loss Tangent損失正切，之詳細解說。

Disturbed Joint 擾銲點

波焊之銲點，在焊後冷固的瞬間時刻中遭到外力擾動振動（例如輸送帶的抖動），或銲錫

內部已存在的嚴重污染，經常造成銲點外表出現粗皺、裂紋、凹點、破洞、吹孔與凹洞等不良現象，謂之擾銲點，在銲點強度方面都將有不良影響。擾銲點外表很容易見到條紋狀的應力線（Stress Line）是其特徵。

Doctor Blade 修平刀、刮平刀

對補強材料上澆淋或含浸液態樹脂之塗層，並在其輸送移動過程中加設厚度控制刮平多餘膠料所需的工具，稱之修平刀。如B-Stage膠片在上膠進入烤箱前刮平刀的作業，即為一例。

Dog Bone Design 啞鈴式（原文狗骨式）互連設計

指BGA封裝載板朝下與主板互連的球腳面上，其球墊須經過通孔而與另一面的晶片打線墊互連時，則該通孔之孔環與球墊之間必定有線路相連，於是三者所形成的搭配方式即稱之為Dog Bone Design "啞鈴形設計"。此種設計不但可做在BGA載板，而且也可做用在組裝基地的主板上。目前為節省板面面積起見，封裝載板或小面積的手機板，多已將通孔直接安置在球墊中央，稱為Via in Pad或Pad on Via，或雷射微盲孔等。兩者均可採增層法的流程去製成，但須先將處於內部Core板的通孔填平，才不致影響該處焊點之強度（Joint Strength）與可靠度。

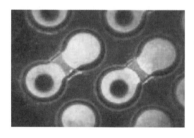
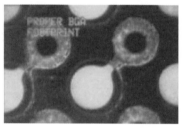
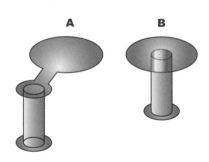

Dog Ear 狗耳

指錫膏配合鋼板在焊墊上印刷時，當刮刀滑過鋼版開口而附著在墊上，常使錫膏被刮斷而留下尾巴。在鋼版掀起後會有少許錫膏自印面上豎起，如同直立的狗耳一般，故名之。

Doping 摻雜

指半導體的高純度 "矽元素"中，為了改變其導電特性，而刻意加入少量的某種物質，以得到所需要的物理性質，此種有意義的 "摻雜" 謂之Doping。

Double Access 雙面露出

指單面軟板其雙面表護層（猶如硬板之綠漆）均可事先加以開口，以露出內在的銅環而能做焊接的工作，謂之雙面露出。

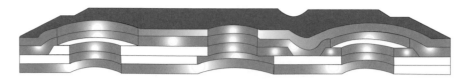

Double access or back bared flex circuit

Double Density 雙倍密度

　　早期通孔插裝時代（PTH）的設計"格距"（即孔心到孔心的跨距）為100 mil，後1980年代進入SMT時期，在零件加多且接腳也大增下，格距孔距縮小到70.7 mil時，稱為Double Density。現又來到更密集組裝的BUM時代，於是佈局的格距更逼近到50 mil之Quad Density四倍密度，甚至更密更小的境界。下圖即為其等佈局之說明。

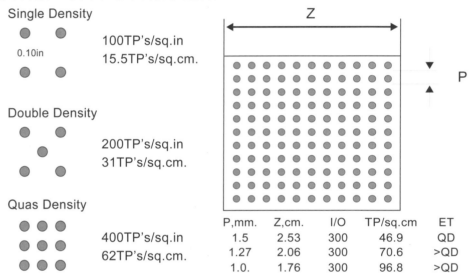

Single Density
100TP's/sq.in
15.5TP's/sq.cm.
0.10in

Double Density
200TP's/sq.in
31TP's/sq.cm.

Quas Density
400TP's/sq.in
62TP's/sq.cm.

P,mm.	Z,cm.	I/O	TP/sq.cm	ET
1.5	2.53	300	46.9	QD
1.27	2.06	300	70.6	>QD
1.0.	1.76	300	96.8	>QD

Double Layer 電雙層

　　是指電鍍槽液中在最接近陰極表面處，因槽液受到陰極強力負電的感應而出現的一層帶正電的微觀離子層，其與極板表面之間的薄層稱為"電雙層"。此層厚度約為10Å，是金屬離子在陰極上沉積鍍出金屬原子的最後一道關卡。此時金屬離子團會在穿過電雙層後將附掛的各種"配屬體"（Ligand，如CN^-與NH_3等）丟掉，而獨自吸取電子而登陸陰極鍍出金屬原子來。

Double Treated Foil 雙面處理銅箔

　　指電鍍銅箔除在毛面（Matte Side）上進行小瘤狀黃銅化或灰色鋅化之額外鍍層處理（見下圖），以增加附著力外，並於光面上（Drum Side）也進行此種瘤化處理，如此將可使多層板之內層板銅面不必再做黑化處理，而使得薄板尺寸更為安定，附著力也更好。但此種雙面處理銅箔的成本卻比一般單面處理者貴了很多。（參見下頁三圖）

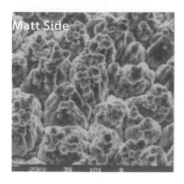

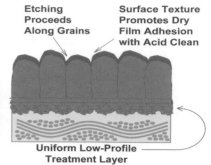

Drag In / Drag Out 帶進／帶出

是指板子在濕式製程的各槽站之間進出時，常因本身多孔而將前一槽溶液的化學品 "帶出"，經過水洗後仍可能有少許殘跡，而被 "帶進" 下一站槽液中，如此將會造成下一槽的污染。故其間必須徹底水洗，以延長各槽液的使用壽命。

Drag Soldering 拖焊

早年常將已插件妥當的電路板（以單面板為主），以其焊接面在熔融的錫池表面拖過，以完成每隻腳孔中錫柱的攀升，而達到總體焊接的目的，此法後已改良成為板子及流動錫面形成7-10度相對運動的 "波焊法"（Wave Soldering）而更有效率完成插焊。

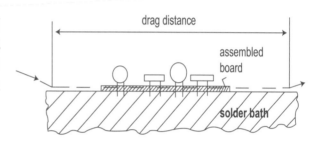

Drawbridging 吊橋效應

指使用錫膏將各種SMD暫時定位，而續以各種方式進行高溫熔焊（Reflow Soldering）時，有許多 "雙封頭" 兩端點待焊的小零件，由於焊錫力量不均，而發生一端自板子焊墊上立體浮起，呈現斜立現象稱為 "吊橋效應"。若已呈現直立者亦稱為 "墓碑" 效應（Tombstoning）或 "曼哈頓" 效應（Manhattan是紐約市外的一小島，為全球之金融及商業中心區，有極多高樓大廈林立其間）。

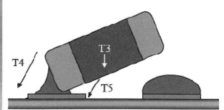

Drift 漂移

指電阻器或電容器經過一段時間溫濕度的老化或實地使用中，可能在輸出讀值上發生永久劣化性的失真改變，稱為 "漂移"。

Drill Facet 鑽尖切削面、鑽尖構成面

標準鑽頭尖端的切削表面，共有兩個 "第一切削面"（Primary Facet，此字含義為微小之表面），及兩個 "第二切削面"（Secondary Facet），其削面與水平面之間並有特定的離隙角

（Relief Angle），以方便旋轉切入板材之中。但自從SMT盛行以來，插孔焊接的組裝方式已愈來愈少了，板子的通孔只做導電用途，其孔徑已縮小到0.25-0.3 mm 之間，於是小針為了耐用起見，其設計已不完全按照傳統大針的標準了。

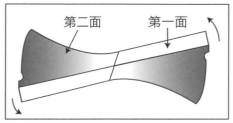

第二面　　第一面

Drill Pointer 鑽針重磨機

當鑽頭用鈍不夠銳利時（切削前緣崩破與刃角磨損），需將鑽針的尖部以鑽石砂輪重新磨利（Resharpening）以便再用。由於此類重磨只能在尖部施工，故稱為"磨尖機Pointer"。

Drilled Blank 已鑽孔的裸板

指雙面或多層板，完成鑽孔尚未進行影像轉移及後來各工序的裸板而言。

Drop Test 摔落試驗、掉落試驗

自從手機類可攜式電子產品流行以來，免不了會掉落在地面上而造成功能的損傷。於是組裝板或完工機器都要經過Drop Test。不過此試驗目前並未統一成標準方法，完全要看終端客戶的決定。下圖為JEDEC所指定做法的設備及放置組裝板的夾具。

事實上摔落試驗多半是開裂在BGA封裝體外部的SAC305球腳上，很少斷在封裝體內的高鉛Bump處，原因除了較柔軟之外還有填膠的保護。

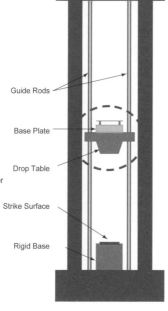

Guide Rods

Base Plate

Drop Table

Strike Surface

Rigid Base

Drop impact!

Solder joint failure　Rigid Ground

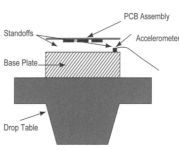

PCB Assembly
Standoffs
Accelerometer
Base Plate
Drop Table

Dross 浮渣

波焊機錫池中高溫熔融的大量液態銲錫，由於助焊劑的殘留物及受空氣氧化的影響，在錫池表面形成污染的浮著物，稱為"浮渣"。

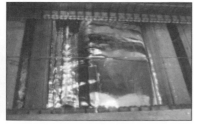

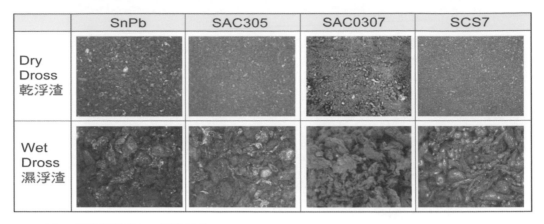

	SnPb	SAC305	SAC0307	SCS7
Dry Dross 乾浮渣				
Wet Dross 濕浮渣				

Drum Side 銅箔光面、光胴面

電鍍銅箔是在硫酸銅液中以高電流密度（約在1000 ASF以上），於不銹鋼陰極輪（Drum）光滑的"鈦質胴面"上鍍出銅箔。經旋轉出槽撕下後的銅箔會呈現面向鍍液的粗糙毛面，及緊貼輪體的光滑胴面的光亮面，後者即稱為"Drum Side"或 Shining Side。

Dry Film 乾膜

是一種做為電路板影像轉移用的乾性感光薄膜阻劑，另有PE及PET兩層皮膜將之夾心保護。現場施工時可將PE的隔離層先行撕掉，讓中間的感光阻劑膜壓貼在板子的銅面上，又經過底片感光固化圖像轉移後，即可再撕掉PET的透明表護蓋膜，隨即將未固化之部分阻劑沖洗顯像而形成線路圖形的固化阻劑，之後再執行蝕刻（內層）或電鍍（外層）等工作，最後再經剝膜後即可得到具有裸銅線路的內層或蓋孔的外層板面。

Film Structure

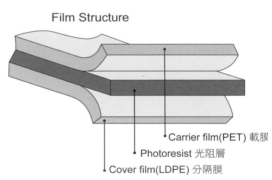

Carrier film(PET) 載膜
Photoresist 光阻層
Cover film(LDPE) 分隔膜

Drying 乾固、乾燥

通常是指含水的濕物料通過烘烤（水平走烤或直立走烤）而讓水分逸走的過程而言。但在濕膜光阻之較低溫情況時則是指溶劑的揮發而言。溫度太高（例如70℃）者可能還會造成各種單體的聚合與固化。

Drying options

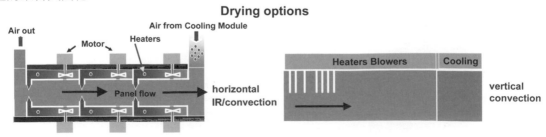

Coating – Before Drying

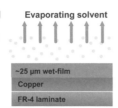
Evaporating solvent

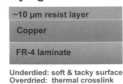
Coating – After Drying

~10 μm resist layer
Copper
FR-4 laminate

Underdied: soft & tacky surface
Overdried: thermal crosslink

~25 μm wet-film
Copper
FR-4 laminate

Binder
Film properties
Alkaline development

P.I. (p.s.)
Sensitivity spectral response

Monomer
Photospeed
Crosslink

Solvent
Solubilisation, rheology

Others
Cosmetic aspect,
homogeneity,
adhesion, colour forming

D

Dual in Line Package（DIP）雙排腳插裝零件

早期小型IC封裝體多以雙排腳插入PCB腳孔內過波焊而完成組裝者通稱為DIP。後來改插裝為貼裝時，則另稱為Small Outline的SOIC。先前IC引腳的腳距一律為100 mil，因而腳孔的 On Grid的孔距也是100 mil，其等插腳孔徑則在30-40 mil 之間。

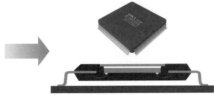

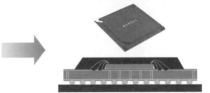

Dual Wave Soldering 雙波焊接

所謂 "雙波焊接" 指由①上衝力很強，跨距較窄（有單排湧口及三排湧口）的 "擾流波"（Turbulent Wave），與②平滑溫和面積甚大的 "平流波"（Smooth Wave），先後兩種錫波所組成的連續焊接法。前者擾流波的流速快、衝力強，可使狹窄的板面及各通孔中都能擠入錫流完成焊接。然後到達第二段的平滑波時，可將部份已搭橋短路、錫量過多或冰尖等各種缺失，逐一予以吸回而消除及撫平。事實上後者在早期的單波焊接時代已被廣用。

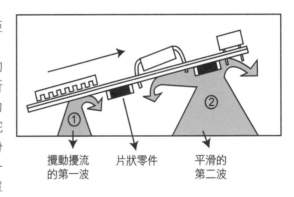

擾動擾流
的第一波

片狀零件

平滑的
第二波

這種雙波焊接又可稱為Double Wave Soldering，對於表面黏裝及通孔插裝等零件，皆能達到良好焊接之目的。

Ductility 展性

在電路板工業中是指銅箔或電鍍銅層的一種物理性質，用以表達平面性的擴展能力，與延伸性（Elongation）合稱 "延展性"。一般銅層展性的測法，是在特定的設備上以液壓方式由內向外發生推擠力量，過程中將頂出隆起的曲面並測量其破裂前的高度，即為其展性的數值（微觀中延性與展性幾已相等）。

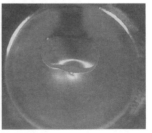

此種展性試驗稱為 "Hydralic Bulge Test" 液壓強頂之鼓出式試驗。

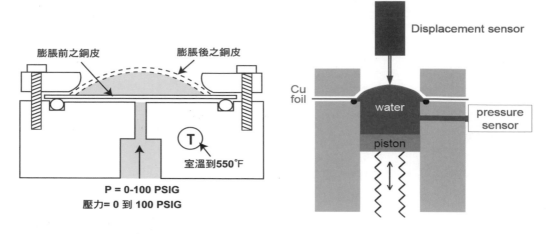

膨脹前之銅皮　膨脹後之銅皮

室溫到550°F

P = 0-100 PSIG
壓力= 0 到 100 PSIG

Displacement sensor

Cu foil

water

piston

pressure sensor

Dummy，Dummying 假鍍片、假鍍

　　各種電鍍槽液在一段時間的生產操作後，都要進行活性炭處理以除去各種有機污染。同時也要加掛浪形假鍍片，以很低的電流密度對金屬雜質加以析鍍。這種假鍍片通常是用大面的不銹鋼片，按每吋寬的劃分多格後，再以60度往復彎折成波浪型，刻意造成明顯的高低電流，來"吸鍍"槽液中的金屬雜質。這種假鍍片平時也可用做鍍液的維護。一般裝飾性的光澤鍍鎳，必須時時刻刻進行這種維護性的假鍍工作，才能維持光亮平整的鍍面。

Dummy Land 假墊（Dummy pad）

　　組裝時為了牽就既有零件的高度，某些零件肚子下的板面需加以墊高，使點著上的紅膠能擁有更好的接著力，一般可利用電路板的蝕刻技術，刻意在該處留下不接腳不通電而只做墊高用的"假銅墊"，謂之Dummy Land。不過有時板面上因設計不良，會出現大面積無銅層的底材面，卻分佈著少許的通孔或線路時，為了避免該等獨立導體在鍍銅時電流過度集中，而發生各種缺失起見，也可增加一些無功能的假墊或假線，在電鍍時刻意分攤掉一些電流，讓少許獨立導體的電流密度不致太高，亦稱為Dummy Land or Dummy Pad。

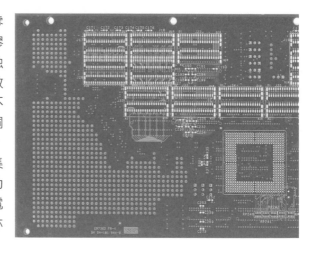

Durometer 橡膠硬度計

　　是利用有彈簧力的金屬測頭（Indentator），壓著在較軟質的橡膠或塑膠上，以測量其硬度。如常見的Durometer "A"即採1 kg的重力壓迫在試樣表面1秒鐘後，在硬度計錶面上所看的度數即為此種硬度的表示（見上右圖）。通常網板印刷時所需之PU刮刀，其硬度約在60～80度之間，亦需採用這種硬度計去測量。

DYCOstrate 電漿蝕孔增層法

　　是位於瑞士蘇黎士的一家Dyconex公司所開發的Build up Process。係將板面孔位處的銅箔先行蝕除，再置於密閉真空環境中，並充入CF₄、N₂，及O₂，使在高電壓下形成活性極高的電漿

（Plasma大陸稱等離子體），或類似離子之多量自由基，用以蝕穿孔位之基材，而出現微小導孔（10 mil以下）的專利方法，其商業製程稱為DYCOstrate。目前已遭淘汰了。

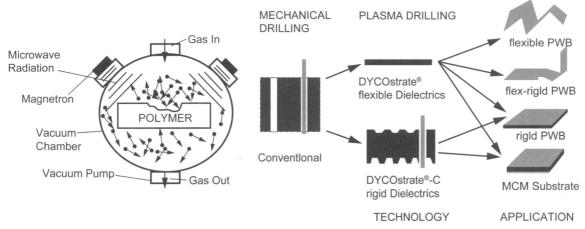

Dynamic Flex（FPC）動態軟板

指需做持續運動用途的軟性電路板，如磁碟機讀寫頭中的軟板即是。此外另有"靜態軟板"（Static FPC），係指立體彎撓組裝妥善後，即不再有動作之軟板類。

Dynamic Flexible Printed Board 動態軟板

軟板（FPC）按其在組裝成品上的工作狀態，可分為動態與靜態（Still）兩種，前者是指工作中會不斷的移動位置與變換姿態，如電腦硬碟機中的讀寫頭，連接用的動態軟板。此種FPC類常強調其柔軟度與韌性，故有時要求銅箔須使用昂貴的壓延銅箔。至於靜態軟板則只強調配合組裝時的環境而必須彎折，一旦組裝完成後將不再移動。兩者性質並不完全相同。

一般對軟板材料的柔軟度與忍耐動態彎曲的Test分為IPC法與MIT法，後者還加有荷重。

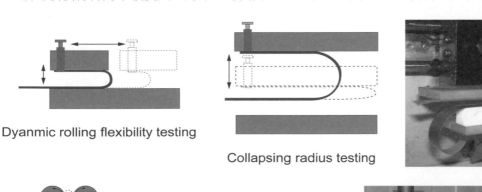

Dyanmic rolling flexibility testing

Collapsing radius testing

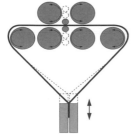

Fatigue ductility testing

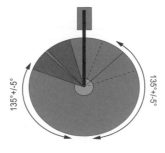

Dynamic folding testing

Dynamic Mechanical Analysis（DMA）動態熱機分析法

是一種用以檢測聚合物升溫中，所呈現 "黏彈性變化" 方面的資料數據，或量測板材在模數（Modulus大陸稱模量）與剛性（Stiffness或稱硬挺性）方面的變化。此較新的做法常用以監測板材的Tg，且靈敏度很高。而DMA卻是三種Tg測值中最高者。例如：TMA測值為145℃，而DSC為150℃時，DMA則為165℃。至於到底那一種最準，則人云皆非真相難以確知。

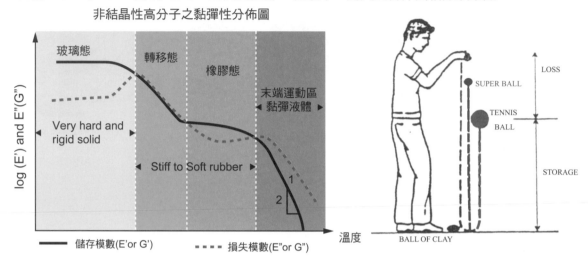

非結晶性高分子之黏彈性分佈圖

Damping / Damper 阻尼 / 阻尼器 NEW

任何振動或擺動系統在其動作中，由於外力（如流體阻力，摩擦力等）或系統本身固有原因，使得原始的擺幅逐漸下降與能量不斷變小的性質，稱為阻尼（ Damping or Damp ）；造成阻尼下降的外物或刻意安置者稱之為阻尼器（Damper ）。從下左彩圖可看到紅色方塊的重物用彈簧吊掛在強固的頂面，紅方塊下面接著一個泡在水中硬質綠色有穿孔的平面阻尼器。於是當全無阻綠色尼器而向下拉動紅色重物時，則紅方塊就會在空氣中維持較久的上下振動。但若在重物下另接掛在水中有穿孔的綠色阻尼器時，則紅方塊的上下振動受到水體中阻尼板的拖累很快就會減緩與停止了。右圖為台北101大樓中所吊掛的大型阻尼器，當地震與颱風對大樓將產生外力傷害時，阻尼器的反向運動即可降低其搖擺造成的傷害。

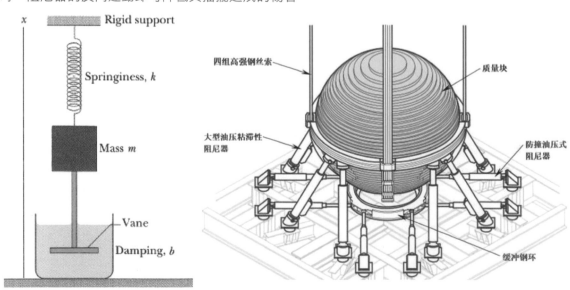

再以台北的101大樓為例說明阻尼的重要性。當發生颱風或地震時，則超高大樓的搖晃必然非常驚人。為了防止危險的發生，於是101大樓在87-92樓層的中空部份，用四條粗鋼纜懸掛了一個直徑5.5公尺重660噸由41片圓形厚鋼板所組成的金色大鋼球（見下左及下右兩個實物畫面），底部更斜向加裝了8支斜向及8支液壓阻尼棒，做為防風防震的大型阻尼器（Damper）以保護大樓。一旦發生颱風或地震時，則金色大鋼球會產生與大樓擺動相反的共振擺動，此種反向的能量可以減弱大樓的擺動，而不致發生過大的搖晃危及結構安全。

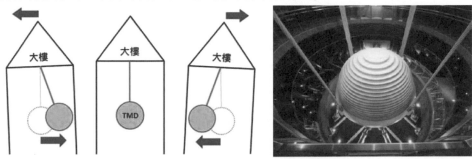

Diaphragms 半透性隔膜、陽極區半透性隔膜 NEW

當水平自走鍍銅或垂直自走鍍銅（VCP；Vertical Conveyor Plating）採用〝尺寸安定式〞（DSA；Dimensional Stable Anode）非溶解陽極時（亦即鈦網陽極），工作中陽極區（或陽極盒）中必定產生頗多的氧氣O_2。這是因為DSA陽極無銅可供溶解，致使其電流能量轉而去電解水，於是在陽極端就不斷的產生O_2了。

此種非溶解陽極所產生的O_2一旦進入槽液或移動到待鍍陰極附近的槽液時，將會對昂貴的〝添加劑〞（含光澤劑，載運劑與整平劑）造成氧化性裂解，進而對所鍍出的銅層帶來極多的負面影響。因而必須把陽極區或陽極盒用半透性隔膜（可往來透過各種離子，但不能通過氣體）加以包覆，以減少O_2對槽液添加劑的傷害。

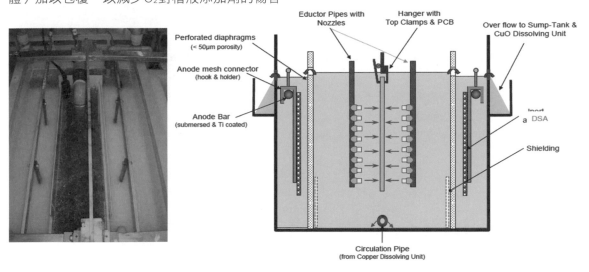

Diazonium Salt 偶氮塩 NEW

這是指影像轉移所用偶氮棕片Diazo Phototool，在其PET透明片基上（厚度有4mil及7mil之分）所塗佈一種化學品薄膜，此膜能透過可見光但UV紫外光卻不能透過的棕色化學品。此種棕色底片在黃光室中能夠讓作業員透視見底，幫助得底片與鑽孔板面兩者的對準作業，比起不能透視的黑白底片要方便很多很多。

從下左圖可見到偶氮棕片的結構，是在透明PET載體的正面乳膠膜內，含有偶氮塩及另一種顏料偶合劑Dye Coupler，下右圖即為可感光分解的偶氮塩的分子式，由於在苯環上接有兩個氮 N_2 原子故稱之為偶氮塩。

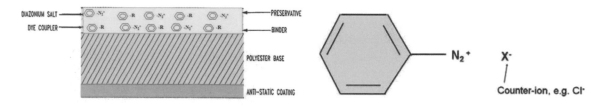

此種偶氮塩屬感光分解式的正型工作Positive Working化學品，當與紫外光遭遇時即發生分解反應，進而生成為透明的酚與氮氣及少許塩酸。感光後的棕片又刻意使其接觸氨氣進行特殊的顯像反應，過程中此種偶氮塩及與顏料耦合劑，卻又另外反應成為不透UV光卻能透過可見光的棕色區域。於是即成為部分全透明而部分棕色半透明的Phototool了。其反應式如下：

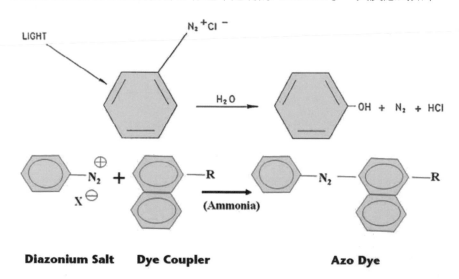

下列是完成氨氣顯像後的完工棕片示意圖，亦即部份透明區可透過有功能的UV光，使其達到板面上的乾膜而使其發生感光固化的反應。另外棕色皮膜半透明區（即圖中的Diazonium Salt區）則可阻擋UV的通過而完成選擇性曝光製程。

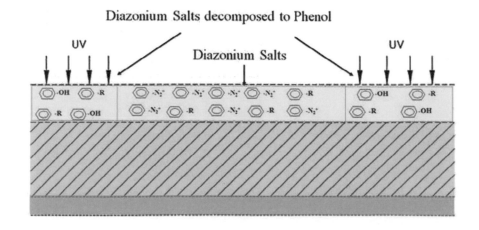

Differential Signal 差動訊號、差分信號 NEW

　　某些超級電腦或大型資料中心(Data Center)眾多機櫃中許多20層以上厚大板(High Layer Count)類，其等內外層會存在著極多數碼式(Digital)的長途傳輸線，為了減少外來雜訊的影響與加速回歸訊號電流起見，其發訊端往收訊端發送的方波訊號，刻意將原本的單股訊號線改成雙股訊號線，其中一股發送(紅色)的正方波另一股發送(藍色)的反方波，組成所謂的LVDS(Low Voltage Differential signal)的差動訊。此種雙股式差動訊號線(大陸稱差分線)兩者長度必須相等且其間距(Spacing)必須等於或小於線寬(W)才行，否則就不會出現正線不斷向前傳送，與反線立即回歸的高速傳輸效果。此種兩股線的"一去"與立即的"一回"，使得多層板中原本大銅面的Gnd or Vcc會變成了虛接地。對於厚大板長途高速傳輸而言，這種雙股式差動線的訊號完整性，當然要比單股訊號線要好得很多，但實體板的成本卻較貴且品質也不容易做好。一旦其雙股線出現多次轉彎時，則因內緣與外緣在長度上的差異，將會造成正時性(Timing Integrity)的不良，無法達到原本設計的效果。通常個人電腦主機板上用於USB3.0以上的傳輸線即為雙股式的差動線。

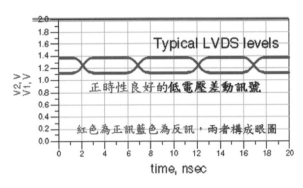
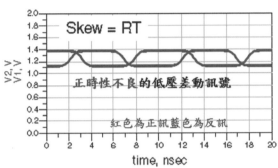

　　左下兩示意圖即可見到pair1與pair2兩組線對正是差動線或差分線，而右圖即為實體板中央區所見到的四組差動線。

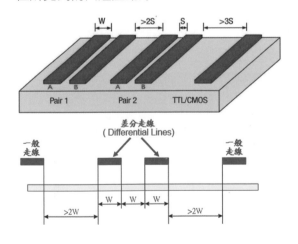

Direct Plating / Direct Metallization 直接電鍍 / 直接金屬化 NEW

　　這是指通孔或盲孔的絕緣孔壁，不必經過傳統化鈀與化銅的金屬化濕流程的工作法，而改用其他如懸浮碳粉液、石墨膠體槽液、或導電高分子槽液等非化學銅方法，同樣可達到後續電鍍銅蓋滿孔壁完成PTH的任務。總體而言，各種直接電鍍後當其進入後續電鍍銅的起步瞬間，不可諱言者化學銅的確能快速接受電鍍銅的附著，也就是後續上銅速率幾乎比各種DP都要快，良率也比各種DP都要好，這就是為什麼十幾年來各種DP並未大起的原因。

然而一旦板材從簡單的FR-4環氧樹脂變成軟板的PI，LCP或硬板高Tg的其他特殊硬質板材，或10:1以上的厚板深通孔，或2:1以上的深盲孔時，化學銅天生伴隨所產生的H_2附著就會成為孔破的無形殺手，偶而會造成局部點狀孔破或附著力不足的缺失。此時，選對了DP就會使得特殊板材的良率更好。而且對汽車板而言各種DP或黑孔/黑影等製程的CAF風險都會比化學銅更低。

DP可分為：碳膜與導電高分子等兩大類，現說明如下：

(1) 碳粉懸浮液之Black Hole黑孔製程，最早商業化是Hunt公司，後轉手到MacDermid改稱為第二代黑孔Black Hole II 或 Eclipse。

(2) 石墨膠體槽液之Shadow黑影製程，最早是由Electrochemicals公司商業化，後來轉手到OMGroup公司，目前仍在許多軟板廠使用。

(3) 導電高分子的DMS-E最早由德商Blasberg公司所發明而由美商Enthone接手，台灣目前少許業者仍在高A/R比(31:1)的深通孔中使用，見下二圖。

(4) 導電高分子的Compact CP最早是由德商先靈公司開發後由Atotech公司接手，原理類似DMS-2係利用MnO_2將Pyrrole吡咯的單體分子，經過氧化與轉化反應成聚吡咯Polypyrrole而得以在導電性方面的加強，進而可緩慢的附著上電鍍銅。所列兩盲孔填銅圖即為黑影所做的盲孔填銅放大圖。最下兩厚大板極深之通孔圖(孔徑10mil，A/R 31:1)亦出自DMS-E之金屬化處理。

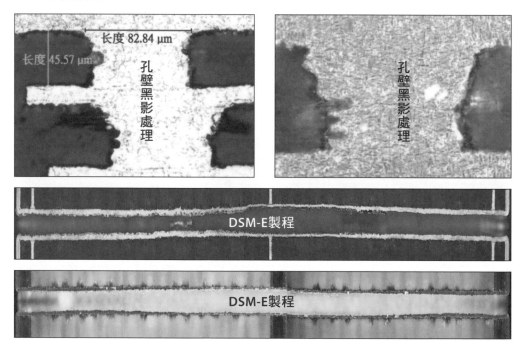

Dislocation Motion 差排移動 NEW

各種金屬材料由於少許雜質的混入造成結晶的差排，在強熱中各晶粒之活動度增大後將產生〝差排移動〞的效果。此效果一則可使晶粒（Grain）變大而晶界（Grain Boundary；GB）減少，再則會將差排的雜質擠出晶粒以外而進入晶界之內並使晶界變寬，此種降低位能趨向安定的行為即所謂的再結晶。而金屬材料在強熱中結晶出現多樣變化之一者稱為〝Dislocation Motion差排移動〞。此現象可用毛毛蟲的蠕動做為類比說明。

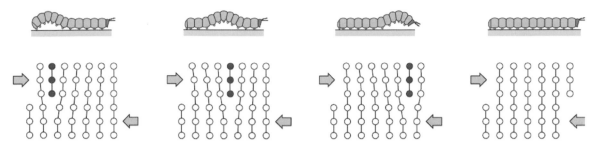

Representation of the analogy between caterpillar and dislocation motion

Dog Bone Interconnect 狗骨形互連 NEW

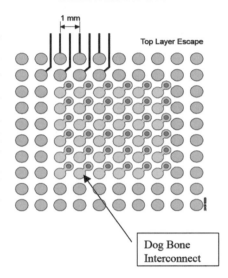

1mm Pitch BGA

Top Layer Escape

Dog Bone Interconnect

這是指早期通孔時代PCB板面某些BGA球墊,與PCB各內層互連的方式。從附圖可知是中央綠色球墊與通孔對各內層的互連佈局。這種經由通孔與狗骨(或啞鈴式)往各內層傳輸的做法,在今日的高速傳輸時已不再適用了。原因是進入板內的通孔會帶來很多雜訊,而且訊號線路徑太長也會造成不該有的寄生效應與天線效應。現行高速傳輸的做法是直接在球墊區採盲孔填銅方式往內層去互連,不但不會拖累速度而且各種寄生雜訊也大幅減少了。從附圖中還可見到當年球墊的跨距(Ditch)是1mm,如今高腳數(High Pin Count)BGA的球墊跨距已降低到0.35mm了。

Dome Snap Contact 球面彈開式互連 NEW

利用一種如左圖具彈性的金屬球面摁鍵,摁下時可對PCB電路暫時性完成原本斷路的連通導電,鬆開時又立即形成原來斷路的簡便裝置。有別於右圖直接壓下短路或彈回斷路的開關,卻可省掉彈簧的成本。

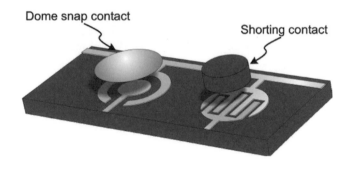

Dome snap contact

Shorting contact

E-Beam（Electron Beam）電子束

　　E-Beam（簡稱EB）是一種細小的能源，可用做無需底片直接局部感光的光源。操作中利用靜電板（Electrostatic Plates）對電子束加以彎折與精確的定位，可產生次微米級（Submicron-size）的成像。組裝方面也可利用電子束之熱能，在真空中進行小面積的精準熔接。

E-glass　電子級玻璃

　　E-glass原為美商Owens-Corning Fiberglass Co.的商標，由於在電路板工業中使用已久，故已成為學術上的名詞。其組成中除了基本矽與鈣的氧化物之外，含鹼金屬鉀鈉氧化物之含量極低，但卻含有較多的硼及鋁的氧化物。其抗電壓之絕緣性及切削加工性都不錯，已大量使用於電路板的基材補強玻纖布用途。其常見組成如下。一般常規玻纖布之經紗（機械受力方向）較緯紗更密，下圖即為1080之放大畫面。

氧化硼	B_2O_3	5~10%	氧化鈉/鉀	Na_2O / K_2O	0~2%
氧化鈣	CaO	16~25%	氧化鈦	TiO_2	0~0.8%
氧化鋁	Al_2O_3	12~16%	氧化鐵	Fe_2O_3	0.05~0.4%
二氧化矽	SiO_2	52~56%	氟素	F_2	0~0.1%

Eddy Current　渦電流

　　在PCB業中，是一種測量各種皮膜厚度的工作原理及方法，可用以測定非磁性金屬底材之非導體皮膜厚度（如銅面的樹脂層或綠漆厚度）。當在一鐵心的測頭（Probe）上繞以線圈，施加高頻率振盪的交流電流（100 KHz～6 MHz），而令其產生磁場。當此測頭接觸到待測厚的物體表面時，其底金屬體中（如銅）會被高頻交流電感應而產生"渦電流"，而此渦電流的訊號又會被測頭所偵測到。凡金屬表面非導體皮膜愈厚者，其阻絕渦電流的效果愈大，使得測頭能接受到的訊號也愈弱。反之皮膜愈薄者，則測頭能接受到的訊號將愈強。因而可利用此種原理對非導體皮膜進行測厚。一般可測鋁材表面的陽極處理皮膜之厚度，銅箔基板上的基材厚度或基材上的銅箔厚，以及任何類似的組合。一般電路系統中也會產生某些渦電流，但卻成為只能發熱而浪費掉的無效電流而已。

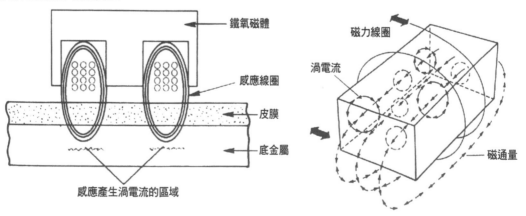

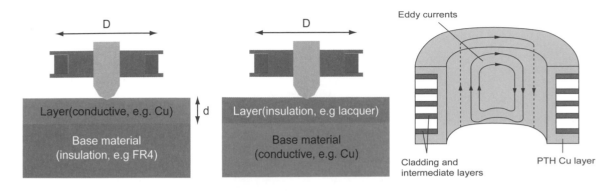

Eddy currents

Layer(conductive, e.g. Cu)

Layer(insulation, e.g lacquer)

d

Base material
(insulation, e.g FR4)

Base material
(conductive, e.g. Cu)

Cladding and
intermediate layers

PTH Cu layer

Edge-Board Connector 板邊（金手指）連接器

　　是一種陰陽合一長條狀與塑料組合多接點卡緊式的電性連接器（Connector）。其陰式部份可做為電路板（子板）邊金手指的緊迫接觸，背後金針的陽式部份，則可插焊在另一片母板的通孔中，是一種可讓子板抽換容易的連接方式。此等金針與金卡面均露在原金屬材料上進行電鍍鎳與電鍍金以降低接觸電阻。

Edge-Board contact 板邊金手指

　　是整片板子電性對外聯絡的進出口，通常多設在板邊且兩面手指成正反對稱，以方便與陰性連接器密接，可插接於所匹配的上述板邊連接器中。另BGA或CSP載板頂面安晶區之外圍有一圈打線用的鍍金承墊環，也稱為金手指。下左圖即為著名Pentium II之SECC卡板的金手指，曾盛行於1998年代之個人電腦中。

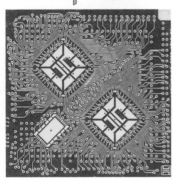

Edge Clip 板邊插針

　　早期某些簡單的小卡板，為了方便與主板插接起見，特加裝先插後焊之突出連續板邊插腳，使能插入主板承接腳孔的零件，謂Edge Clip。

Edge Coverage 線邊覆蓋厚度

　　常指外層板線路肩部的綠漆厚度，綠漆塗的施工方法很多，以簡單的刮印法其肩部的厚度較薄。很多客戶對此厚度非常講究，只要見到銅面綠漆呈黃綠色者即稱之為假性露銅，也經常要求量測肩部的綠漆厚度。一般PCB線路上的綠漆厚度只要0.4 mil即可，封裝載板要求厚一些。

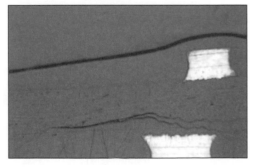

Edge-Dip Solderability Test 板面焊錫性測試

是一種對電路板（或其他零件腳）焊錫性的簡易測試法，可將特定線路的樣板，在沾過助焊劑後，以測試機的夾具或手操作方式將之夾定，然後垂直定速壓入熔融的錫池內，停留1～2秒後再慢慢取出。待其冷卻洗淨後可觀察板面導體或通孔的沾錫性情形。不過一般現場實做者，都只利用金屬鑷子夾住試樣直接進出錫池的手動法去執行此項原本專用設施之試驗。

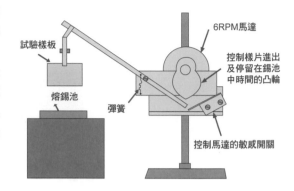

Edge Fusion（乾膜）捲軸側溶

是指乾膜不同寬度的各種捲軸，長期儲存中其夾層中的阻劑膜體在擠壓中會向兩側溢出而謂之。

Edge Spacing 板邊空地、邊寬

指由板邊向板內距其"最近導體線路"之間的空地，此段空地的目的是在避免因導體太靠近板邊，進而可能與機器的其他部份發生短路的問題。美國UL之安全認證，對此項邊寬特別講究。一般不良加工造成的白邊（Halo）、起泡與分層等基板缺點，不可滲入此"邊寬"的一半（見IPC-6012B之3.3.1節）。如同高速公路兩側的路肩一樣，是一種必備的安全條件。

EDTA 乙二胺四醋酸

是Ethylene-Diamine-Tetra-Acetic Acid的縮寫，為一種重要的有機螯合劑，無色結晶稍溶於水。其分子式中的四個能解離的氫原子，可被鈉原子取代而成二鈉、三鈉或四鈉鹽，使其水中溶解度大為提高。其水解後空出兩個負端，可捕捉水中的二價金屬離子，而形成可沈澱的有機化合物，有如螃蟹的兩把螯夾一般，故稱為"螯合"（Chelating）。EDTA用途極廣，如各種清潔劑、洗髮精、化學銅及電鍍、抗氧化劑、重金屬解毒劑，及其他藥品類，是一種極重要的添加助劑。

Eductor（槽液中）強流器、噴流器

最早是由美商Serfilco推出的水中強力沖水的小配件，如圖中所示。當幫浦壓力與配管帶來的水柱衝入此種強流器時，其空架中心的噴嘴處水柱壓力極強，形成所謂"流速大處壓力反

Eductor Designs

Serfilco　　Ludy / ATOTCH　　PAL (2001)

小"的柏努力原理（Bernuli's Principle），進而誘引附近流速慢而壓力大的水體向低壓處匯集，並從喇叭口處噴出形成Venturi Tube Effect，也就是牽動了空架周圍的水體一同向前方向擴大管口衝出，如此將造成原來每分鐘只有1加侖的流量，卻增強為每分鐘4～5加侖的大流量，於是可達到液中噴流的強力攪拌效果。此種感應引發式的強力水流，要比吹氣助噴的效果還要好。且由於並無氧氣的介入，故不致造成槽液添加劑成份的不良氧化反應，也不會造成細碎氣泡的附著，更不致使周圍環境中出現酸氣的迷漫。本強流器對濕流程的各種連線，所需槽液的加速流動助力極大。

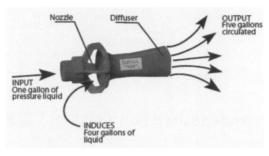

Effluent 排放物

通常指工廠的廢水，經處理合格後之"放流水"而言。但廣義上亦指工廠所排放各種氣體或液體之總稱。

Elastomer 彈性體

指在室溫中以較低的拉力即可使某物體拉長兩倍以上，而且只要拉力一鬆掉，該物體又可恢復原狀，此等物體謂之Elastomer。

Electric Strength （耐）電性強度

指絕緣材料（亦簡稱為介質）在出現崩潰或漏電以前，所能忍受的最高電位梯度（Potential Gradient，即電壓、電位差），其數值與材料的厚度及試驗方法都有關。此詞另有同義字為①Dielectric Strength介質強度；②Dielectric Break Down介質崩潰；③Dielectric Withstand Voltage介質耐電壓等，一般規範中的正式用語則以第三者為多。

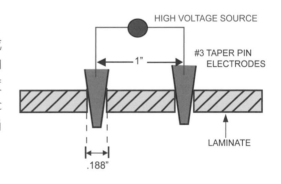

Electrical Optical Circuit Board （EOCB）光電線路板

是將光學元件（例如Photo-Diode，或光發射器Optical Transmitter）利用三稜鏡可將光線轉直角的原理，而得讓各種光學傳輸的元件組裝在PCB上，此種下世代的光電PCB可取得更快的傳

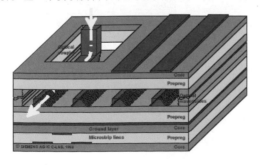
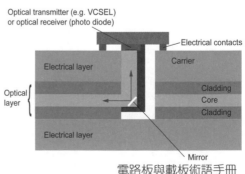

輸與更少雜訊的好處。目前此種光電板尚在研發階段，只有德國西門子與日本某些大公司有少數的試產板在進行中（取材自2002年IPC Expo.之論文集）。

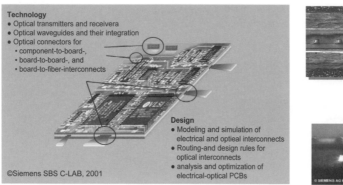

Electrodeposited Foil（ED Foil）電鍍銅箔

是使用特殊的生箔鍍銅機於極高電流密度（1000-1500ASF）中，在大型不繡鋼空心陰極胴體（Drum）外包鈦皮的表面，從硫酸銅槽液中鍍出銅箔的方式，快速生產CCL所需各種厚度的銅箔。該生箔鍍銅機的陰極轉動式巨大不銹鋼桶狀胴體之直徑達2-3m，長度也在2-3m左右，但與外型匹配的鉛銻合金陽極的間距卻只有2-3 cm而已，此狹窄間距中卻不斷穿流著高濃度的硫酸銅溶液。當轉胴表面慢慢旋轉中所鍍得的銅箔離開液面時，即可撕下而取得生箔。之後還要再做三道連續式後處理才能得到商品級的熟銅箔。（右列流程圖示係取材自三井銅箔之資料）

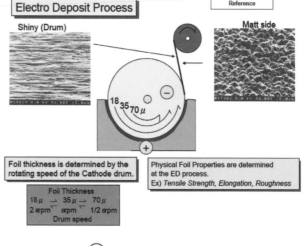

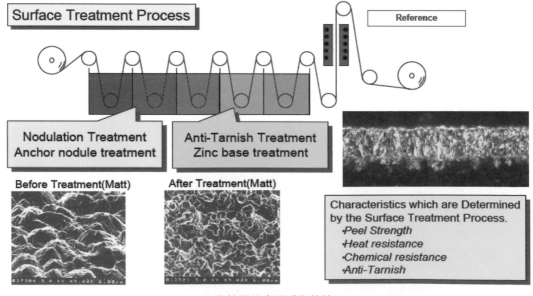

▲ 生箔經後處理成為熟箔

Electro-deposited Photoresist 電著光阻、電泳光阻

是一種在製程板面上（Panel，例如18x24"，20x24"，21x24"等）所進行的新式 "感光阻劑" 塗佈施工法，原本用於外形複雜金屬物品的 "電著漆" 工程方面，1995年左右才引進到PCB "光阻" 的應用上。係採電鍍方式將感光性樹脂帶電之膠體粒子，在電力驅動下均勻的鍍著在電路板銅面上，可當成抗蝕刻的阻劑。90年代曾在內層板直接蝕銅製程中開始量產使用。不過由於成本考量與不易著色不易達到分辨的品檢需求而逐漸式微。

此種ED光阻按操作方法不同，可將工件分別放置在陽極或陰極上，稱為 "陽極式電著光阻" 及 "陰極式電著光阻"。又可按其感光原理不同而有 "感光聚合"（負性工作Negative Working）及 "感光分解"（正性工作Positive Working）等兩型。目前負性（負型）工作的ED光阻已經商業化，但只能當做平面性無孔的內層板面阻劑。至於通孔孔壁因其感光困難，故尚無法用於外層板的影像轉移。陽極性ED將板子掛在陽極。陰極則為不銹鋼模且被交換樹脂膜所包圍，陽極性ED中碳酸樹脂被有機胺所中和及微胞（Micelles）帶電的情形。至於能夠用做外層板光阻劑的 "正型ED"（因屬感光分解之皮膜，故孔壁上雖感光不足，但並無影響），先前日本業者仍正在加緊努力，希望能夠展開商業化量產用途，使細線路的製作比較容易達成。

此詞亦稱為 "電泳光阻"（Electrophoretic Photoresist）。

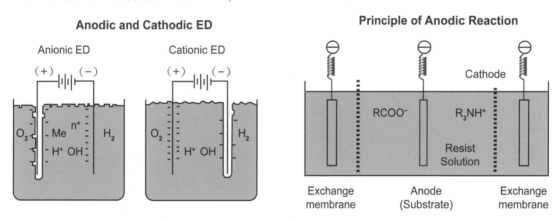

Electrodeposition 電鍍

在含金屬離子的電鍍液中，於其陰陽兩極板間施加直流電，使在陰極上可鍍出金屬的做法稱之電鍍。此詞另有同義字Electroplating，或簡稱為Plating。更正式的說法則是Electrolytic Plating。是一種經驗多於學理的電解加工技術。各種各樣單金屬或合金之電鍍中，近年來以PCB酸性鍍銅進步最快，目前(2009.6)大排板雙面近百萬盲孔之滿填，已在量產線上駕輕就熟順利交出良好的成績單了。

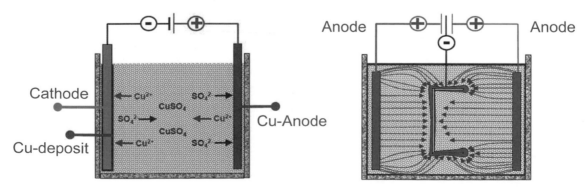

Electroforming 電鑄

　　使用低電流密度與長時間操作（100小時），進行極厚鍍層的特殊電鍍技術，謂之電鑄。以"鎳電鑄"最常見，可用以製作唱片或鈔票郵票的複製壓模，或立體成形的3D電鬍刀網，以及其他各種外形複雜的"反形"模具等。PCBA組裝工程中錫膏印刷用的鋼版，原本採不銹鋼薄板（5-6 mil厚）而經由雙面蝕刻或雷射鏤孔法去製作，但高成本更精密且呈梯形開口者（可降低鋼板開口死角處的累積錫膏與印後升起鋼版時減少拉動精密的印膏），則需利用電鑄法小心製備。

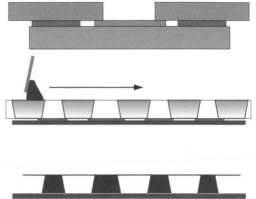

Electroless Deposition 無電鍍、化學鍍

　　在能夠進行自我催化（Autocatalytic）而還原的金屬離子（如銅或鎳）糟液中，其中所放置負電性較強的金屬或非金屬表面上，在刻意添加強力還原劑以提供電子，而無需外加電流下即可於被鍍件表面上連續沉積出金屬的製程，稱為"無電鍍"（或稱化學鍍），電路板工業中係以"無電銅"為主要之金屬。此詞另有同義字"化學銅"，大陸業界則稱為"沉銅"。右側所列兩個3000倍的切片偏光畫面，可清楚見到電鍍銅底部的化學銅層。

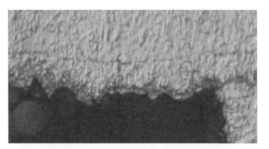
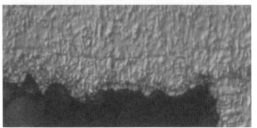

$$Cu^{2+} + 2H^- \longrightarrow Cu^0 \downarrow + H_2 \uparrow$$

Electroless Nickel / Immersion Gold（ENIG）化鎳浸金

　　許多面積較小或不適於噴錫的板類，經常在裸銅焊墊或焊環與孔壁上，加做化學鎳與浸鍍金的皮膜，可達到防銹與焊接零件的目的外，尚可執行"接觸"導通(Contact)，散熱、接地與打線等其他功能，是近年來筆記型電腦板類與手機板類的主要表面處理皮膜。不過因其焊點強度與可靠度時常出問題，例如黑墊(Black Pad)與金脆等。因前手機板許多焊點已改成了OSP有機保焊劑處理，而只在按鍵或組裝接地隔絕所用的圍牆者，仍可選擇EN/IG做為防氧化的皮膜。此種EN/IG之製程的確很麻煩不易管理，經常造成化學鎳鍍層的缺點。如下三圖即為線路側緣的鎳層反應過度活潑，甚至蔓延成為短路的場面（每日加溫至85℃生產前須假鍍數片以避免之）。

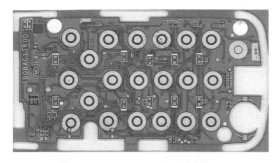
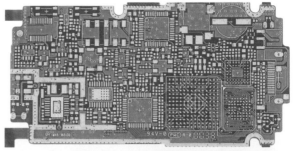

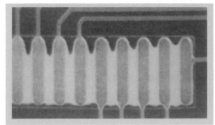
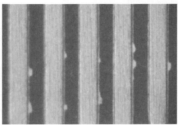
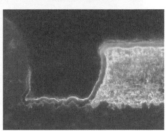

Electrolytic Cleaning 電解清洗

　　將待清洗的金屬物件，掛在清洗槽液中（含清潔劑及表面濕潤劑）的陰極或陽極上，在施加DC外電流中，可在陽極上產生氧氣，或在陰極上產生氫氣。在利用槽液偶極分子的清潔本性、氣泡的磨擦鼓動，及由內向外發氣的掀起拉扯作用下，可使物件表面達到除污清洗的目的，稱為電解清洗。在一般金屬電鍍中用途極廣，甚至還可對工件採用交替陰陽極之正反電流方式（Polarity Reverse；P.R.）進行處理，非常方便及有效。

Electrolytic Tough Pitch（ETP）電解銅

　　為銅材的一種品級，是將"轉爐"中所冶煉得的粗銅（即泡銅），另掛在硫酸銅槽液中當成陽極，再以電解方式進一步從陰極上得較純的銅，即成為這種ETP電解銅（含氧0.025～0.05％）。若將這種ETP銅另放在還原性環境中再行高溫冶煉，即可成為品級更好的"無氧銅"，或另加磷份的"磷銅"，均可做為電鍍銅糟液中的陽極使用。

Electrochemical Migration / Electromigration 電化遷移 / 電遷移

　　是指PCB板面或板內兩銅導體之間，由於存在著①偏壓（Bias指兩導體之電位不等而言，高電位者視為陽極，低電位者視為陰極），②露銅③有水氣④有電解質⑤有通道（Channel）等破壞絕緣因素者；則可能順著兩導體間之板材表面產生離子性緩慢遷移稱為Dendrite，若沿著兩導體間之玻纖束遷移者稱為CAF，兩者都均屬"電化遷移"（ECM）與半導體覆晶封裝高鉛凸塊（Bump）工作高溫中所發生的"電遷移"完全不同，不應彼此混淆。

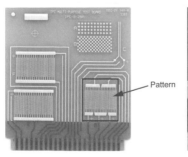

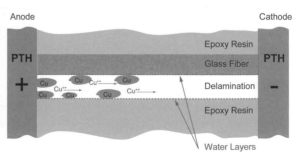

後詞EM是指覆晶（Flip Chip）式IC封裝產品中某些凸塊（Bump）當所通過的電流太大時，則凸塊頂部與晶片焊點之電流進入區（陰極），其附近銲料（鉛）會逐漸被電流所沖刷而移往陽極區（載板承接處之電流離開區），長時間工作中陰極附近將慢慢形成空洞，此種特殊現象稱為電遷移（EM），已成為Flip chip產品可靠度的隱憂。（電路板會刊84期有12頁之專文）

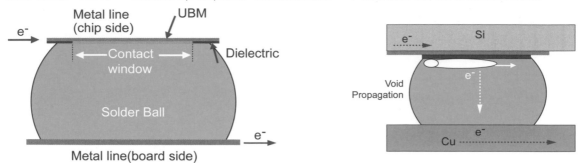

Electronic Package Hierarchy 電子構裝層級

電子機器的完成，最先是由晶圓製造（Wafer Fabrication）開始，其次到達晶片封裝（Package）之第一構裝層級，然後再到電路板上組裝（PCBA；Assembly）的第二層級，最後到達多片PCBA配合整機外殼等第三層級架構而成為完整機器或大型機組。小型電子品也是在完成PCBA與其它週邊搭配組件後才成為完整全機。下圖即為電子整體機器中之部份構裝的整體層級，電路板的製造與組裝是歸屬在第二層級中。

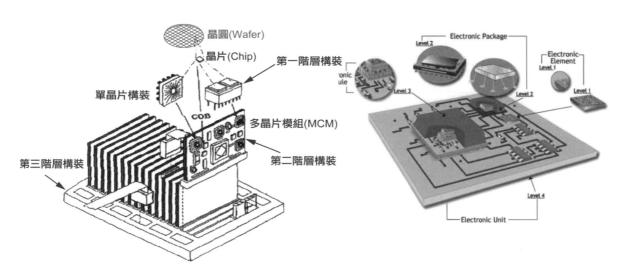

Electro-phoresis 電泳動、電滲

原始定義是指在溶液中兩電極之間施加某種電場後，會令帶電的有機膠體粒子或離子團產生游動現象。電路板業十餘年前所曾開發的"電著光阻"，即屬於"電泳動"方式的一種塗佈工程。

Electro-polishing 電解拋光

是利用某種電解液做為導電槽液，而將待加工的物件放在陽極，陰極可利用不銹鋼板充任，讓電流對陽極均勻微蝕的原理而達到拋光的目的，稱之為電解拋光。

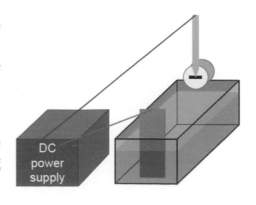

Electro-static Damage 靜電傷害

任何兩種具電中性的非導體，在乾燥環境中相互"摩擦"之下，都會引發彼此極性相反之靜電性電荷的聚集，因而出現不小的電動勢。當周圍環境含水量較多濕度較大時，則該等靜電荷會被水氣傳導分散而消失。然而當濕度很低時（如冬天或在飛行之客艙中或室內地毯上），則經常會出現靜電"釋放能量"的效應，會產生小小火花及聲音（耳機中則更為明顯）以及觸電的麻麻感覺。此種放電效應對電子產品，尤其是IC，若不加防範時就會被打壞。電路板乾製程之連線，也須加裝"離子風"式消除靜電之設備，以減少灰塵附著等不良靜電效果。

Electro-Static Spray 靜電噴漆

係將欲待塗佈的液態漆料(例如綠漆)，送入特殊噴頭並在壓縮空氣的協力推擠，將已呈現霧化並帶負電性的漆點，伴隨已電離的空氣分子，一同射向帶正電性的工件上，並中和掉所謂的放電作用。由於工件已塗佈區呈現絕緣且放電後的區域吸著力變弱，使得後來的綠漆粒子只好去找尚無塗漆的所在著落，故總體塗佈的皮膜較均勻。此施工法原用在金屬表面加工，現已用在PCB的綠漆塗佈工程了。現場使用的經驗是皮膜厚度很均勻對於厚銅板很有利，但卻很浪費物料至少會流落下20%以上的漆料而且還不能重用，故其成本要比印刷者貴很多。

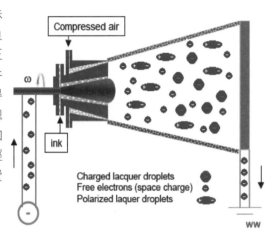

Electro-tinning 鍍錫

是Tin Plating鍍錫的老式說法。

Electro-winning 電解精煉、電解回收

也是一種電鍍方式，但目的卻不在乎鍍層的完美與否，而僅採低電流及非溶解性陽極方式，欲將溶液中的金屬離子鍍著在廣大面積的多片陰極板上（或不鏽圓桶之內壁上），以達到回收金屬及減輕排放水中金屬污染的目的。電路板業界目前常在蝕銅液或廢棄鍍銅槽液的循環系統中，或高濃度的水洗中，加裝另類多支塑料圓柱粗管形電解回收裝置，以達最佳之環保與降低成本與操作電費目的，可惜安裝與操作成本卻不便宜。

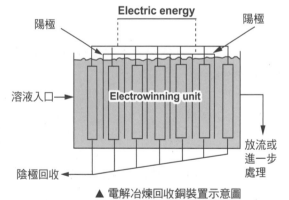

▲ 電解冶煉回收銅裝置示意圖

▲ 從每片陰極板上撕下來的銅皮，右為所鍍出圓管形的回收銅

Elongation 延伸率、延伸性

常指金屬被外加拉伸力（Tension）作用下會隨之變長，直到斷裂發生前其所伸長部份占原始長度之百分比稱為延伸率。一般業者常將此詞說成延展性，是一種不明就裡的馬虎語言，為智者所不取。因展性（Ductility）通常是指面積性的變薄與擴張而言。

下左圖橫標之④處應變之長度即為延伸率的數值，之所以從拉斷點垂直向下再往左退回少許的原因，是拉斷的兩截再各自收縮一點才是真值。

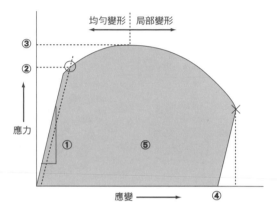

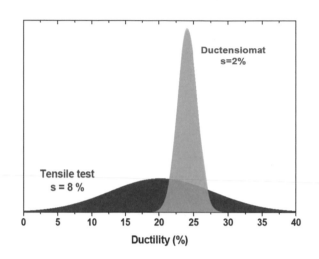

由拉伸試驗可以得到的重要數據：①彈性模數，②降伏強度(YS)，③拉伸強度(UTS或TS)，④延性＝100εf，⑤韌性＝σdε。圖中也可以看到材料斷裂時，會有彈性回復產生。

Embedded IC Chip 埋入式集體電路

自從20年業界逐漸開發埋入式被動元件以來，埋阻與埋容甚至埋感也都在某些產品上應用。近幾年來又開始想把主動元件如電晶體或積體電路器（大型ic封裝件，大陸稱積成塊），也想埋入到多層板的內層去，以節省板面的空間。不過目前各大公司與研究機構都還在實驗階段，附圖係取材自南韓三星電機公司的報告文件。

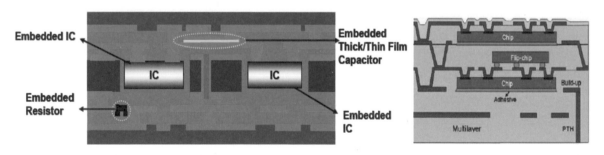

Embedded Passives 埋入式被動元件、內建式被動元件

是利用蝕刻成線與印刷電阻膏或電容膏搭配HDI 技術，將被動元件製作在多層板的內層中，以減少外板面所佔的空間與節省掉組裝焊接的麻煩，在過去20年中一直是業界追求的目標。截至目前電容器的公容與單容方面已漸有成績，但電阻器則由於壓合後電阻值的漂移不穩尚不能普及，至於電感器則更少了。此詞EP或EC或ER等均為最正式的說法。同義字尚有埋容埋阻（Burried）等BC、BR的說法。

目前最熱門的嘗試是連主動元件（IC）也正計畫要埋入事先挖空的HDI多層板內，以降低整體組裝的厚度，未來如何發展尚待分曉。

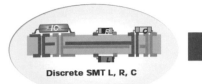

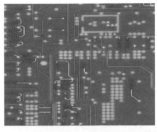

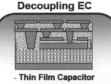
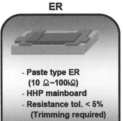
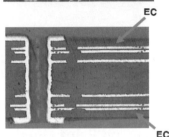

8 layer PCB with embedded capacitors

Embossing 凸起性壓花

在塑膠或金屬表面，於加熱環境及模具衝壓之下，可得到部分凸出隆起的陽文圖案，稱為 Embossing。常見硬幣之陽文花樣即是。

EMF 電動勢

為Electromotive Force的縮寫，是使電子在導體中產生快速流動的原動力，其近似的術語有 "電位差" 或 "電壓" 等。

EMI 電磁干擾

是Electromagnetic Interference的縮寫，原指無線電接受機所受到的電磁干擾而言。現已泛指PCB板面上相鄰線路間，在高頻訊號傳遞時相互之間的干擾，或受到空中外來電磁波的干擾，均謂之。其近似字尚有Noise雜訊，RFI射頻干擾等，但各詞使用場合並不相同。

Emulsion 乳化

指液中有許多懸浮的細小固體粒子或球形物，或另一種不相溶但分散很均勻細碎的液體，皆稱為乳化。如牛奶、泥水，或汽油等強迫搖混在水中，皆屬永久性或暫時性的乳化 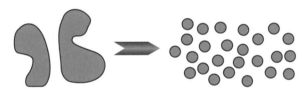 液。為了清除物品表面的油性污垢，清洗液中通常可加入 "乳化劑" （Emulsifying Agent），而降低油污的附著力使得以容易分離而達清洗的目的。

Emulsion Side 藥膜面

黑白底片或Diazo棕色底片，在Mylar透明片基（常用者厚度有4 mil與7 mil兩種）的一個表面上，塗有極薄的感光性乳膠（Emulsion）層，做為影像轉移的媒介工具。當從已有圖案的母片要翻照出 "光極性" 相反的子片時，必須謹遵 "藥面緊貼藥面" （Emulsion to Emulsion）的基本原則，以消除因片基厚度而出現的折光，減少新生畫面的變形走樣。可利用刀尖在底片的兩面刮試，能刮出透明者即為藥面。

Encapsulating 囊封、膠囊

為了防水或防止空氣影響，對某些物品加以封包而與外界隔絕之謂。

Encapsulation 封膠、封包

當半導體元件完成電性互連後，需加以整體封膠保護，使具有又好又方便的實用性及更耐久的可靠度。此種封膠製程目前均已採用自動化作業，所附6圖即為其作業之說明。

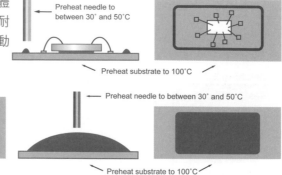

Enclosed Print Head 封閉式印刷頭

需雙面焊接的PCB，在第一面錫膏回焊完工後，第二面將另有SMT貼焊甚至PTH的插焊。為節省工序降低成本起見，可在小型SMT元件腹底中心處印上高溫仍具黏著力的紅膠，然後再安放元件，待烘烤固化定位牢靠後再另行安裝插孔元件，之後經過一次波焊即可將兩類元件一併焊牢。美商DEK公司所開發的封閉式精密定量印刷頭，即可執行此一特殊行動。由所列多圖中可比較出與傳統刮刀的推料法不同。

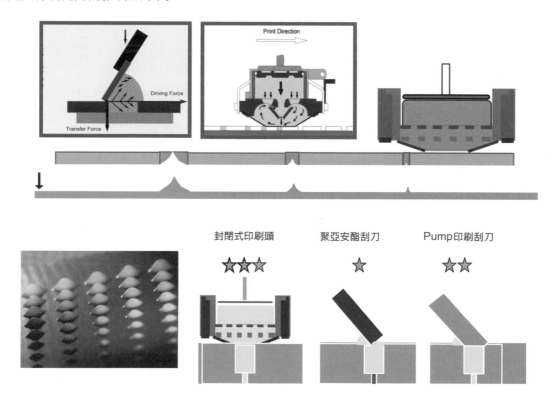

Encroachment 沾污、侵犯

在PCB業是專指板面進行綠漆加工時，在不該沾漆的焊墊表面（指插孔的孔環孔壁或SMT的板面各式焊墊等），意外出現些許綠漆不良痕跡時，將嚴重影響下游零件組裝的焊錫性，特以負面說法稱之為Encroachment。

End Cap 封頭、端頭

指表面貼裝器件SMD(Device)一些小型片狀（Chip）電阻器或片狀電容器，其兩端可做為導電及焊接基地而滾鍍上的金屬封包皮膜，稱為End Cap。

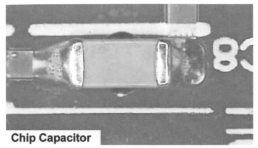

Chip Capacitor

Endoscope 內視顯微鏡、測視顯微鏡

是利用三稜鏡(Prisma)折射的原理，再加上光纖管加強打光之強烈照明下，可對焊妥之BGA從外圍對腹底進行移動式的觀察檢驗，或利用極細的光纖管(6mil)伸入到BGA的腹底內部去做內視鏡檢查。不過只能看到某些外觀，欲知詳情還需微切片進一步判斷。

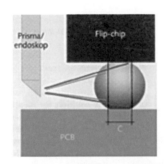

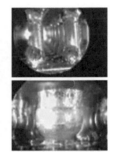

Energy Dispersive X-Ray Analysis（EDX or EDS）能譜儀分析

是掃描式電子顯微鏡（SEM）附加的重要配件，稱為"能量分散式X光分析儀"或簡稱為能譜儀，可針對所見到影像畫面中的某一點進行元素之定性與定量分析，並可列印出能量曲線之原素分佈圖。是利用Si（Li）偵測器在液態氮冷凍下進行樣品能量的分析，並配合Oxford Inca的軟體進行元素分析與元素分佈之彩色圖譜（Mapping）。並根據軟體內既定的Standard去比較出各電子軌道（K.L.M）能量所偵測到所指定單獨點地的成份重量比與原子比，對失效分析極有幫助。下列上左圖為SEM所見到焊點與底墊介面空洞的單點成份分析，下中能譜圖及下列二表即為該單點的元素組成。實做之試樣若為非導體時還要先在表面濺鍍上一層薄金，因而在能譜圖中所列出的黃金當然不能算在試樣之內。

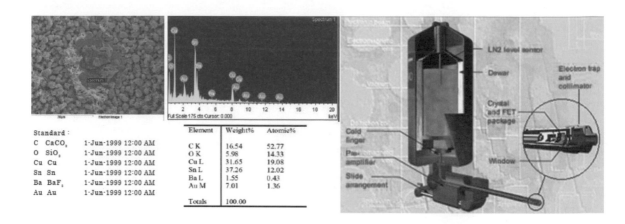

Element	Weight%	Atomic%
C K	16.54	52.77
O K	5.98	14.33
Cu L	31.65	19.08
Sn L	37.26	12.02
Ba L	1.55	0.43
Au M	7.01	1.36
Totals	100.00	

Entek 有機護銅處理（指裸銅板之OSP處理）

　　原為美商Enthone公司所開發的護銅皮膜技術（Technology），商名即縮合兩字簡稱為Entek。係利用有機化學品苯基連三唑Benzotriazo（BTA）與其衍生產品的槽液，對裸銅面（焊墊）進行一種淺棕色接近透明皮膜之護銅處理，而達到護銅與可焊（皮膜易溶於高溫助焊劑之微酸液中，在去除之瞬間露出潔淨的銅面而得以焊接）的雙重目的。此BTA早期曾在IBM之PCB流程中充做暫時性的護銅劑，品名稱為CU-56。其改良後的現役商品稱為"Entek Plus-106A"，可代替噴錫皮膜做為細線薄板的護焊性處理層，對降低成本有很大好處。但此種106A也會在金手指表面上形成薄膜，有礙接觸導電的品質。最新因應無鉛焊接之耐熱型改良品"Entek Plus HT"（HT表高溫）已無此種缺點了。

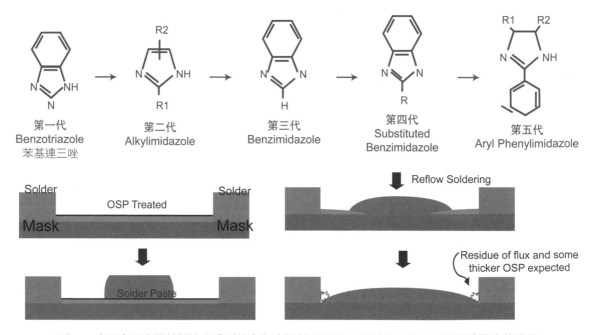

▲ 此為OSP表面處理皮膜於焊接中遭到錫膏內助焊劑的驅逐，而讓清潔的裸銅面被迅速焊牢的過程。

Entrapment 夾雜物

　　常指不應有的外物或異物被包藏在綠漆與板面之間，或在一次銅與二次銅之間。前者是由於板面清除未淨，或綠漆物料中混有雜物所造成。後者可能是在一次銅表面所加附的阻劑，發現施工不良而欲"除去"重新處理時,可能因清除未徹底,留下殘餘阻劑,而被後來二次銅所包覆在內,此情形最常出現於孔壁鍍銅層中,此詞亦稱為Inclusion。另外當鍍液不潔而有浮游物時,少許帶電固體的粒子也會隨電流而鍍在陰極上,此種夾雜物最常出現在通孔的孔口。

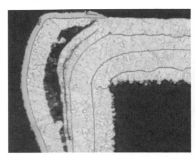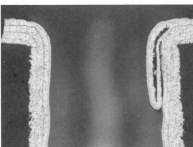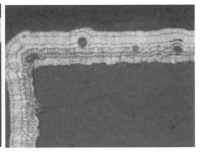

Entry Material 蓋板

電路板機械鑽孔時,為防止鑽軸(Spindle)比鑽針先到達板面的壓力腳在板面上造成壓痕起見,其銅箔基板上需另加一片鋁質蓋板(Entry Board)。此種蓋板還具有減少鑽針的搖擺及偏滑、降低鑽針的發熱,及減少孔口毛頭的產生等功用。常用者為0.2mm厚的合金鋁板。

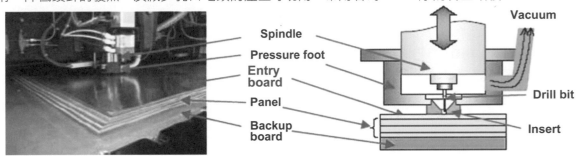

Epoxy Moulding Compound(EMC)環氧樹脂模封料

是指一般金屬腳架(Lead Frame)或BGA之打線式IC,其黑色的本體封模材料而言(FC晶片封裝則在晶片與載板間填入底膠Underfill以提升強度),此種環氧樹脂中所含微球型的無機Fillers重量比達70%到90%之多,正如同水泥中必須加入許多小石子一樣以提升其剛性與強度。模封料的用途很廣,IC以外尚可用於電容器與電阻器等,然而品質與單價卻又相差很遠。

▲ 此二圖環氧模封料EMC中白點者即為打金線不同角度之截面。

Epoxy Resin 環氧樹脂

是一種用途極廣的熱固型(Thermosetting)高分子聚合物,一般可做為成型、封裝、塗裝、黏著等用途。在電路板的上游基材板工業中，更是耗量最大的絕緣及黏結用途的樹脂，可與玻纖布、玻纖蓆及白牛皮紙等複合成為板材，且可容納各種添加助劑如溴或無機微粉填充料等，以達到難（阻）燃及高功能高T_g的目的，做為各級電路板材的基料。

其A-stage清膠水組成的兩個單體分別是丙二酚（大陸稱為雙酚A）與環氧氯丙烷（ECH）。且聚合物結構式還須再長上能夠阻燃的溴（Br）後，才能成為商品級的阻燃性環氧樹脂。

HO — ⬡ — C(CH3)(CH3) — ⬡ — OH + 2CH₂ — CH —CH₂ — Cl
Bisphenol A (BPA) 丙二酚   Epi-Chlorohydrin(ECH) 環氧氯丙烷

▲ 各式環氧樹脂之兩單體。

Glycidylether of BPA 基礎環氧樹脂

TBBPA-Advanced Resin 溴化後阻燃性基礎環氧樹脂 n, m>0

ePTFE（Expanded Polytetrafluoroethylene）擴展型聚四氟乙烯膜材

是利用D_k與D_f值極低的PTFE絕緣材料，製作出三維擴張型有如玻纖布的立體網狀補強材料，其中並可含浸各種樹脂而成為高頻用途的特殊板材。

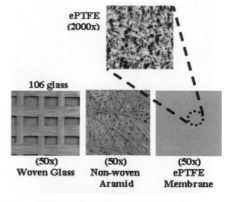

Escape Line 逃線

係指BGA安晶區打線手指向外引出的多條密集線路，在扇出途中分別與各球墊連接使透過錫球而與主板完成互連，於是就形成由內向外四散逃出的畫面稱之為逃線。

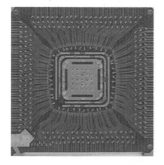

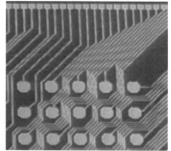

Etchant 蝕刻劑、蝕刻液

在電路板工業中是專指蝕刻銅層所用的化學槽液，目前內層板或單面板多已採用酸性氯化銅液，有保持板面清潔及容易進行自動化管理的好處（單面板亦有採酸性氯化鐵者）。雙面板或多層板的外層板，由於是利用錫鉛或純錫層做為抗蝕阻劑，氯化銅會與錫鉛或錫發生反應而出現暗污色表面，甚至也會發生阻劑被破壞，故需改用鹼性含氨的蝕刻液。此種氨銅錯（絡）合液不但蝕銅量大增及能自動化管理，且蝕銅品質也提高很多。

Etchback 回蝕

指多層板在各通孔壁上，刻意將各銅環層次間的樹脂及玻纖基材等，以通孔為中心再向外圍蝕去0.5～3 mil左右稱為"回蝕"。此一製程可令各銅層孔環（Annular Ring）都能朝向孔中突出少許，再經PTH及後續兩次鍍銅得到銅孔壁後，將可形成孔銅以三面夾緊的方式與各層孔環牢牢相扣。這種"回蝕"早期為美軍規範MIL-P-55110對多層板之特別要求。但經多

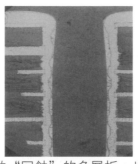

年實用的經驗，發現一般只做"除膠渣"而未做"回蝕"的多層板，也極少發現此種互連點分離失效的例子，是故後來該美軍規範的"D版"以後亦不再強制要求做"回蝕"了。對多層板製程確可減少很多麻煩，商用多層板已極少"回蝕"的要求。

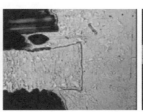

另在PTH製程中當"微蝕"（Microetch）做得太過份時，將會使得各孔環向外縮退一些。或在一次銅後切片檢查發現孔壁的品質不良而遭整批拒收時，需採全面"薄蝕"以除去一次銅及化學銅層，以便對PTH孔銅進行重做。一旦這種"薄蝕"過度時也會造成孔環的縮回。上述兩種特例都反而會造成基材部份的突出，特稱為"反回蝕"（Reverse Etchback）。

Etch Factor 蝕刻因子、蝕刻函數

蝕銅除了要垂直向下應該做的溶蝕（Downcut）之外，蝕刻液也會攻擊線路兩側無保護的腰面，稱之為側蝕（Undercut），經常造成如香菇般的蝕刻缺陷，Etch Factor即為蝕刻品質的一種指標。

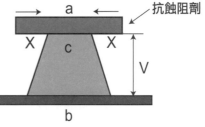

▲ 蝕刻因子（Etch Factor）的各部位說明

Etch Factor一詞在美國（以IPC為主，F=V/X）的說法與歐洲的解釋恰好相反。美國人的說法是"下蝕深度V對側蝕凹度X之比值"，故知就美國人的說法是"蝕刻因子"越大品質越好；歐洲的定義恰好相反，其"因子"卻是愈小愈好，很容易弄錯。附圖為阻劑後直接蝕銅結果的明確比較圖。

不過多年以來，IPC在電路板學術活動及出版物上的成就，早已在全世界業界穩占首要地位，故其闡述之定義堪稱已成標準本，無人能所取代。

Etching 蝕刻

這是正統PCB減成法（Subtractive）咬掉無用的銅，並在阻劑保護中留下有用的銅線路，成為獨立線路的手段。除常規的有機阻劑的蓋線與蓋孔蝕刻外，另外尚有半加法全面咬銅(化學銅

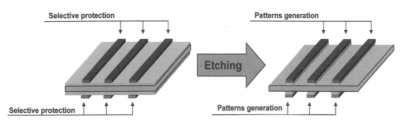

與電鍍銅)的無差別性蝕刻（Differential Etching），與粗化用的微蝕，或減銅厚度用的半蝕等。

Etching Indicator 蝕刻指標

是一種監視蝕刻是否過度或蝕刻不足的特
殊楔形圖案。此種具體的指標可加設在待蝕的
板邊，或在生產批量中刻意加入數片專蝕的樣
板，以對蝕刻製程進行瞭解及改進。

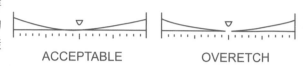

ACCEPTABLE   OVERETCH

Etching Resist 抗蝕阻劑

指欲保護不擬蝕掉的銅導體部份，在銅表面所製作的抗蝕皮膜層，如影像轉移的電著光
阻、乾膜、油墨之圖案，或錫鉛鍍層與鍍純錫層等皆稱為抗蝕阻劑。

Eutectic Composition 共熔組成、共固組成、共晶組成

合金中的組合成份在某一定比例時，其熔點（Melting Point，M.P.）最低且內外同時熔化
者，稱之為"共熔組成"。如錫鉛合金在63 / 37之比例時（正確數字應為61.9/38.1），其熔點僅
183℃，且直接由固態全體內外立即熔化成液態，中間並未出現漿態；反之亦然。而且幾乎是焊
點各部份同時完成液化或固化，並非外面先固化後再逐漸向內延伸的一般現象。故此63 / 37之
比例稱之為"共熔組成"，而183℃即其共熔點（Eutectic Point）。一般銲料合金其液態冷卻過
程中，其黏度會先行黏稠成為半流體的漿態（Pasty），並繼續冷卻到達完全固化者，此時之熔
點稱為"固化熔點"（Solidus Melting Point），若繼續加熱則又會由漿態變為真正的液態者稱為
"液化熔點"（Liquidus Melting Point）。下列平衡相圖中紫色黃色兩個三角區域即為漿態。當
Sn與Pb合金之重量比到達61.9/38.1時，則冷卻中會由液態直接成為固態，於是原本兩個熔點就合
而為一了，故稱為共熔點（Eutectic Point）。一般將Eutectic譯為"共晶"其實並不正確，而係
源自日文；但日文共晶的真正意思是共固，並無共同結晶的含意。

上述達到共熔點的合金比率則稱為"共熔組成"，下右圖中左側藍色三角區稱為"多鉛固
溶體"區，右側綠色小三角區則為"多錫固溶體"區。左二圖即為錫鉛共熔合金之組成畫面。

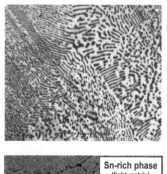

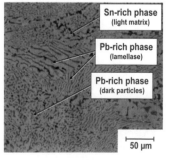

Sn-rich phase
(light matrix)

Pb-rich phase
(lamellase)

Pb-rich phase
(dark particles)

50 µm

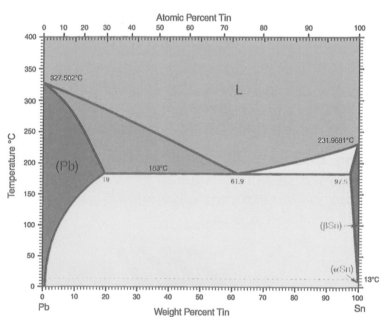

Every Layer Interconnection（ELIC）任意層（逐層填銅盲孔堆疊）

　　係指HDI多層板之各層間互連全部皆用鍍銅填實之微盲孔代替通孔或盲孔加通孔的做法。其做法是先做出單面盲孔並經電鍍填銅完成互連的薄型雙面核心板（5mil），然後再雙面逐次增層到八層或十層。由於是21x24吋之大排板（外層板上因有通孔鍍銅或考量成本下，致使其盲孔通常未能填平），故只有改採昂貴的雷射直接成像LDI代替正統底片式的成像法，因而成本並不便宜。此法最早是日本Ibiden公司所首創並稱之為FVSS（Filled Via Supper Stacked）。

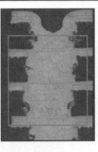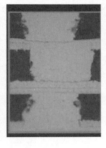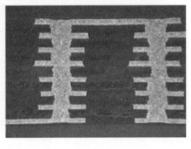

Excimer Laser 準分子雷射

　　惰性氣體（Noble Gas）族群有氦（He）、氖（Ne）、氬（Ar）、氪（Kr）、氙（Xe）與氡（Ra）；由於其原子結構最外層軌道中之電子已滿足"八隅體說"，故化性非常安定，很難再與其他元素組成化合物。即使氣體結構也不是正常由雙原子所組成的分子，故只能稱之為雙子（Dimer）或"準分子"。原文Excimer者係Excited Dimer的縮合字，常見的Excimer如"氟化氪"KrF之Laser光，其波長為248 nm（屬UV雷射的一種），光子能量為3.99 eV，可歸納為Photochemical Ablation光化燒蝕性的移除作用，但成孔速度很慢，無法與CO_2雷射相比。

Exotherm 放熱（曲線）

　　各種樹脂在聚合硬化過程中，此詞是隨時間進行而出現熱量散放的曲線而言。所放出熱量最多的時機即該溫度曲線之最高處。又Exothermic Reaction一詞是指放熱式的化學反應。

Expanded PTFE 擴張型"聚四氟乙烯"補強材（簡寫為ePTFE）

　　係將"聚四氟乙烯"（Polytetrafluoethylene）之氟樹脂絕緣材料（俗稱之鐵弗龍類），經W.L. Gore公司以特殊方法將之擴張擴展成網狀結構（Matrix），然後再含浸環氧樹脂（T_g 140℃）或氰酸酯樹脂（Cyanate Ester Resin），即可得到純白色的膠片，其中並包含數十億個微小空氣泡在內，對降低Dk有極大的正面效果。此材能用以搭配一般FR-4的薄基板，去壓合成為介質常數（D_k）很低電性非常優良的複合多層板。此種完工多層板不但可加快訊號的傳播速率（V_p，詳情請參閱另一詞Dielectric Constant），而且還可改善阻抗控制能力、降低電容、減少串

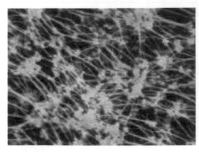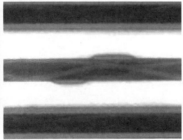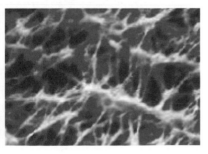

訊、增加佈線密度，及逼薄板厚等好處。尤其介質層之抗電強度方面也可提升高達900 volt/mil，比一般FR-4板材之75 volt/mil還要更好！至於其重量方面卻還比FR-4要減輕40%。當然成本之增加則不在話下了。

Extraneous Plating 超鍍、盈鍍

某些並未超越作業參數的實做中，在高電流密區或其他因素下造成鍍層額外的增長，有時還會影響到相鄰導體的隔絕性（Isolation）。化鎳浸金（見下左圖）製程之化鎳槽液異常或電鍍鎳金（下中與下右）踩著銅箔殘牙時，也常往導線兩側額外長出者均屬此類現象。

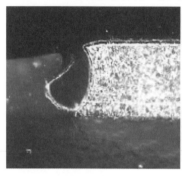 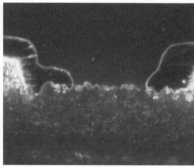 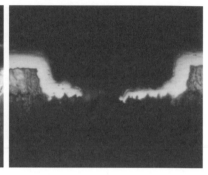

Exposure 曝光

利用紫外線或紫外光（UV）的能量，使乾膜或濕式印墨中的正型感光分解物質（感光區於顯像液中溶解度曲線上升故稱為正型或正性工作，為IC工業所用）進行感光聚合的化學反應，以達到選擇性局部架橋硬化的阻劑（Resist）效果，而完成影像轉移的目的，稱為曝光。PCB之負型光阻（感光固化區在顯像液中溶解度曲線下降）當然也要經過曝光過程才能在銅面上形成局部阻劑之皮膜，下圖即為其感光聚合反應之示意圖（取材自阿托科技公司）。

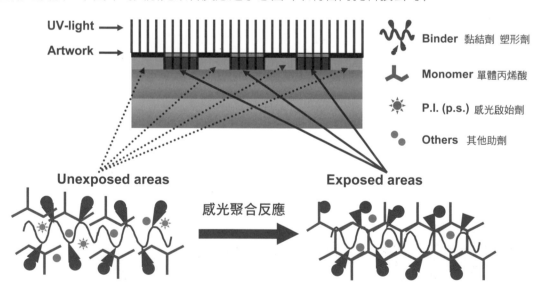

Exposure Dose 曝光能量、曝光量

是指曝光強度與曝光時間的乘積而言，單位為mj/cm²。就PCB用感光聚合的負型光阻說來，曝光量太多者會造成解像邊緣發生殘足伸出，曝光量不足時又會造成解像邊緣足部的側蝕內縮，兩者都不利於解像度（Resolution）的品質（下二圖取材自阿托科技）。

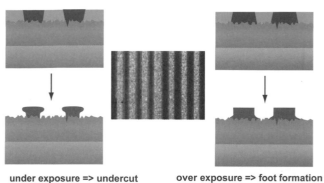

under exposure => undercut
- T topping
- adhesion loss possible

over exposure => foot formation
- image growth

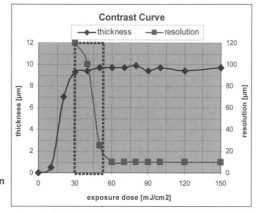

Exposure Machine 曝光機

自從影像轉移進入細線密線世代後，網印法已逐漸淡出業界，代之而起的是感光阻劑與底片式的成像法（Imaging），於是UV式曝光機尤其是平行光曝光機也就成了必備的基本生產工具。大排板PCB所用負型光阻的曝光機約可分為①密接式的全面性曝光與分割式輕觸性的局部曝光，②底片與光阻非接觸的投影式曝光；又有Step and Repeat，Step and Scan，與雷射投影成像。③雷射直接成像式無需底片的電腦掃描曝光機，又可分為LDI，DMD與DI等，在愈來愈精密與大面積大產量之各種高價曝光機也不斷推陳出新，不免讓人眼花撩亂不知所從。

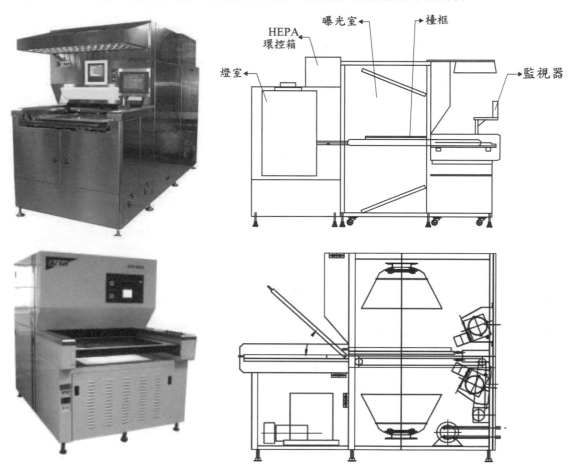

Eyelet 鉚眼

是一種青銅或黃銅製作的空心鉚釘,當已組裝完工的電路板上發現某一通孔斷裂時,即可加裝上這種"Eyelet",不但可維持導電功能,而且還可插焊零件。不過由於業界對電路板品質的要求日嚴,使得補加Eyelet的機會也愈來愈少了。

Eye Diagram 瞪眼圖、眼圖

數位訊號(Digital Signal,大陸稱數碼信號)是以方波形式在板面線路中快速的傳送,當其訊號線變長後受到導體電阻與絕緣介質D_k電容的拖累,使得訊號到達接受端時其訊號完整(SI)的品質已發生折損。若以發訊端完整的正反方波重合的大眼而言,到達收訊端時其大眼不但因途中損耗(Loss)而變形且還變小。於是可由這種瞪眼圖的軟體用以測試傳輸線的損失如何。

此種Eye Diagram瞪眼圖的實驗法,需利用高單價的訊號產生器與可檢驗與記錄的試波器,以及專用的試樣,才能找出瞪眼圖的品質如何(請參考另詞Attenuation訊號衰減)。

此種瞪眼圖對於大型電子機器中厚大型多層板的訊號傳輸完整性(Signal Integrity)十分重要,比起阻抗控制更能接近整體實用性。對於薄小的商品多層板則還不太關鍵。瞪眼圖的品質內容有三種重要參數:①橫軸之抖動時間Jitter(以pico Sec為單位,下圖紅標處)②訊號能量電壓衰變的振鈴Ringing(以毫伏mv為單位,見圖中藍標處)③度量訊號能量損失多少的眼高Eye Hight(單位mv,見圖中綠標處)。

利用板邊試樣及軟體在VNA機器所顯非的Eye Diagram將可分辨出到達訊號品質優劣的試驗法,可針對高價的厚大多層板進行監視,並可比較出其等設計手法、板材品質、與製造技術的好壞,還能在改善方面提供各種比較的度量。

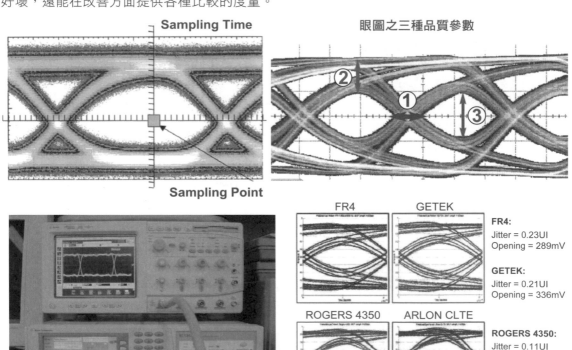

Sampling Time / **Sampling Point** / **眼圖之三種品質參數**

FR4 GETEK

FR4:
Jitter = 0.23UI
Opening = 289mV

GETEK:
Jitter = 0.21UI
Opening = 336mV

ROGERS 4350 ARLON CLTE

ROGERS 4350:
Jitter = 0.11UI
Opening = 532mV

ARLON CLTE:
Jitter = 0.10UI
Opening = 614mV

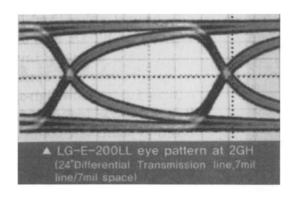
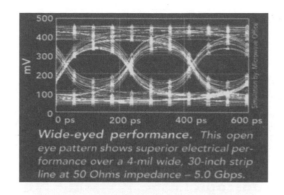
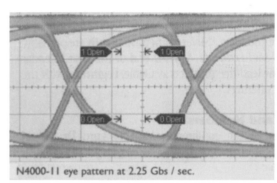
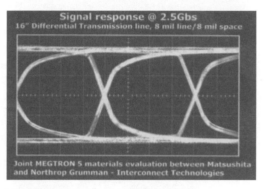

▲ 此四圖分別為LG、Isola、Nelco及松電工等專用於高頻與長線之大型板類所呈現
　到達訊號之品質,刻意說明其板材對動態電子訊號所提供的協助而使得其品質
　良好,並利用眼圖做為整體性的監視與呈現之方式。

Edge Plating 側壁鍍銅 NEW

　　這是指某些厚板中具有局部凹陷區(Cavity),或外緣不再平直卻呈現大幅凹凸特殊板邊等特殊PCB。由於在外緣板厚的側壁上刻意鍍銅,此即成為本專用術語的來源。或者刻意將局部凹陷(Cavity)的四週側壁也鍍滿銅層,以達到對高頻產生遮蔽EMI效果。甚至還可再透過螺絲孔與機殼互連,以達到整體機器的EMI遮蔽(Shielding)的良好效果。

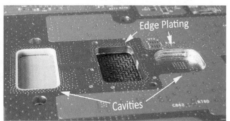

End Electrodes 端電極 NEW

　　這是指SMT用的片式電容器Chip Capacitor兩端的金屬封頭而言,其做法一般是先採濺射銅打底,再用滾鍍電鍍銅與滾鍍鎳或滾鍍錫,去完成外面的可焊皮膜,以便能接受錫膏的焊接。

　　要注意的是其兩端正負電極的封頭,所連接內部密集平行的正負梳型電極,一旦其頂部外表面被水膜包圍時,不但電容器本身容易出現電化遷移ECM生出枝狀金屬Dendrites外,更因電容器內儲能量的持續釋放,還會造成整個組裝板PCBA的不斷腐蝕,造成不可收拾的後果。

 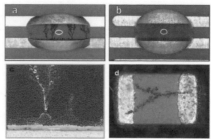 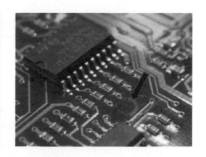

Endoscopic Image 內視圖像、內窺圖像 NEW

當BGA在PCB板面完成焊接後，可利用內視鏡的鏡頭或光纖USB式的組合，針對其外圍甚至內部球腳進行光學性檢查及取像。此項側視或伸入內視的現場觀察與取像已愈來愈方便，目前商用的小型攜帶式機組（見第3圖）也只需美金$120而已。

Electric Double Layer 電雙層 NEW

各種電鍍待鍍陰極表面的陰極膜中，原本就有一層帶正電的電雙層；各種膠體微小浮游粒子的表面也有著電雙層。通常正電性粒子將帶有負電性的電雙層，而負電性粒子卻帶正電性電雙層，與陰極膜中的電雙層有所不同，當然電鍍槽中的陽極表面也有著帶負電的電雙層。下左圖為電鍍槽陰極膜中緊貼極面的電雙層與稍遠的擴散層，至於分界面（Separator）向右以外者就是主槽液（Bulk Solution）了。下列右圖為陽極膜的畫面，而兩者接近極面者也都是電雙層，也就是Helmholtz Double Plane。此電雙層又有IHP與OHP之分。

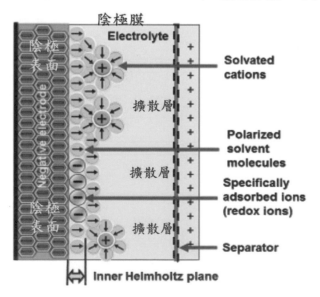 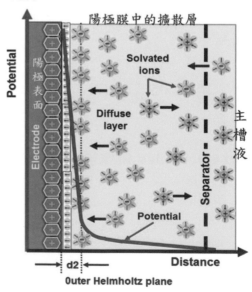

Electrografting 電接枝 NEW

這是一家法國半導體供應商Alchimen所提供電鍍銅的特殊添加劑,對矽材深盲孔或線路深溝(Trench)等深底部無法對流的另一種擴散區,仍可進行填銅的特殊製程。其原理是槽液中具有一種可抓住銅離子Cu^{++}的預先工作料Precursor,可在盲底先進行化學接枝Chemical grafting的成核動作。之後再於通電中繼續進行電接枝Elecrografting而逐漸完成金屬化皮膜(厚鍍可達500nm)。此做法號稱覆蓋性與附著力要比常規的氣相沉積Vapor phase Deposition更好(係指濺射鈦銅的導電皮膜)。最後再做一般性電鍍銅即可完成填銅的工程。

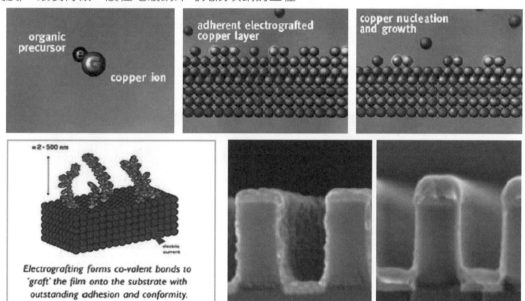

最上三圖說明有機預做料首先抓住銅離子,再繼續進行的成核反應與電接枝成膜的示意圖;下左彩圖說明電接枝的想像畫面,下中圖為溝壁電接枝金屬化製程所得到的銅層,下右黑白圖為氣相沉積的溝壁銅膜。

下四圖說明電接枝(eG)在5:1極深矽材盲孔中的金屬化皮膜與後續電鍍銅層的微觀畫面。該Alchimen公司更進一步說明其電接枝與矽材或硅材底部化學接枝所產生的附著力,是出自一種共價鍵的原理。下右兩圖係槽液中粒子移動與接枝的示意說明圖。

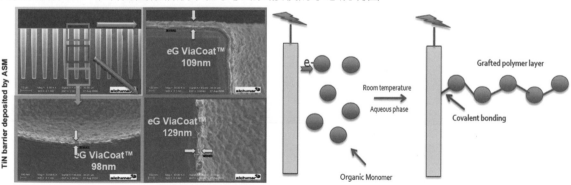

Electrolytic Corrosion 電解腐蝕 NEW

PCB或零組件凡出現兩種電動次序(Electromotive Series)不同的金屬直接接觸時,則次序排列在上位具負電性較強者,將扮演陰極;而排列在下位者則只能扮演被腐蝕的陽極了。此種彼此緊鄰的電化學反應稱為賈凡尼腐蝕。但若兩金屬被絕緣物隔開而又發生腐蝕者，則另稱為電解腐蝕。PCB各導體間發生的腐蝕即屬此種電解腐蝕。此兩者情況不太相同，不宜混為一談。

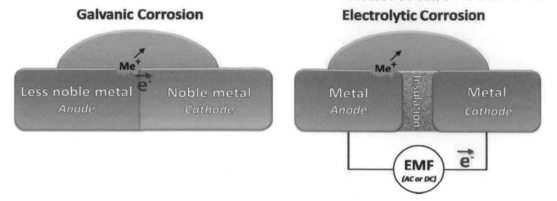

Galvanic Corrosion | Electrolytic Corrosion

ETS（Embedded Trace Substrate）埋入線路式載板 NEW

　　此ETS詞又常被稱為無核載板(Coreless Substrate)；各種ETS最常見是三層式載板，具有容易散熱而成本又便宜的好處，因而被比特幣的挖礦機所青睞而在業界大為風行。其起步板材是利用事後拋棄型暫用板材的核心材料(見0步驟的附圖)，兩面各壓貼上"5um+18um"特殊的複合銅箔，並各以其18um載箔毛面直接壓貼在中間的暫材上。於是18um的光面即可與5um超薄銅皮的光面採暫貼膠層而成為兩個ETS板的起步銅面。之後即於兩面5um毛面上施加光阻與電鍍銅而取得上下兩片單面板了。(見左下1,2,3圖)

　　隨後無框第4站兩面各壓貼綠色的Prepreg膠片時，小心只壓在中央工作區的製程板面上，四邊外圍刻意留出3um的無Prepreg的開溝，但最外緣四個板邊則仍用Prepreg實貼。於是完工板只要把四周3mm的空溝外剪掉，即可雙面從18um與5um的暫貼膠撕開而取得兩張大載板了(見圖15)。由於此種三層板起步的L1是埋在Prepreg中故稱為埋線式載板。此種做法雖然很簡單又方便，但層數太多時其大排板的板彎與板翹卻很難解決。

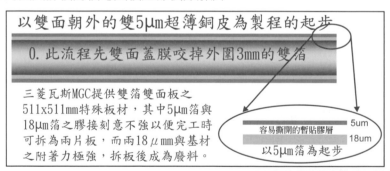

以雙面朝外的雙5μm超薄銅皮為製程的起步

0. 此流程先雙面蓋膜咬掉外圍3mm的雙箔

三菱瓦斯MGC提供雙箔雙面板之511x511mm特殊板材，其中5μm箔與18μm箔之膠接刻意不強以便完工時可拆為兩片板，而兩18μmm與基材之附著力極強，拆板後成為廢料。

容易撕開的暫貼膠層　5um
18um
以5μm箔為起步

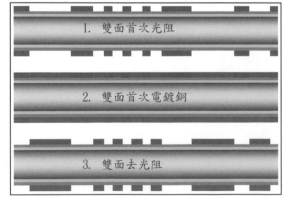

1. 雙面首次光阻

2. 雙面首次電鍍銅

3. 雙面去光阻

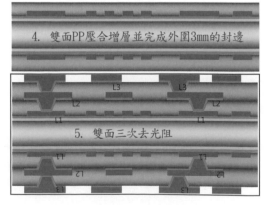

4. 雙面PP壓合增層並完成外圍3mm的封邊

L3　L3
L2　L2
L1　L1
5. 雙面三次去光阻

Energy Gap 能隙 NEW

　　按導電性可將物質分為導體、半導體、及絕緣體。以銅原子為例$_{29}$Cu$^{63.5}$之銅原子，其最外第四層的軌道中只有一個電子，很容易脫離原子核的束縛而四處遊走形成了所謂的電子海，因而使得銅的導電非常好而為良導體。凡是能夠形成各種強與弱電子海具有價帶（Valence Band）而導電者，稱之為傳導帶（Conduction Band）。

　　能隙是以電子伏特eV為單位，每個eV的能量為1.6 X 10^{-19}J。從下彩圖可知導體的能隙為0eV；半導體為1－3eV，至於絕緣體的能隙則大於9eV。而且半導體還可刻意摻入雜質（doping）用以降低能隙成為導體，此即現代電子工業的起源。

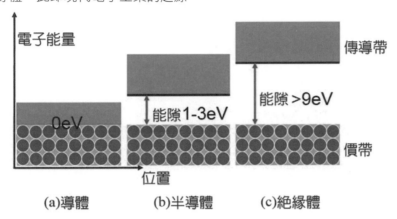

(a)導體　　　　(b)半導體　　　　(c)絕緣體

Equalization / Equalizer
均衡作用、等化作用 / 均衡器、等化器 NEW

　　此兩詞是指數碼用厚大板High Layer Count中，其往返傳輸線必然都很長，因而在傳輸過程中必定會產生許多損耗（Loss），造成收訊端無法判讀所收到的訊號，因而可在傳輸線（Transmission Line or Channel）發訊端（TX）的起點與到達收訊端（RX）之前，各加一組由被動元件所組成的等化起或均衡器，以補償已經發生的損耗，此等設計謂均衡作用。下頁圖示左側發訊端（TX）當其發出一個差動訊號（Differential signal）（由正方波訊號與反方波訊號兩者組成）時，其發出充足能量可用又大又滿的眼圖（Eye diagram）表達之。但當訊號跑到右側的收訊端（RX）之際，由於能量的損耗致使眼圖的面積變得很小而無法判讀

　　落在傳輸線正下方的下滑曲線圖，用以說明某種長途傳輸線的工作。當所傳輸訊號的頻率（橫軸）愈高者（或稱愈高速時），其傳輸能量的下滑損耗就愈多。而最右側的三小圖說傳輸中能量損耗的下滑，經過均衡作用的補償後即可使到達的訊號仍可保持其正常能量，進而得以順利判讀的示意的說明

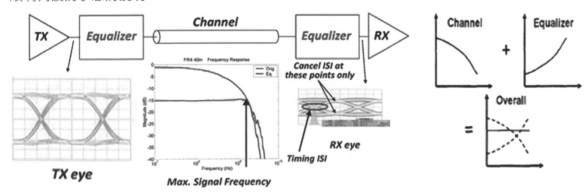

事實上這種均衡或等化兩者功能都是放在連接器組合體中（Connector Housing），再將發出方波的1碼與0碼刻意預加強（Pre -Emphasis）其振幅，而讓收到的方波訊號更正確更可判讀

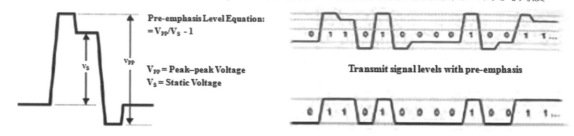

Equivalent Circuit 等效電路圖　NEW

係指實際電路中訊號電流(即方波中之1碼)所行走的路線，利用電路的直線與零組件符號等所畫出的簡單圖示並配合簡單文字說明，即稱之為等效電路圖。

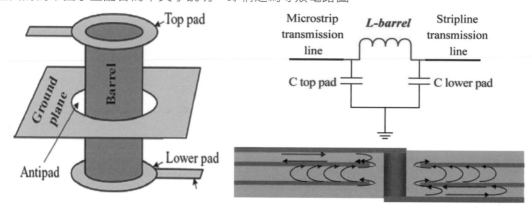

例如上左圖為PCB的局部實體示意圖，假設方波"1碼"的電流從左上端微帶線 (由上側的訊號線，中間方形接地層為其歸路，以及其間的介質層三者所組成的傳輸線) 的訊號線進入，通過孔銅壁，再由右下側帶狀線的訊號線流走，於是可將此種實體圖另畫成右上方的等效電路圖。下列兩圖為另一個案例；左示意圖的A與B為電源腳對電源層Vcc的插孔焊接互連，C與D係接地腳對接地層Gnd的插孔焊接互連。右圖即為其等效電路圖

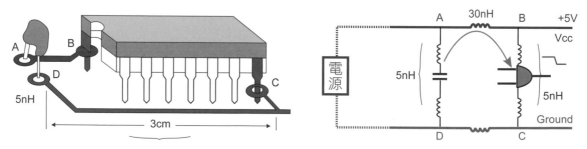

Extraneous Plating（or Nickel Foot）多餘的ENIG鍍層、鎳長腳、金長腳　NEW

ENIG流程在化學鎳之前有一道濃度15ppm左右的離子鈀槽，是協助銅面上加速沉積化學鎳（鎳磷合金）皮膜的活化作用槽液。之後還須去除死角殘鈀的除鈀槽與水洗槽，一旦兩者對綠漆後立體線路死角處無法徹底洗淨，而仍有少許活化鈀殘留時，則後續的化鎳層與浸金層都還會附著上去。而且當銅箔的瘤牙太長踩入基材太深以致蝕刻不盡，甚至綠漆或黑漆自板面浮離

而滲鍍者，也都會出現形成短路的鎳長腳與金長腳（見所列各切片圖與俯視圖）。此等銅導體根部不該有ENIG處卻多餘的長出了較薄的化鎳與浸金皮膜，特稱之為本詞的EP，華人業界以外觀為主導故多稱之為金長腳。左上框為IPC在2017.8最新版本的ENIG規範（IPC-4552A）特別在Fig3-7處，利用俯視圖及簡單的立體繪圖對此EP加以說明。另三圖為筆者所附加的俯視圖與切片圖。

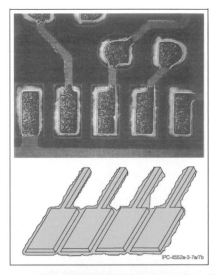

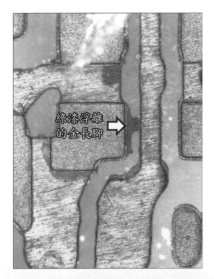

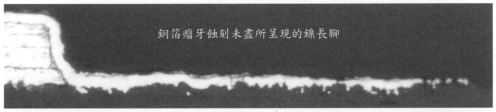

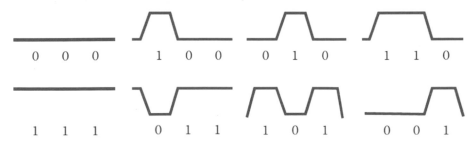

Eye Mask 眼罩（眼圖的規範） **NEW**

所謂眼圖(Eye Diagram)是指差動式雙股線傳送正方波訊號與反方波訊號，採用正反兩條相鄰訊號線所組成的交叉圖；其正反兩條各自傳送的連續正反三碼(bit)圖先後到達某一定點即可組成眼圖。實際上正反的三碼圖只有8種編組，當先後傳送某一凍結的時間點，即可組成眼圖。

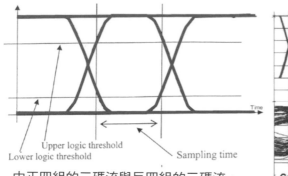

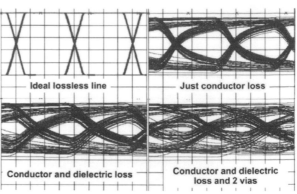

由正四組的三碼流與反四組的三碼流，
所連續疊加組成全無損耗的眼圖

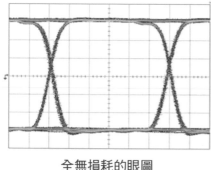

全無損耗的眼圖

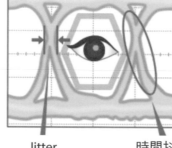

Jitter

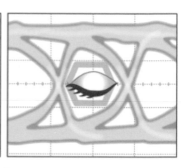

時間抖動

　　而Eye Mask則是指由眾多(10⁷，1千萬個)正反三個碼(在此例是1Byte=3bit)所疊加眼圖的大小品質的規範，所疊加眼圖的面積愈大者表示考試板的板材與製造工程都很好。一旦眼圖變小而觸及中間的眼罩者，即表示板材或所製程的傳輸線損耗(Loss)太大以致訊號完整性的品質不佳了。眼罩又可分為①中間用以觀察傳輸線損耗多少的六角形眼罩②上緣用以觀察方波是否出現過度上衝(overshoot)的上眼罩③下緣觀察方波是否過度下衝(undershoot)的下眼罩

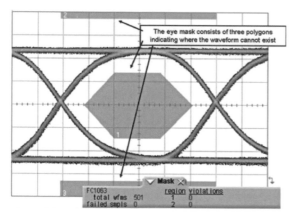

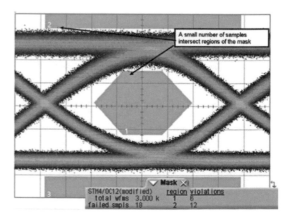

Fabric 網布

指印刷網版所繃張在網框上的載體用途"網布"而言,通常其材質由聚酯類(Polyester, PET),不銹鋼類及耐龍類(Nylon)等細絲所成,此詞亦稱為Cloth。

Face Bonding 主面朝下之結合

指某些高功率(Power)的積體電路器(IC大陸稱積成塊),為了背面之加貼散熱片及安裝散熱座之方便起見,特將搭載矽晶片對外互連較低陷的正面主面朝下,以打線法(Wire Bond)或載板表面之錫鉛凸塊(高鉛Bump)法直接"扣接"於載板者之謂,亦稱Cavity Down封裝法。

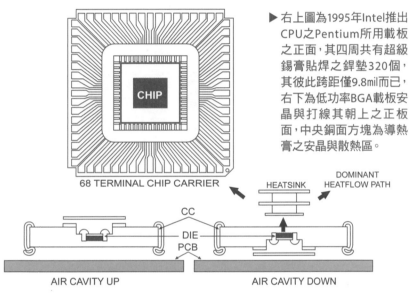

68 TERMINAL CHIP CARRIER

AIR CAVITY UP

AIR CAVITY DOWN

▶右上圖為1995年Intel推出CPU之Pentium所用載板之正面,其四周共有超級錫膏貼焊之銲墊320個,其彼此跨距僅9.8mil而已,右下為低功率BGA載板安晶與打線其朝上之正板面,中央銅面方塊為導熱膏之安晶與散熱區。

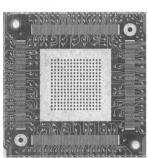

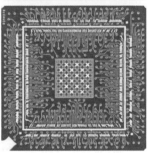

Failure 失效、故障、損壞

指產品或零組件無法達成正常功能之異常情形。

Failure Analysis 失效分析、故障分析

這是屬於品質工程的重要工作,瑕疵品或可靠度不及格者,必須仔細分析找出失效真因(Root Cause)並解決問題,才不致一錯再錯而丟掉生意。所謂前事不忘後事之師,但此種工作卻需要精密工具與豐富的智識與經驗,才不致誤判與錯動。

Fan Out Wiring / Fan In Wiring 扇出佈線 / 扇入佈線

指QFP四周焊墊所引出的線路與通孔等導體,使能焊妥零件能與電路板完成互連的工作。由於矩形焊墊排列非常緊密,故其對外聯絡必須利用矩墊方圈向內或向外的空地,採扇形發散式佈線,謂之"扇出"或"扇入"(Fan out / Fan in)見上列右二圖載板各承墊之兩種佈線。

更輕薄短小的密集組裝用PCB,其外層板面上為了多安置一些焊墊(如mini-BGA或CSP之小型球墊)以承接更多零件起見,而必須將互連所需的佈線藏到下一層去。其不同層次間焊墊與引線的銜接,是以墊內的盲孔(Blind Via)直接連通,無需再做扇出扇入式佈線。目前許多高功能小型無線電話的手機板,即採此種新式的疊層與佈線法。

Fan Spray 扇形噴灑

　　係濕製程自動化機組中的噴灑形式，利用扇形噴頭（Fan Nozzle）在強力水壓下所噴射出之扁扇形的水膜，用以沖洗製程板面與孔內的污染物，有別於Fan Spray之外尚有另一種Cone Spray斗笠形的噴灑水膜，其可涵蓋的範圍雖較大，但噴打的力量卻不如扇形者。

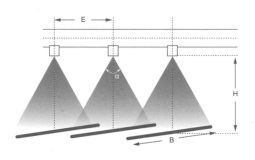
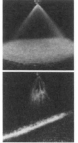
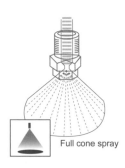
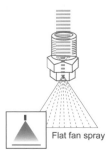

Full cone spray　　　Flat fan spray

Fatigue Crack 疲勞開裂

　　當組裝產品進行多次溫度循環試驗（TCT）中，各種金屬材料與非金屬材料經多次脹縮動作之後，在彼此熱脹係數（CTE）不同而彼此拉扯下（見下三圖），難免會先後出現不同程度的開裂，尤以銲料與承焊基地兩者之介面之

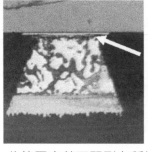

IMC，或鍍銅孔壁等最容易發生疲勞開裂。此等因疲勞而開裂者稱為後續可靠度（Reliability）之失效，與焊接中孔銅被板材熱脹所拉斷之存活度（Survivability）失效並不相同。

PCB components are treated
as a system of coupled springs.
The system settles at the point of
equilibrium of forces.

(本資料取材自阿托科技2008上海CPCA展覽之論文)

$$F_{Epoxy} + F_{PTH\ Cu} + F_{ENIG} = 0$$

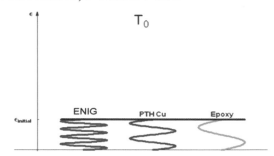

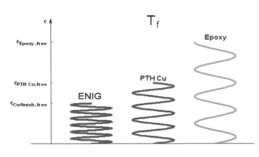
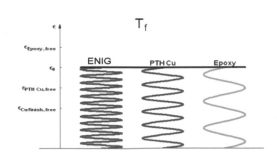

Fatigue Failure 疲勞失效

　　當產品長期使用中，由於溫度不斷變化與空氣的氧化，致使各種材料逐漸發生本質上的劣化，甚至在應力（Stress）集中處因持續漲縮而出現微裂與擴大開裂進而逐漸失效者，謂之

疲勞失效。現以PTH孔銅在 "溫度循環試驗" （TCT）中逐漸開裂與焊接強熱中快速被拉斷者並不相同，前者TCT試驗（Thermal Cycling Testing）多次循環後而逐漸疲勞開裂者，係可靠度（Reliability）失效之行為。而後者在PCBA組裝焊接中即遭拉斷者，則屬存活度（Survivability）失效問題，亦稱為早夭期（Infant Mortality）。兩者在鍍銅品質層級上並不相同。

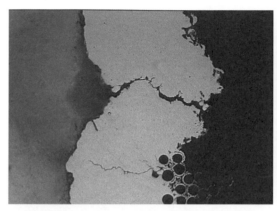

▲ Failure image after TCT Results available after several weeks(~ 24-48 cycles/day)

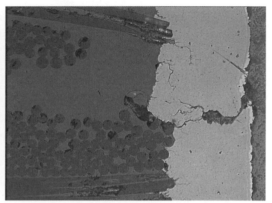

▲ Failure image after IST Results available after several days(~ 300 cycles/day)

Farad 法拉

是電容量的單位；即在電容器上兩金屬極片間，當其電量充加到1庫倫，而其間的電位差又恰為1伏特時，則其兩極片間的電容量即為1法拉。但此原本定義單位之數值太大，實用者僅微法拉（10^{-6} F或μF）或微微法拉（μμF，10^{-12} F）而已。

Faraday 法拉第

是一種 "靜電量" 的單位。按理論值每個單獨電子所負荷電量為$4.803×10^{-1}$個 "靜電單位"，其每個莫爾電子（Mole，$6.023×10^{23}$個）的總靜電荷應為96500庫倫（安培·秒）。為紀念發現電解定律的十九世紀英國著名電化學與電磁學家Michael Faraday起見，特將此96500庫倫的靜電量命名為1個Faraday。

Farady's Law 法拉第定律

是電解工程或電鍍工程最基本的理論或原理，此定律共有兩則，現分別說明如下：
● 第一定律：當鍍液進行直流（DC）電鍍時，陰極上所沉積（deposit或登陸）的金屬重量，與所通過的電量成正比。
 (1)電量之理論單位為庫倫（Coulomb亦即Ampere·sec）；實用單位用A·hr與A·min
 (2)1個法拉第(F)的電量可沉積出1個克原子量（Mole）的各類金屬
 (3)而1個法拉第的常數電量定為96500庫倫（安培·秒）
 (4)於是1個法拉第的實用電量應為：96500A·sec/(60·60) = 26.8 A·hr
● 第二定律：同一電量對不同金屬鍍液進行電鍍時，陰極上所沉積的金屬重量（或陽極已溶蝕的重量）與其化學當量成正比；
 (1)當量=原子量÷原子價
 (2)例如Cu^{+2}(CuSO$_4$)槽液之當量為「63.54克/2=31.773克」，而Cu^{+1} (CuCN)之當量為「63.546克/1=63.546克」
 (3)故知1法拉第的電量可在硫酸銅液中鍍出31.773克銅，但在氰化銅液中卻可鍍得63.546克銅，而這兩種金屬銅本質上是完全相同的。

(4)就硫酸銅鍍液而言，當效率為100%時，每安培小時A·hr可鍍出金屬銅為：31.773 gm/26.8 A·hr＝1.186 gm。將此重量除以比重即可得到體積，再除以面積即可得到厚度。

Fatigue Strength 抗疲勞強度

當一種物料或產品，經過多次指定各式最大應力試驗週期的考驗，而尚未發生故障或失效，此種在出現"故障"前所實施應力試驗最多的週期者，謂之"Fatigue Strength"。

Fault 缺陷、瑕疵、斷層

當零組件或產品上出現一些不合規範的品質缺點，或因不良因素而無法進行正常操作時，謂之Fault。此詞亦指金屬結晶結構之局部斷層現象。

Fault Plane 斷層面

早期的焦磷酸銅的片狀結晶鍍層中，常因共鍍有機物形成圓弧面狀的累積，而造成其片狀（Laminar）結晶銅層中的局部黑色微薄開裂，其原因是由於共同沉積的碳原子集中所致。從微切片的畫面中可清楚看到弧形的黑線，稱之為"斷層"。

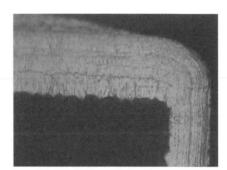

Feasibility Analysis 可行性分析

是管理者對新方向新產品上市前的事前重要工作之一。

Features 成員、諸元

一般洋人統稱PCB板面上的線路、通孔、孔環、焊墊，與摁鍵等功能性導體元件為Features，很難找到適合國人習慣的字眼加以表達。而且中文裡也沒有這表達的觀念，只好派用原則性的成員與諸元等勉強接近原義的說法譯之。

Feeder 進料器、送料器

在"電路板裝配"的自動化生產線中，是指各種零件供應補充的週邊設備，通稱為送料器，如早期雙排腳DIP式的IC儲存的長管即是。自從SMT興起，許多小零件（尤指片狀電阻器或片狀電容器）為配合快速動作的"取置頭"（Pick and Placement Head）操作起見，其送料多採振盪方式在傾斜狹窄的通道中，讓零件得以逐一前進補充。

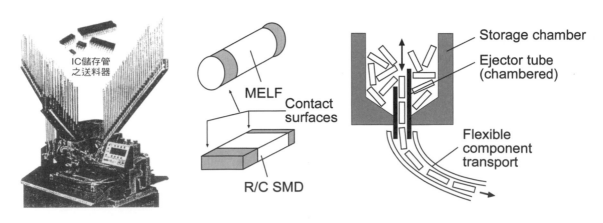

Feed Through Hole 導通孔、穿孔

即Plated Through Hole的另一說法。通孔原本目的有二，即插腳焊接的根據地與做為各層間互連（Interconnect）導電的通路。目前SMT比例增大，插裝零件已很少了。故經常為了節省板面的面積，這種不插件的通孔其直徑都很小（12 mil以下），而且不一定是全板貫穿孔。各種導通孔Via中凡全板貫穿者稱為"貫通孔"，局部貫通兩端無出口者，稱為埋通孔或埋孔（Buried Hole），局部貫通而有一端口者，稱為盲孔（Blind Hole）。

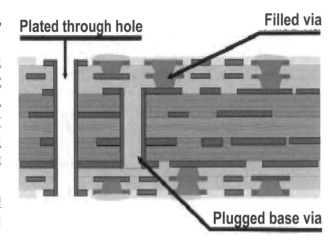

Ferric Chloride Etchant 氯化鐵蝕刻劑

單面板業油墨印刷阻劑者向來利用$FeCl_3$氯化鐵（酸性）做為成線之蝕刻劑，主要是著眼在價格便宜與本身蝕刻因子高達3：1以上（單面Etching Factor，是指向下的正蝕與橫向側蝕的比值而言，雙面蝕刻者中間會形成突出）的好處。但由於可蝕刻之銅量較少，回收再生較麻煩，且在鹼性（含氨）蝕刻液蝕銅量2倍以上且大幅降價下，外層板利用錫鉛或純錫鍍層（負片阻劑）做為阻劑者，已全數改為鹼性蝕刻，至於內層板之乾膜或油墨正片阻劑者，則亦改為氯化銅式酸性蝕刻液了。

然而SOIC或QFP之金屬腳架（Lead Frame）封裝之傳統IC，其腳架之金屬為磷青銅或純銅或Alloy 42者，在乾膜或濕膜光阻保護下，仍需使用$FeCl_3$做為蝕刻劑，主要之考慮仍在Etching Factor大幅優於$CuCl_2$，右下三圖即為208腳的QFP腳架的外觀，與Alloy 42被$FeCl_3$雙面咬出腳架的間距開口，以及磷青銅被$Cucl_2$所咬腳架開口的對比情形（開口的標準寬度為3mil）。

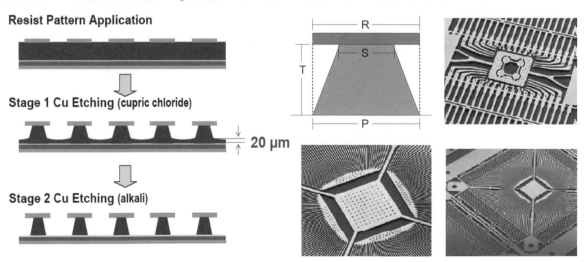

Fiber Exposure 玻纖顯露

是指基材表面受到外來的機械摩擦、化學反應等攻擊後，可能失去其外表所覆蓋的樹脂層（Butter Coat），露出底材的玻纖布，稱為"Fiber Exposure"，又稱為"Weave Exposure織紋顯露"（取材自IPC-A-600G）。在孔壁上出現切削不齊的玻纖束則稱為玻纖突出（Protrusion）。

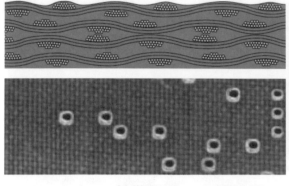
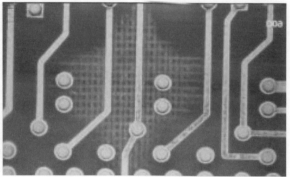

Fiducial Mark 基準記號、光學靶標

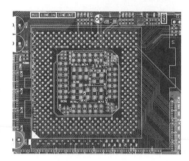

是各底片間對準監視用的標記，或用於底片與板面乾膜或其他光阻劑間，觀察對準與否的目視標記。在板面上為了下游組裝，方便其視覺輔助系統作業起見，當大型IC於板面組裝位置各焊墊外緣的空地上，在其右上及左下各加一個白色三角形的"基準記號"，用以協助放置機進行方向與位置對準，便是一例。而下游PCBA製程為了零組件之取置與板面相關位置對準起見，也常加有兩枚以上的方形銅墊之光學靶標。下左圖即為2009年Q2上市CULV式（Commercial Ultra-low-Voltage；工作電壓僅1.1v）筆記型電腦主板之北橋（居中較大者）與CPU（居左稍小者）兩者之焊接基地。

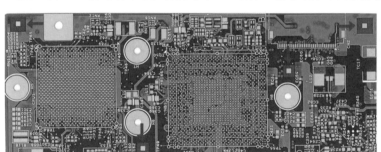

▲ 圖中箭頭所指的方形獨立銅墊之各光學靶標與白色三角形方位指標均為 Fiducial Mark

Filament 纖絲、單絲

是指各種織物最基本的單元，通常是由多根單絲經過旋扭集合成單股的絞（Strand），或多根單絲所撚成的紗（Yarn），再由"經紗"及"緯紗"織成所需要的布。通常Filament是指連續不斷的長纖而言，定長的短纖則多用Staple表達。

Fill 緯向、緯紗

指玻纖布或印刷用網布，其經緯交織中的緯紗方向。通常單位長度中緯紗的數目比經紗要少，故強度也較不足。此詞另有同義字Weft。

Fillers 填充料、粉料

指性質安定及價格便宜的無機性粉末物質，可加進某些塑膠材料中做為物性補強用途，以降低成本或改善性質。常見者如二氧化矽（大陸稱硅微粉）、氫氧化鋁、石棉、雲母、石英、瓷粉等可加工成絲狀、片狀、粉狀等加入銲料、板材樹脂、綠漆與他種塑料中，以改善其耐熱性與機械強度者皆稱為填充料。

下列之各圖片分別為無鉛化或無鹵化板材、綠漆、塞孔樹脂與模封塑料（Molding Compound）等樹脂中所添加的氫氧化鋁或二氧化矽，有不規則形與高單價球形兩者畫面。

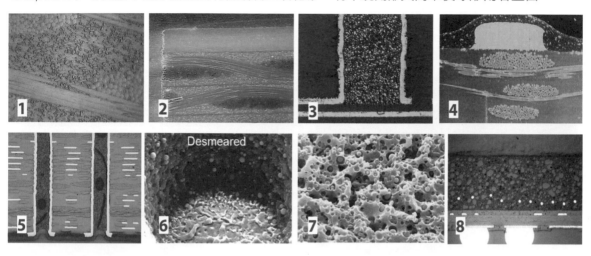

Fillet　內圓填角、填錫

指兩平面或兩直線，在其垂直交點處所補填的弧形物而言。在電路板中常指零件引腳之焊點，或板面T形或L形線路其交點等之內圓填補，用以增強該處的機械強度及電流流通的方便。

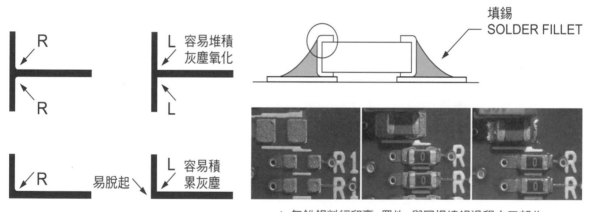

▲ 無鉛銲料經印膏、置件、與回焊填錫過程之三部曲

Fillet Lifting　銲點浮裂

無鉛波焊之板類中，經常出現錐形銲點自承焊的孔環表面浮起，主要原因是板材的Z膨脹（常溫60ppm/℃，高溫250ppm/℃）與固化銲料（22ppm/℃）相差太遠。一旦焊接反應中的IMC生長的不夠結實者，則可能會出現浮裂現象，對整體插腳銲點的強度尚不致影響太大。

Fillet Tearing 銲點撕裂

常指無鉛波焊之銲點在快速冷卻中出現的局部開裂，由於強熱中在熱脹率（CTE）方面的巨大差異，板材之Z膨脹率T_g以上者約在200-300ppm/℃，而固化之銲料只有22ppm/℃而已，因而經常造成冷卻完工後銲點外觀上的撕裂，此種局部性小瑕疵尚不致造成整體銲點強度的劣化。

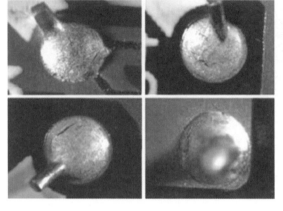

▲ 厚板類無鉛波焊快速冷卻者容易拉裂銲點

- Caused by solder fillet cooling before the board; the board contracts away from the fillet as some solder on the board side is still "pasty"
- Cosmetic rather than a reliabilisty issue unless pad lifting and trace tering occurs
- Made worse by lead or bismuth contamination
- Control by rapid cooling

Film 底片

指已有線路圖形的軟質底片而言。通常厚度有7 mil及4 mil兩種。其感光的藥膜有黑白的鹵化銀，及棕色或其他顏色的偶氮化合物，此詞有時亦稱為Artwork。

Film Adhesive 接著膜、黏合膜

指乾式薄片化的接著層，可含補強纖維布的膠片，或不含補強材只有接著劑物料的薄層。如軟板FPC的接著層即是。

Filter 過濾器、濾光鏡片、濾波器

在濕製程槽液作業中，為清除其中所產生的固態粒子而加裝的過濾設備，稱之為過濾器。此詞有時也指光學放大鏡系統中，各種特殊效果的濾光鏡片而言。

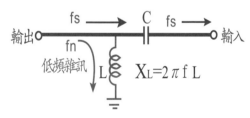

LC高通濾波器之等效電路圖
fs>>fn之時使用高通濾波器

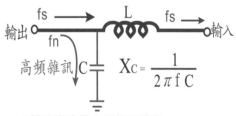

LC低通濾波器之等效電路圖
fs<<fn之時使用低通濾波器

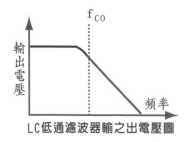

LC高通濾波器之輸出電壓圖

LC低通濾波器輸之出電壓圖

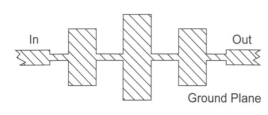

Microstrip Lowpass Filter

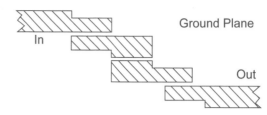

Microstrip Bandpass Filter (edge coupled)

高頻用的電路板,經常在板面以蝕刻法做出一些類似焊墊或線路的小銅面,而用以當成重要的元件,如上頁圖之〝低通濾波器〞(Low Pass Filter)與只有特定頻帶頻寬可通過的Band Pass Filter等均為RF重要的元件,需嚴格控制蝕刻側壁的垂直度與尺寸的精確度。手板上則可安裝低溫共燒陶瓷(LTCC)所製作之小型濾波器元件,而接收到特定的電磁波訊號。

Final Finishing 表面處理、外表處理、終面處理

常指板子銅面焊墊上為了下游組裝,在綠漆後所加做的可焊性處理層,如化鎳浸金、化鎳化鈀浸金(ENEPIG)、浸銀、有機保焊劑(OSP)、浸錫或噴錫等製程或皮膜而言。

Final Inspection 終檢

是各種完工板類出貨前以人工目檢方式對外觀進行的最後品檢,非常耗費人力也非常辛苦。通常是利用目光銳利的年輕女性從事的謹慎工作。為產品包裝出貨前的最後把關。

Fine Line 細線

由於電路板在下游客戶的快速進步與密裝的要求下,本身製造技術也大幅度的提升,因而使得〝細線〞的定義也一變再變,時至2000年之際,可以說線寬在4 mil以下才能算是PCB上的細線,至於封裝載板(Substrate)則到了3 mil以下才稱為細線。後者平均2 mil線寬線距覆晶式載板的製作(多以改稱微米,例如以50μm表達2 mil),傳統影像轉移對其大排板之量產已無能為力,只有改成LDI雷射直接數位成像其對位才能精準,目前LDI速度已大幅提升,以20吋×20吋大型單板面而言,特殊乾膜全面掃瞄曝光僅需40秒而已;或另採高價的玻璃底片上陣,當然也還需減薄銅層厚度以及特殊蝕刻技術才行。目前利用半加成法(SAP)製作的覆晶載板其線寬線距已逼窄到15μm / 15μm(0.6 mil / 0.6 mil)的極限境界了。

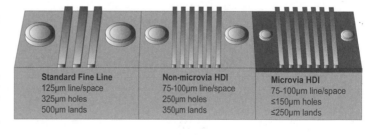

Fineness 純度、成色、粒度

狹義是指黃金中的純金含量,廣義則指物質的純度及粉體的粒度等。

Fine Pitch 密腳距、密線距、密墊距、密跨距

　　2000年以前凡BGA或CSP之腳距（Lead Pitch，指引腳中心到鄰腳中心之間的距離）等於或小於0.635 mm（25 mil）者，稱為密距。到2009時0.35mm（14 mil）以下者才稱為密距。

　　就全面陣列球腳之BGA而言，其球心到球心的跨距稱為Pitch（又可譯為節距），但絕不可稱為間距。通常板面上相鄰導線其線邊到線邊的距離稱為間距（Spacing），線心到線心的距離稱為跨距（Pitch），兩者完全不同不可混為一談。對此等密線而言，通常稱為Fine Line。事實上BGA之各球腳焊後會變扁，以致雖在Pitch未變下，原本球邊到球邊的空距（Clearance）一定會大幅逼近而有短路的危險。就目前一般而言（2007年），BGA各球腳或承焊板上組裝的球墊其跨距（Pitch）逼近小到0.5mm（20mil）甚至0.35mm（14mil）者，即稱為Fine Pitch。但IC封裝覆晶凸塊（Bump）的密距尺度則更縮小到150μm（6mil），甚至未來的50μm（2mil）境界，現行HDI手機板上CSP其球腳承墊組裝的Pitch最小者已到達0.35mm（14mil）的困境了。

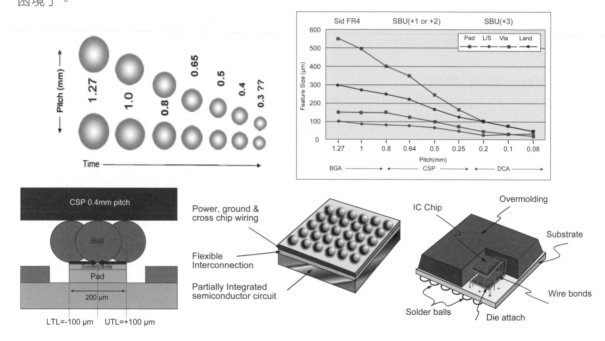

Finger 手指（板邊連續排列之接點）、載板打線承墊

　　在電路板上為能使整片組裝板的功能得以對外聯絡起見，可採用板邊"陽式"的鍍金連續接點，以插夾在另一系統"陰式"連續的彈片式連接器上，使能達到系統間相互連通的目的。Finger的正式名稱是"Edge-board Contact"，下左圖為1999年給Pentium II用著名的SECC卡板，

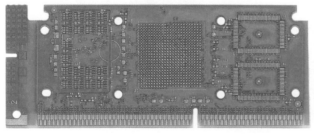

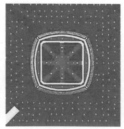

注意其金手指的特別排列。現行BGA各式封裝載板中，頂承接晶片區外圍依次環列的多枚打線墊，亦稱之為手指。

Finishing 終飾、終修

指各種製成品在外觀上的最後修飾或修整工作，使產品更具美觀、保護，及質感的目的。Metal Finishing特指金屬零件或製品，其外表上為加強防蝕功能及美觀而特別加做的表面處理層而言，如各種電鍍層、陽極處理皮膜、有機物或無機物之塗裝等，皆屬之。

Finite Element Analysis Method 有限元素分析法

例如一種對焊點（Joint）可靠度與故障的分析法，為利用電腦與數據模式的分析工具。可將焊件之結構以微分方式劃分成許多受力面與受力點，在電腦協助下逐一仔細找出應力集中而疲勞故障的可能位置。下列左圖即為一鷗翼腳焊點的FEM分析圖。右圖為一外圍有球腳的P-BGA，在板面上焊接後的FEM細分圖，此件共有2492個平面應變要素，與7978個節點應變要素（Node Strain Element）。此等FEM的軟體都很強可做為失效分析的根據。

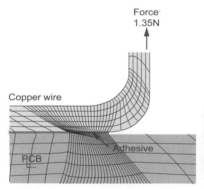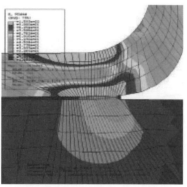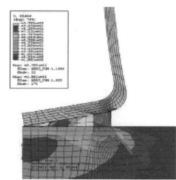

First Article 首產品、首件

各種零件或組裝產品，為了達到順利量產的目的，對已成熟的工序、設備、用料及試驗檢驗等，在整體配合程度是否仍有瑕疵，而所得到的產品是否能夠符合各種既定的要求等，皆應事先充分瞭解，使於量產之前尚有修正改善的機會。另外在打樣板被客戶允收之後量產進行之前，需先試做一小批或數小批，以檢討可能出現的問題，並趁早找出解決方案。此等首件性的試產批亦可出貨。為了此等目的而試產的首件或首批小量產品，稱為First Article。

First Facet 第一刀面

鑽針（Drill Bit）其針尖（Point）的立體組成分為兩個狹長的第一面（見下圖之黃色區），及兩個近似三角鉤型的第二面（Second Facet，綠色部份）是支援第一面的切削前緣（Cutting Edge有如刀刃一般）進行旋轉刺入與旋轉切削之用。

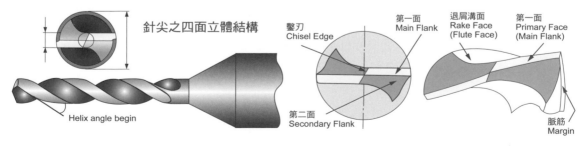

First Pass-Yield 初檢良品率

　　製造完工的產品，按既定的規範對各待檢項目做過初檢後，已合格的產品佔全數送檢產品的比例，稱為初檢良品率（或稱First Accepted Rate），是製程管理良好與否的一種具體指標。目前PCB之細密線路已不允許修補動作，而且也很難對完工板再做重工返工（Rework），功能不良者幾乎只有報廢（Scrap）一途了。

Fish Bone Chart
魚骨圖、要因圖

　　為了工程管理與解困方便起見，特將與製程品質有關的多種成因一一加以分門別類，歸納成一目了然的總體要因架構圖，因如同魚骨之形狀，故稱之為魚骨圖或要因圖。附圖例即為錫膏回焊（Reflow）後其焊錫性好壞的要因分析圖。

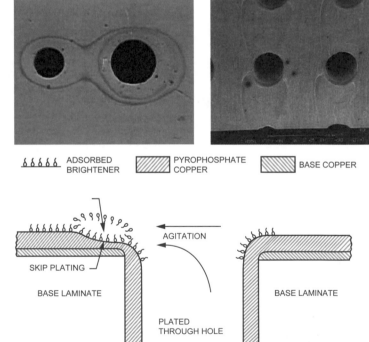

Fish Eye 魚眼、掉眼淚

　　是指全板鍍銅（一次銅）之通孔孔口周圍附近，其銅層較薄或多孔區上下串連成條狀或帶狀下陷現象，又稱為掉眼淚（Tear Drop）或跳鍍（Skip Plating 漏鍍、慢鍍）等。此種魚眼現象早年在使用焦磷酸銅垂直掛鍍時代較容易發生。筆者1975年參加台灣第一家多層板業者美商安培電子公司時，即經常發生這種鍍銅的毛病。後來1985年後改成硫酸銅常溫槽液後就減少甚多。再改成水平走鍍的現代化高速鍍銅則幾乎已絕跡了。

　　發生魚眼的原因1974年出版的電鍍名著 "Modern Electroplating 3rd.ed."（by F.A. Lowenheim）於其P.219曾說明，是由於攪拌中板面與孔內兩股槽液之衝突形成強烈渦流，以及光澤劑失衡或吸附不均所致（另見Step Plating）。時過境遷的今日此術語幾乎已成歷史了。

Fixture 夾具、套具

　　指協助產品在製程中進行各種操作的工具或道具，如電路板進行電測的針盤，就是一種重要的夾具。日文稱為"治具"。

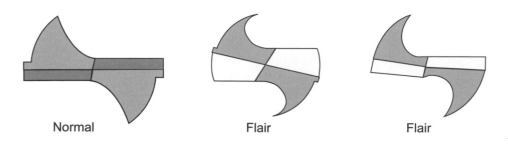

Normal   Flair   Flair

Flair 第一面外緣變形、刃角變形、大頭

在PCB業中是指鑽針之鑽尖部份，其第一面之外緣變寬致使刃角（Corner）變形，是因鑽針不當的"重磨"（Resharpening）所造成，屬於鑽針的次要缺點。

Flag 晶片安置區

指早期的金屬腳架（Lead Frame）封體正中央的晶片固定區與散熱區之圖形，或現行有機材載板之BGA正面中央採銀膏固定的安晶區，如同旗幟的花紋一樣，故又稱為Flag區。

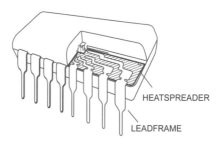

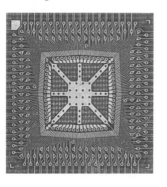

Flame Point 自燃點、閃火點

在無外來之明焰下，指可燃物料在高溫中瞬間引發同時自燃之最低溫度。

Flammability 燃性（阻燃性）

本詞實際上是指板材樹脂的"阻燃性"（Inflammability）而言，重要規範與規格之來源有二，即①UL-94及UL-796 ②NEMA LI1-1989。常見之FR-4、FR-5等術語即出自NEMA之規範。為了大眾安全起見，電子產品的用料尤其是PCB的板材均須達到"阻燃"或"抗燃"的效果（即指火源消失後須具自熄Self-Distinguish的性質），以減少火災發生時的危險性，是產品功能品質以外的安全規定。許多不太內行的業者所常用的廣告詞竟出現："本公司產品品質均已符合UL的規定"，UL只在意產品的阻燃性，品質好壞與他何關？成了"鐵路警察查戶口"式的笑話。

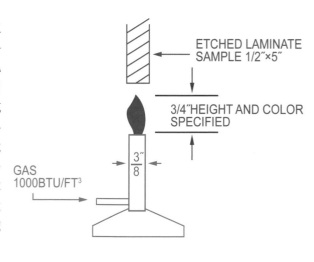

本項目的實做法，可按UL-94或NEMA LI1-1989兩者之規定，不過IPC-TM-650之2.3.10法卻是引用前者。其無銅試樣之尺寸為：5吋×5吋（厚度視產品而不同），每次做5樣，每樣試燒兩次。試燒用之本生燈高4吋，管口直徑0.37吋，所用瓦斯可採天然氣，丁烷，丙烷等均可，但每ft^3須具有1000 BTU的熱量。若出現爭議時，則工業級的甲烷氣（Methane）可作為試燒的標準燃料。

	V-0	V-1	V-2
滅焰時間平均秒數(10回)	5sec以下	25sec以下	25sec以下
滅焰時間最大秒數	10sec以下	30sec以下	30sec以下
合計秒數	50sec以下	250sec以下	250sec以下
剩餘時間	30sec以下	60sec以下	30sec以下
滴下物	不可著火	不可著火	可著火

點燃火焰時，其垂直焰高應為0.75吋之藍焰，可分別調整燃料氣與空氣的進量，直到焰尖為黃色而焰體為藍色即可。試樣應垂直固定在支架上，夾點須在0.25吋的邊寬以內，下緣距焰尖之落差為0.375吋。

試燒時將火焰置於之試樣下約10±0.5秒後，即移出火源，立即用碼錶記下火焰之延燒秒數。直到火焰停止後又立即送回火苗至試樣下方，再做第二次試燒。如此每樣燒兩次，五樣共燒10次，根據NEMA之規定，10次延燒總秒數低於50秒者稱為V-0級，低於250秒者稱為V-1級，凡能符合V-1級難燃性的環氧樹脂，才可稱為FR-4級環氧樹脂。

但IPC-4101／21中的報告方式，卻是採"平均燃秒"上限不可超過5秒，與"單獨燃秒"上限不可超過10秒，作為記錄。

一般性環氧樹脂，是由丙二酚（Bisphenol A 大陸譯為双酚A）與環氧氯丙烷（Epichlorohydrin）二者在固化劑如Dicy之參與下所聚合而成，此等基本環氧樹脂不具阻燃性（Flame Retardant），無法符合UL-94的規定。但若將"丙二酚"先行溴化反應，而改質成為"四溴丙二酚"，再混入液態環氧樹脂（A-stage），使其溴含量之重量比達20％以上時，即可通過UL-94起碼之 V-1規定，而成為阻燃性的FR-4了。

電子產品一旦發生火災或燃燒處理廢板材之際，若其反應溫度在850℃以下時，將會有產生"戴奧辛"（Dioxin）劇毒的危險裂解物。故為了工安，環保，與生態環境起見，業界已有共識，將自2004年起，計劃逐漸淘汰（Face-out）溴素（是鹵素的一種）的使用，總行動稱為Halogen Free。目前日本業者的取代技術已漸趨成熟，而歐洲業界所唱的高調與法令的配合，已在全球業界形成必然之勢，使得主要PCB生產基地的亞太地區，只好俯首稱臣加緊配合。

現將難燃阻燃的原理與商品說明如下：

① 捕捉燃燒中出現的活性自由基（Free Radical, 指H‧），而阻礙燃燒的進行

傳統FR-4環氧樹脂所加入容易斷鍵的溴（Br），會在高溫中抓住燃燒反應中的自由基H‧而形成HBr，亦即對H之可燃性自由基加以捕捉，使燃燒不易繼續進行。此即為添加鹵素（Halogen）達到阻燃的機理（Mechanism）。除溴之外尚可添加毒性較少的氯，或鹵素之磷系等均可，但並不比原來溴素高明多少。

② 添加氫氧化物等阻燃劑，使在燃燒過程中本身進行脫水反應，而得以降溫及阻絕氧氣與可燃物之結合，而達阻燃之目的

不過此等添加物〔如$Al(OH)_3$〕會增加板材的"極性"（Polarity），有損板材的電氣性質，只能用於品級較低的PCB中。

③加入不可燃的氮或矽或磷，以沖淡可燃物減少燃性

此種含氮物等又分有機物與無機物兩類，日本已有商品，整體效果較好。如日立化成的多層板材MCL-RO-67G即為典型例子。

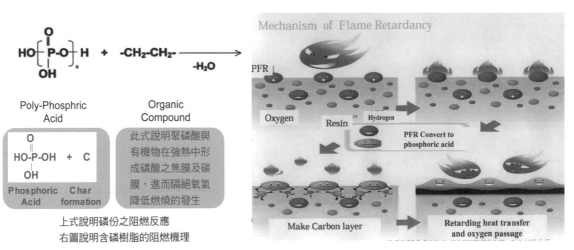

(1)

Bisphenol A
丙二酚

Epichlorohydrin
環氧氯丙烷

先形成小分子
的液態樹脂

Liguidepoxy resin
液態環氧樹脂

(2)

Bisphenol A
丙二酚

溴化反應

Tetrabromobisphenol A
四溴丙二酚 (TBBA)

另將丙二酚進行抗燃處理而形成溴化丙二酚

然後將四溴丙二酚再混入液態樹脂中，以繼續形成阻燃性的雙功能環氧樹脂基材其中溴的重量比約在15-22%之間，視樹脂的T_g高低而有所不同。

(3)

④燃燒中產生覆蓋物阻絕與氧氣的供應而達難燃，如磷化物於高溫中形成聚磷酸之焦膜，以及反應中生成的碳粉並形成另一層碳膜，同時覆蓋住可燃物，斷絕氧氣減少其燃性

但此系亦會產有害的紅磷副產物，並不見得比原來的鹵素好到哪去，故不宜多加。

⑤大量加入無機填充料（Filler），減少有機可燃物之比率以降低燃性

如日立化成所新推出的封裝材料MCL-E-679F（G）中，即加入體積比60～80%小粒狀的無機填充料（例如SiO_2等），但卻事先對其做過特殊的表面處理（FICS），使與樹脂主構體之間產生更好的親和力減少脹縮中的開裂，且分散力也更好。

Poly-Phosphric Acid

Organic Compound

Phosphoric Acid   Char formation

此式說明聚磷酸與有機物在強熱中形成磷酸之焦膜及碳膜，進而隔絕氧氣降低燃燒的發生

上式說明磷份之阻燃反應
右圖說明含磷樹脂的阻燃機理

Mechanism of Flame Retardancy

PFR

Oxygen   Resin   Hydrogen

PFR Convert to phosphoric acid

Make Carbon layer

Retarding heat transfer and oxygen passage

Flame Resistance（Retardancy）阻燃性、耐燃性、難燃性

指電路板在其絕緣性板材的樹脂中，為了要達到某種燃性等級（在UL-94中共分HB、VO、V1、及V2等四級），必須在樹脂配方中刻意加入某些化學品，如溴、矽、氧化鋁等（如FR-4中即

加入20%以上的溴並進入其分子結構中），使板材之性能可達到一定的阻燃性。通常阻燃性的FR-4在其基材（雙面板）表面之經向（Warp）方面，會加印製造者的UL"紅色標記"水印，以表示是阻燃的板材。而未加阻燃劑的G-10，則在經向只能加印"綠色"的水印標記。

此術語尚有另一同義詞"Flame Retardancy 阻燃性"，但電路板正確的術語中，從來沒有過防火材料（Fire Resist），這是一種非常錯誤的說法，多半是外行者或半調子道聽塗說不負責任的隨便口語，不宜以訛傳訛造成真偽難辨，甚至誤導新人。

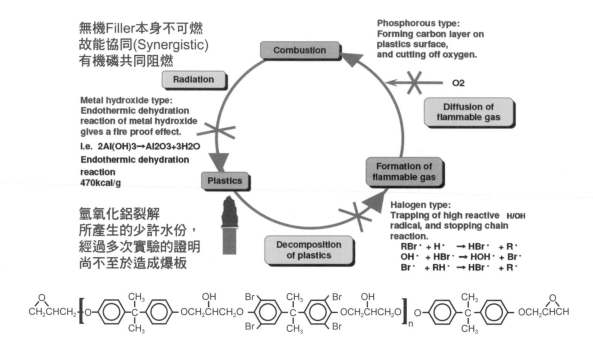

Flammability Rate（阻）燃性等級

乃指電路板板材之阻燃性或難燃性的程度。在按既定的試驗步驟（如UL-94或NEMA的LI1-1988中的§7.11所明定者）執行樣板試驗之後，其板材所能達到的何種規定等級而言。實用中此字的含意是指阻燃或難燃性等級。

Flare 扇形崩口

在機械衝切（Punch）過程中，常因模具的不良或板材的脆化，或衝孔作業條件不對，造成孔口板材的崩鬆、形成不正常的扇形喇叭口者，稱為Flare。

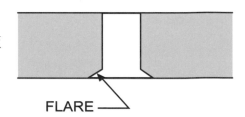

Flash Plating 閃鍍

指在極短時間內以高溫槽液與較高的電流密度，使被鍍物表面得到極薄的鍍層稱為閃鍍，通常多指很薄的鍍金層而言。例如 ASTM B488即規定，凡在10微吋（μ-in）或0.25微米以下的超薄鍍金層即稱為"閃鍍"。

Flashover 閃絡

指板面上兩導體線路之間（既使已有綠漆），當有高電壓環境時，其間絕緣物的表面上產生一種"擊穿性的放電"（Disruptive Discharger），稱為"閃絡"，係指出現閃電而連絡之意。

Flat Coat 全平塗佈、板面平鋪

某些封裝板為了嚴格電性的關係，不允許板面線路的起伏，於是採用液態樹脂小心平塗於板面上，硬化後再小心磨平，此為日本專業代工"野田網印"公司之流程。

Flat Plug 平塞、平填

某些特殊要求的增層板類，夾心在內的傳統通孔多層板（Core），須先用樹脂將所有通孔盡數塞滿填平後，才能再去加做外面的增層。以備一旦外層的焊墊恰好座落在內裡Core板的通孔上，也不會危及外表焊墊的可靠度。這種要求塞滿所有通孔，且其硬化孔柱中不許有氣泡與孔口凹陷的技術，堪稱十分困難。電路板會刊第 9 期有專文介紹這種特殊製程。

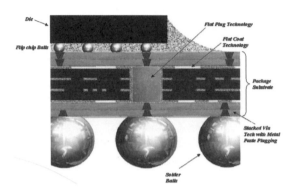

Flat Cable 扁平排線

指在同平面上所平行排列兩條以上的導線，其等外圍都已被塑料絕緣層所包封的多股併列的通路而言。其導線本身可能是扁平的，也可以是圓形的，皆稱為 Flat Cable。這種在各式組裝板系統

之間，作為連接用途的排線，多為可撓性或軟性，故又可稱為Flexible Flat Cable，也常稱為單面軟板但並不太正確，通常提供零件組裝之基地者才能稱為"板"。

Flatted Pin 挫圓梢、挫平梢

是一種多層板壓合之前各種散材（Book）疊合用的工具梢，其做法是在各散材（指各膠片Prepreg與各內層板而言）上，在四個位置同時衝切（Punch）出長方形的槽孔（見下圖中四個藍色者），然後分別一一套入模板直立的挫圓梢中，如此將可使得壓合的熱脹與冷縮中各散材得以自由伸縮而不致累積應力，減少後續的板彎板翹與尺寸不安。

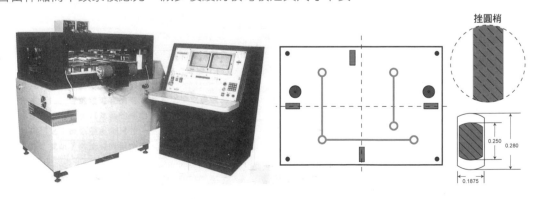

Flat Pack 扁平封裝（之零件）

指薄形零件，如小型特殊的IC類，其兩側有引腳平行伸出，可平貼焊接在板面上，使組裝品的體積或厚度得以大幅降低，多用於軍品，是SMT的先河。

Flatness 平坦度

是板彎（Bow）板翹（Twist）的新式表達法。早期在波焊插裝時代的板子，對板面平坦度的要求不太講究，IPC規範對一般板厚的上限要求是1%。近年之SMT時代，板子整體平坦對錫膏焊點的影響極大，已嚴加要求不平坦的彎翹程度必須低於0.7%，甚至0.5%；封裝載板還更低到0.3%以下。因而各種規範中均改以觀念更為強烈的"平坦度"代替早期板彎與板翹等用語。

Flex Crack 撓裂

係指陶瓷電容器之組裝或使用過程中，受到熱應力或機械應力將可能造成端頭銲點附近本體的開裂，嚴重者將會造成Vcc/Gnd正負兩極之間的短路，以致持續發熱甚至燒板或燒機。新式的設計法可在兩焊接端頭之易裂區只做上單極，一旦發生開裂時則會出現開路而非短路，進而可避免燒板的災難。

Flex Crack

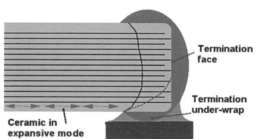

Flexibility Test 撓性試驗

此詞亦即MIT Test（麻省理工學院），是利用特殊的MIT夾具將軟板材料的試樣，在荷重下使產生起落式的定點捲動，直到板材破裂為止，並記錄捲動或轉動次數做為對比。

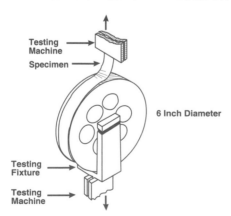

Flexture Endurance Test　抗（耐）撓試驗、耐撓疲勞試驗

　　將完工的軟板安置在IPC Bending試驗器（IPC-TM-650之2.4.9法）或前述MIT試驗器上，進行動態的來回往復試驗直到開裂為止，其移動或擺動之總次數即為抗撓試驗之讀值。此Test又稱為Flextural Fatigue Test。

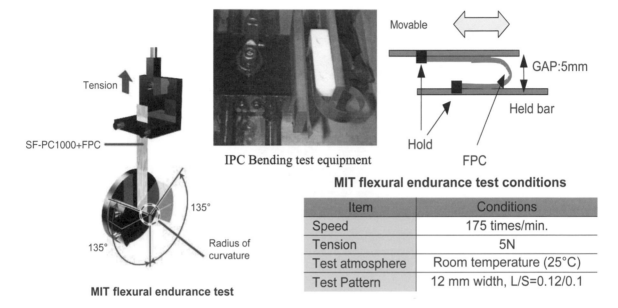

IPC Bending test equipment

MIT flexural endurance test

MIT flexural endurance test conditions

Item	Conditions
Speed	175 times/min.
Tension	5N
Test atmosphere	Room temperature (25°C)
Test Pattern	12 mm width, L/S=0.12/0.1

Flexible Printed Circuit，FPC　軟板

　　是一種特殊的電路板，在下游組裝時可做三度空間的外形變化，其底材為可撓性的聚亞醯胺（PI）或聚酯類（PE）。這種軟板也像硬板一樣，可製作鍍通孔或表面銲墊，以進行通孔插裝或表面貼裝。板面還可貼附軟性保護及防焊用途的表護層（Cover Layer），或加印軟性的防焊綠漆。大陸術語稱為 "撓性板"，似有化簡為繁之嫌。按IPC-2223各式軟板可區分為下列5型。

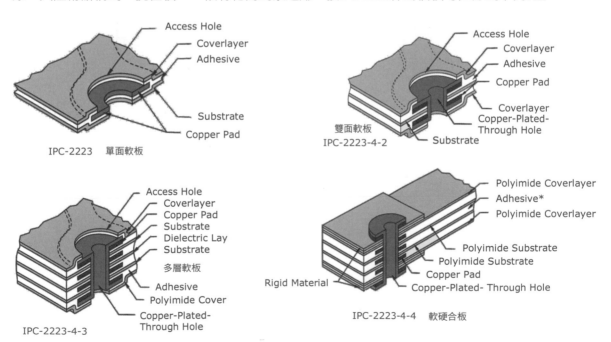

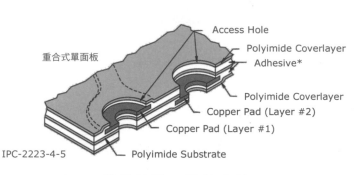

重合式單面板

Access Hole
Polyimide Coverlayer
Adhesive*
Polyimide Coverlayer
Copper Pad (Layer #2)
Copper Pad (Layer #1)
Polyimide Substrate

IPC-2223-4-5

Flexural Failure 撓曲故障、撓性失效

由於反覆不斷的彎折撓曲動作，而造成材料（板材）的斷裂或損壞，稱為 Flexural Failure。

Flexural Modulus 彎曲模數、（抗）撓性模量

在彈性限度內（Elastic Limit），物體受到應力（Stress，即外力）的壓迫，與其所產生彎曲變形（Strain，即應變），兩者的比率（應力/應度）稱為"彎曲模數"，亦即抵抗外力而拒彎的忍耐性。大陸術語稱為彎曲模量，此詞為楊氏模量（Young's Modulus）的一種。下左圖中之OA直線即為彈性範圍內"應力/應變"曲線，其比值之θ角即為楊氏模量的代表，該θ角愈小者其撓性模量愈好，θ角或斜率愈大者表剛性愈強。下右圖之A到B說明抗拉強度延性（撓性）良好者，其晶格之間較容易滑動較不易拉裂。

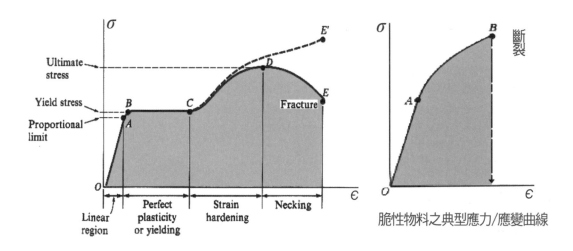

脆性物料之典型應力/應變曲線

Flexural Strength 抗撓強度、撓性強度

是指基材板在承受多少重量之下，而尚不致折斷的機械強度。也就是說做成電路板後，可以承載多少元件而在焊接強熱中不變形的能力。換言之就是在測板材的硬挺性或剛性（Stiffness or Rigidity），口語上似可說成"抗彎強度"或"抗彎能力"。通常高Tg的板材其本項之品質也較良好，因而板彎板翹也就降低了。

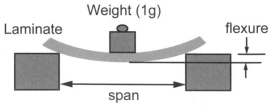

此"抗撓強度"的試驗方法，可按IPC-TM-650之2.4.4A法（1994.12）去做，該法指出本項目是針對不同厚板而做，而厚板與薄板的分界卻是0.51 mm（20 mil），與現行分法（1997.12）的

0.78 mm（31 mil）又有所不同。按品質管理的精神，當然是"後來居上"取代前者，故知此種基板硬挺性品質是針對31 mil以上的厚板而言。

實際做法很簡單，是將板材樣本自底面以"兩桿"支撐，再自頂面的中央以"固定寬度的重頭（Crosshead）"用力向下壓使試樣產生變形。該壓試機"之支撐跨距（Span）與下壓速度（Speed of Testing）等數據，以及對應試驗板在長寬厚等尺度方面的關係，均按下表中數據之規定：

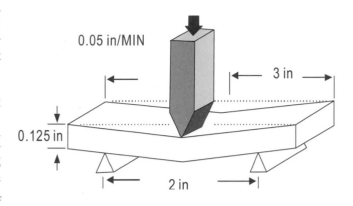

抗撓強度試樣與試驗之規格

Nominal thickness[1] mm[inches]	Specimen Dimensions		Test Parameters	
	Width[2] mm[inches]	Length[3] mm[inches]	Span mm[inches]	Speed of testing mm[inches] per min.
0.79[0.031]	25.4[1.0]	63.5[2.5]	15.9[0.625]	0.51[0.020]
1.57[0.062]	25.4[1.0]	76.2[3.0]	25.4[1.0]	0.76[0.030]
2.36[0.093]	25.4[1.0]	88.9[3.5]	38.1[1.5]	1.02[0.040]
3.18[0.125]	25.4[1.0]	101.6[4.0]	50.8[2.0]	1.27[0.050]
6.35[0.250]	12.7[0.5]	152.4[6.0]	101.6[4.0]	2.03[0.080]

上述試驗機兩側支撐桿之上緣與下壓重頭之下緣（Nose），均須呈現圓弧表面，樣板外緣亦須保持平整，不可出現缺口撕口等。試驗要一直用力壓下直到樣板斷裂為止。所得數據以"磅"或"公斤"為單位，再按樣板面積換算成"壓力強度"的Lbs/m^2（PSI）或 kg/m^2，做為基材板的允收規格。IPC-4101／21中即已列入現行的允收規格，板材長方向之下限為$4.23×10^7$ kg/m^2，板材橫方向之下限為$3.52×10^7$ kg/m^2。

Flexural Strength at Elevalted Temperature 高溫中抗撓強度

係指已搭載零件的板子，在高溫焊接中模擬其抗撓強度如何的試驗。實驗可按IPC-TM-650於2.4.4.1小節內之規定去做。是將樣板放在已有夾具的特定烤箱內，去進行壓試。該烤箱須能控溫在3℃以內，不同板材之溫度條件另有表格規定。所有做法與前項常溫者類同。

此等板材高溫"硬挺性"或剛性之品質好壞，對表面貼裝（SMT）各種零件之焊點強度甚具影響力。目前各種小型手執電子機器的流行，連薄板也要考慮到本項品質了。不過由於樹脂在Tg方面的提高（亦加強剛性Stiffness），與玻纖布的改善（如Asahi-Scwebel專利之壓扁分散的玻纖布），使得本項板材品質也改善極多。

Flight（Fly）Bar 飛架、飛把

是一種垂直濕製程連線中，可荷載生產板面做垂直上下及空中水平左右運動的扁棒型銅材（或塑料）橫桿，在軟體指揮下讓生產板（通電或不通電）在各槽液中上下進出與浸置處理，由於其橫桿不斷帶著板子在空中快速橫向移動，故稱之為飛把。

Flip Chip 覆晶、扣晶

　　晶片在載板正面上利用凸塊的反扣直接結合，早期稱為Facedown Bonding，是以凸出式金屬接點（如Gold Bump或Solder Bump）做連接工具。此種凸起狀接點可安置在晶片上，或承接的板面上，再用高鉛合金之C4焊接法完成焊接互連。是一種晶片在板面直接封裝兼組裝之技術（DCA或COB）。此詞之大陸術語為"芯片倒裝"，Chip翻為芯片有神來之筆，但"倒裝"之劣譯卻相當鴨鴨烏也。試問中文的"覆巢之下焉有完卵"可以改成"倒巢"之下嗎？

Flip Chip Packaging 覆晶封裝法（或組裝法）

　　係將IC晶片功能面對外聯絡的各電極點處，以鍍金或鍍錫鉛方式（或其他高鉛銲料轉移法）長出凸塊（Bump），然後直接反扣覆置於已對準之封裝載板或互連體（Interposer）上，此種封裝做法稱為FC。本法比打線封裝或捲帶搭貼封裝（TAB or TCP）法，在成本、密度與電性上都要更好。此外若將其直接覆裝於PCB板上，則稱為DCA（Direct Chip on Board）。覆晶之封裝與組裝均為兩種領域的最高境界。

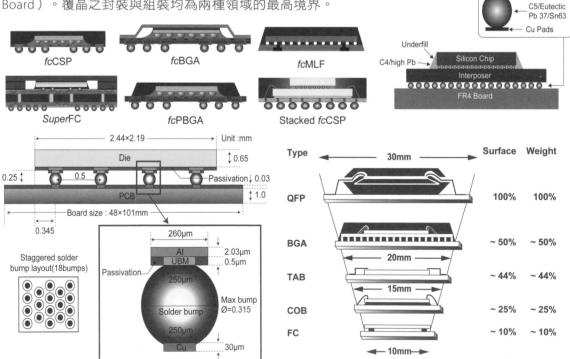

Flip Chip Substrate 覆晶載板

　　三種IC封裝技術（Wire Bond打線、TAB、及FC覆晶）中以FC覆晶最為密集與先進，2000年以前占封裝總體市場不到5%，到2007年底其市占率已上升到12%了，已成為大型複雜IC的主流。不但如此手執電子品的FC或IC近年來更是大為盛行。其封體內部晶片與載板之間是利用高鉛凸塊（Bump）的C4技術做為互連，其柔軟與高熔點以及填充膠料之協力，使得該類重要主動元件不至於受到後段組裝製程在振動與升溫方面的影響。且訊號傳輸距離最短所產生的寄

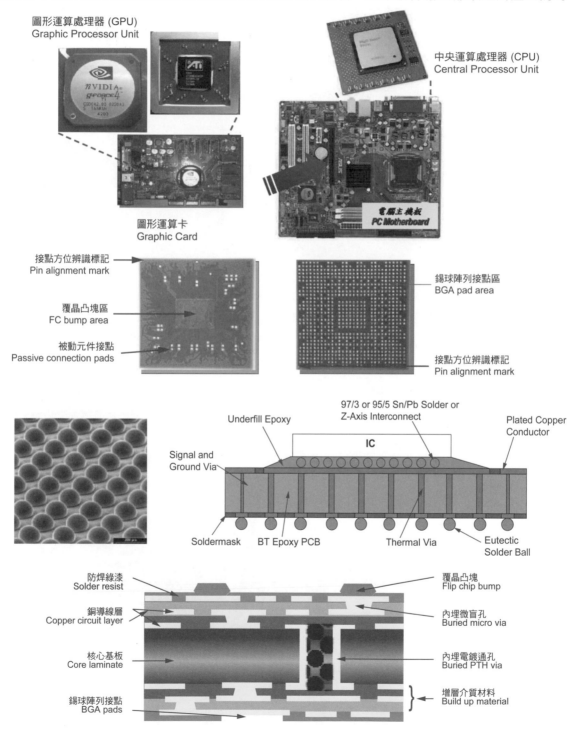

圖形運算處理器 (GPU)
Graphic Processor Unit

中央運算處理器 (CPU)
Central Processor Unit

圖形運算卡
Graphic Card

電腦主機板
PC Motherboard

接點方位辨識標記
Pin alignment mark

覆晶凸塊區
FC bump area

被動元件接點
Passive connection pads

錫球陣列接點區
BGA pad area

接點方位辨識標記
Pin alignment mark

97/3 or 95/5 Sn/Pb Solder or
Z-Axis Interconnect

Underfill Epoxy

Plated Copper
Conductor

IC

Signal and
Ground Via

Soldermask   BT Epoxy PCB   Thermal Via   Eutectic
Solder Ball

防焊線漆
Solder resist

覆晶凸塊
Flip chip bump

銅導線層
Copper circuit layer

內埋微盲孔
Buried micro via

核心基板
Core laminate

內埋電鍍通孔
Buried PTH via

錫球陣列接點
BGA pads

增層介質材料
Build up material

生電感之雜訊（Noise）也最少，非常適合高速與高頻之領域。不過高鉛凸塊所引發的電遷移（Electromigration）卻可能成為高功率大型FC式封裝產品的隱憂，前頁上圖左之繪圖晶片與主機板上的CPU即為高階的FC產品，另二示意圖則為FC載板結構組成的內容。事實上本詞原文Substrate在最早原文命名時即有欠考慮，目前已改稱Carrier了，本詞大陸稱為倒晶基板似乎更未臻信雅達之境界。

Floating Shielding 浮起式遮擋架

龍門式大型垂直掛鍍銅進行時，其飛把(Flight Bar)上夾有多片大板。當其掛架組合到達定位且下降觸及掛架兩端之導電承座後，即開始處於兩陽極間之板面啟動往復式攪拌之電鍍作業。為加強掛架上下一體移動，而不致發生上動多而下動少的不均缺失；以及為防止板子下緣高電流處鍍層太厚起見，香港商PAL首先開發出"浮式擋架"。只有在實鍍板子時才被掛架上整排板子壓入槽中，而能達到上述兩種目的。槽中未鍍板子時，其擋架會自動浮起。

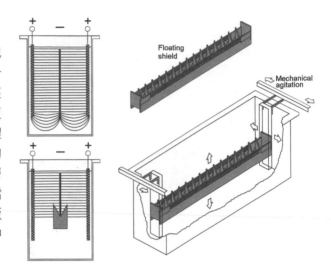

Flocculation 絮凝、凝聚

使懸浮在水中的膠體粒子，結合或集合成為更大粒團的作用稱為"絮凝作用"，如某些廢水處理中所加入的硫酸亞鐵或石灰等，反應後會成為浮游在水中的細微粒子，可使用"多氯化鋁"當做絮凝劑（Flocculant），用以捕捉水中浮游的微小粒子而凝聚成下沉的污泥，進而可使上層的清水得以放流。

Flood Bar 集液桿、蓄洪桿

是指水平自走式濕製程連線機組中的各種槽液段或清洗水段，係利用上下前後四個軟質的長型轉輪，並在生產板的前後擠壓之下，將儲液下槽中所湧出的槽液堵成暫時性的流動水池，而令板面上下及通孔中得以處理或清洗，此等堵水集流的四支軟輪稱為集洪桿。

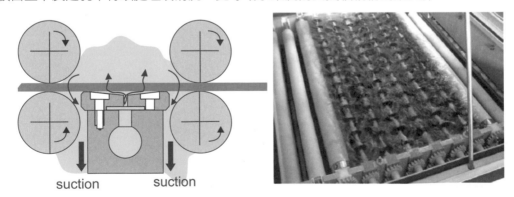

Flood Stroke Print 覆墨衝程印刷

是指網版印刷在實際印刷圖案前，常先用覆墨刀（Flood Bar）將油墨均勻的塗佈在網布上，然後再用橡膠刮刀去刮印或推印。此法對具有搖變性（Thixotropic）的油墨很有用處。

Flood Shielding 湧錫擋板

是一種選擇性局部板面進行波焊放置在錫地上的工具治具，此種只讓局部板面進行接觸上升熔錫的焊法通稱為湧焊（Flood Soldering）。其原理係對錫池向下施加壓力，讓工具板部份開口處得上湧液錫而達到沾錫焊接的目的，其等錫池表面的擋板與開口治具即稱為湧錫擋板。

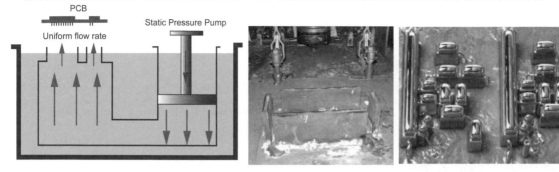

Fluidity 流動性、可流性

指流體（例如黏度小的液體或黏度較大的漿體）發生流動或移動時，其移動的容易與否稱為流動性。焊接中特指熔點以上的銲料，當其擁有溫度較高所具有較多的熱量能量時，則流動性較好也容易呈現更好的散錫性，否則熱量不足的熔融銲料其流動性與散錫性也將不足。暫時不討論內聚力之下，液態銲錫的流動性或向外擴展性則另與焊接基地（例如銅面）的是否平坦滑順也十分有關，當銅面表面處理前的微蝕尚不致過份粗糙時，將有利於散錫與爬錫；一旦銅面過度粗糙者也將不利於液錫的流動性與散錫性。事實上所謂的流動與爬錫，全都是銲料中的純錫與基地中的銅或鎳生成IMC並在擴散時的快與慢而已。

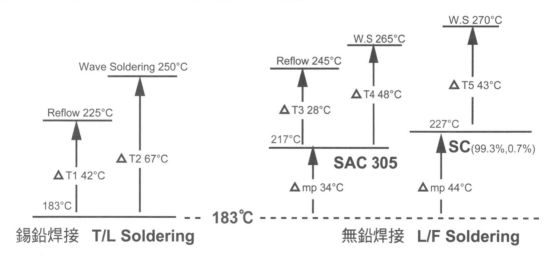

Flow Soldering 流焊

是電路組裝時所採行波焊（Wave Soldering，大陸稱波峰焊）的另一種說法。

Fluorescence 螢光

當一（螢光）物體（如汞蒸氣等）吸受了外來電子、紫外線或X射線等能量後，可使該物質中的電子升高軌道而到達激動態（Excited State）。但當激動態電子失去多餘能量又再回到原來正常態時，會將該多餘能量以光的形式迅速（10^{-8}秒內）發射出去者，稱為"螢光"。當該多餘的能量以較長的時間慢慢發射出去時，則稱之為磷光（Phosphorescence）。

電路板組裝的焊接製程必須要用到助焊劑，而焊後的清洗又需用到CFC溶劑（三氯三氟乙烷，CF-113），以達到徹底清潔的目的。現全球環保意識高漲，各種CFC於1995年全面禁用，因而各種替代性水洗製程紛紛興起。但到底這些替代法能否達到所要求的板面清潔度，則可利用"螢光劑"做為目檢的有力工具。其做法是在助焊劑槽中加入少許螢光劑（0.5～1 g/l）進行追蹤，使在焊後清洗完畢的板子，可於UV光照射下進行目檢。只要少許的助焊劑殘渣存在板面上，即可觀察到其螢光的反射，是一種簡單有效的清潔度檢查法。

Flurocarbon Resin 碳氟樹脂

是一系列有機含氟的熱塑型高分子聚合物，可用於電子工業的主要產品有FEP（Fluorinated Ethylene Propylene，氟化乙烯丙烯）及PTFE（Polytetrafluoroethylene，聚四氟乙烯）等兩種塑膠材料。此等碳氟樹脂曾在蒸氣焊接Vapor Soldering中使用過，3M公司商品稱為FC-70。

Flush Board 表面全平板

某些有滑動需求的板面，或某些封裝板的特殊電性需求必須做到表面平坦者，均稱之全平板。其做法可利用B-Stage的板材去製成線路，然後再進行高溫熱壓，將突起的線路與環墊等一併壓入板材內而得全平板。或在線路起伏的板面上小心平填上液態樹脂，硬化後再小心磨平亦可得到表面平坦的效果。

Flush Conductor 嵌入式線路、貼平式導體

是一外表全面平坦，而將所有導體線路都壓入板材之中的特殊電路板。其單面板的做法是在半硬化（Semi-Cured）的基材板上，先以影像轉移法把板面部份銅箔蝕去而得到線路，再以高溫高壓方式將板面線路壓入半硬化的板材之中，同時可完成板材樹脂的硬化作業，成為線路縮入表面內而呈全部平坦的電路板。通常這種板子其已縮入的線路表面上，還需要再微蝕掉一層薄銅層，以便另鍍0.3 mil的鎳層，及20微吋的銠層，或10微吋的金層，使在執行滑動接觸時，其接觸電阻得以更低，也更容易滑動。但此法卻不宜做PTH，以防壓入時將通孔擠破，且這種板子要達到表面完全平滑並不容易，也不能在高溫中使用，以防樹脂膨脹後再將線路頂出表面來。此種技術又稱為Etch and Push法，其完工的板子稱為Flush-Bonded Board，可用於Rotary Switch及Wiping Contacts等特殊用途。

不過最近日本一家代工廠Noda（野田）Screen公司，推出一種稱為"Flat Coat"（平鋪法）的製程，有類似的效果。即在已完工有線路浮出的板面上，另外塗佈上特殊的樹脂，硬化後再小心的磨勻削平，也可成為"全平電路板"，對於磨線的隔絕性（Isolation），及後續的再增層（Build-Up）都會更好。

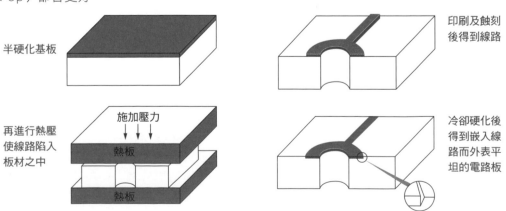

半硬化基板

印刷及蝕刻後得到線路

再進行熱壓使線路陷入板材之中

施加壓力

熱板

熱板

冷卻硬化後得到嵌入線路而外表平坦的電路板

Flush Point　閃火點

具可燃性之液體表面，其蒸氣在既定條件下可被燃起明顯火苗的最低溫度，謂之FP。此閃火點有多種試驗法，但彼此之間常稍有差異，很難取得一致。

Flute　退屑槽、退屑溝、排屑溝

指鑽頭（Drill Bit，或譯鑽針）或銑刀（Routing Bit），其圓柱體上已挖空的部份（剩餘者稱為針心web），可做為廢屑退出的用途，稱為退屑槽或退屑溝。下圖中紅色區域就是退屑溝。

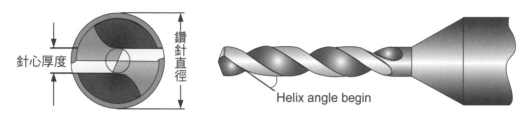

Flux　助焊劑

是一種在高溫中才具有活性的化學品，能將被焊物體表面的氧化物或污化物予以清除，使熔融的銲錫能與潔淨的底金屬迅速結合產生IMC而完成焊接。Flux原來的希臘文是Flow（流動）的意思。早期是在礦石進行冶金中當成"助熔劑"，促使原物料熔點降低而達到容易流動的目的。自從1995年蒙特婁公約全球禁用氟氯碳化物溶劑CFC之後，電子產品之回焊與波焊都執行免洗政策，下二圖中可見到回焊之銲點外圍透明蠟狀皮膜，即為向外流出免洗者所留下之無害物，第三圖則為組裝板清洗過的畫面。

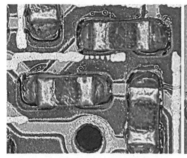
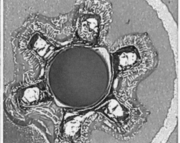

Flying Lead　飛腳

軟板不但可蝕刻掉部份銅面而成線，還能再進一步利用Plasma或有機溶劑溶蝕掉局部的樹脂基材，使小部份銅導體或端子得以完全在自由空間中獨立出來。於是可引導此種已經空間自由的各個端子們，以立體跨越方式連接在主板上，讓軟板所搭載的元件或晶片，得以轉接互連於主板上，此等特殊軟板所伸出到空中已無基材附著的自由端子，特稱之為飛腳。與美商Tessera的μ-BGA的結構有些類似，業者們亦稱為錫手指。

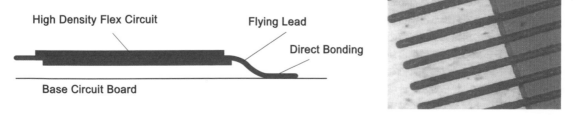

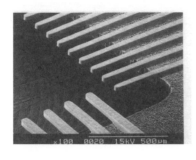
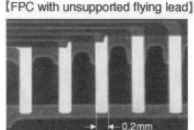
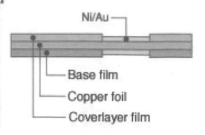

[FPC with unsupported flying lead]

x100 0020 15kV 500μm   ←0.2mm

Ni/Au
Base film
Copper foil
Coverlayer film

Flying Probe 飛針

在無需針床治具下利用X、Y方向可持續移動探針進行完工板的電性測試，此種飛針早期只有通電的兩支對測，現已擴充到16支針的對測。此等無固定針盤測試者對打樣板或小批量的首產板很有用，每秒鐘可測到40點的通路。不過對斷路（Open）的測試則很慢了，但對密距板的電測則比針床治具還要好，當然測速就慢多了，就HDI板而言每秒鐘只能測5-10點而已。

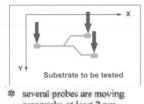
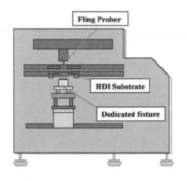
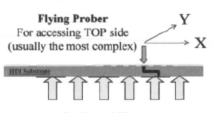

Substrate to be tested
❊ several probes are moving separately, at least 2 per side, up to 32 today
❊ sequential test
❊ various methods : adjacency, discharge, capacitance, phase, antenna

Fling Prober
HDI Substrate
Dedicated fixture

Flying Prober
For accessing TOP side
(usually the most complex)
HDI Substrate
Dedicated Fixture
For accessing BOTTOM side (usually the less complex)

Focused Ion Beam（FIB）Microscope 聚焦性離子束電子顯微鏡

是利用鎵金屬（Gallium, Ga）的離子束對著待微切片的試樣在真空中濺射白金膜或碳膜之切口保護性阻劑下，垂直向下切入某個深度，然後再從52°的方向另切一個階梯式的斜槽；之後利用場發式電子顯微鏡（FE-SEM）斜向去觀察試樣垂直縱斷面上的細部結構，可看到好幾萬倍的細部微觀畫面。不過電子顯微鏡（SEM）所見到的畫面都是黑白的，只有光學顯微鏡（OM）的畫面才是真實彩色者。此詞十餘年前尚簡稱為FIBM，不過這幾年來已改稱FIB了。

由下圖可見到盲孔與底墊之間在焊後發生電性之斷路，但光學微切片500倍及2000倍均難以判斷，於是即利用FIB在切片表面挖了三個洞再以SEM從側面去觀察，終於見到介面所隱藏之鴻溝，原來微切片研磨時銅材的延伸已將其裂口掩蓋堵住了，由此可知FIB微觀上的功效。

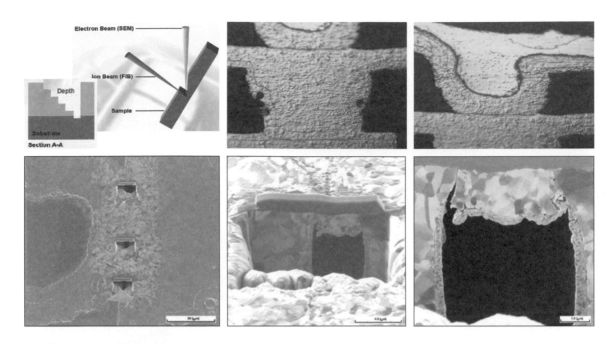

F

Foil Burr 銅箔毛邊、銅箔毛頭、毛刺

當銅箔基板經過切割、鑽孔或衝切（Punch）後，凡當工具刃口不夠銳利時，其機械加工的金屬邊緣常會出現粗糙或浮起或拖泥帶水但卻仍然殘連的現象，謂之Foil Burr。通常只有加工之疊落待鑽板最下一片之最下銅面較易出現此種出口性毛頭，而事後常用振動砂帶磨削的手推式去毛頭法也多半將之推回壓回孔中而已，造成後續完成濕流程通孔電鍍銅與焊接或熱振盪試驗（TCT）後的斷角主因。此等失效一般QC/QA都很不容易發現，除非是從容力端退回的失效板仔細微切片中才可能發現。（下列圖片取材自阿托科技）

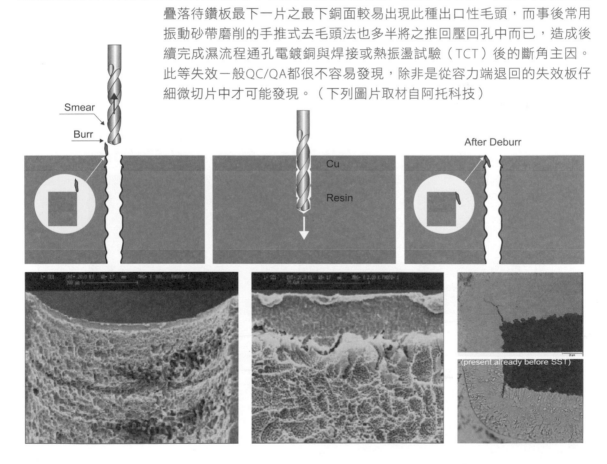

電路板與載板術語手冊 239

Foil Lamination 銅箔壓板法

指量產型多層板,其外層採銅箔與膠片直接與完工內層板壓合,成為多層板之多排板式大型壓板法(Mass Lam.),以取代早期小型之單片排板利用單面薄基板(Cap)之老式壓合法。

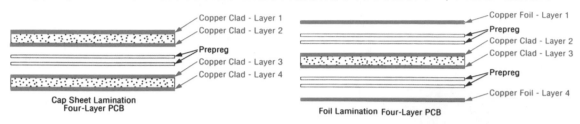

Folded Flex 折疊軟板

是利用軟板做為互連工具,而能將多片硬板折疊成體積更小更緊湊的組合式的載板,下六圖即為商名μZ-F™的三晶片互連組合載板,為折疊式軟板之一例。

Folding Plating 折鍍

PTH鍍通孔的孔銅壁上經常由於玻纖突出而被電鍍銅所包夾形成所謂的折鍍。雷射盲孔之孔壁與孔底其等鍍銅層也會發生環狀死角處的折鍍,此種盲孔折鍍的機理與通孔並不相同。盲孔鍍銅與盲孔填銅都是自孔壁與孔底同時向孔中心長厚的,早期添加劑不佳與可溶陽極操作中,電流稍大者即容易發生折鍍,現行非溶陽極之盲孔鍍銅折鍍已大幅減少了,不過當光澤劑過量或電流密度太大以及槽液污染TOC太高時,或非溶性陽極劣化以致槽液電壓上升(正常2-3V,鈦網陽極劣化後會上升超過5V),也仍然會發生折鍍,嚴重者孔壁下緣低電流處幾乎無法上銅甚至無銅,俗稱為蟹腳(Crab Foot),盲孔鍍銅槽液的管理困難還更甚於通孔的鍍銅。

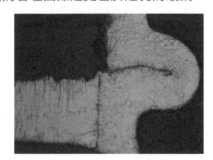

Foot 殘足

指乾膜在顯像之後,部份銅面上所刻意留下的阻劑,其根部與銅面接觸的死角處,在顯像時不易沖洗乾淨而殘留的餘角(Fillet),稱為Foot或Cove。當乾膜太厚或曝光能量太大時,常會出現殘足,將對線寬造成影響。此詞亦可指蝕刻較厚線路之底部,其兩側向外延伸出且超過底片寬度者,亦稱為Foot。

Foot Print（Land Pattern）腳墊、承墊

指表面貼焊零件SMD其各種引腳（如伸腳、勾腳或球腳等）在板面立足的金屬銅焊墊或承墊而言，通常這種銅墊表面還另有噴錫層或其他表面處理皮膜存在，以方便下游SMT的錫膏回焊。

1995: Peripheral packages
· QFP, TSOP
· TAB, etc ...

2008: Array packages
· BGA, micro BGA
· Flip Chip,
· CSP (Chip Scal Package)

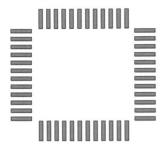
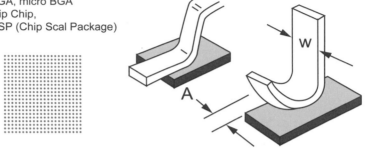

▲ 此二圖取材自 IPC-A-610D

Foreign Material　外來物、異物

廣義是指純質或調製的各種原物料中，存在一些不正常的外來物，如槽液中的灰、砂，與阻劑碎屑；或指板材樹脂中或鍍銅層夾雜的異常顆粒等。狹意則專指熔錫層或焊錫層中被全封或半掩的異物，形成粗糙、縮錫，或塊狀不均勻的外表。

Form-to-List　佈線說明清單

是一種指示各種佈線體系的書面說明清單。

Four Point Twisting（Bending）四點扭曲（彎曲）試驗法

本法是針對一些貼焊在板面上的大型QFP或BGA，欲瞭解其各焊點強度如何的一種外力試驗法。即在板子的兩對角處設置支撐點，而於其他兩對角處由上向下施加壓力，強迫組裝板扭曲變形，並從其變形量與壓力大小的關係上，觀察大型SMD各焊點的強度如何的試驗法。

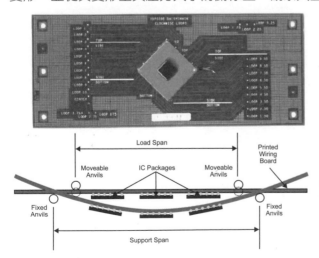
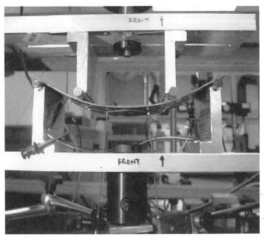

Fracture Energy　破壞能量（韌性）

對某種物料施加外力（Stress）使產生變形（Strain）的動作，例如對某金屬桿材進行線性的

拉伸試驗，或對金屬箔材做面積性擴展試驗，到達斷裂時其"應力／應變"曲線垂直向下所包含的面積即為其破壞能量。而此詞也就是材料學所謂的韌性（Toughness大陸稱韌度應較正確）。

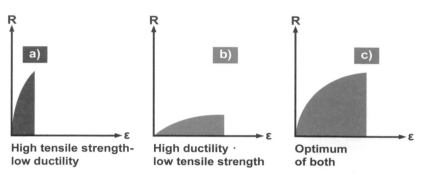

Freeboard 乾舷

原指船舶外殼吃水線以上未淹水之船舷部份。此詞也用於溶劑蒸氣脫脂機（Vapor Degreaser）的作業情形。於此係指溶劑糟之內壁上部，即蒸氣區以上或冷凝管以上無溶劑的乾壁部份，特稱為Freeboard。

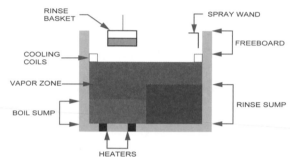

Free Radical 自由基、自由根

當一原子或分子經外加電壓之電離作用失去部份電子，而形成能量頗高之帶電體稱為"自由基"（在水中稱為離子）。此種自由基具有極活潑的化學性質，可供做特殊反應用途。如多層板孔壁乾式除膠渣的"電漿法"即是自由基的運用。此法是將板子放在空氣稀薄的密閉處理器中，刻意另充入O_2及CF_4，並施加高電壓使混合工作氣體被電離後產生各種類似"離子"而具高活性與高能量的"自由基"，其混合式氣體，亦稱為"電漿"（大陸稱為等離子體），進而利用其可對有機物產生化學反應而攻擊板材的樹脂部份（不會傷銅），以達到孔內除膠渣的效果。此法可用於高縱橫比的厚大板或軟板或軟硬合板等領域。

Frequency 頻率

是指各種週期性運動（如鐘擺或水波），在單位時間內所重複動作的次數而言。頻率通常是以"赫"（Hertz，即每秒內重複的次數或週數）為單位。電路板線路中的"訊號"，是以多引腳快速連續推出之（方波）波動方式傳輸，故欲其高速者則必須每隻腳的訊號先要高頻才行。而在高頻中其板材的介質常數就顯得非常關鍵，例如3 GHz以上的高頻微波通信板，則板材D_k介質常數4.5的FR-4必須更換成只有2.6的PTFE板材才行，以減少訊號本身能量因長途傳輸中的散失（進入板材，被極性板材所吸收）而成為雜訊。

Frit 玻璃熔料

在厚膜糊（Poly Thick Film，PTF）印膏中，除貴金屬化學品外，尚需加入玻璃粉類，以便在高溫焚熔中發揮凝聚與附著效果。例如空白陶瓷基板上的金屬粉或金屬化合物之印膏，燒著後能形成牢固附著的貴金屬電路系統。常見瓷杯或瓷瓶口緣處的金邊即為此等貴金屬之作品。

Fully-additive Process 全加成法

是在完全絕緣的板材表面上，採無電性沉積金屬法（絕大多數是化學銅），生長出選擇性電路的做法，稱之為"全加成法"。另有一種較不正確的說法是"Fully-electroless"法。

Full Grid 滿格式佈球

不管是大型的BGA或小型的CSP，甚至覆晶晶片上的高鉛凸塊，其等球腳皆按著不同跨距的格點去進行定位安置，某些設計是採用較困難的滿格式佈局，某些設計則抽掉中央區的球位，只留外圍數圈的植球，如此將可降低內球向外引出細密"逃線"的難度。

 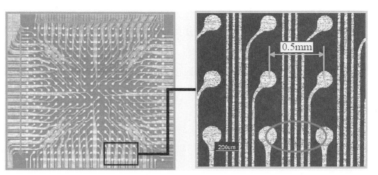

Functional Test 功能性測試

是對產品或製程（Process）能否發揮預設用途的各種測試方法而言，只是一種行或不行（go or no go）的功用試驗法，並不含正式品質因素在內。

Fungus Resistance 抗霉性

電路板面若有濕氣存在時，可能因落塵中的有機物而衍生出黴菌，此等菌類之新陳代謝產物會有某些酸類出現，將有損板材的絕緣性。故板面的導體電路或組裝的零件等，都要盡量利用綠漆及護形漆（Conformal Coating，指組裝板外所服貼的保護層）對外界予以封閉，以減少短路或漏電的發生。

Fused Coating 熔錫層

指早先板面的鍍錫鉛層（見下俯視與側視圖），經過高溫熔融與冷卻固化後，會與底層銅面產生"介面合金化合物"層（IMC）而具有更好的焊錫性，以便接納後續零件腳的焊接。這種早期所盛行有利於焊錫性所處理的板子，俗稱為熔錫板。

Fusing 熔合

是指將各種金屬以高溫熔融而均勻混合再固化成為合金的方法。在電路板製程中特指錫鉛鍍層的熔合成為銲錫合金，謂之Fusing製程。

這種熔錫法是早期（1975年以前）PCB業界所盛行加強焊接的表面施工法，俗稱炸油（Oil Fusing）。此法可將鍍錫鉛層中的有機物逐出，而使銲錫成為光澤結實的金屬體，且又可與底銅形成IMC而有助於下游的組裝焊接。

Fusing Fluid 助熔液

當"熔錫板"的錫鉛皮膜在紅外線自走式重熔（IR Reflow）前，須先塗佈"助熔液"進行助熔處理，此動作類似"助焊處理"，故一般非正式的説法也稱為助焊劑（Flux）前處理。事實上"助焊"作用是在強熱中將零件腳與銲墊表面氧化物進行清除，而完成焊接式的沾錫，是一種清潔作用。而上述紅外線重熔中的"助熔"作用，卻是利用紅外線受光區與陰影區的溫差，藉導熱液體予以均勻化，兩者功能並不相同。

Failure Rate 失效率 NEW

按M1L－HDBK－217對系統或零組件的品質規定，以每1百萬小時的失效次數做為計算者稱之為失效率。造成失效最大的原因就是使用而老化中的溫度。

Femtocell 毫微微細胞型基站、飛站 NEW

這是5G微弱訊號行動通訊所用，而刻意在大樓與住家各室內所架設極多小細胞式的各種微型基站。通常此種F台的函蓋範圍只有10公尺，可接收到空中遠處傳來微弱的無線微波訊號，而得以緩解建築物的遮蔽以致室內接收不良的問題。也就是説Femtocell(Femto指10^{-15}而言)可接收寬頻(正確之説法是寬帶，Bandwidth)網路傳來的微弱訊號，無需與一般基地台搶用狹窄的頻寬，可接收到更高品質與更高速的無線傳輸。所列兩種(一黑一白)即室內"毫微微細胞型"式F站的商品舉例。

基地台分類	發射功率	傳輸距離
Macro巨型	≒45dBm	≒25km
Micro(10^{-6})	≒30dBm	≒5km
Pico(10^{-12})	≒20dBm	≒0.5km
Femto(10^{-15})	≒15dBm	≒50m

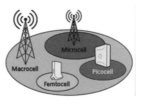 

Field Programmable Gate Assay（FPGA）現場可程式化邏輯閘陣列 NEW

是美商Xilinx在1984年所發明可重新設置內容的邏輯晶片，可取代無法重設的客製化"專門用途的積體電路"（ASIC），而用於訊號處理與控制的場合，此種FPGA不但可隨意改變晶片的內容，並可大幅降低專用IC（ASIC）的費用，因而近年來大受歡迎。

Filleted Land 斜補式孔環 NEW

一般硬板通孔與導線的互連是採孔環與導線的直交，但對需要容易變形的軟板而言，則其垂直交接狹窄處應力容易集中而開裂。為了補強起見乃刻意將兩側空地也利用銅箔進行補強以減少其斷裂，稱之為斜填或斜補式孔環。

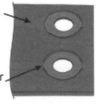

Filleted land design distributes stress

Potential stress riser without fillet

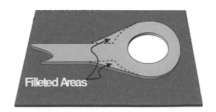

Filleted Areas

Flexible Membrane Switch
軟性薄膜開關 NEW

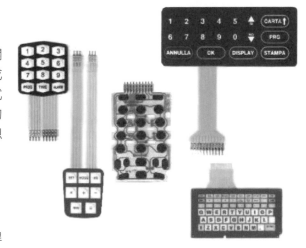

　　此處所謂的開關並非真正開機關機的開關，而是對某一局部訊號電流暫時性的開或關，也就日常生活中常用到電子機器各式"摁鍵"；如小型計算機或電話機等摁鍵均屬之。利用軟性塑料所做成的各種薄膜式摁鍵面板者，即稱為"軟性薄膜開關"。

Flux，Fluxer
助焊劑、助焊劑施工器 NEW

　　指PCBA領域的波焊而言，Flux是指波焊前朝下板面須先行噴塗液態助焊劑，隨後再於預熱中提供其除銹與活化的能量，使助焊中的活性化學品對板面焊墊或零組件引腳產生去除氧化物的活性作用，然後到達波焊機的兩道錫波時即可使之吃錫沾錫完成焊接。對下板面噴塗Flux的工具稱為Fluxer。助焊劑的施工可分為①泡沫上升法②壓力噴射法③幫浦湧升法等三種。

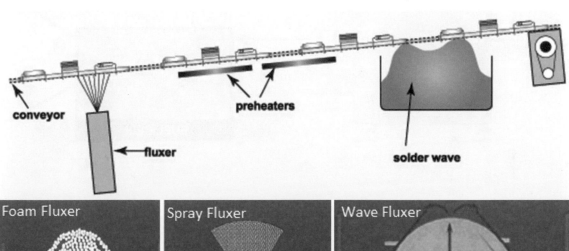

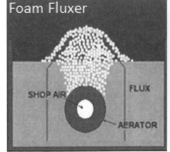

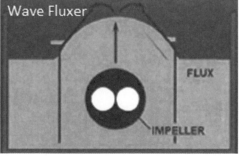

　　助焊劑一般分為以下三級：①R級（Rosin松香級），利用高溫中裂解所產生的松香酸（Abietic Acid $C_{19}H_{29}COOH$，熔點172℃）將待焊金屬表面的氧化物清除。此級Flux在常溫中並無活性，因而焊後可以省掉清洗步驟而不危害環境及產品本身，通稱為免洗Flux。不過此類化學品在活性不強下，對焊錫性幫助也不很大。②RMA級（Rosin Mildly Activated含松香之微活化級）此級助焊能力已變較強，焊後是否要清洗則由買賣雙方決定。③RA級（Rosin Activated含松香之活化級）此級活性很強助焊能力也更好，但焊後的PCBA必須仔細洗淨，以免殘餘物事後高濕環境中發生PCB銅材與零組件的腐蝕。

Full Cell 燃料電池 NEW

　　簡單講就是利用氫氣H_2當成燃料，與空氣中的氧氣O_2兩者在系統機器中進行反應而生成水，由於過程中出現電子的流動因而成為電池，此即稱為燃料電池。也就是把燃料的化學能經由電化學反應直接轉換為電能，只要持續供應燃料即可得到所需的電力。可用的燃料如氫氣、甲醇、乙醇、天然氣或其他化合物。反應的氧化劑為空氣中的O_2，副產物有水、CO_2與熱量。

　　從後右圖可見到 "燃料電池" 被有左陽極與右陰極兩個充滿電解液的電極，經催化劑的參與而將氫原子H分解成e-(Electron)，於是外電路的負載(如電燈)即可取得所需用的電流了。

　　燃料電池的優點有：轉換效率高、充電時間短、噪音低、汙染少、燃料種類較多，應用範圍很廣。缺點則有：陰陽極觸媒含貴金屬如白金等價格很貴，質子交換膜的專利費用也很貴，且各種燃料須先行轉換取得H_2才能進行反應，而此階段轉換效率並不高，如甲醇CH_3OH轉出H2的效率只有12%而已。

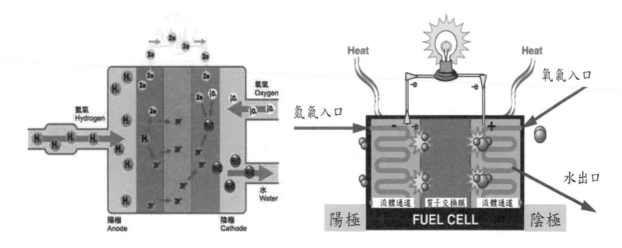

G-10

這是出自NEMA（National Electrical Manufacturers Association，為美國業界一民間組織）規範"LI 1-1989"1.7節中的術語，其最直接的定義是"由連續玻纖所織成的玻纖布，與環氧樹脂黏結劑（Binder）所複合而成的薄片式積層材料"。對於"板材"品質而言，該規範指出在室溫環境下需具備很好的機械強度，且不論在乾濕環境中，其抗電性與絕緣強度都要很好。

G-10與FR-4在組成上都幾乎完全相同，其最大不同之處就是後者在環氧樹脂配方中刻意添加了"阻燃"或"難燃"（Flame Resist or Retardant 簡稱FR）劑。G-10的環氧樹脂則完全未加阻燃劑，而FR-4則大約加入20重量比的"溴"做為阻燃劑，以便能通過LI 1-1989以及UL-94在V-0或V-I級的阻燃性規格要求。一般說來，所有的電路板客戶幾乎都對阻燃性很重視，故一律要求使用FR-4板材。其實有得也有失，G-10在介質常數及銅皮附著力上就比FR-4要好。但由於市場的需求關係，目前G-10幾乎已經從業界消失了。

Gage，Gauge 量規

此二字皆指測量各種尺度所用的測器，如測孔徑的"孔規"或"高度規"與測微長度微直徑的微分卡（Micrometer）等即是。下二圖即為數字型遙控式之銅箔測厚示範圖。

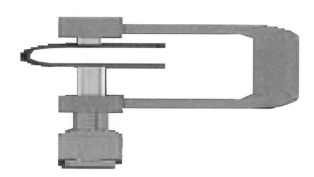

Gallium Arsenide（GaAs）砷化鎵

是常見半導體線路的一種基礎半導體材料，其化學符號為GaAs，可用以製造高速IC元件，其訊號速度要比以矽為晶片基材者更快。

Galvanic Corrosion 賈凡尼式腐蝕

即"電解式腐蝕"之同義字。賈凡尼為18世紀之義大利解剖學家，曾利用銅與鐵等不同金屬鉤子鉤住生物體（電解質），而發現電池性的電流現象。為紀念其之發現，後人在電化學方面常用此字表達"電池"或"電化學"之意念。

由右圖可知當綠漆覆蓋銅面處若未能密封時，則在水氣與電解質的影響下，使其銀面成為陰極而銅面形成陽極，於是在足夠時間之電化學反應下終將銅體咬斷，此即為典型的賈凡尼腐蝕。右圖是微切片進

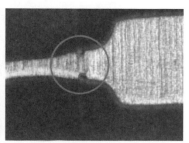

行1-2秒鐘的快速微蝕，引腳黃銅扮演陽極最接近的銅層扮演陰極竟然毫無被蝕的痕跡，但較遠的銅層卻能完成良好的微蝕。

Galvanic Deposition（Displacement）
賈凡尼電鍍法（取代式鍍法）

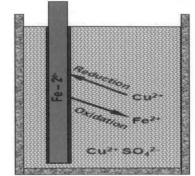

利用兩金屬沉積電位（或電動次序）的落差電壓而產生表面皮膜的濕製程工藝，均可稱為賈凡尼鍍著法。PCB流程中的化鎳浸金、化浸銀、化浸錫等皆屬之。附圖所示即為清潔的鐵器浸入銅鹽溶液中將將立即呈現底鐵溶解而表面鍍銅的取代反應。

Galvanic Series 賈凡尼次序

亦即電化學教科書中所說的金屬"電動次序"（Electromotive Series）。是將各種金屬及合金，在既定環境中，據其活潑的程度所排列的順序。係以解離電壓為排列的準則，"負值"表示反應是自然發生的，其數值大小表示已高出自然平衡狀態若干伏特。"正值"則表示反應是不自然發生的，若硬欲其進行時，須從外界另外施加電壓若干伏特才行。

由下列附表中可看以出由鋰到金，按其活性所排列的次序，其在上位者可將下位金屬予以"還原"，使其從離子狀態中取代出來，並使之還原成金屬。例如將鋅粒投入硫酸銅溶液中。即發生鋅被溶解掉，而銅被沉積出來的反應（若將賈凡尼次序中金屬與離子反向排列而電位的正負亦相反時，若以簡式說明，即成為常見的沉積電位比較表），即為：

$Zn + Cu^{2+} \rightarrow Zn^{2+} + Cu\downarrow$，其電位變化為：

$-0.726 - (+0.34) = -1.066$，表示此反應非常能夠自然發生。

The Electromotive Force Series

Electrode	Potential ,V	Electrode	Potential ,V	Electrode	Potential ,V
Li ⇆ Li⁺	-3.045	Cr ⇆ Cr⁺⁺	-0.56	Bi ⇆ Bi³⁺	+0.2
Rb ⇆ Rb⁺	-2.93	Fe ⇆ Fe⁺⁺	-0.441	As ⇆ As³⁺	+0.3
K ⇆ K⁺	-2.924	Cd ⇆ Cd⁺⁺	-0.402	Cu ⇆ Cu⁺⁺	+0.34
Ba ⇆ Ba⁺⁺	-2.90	In ⇆ In³⁺	-0.34	Pt/OH⁻ ⇆ O₂	+0.40
Sr ⇆ Sr⁺⁺	-2.90	Tl ⇆ Tl⁺	-0.336	Cu ⇆ Cu⁺	+0.52
Ca ⇆ Ca⁺⁺	-2.87	Co ⇆ Co⁺⁺	-0.227	Hg ⇆ Hg₂⁺⁺	+0.789
Na ⇆ Na⁺	-2.715	Ni ⇆ Ni⁺⁺	-0.250	Ag ⇆ Ag⁺	+0.799
Mg ⇆ Mg⁺⁺	-2.37	Sn ⇆ Sn⁺⁺	-0.136	Pd ⇆ Pd⁺⁺	+0.987
Al ⇆ Al³⁺	-1.67	Pb ⇆ Pb⁺⁺	-0.126	Au ⇆ Au³⁺	+1.50
Mn ⇆ Mn⁺⁺	-1.18	Fe ⇆ Fe³⁺	-0.04	Au ⇆ Au⁺	+1.68
Zn ⇆ Zn⁺⁺	-0.762	Pt/H₂ ⇆ H⁺	0.		
Cr ⇆ Cr³⁺	-0.74	Sb ⇆ Sb³⁺	+0.15		

賈凡尼（Galvani）是18世紀的義大利解剖學家，由於曾用銅及鐵的鉤子鉤住動物肉體（電解質），而發現產生（直流）電流的現象，因此開啟出"電化學"的另一片廣大領域。後人特將有關金屬"電化學含意"的許多名詞都冠以他的名字以示紀念，例如Galvanic Effect、Galvanic Cell、Galvanic Corrosion等。

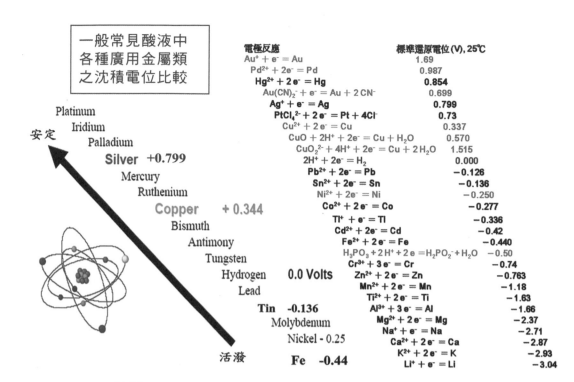

一般常見酸液中各種廣用金屬類之沈積電位比較

電極反應	標準還原電位 (V), 25°C
$Au^+ + e^- = Au$	1.69
$Pd^{2+} + 2e^- = Pd$	0.987
$Hg^{2+} + 2e^- = Hg$	0.854
$Au(CN)_2^- + e^- = Au + 2CN^-$	0.699
$Ag^+ + e^- = Ag$	0.799
$PtCl_4^{2-} + 2e^- = Pt + 4Cl^-$	0.73
$Cu^{2+} + 2e^- = Cu$	0.337
$CuO + 2H^+ + 2e^- = Cu + H_2O$	0.570
$CuO_2^{2-} + 4H^+ + 2e^- = Cu + 2H_2O$	1.515
$2H^+ + 2e^- = H_2$	0.000
$Pb^{2+} + 2e^- = Pb$	−0.126
$Sn^{2+} + 2e^- = Sn$	−0.136
$Ni^{2+} + 2e^- = Ni$	−0.250
$Co^{2+} + 2e^- = Co$	−0.277
$Tl^+ + e^- = Tl$	−0.336
$Cd^{2+} + 2e^- = Cd$	−0.42
$Fe^{2+} + 2e^- = Fe$	−0.440
$H_3PO_3 + 2H^+ + 2e = H_2PO_2^- + H_2O$	−0.50
$Cr^{3+} + 3e^- = Cr$	−0.74
$Zn^{2+} + 2e^- = Zn$	−0.763
$Mn^{2+} + 2e^- = Mn$	−1.18
$Ti^{2+} + 2e^- = Ti$	−1.63
$Al^{3+} + 3e^- = Al$	−1.66
$Mg^{2+} + 2e^- = Mg$	−2.37
$Na^+ + e^- = Na$	−2.71
$Ca^{2+} + 2e^- = Ca$	−2.87
$K^{2+} + 2e^- = K$	−2.93
$Li^+ + e^- = Li$	−3.04

安定 — Platinum / Iridium / Palladium / Silver +0.799 / Mercury / Ruthenium / Copper +0.344 / Bismuth / Antimony / Tungsten / Hydrogen 0.0 Volts / Lead / Tin -0.136 / Molybdenum / Nickel - 0.25 / Fe -0.44 — 活潑

Galvanizing 鍍鋅

這是"鍍鋅"的老式說法，現較廣用的是Zinc Plating。前者含意較廣有時也包括"熱浸鋅"在內；後者則專指槽液式之電鍍鋅而言。

Galvanometer Mirror 電流計式反射鏡

是雷射鑽孔機上快速靈敏可做前後左右小角度極快變動的鏡子，得用以反射雷射光點，使能靈敏的打在板面上 1 吋見方小管區內不同之位點，此種設施稱之GM。此鏡有兩具用以快速改變X與Y的光點座標，而在板材上打出所需的眾多微盲孔。目前的CO_2雷射機每分鐘可在小管區內燒出2～3萬個微盲孔，遠比傳統機械鑽孔快上很多。

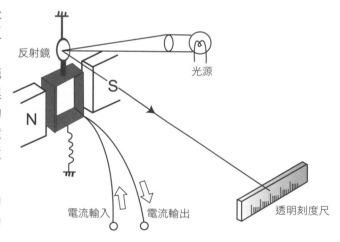

其原理是將反射鏡固定在電流計的線圈上，以一根細絲懸掛並使自由浮動於南北磁極之間，在全無摩擦之下，任何微弱電流的變化都會造成輕微角度的改變，因而可使打在PCB板面的光點位置也為之快速移變。當一個小管區內的孔數全部打完後，還可經由機台的X、Y線性馬達而快速換移到下一個管區去，繼續完成大排板上的所有孔數。現行手機板單面即有3000孔，18吋×24吋大排板可安排30片貨板者，其大板面之單面即達10萬孔，雙面20萬孔以上，至於封裝載板則更常到達80萬盲孔。新式的CO_2雷射鑽孔機，每小時已可完成5大片之操作，而且燒打成孔的速度還再進步之中。但此種精密的微動裝置，會受到室溫變化的影響，故一般機房都要儘量保持恆溫。

GAP 第一面分離、長刃斷開

指鑽尖上兩個第一面的不當分開（橘色處），是重磨（Resharping）不良所造成，屬鑽頭的次要缺點。但由於鑽尖竟然出現兩個尖點，故其孔位之定位會出現偏移甚至還容易鑽成斜孔。

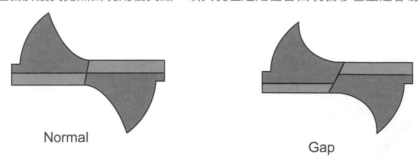

Normal   Gap

Gas Bubble 氣泡

線路鍍銅（二次銅）過程中，管理不良的槽液內，板面會有許多細小的空氣氣泡會沿著板子表面逐漸上升，由於板面已有乾膜光阻的存在，某些橫向光阻的厚度側壁處經常會阻礙氣泡的上浮。且該氣泡一旦固定在乾膜屋簷式的死角處，則會阻止銅金屬的沉積進而形成二次銅的凹陷，業界曾戲稱為子彈孔。

造成細碎氣泡的主因是過濾機回水中氣泡太多，原因是幫浦漏氣以致吸入空氣又打碎後送入鍍槽所致。須在管路的最高點設置漏氣孔以減少空氣泡的進入槽液，才是正確的解決辦法。

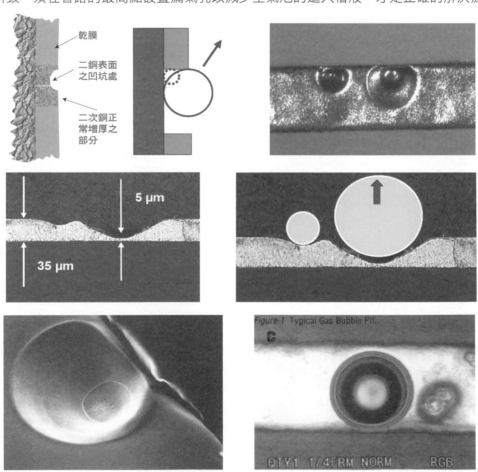

Gas Knife Cooling 氣刀冷卻法

完成連線組裝焊接的板類，可經由特殊設計的衝流冷氣，迅速吹過板面並經由熱交換器的表面而將熱量帶走，使焊後的組裝板得以迅速冷卻。此種做法要比風扇直接吹冷不但效率高，而且所積附的助焊劑殘渣也更容易清除。本法還可吹入冷凍氮氣而能發揮更高的效率及減少吹空氣而氧化的缺失。

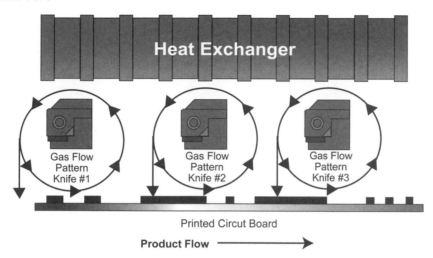

Gate Array 閘極陣列、閘列

是半導體產品的基本要素，指控制訊號入口之電極，習慣上稱之為"閘"。

Gaussian Beam 高斯光束

當雷射光束是以「橫向電磁模式」之00模式傳送者（TEMoo；Transverse Electromagnetic Modes），其能量大部分集中在光束之中心，有如手電筒所射出光束之中心處最亮能量最大一般，此種能量集中的雷射光束，其能量往四周逐漸減少的立體分佈，在數學上稱為「高斯分佈」（即黑白圖中之TEMoo），故將此等光束稱為「高斯光束」。但若將此種光束之峯值（Peak Value）去除而將能量平攤到中心光束者，另稱為平頂型光束（Shaped Beam）。

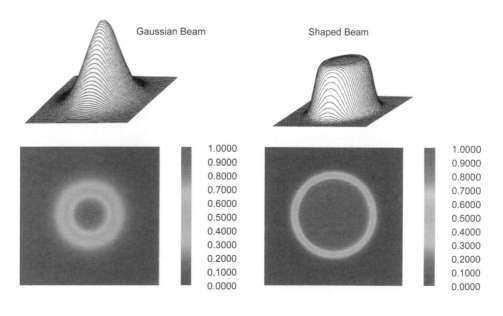

TEM$_{00}$ TEM$_{10}$ TEM$_{20}$ TEM$_{21}$ TEM$_{22}$ TEM$_{33}$

Gel Time 膠性時間、膠化時間

是指B-stage中的環氧樹脂，吸收到外來的熱量後，首先由固體轉變為流體，然後又慢慢吸收熱能產生聚合作用而再變為C-stage的固體。其過程中"出現膠性"可流動狀態所總共經歷的"秒數"稱為"膠性時間"。也就是在多層板壓合過程中，可讓流膠行動中趕走比重較輕的空氣，及填充補平內層線路的高低起伏，總共所能工作的秒數，即為膠性時間（Working Window）在實用上的意義。這是半固化膠片（Prepreg）一項重要的特性。

早期80年以前壓合機尚未出現抽真空的做法前，膠片可流膠的膠性時間很長，常在250秒以上，現在真空壓合機所用膠片的膠性時間都已縮短到120秒左右了。

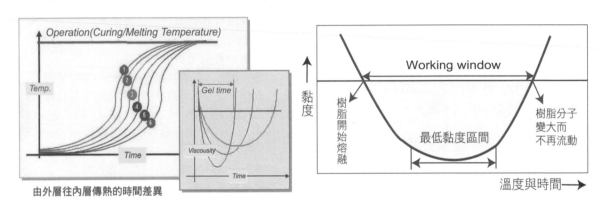

Gelation Particle 膠凝顆粒

指B-stage膠片的樹脂中，出現透明狀已先行聚合的樹脂微粒而言。

Gerber Date，Gerber File 格博檔案

是美商Gerber公司專為電路板面線路圖形與孔位，所發展一系列完整的軟體檔案，設計者或購用板子的客商，可將某一料號的全部圖形資料轉變成Gerber File（正式學名是"RS 274格式"），經由Modem直接傳送到PCB製造者手中，然後從其自備的CAM中輸出，再配合雷射繪圖機（Laser Plotter）的運作下，而感光繪製得到鑽孔、測試、線路底片、綠漆底片…，甚至下游組裝等具體作業的底片資料，使得PCB製造者能立即從事打樣或生產，可節省許多溝通及等待的時間。此種電路板"製前工程"各種資料的電腦軟體，目前全球業界中皆以Gerber File為標準作業。此外尚有IPC-D-350D及GENCAM軟體的開發，但目前仍未見廣用。

GETEK 奇異公司板材

是美國GE公司所推出之PPO樹脂與環氧樹脂所混合的板材，其介質常數（Dk）已降低到3.5，Tg提高到180℃，可取代FR-4而用於高品級的高速電腦產品中。其最精采處是Dk與Df在大板上的穩定與均勻，對傳輸線較長者非常有利，是厚大多層板或背板的重要板材。

Ghost Image 陰影

在網版（大陸稱絲網）印刷中可能由於網布或版膜邊緣的不潔，造成所印圖邊緣的不齊或模糊，俗稱為Ghost Image鬼影。

Gilding 鍍金

是鍍金之老式說法，現在已通用Gold Plating。

Glass Cloth（Glass Fabric）玻纖布

是將玻纖紗（Glass Yarn）的經紗（Warp）先平行排列整齊，然後再以強力空氣力量將緯紗（Fill）按平行排列經紗的一上一下穿梭而過，所織成的布種即稱之。新型環氧樹脂中摻入重量比20%-30%沙粒狀SiO_2的無鉛化板材，或摻入$Al(OH)_3$的無鹵化板材中，為了能讓此等黏度增大的樹脂順利含浸進入玻纖紗中堵死可能的通道起見，乃刻意將各種排列整齊的經紗利用強力水箭的撞擊力量將其扁圓形的紗束打開打扁，甚至連緯紗也打開再去織布者，特稱為開纖布或扁纖布。其實此種做法早幾年是為了雷射成孔的孔形更圓更好而設想，目前無鉛化與無鹵化板材也都恰好能派上用場，正所謂的無心插柳柳成蔭。通常薄布者（106、1080等）較容易開纖，至於厚布如7628者其開纖效果並不太好。下列三圖即為開纖之106、1080與7628以及完工板的比較。

玻纖布的生產是由玻纖紗開始的，下圖即為織布的流程：

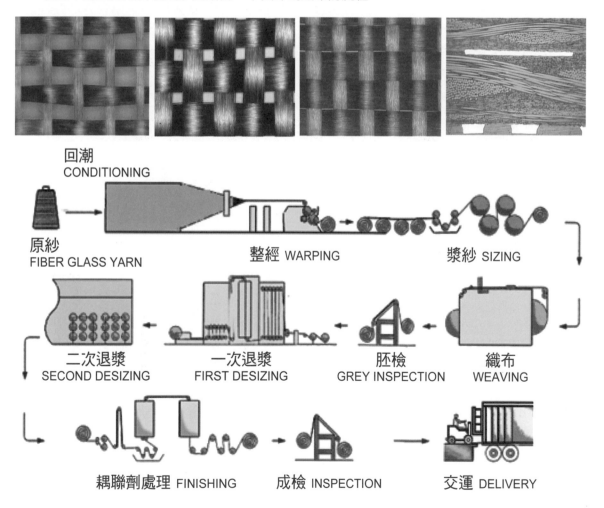

Glass Fiber 玻纖

是將高溫熔融的玻璃漿從白金容器式的紡位（Bushing）的小口擠出，進而得到極細的長絲（Filament），稱為玻纖絲。此玻絲可集合200～400支而旋扭撚合成玻纖紗（Yarn），再由玻紗織成玻纖布，可用來當成膠片的補強材料。若將連續的長纖切斷而成定長的短纖（Staple），再進行含浸處理而成厚度一定的板材，則另稱為玻纖蓆（Glass Mats）。

Glass Mask 玻璃底片、光罩

高階IC封裝載板（IC Substrate）的線寬線距已逼近到了15μm/15μm，其成像（Imaging）過程中，傳統4mil或7mil厚的塑料底片（Artwork）脹縮太大早已不敷使用，必須改用半導體成像用的玻璃底片，以減少片基尺寸脹縮所造成的良率下降。不過此等玻璃底片的價格非常昂貴，每組（10片左右）動輒數十萬元，不在話下。

Glass Paper（Glass Mat）玻纖紙或玻纖蓆

是將玻纖絲（Filament）切成定長的短纖（Chopped Filament），利用某些接著劑（Binder）而將短纖分散佈置其中，固化後成為玻纖紙或玻纖蓆。通常CEM-3之廉價板材其上下兩外層仍採7628膠片，但居內部之板材即由數張玻纖紙膠片所疊構而成。最細的玻纖紙其單位重量可達25 g/m²，厚度約70μm。近來還有些日本業者刻意做出扁圓橢圓形的短纖，而具有分佈均勻、厚度準確、表面平滑與容易鑽孔與雷射成孔等好處。下兩組圖即為圓絲與扁絲（日東紡Nittobo之FFSheet）做成紙或蓆後的比較，以及與正統薄形玻纖布106以及1080在厚度方面的比較。

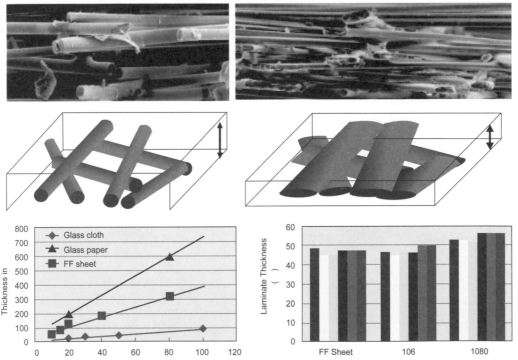

Glass Fiber Protrusion / Gouging，Groove 玻纖突出／挖破

由於鑽頭不夠銳利或鑽孔操作不良，以致未將玻纖完全切斷卻形成撕起，而部份孔壁表面也被挖破（Gouging or Groove）出現凹陷，二者皆會造成孔銅壁的破洞（Voids）。因"玻纖突出"處是高電流區甚至將會鍍出很厚的銅瘤，插裝時會被弄斷而出現破洞，至於挖破低陷處也由於是低電流密度區，其銅層很薄甚至可能鍍不上去，也可能形成孔壁破洞。

Glass Transition Temperature，T$_g$ 玻璃態轉化溫度

聚合物（即Polymer，亦稱高分子材料或樹脂等）會因溫度的升降，而造成其物性的變化。當其在常溫時，通常會呈現一種非結晶無定形態（Amorphous）之脆硬有如玻璃狀固體（此處之玻璃，是對組成不定各種物體之廣義解釋，並非常見狹義之透明玻璃）；但當在高溫時卻將轉變成為一種如同橡膠狀的彈性固體（Elastomer）。這種由常溫"玻璃態"轉變成物性明顯不同的高溫"橡膠態"過程中，其狹窄之溫升過渡區域，特稱為"玻璃態轉化溫度"；可簡寫成Tg，但應讀成"Ts of G"，以示其轉變過程的溫度是一個區段並非只在某一溫度點上。

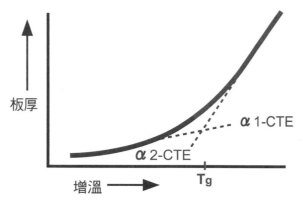

◀ 此為熱機分析法(TMA)，針對試樣量測其Tg的說明。當試樣在儀器增溫中其Z軸板厚出現逐漸漲厚的情形，而當此熱脹曲線由室溫玻璃態(Glass Stage)的α1-CTE斜率(Slpoe)，轉折到高溫橡膠態(Elastic Stage)之α2-CTE斜率時，其間過渡態所對應的溫度範圍即為Ts of G稱為Tg

此種狀態"轉換"的溫度區雖非聚合物的熔點，但卻可明顯看出橡膠態的熱脹係數（CTE）要高於玻璃態的3或4倍。凡板材的Tg不夠高時，在高溫的強烈Z膨脹應力下，可能會造成PTH孔銅壁被拉扯的斷裂。現行FR-4之平均Tg已140℃，而CEM-1亦有110℃以上者。目前業界在板厚不斷減薄與鍍銅品質持續改善下，斷孔的機率已比早先降低很多了。

由眾多實務經驗可知，Tg較高的板材，其熱脹係數較低，耐熱性（Heat Resistance）良好，剛性（Stiffness or Rigidity）很強板彎板翹較小，板材之尺度安定性（Dimensional Stability）改善，且吸濕率（Moisture Absorption）亦較低，耐化性（Chemical Resistance含耐溶劑性）提升，各種電性性能亦都較好，且不易出現白點白斑（Measling and Crazing）等缺點。故一般業者常要求板材在成本範圍內，須儘量提高其Tg，以減少製程的變異與板材品質的不穩。不過高Tg者不但單價較貴且

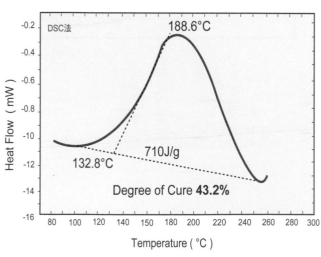

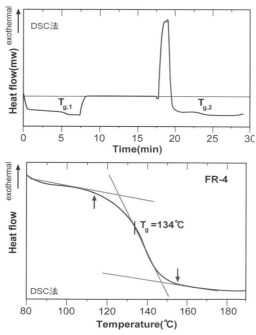

不良脆性亦隨之增大，機械加工必須採用很溫和的參數以免造成板材的微裂。業界有一種不人正確的看法，認為高T_g者無鉛焊接較不易爆板，事實上爆板與T_g並無因果關係。

但由於T_g的測定的方法很多，而且所得數據之差異也頗大。須注意其實驗之升溫速率，應控制在5至10℃之間，不可太急。常用之測試法有DSC、TMA及DMA等三種，現說明如下：

①DSC係指Differential Scanning Calorimetry（示差掃瞄卡計），是在量測升溫中板材之"熱容量"（Heat Capacity）變化如何（即Heat Flow變化）。係在其熱容變化最大的斜率處，以切線方式找出居中值即可。本法由於板材之升溫中，其熱容量變化並不大，故對T_g測定的靈敏度較差。（見前三圖）

②TMA係指Thermal Mechanical Analysis（熱機械分析法），是量測升溫中板材"熱脹係數"（CTE）的變化。通常樣板厚度在50 mil以上者，本法測試之準確度要比DSC法更好。IPC規範較推薦本法。（見右圖）

③DMA係指Dynamic Mechanical Analysis（動態熱機械分析法），是檢測升溫中聚合物在"黏彈性變化"方面的數據，或量測升溫中板材在彈性模數（Modulus大陸稱模量）與剛性（Stiffness）方面的變化。其靈敏度最好，是檢驗T_g三種方法中測值較高的一種（如同樣品之TMA測值為145℃，DSC約為150℃，而DMA則約為165℃）。到底哪一種最準確，則人云皆非真相不易得知。不過本法對板材中有好幾種不同樹脂之混合者，亦能一一將之測出，但儀器使用者之技術也需較精密才行。（參閱DMA詞）

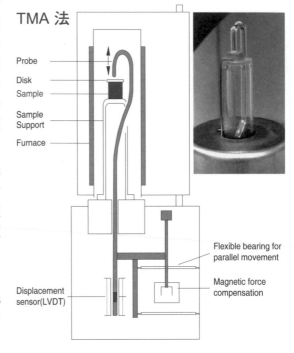

TMA 法

Probe
Disk
Sample
Sample Support
Furnace

Flexible bearing for parallel movement

Magnetic force compensation

Displacement sensor(LVDT)

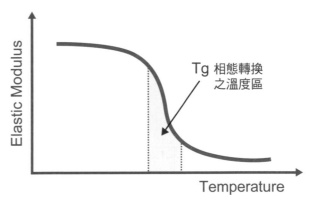

Elastic Modulus

T_g 相態轉換之溫度區

Temperature

Glaze 釉面、釉料

指燒熔後的陶瓷形成如同玻璃般光滑表面者稱為釉面。而陶瓷零件經加工得到光滑無疏孔的釉面者，稱為Glazed Substrate。

Glob Top 圓頂封裝體

指晶片直接安裝於板面（Chip On Board）上，然後自晶片正中央的正上方澆注一種液態封膠，使形成圓弧外形膠封體（Encapsulant），完成簡易的封裝。所用的封膠劑有環氧樹脂、矽樹脂（Silicone，又稱聚矽酮）或其等混合膠類。

Global Position System（GPS）
全球定位系統

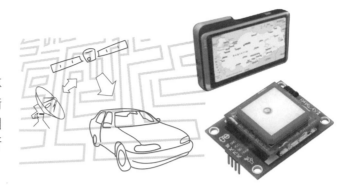

目前最大用處是用於汽車導航方面，可將實際的地圖、路線圖做成軟輸入專用的IC內，再利用微波通訊的原理，從衛星上發射所要的資料，讓駕駛人按地圖的指示即可很容易找到要去的地方。所用小型PCB其板材只需一般FR-4即可。

Globule Test 球狀測試法

這是對零件腳焊錫性好壞的一種測試法。是將金屬線或金屬絲（Wire）狀的引腳，壓入焊性測儀的一小球狀的熔融銲錫體中，直壓入到其球心部份。當金屬線也到達焊溫而銲錫對該零件腳也發揮沾錫力量時，則上部已分裂區域又會合併而將金屬絲包合在其中。由壓入到包合所需秒數的多少，可判斷該零件腳焊錫性的好壞，此法是出自IEC 68-2-10的規範。

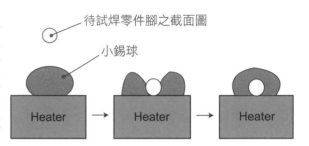

Glossiness 光亮度、光澤度

物體表面的光亮程度，可利用特定光源的某種光亮以60度入射列物體表面，再從另一個60度的反射角位置去量測其反光的光量，當超過入射的20%以上稱為之亮面，不足者稱為霧面，綠漆的亮度即可利用此種方法鍵定之。

Glue 膠、紅膠

此詞的用途極廣常指液態的膠接劑而言。PCBA組裝波焊過程中，為使多種小零件定位起見，將於其腹底的承或綠漆表面印刷上專用的紅膠，再將各種小零件自動放置妥當後隨即予以熱風烘烤而暫時固定，然後即可進行波焊而將之焊牢。附圖即為紅膠不足與紅膠過量的畫面。

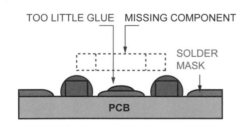
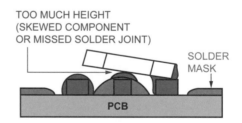

Glycol（Ethylene Glycol）乙二醇

是一種清澈無色如漿狀的二元醇類，分子式為$CH_2OH \cdot CH_2OH$，有甜味能水溶，可做為防凍劑、冷卻劑、散熱液等。此物在PCB工業中多用在各種助焊劑與助溶液之配方中，當成一種基質母體用途。且其高分子量的聚合物也用於酸性電鍍銅的載運劑（Carrier or Suppresant）配方中，對鍍銅品質非常重要。

Polyethylene Glycol (分子量2k-20k)

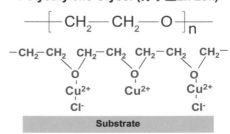

Golden Board 測試用標準板

指完工的電路板在進行電性連通（Continuity）測試時（Testing），必須要有一片已確知完好正確的同一料號板子做為對比，此標準板稱為Golden Board。

Gold Finger 金手指

也就是板邊鍍金接點的俗稱。1980年左右正流行007 James Bond 電影其中一集之片名即為金手指，故PCB業也將板邊接點稱為金手指，另BGA載板之連環打線鍍金墊也稱為金手指。（附圖尚未切掉Bus Bar與Shooting Bar）

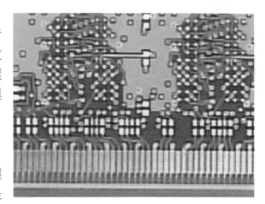

Gold Plating 鍍金（指電鍍金）

電鍍金之底層一定有電鍍鎳層，為的是防止金與銅之間的互相遷移。電鍍金鎳在PCB上的主要用途是板邊接點或打線之用。

Grain Boundary Etching 晶界性微蝕

以銅箔與電鍍銅層之微蝕為例，在微蝕液中刻意加入某些有機助劑使咬蝕的行動多半集中在晶界，因而在總體減薄量不大但卻可得十分粗糙的銅面，應用於光阻與黑化或綠漆前處理可提供更好的附著力，俗稱超粗化微蝕。一般銅箔之結晶在常溫中幾乎已定型，此種超粗化可得到外表十分粗化的效果，但PCB現場之電鍍銅出槽後室溫至少4小時以上其結晶才變大變穩定，或烘烤半小時也可快速取得再結晶之穩態，如此經過超粗化微蝕才會取得理想的粗度。

通常超粗微蝕對銅箔較慢，而DC電鍍銅則快約10%，脈衝鍍銅更快約30%。著名的商品如阿托科技的CupraEtch、Resist Assit 或日商美格的CZ-8100與CZ-8300，後者甚至還可形成有機皮膜，對封裝載板光阻工程的前處理非常重要。

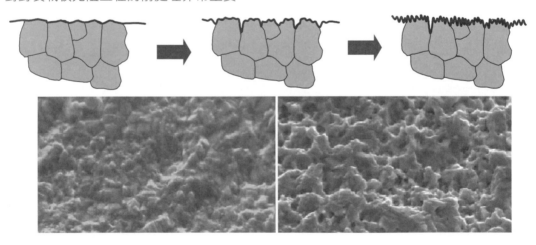

Grain Size 結晶粒度

指各種礦石或金屬或化合物等結晶體（Crystal）其單位晶粒的大小而言。

Graphite 石墨

可將石墨之細粉製成黑色懸浮液，代替化學銅對通孔非導體之孔壁進行導電處理。美商

Electrochemicals（現已改名為OMG）即以石墨細粉配製成Shadow黑影製程，與另一種先行問世的碳粉黑孔製程（Black Hole），均屬碳系導電之直接電鍍（DP）製程類。

Grayscale 灰階

電腦的數值化計算可將所見到任何圖像的基本像素進行數位化處理，（最小單位稱為Pixel像素）。以黑白為例；將黑當成0把白做為1，於是可以在數位計算處理中可得到非常粗糙的畫面，那就是二值化或二元影像（Binary Image）。

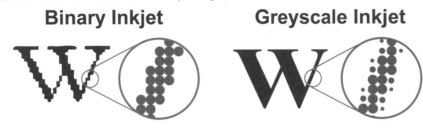

所謂灰階，就是對原始像素的數位處理從起初的二值化，增多到早期的4 bits共16個灰階（Shade），到目前一般性8 bits的256個灰階，或更精密型每個畫素16 bits位元的65536個灰階，其成像的畫面當然比二值化清楚太多了。

至於彩色的灰階影像則只需利用所謂的調色盤（Palettes）與假性調色盤的偽彩色，即可產生真正彩色灰階的畫面了。

Grid 標準格

指電路板佈線圖形時的基本經緯方格而言，早期每格長寬格距各為100mil，那是以"積體電路"（IC）引腳的腳距為參考而定的，目前密集組裝已使得此種Grid再逼近到50mil甚至25mil。座落在格子的交點上則稱為On Grid。

Grinding Belt（Sanding Belt）砂帶研磨

是利用圓桶形砂布套在機器的兩個轉軸上，於固定壓力下使產生浮動式的移動，可將水平相對走過的板子銅面進行全面性的均勻刷磨。本法能進行機械粗化與減薄銅層的作用，專用的堅固厚重型砂帶機以日商菊川之機器最有名。（兩圖取材自阿托科技）

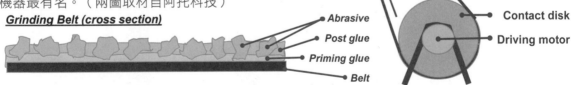

Grid Spacing（Distance）格距、孔距

早期通孔插腳焊接之組裝時代，IC之腳距與PCB各通孔之孔距，均按縱橫各為100 mil之XY格線與格點，進行接腳、設孔、元件佈局，以及測試設點等設計動作，謂之On Grid。此種方格之大小長寬稱為"格距"。

Ground Plane（or Earth Plane）接地層

是屬於多層板內層的一種大銅面層次，通常多層板之訊號線路層，需要搭配大銅面的零電位參考接地層與其間之介質等三者組成傳輸線,該大銅面接地層可當成眾多零件的公共回歸途徑(Return Path)、遮蔽(Shielding),以及散熱(Heatsinking)之用。

以傳統TTL(Transister Transistor Logic)邏輯雙排腳的IC為例,從其正面(背面)俯視時,以其一端之缺口記號朝上,其左上者即為第一隻腳(通常在第一腳旁的本體也會打上一個小凹陷或白點作為識別),按順序數到該排的最後一腳即為"接地腳"。再按反時針方向數到另一排最後一腳,就是要接板內另一大銅面電源層(Power Plane,Vcc或Vdd)的引腳。

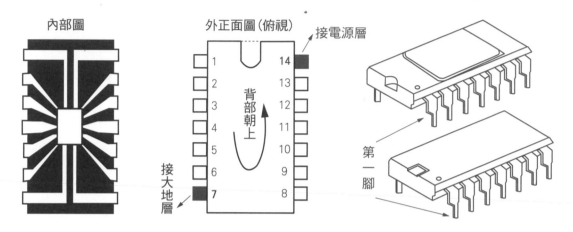

Ground Plane Clearance 接地空環

"積體電路器"不管是傳統IC或是VLSI,其接地腳或電源腳,與其接地層(GND)或接電源層(Vcc)的腳孔接通後,再以"一字橋"或"十字橋"與外面的大銅面進行互連。至於穿層而過完全不欲連接大銅面的通孔,則必須取消任何橋通而與大銅面隔絕。為了避免因受強熱腫脹變形或波焊失熱起見,該通孔與大銅面之間必須留出膨脹所需的伸縮空環(Clearance Ring,即圖中之白環)。因而可從已知引腳所接連的層次,即可判斷出到底是 GND 或 Vcc / Vdd 了。

一般通孔製作若各站管理不善的話,將會發生"粉紅圈",但此種粉紅圈只應出現在空環以內的孔環(Annular Ring)區域中,而不應該越過空環任憑其滲透到外界的大地上,一旦如此就說明不良壓合(大陸稱層壓)太過份又太莫名其妙了。

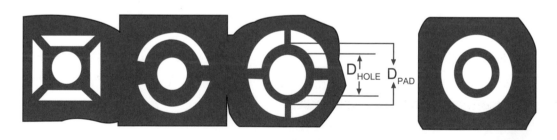

Gull Wing Lead 鷗翼引腳、翼型腳

此種小型向外伸出的雙排貼腳,是專為表面黏裝SOIC封裝之用,係1971年由荷蘭Philips公司所首先開發。此種本體與引腳結合的外形,很像海鷗展翅的樣子,故

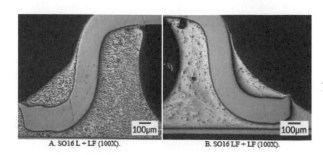

A. SO16 L + LF (100X).　　B. SO16 LF + LF (100X).

名"鷗翼腳"（或Goose鵝腳）。另若各引腳並不外伸而改採向本體底部縮回之勾腳而節省空間者，稱為J-Lead。其等外形尺寸目前在JEDEC的MS-012及-013規範下，已經完成標準化。此等引腳之基材為Kovar，表面鍍有易焊的錫層。

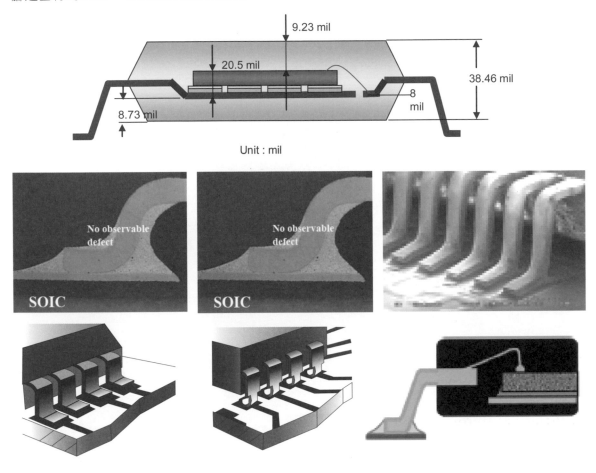

Unit : mil

Gross Leak 大漏

各種具有密封外體的電子零件，如IC或電阻與電容等，其封裝體必須備妥密包防漏的基本性能。所謂"大漏"是指在1個大氣壓的差壓下，若（在液體中）每秒鐘出現十萬分之一立方公分（C.C.）的漏氣情形時，即謂之已存"大漏"了。

Guide Pin 導針

當多接點複雜的陰陽兩種連接器（Connectors），欲做對準之正確接合時，可先用一種仲介性的引導針做為輔助，此種導針稱為Guide Pin。

GWP（Global Warming Potentials）地球溫室潛因

電子工業早先長期使用但現已不用的松香型助焊劑（Rosin Flux），與破壞臭氧的各種溶劑（OD Solvent）等，都會造成環境各種不良效應；如有機揮發物（VOC），地球溫室潛因（GWP），及臭氧耗損潛因（ODP），衛生與工安等問題。右圖中數字即為各種新式非CFC清洗法，可能對各種環保法規出現不良效應所具有的影響程度。（0表無影響、5表示極度影響）

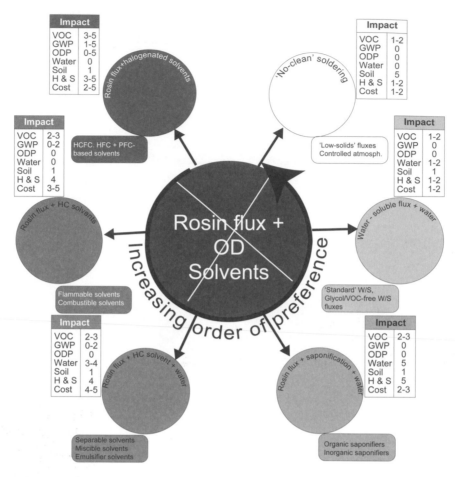

Gallium Arsenide（Ga As）砷化鎵 NEW

　　砷化鎵天然礦物很稀少，半導體業界用的都是由週期表III族的鎵Ga與Ⅴ族的砷As兩者化合而成的”化合物半導體”，其外觀呈亮灰色具金屬光澤。由於GaAs的電子移動速率比元素型Silicon矽晶片半導體要快上20倍，因而在射頻微波通信方面當然就要比數碼矽半導體具有更多的優勢。於是就形成了高速方波的資訊領域仍將以矽半導體稱霸，但在射頻微波(正弦波)通信領域中，卻另以砷化鎵稱王了。而且更由於GaAs的能隙(Energy Gap，見本書的另一詞)及崩潰電壓已達1.42eV與0.5 MV/cm；兩者均高於矽元素的1.12eV與0.3MV/cm的訊號品質，且在高功率與發光方面也都比矽更好，因而在微波通信與太陽能方面，都已成為GaAs的天下了。下左表即為各種半導體在電阻率及導電度(注意，不是導電速率)的比較，以及GaAs半導體的主體結晶結構圖

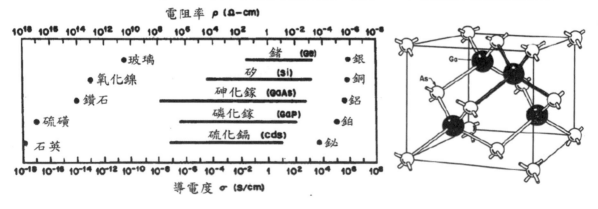

由於智能型手機的暢銷(全球年平均售出約15億台)，因而手機板上用了許多RF微波通信用的IC模塊，如功率放大器(PA，Power Amplifier)，濾波器(Filter)，混頻器(Mixer)，以及電源處理器(PM)等，都會用到化合物半導體GaAs的晶片。下表即為四種化合物半導體與矽元素半導體性能的比較，其中的磷化銦(InP)及氮化鎵(GaN)更是微波通信模塊的明日新星。目前台積電雖已成為矽元素半導體的全球龍頭，事實上其12吋廠也在做GaAs化合物半導體的生產，只是因為設備比矽元素半導體還更貴，而且在矽半導體很賺錢的現況下，也就不再與美商微波三大咖(Qorvo、Skywork、及Avago)去流血競爭了。

表1　半導體材料的電子特性

材料種類	Si	GaAs (AlGaAs／InGaAs)	InP (InAlAs／InGaAs)	4H SiC	GaN
能隙（eV）	1.1	1.42	1.35	3.26	3.49
電子遷移率（cm²／Vs）	1500	8500	10000	700	900
飽和電子速度（x10⁷cm／s）	1	2.1	2.3	2	2.7
二維電子氣表面濃度（cm⁻²）	-	$<4x10^{12}$	$<4x10^{12}$	-	$20x10^{12}$
臨界貫穿電場（MV／cm）	0.3	0.4	0.5	2	3.3
熱導率（W／cm-k）	1.5	0.5	0.7	4.5	>1.7
介電常數（er）	11.8	12.8	12.5	10	9

Gallium Nitride（GaN）氮化鎵 `NEW`

從前詞砷化鎵的附表可知，GaN氮化鎵的能隙(3.49)，飽和電子速度，臨界貫穿電場(3.3MV/cm，即崩潰電壓)，以及導熱率(>1.7W/cm-k)都比GaAs砷化鎵還更好，因而4G與5G手機上所用到的各種射頻前端(RFFE)模塊，都將漸由GaAs轉移到GaN了。當然全新出線的氮化鎵量產設備又比砷化鎵更貴，但從長遠發展與技術優化的趨勢(見下兩圖)，可預期氮化鎵在未來6年間預測年平均成長率(CACR)將達22.9%。看來，GaN必然成為行動通訊與太陽能的寵兒。目前台灣學界與業界(穩懋半導體Win Semiconductor)也都在這一塊新領域努力著鞭。

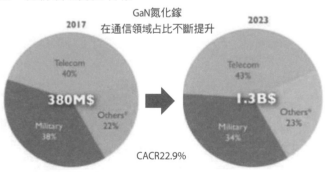

5G行動通訊上市的時間，預估全球2021年將會全面到來，屆時所有手機與極多各種宏基站與小基站都將會採用GaN氮化鎵的晶片。當然這種全新的半導體量產技術與現行的矽晶圓相比較時，確實會在困難度上大幅上升，是故大筆投資也將必不可少。這種GaN晶片不但在5G海量多進多出(Massive MIMO)陣列天線中可縮小面積而方便在基站與手機的組裝，而且更可大幅減少功耗與發熱，進而可加速網路的功能。下圖即為各種大小基站採用GaN後，與老式晶片在提升效率方面的比較圖，再下圖說明5G通信所需各式大量基站的天線模組，將成為GaN的專屬領域了。

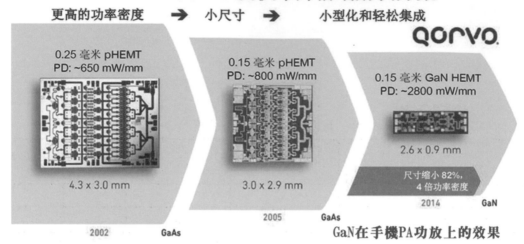

GaN 为 5G 提供单片前端解决方案

更高的功率密度 → 小尺寸 → 小型化和轻松集成

QOrVO.

0.25 毫米 pHEMT
PD: ~650 mW/mm

4.3 x 3.0 mm

2002　　GaAs

0.15 毫米 pHEMT
PD: ~800 mW/mm

3.0 x 2.9 mm

2005　GaAs

0.15 毫米 GaN HEMT
PD: ~2800 mW/mm

2.6 x 0.9 mm

尺寸缩小82%，
4 倍功率密度

2014　　GaN

GaN在手機PA功放上的效果

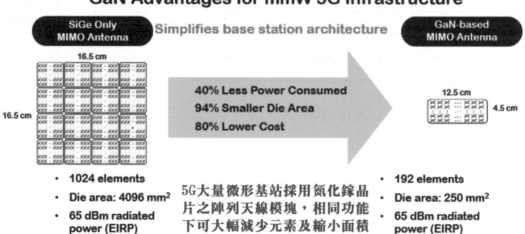

GaN Advantages for mmW 5G Infrastructure

| SiGe Only MIMO Antenna | Simplifies base station architecture | GaN-based MIMO Antenna |

16.5 cm / 16.5 cm

40% Less Power Consumed
94% Smaller Die Area
80% Lower Cost

12.5 cm / 4.5 cm

- 1024 elements
- Die area: 4096 mm²
- 65 dBm radiated power (EIRP)

5G大量微形基站採用氮化鎵晶
片之陣列天線模塊，相同功能
下可大幅減少元素及縮小面積

- 192 elements
- Die area: 250 mm²
- 65 dBm radiated power (EIRP)

Galvanic Cell 賈凡尼電池 `NEW`

又稱為伏特電池Volta Cell，是利用賈凡尼次序(見2009版本之詞條)中兩種標準還原電位不同的金屬，經內溶液與外電路連通後所產生電流的電池，謂之賈凡尼電池。是一種將化學能轉變為電能反應過程的產品。

從賈凡尼次序上可見到鋅的還原電位$(Zn^{+2}+2e^-→Zn)$是-0.763，而銅的還原電位$(Cu^{+2}+2e^-→Cu)$是0.337;於是兩者還原電位相較之下，銅比鋅高出了.337-(-0.763)=1.1V。從右圖見到右杯中藍色的Cu^{++}與銅片，與左杯無色稀硫酸，經其溶蝕鋅片成為無色的Zn^{++}與兩個移出的電子，於是可從紅色數字電錶中見到兩個半電池的電位差為1.10V。

下列大圖假設左燒杯的鋅溶液為棕色，與右燒杯藍色Cu^{++}溶液兩者經KCI鹽橋的電子流連通後，即可從外電路電錶的向右偏而想像到電子流向右的移動。

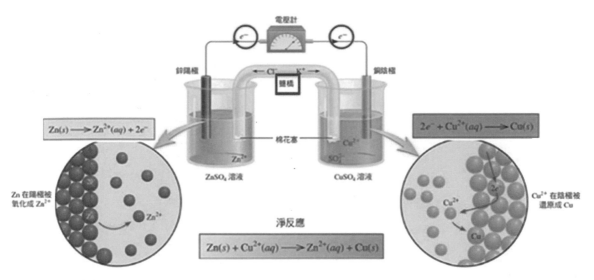

也就是假設左杯中首先反應成Zn+H₂SO₄→ZnSO₄+2e⁻+H₂而被擠出的2e⁻即從外電路移動到達右杯中Cu⁺⁺藍色溶液的懷抱，進而還原成Cu並沉積在銅棒表面。電化學基本定義是：氧化反應(原子價上升)端為Anode陽極；而還原反應端為Cathode陰極，與電路的正負極並不相同。

Gaussian Beam Profile Laser 高斯曲線形的雷射光 NEW

是指燒出盲孔用的CO_2雷射光點其能量分佈的尖突曲線而言，由於其能量是集中在光束的中央區（見下左圖），外緣能量不足的弱光束區已無法燒透銅箔，因而只能靠強大能量的中心去繞行圓周（Trepanning）而成孔，稱為『高斯曲線形』的雷射光。如此一來使得雷射成孔速度不如二氧化碳『平頂曲線形』式連續（例如4發）光點（例如每秒鐘1000發）的極速。在產能考慮下現行雷射鑽孔幾乎全都採用平頂式（Flat Top/Round Top）強大能量的光束了。

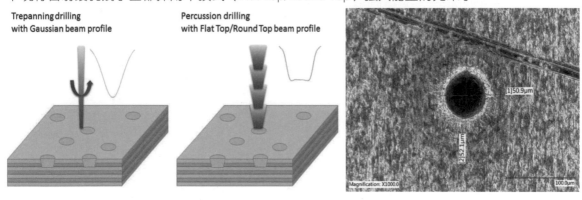

然而當盲孔口徑小到50μm以下者，則CO_2式平頂連續打擊的燒孔做法將很難取得良好的孔形。於是在電腦速度加快下，未來也可能利用非熱燒式的UV連續打擊的另類雷射鑽孔，右圖即為此種UV新方法所削打出來的50μm盲孔俯視圖。

Glass Yarn 玻纖紗 NEW

將玻璃原料的配方砂粒置入耐高溫的白金鉗鍋（furnace）中使之熔融（約1300℃），然後又從有多個漏口的白金紡鍋（Bushing）擠出多支玻璃絲（Filament），並立即噴上去液體漿料（Sizing）以達降溫及預防多絲旋擰成單紗（Strand）過程中的摩擦斷裂，然後再由多支單絲組成的複絞Strand再旋扭成為紗Yarn，下列者即為過程的簡圖。

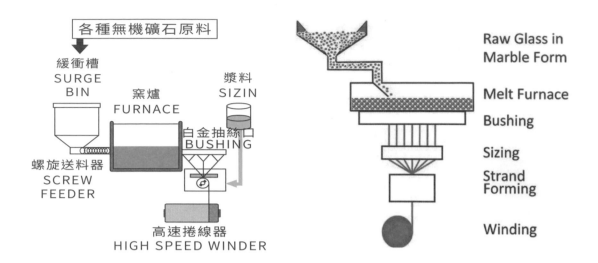

各種無機礦石原料

緩衝槽
SURGE BIN

窯爐
FURNACE

漿料
SIZIN

白金抽絲口
BUSHING

螺旋送料器
SCREW FEEDER

高速捲線器
HIGH SPEED WINDER

Raw Glass in Marble Form

Melt Furnace

Bushing

Sizing

Strand Forming

Winding

Global（Panel，Local）Fiducial Marks 全板（單板或拼板）光學靶標 NEW

　　這是給下游自動化組裝貼裝用的光學靶標，又有全板性、拼板性與單件性的靶標，一般多採三標或對角雙標做為防呆功能。其等表面為了光學識別而足夠反光起見，常刻意採用ENIG的皮膜，但有時太平滑太亮了反而無法判讀。於是又不得不刻意做成不致強烈反光的粗造表面。但如此一來其它區域的焊錫性又會變差，為了因應客戶不同的貼片機而不得不做某些個別的調整。

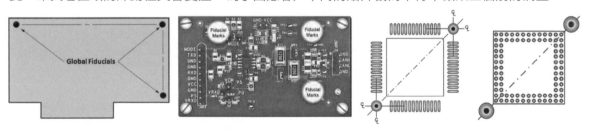

Grain Boundary（GB）晶界 NEW

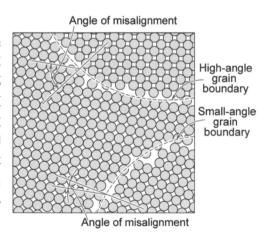

　　各種固體材料是由許多原子堆積式的規律晶格與晶粒所組成，其每個單位即稱為晶粒Grain。而晶粒與晶粒之晶界間存在著〝表面性〞的缺陷，進而造成兩個晶粒中原子排列方向發生了角度方面的變化。這種立體結晶中面積性的邊界即稱為晶界。當兩個晶粒中原子排列角度在其GB處出現差異較大者，該GB即稱為〝高角度晶界〞。若相鄰兩晶粒在GB處出現排列角度差異較小者稱為〝低角度晶界〞或〝小角度晶界〞。由於晶界中原子數很少，故在GB中會呈現移動性高，擴散性高，化學活性也較高的現象。

Graphene / Graphene oxide（GO）/ reduced Graphene Oxide（rGO）
石墨烯 / 氧化石墨烯 / 還原後的氧化石墨烯 NEW

　　這是電子業界近10年來在材料方面非常熱門的新話題，由於研究過程設備較為簡單經費不高，因而在海峽兩岸各大學府中十分受歡迎。所出現的各式論文也特別多。尤其是在彩色軟質的先進式發光二極體顯示面板(AMOLED)方面，其透明電路不但透明度比氧化錫銦ITO(Indium Tim oxide)更好，而且可撓性(Flexibility)比也ITO更好，對曲面顯示板將更為重要。

石墨(Graphite)原本就屬半導體的材料，由於機械性不好，無法做到微小體與薄膜化。PCB業界已流行二十年的黑影Shadows製程，就是利用石墨懸浮液代替化學銅進行金屬化製程。然因機械太差而不易成為電子科技的廣用材料。不過石墨烯卻是單原子層級的石墨，2004年英國曼徹斯頓大學教授Geim與Novoselov兩人首次發現石墨烯，是利用簡單膠帶將氧化石墨塊表面所撕下單原子層的石墨烯，此一重大發現使得兩人在2010年獲得諾貝爾物理獎。

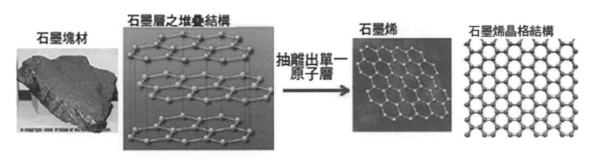

目前已有四種量產方式取得石墨烯，並可改質成為電性與光性更好的氧化石墨烯(GO)，與還原態的氧化石墨烯(rGO)。進而在透明電極與透明線路，太陽能電池，超高頻電容器，薄膜電晶體(TFT)以及生化感測器方面大放異彩，成為材料科學極大發展的新領域。尤其在發光二極體(LED)系列(如OLED，AMOLED)，太陽能電池，TFT等應用，更是令人興奮。

由於rGO的導電性很好，國立中央大學竇維平老師也指導學生去進行盲孔填銅前的孔壁金屬化處理，使得GO與rGO的用途更呈現前所未見的多樣化發展。不過若用之於量產取代現行的化學銅，則其良率與可靠度還差得很遠，無法在PTH方面商業化。

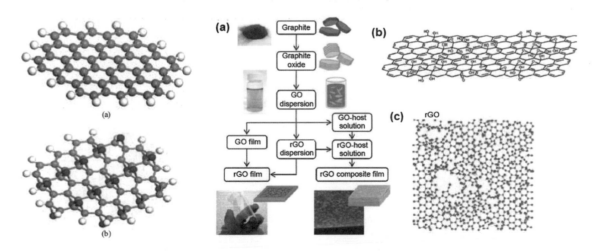

Ground Grid / Power Grid 接地網格 / 電源網格 NEW

這是指多層軟板所用傳輸線(由訊號線，介質層與回歸層三者所組成)的回歸層，其訊號能量回歸所必須的接地層與電源層無法再如同硬板一樣，採用整大片的銅面而難以彎折之下，只好將大銅面改成網格狀以增加其可撓性。如此一來難免會在效果上打了折扣，卻也是不得已的措施。所附右圖即為雙面軟板之正面訊號線與背面回歸網格之接地層。

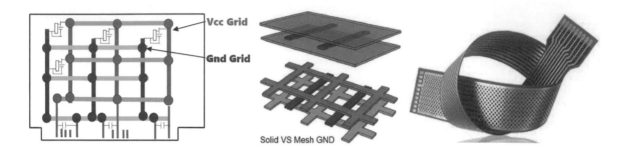

Solid VS Mesh GND

Ground Via（Hole）接地孔 `NEW`

不管是單股傳輸線（含訊號線、介質層與回歸層三位一體者才是傳輸線），或雙股差動傳輸線（或插分線），均須備有大銅面的參考層（電源層Vcc或接地層Ground）做為電流的歸路（Return Path）。現以四層板單股傳輸線的訊號線從L1穿過通孔到達L4為到（見下左彩圖），在L1部份的回歸路徑是落在L2的頂銅面紅色箭指處，這部分的圖示已非常明確不必懷疑。

但當訊號線由L1經由訊號過孔（Signal Via）跑到L4換會傳輸時，其回歸電流當然是先從L3的底銅面經由側壁到達L3的頂銅面，然後再從接地孔（d）上到L2的底銅面經側壁到達L2頂銅面去匯流而總回歸。如此將L2與L3兩個大銅面互連的通孔即稱為接地孔。

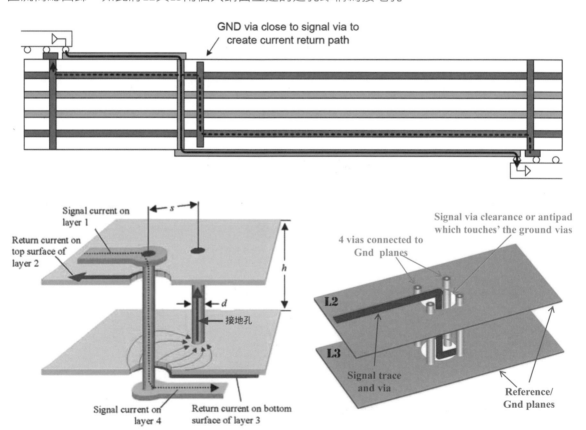

事實上同時跑正訊號與反訊號的雙股差動線，其電流是直接從反訊號回歸而讓參考銅面成了虛接地了。但此種差動線若過孔換層時，則仍要另加兩個接地孔以方便完整的回歸。

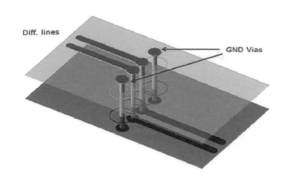

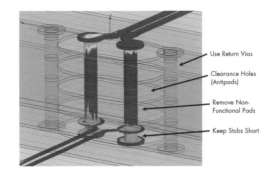

Guard Trace / Grounding Trace 護線 / 地線 NEW

G

相鄰兩訊號線之間為了工作中避免彼此發生串擾(Crosstalk)而出現雜訊起見，可在兩訊號線之間加入接地線(即護線)以減少電場與磁場的彼此串擾。同時也可將大型主動IC模塊的散熱座(Heat Sink)另加接地線，或將金屬機殼與PCB的各Gnd層連接，以達到減少密線串擾與更進一步EMI的遮蔽效果。

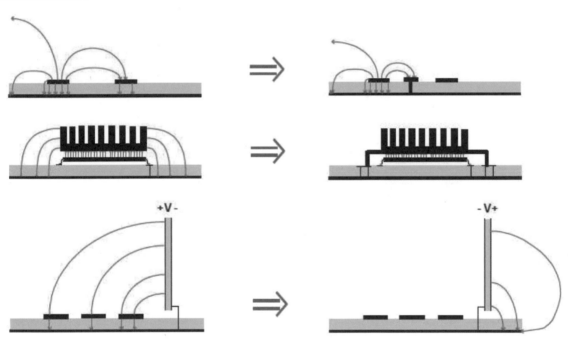

Half Angle 半角

此詞的正式名稱是Collimation Half Angle "平行光半角"或Collimation Angle平行光角。是指曝光機所射下光束中少數帶有斜角（DA）的 "斜光"，到達底片本身影像圖案的邊緣時，由此"邊緣"透光所產生一種 "小孔照像機"式的發散效應，會將該 "斜光"擴展成 "發散光"，其所擴張角度的一半，謂之 "平行光半角"（CHA），簡稱 "半角"或平行角。

例如下圖之非平行光者，其平行半角多達11°，而高度平行光者僅1.5度而已。事實上某些光透過底片圖像邊緣而產生發散光，並穿透底片厚度（Proximity指透明片而言，其藥面則極薄）到達光阻劑而發射成像，比起理論垂直成像並正確到達銅面時，其成線寬度已比成像寬度多出極少量的增寬了（Growth）。

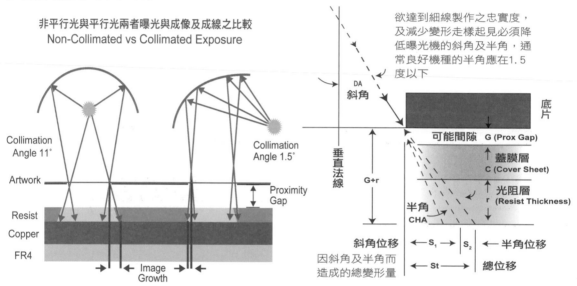

Half Etch（Partial Etch）半蝕、蝕薄銅、減銅

細線路的蝕刻必須要薄銅才能得到應有的導線品質（指因側蝕而變細），為了要節省超薄銅皮的成本，一般仍採0.5oz者為起步。但進行成像之前可採全面均勻性減薄銅皮的做法，以為後續蝕刻成線預做準備。或在蓋孔蝕刻法（Tenting Process）壓著乾膜前，也可利用全板面半蝕法減薄其銅厚，甚至再利用陶瓷刷輪將銅面削到真平而利於光阻成像與蝕刻成線。此種全板鍍銅法也大量用到蝕薄銅的製程。由於陶瓷刷輪成本太貴（每支約4萬5千台幣），故只能執行10%以下的整平工作，其餘90%的減銅都要靠槽液之半蝕去完成。

Half Toning 半蝕銅面

為了減少大銅面與基材之間在高溫強熱中由於CTE巨大的差異而造成分層起見，刻意將大銅半面蝕刻成網狀者即稱之。如此一來既可增強（開喉）大銅地面的附著力，且對Vcc或Gnd的功能也未產生任何負面影響，正是一舉兩得的好辦法。附圖即為軟板大銅面的半蝕畫面。

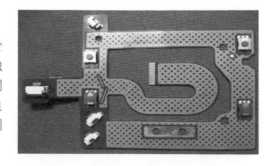

Halide 鹵化物

廣義指的是氟、氯、溴、碘等元素所組成的化合物，為一普通化學品的"字根"，並無特殊意思。在電路板業專用術語者則多指"黑白底片"，在透明載片其藥膜面上所塗佈遮光乳膜中的鹵化銀（Silver Halide）的簡稱。

此字也常用在金屬鹵素燈（Metal Halide）。這種鹵素燈其實仍是由鎢絲所製造的白熾燈，只是在燈泡內已充入碘素，在發光的高溫中碘將昇華形成蒸氣而充塞其間，使得鎢絲中的鎢原子不易蒸發。即使已汽化的鎢原子也還會被碘原子捕捉又再沉落到鎢絲上去，如此不但使其壽命耐久，而且亮度也會更亮。常見者如汽車前燈或某些曝光機中的燈管也屬此類金屬鹵素燈。

Haloing 白圈、白邊

是指當電路基板的板材在進行鑽孔、開槽或切外形（Routing）等機械動作中，一旦過猛時，將造成內部樹脂被撞擊而破碎或微小分層裂開，進而呈現反光之變白現象，稱之為Haloing。此字Halo原義是指西洋"神祇"頭頂的光環而言，恰與板材上所出現的"白圈"相似，故特別引申其成為電路板的術語。另有"粉紅圈"之原文，亦有人採用Pink Halo之字眼。此詞有時亦用於冷卻後銲點外圍所擴散出的一圈助焊劑透明的殘渣，或綠漆半固化不足以致顯像（Developing）過度，造成邊緣凹蝕底部虛空所呈現之白邊現象亦稱之Halo。

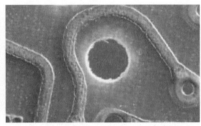

Halon 海龍

是CFC "氟氯碳化物"的一種商名（為Allied Chemical Corp.的產品），主要是做為滅火劑用途。常見有三種即Halon-1211（CF_2ClBr）,Halon-1301（CF_3Br），及Halon-2402（$C_2F_4Br_2$）等。蒙特婁協約已在1992年議定，Halon到1995年應削減50%，且到公元2000年應完全禁絕使用。

Halation 環暈

指曝光製程中接受光照之圖案表面，其外緣常形成明暗之間的環暈。成因是光線穿過半透明之被照體而到達另一面，再反射折光回到正面來，即出現混沌不清的邊緣地帶。

Hand Soldering 手焊

指利用手執焊槍與銲錫絲（Solder Wire），對某些高溫敏感的怕熱特殊零組件，在自動化波焊或回焊之後所做的焊後手動組裝工件，或進行局部重工返工時的工作。此種手焊工作須經正規訓練與考試合格的技術員才能執行，以提升良率與減少負面效應。

Hard Anodizing 硬陽極化

也稱為 "硬陽極處理"，是指將純鋁或某些鋁合金，置於低溫陽極處理液之中（硫酸15%、草酸5%，溫度10℃以下，陰極用鉛板，陽極電流密度為15 ASF），經1小時以上的長時間

電解處理，可得到1～2 mil厚的陽極化皮膜，其
硬度很高（即結晶狀Al₂O₃），並可再進行染色
及封孔（即浸泡熱水使皮膜之氧化鋁分子再吸水
而成為具結晶水的氧化鋁，由於此種表面分子變
大之下會將毛細孔堵死，謂之封孔），是鋁材的
一種良好的防蝕及裝飾處理法。

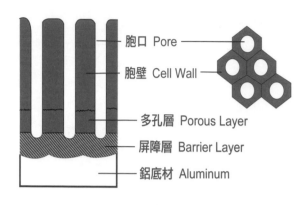

- 胞口 Pore
- 胞壁 Cell Wall
- 多孔層 Porous Layer
- 屏障層 Barrier Layer
- 鋁底材 Aluminum

Hard Chrome Plating 鍍硬鉻

　　指可供耐磨及滑動金屬表面之工業用途，所
鍍之厚鉻層而言。一般裝飾性鍍鉻只能在光澤
鎳表面鍍約5分鐘以改變鎳的微黃顏色，否則太久太厚會造成裂紋。鍍硬鉻則可長達數小時之操
作，其傳統鍍液成份為CrO₃ 250 g/l ＋ H₂SO₄ 10％，但需加溫到60℃，陰極效率低到只有10％而
已。因而其他的無效電量將產生大量的氫氣，而帶出多量由鉻酸及硫酸所組成的有害濃霧，並
使得後續水洗也形成大量黃棕色的嚴重廢水污染。雖然廢水需嚴格處理會使得成本上升，但鍍
硬鉻仍是許多軸承或滾筒的耐磨鍍層，故在找不到更好代替品之前仍不可完全廢除。

Hard Disk Driver（HDD）硬碟機、磁碟機、光碟機

　　是指各種電腦的硬碟機而言，所搭配的PCB係屬小型之
四六層板，最特殊的是板內有一個圓形的大空洞，是給小型
馬達套合用的，稱為Motor
Hole，此種HDD專用的多
層板配合Note Book組裝時
為了節省成本，已整合到
主機板之內了。右圖即為
硬碟機控制板之一例。

Hard Soldering 硬焊

　　指用含銅及銀的焊絲對金屬物件進行焊接，且其熔點在427℃（800℉）以上者稱為硬焊。
熔點在427℃以下者稱為Soft Soldering或簡稱Soldering，一般電子工業組裝所採用之錫鉛合金或
無鉛焊料之"焊接法"即為一種軟焊。

Hard Water 硬水

　　指水中含有鈣Ca與鎂Mg無味無色硫酸鹽或鹼式碳酸鹽的水而言。通常地下水即為硬水的一
種，加熱後會出現白色碳酸鈣或鎂之沉澱，不宜飲用尤其不能用於鍋爐加熱之產生蒸氣，長期
使用會造成鍋壁變厚管路堵死，蒸氣壓力太大時經常引起爆炸事件。

Hardener 固化劑、硬化劑（或Curing Agent）

　　如含環氧樹脂類之熱固型塗料（如綠漆、文字白漆、液態感光綠漆等），具有雙液分別包
裝之兩成份，其中之一就是固化劑。一旦雙液調混並經施工之後，將在高溫中經由此種硬化劑
之交聯功能，而促使液態塗料逐漸變硬或硬化（Hardening），也就是參與後發生了架橋聚合
（Polymerization）或交聯（Crossinkage）反應，成為無法回頭的高分子聚合物。此硬化劑尚有
其他名稱，如架橋劑、交聯劑等。

Dicyandiamid, 簡稱Dicy
雙腈胺固化劑

Phenolic Novolac, 簡稱PN

線性酚醛樹脂不但可做為主樹脂，也可當成固化劑

事實上 **Dicy** 的確參與環氧樹脂之固化反應

Epoxy Resin + Curing Agent → Polymer Segment

Phenolic Novolac 也參與環氧樹脂之固化反應

Epoxy Resin + Curing Agent → Polymer Segment

Hardness 硬度

　　是指物質所具有抵禦外物入侵的一種"耐刺穿性"（Resistance to Penetration）。例如以一堅硬的刺頭（Penetrator）用力壓在金屬表面時，會因被壓試者材質的軟硬不一，而出現大小深淺不同的壓痕（Indentation）。由此種壓痕的深淺或面積大小，可做為被試件之硬度代表值。常見的硬度可分為"一般硬度"及"微硬度"兩種。前者如高強鋼材，經鍍硬鉻後的表面上，在壓頭（Indentor）荷重150公斤所測到的硬度，可用"RC-60"表示之（即Rockwell "C" Scale的60度），是金屬材料一項重要的特性。

　　電鍍皮膜層微硬度檢測時之荷重較輕，例如在25克荷重下，可在鍍金層的截面上，以努普（Knoop）壓頭所測到的微硬度，可表達為"KHN_{25} 150"（即表示採用25克荷重的測頭於顯微鏡下小心壓在金層斷面上，以其沉陷立體菱形的壓痕大小而得到150度的數字）。一般鍍金層由於需具備較好耐磨損性起見，對其微硬度常有所講究，但以KHN_{25} 150～200之間仍具有韌性為宜，太硬了反易磨損。一般經回火後的純金，其微硬度即回降為KHN_{25} 80左右。

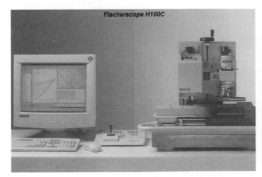

Haring-Blum Cell 海因槽

係Haring及Blum二人在1923年所發明的，是一種對電鍍溶液"分佈力"（Throwing Power）的好壞，所進行測試的簡易小型試驗槽。在其長方型槽體中的兩端各放置被鍍的陰極兩片，在兩陰極片間所含溶液中某一位置另放置一片陽極，此陽極與兩端陰極的各自距離並不相等，因而其槽液間的電阻也不相同。進而使所測得"一次電流分佈"（Primary Current Distribution）的大小也不一樣。此種鍍厚的差異可由兩片陰極板上的增重的不同而得知。

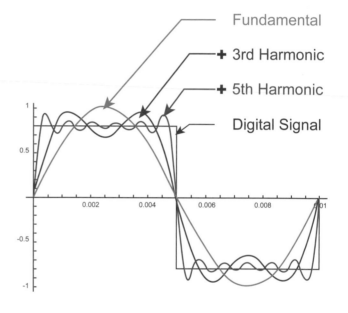

以透明壓克力所製作的海因槽

Haring-Blum throwing power box

但若能在鍍液中另外加入有機物質的整平劑（Leveller），則可使其電流分佈得以改善（即所謂的二次電流分佈），使得兩陰極片上所鍍得的重量更為接近。也就是此種鍍液"分佈力"的提升，可讓電路板面各處的鍍厚更為均勻。此種用以監視"鍍液對鍍層分佈力"表現好壞程度的儀器即為"海因槽"。

Harmonic 諧波

數位訊號（Digital Signal大陸稱數碼信號）之0與1可用方波加以表達，此種理想的方波事實上是由許多不同振幅的正弦波所組成，也就是由基本波、第三次諧波、第五次諧波……（偶數次諧波能量極小故未累計在內）等多次奇數諧波能量的總和即為Digital方波的能量。

Fundamental
+ 3rd Harmonic
+ 5th Harmonic
Digital Signal

Harness 電纜組合

指各單元電器組件之間，在電性上用以互連（Interconnecting）的多支電線所組成的各式線纜組而言，與Cable同義。

Hay Wire 跳線

與Jumper Wire同義，是指電路板因板面印刷線路已斷，或因設計的疏失需在板子表面以外採焊接方式另行接通其各漆包線之謂也。

Heat Cleaning 燒潔

指已完成織布作業的玻璃布，需將其減少摩擦用途階段性任務的有機物漿料（Sizing，如澱粉類）去掉，以便對玻璃纖維的潔淨表面做進一步"矽烷式"（Silane）的"耦合處理"（Coupling Treatment，可增強玻纖布與樹脂間有如藕絲或彈簧般的結合力）。其除去漿料的方法，便是置於高溫的焚爐內進行"燒潔"。一般流程需分兩次燒，第一燒可得棕色外表，第二燒完全使有機物逸走而得清潔透明的玻纖。

Heat Dissipation　散熱

當電腦的作業速度（如Switching Speed）愈來愈快與訊號傳輸量愈來愈大時，需用到種高功率的IC（如CPU常達6W或8W以上），因而將會產生甚多副效應的不良熱量，必須設法加以分散或沖淡或抵消掉，以維持機器的良好運作與性能。可用的方法如空氣對流冷卻，加裝散熱座，或另設各式液體冷劑管路等，均稱為散熱。筆記型電腦即採用後者。

Heat Distortion Point（Temp.）熱變形點（溫度）

按ASTM D468的標準試驗板，在固定外力之加壓（66或264 PSI）與逐漸升溫條件下，迫使該試驗板產生10 mil以上的彎曲變形量，該項起碼溫度，謂之"熱變形點"。

Heat Pipe　散熱管

是利用銅管及內部充滿流動液體之系統，可將大型元件（如CPU）所產生的熱量移到PCBA較方便機殼底部的某些地方，另加吹風或通往外界予以散熱，該等管路系統之稱謂。日常工作中的筆記型電腦中即裝有此種散熱管。

H

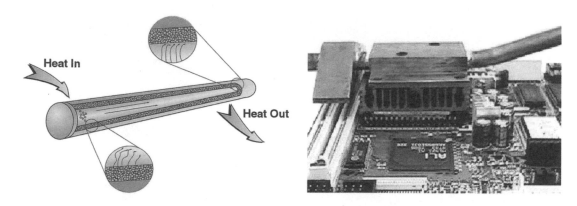

Heat Resistance　耐熱性

所謂板材的耐熱性，實際上是指已固化樹脂本身的耐熱裂性，也就是不易熱裂解或熱分解溫度愈高者，則其耐熱性愈好。因樹脂發生裂解中會產生氣體進而造成板材的局部開裂。無鉛化板材將固化劑由傳統FR-4已使用多年架橋能力優異的Dicy（此物具強極性容易吸水而爆板），改為單價上升架橋能力不足的PN，其主要考量就是耐熱性的提升（下列反應式係取材自南亞塑膠公司2008年3月17日在上海CPCA展覽所發表的論文）。

Dicy System

Epoxy　　Dicy

Bond energy of C-N: 293KJ.mol[-1]

PN System

Epoxy　　PN

Bond energy of O-C: 343KJ.mol[-1]

Heat Sealing 熱封

針對熱封型塑膠膜之待接合處加熱加壓，使其熔合在一起的密封法。

Heat Shielding 補熱板

無鉛波焊對於有通孔的雙面板或多層板而言，要讓熔點在227℃以上的錫銅鎳鍺（SCNGe）或錫銅矽（SCSi）能夠順利爬過通孔與插腳到達板子頂面的孔環表面起見，其頂面的熱量（Thermal Mass）一定要足夠才行。也就是板子頂面的溫度至少要在120℃以上，才能讓進孔的液錫向上爬出與散開，方不致因熱量不足半途而廢，形成半填孔式的冷焊（cold soldering）。下圖即為Intel所開發對無鉛波焊爐在第一波（突波）板子正上方所加設的補熱板。

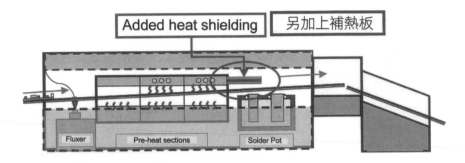

Heat Sink 散熱器、散熱座

電子封裝工業之某些高功率大型元件工作中由於效率的關係經常附帶產生不少的熱量，累積太多時將會造成很大的傷害。一般做法是在元件的背上加裝表面積很大如鰭片狀的金屬散熱裝置，甚至如筆記型電腦所另加的液體管路以協助散熱等，均稱為Heat Sink。筆者曾讀過某些大陸業界的翻譯文章，居然將此詞按字面直譯為"熱沉"未免太過外行，只能啼笑皆非而已。

▲ 大型BGA安裝在PCB後還要加裝大型金屬散熱器而非常吃重，一旦組裝板直立在機器太久以致重力長期對銲點的拉扯時，則各上排BGA球腳都將被逐漸拉成板材的坑裂（Pad Cratering）。

Heat Sink Plane 散熱層

指需裝配多枚高功能零組件的電路板，在工作時可能會逐漸聚積甚多的熱量，為防止影響其正常功能起見，常在板子零件面外表，再加一層已刺穿許多零件腳孔的鋁板做為零件工作時的散熱用途。通常要在高品級電子機器中才會用到有這種困難的散熱層，一般個人電腦是不會有這種需求的。

有一種汽車引擎蓋內用的多層板，為了方便散熱起見，刻意在單面組裝完工板的背面壓貼一片厚鋁板，亦為散熱層之特例。

Heat Spreader 散熱器、散熱片

指IC封裝體朝外背部所貼著的金屬散熱片或導熱板而言，（至於立體鰭片型者通常稱為散熱座Heat Sink）。可將大型芯片（Chip）工件中的熱量（5w以上）予以向外傳出發散，再利用風扇（或水管）吹往附近的空氣中，以減少大型封裝元件長期使用中可能受到的高溫傷害。

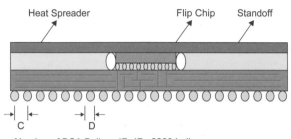

Number of BGA Balls = 47x47 =2209 balls
Pitch (C) = 1.0 ± 0.1mm (39.37 mils)
BGA Ball Diameter (D) = 0.65 ± 0.1 mm (23.62 mils)

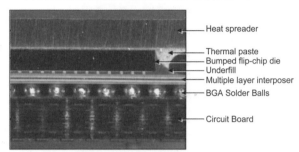

High I/O flip-chip on multilayer BGA configured interposer structure (IBM).

Heatsink Tool 散熱工具

有許多對高溫敏感的零件，在波焊或紅外線或熱風進行焊接時，可在此等零件的引腳上另外夾以金屬件臨時散熱夾具，使在焊接過程中零件腳上所受到的熱不致傳入零件體中太多而引發傷害，此種特殊的輔助夾具稱為Heatsink Tool。

Heat Transfer Paste 導熱膏、傳熱膏

指高溫安定性良好的矽樹脂（Silicone）油膏（Grease）或他種類似接著劑載體，其中可再加入能夠傳熱的物質（如氧化鈹粉或三氧化二鋁粉等）而成為傳熱膏。本產品可用以塗抹在IC本體與其外加散熱座（Heat Sink）之間，或與外殼之間，以提升其傳熱效率。使用量不宜太多，以免帶來其他污染的後患。

Heel Fillet 腳跟填錫

係指鷗翼形腳經錫膏回焊後，其腳跟處之填錫而言，腳尖處填錫則稱為Tol Fillet。

Hermetic 密封型

常指陶瓷材料所封裝的IC元件，不但封蓋是用陶瓷密封材質，其接縫處還用熱脹率高的玻璃進行熱熔密接，以減少水氣的滲入。此等密封式具可靠度元件之成本很貴，只能用於高單價的電子機器中，早期軍規均要求此種封裝方式。

Hertz（Hz）赫

指輻射波或數位方波的頻率而言，即每秒鐘一個週期之謂也（1 Hz＝l cycle/sec）。

High Density Interconnection（HDI）高密度互連（板類）

一般HDI多層板與正統多層板最大的不同是：

1.是持續不斷的多次壓合而逐次增層（Sequential Lamination），已不再是單次壓合。

2.每次增層後，其層間的互連改採局部導通的雷射盲孔（鍍銅或填銅）而不再是全通式的機械鑽孔。如此不但可減少成本，而且訊號完整性（Signal Integrity；SI）也更好。

目前台灣PCB業界HDI板類最大的用途是手機板，其次是封裝載板（IC Substance），09年Q2起又出現在高階筆記型電腦的主板中。HDI板類的優點除了朗朗上口的輕薄短小之外，下圖之左即為傳統多層板，右圖為HDI多層板，顯然在厚度與面積方面都得列相當程度的濃縮。右圖中所列四點HDI的優點即為設計者所厚愛垂青的利器（此圖取材自Happy Holden先生資料）。

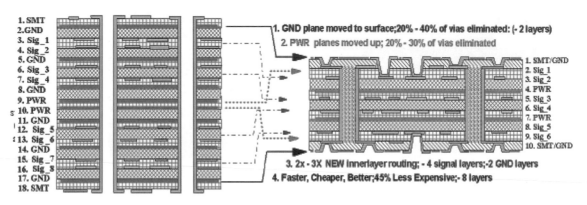

High Efficiency Particulate Air Filter（HEPA）高效空氣塵粒過濾機

採用容易彎折的微細纖維，密折成"百折裙"（Accordion）式極大面積的濾材，並裝設低壓幫浦，使產生讓人舒適的慢速氣流，穿越濾材中而將塵粒悉數濾出。此種過濾效率高達99.99%之空氣過濾系統，特稱為HEPA。注意其中之A也有資料寫做"衰減器Attenuator"。甚至可將空氣中塵粒小到5μm者也予以清除者，將稱為ULPA常用於半導體製程。一般無塵室若更嚴格到100級以上者，才會用到Ultra-High的ULPA。

▲ 本圖由洋基工程（股）公司提供

High Layer Count 高（層數）多層板

通常將通訊或資訊之大型電子機器，如超級電腦或大型交換機等所使用之主板均通稱為高多層板，此等板類可將各種功能單板按裝在一大片高層數（40層以上）的大型主構板上，以節省彼此傳輸線的長度以減高速傳輸中的雜訊（Noise）。前述的背板即為代表作之一。附圖即為厚度達10mm，由兩片17層板再壓合而成的高多層板，其中半通及全通之孔徑為0.5mm，兩者均需填膠與背鑽，堪稱工程浩大難度極高。

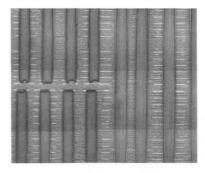

High Lead Solder Bump 高鉛銲料凸塊

　　自2006.7起，電子業界就已進入禁鉛或無鉛時代了。任何電子產品之物料中一旦鉛含量超過900ppm（0.09%）時，即違反RoHS有害物質之法令，並將遭到嚴厲處罰而損失慘重。

　　然而FC覆晶（大陸稱倒晶）封裝的銲錫凸塊（Bump）其含鉛量竟然高達90%或95%，也就是IBM著名高鉛的C4凸塊製程，卻已蒙歐盟特別豁免到2010年，屆時若找不到替代物料時，則高鉛（85%重量比以上）的C4仍然還要繼續使用。這種RoHS的立法真是天大的諷刺，為何FC凸塊一定要採用高鉛的銲料，又倒底有何玄機存在？以下就是無法取代的原因：

1. Sn10/Pb90 或 Sn5/Pb95 高鉛Bump銲料的熔點在300℃以上，是故當FC式IC在後續封裝與組裝多次高溫製程中，其內部Bump都不會軟化熔化。
2. 高鉛Bump非常柔軟，不致因任何震動而造成銲點的開裂。
3. 矽材晶（芯）片X與Y方向之CTE約在3-4 ppm/℃，但有機載板之XY之CTE卻高達15 ppm/℃左右，多次熱脹冷縮中難免發生疲勞開裂。楊氏模量很低的軟質高鉛凸塊則可吸收其拉扯的應力而不致開裂，在可靠度方面更是傲視群雄。

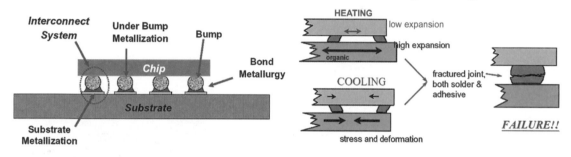

Highly Accelerated Thermal Shock（HATS）高加速熱震盪試驗

　　是一種類似IST試驗，但IST是由試樣內的線路通電所快速加熱，而HATS則是由機器之環境氣體所加熱及冷卻。其推出時間比IST稍晚，是由美商Microtek所設計及銷售。此HATS原本是給PCB供應商認證的CAT考試板所用，一次可測36個試樣，目前香港生產力中心可代測，詳見www.hats-tester.com.

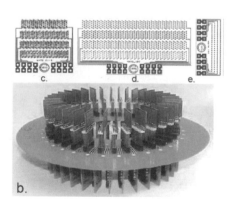

High Temperature Elongation（HTE）高溫延伸性

　　是指電鍍銅箔（ED Foil）在高溫中（180℃）之延伸率，0.5oz時能超越5%以上者，或1oz時能超越8%者，即可稱為HTE級銅箔（見IPC-4562之Grade 3）

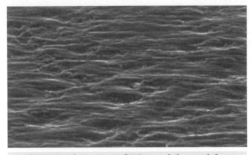

SEM picture of Hoz shiny side

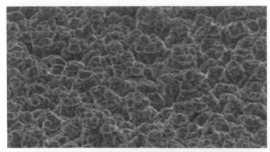

SEM picture of Hoz matte side

Hillocks 錫丘、錫錐

電鍍純錫層不但很容易在皮膜釋放應力中長出細長的錫鬚,有時也會長出尖錐狀的錫錐或錫丘。

Hinge Cable 絞鏈排線組合

例如筆記型電腦之上半面蓋與下半主機兩者之間,電性互連用的軟板排線即為典型常見的用途。此等動態軟板(Dynamic Flex PC)的銅箔必須非常柔軟才行,一般ED Foil很容易會彎斷掉。其彎折過程中外緣的銅層會產生拉伸性(Tension)應力,而內緣銅層卻呈現壓縮性(Compression)應力,必須非常柔軟者才不致疲勞開裂,下列三圖即為撓性強度之試驗。

▲ 上圖左為筆記型電腦與所用的Hinge Cable,右為折開機體底蓋所見到的絞鏈排線軟板。下圖為一種品管的多次彎折之試驗法。

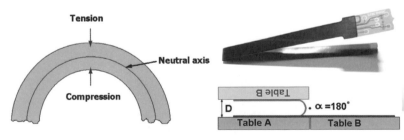

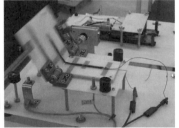

High Resolution DRF 高解像型乾膜光阻

目前(2009)封裝載板之線寬線距(Line/Spacing)已緊縮到15μm/15μm(0.6mil/0.6mil)半加減法的細密狀態,其微影成像所的乾膜光阻(DFR)也必須進步到高解像者才不致功虧一簣。一般光阻膜在顯像液(如碳酸鈉)沖洗過程中,其未感光聚合者(綠色處)溶解過程中會首先呈現腫脹鬆弛的步驟,如此一來密聚死角處就不容滲入較多的顯像液,因而溶化解像也將不足。但高解析者則不致發生此等腫脹卻可直接被沖洗掉，阻劑足夠的間距對後續的蝕刻當然非常有利了。

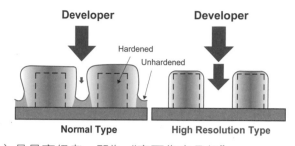

Hi-Rel 高可靠度

是High Reliability的縮寫，通常電路板與組裝板按其所需的功能及品質，一般國際規範對電子產品可分成三種等級，其中第三級（Class 3）是最高級者，即為"高可靠度品級"。

Hipot Test 高壓電測

為High Potential Test的縮寫，常指手動檢測時採用比在實際工作（例如3.3V）時更高的直流電壓（例如50V或25V），去進行模擬通電的電性試驗，以檢查出可能漏失的電流大小。

Hit 擊

是指鑽孔時鑽針每一次"刺下"或"刺穿"的動作而言。如待鑽孔的板子是三片一疊者，則每一次Hit將會產生三個Hole。

Holding Time 停置時間

當感光（Photo-Sensitive 大陸稱光敏）聚合式負型（指溶解度降低）乾膜在板子銅面上完成壓膜動作後，需停置15～30分鐘，使膜層與銅面之間發生化學反應取得更強的附著力；而經曝光後也要再停置15～30分鐘，讓已感光的部份膜體，繼續進行更完整的架橋聚合反應，以便耐得住顯像液的強勁沖洗，而在細線路區仍能堅守職責不致脫落，此二者皆謂之"停置時間"。

Hole Breakout 孔位破出

簡稱為"破出"Breakout，是指所鑽作之成形孔，其部份孔體已落在事先經由蝕刻取得到的銅盤區，或方形銅墊區（Pad）之外，使得孔壁未能受到孔環的完全包圍，也就是孔環已呈破斷而不完整情形，對於層間互連通電的可靠度，自然大打折扣。一般板子之所以造成"破出"，影像轉移流程發生偏斜的責任要大於鑽孔的不準。

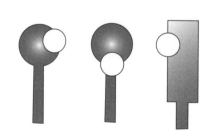
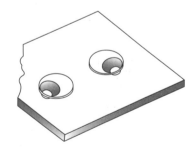
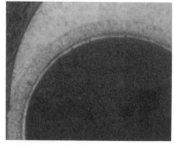

Hole Counter 數孔機

是一種利用光學原理對孔數進行自動檢查的機器，可迅速檢查水平前進已鑽過的板子是否有漏鑽或不當殘屑塞孔的情形存在。功能更強者可稱為Hole Inspector。

Hole Density 佈孔密度

指板子在單位面積中所鑽的孔數而言，通常以每平方吋中有多少孔為準。

Hole Knee 通孔拐角之膝部

　　係指通孔電鍍銅之拐角處，也就是孔環與孔壁接壤處的緣口而言。

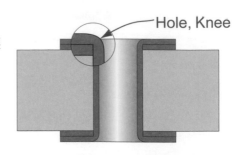

Hole Location 孔位

　　指各鑽孔的孔形中心點所座落的座標位置。

Hole Plugging 塞孔

　　HDI的正統做法是將具有通孔已完工的核心板（Core Board）進行塞孔，利用摻混球形填充料（Filler如SiO_2等）高單價的塞孔樹脂（例如日商山榮油墨環氧樹脂式的PHP-900型商品），將所有通孔逐一塞滿（印刷或滾塗或真空擠塞），隨即完成烘烤使之固化。然後再進行兩板面的削平以便繼續壓貼增層（Build up）與雷射盲孔的後段流程，是高階HDI板類的高規格要求。

　　有極多的外層板完工時也要求綠漆塞孔，此時要特別小心只能單面刮塞多次直到另一面冒出綠漆，而且還要使用比常規厚3-4倍的刮刀，利用其直角緣線像鏟雪一樣去慢慢手推，不可雙面快塞否則就會像下右圖一樣固化後出現細縫，導致後來表面處理的微蝕液滲入而咬爛孔壁造成悲劇。所列各圖即為塞孔過程與已塞孔之微切片畫面。

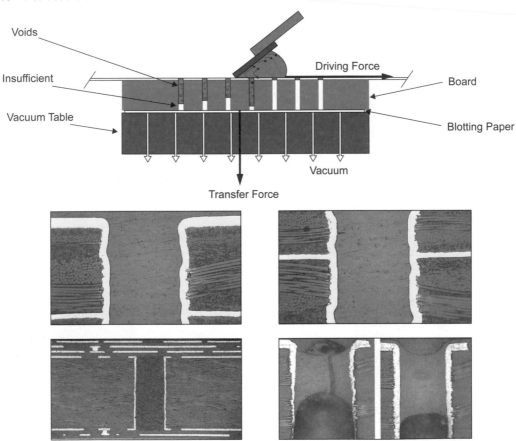

Hole Preparation 通孔準備

　　指完成鑽孔的裸基材孔壁，在進行化學銅鍍著之前，先要對其非導體孔壁進行清潔，及使附帶"正靜電"之處理，並完成隨後之微蝕處理與各站之水洗。而令孔壁先能沉積上一層"帶負電"的鈀膠囊團，稱為"活化處理"。再續做"速化"處理，將鈀膠囊外圍的錫殼剝掉以便接受化學銅層的登陸。上述一系列槽液流程對底材孔壁的前處理，總稱之為"通孔準備"。

Hole Pull Strength 孔壁抗拉強度

指將"整個孔壁"從板子上拉下所需的力量，也就是孔壁與板子所存在的固著強度。其試驗法可將一金屬線尾部穿出孔外並打彎，然後再以高溫焊接方式填錫在通孔中，如此經5次焊錫及4次解焊，然後去將整個通孔壁連同填錫焊點，一併往板面的垂直方向用力拉扯，直到鬆脫所呈現的力量，其及格標準為500 PSI，此種夠格的耐力謂之孔壁抗拉強度。

Hole Void 孔壁破洞

指已完成化學銅及兩次電鍍銅的通孔壁上，若因處理過程的疏忽或槽液狀況的不佳，而造成孔壁上存在"見到底材"的破洞稱為Void。這種孔壁破洞對於插孔焊接的品質會有惡劣的影響，常因水氣被吸入而藏納

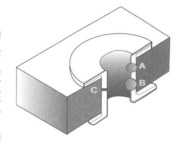
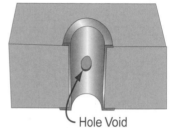

Hole Void

在破洞中，造成高溫焊接時所形成的高壓水蒸氣自破處向外噴出，使通孔中之填錫在凝固前被吹成空洞，此種品質不良的通孔即為惡名昭彰之吹孔（Blow Hole），故知"破洞"實為吹孔的元凶。美軍規範MIL-P-55110D規定凡通孔銅厚度低於0.8 mil以下者皆視同"破洞"，可謂非常嚴格。除常規通孔之孔破外尚有軟板孔破與盲孔孔破等，其原因也不盡相同。

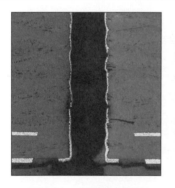
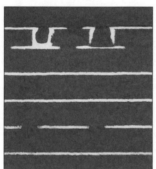

Hook（鑽針）切削前緣外凸

鑽針的鑽尖部份，係由金字塔形的四個立體表面所組成，其中兩個第一面（First Facet）是負責切削孔位基材功用，兩個第二面是負責支援第一面的。其第一面的前緣就是切削動作的刃口。正確的刃口應該很直，重磨不當時會使刃口變成外寬內窄的彎曲狀，稱為Hook，是一種鑽針的次要缺點，恰與Layback相反。

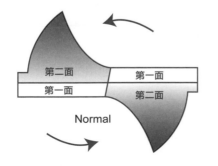
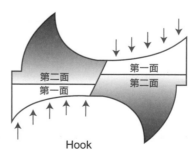

Hot Air Solder Levelling（HASL）噴錫、熱風整平

　　是將印過綠漆半成品的板子浸在熔錫液體中，使其孔壁及裸銅焊墊上沾滿銲錫，接著立即自錫池中提出，再以高壓的熱風(400℃)自兩側用力將孔中的填錫吹出，但仍使孔壁及板面銅墊銅環都能沾上一層有助於焊接的銲錫層，此種表面處理製程稱為 "噴錫" ，大陸業界則直譯為 "熱風整平" 。由於傳統式垂直噴錫常會造成每個直立孔環焊墊或方墊下緣存有 "錫垂" （Solder Sag）現象，非常不利於表面黏裝(SMT)的平穩性。甚至會引發無腳的電阻器或電容器，在兩端焊點力量的不平衡下，造成焊接時瞬間一端浮離甚至豎立的墓碑效應（Tombstoning），增加焊後修理的煩惱。新式的 "水平噴錫" 法，其錫面則甚為平坦，已可避免此種現象。

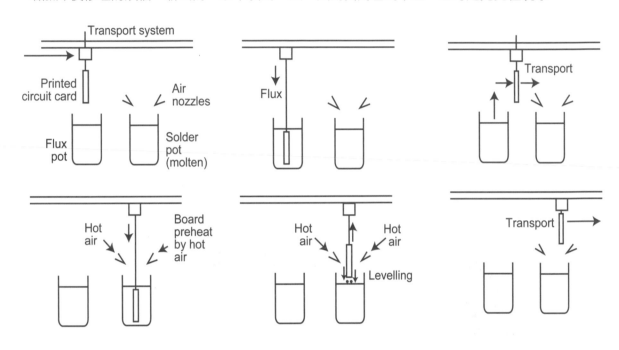

Hot Bar（Reflow）Soldering　熱把焊接

　　指在紅外線、熱風，及波焊等對PCB大量焊接製程之後，需再對某些不耐熱的零件，進行自動線焊後的局部手焊，或進行修理時之補焊等做法，稱為 "熱把焊接" 。此種表面黏裝所用的手焊工具稱為 "Hot Bar" 或 "Thermolde" ，係利用電阻發熱並傳導至接腳上，而使錫膏熔化完成焊接。此種 "熱把" 式工具有單點式、雙點式及多點式的焊法。

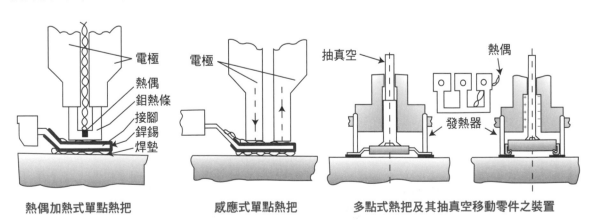

熱偶加熱式單點熱把　　　　　感應式單點熱把　　　　　多點式熱把及其抽真空移動零件之裝置

Hot Gas Soldering 熱風手焊

是指對部份"焊後裝"零件的一種手焊法，與上述電熱式用法相同，只是改採不直接接觸的熱風熔焊，可用於面積較小區域。

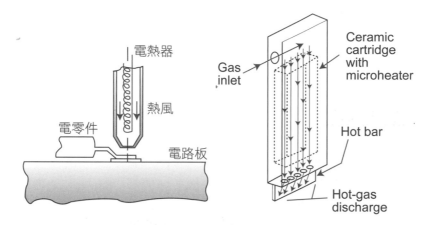

Hot Roll Lamination 熱轉軸壓貼法

是將已完成銅面清潔的生產板，採水平連線法送入乾膜壓膜站，在高溫轉動壓力軸的自動壓貼乾膜，並自動偵測與切斷板內的後緣，而可到四面留出銅邊，但其他中央大銅面卻全部雙面貼妥乾膜之做法，稱為Cut Sheet Lamination，可避免板外上下乾膜互貼而在顯像中不易分解進而形成殘渣。其所以須採高溫的理由是：①可使堅強的PET透明蓋膜得以在Tg以上軟化而容易軟化伏貼，②使夾心中的阻劑層也超過其Tg軟化而更能吻合銅面微觀的外形起伏，而得以增強附著力，③阻劑層配方中對銅面之附著力促進劑，亦須在高溫中發揮作用。

為使細線阻劑的抓地力更強起見，輸送式的熱壓貼膜，必須找出最佳溫度與速度，才會有最佳的成線良率。

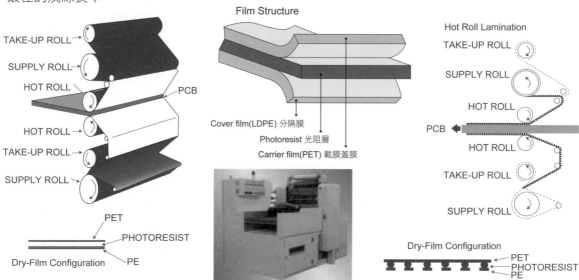

Hot Tear 銲點撕裂

是指無鉛焊接（以波焊居多）所形成的銲點主體在冷卻收縮過程中，由於與板材Z膨脹的巨大差異（銲料約20-22ppm/℃）但FR-4板材在Tg以上者其CTE卻高達250 ppm/℃），而在急速收縮中將銲料拉裂，若其裂口是發生在銲料本身者，則稱Tearing撕裂。此種SAC305撕裂的主因是快速冷卻中合金之多錫部份（96.5%的wt）會先行結晶成為枝晶（Dendrite），其他剩餘部份續冷中就會出現微小之裂口，連SAC305錫膏回焊之銲點表面也普遍會出現大小裂口。

　　無鉛波焊採用不適宜的銲料者（例如均質性很差的SAC 305），在快速冷卻中幾乎一定會在最後固化處出現此種收縮性的撕裂，但尚不至影響到銲點強度。因通孔插焊的銲點結構比起SMT之貼焊者，其強度均在10倍以上，即使連錫膏入孔（Pin in Paste或Paste in Hole）式回焊者，其強度也遠遠超過SMT甚多，故完全無須對此現象庸人自擾。

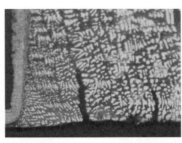
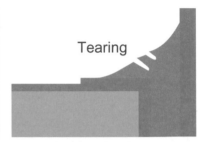

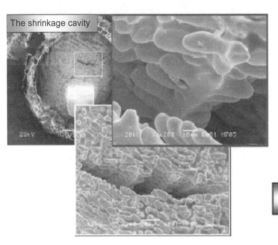
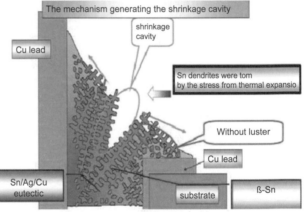

Hull Cell 哈氏槽、何式槽

　　是一種對電鍍溶液既簡單又實用的小型試驗槽，原係R.O. Hull先生在1939年所發明的。有267 CC、534 CC及1000 CC三種型式，但以267者最為常用。可用以試驗各種鍍液，在各種電流密度下所呈現的鍍層情形，以找出實際操作最佳的電流密度，屬於一種"經驗性"的試驗。

　　通常的做法是將表面故意皺折的陽極片放在圖中的第2邊（故意皺折是使其表面積與面對的陰極片相等），將陰極放在第4邊。至於所使用之電流密度及時間則隨各種鍍液而不定，須不斷試做以找出標準條件。鍍後可將已有鍍層陰極片的下緣，對準"哈氏標尺"卡某一所用電流密度尺處，即可看出陰極片上最佳區域所對應的實際電流密度。哈氏槽還有另一用途，是將陽極放在第1邊而將陰極放在第3邊，亦可看出陰極片上最右側低電流區的鍍層分佈情形。

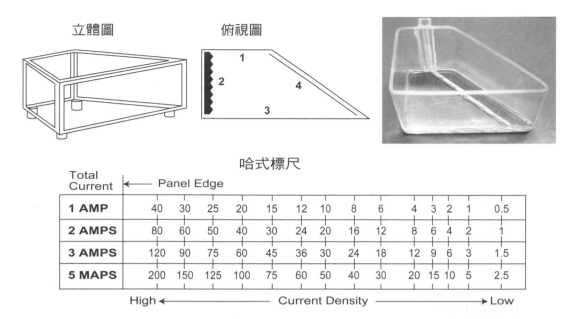

立體圖		俯視圖	

哈式標尺

Total Current	← Panel Edge												
1 AMP	40	30	25	20	15	12	10	8	6	4	3	2	1	0.5
2 AMPS	80	60	50	40	30	24	20	16	12	8	6	4	2	1
3 AMPS	120	90	75	60	45	36	30	24	18	12	9	6	3	1.5
5 MAPS	200	150	125	100	75	60	50	40	30	20	15	10	5	2.5

High ← —————— Current Density —————— → Low

Hybrid Integrated Circuit 混成電路

是一種在小型陶瓷薄基板上，以印刷方式施加貴金屬導電油墨之厚膜線路，再經強熱處理將油墨中的有機物燒走，而在板面留下導體線路，並可進行表面黏裝零件的焊接。是一種介乎印刷電路板與半導體積體電路器之間，屬於厚膜（Thick Film）技術的電路載體。早期曾用於軍事或高頻用途，近年來由於價格甚貴且軍用日減，又不易自動化生產，再加上電路板的日趨小型化精密化之下，已使得此種Hybrid的成長大大不如早年。

▲ 典型的Hybrid構裝範例

Hydraulic Bulge Test 液壓式鼓起試驗

是對金屬薄層所具展性（Ductility）的一種試驗法。所謂展性是指在平面上X及Y方向所同時擴展脹開的性能（另延伸率或延性Elongation，則是指線性的延長而已，但在微觀方面兩者之區別不大）。這種"液壓式鼓起試驗"的做法是將待試的圓形金屬薄皮，蒙在液體擠出口的試驗頭上，再於金屬箔上另加一金屬固定環，將金屬箔夾牢在試驗頭上。試驗時將液體由小口強力擠出，直接壓迫到金屬箔而迫其鼓起，直到破裂前所呈現的"高度值"，即為展性好壞的數據。實用機種稱為Ductensiomat II。

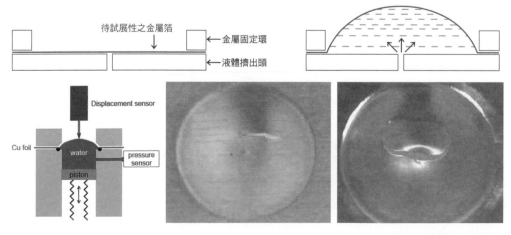

Hydrocyclone Filter 龍捲風式過濾機

是利用離心力（Centrifugal Forces）將乾膜剝膜過程的一種過濾工具。由圖可知當NaOH類剝膜槽液夾帶著乾膜殘渣之混合流體從Feed口進入快速旋轉的內壁（網狀或孔狀）時，在強大離心力與比重不同的交互作用下，槽液中部分殘渣被拋甩到槽壁又逐漸滑落後，即可從上端Outlet送出。部分槽液下滑又經濾網過濾後，澄清槽液又可回到工作機組槽體中繼續剝膜。當然累積膜渣太多時，此種過濾必須要清除清洗才行。

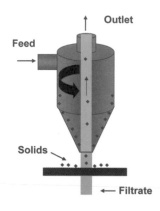

Hydrogen 氫氣

由於絕大部份的電鍍槽液都是用水所配製（極少數為非水溶性鍍液），故電鍍進行中也會造成水被電解，致令處於陰極的電路板面也會出現氫氣的聚集，一旦聚集太多又未能有效趕走時，可能會造鍍面的凹點（Pits），各種電鍍中以鍍鎳層最容易出現Pits。

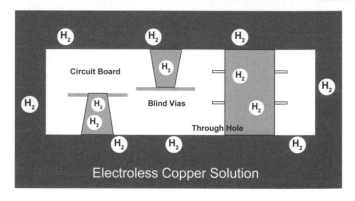

除了電鍍製程會在陰極板上產生氫氣外，化學銅製程也因加有還原劑會在通孔或盲孔中發出許多氫氣，尤其是較深的微盲孔更不容易趕走，如此將會造成孔銅壁的瑕疵，甚至於破洞，而影響品質不小。於是有的業者不贊成HDI微盲孔的量產中採用化學銅。其實現行槽液中強力水箭的技術已相當進步，化學銅在盲孔中的氫氣效應已不再是什麼大問題了。

Hydrogen Bond 氫鍵

水分子的O端帶負電性，兩個H夾角中心處帶正電性，故稱水分子為分極性或簡稱極性，每個水分子互相正負相吸引的力量稱為凡得瓦力（Van Der Waal's Force）。而夾在兩個較大氧原子之間的氫原子即稱為氫鍵。

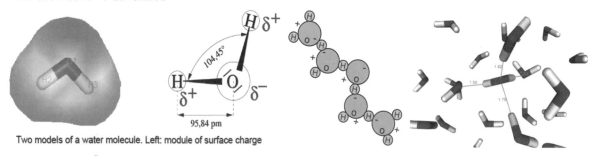

Two models of a water molecule. Left: module of surface charge

Hydrogen Embrittlement　氫脆

　　因電鍍溶液是由水所配製，故在電鍍的同時，水也會被電解而在陰極上產生氫氣，在陽極產生氧氣。那是由於帶正電的H^+會往陰極游動，帶負電的$O^=$會往陽極游動之故。由於氫氣的體積很小，故當其在陰極外表登陸附著，而又未及時被趕走浮離時，則很可能有一部份，會被後來登陸的金屬皮膜所覆蓋而殘留在鍍層中，甚至還會繼續往金屬底材的細縫中鑽進，造成鍍件（以高強鋼材最明顯）的脆化稱為"氫脆"。

　　此現象對高強鋼物件之為害極大，二次大戰時，美軍即發現很多飛機的起落架在返航重量較輕下也常會折斷，後來才研究出那是因電鍍時的"氫脆"所造成的。一般鹼性鍍液的"氫脆性"要比酸性鍍液少，而且若能在鍍完後立即送進烤箱在200℃下烘烤2小時以上，可將大部份氫氣趕出來，此二種做法皆可減少氫脆的發生。

Hydrogen Overvoltage　氫超電壓、氫過電壓

　　由於電鍍時會有H^+被還原成H_2而在陰極表面出現的情形，以硫酸鋅溶液之鍍鋅為例，按前述"電動次序表"中所列之數據（見Galvanic Series），鋅離子之"沉積"電壓Zn ⇆ Zn^{++}為負0.762 V，而氫離子的沉積電壓$2H^+$ ⇆ H_2為0.0000 V，由此二式可知鋅比氫活潑，或氫比鋅安定。

　　故當還原反應發生時，氫離子應比鋅離子有更多的機會被還原出而鍍在陰極上。換言之，在某一電壓下進行鍍鋅時，將會有多量的氫氣產生，而不易有鋅出現才對。然而這種理論卻與實際所觀察到的事實卻恰好相反，此即表示氫離子並未順利被鍍出或釋出。若欲將氫離子鍍成氫氣時，勢必還需比0.0000 V更高的電壓才行，也就是說釋放氫所需的電壓要比理論更大一些才辦得到。此種對氫離子在實際上比理論上所"高出"的沉積電壓即為"Hydrogen Overvoltage"。若就提高電鍍效率及減少"氫脆"的立場而言，當然是希望金屬的沉積愈多愈好，同時也令氫離子還原成氫氣者愈少愈好。因而，當"氫超電壓"愈高壓抑氫氣愈有效時對電鍍愈有利。說穿了此種超電壓的另一個代名詞就是"極化"。

　　"氫超電壓"是鍍液的一種特性，也是鍍液與被鍍金屬底材間所配合的一種關係。如於酸性鎳鍍液中，欲在白金、鑄鐵，或鋅壓鑄物件上欲鍍出光澤鎳層時就很困難。因其等所呈現的"氫超電壓"太低，操作中被鍍件陰極上容易產生大量氫氣反而不易鍍上鎳層。因而必須先要用"氫超電壓"較高的鹼性氰化銅去打底（Strike）。有了銅層之後在酸性鍍鎳溶液中的氫超電壓才會完全拉高，也才能鍍出良好的鎳層。

Material	C.D.. A/cm^2	Overvoltage V at 16± 1°C in 2 N H$_2$SO$_4$			
		10^{-3}	10^{-2}	10^{-1}	1
Cadmium		0.98	1.13	1.22	1.25
Mercury		0.90	1.04	1.07	1.12
Tin		0.86	1.08	1.22	1.23
Bismuth		0.78	1.05	1.14	1.23
Zinc		0.72	0.75	1.06	1.23
Graphite		0.60	0.78	0.98	1.22
Aluminum		0.56	0.83	1.0	1.29
Nickel		0.56	0.75	1.05	1.21
Lead		0.52	1.09	1.18	1.26
Brass		0.50	0.65	0.91	1.25
Copper		0.48	0.58	0.8	1.25
Silver		0.47	0.76	0.88	1.09
Iron		0.40	0.56	0.82	1.29
Monel		0.28	0.38	0.62	1.07
Gold		0.24	0.39	0.59	0.80
Duriron		0.20	0.29	0.61	1.02
Palladium		0.12	0.3	0.7	1.0
Platinum		0.024	0.07	0.29	0.68
Platinum(platinized)		0.015	0.03	0.04	0.05

VALUES OF HYDROGEN OVERVOLTAGE, DIRECT METHOD^α

Hydrolic Pressure　液壓、油壓

是利用液體不受壓縮，一旦受壓時其壓力會立即往器壁傳導，當說明摩擦損失極少之巴其噶原理時，在多次較小"入力"的液體連續排擠下，可累積出單次較大的"出力"，此種積小力為大力的"傳力"方式稱為液壓法加工。由於為了機器防鏽防凍防燃起見，其所使用者均為專業的油狀液體，故亦稱為"油壓"。電路板業者之壓合機即採液壓方式，稱為Hydrolic Press。

Hydrolysis　水解

簡單的說就是加水後所引起極性物質之分解作用，是一種化學反應。如鹽類、酸類或有機物加在水中後，所生成多種離子或離子團之謂也。

Hydrophilic　親水性

具有極性（Polarity）的物質可溶於水中，稱為"親水性"。另不具極性（Nonpolar）的物質，不溶於水，呈疏水性者稱為Hydrophobic（或稱親油性）。

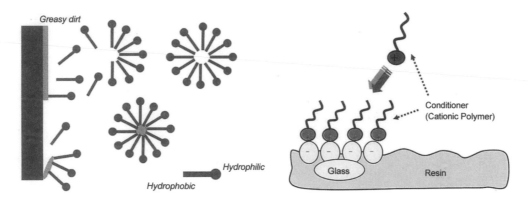

Hydropholic　疏水性

某些大分子量的有機物不溶於水，且呈現不親水狀態者稱為疏水性或拒水性。以下列表面潤濕劑而言，其紅色的苯環端為疏水端，而藍色的鈉鹽端將易溶於水而呈現親水性。

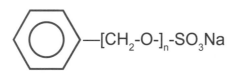

„Hydrophobic " backbone
„Hydrophilic " backbone

**"Hydrophilic"
=Water loving, water
attracting,**

**"Hydrophobic"
=Water hating, water
repelling.**

Hygroscopic　吸濕性

指物質從空氣中吸收水氣的特性。

Hypersorption　超吸附

例如具有廣大表面積的活性炭粉體，可能會將周圍氣體中較不具揮發性的成份加以吸附，但對揮發性較高的成份卻不易吸附，此種吸附稱為Hypersorption。

Head In Pillow（HIP）枕頭效應 `NEW`

　　一般中大型BGA模塊的眾多球腳，對準踩在PCB板面承墊所印錫膏經熱風或熱氫氣回焊Reflow過程中，經常會出現大模塊四個角落的球腳與球墊兩者間，若即若離的頭與枕附著不牢的HIP效應，現試將其成因利用各種文獻中的繪圖與實體切片圖說明如下：

1. 回焊曲線第二段較平滑的恆溫（或保溫Soak）段耗時太長者，將使得錫膏中的助焊劑出現乾涸而失去潤濕功用。如此活性不足下將無法清除錫球表面的氧化物，很難讓BGA球腳無法與球墊上的錫膏熔成一體，造成各自熔融及各自固化還可輕易分離的假焊現象。

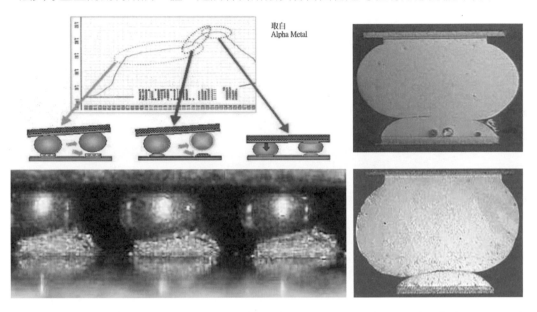

2. 大型BGA其載板本身的剛性Stiffness不足，強熱中四個角落出現向上翹起的異常，以致四角腹底的球腳被吊高，而無法與PCB承墊上的錫膏融合為一體。

3. 眾多球墊表面若偶有一兩個內球墊面的錫膏印量太少時，回焊中也將出現球腳與錫膏各自熔融的分離情形。

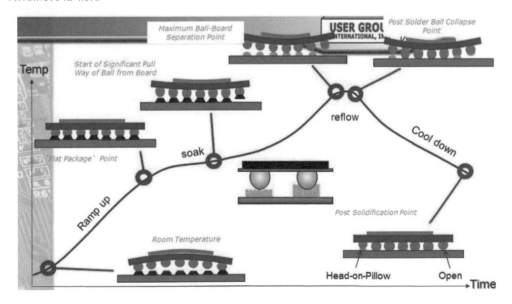

Heat affected zone（指板材）強熱的影響區 NEW

當機鑽通孔時，其劇烈摩擦所產生的熱量若已超過板材樹脂的Tg者，使得強熱迫使板材變為柔軟的橡膠態(Elastomer Stage)，進而隨著鑽針而塗滿孔壁形成膠渣(Smear)。同樣CO_2雷射燒孔時其強熱也會影響到周圍的板材，而使之出現成劣化的”強熱影響區HAZ”。此種強熱效應對手機中高頻天線所用的軟板材料LCP(液晶樹脂)尤其敏感，無法取得良好品質的微盲孔，因而只能改用熱量很少的UV雷射去進行慢工的旋鋸Tsapending成孔，或採極短脈衝CO_2(已達皮秒10^{-9}秒的Picosecond或10^{-12}秒的Femtosecond)的方式成孔，如此方可減少熱量對板材的傷害。目前蘋果手機iPhone X的三塊LCP天線軟板即採此種低HAZ的方式進行微盲孔的量產，所列四圖即說明一般CO_2雷射燒孔與極短脈衝雷射成孔的原理與成孔的比較。

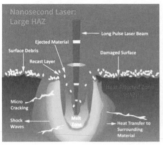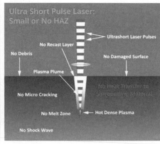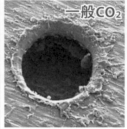

Heat Dissipation Via 散熱孔 NEW

高功率大型IC積成模塊（如CPU或GPU），其長期工作中封裝體一定會累積很多的熱量，必須採用各種方法將熱量不斷移走，以減少焊點劣化的效應才能延長產品的可靠度，如此才可增加主動器件的壽命。此種散熱孔又稱為Thermal Via，下左圖即為散熱孔的示意，而畫面所附右圖則為1995年某大公司所生產Intel的CPU（Pentium）用的高階子板，中央鍍金方塊區共有17X17＝289個10mil的散熱通孔。

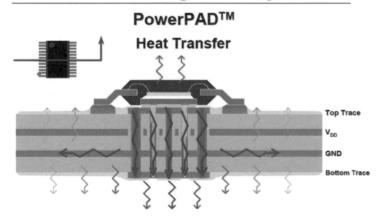
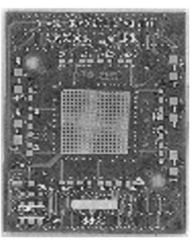

Heavy Copper Board 厚銅板 NEW

又稱為Extreme Copper Board

當PCB板面或板內線路厚度超過了3oz(1.4mil×3=4.2mil或4mil)者即稱為厚銅板。此等厚銅板主要做為載運較大電流的用途，而不是傳輸方波或弦波等極小電流(10mA)的資訊或通訊PCB了。厚銅板主要用途可做為散熱座(Heatsink)，平面式變壓器(Planar Transformer)，太陽能面板(Solar Panel)，電源供應器(Power Supplier)，汽車用板等。下列左二圖為平面式變壓器用的厚銅板外觀，右圖為內層10oz汽車板的切片圖。

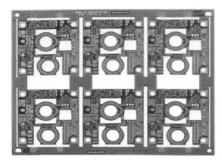 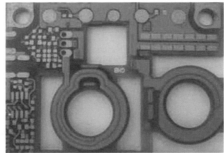 

Heterogeneous Integration 異質整合 NEW

此詞是2012年才開始大量討論的話題。是指將性質完全不同或內容局部不同的兩類芯片，首先安裝在同一片互連體（Interposer）或互連板的矽載板上（2018年以後可能會改為更便宜的玻璃載板）。完成初步封裝後再將互連體焊到有機載板上而成為外觀與BGA無異的封裝體（大陸稱模塊），也就是俗稱的2.5D式封裝產品。

（1）性質完全不同的芯片，例如射頻（RF）用類比式（Analog）在空中飛馳正弦波的通訊芯片，與板面高速數碼方波用如CPU式的Logic芯片，將此兩類性質差異很大的芯片同時安裝在一塊互連板上成為混種（Hybrid）式產品。

（2）性質部份不同芯片的整合，如將數碼方波計算用的邏輯芯片，與方波記憶用的儲存芯片，一併安裝在互連體的矽載板上以節省空間並加速傳輸。下兩圖取材自Xilinx2012發表的資料。

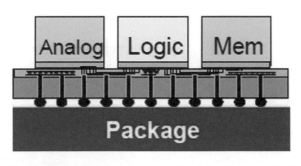 

這種「異質整合」的未來發展幾乎無可限量，一旦將來3DIC封裝技術成熟後，將可能出現下列兩圖（取材自日商T-Micro）所示意繪製極度精密緊湊的偉大場面，屆時各種微小化的穿戴產品將不再是夢想了。

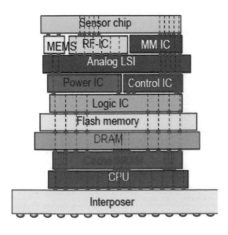 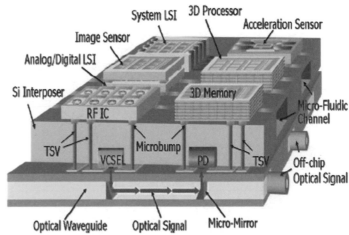

Housing 外殼 NEW

單一性電子產品的最外包裝體也就是機器的外殼,不管外殼大小或形狀如何,英文幾乎都一律稱之為Housing。下圖由載板所完封積體電路的模塊,其金屬外殼也稱為Housing.

Housing 外殼
Chip 晶片或芯片
PCB 電路板
Substrate 載板

Hybrid Laminated Board 混合材料壓合板 NEW

是將性質完全不同的板材進行壓合的多層板,如把用於RF射頻的Teflon(PTFE,如Rogers的3003)板材,與一般用於方波訊號的環氧樹脂板材一併壓合成的多層板,即為常見的混壓板。

由於Teflon板材的Tg只有19℃,在常溫中會呈現柔軟的橡膠態,因而很難單獨進行加工,但與FR-4環氧樹脂板材混壓而取得了靠山後,即可進行一般PCB的各種製程了。下右圖四層板之上兩層間白色的絕緣材料,即為Teflon樹脂。

Hydrazine 聯胺 NEW

是一種無機性的強力還原劑,常溫下為無色的可燃性液體結構式可寫成NH_2-NH_2,其本身具有很高的極性因而很不安定,須存放於水溶液中。工業界常當成發泡劑,二戰末期納粹德國的早期噴射戰機,即利用聯胺(30%)混入甲醇(57%)及13%的水做為燃料,後來更用為V2飛彈的燃料。目前太空船升空火箭的輔助燃料也用到聯胺,致於燃料電池(Fuel Cells)所必須的氫氣也可由聯胺取代,其所推出的能量可達200mw/cm^2。聯胺還可用做抗氧化劑或除氧劑或鍋爐的防蝕劑。

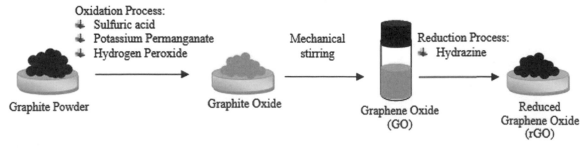

Oxidation Process:
Sulfuric acid
Potassium Permanganate
Hydrogen Peroxide

Mechanical stirring

Reduction Process:
Hydrazine

Graphite Powder → Graphite Oxide → Graphene Oxide (GO) → Reduced Graphene Oxide (rGO)

圖中的氧化石墨烯(GO)可被聯胺還原成為"還原態氧化石墨烯"(rGO)；前者GO為ITO透明電路的取代品。後者rGO的傳電與導熱都很好，將成為導熱介面薄材的最佳選擇。

Hydrogen Evolution 發出氫氣 NEW

　　這是指電解水，或一般電鍍所用電流超過極限電流密度時；在陰極或被鍍件表面會出現頗多的氫氣泡，謂之發出氫氣。

　　常規的各種電鍍製程，在正常攪拌過濾與固定陰陽距離下，都會有良好電流密度（Current Density）的操作範圍。也就是說在範圍之內的電流絕大部分是用以執行電鍍工作的，只有很少部分是用以電解水，亦即很少出現陽極發出氧氣與陰極發出氫氣的反應。對於高強鋼材的防鏽電鍍鎘或鋅而言，一旦電流太大而發出氫氣時，由於其體積極小很容易鑽進鋼材中。而且後續還會逐漸聚集，進而造成鋼材容易斷裂者謂之氫脆Hydrogen Embrittle ment。鍍後應盡量烘烤以避免脆化而減少災難。附圖即為電鍍鎳時少許電流對水造成電解而發出H_2的示意圖。

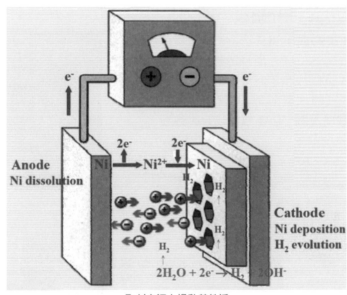

取材自師大楊啟榮教授

I-Beam 工字形佈線

是指雙面軟板的佈線狀態，當正反兩面的線路隔著軟材面上下重合者，稱為I-Beam。此種佈線法造成其軟硬相差頗大也較為僵硬。若改為兩面彼此錯開佈線者則整體柔軟性將可提高。

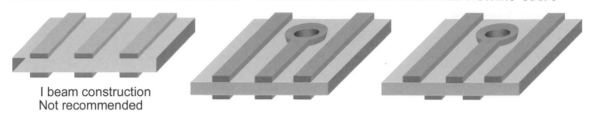

I beam construction
Not recommended

IC Carrier（Substrate）IC載板

係利用PCB各種技術與半加成法SAP所製造，用以承載IC晶片的HDI多層式小型PCB，而且比起一般小板更小更薄更精密，所配三圖即為2009年最流行的Net Book主板與CPU、北橋、南橋等三個大型主要IC在主板上的位置，右二圖為新型Atom外觀以及其球腳載板微切片的畫面。

南橋
北橋
Atom

I.C. Socket 積體電路器插座

早先正方型的超大型"集體電路器"（大陸術語將IC譯為積成塊），或承載CPU晶片的PGA（Pin Grid Array）載板均各有三圈插腳，本可插焊在電路板的通孔中。但為預防PCBA組裝板一旦有問題需更換這種多腳零件時，其解焊與補焊手續將很麻煩。為減少麻煩與傷害起見可加用一種插座插焊在通孔中，再把這種多腳零件插入插座的鍍金孔中，以達到維修與更換的方便。

目前雖然VLSI已全部改成表面黏裝之QFP，但某些無腳者為了安全計仍需用到一種"卡座"（Socket），而PGA之高價元件也仍需用到各式插座與主板連絡。甚至連此等插座也改成SMT了。

Icicle 錫尖

是指組裝板經過波焊後，板子焊錫面上所出現的尖錐狀銲錫，有如冰山露出海面的一角，不但會造成人員的傷害，而且也可能在彎折後造成短路。形成的原因很多，主要是熱量不足或錫池的"流動性"（Flow）不佳所致。其解決之道是將單波改成雙波，並小心調整第二波的平波高度；或將板子小心下降於平靜錫池面上的恰好高度處，使有害的錫尖再被熔掉即可。本詞正式學名應為Solder Projection。

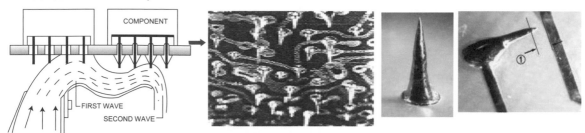

Illuminance 照度

指照射到物體表面的總體"光能量"而言。

Image Transfer 影像轉移、圖形轉移

在電路板工業中是指將底片上的線路圖形，以"直接光阻"的方式或"間接印刷"的方式轉移到板面上，使其蝕刻後的銅導體圖形成為零件的互連配線及組裝的載體或基地，而得以發揮功能。影像轉移是電路板製程中重要的一站。

此詞為一集合性名詞，其內容包括底片製作、光阻塗佈、曝光、顯像、蝕刻、剝膜等過程在內；為PCB業之重要工程。近年來線路越來越細也越來越密故亦稱為微影工程。

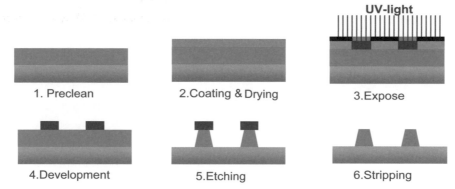

Imaging 成像處理、成像過程

通指影像轉移的整體過程而言，以內層板之感光濕膜流程為例，共有銅面前處理、塗佈及乾燥、曝光、顯像（俗稱顯影並不正確；影是指底片上的圖形，板面上應稱為像）、蝕刻，與剝膜等六個製程站，係將底片上的畫面轉移到板面的集合名詞，稱為影像轉移。其它如母片翻成子片才可稱顯影，感光綠漆的選擇性塗佈則應謂之"成像"。

Immersion Plating 浸鍍

是利用被鍍之金屬底材，與溶液中金屬離子間，兩者在電位差上的關係，在浸入接觸的瞬間產生置換或取代作用（Replacement, Displacement）。也就是被鍍底金屬表面電動次序（Electromotives Series）較活潑的原子，於其溶解拋出電子的同時，可讓溶液中化性較高貴的金屬離子接收到電子，進而立即在被鍍底金屬表面還原成一薄層鍍面的過程，謂之"浸鍍"。

例如將磨亮的鐵器浸入硫酸銅溶液中，將立即發生鐵的溶解，並同時有一層及薄的銅層在鐵表面被還原鍍出來，即為最常見的例子。通常這種浸鍍是自然發生的，當其鍍層在底金屬表面佈滿時，就會逐漸停止反應。PCB工業中較常用到"浸鍍錫"、"浸銀"與"浸金"等，其他浸鍍法之用途不大。（又稱為Galvanic Displacement）。

Immersion Silver 浸鍍銀

是綠漆後完工板面上，焊環或焊墊表面所做最終處理（Final Finishing）的一種皮膜，可供給下游組裝焊接之用（如錫膏熔銲或波焊等），與其他盛行的"化鎳／浸金"（EN／IG），或銅面有機保焊劑（OSP）用途相同，均為噴錫以外可做為焊接基地的銅面處理方法。

由於無鉛（Lead Free）焊接之環保壓力，致使2006年之後電子工業中將不允許再有毒性的鉛存在，故錫鉛之噴錫勢必遭到淘汰。也由於無鉛銲料操作溫度上升30～40℃而令無鉛噴錫達260～280℃之際，致使OSP（如商業製程之Entek）也不易全身而退。而現行的"化鎳／浸金"不但價格較貴，且焊點強度也較不易維持，是故又有浸鍍銀與下述的浸鍍錫的興起。

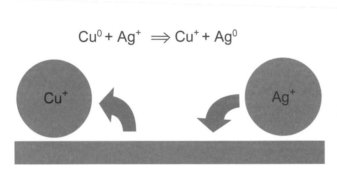

$$Cu^0 + Ag^+ \Rightarrow Cu^+ + Ag^0$$

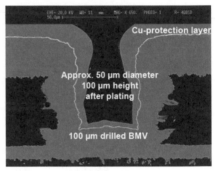

銀本身原具有強的遷移性（Migration），故鍍銀導體彼此之間常會出現漏電的問題。且焊接過程中銀會迅速溶進銲點的錫主體中（Silver Leaching），造成焊點之強度減弱，更加上銀層極易被氧化與硫化的重大缺點，故一向不為電子工業所願用。不過現行的"浸鍍銀"卻不是單純的金屬銀，而是與有機物共鍍所組成的"有機銀"，且可焊厚度極薄（4μ-in以下），焊接之瞬間此等些微之銀層將迅速熔入錫中形成Ag_3Sn而逸入銲料中，實際之焊點卻仍是焊在銅面上，故對銲點強度影響不多，現已有客戶指定使用。由是可知銀層不可太厚，否則不但成本上升而且銀層還會另有槽液中已溶銅的沉積，甚至造成槽液的溶銅太多而提早報廢。

此等酸性浸鍍銀槽液是以硝酸銀為主，是一種典型的置換反應。50℃處理60秒左右的皮膜即可通過各種焊錫性的考驗，故成本並不算貴。主要供應商有Enthone及MacDermid等。

浸鍍銀層的組成隨其厚度增加而有所不同

（圖表：縱軸 00.0, 80.0, 60.0, 40.0, 20.0, 0.0；橫軸 0.2 0.3 0.6 0.9 1.2 1.5 1.8 2.1 2.4 2.7 3.0 3.3 3.6 microinches；曲線標示 Silver、Organic、Copper）

本法是98年後才出現的可焊處理新製程，以便能順利接手因"無鉛"立法規定而將被捨棄的噴錫製程。本法較化鎳／浸金（EN／IG）處理之成本為低，也較有機保焊劑（OSP）之可焊壽命更長。但因槽液係由硝酸銀所配製，故對清洗水中的些微氯離子非常敏感，會產生氯化銀的白色沉澱。且完工板還需用到預防變色之無硫紙（Sulfur Free Paper）做為包裝，成本也不低。

化銀在無鉛焊接中最大的煩惱還是銲料與銅墊之介面間存在著許多空洞，此等空洞主要是來自化銀表面的防變色有機皮膜與快速生長銀層下銅基地上的凹陷（Cave），當強熱中薄薄的銀層快速（形成Ag_3Sn的IMC）溶入銲料中後，該等有機皮膜之裂解氧化與銅地本身凹洞之脹氣在來不及溢出銲料之外時，即在原地裂解形成氣泡式的空洞，成為強度上的隱憂。

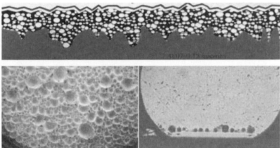

浸鍍銀除了在銲點界面處空洞特多外，而且綠漆邊緣側虛處（Undercut）一旦藏污納垢還很容易在後續儲存中發生賈凡尼式的斷銅。其主因是出自於死角殘蝕電解質又在水氣助虐下形成銀扮演陰極而銅扮演陽極的化學電池，於是銅就不斷的被腐蝕直到全斷還不停止反應，甚至銀面上還會發生硫化銅式的蠕變腐蝕（Creep Corrosion），使得浸銀製程又多了不少後患。

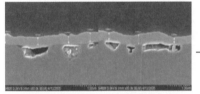

Shear Fatigue 介面空洞將導致銲點強度不足   **Generinc Peroxide Etch**

Most bumps failed by cracking (mostly) through the plane of the champagne voids.

The rest failed between the pad and the laminate (not shown).

Galvanic Attack

Extra strong effect at both track sides   S/M edge

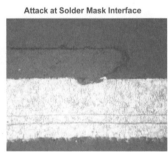

Attack at Solder Mask Interface

Immersion Tin 浸鍍錫

與上詞之浸鍍銀一樣，都是為了因應"無鉛"之環保考量，在噴錫製程越將不易之際，所開發出來的可焊性取代製程。其實"浸鍍錫"並非新創，早在20年前PCB業就曾用過，只是那時是臨時用以挽救焊錫性不好的金屬表面而做，槽液配方並不穩定堪用壽命很短，處理後的焊錫性也無法維持很久，兩三天就不能焊了，故並未引起業界的注意。但97之後的新一代晶粒變大的浸鍍錫的其質就好的很多了。

由於銅的"電動電位"（Electromotive Potential 或稱還原電位或電極電位）為＋0.344，而銀為＋0.80，故"浸銀"槽液中，銅的化性較活潑，銀較遲鈍，故銅會氧化溶解而將電子交給銀去還原沈積，使得銅面上浸鍍銀的皮膜可以自然發生，其賈凡尼式置換反應會很順利的進行。然而錫的電動電位卻只有－0.136，故在浸錫槽液中，較安定或遲鈍的銅將不可能溶解，而較活潑的錫也不可能沈積，將使得此種置換反應就無法發生了。不過若在對銅面做"浸鍍錫"的藥水中加入"硫脲"（Thiourea）與甲基磺酸而就先前次序重新洗牌後，銅反而變得更活潑而得以溶解，在丟掉電子給錫離子後，錫即可在銅面上沈積了。但如此一來將會對綠漆傷害很大。

　　新一代的浸鍍錫製程，其槽液管理與皮膜品質遠比早先簡單的浸錫改善很多，不但結晶顆粒變大，耐濕耐溫性良好，儲齡增加，且不良錫鬚（Wiskering）的趨勢也減緩很多。新一代商品之焊性變好、焊點強度也頗進步，供應商以Atotech與Florida Cirtech（目前已併入Enthone）以及Enthone等較為著稱。其中阿托科技還搭配專用機組專線，外加銅離子以及四價錫膠體等副產物的清除專用機器，對於化錫的品質更有保障。

　　由於浸錫層會與底銅之間互相遷移而產生Cu_6Sn_5的IMC，因而必須要將錫層增厚到1.0μm以上才能保證儲存一年並經回焊三次後還可剩0.2μm的金屬錫可供後續焊接之用。是故浸銀要在72℃槽液浸泡15分鐘才能達到這種起碼厚度的需求。由此可知對板面綠漆的破壞力的確不小，甚至還將造成密距間絕緣品質的下降。

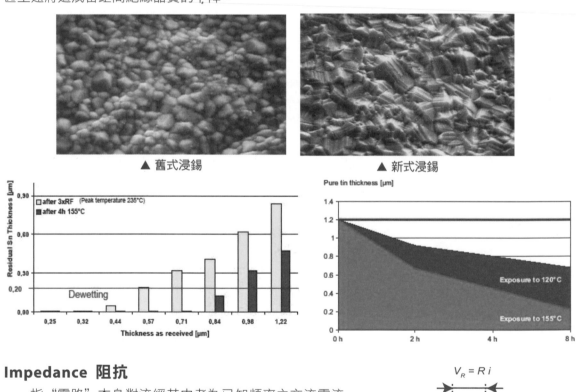

▲ 舊式浸錫　　　　　　　　　　▲ 新式浸錫

Impedance 阻抗

　　指"電路"本身對流經其中者為已知頻率之交流電流，所產生的總阻力應稱為"阻抗"（z），其單位仍為"歐姆"這就是說交流電中的阻抗雖類似直流中的電阻但兩者並不相同。係指跨於電路（含裝配之元件）兩點間之"電位差"與其間"電流"的比值；是由電阻Resistance（R）再加上電抗Reactance（X）兩者所組成。而後者電抗則又由感抗Inductive Reactance（X_L）與容抗Capacitive Reactance（X_c）二者複合組成。現以圖形及公式表示如右簡圖。

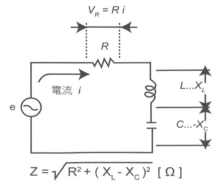

$$Z = \sqrt{R^2 + (X_L - X_c)^2} \ [\Omega]$$

電路板的線路導體將擔負各種低電壓訊號（Signal）的傳輸，而其遭遇的阻力則稱為〝特性阻抗〞（Characteristic Impedance），一般口語亦常簡稱為〝阻抗〞。為了提高其傳送速率，故需先提高其頻率（是跳動的次數的增加而非能量的增大），線路本身因蝕刻而導致截面積大小不等與介質層厚薄不均時，將造成阻抗值的變化導致所傳送之訊號失真。因而在高速電路板上的導體線路中，其〝特性阻抗值〞皆應管制或控制在某一範圍之內，如50±5Ω或50±3Ω等，俗稱簡稱為〝阻抗控制〞（Impedance Control），為電路板在品質上的一項特殊要求。

Impedance Match（特性）阻抗匹配

在電子電路中若有訊號（Signal）在傳送時，希望由電源發出端（Source）起，在能量損失最少的情形下，能順利傳送到接收端（Receiver, Load），並由接受端將其能量完全吸收而不產生任何反射動作。欲達到這種良好的傳送或傳輸，則電路本身的阻抗（Z_L）必須與〝發出端〞內部的阻抗（Z_0）相等或極為接近才行，稱之為〝阻抗匹配〞。此詞與阻抗控制同義但卻更易理解。

Impinge 衝打、沖打

指強力的細小水柱或水箭之沖打而言，通常蝕刻液對銅面的沖打，或某些水平濕流程連線中，當生產板所通行之水平或垂直水體中，所施加之水箭水柱衝打等，皆屬之。

Impregnate 含浸

指基材板之補強材料（如玻纖布或絕緣紙），將其浸漬於A-stage之液態樹脂，並強令樹脂進入玻纖布的紗束中，且迫使空氣被逐出，隨後熱硬化成為膠片之浸著處理，稱為〝含浸〞。

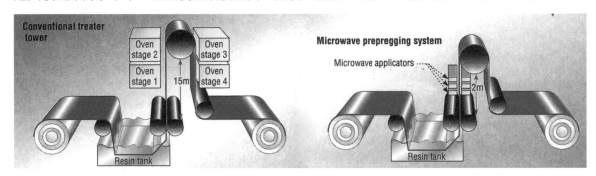

In-circuit Testing 組裝板電測

是指對PCBA組裝板上每一零件及PCB本身的電路，所一併進行的總體性互連電性測試，以確知零件在板上裝置方位及互連性的品質良好與否，並保證PCBA發揮應有的性能，達到規範的要求。此種ICT比另一種〝Go / No Go Test〞的功能性測試在困難度方面要更高且成本也貴了很多。

Inclusion 異物、夾雜物

在PCB中是指絕緣性板材的樹脂中，可能有外來的雜質混入其中，如金屬導體之鍍層或錫渣，以及非導體之各種異物等，皆稱為Inclusion。此種基材中的異物將可能引起板面線路或層次之間的漏電或短路，為品檢的項目之一。

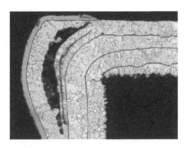

Indentation Test 儀控壓痕試驗

是指專用微硬度計，針對微小區域（如鍍層或焊接之IMC等）進行微硬度（Microhardness）之量測時，儀器之壓測頭（Indentor）以定速壓在待測點上，並在顯微鏡觀察下，進行壓力10N

以下之微硬度測量。可從壓痕的大小深淺上判讀出其微硬度的讀值。常見者有Knoop及Vicker兩種微硬度表示法。

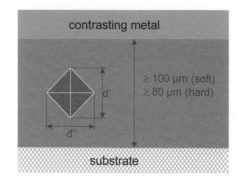

Indexing Hole 基準孔、參考孔

指電路板於製造中在製程板面（Panel）之板角或板邊先行鑽出某些工具孔，以當成其他影像轉移、鑽功能孔，或切外形，以及壓合製程的基本參考點，稱為Indexing Hole。其他尚有Indexing Edge、Slot、Notch等類似術語。

Inductance（L）電感

電感含有自感應（Self-Inductance）及互感應（Mutual Inductance）等兩部份。

(1)所謂"自感"是指導體中有電流流動時，其周圍會產生磁力線。每當電流出現大小或方向之變化時，其磁力線也隨之變化，此時會發生一種不願隨之起舞阻礙磁力線變化之"反電動勢"，此種現象稱為"自感應"作用，現以簡圖及公式表達如下：

●設在△t秒內其電流之變化為△I，而所產生的磁束變化為△φ，則自感應之電動勢e將與△φ/△t成比例。

●又當導磁率一定時，則磁束之變化將與電流變化成比例，設其比例常數為L，於是：$e = -L\frac{\Delta I}{\Delta t}$，此處之L即為自感，其單位為亨利（Henry）

●即當1秒內電流之變化為1安培（A）時，若所感應之電動勢為1伏特（V），則其自感即為1亨利（H）。

此為埋入式電感器之範例

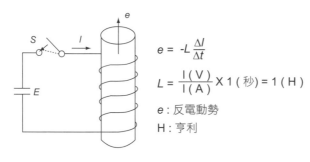

$$e = -L\frac{\Delta I}{\Delta t}$$

$$L = \frac{1(V)}{1(A)} \times 1\,(秒) = 1\,(H)$$

e：反電動勢

H：亨利

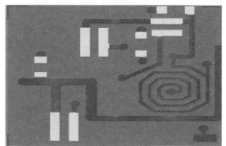

(2)所謂互感（Mutual Inductance）是指類似在變壓器中兩種線圈之間的感應而言。如圖當L_1線圈中有電流通過時則會產生磁束φ，而此磁束又將使L_2線圈受到感應而產生電流（其電動勢為e）。由於此種新產生的e會與△φ/△t形成比例，若當其導磁係數固定時，則磁束的變化又與電流強度成比例（設比例常數為M），因而新生的電動勢大小應為：

式中M即為互感。其單位為亨利H，當L_1線圈中之電流變化為1安培/秒時，其在L_2線圈中所感應的電動勢為1伏特，則其M為1亨利。

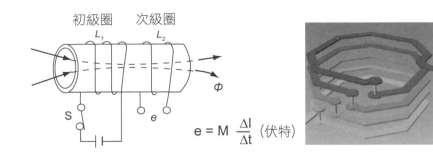

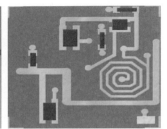

$$e = M \frac{\Delta I}{\Delta t} \text{（伏特）}$$

In-feed Rate（Down-feed Rate）進刀速率

是指機械鑽孔時鑽針向下刺入板材的線性速率（吋/分），或切外形時銑刀向前推進的速率而言，與常用Inch Per Minute（IPM）同義。對孔壁品質而言更正確者應為進刀量CL才對。

Information Appliance（IA）資訊家電

指以個人電腦為主幹的各式家電之聯合體系，將來還會再加入短距離的無線互連之藍牙（Bluetooth）系統，使得家居生活與公務商務更為豐富與方便。

Infrared（IR）紅外線

可見光的波長範圍約在紫光的400 m μ 到紅光的800 m μ 之間，介於800 m μ～1000 m μ 之間的電磁波即稱為"紅外線"。紅外線中所含的熱量甚高，是以輻射之方式傳熱。對被加熱體而言，其傳熱比"傳導"及"對流"更為方便有效。紅外線本身又可分為近紅外線（指接近可見光者）、中紅外線及遠紅外線。電路板工業曾利用其中紅外線及近紅外線的傳熱方式，進行錫鉛鍍層的重熔（Reflow俗稱炸油）工作，前些年下游裝配工業常利用IR做為錫膏之回焊（Reflow Soldering）熱媒，目前已改為熱空氣或熱氮氣了。下圖即為IR在整個光譜系列中的關係位置。

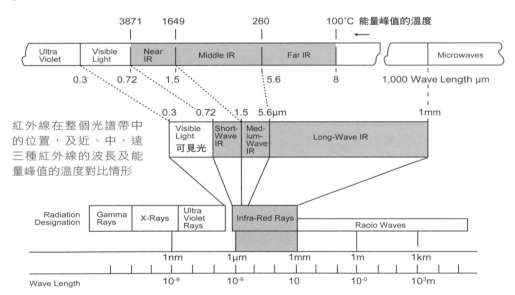

紅外線在整個光譜帶中的位置，及近、中、遠三種紅外線的波長及能量峰值的溫度對比情形

Ink Jet Printing 噴印

PCB影像轉移技術2000年左右又出現了一種噴印的新技術，其實相同原理的做法40年前即已應用於各種平面噴墨式印刷品，近年來更在各種電腦輔助下更多樣化的出現各式噴墨列印文件

或圖像畫面。早期是採熱泡噴印法（Bubble Jet），近年來改用更精密的壓電式（Piezoelectric）噴印。後者對細線精密PCB的打樣或小批量生產頗有助益，其墨點大小竟可精細到5×10^{-9}c.c，可讓精密解像能力大幅提升，而達2400 dpi 的境界。然而單價較貴技術複雜產速不足下，仍然很難與現行光阻式的影像轉移同台競技。

　　噴印法對細密線路小面積精密板類較有競爭力，其好處是無需底片，免用光阻耗材，與減少生產線機器與廠房管理，且極有利於環保，又容易更改料號，對新建廠及少量多樣的業者頗有吸引力。此等噴印機種2002年以前即已開發出商用機台，目前在積極研發進步下不但速度加快而且品質更好。未來可能在精密載板中展現能耐。

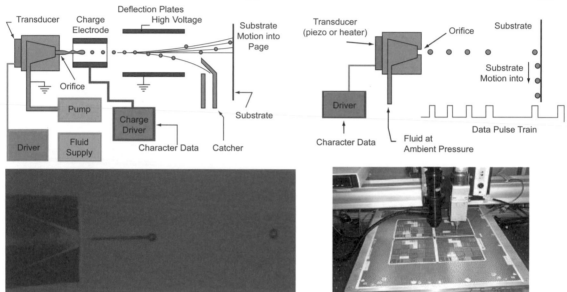

Input / Output 輸入 / 輸出

　　乃是指"元件"或"系統"（整機），或中央作業單元（CPU）等，其與外界溝通的進出口稱為I／O。例如一枚"積體電路器"（IC），其元件中心的晶片（Chip，大陸業界譯為"芯片"）上的線路系統，必須先打線（Wire Lead Bond）到腳架（Lead Frame）鍍金區上，再完成元件本體之密封及成形彎腳後才能成為IC的成品。當欲將此種IC焊接在電路板上時，其各"接腳"焊點就是該"積體電路器"的對外I／O。

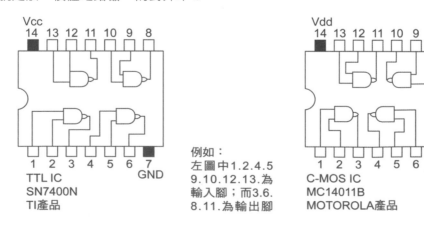

例如：
左圖中1.2.4.5 9.10.12.13.為輸入腳；而3.6. 8.11.為輸出腳

Insert, Insertion 插接、插裝

泛指將零件插入電路板之通孔中所進行的焊接，以達到機械定位及電性互連的任務及功能。此種插孔組裝方式是利用波焊法，使孔中填錫而完成永久性的固定。但亦可不做波焊而直接用鍍金插針擠入，以緊迫密接式或壓接式（Press Fit）進行互連，為日後再抽換而預留方便，此種不焊的插接法常用在"主構板"或"背板"與Back Panel等高單價厚大板上。

Inspection Overlay 重合套檢底片

是採用半透明的線路陰片或陽片（如Diazo之棕片、綠片或藍片等），可用以套準在板面上做為對照目檢的工具，此法可用於"首批試產品"（First Article）之目檢用途。

Insulation Resistance 絕緣電阻

是指介於兩導體之間的板材，其耐電壓之絕緣性而言，以伏特數做為表達單位。此處"兩導體之間"，可指板面上比鄰的兩導體，或多層板上下相鄰層次之間的導體。其測試方法是將特殊細密的梳形線路試樣，故意放置在高溫高濕的劣化環境中加以折騰，以考驗其絕緣的品質變化如何。標準試驗法可見IPC-TM-650，2.6.3D（Nov. 88）之"濕氣與絕緣電阻"試驗法，試樣是利用IPC-B-25A之梳型電路考試板之E與F兩區進行試驗電測。此詞與表面絕緣電阻或濕氣絕緣電阻SIR／MIR同義。一般口語將此詞稱為"絕緣阻抗"者那都是半桶水很不正確的說法。

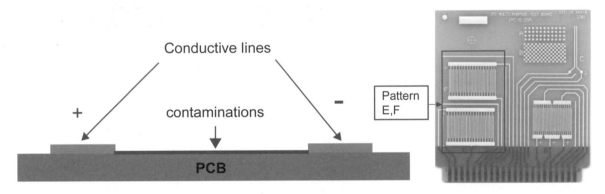

Integrated Circuit（IC）積體電路器、積成塊

在多層次同大小的各薄片基材上（矽材），佈置許多微小的電子元件（如電阻、電容、半導體、二極體、電晶體等），以及各種微小的互連（Interconnection）導體線路等，所集合而成的綜合性主動零件，簡稱為I.C.。IC堪稱是電子工業之母，此火車頭工業發展非常快，著名的Moore's Law從1965年即預言每2年其IC晶片中的電晶體數目會呈現倍數的成長，截至2007年為止Intel雙核心CPU的Itanium電晶體已超過10億顆了，預計2010年以後可能還會突破100億顆。

Interconnection 互連

按MIL-STD-429C的說法，是指兩電子產品或電器品上，其兩組件、兩單元，或兩系統之間的"電性互連"而言（故含零件與電路板組裝）。另外在電路板上兩層之間的導體，以鍍通孔方式加以連通者，稱為Interfacial Connection或Interlayer Connection。此各種互連的形式可用Interconnecting做為總體表達。大陸業界某些文章卻將之譯為"內互連"，可謂錯得相當離譜，想必是將Inter（之間）與Inner（之內）兩字混淆所致。

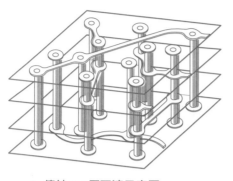

▲ 傳統MLB層互連示意圖

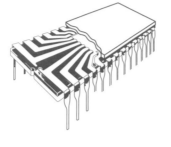

▲ 傳統IC封裝

▲ 晶片到載板到組板的互連

Interconnection（Innerlayer）Connection Defect（ICD）
孔壁與孔環互連之缺失（另ICT之T為Testing）

常規PTH過程完工後，發現鍍銅孔壁與銅箔孔環兩種銅體介面處之互連品質不好，可進行微切片之失效分析，通常以局部除膠渣未盡而呈現分離，直接電鍍（DP）皮膜處理不良，或熱應力試驗後孔環與孔壁二者被拉脫開之後分離（Post-Separation）等，均可總稱為ICD。若再縮小範圍時則專指內環已發生鈍化，以致孔壁銅附會之附著不良者均可稱為ICD。

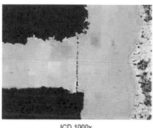
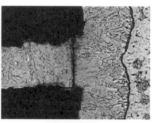

ICD 1000x　　　ICD (etched) 1000x

▲ 微切片小心微蝕其不良ICD將更清楚

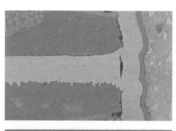
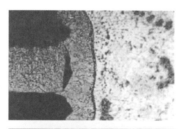
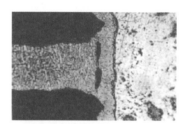

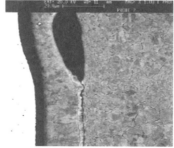

Interconnection Stress Testing（IST）互連應力試驗

此IST是一種對多層板通孔銅壁在可靠度方面的試驗法，最早是由加拿大一家Digital Equipment Corp. 在1989年所開發，1994年由DEC另創的PWC公司取得專利。目前此IST法已收納在IPC的正式試驗手冊中，其編號為IPC-TM-650之2.6.26。此IST試驗是利用一組板邊特殊試驗樣板(Coupon)放置在特定的IST機組上，對其中一組較大孔徑（例如0.35mm）的Power菊鏈線路進行通電3分鐘內快速加熱到150℃，然後再停電而於2分鐘內將樣板冷卻到室溫，如此不斷就樣板進行熱循環試驗，可對板材與PTH銅壁等品質與可靠度進行考驗，直到另一組較小孔徑（例如0.25 mm）之Sense菊鏈，經由動態監測電阻值變化的數據超過原始的10%時，試驗即告終止。也就是說試樣的孔銅壁已發生微裂，致使電阻值上升超過規格所允許的10%了。此種IST試驗已可以取代頗為耗時的溫度循環試驗（TCT），對可靠度的評估極有助益。

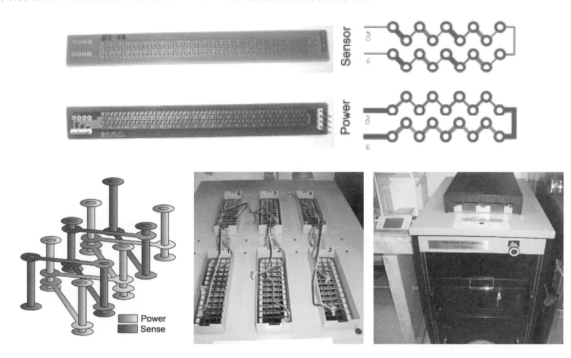

Intergranular Etching 晶界式微蝕、超粗化微蝕

　　微蝕液常見者有硫酸雙氧水，過硫酸銨或過硫酸鈉(APS or SPS)，以及杜邦開發的ZAEtch 例如ZA100CL與ZA200等（KHSO$_5$）。微蝕液若能加入某些特殊有機助劑者，則可向各種銅層結晶的結晶界（Boundary）進攻而出現垂直深耕的斷面，也就是Rz可達3μm之多，又稱為超粗化微蝕。超粗化對綠漆的附著力非常有利，但對下游的回焊卻十分不利，反而應將高低落差的銅面削平才有利於焊錫性。

　　通常一般較平滑的銅面微蝕，其表面平均粗糙度約在Ra 0.5μm左右，Rz則幾乎看不到。現行"晶界式微蝕"的超粗化商品以日商MEC的CZ-8100與阿托科技的CupraEtch都屬於此類製程。超粗化可用於內層板黑化前或綠漆前的銅面粗化，對於附著力有極大的助益，但不宜用於其他銅面的微蝕，尤其不能用於焊接表面處理前的銅面微蝕。電路板會刊24期曾有專文介紹。

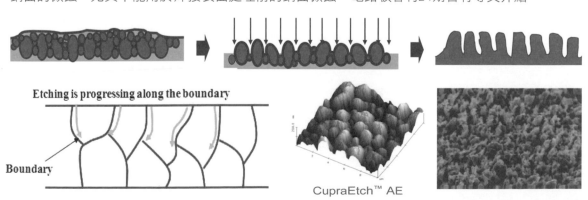

Interface 介面

指兩電子組裝系統或兩種操作系統之間用以溝通的裝置。簡單者如連接器，複雜者如電腦主機上所裝載特殊擴充功能的 "介面卡" 單板等皆屬之。

Interfacial Microvoids 介面微洞、介面空洞

是專指銅面之BGA球墊浸鍍化學銀，又承接BGA錫球與錫膏回焊後在銅與錫之介面間出現許多大小空洞，又稱為香檳泡沫，對球腳銲點強度具有很大的殺傷力。六種可焊性表面處理（OSP、I-Ag、I-Sn、ENIG、HASL、ENEPIG）中，以浸鍍銀最容易發生此種介面空洞（OSP次之）。以下為麥特化學（MacDermid）對此種缺點成因的說明：

1. 綠漆後浸銀 I-Ag 前須對已氧化的銅面進行微蝕，一旦微蝕過猛造成銅面起伏過大出現凹坑（Cave）時，即埋下焊後成洞的前因。

2. 當進入浸鍍銀槽中時，快速的置換反應的沉銀皮膜有如房頂般蓋滿各個大小微坑，形成眾多後續回焊中吹成空洞的位點。

3. 強熱回焊波焊中銀層迅速溶入銲料（形成Ag$_3$Sn），於是在錫銅反應生成IMC之際，各個微坑中少量氣體根本沒機會逸出銲點以外，只好留在原地脹氣成洞了。改善的方式就是盡量不要讓銅面在前微蝕中變得太粗糙，減少凹坑的生成才是解決之道。

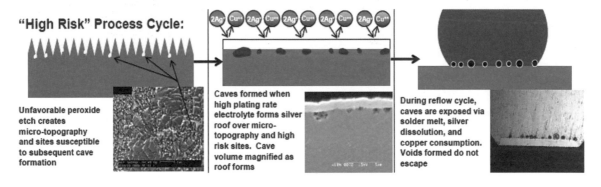

"High Risk" Process Cycle:

Unfavorable peroxide etch creates micro-topography and sites susceptible to subsequent cave formation

Caves formed when high plating rate electrolyte forms silver roof over micro-topography and high risk sites. Cave volume magnified as roof forms

During reflow cycle, caves are exposed via solder melt, silver dissolution, and copper consumption. Voids formed do not escape

Intermatallic Compound（IMC）介面合金共化物、介金屬、金屬間化合物

當兩種金屬之表面緊密地相接時，其介面間的兩種金屬原子，會出現相互遷移（Migration）的活動，進而出現一種具有固定組成之 "合金式" 的化合物；例如銅與錫之間在高溫下會快速生成的Cu$_6$Sn$_5$（Eta Phase），與長時間常溫老化而緩慢轉換成的另一種Cu$_3$Sn（Episolon Phase）的IMC，兩者並不相同。附列之上三圖中即為兩個不同的IMC（分別為錫鉛在銅面、SAC305在銅面，以及偏光3000倍所見錫鉛在ENIG表面生成的Ni$_3$Sn$_4$與較大片的AuSn$_4$）。就銅基地而言Cu$_6$Sn$_5$對其焊點強度有利，而Cu$_3$Sn不良的IMC卻有害於銲點強度。除此之外尚有其他多種金屬如

鎳錫、金錫、銀錫等各種介面之間也都會組成形貌不同的IMC。

　　PCB銲墊通常鎳基地不如銅基的銲點來的強，除了Ni_3Sn_4長的很慢與細小外，黃金的$AuSn_4$還會造成金脆，所附另三圖即為ENIG銲點TCT溫度循環老化中發生龜裂的畫面與高倍細部所見到SAC305行成複雜的IMC，因而無鉛回銲最好不要採用ENIG作為表面處裡。

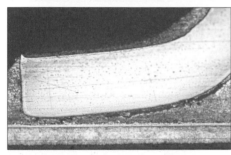

Internal（Inner）Stress　內應力

　　當金屬之晶格結構（Lattice Structure）在"應力／應變"曲線之彈性範圍（Elastic Range）中受到"外力"（Stress）的影響而產生變形（Strain）時，如圖左由原來之虛線處變形到黑點及實線處，稱為"彈性變形"。但若外力很大且超過其彈性範圍之降服點（Yield Point見下右圖中之紅點）時，如左圖之右所示將引起另一種塑性變形（Plasic Deformation），也稱之為"滑動"（Slip）。一旦如此，即使外力去掉之後也無法復原。前者彈性變形的金屬原子想要歸回原位的力量，即稱彈性應力"（Elastic Stress）也稱為"內應力"（Internal Stress之間的應力），又稱之為"應力÷應變"所得的斜率（θ）即為楊氏模量（Young's Modulus）或模數，θ大者剛性強，θ小者撓性好。當其殘餘應力"（Residual Stress）。下右圖左邊的直線即為彈性範圍內的直線性之虎克定律，此"拉伸之外力（縱軸）與材料被拉長變形（橫軸）到達最高點者稱為極限抗拉強度，而橫軸上斷點位置之數值即為延伸率（27.5%）；而曲線下轄斜格區之面積即為拉

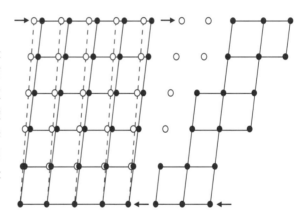

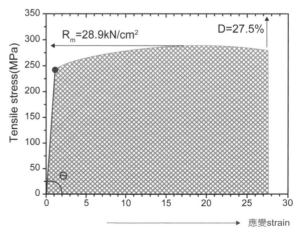

斷所需的破壞總能量（Fracture Energy）或韌度（Toughness）。

一般電鍍層中存在內應力的原因，除了"外力"之效果外，尚有外來物質之共鍍如氧化物、水合物、硫、碳、氫或金屬雜質等也都會引發內應力。不過在鍍後很短時間內，若能於200℃以下的高溫中處理2～4小時，將可消除鍍層之大部份內應力。

Interposer 互連導電物、互連體、轉接板、互連卡板

指絕緣物體所承載之任何兩層導體間，其待導通處經安裝某些互連導電之小板類或填充物而得以導通者，均稱為Interposer。如多層板之裸孔中，若填充銀膏或銅膏等代替正統銅孔壁者，或垂直單向導電膠層等物料，均屬此類Interposer。

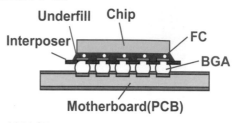

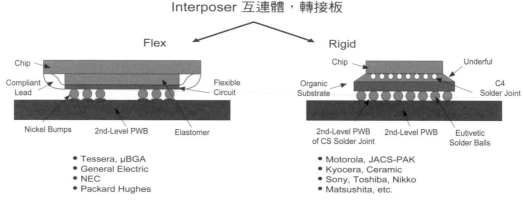

Interposer 互連體，轉接板

但此創新術語，有時意指兩大系統之間的轉接"互連體"而言，如CPU覆晶封裝式之大型晶片，其所承載之小型複雜卡板，亦稱為Interposer，即晶片與主構板之間的"互連體"。如此將可減少主板在難度與複雜度方面的衝擊。此種做為中間聯絡的組裝板或封裝板（以軟板居多），皆稱為Interposer。

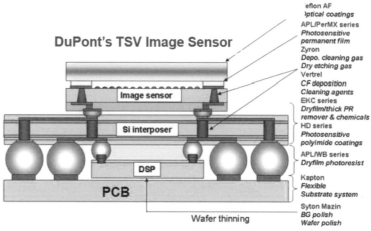

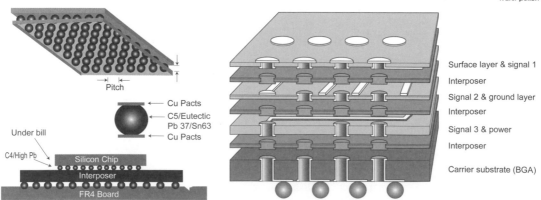

Interstitial Via Hole（IVH），Inner Hole 層間導通孔、內通孔

　　電路板早期內容較簡單時，只有全層次全通的鍍通孔（Plated Through Hole，PTH），其目的是為達成各層間的電性互連，以及當成零件腳插焊的基地。後來漸逐發展至密集組裝之SMT板級，部份"通孔"（通電之孔）已無需再兼具插裝焊接的功能，因而也沒有再做全通孔的必要。而純為了互連的功能，自然就發展出局部層間內通的埋孔（Buried Hole），或局部與外層相連的盲孔（Blind Hole），皆稱為IVH而其等孔徑均小於0.3mm。增層壓合前還需將孔腔塞入有Filler成本很貴的樹脂，彼時加工法以盲孔最為困難埋通孔則比較容易，只是製程時間更為延長而已。後來HDI雷射盲孔出現後，此等層間互連又更為靈活與容易加工，例如雷射盲孔或微通孔之填銅等即是。

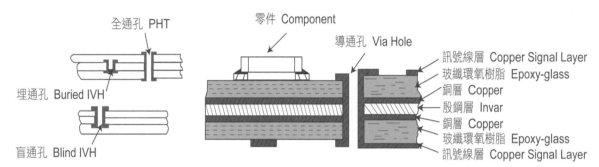

Intrusive Soldering 錫膏進孔焊接法

　　許多HDI高精密又薄又小的多層板，其絕大多數零組件均採Type4細膩錫膏之精密回焊，但某幾枚需要經常插拔外街周邊匹配電子品之接口必須改採銲點強比SMT更好的通孔插焊，為了避免多一通波焊（Wave Soldering）與減少全板少受一次強熱的折磨起見，於乃採錫膏印刷接近孔區的大型墊面，為了入孔銲料充足起見還可在所印錫膏再放置幾片圓體銲料（Solder Preform），然後再小心放置插件並與其他SMT元件同時完成熱回焊，2005.2出版的IPC-610D中即將此種錫膏入孔的回焊法列入並創造了本詞。

　　目前此種等同波焊的錫膏入孔回焊法已經非常成熟，也經常有不同術語出現如Pin in Paste或Paste in Hole等。六圖中下列三圖即為智慧型手機之側面外接口（充電插頭）的各種PIH焊件區，及空板上為橢圓形大腳所設計的大型銲墊與錫膏焊後的外觀。另上三圖則為常規圓孔插接針腳

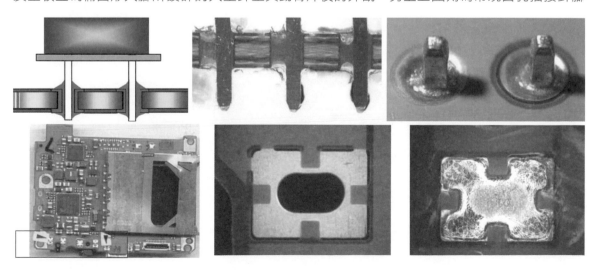

的錫膏入孔焊接的示意圖及實務放大圖。

錫膏入孔的回焊法由於簡單好做，已擊退波焊法及選擇性波焊法另兩種類似製程。

Invar 殷鋼

是由63.8%的鐵，36%的鎳以及0.2%的碳所組成的合金，因其膨脹係數很低，故又稱為"不脹鋼"。在電子工業中可當做"繞線電阻器"中的電阻線。在電路板工業中，則可用於要求散熱方便，及尺寸安定性嚴格的高級板類，如具有"金屬夾心層"（Metal Core）之複合板，其中之夾心層即由Copper-Invar-Copper等三層薄金屬黏合所組成的。

Ion Cleanliness 離子清潔度

電路板需經過各種濕製程才完成，而下游組裝也必須經過助焊劑的事先清潔處理，因而使得板面上殘留許多離子性的污染物，必須要清洗乾淨才能保證不致造成後續的金屬腐蝕。至於清洗乾淨的程度如何，還須用到異丙醇（75%）與純水（25%）的混合試液去沖洗樣板，再測其溶液的電阻值或導電度值，所得數值之表達稱為離子清潔度。至於離子所造成板面的污染，則稱為"離子污染"（Ionic Contamination）。為了簡化與標準化板面離子污染檢測起見，目前均採用專用自動測試儀器，右圖即為一例（Ionograph 500M型商用機種）。目前為了環保雖號稱免洗助焊劑，但高端電子產品仍應執行清潔製程。

Ion Exchange Resins 離子交換樹脂

是指一些非水溶的酸性或鹼性等高分子有機水解物，能在水溶液中與若干溶質產生交換作用，而使之得以清除。如欲除掉水中的 NaCl 的 Na^+ 陽離子時，可用陽離子性交換樹脂（Cation Exchange Resin）在交換床中加以處理，即：

$Na^+ + Cl^- + RSO_3H \rightarrow H^+ + Cl^- + RSO3Na$ ....交換處理

$2RSO_3Na + H_2SO_4 \rightarrow 2Na^+ + SO_4^{-2} + 2RSO_3H$................再生處理

離子交換樹脂最大的用途是在製造純水，或用在某些廢水處理工業上。

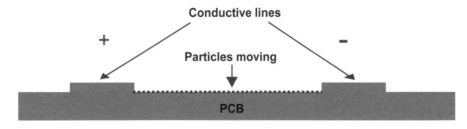

Ion Migration 離子遷移

在某種物料之內，或相鄰兩種導體之間，受外加電場（Electric Field 即已具偏壓Bias，較高電位者為正極，較低電位者為負極）影響之下，其某些已存在的自由離子（Free Ion），在正負電性吸引下產生緩慢的遷移或移居動作者，稱為"離子遷移"。

Ionizable（Ionic）Contaimination 離子性污染

在電路板製造及下游組裝的過程中，某些參與製程的化學品，若為極性化合物而又能溶於水時，則其在板上的些許殘跡，將很可能會因吸潮而溶解成導電性的離子，進而造成板材的漏電構成危害。此類化學品最典型者即為：助焊劑中之活性物質、電鍍液或蝕刻液之殘餘、或手指印汗水等。皆需徹底洗淨以達到規範所要求的清潔度或絕緣度。

Ionization　游離、電離

此字在廣義上是指當原子或分子，吸收外來能量而失去外圍的電子後，將由原來的"電中性"變成帶有正電荷或負電荷的離子或帶電體，其過程稱為"離子化"或"電離化"。目前電路板乾式清潔與表面微粗化動作之"電漿"（Plasma大陸稱等離子體）法操作，即屬此類原理之應用在電子工程中，其狹義上是指某些絕緣體（Insulator）於長時間外加電壓下，曾產生少許帶電的粒子，而出現漏電的現象，謂之電離。

Ionization Voltage（Corona Level）電離化電壓（電暈水準）

原義是指電纜內部的狹縫空氣中，引起其電離所施加之最低電壓。廣義上可引申為在兩絕緣導體之間的空氣，受到高電壓之感應而出現離子化發光的情形，此種引起空氣電離的起碼電壓，謂之"電離化電壓"。當發生"電暈"現象時，若再繼續增加其電壓，則將會引起絕緣體之崩潰（Breakdown or Break-through）造成短路，此即所謂的"潰電壓"。

IPC　美國印刷電路板協會

最早的名稱是The Instiute of Printed Circuits，創立於1957年，初期只有6個會員，為一非營利性的民間學術社團。現已成為國際性的組織，業界中所參加的團體會員總數，已經超過1500個。之後在1977年12月改名為"The Institute for Interconnecting and Packaging Electronic Circuits 電子線路互連及封裝協會"，但是仍以IPC為縮寫而不加改變。但其實際涉及的範圍，已從早期單純的"電路板製造"，擴充到目前關係到板材、零件、組裝等各種工程技術及規範之研究。其代表的標誌（Logo）也經過數次的改變。IPC為全世界在電路板界最有成就的學術社團，曾領導各種專業研究及製訂各種重要的規範，均為業界上下游所共同倚重的文件。

Isolation（Insulation）隔離性、隔絕性、絕緣性

本詞正確含意是指板面導體線路之間其間距（Spacing）的絕緣品質。此間距品質的好壞，須以針床電測方式去做檢查。此詞原被IPC-RB-276所採用，後來IPC-6012B中又改為Insulation了。

按最廣用的國際規範IPC-6012B在其3.8.2.2節中規定，在直流測試電壓200 V，歷經5秒鐘的過程中，其電阻讀值之及格標準即為絕緣性。就Class 1的低階板類而言，須在0.5 MΩ以上；至於Class 2與3高階的板類，則皆須超過2 MΩ。此種"隔離性"即俗稱負面說法之找"短路"（Short）或測漏電（Leakage）。多數業者常將此項電測誤稱為"絕緣品質"之測試，中外通病均在認知不夠清楚，且經常還積非成是。其實"絕緣"（Insulation）是指板材或材料本身之耐電性品質而言，而並非表達線路"間距"的製做與清潔品質如何。但IPC後來改版的6012經會員投票又將Isolation改為Insulation了。至於銅渣、銅碎，或導電液未徹底洗盡等缺失，均可能造成

"間距品質"之不良。業者以訛傳訛日久,連最基本的定義都模糊了。

　　完工電路板出貨前之常規電測共有兩項,除上述之Isolation外,另一項就是測其線路的連通性(Continuity)。按已作廢IPC-RB-276之3.12.2.1規定,在5 V測試電壓下,Class 1低階板類的連通品質不可超過50Ω之電阻。Class 2與3高階板類的連通品質亦須低於20Ω。至於IPC-6012B則在其Tabb 1-2中指出,凡藍圖未明白規定電測之電壓時,則間距之絕緣電阻測試應採40V為之。此項測試亦即負面俗稱之找"斷路Open"。故知業者人人都能琅琅上口的"Open Short Test",其實都只是不專業的負面俗稱與二流語言而已。專業的正確說法應為"Continuity and Insulation Testing"才對。

Isoscope 渦電流計

　　是利用磁場與渦流的作用以測定板子銅面上所壓貼乾膜厚度之用途。係按ASTM B244之原理所製成的簡單測儀,但由於銅箔本身厚度尚有變異,故所測之乾膜厚並不太精準。

Isotropic Conductive Adhesive 均向導電膠

　　指特殊接著劑中加額外有導電物質(如銀片),可在玻璃電路板面(ITO線路)的接點處,利用此種導電膠接著劑予以完成機械性與電性之互連,配圖即為松下電器公司所用銀鈀粒子組成之錐狀ICA,有了鈀可阻止銀遷移的劣化效應,可用於COG(Chip on Glass)之組裝製程。

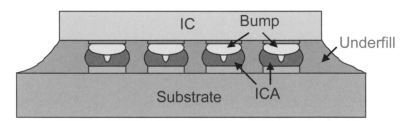

Inclusion 鍍銅槽液的包夾 NEW

　　此詞早年在通孔時代就已出現,彼時是指被電鍍銅層中所包夾的外來物而言。自從HDI出現盲孔且其口徑愈來愈小之下(2017年已達50μm),此等微通孔(尤其是雷射兩端燒出的X通孔)或微盲孔其孔口高電流處快速鍍銅過程中,經常會將孔口堵死造成盲孔中少許鍍銅槽液被封閉在內,事後X光透視或切片觀察都被誤認為是空氣泡或空洞。這種包夾鍍銅槽液的案例在孔長較短的盲孔案例並不多見,但在機鑽深通孔或兩面雷鑽的X通孔卻十分普遍。以i6手機最重要組件PoP,其底件AP的六層載板200萬X孔而言,這種X通孔中的空心包夾幾乎無法避免。為了減少過度包夾起見,只能犧牲產能降低電流密度以減少整列性的大號包夾而已。

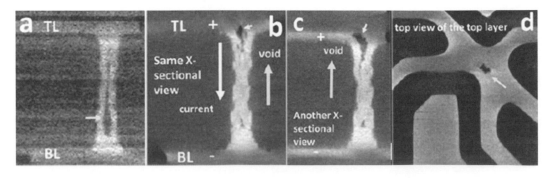

Intel曾在2015年ETCT論文集中有一篇S10－4的文章,專門討論X通孔包夾槽液而成Void的文章,針對包夾位置進行較大電流的快速實驗,發現包夾的空洞竟出現往陽極端遷移的現象,證明該案例之包夾Void確為封死在內的鍍銅槽液。這種包夾的通孔一但空心太大將有可能存在被強熱膨脹拉斷的風險,當包夾很短小的通孔或盲孔其風險就不大了。

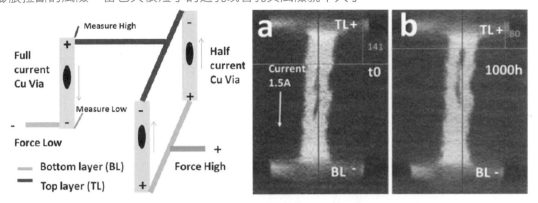

Infant Mortality Rate 早夭率 NEW

此詞原本是指嬰兒的死亡率,轉用到產品的可靠度工程時則稱為早夭率。也就是說最新推出的第一代產品難免存在許多瑕疵,以致其耐久性方面的可靠度不佳。換言之就是新產品的保證度(Warranty)不足。下列附圖之紅色曲線即為研究失效著名的浴缸曲線(Bath Tub Curve)。此圖中間失效率降得較低的綠色區稱為穩定期,右端紫色區是指產品長期使用而物料老化時,其不良率也必然上升。此著名浴缸曲線左端之棕色區即稱為早夭期。至於藍色曲線則另稱為產品的生命週期。

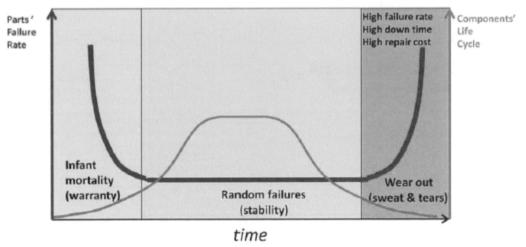

Insertion Loss 插入損耗、差損 NEW

當PCBA完工組裝板板面上兩個主動元件互相傳輸溝通時,假設發訊端(TX)對收訊端(RX)發出某種方波訊號,當然要經由PCB的訊號線與絕緣板材才能到達RX。當方波訊號尚為低速傳輸者,則到達RX後其能量還要經由接地層回歸到TX才算完成傳輸。但當高速傳輸時,則訊號能量會從TX發出並經由訊號線奔向RX。而其回歸能量將從參考層不斷地回歸到TX。假設TX與RX都非常完美,於是到達RX的能量當然是被PCB導體與介質攔截損耗後的剩餘能量。故知PCB本身的不夠完美才是造成插損的根源。若以眼圖變小來說從回歸大銅面則比較容易聽懂,由下頁第三組圖得知TX發出訊號的能量是個紫色大眼圖,經由PCB傳輸線(綠色Channel;含訊號線,介質層與接地層)到達RX時竟然變成紫色小眼圖了,於是可知PCB正是插入損耗的禍首。

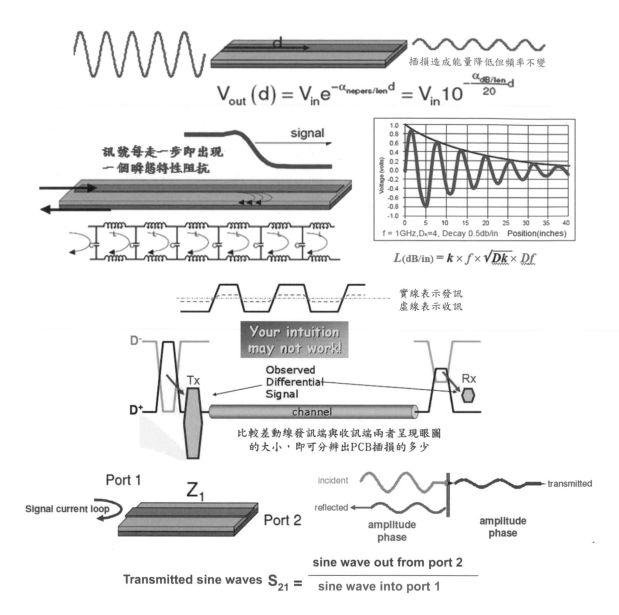

$$V_{out}(d) = V_{in}e^{-\alpha_{nepers/len}d} = V_{in}10^{-\frac{\alpha_{dB/len}}{20}d}$$

插損造成能量降低但頻率不變

訊號每走一步即出現
一個瞬態特性阻抗

signal

$$L_{(dB/in)} = k \times f \times \sqrt{Dk} \times Df$$

實線表示發訊
虛線表示收訊

Your intuition may not work!

Observed Differential Signal

比較差動線發訊端與收訊端兩者呈現眼圖
的大小，即可分辨出PCB插損的多少

$$\text{Transmitted sine waves } S_{21} = \frac{\text{sine wave out from port 2}}{\text{sine wave into port 1}}$$

　　至於PCB傳輸線所造成的插入損耗，則又可細分為：①訊號線及回歸層兩者銅導體的Skin effect（集層效應或趨層效應）造成電阻發熱的損耗②（綠色）介質材料的Df與Dk，造成絕緣材料極性的損耗Loss（dB/in）=k x f x √Dk x Df。其中以Df介質損耗占了大部份。由是可知為了降低PCB的插入損耗而令高速傳輸正常運作起見，所用的銅箔必須採用低稜小銅瘤，甚至反轉銅箔以降低集層電流的發熱損耗，且樹脂與玻纖也必須低Df與Dk以降低介質極性的損耗(見後頁)。

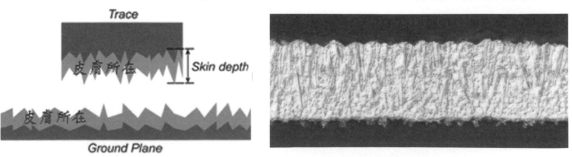

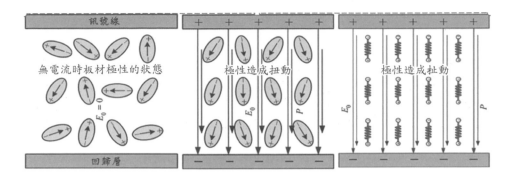

無電流時板材極性的狀態　　　極性造成扭動　　　極性造成扯動

Insoluble Anode 非溶解陽極 NEW

又稱為DSA（Dimensional Stable Anodes 尺寸穩定的陽極）陽極，是將鈦質Titanium網材表面塗著1－3μm的鉑（Pt）膜，或黑色氧化銥（IrO，Ir₂O，IrO₂）皮膜，或黑色氧化依混合氧化鉭（IrO₂／Ta₁O₅）等Mixed Metal Oxide保護性皮膜等。這種具有特殊導電皮膜的鈦網陽極，長期使用中不斷被初生態氧〔O〕與氧氣以及電場與流場的攻擊下，其皮膜較薄處將會出現脱落破損等局部損傷，久而久之造成底鈦主體遭到腐蝕。有時又會被雙氧水或強鹼或硫酸銅結晶（CuSO₄、5H₂O）的破壞下，加大皮膜遭到損傷。鍍銅槽應定時應檢查鈦網是否已經不黑或變灰色，並應將不良品加以更換才對。

Insulated Metal Substrate（IMS）鋁基電路板 NEW

某些LED產品為了容易散熱延長使用壽命起見，刻意採導熱係數較高的樹脂板材，而將常規銅材電路與散熱鋁基板黏合在一起，以發揮導熱散熱的功用。此詞又稱為Metal Core PCB。下圖即為其單面板的結構，下右圖説明整體LED照明模組中，散熱性的PCB所占總成本竟接近四分之三之多。

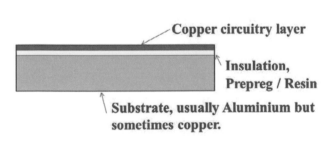

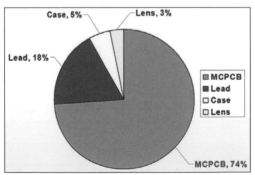

Integrated Passive Device（IPD）整合式被動元件 NEW

手機組裝的空間雖然已極小，但卻必須塞進去30多顆射頻元件，因而只好將各種單獨的被動元件(大陸稱無源元件)整合成為IPD，如後頁最上列的5種RF元件：帶通　波器，耦合器，双工器，高頻電容器，及匹阻抗用的殘樁等；整合成為單一IPD時將可節省80%的板面用地。另下列的三個大示意圖分別為IPD完工的不同模塊，此等模塊還可搭其他晶片共用一個封裝體堪稱十分精簡。

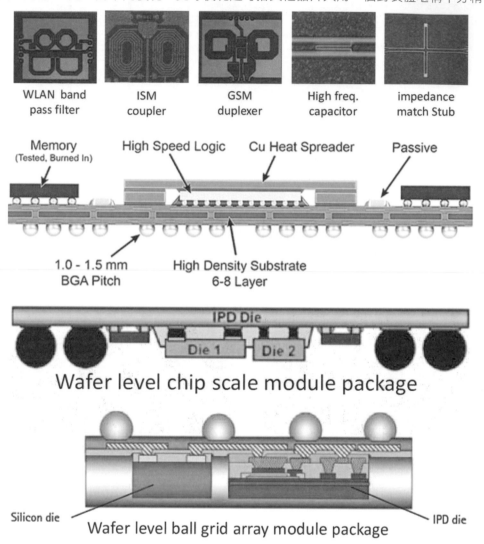

Inter Symbol Interference（ISI）碼間干擾 **NEW**

當傳輸線中已有一個先送出的"碼流"(Byte)，一旦遇到PCB阻抗不匹配的缺陷時(例如訊號缺口，介質會忽然變薄變厚，或回歸大銅面出現孔洞等)，則該數碼訊號的能量會出現分裂，會出現部份仍然前行而部分是反彈回來的。於是這種回彈能量與下一個新送出者撞在一起，即成為ISI了。下圖的A為PCBA所組裝的發訊號端Driver，而B則為收訊端Receiver。

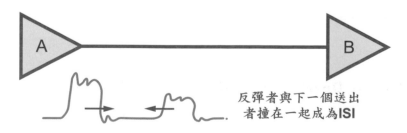

Internet of Things（IoTs）/ Internet of Every Things（IoE）
物聯網 / 萬物聯網 NEW

這是電子業界從2015開始流行的熱門行話，是透過資料中心(Data Center)專用超級電腦的大數據與雲端運算，經由無線傳輸而得以連接到各種智慧型(大陸稱智能型)用途的末端或終端，使得人類的各種活動更為快捷方便。下列者即為IoTs的示意圖與中列兩圖擁有150萬顆CPU的IBM超級電腦，右上為日本富士通的"京"(全球排名第4)超級電腦，從其建築物鳥瞰圖可看到整棟大樓就是一部超級電腦。最下兩圖為全球排名第3的IBM北美松Sequoia超級電腦，是由150萬顆CPU所組成的。

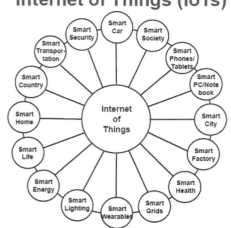

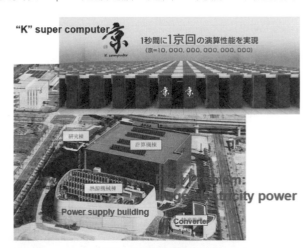

Sequoia consists 96 racks Blue Gene/Q, and uses over 1.5 million processors.

#	Vendor	R max T Flops	Installation	Country
1	NUDT	2,566	National University of Defense Technology - Tianhe-2 (TH-IVB-FEP Cluster, Intel Xeon E5-2692 12C 2.200GHz, TH Express-2, Intel Xeon Phi 31S1P)	🇨🇳
2	Cray	17,590	DOE/SC/Oak Ridge National Laboratory - Titan (Cray XK7, Opteron 6274 16C 2.200GHz, Cray Gemini interconnect, NVIDIA K20x)	🇺🇸
3	IBM	17,173	DOE/NNSA/LLNL - Sequoia (Blue Gene/Q, Power BQC 16C 1.60 GHz, Custom)	🇺🇸
4	Fujitsu	10,510	RIKEN Advanced Institute for Computational Science (AICS) - K Computer (SPARC64 VIIIfx 2.0GHz, Tofu interconnect)	🇯🇵
5	IBM	8,587	DOE/SC/Argonne National Laboratory - Mira (Blue Gene/Q, Power BQC 16C 1.60GHz, Custom)	🇺🇸
6	Dell	5,168	Texas Advanced Computing Center/Univ. of Texas – Stampede (PowerEdge C8220, Xeon E5-2680 8C 2.700GHz, Infiniband FDR, Intel Xeon Phi SE10P)	🇺🇸
7	IBM	5,009	Forschungszentrum Juelich (FZJ) - JUQUEEN (Blue Gene/Q, Power BQC 16C 1.600GHz, Custom Interconnect)	🇩🇪
8	IBM	4,293	DOE/NNSA/LLNL - Vulcan (Blue Gene/Q, Power BQC 16C 1.600GHz, Custom Interconnect)	🇺🇸
9	IBM	2,897	Leibniz Rechenzentrum – SuperMUC (iDataPlex DX360M4, Xeon E5-2680 8C 2.70GHz, Infiniband FDR)	🇩🇪
10	NUDT	2,566	National Supercomputing Center in Tianjin – Tianhe-1A (NUDT YH MPP, Xeon X5670 6C 2.93 GHz, NVIDIA 2050)	🇨🇳

J-Lead J型接腳、鉤型接腳

是PLCC（Plastic Leaded Chip Carrier）"塑膠質晶（芯）片載體"（即一種VLSI）的標準接腳方式，由於這種雙邊接腳或四面架高勾型接腳之中大型表面黏裝元件，具有相當節省板子的面積及焊後容易清洗的優點，且未焊裝前各引腳強度與共面性也甚良好、不易變形，比另一種QFP鷗翼伸腳（Gull Wing Lead）式更容易維持各腳的"共面性"（Coplanarity）品質，已成為多腳SMD在封裝（Packaging）及組裝（Assembly）上的最佳方式。

J-Lead係某些大型SMD的接腳方式，此種鉤回腹底來的引腳較不占板子太多的面積，但卻也不太容易目視檢查，且安裝高度也不夠矮化扁平，不利於小型與薄型的組裝品。

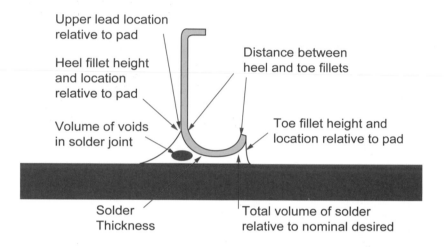

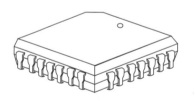
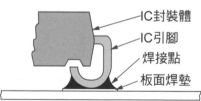

JEDEC 聯合電子元件工程委員會

係Joint Electronic Device Engineering Council的簡稱，原為美國電子工業協會EIA（Electronic Industries Association）內轄的一個組織，主要業務是半導IC封裝腳架、封裝載板、與封裝製程等製造與品質規範的訂定。而且更涉及SMD表面黏裝元件之組裝領域，是電子業規格製訂的三個較權威的社團之一。其他兩社團分別為"IEC國際電工委員會"及IPC。一般IEC與IPC所出版的成文規範均須價購，但JEDEC的規範卻可從網站上自由下載。目前JEDEC已獨立成會了。

Jet Wave Soldering 噴流波焊接

係指波焊機之前段如噴泉式的上湧突冒波，其向上推升的力量可協助熔錫進PTH通孔內部甚至冒出到PCB的頂面銲環完成與引腳間的填錫（Fillet）。此種第一波有單排或多排噴口其商用名詞也很多，如Omega波、Swrge波、突波、擾流波、漩渦波等。

Jig 夾具、治具、套具

　　是指執行各種生產工作中必須用到的專用工具，以方便及快捷生產之進行。日文稱為治具，有專為某項工作或操作或動作所配置的小型模具或套具等，並非一般通用的手工具。

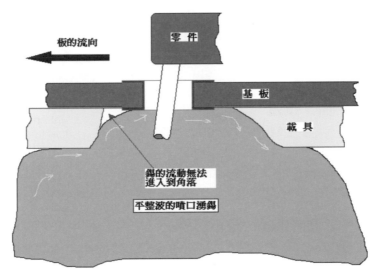

Jitter 時間抖動

　　是指很長的訊號線（Signal Line）中，不斷通過許多位元組（Byte，大陸稱為碼流，是以bit為碼的說法，比台灣的說法更好）的數據資料（Data）時，若非時域（Time Domain）方波座標的橫軸（時間）取樣凍結在某一時間點，去觀察所通過各方波的再現情形，由於訊號線很長故每個方波到達下降或起步升起所耗掉的時間（Rise Time）都有所差異，造成其交點不在一處而呈現變寬的情形，特稱為"時間抖動"。

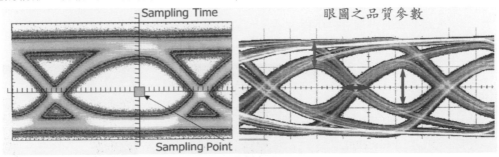

▲ 左圖說明8組三位元的碼流通過取樣之定點，假想旁觀者將時間凍結，而使之逐一重疊而成眼圖，右圖為從眼圖上所見到訊號傳輸之品質項目，橫向紅標者稱為抖動Jitter(PS)，直立藍標稱為振鈴Ringing(mV)，直立綠標稱為眼高Eye Height(mV)，此等參數可做為訊號品質的檢驗項目。

Job Shop 專業工廠、職業工廠

例如專門生產電路板，把電路板當成商品，以電路板製造為主業等類型之專門工廠，稱為 Job Shop。有別於大型企業中所附屬的專業子廠Captive Shop。

Joule 焦耳

在力學上的定義是指以1牛頓之力移動1公尺所做的功Work（N·m），是功量或能量的單位。在電工學中則是指當兩點間電位差為1伏特，在其間移動1庫侖的"電荷"所需的"電能"，稱為1"焦耳"。通常所說的1度電（即1仟瓦·小時）等於3.6×10^6焦耳。

此詞較常用於表達"電功"或"電熱"，以H為代表符號，即H=IVt或$H=I^2Rt$，這是出自電功率power的計算為P=IV或$P=I^2R$故H=Pt。在某電阻值的導體中通過電流一段時間後，所產生的熱量即稱為焦耳熱

Jump Wire 跳線

電路板在組裝零件後進行測試時，若發現板上某條線路已斷，或欲更改原來的設計者，則可另外採用"被覆線"直接以手焊方式，使跨接於組裝板的斷路上做為補救，這種在板面以外採立體空間跨接的"漆包線"、"膠包線"，通稱為"跳線"，或簡稱為Jumper。

Junction 接（合）面、接頭

此詞的用途很多，大約有三種說法，即：
①指兩類相同金屬間或非金屬之間的密切接觸。
②指兩個或多個導體或傳輸線之間的連接。
③指電晶體或二極體中其半導體材料P-type與N-type之間的介面接合。

Just-In-Time（JIT）適時供應、及時出現

是一種生產管理的技術，當生產線上的待產品開始進行製造或組裝時，生管單位即須適時供應所需的一切物料。甚至安排供應商在免檢之下將原物料或零組件，直接送到生產線上去。此法不但可減少庫存資金與物管的壓力，並可節省進料檢驗的人力及時間。更可加速物流、加速產品出貨的速度，以趕上市場的需求，掌握最佳的商機。不過此種情況下，供應商對品質管理將要負起更大的責任。

Jet Impingement 水箭式噴打 `NEW`

這是指垂直線鍍銅槽中，待鍍陰極PCB兩面所受到水中強力水箭的噴打，以加強深通孔或小通孔中槽液的交換率，對於超小通孔或超高A/R（例15：1的縱橫比）深通孔內部槽液的更替極有幫助。另外水平線鍍銅槽液的不斷上湧，也對小通孔或深通孔的電鍍銅更有幫助，但設備價格也更貴了。

Kapton 聚亞醯胺軟材

此為杜邦公司產品的商名，是一種"聚亞醯胺"（Polyimide）薄片狀的絕緣軟材，在貼附上壓延銅箔後，即可做成軟板（FPC）的基材。

聚亞醯胺酚分子式之代表式

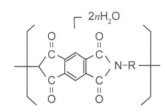

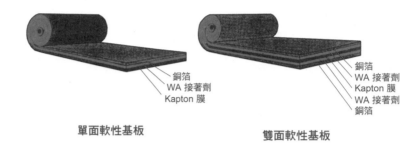

單面軟性基板　　　　　　　　雙面軟性基板

Karat 克拉、開

此字有兩種意思，譯為"克拉"時是做為鑽石的計重單位，即1克拉＝0.2公克。此詞的另一種說法為"開"者或簡稱為K者，係指黃金的純度單位；習慣上是將100%純金赤金稱為24K金，做為"金純度"的一種稱呼。如口語18開金即表其中18分為純金，其餘6分為銀或銅等所共組成的合金。此等K金的硬度較硬可做為裝飾用途。

Kauri-Butanol Value 考立丁醇值（簡稱K.B.值）

此為有機液體或有機溶劑，其溶解力（Solvency）好壞的一種試驗讀值。PCB工業於焊接方面會用到本詞，如助焊劑殘渣之各種清潔液，其等溶解力之優劣即可採用本數值加以比較。

Kauri是一種天然樹膠（Gum）的名稱，易溶於丁醇（Butanol）而不溶於其他碳氫化合物式溶劑。若將已溶有考立膠的丁醇當成一種標準試液，而將其他未知的溶劑不斷少量加入，直到出現混濁為止（因考立膠不溶於其他溶劑而混濁），其所續加的未知溶劑量即為其KB值。一般有機溶劑皆有其固定的KB值，如甲苯為105等，因而可用以對比手冊中的標準值，而得以找出未知者為何種有機溶劑。

Kerf 切形、裁截

以雷射光束的熱能，或噴射砂束之機械力量，對片狀零件或薄膜元件等進行修整或削齊的操作，謂之Kerf。前者亦特稱為Laser Trimming。

Kevlar 聚醯胺纖維

是杜邦公司所發明"聚醯胺"（Aramid，Polyarmid）纖維的商品名稱，此種聚合物線材的抗拉強度（Tensile Strength）極高，其延展性比鋼鐵更好，能吸收很大的動能，且又能耐溫不燃（達220℃），故可做為防彈衣、輪胎中的補強織材，以及強力繩索等用途。更由於其"介質常數"（DK）比玻纖更低，故電路板業也曾用以代替玻纖製作基板，但卻因鑽孔時不易切斷，所鑽出的孔壁毛刺極多，品質很難控制，以致並未大量使用。另外此種聚醯胺布材，亦可做為過濾及防塵之用，其商標名為Nomex。

Key 鑰槽、電鍵

前者譯文在電路板上是指陽性金手指區某一位置的開槽缺口，目的是為了與另一具陰性連接器中的突鍵得以匹配，使在插接時不致弄反的一種防呆設計，稱為Keying Slot或Polarizing Slot或Locating Slot等。後詞之電鍵則是指有彈簧接點的密封觸控式按鍵，可做為電訊指令的快速接通及跳開之用。

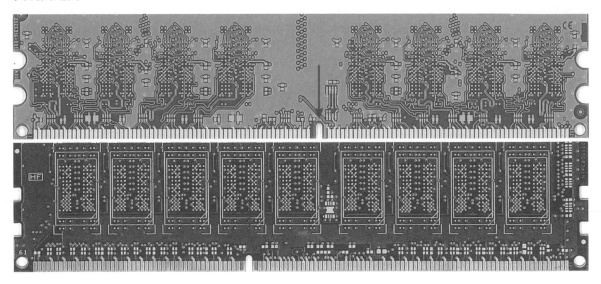

Key Board / Key Pad 鍵盤板 / 摁鍵

前者乃是指電腦（Computer）指令輸入的按鍵系統，後者則專指此種 "按鍵組裝品" 中的電路板而言。通常只用到單面板或雙面板。手持小型計算機或電話手機等也需用摁鍵（Key Pad），甚至只用銀膏印刷的簡易薄型電路板或軟板做為Key Board或Key Pad。

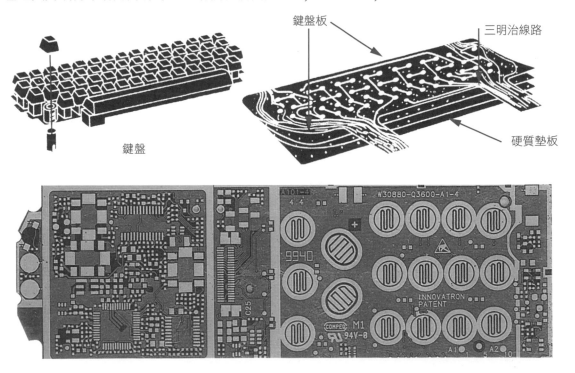

鍵盤板

三明治線路

鍵盤

硬質墊板

Kirkendall Void 克肯道空洞

　　是指銅基地在焊接中首先產生Cu_6Sn_5之良性IMC，若再經後續高溫快速老化後，此種eta plase（Cu_6Sn_5）中的錫份會往底銅處遷移（當然銲料中的錫亦將同時往Cu_6Sn_5處移動），而基地底銅的銅份更會往eta plase IMC遷移而且速率更快，於是就在eta plase與底銅之間就另外生成一種epsilon phase的Cu_3Sn。由於底銅遷移速率很快（比錫快了三倍），致使介面附近的銅層出現了空洞，此種現象係福特汽車公司的Kirkendall在1935年所發現，故以其姓氏命名此種空洞。下列之右二圖即為SAC305焊後刻意高溫老化所見到的Ag_3Sn遷移與K洞真相。

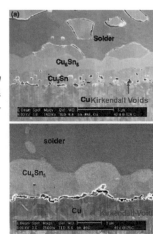
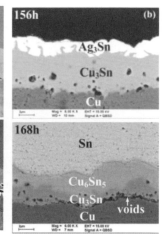

Kiss Pressure 吻壓、低壓

　　多層板在壓合時，當各開口中的板材都已放置定位後，即開始加溫並由最下層之熱盤起，以其強力之液壓頂柱（Ram）向上舉升，以壓迫各開口（Opening）中的散材進行黏合。此時黏結用的膠片（Prepreg）開始黏度（Viscosity）下降逐漸軟化甚至流動，故其頂擠所用的壓力不能太大，避免板材滑動或膠量流出太多。此種起初所採用較低的壓力（15～50 PSI）稱為"吻壓"。但當各膠片散材中的樹脂受熱軟化膠化，又將要逐漸聚合硬化時，即需提高到全壓力（300～500 PSI），使各散材達到緊密結合而組成牢固的多層板。

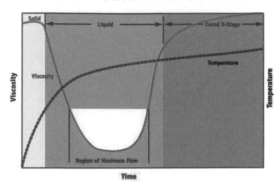
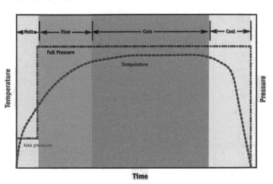

Kelvin K氏溫度、絕對溫度

　　是科學用途的絕對溫度，也就是攝氏度再加273度即成K度，K°＝C°+273

Knoop Hardness 努普硬度

　　為電鍍層"微硬度"的一種特殊單位，是用一種具有"長菱形金字塔形錐面"之微小型觸

壓測頭（Indentor），在顯微鏡的輔助下，正確點壓在待測的鍍層截面上，由其"長軸"稜線之長度（d，μm）與所負荷的重量（F，牛頓N），來決定"努普"硬度的大小。此種"努普"測頭，其長軸稜線之夾角為172°31'，短軸夾角為130°。而試驗時通常加重為25公克（從1～100 gm）。在壓試後可量測長軸的壓痕長度。其計算式為：

$$HK = 1.451 \times 10^{6}\ \frac{F}{d^{2}}$$

所測皮膜之努普硬度（HK）時，試樣的厚度也會影響到測值的正確性。當皮膜硬度低於300HK時，則其皮膜厚度在40μm以上；但當皮膜硬度不足300HK時則其試樣厚度亦須超過25μm。

計算所得之努普微硬度列表於右。一般鍍金層或油漆層常需檢測其微硬度。

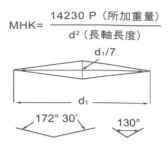

$$MHK = \frac{14230\ P\ （所加重量）}{d^{2}\ （長軸長度）}$$

Hardness	Load (g)	Knoop Indentor	
		Length of Long Diagonal (μm)	Depth of Indent (μm)
50	1	16.9	0.6
	5	37.7	1.3
	10	53.4	1.8
	20	84.6	2.8
	50	119.3	4.0
	100	168.7	5.6
100	1	11.9	0.4
	5	26.7	0.9
	10	37.7	1.3
	20	53.4	1.8
	50	84.4	2.8
	100	119.3	4.0
150	1	9.8	0.3
	5	21.8	0.7
	10	30.8	1.0
	20	43.6	1.5
	50	68.9	2.3
	100	97.5	3.3
200	1	8.4	0.3
	5	18.9	0.6
	10	26.7	0.9
	20	37.7	1.3
	50	59.7	2.0
	100	84.4	2.8
300	1	6.9	0.2
	5	15.4	0.5
	10	21.8	0.7
	20	30.8	1.0
	50	48.7	1.6
	100	68.9	2.3

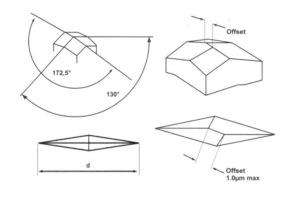

Knot 織點、織節、厚點

係指玻纖布之經紗與緯紗交叉搭接的疊厚區。HDI雷射盲孔多層板厚布使用無玻纖布的背膠銅箔（RCC）做為增層之用，但因RCC成本貴且尺寸不穩，近年來已改用玻纖布之膠片（prepreg）了。為了雷射孔之孔形更好起見，玻纖布之緯經紗束均需打扁分散而在材質分佈上更為均勻。稱為開織布，其等織點Knot即被要求扁平化以方便雷射成孔及填膠充實減少CAF的後患。

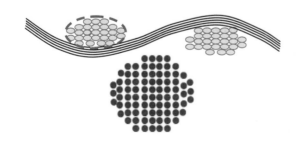

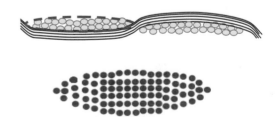

Known Good Die（KGD）已知之良好晶片

IC之晶片較大型者可稱為Chip，小型者則另稱為Die。完工的晶圓（Wafer）上有許多可分割的晶片存在，其等單一品質有好有壞，繼續經過壽命試驗後（Burn-in Test亦稱老化試驗），其確知電性良好的晶片稱為KGD。

不過KGD的定義相當分歧，即使同一公司對不同產品，或同一產品又有不同客戶時，其定義也都難以一致。一種代表性說法是：「某種晶片經老化與電測後而有良好的電性品質，續經封裝與組裝之量產品使用一年以上，仍能維持其良率在99.5%以上者，這種晶片方可稱KGD」。第三字的Die也可改成Board或Assembly，說明對比用最無瑕疵的標準空板或標準組裝板。

Kovar 科伐合金

為含鐵53%、含鎳29%、含鈷17%及其他少量金屬所組成的一種合金，其"膨脹係數"與玻璃或氧化鋁陶瓷非常接近，且其氧化物更能與玻璃之間形成強力的鍵接，使於封裝時可做為玻璃外護體的密封材料，以完成一體結合的功能，並希望在後續的使用中不致受到熱脹冷縮的影響而分離。此種Kovar特殊合金是美國"西屋電子公司"所開發的，現已普遍用於半導體界。

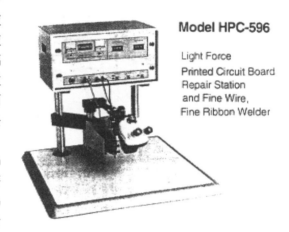

Model HPC-596

Light Force
Printed Circuit Board
Repair Station
and Fine Wire,
Fine Ribbon Welder

又，電路板面的裸銅斷線處（Open Circuit），也可用扁薄細長之鍍金科伐線，以特殊點焊機進行熔接（Welding）修補，右圖即為休斯公司之熔補機。不過近年來由於PCB供過於求，對品質的要求更為嚴苛，此種補線法已漸消失了。

Kraft Paper 牛皮紙

多層板或基材板於壓合（層壓）時，常採牛皮紙做為熱傳導之緩衝用途。是將之放置在壓合機的熱板（Platern）與鏡面鋼板之間，以緩和最接近的多層板組合散材的升溫曲線。使多張待壓的基材板或多層板之間，儘量拉近其各層板材的溫度差異。一般常用牛皮紙的規格為90磅到150磅，上機之數量約10-15張。由於高溫高壓後其紙中纖維已被壓斷，不再具有韌化而難以發揮均壓散壓的功能，故必須設法換新。此種牛皮紙是將松木與各種強鹼之混合液共煮，待其揮發物逸走及除去接續製程所添加之酸類後，隨即進行水洗及沉澱；待其成為良好的紙漿，即可再壓製而成為粗糙便宜的紙材。

Lamda Wave 延伸平波

　　為使波焊（Wave Soldering）中的組裝板有較長的接觸時間（Dwell Time）起見，早期曾刻意將單波液錫歸流母槽之路徑延伸增長，以維持接觸更久的波面，使得焊板有機會吸收更多的熱量，擁有較佳的填錫能力，此種錫波通稱 "Extended Waves"。

　　美商Electrovert公司1975年在專利保護下，推出一種特殊設計的延長平波，商名稱為 "Lamda Wave"。故意延長流錫的歸路，使得待焊的板子可在接觸的沾錫時間上稍有增加，並由於板面下壓及向前驅動的關係，造成歸錫流速加快，湧錫力量亦隨之加大，對焊錫性頗有幫助，而且整條連線的產出速率也得以提升。下右圖之設計還可減少浮渣（Dross）的生成。

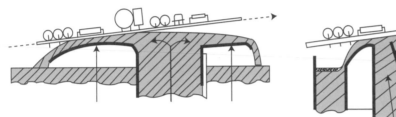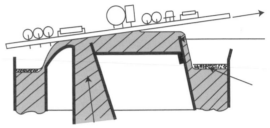

Laminar Flow 平流

　　此詞在電路板業有兩種含意，其一是指高級無塵室，當塵粒度在100～10,000級的空間內，其換氣之流動應採 "水平流動" 的方式，使灰塵得以被HEPA或ULPA捕集濾除，而避免其亂流四處飛散。此詞又稱為 "Cross Flow"。

　　"Laminar Flow" 的另一用法是指電路板進行組裝波焊時，其第一波為 "擾流波"（Turbulance或稱渦流波），可使熔錫較易上爬進孔。第二波即為 "平流波"，可吸掉各零件腳間已短路橋接的錫量，以及除去焊錫面的錫尖（Icicles），當然對於已 "點膠" 固定在板子另一面上各種SMD的波焊補錫，也甚有幫助。下右圖說明無鉛波焊中輔助氮氣之流動情形。

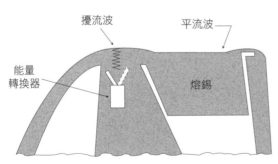

Laminar Structure 片狀結構

　　此詞在早期電路板領域中是說明高溫 "焦磷酸鍍銅" 之銅層，其微觀結構即為標準的層狀片狀組織，且呈現圓弧狀之斷層現象。與高電流密度高速所鍍之銅箔（1000 ASF以上）所具有的柱狀結構（Columnar Structure）完全不同。後來所發展常溫（20℃）硫酸銅之鍍層，則呈現無特定結晶組織的均勻狀態（Polygonal或Equiaxed），而所表現的平均延伸率（Elongation）以及抗拉強度（Tensile Strength）卻反而較前兩者更好。但當整流器或導電夾點不良時則電流忽大忽小忽有忽無之際，即使硫酸銅之鍍層也會呈現如洋蔥皮一般的斷層，在物性方面難免有所劣化，應找出問題點加以改善才是。

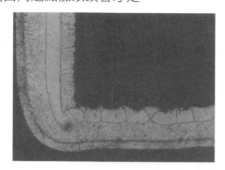 

Laminate Void / Lamination Void 板材空洞 / 壓合空洞

指完工的基板或多層板之板材中，其某些區域在樹脂硬化後，尚殘留有氣泡未及時趕出板外，最後終於形成板材之空洞。此種空洞存在板材中，將會影響到結構強度及絕緣性。若此缺陷不幸恰好出現在鑽孔的孔壁上時，則將形成無法鍍滿的破洞（Plating Void），容易在下游組裝焊接時形成"吹孔"而影響焊錫性。

又Lamination Void則常指多層板壓合時流膠趕氣不及所產生的"空洞"。

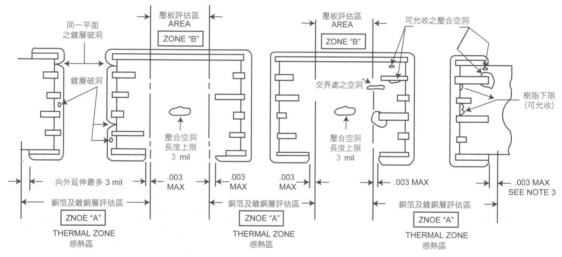

Laminate（s）基板、積層板、覆銅板

是指用以製造電路板的基材板，簡稱基板。基板的構造是由樹脂、玻纖布、玻纖蓆，或白牛皮紙所組成的膠片（Prepreg）做為黏合劑層。即將多張膠片與外覆銅箔先經疊合，再於高溫高壓中壓合而成的複合板材。其正式學名稱為銅箔基板CCL（Copper Claded Laminates）。不過自2007年起無鉛化組裝與2009年無鹵化引入產品後，樹脂中又添加了無機Filler，如SiO_2或$Al(OH)_3$等細粉狀填充料以減少爆板與阻燃，使得基材板的變數增多了。

Laminator 壓膜機、貼膜機

當阻劑乾膜或防焊乾膜以熱壓方式貼附在板子銅面上時，所使用的加熱滾輪輾壓式壓膜機，稱之Laminator。不過板面已有起伏線路者，則需採真空壓膜機進行壓乾膜綠漆或覆晶載板增層用的薄膜板材（例如FC載板用的ABF GX-13）。

Lamp 光源、燈

感光成像或感光影像轉移都需要用到曝光機,而各式曝光機中的UV光源,又是一種非常專業的高價照明設備,常用者可分為三類;①水銀燈(Long Arc)或金屬鹵素燈,其能量達7-10kw之間可供綠漆之成像,②汞氙短弧燈(Short Arc),能量在5-8kw之間可供平行光曝光用途,③毛細燈(Capillary Lamp)在3-5kw間可供一般線路曝光用。

Land 孔環焊墊、表面(方型)焊墊

早期尚未推出SMT之前,傳統零件以其腳插孔焊接時,其外層板面的孔環,除需做為導電互連之中繼站(Terminal)外,尚可接受引腳插焊形成強固的錐形焊點。後來表面黏裝盛行,所改採的板面方型焊墊亦稱為Land。此字若譯成"蘭島"或"雞眼"則未免太離譜了。最新SMT焊接製程即使連接器也由插焊改成貼焊了。

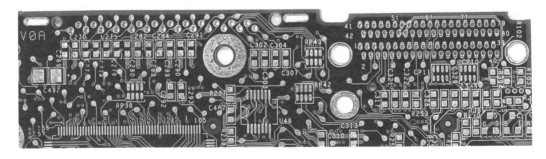

Land Grid Array(LGA)承墊(焊墊)格列封裝法

係指完工之封裝體,其與主板互連的球腳不裝在載板底部卻另安置在卡板或主板表面,或載板與主板之間連球腳都予以取消而只用錫膏回焊做為互連。此種封裝體本身底面只有平面的球墊而已,特稱之為LGA。此種陳列方式其載板與BGA相同只是去掉錫球留底墊而已,其本身不帶球的做法也利用到覆晶(FC)技術領域,即將各銲錫凸塊先安置在FC載板(又稱為互連體Interposer)的定點,然後只需在晶片上做出LGA之承墊,再將晶片覆蓋在載板的凸塊區即可。

Landless Hole 無環通孔

指某些密集組裝的板子，由於板面必須佈置許多線路及黏裝零件的方型焊墊，所剩的空地已經很少。有時對已不再用於外層接線或插腳的導通孔（Via Hole），如僅做為層間導電用途時，則可將其孔環去掉，而挪出讓出更多的空間用以佈線。此種只有內層孔環而無外層孔環之通孔者，特稱為Landless Hole。

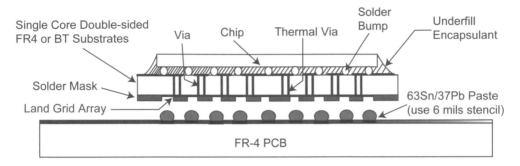

Large Window 開大窗

由於早先低功率二氧化碳雷射無法打穿銅箔，故燒蝕盲孔之前需先去除掉眾多孔位表面的銅箔，特稱為開銅窗（Corformal Window）。但當大排板（如18"×24"）時，蝕刻銅窗的位置（底片成像出現漲縮）將無法與雷射成孔（數位定點）的位置完全重合，此乃因為板材與底片的漲縮以及製程變異所造成。

為避免出現漏孔或半孔與偏孔等缺失起見，刻意先蝕刻出較大的無銅窗口，然後再以正規雷射成孔的方式在較大之無銅區中去燒出較小的盲孔，稱為開大窗。但此種改善法卻會出現梯階狀的孔口，其無銅基材部份的化銅與電銅層，需耐得住各種強熱可靠度的考驗才行。

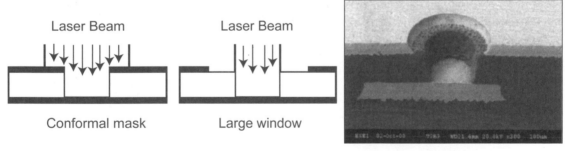

Laser 雷射、激光

係Light Amplification by Stimulated Emission of Radiation串語之縮寫，按原文可說成"射線在受到額外刺激而增大能量下所激發出的一種強光"。如下左圖所示，當正常處於低軌道運行中的電子，受到外來光子的刺激時將躍升至較高能階的軌道。但當其接受的額外能量衰退又將回到原來正常軌道時，會將多餘能量再以激動態的光形式射出者即稱之為Laser。

由於傳統中文並無類似的說法，故只好按原文縮寫後所造新字的發音而譯為"雷射"。也有人按五行的分法，似是而非莫名其妙的加了個金字邊的"鐳射"，反而是畫蛇添足不倫不類。大陸學界譯為"激光"則頗近原義。

雷射可按其光譜的連續與否分為"連續波"（Continuous Wave）雷射（如大型表演現場之造勢效果等）與"斷續脈衝式"（Pulsed Wave或Q-switched Wave）雷射。若按產生激光的主要媒介物（Gain Medium）而分類，則有氣體雷射（如CO_2雷射）、固體雷射（如紅寶石或Nd：YAG雷射）、液體雷射（如某種染料）、與半導體雷射（如GaAs砷化鎵）等。

　　電路板用以燒蝕成孔的雷射有紫外光（UV）與紅外光（IR）兩大類；前者如Nd：YAG的紫外雷射光（式中冒號係指少量的鈮參與YAG相互摻和之意，而YAG係指Yttrium Aluminum Garnet 三種物料而言），與另類Excimer（係由Excited Dimer二字所拼湊合成）之準分子（即雙子，如KrF等）雷射等。後類CO_2紅外雷射，則又有射頻RF（Radio Freguency）式CO_2雷射，與TEA（Transverse Excited Atmospheric）類CO_2雷射等不同方式。

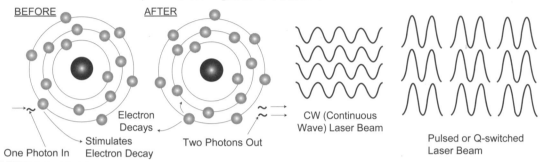

Laser Ablation 雷射燒蝕、雷射成孔

　　利用雷射光的能量在板面成孔時，將可吸光的有機板材燒成氣體而逸走，或將其樹脂的高分子長鏈切短打斷而再予以移除成孔，以代替傳統機械鑽孔法，謂之雷射燒孔。具有高能量又極細的雷射光束打到加工點板材時，會出現反射、吸收與穿透等三種光路光徑行為，但其中只有被吸收的光能量才會出現Ablation燒蝕的效果。

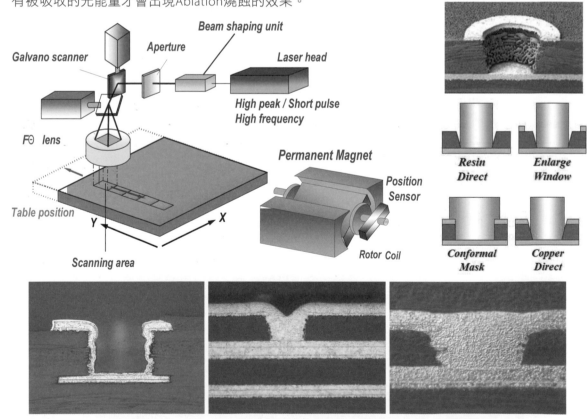

▲ 此三圖皆為CO_2雷射成孔又經除膠渣、化銅與電鍍銅其進步過程之今昔比較。

Laser Ablation Thresholds 燒蝕起限

　　不同的板材需不同的起碼能量才能進行雷射燒蝕與成孔，此種"基本消費額"式的起碼能率或功率（Power），特稱為"燒蝕起限"。

Laser Absorption（Absorptance）雷射吸收度

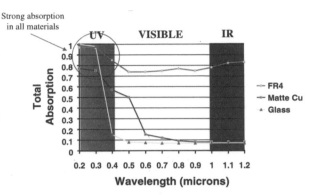

　　樹脂、銅皮與玻纖等各種板材，對不同波長的雷射光具有不同的吸收度（％），吸收度愈大時愈容易進行燒蝕成孔。由右圖可知樹脂在紫外、可見與紅外三種波長區都能進行吸收，玻纖與銅皮只能在紫外區0.3μm以下的"短波長"領域中才會出現強吸收。其他金屬則也會在UV波長區進行吸收。

Laser Beam Divergence 雷射散射光束

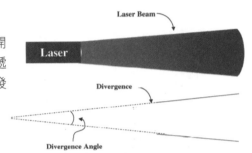

　　指雷射光自發射口進入空氣後其柱形光束末端之開展發散情形，其中圓柱形能量分佈則呈現由內向外之遞減現象，猶如手電筒的光束或照射面一般。過程中有發散光Divergence與散射角，而雷射光束之管理重點。

Laser Conformal Mask 雷射銅窗

　　隸屬紅外區的CO_2雷射光，不管是RF型（Radio Freqnency）或TEA（Transverse Excited Atomospheric）型都不易燒蝕銅皮，需先用化學品蝕穿移除掉孔位處的銅皮而成為窗口，再用雷射光去燒蝕掉樹脂基材而見底，到達內層預置的孔底銅墊（Target Pad）而成為可互連的微盲孔。此種利用板面銅皮做為適形護形的阻劑皮膜者，原文稱為Conformal Mask。中文譯名係著眼於製程前後關係，故稱之為"開銅窗"。如下圖為銅窗與投射罩（Projection）、密貼罩（Contact）、與UV雷射光在無罩下強行直接強燒成孔的比較情形。

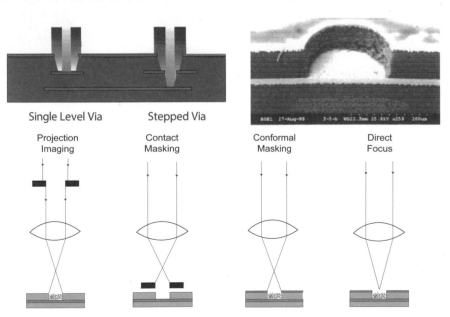

Laser Direct Drilling（LDD）雷射直接鑽孔

常規雷射鑽孔需先以蝕刻法開出銅窗（Conformal Window），然後再以雷射光對著無銅的有機樹脂與波纖進行燒蝕成孔。若在將成孔的薄銅表面先行黑棕化，隨後即可利用不反光銅面可吸收激光能量的原理進行直接燒孔，稱為LDD。通常對無銅而只對底材燒孔時只需用到兩槍（發）雷射光，而LDD則需增加到4-5槍（發），不過現行雷射機種速度較快，因而採用LDD法只需黑棕化卻可省掉乾膜成像及蝕刻開窗與剝膜等5站工序，大大有利於產能的提升。

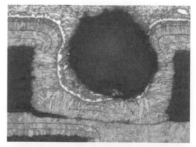

傳統黑氧化皮膜下的銅面較平滑，故較易反光，且燒成盲孔後黑化面孔口附近會呈現濺銅現象（請參見Bond Film的畫面），幸好電鍍銅前的微蝕即可將之濺紋除去。而取代型棕化（例如Bondfilm）則底銅面很粗糙而不易反光，是故燒製成孔的效果也比傳統黑化可能形成的大肚孔更好。且LDD也比開大窗法少了孔口的一段基材的台階，對電鍍銅附著力也較有利。

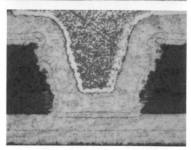

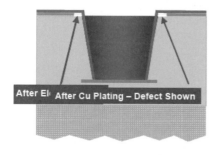

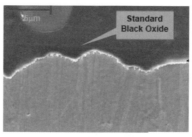

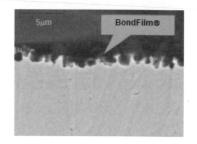

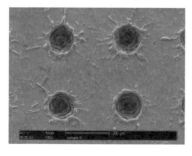

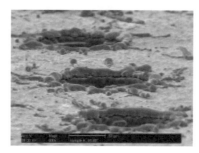

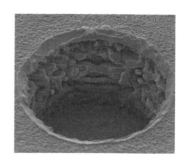

Laser Direct Imaging（LDI）雷射直接成像

電路板工業除可利用雷射代替機鑽而成孔外，尚可使用雷射的能量進行成像（Imaging）、清潔（Cleaning）與切邊整修（Trimming）等工作。其成像的原理是利用較低的雷射光能量直接掃描去除銅面的阻劑，或將局部曝光區的乾膜進行快速聚合即可（如為正型乾膜之前者即可直接分解或燒蝕成氣體而移除）。由於雷射光係屬高度平行的光束，在解像方面的能耐要比傳統之曝光（Exposure）與溶液顯像（Developing）的溶除方式更強更好。且可程式化之做法根本無須用到底片，完全避免掉塑料底片所帶來變形走樣的問題。對細線微孔又大排板的 HDI 甚至 ELIC 產品而言，自然非常有利。由於早期 LDI 的速度不但很慢而且價格很貴，彼時業者因投資太大而產品還不致太難，且其生產速度亦無法與傳統快速成像法相比擬下，致使此種 LDI 不易大量推出。不過在 PCB 產品漸趨緊密與新 LDI 機種在新電腦配合下，速度大為加快之際，如今18×24

吋之排板，已可在1.5分鐘之內完成常規乾膜之單面成像，專用高感度乾膜更可在一分鐘之內完工，對高端HDI板類似已成為量產細線與微盲孔的必須之機具。

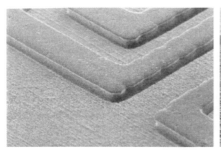

Laser Direct Testing（LDT）雷射直接測試

是利用非接觸式雷射光直接對密集線路的封裝載板（如FC-BGA、FC-CSP、Sip等）進行電性品質（Open/Short）的測試。現行四端子精密治具之電測費用已佔產品單價的5%-10%之多，而飛針（Flying Probers）雖無治具之花費但測速卻慢了100倍。

LDT是利用UV雷射光束針對板面導體掃描接觸中所產生"光電子"總數量的變化，而進行Open/Short的測試。不過測試環境卻需要簡單的真空以方便電子的傳遞，並可上下兩面同時檢測。在每秒鐘可發出數千雷射脈衝光束的快速檢測下，其速率比混合飛針還要快上7倍。

其檢測通路（Continuity）的原理是當雷射光精準的打到線路的Q1點導體時，會彈射出許多光電子到集電板上而得以充電（Charge），當又迅速打到Q2點時則又彈射出下一批光電子，所有彈射出的光電子都可被另一集電板層（Collectior Plate）所捕捉，此刻Q2的電壓已下降以致充電的電荷也要比Q1少了一些，也就是可檢測到兩點之間的電阻值而得知是否open了。

至於檢測Short的原理則是量測相鄰導體的彼此孤立性（Isolation），亦即當上述線路系統充電後的逐漸放電（Discharge）中，若出現放電異常者即表已有短路發生了。

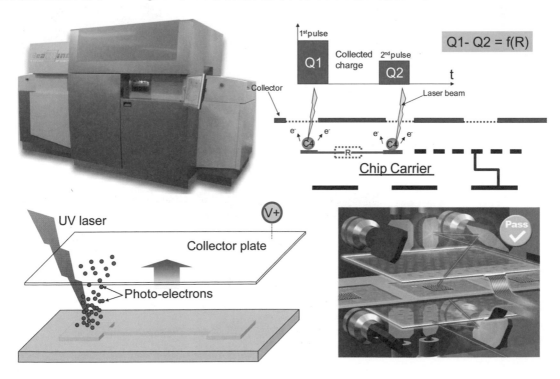

Laser Drillable Prepreg 雷射鑽孔用膠片、開纖布

　　係指原本之薄型玻纖布（1080以下），再將其經紗與緯紗從先前橢圓之紗束，利用水壓或其他外力予以"開纖"（Spread Out）使玻纖絲更為均勻分散。如此含浸後成為更均質更扁平的膠片，而有利於雷射鑽孔者稱之LDP。此等方便雷射鑽孔的開纖膠片後來更廣用於無鹵板材，因開纖後（透氣率降低）使得樹脂更易滲入玻纖之內部，大可減少後來CAF的煩惱（降低導體間之通道也）。商品以日商Asahi Rasei之AZ系列為例，其結構對比如下表。

	100μm			50μm			Trial
Style	1116	1116	1116	1080	1080	1080	1017
Process	AZ	MSW	AW	AZ	MSW	AW	AZ
Yarn	D225 1/0 0Z	D225 1/0 1Z	D225 1/0 1Z	D450 1/0 0Z	D450 1/0 1Z	D450 1/0 1Z	BC3000 1/0 0Z
Filament (μm)	5	5	5	5	5	5	4
(counts)	400	400	400	200	200	200	50
Counts/inch (Warp × Weft)	60×58	60×58	60×58	60×47	60×47	60×47	84×84
Tickness (mm)	0.084	0.084	0.089	0.042	0.047	0.050	0.011
Permeability (cm^3/cm^2/s)	4	5	12	29	59	83	120

* The above figures are typical data, but not guaranteed.

Non-Woven
Glass Fabric

Conventional
Glass Cloth

Highly Spread-Out
Glass Cloth

Laser Driver（VCSEL）雷射光驅動之IC

　　是採用低成本半導體雷射自表面發出之光（Vertical Cavity Surface Emitting Laser），用以代替銅質傳輸線，將電波訊號改成光波訊號，取得進行速度更快與訊號品質更佳的波導Wave Guide傳輸。將來的PCB板材中不但具有銅線路的電傳IC與電訊號，還同時存在光纖線路與光IC光訊號的運行，彼時的電路板與組裝板將呈現大大不同的面貌。

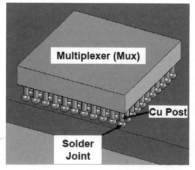

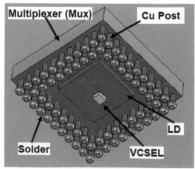

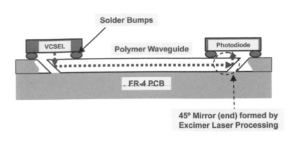

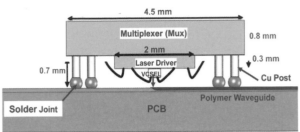

Laser Embedded Circuit 雷射埋入式線路

當線寬線距小於14μm者，其等緊密線寬在板面上的附著力將變得很差。將來可利用雷射在無銅的板材上（例如ABF X-13）燒出溝槽（Trench），再進行PTH化銅之SAP半加成法，以及電鍍銅填入溝內，（以下圖片取材2008TPCA 會展之Amkor發表資料）最後減除掉板面的銅層即可得到埋入式的線路。此法最早2006年是由ATOTECH與Amkor合作，稱為Via²(以下圖片取材自2008TPCA會展美商Amkor所發表之資料)。

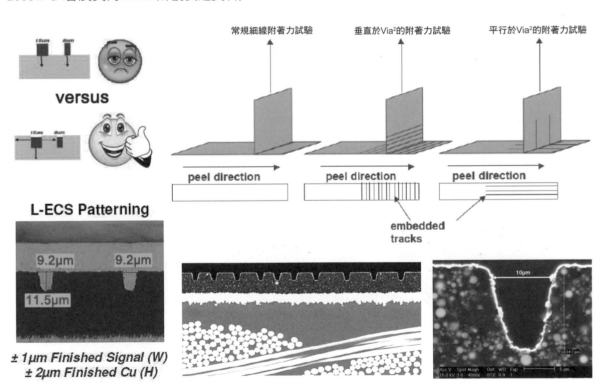

Laser Fluence 能量密度

指經由雷射成孔燒蝕的板材工作區，其單位面積中對每個脈衝波平均所吸收到的能量謂之"能量密度"。由配圖可知其清楚之定義；以及燒蝕深度（Ablation Depth）、吸收深度（Absorption Depth），與射入深度等三者之間的關係。

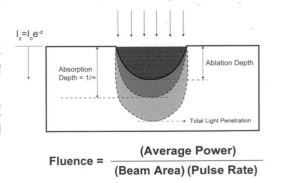

$$Fluence = \frac{(Average\ Power)}{(Beam\ Area)(Pulse\ Rate)}$$

Laser Heat Affedcted Zone 雷射熱感區

係指各種板材對不同雷射光所呈現的感熱深度與廣度而言。由配圖可知，紅外區RF CO_2雷射光所形成的感熱深廣度（>240μm），或產生強熱的不良影響等，都要比紫外區YAG雷射光（4.2μm）要大了很多，且又因其光點很小致使其成孔速度較慢的YAG雷射當然又居於下風。

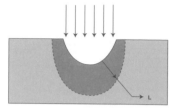

Laser	Thermal Diffusion Length L (μm)	
	Cu	Polyimide
Excimer	2.6	0.07
UV YAG	4.2	0.11
TEA CO_2	>8	>0.2
RF CO_2	>240	>6

$$L = \sqrt{4Kt}$$

K = thermal diffusivity
t = pulse width

Laser Machining 雷射加工法

電子工業中有許多精密的加工，例如切割、鑽孔、焊接、熔接等，亦可用雷射光的能量代替機械加工去製作，謂之雷射加工法。所謂LASER是指 "Light Amplification Stimulated Emission of Radiation" 的縮寫，大陸業界譯為 "激光" 為其意譯，似較音譯更為切題。

Laser是在1959年由美國物理學家T.H. Maiman，利用單束光射到紅寶石上轉而產生強能式的雷射光，多年來的研究已在各業界創造了許多全新的加工方式。除了在電子工業外，尚可用於醫療及軍事等方面。

Laser Photochemical Ablation 雷射光化性碎蝕

指波長短於400 nm的紫外雷射光，由於具有高能量的光子（Photon，每個光子之光能約2 eV以上），可將有機物高分子之長鍵打斷（Bond Breaking）而成為眾多的碎粒粉塵，在彼此推擠之下強迫跳離板材母體而成為空腔。由於發熱量不多，故可稱為是一種Cold Process。其對後續孔壁金屬化前段流程之除膠渣，在困難度方面要比另一種 "光熱性燒蝕" 來得少。下圖三即為吸光、斷鍵，及排除碎屑成孔連續動作的示意圖。

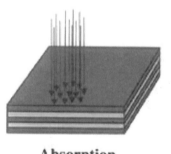
Absorption

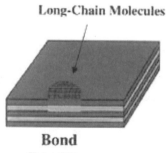
Long-Chain Molecules
Bond Breaking

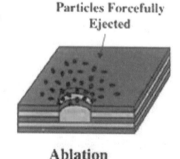
Particles Forcefully Ejected
Ablation

Laser Photogenerator（LPG），Laser Plotter 雷射曝光機、雷射繪圖機

直接用雷射的單束平行光再配合電腦的操控掃描，可用以生產PCB的原始底片（Master Artwork）。以代替早期用手工製作的原始大型貼片（Tape-up），與再行照像縮製而成的原始底片。此種原始底片的運送非常麻煩，一旦因溫濕度發生變化而可能發生永久變形，則會導致完工成板的尺寸差異，精密板子的品質必將大受影響。如今已可自客戶處直接取得電子檔案資料，配合雷射之掃瞄式曝光即可在自家工廠

內得到精良的底片，對電路板的生產及品質都大有助益。

Laser Photothermal Ablation 雷射光熱性燒蝕

是利用已被吸收的雷射光能量，也就是以波長500 nm～10600 nm的紅外光將有機板材予以強熱熔化或汽化（Vaporization），並使之被持續移除而成盲孔之謂。此時孔壁表面即會呈現出燒黑碳化（Carbonized）的現象。故後續PTH與鍍銅前需妥善做好除膠渣的動作，下圖即為燒蝕的四個連續步驟；即吸光加熱，熔化，汽化與氣漿化後再逸走之想像的過程。

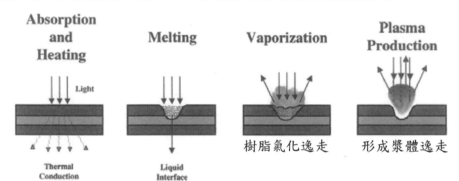

Laser Power Density 雷射功率密度

當每個雷射光段（以每微秒μs為單位）間續的脈衝光束，打在工作目標表面會形成一圓形光點狀之雷射光模式（Laser Model 或Beam Model，其符號為TEM_{00}）。設其中心處之瞬間最高能量（Pulse Height）或尖峰功率（Pulse Power）之密度設定為1，當其光點面積向外圈增大時，其能量也將隨之減弱。但其86％的能量仍將集中在半徑為$1/e^2$的圓形面積內，整體能量或功率之構成係呈下圖立體錐狀體之分佈，亦即功率密度與時間呈現強弱之分佈。

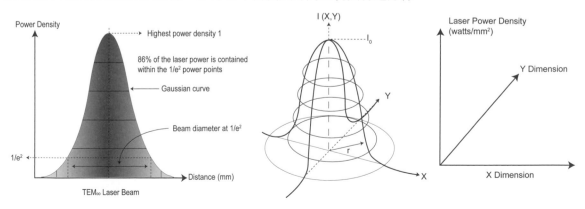

當某種原子其低軌道運行的電子受到外來光子(Photon)的刺激，經常會躍升到較高能階的軌道中，但此種額外能量所造成的激動態並不穩定，當其能源消失後所躍升的電子又退回到原本低能軌道時，額外的能量(E3)將在以某種波長(λ3的光)形態放射出去，這就是所謂的雷射光或激光。電路板最常利用二氧化碳分子可呈現的三種震動所產生的激光去燒蝕板材即可成為盲孔。

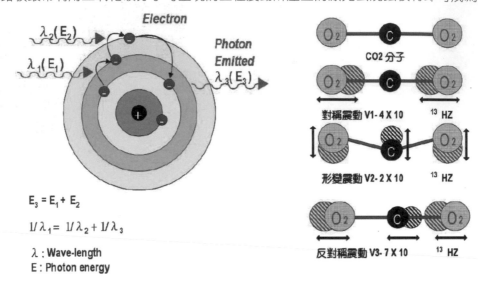

$E_3 = E_1 + E_2$

$1/\lambda_1 = 1/\lambda_2 + 1/\lambda_3$

λ : Wave-length
E : Photon energy

Laser Pulse Frequency 雷射脈衝頻率

指每秒鐘所重複出現的"脈衝數"而言，其單位為PPS（Pulse Per Second）。

Laser Pulse to Pulse Stability 雷射脈衝穩定性

指斷續脈衝式之雷射光，其每個不同脈衝所夾帶能量的差異程度，是以百分度（％）為比較單位。常見之YAG與CO_2雷射光其脈衝差異度平均在10％上下，而準分子雷射（Excimer）稍差，約為15％左右。

Laser Pulse Width，Pulse Length（or Pulse Duration）雷射脈衝光長度

指每個脈衝方波其半階功率（或能率）之壽命長短，或指每段脈衝光束所能維持的時間（如50 ms；或20,000 ns等）而言。因每截脈衝要到達其頂級全功率之方波高原，或降至零功率之底部時，其升起與降落需要一定的"瞬間"，使得每個脈衝所具有的總能量Pulse Energy（即每個脈波所涵蓋的梯形面積），可等於尖峰功率（Peak Power）乘以脈衝長度（Pulse Length微秒）所得之乘積。右圖即為與Pulse Length與Pulse Power及Pulse Energy三者之間的關係圖。

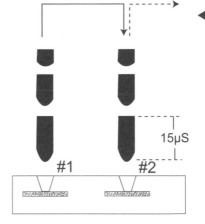

◀ 在一吋見方的小管區內經Galvano快速定位後，對6mil的盲孔可連打三槍成為孔。其中第一槍的脈衝寬度約為15μs，此能量已可成孔。後兩槍則用以修整及清除孔壁孔底的殘渣。注意其總能量密度太大會傷及底墊附著力。

Laser Scalpel 雷射雕刻

是一種小型的雷射返工修整機，可將某些密線之局部短路加以切修，遠比傳統手術刀的切割更為精準及快速。

Laser Scanner 雷射掃描器

也就是日常生活中常用到的條碼掃描器(Bar Code Scanner)，可貼近或離距式讀取條碼的內容。

Laser Soldering 雷射焊接法

是利用雷射光束（Laser Beam）所累積的熱量，配合電腦程式，對準每一微小錫膏之待焊點，進行逐一移動式之熔焊稱為"雷射焊接"。這種特殊熔焊設備非常昂貴，價格高達35萬美元，只能在航空電子（Avionics）高可靠度（Hi-Rel）電子產品之高度精密狹小區域之組裝方面使用。一般電子工業就只好不談了。

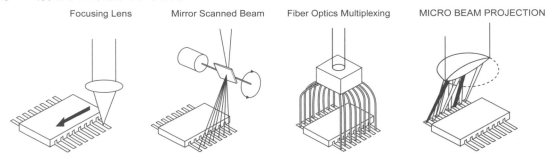

Focusing Lens　　Mirror Scanned Beam　　Fiber Optics Multiplexing　　MICRO BEAM PROJECTION

Laser Structuring 雷射成線術

是Siemens公司於1999年11月慕尼黑Productronic展覽中所推出密集細線之製作技術，號稱可做出1／1或2／2（mil）的密集細線。係將板子銅面上先浸鍍上一層化學置換的薄錫層當成阻劑，再以特殊的雷射光將局部的錫層燒掉而露出待除去之銅面，於是即可進行蝕銅而得到線路。此法雖精密但卻很慢，因而勉強只可用於板子線路細密的局部小區域，其他則仍用正統光阻法轉移線路，如此在成本上雖屬可行，但工序卻很麻煩，不利於大批量之生產。

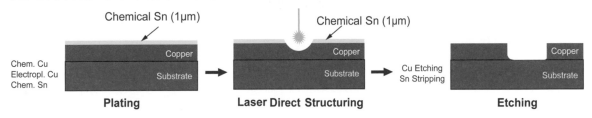

Laser Trepanning 雷射環鋸成孔法

採用YAG紫外線雷射之細小強力光點，以繞燒（Spiralling）或環鋸方式直接燒穿全板（含銅皮）或部分板材，而逐一成孔之謂。如此之工法在整體成孔速度方面，要比開銅窗式的CO_2燒孔法約慢了10倍左右，此種UV雷射目前幾乎已在量產線上出局了。

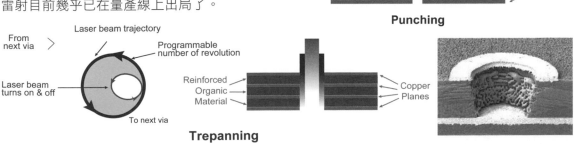

Laser Trimming 雷射切修

是利用特殊設備對電阻器印膏進行電阻值的功能檢測，同時還可用雷射光切入（Plunge）電阻材料以提高其實際數值。也就是一面量測一面切修的精密電性設備。另若適宜控制雷射之能量時亦可在PCB或其他物品上進行標記的工作，這種較簡單的工作又稱為Laser Marking雷射標記。

Laser Wavelengths 雷射光波長

雷射光形成的方法有四種（見Laser詞），但其波長則並無太大差異，大體上可分為紫外光（UV）雷射以及紅外光（IR）雷射。下列光譜圖中可見到常用IR之二氧化碳氣體雷射與UV波長為1064nm的Nd：YAG固體雷射（簡稱YAG雷射），以及後者兩次倍頻而令波長更短的532nm諧波，與YAG雷射三次倍頻的355nm諧波，或四次倍頻的266nm諧波。

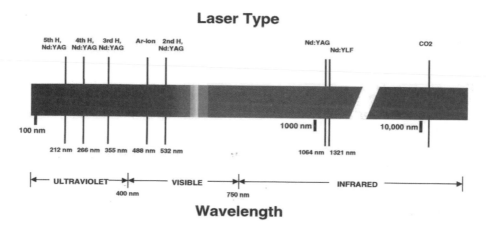

Lay Back 刃角磨損、突刃

一般鑽頭（或稱鑽針）的鑽尖上，共有金字塔形的四個立體斜面，其中兩個是切削用的第一面，及兩個支援用的第二面。實地操作時是"鑽尖點"（Point）先刺到板材上，然後一方面旋轉切削，一面從溝中排出廢料及向前推進，直到孔徑將要完成時，就要靠兩個第一面最外緣的刃角（Corner）去修整孔壁。故此二對稱的"刃角"必須要儘量保持應有的直角及銳利，其孔壁表面才會完好。當鑽頭出現耗損時，則刃角的直角處將會被磨圓（Rounding），再加上第一面前緣外側的崩破耗損（Flank Wear），此兩種"Wear＋Rounding"的總磨損就稱為Lay Back，是鑽頭品質上的重大缺點。

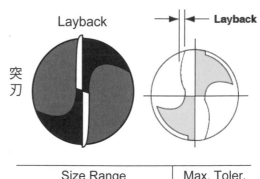

Size Range	Max. Toler.
0.0135 through 0.0200	0.0001

Lay Up 疊合

多層板或基板在壓合前，需將內層板、膠片與銅皮等各種散材，搭配鋼板、牛皮紙墊料等工具或耗材，完成上下對準、落齊，與套正之工作，以備便能小心送入壓合機進行熱壓。這種事前的準備工作稱之為Lay Up。為了提高多層板的品質，不但此種"疊合"工作要在溫濕控制的無塵室中進行，而且為了量產的速度及品質，一般八層以下者皆已採無梢之大型壓板法（Mass Lam.）施工，甚至還需用到"自動化"的疊合方式，以減少人為的誤失。

為了節省廠房及合用設備起見，一般工廠多將"疊合"與"拆板"二者合併成為一種綜合性的處理單位，故其自動化的工程相當複雜。

Layout 佈線、佈局

指電路板在設計之初時，各層次線路的或內埋零件等安排，以及導線的走向、通孔與盲孔的位置等整體的佈局稱為Layout。

Layer to Layer Registration 層間對準度

指多層板各導體層各銅質孔環（Annular Ring）之間，或與無銅空環（Cleanance）之間，或盲孔與底墊間的對準程度而言，允收規範中均訂定有起碼允收之下限尺度。

Layer to Layer Spacing 相鄰層間（垂直）距離

是指多層板上下兩銅箔之間的垂直距離，或指居間絕緣介質的厚度而言。通常為了消除板面相鄰線路間在工作中所產生的雜訊著想，其上下層次間距中的介質要愈薄愈好，使所感應到的雜訊得以導入零電位的接地層中。但如何避免因介質太薄而引發的擊穿漏電，以及保持必須的平坦度，則又是另兩項不易克服的難題。

Layer-To-Layer Spacing

Leaching 銲點熔滲、滲出、溶出

前者是指板面零件腳焊墊表面的鍍金層或零件鍍金或鍍銀層，於波焊中會發生表面鍍層流失而進入高溫熔錫中形成四散遊走"漂流式"IMC現象，將帶來焊點強度不足的傷害，及銲錫池的污染。

後者"滲出"是指一般難溶解的有機或無機物，浸在水中會發生慢慢溶出滲出的情形，如線路鍍二次銅，與後來的鍍純錫之金屬阻劑時，板面

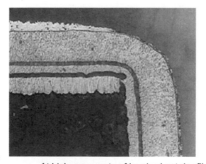

At higher amounts of leached-out dry film the crystal structure becomes rough and porous.

所貼附乾膜中的有機物會不斷溶入到鍍銅槽與鍍錫中造成污染即為一例。有一種對電路板的板面清潔度的試驗法，就是將板子浸在沸騰的純水中浸煮15分鐘，然後檢測冷後水樣中的離子導電度，即可瞭解板面清潔的狀況，稱之為漂出試驗Leaching Test。

附圖中可見到二次銅後的電鍍錫層，由於長期遭到乾膜滲出的污染，以致高電流區孔口處的純錫層變薄且結晶也非常鬆散，即為滲出有機物所造成負面效應的實例。

Lead 引腳、接腳

電子元件欲在電路板上生根組裝時，必須具有各式引腳而用以完成焊接與互連的工作。早期的引腳多採插孔波焊方式，近年來由於組裝密度的增加，而漸改成表面貼裝式元件（SMD）的錫膏貼焊引腳，此等貼焊者有伸腳、勾腳、球腳等。且亦有"無引腳"卻以零件封裝體上特定的焊點進行表面黏焊者，例如QFN或LGA等即是。

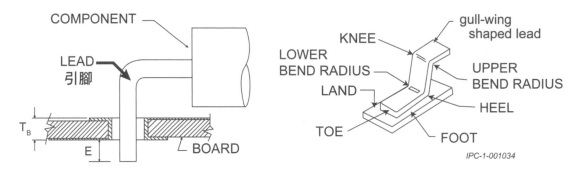

Lead Frame 腳架、導線架

各種具有密封主體或多隻引腳的電子元件，如各種積體電路器（IC），網狀電阻器或簡單的二極體三極體等，其主體中心與各引腳所暫時隔離固定的金屬架，稱為Lead Frame。此詞亦被稱為定架或引腳架或花架等。

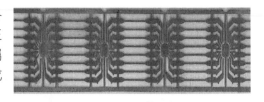

此種腳架的封裝過程是將晶片（Die，或Chip芯片）中心部份，以其無線路的背面，利用可傳熱的銀膏在高溫中與腳架的安晶區進行黏合稱為Die Bond。再用金線或鋁線從已黏牢固晶片正面之電極點與各引腳之間予以打線連通，稱為Lead Bond。然後再將整個主體以塑膠或玻璃予以封牢，再剪去腳架外框，並進一步彎腳成形以方便插焊或貼焊，如此即可得到所需的元件。故知"腳架"在電子封裝工業中占很重要的地位。其合金材料常用者有Kovar、Alloy 42以及磷青銅等，其腳架成形的方式有模具衝切法及化學蝕刻法等。

Lead Pitch 腳距、中距、跨距、節距

指零件各種引腳彼此中心線之間的距離（如DIP）。早期插孔裝均為100 mil的標準腳距（例如DIP），現行密集組裝SMT的SOIC相鄰腳距，由起初的50 mil一再緊縮，經25 mil、20 mil、16 mil、12.5 mil至以第一代Pentium四面伸腳（QFP）由四面伸腳（QFP）式CPU載板320腳之9.8 mil等。一般認為腳距在25 mil（0.635 mm）以下者即稱為密距（Fine Pitch）。

又，板面佈墊與佈線，其相鄰個體中心到中心的距離，亦稱為Pitch。

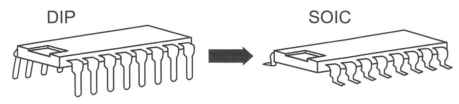

Leading Edge 尖端、先鋒

此詞常用形容最新出現或位居領先地位的科技產品或創新技術，是一種較正式的用語。

Leakage Current 漏電電流

板面兩相鄰線路之間距區域中（兼指綠漆之有無），一旦有電解質或金屬殘渣存在，且相隔兩導體又出現電位差（Bias）時，則可能有些許電流漏過。此乃電路板製作時蝕刻不盡，或殘餘化學品等品質不佳的表徵。

Learning Curve 學習階段、學習曲線

指新技術、新產品與新材料引進到量產線時，經常要耗費一段時間去試做與適應，以便能將良率提升到有利可圖的數字，才據以駕輕就熟、大量生產、保持95%以上的良率。此種生手上路之時間愈短者，表示企業體的管理能力與技術能力愈強。

Legend 文字標記、符號、字符

指電路板成品表面所加印的文字符號或數字，是用以指示組裝或換修各種零件的位置。通常各種零件（如電阻器之R、電容器之C、積體電路器之U等代字）的排列，是從板子正面的左上角起，先向右再往下，按順序一排排的依零件先後分別賦予代字與編號。此種文字印刷，多以永久性白色的環氧樹脂漆為之，少數也有印黃漆者。印刷時要注意不可沾污到焊墊，以免影響其焊錫性。不過印刷字跡的破損與否雖不至造成任何品質的不良，卻往往成為一般找碴客戶的退貨理由。

Leveling 整平

電鍍槽液中所添加的有機助劑，大體可分為光澤劑（Brightener）及載運劑（Carrier，學界稱為壓抑劑Suppressor）兩類，整平劑（Leveler或Levelling Agent）即屬後者之一。電路板之鍍銅尤不可缺少整平劑，否則高縱比的深孔中央將很難有銅層鍍上。其所以幫助低電流區鍍層整平的原理，是因高電流密度區常會吸附較多帶正電的有機物（如整平劑所帶的N），導致該處被有機物佔領電阻增大而令銅離子不易接近，或將電流消耗在產生氫氣上，而使得低電流密度之高電阻與穿流困難區也有機會進行緩慢的鍍積（Deposit），因此可使整體鍍層漸趨均勻。附圖即為酸性電鍍銅常用的整平劑

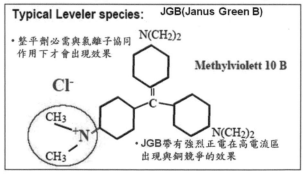

裸銅板各種露出待焊的銅面上，需再做噴錫層以協助零件腳的焊接，其原文亦稱為Hot Air Levelling，大陸術語通稱為"熱風整平"。

Lid 散熱蓋

常用於CPU（或MPU）封裝體之外部上方做為保護性外殼，並兼做散熱（與Heat Spread相同）與遮蔽用途，係以厚銅板衝鍛成型外表另加電鍍鎳之防鏽層。下列實際圖示即為Intel最新PC用"Quad Core"之雙核心封裝模組之正反外觀與剖面圖，其銅材蓋子已鍍鎳做為防鏽之用。

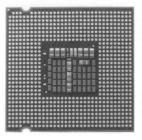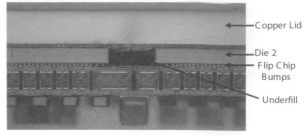

Copper Lid
Die 2
Flip Chip Bumps
Underfill

Lifted Land 孔環（或焊墊）浮起

電路板的通孔兩端都配有孔環，如同鞋帶扣環一樣牢牢夾緊在鞋材上。當板子在組裝焊接時受到強熱，將會產生X、Y，及Z方向的膨脹。尤其在Z方向上，其基材中"樹脂部份"的膨脹又遠遠大於通孔的"銅壁"（例如250ppm/℃對17ppm/℃），強熱中連帶孔環外緣也被頂起，且冷卻後又未能縮回者謂之。由於銅箔的毛面與板材樹脂之間的附著力，已受到此膨脹拉扯的傷害，故當板子冷卻收縮時，孔環外緣部份將無法再隨樹脂而縮回，因而出現翹離浮開的現象。此種缺點在1992年以前的IPC-ML-950C（見3.11.3）或IPC-SD-320B（見3.11.3），皆規定孔環外緣最多只能翹開3 mil；且還要求仍附著而未浮開的環寬，至少要占全環寬度的一半以上。不過這種規定已在新發行的IPC-RB-276（Mar. 1992）以及後來IPC-6012的3.3.4中都已完全取消了。現行無鉛焊接即使全部浮離也都可以允收，因入孔焊牢部分其強度也已遠遠超過表面貼裝的強度了。

通常焊接過程中較少見到孔環浮起，卻常見於熱應力試驗後（288℃，10秒漂錫）之切片中。以現行銅箔與樹脂的進步而言，這種缺失的機會已經很小了，經常是出自熱應力漂錫的樣板含有水氣所致，故一定要先行於120℃中烘烤6小時已除掉水氣，才可避免不當實驗之錯誤結果。

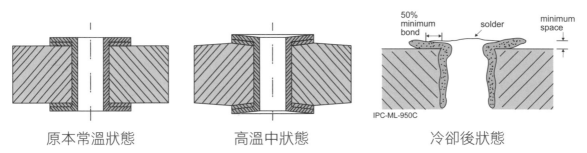

原本常溫狀態　　　　　　高溫中狀態　　　　　　冷卻後狀態

Ligand 錯離子附屬體

一般鍍液中的金屬離子多以錯離子（Complex Ion）形態存在（因有添加劑之故），其中心部份為金屬離子，外圍常附掛著有CN⁻、NH₃、H₂O、OH⁻、NO⁺，或有機物等各種荷有正電、負電，或中電性之附屬體，以共同形成較安定的配位（Coordinated）離子團。電鍍進行中，此種荷電的"離子團"會在電場的外力推拉下游近陰極，在其通過陰極膜中最後一道關卡的"電雙層"（Electrical Double Layer）時，隨即甩掉外圍的各種附屬體，而只讓帶正電的金屬單獨離子穿過，並自陰極表面取得整流器輸送來的電子，進而沉積到陰極鍍件上完成電鍍任務而組成鍍層。通常金屬鹽類水解成離子時，外圍都會有附屬體（Ligand）存在，至少也有水分子以氫鍵形式呈現的凡得瓦爾吸引力配位附掛，皆可稱為Ligand。

〔編註：上述錯離子之"錯"是指"錯綜複雜"的錯，而非"對錯"的錯。此術語早年是直接引自日文，當初之前輩若能將其譯為"複離子"或"雜離子"，甚至於"綜離子"都應比"錯離子"好，也不又一錯至今而難以更正。當初果能如此則所有學生都能望文生義，何需再丈二金剛的茫然瞎背，甚至還存在"對離子"又為何物之怪問題。由此可知名詞術語其慎始之

重要。表面黏"著"的著，豈非另一糊塗蛋之惡例？表面貼焊這麼簡單有誰不懂？〕

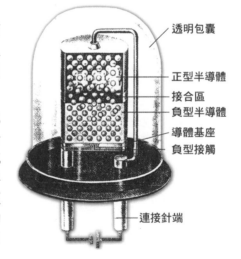

左式為光澤劑岐化結構式MPS，以及槽液中Cu⁺/Cu⁺⁺的配位錯離子的示意圖，且必須在Cl⁻形成氯橋下才能降低能障完成加速登陸反應

Cu⁺的正電性稍弱故只有2或4個配位體(Ligand)，Cu⁺⁺之正電性較強故有4或6個配位體

Light Integrator 光能累積器、光能積分器

指接受照射某一時段內，於物體表面計算其總共獲得UV光能量的一種儀器。此儀器中含濾光器可用以除去一般待測波以外的光線，當另與計時器二者配合後，即可計算物體表面在定時中所接受到的總能量。一般乾膜曝光機中都裝有這種"積分器"，可使曝光作業更為準確。

Light Emitting Diodes、LED 發光二極體

半導體有正型（P-type）及負型（N-type）兩種。當在負型體上施加電壓時，可使其中所故意加入（Doping）雜質（Deping）的原子進行電離，如此將出現穿梭流動的游離電子，因而可讓半導體完成導電。

另一方面正型半導體內所加入的雜質則可供應"電洞"，可吸引負型的電子而掉入洞中。若將正負型接合在一起，其接合區將形成導電的屏障。當電子由負型流向正型時，必須具備足夠的能量才得以克服其間的屏障。每當電子通過屏障落入洞中時，其所多出的能量便可以光或熱的形式發出，此即LED發光的原理。最早的LED是以砷及鎵所組成而只能發紅光，現在則已可發出各種顏色的光。

由於LED比砂粒還小，其發光效率約可達50%，遠超過常見白熾燈所表現的20%，故所需電量也極小，僅0.2瓦而已，且發光壽命也長達數十年。亮度雖不能用之於照明，但做為數字顯示則非常理想。不過LED需在黑暗中才可發光顯示，而LCD不但更省電，而且在明視中（Bright Field）仍清楚可見。LED及LCD兩種電視的商業化，目前仍在發展中。我國的光寶公司已是世界生產LED最大的公司，由於製程甚耗人力現已大部份移往泰國生產。

透明包囊
正型半導體
接合區
負型半導體
導體基座
負型接觸

連接針端

Light Intensity　光強度

　　單位時間內（秒）照射到達物體表面的光能量謂之"光強度"。其單位為Watt/cm²，連續一時段中所累計者即為總計光能量，其單位為Joule（Watt·sec）。

Limiting Current Density（Jlim）極限電流密度

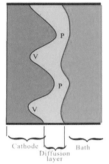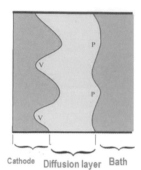

　　就電鍍製程的陰極而言，是指所能取得結構組織良好的鍍層時，其可用電流密度的上限值稱為"極限電流密度"(Jlim)。一旦超過此極限值者將出現水被電解的意外反應，不但會產生多量氫氣且其鍍層也會出現粗糙燒焦（Buring）甚至粉化的情形。另就陽極而言，則另指良好溶蝕電流密度的上限，若電流再高時則會出現多量的氧氣，並將伴隨發生極化及鈍化等現象，反不利金屬之溶解。因而現場鍍槽中均刻意加多加大陽極面積，以降低超出極限的機會。

　　"極限電流密度"（Jlim：而lim即為A表面積內的極限電流強度）之理論值與離子的摩爾數(n)，法拉第常數(F)，擴散係數(D)及主槽液濃度(Cb)等成正比；但卻與陰極膜的厚度（δ，又稱擴散層）成反比。故陰極最接近表面處之槽液攪拌流動愈快時，其陰極膜（指陰極表面濃度較低之液層而言）將愈薄，進而使得可用之電流也愈大。

$$I_{lim} = \frac{nFADCb}{\delta} \quad ; \quad J_{lim} = \frac{nFDCb}{\delta}$$

Lipophilic　親油性

　　指能親油或溶於油類的有機化合物，此詞與疏水性(Hydropholic)同義，有機物本身若親油性超過親水性者，或打破HLB值(Hydrophilic/Lipophilic Balance)而偏向油溶不在溶水者，即稱為Liphilic.

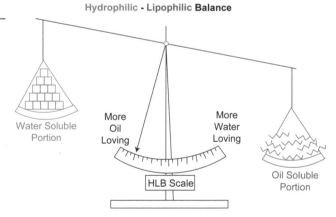

Liquid Cooling　液流冷卻法

　　大型電腦長期運作中，某些CPU必須持續降溫以避免發生功能失效之情形。是利用冷卻管及流動之某種液體，可將大型元件局部區域之高溫予以帶出到散熱器上，再進一步進行排熱的工作。現行筆記型電腦也都針對其CPU妥備液流管路式的散熱設備。

Liquid Crystal Display（LCD）液晶顯示器

　　是指某種物質在某一溫度時，將兼具單方向（Anisotropic）的固態晶體及液態的流動性質，此種介乎固態晶體及液相之間的"中間物質"，特稱為"介晶相"（Mesomorphicphase）也就是俗稱的"液晶"，亦即：

固態單向晶體 (Anisotropic Crystal Phase)	加熱 ⇌ 冷卻	液晶相 (Mesomorphic Phase)	加熱 ⇌ 冷卻	液相 (Isotrphic Liquid Phase)

　　液晶物質的發現已有一百多年歷史，直至1968年才首先由RCA公司應用在顯示器上。目前已實用於電子工業者，有小面積之TN型（Twist Nematic扭曲向列型）模組，可用於手錶、計時器或小型計算機等；而稍大面積之STN型（Super Twist Nematic）模組，則可用於掌上型或筆記型之電腦顯示幕；面積更大的是彩色TFT型（Thin Film Transitor）模組，目前大尺寸的薄型液晶電視顯示幕均採用此技術，不但面積更大厚度更薄且畫質也更好。

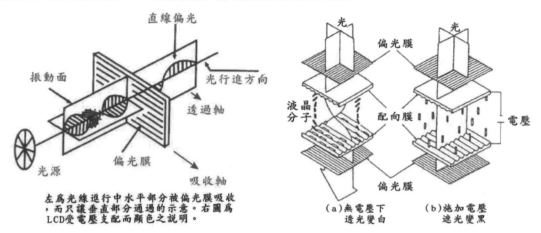

左為光線進行中水平部分被偏光膜吸收，而只讓垂直部分通過的示意。右圖為LCD受電壓支配而顏色之說明。

　　目前全球業界以日本Sharp及東芝之技術較為領先，大畫面薄型彩色電視機，將可掛在牆上如同油畫一般觀賞，想必還能大幅節省空間及電力。

Liquid Crystal Polyester Fiber（LCP）液晶聚酯類纖維

　　係三菱瓦斯公司新開發非織造短纖的紙質補強材，類似杜邦Thermount板材中的Aramid紙質補強材。此LCP亦可含浸環氧樹脂於其中，其完工板材之D_k可低到3.8，亦可含浸BT樹脂（D_k 3.2）而成薄材。其灰白色基材纖維具有容易雷射成孔、重量輕、吸水率低、散失因素（D_f）低、膨脹係數也低的好處。其商品名稱為"Foldmax"，目前尚未見廣用。

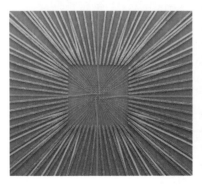

Liquid Dielectrics　液態介質

　　具有許多死角的某些電子元件，或體積龐大的電器品，固體絕緣材料不易完全達成目標，某類又亟需鉅細靡遺的密切配合者，如高壓電纜、變壓器、小型電容器等，即可於其死角處充填礦油類、乙二醇及碳氯化物等，當成液態絕緣介質使用。

Liquid Photoimagible Solder Mask（PSM）液態感光防焊綠漆

為板面所用防焊綠漆一種，由於細線密線板子日多，早期的網版印刷烘烤型的全環氧樹脂綠漆已無法適應，代之而起的是"無版"式（或只留下避免進孔的擋墨點式網版）滿全網的全面印刷對感光綠漆施工。全板面經刮印塗佈及半硬化後，即可直接用底片進行精準之對位及曝光，再經顯像與後硬化即可得到位置準確的綠漆。這種現役的LPSM經數年來量產的考驗，其品質已經非常良好，並已成為各式防焊皮膜中的主流。

Lithography 影像轉移、網印技術

與Screen Printing或Image Transfer並無不同，只是較為踳文而已的字眼，為半導體業所常用。PCB業則極少見過。

Local Area Network（LAN）區域網路

指個人電腦經過區域性網路之連接（如一公司之內，或一大廈之內）或集散，可發揮更大的功能。且還可與其他外界在網路（如公用電話網路等）接通，此等連通系統稱為LAN系統。需要連網的PC則需加插各式不同的附加卡板（Add-on Card），此種完工的卡板稱為LAN Card。

Logic 邏輯

指電腦或其他數位化（Digital）電子機器中的特殊電路系統，此等電路中含有多枚IC，可執行各種計算功能（Computation Functions），稱為Logic或邏輯電路。常見之邏輯如Emitter Coupled Logic（ECL）、Transistor-Transistor Logic（TTL）、CMOS Logic等。又Fuzzy Logic是指除了0與1之外，另插入其他數值，是一種模稜兩可的邏輯。即在"是"與"非"之間加入"幾乎"、"大概"等字眼的邏輯。

Logic Circuit 邏輯電路

數位電腦中，用以完成計算或解題作用的各種"閘電路"、觸發器，以及其他交換電路的通用術語，稱為"Logic Circuit"。

Logic Family 邏輯家族

功能、效益與速度不同的各種運算用途的多樣邏輯元件，凡採用相同電子電路者即認為是歸屬於某一種家族。常見者如：ECL家族（Emitted-Coupled Logic），TTL（Transistor-Transistor Logic），或CMOS（Complementary Metal-Oxide Logic）家族等。

Logic Family	Tr(ns)	BW(MHz)	Wavelength	
			In free space	In FR-4*
TTL	8	44	6.8	3.1
Schottky	3	120	2.5	1.2
ECL	0.3	580	0.52	0.24
GaAs	0.1	3500	0.086	0.04
*Relative permittivity of FR-4 was taken as 4.7				

Loop 迴路

數位訊號的1與0是利用工作電壓的高低（振幅）與週期的長短做為表達，此種脈衝式的能量在傳輸線（由多層板的訊號線、介質層與大銅面式的參考層所共組成）中運行，由出發端的驅動元件（Driver）送出方波訊號經由訊號線傳往承接元件（Receiver）執行工作後，還要經由

參考層（接地層）回歸到出發點，此種有去有回的完整通路稱為Loop。

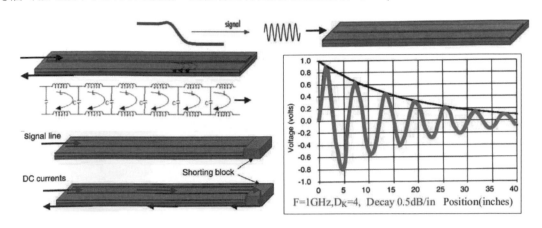

Loss Tangent（Tan δ、Df）損失正切

此詞在資訊業與通信業最簡單直接了當的定義是："訊號線中已漏失（Loss）而進入絕緣板材中已浪費的無效能量，對仍然留存（Stored）於線路中的有效能量，其兩者之比值謂之Df"。

但本詞在電學中原本卻是對交流電在功能損失上的一種度量，已成為絕緣材料的一種固有的性質。也就是"散失因素"與電功之損失成正比；與週期頻率（f）、電位梯度的平方（E^2），及單位體積成反比，其數學關係為：

$$\text{Dissipation Factor} = \frac{\text{Power Loss}}{(E^2)\,(f)\,(\text{Volume x Constant})}$$

當此詞Df用在訊號之高速傳輸(指數位邏輯領域)與高頻傳播（指RF射頻領域）等資訊與通訊業中，尚另有三個常見的完全同義的專詞，即：①損失因素（Loss Factor）、②介質損失（Dielectric Loss），以及③損失正切（Loss Tangent，日文稱為損失正接）三種不同說法的出現，甚至IC晶圓業者更簡稱為Loss而已，其實內涵並無不同。

世界上並無完全絕緣的材料存在，再好再強的絕緣介質只要在不斷提高測試電壓下，終究會出現打穿崩潰的結局。即使在很低的工作電壓下（如早先個人電腦CPU的2.5V或2009年底的1.1V），訊號線中傳輸的能量也多少會往其所附著的介質材料中漏失。正如同品質再好的耐火磚，也多少會散漏一些熱量出到外界空氣中一樣。

訊號線於工作中已漏掉或已損失掉的能量，就傳輸線本身已用不到而言可稱之"虛值"，而剩下仍可用以工作者則可稱之為"實值"。所謂的Df，其實就是將虛值（ε"）去與實值（ε'）相比，如此所得的比值正是"散失因素"的簡單原始定義。現再以虛實座標的複數觀念說明，並以圖示表達如下：

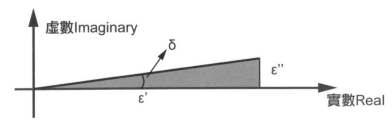

由上圖三角函數的關係可知：**Tan δ ＝對邊／鄰邊＝ ε"／ ε' 或 ＝虛／實**，

這Loss Tangent豈不正是Df原始定義的另一種分身面貌嗎？故知Tan δ損失正切（或日文的損

失正接，由圖可知 ε "垂直正接於 ε'）的跩文（Buzzword）説法完全是故弄玄虛賣弄學問唬唬外行而已，説穿了就不值一哂。而某些號稱飽學口若懸河者，在忽悠別人之際其實自己也很糊塗！

對高頻（High Frequency）訊號欲從板面往空中飛出而言，板材Df要愈低愈好，例如800 MHz時最好不要超過0.01，否則將對射頻（RF）通訊（信）產品的訊號品質具有不良影響。且頻率約愈高時（振幅愈小能量愈低），板材的D_f還要更小才行。正如同飛機要起飛時，其滑行的跑道一定要非常堅硬，才不致造成能量的無法發揮。

又，基材板品質術語中還有一種"Quality Factor"（簡稱為Q Factor），其定義卻為上述之"實／虛"完全相反，也就是恰與D_f成為反比，即Q Factor＝1／D_f。

高頻訊號傳輸之能量，工作中常會發生各種不當的損失，其一是漏失到介質板材中去（轉變為熱），稱為Dielectric Loss。其二是導體本身電阻發熱的損失，稱為Conductor Loss。其三是形成電磁波往空氣中損失稱為Radiation Loss。前者可改用Df較低的板材製作高頻電路板，以減少損失。至於導體之損失，則可另以壓延銅箔或低稜線線銅箔，取代明顯柱狀結晶的粗糙ED Foil（Grade 1），以降低不可避免的集膚效應（Skin Effect）。而輻射損失則需另加遮蔽（Shielding），並導之於"接地層"的零電位中，以消除可能的後患。一般行動電話手機板上，焊裝區隔用的不鏽鋼罩殼其板面的ENIG圍牆（Fence）基地（即鍍化鎳金之寬條），與其眾多接地用的圍牆孔（Fence Hole目前均採用雷射盲孔），即可將工作中金鐘罩所攔下的電磁波消弭之於接地中，而不致於傷害到使用者的腦袋。

至於D_f測試方法則與相對容電率（Relative Permitivity亦即D_k）相同，請自行參考。

Lot Size 批量

指由不間斷的連續製程所完成的一群或一"批"產品，並具有相同日期代碼（Date Code）與批號之產品，可從其中按規定抽取樣本，並按規範及允收準則進行檢驗及測試，以決定全批的命運。此等"批"式產品其數量的多少謂之"批量"。

Low Temperature Cofired Ceramic（LTCC）低溫共燒陶瓷

各種小型片式（Chip）之被動元件（電阻器、電容器、電感器或濾波器等）均可採用陶瓷粉做成的Green Tape（杜邦商品，目前台灣業者多已自行配方製作），先行將元件各層次的導體與絕緣體圖形做好，然後再整合壓合一併進入爐中在900℃以下進行燒結成為一體。目前已可做到40層各種小到0201的微小被動元件了。

Luminance 發光強度、耀度、明視度

指由發光物體表面所發出或某些物體所反射出的光通量而言，也就是眼睛可看清的光度。類似的字詞尚有"光能量"Luminous Energy。

Lyophilic 親水性膠體

指可溶於水中而呈懸浮狀膠體（Colloid）分子團的物質，另外尚有疏水性或拒水性膠體則稱為Lyophobic。

Lapped Interconnection 搭接式互連 NEW

為了讓軟板各種系統互連位置的強度更好起見，刻意增大其互連處的面積，此種面貼面式互連之強度比點狀互連更好。

Permanent Lapped Connections

Lap Soldered

晶片或芯片

Conductive adhesive bonding

導電膠搭接

Anisotropic conductive adhesive bonding

單向導電膠搭接

Laser Direct Structuring（LDS）雷射直接成型、雷雕成型（一般用途）**NEW**

雷射雕刻業早已在工業與生活產品中占有極大的市場，不但在金屬、木材、衣物上可進行各種立體精密雕刻文字與圖形，而且還可在各種塑料上進行立體雕刻與形成電路，早年手機外殼的天線板就是最常見的立體電路板的用途。此種專用特殊塑料的立體PCB最早開發者為德商LPKF，並已成為立體電路板(Molded Interconnect Device；MID)的先河。

布雕

木雕

皮雕

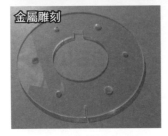
金屬雕刻

手機天線用途的MID

雷雕天線板的做法是：①取混有粒子狀銅化合物的特殊塑料的成型物件，利用雷射光點在表面進行掃蝕活化，將銅的化合物活化成為銅金屬②浸入50℃的化學銅槽約3-4小時，可令活化區沉積上50μm的厚化銅層③然後再進行ENIG在銅面鍍上可焊性化鎳浸金皮膜，即可完工成為可焊接零件的立體天線板

以下及為筆者對MID天線板所做2000倍放大的切片圖，可清楚見到塑料中所添加的顆粒狀的銅化合物，與厚化銅層以及ENIG皮膜等圖像。

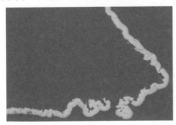

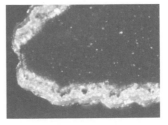

Laser Direct Structuring（LDS）雷射雕刻成線（立體電路板用） NEW

這種3D立體電路板早已在汽車方向盤中使用，目前更已推廣到手機的機殼天線而更為廣用。其做法是在特殊塑料(含有Cu的化合物)的表面，利用雷射局部掃瞄先加以局部激活，然後即可選擇性的局部鍍上化學銅，再鍍上ENIG皮膜即成為兩圖中金色線路之畫面。

此種LDS雷雕技術是由德商LPKF所開發，由於原材料與雷射掃瞄技術都不困難，雖有專利保護但仍有大量仿冒產品出現。以至價格崩盤連早期進入者也都大虧其本無利可圖。

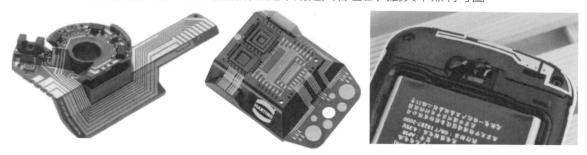

Lateral Growth 側向生長 NEW

這是指孔壁金屬化若從常規的化學銅，改變為導電高分子的直接電鍍（DP）時，由於各種DP皮膜的導電能力不如化學銅，致使後續電鍍銅無法瞬間全面導電而加速鍍銅層的增厚，只能從兩側電流密度較高處慢慢先點狀鍍銅，再慢慢向中央低流密度區延伸，如此在鍍銅速率上當然不如化學銅皮膜。不過鍍銅完工的孔壁玻纖束中已被導電高分子所堵塞，後續將不會出現銅遷移的CAF問題，大受高可靠PCB如汽車板業的歡迎。下列即為DP鍍銅的示意圖及孔壁經DMS－E處理後又鍍銅完工的切片圖像，可清楚見到高縱橫比（31：1）深小孔壁紫色的DP皮膜，已堵牢玻纖縫隙而不讓鍍銅層發生CAF的畫面。

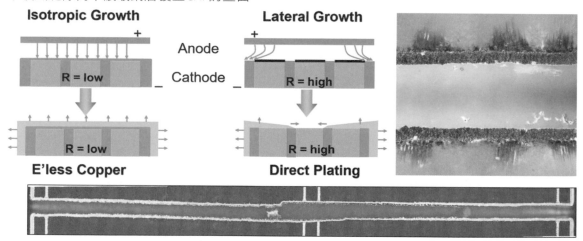

Lifted Conductor 線路浮離 NEW

通常Teflon（泰弗龍所屬之四氟乙烯C_2F_4類樹脂）是汽車天線板所專用的板材（例如Rogers的3003），由於其D_k低到3.0以下，且D_f更低到0.002以下，因而使得這種板材的極性（Polarity）也隨之大幅降低，對微小能量的訊號傳輸不至造成太大的極性損耗。然而在附著力方面卻變得很弱。尤其當射頻訊號能量（振幅）很小又仍需順利傳輸時，其銅箔的瘤牙也不得不再行變小以減少趨膚效應（Skin Effect），進而使得銅導體的附著力也就更低了。如此情況經常造成板面線路的浮離，已成為目前汽車天線板難題之一，目前已從銅面另加耦聯劑著手以增強附著力。所附兩切片圖即為汽車天線專用混合材料的壓合板，及其銅線截面的放大圖。

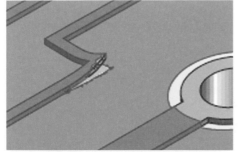
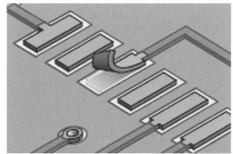

Rogers3003

FR-4板材

45.73 μm　　6.52 μm　　40.38 μm

Rogers3003板面銅導線的放大圖

Liquid Crystal Polymer（LCP）液晶聚合物、液晶樹脂 NEW

L

　　此為80年代開發的一種高性能工程塑膠，當時是以聚酯類為主，故LCP的P就是當年Polyester的縮寫。後來加入其他有機物分子才改稱為Polymer。

　　由於這種聚合物在某種高溫條件下(如300℃)會出現可流動性，但又具有晶體的各種特性，故稱之為液晶態。由下四圖可知最左為單方向固態的結晶，最右圖為各種方向都有的亂向無結晶的液態，中二圖為單方向或均勻向或順向的液態結晶。

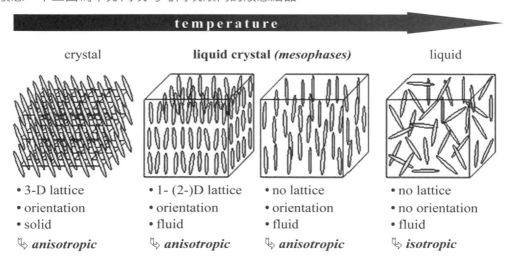

temperature

| crystal | liquid crystal (mesophases) | | liquid |

- 3-D lattice
- orientation
- solid
↳ *anisotropic*

- 1- (2-)D lattice
- orientation
- fluid
↳ *anisotropic*

- no lattice
- orientation
- fluid
↳ *anisotropic*

- no lattice
- no orientation
- fluid
↳ *isotropic*

　　常用的LCP可分為①溶劑中呈現溶液狀液晶(Lyotropic)之聚合物稱為溶致性液晶。此類LLCP只能做成絲狀產品，由於其線性膨脹率很小、強度極佳。且只在Tg(270℃)以上的玻璃態時，才會出現單向或均向性(Anisotropic)結晶的聚合物，不過冷卻後仍可保持結晶狀態。此類聚合物不但能做成絲狀產品，而且還可擠出或射出成型因而用途更為廣泛。一般有玻纖膠片的PCB硬板材質或無玻纖的軟板膜材，均為此種熱致型的液晶樹脂TLCP。

目前軟板界所用軟質模材均以棕色的PI為主，但在高頻高速的不斷要求下，傳輸線插入損耗(S21)比PI更小更好的LCP雖然成本比PI還很貴，卻已漸有高檔商品例如：i-phoneX的天線軟板即於2017年的Q4已經把LCP落實在量產線上了。與PI相比較時，LCP的吸水率不但極低到萬分之二(0.02%)，且尺寸安定性也較佳，機械強度更好，耐溫與阻燃也都極好，只是成本較高而已。

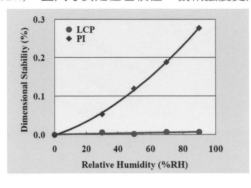
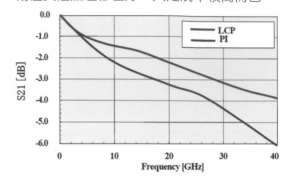

　　而且LCP還可直接壓貼上無稜無瘤柱狀結晶的高速銅箔，使成為各式軟板的原材料，下列特殊板材之商品性能表即取材自廣東生益科技之LCP商品SF701。

性能項目 Test Item		試驗處理條件 Treatment Condition	單位 Unit	性能數據 Property Data		
				標準值 Standard Value	典型值 Typical Value	
					1018DE	2018DE
剝高強度 Peel Strength (90°)		A	N/mm	≥0.525	1.0	1.0
		288°C,5s		≥0.525	1.0	1.0
耐折性（MIT法） Folding Endurance	MD	R0.8X4.9N	次 Times	–	620	160
	TD				420	150
熱應力 Thermal Stress		288°C,20s	–	無分層、無起泡 No delamination	無分層、無起泡 No delamination	
尺寸穩定性 Dimensional Stability	MD	E-0.5/150	%	±0.2	±0.1	±0.1
	TD				±0.1	±0.1
耐化學性（剝高強度保持率） Chemical Resistance		After Chemical Exposure 暴露化學品後	%	≥95	97	96
吸水率 Moisture Absorption		E-1/105+D-24/23	%	≤0.05	0.04	0.04
介電常數（1GHz） Dielectric Constant (1GHz)		C-24/23/50	–	≤2.9	2.9	2.9
介質損耗角正切（1GHz） Dissipation Factor (1GHz)		C-24/23/50	–	≤0.004	0.002	0.002
體積電阻率（濕熱） Volume Resistivity		C-96/35/90	MΩ-cm	≥10^8	1.5×10^9	2.8×10^8
表面電阻（濕熱） Surface Resistance		C-96/35/90	MΩ	≥10^4	5.8×10^5	1.5×10^8
介電強度 Dielectric Strength		D-48/50+D-0.5/23	V/μm	≥140	159	154

注釋 Explanations: C=Humidity conditioning;　D=Immersion conditioning in distiled water;　E=Temperature conditioning.

Lumped Circuits / Distributed Circuits 集總式電路 / 分散式電路 `NEW`

　　當各種電路系統在輸送交變電流時(例如家用交流電，數碼方波，甚至更高頻的射頻級微波)，當其弦波或方波之波長（λ），比電路系統中各種元件器件 (Device; D指各種主動被動元件或PCB本身)外型都大過極多級多（λ >>D）時，則其輸送過程只考慮其電流本身的效應，完全不考慮電流所附帶產生的電場與磁場效應者，則稱為"集總參數的電路模型"

以交流電的家電為例，當其頻率為60Hz，則波長應為5000Km(亦即 λ = C / f ; 於是 λ =300,000 km/60Hz=5000Km)。由上可知當各種器件都遠小於這種波長時，則其電路應為集總電路。但當電路系統的各種器件與訊號 (當波長變得很短很短者) 的波長相比較時，例如各種器件的大小只比波長小了100倍 (D≦100) 時，則此等電路系統的傳輸過程，必須要考慮電流所附帶電場與磁場也就是電磁波的各種效應，此時之電路系統即稱為分散式電路。

以上為集總電路與分散電路廣義直觀的解釋，若再將範圍縮小到方波高速傳輸領域時，則又稱有不同了。在此設定方波由下左圖的A飛行列B的單程飛行時間，稱為TD ”時延” (Time Delay)，意思是說”光”的飛行幾乎無需耗時，因而實際上的耗時即稱之為時延。又再設定方波從0跳升到1所耗用時間為RT(Rise Time)。於是集總與分佈的狹義定義即另為: RT/TD 的比值大於6者仍為集總電路；當RT/TD 比值小於6但仍大於2者，即為分佈式電路了。若一旦比值小於2者即成為全光波傳輸了。

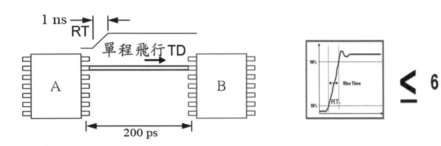

L

Machine Direction 機械方向（即經向）

　　是指玻纖布的經向（Warp）而言，原義是指織布過程中先在機械轉胴上緩緩拉動平行排列整齊的經紗，並利用穿梭機（Shuttle）穿過緯紗。且已完工的玻纖布在後續水平或垂直式含浸液態樹脂與通過烤箱的連動過程中，也是按經向去牽引拉動的，故一般乃稱經向為機械方向。

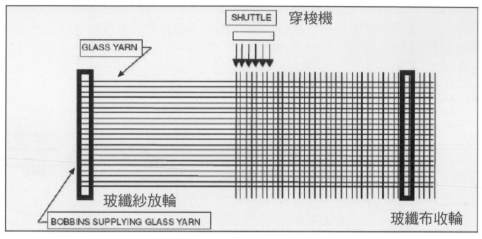

Macro-Roughness 巨觀表面粗糙

　　通常銅面的微蝕有很多商用製程，其中為了封裝載板綠漆附著力以及內層板或塞孔樹脂之固著力，而出現一種Z方向深耕式從晶界（Grain Boundary）向下扎入，也就是俗稱的超粗化微蝕。載板界最叫座的藥水就是日商美格MEC的CZ-8100，以及PCB業界用的CL-8300等，由於價格較貴以致PCB業界已有好幾種藥水上市競爭。右二圖即為麥特公司與IBM合作而於2008年3月WECC在上海舉辦ECWC-11論文發表會中的資料。

Note: "Micro Roughness"

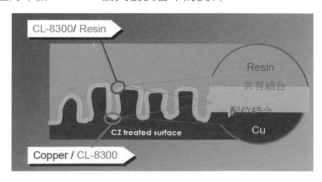

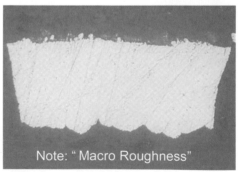

Note: "Macro Roughness"

Macro-throwing Power 巨觀分佈力

指電鍍進行中處在陰極上的被鍍物，其整體表面上金屬沉積的分佈情形。此術語一般皆逕行簡稱為 "Throwing Power分佈力"。此詞尚可再細分為 "Micro-Throwing Power微分佈力" 與 "Macro-Throwing Power巨分佈力" 兩種。前者是指鍍件表面局部凹陷處，可先被鍍層填平的能力，也就是一段所稱的 "整平力Leveling Power"。後者是指全面性的宏觀立場比較其鍍厚的分佈，如電路板面中央與板邊板角的厚度比較，或孔壁中鍍銅厚度的分佈情形即為 "巨分佈力"；而孔壁上凹陷的填平能力即為 "微分佈力"。

Mainframe Package
大型電腦之超級構裝

是指大型電腦或超級電腦其主板上功能強大的超級封裝組件而言。由於對可靠度要求很嚴格，使得此等高單價的元件或組件的技術層次都非常困難，也成為電子工業最尖端與最高階的領域，所列之附圖即為IBM在2002年所發表的精采照片。

Major Defect 嚴重缺點、主要缺點

指檢驗時發現的缺點，到達影響嚴重的 "認定標準" 時，即訂定為嚴重缺點，未達認定者則稱為 "次要缺點" Minor Defect。Major原義是表達主要或重要的意念。如主要功能、主要幹部等為正面表達方式，若用以形容負面的 "缺點" 時，似乎有些不搭調，故以譯為 "嚴重缺點" 為宜。上述對PCB所出現缺點的認定標準，則有各種不同情況，現行明文規定者則以IPC-6012B與IPC-A-600G最為權威。

Major Weave Direction 主要織向

指平面紡織物品之經向（Warp），也就是朝著承載軸面所引出與捲入之機械動作方向而言，故又稱為機械方向（Machine Direction）。

Margin 刃帶、脈筋

此術語在電路板工業中有兩種說法，其一是指鑽頭（針）的鑽尖部，其兩對稱外緣所突出的兩股帶狀方型凸筋而言，是由鑽尖的第一面及第二面所共同組成的。即所附之（a）側視圖及（b）俯視圖內各箭頭所指之部位即稱為脈筋。脈筋的功用是支援第一面最外側的刃角（Corner），使在通孔孔徑快完成時對孔壁做最後表面修整。另有刻意加工的Margin Relief "脈筋旁鏤空"，即指（a）圖及（c）圖中部份第二面所屬之實體自刃帶面向內撤回後，所留下的 "虛空" 地帶，其目的在刻意突顯 "脈筋" 使其浮出，而令刃切角得以對孔壁進行切削修整。而由於Margin Relief自身的退縮，又可大幅減少與孔壁的磨擦生熱問題。

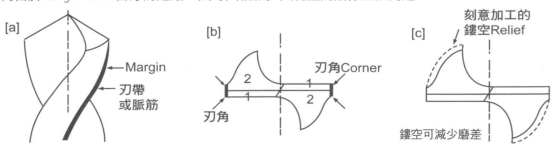

Margin在電路板的第二種用法是指"扁平排線"（Flat Cable，即單面排線之軟板，或其他扁平膠封排線等），其邊緣無導體的狹長板邊地帶。

Marking 標記

即在板面以白色環氧樹脂漆所印的料號（P／N；Part Number）、版次代字（Revision Letter），製造者商標（Logo）等文字與符號而言，與Legend有時可互用，但不盡相同。

Mask 阻劑

指整片板子進入某種製程環境欲執行某一處理，而其局部板面若不欲接受處理時，則必須採某種保護加以遮蓋掩蔽，使與該環境隔絕而不受其影響。此種遮蔽性皮膜通稱為"Mask阻劑"，如綠漆式"Solder Mask阻焊劑"即是。同義字另有Resist。

Mass Finishing 大量整面、大量拋光

許多小型的金屬品，在電鍍前需要小心去掉稜角，消除刮痕及拋光表面，以達成最完美的基地，鍍後外表才有最好的美觀及防蝕的效果。通常這種鍍前基地素材的拋光工作，大型物可用手工與布輪機械配合進行。但大量小件者則必須依靠自動設備的加工。一般是將小件與各種外型之陶瓷特製的"拋光石"（Abrasive Media）混合，並注入各式防蝕與潤滑性溶液，以斜置慢轉之容器使之相互磨擦的方式，在數十分鐘內完成待鍍品表面各處的拋光及精修。做完倒出分開後，即可另裝入滾鍍槽中（Barrel）進行滾動的電鍍。

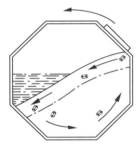

Mass Lamination 大型壓板（層壓）

這是多層板壓合製程放棄"對準梢"，以銅皮代替雙面薄基板，以及採用大型生產板（Panel例如21×24吋）面上多排板之新式施工法。符合這三種新做法者即稱之為Mass Lam，又稱為Foil Lamination可大幅降低成本。自1986年起當四、六層板需求量激增之下，多層板之壓合方法有了很大的改變。早期的一片待壓的製程板（Panel）上只排一片出貨板，此種一對一的擺佈在新法多層板量產中已予以突破，可按其尺寸大小改成一對二，或一對四，甚至更多的排板進行壓合。（請參考Caul Plate之圖）

新法之二是取消各種散材（Book，指內層薄板、膠片、外層單面薄板等）的套準梢；而將外層改用銅箔，並先在內層板上預做"靶標"，以待壓合後隨即以平銑方式"掃"出靶標，再自其靶標中心鑽出工具孔，即可套在鑽床上進行其他鑽孔。

至於六層板或八層板，則可將各內層以及夾心的膠片，先用鉚釘予以鉚合，外加銅皮後再去進行高溫壓合。這種簡化快速又加大面積之壓合，還可按基板式的做法增多"疊數"（High）及"開口數"（Opening），既可減少人工並使產量倍增，甚至還能進行自動化。此一

新觀念的壓板法特稱為"大量壓板"或"大型壓板"。近年來國內已有專業代工的行業出現。

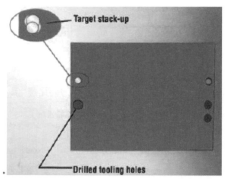
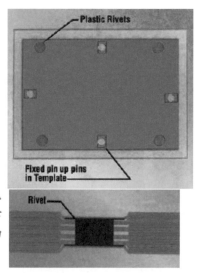

左圖為待鑽孔的外層板，須先經X-Ray透視原始靶點並鑽出三枚工具孔才能上鑽孔。右圖為根據原始靶點所衝挫圓四槽，再利用四槽套在模板上再打四枚鉚釘之示意圖。

Mass Transport 質量輸送、質量傳送

此詞常出現在化學工業或電鍍學術中。鍍液中的"陽離子"或"陰向游子團"（Cation）於電鍍中往陰極移動，以便接受陰極上供應的電子，而"登陸"（Deposit沉積）成為金屬原子，完成電鍍的動作。上述之陽離子的"移動"，即為一種Mass Transport。若再進一步瞭解，則此種特殊"質傳"之行動，尚可細分為遷移（Migration）、對流（Convection），及擴散（Diffusion）等三種原動力，現分述於下：

● 遷移——事實上應稱此詞為Ionic Migration才更正確，那是指鍍液中的陽向游子，受到陽極方面的同電相斥，及陰極異電相吸的力量下，將往陰極移動的現象，即稱為"離子性遷移"。此種遷移力量的大小，與所施加的電壓及電流成正比，由於被固有的"極限電流"所限，當電流太大時，則陰極待鍍件上會產生多量的氫氣，鍍層結晶也出現粗糙的燒焦現象，造成電鍍品質不良，因而無法儘情的加大電流。事實上對整體金屬沉積而言，此一遷移部份的貢獻並不很大。

● 對流——是指鍍液受外力的驅使而在極板附近流動，使陰極附近之金屬離子濃度較低處，與陽極附近濃度較高處，在槽液流動中得以相互調和。所謂外力是指過濾循環、吹氣、液中噴液等強制性驅動，以及對槽液加溫，使上下因比重不同而形成垂直對流。"對流"的總和才是"質傳"的主要支持者。電路板在高縱橫比的深孔中，因不易對流，故常造成孔壁中間部份鍍層的厚度分佈不足，這也是很難解決的問題。

● 擴散——是在陰極鍍面附近，從其金屬離子濃度降低1%處計算起，一直降低到達陰極表面0%為止，此一薄層的液膜稱為"陰極膜"（Cathode Film），或稱為"擴散層"（Diffusion Layer）。從微觀上看來，各種攪拌對此擴散中已消耗離子的補給均已無能為力，只能靠擴散與遷移的力量迫使金屬離子完成最後的"登陸"。所謂"擴散"就是指高濃度往低濃度自然移動的現象。例如一滴藍墨水滴在清水中，其之逐漸散開即為"擴散"的一例。

下頁右圖為陰極表面所存在的"擴散層"示意圖。此層之定義是"自槽液之平均濃度下降

1%或99%處算起，一直到達陰極表面的0%為止，其間的液膜即為擴散層"。此層之厚度與槽液的攪拌情況有關，靜止時厚度約0.2 mm，但在強烈的攪拌沖刷之下，其厚度將減薄至0.015 mm（15000 nm）。然而更逼近陰極表面的另一"電雙層"（Electric Double Layer），其厚度且薄到僅1 nm而已。

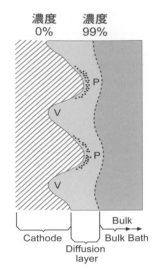

金屬離子在擴散層中朝向陰極移動的力量，只剩下擴散及遷移兩項。在陰極表面之峰部（Peak）因該處之擴散層較薄，故電阻較低，相對的也將使其較容易鍍出金屬，如此必造成鍍件表面之更為不平。故鍍液中必須加入整平劑（Leveller），使該高流處吸附較多帶正電性的有機物，以增加其電阻，進而使得谷部的鍍層也有機會成長，而逐漸使全面趨於平坦。

Master Drawing 主圖

是指電路板製造上各種規格的主要參考文件，也記載板子各部尺寸及特殊的要求，即俗稱的"藍圖"，是品檢的重要依據。所謂一切都要"照圖施工"，除非在授權者簽字認可的進一步更新的資料（或電報或傳真等）中，才可更改主圖外，主圖的權威規定是不容迴避的。其優先度（Priority）雖比訂單及特別資料要低，但卻比各種成文的"規範"（Specs，例如IPC各種規範）及習慣做法都要重要。

Mat 蓆

在電路板工業中使用於CEM-3（Composite Epoxy Material）的複合材料，（外層仍為7628布料）板材中間的Glass Mat即為短纖所組成的一種蓆材，係由玻璃短纖在不規則交叉搭接下而形成的"不織布"，再經環氧樹脂的含浸後，即成為CEM-3之內在補強式板材。

▲ 兩張玻璃蓆的放大圖片

▲ Non-Woven Glass Fabric

Matte Side 毛面

在電路板工業中係指電鍍銅箔（ED Foil）之粗糙面。是在硫酸銅鍍液中以高電流密度（1000 ASF以上）及陰陽極非常接近之距離下（0.125吋，指槽液厚度），在其不銹鋼大轉胴（Drum）的外表鈦面上所鍍出的銅層，其面對藥水的胴面，從巨觀下看似為無光澤的粗毛面，微觀下卻呈現眾多錐狀起伏不平的外表。為了增加銅箔與底材之間的固著力起見，這種生箔（Raw Foil）粗糙胴面，還需再做更進一步的瘤化後處理（Nodulization）才成為能用的熟箔（Treated Foil）。例如鍍鎳鍍鋅（Tw Treatment，呈灰色）或鍍黃銅（Tc Treatment，呈深黃色），更呈現許多圓瘤疊羅漢狀之外形，統稱為"Matte Side"。而ED Foil其密貼在轉胴之另一面，則稱為Shiny Side光面或Drum Side胴面。

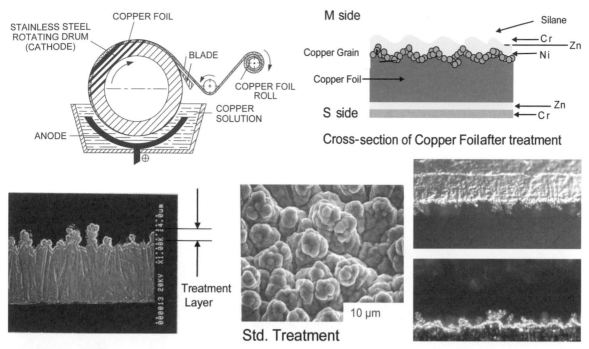

STAINLESS STEEL ROTATING DRUM (CATHODE)

COPPER FOIL

BLADE

COPPER FOIL ROLL

COPPER SOLUTION

ANODE

M side

Silane

Cr

Zn

Ni

Copper Grain

Copper Foil

S side

Zn

Cr

Cross-section of Copper Foilafter treatment

Treatment Layer

10 µm

Std. Treatment

Mealing 泡點

按IPC-T-50F的解釋是指已組裝之電路板,其板面所塗裝的護形漆(Conformal Coating),在局部板面上發生點狀或片狀的浮離,也可能是從零件上局部浮起,稱為泡點或起泡。

Meander Inductor
蜿蜒式電感器

是指新型多層板中的埋入式電感器而言,係利用PCB的成線技術在同一層面上或不同層上做出蛇形的線路,使在交流電中(AC,訊號0/1的快速跳動交換也是交流的一種)產生較大的電感值,以代板面焊接安裝的零件而節省板面降低成本。

Mean Time To Failure(MTTF)
故障前可使用之平均時數

本詞係用以表達各式元件(Devices)或零件(Parts)之可靠度(Reliability)如何。即相同作業情況下,一組拋棄型或消耗型零件(指故障或失效時即予以拋棄而無修理價值者),其等在出現故障前已長期使用過之平均時數稱為MTTF。

Measling 白點

按IPC-T-50G的解釋是指電路板基材的玻纖布中,其經緯紗交織點處,與樹脂間發生局部性的分離。其發生的原因可能是板材遭遇高溫,而出現應力拉扯所致。不過FR-4的板材一旦被游離氟的化學品(如氟硼酸)滲入,而使玻璃受到較嚴重的攻擊時,將會在各交織點處呈現規律性的白點,稱為Measling。

M

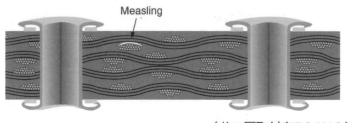

（此二圖取材自IPC 600G）

Mechamical Interlock 機械式連鎖

是指兩種不同材料利用其介面的粗糙度（Roughness）產生的抓緊力量，例如電鍍銅箔利用其毛面（Matt Side）的起伏粗糙與銅瘤所產生的抗撕強度（Peel Strength），或利用超粗化微蝕對著成線後銅面的深耕而讓綠漆具有更強的附著力等，其抗撕的力量多半是來自機械連鎖力。

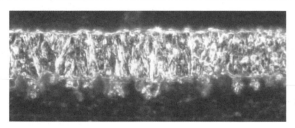
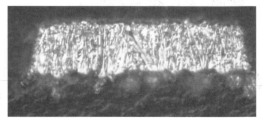

Mechanical Stretcher 機械式張網機

是一種將網布拉伸到所需張力（Tension）的機器，當網布逐步逐次拉直拉平後才能固定在網框上形成可供印刷的網版載具。早期將網布向四面拉伸，是採用機械槓桿式的出力工具，現都已改成氣動式張力器（Pneumatic Tensioner），使其拉力更均勻，拉伸動作也更緩和，以減少網布不當拉張造成的破裂。

Mechanical Warp 機械性纏繞

是指電路板在組裝時，需先將某些零件腳纏繞在特定的端子上，然後再去進行焊接，以增強其機械強度，此詞出自IPC-T-50G。

Mechanism 機理、機制

此術語欲表達的意念是將"化學反應"的各種原理或過程，視同為機械動作之原理一樣，故稱之為機理。某些場合為機轉甚為牽強未臻佳境。

注意此字之重音是在第一音節，而不是像Mechanical那樣在第二音節，很多人都唸錯了。

Mega-Bit-Per Second（Mbps）資料傳輸速率

每秒跳動多少個位元（bit，大陸稱為碼）之數位工作頻率是以Hertz（Hz）赫茲作為表達，所謂的GHz是指每秒鐘跳動10^9個Bit，至於每個Byte（位元組，大陸稱為字元或碼流）早期是8個Bit，現已多達64Bit了（1Byte=64Bit）。這種Byte才是表達資料（Data）的基本單位。所列附圖即為數位訊號之工作頻率（GHz）與數位資料之傳輸（送）頻率（Mbps）兩者之關聯。

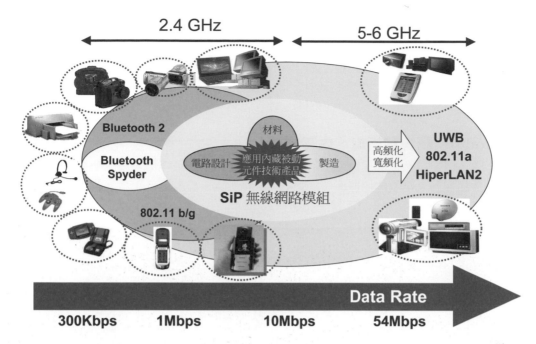

Melting Point 熔點

就固態金屬或固態合金而言，在不斷加溫的強熱環境中，會瞬間或逐漸由固態變為可流動的液態或半流動的漿態與液態，具體說來純金屬或共熔組成（Eutectic Composition）的各種合金接受熱能後會出現明顯的由固變液且只有一個單一性的熔點者，稱之為Eutecic。此字在日文譯中為共晶（即中文共固之意）。更具體的說中文的意義是整體內外同時熔化或同時固化，故應稱為共熔或共固，而不應稱為"共晶"。但許多教科書都錯了，要徹底糾正並不容易。

所謂瞬間整體熔化，那是指單一溫度時內外同時由固態變成液態而呈現單一熔點，若合金並非共熔組成者，其連續升溫中會由外而內逐步熔化，也就是先由固態變漿態（Paste）再變為液態，前者熔點稱為固化熔點（Solidus M.P.），後者稱為液化熔點（Liquidus M.P.），當兩個熔點合而為一時即稱為共熔點（Eutectic M.P.）。業界早已習慣將Sn_{63} / Pb_{37}之鉛錫合金稱為Eutecic，但實際上尚有其他更多種類的共熔或共固的合金。附圖即為各種共熔合金的單一熔點。

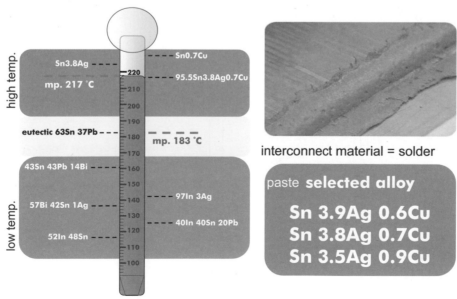

Membrane Switch 薄膜開關

以利用透明的聚酯類（Mylar）薄膜材料做為載體，採網印法將銀膠（Silver Pastes或稱銀漿）印上成為厚膜線路，再搭配已挖空的觸墊穿孔，與凸出面板或與PCB結合，成為"觸控式"的開關或鍵盤。此種小型的"按鍵"器件，常用於手執型計算機、電子字典，以及一些家電遙控器等，均稱為"薄膜開關"。

Memo-Module 記憶體模組、內存條

是將多顆（例如12顆）的記憶體IC，採雙面組裝焊接在一片條形多層的模組板上，然後利用其金手指再插接在個人電腦的主機板（Mother Board）上，此等商品化板類的用量很大，而且翻新的速度也很快，早期的Rambus即曾風光過一時。

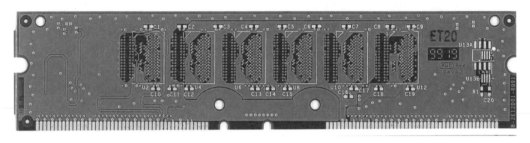

Meniscograph Test 弧面沾錫試驗

是針對待焊物表面沾錫性好壞所做的一種試驗，如下圖所示；取一金屬線使其沉入表面清潔的熔錫池中。若金屬線的沾錫性不錯時，則會產生良好的沾錫力（Wetting Force），而在交界處會將錫拉起，呈現內弧狀上升的"彎月形"（Meniscus），即表示其焊錫性良好。

可再以"弧面沾錫儀"（Meniscometer）的雷射光束像機去觀察所帶起的彎弧的高度，並按已存在電腦中的記憶資料，求出接觸角（Contact Angle θ，或稱沾錫角Wetting Angle）的大小，即可判斷出零件腳沾錫（吃錫）品質的好壞。不過此種目檢法已不如"沾錫天平"法（Wetting Balance）來的更精確。

按荷蘭籍焊接專家R.J. Klein Wassink（曾任職菲利浦公司30年以上，為全世界SMT的啟蒙者）之名著Soldering In Electronics（2nd Ed.，1989）P.332所載，在有鉛銲料沾錫動作接觸3～4秒後即可測得θ角，此角度大小所代表之意義如附表之所示。

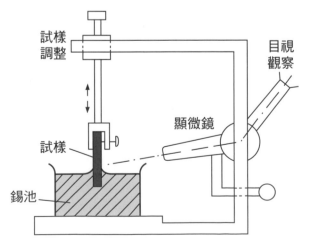

0°<θ<10°	Perfect
10°<θ<20°	Excellent
20°<θ<30°	Very good
30°<θ<40°	Good
40°<θ<50°	Adequate
55°<θ<70°	Poor
70°<θ<	Very Poor

Meniscus 彎月面、上凹面

原指毛細管中之水面，從截面所觀察到的上升凹面情形。引伸到"焊錫性"的品質時，則是指銲錫與被焊物表面所形成之接觸角。當其填錫邊緣所呈現角度很小，使被焊物表面之銲錫前緣具有擴張與前進的趨勢，則其"焊錫性"將會很好。利用此"彎月面"的原理，進一步地去測試被焊物在"焊錫性"品質上的好壞，其方法稱Meniscograph。

Mercury Vaper Lamp 汞氣燈

是一種不連續光譜的光源，其光譜主要的四五個強峰位置，是集中在波長365～560 nm之間。其光源強度之展現與能量的施加，在時間上會稍有落後。且光源熄滅後若需再開啟時，還需要經過一段冷卻的惰性時間。因而這種光源一旦啟動後就要連續使用，不宜開開關關耗費時間。在不用時可採"光柵"的方式做為阻斷性控制，避免開關次數太多而損及光源的壽命。

Mesh Count 網目數

此乃指網布之經緯絲數與其編織密度，亦即每單位長度中之絲數，或其開口數（Opening）的多少，是網版印刷的重要參數。Mesh數愈高者開口度愈小，所印出圖形的邊緣解像度也愈好。由於這種不銹鋼或聚酯類的網布，大約多產自日本及瑞士等使用公制的國家，故其編號是按每cm中的絲數而定。如印刷綠漆的55T網布，即可換算成英制每吋中絲數的140T；印刷線路的120T可換成305T，兩者中以公制較精確。又各種網布番號後所跟的字母，是用以表達網絲的粗細情況，原有S（Small），T（Thick）及HD（Heavy Duty）等三種，目前因S用途很少，故商品中只剩後面兩種了。

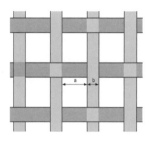

Mesh thickness h_m=2b

Mesh opening=a
Filament diameter=b
Open area A_o=$a^2/(a \cdot b)^2$

Mesh Count (l.p.i.)	Nominal Wire Diameter(b) (μm)	Mesh Opening(a) (μm)	Open Area (%)	Nominal Mesh Thickness (μm)
60	114	310	53.5	235
80	94	224	49.5	215
105	76	165	47	175
165	51	104	45	115
180	46	97	46	100
200	41	86	46	90

Metal Core Board（Substrate）
金屬夾心板

某些高階或軍用板類，不允許X、Y方向出現膨脹，避免特殊零件焊接受到熱應力，而能擁有最佳的可靠度起見，常在板材中夾入金屬板之夾心(Metal core)此等夾心板常採Copper Invar Copper（CIC）等特殊高價材質為之，下右圖為CIC的夾心畫面。

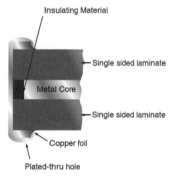

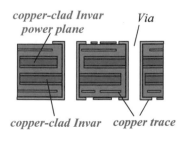

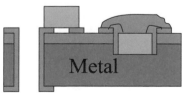

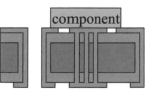

Metal Halide Lamp 金屬鹵素燈

　　碘是鹵素中的一種，碘在高溫下容易由固體直接"昇華"成為氣體。在以鎢絲發光體的白熾燈泡內，若將碘充入其中，則在高溫中會形成碘氣，此種碘氣能夠捕捉已蒸發的鎢原子而起化學反應，且將令鎢原子再重行沉落回聚到鎢絲上，如此將可大幅減少鎢絲的消耗，增加燈泡的壽命，並且還可加強其電流效率而增強亮度。一般多用於汽車的前燈、攝影、製片與晒版感光等所需之光源。這種碘氣白熾燈也是一種不連續光譜的光源，其能量多集中在紫外區的410～430 nm的光譜帶域中，如同汞氣燈一樣，也不能隨意加以開關。但卻可在非工作時改用較低的能量，以維持暫時不滅的休工狀態，以備下次再使用時，將可得到瞬間的立即反應。常用的能量大小約在7-10kw之間，屬長條形光源。

Metallic Bond 金屬鍵

　　所謂的鍵（Bond）一般多指化學鍵（Chemical Bond），係兩個原子之間共用一個電子對所形成彼此吸引的力量，最常見有機化合物中C：H碳與氫之間的單鍵，或碳氧之間的雙鍵C=O|O 至於金屬鍵則並非這種共用電子對的說法，至於金屬體其原子外圍所有共同圍繞著原子而快速移動的眾多電子，也就是所謂的電子海觀念。於是帶負電的電子海緊緊的包圍著失去一個電子而帶正電的原子，此種束縛力或結合力即稱為金屬鍵。

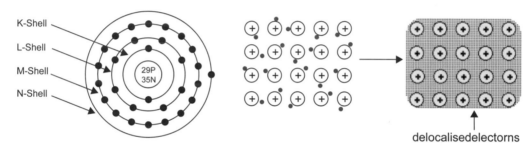

delocalisedelectorns

Metallization 金屬化

　　此字的用途極廣，施工法也是種類眾多不一而足。在電路板上多指鍍通孔化學銅製程，使在非導體的孔壁上，先得到可導電的銅層，謂之"金屬化"。當然能夠派用在孔壁上做為金屬化目的者，並非僅只銅層一項而已。例如德國著名電鍍品供應商Schloitter之SLOTOPOSIT製程，即另以"化學鎳"來進行金屬化製程。但根據長期量產經驗看來仍以化學銅最為可靠。目前所流行的"Direct Plating"，還更是以各種可導電的非金屬化學品，如碳粉、Pyrrole、薄鈀層，或其他"導電性高分子"等，各自完成通孔所需的導電層。由是可知在科技的進步下，連原有的"金屬化"名詞也應改做"導電化"才更符合生產線上的實際情況。

Metallized Fabric 金屬化的網布

　　是在聚脂類（Polyester亦稱特多龍）的網布表面，另鍍以化學鎳層使形成一層皮膜，而令網布的強度更好、更穩定，並使網布開口的漏墨也更順暢，使性能接近不銹鋼網布，但價格卻便宜很多。不過此種"金屬化網布"的彈性（Elasticity）卻也不很好，且開口也會變小，在使用時其包鎳層還會出現破裂。以台灣高濕度的海洋性氣候來說，更容易生銹而縮短壽命，故在國內尚未曾使用過。

Metal phototool 金屬底片

　　此為Agfa所開發出來的一種正型(感光分解)底片，與常見之棕色底片原理近似。係在175μm

厚的透明PET層。其曝光作業可採一般TKW曝光機或紅外線雷射曝光機。此底片感光區之薄鉍層受到光線能的刺激下，將會溶化收縮成為極小的粒子，因而成為可透光的明區。由於此種底片畫面之邊緣齊直度(Definition)極佳，經杜邦公司研發部門証明此種底片可用於乾膜阻劑之成像，細線可達2.5mil/2.5mil之境界。台灣已有幾家廠用於感光綠漆之曝光，其耐用度很高，據稱每張底片的壽命可達5000次之曝光作業，遠優於傳統之黑白底片。

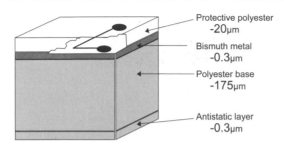
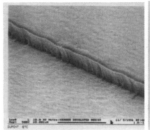

Mezzanine Capacitor 夾層樓式電容器

此為已量產之埋入式電容器的一種，係2002年3月Motorala曾先在IPC Show論文中（S09-3-1）所發表的技術。係Moto與Vantico公司所合作開發的，其流程是：①利用一種摻有陶瓷粉的正型光阻劑（感光分解式CFP）雙面塗佈在內層薄雙面板上，②經過乾燥硬化後再雙面壓貼上銅箔及咬掉無用的銅箔而露出部分CFP表面，③之後即進曝光而將無銅保護的CFP予以分解再沖洗除去，④再壓貼一次較厚的乾膜光阻而將內層雙面板咬出所需圖形⑤再雙面增層為六層板並做出所需的線路與微盲孔，進而得到夾層樓式電容器的HDI多層板。筆者曾在TPCA電路板會刊21期中為文詳加介紹過。

Mezzanine" Structure

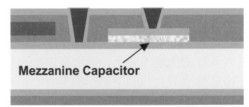

Mezzanine Capacitor

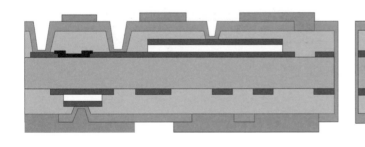

Micelle 微胞

是指一群含碳氫原子的長鍊狀巨分子，其末端分別帶有疏水基及親水基，在水中會聚集形成假性膠體（Pseudo-colloid）使溶液呈乳化的化合物類，稱為微胞。

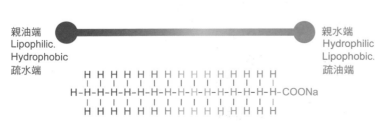

親油端
Lipophilic.
Hydrophobic
疏水端

親水端
Hydrophilic
Lipophobic.
疏油端

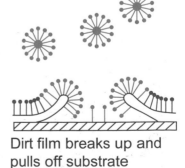

Dirt film breaks up and pulls off substrate

M

Micro BGA（μ-BGA）微型BGA

　　是美商Tessera公司著名超小型的IC封裝品之商名，係採聚亞醯胺（PI）之單面銅箔軟板為基材，經由蝕銅做出線路與球墊，再以CO_2雷射燒穿球墊後襯的PI基材，同時也局部溶蝕掉伸腳處的PI基材，而讓各銅腳能完全呈現於自由空間中。之後再去鍍薄鎳及鍍金，即可完工。此簡單的微型載板，其導線系統可用自由飛腳去搭接在晶片上（如同打線），同時利用已雷射穿孔處另外焊上小型錫球而得以在主板上進行安裝，是一種CSP級的產品，常用於行動電話手機板中。

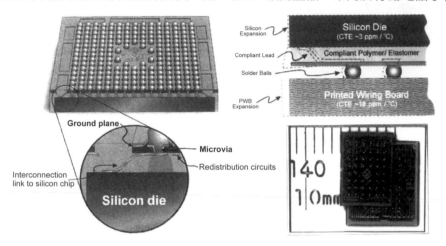

Micro-Coax　微型同軸線

　　這是2002年著名PCB大廠Viasystem（英國）所發表的高頻與高傳輸量（10Gb）的PCB技術，係將重要的訊號線完全用銅金屬像籠子一樣的包起來做為遮蔽（Shielding）式的同軸電纜，以杜絕彼此間或外雜訊的電磁干擾（EMC），雖然當時曾引起一些注意，但由於技術困難市場不大最後終於未能形成風潮。

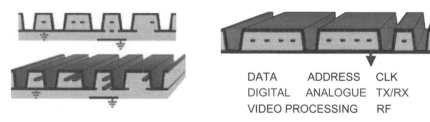

Micro-Contact　微接凸塊

　　此為美商Tessera在2007年所發表覆晶用的一種互連與結合功能的非球形凸塊，可用於高密度軟板之IC封裝工業，其體積比起常規的高鉛之銲錫凸塊（Solder Bump）還要更小，對於記憶體小型化將提供足夠的支援。其製造方法是先蝕刻出銅質的基座然後再電鍍上鎳金即可。

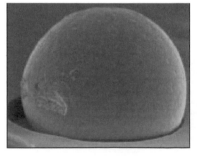
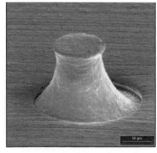
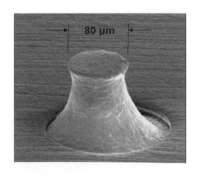

Micro-electronics 微電子

是電子技術的一部份，係針對極小的電子零件或元素，以及由其所構成的產品體系，在理論及實務加以闡述及應用的學問。

Micro-Electronic Mechanical System Technology（MEMS）微機電系統技術

是利用光阻與光罩的成像技術搭配各種濕式與乾式的蝕刻技術，針對各種矽材、塑料、與金屬材料製造出各種微型化的機械零組件（可小到1μm），並再加以組裝成精密的微小的機械模組，進而成為某些加工機器的重要部份，此類應用如噴墨頭（Inkjet），加速儀（Accelerometers）與感知器（Sensor）光學開關，與精密汽車電子品等，最重

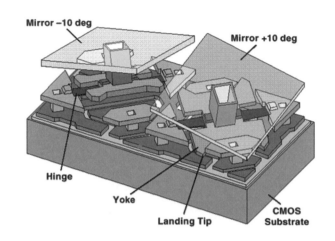

要的用途仍在晶圓製程機器所需用到的各種微型零組件方面。由於成品均屬微型機械的重要零組件，故中文譯名特將機械置於電子之前以強調其重要性。下右圖即為DMD式曝光機所使用的MEMS系統，是由多面微反射鏡與IC所組成的精密微件。

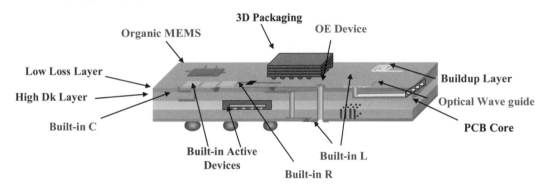

Microetching 微蝕

是電路板濕製程中的一站，目的是為了要除去銅面上外來的污染物與所生成的氧化物，通常應剝蝕去掉100 μ-in以下的銅層，謂之"微蝕"。常用的微蝕劑有"過硫酸鈉"（SPS）或稀硫酸再加雙氧水等。但以各種專密配方之商品較為廣用（例如杜邦之ZA-200）。

另外當進行"微切片"顯微觀察時，為了在高倍放大下能看清各金屬層的組織起見，也需對已拋光的金屬截面加以微蝕，使層與層之間的分界線（Demarcation）清楚呈現，而令其真相得以大白。此詞有時亦稱為Softetching或Microstripping。

Microsectioning 微切片法

係對所取的樣品（如電路板之板材組織結構）進行封膠固定，粗磨、細磨、拋光與微蝕等小心動作，完成對特定位置精細剖面的製作，在微觀下做進一步深入瞭解的一種技術，也是一種公認的品檢方法。在正確拋光與小心微蝕後的切片試樣上，於放大100～500倍進行光學檢查及攝影下，各種細部詳情均將一覽無遺，某些失效分析尚可放大到2000-3000倍去觀察。如此

一來多數問題根源也將為之無所遁形，且更可進一步判讀以利製程之改善，此品檢手法之總體過程稱為"微切片法"。不過微切片幾乎是集材料、製程及品管等各種學理與規範於一身的應用。此種微切片法是源自金屬材料，及礦冶科技等學問領域。

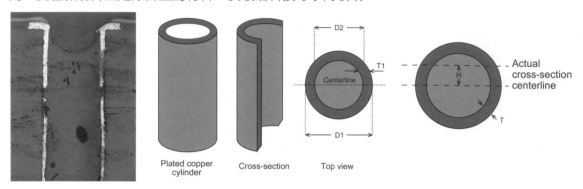

Plated copper cylinder   Cross-section   Top view

　　注意Microsection是動詞而非名詞，故需於字尾加ing才是正式的名詞。一般對PTH通孔的切片作業，必須要恰好切到孔心的±10％才算合格，否則所見到的孔銅厚度並不正確。有的第一次鑲埋不足者，切到孔心後還要二次填膠才能看清真像。

　　Microsectioning是一種近乎藝術創作的技術，其中工藝水準（Workmanship）所占的成份極大，做的好時也甚有成就感，筆者早時曾浸淫其中數年之久，目前仍為現役之工作者。常做拋磨微蝕與顯微觀察，每每數小時之持續及至深夜，偶有新見則自樂不疲，長久以來已成癖好。

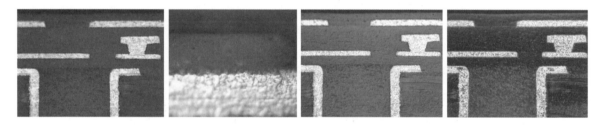

Microstrip 微條線、微帶線

　　是六種訊號傳輸線（Transmission Line）中的一種，係專指"訊號線"隔著板材而浮在大地層（Ground Planet）之上，二者應保持平行，且其間還有介質充塞所形成的組合。此種"微條線"的截面示意圖，及其"特性阻抗"之計算關係式如下左圖。右圖則為訊號線上下皆有介質層的另一種"埋入式微帶線"的組合。

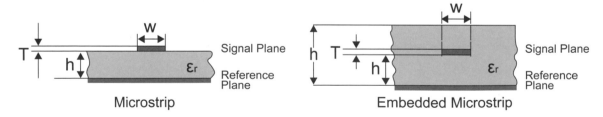

Microstrip   Embedded Microstrip

Microstrip Line 微條線、微帶線

　　是高速訊號傳輸線的一種，以多層板而言，則為包括表面接觸空氣的訊號線，與承載體的介質層，再襯以接地層等三者所做結構的組合，即稱為（扁平）"微條線"。如果在訊號線表面另行塗佈綠漆或壓合上膠片時，則改稱為Embeded Microstrip Line "埋入式微條線"。兩者計

算公式均為：

$$Z_0 = 87 / \sqrt{\varepsilon_r + 1.41} \ \ln(5.98h / 0.8W + T)$$

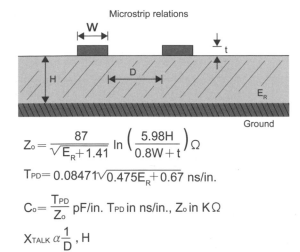

Microstrip relations

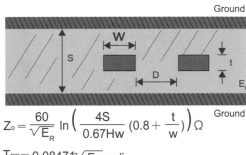

Stripline relations

$$Z_o = \frac{87}{\sqrt{E_R + 1.41}} \ln\left(\frac{5.98H}{0.8W + t}\right)\Omega$$

$$T_{PD} = 0.08471\sqrt{0.475E_R + 0.67} \ \text{ns/in.}$$

$$C_o = \frac{T_{PD}}{Z_o} \ \text{pF/in.} \ T_{PD} \ \text{in ns/in., } Z_o \ \text{in K}\Omega$$

$$X_{TALK} \ \alpha \frac{1}{D}, H$$

$$Z_o = \frac{60}{\sqrt{E_R}} \ln\left(\frac{4S}{0.67Hw}\left(0.8 + \frac{t}{w}\right)\right)\Omega$$

$$T_{PD} = 0.08471\sqrt{E_R} \ \text{ns/in.}$$

$$C_o = \frac{T_{PD}}{Z_o} \ \text{pF/in.} \ T_{PD} \ \text{in ns/in., } Z_o \ \text{in K}\Omega$$

$$X_{TALK} \ \alpha \frac{1}{D}, S$$

Microthrowing Power 微分佈力

是指從鍍液所鍍出的鍍層，在微觀下是否擁有能將底金屬表面粗糙處予以填補整平的能力。此種 "鍍液" 本身對被鍍面細部的整平能力，稱之為 "微分佈力" 或 "整平力" （Levelling Power）。由圖中可知此種整平力，又可再分成（a）負整平，（b）零整平，及（c）正整平等三種。而此種微分佈力的好壞，則端賴鍍液中有機添加劑的能耐如何，屬於一種長期小心研究而得的專密化學品。下列右上圖即為羅門哈斯填孔鍍銅EVF製程對雙面覆晶載板所展現填孔鍍銅微分佈力的精采成績，右下圖為EVF在手機板內層的填銅畫面。

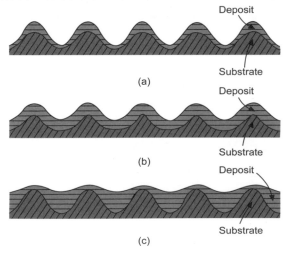

(a)

(b)

(c)

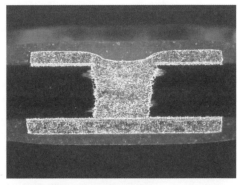

▲ 2009.6之EVF技術對縱橫比 1：1 的Copper Filling盲孔也幾乎可以填平了

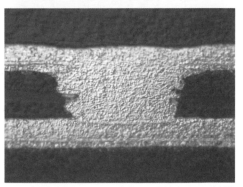

▲ EVF技術對 0.5：1 淺盲孔的填銅不但填滿而且還會鼓出來

Microvia 微盲孔、微孔

這1997年HDI技術展開以後才出現的新名詞，係指以非機鑽方式所製成的增層微盲孔而言。

其孔徑（實際上是口徑）平均在6 mil（0.15 mm）以下，成孔法有CO_2雷射、YAG雷射、感光、電漿、鹼溶等各種途徑。但經優勝劣敗的考驗下，目前量產之增層手機板與載板，絕大多數均採CO_2雷射成孔，某些封裝載板2 mil以下的超微盲孔，則採YAG雷射，其他各法均已式微。所參閱之文獻5年前者均已脫節。

除了盲孔外，也有極少數小直徑的通孔，也可採非機鑽法製作，當然也稱為Microvia，此詞多半是指增層板面上的微盲孔而言。

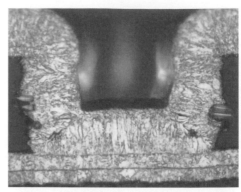

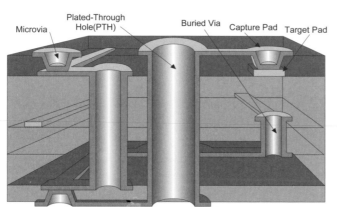

▲ 此處手機板外層之盲孔銅（Conformal）在阿托科技的水平線只需30分鐘即可完工

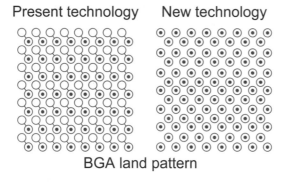

Present technology　　New technology

BGA land pattern

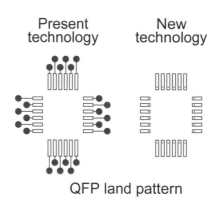

Present technology　　New technology

QFP land pattern

Microwave 微波
波長短於300 mm（12 in）或頻率高於1000 MHz（1 GHz）之電磁波，稱為微波。

Microwire Board 複線板、微封線（漆包線）路板
貼附在板面上的圓截面漆包線（膠封線），經製做PTH完成層間互連的特殊電路板，業界俗稱為Multiwire Board "複線板"。當佈線密度甚大（160～250 in/in^2），而線徑甚細（25 mil以下）者，又稱為微封線路板。

Migration 遷移
此字在電路板工業中有兩種用途，其一即為上述"質量傳輸"中所言，指電鍍溶液中的金屬陽離子，受到工作電壓（1-2v）所產生電性的吸引而往陰極緩慢移動的現象，稱為"遷移"。除此之外，若在金手指的銅表面上直接鍍金時，則彼此二者原子之間，也會產生逐漸遷移的現

象，因而其間還必須另行鍍鎳予以隔離。以保持金層不致因純度劣化而造成接觸電阻的上升。

　　各種金屬中最容易發生"遷移"者，則非銀而莫屬，當鍍銀的零件在進行焊接時，其銀份很容易往銲錫中"遷移"，特稱為Silver Migration或Silver Depletion，原因可能是受到水氣及電位的刺激而影響所致。當零件腳表面的銀份都溜進了銲錫中後，其焊點的強度將不免大受影響，常有裂開的危機。因而只好在不計成本之下，在銲錫中刻意另加入2%的銀量，以防止鍍銀零件腳這種焊後銀份的惡性遷移。

　　另在厚膜電路（Thick Film，指瓷質的混成電路Hybrid表面所印的"銀／鈀"導線而言），其中不安定的銀份也會往外溜走，甚至可達好幾mm之遠（見R.J. Klein Wassink名著Soldering in Electronics，1984第一版之P.142；及1989第二版之P.217）。其他如錫、鉛、銅、銦等雖也有遷移，但卻都比銀輕微得很多。這就是多年來電子產品一直不喜鍍銀的原因。

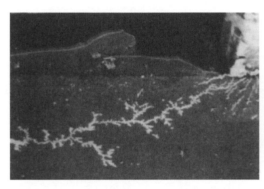

Migration Rate　遷移率

　　當在絕緣基材之材體中或表面上發生"金屬遷移"時，其一定時間內所呈現的遷移距離，謂之Migration Rate。

Mil　英絲、條（此為業界誤用已久且已積非成是的說法）

　　是一種微小的長度單位，即千分之一英吋（0.001 in）之謂。電路板工業中常用以表達微薄"厚度"之單位。此字在機械業界原譯為"英絲"或簡稱為"絲"，且亦行之有年，係最基本的行話。不過一些早期美商"安培電子"的PCB從業人員，不明就裡也未加深究，竟將之與另一公制微長度單位的"條"（即10微米）混為一談。流傳至今已誤導大部份業界甚至下游組裝業界，在二十年的以訛傳訛下，早已根深蒂固、積非成是，即使想改正也很不容易了。最讓人不解的是，連金手指鍍金層厚度的微吋（μ-in），也不分青紅皂白一律稱之為"條"，實乃莫名其妙之極。反而大陸的PCB界都還用法正確。

　　此外若三個字母全大寫成MIL時，則為"美軍"Military的簡寫，常用於美軍規範（如MIL-P-13949H，或MIL-P-55110D）與美軍標準（如MIL-STD-202等）之書面或口語中。

Minimum Annular Ring　孔環下限

　　當板面上各圓墊（Pads）經鑽孔後，圍繞在孔外之"孔環"（Annular Ring），其最窄處的寬度，一向可做為品檢的對象，而規範上對該處允收的下限值，謂之"孔環下限"。這是PCB品質與技術的一種客觀標準。由於圓墊的製作在先（即阻劑與蝕刻），而鑽孔加工之呈現孔環在後，兩種製程工序之間的配合必須精確，稍有閃失即不免出現偏歪，造成孔環的幅度寬窄不一，甚至孔破出環。其最窄處須保持的寬度數據，各種成文規範上都已有規定，如IPC-6012B之

表3-5中各種數據即是。以PC電腦的主機板而言,應歸屬於Class 2品級,其"孔環下限"須為 2 mil。按下列IPC-D-275設計規範中之兩圖(Fig 5-15及5-16)看來,內層孔環的界定將"不含孔壁"在內,但外層之孔環則又"須將孔壁"計算在內。

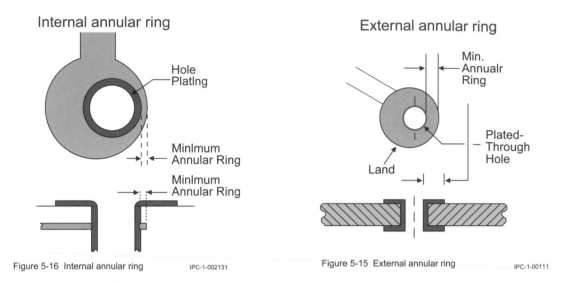

Figure 5-16 Internal annular ring　　IPC-1-002131

Figure 5-15 External annular ring　　IPC-1-00111

Minimum Electrical Spacing 起碼電性間距、最窄電性間距

指兩導體之間,在某一規定電壓下,欲避免其間之介質發生崩潰(Breakdown),或欲防止發生電暈(Corona)起見,其間距當然是越大越好,為了因應板面的大小與良好的隔絕性品質,其最起碼應具有的距離謂之"起碼間距"。

Minor Weave Direction 次要織向

是指織布類其緯向(Fill)紗束的另一說法,通常單位長度中緯向紗數比經向要少。

Misalignment
失準、未對準、未重合

在PCB流程中多半是指大排板前後工序或製程,彼此之間未能對準之情形,例如多層板之內層板先行成像蝕刻成為空盤與後續外層板的鑽孔,兩者之間由於長途流程相差很遠,在板材脹縮變形後難免會出現彼此對不準的問題(右圖所示),當然偏移程度之大小還是與技術根基以及落實管理有關。

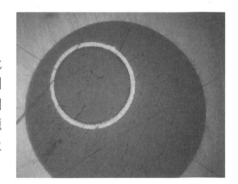

Misregistration 失準、對不準

在電路板業是指板子正反兩面,其應彼此相互對正對齊的某些成員(如金手指或孔環等),一旦出現偏移時,謂之"失準"或"對不準"。此詞尤指多層板其各通孔外,所套接各層孔環之間的偏歪,稱之為"層間失準",在微切片技術上很容易測量出其"對不準度"的數據來。或指板面綠漆之留白區與焊墊焊環之間的配合不準,亦稱之為失準。一般規範都有其起碼對準度或最大失準度的規定,未能達到者即謂不合格。下頁圖即為美軍規範MIL-P-55111D中,於"對不準"上的解說。此詞大陸業界稱為"重合"或"不重合"。

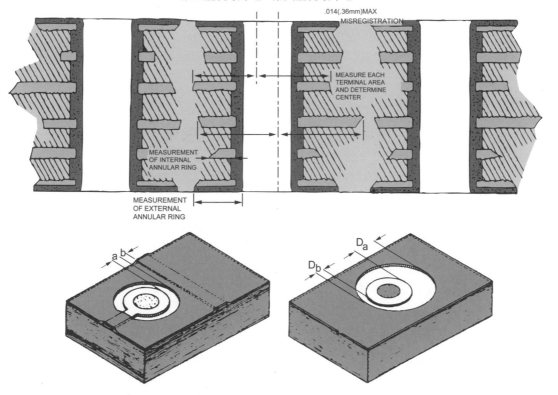

第三層孔環中心　第四層孔環中心

.014(.36mm)MAX
MISREGISTRATION

MEASURE EACH
TERMINAL AREA
AND DETERMINE
CENTER

MEASUREMENT
OF INTERNAL
ANNULAR RING

MEASUREMENT
OF EXTERNAL
ANNULAR RING

M

Mixed Component Mounting Technology 混合零件之組裝技術

此術語出自IPC-T-50H，是指一片電路板上同時裝有通孔插裝（Through Hole Insertion）的傳統零件，與表面黏裝（Surface Mounting）的新式零件；此種混合組裝成的互連結構體，其做法稱之為"混裝技術"。

Modelling 模型法、模式法

指模擬真實工作狀態之特別模型與其試驗方法，然後根據其多次實驗數據而擬定出作業條件，有時亦指試驗品質及可靠度等用到的模型或實驗方法。

Modem 調變及解調器、數據機

是將電腦或其終端機的"數位信號"（Digital Signal，大陸稱數碼信號），轉變成在資料傳輸線上可傳送的"類比信號"（Analog Signal，大陸稱仿真信號）；同時也可將所傳來的類比信號，再轉換成電腦可接受及處理的"數位信號"，這種能執行"調變"及"解調變"的設備即稱為Modem，一般資訊業者俗稱為"數據機"。

其實Modem是由Modulator的前二字母及Demodulator的前三字母所拼湊成的新字。現行的電腦電話及通信，就是利用此一裝置進行的。

Modification 修改、改質、改性

是指對已有的產品在其功能或組成上加以改善，以便能在不斷更新的環境要求及允收標準下，繼續受到認可認同。此詞大陸稱為改性。

Module 模組、模塊

指一架構完整的組裝體系中，可加以局部性分開的次級 "組裝體" ，謂之 "模組" 。如電腦中記憶部份的Memory Module即為一例。此詞亦常用於機械工業中。

另當某主板欲組裝各種精密度不等的零件時，某些時刻精密的元件（如CPU等）與其貼身元件等，可先行安裝在高精密高難度的小型子板卡板上，然後再安裝在較不精密的主板上，此等小板稱為模組板Module Board。

Modulus of Elasticity 彈性模數、彈性係數、彈性模量

是材料力學常見的重要術語，早期亦稱為楊式模數（Young's Modulus），但現行的 "彈性模數" 或簡稱的模數（Modulus 大陸稱模量），其含意比早先者更為精確。

此詞是指某物質的桿體兩端受到拉力（應力Stress）時，將會稍微變長（應變Strain），放鬆時又會恢復原狀者稱為彈性狀態區域中的 "線性變化" （即下圖中之O到A）。此彈性區內的拉力與變形，可採座標中所描畫之直線加以表達。該直線之斜率（應力／應變）即稱之為 "模數" 。並由圖中線性區域(彈性範圍)內可知，模數較大者彈性較小，反之模數較小者彈性較大。注意此 "模數" 經常會被各種板材廠商所引用，以介紹其產品之特性，有必要做深入瞭解。

在電路板工業中，是指基材板的相對性強硬度或硬挺性（Rigidity）或剛性（Stiffness）而言。當欲施加外力將基板試樣予以壓彎至某一程度時，其所需要的力量謂之 "彈性係數" 。通常此數值愈大時表示其材質愈堅硬，但也很脆。

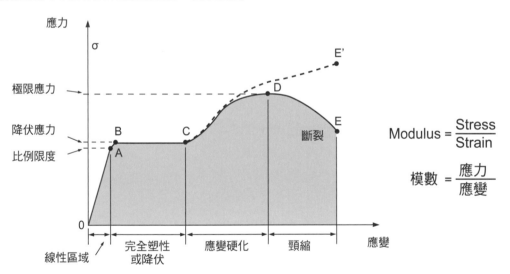

Moisture Absorption 吸濕率、吸水率（又名Water Absorption）

指各種有機樹脂類之吸濕程度，此M.A.愈大愈不好。吸水不但會降低板材的絕緣性，而且也因水分子本身的介質常數劣化而高達75以上，吸水較多時將使得訊號傳播的速度變慢（由Maxwell Equation $Vp = C / \sqrt{\varepsilon_r}$ 可知），通常FR-4的平均吸濕率約為0.07%，最高也不超過0.7%。但杜邦公司一種用於ALIVH製程手機板的著名板材Thermount（聚醯胺紙材含浸環氧樹脂），其平均吸濕率約0.66%而不佳，最高竟達1.89%，是一項不小的瑕疵。

此項品質係訂定於IPC-4101B之表5，須每三個月取4個樣板去做試驗。又按IPC-4101／21對FR-4基板的規定，厚度低於0.78 mm（30.5 mil）的薄板要求吸濕率不可超過0.80%；30.5 mil以上的

厚板則須低於0.35%。此詞亦常稱為Moisture Uptaking。

　　至於測試方法，則應按IPC-TM-650手冊之2.6.2.1方法去進行。其做法是裁取2吋×2吋的樣板，板邊四面都要用400號砂紙小心磨平，再將兩面銅箔蝕刻掉，洗淨後放置在105～110℃烤箱中烘烤1小時，取出後於乾燥皿中冷卻到室溫，再精稱其重量到0.1 mg。之後的吸水實驗也很簡單，即將樣板浸在23±1℃的蒸餾水中24小時。取出後立即擦乾並立即精秤即可。

　　理論上純水是不導電的，若板材吸水後應不致造成絕緣品質的劣化，或出現漏電的缺失。當然若所吸到的是不純的水，自然會影響到板材的絕緣品質。但讀者們卻不可忘記，水分子是一種"極性"頗強的化合物，其"相對容電率"（ε_r即老式説法的介質常數D_k）高達75，故板材吸水後所製作的多層板傳輸線，必然會造成訊號傳播速率（V_p）的降低，原理從Maxwell Equation:$V_p = C / \sqrt{\varepsilon_r}$ 中可得其詳。（V_p：訊號之傳播速度；C：光速；ε_r：訊號線周圍介質之相對容電率）

　　其次是板材所可能吸到水份，當然不可能是純水，何況鑽孔鍍孔以及眾多的溼式流程，怎麼可能會不吸入離子性漏電的物質？是故有了水後"玻纖絲陽極性漏電"之缺失（CAF；Conductive Anodic Filament）就難免不會發生了。而且吸了水的板材遇到瞬間高溫焊接或噴錫時，必然會產生爆板的惡果，這就是對基材板嚴格要求吸水率夠低的三種主要原因。

　　目前由於樹脂配方技術與膠片含浸工程的長足進步，一般商品板材之吸水率都遠低於規格值的數十倍以下，換句話説吸水率早已不是問題了，除非規格值再度嚴加降低，或改用壓力鍋試驗（PCT；Pressure Cooker Test）更嚴酷的做法，才會面臨挑戰。

Moisture and Insulation Resistance Test 濕氣與絕緣電阻試驗（MIR）

M

　　此試驗原來的目的是針對電路板面的防焊綠漆，或組裝板外表的護形漆（Conformal Coating）等所進行的加速老化試驗，希望能藉助特殊的梳形線路，自其兩端接點處施加外電壓（100V DC±10%）下，試驗出其等保護性皮膜"耐電性質"的可靠度如何，以Class 2品級的板類而言，須在50±5℃及90%～98% RH的環境下，放置7天（168小時），且每8小時檢測一次"絕緣電阻"的變化。此試驗現亦廣用於板材、助焊劑，甚至免洗錫膏等附著板體之物料，以瞭解在惡劣環境中其等可靠度到底如何。

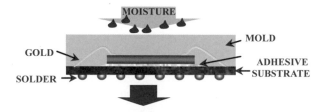

DELAMINATION ON THE DIE TOP -MOLD COMPOUND INTERFACE

BULGING PHENOMENA DUE TO PRESSURE BUILD-UP

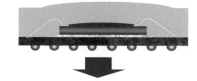

COLLAPSE DELAMINATION W/ PACKGE CRACK

Moisture Sensitivity Level（MSL）濕氣敏感度水準

　　IC封裝體一旦吸入少許水分後，各種高溫焊接中就可能引發爆裂的危機，因而半導體封裝規範J-STD-020D中特別對各種封裝材料與過程步驟均嚴格訂定其吸濕敏感度，以及供應商流程的考試辦法與及格之標準（即020D之表5-1）。而所列之Fig5-1即為其考試之實際回焊曲線，再加以文字説明。此MSL已成為半導體原物料以及封裝廠的重要規範。

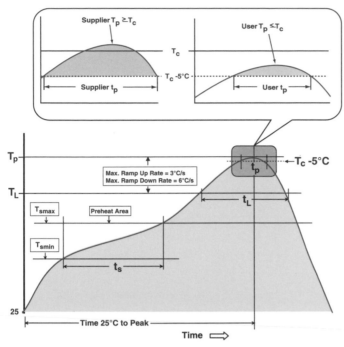

Figure 5-1 Classification Profile (Not to scale)

MSL考試之回焊曲線說明:

● 下圖之淺橘色區即為IC封裝元件對MSL吸濕後耐熱考試之回焊曲線(Profile)。

● 左圖回焊曲線下黃色區亦為其IC封體回焊考試的總熱量,至於體積大小與熱量多少的關係則另見其020D規範之Table 4-2。

● 峰頂深黃色區為其峰熱之不同規格,詳情請另見其Table 5-2。

● 上圖峰部綠色區為供應商須通過的熔焊熱量,藍色區為封裝廠須達到的熱量,習慣上將分類溫度(Tc)定為260℃。

Table 5-1 Moisture Sensitivity Levels

	FLOOR LIFE		SOAK REQUIREMENTS				
			STANDARD		ACCELERATED EQUIVALENT[1]		
					eV 0.40-0.48	eV 0.30-0.39	
LEVEL	TIME	CONDITION	TIME (hours)	CONDITION	TIME (hours)	TIME (hours)	CONDITION
1	Unlimited	≤30 °C/85% RH	168 +5/-0	85 °C/85% RH	NA	NA	NA
2	1 year	≤30 °C/60% RH	168 +5/-0	85 °C/60% RH	NA	NA	NA
2a	4 weeks	≤30 °C/60% RH	696[2] +5/-0	30 °C/60% RH	120 +1/-0	168 +1/-0	60 °C/60% RH
3	168 hours	≤30 °C/60% RH	192[2] +5/-0	30 °C/60% RH	40 +1/-0	52 +1/-0	60 °C/60% RH
4	72 hours	≤30 °C/60% RH	96[2] +2/-0	30 °C/60% RH	20 +0.5/-0	24 +0.5/-0	60 °C/60% RH
5	48 hours	≤30 °C/60% RH	72[2] +2/-0	30 °C/60% RH	15 +0.5/-0	20 +0.5/-0	60 °C/60% RH
5a	24 hours	≤30 °C/60% RH	48[2] +2/-0	30 °C/60% RH	10 +0.5/-0	13 +0.5/-0	60 °C/60% RH
6	Time on Label (TOL)	≤30 °C/60% RH	TOL	30 °C/60% RH	NA	NA	NA

Molding Compound
模封塑(膠)料

是各種IC(集體電路器,大陸稱模塊)本體元件成型與保護內部線路的主體部分,所用膠料、塑料均為黑色的環氧樹脂,其中並加入重量達70%的球形無機填料(SiO$_2$)以增加剛性與強度,但此等微球型的填料不但非常昂貴而且來源也極其有限,以致此等模封塑料也就成為高單價的粉體材料

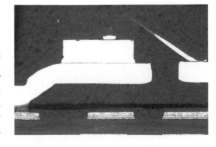

了。不過單價不高的元件為了降低成本起見，其塑料所用的粉體填料也從早先高單價的微球型改為廉價的不定形，但仍較圓潤而不致過度便宜之銳角粉料。

Mold Release　脫模劑、離型劑

在模具內壁塗佈一層臘質或矽質皮膜，使完成模造加工後的物體，經其協助下而易於脫模，該類化學品稱為脫模劑。

或在有機注模塑料中加入某些特殊的臘材，在其入模成形的過程中，其臘材會逐漸浮出分佈於形體之表面，使在事後更為容易脫模。這種塑料中所添加的特殊臘材也叫做脫模劑。

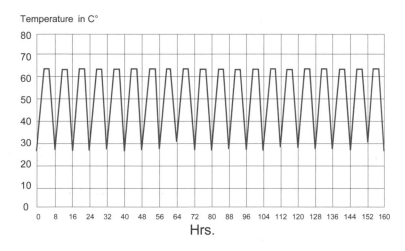

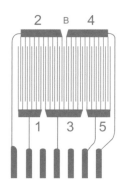

B-25 試樣板中的梳形線路圖

Mole　摩爾、克分子、克原子

指物質一個質量"單位"而言。如硫酸的克分子量是98克，於是196克硫酸可稱為2個"摩爾"的硫酸分子。又如碳的克原子量為12克，則36克碳可稱為3"摩爾"的碳原子。

至於"摩爾濃度"則是指1公升水溶液中所含已被溶入溶質的摩爾數，例如1摩爾濃度的硫酸，即為每公升酸液中含有98克的純硫酸分子。

Monofilament　單絲

指網版印刷所用網布中的絲線外形而言。目前各種網布幾乎部已完全採用單絲，早期曾用過併撚的複絲（Multifilament），由於開口度、解像度及在特性的掌握等，皆遠遜於單絲的網布而漸遭淘汰，現行的不銹鋼或合成的絲料，其在各方面的性質也都比早期要改善很多。

Moore's Law 摩爾定律

　　IBM工程師Gordon Moore曾於1965年在Electronics四月號雜誌上發表文章預測半導體技術的進步情形，預言每18個月CPU的工作頻率（或微處理器上的電晶體數目亦呈倍數成長），以及記憶體的容量都將增加1倍，且其價格也將隨著市場的擴大而不斷下降。由40年來IC業與微電子業的走勢看來大致符合當年的預言。不過近三年來3D封裝的研發速度很快，於是又有了所謂的More Than Moore的全新趨勢出現了。

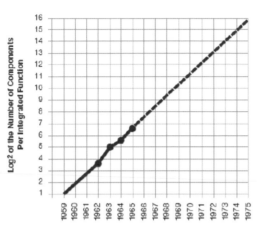

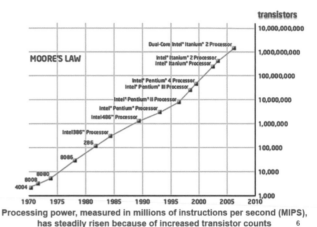

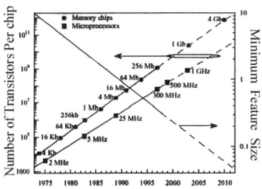

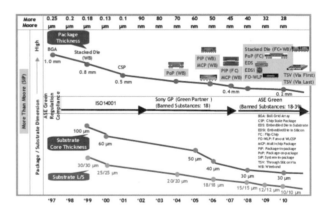

Mother Board 主構板、母板、主機板

　　原是指大型電腦中的主構板，可將其他組裝板插接在這種板子上，當成一種連絡用途的電路板，其通孔為了承受各種組裝板的插接與抽換，在不能焊死之下，故其通孔之孔徑公差要求極嚴，其他各式品質上的標準也比一般PCB要嚴，此類板又稱為"Back Panel"背板。

　　不過自從個人電腦大量興起後，其裝有CPU以及多種零件與組件的主機板也被稱為Mother Board，近期開發的個人電腦，幾乎只剩下一片主要的PCB了，而這種"主機板"的名氣，更早已超過了當年主構板（Back Panel）的原義了。

Motor Hole 馬達孔

　　是指個人電腦磁（硬）碟機（HDD）載放光碟用旋轉圓盤中央的馬達孔，其下方PCB所留出圓孔以方便馬達的旋轉而得以拾取光碟上的資料，此種小型多層板上的大圓孔即為馬達孔。此種HDD在2009年初三星（Samsung）之尺寸已縮到1.8吋，記憶量高達40GB，工作速度也快到3.3Gbps，其PCB四層板竟可小到4.6×7cm。

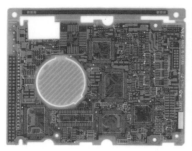  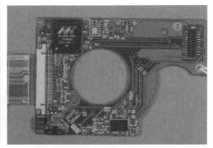

Moulded Circuit 模造立體電路板

利用立體模具,以射出成型法(Injection Moulding)或轉型法,完成立體電路板之製程,稱為Moulded Circuit或Moulded Interconnection Circuit。下圖即為兩次射出所完成MIC的示意圖。

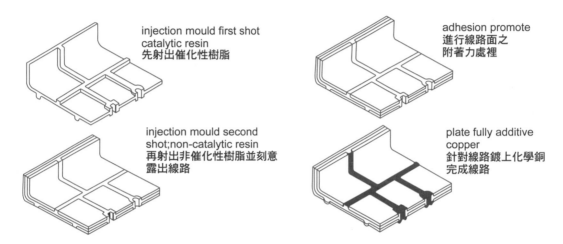

injection mould first shot
catalytic resin
先射出催化性樹脂

adhesion promote
進行線路面之
附著力處裡

injection mould second
shot;non-catalytic resin
再射出非催化性樹脂並刻意
露出線路

plate fully additive
copper
針對線路鍍上化學銅
完成線路

Mounting Hole 組裝孔、機裝孔

是用螺絲或其他金屬扣件。將組裝板鎖牢固定在機器底座或外殼的工具孔,為直徑160 mil左右的大孔。此種組裝孔早期均採兩面大型孔環與孔銅壁之PTH,後為防止孔壁在波焊中沾錫而影響螺絲穿過起見,新式設計特將大孔改成"非鍍通孔"(在PTH之前予以遮蓋或鍍銅之後再鑽二次孔),而於週圍環寬上另做數個小型通孔(俗稱精靈孔)以強化孔環在板面的固著強度。

由於NPTH的製作十分麻煩,近來SMT板上也有將大孔只改回PTH者,其兩面孔環多半不相同,常將焊接面的大環取消而改成幾個獨立的小環,或改成馬蹄形不完整的大環,或擴充面積成異形大銅面,兼做為接地之用。

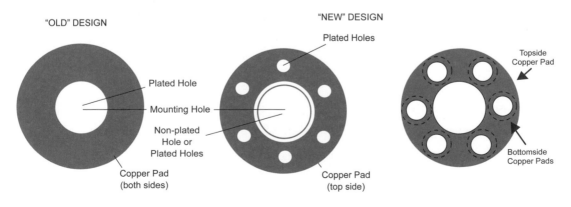

"OLD" DESIGN

"NEW" DESIGN

Plated Holes

Plated Hole

Mounting Hole

Non-plated
Hole or
Plated Holes

Copper Pad
(both sides)

Copper Pad
(top side)

Topside
Copper Pad

Bottomside
Copper Pads

M

Mouse Bite 鼠齧、鼠咬

是指蝕刻後線路邊緣出現不規則的缺口，如同被鼠咬後的齧痕一般。此為先前美商PCB業界流行的非正式術語。目前HDI板類之盲孔鍍銅，在有機污染太多或電流太大下，造成盲孔底部銅量補充不及而在週緣處發生鬆散之結構，亦謂之鼠咬。

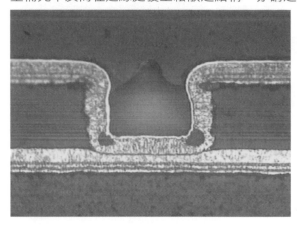 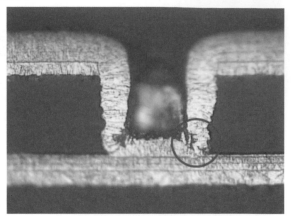

Multi-Chip-Module（MCM）
多晶片（芯片）模組

這是從90年代才開始發展的另一種微電子產品，類似目前小型電路板的IC卡或Smart卡等即屬之。不過MCM所不同者，是把各種尚未封裝成體的IC，以"裸體晶片"（Bare Chips）方式，直接用傳統"Die Bond"或新式的Flip Chip或TAB之方式，先行組裝在小型又精密的電路模組板（Module Board）上，如同早期在板子上直接裝一枚晶片的電子錶筆那樣，還需打線及封膠，稱為COB（Chip On Bond）做法。

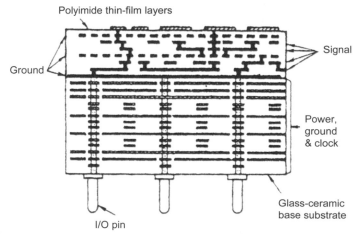

但如今的MCM卻複雜了許多，不僅在多層封裝載板（Substrate）上裝有多枚晶片，且直接以"凸塊"覆晶結合或採老式的"打線"結合。是一種高層次（High End）的微電子組裝。其複雜的小型載板可能是以鎖螺絲的辦法或針腳插裝在主構板上，也可採球腳回焊方式，如一般BGA做法組裝於主板上，此等高難度小型複雜多層板，稱為MCM載板。

不過MCM早先的定義是僅在小板面上，進行裸體晶片無需打線的平面性直接組裝，且晶片所占全板面積在70%以上。目前微電子已朝向3D立體封裝快速邁進，MCM已不再具有發展潛力了。

這種典型的MCM共有三種型式，即（目前看來以D型最具潛力）：

● MCM-L：係仍採用PCB各種材質的基板（Laminates），其製造設備及方法也與PCB完全相同，只是較為輕薄短小而已。目前國內能做IC卡，線寬在5 mil、孔徑到10 mil者，將可生產此類MCM。但因需打晶片及打線或反扣焊接的關係，致使其鍍金"凸塊"（Bump）的純度須達99.99％，且面積更小到1微米見方，此點則比較困難。目前之產品以BGA球腳封裝體為大宗。

● MCM-C：基材已改用混成電路（Hybrid）的瓷板（Ceramic），是一種瓷質的多層板（MLC），其線路與Hybrid類似，皆用厚膜印刷法的金膏或鈀銀膏等做成線路，晶片的組裝也採用覆晶之反扣法。

● MCM-D：其線路層及介質層的多層結構，是採用蒸著方式（Deposited）的薄膜法，或Green Tape的線路轉移法，將導體及介質逐次疊層在瓷質或高分子質的底材上，而成為多層板的組合，此種MCM-D為三種中之最精密者。

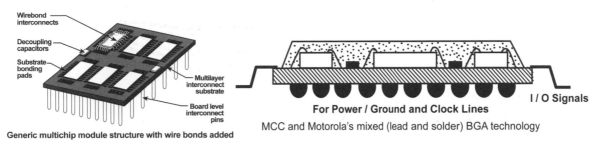

Generic multichip module structure with wire bonds added

For Power / Ground and Clock Lines   I / O Signals

MCC and Motorola's mixed (lead and solder) BGA technology

Multi-Functional Epoxy 多功能環氧樹脂

通常基本環氧樹脂（Tg值約120℃）為線狀的雙功能環氧樹脂，為了提高板材的各種物性、化性與電性起見（如剛性、耐熱性、與韌性等），常需加入一些單價較貴的多功能樹脂，如

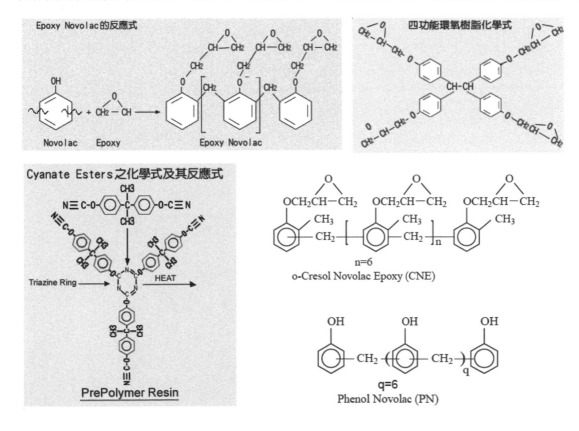

PNE，CNE，或TNE，CE等。此等具有苯環或雜環呈現片狀或立體狀的高階樹脂，每家CCL廠都有其獨特的添加配方，以便取得更優良的基板。

$$HO \text{—}\bigcirc\text{—}\underset{\underset{CH_3}{|}}{\overset{\overset{CH_3}{|}}{C}}\text{—}\bigcirc\text{—}OH \;+\; 2\, CH_2\text{—}CHCH_2Cl \quad \xrightarrow{\;NaOH\;} \quad CH_2\text{—}CHCH_2O\text{—}\bigcirc\text{—}\underset{\underset{CH_3}{|}}{\overset{\overset{CH_3}{|}}{C}}\text{—}\bigcirc\text{—}OCH_2CH\text{—}CH_2 + by\text{-}produc$$

bisphenol A   epichlorohydrin   diglycidyl ether of bisphenol A

基礎環氧樹脂的反應與結構

Multilayer Ceramic Capacition
（MLCC）積層陶瓷電容器

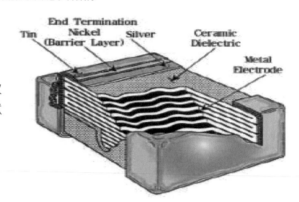

係SMT常用的小型電容器，是由多層次Green Tap陶瓷粉之固化漿帶所壓合而成的片狀電容器，即為現行PCBA所大量使用者。

Multiwiring Board
（or Discrete Wiring Board）複線板

是指用極細的漆包銅線，直接在無銅箔的板面上如縫紉機般進行立體交叉佈線，再經塗膠固定及鑽孔與鍍孔與其他層次互連後，所得到的多層互連電路板，稱之為"複線板"。此係早先美商PCK公司所開發，目前日商日立公司仍在生產。此種MWB可節省設計的時間，適用於複雜線路的少量機種（電路板資訊雜誌第60期有專文介紹）。

下圖為"複線板"（MWB）之透視立體外形。下圖為實物表達之藝術圖。注意除上下兩表面各有漆包線之佈線外，其內層之接地與電壓兩層則仍為銅箔基板所蝕刻而成的PCB。故知實際的"複線板"為MWB＋PCB之複合方式。還可看到上左圖中之孔壁有虛線的漆包線斷點，表示去皮的線頭也可與PTH以電鍍銅方式結合而導通。下圖係取自IPC-DW-425A（May，1990），也表示複線板之各種構成材料及重要元素。先前我國中山科學研究院亦有生產，國外則以日立化成公司尚有產品，筆者曾於1993年6月組團前往日立之下館工廠參觀。

ELECTROPLATED MULTIWIRE BOARD CONSTRUCTION

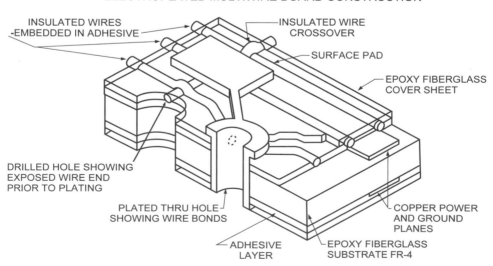

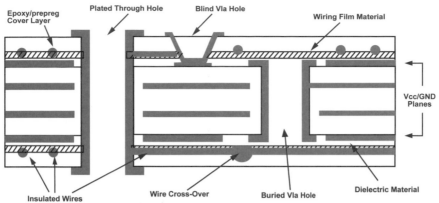

Epoxy/prepreg Cover Layer · Plated Through Hole · Blind Via Hole · Wiring Film Material · Vcc/GND Planes · Insulated Wires · Wire Cross-Over · Buried Via Hole · Dielectric Material

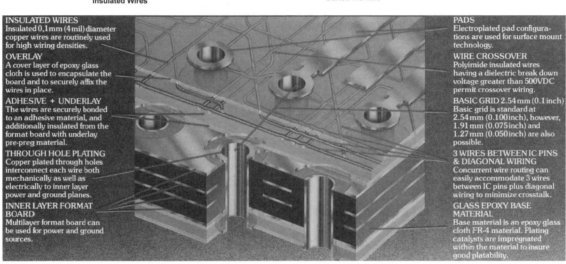

INSULATED WIRES
Insulated 0,1mm (4 mil) diameter copper wires are routinely used for high wiring densities.

OVERLAY
A cover layer of epoxy glass cloth is used to encapsulate the board and to securely affix the wires in place.

ADHESIVE + UNDERLAY
The wires are securely bonded to an adhesive material, and additionally insulated from the format board with underlay pre-preg material.

THROUGH HOLE PLATING
Copper plated through holes interconnect each wire both mechanically as well as electrically to inner layer power and ground planes.

INNER LAYER FORMAT BOARD
Multilayer format board can be used for power and ground sources.

PADS
Electroplated pad configurations are used for surface mount technology.

WIRE CROSSOVER
Polyimide insulated wires having a dielectric break down voltage greater than 500VDC permit crossover wiring.

BASIC GRID 2.54mm (0.1 inch)
Basic grid is standard at 2.54mm (0.100 inch), however, 1.91mm (0.075 inch) and 1.27mm (0.050 inch) are also possible.

3 WIRES BETWEEN IC PINS & DIAGONAL WIRING
Concurrent wire routing can easily accommodate 3 wires between IC pins plus diagonal wiring to minimize crosstalk.

GLASS EPOXY BASE MATERIAL
Base material is an epoxy glass cloth FR-4 material. Plating catalysts are impregnated within the material to insure good platability.

Mesh Ground or Shielding 網狀接地層或屏障層 NEW

多層電路板內外只有兩種傳輸線,即1.在多層板面的微帶線Microstrip (含訊號線、介質層與Vcc or Ground大銅面的回歸路徑等三元素)。2.在多層板內部的帶狀線Stripe Line (含本身訊號線,與上下兩大銅面的回歸路徑,以及上下兩介質層等五元素)。

此等回歸路徑Return path在各式硬板中一律做成大銅面,但到了必須彎曲繞折的各式軟板時,則只好以縱橫銅線組成的網狀平面作為回歸層了。此詞又稱為Cross-hatch Ground。此等不到位的代用品與良好遮蔽效果的真正大銅面相比時,其銅網面積以40-70%為宜。

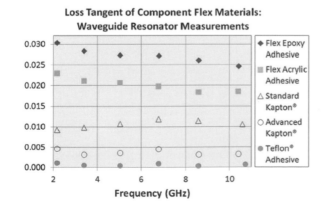

Loss Tangent of Component Flex Materials: Waveguide Resonator Measurements

◆ Flex Epoxy Adhesive
■ Flex Acrylic Adhesive
△ Standard Kapton®
○ Advanced Kapton®
● Teflon® Adhesive

Frequency (GHz)

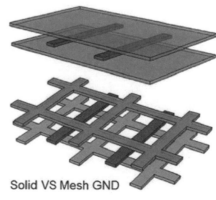

Solid VS Mesh GND

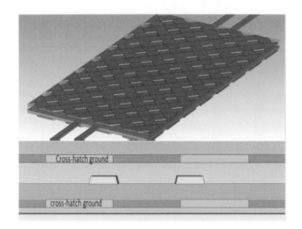

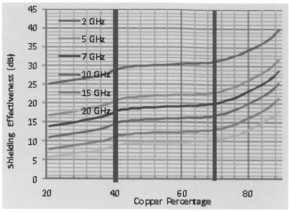

Metal Fence / EMI Shielding Cover
金屬隔籬 / 電磁波防護罩 NEW

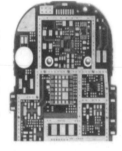

　　使用手機時間太長太久者其電磁波會對腦部造成傷害，因而手機板許多主動元件周圍的板面上，就須加設ENIG較寬的金色軌道(50mil)，此金色寬道中還須很多盲孔連接到板內的Gnd層去。有時這種頗寬的金色銅軌表面還要焊接上金屬隔籬(見右圖)，最後還要加上面蓋以阻擋電磁波的外洩。

Metal Surface Electric Field Patch　金屬表面的眾多電場區塊 NEW

　　不管是合金或純金屬，其等表面都會呈現區域性不同電場分佈的眾多區塊，由於各區塊晶粒所擁有的靜電電位並不相等，於是在高溫高濕的環境中，這種呈現電位有高有低的極化表面，就會出現負靜電包圍正靜電的想像畫面，並使得正電區的陽級發生氧化性的大小點狀腐蝕。倘若還有落塵式電解質的助虐時，這種類似賈凡尼式的陽極腐蝕將會更快發生。有時再加上殘餘應力的火上加油，甚至還會冒出錫鬚或鋅鬚的奇特現象。PCB的大銅面若在環境不良的生產現場放置過久，就會出現這種點狀的重腐蝕。

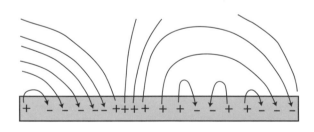
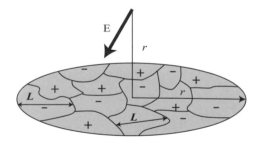

Micro Bump　微凸塊、微凸點 NEW

　　所謂Bump最早是指矽芯片與有機載板（Carrier or Substrate）互連用的高鉛銲球（即C4 Solder Bump）而言。事實上Solder Bump與Solder Ball都是銲球，為了區別兩者用場不同起見，刻意將芯片與載板之間的小型或超小型銲球稱為Bump，而將完成封裝的IC模塊與PCB間組裝互連的大型銲球為Ball，此即Ball Grid Array（BGA）的由來。

　　所謂Micro-Bump是是業界的通稱，係指近年來更小的銲球而言，不僅球徑更小，而且銲料也從早年高鉛的C4 Bump改為現行無鉛式SAC305或錫銀合金SnAg（含Ag3.5%）的Bump了。不過Intel公司卻將其服務器所用CPU上萬個（最多1.8萬個）的SnAg銲球另稱為Micro-Ball。

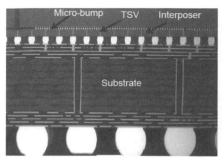
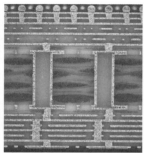
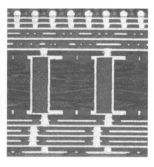

　　上左圖為Amkor利用電鏡所發表Virtex-7 2000T式覆晶BGA的組成，可見到①4+2+4之HDI十層式有機載板，其腹底呈現四個大型的Solder Ball，②左黑白圖底部有機載板與頂部矽載板（Interposer）之間中型銲球則稱為Bump③至於左圖最上側矽載板與最上面功能芯片間超小型的微型凸塊則稱為Micro-bump。上中及上右為筆者所做二切片圖，為18層（8+2+8）有機載板頂面眾多綠漆開口中ENEPIG底墊皮膜上，所安放共13K個Micro Ball的局部畫面。

Micro-Electro-Mechanical System（MEMS）微機電系統 `NEW`

　　這是90年以後快速興起的全新精密品項，集合電子、機械、材料、光學之微型複雜主體加工成型的製造技術，主要是以"感光蝕刻"的工法替代先前各種精密機械加工的傳統做法。目前此種微型精密加工法，已進步到μm級甚至nm級的微型零件與產品的產業。此美式MEMS的説法在日本卻另稱Micro-mechanicals，歐洲也另稱為Micro-Systems Technology(MST)。多樣化發展中主要用於微型傳感器Sensors與生化科學，光學無線通訊等方面，為近年來興起的全新產業。

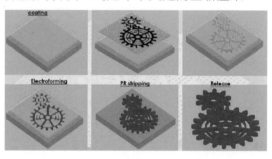

　　一般PCB的電子電路均為二維結構，但MEMS產品的電路卻是三維結構。大部分是利用半導體的生產技術去施工，但卻比半導體平面製程更為複雜，其產品的用途也比半導體更為寬廣。下右圖手機板多種組件中藍色與紫色者均屬MEMS器件。下左圖即為瑞士Phonak公司利用立體造型MEMS製造的助聽器透視圖。

　　MEMS製造工程大體可分為：(1)面做法(2)體做法等兩大方向，上列六道工序即為面做法的流程，其細節為①基材上塗佈青色的厚光阻PR②利用底片成像③顯像④藍色精密長時間的電鑄鎳⑤去除光阻⑥取得微米級的成品

・智慧型手機的MEMS與感測元件

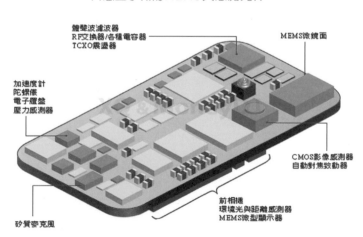

Millimeter Wave 毫米波 NEW

　　是指天空中通信傳輸用的微波，當其波長已短到個位數的毫米(mm)範圍者，即稱為毫米波(波長10mm-1mm)，而其頻率則高達30 到 300 GHz。此種高頻正弦波的波段原本是軍用範圍尤其是對戰鬥機而言，先前根本不開放給民用。如今5G將要上路之際，2021年小5G的手機通信，行駛中汽車或火車類高速移動中通信(77 GHz)，高速物聯網，甚至機器人無線通信等，都將逐漸進入此種毫米波的波段。由於毫米波頻率太高以致本身能量太低，而很容易在空中傳播傳輸過程中遭到各種損耗(如雨點或樹葉等)，因而各種收訊發訊的預防改善措施，如濾波器，功率放大器，海量的微型基站等全新技術都將會快速進步，唯其如此才能完成5G通訊的終極目標。

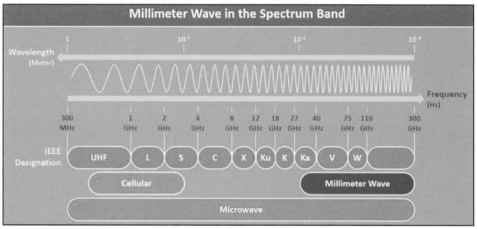

Mixed Flowing Gas（MFG）Test 流動式混合氣體試驗 NEW

　　這是採用H_2S、Cl_2、NO_2、SO_2四種對金屬具腐蝕性的氣體，模擬各種金屬在空氣中發生的腐蝕現象。由於各類著名試驗方法都有自己要求的流動氣體濃度(以十億分之一的ppb為單位，詳見右附六種方式的列表)，與其等不同試驗條件以及在流動混合氣體箱內的放置時間中，對各種電子元件與PCB不同金屬產生差異性的腐蝕。進而可比對比較出各種保護皮膜耐腐蝕能力的優劣，是屬於模擬室外環境可靠度的基礎研究，唯其如此才能據以制定各種實用的規範。

Telcordia	Indoor	10	10	200	100	30°C	70%
	Outdoor	100	20	200	200	30°C	70%
ALU	Intl.	1500-2000	20	200	200	40°C	70%
Battell	Class 2	10	10	200	-	30°C	70%
	Class 3	100	20	200	-	30°C	75%
	Class 4	200	50	200	-	50°C	75%
EIA	II	10	10	200	-	30°C	70%
	II A	10	10	200	100	30°C	70%
	III	100	20	200	-	30°C	75%
	III A	100	20	200	200	30°C	70%
	IV	200	30	200	-	40°C	75%
IEC	1	100	-	-	500	25°C	75%
	2	10	10	200	-	30°C	70%
	3	100	20	200	-	30°C	75%
	4	10	10	200	200	25°C	75%
IBM		40	3	610	350	30°C	70%

以下即取材2017 Impact論文集由IST儀特公司所提供資料的試驗箱外觀與箱中氣體流動的路徑。

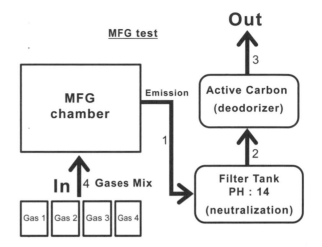

Mixed Mounting Technology 插焊與貼焊混合組裝技術 NEW

　　這是指通孔插焊與表面貼焊兩種零件，同時利用波焊一次焊牢的簡便做法，不但節省既有工序而且還可節省貼焊零件所用錫膏的昂貴成本。此方法很簡單從右圖可見到；①正面先行插件②PCB翻面印刷紅膠③利用被動元件的腹底中心對準紅膠並完成暫貼動作④烘烤紅膠使之固化貼牢⑤翻回正板面即可在波焊機上同時焊牢通孔插件與板面貼件。

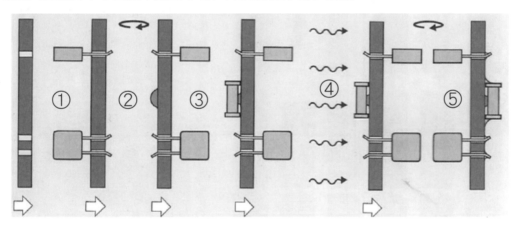

Moat / Guard Band 壕溝 / 護衛帶 NEW

　　現行PCB都存在著數種不同工作電壓的多樣訊號，如手機板即有天空中傳來通訊用的正弦波類比(Analog大陸稱模擬)訊號，與電腦功用的數字方波(Digital square wave)等兩種完全不同的訊號(Signal)。其電源層與接地層必須完全分割開來，以免造成太多互相干擾的雜訊。於是就在板面或體中加設很寬(50mil)的銅軌加以區隔者稱之為壕溝(Moat)，又稱為護城河。

　　為了防止外來雜訊與阻擋本身外洩的電磁波能量所產生的EMI起見，又需在PCB板面上加設很寬的銅軌，並每隔一段距離的定點另設接地孔，有時還須再接到機殼的護衛帶線(Guard Band)。早期手機板上有時還要在Moat或Guard Band上加焊矮牆，並再蓋上金屬罩(Metal shell)，以保護頭部減少電磁波能量的傷害。最近的新手機板為了減少多個單獨金屬罩的麻煩，於是在完成組裝的整體外加上全罩的做法，大可減少各自組裝的麻煩。

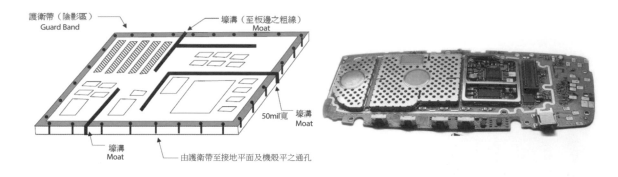

護衛帶（陰影區）Guard Band　　壕溝（至板邊之粗線）Moat

壕溝 Moat　50mil寬

壕溝 Moat　　由護衛帶至接地平面及機殼平之通孔

modified Semi-Additive Process（mSAP）模擬半加成法 NEW

　　此為載板業界的一種量產已久的製程，所謂半加成法SAP是指大型BAG載板為了剛性Stiffness更好起見，刻意利用Tg高達250℃以上的BT樹脂，與多張玻纖布所組合的CCL內層核心板，先完成剛性很強的內層核板。然後再於內層板的雙面利用無玻纖布乾膜式的昂貴板材ABF逐次增層。各次ABF表面經強力除膠渣過程咬掉其中的SiO_2球料而得到眾多球坑後，即針對其全面進行化鈀化銅的牢靠導電皮膜，之後再進行光阻、電鍍銅、去光阻，全面咬光化銅後即可得到所要的細線路增層。此種利用化銅層代替常規基板銅箔的做法即稱為SAP，不過ABF的成本却很貴。

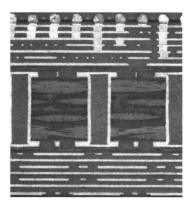

　　上左為4+2+4的HDI個人電腦CPU的十層載板，上中為7+2+7的十六層載板，上右為9+2+9的二十層大型BGA載板，後兩者均為高階Server用的CPU載板。三圖中均可見到中間BT高剛性的雙面厚核板，與上下逐次採ABF半加成增層的多個無剛性層次，而Core板的細線即採mSAP法所製作。

　　所謂mSAP是指BT板材的內層core核心板，利用超薄銅皮(2-3μm)代替昂貴ABF膜材上所做SAP的化銅層，去模擬做出細線者即稱為mSAP。然而此種超薄銅皮必須另靠15-18μm較厚的載箔去支撐流程中的載板，才能壓貼在BT表面而成為CCL。超薄銅皮與載箔兩者間夾有兩層特殊膠層，其中貼附在超薄銅箔表面的膠層，經壓合加熱中即可遭到分解失去膠性而容易撕離，於是利用雙面板的超薄銅箔再去進行細線工程者這就是mSAP法。

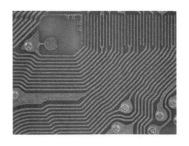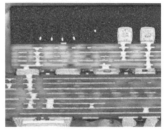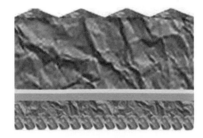

Molded Interconnect Devices（MID）模造立體電路板 `NEW`

這是利用能被雷射光激活的特殊塑料，先進行高溫立體模造成型，然後對特定區域進行雷射掃描方式（LDS），把塑料中的銅金屬氧化物激活成為銅金屬粒子，然後浸泡在50℃的厚化銅槽中3小時以上，使之能在掃瞄激活區長出厚化銅層來。隨後再於銅面做上ENIG化鎳浸金的皮膜，即可進行焊接或打線的後段組裝流程。這種立體電路板不但可用在手機機殼的天線部分，也可用在重機車的龍頭或汽車的方向盤上，以方便就近操作。此等可激活的塑料與用以激活的特殊雷射機，都是由德商LPKF所開發。起步時市場及利潤都頗為看好，但由於仿冒品不斷出現造成售價幾乎崩盤，進而使得早先投資者都遭到重創損失。下列各圖即為此種MID板的①原材料②雷射激活③完成化學銅及ENIG，以及④下游焊接件等四種畫面。

目前許多塑料業者均可生產多種不同的雷射激活材料，如PBT、PPE、PET、LCP、PC/ABS等，而且塑料本身還可加入各種顏料而成為彩色的MID。附圖中也可見到汽車方向盤的MID與筆者對其所做的高倍切片圖。

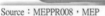

Source：MEPPR008，MEP

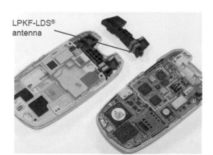

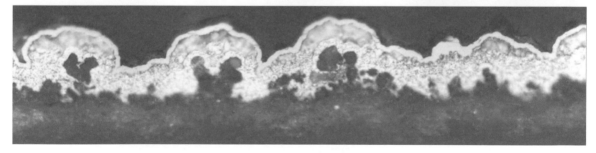

Molding 模封成型 `NEW`

這是指IC模塊完成晶片I/O對腳架I/O的打線互連後，或晶片對載板的覆晶互連後，利用堅硬的模封塑料(Molding Compound)將其等封裝成型的工程。所用的模封料是將餅狀黑色原物料先使之熱熔成液膠，再繼續完成其黑色封體。此等模料中加有多量的成型微球狀的SiO_2粉料以增加其固化後的強度。如此即可完成各種IC模塊的成型工程。

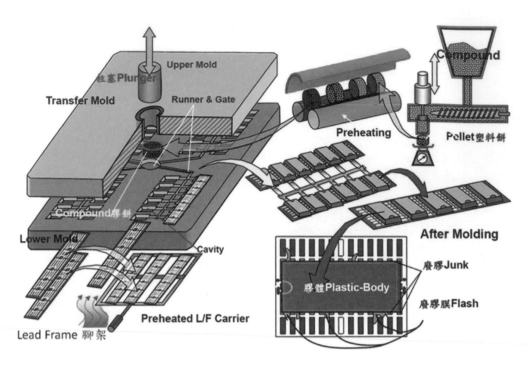

Mylar 麥拉、蓋膜（聚酯類薄膜） NEW

　　這是杜邦公司對聚酯類Polyester(PET)透明薄膜的商品名稱，此PET最常用於乾膜的三夾層膜材之一，也就是做為蓋膜用途(其實Dry Film在製造時此膜是做為Carrier Film 承載光阻膜軟膜之用)。

　　當三夾心式的乾膜從捲軸上拉出貼在PCB製程板銅面之際，同時也會將隔離用的PE聚乙烯薄膜從另一個廢棄軸上捲走掉，而只將光阻膜與Mylar蓋膜兩者一併壓貼在PCB銅面上，使在黃光室中成像流程中當成保護膜用，且曝光時又可隔絕空氣使光阻膜在無氧氣干擾下而得順利完成感光聚合的反應，故知此PET透明薄膜具有重要的兩大功用。

　　Mylar薄膜商品有全透明的剛性較強的Myalr D，可做為多種表面保護用途。另一種是乳白色半透明未加增塑劑的 Mylar A，觸感通常柔軟且不易老化，可做電器絕緣用途。

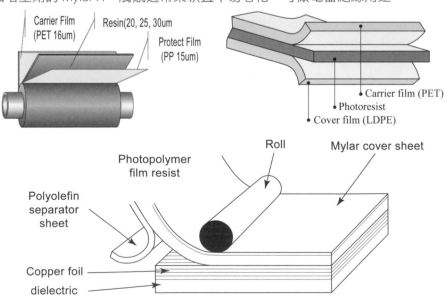

Nail Head 釘頭

是指多層板在鑽孔後,其內層孔環在孔壁表面所呈現的厚度,比起原始銅箔來會更厚一些。其原因是鑽頭尖部(Tip)的刃角(Corner)在鑽作過多孔數而失去原應有的銳利直角,而呈現被磨圓的形狀,致使對銅箔切削不夠順利。在無法執行良好切削之下,高溫中只得強行推擠拉扯,造成孔環銅箔內緣側面出現如"釘頭"的現象,稱為"Nail Head"。

通常內層銅環發生嚴重釘頭時,其孔壁樹脂部份也必定粗糙不堪。新鑽頭或正常重磨的鑽頭就不會發生嚴重的釘頭。一般老式規範對釘頭的允收標準是"不可超過所用銅箔厚度的50%",例如1 oz銅箔(1.4 mil厚)在鑽孔後若出現釘頭時,則其允收的上限不可超過2.1mil。事實上釘頭處的銅箔已發生再結晶(Recrystallization)現象,多次溫度循環後經常會出現微裂情形。

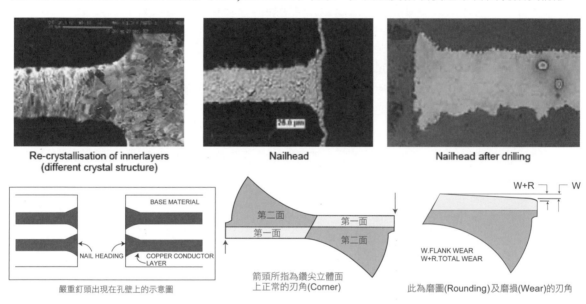

Re-crystallisation of innerlayers
(different crystal structure)

Nailhead

Nailhead after drilling

嚴重釘頭出現在孔壁上的示意圖

箭頭所指為鑽尖立體面
上正常的刃角(Corner)

此為磨圖(Rounding)及磨損(Wear)的刃角

Nanofocus X-ray Inspection 奈米級X光檢驗技術

這是一家德商Phoenix公司所開發高解析度"自動X光檢驗"(AXI)的商品名稱,其X-ray光點(Spot Size)可小到1μm以下,號稱可偵測到200-300nm的異常情況。而且對於BGA還可做70度的斜視檢查,並可進行電腦斷層掃描(CT)之失效分析。

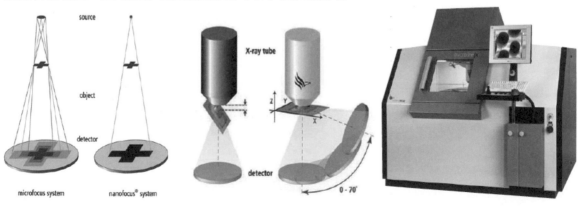

N.C. 數值控制

為Numerically Controlled或Numerical Control的縮寫，在電路板工業中多指老式鑽孔作業，接受程式機中打孔紙帶的指揮，在檯面及鑽軸同步移動中，分別對X及Y軸進行"數值定位"之控制，使鑽尖能準確的刺在預計的定點上。此種管理方式稱為"數值控制"法。

Near IR 近紅外線

紅外線（Infrared）所指的波長區域約在0.72～1000μ之間。其中1～5μ之間的強熱區，可用於電路板的熔合（Fusing指早期的熔錫板而言）或組裝板的熔焊回焊（Reflow）。而1～2.5μ的高溫區因距可見光區（0.3～0.72μ）較近，故稱為"近紅外線"，其所含的輻射熱能量極大。另有 Medium IR以及Far IR，其熱量則較低。

Needle Dispense 針管注射法

指下游組裝中需局部用到各種少量漿體化學物料時，可採程式控制的特殊機組與針管，做單點定量擠出，或連續成線的不斷擠出等動作，稱之。

Negative 負片、鑽尖第一面外緣變窄

是指各種底片上（如黑白軟片、棕色軟片及玻璃底片等），導體線路的圖形是以透明區呈現，而無導體之基材部份則呈現為暗區（即軟片上的黑色或棕色部份），以阻止紫外光的透過。此種底片謂之負片。

又，此詞亦指鑽頭之四面型立體鑽尖，其兩個第一面外緣因不當重磨（Resharpping）而變窄的情形，屬鑽針品質的次要缺點。

  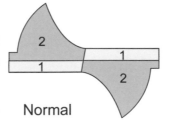 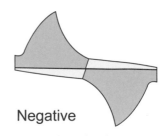

▲ 此為鑽尖第一面外緣變窄之情形俗稱為"小頭"

Nagative Bend 板面上翹

一般載板（Carrier, 例如BGA, CSP等）所封裝的元件，安裝在PCB主板上於回焊（Reflow）強熱中會呈現上翹現象，冷卻後又會回復平坦的常態，上翹的原因是由於載板太薄以致剛性（stiffness）不足。其實載板材料的Tg已超過200℃剛性應當不錯了，但因所載之芯片其XY膨脹率僅及3-4ppm/℃，而載板之平均XY熱脹率為13-15ppm/℃，以致造成強熱中會呈現向上翹起的現象，經常引發大型載板其角球的枕頭效應式強度不足的可靠度問題。

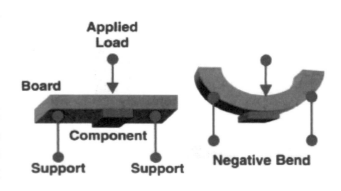

Negative-acting（Working）Resist 負性工作之阻劑、負型阻劑

是指感光吸收能量後可產生聚合反應的化學物質，以其所配製的濕膜或乾膜，經曝光、顯像後，而得將未感光未聚合的皮膜洗掉，而只在板面上留下已聚合的阻劑圖形，使能進行局部性蝕刻和電鍍二次銅與錫鉛。這種感光成像的圖案恰與底片上的原始圖案相反，這種感光後阻劑在顯像液中溶解度曲線降低而下斜者，稱之為"負性作用阻劑"（Negative Working Resist）。反之，能產生感光分解反應而令溶解度曲線上升，亦即板面的阻劑圖案與底片完全相同者，則稱為Positive Working Resist。電路板因解像度（Resolution，大陸用語為"分辨率"）的要求不高，通常採用"負性作用"的阻劑即可，且也較便宜。至於半導體IC、混成電路（Hybrid）、液晶線路（LCD）等則採解像度較好的"正型"阻劑，相對的其價格也非常貴。

不過上述之"正型"或"負型"光阻劑，其正與負之原始定義，係出自阻劑皮膜感光前後於"顯像液"（Developer）中的溶解度變化而言。電路板所用的乾膜光阻屬感光聚合反應，故呈溶解度（Solubility）"降低"的負型反應，而某些感光分解的濕膜光阻，其感光分解反應後之溶解度會"增大"，故稱為"正型"光阻。

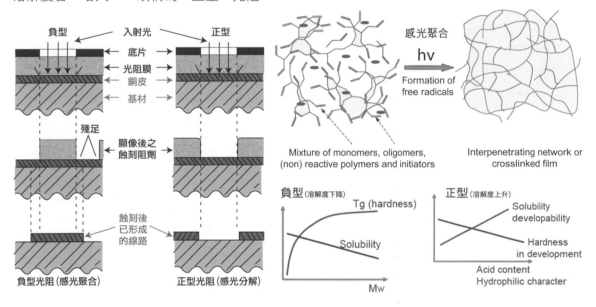

Negative Etchback 反回蝕

早期軍用多層板或高品級多層板，為了要得到更好的可靠度起見，在鑽孔後清除孔壁膠糊渣之餘，還進一步要求各介質層向外圍退後，使各內層銅箔孔環得以突出，以便在孔壁完成鍍銅後，可形成三面包夾式的鉗合。此種使介質層被溶蝕而被迫退縮的製程稱為"Etchback"。但在一般多層板製程中，若操作疏忽（如微蝕過度或欲去不良的銅孔壁再重做PTH時，其所發生的蝕刻過度等），反而造成內層銅環退縮的錯誤現象，則稱之為"反回蝕"。

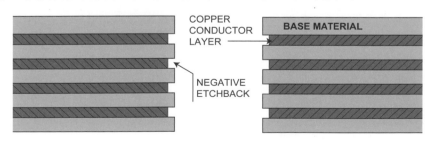

Negative Stencil 負型感光版膜

是指感光後能產生聚合硬化反應的光阻膜而言。此字Stencil是一種感光的薄膜，可用以貼附在口繃緊的網布上，以便進行網印方式的圖像轉移，完成間接式的印刷網版。幾乎各界所用的圖像印刷（Graphic Printing），都是採用這種較便宜的感光化學品做為圖像轉移的工具。

Neo-Manhatton Bump Interconnection（NMBI）新曼哈頓凸塊互連

是日本North corp.公司所開發利用銅凸塊做為層間互連的導體，可利用局部蝕刻技術得到銅突塊，而不再用到機鑽孔或雷射孔與電鍍銅了。

其做法是取一銅板兩面加光阻單面成像（另一面將光阻全硬化做為保護膜），然後單面蝕刻半深成凸塊，隨後去阻劑並塗佈絕緣樹脂且又與另一片銅壓合成雙面板，之後即可雙面成線而完成互連。如此重複流程即可得到所要的多層板。

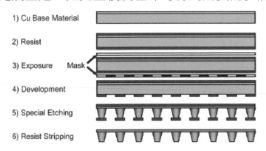

Network（Pack）網狀元件

指各種動態（Active大陸稱有源）或靜態（Passive無源）電子元件，如電阻器、電容器，或線圈等，可在某一小型封裝體中，彼此互連成為一種網狀組合體，稱為Network（見附圖）。

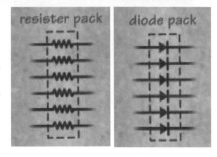

Newton（N）牛頓

當1公斤的質量，受到外力而產生每秒每秒1公尺（$1 \ m/s^2$）的加速度時，其外力的大小即為1"牛頓"，簡寫成1N。在網版印刷的準備工作中，其張網（大陸用語為繃網，似覺更為貼切）需要到達的單位張力，即可以用若干N/cm²（$1 \ N/cm^2 = 129 \ g/cm^2$）做為表達。

Newton Ring 牛頓環

當光線通過不同密度的兩片透明介質，而其間的間隔（Gap，例如空氣）又極薄時，則入射光會與此極薄的空氣間隙發生折射繞射作用，而出現五彩狀同心圓的環狀現象，因為是牛頓所發現的，故稱為"牛頓環"。

傳統乾膜之曝光因係在"不完全平行"或散射光源下進行的，為減少母片與子片間因光線斜射而造成失真或不忠實現象，故必須將二者之間的空距儘可能予以縮小，即在抽真空下完成密接（Close Contact），使完成藥面密接藥面（Emulsion Side to Emulsion Side）之緊貼，以達到最好的影像轉移。

凡當二者之間尚有殘存空氣時，即表示抽真空程度不足，此種未密接之影像，必定會發生曝光不良而引起的解像劣化，甚至無法良好解像的情形。而此殘存空氣所顯示的牛頓環，若用手指去壓擠時還會出現移動現象，成為一種抽真空程度是否良好的指標。為了更方便檢查牛頓環是否仍能移動之情形,最好在曝光檯面上方裝設一支黃色的燈光,以便於隨時檢查是否仍有牛頓環的存在。此法可讓傳統非平行光型的曝光機,也能展現出最良好曝光的能力。

Newtonian Liquid 牛頓流體

英國偉大的物理學家牛頓爵士,曾導出單純流體物質之黏度公式為 μ = Shear Stress / Shear Rate(剪應力 / 剪速率)。一些較簡單的流體除受到溫度變化之影響以外,完全遵守此公式之支配者,稱為"理想流體"或"牛頓流體"。也就是說凡黏度 μ 只受溫度的變化而變化的流體即是。例如:水、部份水溶液、有機溶劑,或氣體等皆為牛頓流體。至於其他黏度不受此公式支配之液體者,則稱之為"非牛頓流體"(Non-Newtonian Liquid),如油墨、綠漆、錫膏等。此等非牛頓流體又可分為四大類,即塑性物質、假塑性物質、膨脹性物質,及凝變性物質(Thixotropic,亦稱搖變性,或抗垂流性)等。

Nick 缺口

電路板上線路邊緣出現的缺口稱為Nick。另一字Notch則常在機械性缺口方面使用,較少見於PCB上。又Dish-down則是指線路在厚度方面局部之碟形下陷。此等缺失對高頻高速的訊號傳輸將可能帶來雜訊,應盡量避免之。

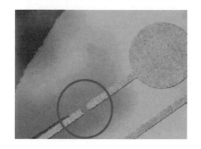

N-Methyl Pyrrolidine(NMP)N-甲基四氫吡咯

是一種溶解力很強的有機溶劑,無色液體,有氨味。沸點80.5℃,易燃,對皮膚具有刺激性。常用於半導體模封膠料(Molding Compound)之封裝製程,此劑也可將腳架根部與封膠本體接觸部之討厭溢膠(Flush)予以軟化與清除。本NMP尚有另一種著名的衍生溶劑N-Methyl-2-Pyrrolidone,其商標名為M-Pyrol在封裝業界甚為流行。也常用於清除模封後之溢膠,或針對反應容器內壁之清潔用途。

Noble Metal Paste 貴金屬印膏

是厚膜(Thick Film)電路印刷用的導電印膏。當其以網版法印在瓷質基板上,再以高溫將其中有機載體燒走,即出現固著的貴金屬線路。此種印膏所加入的導電金屬粉粒必須要為貴金屬才行,以避免在高溫中形成氧化物。商品中所使用者有金、鉑、銠、鈀或其他等貴金屬。

Node 節點、(半導體)線寬世代

是指線路系統中導線的交匯點,為電學上的名詞,在板面其實就是通孔與其孔環或盲孔與其底墊所組成的網路交點或互連點。

但半導體IC業界竟採用此字說明其線寬線距的細密技術,如130 nm Node 或 90nm 或 45nm Node 等,相當莫名其妙。

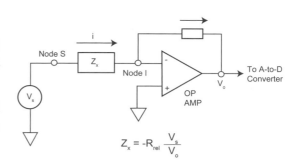

Nodule 瘤、鍍瘤

在電路板工業中多指鍍銅槽液不潔，有固體粒子存在，造成在板面上線路邊緣、孔口、或孔壁上形成瘤狀粒子的分佈，這種不良現象稱為鍍瘤。又"電鍍銅箔"（ED Foil）的毛面，亦曾經過後處理鍍過黃銅，而使其原已粗糙的毛面上，以超過極限電流密度（Limited Current Density）之高電流作業下，再使形成許多小瘤，如同馬鈴薯的根瘤一般，可大幅增加銅箔與基材之間的附著力。此種後處理即稱為"Nodulization Treatment"。一般電鍍（尤其鍍銅）所用電流密度超過極限電流密度（Limited Current Density）時，即會呈現瘤狀鍍層組織，連爆板時亦可死死抓牢樹脂而不放。PCB化學銅槽液不潔有異物帶入電鍍銅槽時，也經常出現銅瘤。

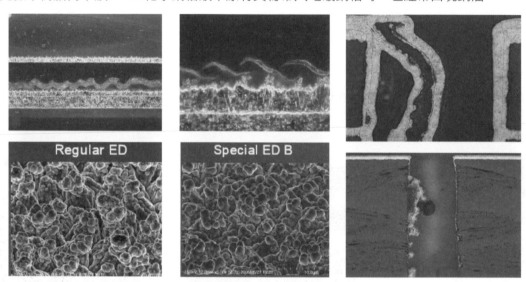

Noise Budget（Margin）雜訊上限

由於板面訊號傳輸速度愈來愈快，為了省電與減少發熱起見致使工作電壓也愈來愈低（筆記型NB已超低到1.1V，特稱為CULV），零件增多佈線密度變等因素的影響，造成各式數位終端產品的雜訊也愈來愈多，也愈來愈不易消除。設計之初為保證產品的品質起見，必須訂定傳輸訊號可忍受之雜訊範圍，謂之雜訊上限。

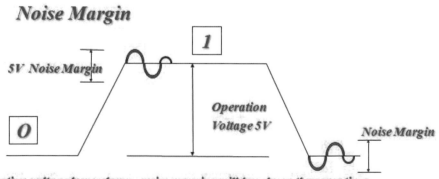

Nomenclature 標示性字符、命名法

是指為下游組裝或維修之方便，而在綠漆表面上所加印的白字文字及符號，目的是在指示所需安裝的零件，以避免錯誤。此種"標示字符"尚有其他說法，如Legend、Letter，及Marking等。且早期亦有其他顏色如黃色、黑色等，現在幾乎已統一為白字的環氧樹脂油墨了。

Nominal Cured Thickness 標示性之熟化厚度

是指雙面銅箔基板或多層板，當採用某種特定樹脂及流量的膠片（Prepreg），經壓合硬化後所呈現的常規平均介質厚度，用以當成設計之參考者稱為 "標示厚度"。

Non-circular Land 非圓形孔環焊墊、異型焊墊

早期電路板上的零件皆以插裝為主，在填孔焊錫後完成互連（Interconnection）的功能。某些體積較大或重量較重的零件，為使在板面上（尤其是軟板）的焊接強度更好起見，刻意將其孔外之環形焊墊變大，以強化焊環對基材板的附著力，及形成較大的錐狀焊點。此種大號的焊墊在單面板上尤為常見。

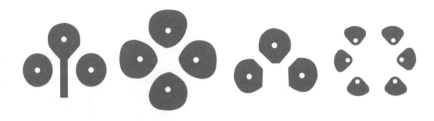

Non-contact Testing 非接觸性電性測試

在零件數量增多與引腳或腳墊跨距（Pitch）不斷緊縮逼近之下，完工板的電性測試（連通性Continuity與隔絕性Isolation）也愈見困難，探針（Probe）直接壓刺的觸測法，終將無能為力難以為繼。原因之一是彼此相距太近容易碰觸短路，其二是所刺之測點容易扎傷而影響焊錫性或其他煩惱。

近兩三年來為因應密距的到來，已漸有非接觸式的電測法出現；如電容法、電子束（E-Beam）法、電磁波法、雷射法（見前之LDT）等，均尚停留在研發階段，欲達良好可靠度而進入量產使用之境界，則還需一段時間的磨鍊。

Non-flammable 非燃性

是指電路板之抗燃阻燃性板材，當其接近高溫的火花（Spark）或燃著的火焰（Flame）時，雖不致被立即點燃引起火苗，但並不表示其已不具燃燒性（Combustible）。也就是說板材仍然在高溫中會被緩緩燃燒起來，但卻不易出現明亮的火苗火舌的情形；或火源移除後已燃紅的板材又會自動逐漸的熄滅者稱之。

Non-Flow 非流性

某些高階模組板之板面局部刻意使之下陷（Cavity）以減IC元件組裝後的高度，或軟硬合板，或高功能BGA之壓合，其膠片不允流膠以免溢膠而不易從側面加以清除，進而造成後續製程的煩惱，此等場合所使用之膠片即應改採非流性者。

Non-recurring Engineering Cost 非經常性工程成本

簡稱NRE，指產品從設計到出貨之過程中，超出正常經驗以外的工程成本而言。

Non-wetting 不沾錫

在高溫中以銲錫（Solder）進行焊接（Soldering）時，由於被焊之板子銅面或零件腳表面等之不潔，或存有氧化物、硫化物等雜質，使銲錫無法與底金屬銅之間形成必須的 "介面合金化

合物"（係指Cu_6Sn_5），此等不良外表在無法"親錫"下，致使熔錫本身的內聚力大於對"待焊面"的附著力，形成液態熔錫聚成球狀無法擴散的情形。這種比"Dewetting 縮錫"更為嚴重，稱之為"不沾錫"實例是以接觸角為依據，θ角為0°者為理想境界的100%沾錫，θ為180°為完全不沾錫，J-STD-003B規定θ角不可超過90°，但按IPC-A-610D，若接觸角外有綠漆阻擋者，則大於90°仍為良好的沾錫，附圖即為綠漆所阻之沾錫實例。

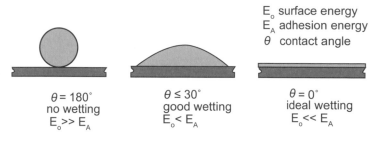

Non Woven Glass Mat 不織式玻璃蓆

是指由玻璃短纖（小於50mm者）在不定向堆積成的"板材或片材"而言，其中並含浸某種樹脂做為結合劑進而可成為人造板，當成多用途的補強材，較便宜的雙面板之CEM-1或CEM-3板材即為此類板材。

Normal Concentration（Strength）
標準濃度、當量濃度

是各種酸鹼或鹽類其等水溶液濃度的一種表示法，以N為符號，為化學領域所常用。

物質的克分子量或克原子重，除以其價數可得到克當量。例如硫酸之克分子量是98克，根價為2價(或稱電子得失數)，故其克當量為49克。銅的克原子量為63.54克，價數為2價，故其克當量為31.77克。凡1公升水溶液中含有49克純硫酸者，稱為1N濃度的硫酸（就2價的硫酸而言，其摩爾濃度即為當量濃度的2倍，即1M＝2N，故1N硫酸也就等於0.5M的硫酸）。又1公升的水溶液中若含31.77克的銅離子時，則其當量濃度也是1N。

Normal Distribution
常態分配、常態分佈

指各種量測值的連續性自然分佈，在數學定義上是以中位數（Mean Value）為主，而各往正負方面做均勻標準差（Sigma）的分佈，即呈現左右對稱的鐘形曲線者謂之常態分佈。一般品管係以加減3個σ為常規。

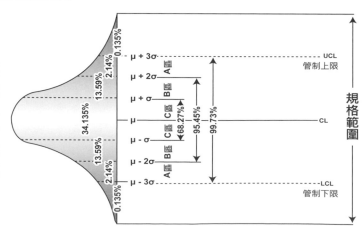

Novolac 酚醛樹脂

單面板最常用的是酚醛樹脂（Phenolic Resin），這是採用酚類（Phenol，C_6H_5OH）與醛類（Formaldehyde）二者，經脫水縮合反應，而逐漸呈現立體架橋而成的堅硬樹脂。若其成品產物中酚多醛少，且係經酸性環境中催化反應者，則該樹脂稱Novolac（早期是一種商名，現已通用為學名了，其德文為Novolak）。此種Novolac尚可添加到FR-4板材之環氧樹脂中做為固化劑或主樹脂，以提升其T_g或硬挺性，而成為一種功能性較高較好的環氧樹脂。

反之，若在鹼性環境中進行反應，其生成物中呈現酚少醛多者，則稱為Resole。此等樹脂多用於單面基材中。Novolac可用以與環氧樹脂（Epoxy）進一步反應而成為共聚物，可增加Epoxy機械強度及尺寸安定性，令FR-4的性能可獲某種程度的改善，稱之為高功能樹脂（如無鉛化板材），通常其在環氧樹脂中的添加量約佔重量比的5～9%之間。此環氧樹脂結構的Bisphenol-A在加入Novolac後，會形成較多的交聯（Crosslinking），而令T_g得以提高，使在耐溶劑性、耐水性上也都較好，但卻也是造成鑽頭的損傷及除膠渣（Smear Removal）困難的原因。

以上四式為一般在強鹼催化下的Resole反應過程，其產品中醛的部份遠多於酚，是目前單面紙基板的樹脂主要成份。自從2006年7月無鉛化板材大量上市，其中之固化劑已由先前FR-4的Dicy改為吸水率低者以減少爆板後，新式固化劑Phenolic Novalac（PN）即在業界大為流行。其實PN兩個字與N一個字並無差別，只是複詞較為順口而已。

酚醛樹脂早在1910年即由一家Bakelite公司所開發，用以加入帆布纖維補強材中而做成一種堅硬強固絕緣性又好的材料稱為Bakelite，中文譯為"電木"，在工業界已使用了很久，連字典都已收錄為正式的單字。

Nucleation，Nucleating 核化、成核化

這是較老的術語，是指非導體的板材表面接受到鈀膠體的吸附，而能進一步使化學銅層得以牢固的附著。這種先期的預備動作，現在最常見的說法便是活化（Activation），早期亦另有

Nucleating、Seeding，或Catalyzing等字眼。附圖為目前業界最常用的兩種活性化系統（取材自阿托科技）

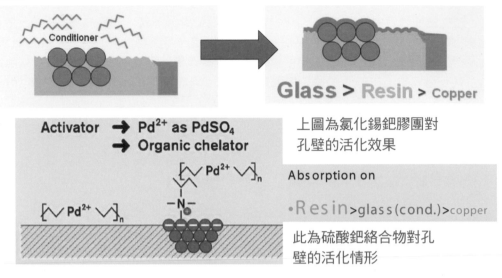

上圖為氯化錫鈀膠團對孔壁的活化效果

此為硫酸鈀絡合物對孔壁的活化情形

Numerical Control 數值控制、數控

對電子式監控裝置，施以數值或數字輸入方式，而對自動控制之電子機械設備進行操作及管理，稱為NC法，如PTH或電鍍生產線之自動操控即是。

Nylon 耐龍

早期曾譯為"尼龍"，是Polyamides聚醯胺類中的一種，為熱塑形（Thermoplastic）樹脂。在廣泛溫度範圍中（0～150℃）其抗拉強度（Tensile Strength）與抗撓強度（Flexural Strength）都有相當不錯的成績，且耐電性、耐酸鹼及耐溶劑之各種耐化性也甚優良。在電子界中多用於漆包線的外圍絕緣層及填充料，在電路板界則用於網版印刷之網布材料上。

Near End Crosstalk / Far End Crosstalk（NEXT / FEXT）
近端串擾 / 遠端串擾 NEW

當PCB兩條相鄰的單股訊號線中，有一條（紅色的動線）正在執行傳訊工作時，則其電流能量會對旁邊並未工作的藍靜線造成影響。①兩線側壁間的互容會耦合成靜線的互容電流（ICm）與互感電流（ILm）②兩線之間的互感會耦合成靜線的電壓，於是出現了動線對靜電的串擾。此種串擾還會同時出現往回跑的近端串擾NEXT，與像前跑的遠端串擾FEXT。

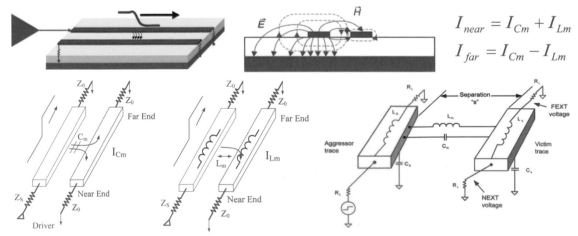

$$I_{near} = I_{Cm} + I_{Lm}$$
$$I_{far} = I_{Cm} - I_{Lm}$$

業界所用的術語經常因人而異，上述紅色的主動線（Active Line）又稱為加害線Aggressor Line，另一條無工作的靜線（Quiet Line）又稱為被害線Victim Line，工作中當靜線遭到動線的串擾後，其能是會分裂成向前跑的FEXT與回頭跑的NEXT。

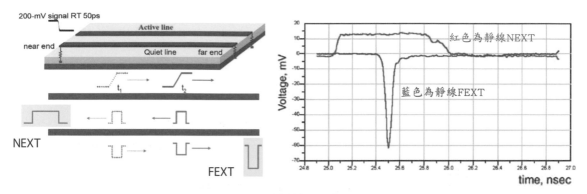

Non Functional Pad
無功用的孔環 NEW

早先厚大板（High Layer Count）類高縱橫比的深通孔，為了經多次強熱仍能使孔銅壁不致脫離外圍的基材起見（Pull Away），於是就把深通孔每一內層外圍加設孔環，以便抓牢板材不致造成Pull Away式的拉離。到了現行的高速傳輸時代，通孔外加上下兩孔環平行銅面間，在跑高速訊號時就會出現寄生電容，不但會吃掉訊號的能量拉低訊號速度而且還會造成雜訊。於是只留下跑訊號或回歸電流互連用的有用孔環，其他只為抓地力並無傳輸功用的孔環全部拿掉（見下圖），以利高速訊號的傳輸。但如此一來也會造成多次強熱後孔銅的拉離問題。目前尚無兩全其美的辦法。

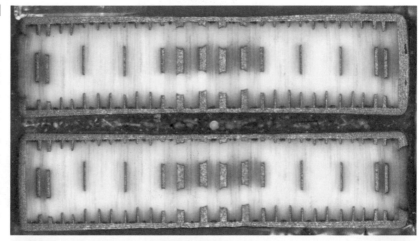

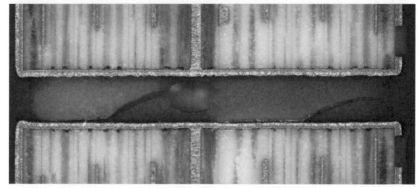

Non-Wet Open 不潤濕不吃錫的開裂 NEW

　　這是指大型BGA眾多球腳（尤以完工封裝模塊其四個角落的球腳為甚），在下游錫膏回焊曲線Profile的150－180℃吸熱（Soak）段中，由於主PCB板（MB）的頂面在高熱中出現多漲而下垂（頂面溫度較高），與載板頂面因晶片CTE極低而發生的上翹。於是在載板與主板兩種相反動作的拉扯下，造成PCB承墊所印的錫膏有時會被BGA球腳瞬間向上吸走。以致到了回焊溫度時，原來的球腳已無法與底銅店熔合成一體。當曲線來到達冷卻時由於PCB承墊上已全無銲料，當然也無法形成良好IMC（Cu_6Sn_5）的強固銲點，進而出現了無法互連的開路Open而稱之為"不吃錫的開裂"。

Non-Wet Open Defect Formation Mechanism

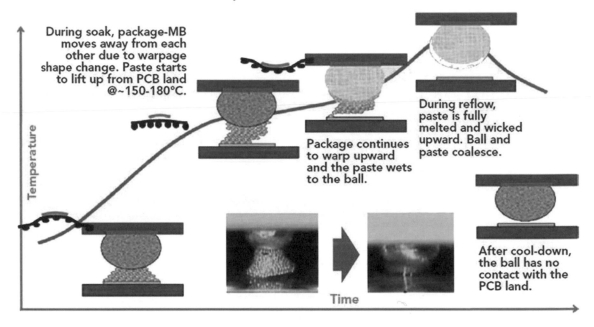

Occlusion 吸藏

此字在PCB領域中是指板材或鍍層，在其正常結構組織之內由製程所引入外來的異物，此等雜質一旦混入組織中即不易排除者謂之"吸藏"。最典型的例子如早期添加蛋白腺槽液的氟硼酸錫鉛鍍層中，即發生因共鍍而吸藏多量的有機物。當此種鍍層進行高溫重熔時（Reflow），其所吸藏的有機揮發物隨即逸出而形成氣泡，且被逼出錫鉛合金實體之外，形成一些如火山口（Craters）的情形，並在表面呈現砂礫狀高低不平沾錫不良之外貌。

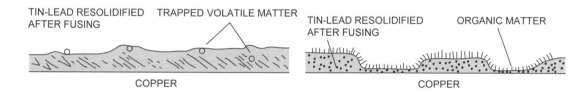

Off-Contact 架空、凌空、非接觸

網版印刷的組合中，其網布之印墨面在未施工操作時，距離板子銅面尚有一段架空高度的落差（Off-Contact-Distance，OCD，通常是0.125吋），只有當橡膠刮刀之直角刃線壓下處，網布才在銅面上呈現V型的局部線性接觸。這種實際並未完全平貼的情形謂之Off-contact。

另在全自動乾膜影像轉移時，其無塵室內之高精密平行光曝光站，在底片組合之玻璃框架對於電路板面光阻之間，也呈現這種非接觸式的"架空"，以方便板子的自由輸送前進。此一架空曝光法是感光影像轉移的最高境界。

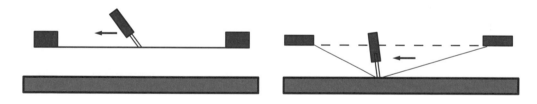

Offset 第一面大小不均

指鑽針之鑽尖處，其兩個第一面所呈現的面積不等，發生大小不均現象，是由於不良的重磨所造成，將在動態受力不均中呈現抖動，為鑽針的主要缺點（Major Defect）之一。

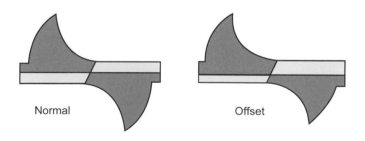

Normal   Offset

OFHC 無氧高導電銅材

是Oxygen Free High Conductivity 的縮寫，為銅材品級的一種，簡稱"無氧銅"。其含純

銅量應在99.95%以上，導電度平均應為101% IACS（IACS是指International Annealed Copper Standard），而"比電阻"值約為1.673 microhm/cm/cm^2。早期電路板之焦磷酸鍍銅製程，即採用此種品級的銅材做為陽極。注意OFHC之縮寫，早期是一家"American Metal Climax，INC"公司的商標，不過現已通用為一般性的名詞了。

Ohm 歐姆

是電阻值的單位。當某定長線路中有1安培的直流電流而其電壓又恰為1伏特時，其電阻值即為1歐姆。若導線中流動者為交流電時，則所呈現的阻力應另稱為阻抗（Impedance）而不再是電阻（Resistance）了，不過阻抗值的單位仍然是歐姆。

Oilcanning 蓋板彈動

鑽孔時當壓力腳功能並未達成最佳效果時，蓋板（Entry Material）表面受到快速進刀與退刀動作的影響，出現一致性配合的上下彈動，如同擠動有嘴的滑油罐一般。此種不良現象稱為Oilcanning。

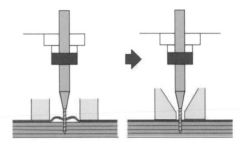

OLB（Outer Lead Bond）外引腳結合

是"捲帶自動結合"TAB（Tape Automatic Bonding）封裝技術中的一個製程站。是指TAB組合體外圍四面向外的引腳，可分別與電路板上所對應的焊墊進行焊接，稱為"外引腳結合"。這種TAB組合體亦另有四面向內的引腳，是做為向內連接積體電路晶片（Chip或稱芯片）用的，稱為內引腳接合（ILB），事實上內腳與外腳本來就是一體引線的兩端。故知TAB技術，簡單的說就是把四面密集的內外接腳當成"橋樑"，而以OLB方式把複雜的IC晶片半成品，直接結合在電路板上，省去傳統IC先行封裝的麻煩。

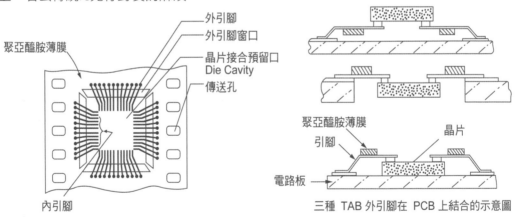

三種 TAB 外引腳在 PCB 上結合的示意圖

Oligomer 寡聚物

原來意思是指介於已完成聚合的高分子，與原始單體之間的"半成品"而言，電路板所用的乾膜光阻中即充滿了這種寡聚物。底片"明區"部份被寡聚物所"佔領"的阻劑本體，一經曝光取得能量後即展開聚合硬化反應，進而耐得住碳酸鈉溶液（1%）的顯像沖刷並留在板面上。至於未感光未固化的寡聚物則會被沖掉，而在銅面上出現選擇性"阻劑"之圖案，以便能再繼續進行蝕刻或電鍍。

Omega Meter 離子污染檢測儀

待印綠漆的電路板，或完成裝配與清洗的組裝板，該整體清潔程度如何？是否仍帶有離子污染物？其等情況都需加以瞭解，以做為清洗工程改善的參考。實際的做法是將待測的板子，浸在異丙醇（占25％）與純水的混合液中，並使此溶液產生流動以便連續沖刷板面，而溶出任何可能隱藏的離子污染物，並以導電度計測出該測試溶液，是否因污染物不斷溶入而使導電度增加，用以判斷板子清潔程度。此種連續流動並連續監測溶液導電度的儀器，其商品之一的Omega Meter即為此中之佼佼者。此類商品另有Kenco公司的Omega 500型、Alpha Metal公司的Omega 600型。及杜邦的Ionograph Meter等。

Omega Wave 振盪波

對於板子上密集鍍通孔中的插腳波焊，及點膠定位之密集SMD接腳改用波焊等零件，為了使其等不發生漏焊，與避免搭橋短路，且更令銲錫能深入各死角起見，美商Electrovert公司曾對傳統波焊機做了部份改良。即在其流動的銲錫波體中，加入超音波振盪器（Ultrasonic Vibrator），使錫波產生一種低頻率的振動，及可控制的振幅（Amplitude），如此將可出現許多小型銲錫突波，而使之滲入狹窄空間執行焊接任務，這種振盪錫波之商業名稱叫做Omega Wave。

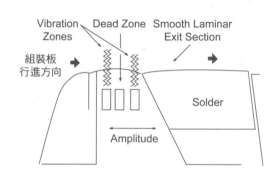 

On-contact Printing 密貼式印刷

指印刷版面全部平貼在待印件之表面，再以刮刀推動印墨之印刷法，如印錫膏之鋼版（Stencil）印刷法即是。此法印後可將全版架同時上升脫離印面，而在電路板上留下錫膏焊位。有別於此者為架空式印刷法（Off-contact Printing），是利用繃網的張力，在刮刀前行與壓下印出之際，刮刀後的網布也同時向上彈起，使所印出的圖案得以保持清晰，常見之網版印法均屬此類。現以錫膏印刷簡示圖(如下)說明二者之區別。

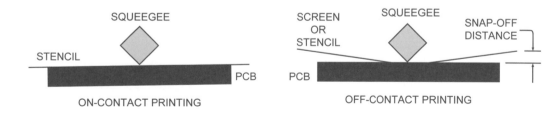

Opaquer 不透明劑、遮光劑

是指在板材樹脂中加入的特殊化學品，令玻纖布與半透明樹脂所組成的底材，具有一種不透光的效果。因當薄型電路板在採用感光成像的綠漆時，其曝光製程將由於板材中遮光劑的作用，而阻止紫外光透過板材到達另一面去造成不該出現的意外曝光。這種Opaquer對於日漸增多的薄板尤其重要。此類遮光劑以黃色四功能環氧樹脂（TNE約3%by w/w）最為廣用。

Opacity是指板材的"遮光度"，係為"透光度"（Transmittance）的倒數。

Open Circuits 斷線

多層板之細線內層板經正片法直接蝕刻後，常發生斷線情形，可用自動光學檢查法加以找出，若斷線不多則可採小型熔接（Welding）"補線機"進行補救。外層斷線則可採用選擇"刷鍍"（Brush Plating）銅方式加以補救（見附圖）。在現代要求嚴格的品質下，此等修補工作都要事先得到客戶的同意，且相關文件都要存檔，以符合ISO-9002精神。在PCB供過於求下補線已不多見了。

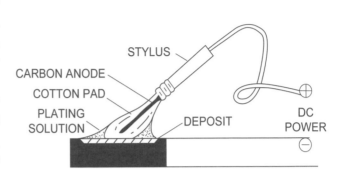

Openning 開口、開孔

在PCB業多指網版印刷所用網布之開孔而言，也就是網布經緯紗所織成的方形透空部分，以方便刮刀推動油墨時可透過網布而到達待印的版面上，然後再互相溶合癒合而成為全面性的阻劑皮膜。

此詞亦另指多層板壓合機熱板的每個開口而言，或稱為Day Light。當待壓合的各種散材（PWB Detailed Books）之疊合準備妥當並送入壓機後，即利用強大的液壓從正下方的頂柱逐段向上頂起頂緊各個開口，再配合熱盤的加溫強熱約2小時即可完成壓合。

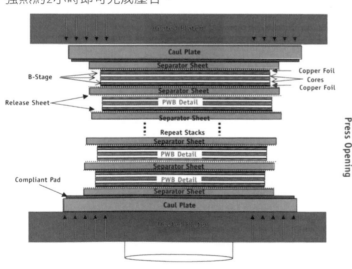

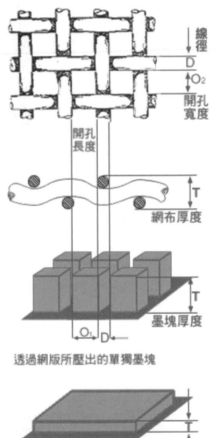

透過網版所壓出的單獨墨塊

各墨塊迅速流平後形成的墨層

Open Joint 銲點開裂

指錫膏熱風回焊（Reflow）或利用外來錫料的波焊，當形成銲點尚未及時冷卻徹底固化而又受到外力拉扯時，則可能形成焊後的開裂，成為可靠度方面的隱憂。無鉛焊接此種缺失更甚於有鉛者。

Optical Comparator 光學對比器（光學放大器）

是一種將電路板實物或底片，藉由光線之透射與反射，再經機器之透鏡放大系統或電子聚焦方式，由顯示幕得到清晰的畫面，以協助目視檢查。如圖所示美國Optek品牌之各式機種，其成像即可放大達300倍，且有直流馬達驅動的X、Y可移檯面，能靈活選取所要觀察的定點。此種"光學對比器"之功能極多，可用於檢查、測量、溝通討論等，皆十分方便。另如早期之程式打帶機上亦裝有較簡單的"光學對比器"，俾能放大對準所需尋標的孔位，以使正確的打出X及Y數據的紙帶來。

Optical Density 光密度

在電路板製程中，是指棕色底片上的"暗區"之阻光程度或"明區"的透光程度而言，一般以D表示之。另外相對於此光密度的是透光度（Transmittance，T）。此二種與"光"有關的性質，可用入射光（Incident Light，I_i）及透出光（Transmitted Light，I）參數表達如下。即：

$$T = I / I_i \quad \text{①}$$
$$D = -\log T \quad \text{②}$$

將①式代入②中可得：

$$D = -\log (I / I_i) \quad \text{③}$$

現將"光密度"（D），與"透光度"（T），及棕色底片"品質"三者之關係，列表整理於表中：（右表中D_{min}表示棕片明區的光密度；D_{max}表示暗區的光密度）

生產線上所使用的棕色片（Diazo），需定時以"光密度檢測儀"（見附圖）去進行檢查。一旦發現品質不良時，應即行更換棕片，以保證曝光應有的水準。此點對於防焊乾膜的解像精度尤其重要。

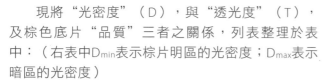

光密度 D	T%透光度	棕片品質
0.00	100.0	棕色片明區的
0.10	79.4	光密度 D_{min}
0.15	70.8	應低於 0.15
1.00	10.0	
2.00	1.0	
3.00	0.1	
3.50	0.03	
4.00	0.01	棕色片暗區的
4.50	0.0065	光密度D_{max}
5.00	0.001	應高於 3.50

Optical Cable 光纜

是集合多種次級光纖傳導纜線的綜合式長途纜線，經常安放在海底，是各種網路與網站通訊與工作的主要傳輸管路，已成為現代化生活與工作不可分離的平台了。每當大地震時就不免有斷纜事件。

Optical Fiber（Cable）光纖、光纜

是一種可傳導光線的細微路徑，是未來可能代替電子訊號在銅導線中傳輸的另一種速度更快的媒體。現行高速電子訊號的各種不良傳輸效應，大多數均不再存在於光纖，對通訊將帶來更大的方便。而且近幾年來光纖電路板亦在積極商業化中，IPC-0040是一本厚達150多頁極有參考價值的光電科技教科書。

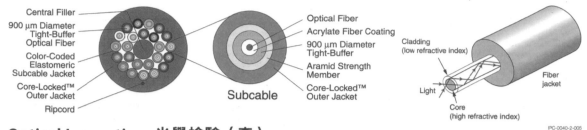

PC-0040-2-005

Optical Inspection 光學檢驗（查）

　　這是近10年來才在電路板領域中發展成熟的檢驗技術，也就是所謂的"自動光學檢驗"（AOI）。是利用電腦將正確的線路圖案，以數位方式存在記憶中，再據以就所生產的板子，進行快速的掃瞄及對比檢查。除了可檢查線路外，尚可檢查雷射盲孔以及覆晶之凸塊等立體單元。

　　此等光學檢查可代替人工目檢找出短路或斷路的異當情形，對多層板的內層板最有效益。但這種"光學檢查"並非萬能，免不了會有力猶未逮之處，還須配合"電性測試"，方能加強出貨板之可靠性。近年來還有針對鍍金表面顏色的外觀對比檢查稱為AVI，也在坊間盛行中。

Optical Instrument 光學儀器

　　電路板在製程中及成品上的檢查，常需用到某些與"光學"有關的儀器，如以"光電管"方式檢測槽液濃度的監控儀器。又如看微切片的的高倍斷層顯微鏡，或低倍立體顯微鏡，以及結合電子技術而更趨精密的"光學對比儀"、SEM、TEM等電子顯微鏡，甚至很簡單的放大鏡，皆屬光學儀器。目前其等功能已日漸增強，效果也改善極多。不過此等現代化的設備價格都很貴，使得高級PCB也因之水漲船高。

Opto-electronic Circuit 光電線路

　　此為未來光線路與電線路兩者並存的PCB，是光電混合板類的統合名詞。此等混合式的組裝板類將會在高速電腦與高速通訊等領域中首先使用。例如辦公大樓的區域網路（LAN）3D立體遊戲機（3D Game Console）。附圖即為軟性壓克力材質的光電板之舉例。

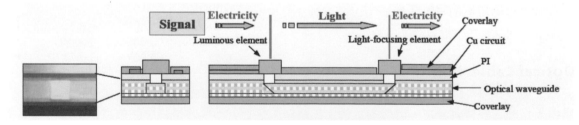

Organic Inclusion（Impurity）有機夾雜物、有機雜質

　　通常金屬電鍍槽液中為了平整都添加了各種有機助劑，某些還會出現共鍍者，謂之。

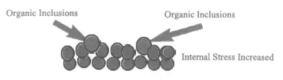

Organic Interconnection 光纖互連

未來PCB多層板中不但具有極多導電用的銅線，高速傳輸者還另備有傳光用的光波導（Wave Guides），以完成各種光IC的互連工作，如此將可構成速度更快與訊號品質更好（已無銅線的雜訊了）的光纖互連技術。由於研發成本太貴，截至2009年中時此種尖端技術的進展很慢。光纖PCB的量產更是遙遙無期。

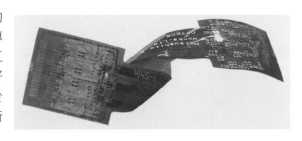

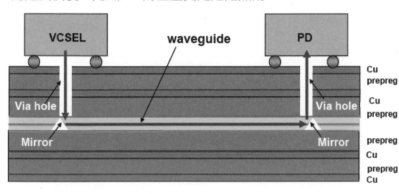

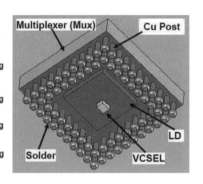

Organic Solderability Preservatives（OSP）有機保焊劑

早期單面板為節省滾錫與噴錫之可焊處理費用，改在裸銅待焊面上塗佈一層油性的保護皮膜，稱為"預焊劑Preflux"，以別於下游焊接所用以除銹的助焊劑Preflux。由於油性皮膜的黏手與妨礙電性測試，此種Preflux從未在雙面板與多層板業界使用過。

日本業者後又開發一種含Imidazo的水性預焊劑（如商品Glicoat），可在裸銅面上形成透明的保護膜。目前此等護銅保焊劑性能更好，可耐SMT組裝的多次加熱。其商品如CuCoat A、Entek Plus 106、Shercoat等，均已廣用於多層板上，統稱為OSP類，可代替噴錫與化學鎳金之製程。

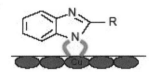

事實上"Entek"之所以能夠讓銅面抗氧化而不鏽，除了皮膜厚度的保護外，結構式胺雜環上的鍊狀衍生物"R Group"，也協助皮膜的保護功能並發揮防止氧氣滲透的功效。不過當此層皮膜與各種助焊劑遭遇時，卻仍可保持其等應有的活潑性，換句話說此種皮膜仍可被助焊劑所順利清除，進而在焊接使清潔的銅面得以展現其良好的焊錫性。

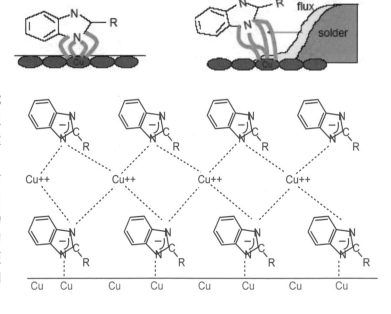

Oscillating Spraying 搖擺式噴灑

通常各種濕製程水平連線的槽液噴灑，均採用左右往復搖擺的強力噴液系統，噴嘴（Nozzole）有扇形水膜法或錐形水霧法（又分空心水膜或實心水霧），讓水平行進的上下板面均受到均勻的液體分佈而執行工作。常見者有光阻的顯像槽，內外層的蝕刻槽等。

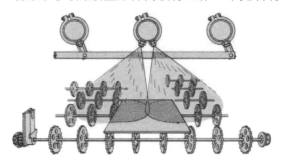

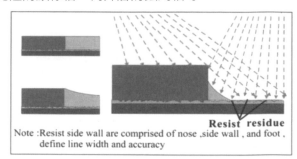

Note : Resist side wall are comprised of nose ,side wall , and foot , define line width and accuracy

Osmosis 滲透

當緊鄰的兩份液體，若其一部份是水，另一部份是水溶液（如鹽水、糖水…等），二者之間可用一種特殊的高分子"半透膜"（Membrane）予以分隔開來。此時較小的水分子將會穿過"半透膜"而移入另一旁的溶液中，但溶液中的溶質分子較大卻無法穿過半透膜而進入水中，此種單向通行的透膜稱為"半透膜"，而其水分子單向穿膜移動的現象則稱為"滲透"。

上述物理現象會一直進行下去，使得溶液部份的液面上升，而水部分的液面降低，直到兩液間呈現的壓力差已足以阻止水份再繼續穿過為止，如此將可達到平衡。此種液面落差的壓力稱為"滲透壓"（Osmotic Pressure）。這種"滲透"現象也存在於兩種濃度不同的水溶液之間。植物根部的皮層即擁有這種"半透膜"，可讓土地中的水份滲進各種導管的體液中，再配合植物本身的毛細現象，即可不斷的向高處輸送水份。上述的Osmosis是自然現象，但若自其濃度較大的溶液部份，實施人工額外加壓，將會使得其中的水分子反向流過半透膜，進入濃度較稀的液中或水中，這種現象稱為"逆滲透"或"反滲透"（Reverse Osmosis，簡稱RO）。

其實後者較簡單又易懂的說法就是"壓濾"而已，類似在布袋中裝入磨碎的米與水的混合物，用石頭加壓擠出其中的水一樣並不稀奇。這種RO逆滲透法經常用於廢水處理，海水淡化及食品加工等各種化學工程中。

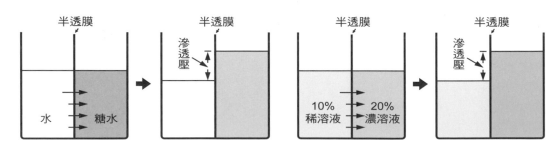

Outgassing 出氣、吹氣

電路板在進行鍍通孔（PTH）製程中，若因鑽孔不良造成孔壁坑洞太多，而無法讓化學銅層均勻的舖滿孔壁，以致存在著曝露底材的"破洞"（Voids）時，則可能會吸藏水份，而在後來高溫焊接製程中形成水蒸氣向外噴出，吹入孔內尚處在高溫液態的銲錫中，於是在後來冷卻固化的錫柱中便形成空洞。這種自底材透過銅壁破洞向外噴出水蒸氣的現象稱為"Outgassing"。而發生"吹氣"的不良鍍通孔，則稱"吹孔"（Blow Hole）。

注意，波焊中若出氣量很多時，會常在板子"焊錫面"上衝破尚未固化的填錫體，而吹往板外，呈現如火山口般的噴口。故當板子完成波焊後，若欲檢查品質上是否有"吹孔"時，則可在板子的焊錫面去找，至於組件面因處於錫池的背面會提前冷卻，致使出現"噴口"的機會並不多。

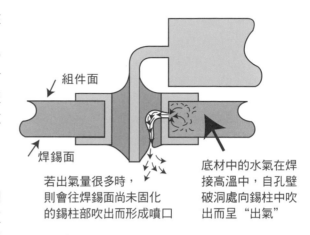

組件面

焊錫面

若出氣量很多時，則會往焊錫面尚未固化的錫柱部吹出而形成噴口

底材中的水氣在焊接高溫中，自孔壁破洞處向錫柱中吹出而呈"出氣"

Outgrowth 懸出、橫出、側出

當鍍層在不斷增厚下，將向上超過阻劑（如乾膜）的高度而向兩側發展，猶如"紅杏出牆"一般，此等橫生部份自其截面上觀之，即被稱為"Outgrowth"。乾膜阻劑由於圍牆側壁較直也較高，故較不易出現二次銅或錫鉛層的"懸出"。但網印油墨之阻劑，則因其邊緣呈現緩緩向上的斜坡，故一開始鍍二次銅時就會出現橫生的"懸出"。注意Outgrowth、Undercut及Overhang等三術語，業者經常順口隨便説説，對其定義實際並未徹底弄清楚，甚至許多中外的文章書籍中也經常弄錯。不少為文者常對術語之內容並未充份瞭解之下，亦自以為是信手任意亂翻，每每導致新手們無所適從。為了正本清源起見，特將1992年4月發行的電路板品質標準規範IPC-RB-276中的圖5引證於此，對此三詞加以仔細釐清，以正本清源減少誤導。

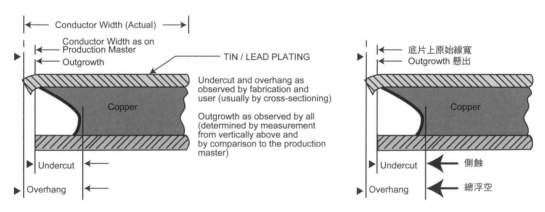

Figure 5 Outgrowth, Overhang, and undercut

Output 產出、輸出

就一部機器或一條生產線而言，其產品之"物流"有"產入量"（Input）及"產出量"（Output）之區分，而通過某一製程站之總產出量則稱為"Throughput"。至於Output在電子學上則常指對某一零件所"輸出"的訊號而言，相對的Input則指"輸入"的訊號，兩者合併簡稱為I/O。故對各種零件的接腳或引腳也就稱為"出入埠"（I/O Port 或 I/O）。

Overflow 溢流

槽內液體之液面上升越過了槽壁上緣而流出，稱為"溢流"。電路板濕式製程（Wet Process）的各水洗站中，常將一槽分隔成幾個部份，以溢流方式從最髒的水中洗起，稱為Cascade清洗法，此種經過多次浸洗以達省水的原則，即為溢流應用的一種。

Overhang 總浮空

由前述 "Outgrowth" 所附IPC-RB-276（即現行的IPC-6012B）之圖5可知，所謂Overhang是指：線路兩側之不踏實部分；亦即線路兩側越過阻劑向外橫伸的 "懸出"，加上因 "側蝕" 內縮的剩餘部份，二者之總和稱為Overhang。（見Outgrowth之附圖）

Overlap 鑽尖點分離

正常的鑽尖是由兩個第一面及兩個第二面，再加上兩長線的長刃及兩短線的鑿刃之立體稜線，所組成四面共點金字塔形的立體造型，該頂點則稱為鑽尖點（Drill Point）。當重磨作業不良時，可能會出現兩個鑽尖點，對刺入的定位不穩，是鑽針的重大缺點。

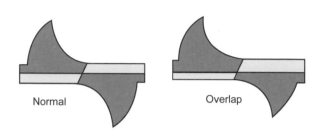

Normal   Overlap

Overpotential（Overvoltage）過電位、過電壓

這要先從電極電位（Electrode Potential）說起，假設將兩銅棒插入常溫靜止的硫酸銅鍍液中，在不加外電壓下，兩棒均可能會出現少許發生溶入鍍液的情形：

$$Cu \longrightarrow Cu^{+1} + e^{-} \longrightarrow Cu^{+2} + e^{-} \cdots\cdots ①$$

但同時也可能會有銅離子登陸或沉積而還原在該二銅棒上：（也就是說同液之間並非靜止的）

$$Cu^{+2} + e^{-} \longrightarrow Cu^{+} + e^{-} \longrightarrow Cu \cdots\cdots ②$$

上述兩反應中，當①式比②式要快，或者說成溶解得較多而沉積較少時，則銅棒將呈現略 "負"，而鍍液將呈現略 "正" 的電位（以氫電極之電位為0）。當到達（溶解與沉積）之平衡時，兩者之間微小的電位差異謂之 "電極電位"。

在此種銅棒與鍍液系統中，若將兩銅棒接通直流的外電源時，則將會打破原來的各自平衡，而兩銅棒將明顯出現一負一正的陰陽兩極。此種外加電壓即稱為 "過電壓" 或 "超電壓"。當然此種外加電壓還至少要能克服各種障礙（如鍍液的內電阻，反應起始的活化能起限等），才能產生電鍍的動作。其實廣義上Overpotential、Overvoltage與Polarization（極化）三者含義是相同的，只是為了避免混淆而較少相提並論罷了。

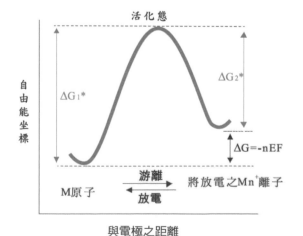

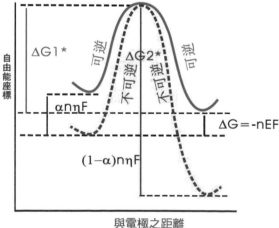

Oxidation 氧化

理論上廣義的來說，凡失去電子的反應而令"氧化數"（或早期所說原子價的價數）增加者，皆可稱為"氧化"反應。一般實用狹義上的氧化，則指的是與氧直接化合的反應。如各種金屬的各類"生銹"，就都是氧化反應。

另Oxides是指所生成的各種氧化物，而Oxidizing Agent則指氧化劑。

$$E = E^0 + \frac{2.3026RT}{nF} \log_{10} \frac{(Cu^{+2})}{(Cu^{+1})}$$

Oxidation Reduction Potential（ORP）氧化還原電位

濕製程中有許是氧化與還原同時進行的反應，如內層板面以氯化銅（$CuCl_2$）槽液去蝕刻銅箔時，即會發生如下的離子方程式：

$$Cu^{+2} + Cu^0 \longrightarrow 2Cu^{+1}$$

即當槽液中的二價銅離子（氧化劑）去咬金屬銅時，將會使金屬銅從0價氧化成為1價的亞銅離子（Cu^{+1}），但自身卻也由2價還原到1價。若將之寫成完全方程式並加入鹽酸或氯氣再生時，其變化如下：

$$CuCl_2 + Cu \longrightarrow 2CuCl \quad \text{………………氧化／還原}$$
$$2CuCl + 2HCl + H_2O_2 \longrightarrow 2CuCl_2 + 2H_2O \quad \text{……氧化／還原（加酸再生）}$$
$$2CuCl + Cl_2 \longrightarrow 2CuCl_2 \quad \text{………………氧化／還原（加氯再生）}$$

蝕刻進行中，槽液內存在有易溶的氧化劑Cu^{+2}與不易溶的還原劑Cu^{+1}，由Nernst方程式可知，其ORP電位（E）可計算如下：

也就是Cu^{+2}與Cu^{+1}之間的平衡電位（E），與氧化劑濃度$[Cu^{+2}]$成正比，與還原劑濃度$[Cu^{+1}]$成反比。亦即當槽液中的Cu^{+1}增多時，其ORP會降低，當Cu^{+2}增加時，其ORP會升高而蝕刻速率也將加快。如下圖虛線所示，當ORP升高時，蝕速曲線也會向上揚升而加快。

但卻不能為了加快蝕刻而將ORP設定的太高，以免造成Cl^{-1}被氧化成Cl_2，而會有出現氯氣的危險。最好是將ORP控制在500～540 mV之間的虛線平檯上，可在不產生氯氣的危險下而能得到最高蝕速的27 μm/min。

若生產線為了量產而需要加快蝕刻以便有更高的產出（Output）時，不妨增多蝕刻槽或拉長蝕刻段的長度，如此將不必冒險又能兼顧到量產的需求，此時ORP的控制將成為重要的角色。

現行ORP控制器均已十分精良，並可指揮自動添加器與排放幫浦，分別執行有效的工作，對多種濕製程皆能進行自動監控，不但可使製程穩定而且也十分方便。

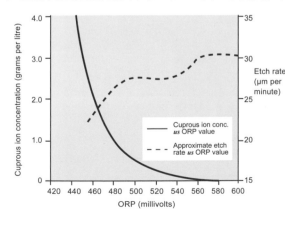

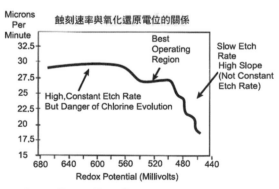

Source: Chemcut (Atotech)

Oxygen Inhibitor 氧氣抑制現象

曝光時乾膜會吸取紫外線中的光能量，引起本身配方中敏化劑（Sensitizer或稱感光啟始劑，Photoinitiator）的分裂，而成為活性極高的"自由基"（Free Radicals）。此等自由基將再迫使與其他單體、不含飽和樹脂、及已部份架橋的樹脂等進行全面性的"聚合反應"，而在銅面上固化形成為顯像液所沖刷不掉的阻劑。但此等聚合反應必須要在"無氧"的狀態下才能進行與完成。一旦接觸空氣氧氣後，其聚合反應將受到抑制或干擾而無法完成固化，這種氧氣所扮演的角色，即

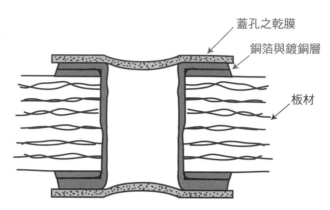

蓋孔之乾膜
銅箔與鍍銅層
板材

正片蓋孔乾膜經顯像及蝕刻後，
其通孔附近的示意圖

稱為"Oxygen Inhibitor"。此即乾膜前必須要有透明蓋膜（Mylar）的原因。

這就是為什麼當板子在進行其乾膜曝光，以及曝光後的停置時間（Holding Time）內，都不能撕掉表面透明護膜（Mylar）的原因了。然而在實施乾膜之"正片式蓋孔法"（Tenting）時，其鍍通孔中當然也存在有氧氣，為了減少上述Inhibitor現象對該孔區乾膜背面（與通孔中空氣之接觸面）的影響起見，可採用下述補救辦法：

①加強曝光之光源強度，使在瞬間產生更多的自由基，以消耗吸收掉鍍通孔中有限的氧氣。且形成一薄層阻礙性皮膜，以防氧氣自背面的繼續滲入。

②增加蓋孔乾膜的厚度，使孔口"蒙皮"乾膜的正面部份，仍可在Mylar保護下繼續執行無氧之聚合反應。即使朝向孔內的背面較為軟弱，在朝向孔外的正面已充份聚合而達到某種厚度下，仍耐得住短時間的酸性噴蝕，而完成正片法的外層板（見附圖）。不過蓋孔法對孔口銅面要徹底用陶瓷刷輪削到真平才能蓋牢，至於"無孔環"（Landless）的高密度電路板，則只好"無法度"了。這種先進高品級（High End）電路板，似乎僅剩下"塞孔法"一途可行了。自從無鉛政策執行後，二銅後的電鍍錫鉛必須改成電鍍純錫，由於電鍍純錫管理不易與成本考量下，許多業者乃改成流程較簡單的全板加鍍厚銅之蓋孔蝕刻，但在孔口平坦度不足與厚乾膜成本不低下，造成蝕刻液的滲入孔中而令孔銅遭到咬傷，直到下游焊接時才會被逐漸拉斷，最後的闖禍除了認賠外只有等下批的改善了。

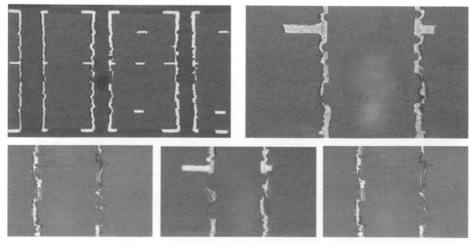

Ozone Depletion 臭氧層耗損

當大氣中的氧分子吸收到陽光中紫外線的能量後，會先行裂解成為自由基，而再與正常氧分子形成"臭氧"，這是一種淺藍色具刺激性的氣體。在地球大氣層（約300公里厚）的外緣同溫層中，即存著一層天然的臭氧層，約占全球總量的90%，此種臭氧層可保護地球不致受到陽光中紫外線及宇宙線的傷害。

電子工業中當做清洗用途的"氟氯碳化物 CFC"（如CFC-113之$C_2F_3Cl_3$），或冷媒用途的CFC-12等溶劑，由於其等化性極為安定而不易分解，常因揮發而輕漂上升到同溫層中，一旦遭到強烈UV能量的刺激下，將會電離出氯原子。據估每個Cl氯原子能破壞掉100個O_3臭氧原子。而CFC頑強的壽命竟長達100年之久，因而對臭氧層將產生極大的危害。1987年10月，美國空軍在南極上空發現臭氧層竟然破了一個如歐洲大小般的大洞，才激起全球的危機意識。現各國均已在蒙特婁協議上簽字，自1995年底起即已全面禁用CFC了。

各類CFC其對臭氧破壞耗損之潛力（Ozone Depletion Potential）亦有不同，學術界已訂有ODP之下限指標。上述CFC-12之ODP為1.0，CFC-113為0.8，四氯化碳CCl_4為1.1，連最常用的三氯乙烷之溶劑也達0.1。

Ozone Killer 臭氧層殺手

指氟氯碳化物（CFC）等很難分解且比重又輕的溶劑類，當被拋棄時會不斷自地面向上浮升，一旦到達並停在高空之臭氧層中時，經過陽光或宇宙線的長久刺激下，將會與O_3產生一連串的化學反應而消耗掉珍貴的O_3，久而久之使得保護地球的臭氧層遭到破壞。如此一來，宇宙間的各種高能量強力射線，即可直接打擊到地表造成各種動植物的死亡，而將引發無窮的災難，故CFC類溶劑被稱為O_3的殺手。

(a) Ozone formation

Mesosphere　　uv ↓

Stratosphere
$$O_2 \rightarrow O + O$$
$$O_2 + O \rightarrow O_3$$
slow transport ↓

Troposphere

(b) The N_2O, NO, NO_2 cycle

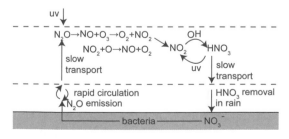

(c) The Cl, ClO cycle

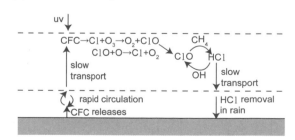

▲ 同溫層中決定臭氧的濃度淡化的主要過程，是源自NOx及C1Ox的循環所得的結果，中間層、同溫層、對流層。

Odd Mode / Common Mode 奇模 / 同模或共模 NEW

　　當PCB板中相鄰兩條訊號線在間距=線寬；且兩者都在工作時，於是就出現一去一回電流方向相反的Odd Mode奇模狀態。其實這就是可減少雜訊的差動線Differential line。當相鄰兩訊號線的電流方向相同時，即稱為同模、共模或偶模(Ever Mode)狀態。兩者間紅色的電場與藍色的磁場的關係如下二圖所示。

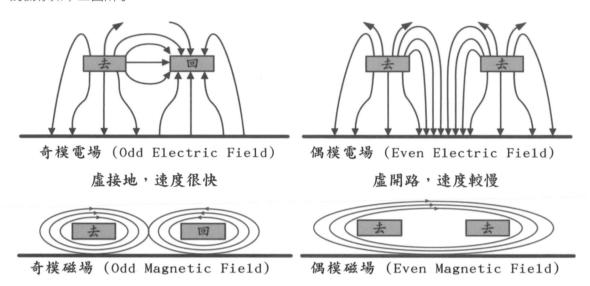

Organic Light-Emitting Diode 有機發光二極體 NEW

　　OLED是出生香港1975年取得康奈爾大學物理化學博士的鄧青雲先生所發明，1987年任職於柯達公司時經過多次努力發明了無需背光，卻能自行發光且功率很低而省電的OLED，被譽稱為OLED之父。OLED可分為被動式（Passive Matrix OLED）及主動式（Active Matrix OLED）兩種；以後者AMOLED較占優勢：其發光體很薄，可視角度很大，色彩豐富，省電，還可做成柔性彎曲畫面等。

　　OLED的結構是由四層薄膜所組成（見後頁之左彩圖）亦即：①灰色帶為陰極②為連接陰極之綠色者為具有半導體性質且透明的ITO（Indium Tin Oxide鈤錫氧化物）層③為陽極的電洞，可與陰極的電子在綠色可發光層中結合而發光④為連接陽極之紅色者為電洞層⑤灰色帶為陽極。當到達工作電壓時，陽極的電洞會往陰極移動，與陰極移來的電子在綠色層中相遇時會產生光子而自行發光。OLED有別於先前薄膜電晶體（TFT）必須背光者而更為方便，且可按材料的不同而發出紅、綠、藍之三原色，與進一步混合的各種顏色。

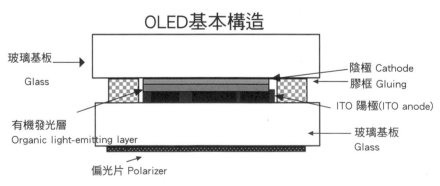

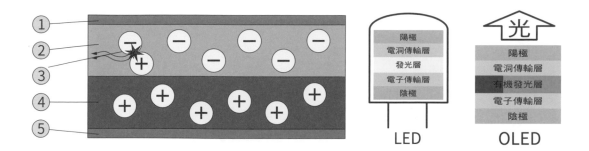

LED   OLED

Orthogonal Layout 斜向佈局佈線（俯視） NEW

　　一般PCB所用原板材都有玻纖紗的經緯方向，而大量生產的PCB必須按經向與緯向去剪裁內層薄板與PP膠片，唯其如此才能節省板材減少浪費。但某些特殊的高速PCB，為了使雙股差動傳輸線中板材的複合式Dk更為均勻起見（樹脂Dk為3.0玻纖Dk為6.0），乃刻意採斜向剪料，使得兩條訊號線所經歷板材複合Dk的差異減少，而得以降低正反兩訊號到達的時間差Shew，進而使得訊號完整性SI的品質更好，謂之斜向佈局排板。

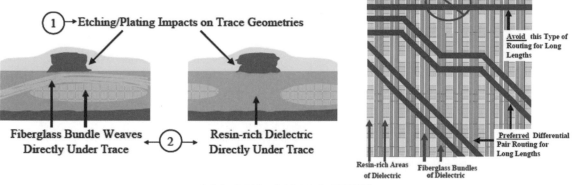

Orthogonal Microsection 斜向切片（俯視） NEW

　　當待測PCB板有CAF懷疑時，則俯視垂直於玻纖布經緯紗束取樣的常規切片，只能看到孔銅旁玻纖紗束的變白或有銅的滲入（見左二圖），但卻看不清化學銅滲入玻紗束的真實情形。此時若改採俯視與經緯紗呈斜向的取樣切片，則可見到化銅滲入狹縫的真實狀況，稱脂為斜向切片。

　　下左列兩切片畫面為已發生CAF常規垂直於經緯紗的100倍的全圖，及400倍的局部放大圖；而下右兩圖則為與俯視經緯紗呈斜向取樣的切片圖象，於是可見到玻絲束中滲銅的清楚畫面。

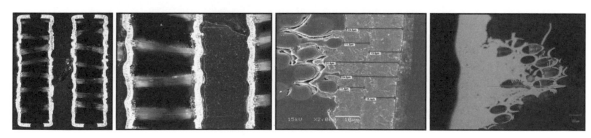

Packaging 封裝、構裝

此詞簡單的說是指各種電子零件,尤其是主動(大陸稱有源)元件,完成其"密封"及"成型"的系列製程而言。但若擴大延伸其意義時,那麼直到大型電腦或電子機器的完工上市前,凡各種製造與裝配工作都可稱之為"Interconnceted Packaging 互連構裝"。

若將電子王國分成許多層次的階級(大陸稱級別)制度時(Hierarchy),則電子組裝(Assembly,多指零件之安裝焊接)或構裝(Packaging,多指從元件到整機之完成)的各種等級,按規模從小到大將有:晶圓(Wafer)及Chip(晶片、芯片製造),Chip Carrier(單一芯片或多枚芯片積體電路器其單獨成品之載架載板與封裝),Card(小型多枚重要高難度元件所用小型電路板之組裝),及Board(正規電路板之組裝)等四級,再加上整體電子機器之最後"系統構裝"則共有五級。

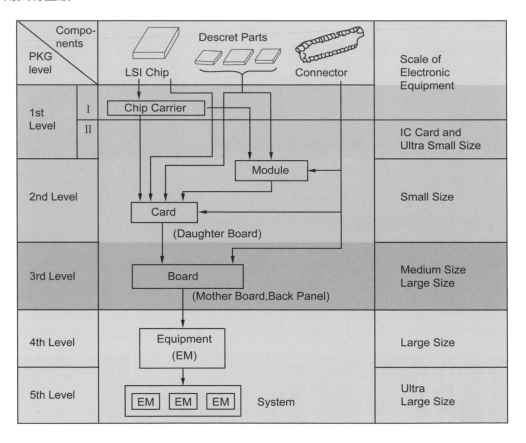

Packaging Efficiency 封裝效率

係指晶片(Chip)或晶粒(Die)在整體完工封裝品中所占的重量比,稱封裝效率。

Package on Package(PoP)疊接封裝件

在手機板或手執電子產品的狹小板面上,將多顆IC封裝體採外部立體疊落焊接方式進行組裝的主動元件,均可稱之為PoP。但所用的SMT取置機則必須更精密才行,即使如此其出現的問題不但很多而且都還是SMT歷史中所未遭遇過的。

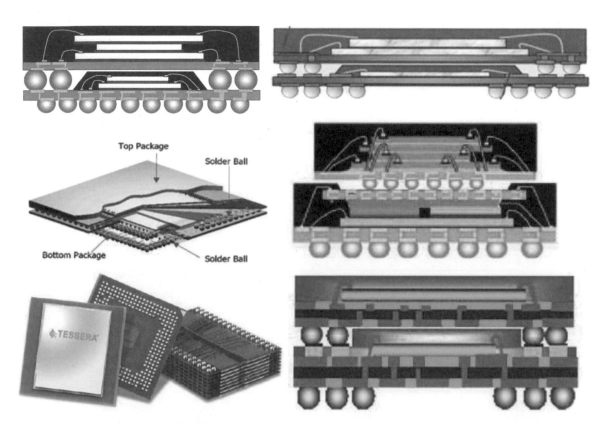

Package Warp 封裝體彎翹、封裝體翹曲

　　載板式封裝體之BGA或CSP，由於其與承接的PCB組板兩者板材的T_g不同（薄型載板之T_g在200℃以上），故經常發生Z方向的膨脹不均，尤其是大型BGA其無鉛焊接中更容易發生翹曲，以致四個角落的球腳發生熱起冷伏並未融洽枕頭效應式的假焊，甚至腹底中央區錫球擠扁而彼此空中短路等麻煩，2009年CULV筆電的北橋與CPU在薄板上（1.0mm）的組裝中即常見到這種異常現象。

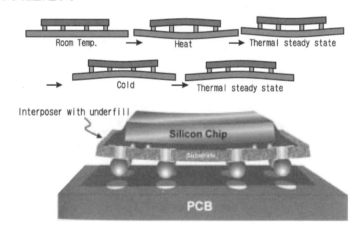

Pad 焊墊、圓墊

　　此字在電路板最原始的意思，是指零件引腳在板子通孔的孔環焊接基地。早期通孔插裝時代，係用以表示外層板面上插腳孔或導電孔（Via）兩者之孔環而言。1985年後的SMT時代，此字亦另指板面上的方型或細長型焊墊。不過此字亦常被引伸到其他相關的方面，如內層板面尚未鑽孔成為孔環的各圓點或小圓盤，業界也通常叫做Pad；此字可與Land通用。

Pad Cratering 球墊坑裂

　　是指BGA的球腳焊墊在回焊後或後續使用中，發生球墊自基材板上開裂浮起，或出現各種各樣的裂口。一但此等板材的浮裂竟然又拉斷了銅導體，當然就會引發組裝板的失效問題。電路板會刊曾在2007年1月之35期由筆者寫過深入介紹的9頁文章，說明大型BGA其載板在回焊中與PCB主板的Z方向脹縮方向相反，又因無鉛錫球的撓性較差，再加上無鉛化或無鹵板材中加有無機粉料約25%v/v，致使板材在BGA四個角落處承受不了過多的Z-CTE而開裂。目前針對此種難題的解困，上下游各大廠雖已組成聯盟著手研究改善，但一時還找不出有效的對策。

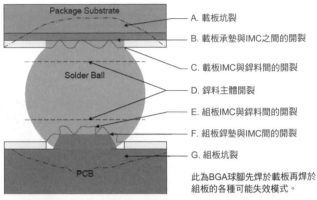

A. 載板坑裂
B. 載板承墊與IMC之間的開裂
C. 載板IMC與銲料間的開裂
D. 銲料主體開裂
E. 組板IMC與銲料間的開裂
F. 組板銲墊與IMC間的開裂
G. 組板坑裂

此為BGA球腳先焊於載板再焊於組板的各種可能失效模式。

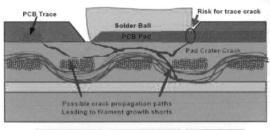
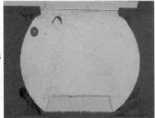

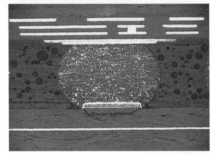

Pad Lifting 銲環浮起

通孔在插焊中，由於無鉛焊料湧入孔中瞬間造成巨大的Z膨脹而將板面的銲環向上猛烈頂起，一旦冷卻後又無法完全復原者，就會形成這種側視浮環的缺點，但尚不致造成產品銲點不夠強的失效。

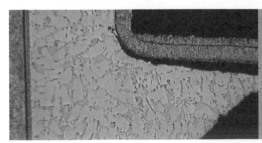
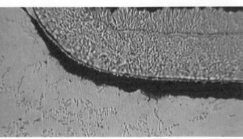

Pad Master 圓墊底片（孔位底片）

是早期客戶供應的各原始底片之一種，指僅有"孔位"的黑白"正片"。其中每一個黑色圓墊中心都有小點留白，是做為"程式打帶機"尋找準確孔位之用。該Pad Master完成孔位程式帶製作之後，還要將每一圓墊中心的留白點，以人工方式予以塗黑再翻成負片，即成為綠漆底片。隨著技術的進步此等先前的手工法均已走入歷史。

如今設計者已將板子上各種所需的"諸元與尺度"軟體資料都做成Gerber File的磁片，直接輸入到CAM及雷射繪圖機中，即可得到所需的底片，不但節省人力而且品質也大幅提升。附圖即為老式Pad Master底片的一角，是兩枚大型IC所接插座的孔位，右圖為新型BGA的球墊圖。

Pads on Via 蓋盲孔、反盲孔

係指逐次鍍後壓合（Sequential Lamination）的多層板，其某些並未貫穿全板而只有部份深度的外層通孔，經壓合之膠片流膠而塞滿後，成為填平的半埋通孔。由於壓合後半成品的多層板，還要再做全板穿透的通孔製程，此時化學銅與電鍍銅的鍍層，也會將上述各半埋通孔的削平表面一一蓋妥，使得原為半埋式的表層通孔，轉而成為填膠塞實的蓋盲孔或反盲孔，如此反而回收再生了板面佈線與設墊的用地。但此種孔蓋若用於焊接時，則塞孔之樹脂一定要平坦，不可呈現下凹之酒窩，否則焊墊之附著強度將有隱憂。

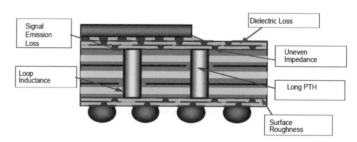

Structure & Issues of Current Buildup Substrate

Signal Emission Loss
Loop Inductance
Dielectric Loss
Uneven Impedance
Long PTH
Surface Roughness

Source: Dr. S. Denda, Nagano Micro Fabrication Studies 2003

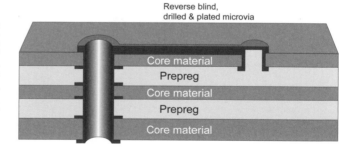

Reverse blind, drilled & plated microvia

Core material
Prepreg
Core material
Prepreg
Core material

此詞有時也有人稱為Via in Pad，但意義上並不完全相同。事實上此詞之Via是指雷射之微盲孔，而非通孔。當其打在表面焊墊中央時，正確說法應為Microvia in Pad而不是PTH in Pad，此微盲孔之凹陷外表不易鍍平，有時會造成焊接強度的不足。

Pads Only Board 唯環板

早期通孔插裝時代，某些高可靠度多層板為保證焊錫性與線路安全起見，特只將通孔與焊環（圓環或方環）留在板外，而將互連用的線路藏入到下一個內層上（即次外層）。此種多出兩外層的板類將不再加印防焊綠漆，在外觀上特別講究，品檢極為嚴格（附圖即為早期唯環式之10層板之部分，但此板之外層仍有綠漆以防密墊之間的焊接短路）。

目前由於佈線密度增大，許多民生攜帶型電子產品（如大哥大手機薄板），其電路板外層只留下SMT焊墊或少許線路，而將互連用的眾多密線只得埋入內層，其層間互連也改採高難度的盲孔或蓋盲孔（Pads on Hole），做為上下互連以減少全通孔對接地與電壓大銅面的破壞，事實上此種SMT密裝板也屬唯環板類。

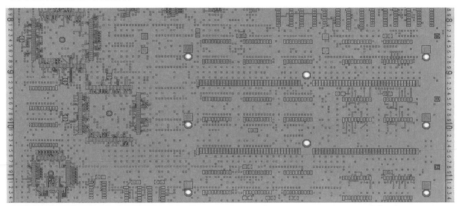

Palladium 鈀

是白金族的貴金屬之一，在電路板工業中早期是以氯化鈀粒子較大的錫鈀膠體離子團，做為PTH製程中的活化劑（Activator），當做化學銅層生長的前鋒部隊，數十年來一直居於無可取代的地位。連先前Shiply "直接電鍍" （Direct Plating）法的佼佼者Crimson，也是以 "硫化鈀" 做為導電的基層。但由於量產中各種直接電鍍的良率始終不如化學銅，且成本方面也不便宜，因而已逐漸式微了。不過化學銅前面的活化鈀除了傳統的錫鈀膠體之外，粒子更小的離子鈀（例如硫酸鈀）近年來也逐漸興起了。

硫酸鈀絡合物

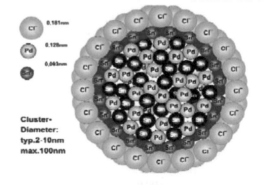

氯化錫鈀膠團

Palladium Stripping 除鈀層

各種板類經常有鎖螺絲用無需孔銅的NPTH，早先曾在PTH與電鍍銅之後再回到鑽機上去做二次鑽孔，但這種插隊做法對生產的排程與品質的掌控很難做好。因而就利用蝕刻成線的同時把二次孔的銅壁咬掉就成了NPTH了。

但這種簡便法其實並未將化學銅之前的

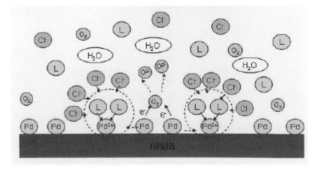

貴金屬鈀剝除，一旦後續表面處理還要做ENIG時，則化鎳與浸金層又在NPTH孔壁上長了出來。近年來覆晶載板（FC Carrier）利用化學銅做為半加成法（SAP）的板面基銅者，其前製當然還是有鈀層，於是後續咬銅而成密線後，其間距中仍然有鈀存在，成為未來可能失效的隱憂。

鈀是貴金屬很難被強酸所溶化，但卻可被氰化物溶成錯離子而移除，但劇毒的Cyanide是眾多業者所不敢輕易嘗試者。近年來曾有業者利用有機物配位錯合的原理而將鈀層移除或予以遮蔽，看來似乎有理但若再電漿處理後，某些區域又呈現鈀的活性了。

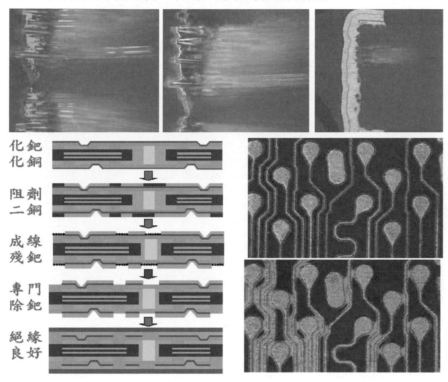

Pallet 托盤

下游組裝波焊中，為了避免將先前已被回焊區焊牢的各種元件再遭波焊強熱攻擊而加以保護，並將等待波焊方便其湧錫入孔起見，刻意採用FR-4玻纖板材或Glastic之特殊板材，以3D機械加工方式挖出具斜口的空洞，讓待焊區露在錫波中，此等波焊專用的載具謂之托盤。

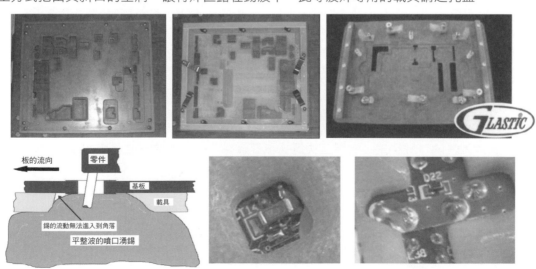

Panel 生產板面、製程（排）板、一個大板

是指在各站製程中所流通的待製板。其一片大型Panel中可能含有好幾十片"成品板"（Board）或暫連板（Array）。此等"製程板"的大小，在每站中也不一定相同，如壓合站之Panel板面可能很大，但為了適應鑽孔機的每一鑽軸作業起見，只好裁成一半或四分之一的Panel Size。當成品板的面積很小時，其每一Panel中則可排入多片的Board或Array。通常Panel Size愈大則生產愈經濟，以鑽孔與電鍍時之板面大小為準，常見者有18吋×24吋或20吋×24吋等。

此詞經常在口語中使用，主要是指製程中所流通的"在製品"板子。但亦常與其他字眼合用，如排板（版）大小的Panel Size，全板鍍銅的Panel Plating等。

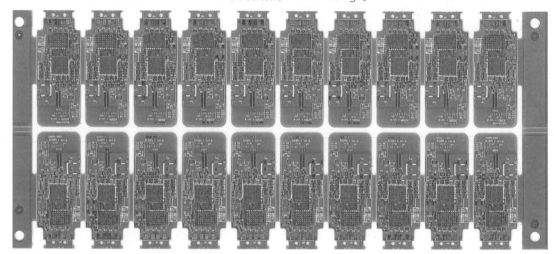

Panel Plating 全板鍍銅

當板子完成鍍通孔（PTH）製程後，即可實施約20分鐘的全板鍍銅，讓各孔銅壁能增厚到0.2～0.3 mil，以保證板子能安全通過後續的"影像轉移"製程，而不致出現孔破或斷孔的差錯。此種Panel Plating，在台灣業界多俗稱為"一次銅"，以別於影像轉移後只電鍍線路的"二次銅"。此等電路板前後兩次電鍍銅的做法，堪稱是各種製程中最穩當最可靠的主流，長期看來仍比正片法蓋孔（Tenting）蝕刻的外層板較有利，但三個重點：銅面必須全平，厚乾膜與強曝光都要做到，才不至下游焊接熱脹中的斷孔連連。

Panel Process 全板電鍍法

在電路板的正統縮減製程（Substractive Process 即減成法）中，這是以正片蓋孔直接蝕刻方式得"到外層線路的做法，其流程如下：

> PTH ⟶ 全板鍍厚銅至孔壁1 mil ⟶ 陶瓷刷輪把銅面削到真平 ⟶ 正片較厚乾膜蓋孔
> ⟶ 蝕刻 ⟶ 除膜 ⟶ 得到裸銅線路的外層板

此種正片做法的流程很短，無需二次銅，也不鍍純錫及剝純錫，流程縮短成本降低的確輕鬆不少。但4mil以下乾膜蓋孔（Tenting）蝕刻法的細線路卻不易做好，其蝕刻製程亦較難控制。最主要困難點是銅面要用陶瓷刷輪徹底削平，通常通孔兩端的孔口都呈現圓弧狀，讓後來窄窄的孔環不易抓牢乾膜，此等蓋不牢的乾膜將會導致孔內漏進蝕刻液，造成孔銅被局部咬薄或咬破，沒有全斷者出貨前的電測當然逮不到，一直到下游組裝焊接時才可能被拉斷而糟了大糕，其認錯賠款將會無窮無盡。

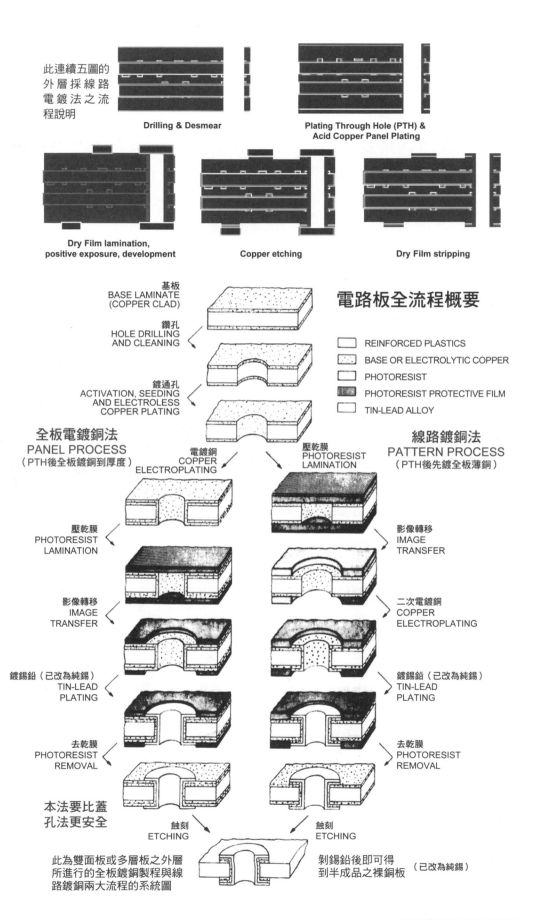

此連續五圖的外層採線路電鍍法之流程說明

Drilling & Desmear

Plating Through Hole (PTH) & Acid Copper Panel Plating

Dry Film lamination, positive exposure, development

Copper etching

Dry Film stripping

基板
BASE LAMINATE
(COPPER CLAD)

鑽孔
HOLE DRILLING
AND CLEANING

鍍通孔
ACTIVATION, SEEDING
AND ELECTROLESS
COPPER PLATING

電路板全流程概要

- ☐ REINFORCED PLASTICS
- ⬚ BASE OR ELECTROLYTIC COPPER
- ☐ PHOTORESIST
- ▨ PHOTORESIST PROTECTIVE FILM
- ☐ TIN-LEAD ALLOY

全板電鍍銅法
PANEL PROCESS
（PTH後全板鍍銅到厚度）

線路鍍銅法
PATTERN PROCESS
（PTH後先鍍全板薄銅）

電鍍銅
COPPER
ELECTROPLATING

壓乾膜
PHOTORESIST
LAMINATION

壓乾膜
PHOTORESIST
LAMINATION

影像轉移
IMAGE
TRANSFER

影像轉移
IMAGE
TRANSFER

二次電鍍銅
COPPER
ELECTROPLATING

鍍錫鉛（已改為純錫）
TIN-LEAD
PLATING

鍍錫鉛（已改為純錫）
TIN-LEAD
PLATING

去乾膜
PHOTORESIST
REMOVAL

去乾膜
PHOTORESIST
REMOVAL

本法要比蓋孔法更安全

蝕刻
ETCHING

蝕刻
ETCHING

此為雙面板或多層板之外層所進行的全板鍍銅製程與線路鍍銅兩大流程的系統圖

剝錫鉛後即可得到半成品之裸銅板 （已改為純錫）

Paper Phenolic 紙質酚醛樹脂（板材）

是單面板基材的兩種主成分。其中的白色牛皮紙稱為Kraft Paper（Kraft在德文中是強固的意思），以此種紙材去吸收酚醛樹脂成為半硬化的膠片，再將多張膠片壓合在一起，便成為單面板的絕緣基材，通稱為Paper Phenolic。

  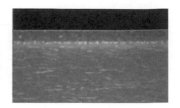

Parasitics Capacity（Capacitance）寄生電容

較正確的說法是"雜散電容"（Stray Capacitance），請見該詞之說明。

Parting Agent 脫膜劑

是一種具滑潤性的化學品，可預塗在各種鑄造模的內壁，以方便成形物品之容易脫膜，又稱Releasing Agent。

Partition Exposure 分區式曝光

平行光密貼曝光雖對成像品質改善很多，但大排板（21×24吋）者，其處處細線密線區域仍然是力猶未逮苦不堪言，於是就可採取自動分區接續式完成全板的曝光，此等曝光機以日商ADTec之ACP-630較為著稱，但單價高達台幣3000萬以上，只有高單價的載板廠才用得起。

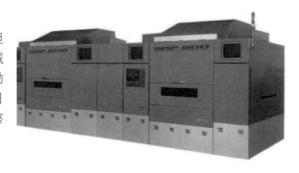

Passivation 鈍化、鈍化處理

此為金屬表面處理行業的術語，常指將不銹鋼物件浸漬於硝酸與鉻酸的混合液中，使強制產生成一層甚薄但卻很牢固又緻密的氧化膜，用以進一步保護底材而使減少生鏽的機會。另外也可在半導體表面生成一種絕緣層，而令電晶體表面在電性與化學性上得到絕緣，以改善其性能。此種表面皮膜的生成，亦稱為鈍化處理。

Passive Device（Component）被動元件（零件）

是指一些小型電阻器（Resistor）、電容器（Capacitor），或電感器（Inductor）等零件。當其等被施加電子訊號時，仍一本初衷而不改變其基本特性者，謂之"被動零件"；相對的另有主動零件（Active Device），如電晶體（Transistors）、二極體（Diodes）或電子管（Electron Tube）等，大陸術語稱為無源元件。

Paste 膏、糊

電子工業中表面黏裝所用的錫膏（Solder Paste），與厚膜（Thick Film）技術所使用含貴金屬粒子所配置的厚膜糊等，皆可用網版印刷法進行定點著落的施工。其中除了金屬粉粒外，其餘皆為精心調配的各種複雜的有機助劑或載體，以加強其實用性。

Pastevia 銅膏導孔

凡成孔後不採電鍍銅之傳統互連方法，卻採銅膏塞孔而導通者，即稱之。如日本松下電器之ALIVH製程即是。此種銅膏全滿塞孔之導通，又與價格比PTH還便宜的STH銀膠貫孔法不同，後者只是用銀膠塗佈孔壁並未塞滿，其可靠度自然不會太好。

Pattern 板面導體圖形

常指電路板面的銅導體圖形或非導體圖形而言，當然對底片或藍圖上的線路圖案，也可稱為Pattern。

Pattern Plating 線路電鍍（大陸術語稱圖形電鍍）

是指外層板在完成負片阻劑之後，所進行的線路鍍銅（二次銅）及鍍錫鉛或純錫而言。

Pattern Process 線路電鍍法

是減縮法製造電路板的另一途徑，其流程如下：

PTH ⟶ 鍍一次銅 ⟶ 負片影像轉移 ⟶ 鍍二次銅 ⟶ 鍍純錫 ⟶ 蝕刻 ⟶ 褪純錫 ⟶ 得到外層裸銅板

這種負片法鍍二次銅及純錫的Pattern Process，目前仍是電路板各種製程中的主流。原由無他，只因為是較安全的做法，也較不容易出問題而已。至於流程較長，需加鍍純錫及剝純錫等額外麻煩，已經是次要的考慮了。

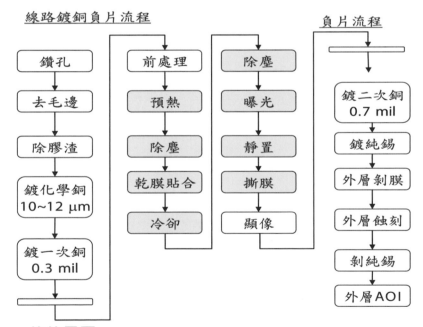

Peak Voltage 峰值電壓

指電路系統工作中瞬間出現的最大電壓之數值。

Peel Strength 抗撕強度

這是CNS的正確譯詞，而且早已行之有年。其典雅貼切足證前輩功力之高超。可惜某些銅箔基板業者們不明就裡不讀正書，竟自做聰明按日文字面直接說成"剝離強度"，不但信雅達欠週，且欲待呈現之原義也為之盡失，雖不至背道而馳卻也頗乏神似而殊為遺憾。

此詞是指銅箔對基材板的附著力或固著力而言，常以每吋寬度銅箔垂直撕起所需的力量做為表達單位。這當然不僅量測原板材的到貨（As Received）情形，還更要模擬電路板製程的高溫環境、熱應力、濕製程化學槽液等的各種折磨，然後檢視其銅箔附著力是否發生劣化。線路愈來愈細密時其附著力的穩定性（Consistency）將益形重要，而並非原板材銅箔附著力平均值很高就算完事。

IPC-4101 / 21就FR-4板材之此編號規格單中，對該類基板之抗撕強度已劃分成三項試驗及允收規格，即：

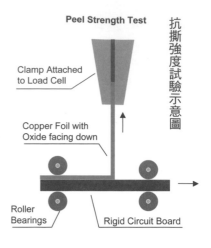

抗撕強度試驗示意圖

Clamp Attached to Load Cell

Copper Foil with Oxide facing down

Roller Bearings

Rigid Circuit Board

A. 厚度17μm以上之低稜線銅箔（Low Profile），其測值無論厚板（指0.78 mm或31 mil以上）或薄板（指0.78 mm或31 mil以下）均需超過70 kg/m（或3.938磅/吋）之規格。

B. 標準稜線抓地力較強之銅箔（即IPC-CF-150之Grade 1）又有三種情況（試驗方法均按IPC-TM-650之2.4.8節之規定）：

B-1：熱應力試驗後（288℃漂錫10秒鐘）；薄板須超過80 kg/m（或4.47磅/吋），厚板者須超過105 kg/m（或5.87磅/吋）。

B-2：於125℃高溫中；薄板與厚板均須超過70 kg/m（約41磅/吋）。

B-3：濕製程後；薄板須超過55 kg/m（厚板須超過80 kg/m）。

C. 其他銅箔者，其抗撕強度之允收規格則須供需雙方之同意。例如測黑棕色皮膜在基材上的抗撕程度（亦即附著力大小），即可利用本法去執行。

D. 試驗頻度：按IPC-4101表5之規定，上述B-1項品質出貨時須逐批試驗，B-2項則三個月驗一次，而B-3項也是三個月驗一次。一般業者經常對抗撕強度隨便說說的8磅，係指早期美軍規範（MIL-P-13949）舊"規格單4D"中，對厚度1 oz之標準銅箔之8 磅/吋而言，立論十分鬆散不足為訓。

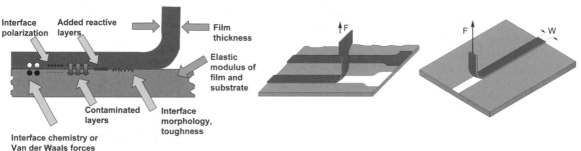

Peelable Foil 可撕式銅箔

封裝載板為了要做15-20μm的細線而必需要用到3μm超薄銅皮的薄基板，而此等3-5μm的超薄銅皮本身壓製成的CCL已無法像正統CCL那樣的工序，必須要在超薄銅皮的表面另外貼一張1-2oz的載箔作為保護層，一旦經過熱壓後，其載箔即可輕易撕掉。目前此等商品仍以日貨居多。

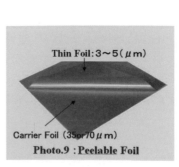

Thin Foil: 3~5（μm）

Carrier Foil（35or70μm）

Photo.9 : Peelable Foil

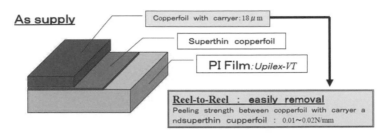

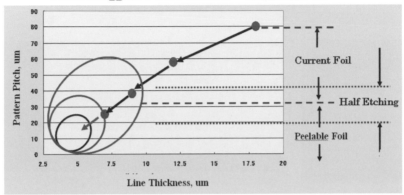

Technology of Fine Pattern : Peelable Foil

Peelable Resist 可剝膠、可撕阻劑

　　接近完工之PCB其板面已呈現立體起伏的線路，當須在某些後段製程中進行局部性之保護時，如噴錫板面的金手指，即可採用印刷式或貼附式的臨時阻劑，事後可直接撕起而不留殘膠者，謂之Peelable Resist。

Perimeter Array 周邊排列、四周排列

　　指表面貼焊組裝的各式元件，若其眾多引腳的連接在封裝體的四周外圍者，均可稱之PA。此詞經常用與Area Array（如BGA、CSP等腹底全面接腳）做對比，其封裝效率自然不如後者。

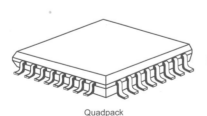

Quadpack

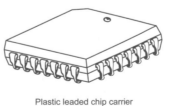

Plastic leaded chip carrier

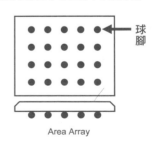

球腳

Area Array

Periodic Reverse（PR）Current 週期性反向電流

　　在電鍍作業中，習慣將被鍍件置於陰極之負電流狀態下，一向視之為"正常"。若將電源供應的方向定時加以改向，亦即將被鍍件瞬間改成"正電流"，使暫處於陽極的溶蝕狀態，與

傳統習慣相反，故將此種被鍍件暫處不鍍卻反而咬蝕的情況，稱之為"反電流"。某些電解製程之操作，如鹼性槽液脫脂即可採用"週期性反電流"法，在氫氣及氧氣交互發泡下，對鍍件表面的污垢可產生磨擦揭除的作用，稱為PR電流法。

PR法除大多用於電解清洗外，亦可用於各種鍍銅及鍍銀上。至於其反電流時間的長短，則可由實驗而設定之。其作用是將高電流區的突出鍍點予以少許的反蝕，以達整平及拋光的效果。

新式的"反脈衝"（Reverse Pulse）鍍銅法，亦屬此種PR的改善應用，下右圖之PR效果即比左圖DC之效果改善很多，甚至可看出孔口的銅層比孔中央還薄，而且漂錫也未拉斷（A/R 10：1），可見PR對深孔鍍銅的重要了。

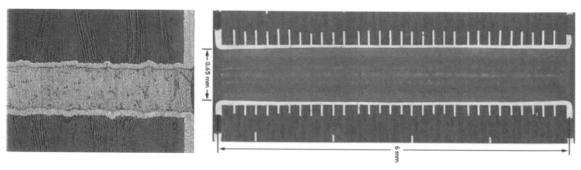

▲ 左圖為反脈衝所鍍深孔，可見到孔口反而較薄，右圖DC者則呈現輕微的狗骨現象

Peripheral 週邊附屬設備

在電子工業中通常是指電腦主機之外的其他附屬設備，如印表機、繪圖機、磁碟機等，皆簡稱為Peripheral。

Permeability 透氣性、導磁率、透氣率

此詞有二含意，其一是指氣體、蒸氣或小粒，在未受物理方面及化學方面的影響下，能夠自然通過某種屏障的能力；其二是指導磁性質，假如設定空氣的導磁率為1時，其他物質與之相比而得到之數值謂之"導磁率"。

自從雷射鑽孔的HDI增層材料改用具玻纖布的膠片後，不但成本比RCC便宜且尺寸也更為穩定，於是HDI手機板的後期者均改採prepreg了。不過其中的玻纖布卻是所謂的開纖或扁纖，以方便雷射鑽孔與孔型的良好。這種全新布種是將經紗都予以打開成扁平狀，於是其織布中的開口就閉合了，透氣率也大幅降低。下列者即為日商Asahi Kasei的商品說明。而且B^2it製程為了方便其銀錐的刺穿，所用開纖布則更為扁平，當然成本也就更貴了。

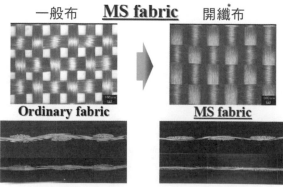

Permittivity 容電率（日文為誘電率）

是指介於導體之間的絕緣材料，在高頻情況下，訊號線可能將無法完全傳播訊號該有的能量，而會有一小部分被絕緣板材所吸容，這種因被容存的程度稱為"Permittivity"。

不過尚另有一術語Dielectric Constant（介質常數）其意義與此詞完全相同，而且流傳更廣。二者相比較時，仿似Permittivity的意義較為明確，也比較容易懂。最常用的板材FR-4在1MHz頻率下，其"容電率"約為4.5，而鐵氟龍卻可低到2.2，是各種商品板材中介質性能最好，也最適於高頻用途者（參閱Relative permittsivity）。

Phase 相

指物質在某種條件中的均勻狀態，如氣相（Vapor Phase）或液相（Liquid Phase）等。

Phase Diagram 相圖

指物質在壓力、溫度、組成、結晶等參數變化下，形成不同的形態在各相間之往復變形，可用曲線圖表達其平衡狀態各等參數之圖樣者，稱為"相圖"，所附列者為三元相圖。（另二元相圖請參閱Eutectic Composition之彩圖）。

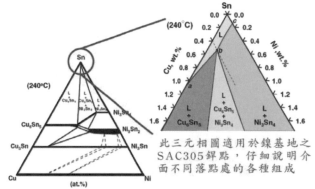

此三元相圖適用於鎳基地之SAC305銲點，仔細說明介面不同落點處的各種組成

▲ 此為錫銅鎳三金屬於高溫(240℃)中所呈現的平衡金相圖，可從其頂尖高錫區來說明上述三元性IMC的變化情形。右側放大圖中首先可見金字塔頂尖處液相藍色L區的位置，以及漿態區三種不同的組成，也就是前圖各固體所呈現形貌各異IMC的由來。

Phenolic 酚醛樹脂

是各電路板基材中用量最大的熱固型（Thermosetted）樹脂，除可供單面板的銅箔基板用途外，也可做為廉價的絕緣清漆。酚醛樹脂是由酚（Phenol）與甲醛（Formalin）所縮合而成的。其所交聯硬化而成的樹脂有Resole及Novolac兩種產品，前者多用於單面板的樹脂基材。

酚醛樹脂之反應式及其結構式

酚　　甲醛

Novolac or Resole

Phosphorous Copper Ball Anode 磷銅球陽極

是一般酸性電鍍所用的陽極，其中少許磷含量為0.04-0.065％w/w，加磷的功用有（1）可捕捉槽液中的氧原子形成P_2O_5在陽極表面形成黑色皮膜阻隔碎小粒子的泳游（2）降低陽極效率減少溶銅抑制銅量上升（3）減少光澤劑的用量。

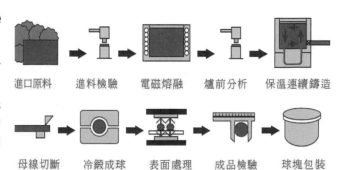

進口原料　進料檢驗　電磁熔融　爐前分析　保溫連續鑄造

母線切斷　冷鍛成球　表面處理　成品檢驗　球塊包裝

Phosphorous（Phospher）磷含量

通常在PCB業界是指ENIG皮膜化學鎳當中的磷含量而言（重量比），磷量愈低者焊錫性愈好，磷量愈高者焊錫性雖然不好，旦耐蝕性卻好很多。

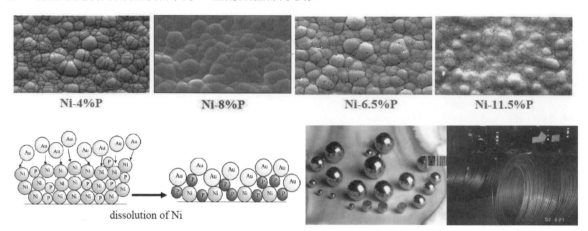

Ni-4%P　　　Ni-8%P　　　Ni-6.5%P　　　Ni-11.5%P

dissolution of Ni

pH Value 酸鹼值

係水溶液酸鹼度的人為表示法，其正確寫法是小 p 與大 H 連寫。

本詞的正確定義是：水中氫離子濃度（以[H]表示）的倒數（1／[H]），再求取其對數值（log1／[H]），即成為pH值。

例如某水溶液之氫離子濃度是1／10,000（簡寫成10^{-5}），其倒數應為10^5，再求對數值log 10^5，即得pH＝5。是一種以簡單數字去表達抽象觀念的簡易做法。pH值在0～7者為酸性，數字愈低酸性愈強。pH在7～14者為鹼性，數字愈高者鹼性愈強。此pH值若以數學式表示時則為：pH＝log1／[H]，完全是一種人為公式，並非數學真理。

Phosphatizing 磷化處理

是金屬零件一種防銹處理的方法，是在洗淨的金屬表面進行磷酸鋅或磷酸錳的槽液式浸漬處理，會長出一層黑色的化合性皮膜，並可再行噴漆或電泳鍍漆等工程，汽車工業或電子機器之大型機箱等均常使用。

Phosphor 磷光體、磷光素

會發出磷光（Phosphorescence）的物體稱為磷光體。當某種特殊物質吸收到外來電子能量或紫外光的光子能量時，不致立即反光或另發射光，而是將已吸收的能量以較弱能（波長變長）而延長其輻射發光時間者稱為磷光。例如基地晚上會見到暗淡的鬼火者，那就是磷光體白天吸收到許多能量晚上再緩緩的釋放出弱光束。

若在無機質磷元素（Phospher or Phosphours，注意此二字與磷光體phosphoro的不同）中摻入少許鋅、硫或銀等所謂的活性劑時，則將不斷的吸收外來的各種能量（例如電、光、熱等）時，將會在黑暗中見到微弱的磷光（環境太亮看不到）。常見CRT顯示器即在玻璃鏡面背後塗有一層磷光體，即可顯示出有光的畫面。

此種磷光體還可用於LED的照明用途，由於具備省電少熱與發光效率很高等優點，未來各種照明設施均將逐漸改LED，對PCB與CCL工業而言又將出現另一個廣大用途與市場。

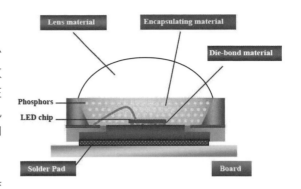

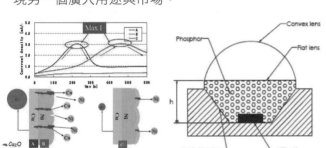

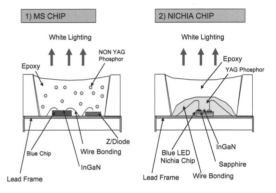

Photofugitive（Photo-Bleaching）感光褪色

乾膜光阻劑的色料中，有一種特殊的添加物，會使已感光的部份在線（In Line）產品之顏色變淺，以便能與尚未感光產品的原色有所區別，使在忙碌的生產線上容易分辨是否已做過曝光，而不致弄錯再多曝一次。

與此詞對應的另有曝光後顏色加深者，稱為 "Phototropic"（下圖取材自阿托科技）。

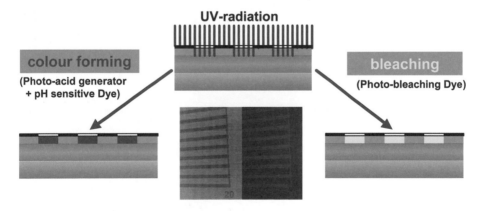

Colour formation activated by acid. Exposed areas turn to darker colour　**Degradation of chromophor groups. Exposed areas turn to lighter colour**

Photographic Film 感光成像用之底片

是指電路板上線路圖案的原始載體，也就是俗稱的"底片"（Artwork）。常用的有Mylar式軟片及玻璃板之硬片。其遮光圖案的薄膜材質，有黑色的鹵化銀（Silver Halid）及棕色的偶氮化合物（Diazo）。前者幾乎可擋住各種光線，後者只能擋住550 nm以下的紫外光。而波長在550 nm以上的可見光，對乾膜已經不會發生感光作用，故其工作區可採用黃光照明，比起鹵化銀黑白底片只能在暗紅光下作業，的確要方便得多了。

Photo-Imagible Dielectric（PID）感光介質（材料）

1990年代增層法（Build up process）興起後，起初幾年感光成孔法亦曾流行過一陣子，其中以IBM公司的SLC名氣最大，目前均已逐漸消失。其做法是在完工核板（Core）之表面塗佈濕膜PID，或壓著乾膜PID，然後再進行曝光解像等過程（有如現行感光綠漆一般）而得到微孔。凡能感光成孔的板材均稱為PID。

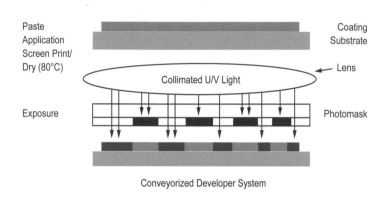

Photoinitiator 感光啟（起）始劑

有時也稱為敏化劑Sensitizer，如 醌 類（Quinones）等染料，是乾膜接受到光能量後首先展開聚合反應行動者。當此劑接受到UV的刺激後，本身隨即迅速分解成為自由基（Radicals），進而激發各單體迅速進行連鎖式聚合反應，是乾膜配方中之重要成份。

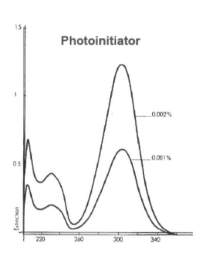

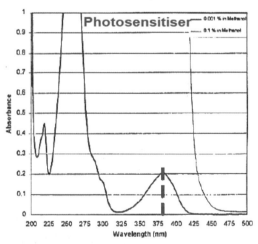

- ITX + hν ➔ ITX*
- ITX* + PI ➔ ITX+PI*
- PI + hν ➔ PI*
- Monomer & Oligomer + PI* ➔ Polymer+PI

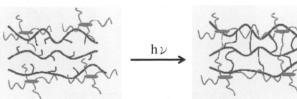

Photomask 光罩

這是微電子工業所用的術語，是指半導體晶圓（Wafer）在感光成像時所用的玻璃底片，其暗區之遮光劑可能是一般底片所用的鹵化銀乳膠，也可能是極薄的金屬皮膜（如鉻）。此種光罩可用在已塗佈光阻劑的"矽晶圓片"面上進行成像。其做法與PCB很相似，只是線路寬度更縮細至微米級（1～2μm）級，甚至次微米級（0.18或0.13μm）的精度，比起電路板上最細的線還要小100倍以上。（1 mil＝25.4μm），目前各類封裝載板已大量使用了。下圖即為光罩製作利用E-beam在石英材質的鉻面上進行燒蝕，與形成底片的動件。

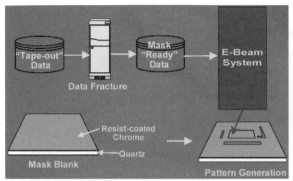
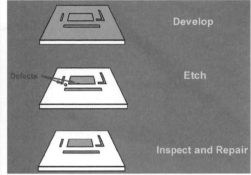

Photoplotter, Plotter 光學繪圖機

是以移動性多股單束光之曝光法，代替傳統固定點狀光源之瞬間全面性曝光法。在數位化及電腦輔助之設計下，PCB設計者可將各原始諸元（Feature）如孔環、焊墊、佈線及尺寸等精密資料，輸入電腦在Gerber File系統下，收納於一片磁片之內。電路板生產者得到磁片後，即可利用CAM及光學繪圖機的運作而得到尺寸精準的底片，免於運送中造成底片的變形。

由於普通光源式的Photoplotter缺點甚多，故已遭淘汰。現在業界已一律使用雷射光源做為繪圖機的配備。現役各種品牌的商用機檯有平檯式（Flat Bed）、內圓筒式（Inner Drum）、外圓筒式（Outer Drum），以及單獨區域式等不同成像方式的機種。其等亦各有優缺點，是現代PCB廠必備的工具。也可用於其他感光成像的工作領域，如LCD、PCM等。

Photo polymerigation 感光聚合、感光固化

負型光阻劑接受到UV光（365nm）的能量後，其中光啟劑即裂解出自由基並傳給丙烯酸之單體，於是此等單體即開始發生聚合反應。

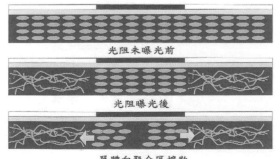

光阻未曝光前

光阻曝光後

單體向聚合區擴散

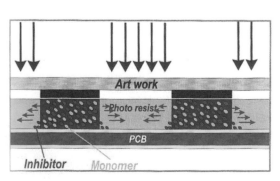

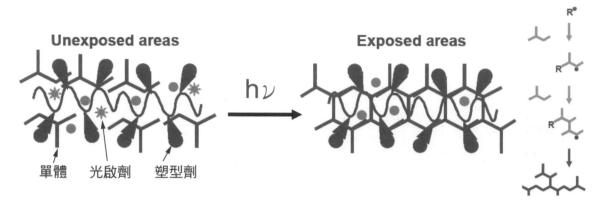

単體　光啟劑　塑型劑

Photoresist 光阻、光阻膜

　　是指在電路板銅面上所附著經過感光成像的阻劑圖案，使能進一步執行選擇性的蝕刻或電鍍之局部工作。常用者有乾膜光阻及液態濕膜光阻。除電路板外，其他如微電子工業或光阻式化學蝕刻加工（PCM）等也都需用到光阻劑。下二圖即説明負型與正型光阻之不同。

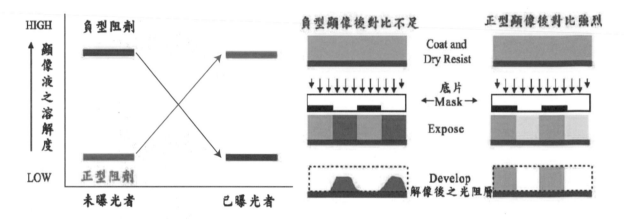

Photoresist Chemical Machining（Milling）光阻式化學（銑刻）加工

　　用感光成像的方式，在薄片金屬上形成選擇性的兩面感光阻劑，再進行雙面銑刻（鏤空式的蝕刻）以完成所需精細複雜的花樣，如積體電路之腳架、電鬍刀之觸網、果菜機的主體濾心濾網等，皆可採PCM方式製作。

　　此詞亦可直接簡稱為Photochemical Machining（Milling），業者多半採用柯達公司之濕膜光阻KPR做為阻劑，可以製作IC腳架（Lead Frame）或各種精巧的裝飾品類，非常重視表面的精修狀況。而所用金屬底材也變化極多，如Alloy 42、鈹銅（Beryllium Copper，取其具有彈性之特點）、鐵鎳合金、鉬合金、Invar等。所用以兩面蝕穿的蝕刻液更有 $CuCl_2$、$FeCl_3$、HF與硝酸等不同腐蝕性槽液，尤以後者常會造成光阻劑脆化的效果，製程十分困難。有時亦可採用鹼性蝕刻液如亞鐵氰化鉀（黃血鹽）等，卻也因光阻劑不耐鹼性的環境而有害於製程，故商品的完工皆有其祕訣，外行不易進入情況。

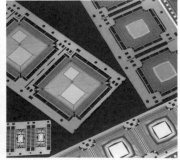

Phototool 底片

一般多指偶氮棕片（Diazo Film），可在黃色照明下工作，比起只能在紅光下工作的黑白鹵化銀底片要方便一些。此詞亦可說成Artwork。

Photo-Via 感光孔、感光成孔

是增層法(Build up process)的一種，係將完工多層板的兩外表，再加塗感光濕膜或貼附感光乾膜等介質層(PID)，然後將底片在孔位徑處加設遮光的擋點，曝光後顯像中即可沖洗掉孔位之樹脂而成孔，此種微盲孔謂之Photo-Via，由於其後續化銅電銅層之抗撕強度並不很好，故做為焊墊時，並不很可靠，即使用高錳酸鉀去仔細做粗化，希望化銅與電銅能夠牢固些，但量產仍有問題。故到2000年底時此種相當熱門的BUM法，已漸走入歷史了。

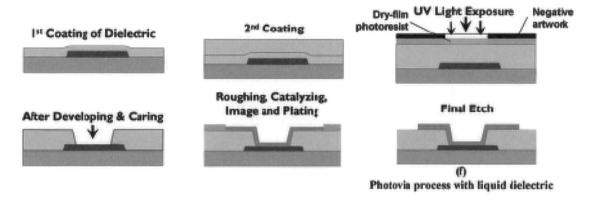

Photovia process with liquid dielectric

Pick and Place 拾取與放置

為表面黏裝技術（SMT）產線中重要的一環。其做法是以自動化機具，將輸送帶或供料夾中的各式片狀小零件用抽真空法拾起，並精確的放置在電路板面的固定位置，且令各引腳均能坐落在所對應的焊墊上（已有錫膏或採紅點膠固定），以便進一步完成焊接。此種"拾取與放置"的設備改進速度很快價格也很貴，是SMT中投資最大者。

Pickling 浸酸除鏽

這是用一般金屬表面處理的術語，主要目的是對原成品封料表面鍍蝕的溶除清理，又可稱為De-scaling或De-rusting。其細部動作可分為三階段：(A)浸酸使滲入鏽層（B）酸液與鏽殼發生化學反應（C）發生氫氣協助將鏽膜吹走掉（下列各圖取材自阿托科技）。

另兩圖為鐵表面產生鏽與不鏽鋼表面陽極性點狀溶蝕兩者之各層次細部說明。

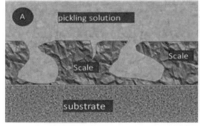
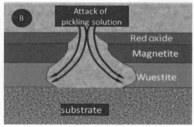
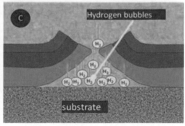

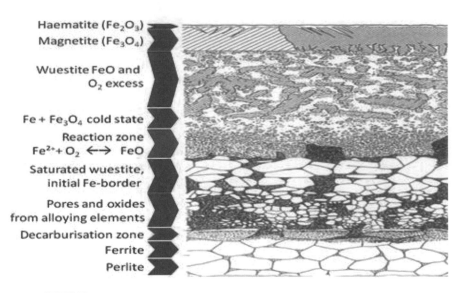

Haematite (Fe₂O₃)
Magnetite (Fe₃O₄)

Wuestite FeO and O₂ excess

Fe + Fe₃O₄ cold state

Reaction zone
Fe²⁺+ O₂ ⟷ FeO

Saturated wuestite, initial Fe-border

Pores and oxides from alloying elements

Decarburisation zone

Ferrite

Perlite

Piezoelectric 壓電性

當某些物質受到外來的機械壓力後會產生電流,此種性質稱為"壓電性"。大多數晶體包括常見的石英在內都具有壓電性。反之若使電流通過其中時,則也會產生每秒數百萬次的機械微小振盪。因而利用其"可逆"之雙重性質,能夠製造揚聲器、計時器、電唱機唱頭等精密電子產品。有一種壓電材料做成的薄片之Piezofon(暫譯為壓電片),並可多片組合成為散熱座以方便小型電子機器的散熱(例如筆記型電腦),此種想法目前正在試驗中。

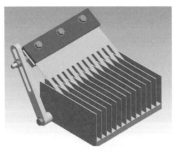
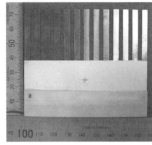
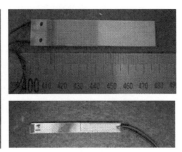

Pillow Effect 枕頭效應

係指大型BGA在PCB組板上進行錫膏回焊的過程中,發生載板與組板不同程度的翹曲,以致球腳向上提起而離開焊墊上的錫膏,冷卻過程又降回原來高度,但此時錫球與錫膏已各自降溫而無法再熔成一體,只是互相貼緊而已,特稱為枕頭效應。

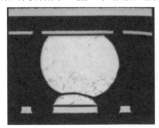
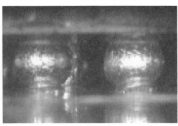
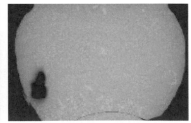

Pin 接腳、插梢、插針

指電路板孔中所插裝的鍍錫零件腳,或鍍金之插針等。可做為機械支持及導電互連之用處,是早期電路板插孔組裝的媒介物。其縱橫之跨距(Pitch)早期大多公定為100 mil,以做為電路板及各種零件製造的依據。

Pinch Off 捏合、擠合

盲孔電鍍填銅操作是在添加劑（尤其是光澤劑）的搭配與電流優化以及槽液的噴流協助等良好條件下，可由孔底主力往上增長而逐漸將盲孔填平，一旦各種操作條件不良時，就可能在孔內的銅厚增長很快，但孔底卻還不及增厚之下，將會出現孔口被堵死而盲孔仍留下空洞，有如捏餃子皮一樣稱為捏合。

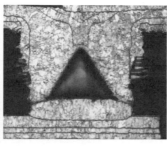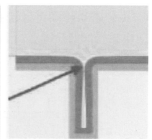

Pin Grid Array（PGA）針腳格列封裝體

是指早期一種複雜的封裝體，其反面是採矩陣式格點之針狀接腳，可分別插裝在電路板之通孔中或所對應之插座中（一般以後者居多）。正面則有中間下陷之多層式晶片（Chip）封裝互連區，比起"雙排插腳封裝體"（DIP）更能佈置較多的I／O。附圖即為其示意及實物圖。

Pin-In-Paste（PIP）錫膏中插腳

某些電路板之組裝過程不能或不方便採用波焊（Wave Soldering），或當無波焊設備時，則可在插腳焊接的各孔中塞印進錫膏，然後再插入零件腳，可與SMT的錫膏焊點等，一併經過紅外線或熱風而焊妥。此種錫膏用在通孔插腳焊接者，謂之PIP。

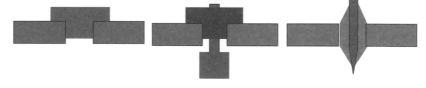

Pinhole 針孔

廣義方面是指各種表層上能見到底材的細小透孔均稱為針孔，在電路板則專指線路或孔壁上的外觀缺點。如圖即說明四種在程

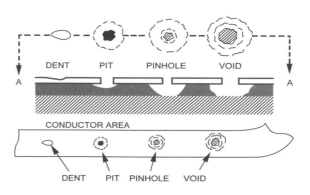

度上不同的銅線路或銅導體缺點，分別稱為凹陷（Dents）、凹點（Pits）、針孔（Pinholes）與破洞（Voids）等情形。

Pin Lamination 有梢式壓合（層壓）

是多層板早期的壓合方式，需先將各雙面內層或單面外層的基材板以及膠均先行打出套準用的工具孔，然後一一套合在裝有對準梢（Pin）的基底板上，然後再覆合以上蓋板（Top Plate）成為一個組合即可送入熱壓機去壓合。現行一般商用多層板均已改採方便快捷的大型無梢壓板了，只有高多層板仍在使用多枚梢釘的有梢壓合法。

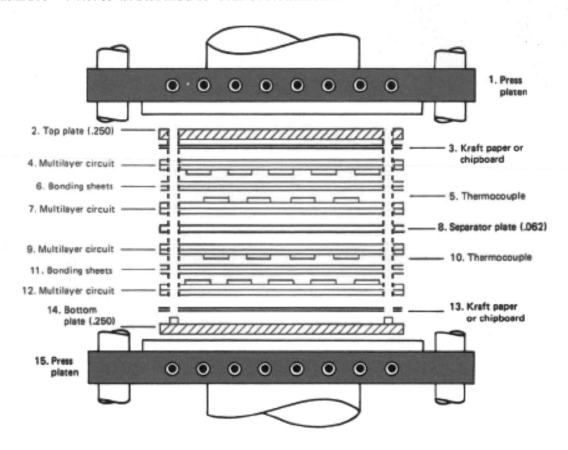

Pink Ring 粉紅圈

多層板內層板上的銅箔孔環，與鍍通孔之孔壁互連處，其孔環表面的黑氧化或棕氧化層，因受到惡劣鑽孔及鍍孔之各種酸液製程影響，以致被藥水浸蝕而擴散還原成為俯視不規則圈狀紅銅色的裸銅面，稱為 "Pink Ring"，是一種品質上的缺點。其成因十分複雜，微切片孔壁的楔型孔破（Wedge Void）即為其側視畫面，而且還可從剖孔後的半個孔壁上見到許多點狀破洞。（詳見電路板資訊雜誌第37及38期之深入論述）。

 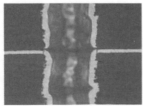  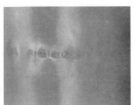

Pitch　跨距、腳距、墊距、線距、中距

Pitch純粹是指板面兩"單元"中心點之距離，PCB業美式表達常用mil-pitch，即指兩焊墊中心線的跨距mil而言。中距Pitch與間距Spacing不同，後者通常是指兩導體間的"絕緣板面"，並不含任何導體在內。

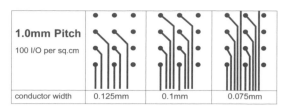

Pits　凹點

指金屬表層上所呈現小面積下陷的凹點，當鍍光澤鎳時製程管理不善（有機污染）者，其鍍層表面高電流區常出現密集的凹點，其原因是眾多氫氣聚集附著未能及時趕走所致，或金屬表面腐蝕而產生的凹點。

一般不夠高明的業者常將此詞與"針孔Pin Hole"混為一談，事實上Pits是不見底的小孔，與見底的針孔並不相同。當Pits變大了那就是Void了。

I/O Pitch	Routing Design Rule		
	2 Track	3 Track	4 Track
0.5mm Pitch 400 I/O per sq.cm			N/A
conductor width	0.050mm	0.025mm	N/A
0.5mm Pitch (depopulated or staggered) 200 I/O per sq.cm			
conductor width	0.125mm	0.1mm	0.075mm

Plain Weave　平織、平紋

是指網印術中所用網布的一種編織法，即當其經緯紗是以一上一下（One Over One Under）之方式編織者，稱為"平織法"。就網版印刷法而言，平織法網布之漏墨性最好。現今流行的網布皆採單絲所編成，故當其網目數不斷增多增密至某一限度時，則因其絲徑太細，以致強度不足，無法織造出印刷術所要求的網布。通常合成纖維（以聚酯類之"特多龍"為主）到達300目/吋（120目/公分）以上時，就因為張力不足而不能用了。不銹鋼則可再密集到415目/吋（或165目/公分）尚能保持足夠的張力。

目前"網印術"所用的平織網布皆僅使用單絲，以易於清潔再生及方便織造。不過多絲平織法則仍用於基材板各種膠片（Prepreg）中之玻織布的編織，為的是可增進其尺度安定性及便於樹脂之含浸與滲入，並可增加接觸面積及附著力。

(單絲平織)	(複絲平織)	(刮刀面)	UV油墨專用網布(印墨面)

Planarity　平坦性

原為半導體工業之用語，係指晶圓（Wafer）之表面，在線路製作前後都要小心細磨到非常平坦才行。目前PCB增層法盛行，當其夾心在內的Core核心板完成後，若能將諸多通孔先行填平，再去進行RCC的板外增層時，才不致於埋孔處出現酒窩般的輕微凹陷。此種凹陷一旦處於小

型焊墊中央時，其附著力將不如原裝之銅箔，可靠度方面會有問題。

Planarization　精密磨平、精密壓平

此詞原因於半導體業界，全文是Chemcal Milling Planarization (CMP)，係使用特殊精微的有機磨料，將晶圓表面小心磨到鏡面極度平坦之作業。PCB業則對覆晶載板的微突塊，或填孔塞孔之精密削平等也稱之Planarization。

Plasma　電漿

是指某些"非聚合性"的混合氣體，在真空中經高電壓之作用後，其部分氣體分子或原子，會發生解離而成為正負離子或自由根（Free Radical），再與原來氣體混合在一起，具有較高的活性及能量，但卻與原來氣體性質大不相同。故有時亦稱為是"第四類物質狀態"（Fourth State of Matter）。此種介於氣態與液態之間的"第四態"，唯有在強力能量不斷供應之下才能存在，否則很快又會中和成為低能階的原始混合氣體。

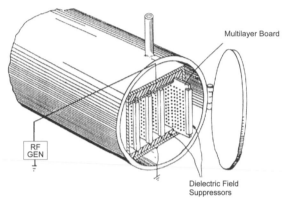

此種"第四態"原文是用"漿態"來表達，由於必須在外加高電壓、高電能之下才能存在，故中文譯名特稱為"電漿"。大陸業界之譯名為"等離子體"（等於水解離子之意），似乎未盡全意；一則該漿體中並非全為離子，二則亦未將原文之Plasma加以表達。而且不繼續供應足夠的電能時，這種Plasma就無法存在。

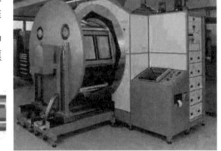

2-layer DYCOstrate　4-layer DYCOstrate

電子工業中最早是半導體業利用電漿對"矽晶圓"（Silicon Wafer）之基材做光阻劑之後選擇性的微蝕工作，以便於後來導體線路的蒸著生長，故稱為"Plasma Etching"。後來電路板業亦用於多層板鍍通孔前之除膠渣電漿法除膠渣之示意圖（Desmearing）用途，尤其如高頻用途的PTFE（鐵氟龍）板材，其多層板之通孔金屬化之前的必須粗化，除了電漿之外，似乎尚無別法可用。當然對付FR-4或PI的高層數多層板，那也就更為容易了。

其產生的情況可用下式表示：

$$CF_4 + O_2 \xrightarrow[\text{抽真空到0.3 Torr}]{\text{RF (射頻電壓)}} CF_3 + O + F + OF + \cdots + 原來氣體$$

電漿技術除了在半導體業及電路板業有上述用途外，在塑膠加工中用途更大，一般塑膠的光滑表面皆可用電漿法加以微粗化，使其具有親水性及在接著力上大大增強，亦為化學銑作（Chemical Milling）及鋼料表面滲氮（Nitriding）等製程所採用。

Plasma Cleaning　電漿清洗

利用低能量電漿的活化能力可將多種材質表面進行清潔及微粗化的能力，使具有更大的表

面能而展現更好的接著力，是一種很有效用的乾式清潔製程。

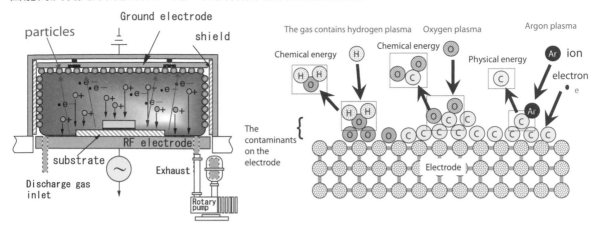

Plasma Etching 電漿蝕刻

電漿體之活性很強，高能量
者除了可做為上述之除膠渣用途
外，尚可用以蝕刻樹脂而成孔，
也是另一種"微盲孔"的製作
方法。此法為瑞士商Dyconex公
司所開發及推廣，但因品質不
易掌控目前在HDI量產中已逐漸
式微。是類屬Dry Etching之"同

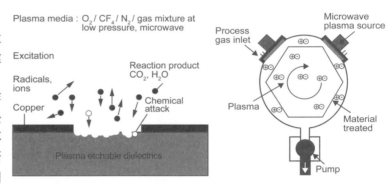

步"作業製程，當增層之銅面事先蝕刻開窗後，無論板面需要多少微孔，皆可同時咬空見底銅
墊而成孔遠比二氧化碳雷射為快。

Plastic-BGA（P-BGA）塑膠質球腳封裝體

將打線完工的BGA載板與晶片，最後以塑膠質固封材料加以包裝，使成為有引腳的完整元
件，稱為P-BGA。此類最早量產的產品多為晶片在上與球腳在下等Cavity up式低功率者，其各部
名稱與規格見本頁圖及下頁兩圖，其上圖即為BGA之載板及Motorola在前90年代初所推出低功率
的OMPAC實例說明。

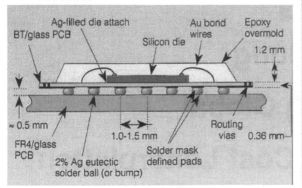

Plasticizers 可塑劑、增塑劑

是一系列的化學品，可添加在各式塑膠中，以提供產品之良好施工性、耐燃性、絕緣性。
此等增塑劑一般分為原級和次級兩類，原級者可與原樹脂互溶而當成助劑，以改善其性質而達
到某種標準；次級增塑劑的用途，則主要在協助原級並能達到降低成本的目的。

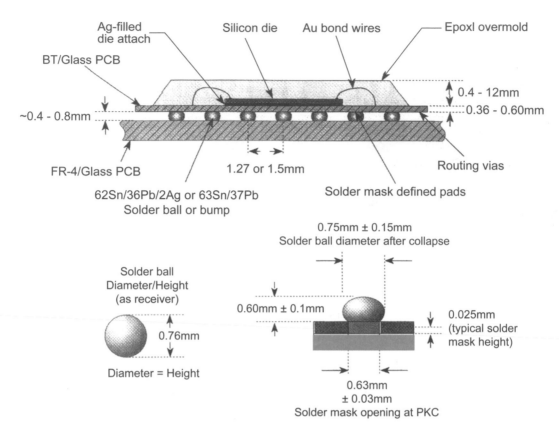

Plated Through Hole, PTH 鍍通孔

　　是指雙面板與多層板各層之間，用以當成各層導體互連的管道，也是早期零件在板子上插裝焊接的基地，一般規範即要求銅孔壁之厚度至少應在1mil以上。近年來各種零件之表面黏裝早已盛行，PTH多數已不再用於零件腳之插裝。因而為節省板面表面積起見，都儘量將其孔徑予以縮小（0.3mm以下，甚至到0.25mm或9.8mil），只做為電性"互連"（Interconnection）的用途，特另稱為"導通孔"或"過孔"（Via Hole）。

Platen 熱盤

　　為多層板壓合或基板製造所需之壓合機中，一種可活動升降之平檯（下左圖之下端）。此種厚重的空心金屬檯面，主要是對板材提供向上頂緊的壓力及熱源，故必須在高溫中仍能保持平坦、平行才行。通常每一塊熱盤的內部皆預埋有蒸氣管、熱油管或電阻發熱體，且四周外緣亦需填充絕緣材料，以減少熱量的散失，並備有感溫裝置，使能精確控制溫度。

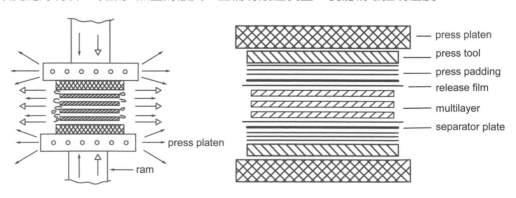

Plating 鍍

在電路板工業中，此字可指不使用電流的"無電鍍"（Electroless）製程；如無電銅、無電鎳、無電錫鉛等自我催化還原式的化學沉積法。也更常指特定槽液使用電流的電解電鍍（Electrolytic Plating或Electrolytic Deposition）。一般單獨使用此字Plating但卻未進一步指明時，則多指後者之"電鍍"。

Plotting 標繪、繪圖

以機械方式將X、Y之眾多座標數據在平面座標系統中，描繪成實際線路圖的作業過程，便稱為Plot或Plotting。目前底片的製作已放棄早期的徒手貼圖（Tape-up）及照相，而改用搭配程式的"光學繪圖"方式完成底片，不但節省人力，而且品質更好。

Plowing 犁溝

鑽孔之動作中，由於鑽頭摩擦溫度過高與過度偏轉（Run out），造成樹脂變軟而被鑽頭括起帶走，致使孔壁上產生如犁田般的深溝，稱為Plowing。

Plug 插腳、塞柱

在電路板中常指連接器或插座的陽式插針部分，可插入孔中做為互連之用，也可隨時抽取下來。另Plugging一字有時是指"塞孔"，為一種保護孔壁的特殊阻劑（樹脂或綠漆），以便外層板進行正片蝕刻，其目的與蓋孔法相同。但塞孔法卻可做到外層無環（Landless）的地步，以增加佈線的密度。近年來封裝板類更要求眾多通孔的塞實削平，工程相當困難。

Plug Gauge 孔規

早期通孔插裝時代對孔徑的管理很嚴，以保證插腳不會出問題，故出貨時都要抽檢孔徑，其所用的工具稱為Plug Gauge。尤其是高多層之大型背板（Backpanel或Backplane），更要求完工孔徑的公差嚴格到±2 mil甚至±1 mil的高難地步，以確保在無焊接卻改採"插入卡緊"（Press Fit，大陸稱壓接）式導通互連的良好可靠，這種要求當然是為了方便更換插拔的動作。不過SMT與BUM等量產板類，對PTH的孔徑管理已不再受到重視了。

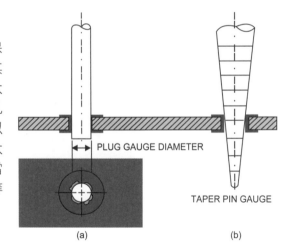

(a)　　　　　(b)

Ply 層、股

指板材中玻纖布或白牛皮紙的"層數"，有時也指繩索、導線、纖維等，係由兩股或數股之"絲"（Filament）所並撚而成，其每"支"絲亦稱為一股。

Pneumatic Stretcher 氣動拉伸器

是網版製作的一種拉伸工具，可將網布從四邊以其夾口將之夾緊，並以"氣動"方式小心緩緩均勻的拉伸，並可設定及改換所需用的張力（Tension），待其到達所需數據後，再以膠水固定在網框上，而成為線路圖案及刮動油墨的載體。由於其張力的大小可從氣壓上加以控制，故比"機械式"拉伸的張力更準，有助於精密印刷的實施。下右圖即為"氣動拉伸器"之快速夾口及氣動唧筒。下左圖為放置多具拉伸器之昇降式張網平檯。

Pogo Pin 伸縮探針

電測機以針床進行電測時（Bed of Nail Testing），其探針前段分為外套與內針兩部份。內部裝有彈簧，在設定壓力之針盤對準待測板面測點接觸時，可使上千支針尖同時保持其接觸導通所需的彈力。此種伸縮性探針謂之Pogo Pin，此種探針又稱為Spring Probe。當年QFP在256腳以上，腳距密集到15mil時，必須採交錯式觸壓在測墊上，以避免探針本身搭靠短路。目前密集待測物之中距更逼近到10mil，甚至還有mini-BGA矩陣式的多枚測點，其電測工作都十分不易。

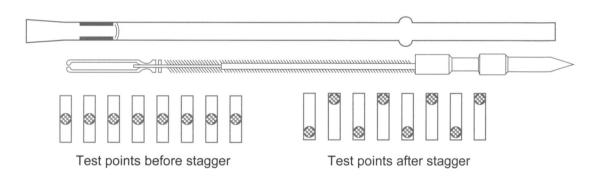

Test points before stagger   Test points after stagger

Point 鑽尖

是指鑽頭或鑽針的尖部，廣義是指由兩個"第一面"（Primary Facet）及兩個第二面（Second Facet）所共同組成的四面錐體。狹義上則僅指由此四面所集合而成的一個尖點，也正是全鑽頭快速旋轉的軸心點，及首先刺入板材的先鋒。

Point Angle 鑽尖角

是指一般鑽針之鑽尖四面體上，分別由兩條摺角度的長稜線與兩條摺角度的短線，等四條直線交會在尖頂處，由長刃所構成的夾角，特稱為"鑽尖角"，一般用於FR-4板材鑽針其鑽尖角約為130°。而紙基板板者則為110°。

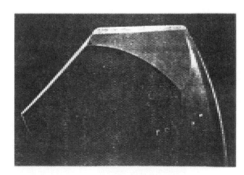

Point Source Light 點狀光源

當光源遠比被照體要小，而且小到極小；或光源與被照體相距極遠，則從光源到被照體表面上任何一點，其各光線之間幾乎成為平行時，則該光源稱為"點狀光源"。

Poise 泊

係"黏滯度"（Viscosity）的單位，等於1 dyne・sec/cm^2，常用單位為百分泊Centipoise（簡稱為C$_p$）。常用的錫膏其黏度即在60萬C$_p$到100萬C$_p$之間。

Polar Solvent 極性溶劑

溶劑之分子本身各具正負電中心，可被解離也能導電（如水、酒精等）者，稱為極性溶劑。此等具極性之溶劑只能溶解極性物質，如無機鹽類等；卻無法溶解非極性物質。

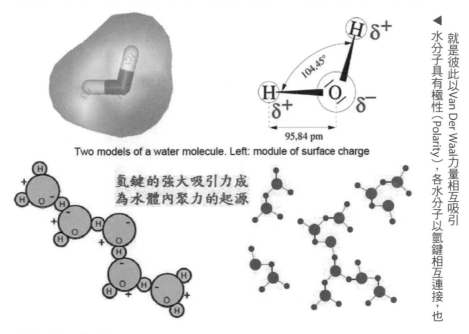

Two models of a water molecule. Left: module of surface charge

氫鍵的強大吸引力成為水體內聚力的起源

◀ 就是彼此以Van Der Waal力量相互吸引

水分子具有極性（Polarity），各水分子以氫鍵相互連接，也

Polarity 電極性、極性

指電路中決定電流方向的極性，直流（D.C.）電流的定義是由"正極"流到"負極"（亦即由高壓處流到低壓處），此正負二種極性即為其Polarity。

Polarization 分極化、分極性、極化

在執行電工作業時，需將插頭插入電源插座中，以達到電流的連通及作功。為了防止其極性插反插錯，而造成電機或機械上的損失，特將插頭與插座之兩極做成不對稱的形式，使其只能有一種方式可以插接以防錯誤，稱之為"分極"性（Polarization）。

又在電銅解槽或電銅鍍槽中，其陰陽兩極若均為銅棒自外電路將之相連，則將其等呈現平衡狀態而無電流也無作用產生。此時若故意施加一外電壓，強迫使陽極溶進槽液中，且促使槽液中的金屬離子登陸積鍍在陰極上，這種打破平衡，並使得該系統被強迫劃分成為陰陽兩極，其之"外加電位"（External Potential）稱為"極化電位"，亦稱為過電位Overpotentia1或過電壓Overvoltage。而若欲使電流能順利在系統中流通，則必須要克服其起始能量的障礙，故應具備"活化極化"（Activation Polarization）。另外須克服陰極附近擴散層中，因濃度稀薄而出

現電流障礙的 "濃度極化"（Concentration Polarization），以及槽液本身電阻之 "電阻極化"（Resistance Polarization），甚致產氣體時而出現的氣極化等。此多項之總和，即稱之總極化為維持反應進行之穩定電流起見，其起碼應具備克服 "總極化" 的能量，此即所需的 "外加電位" 或工作電壓。

Polarizing Slot 偏槽

指板邊金手指區的開槽，故意將開槽的位置放偏，以避免因左右對稱而可能插反，此種為確保正確插接而加開的方向槽，亦稱為Keying Slot（請參考該詞之附圖）。

Pollution of Groundwater 地下水污染

大量使用的電子產品一旦失效而變成電子垃圾後，其接續之多種廢棄處理都有可能將有害物質經由雨水或酸雨滲入地下，然後又經生態循環的植物與動物途徑而進入人體，最後還是造成人類的自我傷害。因而大量流行的各種電子產品與其他日用品都必須要杜絕有害物質，（例如RoHS或REACH所指名者）如此才能減輕對環境的傷害。

Poly Solder 聚合物焊料

即導電膠類之接著劑，係在環氧樹脂中加入銀粉或銀片，可將SMT零件腳接著在板面焊盤焊點上，而能在某些無法進行焊接的情境中，代替銲錫之用途，故稱之Poly Solder。此料頗類似 "均向導電膠"（ICA），但因可靠度不佳，始終未見廣用。

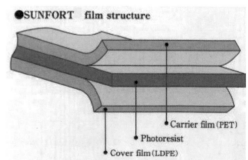

Polyester Films 聚酯類薄片

簡稱PET薄片，最常見的是杜邦公司的商品Mylar Films，是一種耐電性良好的塑料。電路板工業中其待成像乾膜表面的透明保護層，與軟板（FPC）表面防焊用的Coverlay都是PET薄膜，且其本身亦可以當成銀膏印刷式薄膜線路（Membrane Circuit）的底材，其他在電子工業中也可當成電纜、變壓器、線圈的絕緣層或多枚IC的管狀存放器等用途。

Polyimide（PI）聚亞醯胺

是一種由Bismaleimide與Aromatic Diamine所共同聚合而成的優良樹脂，最早是由法國"Rhone-Poulenc"公司所推出的粉狀樹脂商品Kerimid 601而著稱。杜邦公司將之做成片材，稱為Ketpon。此種PI棕色或橘色板材之耐熱性及抗電絕緣性都非常優越，是軟板（FPC）及捲帶自動結合（TAB）載板的重要原料，由於電性比環氧樹脂更好故也是高級軍用硬板及超級電腦主機板的重要板材，此材料大陸之譯名是"聚酰並胺"。

此為PI的結構式之一個單位

Polymer Thick Film（PTF）厚膜糊

指陶瓷基材厚膜電路板，所用以製造線路的貴金屬印膏，或形成印刷式電阻膜之印膏而言，以及後來許多埋入式電容器與電阻器也用到此等PTF。其製程有網版印刷及後續高溫燒結一旦有機載體被燒走後即出現牢固附著的線路系統。此種板類通稱為混合電路板（Hybrid Circuits）。由於成本太貴目前已少見了。

Polymerization 聚合、聚合反應

指可進行聚合之較小分子單體或團體等，在可控制的條件下，以線性方式首尾相連構成長鍊狀巨分子，謂之聚合。

Polyvinyl Chloride（PVC）PVC塑膠、PVC塑料

是人類有史以來使用最廣的高分子聚合物材料，價廉物美容易加工用途極廣。不管是生活中的各種用具工具，或是各式工業中、建築中、設施中種種用料堪稱無處不在無遠弗屆。由於本身化性安定很難分解，長期大量使用中其廢棄物早已造成自然界新陳代謝的失衡，07年後RoSH上路，電子材料對這種含多量鹵素者已遭禁用了。

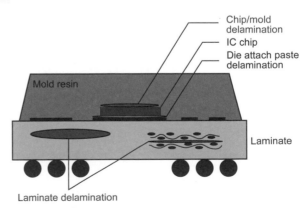

Popcorn Effect 爆米花效應

原指以塑膠外體所塑封的IC，因其晶片安裝所用的銀膏會吸水，一旦未加防範而逕行封牢塑體後，在下游組裝焊接遭遇高溫時，其水分將因汽化壓力而造成封體的爆裂，同時還會發出有如爆米花般的聲響，故而得名。近來十分盛行P-BGA的封裝元件，不但其中銀膠會吸水，且連載板之BT基材也會吸水，管理不良時也常出現爆米花現象。

Porosity Test 疏孔度試驗

這是對鍍金層所進行的試驗。電路板金手指上鍍金的目的是為了降低"接觸電阻"（Contact Resistance），及防止接點氧化而保持其良好的接觸性能。但卻因鍍金層太薄而無法完全避免疏孔（Pores），致使底鍍的鎳層有機會與空氣及水份接近。又因黃金本身在化學性質上的高貴，在具強烈負電性（Electro-Negativity）下首

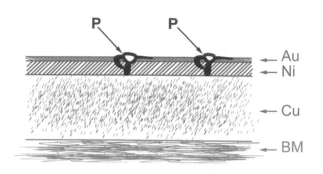

先自行選擇做為陰極，迫使底下的鎳層扮演陽極的角色，造成底鎳的加速腐蝕。其腐蝕的產物將會附著在疏孔附近，而降低了鍍金層的優良接觸性質，因而在品質規範中，常要求鍍金層須通過Porosity Test。

Taiwan original BKM

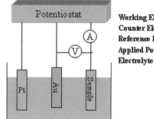

Japan BKM

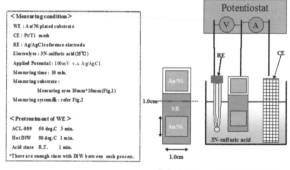

這種試驗的做法很多，其中一種快速的做法，是取一張沾有鎳試劑（Dimethylglyoxime）的試紙，將之打濕貼附在金手指區的表面；然後另取一條不銹鋼片當成陰極輕壓在試紙上，以試紙當成電解槽，並將金手指串連當成陽極。在通入直流電一分鐘後，凡金層有疏孔的底鎳層處，將會被強迫氧化而產生鎳鹽，當其與"鎳試劑"相遇時，將立即出現紅色斑點。此試劑對鎳濃度的敏感性可達一百六十萬分之一，只要各種鍍金層有任何疏孔存在，即逃不過這種試驗的法力。不過疏孔度品質"允收標準"，卻始終不易製訂，只能聽客戶的了。

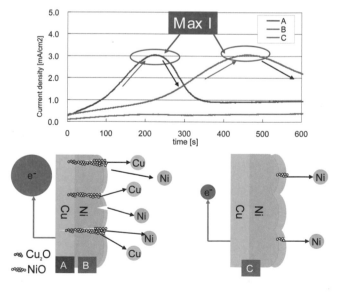

另一種在日本載板業界使用的方法是將鍍金試樣採陽極腐蝕性的做法而立即判斷出鍍金層的疏孔度如何？其做法是利用稀硫酸當成電解液，以白金（Pt）為陰極，以鍍金試樣連接一片純

金（中間加推一個小型電位計）的組合當成陽極，然後從外電源的穩壓器（Potentiostst）中輸入直流電流（電壓100-400mV），使其發生電解反應。

　　倘若試樣的鍍金層品質良好無疏孔時，則與純金參考極之間電位相等全無電流通過。若鍍金層中已有疏孔時，則其底鍍鎳或底銅會透過疏孔而快速的溶入稀硫酸中，而使得附近原本清澈的溶液，經過1-2分鐘後將逐漸變成綠色（Ni++）或藍色（Cu++），且還可從試樣與純金之間的電表上看到指針的擺動。此種檢查鍍金層疏孔度的簡易方法十分靈敏而且還可立即見到效果，無需再利用試紙去剪接判讀鍍金層的疏孔，堪稱十分方便。

Positive Acting Resist 正型（性）光阻劑

　　是指有光阻的板面，在底片明區涵蓋下的阻層，受到紫外光能的刺激而發生"分解反應"，並經顯像液之沖刷而被"除去"，只在板上刻意留下"未感光"未分解之部份阻劑。這種因感光而

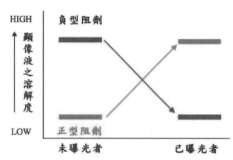

分解的阻劑稱為"正性光阻劑"，亦稱為Positive Working Resist。原詞的含意是説感光部分的阻劑層，其於顯像液（Developer）中的溶解度（Solubility）會增加溶解度曲線呈現上升狀態，故曰正型。反之如PCB所用之乾膜，其感光部分在顯像劑中的溶解度會因聚合而降低，故曰負型。

　　通常這種"正性光阻"的原料要比負性光阻原料貴得很多，因其解像力很好，故一般多用於半導體方面的"晶圓"製造。最近由於電路板外層的細線路形成，逐漸有採取"正片法"的直接蝕刻（Print and Etch）流程，以節省工序及減少錫鉛的污染。因而乾膜蓋孔及油墨塞孔皆被試用過，前者對"無環"（Landless）或孔環太窄的板類，將受到限制而良品率太低，後者油墨的塗佈施工不但手續麻煩，且失敗率也很高。因而"正性的電著光阻"（Positive ED），亦曾應運而生。先前此法曾在日本NEC公司上線量產，因可在孔壁上形成保護膜，故能直接進行線路蝕刻，是極為先進的做法。不過由於成本貴競爭力差已逐漸出局了。

Post Separation 後製程分離、事後分離

　　孔壁所鍍上之化學銅層與兩次電鍍銅層，在製作的當時甚至在電路板整體完工時，皆可能已表現出良好附著力（Adhesive Force）。但經過一段時間的老化，或在下游組裝焊接強熱後，有時竟還會發生孔銅壁與內層孔環之間的分離行為，這種彼此互連可靠度不良的ICD

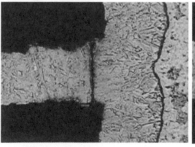
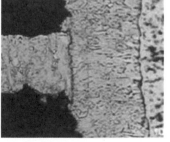

（Interconnection Defect）問題，而且是事後才發生的，故特稱為Post Separation。

Post Treatment 後處理

係指各種正常處理之後，為功能之需要還再加做的額外處理，謂之"後處理"。如內層板銅面徑"黑氧化"或"棕氧化"處理後，為加強固著力減少粉紅圈起見，所再加做的額外處理而能使尖銳的氧化性晶絨縮減變粗短者，即為曲型之後處理。下左圖為黑化後之絨毛，右圖為Post Treamt後之絨毛。

後處理的案例很多，泰半以加強產品之機械強度或改善其物性為主旨。例如厚大高層板類，為方便其除膠渣與加強其化學銅附著力起見，可於鑽孔後再送入烤箱烘烤，使深孔之孔壁膠渣得以進一步氧化而易於清除，即為一種值得採用的後處理。

Postcure 後續硬化、後烤熟化

在電路板工業中，液態感光綠漆或防焊乾膜，在完成顯像後還需做進一步的硬化，以增強其物性與耐焊性質。這種再次補做的工作就是"後續硬化"。當聚亞醯胺材質的多層板在完成壓合後，為使其具有更完整的聚合反應起見，還須放回烤箱中繼續 2～4小時的後烤與再熟化，也稱為Postcure。

Post Etch Punch 蝕後衝切

已完成蝕刻線路的內層板取得尺寸安定後，可利用專門的機器進行工具孔的衝切，如此將可使多層板套合，鉚合以及壓合後的層間漲縮移位走樣等降到最低。例如港建公司代理美商Multiline公司之數款Optiline PE/ATP即為業界專用的不二機種（附圖為3000型及5000型）。

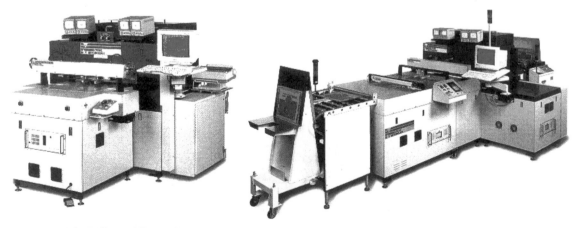

Pot Life 適用期、堪用時段

指雙液型的膠類或塗料（如綠漆），當主劑與其專用溶劑或催化劑（或硬化劑），在容器中混合均勻後，即成為可施工的物料。但一經混合後其化學反應即開始進行，直到快要接近硬化不堪現場作業為止，其在容器內可資利用的時段長短，稱為Pot Life或Working Life。

Potting 鑄封、模封

指將容易變形受損，或必須絕緣的各種電子組裝體，先置於特定的模具或凹穴中，以液態的樹脂加以澆注灌滿，待硬化後即可將線路組體固封在內，並可將其中空隙皆予以填滿，以做為隔絕性的保護，如TAB電路、積體電路，或其他電路元件等之封裝，即可採用Potting法。Potting與Encapsulating很類似，但前者更強調固封之內部不可出現空洞（Voids）的缺陷。

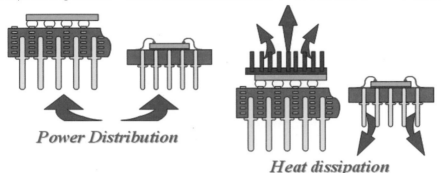

Power Distribution

Heat dissipation

Power Distribution 功率分配

組裝板上許多主動元件其之工作電壓，均來自外電源之電源供應器（Power Supply），再經由多層板Vcc電源層提供其各種元件之能量，為使各主動元件均可順利得到能量起見，如何將其等在板面上做好妥善的佈局安排，是一種很有學問的設計之作，謂之功率分配。

Power Supply 電源供應器

指可將電能電功供應給另一單元的裝置，如變壓器（Transformer）、整流器（Rectifier）、濾波器（Filter）等皆屬之，可將交流電變成直流電（AC to DC），或直流電由高壓降為低壓（DC to DC），或在某一極限內，維持其輸入電壓的恆定等之裝置。每台筆電之轉接器（Adapor）中都裝置有轉小型的PS，而某些大型電子機組所用到的PS則不但很貴而且要求的可靠度更非一般商品電子可比擬的。

Porcelain 瓷材、瓷面

係硼矽玻璃（Borosilicate Glass）與少量的二氧化鋯（Zirconia），以及少量其他物料所形成的混合物，稱為Porcelain。有時也稱為Enamel。

Preform 預製品、預銲料

常指各種封裝原料或焊接金屬等，為方便施工起見，特將其原料先做成某種容易操控掌握的形狀，如將熱熔膠先做成小片或小塊，以方便稱取重量進行熔化調配。或將瓷質IC熔封用的

玻璃，先做成小珠狀，或將銲錫先做成小球小珠狀，以利調成錫膏（Solder Paste）等，皆稱為 Preform。現行代替少數零件波焊之錫膏入孔之回焊，即採用多種多樣孔口暫貼的預銲料。

Preheat 預熱

　　是使工作物在進行高溫製程之前，需先行提升其溫度，以減少瞬間高溫所可能帶來的熱衝擊，這種熱身的準備動作稱為預熱。如組裝板在進行波焊前即需先行預熱，同時用以能加強助焊劑除污的功能，及趕走助焊劑中多餘"異丙醇"之溶劑，避免在錫波中引起濺錫的麻煩。

Prepreg 膠片、樹脂片、半固化片

　　是將玻纖布或白牛皮紙等絕緣性補強性載體材料，含浸在液態的樹脂中，使其吸飽後再緩緩拖出刮走多餘的膠含量，並經過熱風與紅外線的加熱，揮發掉多餘的溶劑並促使進行部份之聚合反應，而成為B-stage的半固化樹脂片，方便各式基板及多層板的疊置與高溫再行壓合壓製。此Prepreg是由Pre與 Pregnancy懷孕之字首湊合(Coin)而成的新字。大陸業界對此譯為"半固化片"，似有化簡為繁之嫌。

Press Plate 鋼板

　　是指基板或多層板在進行壓合時，所用以隔開每組之散冊（指銅皮、膠片與內層板等所組成的一個Book）之鋼板。此種表面光滑高硬度鋼板多為AISI 630（硬度達420 VPN）或AISI 440C（600 VPN）之合金鋼，其表面不但極為堅硬平坦，且經仔細拋光至鏡面一樣，唯其如此方能壓出最平坦的基板或電路板，故又稱為鏡板（Mirror Plate），亦稱為載板（Carrier Plate）。這種鋼板的要求很嚴，其表面不可出現任何刮痕、凹陷或附著物，厚度要均勻、硬度要夠，且還要能耐得住高溫壓合時所產生氣體化學品的浸蝕。每次壓合完成拆板後，還要能耐得住強力的機械磨刷，因而此種鋼板的價格都很貴。

Press-Fit Contact 擠緊接觸、壓接

　　指某些插孔式的"陽性"鍍金接腳，為了後來的抽換方便，常不實施填錫焊接，而是在孔徑的嚴格控制下，使插入的接腳能做緊迫式的接觸，而稱為"擠入式"。此等接觸方式多出現在Back Panel式的主構板上，是一種高可靠度、高品級板類所使用的互連接觸方式。注意像板邊金手指，插入另一半具有彈簧力量的陰性連接器卡槽時，此種較低壓可插拔者應稱為 Pressure Connection，與此種強行擠入式的接觸並不相同。

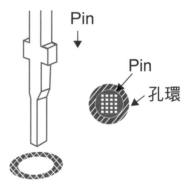

Pressure Cooker Test 壓力鍋試驗

　　是一種對膠封，壓合，或半導體產品封裝後，其產品是否會因漏氣，漏水，吸水；等是否進一步出現劣化效應之試驗法。例如將基材板試樣放置在高溫水蒸氣的壓力容器內一段時間。取出後再去漂錫，看看板材的結構是否裂開等，是一種可靠度的試驗。

Pressure Foot 壓力腳

　　是鑽孔機各轉軸（Spindles或譯主軸）下端一種扁盒狀的組件，當主軸降下鑽頭（針）欲在疊層板面上開始鑽孔前的瞬間，鑽針外圍的壓力腳會先踩在蓋板面上，使得待鑽板疊變得更為穩定，並限制鑽屑粉塵飛散，而讓真空吸塵效果更好。

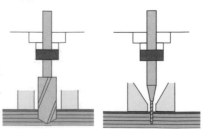

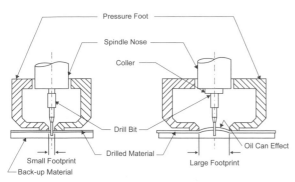

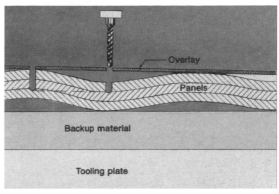

Pre-tinning 預先沾錫

為使零件與電路板於波焊時，具有更好的焊錫性起見，有時會把零件腳先在錫池中預作沾錫的動作，再插裝於板子的腳孔中，以減少焊後對不良焊點的修理動作。就現代的品質觀念而言，這已經不是正常的做法了。

Primary Image 線路成像

此術語原用於網版印刷製程中，現亦用於乾膜製程上。是指內外層板之線路圖形，由底片上經由感光濕膜或乾膜而轉移於板子銅面上，這種專做線路圖型轉移的工作，美式說法稱為"初級成像"或"原級成像"，以示與後來防焊乾膜另一種成像法有所區別。

Probe 探針

是一種具有彈性，能維持一定觸壓，對待測電路板面之各測點，實施緊迫接觸，讓測試機完成應有的電性測試，此種鍍金或鍍鉑的測針，謂之Probe。

常用探針

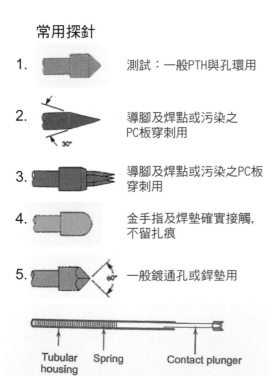

1. 測試：一般PTH與孔環用

2. 導腳及焊點或污染之PC板穿刺用

3. 導腳及焊點或污染之PC板穿刺用

4. 金手指及焊墊確實接觸，不留扎痕

5. 一般鍍通孔或銲墊用

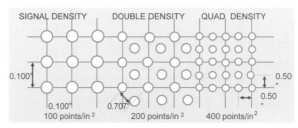

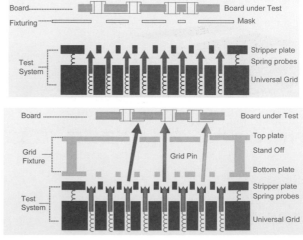

P

Probe Card 積體電路器測試板

IC廠完工的晶圓晶方都要通過電性測試才能封裝為成品，此等圓形或多邊形的厚大板（可達60層）數量又不多的冷門傳統多層板是某些特定PCB業者們的專長。

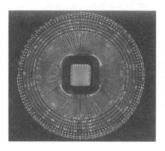
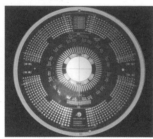

Protection Film（透明）保護膜

常用透明塑料的底片(Photo-tool or Art work，有4mil及7mil厚)，其黑色或棕色圖形藥膜面(Emulsion Side)不但很薄，而且很容易刮傷，使用前必須先行加貼一層很薄具透明度極高的皮膜作為保護層，稱之為保護膜。

Print and Etch 印（刷）後即蝕（刻）、成像後立即蝕刻

也就是業界常說的正片法流程，係在板子銅面上印刷上與線路走勢完全相同的油墨阻劑，或施加感光阻劑（無論感光濕膜或感光乾膜），即可得到與銅版或底片光極性相反但卻與

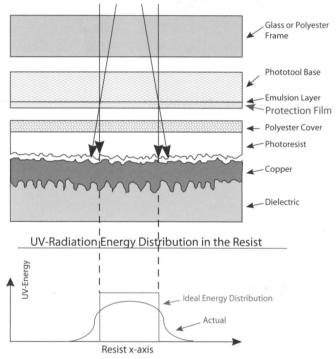

線路相同之阻劑（稱為正片法），隨即進行蝕刻的工作，如多層板之內層板或單面板等皆屬P&E的做法。此等成線之前後流程即總稱之為DES（顯像、蝕刻與剝膜）。

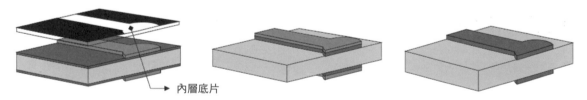

內層底片

Print and Plate 印（刷）後即鍍、成像後電鍍

外層板完成一次銅或全板鍍銅後，即可進行負片印刷或光阻，隨即可在線路區（含孔壁）進行線路鍍銅或二次銅（大陸稱圖形鍍銅），之後再鍍以抗蝕刻的純錫金屬阻劑層，即可去掉油墨或光阻而蝕刻成線。此種較保險的作法俗稱為P&P。但電鍍純錫的管理要特別小心，以免孔銅遭到咬傷。

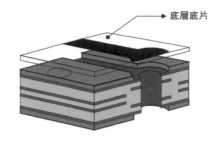
底層底片

抗電鍍阻劑

抗蝕純錫阻劑

Printer 列印機

是連接電腦打印或列印文字的周邊機器，其彩色列印頭組合墨水夾中即具備專用的適形的靜態軟板，與機組來回移動互連用的動態軟硬板。前者用量很大，每個料號批量多達上億的出貨量，是軟板的大宗。

Printing Head 印刷頭

是一種印刷錫膏（尤其是Type 6的凸塊用之高級錫膏）或塞印樹脂等精密印量的作業中，不宜再繼續使用鋼板開口做為下膏量或下墨量的唯一模具，須另採專用型具有活塞自動推擠的專業印刷頭，並在定速下填滿每個待填位置，覆晶載板精印高單價錫膏者，必須採用精密的印刷頭以配合之。

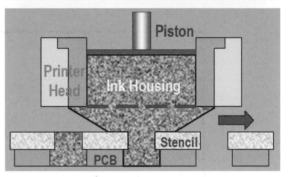

Print Through 壓透、過度擠壓

多層板壓合時所採用之壓力強度（PSI）太大時，將使得樹脂被擠出板外，造成銅皮直接壓在玻璃布上，甚至將玻璃布也壓扁變形，以致板厚不足尺寸安定性不良，以及內層線路被壓走樣等缺失。嚴重者線路根基常與玻纖布直接接觸，埋下"陽極性玻纖絲"漏電的隱憂（Conductive Anodic Filament；CAF）。根本解決方法是按比例流量（Scaled Flow）的原理，大面積壓合則使用較大的壓力強度，小板面使用小壓力強度；即以1.16 PSI/in^{2}或1.16 lb/in^{4}為基準，去計算現場操作的壓力強度（Pressure）與總壓力（Force）。

Prism Hole Inspector 九孔鏡

是一種目視檢查通孔用的小型放大鏡，其"物鏡"部份已變形成為一種多面體透明的突出物，當其伸在孔口處，光線由孔通的另一端進入時，即可經孔銅壁的反光與多面體的折光與透光之下，可看到孔壁的九個幻影面，非常方便好用。

Process Camera 製程用照像機

是做底片（Artwork）放大、縮小，或從手工貼片（Tape Up）直接照像而取得底片的專用相機。其組成有三種直立於可移動的軌道上，且彼此平行，即圖中右端的原始貼片或母片架、鏡頭，以

及左端待成像的子片架等。這是早期生產底片的方式,目前已進步到數位化,自客戶取得的磁碟,經由電腦軟體及雷射繪圖機的工作下,即可直接得到原始底片,已無須再用到照相機了。

Process Window 操作範圍

各種製程參數在實做時皆有其上下限,可供操作的居中範圍,俗稱為Process Window。欲達到所期盼之良品率者,必須遵守所訂定的製程範圍。

Production Master 生產底片

指1:1可直接用以生產電路板的原寸底片而言,至於各項諸元的尺寸與公差,則須另列於主圖上(Master Drawing亦即藍圖)。

Profile 輪廓、剖面圖、回焊溫度曲線圖、稜線

此字常用於表達物品的外形或剪影側像,有時亦指升溫與降溫曲線變化的圖形。又此字在銅箔上,亦指其"毛面"上之高低起伏,其側面外形亦謂之"稜(ㄌㄥ、)線"。用於SMT之熱風回焊而言,其熱風之溫度與熱量隨時間變化的"溫度"曲線,對各種PCBA都非常重要,尤以無鉛回焊而言更是必須掌握的基本功。

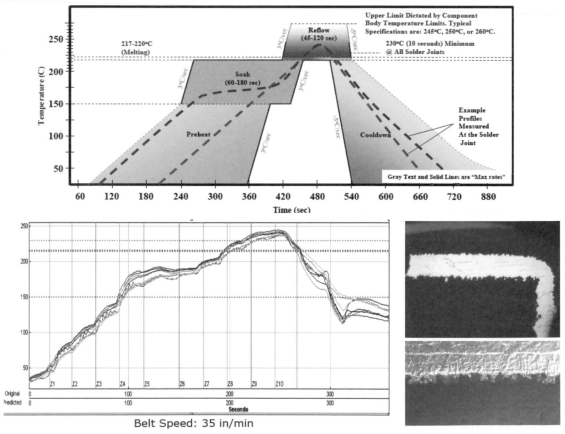

Profiler(動態)溫度變化記錄儀

在組裝板進入熱風回焊機之走動式扁矮的隧道中,由頂部下吹的熱風(或熱氮氣)打到板面各零件即可提供其錫膏熔焊所需的熱量。為了正確記錄走動中板面各處的溫度變化,需在不同位置加貼可感溫的熱偶(Thermal Couple),並以引線將數據輸入到同步走動的精密記錄儀中,為了讓記錄儀能耐熱起見,刻意用隔熱的厚玻璃棉包裹在扁長形的金屬盒中。於是樣板在

前記錄儀在後，其間以多股引線相連，走完全長後即可取得動態的溫度起伏數據，而得以畫出溫度曲線。著名的KIC Slim 2000即為業界所廣用的記錄儀。

▲ 此為著名品牌（KIC）之移動式測溫儀（Profiler）的全體組合，可見到前行板面上可固著的9條K-type感熱線；右三圖為感測線之熔合點（Thermo Coupler）在待焊板焊墊上採點膠，焊牢及高溫膠帶貼牢等三種固定法，以高熔點焊接法效果最好。

Projection Imaging 投影式曝光成像

是指精密玻璃底片（或稱光罩）完全不與已塗佈光阻的板面接觸，而將底片框架空利用高度平行光在無塵室中進行曝光工作，是一種非接觸式（Non-Contact）自動化曝光的成像製程，只要在曝光室中不斷移入移出待曝與完曝的板子即可，無需再做密接的各種前合與後分的動作。現行高價的精密機器可分為Step and Repeat, Spet and Scan，以及雷射投影等。其細線解析度約在4-12μm之間視機種而定。

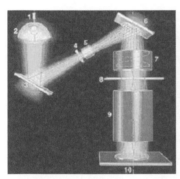  

▲ 此為志聖公司產品

Propagation 傳播、播送

係指各種電磁波（Electromagnetic Waves），在介質之內或沿著介質表面的傳送行為謂之"傳播"。如廣播公司在空氣中所"放送"出來的電磁波訊號，可經由收音機再轉成聲音訊號而為人耳所接受。相同情形電視台"放送" 出來的電磁波訊號，也可被用戶電視機收到並轉換成可欣賞的視覺訊號。此種電磁波在空中的傳送稱為"傳播"。

資訊工業電路板傳輸線中（Transmission Line含導線與介質）所傳輸的數位"方波"，也是電磁波的一種變形特例，當其訊號速率愈來愈快時，也可稱之為"傳播"。此詞與"傳輸"並無太大的分別，只是隨人使用罷了。

Propagation Delay 傳播延遲

當訊號（Signal或稱脈衝、方波或梯波）自發訊端(A) Driver發出，而在訊號線中傳播時，其到達收訊端(B) Receiver前於其飛馳耗時上的延遲，理論上此耗時應為0，故任何耗時即稱之為Propagation Delay。通常是以ps為單位（picosecond，10^{-12}秒，即1兆分之1秒）。此項"延誤"會受到方波升起時間（Rise Time）的直接影響最大，即RT愈長者其延誤也愈久。

Puddle Effect 水坑效應、水池效應、水溝效應

是指板子在水平輸送中，進行上下噴灑蝕刻之動作時，朝上的板面會積存蝕刻液而形成一層水膜，妨礙了後來所噴射下來新鮮蝕刻液的作用，同時也阻絕了空氣中氧氣的助力，造成蝕刻效果不足，其蝕速與品質比起朝下板面要差一些，此種水膜的不良負作用，就稱為Puddle Effect。倘若大板面上細線密佈時，則細線之眾多量距還逐漸會形成水溝效應。一旦線寬線距到達15μm/15μm時連半加成法的蝕刻良率都宣告不行了。

Pull Away 拉離

指鍍通孔製程之前處理清潔不足，致使後來在底材上所完成的銅孔壁（化學銅加電鍍銅）固著力欠佳，以致根基不穩容易脫離。例如當雙面板在進行PTH前，並未做過除膠渣（Smear Removal）處理，其銅壁雖也能順利的生長，但當膠渣太

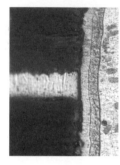

多或遭遇到漂錫與焊接之強熱多次考驗時，其銅壁與底材之間將出現可能後分離的現象，稱為"Pull Away"（請參閱Resin Recession之圖示說明）。

Pull up or Pull down 拉高式或拉低式電阻器

一般組裝板為了整機能夠順利工作，必須安裝多量不同電阻值的電阻器。其中部分電阻器即用於將某主動元件某引腳之工作電壓拉高或降低。正猶如水溝流水一樣，故稱之為拉高式或拉低式電阻器。所列三圖均為埋入式電阻器。

Pulse Plating 脈衝電鍍法

電鍍進行時，其電壓電流是刻意採用瞬間忽大忽小變化，或甚至變成反電流，如同脈搏在跳動一樣，特稱之為"脈衝電鍍"。通常在正統電鍍進行時係使用固定的直流電，在陰極表面會有一層槽液濃度較稀的擴散層（Diffusion Layer）存在，對鍍層的生長速率及品質都有妨礙。若改採脈衝式電流時，則可減薄擴散層的厚度而降低影響，甚至能改變鍍層的結構，不過這種變化電流的電鍍法，經數十年來的研究及試做，目前仍在實驗階段，效果不易掌握，仍難以進行商業化量產。自從HDI微盲孔技術出現後，這種脈衝電鍍也在鍍銅方面獲得長足的進步。

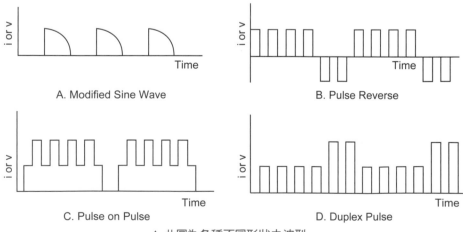

▲ 此圖為各種不同形狀之波型

Pumice Powder 浮石粉

　　火山爆發流出的岩漿流進大海經瞬間快速冷卻後，在來不及結晶成為石頭之前，即形成一種混有多量氣體的膨鬆塊狀體。有時火山自海底噴出，其凝固漂浮在海面上，厚度達4～5呎之巨，故稱為浮石（Pumice），但久而久之吸飽水分後又會沈回海底。其中含三氧化二矽70.5％、三氧化二鋁12.7％，其餘為鉀、鈉、鈣、鐵等。此浮石經磨細後表面積很大，可吸收各種雜物，也可當成電路板銅面的輔助磨刷之物料或工具。

Punch 衝切

　　將欲待加工的板材，放置在陰陽模具之間，然後利用機械轉動瞬間衝擊切剪的力量，完成其“個體產品”的成形，謂之衝切。一般低單價電路板或軟板加工中常使陽模衝向陰模而將板材衝斷成為所需的外形，一般較粗糙的單面板其外形及各種穿孔，均可用衝切方式施工。

Purge、Purging 淨空、淨洗

　　指將某一系統機腔內的雜質加以徹底清除，以便能做進一步的製程處理。

Purple Plague 紫疫

　　當金與鋁彼此長久緊密的接觸，並曝露於濕氣以及高溫（350℃以上）之環境中時，其介面間生成的一種紫色的共化物，謂之Purple Plague。此種“紫疫”具有脆性，會使金與鋁之間的“接合”出現崩壞的情形，且此現象當其附近有矽（Silicone）存在時，更容易生成“三元性”（Ternary）的共化物而加速惡化。因而當金層必須與鋁層密切接觸時，其間即應另加一種”屏障層”（Barrier），以阻止共化物的生成。放在TAB上游的“凸塊”（Bumping）製程中，其晶片（Chip）表面的各鋁墊上，必須要先蒸著一層或兩層的鈦、鎢、鉻、鎳等做為屏障層，以保障其凸塊的固著力。（詳見電路板資訊雜誌第66期P.55）。

Pyrolysis 熱裂解、高溫分解

　　係指強熱效應太久而使物質產生化學分解之謂。如助焊劑受熱太久或溫度太高所造成的分解成為氣體者即為一例。

Package in Package 雙晶單體封裝 NEW

　　這是指單一模料封裝體內具有上下兩晶片3D堆積的左圖模塊而言，中間夾有一片互連板 (Interposer)，頂面為記憶體用的打線晶片，底面為邏輯運算用的覆晶晶片，最後封裝成為單一模塊者稱為PiP。是封裝科技進步中的過渡性或暫時性產品，目前已被右圖的PoP所取代了。

　　當不同雙晶各自完工之雙模塊，利用外三圈或兩圈綑綁球把頂部記憶模塊與底部運算模塊上下直接焊成一整體者，稱為PoP，下附兩圖即為PiP與PoP的不同。

Package on Package（PoP）封裝體疊接封裝體 NEW

　　由於手機或手執電子品所用主板PCB之面積很小，無法在正反兩面貼焊太多的零組件，因而刻意把數碼運算覆晶封裝式主角CPU封裝完工品做為底件，再於其頂面疊接另一打線式數碼記憶體模塊。也就是利用外圍2-3圈的綑綁銲球將底件CPU（手機業另稱AP; Application Processor）與頂件DRAM先行上下綑綁成一體，然後再將此PoP以其底件的球腳貼焊在主板上，即可完成主板全系統性之互連（Interconnection）。

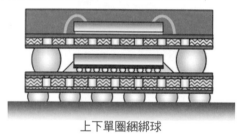

Flip-chip PoP

上下單圈綑綁球　　　Source: Amkor　　上下雙圈綑綁球

　　此種將重要器件立體組裝貼焊於PCB不但節省面積，而且還可使CPU與DRAM得以更近距的溝通而加速整機的溝通。以iPhone 5手機為例，其數碼部份的PoP係採兩圈綑綁球完成上下疊接，但由於頂件與底件經過多次高溫焊接而產生Z方向的變形，亦即常溫凸笑型與高凹哭型的壓力與應變行為，因而到了iPhone 6時代，即將綑綁球增加為3圈，以減少後續失效的風險。如此將可使底件貼焊於PCB的球腳更多，跨距（Ball Pitch）更近，球高（Height）更矮，有利於更高密度的組裝。

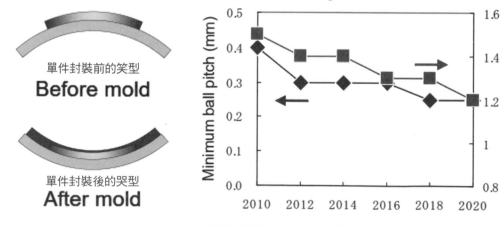

以上5圖取材自日立化成2012年資料

①此圖為筆者於2013.01.30對i-5手機板切片所見最外圍兩圈綑綁球的PoP，注意頂件DRAM只有2枚芯片，不過主板反面貼焊NAND快閃記憶體卻另出現了3枚立體堆疊的芯片。

②此圖為為筆者於2015.05.18 切片所攝i-6手機板PoP底件與頂件之間已增加為三圈綑綁球之畫面，注意其CPU六層式載板之雙面內核板中，可見到置入式的內埋電容器，與對外互連用的5枚填充盲孔的鍍銅。（注意：此種高難度做為RDL用的6層載板於2016年已被台積電FO式RDL的InFO所取代，也就是放棄了載板而直接把有RDL的底件直接焊在主板的做法堪稱是革命。見會刊74期）

③上圖即為筆者在2017元月所切片i-7手機而見到PoP的全新結構，Apple已將i-5/i-6 PoP頂件與底件外圍的綑綁球（i-5兩圈，i-6三圈）改為i-7上銲球與下銅柱的新式三圈綑綁法。上圖為FO區最外圍的三圈綑綁，右放大圖可見到銅柱底部的四層銅線路，即為台積電InFO所扇出（Fan-out）的RDL並用以取代原本AP所安身立命的2+2+2六層載板。

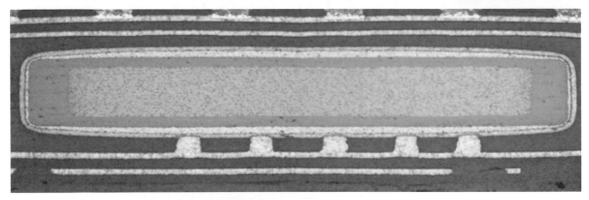

④此放大圖即為i-6手機板PoP底件所貼焊用的6層式載板的局部特寫畫面，其說明該6L板其雙面內核板所埋入的整合式電容器，下側可見到5個對外互連用填銅盲孔之的3000倍放大圖。

Parasitic Capacitance 寄生電容 NEW

以數碼方波的傳輸線(含訊號線、介質層與回歸層)的Microstrip微帶線為例，當所傳訊號線中出現 "1" 有電流的訊號時，則回歸層的歸路中必然同步出現的回奔電流。也就在上下兩銅面之間出現了暫時性的寄生電容。但當傳輸線另外出現 "0" 訊號而無電流時，於是上下銅面間的電容就不存在了，因而稱呼此種電容為寄生電容。

於是只有在 "1" 訊號才出現的電容即稱為寄生電容，通常當訊號線愈細上下兩平行銅面的重合面積最小時，其寄生電容也就最小。也就是在真正跑 "1" 訊號前，必須要在傳輸線中充飽此種寄生電容後才能動起來。這正如輪胎愈細窄者愈省力愈容易起步是同理的。

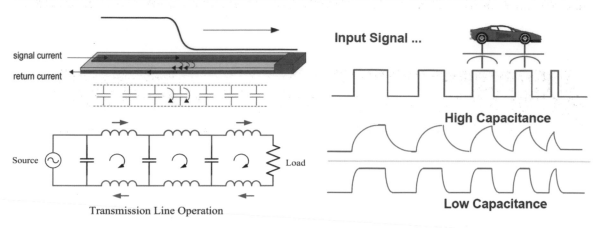

Parasitic Effect 寄生效應 NEW

這是指PCB的傳輸線(含訊號線，介質層，與回歸層等三元素)，當傳輸訊號的能量傳輸時(指0與1有電流的1碼)，其工作中(即有電的1碼時)訊號線上的交變電流，會瞬間出現寄生電阻與寄生電感(見下圖上側的訊號線)，同時在介質層中也會出現寄生電容與寄生電導的效應。當然回歸層大銅面的局部航道中與訊號線一樣也會出現寄生電阻與寄生電感。此四種影響速度與振幅的不良效應，即合稱為傳輸線的寄生效應。

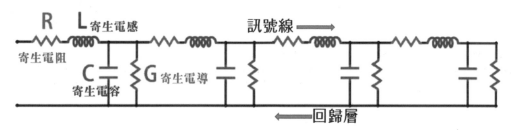

Parasitic Inductance 寄生電感 NEW

首先說明DC沒電感，AC才有電感。而只有在AC工作時才出現的電感稱為寄生電感。方波訊號其0碼與1碼間的快速跳動正如同交變電流一樣，當訊號線之低電位低電流瞬間要跳到高電位高電流時，其介質中的電場與磁場也當然要隨之變大才行。實際上板材的電場與磁場無法隨心所欲的立即變大或變小。於是周遭電磁場對方波的快速跳動變成了拖累，這種拖累效應就是電感。

此等拖累效應也正如同幫浦沖水的流速與水車間的關係一樣，當幫浦產生的水流與水車兩者，都以恆速運動時則一切都呈現平順。但若pump將水流瞬間加快時，水車由於本身的慣性(Inertia)作用將無法也瞬間隨之加速，這就是所謂的靜者恆靜而動者恆動的道理。於是可將不斷改變流速的水流看成交流電或方波訊號，而另將水車難以瞬間改變的遲滯效應視同電感或電感器了。而且當電感器並聯時其總電感值會變小，當電感器串聯時其總電感值會變大。

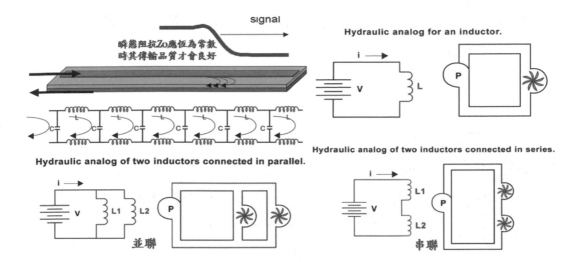

由上可知傳輸線路途愈長者，其中交變方波訊號所產生的寄生電感值就會愈大，對高速訊號的傳輸也就愈為不利。這就是為何覆晶(Flip Chip)互連模塊要比打線(Wire Bond)模塊速度更快，與訊號完整性(訊號品質)更好的原因。也就是寄生電感必須降得更低的真正原理了。

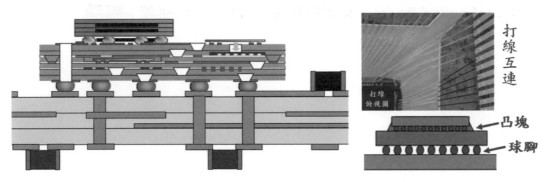

Parasitic（Shunt）Conductance 寄生電導、寄生導納 NEW

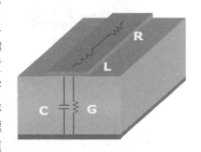

從所附微帶線（Microstrip Line）的一段立體簡圖可知，當高速方波訊號傳輸中，其訊號線會出現串聯的寄生電阻R與寄生電感L；當然其正下方回歸大銅面的航道中也會有相同的寄生R及寄生L。此外簡圖中也可見到訊號線與回歸路徑間綠色絕介質中同步出現的寄生並聯電容C與並聯電導G。此種寄生電導或寄生導納的單位是S/m。簡單的說這種板材本身的寄生G就是絕緣品質的瑕疵或微小的漏電或絕緣不良，也可說成是板材具有極性，當然會對訊號能量在D_f上造成損耗，如同訊號線的集層效應的電阻一樣，也會出現無法回復的發熱損耗。

事實上傳輸線特性阻抗Z_0的計算式如下，與R,G,L,C,四者都有關；若為簡化為全無損的傳輸線時，則R=0，G=0，於是可將Z_0的公式加以簡化成只有L與C的關係了。

$$Z_0 = \sqrt{\frac{L}{C}} \qquad Z_0 = \sqrt{\frac{R + j\omega L}{G + j\omega C}}$$

P-DIP（Plastic Dual Inline Package）塑料封裝雙排腳模塊 NEW

這是早年引數不多時IC模塊的封裝方法之一，另一種就是密封程度更好單價較貴的高檔C-DIP陶瓷封裝體。當年此等主動元件在PCB的組裝時，均採手工插放通孔然後再進行波焊完成組裝。由於插孔波焊的強度確比自動化SMT貼焊的可靠度好過10倍以上。至今國防軍品或汽車PCBA有些電子品仍堅持採用通孔插焊的做法。不過此等老式模塊的供應商卻越來越少了。

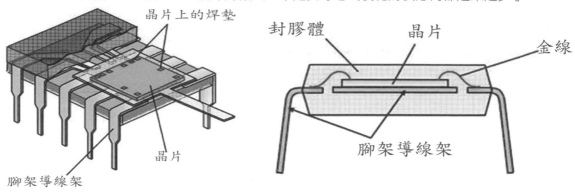

Peripheral Leaded Packages　周邊接腳的積成塊（封裝體）NEW

IC積體電路（大陸稱為積成塊）的封裝形式可大致分為（1）即本術語之四個周邊接腳者（2）至於腹底面積格列接腳者Area Array Package，請看另外的術語。事實上四周接腳最早期是採雙排腳之通孔插焊，腳數不多可從下列圖之①見到雙排腳模塊。之後到了1980年代SMT興起時，這種不易自動化的插焊組裝產品，大部分都已改成為板面更方便的錫膏貼焊的平貼腳了。至於貼焊腳又有伸腳與勾腳的不同。而且更從雙排貼腳擴大到四周接腳（見圖②③④）。

近年來更興起把所有伸腳勾腳全都取消，只用其腹底I/O的平面金屬墊去對準PCB承墊直接進行錫膏焊接，這種無腳的IC均統稱為QFN（見圖⑤）。QFN的銲點不但設在腹底，而且整體外側面四周側面也另有輔助焊點。QFN雖可降低組裝品的高度，但銲點內的空洞卻變得較多了。

QFN (quad flat no-lead)

Phase Change Material （PCM）相變材料 NEW

以水為例會有固態冰，液態水，及氣態水蒸汽第三態。在一大氣壓下若將1Kg的0℃冰變成0℃水時，將可釋放出很大的熱量，此溶解熱或凝固熱在其實是一種潛熱Latent Heat（333KJ/

Kg），相當於1Kg水從1℃加熱到80℃的熱量。至於低溫變成高溫所吸入的熱量則另稱為顯熱 Sensible Heat。下左圖中之溶解熱（凝固熱）與汽化熱（液化熱）即為儲能作業中的潛熱區。

　　所附右彩圖中的兩個圓形藍色PCM微胞（Capsule）說明升溫中所吸入潛熱能，另兩紅圖則為降溫中PCM微胞所放出的潛熱能量。中間黑白方圖為PCM微胞所組成材料，每個微胞都有黃色的包殼及內部可被利用潛熱的PCM。

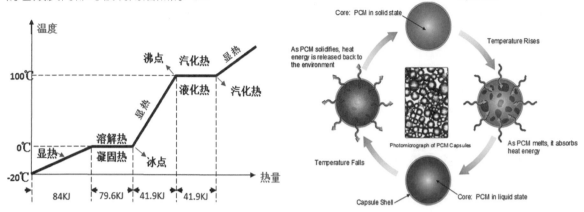

　　將這種PCM用於各種散熱片與各種模塊的介面時，可用以加速散熱。PCM更可做成多種散熱膏或散熱泥，其中各種黏度的導熱膏，經常被用在會發熱電子器件與散熱座的介面以協助散熱，如CPU或LED燈球等。也就是在發熱元件與散熱鰭座（Heat Sink）之間，加入PCM微胞與矽樹脂所調製的散熱膏，以減少介面空氣對散熱的阻礙。下兩圖中藍色的散熱膏即為應用的實例（下右圖取自IPC-A-610F）。至於散熱泥則更常在綠建築中大量使用，使其在白天吸收陽光的廢熱以減少冷氣的負擔。並還可對所吸收的廢熱加以利用，使得PCM材料成為炙手可熱的複合材料。

Polar Bond　極性鍵　NEW

　　有機物分子結構中，當兩相鄰原子各出一個電子，形成電子對的化學鍵Chemical Bond者稱為共價鍵。但當兩原子電性相差很大，以致使組成的分子出現一端帶正電（+）而另一端帶負電（-）者，則該化學鍵即稱為極性鍵。例如：乙醇分子（CH_3CH_2OH）的－OH基中即存在著頗強的極性鍵（Polar Bond）。凡具有－OH極性鍵者就會與水分子產生（虛線式）的凡德瓦爾力。進而出現親水吸水的作用。FR－4板材的環氧樹脂即具備很多－OH極性官能基，好的方面說有極性者內聚力附著力都很強，容易親水下也容易進行濕製程；壞的方面說容易吸水而且不易趕走業界稱為結晶水高溫焊接時容易爆板。

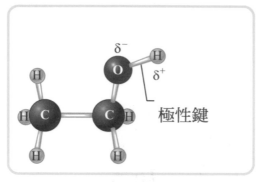 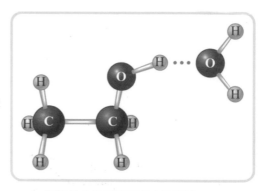

乙醇分子含有一個與水分子
類似的極性－OH鍵

極性的水分子與乙醇中的極性－OH
鍵之間出現凡德瓦爾力的吸引

Polycrystalline 多晶態 NEW

一般非金屬的礦物固體其常規狀態約可分為：非結晶態Amorphous，單晶態Crystalline，與多晶態Polycrystalline三類。現以矽石SiO_2為例，下三圖即為其不同狀況下所呈現的微結構組成。

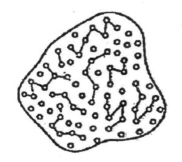 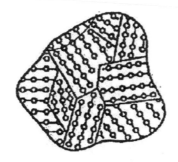 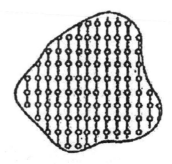

(a) Amorphous
No recognizable
longrange order

(b) Polycrystalline
Completely ordered
in segments

(c) Crystalline
Entire solid is made up of
Atoms in an orderly array

Pourbaix Diagram 波貝克斯圖（縱軸的電位對橫軸的pH做圖） NEW

利用金屬電動次序表中某種金屬的電位做為縱座標，另以該金屬化合物水溶液的pH值作為橫座標，説明該金屬的氧化狀態如下：

①圖中所出現各種方向的直線均稱為『平衡線』，表示直線兩側物質溶液的濃度相等。

②若各種金屬的氧化反應與電位有關但卻與pH無關者，則以水平線表示之。例如後頁左圖中藍色區的Fe^{+3}與綠色區的Fe^{+2}兩水溶液。

③反之若反應與電位無關但卻與pH有關者，以垂直線表示之。例如許多金屬被酸液溶解的反應，或鋁材被強鹼溶解等反應，均以垂直線表示之。

④呈現斜線者，則説明其反應與兩者都有關，斜率愈大者表示與電位差關係較大而與pH關係較小；反之亦然。

⑤後頁所附兩圖即為鐵與鋅兩種金屬的波貝圖。

此詞可簡稱為『電位—pH』圖，最早是由比利時學者Marcel Pourbaix 所提出，可應用在金屬腐蝕問題，與各種電化學，與地質學方面。

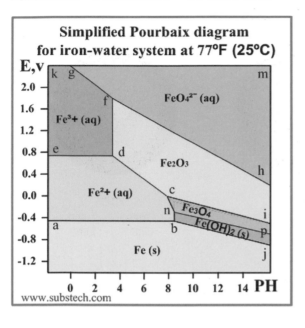

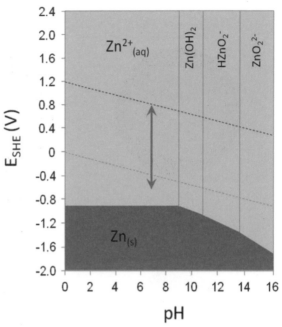

Pre-emphasis 預加強 `NEW`

厚大板(HLC; High Layer Count)長途傳輸的方波訊號，到達收訊端時其能量必然有所損耗，也就是所謂的插入損耗(Insertion Loss; S21)。為了收訊端(Receiver)所收到訊號的品質仍然良好，也就是訊號完整性Signal Integrity要儘量的好。於是將發訊端(Driver)發出訊號之前，利用內建軟體刻意拉高其高碼或壓低其低碼兩者能量(也就振幅)，謂之預加強。

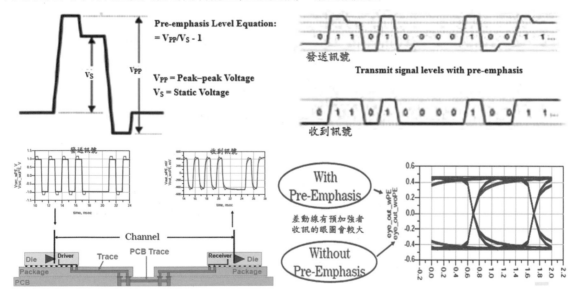

Process Capability Index（CpK）綜合製程能力指標 `NEW`

這是SPC統計製程管制中的一個極重要的術語，簡單表示法為：製程能力指標＝（1－準度）X精度；或CpK＝（1－Ca）Cp。從下圖的三個靶標與其鐘形曲線可見到精度Cp與準度Ca之間的關係①左圖表達的是白點的精度Cp與黃心準度Ca兩者都不太好②中圖說明白點的精度Cp很好，但黃心準度Ca却不好③右圖呈現的是精度與準度都極好。

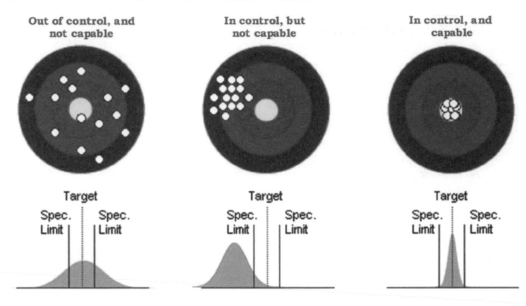

下圖再說明CpK數字與①六個標準差（Sigma）②ppm不良率③COPQ不良品質者占歲收的成本，等三者之間的關係。並利用精彩圖示的直觀法說明某些抽象關念。事實上精彩的好圖永遠比抽象的文字更容易弄懂，也更容易記牢。

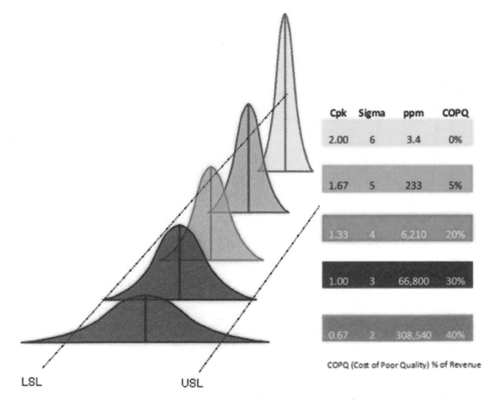

Cpk	Sigma	ppm	COPQ
2.00	6	3.4	0%
1.67	5	233	5%
1.33	4	6,210	20%
1.00	3	66,800	30%
0.67	2	308,540	40%

COPQ (Cost of Poor Quality) % of Revenue

若從長期來看CpK時，則又成為另一術語PpK了（大P表示Performance），下左圖說明PpK不好，而下右圖則PpK很好了。

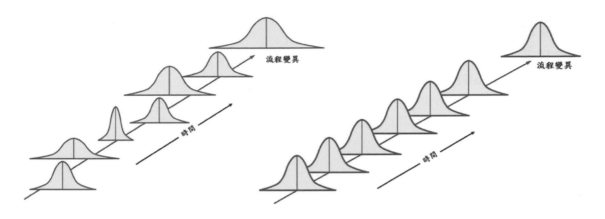

Pull Test / Shear Test 拉力測試 / 推力測試 NEW

　　PCBA板面許多SMT有腳零件（如伸腳的Gull Wing或勾腳的J-Lead），其等銲點強度可按下右圖所示之直立45度方向，在定速條件操作中垂直向上慢慢去拉試其銲點強度。至於小型片式零件（Chip Component）其底部銲點的強度，一般看法是與BGA球腳銲點相同，均可採用推力試驗去觀察其等剪力強度（Shear Strength）如何？兩種試驗均可採用如左圖的專用機台去做推力測試。

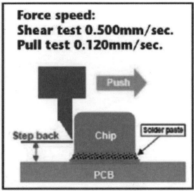
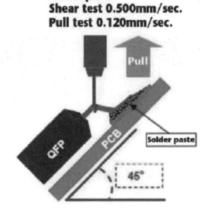

Q-Factor（Quality Factor）（板材之）品質因素

係指傳輸線對高頻訊號傳播時，其訊號線中的能量有極少部份會往介質板材中漏失，而絕大部份的能量仍能保存在訊號線中。此種仍保存者對已漏失者兩者之比值稱為Q-Factor；而其倒數則正是常見的"散失因素"（Dissipation Factor，Df）詳情請參閱Loss Tangent。

Quad Density 四倍密度

請見另詞Double Density之說明。

Quad Flat No-lead（QFN）方扁形無腳封裝體

手執電子品為了可更輕薄短小起見，已將VLSI的四面引腳（伸腳或勾腳）全部去掉（若將SOIC的雙排腳去掉則稱為DFN），只在封體之腹底留有可供I/O進出與錫膏回焊的腳墊而已。如此一來不但可大幅降低組裝高度與板面佔地之外，而且還有降低元件成本的好處，但對銲點強度而言卻是問題多多。為了強化焊接可靠度起見，又另在此種元件腹底中央無腳區加設許多縱橫分割的銅墊，協助整體之焊接強度。但上有天花板下有地板而外圍錫體又先冷卻的情勢下，錫膏中占體積半數的有機物所形成氣體空洞，將對銲點強度非常不利（電路板會刊46期有專文）。

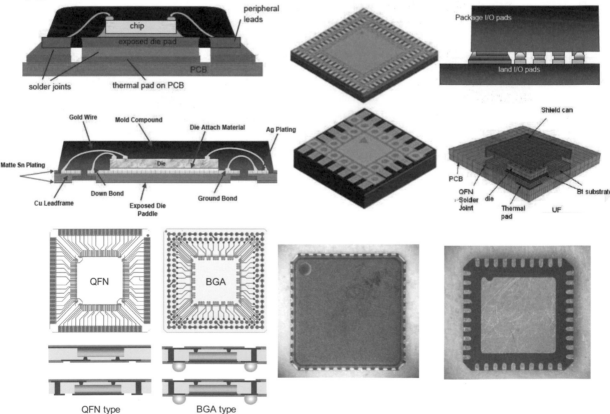

Quad Flat Pack（QFP）方扁形封裝體

是指具有方型之本體，又有四面接腳之"大型積體電路器"（VLSI）的一般性通稱。此類用於表面黏裝（SMT）之大型IC，其引腳型態可分成J型腳（也可用於兩面伸腳的SOIC，較易保持各引腳之共面性Coplanarity且也能節省板面用地）、鷗翼腳（Gull Wing彎折伸腳銲點在外容易品檢）、平伸腳（可降低高度）以及陶瓷堡型無接腳等方式等，其平常口語或文字表達，皆以QFP為簡稱，亦有人口語稱為Quad Pack。大陸業界稱之為"大型積成塊"。

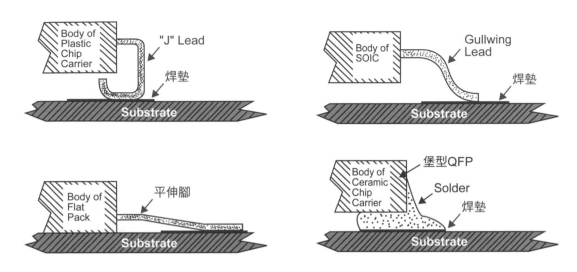

Qualification 資格認可

通常比較有規模的客戶，為求長性品質與可靠度穩定起見，對新接觸的PCB業者都要求送檢特定的"考試板"（Test Vehicle），並按規範逐項嚴格檢查，不合格時針對缺失要求提出"改善行動報告"（CAR；Correct Action Record），並繼續試做及送樣受檢，直到全部項目認可為止，其整個過程稱為Qualification。

Qualification Agency 資格認證機構

美國政府各種軍品皆由民間企業所供應，但與美國政府或軍方交易之前，該供應商必須先取得"合格供應商"的資格。以PCB為例，不但所供應的電路板須通過軍規的檢驗，而且供應商本身也要通過軍規的資格考試，此"資格認證機構"也就成為對供應商文件的審核、品質檢驗，與試驗監督等之專責單位。

Qualification Inspection 資格檢驗

指供應商在對任何產品進行接單生產之前，應先對客戶指定的樣板進行打樣試做，以展示自己工程及品管的能力。在得到客戶認可批准而被列為合格供應商後，才能繼續製作各種料號的實際產品。此種對考試板正式"資格"檢驗的過程，稱為Qualification Inspection。

Qualified Products List（QPL）合格產品（供應者）名單

是美國軍方的用語。以電路板為例，如某一供應商已通過軍方的資格檢驗，可對某一板類進行生產，於是軍方即將該公司的名稱地址等，列於一種每年都重新發佈的名單中，以供美國政府各採購單位的參考。此QPL原只適用於美國國內的業界，現亦開放給外國供應商。

要注意的是此種 QPL僅針對產品種類而列名，並非針對供應商的全部承認。例如某電路板廠雖可生產單雙面及多層與軟板等，但資格考試時只通過了雙面板，於是QPL中只在雙面板項目下列入其名，其他項目則均不列入，故知QPL是只認可產品而不是承認廠商。目前這種QPL制度有效期為三年，到期後還要重新申請認可。

Qualitative Analysis 定性分析

指對物料中所含何種性質"成份"所做的化學分析，可採傳統徒手操作法，或採儀器分析法，找出其組成的元素或結構為何。

Quality Assurance 品質保証

指產品通過品質檢查（Quality Inspection）而出貨後，其後續長期使用中之品質是否穩定，或是否出現功能不足或後續失效等可靠度（Reliability）問題，與其預防措施之相關因應事項，謂之QA。例如熱應力試驗（Thermal Stress Test；即將試樣於288℃下漂錫10秒鐘），或熱震盪試驗（Thermal Shock Test；令樣板於-55℃／125℃的劇變溫度間共經100次之考驗，然後再量測其結構出現劣化效應所增加之電阻值，是否超過規格上限的10%）等，均屬可靠度好壞之品保範圍。若進一步細分時，又可按實地檢查與工程評估而再分為QAI與QAE兩大領域。

Quality Conformance Test Circuitry（Coupon）品質符合之試驗線路（樣板）

是放置在電路板"製程板面"（Process Panel）外緣，為一種每組七個特殊線路圖形的樣板，可用以判斷該片板子是否能通過各項品檢的根據。不過此種複雜"板邊試樣"之組合，大都出現在軍用板類中，一般商用板則較少用到這麼麻煩的試樣。

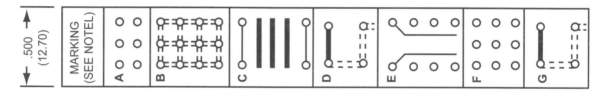

Quality Control 品質管制

為品檢與品保之總合名詞，係針對系統制度之建立，產品按規格執行之出貨檢驗，與其可靠度之評估與保證等作業而言。係自原物料、本身製程，與下游組裝等多方面考量，利用許多分析手段與統計技術，訂定各種可靠度之實施與檢討方法，以及各層級落實詳細作業內容等之整體方案，簡稱為QC。

Quality Inspection 品質檢查、品質檢驗

係指製程中之產品，按既定之規範與規格，分別設站檢查及監督其品質實況，以及在完工後再進行整體品檢等，均稱為QI。事實上若按品保QA再細分時，可分成有關工程方面的QAE與有關產品實檢的QAI兩部分。

Quantitative Analysis 定量分析

係針對物料中各種元素或成份之"含量"，所進行的化學分析，是要找出每種元素或成份所其有的重量為何，其精密度比定性分析更有過之。

Quench 淬火、驟冷

指物料（尤指金屬體）在高溫狀態中，驟然間將之置入水中、油中、或鹽浴中，使其快速

冷卻，進而得到不同結晶形狀，並表現出不同的物理性質，其處理方式謂之Quench。此工序對金屬材料的物性有極大的影響。

Quick Disconnect 快速接頭

指能快速接通或快速分開的電性互連接頭而言。

Quill 緯紗繞軸

是紡織業者用以纏繞緯紗的線軸，以做好織布前的準備工作。

Q

Rack 掛架

是板子在進行電鍍或其他濕式垂直處理時（如黑化、化銅等），在溶液中用以臨時固定板子的夾具。而電鍍時的掛架除需能達成導電外還要夾緊板面，以方便進行各種擺動，與耐得住槽液的激盪。且電鍍用的掛架，還需加塗抗鍍的特殊塗料，以減少鍍層的浪費與剝鍍的麻煩。

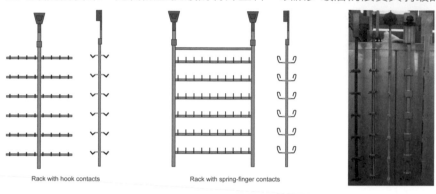

Rack with hook contacts   Rack with spring-finger contacts

Radar Chart 雷達圖

例如兩種板材當需比對其多項品質或成本之優劣時，可利用如雷達網狀天線或蜘蛛網式的圖案，由各比對項目的軸線分別自中心的零分向外圍高分處增長延伸，最後將各軸線的頂點串連起來而得到不規則的面積，面積愈大者其總體優勢也就多了，其他欲進行詳細比較的任何事物均可利用此種面積大小概略式雷達圖為之。

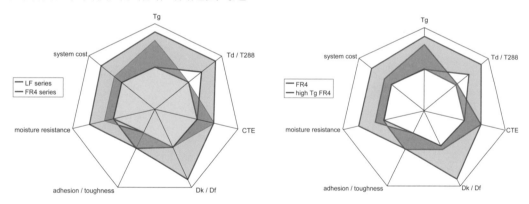

Radial Lead 放射狀引腳

指零件的引腳是從本體單面（另一面無腳）散射而出，如各種DIP或QFP等，與自零件兩端點伸出的軸心引腳（Axial Lead）不同。

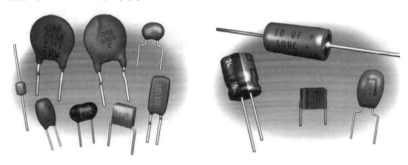

Radio Frequency Identification Card（RFID）射頻識別卡

是一種具有電子功能貼紙式的廉價天線，可利用手執低功率的發射器送出一種特定的無線電訊號，打到此等貼紙的簡單電感器上，即可將另一訊號反射回手執發射器中，如此一去一回即可取得貼紙的內容資料。RFID的用途極廣，如高速公路的自動收費、倉庫高低貨架的盤點工作、甚至迴轉壽司碗上的貼紙等，異常方便。所附下列各圖即為其樣品與生產RFID的自動產線。

Additive UHF Antenna
for Direct Die Attach Assembly

Radio Frequency Interference（RFI）射頻干擾

是一種意外不良的干擾，包括出現一些不良的暫存狀態（Transients）訊號，會干擾到電子通信設備或其他電子機器之操作而影響其正常功能。例如早期未做RFI預防的電視機，當附近有腳踩式摩托車發動時，由於其火星塞所發出火花（Spark）電磁波，傳入電視機後將會造成畫面短暫的混亂。若在電視機塑膠殼的內壁，以化學銅或含鎳漆料等處理一層屏障（Shielding）層後，即可將傳來的電磁波導引至“接地”層去，而得以減少RFI的干擾。

至於某些“高週波”（此為日文，中文應稱為高頻）熔接工場，也需將其建築物以金屬網接地，避免其所散出的高頻電磁波對周圍電子電器品的干擾。在機場航道附近之業者，嚴重時甚至會對飛機降落雷達儀表造成干擾，對飛安存在很大的威脅，必須嚴加防範。

Radiometer 輻射計、光度計

是一種可檢測板面上所受照的UV光或射線（Radiation）能量強度的儀器，可測知每平方公分面積中所得到光能量的焦耳數。此儀有時還可在高溫輸送帶上使用，對電路板之UV曝光機及UV硬化機都可加以檢測，以保證作業之品質。

Rake Angle（or Helix Angle）
耙起角、盤旋角、摳角、耙角

指當切削工具欲將待除去的廢料，自工作物表面摳（ㄍㄡ）起或耙起時，其工具之刃面與鉛直的法線間所形成的交角謂之Rake Angle。電路板切外形（Routing）所用銑刀上，多點刀口在快速旋轉的連續切削動作中，將不斷快速出現如圖內所示之“旋耙角（Rake Angle）”。

R

鑽針尖部之切削前緣或刃口（由排屑溝面與第一面等兩面所包夾而成），在切削與掀起廢屑之際，當其刃口尚很銳利時，則溝面與垂直法線所成之夾角尚低於90度者，謂之正耙角。當刃口已經不銳利而魯鈍時，其三種夾角之總和（旋耙角＋刃口夾角＋浮角）將超過90度，此時之耙角則稱為負耙角。負耙角對材料的移除不再是切入與耙起的良性動作，卻變成了效率很差的推擠與摩擦的不良動作了。

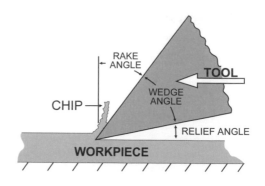

Rated Temperature, Voltage　額定溫度、額定電壓

指電子零件在一時段內，所能忍受最高的操作溫度與操作電壓之謂，且係事先所設定者。

Raw Foil　生箔

是電鍍銅箔的半成品，也就是從專用電鍍槽中轉胴（Drum）上所捲取到的銅箔稱為生箔。此種生箔還需再進行 ①毛面鍍銅瘤 ②瘤面上再鍍黃銅或鋅 ③雙面再鍍薄鉻層等三道後處理才能成為熟箔。通常高檔的微切片畫面都可清楚見到銅瘤的蹤影（附圖取材自阿托科技）。

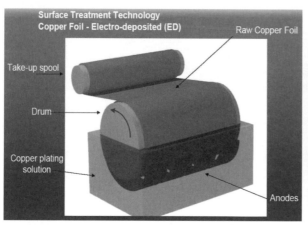

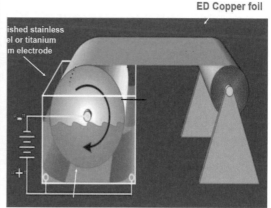

Reactance　電抗

是交流電在線路中或零件中流動時，所受到的反抗阻力謂之"電抗"，是以大寫的X為代表符號。這種電抗的來源有二：①來自電容器的電性反抗則稱為"容抗"（X_c）；②來自線圈或其他電感性者謂之"感抗"（X_L）。

Real Estate　板面空地、底材面、基板面

此是指電路板面上在銅線路或銅導體以外的基材表面，或完工電路板無導體之板材空地區域而言。原文是將之視同房地產一般，用以表達"空地"的意思，猶如未建房屋的空地一樣，故以房地產業之術語表達之。

Real-Time System　即時系統

指許多裝有程式控制的機器，其指令輸入與顯示幕反應之間的耗時很短，是一種交談式或對答式的輸入，此種機器稱為即時系統。

Reclaiming 再生、再製

指網版印刷術之間接網版製程，當需將網布上原有的版膜（Stencil）除去，而再欲加貼新版膜時，則應先將原版膜用化學藥品予以軟化，再以溫水沖洗清潔，或將網布進一步粗化以便能讓新膜貼牢，此等之工序稱為Reclaiming。又，此字有時亦指某些廢棄物之再生再利用。

Reel to Reel 捲軸作業、捲輪操作、捲盤操作

某些電子零組件，可採捲輪（盤）收放式的製程進行生產，如TAB、與早先的IC金屬腳架（Lead Frame）、某些軟板（FPC）等，而且電鍍銅箔之生箔三道後處理，也是利用此種捲盤方式去完成銅瘤的熟箔製程的。此等精密捲帶或捲盤收放非常方便可連線自動作業，以節省單件式作業之時間及人工的成本。此詞有時也說成Roll to Roll。

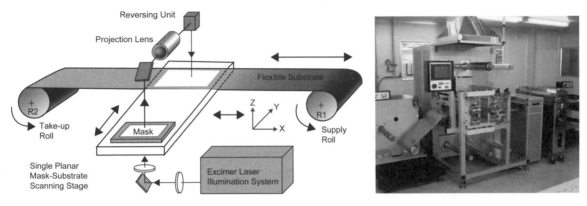

Reference Dimension 參考尺度、參考尺寸

僅供參考資料用的尺度，因未設公差故不能當成正式施工及品檢的根據。

Reference Edge 參考邊緣

指板邊板角上某導體之一個邊緣，或精密加工的板邊，可做為全板尺寸的量測參考用，有時也指某一特殊鑑別記號而言。

Reflection 光反射、訊號反射

一般常識中是指鏡面將入射光加以反射之謂。不過在電腦主機板中對高速訊號之傳播時，則是指"訊號"由Driver發出經訊號線往Receiver傳播時，若三者間之阻抗值均能匹配，則訊號之能量可順利到達Receiver中。一旦訊號線品質有問題，致使其呈現的"特性阻抗"值超過限度時，將會造成訊號部份能量折回Driver，也稱為"反射"。

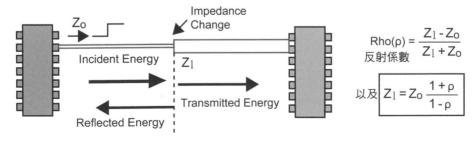

Reflow Profile 回焊溫度曲線

指插孔之波焊或錫膏之熔焊（Reflow）過程中，組裝板所經過"連線"各站之溫度變化情

形，可將其各站之溫度描點並連合所成的曲線謂之Reflow Profile。（參考前詞profile）

Reflow Soldering
重熔焊接、熔焊、回焊

是零件腳與電路板焊墊間以錫膏所焊接的方法。該等焊墊表面須先行印上錫膏，再利用熱風或熱氮氣的高熱量將所印錫膏重行熔融，而成為引腳與墊面的接合銲料，待其冷卻後即成為牢固的焊點。這種將錫膏中的銲錫粒重加熔化而焊牢的方法可簡稱為"回焊"或"熔焊"。

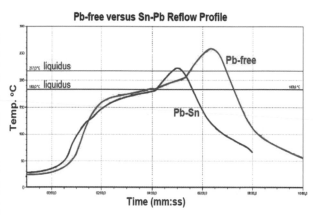

另當300支腳以上的密集焊墊（如TAB所承載的大型QFP），由於其間距太近墊寬太窄，將無法繼續使用錫膏，只能利用各焊墊上的銲錫層（電鍍錫鉛層或無電鍍錫鉛層），另採熱把（Hot Bar）方式像熨斗一樣加以烙焊，也稱為"熔焊"。

注意此詞在日文中原稱為"迴焊"，意指熱風迴流而取得能量進行熔焊之意，其涵蓋層面不如英文原詞"回焊"之周延（英文中Reflow等於Fusing），業界似乎不宜直接引用日文成為中文。

Refraction 折射

光線在不同密度的介質（Media）中，其行進速度會不一樣，因而在不同介質的交界面處，其行進方向將會改變，也就是發生了"折射"。電路板之影像轉移工程不管是採網印法、感光成像的乾膜法或濕膜法，或槽液式ED法等，其各種透明載片、感光乳膠層、網布，版膜（Stencil）等皆以不同的厚度配合成為轉移工具，故所得成像與真正設計者多少會有些差異，原因之一就是來自光線的折射。

Refractive Index 折射率

以光在真空中的直線行進速度，除以光在某一透明介質或透明液體中的速度，其所得之比值即為該介質的"折射率"。因直行光進入第二介質改變速度之同等其行進方向也隨之改變，因而發生所謂的折射。

不過此數值會因入射光的波長、環境溫度而有所不同。最常用的光源是以20℃時"鈉燈"中之D線做為標準入射光，表示方法是20/D。每種有機溶劑都有定值的折射率，因而只要測出未知液之折射率即可得知是何種溶劑，例如乙醇為1.3651，而丙酮為1.3591等。

Register Mark 對準用標記

指底片上或板面上，各邊框或各角落所設定的特殊標記，用以檢查本層或各層之間的對準情形，圖示者即為兩種常用的對準標記。其中同心圓形者可在多層板每層的板邊或板角處，依序垂直疊設不同直徑的圓環等，壓合後只要檢查事先所"掃出"（即銑去面銅）各立體疊置同心圓之套準情形，即可判斷其層間對準度的好壞。

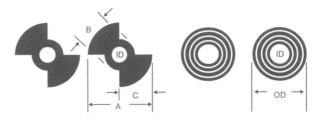

Registration 對準度

電路板面各種導體之實際位置，與原始底片或原始設計之原定位置，其兩者之間能夠逼近的程度，謂之"Registration"。大陸業界譯為"重合度"。

"對準度"可指某一板面蝕刻的導體與其底片之對準程度；或指多層板之"層間對準度"（Layer to Layer Registration），或雙面板之兩面對準度等，皆為PCB的重要品質。

Reinforcement 補強物、補強材

廣義上是指任何對產品在機械力量與耐熱強度方面能夠加強的各種物料，皆可稱為補強物。在電路板業的狹義上則專指基材板中的玻纖布、不織布，或白牛皮紙或無鉛化無鹵化所加入的有機或無機粉體等，用以做為各類樹脂的補強物及絕緣物。或軟板為焊接且無須彎折處的外貼板材，或硬板為散熱而外貼的鋁板等。

Rejection 剔退、拒收

當所製造之產品，在某些品檢關鍵項目中所測得之數據與規範不合時，即無法正常允收過關，謂之Rejection或Reject。

Relamination（Re-Lam）多層板壓合

內層用的薄基板，是由基板供應商利用膠片與銅皮所壓合而製成的。電路板廠購入薄基板做成內層線路板後，還要用膠片去再壓合成為多層板，某些場合常特別強調而稱之為"再壓合"，簡稱Re-Lam，以示多層板壓合與基材板壓合有別也。事實上這只是多層板壓合的某些業者刻意"跩文"說法而已，幾近無聊並無深一層的意義存在。

Relative Permitivity（ε_r）相對容電率

此詞經常被不明原理者，僅就其"字面"似是而非的誤稱為"介電常數"！？有時連一些不夠嚴謹的字典也常犯錯。事實上，Dielectric本身是名詞，即"絕緣材料"或"介電物質"之意；故知"介質常數"本身是"名詞＋名詞"所組成的名詞，是材料的一種電性常數。而Dielectric此字並非形容詞的"介電"，用以形容"常數"而得到似是而非的"介電常數"，似乎是在說"介電性質的常數"。請問這倒底指的是什麼？天天掛在嘴上的人有誰曾用心想過其中真正的含意？人之通病多半想當然耳!

此詞原指每"單位體積"的絕緣物質，在某一單位之"電位梯度"（指絕緣體兩端其兩導體間的電位差）下，所能儲蓄"靜電能量"（Electrostatic Energy）的多寡而言。猛看乍聽之下，一時還不容易聽懂。

此詞尚另有較新的同義字"容電率"（Permittivity日文稱為誘電率），由字面上可體會到與電容（Capacitance）之間的關係與含義。當多層板絕緣板材本身之"容電率"較大時，即表示訊號線中（針對回歸的接地層而言）的傳輸能量已有不少被暫時蓄容在板材中，如此將造成"訊號完整性"（Signal Integrity）之品質不佳，與傳播速率（Propagation Velocity）的減慢。

R

換言之即表示已有部分傳輸能量被不當浪費或容存在極性的介質材料中了。是故絕緣材料的
"介質常數"（或容電率）愈低者，其對訊號傳輸的品質才會更好。目前各種板材中以鐵氟龍
（PTFE），在1 MHz頻率下所測得介質常數的2.5為最好，FR-4約為4.7。

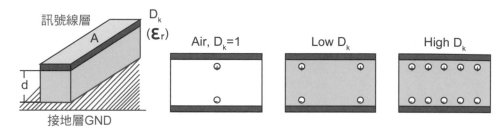

上述介質常數（D_k）若在多層板訊號傳輸的場合中，還可以電容的觀點詳加詮釋如下：

由上左圖可知MLB中，其訊號線層與大地層兩平行且重合金屬板之間，夾有絕緣介質（即膠
片之玻纖與環氧樹脂）時，在訊號傳輸工作中（也有很小的電流通過）臨時性的兩極間將會出
現一種電容器（Capacitor）的效應，其公式如下：

$$電容值（Capacitance）= D_k \frac{平行金屬板之重疊面積}{平行金屬板之距離} \quad ; \quad 即 C = D_k \frac{A}{d}$$

由式中可知其容電量或電容量的多寡，與上下重疊之面積A（即訊號線寬與線長之乘積）及
介質常數D_k成正比，而與其間的介質厚度d成反比。

從電容計算公式看來，原"介質常數"的說法並無不妥。但若用以表達板材之不良"極
性"時（當然理想板材應為中性），則不如"容電率"來得更為貼切。因而目前對此D_k，在正
式規範中均已改稱為更標準說法的"相對電容率"ε_r了。注意ε_r是希臘字母Episolon，並非大寫
的E，許多半桶水業者或學者經常寫錯也唸錯。

事實上，絕緣板材之所以會出現這種不良的"容電"效果，主要是源自其材板材本身分子
中具有極性（Polarity）所致。由於其極性的存在，於是又產生一種電性雙極式的"偶極矩"
（Dipole Moment，例如純水25℃於Benzene中之數值即為1.36），進而造成平行金屬板間之介
質材料，對瞬間靜電之電荷將出現"儲蓄或容納"的暫時性的負面效果（跑線中的能量減少
了），極性愈大時D_k也愈大，容蓄的靜電電荷也愈多。

下二圖說明上下兩金屬板間的絕緣物（Dielectric）是由極性分子所組成，不通電時其等極性
分子會以彼此首尾互吸的亂廢形態組成。一旦通電時則上下極板所暫扮演的正負兩極，將使得
絕緣材各極性分子在外電壓下強返南北排列成齊，也就是暫時形成了蓄電容電的效果。

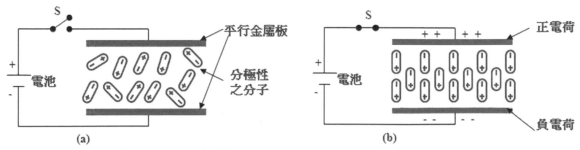

純水本身的D_k常高達75，故板材必須儘量避免吸水，才不致升高D_k而減緩了訊號的傳輸速
度，以及對特性阻抗控制等電性品質。

重要的銅箔基板（CCL）規範，如早期的MIL-S-13949H（1993），現行的IPC-4101（1997）以及IEC-326等，均已改稱為更正確的Permittivity而不再說成不夠完美的D_k了。然而國內業者知道ε_r的人並不多，甚至連原來的D_k也多誤稱為"介電常數"，想必是前輩資深者天天忙碌與辛苦之下，只好不求甚解自欺欺人以訛傳訛，使得後進者也糊里糊塗不得不跟著錯下去了。

上述"相對容電率"（即介質常數）太大時，所造成訊號傳播（輸）速率變慢的效果，可利用著名的Maxwell Equation加以說明（將訊號視為光波或電波之電磁波，波則傳播也）：

V_p（傳播速率）＝C（光速）$/\sqrt{\varepsilon_r}$（周遭介質之相對容電率）

此式若用在空氣之場合時（ε_r＝1），即說明了空氣中的電波速率等於光速。但當一般多層板面上訊號線中傳輸"方波訊號"時（可視為電磁波），須將FR-4板材與綠漆的ε_r（D_k）代入上式，其速率自然會比在空氣中慢了許多，且ε_r愈高時其速率會愈慢。

正如同高速公路上若有大量污泥存在時，其車速之部份能量會被吸收，車速也會隨之變慢。還可換另一種想像來加以說明，如在彈簧路面上跑步時，其速度自然不如正常路面來得快，原因當然還是部份能量被浪費在彈跳上了。由此可知板材的ε_r要儘量抑低的重要性了，且還要在溫度變化中具有穩定性，方不致影響"時脈速率"不斷提高下的訊號品質。

材料（Dielectric）的分子具有極性（即Dk值大於前者Dk=1的空氣），因而在上下正負兩極的牽引下排列整齊，而此種牽引能量將消耗掉跑線（Line Run）中的部份能量，因而所引入真空瓶的能量也為之減少，於是原本所張開的大角度也為之縮小。故知PCB上下兩導體絕緣板材的Dk值愈小時，其暫時蓄存的能量也就變小了，如此一來也就使得跑線中能量損失愈小，訊號的品質當然也就更好了。

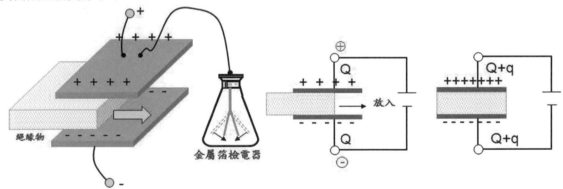

由附三圖可知，當訊號線（+號者也稱為跑線）中跑動的是高速訊號且與回歸層（-號者）之間為空氣時（D_k=1），可試行從跑線中引出一個旁路進入一個真空瓶中的兩片金屬箔上，在正正同電相斥下將大角度的張開成虛線的角度。但若在訊號線（+）與回歸線（-）之間的空氣中塞入一片絕緣物FR-4，則因絕緣FR-4本身的D_k為4.5，使得跑線中的能量被瓜分了一部份，於是使得所引出旁路上的量也隨之減少，而互斥之夾角也當然變小了。

不過若專業生產電容器時，則材料之ε_r反而要越高越好以便能儲蓄更多的電能，一般陶瓷之ε_r常在100以上正是容器的理想良材。

IPC-4101對ε_r及D_f，都指定按IPC-TM-650之2.5.5.3法去做，即以Balsbaugh品牌之LD3 Dielectric Cell去測量Air的電容值（C1），及測Dow Corning 200 Fluid油的電容值（C2），再測第一樣板（3.2吋×3.2吋×板層）的電容值（C3），之後又測第二樣板的電容值（C4），即可利用其公式：

$$D_k = \frac{1.00058}{C1}\left(C1 + \frac{(C3-C1)(C2-C1)C4}{(C3-C1)C4 - (C4-C2)C3}\right) \text{求出} D_k \text{值}$$

然後再測液油的導電度G1，及第一樣板的導電度G2，並利用其公式計算出D_f

$$D_f = \frac{G2}{6.2832C4} + (\frac{D_K.99942C1 - C4}{(C4-C2)})(\frac{G2}{6.2832G4} - \frac{G1}{6.2832C2})$$

但上述做法是在1MHz的頻率下所測，所得數據已遠不敷電子產品實際需要，對於近年來工作頻率高達1GHz甚至在1GHz以上之D_k者，則需另採"真空腔"方式（Vacuum Cavity）去測試才行，但此法在業界尚未流行。

Relaxation 鬆馳、緩和

是張網過程中出現的一種不正常現象。當"網夾"拉緊網布向外猛然張緊時，網布會暫時出現鬆馳無力的感覺，過了一段時間的反應後，網布又漸呈現繃緊的力量。這是因為網材本身出現"冷變形"（Cold Flow）的物性現象，以及在整個網布上進行位能重新分配的過程。現場作業應採用正確的"張網"步驟，在下一次拉緊之前須先放鬆一點，然後再去拉到更大的張力，以減少上述不當"鬆馳"的發生。

Relay 繼電器

是一種如同活動開關的特殊控制元件，當通過之電流超過某一"定值"時，該接點會自開通（或接通），或自動斷絕而讓電流出現"中斷與續通"的動作，以刻意影

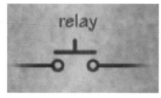

響同一電路或其他電路中元件之工作不致超載。按其製造之原理與結構，而可製作成電磁圈、半導體、壓力式、雙金屬之感熱、感光式及簧片開關等各種方式的繼電器，是電機工程中的重要元件。

Release Agent, Release Sheets 脫模劑、離型膜

一般模造塑膠製品，須在模子壁內塗抹一層脫模劑，以方便成型後之脫模。電路板工業早期多層板之壓合製程，尚未用到銅箔直接疊合，而只採用單面或雙面薄基板之成品，進行所謂的"再壓合"（Relamination）工作。在此之前需於鋼板與銅面之間，多墊一張碳氟樹脂的"離型膜"以預防樹脂沾污到鋼板上，如杜邦的商品Tedlar即是。亦稱為Release Film。

如今多層板的層壓製程，絕大多數均直接採用銅箔與膠片，以代替早期的單面薄基板，不但成本降低而且多層板的"結合"（Bonding）品質也更好。只要將銅箔刻意剪裁大一些，即可防止溢膠，因而價格不菲的Tedlar也可省掉了。

Reliability 可靠度、信賴度、可靠性

是一種綜合性的名詞，表示當產品經過儲存或使用一段時間後，對其品質再進行的一種"測量"（Measurement），與新製品在交貨時所即時測量的品質有所不同。換句話説，就是當產品在既定的環境中，歷經一段既定時間的使用考驗後，對其原有的"功能"（Function）是否仍可施展，或施展程度如何的一種測量。就電路板代表性規範IPC-6012C而言，其Class 3即為"高可靠度"（簡稱Hi-Rel）之等級，如心臟調節器、飛航儀器或國防武器系統等電子品，其所用的電路板皆對Reliability相當講究。此詞之日文稱為"信賴性"，大陸稱為"可靠性"。

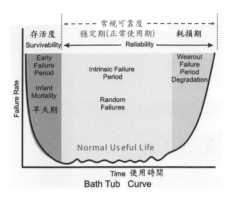

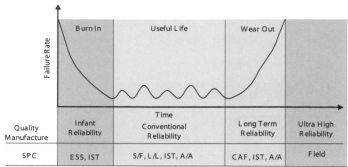

Bath Tub Curve

Relief 削空、放空

鑽針進孔部份稱為鑽部（Flute），其針體外緣除排屑溝外，剩下的表面桿材為了減少與孔壁的摩擦起見，刻意將大部分實材之表面半數削空，只留窄窄的脈筋（Margin）以維持應有的孔徑。此等所削掉局部桿材而出現的空位，稱為Relief。而其削空後所剩矮了一截的新生實地，則稱為餘地（Land）。注意當鑽針直徑小到8 mil以下時，即無法再做"削空"以防太細而折斷。

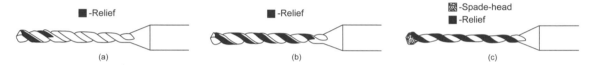

Relief Angle 浮角、切削浮角、浮空角

指鑽針尖部之切削前緣，在切入與被掀起板材廢屑時，其刀面與板材之切面不可完全密貼，須留有少許空間以減少摩擦，與鋤頭刨土的道理相同。其浮離之角度稱為Relief Angle。

切外形"銑刀"（Router Bit）上之各銑牙在耙起板材形成廢屑時，其銑牙刀面與底材表面所形成的夾角即謂之"Relief Angle"，見前Rake Angle中之附圖(兩圖中之RA處即為浮空角)。

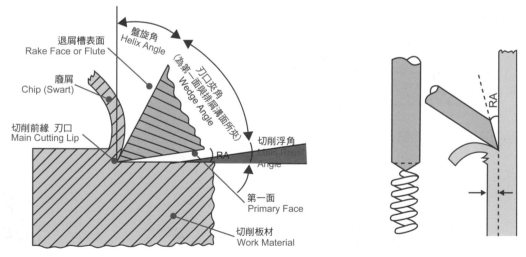

Repair 修理

指板邊對有缺陷的板子所進行改善的工作。不過此一Repair的動作程度及工作範圍都比較大，如鍍通孔斷裂後的加裝套眼（Eyelet中空的鉚釘），或斷路的修補等，必須要徵求客戶的同意後才能施工，與較小動作小補小修的"重工"Rework（大陸稱返工）不太相同。

Repeated Insertion　多次插觸

指板邊陽性金手指之板邊各鍍金接點，須切出斜邊（Bevel）才可讓其等多次卡入連接器各陰性接點，此切斜邊處常會局部露銅，乃自然現象並非缺點。

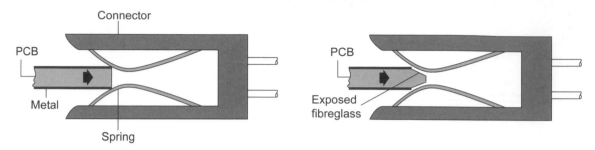

Resin Coated Copper Foil　背膠銅箔

單面板的孔環焊墊因無孔銅壁做為固著補強，在波焊中除需應付銅箔與基板間，因膨脹係數不同而出現的剪力外，還要支持零件的重量與振動，迫使其附著力必須比正常銅箔毛面的抓地力還要更強才行。而且更重要的是，當家電用單面板面臨甚高的工作電壓時（110V，220V），其線路間距之絕緣性還要比原始基材更好時，則須在銅箔粗糙的稜線毛面上，另外加舖一層強力接著且絕緣品質更好的背膠，稱為"背膠銅箔"。

近年來多層板不但孔小線細層次增加，而且厚度也愈來愈薄，於是乃有新式增層法（Build-up Process）的出現。背膠銅箔對此新製程極為方便，這種已有新意義的舊材料特稱之為"RCC"。不過BUM所用背膠之Tg很高，平均在180℃左右，以減少尺寸的走樣。

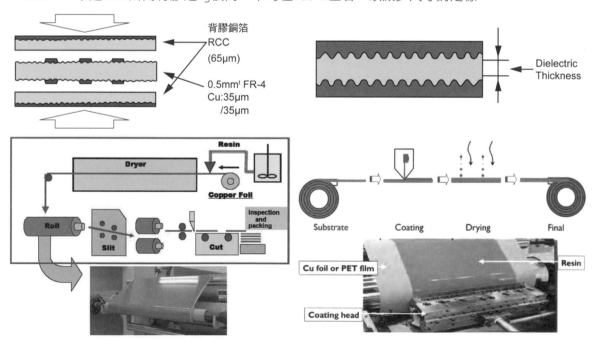

Resin Content　膠含量、樹脂含量

指板子的絕緣基材中，除了補強用的玻纖布或白牛皮紙以及填充粉料（Fillers）外，其餘樹脂所占的重量百分比，謂之Resin Content。例如早期美軍規範MiL-P-13949H即規定7628膠片之"樹脂含量"須在35%～50%之間。

Resin Flow 膠流量、樹脂流量

廣義上是指膠片（Prepreg）在高溫壓合時，其樹脂流動的情形。狹義上則指樹脂被擠出至"板外"的重量，是以百分比表示。此法原被MIL-P-13949F所採用，故亦稱為MIL Flow。自1984年起美國業界出現一種新式的比例流量（Scaled Flow）試驗法，理論上看來確比原來的"流量"更為合理。其詳情可見IPC-TM-650手冊中的2.3.17及2.4.38兩節。

Resin Recession 樹脂縮陷

指多層板在其B-Stage的膠片或薄基板中的樹脂（以前者為甚），可能在壓合後尚未徹底固化硬化（即聚合程度不足），其通孔在高溫(288℃)漂錫(10秒)且灌滿錫柱後，當進行切片檢查時，常發現銅孔壁背後某些聚合不足或尚有揮發物殘存的樹脂，會自銅壁上（向外）退縮而出現空洞的情形，謂之"樹脂縮陷"。這種缺點應歸類於製程或板材的整體問題，程度上比板面刮傷那種工藝性的不良要來得嚴重，需仔細追究其原因。日本業者對此項品質尤其重視。

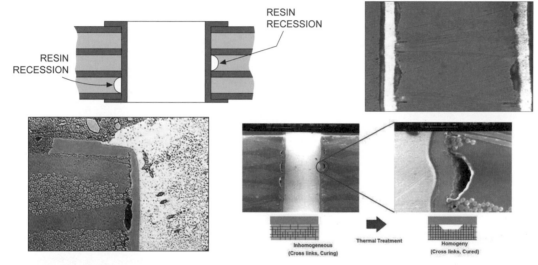

要注意樹脂縮陷與孔銅壁的彈開(Blip)或拉離(Pull Away)完全不同，須小心做微切片以免誤判。下列三圖即為彈開的畫面。

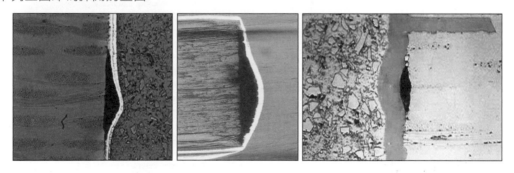

Resin Rich Area 樹脂豐富區、多膠區

為了避免銅箔毛面上粗糙瘤狀的釘牙，而與介質常數較高（不良）的玻纖布接觸，且讓密集線路間的漏電（CAF，Conductive Anodic Filament）得以減少起見，業者刻意在銅箔的毛面上先行加塗一層同質的背膠，以達上述之目的。這種背膠的成份與基材中的樹脂完全相同，使得銅箔與玻纖布之間的膠層（俗稱Butter Coat 奶油層），比一般由膠片所提供者更厚且抓地力也更牢，特稱為Resin Rich Area。

Resin Smear 膠糊渣、膠渣

以環氧樹脂為底材的FR-4基板，在進行鑽孔時由於鑽頭高速摩擦而產生強熱，當其瞬間高溫遠超過環氧樹脂的玻璃態轉化溫度（T_g）時，則樹脂會被軟化甚至熔化，將隨著鑽頭的旋轉而塗佈在鍍銅前的孔壁上，稱為Resin Smear。若所鑽孔處恰有內層板之銅環時，則此膠糊也勢必會塗佈在其銅環的側緣上，以致阻礙了待完成的PTH銅孔壁與內層銅環之間的電性導通互連，加以目前NB的工作電壓已降到了1.1V，使得此種ICD將更成為品質上的難題。因而多層板在進行PTH製程之前，必須先妥善做好"除膠渣"（Smear Removal 與Desmearing同義）的工作，才會有良好的品質及可靠度（下列附圖取材自阿托科技）。

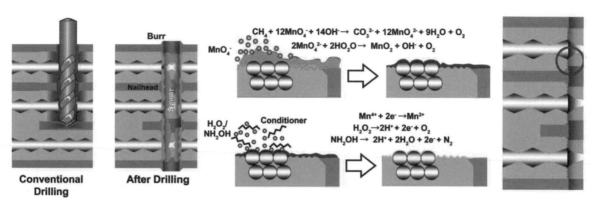

Resin Starved Area 樹脂缺乏區、缺膠區

指板體中某些區域其樹脂含量不足，未能將補強玻纖布或牛皮紙完全含浸，以致出現局部缺乏樹脂或玻纖布內有空間曝露的情形。或在早期壓合作業時，由於膠流量過大，導致其局部板內膠量不足，亦稱為缺膠區。此等空洞式的異常將會成密孔區CAF的隱憂。

Resist 阻劑、阻膜

指欲進行板面濕製程之選擇性局部蝕銅或電鍍處理前，應在銅面上先做局部遮蓋之正片阻劑或負片阻劑，如網印油墨、乾膜或電著光阻等，統稱為阻劑。

Resistivity 電阻係數、電阻率

指各種物料在其單位體積內或單位面積上阻止電流通過的能力。亦即為電導係數或導電度（Conductivity）之倒數。

Resistor 電阻器、電阻

是一種能夠裝配在電路系統中，且當電流通過時會展現一定電阻值的元件。簡稱為"電阻"。又為組裝方便起見，常在平坦的瓷質板材上，加印一種"電阻糊膏"的塗層，經印刷及燒結後成為附著式的電阻器，可節省許多組裝成本及所占面積，謂之網狀電阻（Resist

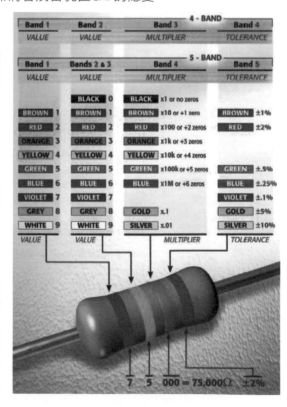

Networks）。附圖即為傳統電阻器及網狀電阻器之組成與外觀。

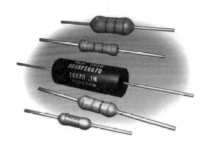

Resistor Drift 電阻漂移

指電阻器（Resistor）所表現的電阻值，每經1000小時的老化後，其劣化的百分比之數值稱為 "Resister Drift"，是電阻器的重要品質。

Resistor Paste 電阻印膏

將粒度均勻的碳粉調配成印膏，可做為20～50Ω/sq印刷式電阻器（Resistor）的用途。此印刷式 "電阻器"，須達到厚度均勻與邊緣整齊之要求，還需經雷射光數的切割以取得應有的數值。不過簡易型電阻器除非使用環境特別良好以外，一般在溫濕環境中使用一段時間之後，其性能均將逐漸劣化。

Resolution
解像、解像度、解析度、分辨率

指各種感光膜或網版印刷術，在採用具有特殊2mil "線對"（Line-Pair）的底片，及在有效光的曝光與正確顯像（Developing）後，於其1mm的長度中所能清楚呈現最多的 "線對" 數，謂之 "解像" 或 "解像力"。此處所謂 "線對" 是指 "一條線寬配合一個間距"，簡單的說Resolution就是指影像轉移後，在新翻製的子片上，其每公釐間所能得到良好的 "線對數（line-pairs/mm）"。大陸業界對此之譯語為 "分辨率"，一般俗稱的 "解像度" 很少涉及正式定義，只是一種比較性的概略說法而已。

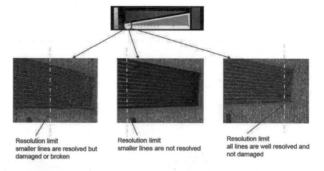

Resolution limit
smaller lines are resolved but
damaged or broken

Resolution limit
smaller lines are not resolved

Resolution limit
all lines are well resolved and
not damaged

Resolving Power
解析力、解像力（分辨力）

指感光底片在其每mm之間，所能得到等寬等距（2mil）解像良好的 "線對" 數目。通常鹵化銀的黑白底片，在良好平行光及精確的母片下，約有300 line-pairs/mm

成像技術	解析力	趨勢
網版印刷Screen Pringing	150-200μm(6-8mil)	逐漸式微
密接印刷 Contact Pringing		
非平行光	75μm以上	逐漸式微
閃爍光	75μm以上	逐漸式微
非接觸印刷 Off-Contact Printing		
平行光	20μm以上	已建立
LED	50μm以上	逐漸增多
投影式	10μm以上	專門用途
噴墨Inkjet	75-100μm	逐漸增加
數位直接成像 　Digital Direct Imaging		
雷射直接成像LDI	10μm以上	已建立
高壓水銀燈直接成像DI	10μm以上	已建立

R

的解析力，而分子級偶氮棕片的解像力，則
數倍於此。

Retraction Rate 退刀（針）速率

300 Millimicrons

Silver Halide Image Grain

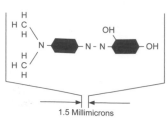

1.5 Millimicrons

Sketch of Molecular Dye
Imaging Molecule

　　鑽針向下刺入及切削板材（Down Cut）
而成孔後，需立即向上拔出退刀，以便能繼
續去鑽其它的孔。這種退刀退針的動作，對
"成孔"而言並不具有正面效果或效率。故
早期鑽作較大孔徑（20mil以上）的時代，都將退刀速率調得很快，通常是進刀速率的6倍以上。
但目前小孔盛行，退刀太快時常會造成細針被拉斷，故現行退刀速率已減慢到3/1或2/1甚至1/1
的比例了。

Return Path 歸路、回程

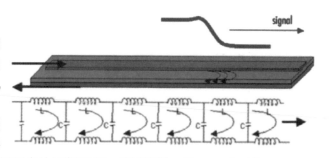

signal

　　當傳輸線（由訊號線、介質層與大銅
面參考層三者組成）組合的訊號線中，由
出發點之驅動元件（Driver）送出方波訊
號，到達目的地之接受元件（Receiver）
工作後，剩餘能量還要經由參考層再回
到出發點，以完成其整體封閉性之迴路
（Loop）。此參考層（Reference Plane）大銅面中的回歸路徑，稱即稱為 "Return Path"。

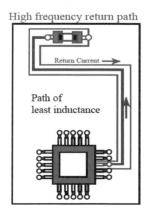
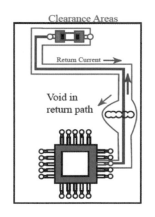
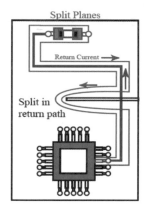

Reverse Current Cleaning 反電流（電解）清洗

　　是一種將金屬工作物掛在清洗液中的陽極，而以不銹鋼板當成陰極，利用電解中所產生的
氧氣，配合金屬工作物表面在槽液中的溶解（氧化反應），而將工作物表面清洗乾淨，這種製
程亦可稱做 "Anodic Cleaning" 陽極性電解清洗；是金屬表面處理常用的技術。

Reverse Etchback 反回蝕

　　指多層板通孔中，其內層銅箔孔環因受到不正常孔腔的蝕刻，造成其孔環內緣自鑽孔之孔
壁表面向後向外退縮，反倒讓樹脂與玻纖所構成的基材面形成突出。換言之就是銅環的內徑反
而比鑽孔之孔徑更大，謂之 "反回蝕"。

　　為了使多層板各內層的孔環，與PTH銅壁之間有更可靠的互連（Interconnect）起見，須使
其基材部份向外退後，而刻意讓各銅環在孔壁上突出，與孔銅壁形成三面包夾式的牢固連接，

這種讓樹脂及玻纖退縮的製程謂之"回蝕"（Etchback），因而上述之不正常情形即稱之為 "Reverse Etchback"返回蝕。

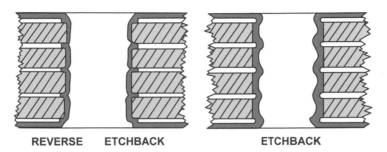

REVERSE ETCHBACK   **ETCHBACK**

Reverse Image 負片影像（阻劑）

指外層板面鍍二次銅（線路銅）前，於銅面上所施加的負片乾膜阻劑圖像，或（網印）負片油墨阻劑圖像而言。使在阻劑以外，刻意空出的正片線路區域中，可於其銅面上進行線路鍍銅及鍍錫鉛（無鉛化以後已改為鍍鉛錫了）的操作。

Reverse Osmosis（RO）逆滲透

係施加外力以克服半透膜之"自然滲透"，並反其道而行，稱之"逆滲透"或俗稱之"壓濾"。詳見本書前詞"Osmosis"。

Reverse Pulse Plating 反脈衝電鍍

常用於深孔電鍍銅的供電系統，由於縱橫比很高的厚板深孔，在鑽孔小型化的趨勢下縱橫比經常到達10:1的高難度境界，此時不但除槽液交換與補充困難，而且電流分佈也很難達到那種死角，若繼續使用直流電流時，不但孔中央很難受惠反而使得兩端孔口鍍得很厚形成所謂的狗骨現象（Dog Boning）。若改為反脈衝供電系統時，則孔口高電流密度區將會產生反咬的效應而降低增厚，孔中央由於不易咬到故在厚度方反而有所增加。近年來此等反脈衝供電也用於盲孔的填銅且效果也很好。

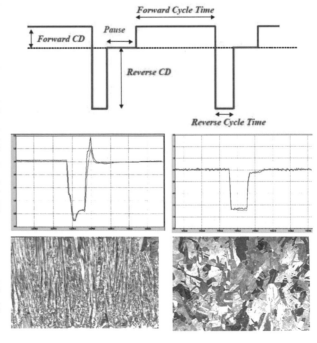

Reversion 反轉、還原

指高分子聚合物在某種情況下發生退化性的化學反應，出現分子量較低的小型聚合物，甚至更分解成為單體（Monomer）之謂也。

Revision 修正版、改訂版

指規範或產品設計之修正版本或版次，通常是在其代號之後加上大寫的英文字母做為修訂順序之表示。

Rework（ing）重工、再加工、返土

指已完工或仍在製造中的產品上發現小瑕疵時，隨即採用各種措施加以補救，稱為"Rework"。通常這種"重工"皆屬小規模的動作，如板翹之壓平、毛邊之修整或短路之排除等，在程度上比Repair要輕微很多。

Rhology 流變學、流變性質

是討論物質流動（Flow）與變形（Deformation）的學問或性質，是各種流體與槳體的基本原理。

Ribbon Cable 圓線纜帶

是一種將截面為圓形之多股塑膠封包的導線，置於同一平面上互相平行之方式排列並固定包膠成為扁帶狀之電纜，謂之Ribbon Cable。與另一種以蝕刻法所完成"單面軟板"式之平行扁銅線所組成的Flat Cable（扁平排線）用途相同，但成本上卻高了很多。

Rigid-Flex Printed Board 硬軟合板

是一種由硬板與軟板兩者組合而成的電路板，硬質部份可焊接組裝零件，軟板部份則可折曲連通，以減少額外電纜與接頭或電接器的麻煩，還能壓縮密集組裝的體積，並可增加互連的可靠度。美式用語簡稱為Rigid-Flex，英國人都叫做Flex-Rigid。

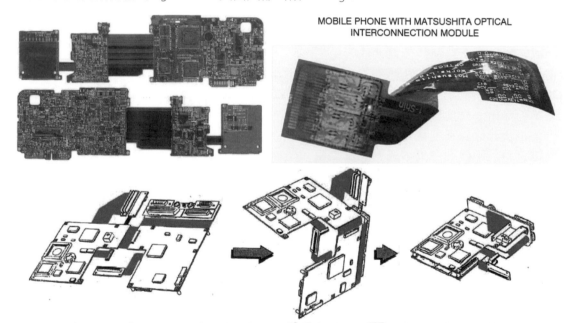

MOBILE PHONE WITH MATSUSHITA OPTICAL INTERCONNECTION MODULE

▲ 左為LTE筆記型電腦主機板全外形為10.8"×7.8"；在零件完成表面黏裝後，先左右對折，再把上面一小片三角軟板折下，即成為4.75"×5.58"×1.4"的最後外形。其右下附有連接器可接磁碟機，此機中Rigid Flex板共有六處是排線軟板，可節省大量的組裝空間。（以上資料為1990年代之產品）

Ring 套環

欲控制鑽頭（針）刺入板材組合（含蓋板、待鑽板與墊板）之深度時，必須在針柄夾入主軸（Spindle）夾筒之前，先在柄部裝設一種套緊的塑膠環具，使每支鑽針取得夾筒所夾定的統一高度，而得以管控鑽孔的深度，此種套定工具稱為Ring。

Rinsing 水洗、沖洗

濕式流程中為了減少各槽化學品的互相干擾，各種中間過渡階段，均需將板子徹底清洗，以保證各種處理的良好品質，其等水洗方式稱為Rinsing。

Ripple 紋波、漣波

是指整流器所輸出之直流（DC）電流，當其品質良好電壓非常平穩，所呈現者雖已近似直流電，但在其表達電壓之直線圖中，

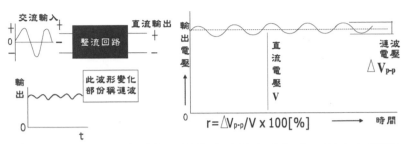

仍夾雜有少部份波動曲線的不穩定成份，此乃由於輸入於整流器的交流電中，已有各種諧波（Harmonics）存在之故。其解決之道可在整流器中加裝各種控制器，以減少所輸出各種數據直流電的紋波成份，而得以提升各種電鍍的品質。通常良好的整流器應將其紋波控制在1%以下。

Rise Time（t_r）升起時間、上升時間

此詞是方波式邏輯訊號（Signal）或脈衝（Pulse）的重要性質。以縱座標為電壓（如早期的5V與前幾年的3.3V，及現行的2.5V甚至CULV的1.1V），橫座標為時間所組成的"時脈Clock"（時鐘脈波）系統；其傳播中方波的生成，理論上應自低態垂直起到達"高態"，但實際上卻是以某一斜度升起。該升起斜坡之10%高度至90%高度所耗掉的時間，稱為Rise Time。常用單位為10^{-9}秒nanosecond，簡稱為ns，譯為奈秒。

Rise Time通常是指數位方波訊號（Digital Signal），其0與1不同電壓值的交換變化中，由0之低位跳升到1之高位時（例如由0伏特跳升到2.5伏特），則自其高位電壓值的10%起，到達高位電壓值的90%止，其間所耗用的極短時間（如Nanosecond）稱為Rise Time。如常見的TTL式元件其t_r約8ns，而ECL與GaAs之高速邏輯元件，其t_r會更短到0.3ns與0.1ns。

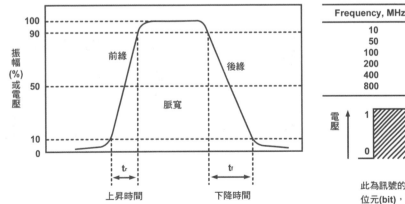

Frequency, MHz	Rise time, ns
10	35
50	7
100	3.5
200	1.75
400	0.88
800	0.44

此為訊號的示意方波，從0到0稱為一個位元(bit)，每bit的週期稱為Clock time

▲ 此為訊號的示意方波，從0到0稱為一個位元（bit），每bit的週期稱為Clock time高頻電子訊號是以脈衝方波形式傳播，其理論方波與實際方波之間，存在有tr及tf內的差異

Rivet 鉚釘

多層板壓合前的疊合工程中，可將已對準的各內層板與膠片組合，採用多枚黃銅鉚釘（早

R

期曾用）或塑膠鉚釘在不同位置執行時性固定，然後加上外層兩面銅皮再送入高溫壓機去壓合，此等塑料鉚釘已成為多層壓合中不可或缺的工具了。

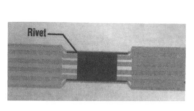
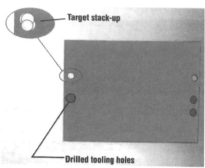
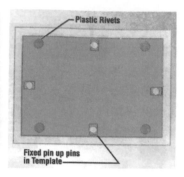

Roadmap 產品變化趨勢、產業地圖

指各種產品之外形、性能與用途等不斷進步中，其原物料、生意條件，組成份(Features)精密度匹配機具與化學品等，也都必須隨之進步。此種進步可按年代及數據化而加以預測，謂之產業地圖Roadmap。

Year	1998	2005	2010
Pin count	600~700	1200~1500	2000~2500
Package technology	BGA	BGA, CSP	CSP, Bare chip
TG (TMA) (℃)	160~180	180~200	200~220
CTE (ppm/℃)	14~15	8~10	6~8
Dielectric const (1MHz)	4.4~4.6	3.0~3.5	<3.0
Dielectric loss (1MHz)	0.02~0.025	0.01~0.015	<0.005
Conductor thickness (μm)	12, 18	9	5
Insulator thickness (μm)	50~60	40~50	30~40
Peel strenght (kN/m)	1.0~1.2	1.0~1.2	1.0~1.2
Via diameter (μm)	100~150	60~80	25~50
Resist resolution (μm)	16~65	6~35	5~30

Robber 輔助陰極

為避免板邊地區之線路或通孔等導體，在電鍍時因高流分佈，而形成過度之增厚起見，可故意在板邊之外側另行加設條狀，或空地區

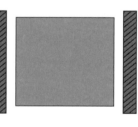
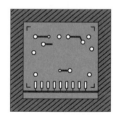

加設許多方塊或圓塊之"輔助陰極"，或在板子周圍刻意多留一些原來基板之銅面，做為吸引電流的犧牲品，以分攤掉高電流區過多的金屬分佈，以致形成局外者搶奪或偷竊當事者的電流分佈或金屬分佈，此種局外者俗稱"Robber"或"Thief"，以後者較流行。

Roll to Roll（Reel to Reel） 捲軸對捲軸（連續生產位）

指軟板大量生產時，可採一端板材捲軸之放出，與另一端完工軟板之捲收，以不切斷之連帶方式生產，如此將可節省大量的人力及邊料。不過由於軟板業者都是自行開發機組設備，故許多重點均被保密，成為寡佔的市場，以日本業者較為領先。

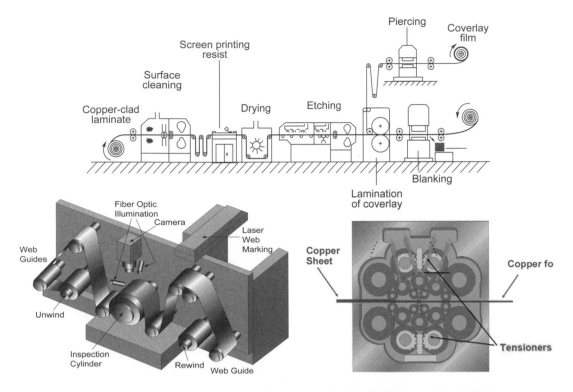

Rolled and Annealed Copper Foil（RA Foil）輾輾銅箔、壓延銅箔

　　係將銅錠以多道金屬輾輪，進行連續輾薄至所要求的厚度，隨即再置於高溫中進行回火 (Annealing)與緩緩冷卻到室溫之正常化 (Normalization)後，即成為柔軟無力之銅箔，可用於動態軟板中。目前經濟量產已可製得0.5oz之產品，但價格卻很貴；上右之附圖即為壓邊銅經多次緩緩擠薄的擠壓輾壓機的示意圖。另附圖為三種不同結晶銅層的比較；電鍍銅皮為柱狀結晶(columnar)，輾輾銅皮為片狀結晶(Laminar)，一般PCB之鍍銅則為非明顯結晶之組成，台灣業者對RA Foil 多按日文名詞〝壓延銅箔〞稱之。

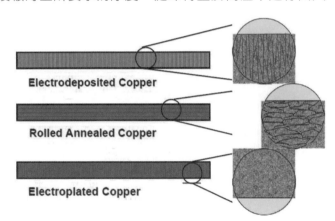

Roller Coating　滾筒塗佈法、輥輪塗佈法

　　是一種採用表面刻槽的滾筒，將液態塗料對水平輸送電路板的全面塗佈法，此法有希望取代成本較貴的乾膜，而成為內層板直接蝕刻的耐蝕光阻主流。為使雙面兩道塗佈後才一次預熱固化起見，已塗之濕板只好採用V型輸送帶運送，但這對大面薄板會有彎曲變形之可能。但直光塗佈及輸送者即無此煩惱。但直立塗佈及輸送者即無此煩惱用。塗佈的上下滾筒（Roller，有金屬或橡皮等不同材質）可採精確〝間距控制法〞，或〝筒面刻槽法〞，以持續補充餵料，完成連續自動塗佈作業。此法之塗料與機械目前均正在積極量產使用中。

　　附圖即利用輥輪將綠漆或〝感光式線路油墨〞塗佈在板面上，然後再進行半硬化曝光及顯像的工作，此法對於價位低產量又很大的板子甚為有利。【註：輥讀做滾】

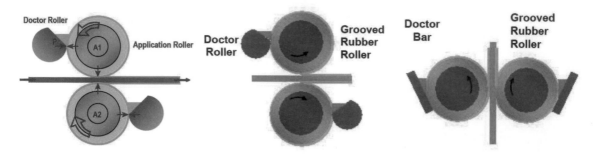

Roller Cutter 輥切機（業界俗稱鋸板機）

是對基板修邊或裁斷所用的一種機器，其切開板材的斷口，遠比剪床更為完美整齊，可減少後續流程的刮傷及粉塵的污染。目前許多PCB業者常用於分條裁切銅皮之作業。

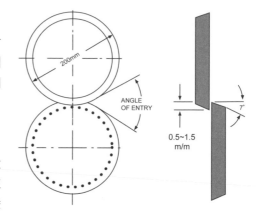

Roller Tinning 輥錫法、滾錫法

是單面板裸銅焊墊上一種塗佈錫鉛層的方法，有設備簡單便宜及產量大的好處，且與裸銅面容易產生良性的 "介面合金共化物層" （IMC），對後續之零件焊接也提供良好的焊錫性，其錫鉛層厚度約為1～2μm。當此銲錫層厚度比2μm大之時，其焊錫性可維持6個月以上。通常這種滾動沾錫的外表，在其每個著錫點的後緣處，常出現凸起之水滴形拖尾狀為其特點，對於要求平坦的SMT甚為不利。

Rosin 松香

是從松樹的樹脂油（oleoresin）中經真空蒸餾提煉出來的水色液態物質，其成份中主要含有松脂酸（Abietic Acid），此物在高溫中能將銅面的氧化物或硫化物加以溶解而沖走，使潔淨的銅面有機會與液態銲錫接觸而焊牢。常溫中松香之物性甚為安定，不致攻擊金屬，故可當成助焊劑的主成份。

Rotary Dip Test 擺動沾錫試驗

是一種對電路板試樣進行板面 "焊錫性" 試驗的方法，按1992年4月所發佈ANSI／J-STD-003之 "焊錫性規範" ，在其4.2.2節及圖4的說明中，可知這是一種慢速鐘擺式運動的沾錫試驗，但在國內業界中極少使用（詳見電路板資訊雜誌第57期P.83）。

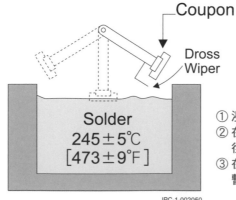

① 浸錫時間定在3.0±0.5秒。
② 在該焊錫站100mm（4.0 in）的動徑中其擺速可加以調整。
③ 在100mm（4.0 in）的擺盪末端處暫停，以待銲錫固化。

Roughness　粗糙度

在PCB業多指銅面的粗糙度，常用者有平均粗糙度Ra及從深粗糙度Rz，此二者對光阻與綠漆的附著力非常重要。無鉛化無鹵化後膠片中樹脂量減少且又添加了許多無機粉料，致使內層板銅面黑棕化之前的粗糙度也較先前更為重要，超粗化成了一種不可或缺的工程了。

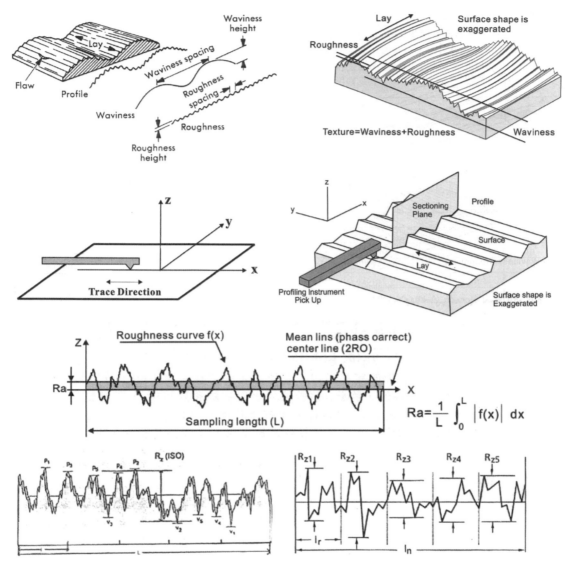

▲ 學術性用語截面上的Surface Texture（早期觀念與Profile相同），其內容還包括Waviness以及Roughness在內，左圖即以具體圖形對抽象文字加以清楚的說明。還須納入稜伸（Lay）方向的變化，整體之表面形貌才會完整，一般瞭解的Texture則只有二度空間的截面觀念。

Route and Retain Stiffeners（軟板）切衝外形之補強模板

是一種軟板的切外形方法，可先用NC去局部鏤空一片硬板當成補強材(Stiffening material)，如附圖之空白區與，局部斷開之裂口；並將裂口所包圍的區域中另加貼雙面膠帶。於是可將軟板以工具孔套準貼牢在此種特殊的硬質模板(Template)上，然後先用衝切法衝掉軟板的局部吃力較小處(如右圖之白區兩側)，然後再以側銑(Routing)方式切出柔弱區的外緣，最後再以手工方式剪割各極少小連片，即可得到複雜外形的軟板。此法雖經三道工序，但速度與品質卻遠比手工剪切法好的很多，也比刀模便宜，對小量產軟板十分有利。

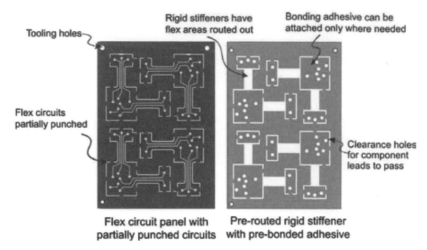

Flex circuit panel with
partially punched circuits

Pre-routed rigid stiffener
with pre-bonded adhesive

Routing 切外型

指已完工的電路板,將其製程板面(Panel)的外框或周圍切掉,或進行板內局部挖空等機械作業,稱為"Routing",動詞為"Rout"。其操作方式主要是以高速的旋轉"側銑"法,不斷將邊界上板材"削掉"或"掏空"的機械動作。

經常出現的做法有Pin、Stylus、NC,及水刀等方式,有時也稱為"旋切法"(Rotation Cutting),其機器則統稱為切外型機或"切型機"(Router)。

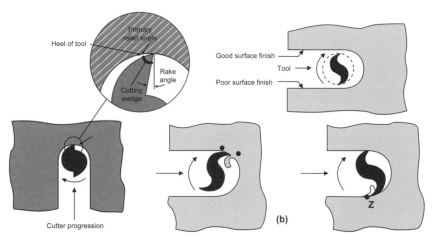

Runout 偏轉、累積距差

此詞在PCB工業中有兩種意義,其一是指高速旋轉中的鑽尖點;從其應該呈現的單點狀軌跡,變成圓周狀的繞行軌跡。也就是在鑽針自轉中,出現了不該出現公轉式的"繞轉"或"偏轉",稱為Runout。此種偏轉不可能杜絕,為了良好孔壁其動態偏轉不可超過0.4mil。

另在製前工程中,對小面積出貨板,需在製程中以多排版方式先做出"逐段重複"(Step and Repeat)的底片,再繼續進行大面積生產板面的流程。這種"重複排版"對各小板面在板面線路圖案的間距上所累積的誤差,亦稱為Runout。

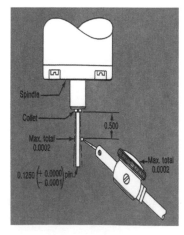

Rail collapse / Ground bounce（電源）軌道崩塌 / 接地反彈 NEW

　　一般多層板的銅材共有三種用途①訊號線②大銅面做為電源層Vcc（半導體業稱VDD）③大銅面做為接地層Gnd（半導體業稱Vss）；當IC封裝模塊的某一隻發訊腳（Gate即I/O的out put）向外推出0與1的方波訊號時，則該模塊的某電源腳必須先從Vcc電源層汲取能量讓該模塊具備足夠能量時，某一訊號腳才有能力向外推送訊號。

　　下列左二圖即為IC模塊某個電源腳從Vcc電源層汲取能量的示意圖。要注意的是當太多電源腳同一瞬間爭先恐後從Vcc大銅面取能量時，則該Vcc銅面原本穩定的電壓就會不斷出現波動變化。正如同水塔的水平面被太多水龍頭同時取水時，則必然造成多處水面的瞬間下陷，而此種不穩定的水面就如同不穩定電壓的Vcc銅面一樣，也就被稱之為電源層的雜訊了。

　　又當推訊號的Gate腳距離電源腳較遠而需從0跳到1時，則遠來的能量必將稍低於預期者，此種Vcc電位的稍許下降稱為Rail collapse。在此同時所推發的高速訊號必然會有其回歸電流從Gnd不斷返回，若此刻的訊號是由1跳回到0，但又無法完全降到0者即稱為Ground bounce了。

　　從下左二俯視圖可見到，往Vcc取能的電源腳都已刻意外接了所謂的Bypass Cap旁路電容器。此電容器功用有二：①可消除上述Vcc所耦合的雜訊，故一般稱此種電容器為去耦合雜訊的電容器②有了這種旁路電容器後，從右圖中見到還可排除Vcc的Rail collapse與Gnd的Ground bounce了。

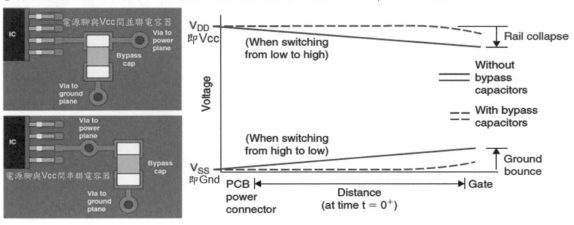

Recessed Copper Track 沉入式銅線路、板面全平的電路板 NEW

　　常規電路板的線路是浮貼在基材板的表面，使得完工板面出現高低不平的立體狀態。某些須滑動導電而需用到表面全平PCB者（例如滑動式可變電阻所用的PCB），其做法式在B-stage樹脂板面上先完成其蝕刻後的常規銅線；然後將銅線朝板內進行特殊強熱壓合中，即可將銅線路壓入已軟化的材料中，特稱為沉入式電路。後頁所列兩切片圖即為筆者所攝之三層板，可清楚見到第一層的銅線路已沉入到板材之內而成為全平電路板了。不過該ETS（Embedded Trace Substrate）三層載板係為比特幣挖礦機中顯示卡GPU所用，是另一種Coreless做法的載板。

Recessed copper track

Conventional raised copper track

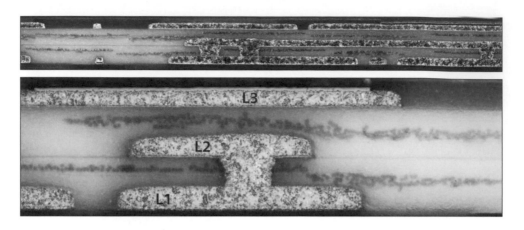

Recrystallization 再結晶 NEW

各種金屬材料
都會在強熱中產生
再結晶的變化；以
電路板為例，當其
面銅受到外來強
熱，或厚大多層板
各內層孔環受到鑽
孔摩擦的強熱，都
會產生晶粒變大而
晶界減少之位能降
低而趨於安定的現
象，其實也就是一

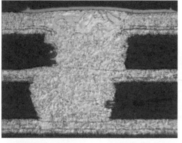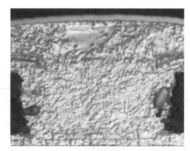

孔銅壁　內層孔環

鑽孔摩擦強熱造成的再結晶

種韌化或退火（Annealing）的行為。
但再結晶須要在臨界溫度以上才會發
生，因而距離熱源稍遠溫度稍低處，就
不會呈現明顯的再結晶畫面了。

事實上金屬材料再結晶，通常是隨
著退火（Annealing）溫度的高低而呈現
出晶粒不同程度的增大現象。也就是熱
量多則晶粒大的變化，上列六切片圖只
是特別明顯的再結晶案例。PCB各種電
鍍銅出槽時的結晶顆粒都很細碎，後續
經過室溫的能量或多次烘烤的能量，都
會使原始銅晶粒產生不同程度的再結晶
效果。從右圖看來退火溫度愈高時晶粒
就變得愈大而晶界就愈少，且整體金屬
將變得更為柔軟，以致出現延展性上升
抗拉強度卻下降的變化，右圖即說明三
者之的關係。

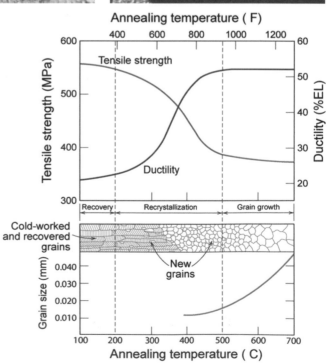

Reflected（Return）Loss 反射損耗 NEW

可將數碼方波訊號利用VNA所呈現的頻域(Frequency Domain)，另以正弦波觀念思考時，其入射波打到PCB系統之際，在第1介面Port 1處其原始能量會出現分裂，也就部分原始會繼續向前走的S_{21}，但部分卻會反射回來成為S_{11}；此S_{11}即稱為反射損耗或Return Loss.

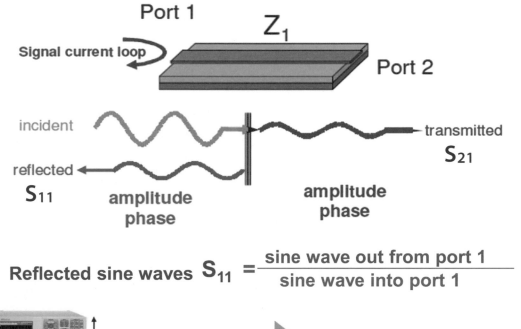

$$\text{Reflected sine waves } S_{11} = \frac{\text{sine wave out from port 1}}{\text{sine wave into port 1}}$$

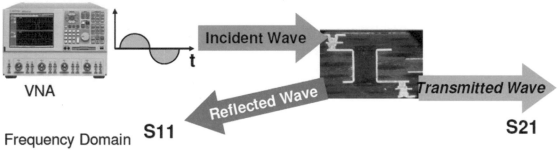

Re-Labeling 改標號、改標符 NEW

這種對原始零組件的改標事件，經常發生在早期的IC積成塊的領域中。原因可能是過期或功能遭到部分損傷的產品，有時在降價下有時用戶也還會接受使用。由於功能上比起正常品項要差一些，但也並非完全無效。這種更改標號的次級產品，通常也被視為偽品Counterfeit，可從附圖放大鏡所見的畫面，觀察中已輕易發現改標的痕跡。

Removable Carrier Copper Foil
可撕掉的載箔 NEW

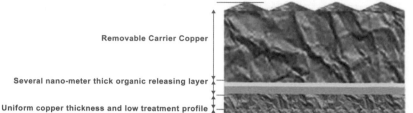

Removable Carrier Copper

Several nano-meter thick organic releasing layer

Uniform copper thickness and low treatment profile

這是載板常見製程 mSAP "模擬半加成法" 所用2-3μm超薄功能性銅皮，由於本身太薄必須採用暫時性支撐用的載箔以協助加工之謂也。所謂半加成SAP法，係指所採用昂貴ABF(含精密的微球狀矽材填料)的增層膜材，經全面除膠渣移除表面眾多微球取得微坑後，讓所處理上的化銅層才能抓牢板材。為了節省成本，一般小型BGA載板常改用較便宜的mSAP法。也就是改用超薄銅皮(2-3μm)去取代SAP的化銅層做為起步銅。這種超薄銅皮由於自己太薄不易持取，必須另加貼15-18μm的載箔，亦即用十分特殊的兩層膠膜貼合成為一體，然後才將之壓合在樹脂基板上成為可用的銅皮。兩種銅皮間的膠層可在強熱中被分解，並可隨載箔離去而板材上只留下超薄銅皮。

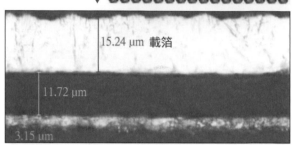

15.24 μm 載箔

11.72 μm

3.15 μm

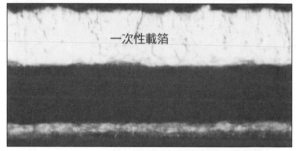

一次性載箔

Repeatability / Reproducibility 量具的重複性 / 量具的再現性 NEW

此二詞有時常被簡稱為『再現性』而十分混淆，經常分不清其間到底有何不同。但以簡單的圖示法即可弄得比較清楚。詞有13個字母之前，是指單一操作手經多次量測所得數據分佈與真值的差距關係。而15個字母的後詞，則是指多位操作手各自多次的量測（可用字母多人也多的方法來記憶），看看所得的數據分佈與真值的差距到底有多大，似乎後詞比前詞更有說服力。從右列兩圖即可深入了解兩者的不同。

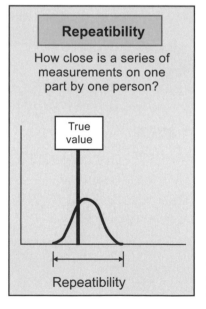

Repeatibility

How close is a series of measurements on one part by one person?

True value

Repeatibility

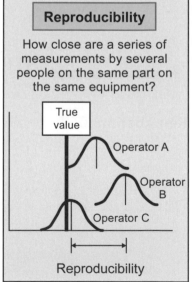

Reproducibility

How close are a series of measurements by several people on the same part on the same equipment?

True value

Operator A

Operator B

Operator C

Reproducibility

Return Current Path 回歸電流的路徑 NEW

當PCB板上某個模塊從其某發訊腳(即I/O的output，見下頁左圖中的TX)針對另一模塊的收訊腳(RX)，經由訊號線所發送高速方波訊號的電流，其中將含有0次諧波的DC直流與其他各次諧波

(1，3，5，7，……)的AC交流。於是收到訊號的模塊立即又將其電流能量分成兩條路徑回歸到發訊端去；其中①AC交流會走訊號線正下方大銅面的紅色回歸航道(也就是走特性阻抗Z_0最低的歸路)返回為TX去。②收訊端同時會將DC直流從其"G接地腳" 經由接地大銅面的最短航道返回TX的接地G腳去(也就是走R電阻最小的歸路)。右列的右上及右下兩圖，把Return Path接到此處説明時域的方波，可經傅立葉展開成為頻域的頻譜圖，也就是説方波是由許多正弦波所組成的。

最下兩圖是取材自Howard Johnson的名著Black Magic黑箱作業的原文書中(這是資訊工程最早的教科書)，是經常被引用的經典圖。

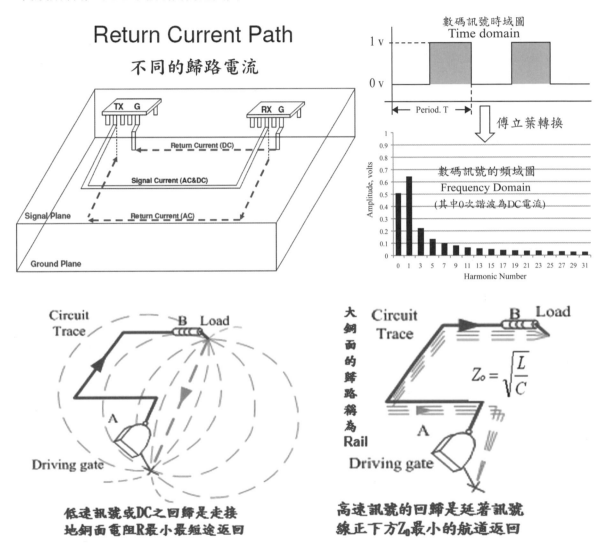

Return Path Discontinuities 歸路不連續 NEW

高速迅號能量的回歸路徑是透過介質層下方接地大銅面的正投影區域，也就是航道阻抗值Z_0最小的航道奔回到發訊端(Driver）去，換句話説就是回歸電流會集中在訊號線正下方大銅面Z_0最小的航道中，然而這只是針對訊號線處於PCB兩外層的微帶線Microstrip而言。倘若訊號線是位於多層板內層中的帶狀線Stripline者，由於內層訊號線上下都有大銅面（例如Vcc及Gnd）時，如此一來其歸路Return path到底在何處？也就是從下頁左圖不對稱帶狀線上下都有大銅面而均可回歸時，可從HyperLynx軟體模擬結果的右圖可見到，假設該訊號線距上方紅色大銅面的距離較近（假設為40），而距下方紅色大銅較遠（假設為60）時，於是從右圖可見到其回歸電流已分裂成紅色的上銅面的60回歸與綠色下銅面的40回歸。也就是說距離較近者回歸電流較多。

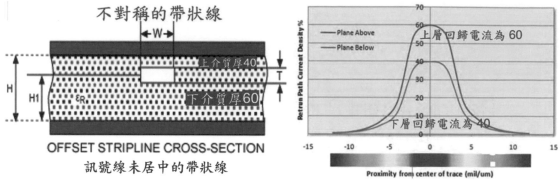

然而又當多層板出現通孔連接各層訊號線時，由於高速訊號的電流只在導體的皮膚中奔馳，因而從右下圖可見到L1訊號線其電流的回歸，是出現在正下方L2大銅面的回歸皮膚上。但當訊號電流跑到L3時其回歸電流卻只能出現到L2的皮膚表面。如此將造成後段的回歸電流無法直行而必須繞過通孔的隔離環Antipad，於是就形成了"歸路『不連續的RPDs』"了。這種繞道而行的不良做法，將造訊號完整性SI的部份插入損耗Intention Loss。

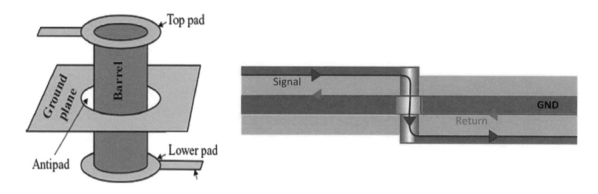

Return Path 歸路 NEW

高速方波訊號的能量在PCB的傳輸過程，可看成傳輸線的訊號線中出現電流的向前快跑，同時於訊號線正下方大銅面(Vcc or Gnd)其歸路(特定的航道)中也立即出現電流的回奔，兩者的行為正如同定滑輪的動作一般缺一不可。有去必有回，這就是多層板各層佈局佈線的原理。

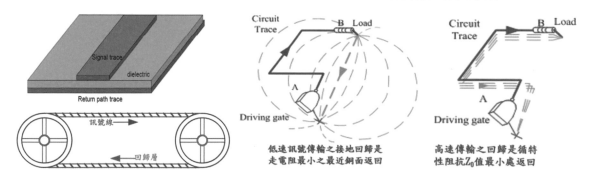

Reverse Treated Copper Foil（RTF）反瘤銅箔、反轉銅箔 NEW

常規ED Foil電鍍銅箔是在極接近的陰陽極槽液中採1000-1500ASF極高電流密度下，於特殊鍍箔機的陰極輪上所鍍出的柱狀結晶銅箔。因而其柱狀結晶的頂面會出現起伏的稜面(Matte Side)，當然在鍍箔機陰極輪(Drum)鈦膜表面上，同時呈現了銅箔的光面(Shining Side)。

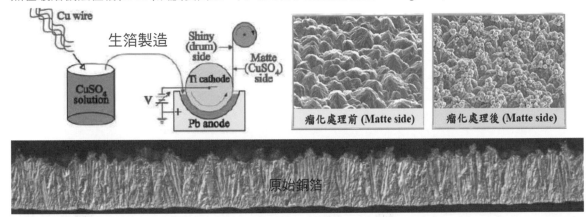

為了讓稜面對P/P膠片抓地力更強更牢起見，於是又刻意在已經很粗糙的稜面上，經三道後製程再鍍上許多銅瘤Nodule，以增大表面積與踩入樹脂的緊抓深度中，將使得細線或超小銲墊的補焊不致於浮離。近年來高速與射頻電路板流行下，各種傳輸線路皮膚粗糙所出現的Skin Effect趨膚效應，不但造成電阻加大的發熱浪費能量的Insertion Loss插入損耗外，而且更拖累了傳輸速度。於是銅箔業為了滿足高速傳輸的需求，不但大幅降低稜面的粗糙度，而且還把原來生長在稜面的粗大銅瘤，一則持續變小變多二則刻意反長在光面上，這就是銅箔不斷改善的RTF背景。此節所列上四圖為常規銅箔的生產畫面，下四圖為反瘤銅箔的剖面圖。

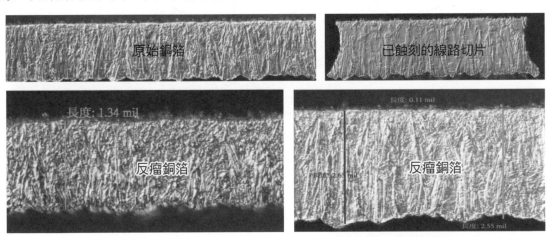

Rigid Leader 硬質前導板 NEW

為了使軟性板材在水平濕流程機組中也能夠順利向前行走，而免於捲入滾輪之縫隙起見，刻意在軟板板材之前端暫時用防水膠帶連接另一片硬質較薄板材而引導軟板行走者，即稱之硬質前導板。右圖兩排向前輸送三片軟板中有銅面者即為軟板之板材，淺灰色者即為前導板。

Ring Openning 開環、破環 [NEW]

　　業界最常用板材的環氧樹脂(Epoxy)，主要是由兩個單體(Monomer)所連續架橋聚合而成的長鍊狀高分子聚合物。第一個單體是三個碳原子與氯原子與氧原子形成三角環者稱為"環氧氯丙烷"(Epichlorohydrin；ECH)；第二個單體是"丙二酚"(Bisphenol A；BPA)。兩個單體在NaOH催化下先由2個ECH與1個BPA形成的複合體；然後左右ECH帶氧的三角環，於是經連續"開環或破環"連續架橋的反應而成為長鍊狀高分子聚合物。此等開環後的氧原子則即與外來氫原子結合成為"一OH"基；注意此種極性很強的官能基，從好處去看則表現了很強的附著力與內聚力，使得Epoxy成為良好接著強度的板材。但若從壞處看時，則高速傳輸所必須的低極性就不妙了，這種OH增加的極性不但會拖累傳輸速度，而且更會造成訊號能量很大的插入換耗(Insert:on Loss)。因而現行高速板材必須要降低"OH⁻"的份量才行。不過如此一來使得板材在多次強熱後又很容易產生附著力與內聚力不足的板材開裂，左右為難下，如何選擇板材的確很頭痛。

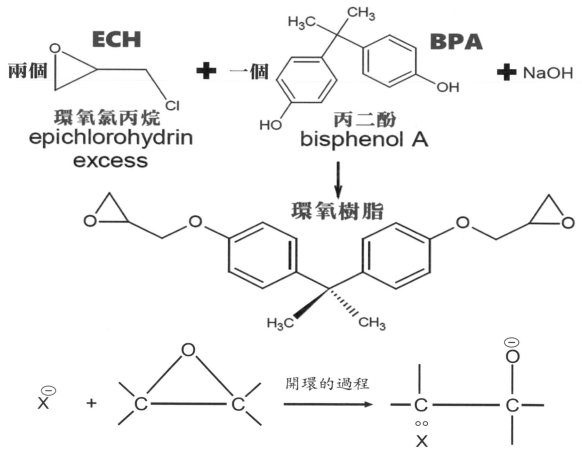

附著力不足的水平開裂　　　　　原因不明的垂直開裂

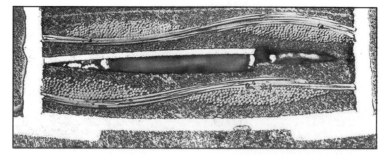

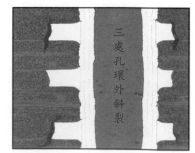

三處孔環外斜裂

Rinsabiliity 清洗能力、沖洗能力 NEW

　　當通孔愈深或盲孔愈來愈小愈來愈多時，或如通孔縱橫超過10：1而孔徑又小於10mil者，或盲孔口徑小於50µm數量多達百萬者，則進行任何濕製程處理前，都必須要趕走氣泡完成孔壁的潤濕Wetting。才能進行各種處理。也就是利用整孔槽液將孔內空氣趕走完成親水（Hydrophilic）的動作，否則後來必定發生沒有化鈀化銅的局部孔破或點狀孔破，此即所謂的槽液潤濕力Wettability不足。

　　為了要讓小孔死角得到完全潤濕起見，不管是Conditioner或Cleaner都要加入各種潤濕劑（Wetter）以降低水的表面張力（73 dyne/cm）。然而潤濕與清潔後的水洗卻更重要，必須要把已進孔的處理槽液全部沖走才行，否則會在局部孔壁留下一層不該有的皮膜，事後也必然會造成局部性無化鈀無化銅的局部孔破。然而業界濕流程處理（尤其是鹼性槽液）後的沖洗卻無知的採用純水，這是大錯特錯的做法！必須先用稍熱的市水沖洗，然後再用純水將市水稀釋帶走才對。錯誤方法對早年產品似乎並未出問題，那是因為彼時產品困難度還不高的假象，如今產品愈來愈難下孔破將如影隨形無法排除。下列各圖即為酸性清潔劑能夠進入小盲孔，但後續表面張力很大的純水卻進不去，以致造成下半孔壁尚有清潔劑殘餘皮膜，進而造成局部孔破的案例

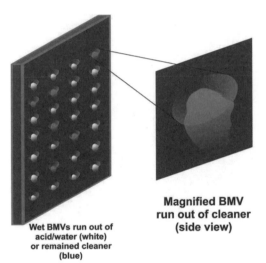

Wet BMVs run out of
acid/water (white)
or remained cleaner
(blue)

Magnified BMV
run out of cleaner
(side view)

BMV run out
of cleaner
(cross view)

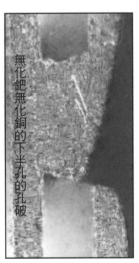

無化鈀無化銅的下半孔的孔破

R

SAC305 錫銀銅銲料

SAC是指Sn、Ag、與Cu三個化學符號的簡字，305是指重量比3%的銀與0.5的銅。此種銲料主要是配製成為錫膏而用於SMT的熱風回焊，不可用在波焊。2006年無鉛焊接展開時業界也乎全數採用SAC305做為波焊與噴錫的銲料，不但成本昂貴而且極易咬傷通孔的銅壁，同時也快速增多了錫池中的銅量，造成業界痛苦不堪。到目前終於弄懂了熱風回焊可採熔點低的SAC305（m.p. 207℃）；波焊則應耐用熔點稍高的SCNi（227℃）或SCSi，不但成本下降而且咬銅極少下既不傷PCB銅層而且錫池管理也輕鬆多了。

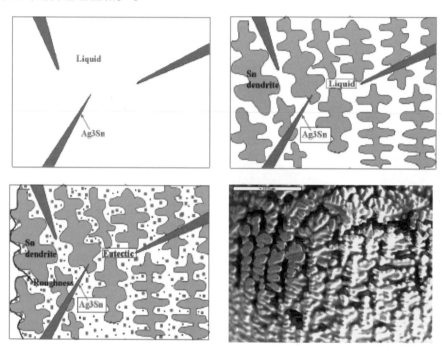

Sacrificial Protection 犧牲性保護層

是利用金屬腐蝕電位的差異，刻意在最外表面鍍上一層較活潑的金屬，當有腐蝕狀況時首先犧牲自己，以保護底金屬或底鍍層免受攻擊。也就是讓自己先氧化生銹以形成電化學上的陽極，並且同時強迫底金屬扮演陰極之角色而受到保護，稱之為Sacrificial Protection。例如鐵底材上鍍鋅，或鐵器上鍍兩重鎳或三重鎳及鉻等，都是最好的例子。

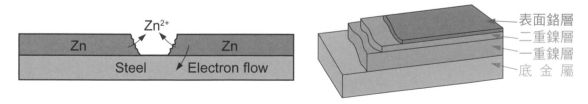

Salt Spray Test 鹽霧試驗

係在特殊鹽霧試驗機中，對金屬外表之鍍層、有機塗裝層，或其他防銹保護層所進行的加速性耐蝕試驗，謂之"Salt Spray Test"。此類試驗有許多不同的做法，其中最常見的操作規範是ASTM B-117。係在密閉器中採用5%的氯化鈉水溶液噴霧，模擬惡劣的腐蝕環境，並將溫度定在35℃，執行時間的長短，則按保護層與底材之不同而有所差異，從8小時到144小時不等。

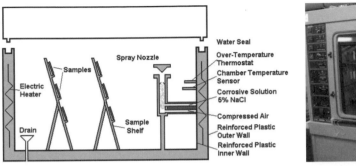

Sand Blast　噴砂

是以強力氣壓氣流攜帶高速噴出的各種小粒子，噴打在物體表面上，做為一種表面清理的方法。此法可對金屬表面進行除銹，或除去難纏的垢屑等，甚為方便。

所噴之砂種有金鋼砂、玻璃砂、胡桃核粉等。而在電路板工業中，則以浮石粉（Pumice）另混以水份，一同噴打在板子銅面上進行清潔處理。

Saponification　皂化作用

油脂類經過鹼類溶液的水解（Hydrolysis），繼續反應而形成肥皂（Soap），稱為皂化作用。在電路板組裝工業中，需用到松香型或水溶型之助焊劑（Flux），以協助焊接工作。其處理後之廢液，即可加入廣義的皂化劑，對其中之松香類等加以分解處理，此等添加劑即稱為Saponification。

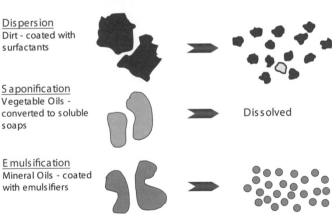

Dispersion
Dirt - coated with surfactants

Saponification
Vegetable Oils - converted to soluble soaps

Dissolved

Emulsification
Mineral Oils - coated with emulsifiers

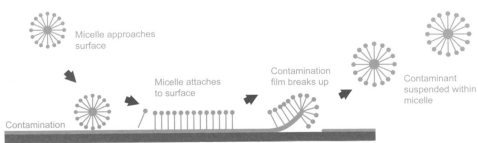

Micelle approaches surface

Micelle attaches to surface

Contamination film breaks up

Contaminant suspended within micelle

Contamination

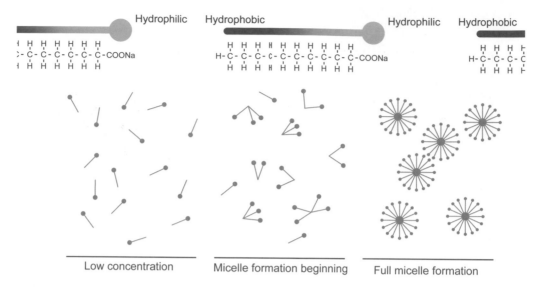

Low concentration   Micelle formation beginning   Full micelle formation

Saponifier 皂化劑

是一種鹼性化學品，可將松香型助焊劑中的多數成份轉化成肥皂，隨即能被水溶而沖走。在自動化焊接連線的清洗線中，此劑常加在第一個清洗槽中，以爭取焊後水清洗的良好成效。

Satellite Handset 衛星行動電話手機

無需基地台而直接利用衛星頻道做為轉接的遠程電話，其主要系統有Globalstar、ICO、Iridium等，不過因成本過高用戶收費太貴，目前尚未興起。

Satin Finish 緞面處理

指物體表面（尤指金屬表面）經過各式處理，而達到光澤的效果。但此處理後並非如鏡面般（Mirrorlike）的全光亮情形，只是一種半光澤的狀態。

Scaled Flow Test 比例流量試驗

是在壓合進行時對膠片（Prepreg）中流膠量的檢測法。即對樹脂在高溫高壓下所呈現之"流動量"（Resin Flow），所做的一種試驗方法。詳細做法請見IPC-TM-650中的2.4.38節，其理論及內容的説明，則請見電路板資訊雜誌第14期P.42。

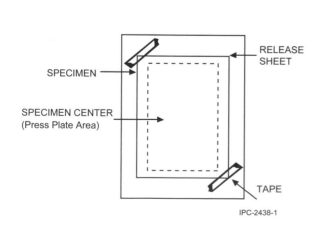

IPC-2438-1

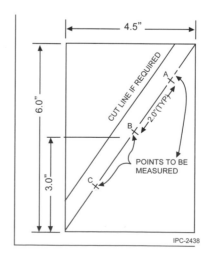

IPC-2438

Scanning Acoustic Microscopy（SAM）
掃瞄式超音波顯微鏡、掃瞄聲波電鏡

　　利用水中超音波對樣品探傷的原理，搭配軟體作業下可在螢幕上見到結構開裂處的畫面，此種超音波探傷的非破壞性技術早已為業界所熟知，目前軟體更為進步下，使得電子產品任何微小疵瑕都逃不過法眼。

Scanning Electronic Microscopy　掃瞄式電子顯微鏡、掃瞄電鏡

　　是利用電子槍射出的電子束經過柵極聚集成光點，又經陽極加速電壓作用下又經三道電磁透鏡使聚焦成nm級的電子束，又經末端透鏡的掃瞄線圈指揮下對著試樣做2D式全面掃瞄。從試樣上回彈的二次電子（SE）與反彈散射電子（BSE）之訊號將被偵測器捕捉，再被放大後送入CRT即可觀察到黑白圖像的畫面。常見SEM可概分為①熱游離發射電子槍與②熱場發射式電子槍，後者較高檔畫面也較清楚，附圖為SEM之結構與三類電子束的能量與刺入試樣的深度。待測物若為非金屬者還要濺鍍一層薄金做為導電之用。

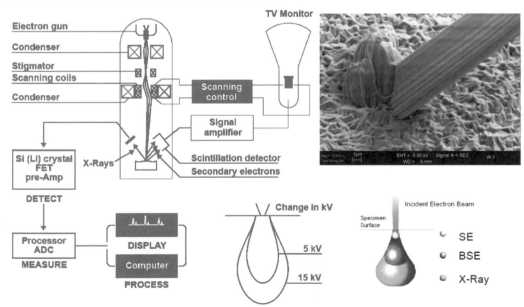

Scavening　刮凹、刮走、刮凹帶走

　　當採橡皮刮刀在鋼板上刮印錫膏時，由於橡皮的材質較軟，故當刀口直角通過鋼板開口欲將錫膏推入擠入時，也會在孔口處凹下刮走少許錫膏，造成焊點上所印著的錫膏量有所不足，稱之為Scavening，但若改用金屬材質的刀片時，則可避免此種刮凹現象。

Schematic Diagram 電路概略圖

利用各種符號、電性連接、零件外形等，所畫成的系統線路佈局概要圖。

Scoring 刻溝、刻槽、V型刻槽

為了小板子的組裝方便起見，常將多片小板以連載的方式拼湊成較大的組合板面，但每個單元之間則刻以雙面溝槽，使完成組裝後便於折斷分開之用，可方便下游焊接作業及提高其生產效率。於完成組裝後，再自原來刻意加工之V型刻槽界分處予以折斷分開。這種從兩面故意削薄以便於折斷之刻痕稱為Scoring或V-cut。此項機械工作要恰到好處並不容易，必須保持上下刀口之適當間距與精確對準，使中心餘厚既可支持組裝作業還要方便折斷。其加工成效經常成為下游客戶挑剔之處，主要關鍵在加工機器的精密與性能。

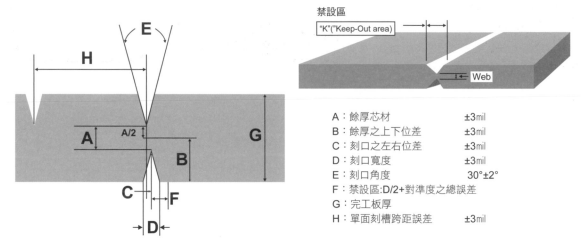

A：餘厚芯材 　　　　　　　±3mil
B：餘厚之上下位差 　　　　±3mil
C：刻口之左右位差 　　　　±3mil
D：刻口寬度 　　　　　　　±3mil
E：刻口角度 　　　　　　　30°±2°
F：禁設區:D/2+對準度之總誤差
G：完工板厚
H：單面刻槽跨距誤差 　　　±3mil

▲ 一般商用規範中對V型刻槽的允收規格與公差較少列入，即使量產實務中也少有明確資料。上圖中特詳述其各部名稱與常用公差，以供業者參考。

Scratch 刮痕

在物體表面出現的各式溝狀或V槽狀的刮痕，謂之。

Screen Printing 網版印刷

是在已有負性圖案的網布上，用刮刀刮擠出適量的油墨（即阻劑），透過局部網布形成正性圖案，印著在基板的平坦銅面上，構成一種遮蓋性的阻劑，為後續選擇性的蝕刻或電鍍處理預做準備。這種圖形轉移的方式通稱為"網版印刷"，大陸業界則稱為"絲網印刷"。而所用的網布材料（Screen）有：聚酯類（Polyester）、不銹鋼、耐龍及已被淘汰的絲織品（Silk）類等。但網印法也常在其他領域中使用，如錫膏印刷、厚膜印刷等。

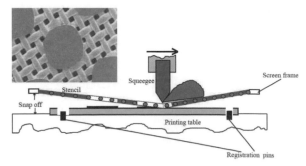

Screenability 網印能力

指網版印刷施工時,其油墨在刮壓之動作下,透過網布之露空部份,而順利漏到板面或銅面上,並有良好的附著能力而言。且所得之印墨圖案也有良好的解析度,則可稱其板面、油墨,或所用機械已具備良好的 "網印能力"。

Scrubber 磨刷機、磨刷器

通常是指對板面產生磨刷動作的設備而言,可執行磨刷、拋光、清除等工作,所用的刷子或磨輪等皆有不同的材質,亦能以全自動或半自動方式進行。

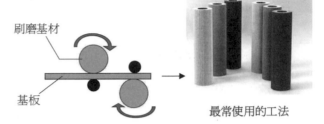

刷磨基材

基板

最常使用的工法

Sculptured Flex Circuit 雕刻式軟板

是刻意將單面軟板待焊接的孔環與裸露的伸腳等處,維持其原有較厚的銅厚度,以便具有強度可承受焊接的操作。至於只做為導電用途的線路則可將之咬薄一些,並使包夾在上下表護層之內,而完成原本需要柔軟的使命,此種單面軟板之銅導體有厚有薄者,特稱之為Sculptured Flex Circuit。

Scum 透明殘膜

是指乾膜在顯像後,其未感光硬化之區域應該徹底被沖洗乾淨,而露出清潔的銅面,以便能進行後來的蝕刻或電鍍才對。若仍然殘留有少許呈透明狀的乾膜殘屑時,即稱之為Scum。此種缺點對蝕刻製程會造成各式的殘銅,對電鍍也將造成局部針孔、凹陷或附著力不良等缺陷。現場簡易檢查法可用5%的氯化銅液(加入少許鹽酸)當成試劑,將乾膜顯像後的板子浸於其中,在一分鐘之內即可檢測出Scum的存在與否。因清潔的銅面會立即反應而變成暗灰色。但留有透明殘膜處,則將仍然呈現鮮紅的銅色。

Sealing 封孔

鋁金屬在稀硫酸中進行陽極處理之後,其結晶狀氧化鋁之 "細胞層" 均有胞口存在,各胞口可吸收染料而得以被染色。之後須再浸於熱水中,使氧化鋁吸收一個結晶水而令體積變大,並使胞口被擠小而將色澤予以封閉,稱之為Sealing。

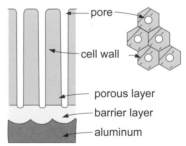

- pore
- cell wall
- porous layer
- barrier layer
- aluminum

S

Secondary Imaging technology(SIT)二次成像技術

係指綠漆後表面處理過程接觸用的ENIG與焊接用的OSP兩者先後製程之光阻劑步驟,也就是先將OSP的多處銲墊採用特殊光阻加以遮蓋,而且還要耐得住ENIG高溫(85℃以上)長時間(30分)的藥水攻擊。完成ENIG之後即可剝掉這種二次光阻,再續焊接用的OSP,此種做法稱為SIT。

手機板上和接觸需常做OSP處裡,其他按鍵(Key pad)與接地等不焊接區域則常做ENIG處裡.於是就在綠漆後的版面上先利用可耐高溫槽液長

時間折舊的特殊乾膜（例如杜邦的W-250）先將SOP區遮半在去做ENIG,之後剝除乾膜再做OSP。

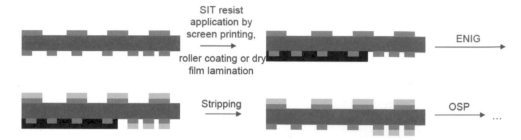

Secondary Side 第二面

此即電路板早期原有術語之"焊錫面"（Solder Side）。因早期在插孔焊接零件時，所有零件都裝在第一面（或稱Component Side；組件面），第二面則只做為波焊接觸用途，故稱為焊錫面（由附圖為80年代軍用6層板可見到層次編號）。待近年來因SMT表面黏裝興起，其正反兩面都裝有很多零件，故不宜再續稱為焊錫面，而以"第二面"較恰當。

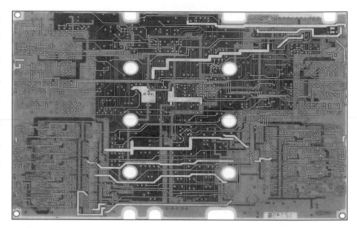

Seeding 下種

即PTH之活化處理（Activation）製程；"下種"是早期不甚妥當的術語。

Selective Plating 選擇性電鍍

是指金屬物體表面之局部區域加蓋阻劑（Stop-off）後，其餘露出部份則仍可進行電鍍。即可浸於鍍液中實施正統電鍍，或另以刷鍍方式對付體積較大的物體，均為選擇性電鍍。

Selective Soldering
選擇性波焊

現行各種組裝焊接多半是兩面SMT錫膏回焊，但有時還要通孔插接連接器（Connector）的多支針腳，但又不能送去波焊機做第三次的全板焊接，以防已貼焊妥當的元器件受傷受損，此時倘若待插焊的點數不多，則可利用錫膏入孔之回焊（Paste in Hole），如連接器之多腳者則可另採自動化小錫珠式的錫池去逐一接近位置進行小規模的波焊，有如MUST II焊錫性試驗般，特稱為選擇性波焊，此種選擇性最常用於無法採錫膏回焊的各種連接器插腳之通孔焊接。

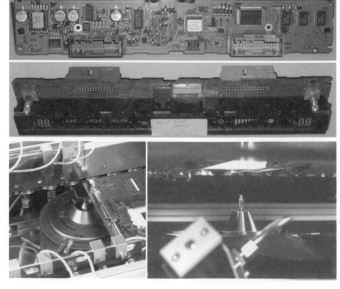

Self-Alignment 自我回正

不管是錫膏或者是錫球，在高溫熔融成液體時，均將會展表面張力及內聚力，發生自我居中回正的能耐。某些BGA腹底的多支球腳，其等放置於錫膏面上及焊接中，都可能會產生偏移走樣情形。設計者刻意在一個角落安置兩枚較大的球腳及印著較多量的錫膏，於是即可利用自我回正的力量將兩個封裝體也能校正居中而減少偏移的缺點。下五圖即為其說明。

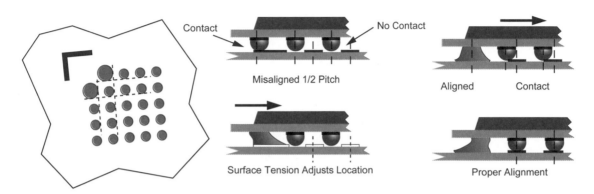

Self-Distinguishing 自熄性

在PCB工業中是指基板材料所具有的難燃性。從另一個角度去看，也就是當板材進入高溫的火焰中引發火苗後，又在火源移走的情形下，板材會慢慢自動熄滅，此種現象可稱已具有"自熄性"。由於商用板材樹脂中多已加入難燃的物質，如FR-4的環氧樹脂中，即已加入22%左右的溴化物以達成其難燃性。通常難燃性的檢驗法則可按UL-94或NEMA LI 1-1989兩規範去進行。

Selvage 布邊

指裁切之斷口是出現在經向（Warp）上，亦即其布邊之斷紗皆為經紗之謂也。

Semi-additive Process 半加成製程

是指在絕緣的底材面上，以化學銅方式將所需的線路先直接生長出來，然後再改用電鍍銅方式繼續加厚，稱為"半加成"的製程。若全部線路厚度都採用化學銅法時，則稱為"全加成"製程。

注意上述之定義是出自1992.7.發行之最新規範IPC-T-50E，與原有的IPC-T-50D（1988.11）在文字上已有所不同。早期之"D版"與業界一般說法，都是指在非導體的裸基材上，或在已有超薄銅箔（Ultra Thin Foil如1/4 oz 或1/8 oz者）的基板上，先備妥負阻劑之影像轉移，再以化學銅或電鍍銅法將所需之線路予以加厚，在去除阻劑並以極快速的蝕刻速率將厚薄不同的銅面咬過一次，除掉超薄銅皮之後即可得到非常細密的線路，如可得2mil / 2mil以下者，特稱為半加成法。但目前此等說法也不適宜了。

新的50E並未提到薄銅皮的字眼，兩說法之間的差距頗大，讀者在觀念上似乎也應跟著時代進步才是。

Semiconductor 半導體

指固態物質（例如Si1icon），其電阻係數（Resistivity）是介乎導體與電阻體之間者，稱為半導體。

S

Sensitizing 敏化

　　早期PTH的製程中，在進行化學銅處理之前，必須對非導體底材進行雙槽式的活化處理，並非如現行完善的單槽處理。昔時是先在氯化亞錫槽液中，令非導體表面先帶有"二價錫"的沉積物，再進入氯化鈀槽使"二價鈀"進行鈀金屬的沉積（即Activation活化）。

　　$Sn^{++}+Pd^{++}\rightarrow Sn^{+4}+Pd^{o}\downarrow$

　　亦即讓其兩種金屬離子，在板面上或孔壁上進行相互間的氧化還原，使非導體表面上有金屬鈀附著及出現氫氣，而完成其初步之金屬化，並具有很強的還原性，以吸引後來銅原子的積附。此種雙槽式處理前一槽的亞錫處理，稱為"敏化"。不過目前業界已將Sensitizing與Activation兩者視為同義字，且已統稱為"活化"，敏化之定義已逐漸消失。

Separable Component Part 可分離式零件

　　指在主要機體上的零件或附件，其等與主體之間沒有化學結合力存在，且亦未另加保護皮膜、焊接或密封材料（Potting Compound）等補強措施；使得隨時可以拆離，稱為"可分離式零件"，此為散裝零件（Discrete Part）完全不同，有人竟將此散件也譯為"分離式零件"其態度之輕率實在不敢恭維。

Separator Plate 隔板、鋼板、鏡板

　　基材板或多層板進行壓合時，壓合機每個開口（Opening，Daylight）中用以分隔各板冊（Books）的硬質不銹鋼板（如410，420等）即是。為防止沾膠起見，特將其表面處理到非常平坦光亮，故又稱為鏡板（Mirror Plate）。

Sequential Build-Up（SBU）完工後（逐次）增層

　　指具有通孔的正統雙面或多層板，當其完工後還可再用背膠銅箔（RCC）或其他製程，繼續去做（單面或雙面）有微盲孔的增一層或增兩層者，稱為SBU。其表達方式為1＋4＋1、2＋4＋2、1＋6＋1等，也可更簡寫為1.4.1等。目前大量產最多者就是1＋4＋1之手機板類。

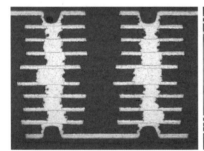 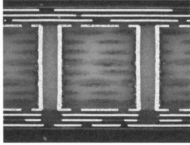 

Sequential Buried Via（SBV）增層後之埋孔

　　增層法（Build-up Process）之多層板，是當Core板完工後，再去用背膠銅箔（RCC）兩面壓貼而成為在外之增層。此時封埋在內的通孔即稱為SBV。目前的做法幾乎都是RCC直接去壓貼流膠進孔充實，並未要求Core板的通孔必須要先塞滿填平，至於將來如何則尚無法預知。

Sequential Electrochemical Reduction Analysis（SERA）順序性電化學還原分析法

　　不同原子結晶的金屬體，或不同結構的金屬氧化物，或合金共化物等，均有其特定的氧化

電位與還原電位。利用一種ECI公司所出品的新式電化學表面分析儀QC-100，在其實驗中試樣將依序呈現之不同電位與可維持秒數之資料中，可分析出該試樣“金屬堆積層”中各“次層”或“亞層”之性質結構與厚度。

其做法需先妥備一種特定的電解液，及一組參與電極。當欲對其金屬試樣做“氧化電位”分析時，則將試樣連接在試液中直流電源之陽極，此時參考電極即變成陰極。當欲對金屬試樣進行“還原電位”分析時，則將試樣接在陰極，而參考電極則變成陽極。現以一種銅面鍍錫又經老化後的試樣為例，分別進行“還原電位”與“氧化電位”之分析，並由下二圖所得到的結果，將能清楚看到梯階電位與其維持時間所組成“平台”之數目，進而可知其結構中倒底有幾種“亞層”。且其時間維持較久者，即表該“亞層”結構之厚度較厚。（“電路板會刊”第三期有SERA法對銅層分析的專文，讀者可加參考。）

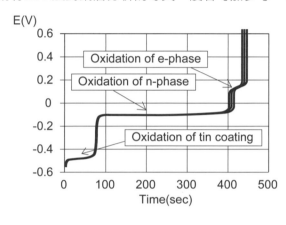
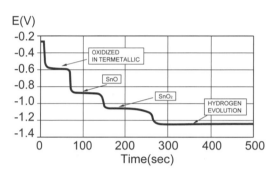

Sequential Lamination 接續（鍍後）壓合法、鍍後（逐次）壓合式製程

是指多層板的特殊壓合過程並非一次完成，而是分成數次逐漸壓合而累增其層次，並利用各鍍銅通孔的內層薄板而得到盲孔或埋孔的做法，以達到部份層次間的“互連”（Interconnection）功能。此法能節省板子上外表上所必須鑽出的全通孔，連帶可騰讓出更多的板面，以增加佈線及貼裝SMD的數目。

但此法卻十分耗費人力物力，除了各單張雙面內層板均需鑽孔鍍孔外，其後續再壓的半成品或終壓的成品多層板，也都需要再鑽再鍍，極其費工。成本太高之下遲早會被Microvia式之持續增壓法SBU所取代。

如現行六層之手機板，是先做出上下兩片有通孔的雙面板，再搭配中間的Vcc／GND雙面大銅面但無通孔的內層板，三張薄板配合膠片之下一次壓合成六層之半成板，再續對其做鑽孔鍍孔而成為兩面有盲孔與全板貫穿通孔的非傳統多層板，稱為“鍍後壓合法”。

目前大量出貨的手機板，其中大部份仍採用此種要三次電鍍銅的冗長製程。其設計原理是將四層板的兩個外在單一“訊號線”層，再分割為零件層及訊號線層等兩層，以應付太多的零件與太密的佈線。其道理正如同雙層床或夾層屋一樣，在有限的面積中只能以立體方式擠入更多的內容。但此種“鍍後壓合”的製程太長、成本太貴，預料很快就將被RCC微盲孔式的SBU所取代。

Sequestering Agent 螯合劑

若在水溶液中加入某些化學品（如磷酸鹽類），促使其能“捉住”該水溶液中的金屬離子，而將之轉變成為錯離子（Complex Ion），阻止其發生沉澱或其他反應。但其與金屬之間卻未發生化學變化，此種只呈現"捕捉"的作用稱為"Sequestering螯合"。具有此等性質且又能壓抑某些金屬離子在水中活性之化學品者，稱為"螯合劑Sequestering Agent"。

Sequestering與Chelate二者雖皆為"螯合"，但亦稍有不同。後者是一種配位（Coordination）化合物（以EDTA為例，見下圖之結構式），一旦與水溶液中某些金屬離子形成"雜環狀"化合物後，即不易再讓該金屬離子離開。此類螯合劑分子如有兩個位置可供結合者，稱為雙鉤物（Bidentate），如提供三個配位者則稱為三鉤物（Tridentate）。

EDTA之結構式

Serpentine Line 蛇形線路

即Delay Line延遲線路之同義字，其詳情見該詞之前述。

Shadowing 陰影、回蝕死角

此詞在PCB工業中常用於紅外線（IR）熔焊與鍍通孔之除膠渣製程中，二者意義完全不同。前者是指在組裝板上有許多SMD，在其零件腳處已使用錫膏定位，需吸收紅外線的高熱量而進行"熔焊"，過程中可能會有某些零件本體擋住輻射線而形成陰影，阻絕熱量的傳遞以致無法全然到達部份所需之處，這種造成熱量不足，熔焊不完整的情形，稱為Shadowing。

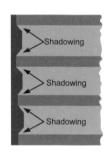

後者指多層板在PTH製程前，在進行高要求產品的樹脂回蝕時（Etchback），處於內層銅環上下兩側死角處的樹脂，常不易除盡而形成斜角，也稱為Shadowing。

Shadow Moire（or Ther Moire）
莫瑞光影法

是一種到"打光成影"式檢查板彎（Bow）板翹（Warpage）的快速非接觸的方法，甚至可對高溫中的板子進行量測。其原理是將光線通過一種如均勻"條碼"（Bar Code）般的光柵欄（可局部透光與局部遮光）後，打在待測的板面上，如板面平坦時，其反射光會再次穿過柵欄，而得到黑白均勻相間的同心圓成像。但若待測板面出現彎或翹時，則

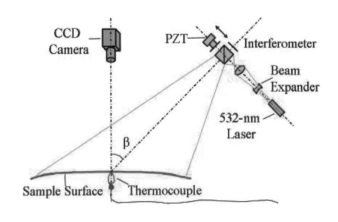

其同心圓畫面會出現如哈哈鏡式的扭曲走樣效果，且還可測量出倒底有多少個 "變量" 。下附之二圖分別説板子對角線方位的變量；如板翹者其對角線之西北（NW）到東南（SE）有31個Features，西南（SW），到東北（NE）有8個Features等。目前經營此種技術的業者有AkroMetrix及Electronic Packaging Service等。

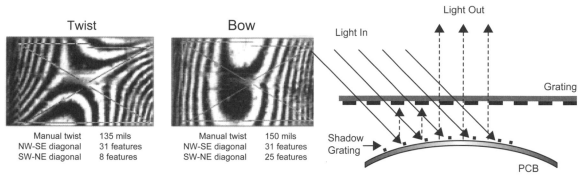

Twist		Bow	
Manual twist	135 mils	Manual twist	150 mils
NW-SE diagonal	31 features	NW-SE diagonal	31 features
SW-NE diagonal	8 features	SW-NE diagonal	25 features

Light Out
Light In
Grating
Shadow Grating
PCB

Shank 鑽針柄部

鑽針（鑽頭）之柄部係供鑽軸之夾頭作為整體鑽針進行固定夾牢之用，由於鑽頭材料之碳化鎢（Tungsten Carbide）硬度很高，緊夾時可能會損及夾頭的牙口，故若改用一種不銹鋼材做為鑽柄，則不但硬度降低且成本方可得以節省。市場上此種鑽柄之商品已使用有年，其不銹鋼與碳化鎢兩部份之套合是一項很專業的技術，台灣尖點科技即為此種技術之佼佼者。

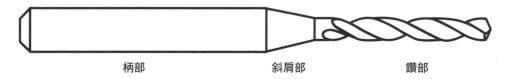

柄部　　　　　　　　斜肩部　　　　　　　鑽部

Shear Strength 抗剪（力）強度

在電路板工業中，是指被接著劑（Adhesive）固定黏牢的物體或零件，沿其接著面方向以反向力量拉動強使產生滑脱分離，此種沿表面平行拉脱之最大力量，稱為抗剪強度。此詞亦做Lap Strength或Torsional Strength。一般説成剪力強度並不合宜。

Shear Strength
抗剪強度

Shelf Life 儲齡

是指物品或零件於使用前，在不影響其品質及功能下，最長可存放的時間謂之Shelf Life。也就是説在特定的儲存環境中，物品的品質需持續能符合規範的要求，且保證在使用途中，不致因為存放時間過久而出現故障失效的情形，這種所能維持存放的最長時段謂之Shelf Life。

Shield 遮蔽、屏遮

係指在產品或組件系統之外圍所包覆的外罩或外殼而言，其目的是在減少外界的磁場或靜電，對內部產品之電路系統產生干擾。此外罩或外殼之主材為絕緣體，但內壁上卻另塗裝有導體層。一般電視機或終端機，其外殼內壁上之化學銅層或鎳粉漆層，即為常見的屏遮實例。此導體層可與接地層相連，一旦有外來的干擾入侵時，即可經由屏遮層將雜訊導入接地層，以減少對電路系統的影響而提升產品的品質。

S

Shore Hardness 蕭氏硬度

是測量塑膠物質類所用的一種硬度值，係將尖頭狀的探測器刺向塑膠材料表面，從儀器的錶面上可測讀其硬度值。常用者有兩種刻度，較軟者用Shore A，較硬者用Shore D。

Short 短路

當電流不應相通的兩導體間，在不正常情況下一旦出現通路時，稱之為短路。

Shoulder Angle 肩斜角

指鑽頭的柄部與有溝紋的鑽部之間，有一段呈斜肩式外形的過渡區域，其所呈現的斜角稱為Shoulder Angle。（見前頁圖）

Shunt 分路

在有電流的主導體上所額外加掛的副導線，以分散掉原有電流者，稱為分路。

Side Wall 側壁

在PCB工業中有兩種含意，其一是指顯像後的乾膜側面，從微觀上所看到是否直立的情形；其二是指蝕刻後線路兩側面的直立狀態，或所發生的側蝕情形如何，皆可由電子顯微鏡或微切片上得以清楚觀察。

 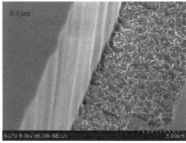 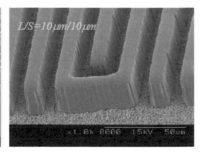

Siemens 導電值

直流電的電阻值一向以"歐姆（Ohm）"做為單位，而導電度（或稱電導值）則以姆歐（Mho）為單位,不過近年來公制系統主張改用"西門子"最為電導值的單位,並以大寫的S做為實用的符號。

Sigma（Standard Deviation）標準差

是統計學上的名詞。當進行品管取樣而得到許多數據時，首先可求得各數據的算數平均值 $\overline{X}$ （即總和除以樣本數），然後再求得各單獨樣本值與平均值的差值，稱為"偏差"（Deviation如$X_1 - \overline{X}$，$X_2 - \overline{X}$，$X_3 \cdots\cdots - \overline{X}$。並進一步求取各"偏差值"的"均方根"數值（RMS，Root Mean Square Value），即得到所謂的"標準差 Standard Deviation"。一般是以希臘字母σ（讀音sigma）做為代表符號，"標準差"可做為統計製程管制的工具。

$$\sigma = \sqrt{\frac{(X_1-\overline{X})^2+(X_2-\overline{X})^2+(X_3-\overline{X})^2+\ldots+(X_n-\overline{X})^2}{n}}$$

按常態分配（Normal Distribution）之標準鐘形曲線（Bell Curve），若從負到正將所涵蓋的面積全部加以積分，以所得數值當成100%時，則±3σ所管轄的面積將達到全體產品品質的99.73%，也就是說此時可能成為漏網之魚之不良品者，其機率僅及0.27%而已。最近亦有不少大電子公司強調要加強品管的境界，暢言要提升至±6σ的地步，陳義太高一時尚不易做到。

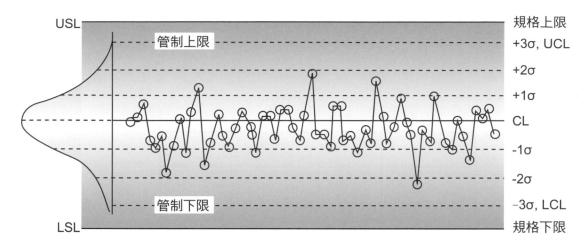

Signal 訊號

電子學上係指在已預定的電壓、電流、極性（Polarity），以及脈波寬度（Pulse Width指脈波起點至終點的時距）的情形下，所得到之脈衝（Impulse）稱為Signal。俗稱的"訊號"是指可聽到看到，或以其他形式表達的"記號"。

數位處理世界中低邏輯的0電位與高邏輯的1電位（如2.5V或2.0V）均為運算的單元訊號。但高頻通訊中，其訊號則為正弦波之電磁波形式。

Signal Integrity（SI）訊號完整性

高速電腦或高頻通訊，其等訊號在PCB傳輸中，其入射訊號傳輸到某種長度即經常會發生雜訊、串訊、能量之反射、散失、衰減等不良現象造成訊號能量（電壓）的降低與方波的變形，即稱為SI不良。如何利用設計、製造與板材等改善方法，以儘量維持其訊號能量完整的總體技術，稱為SI。

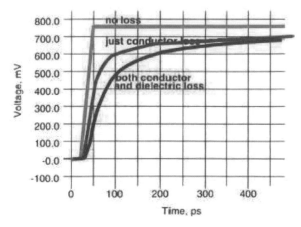

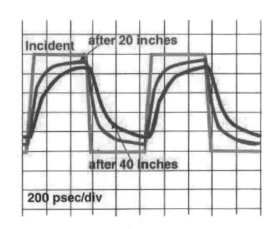

Silane 矽烷

是將有機烷類中的碳原子，換成矽原子，而成的"擬烷類"。電路板材工業中，常在玻纖布經過燒潔後，為使其與環氧樹脂有更好的結合力起見，特在玻纖布外表進行一種矽烷化的表面處理，可使其與樹脂的介面間，多了一層能加強結合力的表層。這是一種化學結構力，可在兩種性質迥異的物質之間，據以獲致更強的親合力。

Silane Treatment 矽烷處理

通常為了讓膠片中玻纖布與樹脂之間具有更好接著力起見，玻纖布必須要做過矽烷處理以降低事後高溫高濕中的分層爆板。最近某些超薄銅皮為了其毛面在板材上的附著力更好起見，也曾在毛面稜線上完成鍍銅瘤、鍍鎳、鍍鋅、與鍍鉻之後，還更在毛面上加做一道矽烷處理，使得Silane的用途也更為擴大了。（取材自古河銅箔）

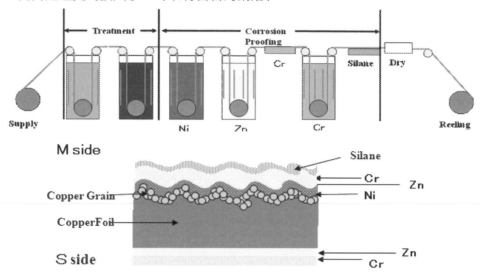

Slica Filler 矽球填充料

係指環氧樹脂做為半導體產品模封材料（MC）中所多量加入的球形二氧化矽之無機填充補強之用料，此種球形填料非常貴，以致近年來在EMC模封料降價下，也混入一些非球狀的矽砂，連 PTH昂貴的塞孔樹脂也混有非球狀物了。

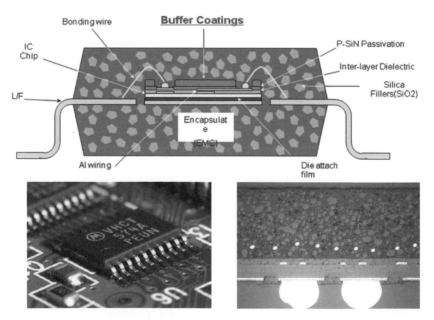

Silica Gel 矽膠砂

是一種如細碎石子般無定形（Amorphous或非晶形）的二氧化矽，其吸濕功效對貯藏品有防潮作用。此砂乾燥者呈藍色，吸飽水後則呈淡黃色或無色；可置入烤箱驅水後再生回藍色繼續使用，十分方便。但經多次再生後，其表面吸著區會被水中雜質堵死而漸失功效。

Silicon 矽

是種黑色晶體狀的非金屬元素，原子序14，原子量28，約占地表物質總重量比的25％，其氧化物之二氧化矽即砂土主要成份。純矽之商業化製程，係將SiO_2經由複雜程序的多次還原反應，而得到99.97％的純矽晶體，切成薄片後可用於半導體"晶圓"的製造，是近代電子工業中最重要的材料。

Silicon Platforms 封裝載板、矽晶片平檯

是指載著封裝矽晶片，有腳或進出埠（I/O port）可對外進行互連的載板或載具而言。也就是一般人常說的Substrate，此詞只是刻意跩文而已，並無額外的玄機。

Silicone 矽銅

是一種有機的"矽氧烷"類化合物，可聚合成為高分子樹脂，所呈現之外貌有多種形態，如固態流體、粉末、溶液或彈性體等。可當成載體功能而用以製造多種產品，如接著劑、保護性皮膜、冷卻劑、流體介質、防水劑、傳熱劑、密封劑等。注意其單字之字尾只比"矽"元素多了一個e而已，但兩者卻是完全不同的東西。

Silk Screen 絲網

用聚酯網布或不銹鋼網布當成載體，可將正負片的圖案以直接乳膠或間接版膜方式轉移到載體上形成網版，做為對平板表面印刷的工具，稱為網版印刷法。大陸術語簡稱絲印。

用於印刷的網布不管是何種材質其織法都有很多式樣，但最後只剩平織法(Plain Weave)尺寸最穩。
左圖複紗平織法由於清洗不易也遭放棄，目前實用者僅為單紗平織法。

Silver Halide 鹵化銀

PCB業影像轉移工程所用的黑白底片，其藥膜面（Emulsion Side）所塗佈薄薄的阻光膜即為溴化銀已感光後留在片基上的皮膜，是另一種非常精密的化學工藝。

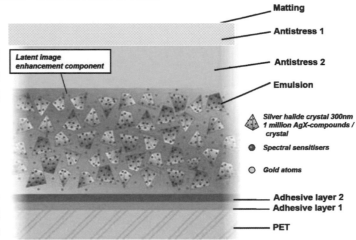

Silver Migration 銀遷移

指銀膏跳線或銀膏貫孔（STH）等導體之間，在高濕環境長時間老化過程中，其相鄰間又存在有直流電偏壓（Bias，指兩導體之電位不相等）時，則彼此均會出現幾個mils銀離子結晶的延伸，造成隔絕品質（Isolation）的劣化甚至漏電情形，稱為"銀遷移"。

Silver Paste 銀膏

指由組成中重量比達70%之細小銀片，與30%樹脂所調製的聚合物印膏，並加入少量高沸點溶劑做為調薄劑，以方便網版印刷之施工。一般電路板面追加的跳線（Jumper）或貫孔導通，均可採用銀膏以代替正統PTB，後者特稱為STH（Silver Through Hole）。本法有設備簡單、施工迅速、無廢水麻煩、導通品質不錯等優點，其電阻值僅40 mΩ/sq。一般STH成本不到PTH的三分之二，是低功率簡單功能電路板的寵兒，常用於各種遙控器或桌上電話機等電子機器。

全球STH板類之生產多半集中在東南亞及韓國等地，所用銀膏則以日貨為主，如Fujikura、北陸等品牌。近年來板面跳線多已改成較便宜的碳膠，而銀膏則專用於貫孔式雙面板之領域。"銀貫孔"技術要做到客戶允收並不簡單，常會出現斷裂、鬆動、及"遷移"（Migration）等問題。可供參考的文獻不多，現場只有自求多福，以經驗為主去克服困難。

Silver Through Hole（STH）
銀膠貫孔、銀膠通孔

鑽孔後除正統的PTH化學銅導通外，亦可採用成本較便宜濃度甚低的銀膠，經"塗著"孔壁的方式進行導通，特稱為STH。此等板類多屬層級較廉價的產品，如各種家電的紅外線遙控器，以及其它功能較簡可靠度不高的單雙面板類，較少用於多層片。

外環境 3mil以上 · 0.03minimum

Silver Paste
銀膠 · 銀膠(膏)貫孔 STH

Single-Inline Package（SIP）
單邊插腳封裝體

是一種只有一直排針柱狀插腳，或金屬線式插腳的零件封裝體，謂之SIP。

Singulation 單片化、裁切單片

為了提高生產效率與降低成本起見，製程板面（Panel）都設計的很大，因而就拼湊搭載了多片之"貨板"（Pieces）。於是完工後可逐一分割，或連載貨板直到下游組裝完工後再分割成單片，均可稱之Singulation。

Sintering 燒結

是一種粉末冶金的造型技術，係將數種金屬粉及其助劑先配妥成粉體，在高溫（接近熔點）與高壓條件下，於模具中擠壓成型。此種成型物之強度尚好，是一種低成本的金屬胚體造型法。電路板所用鑽針即採碳化鎢粉94%＋鈷粉6%（重量比）之配方，在1600℃與3000大氣壓下所燒結而成的桿材（Rod），再經鑽石刀具與特殊母機之立體切削加工而做成。

Dispersion

Removal

Sinterning

Sizing 上漿處理、上漿

指纖維絲（含玻璃纖維）在集束成經紗緯紗後，織布前其經紗的外表，還需加塗澱粉或其他漿料與膠料，以進行表面凹陷處的填平與塗裝，使在經緯交織的過程中，減少因摩擦而造成

的損傷。且玻纖絲在集束旋扭成紗之前，其單絲也需加塗漿料。

從高溫紡位（Bushing）中所擠出的玻璃絲（Filament），須先做"上漿處理"才能紡製成紗束（Yarn）。而經紗與緯紗在織成玻璃布（Cloth or Fabric）之前，還要再做一次"漿經"才能織布。其原理與一般衣著紡織品並無二致，目的在減少彼此之間的磨擦損壞。完成織布後則還需在高溫中執行兩次"燒漿"，然後於清潔的玻璃布上另做"矽烷"耦合處理層，才能含浸樹脂、玻纖布與樹脂間的接著力也才得以強化。

Skew（訊號）正時歪斜、錯時

當以八位元（Bit）為一組訊號之"位元組"（Byte）進行作業時，其八條訊號線中各個0與1的邏輯，必須要同時到達才能出現可判讀的組合"訊號"。此種基本規則之"同時到達"特稱為"正時"（Correct Timing），否則出現先來後到之不整齊者，即稱為Skew（錯時）。一般解決之道是將PCB上距離較短之訊號，刻意加以彎彎曲曲（即Delay Line或Serpentine Line）以達同時進場的效果。

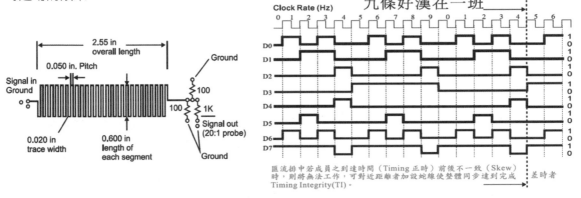

▲ 此為匯流排（Buss）中8條Data線所組成的Byte，必須同時達到目的地才具有意義。另圖係針對近距離Data線所刻意拉長的蛇線做法。

Skin Effect 集膚效應、表皮效應

導體中出現高頻之交流電流或0與1之數位訊號時，當其等之交換頻率（Swith Rate即工作速度）愈來愈快之際，也表示電流大或小方面的改變極快或磁場的改變極快，如此將造成導體中心處的電流或訊號極少，絕大多數集中在導體的表皮謂之"集膚效應"。而且速度愈快皮膚愈薄。原因是中心部份出現電磁感應之反電動勢很大，致使電流變小之故。

在高頻情況下（即日文之高週波），電流的傳遞多集中在導線的表面，使得導線內都通過的電流甚少，造成內部導體的浪費，並也使得表面導體部份的電阻升高。為避免此現象一般高

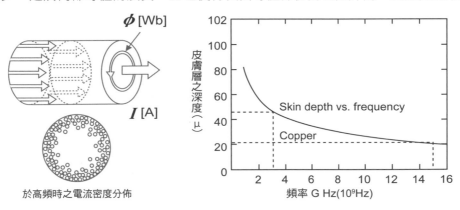

於高頻時之電流密度分佈

頻用途的導線常採多股集束或多股編線方式，以增加更多表面導體消除集膚效應，減少因電阻上升而導致的發熱情形。

電路板面由銅箔所蝕刻的線路，由於其粗胴面的稜（ㄌㄥˊ）線起伏，對於高頻訊號會有所妨礙，最好應改用低稜線銅箔作為因應。

Skip Printing, Skip Plating 漏印、漏鍍

在板面印刷過程中某些死角地區，因油墨分佈不良而形成漏印，稱為Skipping。此種現象最容易發生在組裝版護形漆（Conformal Costing）塗裝或綠漆印刷製程中，因立體線路背面的轉角處，常因施力不均，或墨量不足而得不到充份的綠漆補給，因而會形成"漏印"。

至於漏鍍則指電鍍時可能發生在槽液擾流強烈區域或低電流區，如孔口附近與小孔之孔壁中央部份，或因有氣泡附著造成的阻礙，致使鍍層厚度分佈不良，而逐漸造成鍍層難以增長而稱之。另見Step Plating。

Skip Solder 缺錫、漏銲

指波焊中之待焊板面，由於出現氣泡或零件的阻礙或其他原因，造成應沾錫表面並未完全蓋滿，稱為Skip Solder，亦稱為Solder Shading。此種缺錫或漏焊情形，在徒手操作之烙鐵補焊中也常發生。

Skip Via 跳階微盲孔

是指HDI鄰層互連用的雷射微盲孔，原本是逐層或相鄰兩層間鍍銅或填銅雷射盲孔的彼此互連而言，若某些跳過一層即稱之為跳階微盲孔。

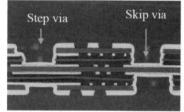
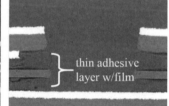

Slash Sheet（規範）附列規格單

某些重要的成文規範，其主體內容多半在介紹原理原則，與大方向方面的內容。若需對某一單項產品之規格深入細述時，則可採"附加專頁"以補足之。如板材規範之著名美軍規範MIL-S-13949H，其所後附的D號Sheet（寫成MIL-S-13949H/D），即在細述FR-4之各種細部要求。又如IPC-4101後附之21號Sheet也是談FR-4的細部要求，其寫法為IPC-4101/21，故均謂之Slash Sheet。

Slanting Oscillating Spraying 左右來回斜噴、往復式左右斜噴

一般水平輸送式濕流程之顯像（Developing）或蝕刻（Etching）連線製程均需上下噴藥液，為了減少板面上的水池效應（Puddling）起見，刻意採用左右來回搖擺式斜噴以趕走板面的積水，下板在自由落體下則毋需驅趕而加工，品質也就更好了。

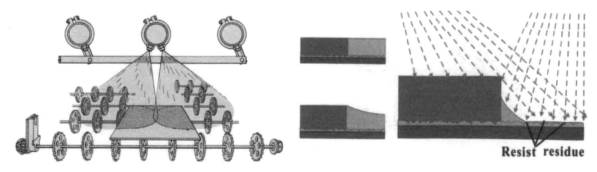

Slashing 漿經

指玻璃布在經緯交織以前，其經紗（Wrap）部份需在連續牽引平面併攏後，以其全幅的寬度浸漬通過於特殊配方的漿料（Size）槽液中，希望各支紗束的外表都能沾附上一薄層漿料，以減少後來緯紗穿梭織過時的摩擦損傷。對玻璃紗而言，此詞比Sizing更專業。且此種表面處理層是臨時性的，只是為了織造時的方便而已。待玻纖布織成後，還要在高溫中把漿料全數燒掉，稱為Fire Cleaning "燒潔" 以便玻纖布能接受另一次的 "矽烷" 處理Silane Treatment，令玻纖布與樹脂之間有更好的結合力。

Sleeve Jint 套接

在接點處之外圍再另行加裝 "補強套" ，謂之套接。又某些高頻訊號傳輸用的導線為防止雜訊，在外圍也包有金屬絲編織的管狀護層，亦稱為Sleeve。

Slitter 分條機

是針對原本寬幅生產的乾膜或銅箔採用非常銳利的鋼刀執行連續進行中的兩側切割稱為分條，所用的機具則稱為分條機。主要是將自銅箔廠購入的原裝銅箔，利用捲放捲收（Reel to Reel）的連動與鋒利的鋼刀，裁切到所要的寬度。此種分條機還可用於切割來自Master Roll原裝寬度的乾膜，提供客戶所指定的寬度。

Sliver 邊絲、邊條

板面線路頂面之兩側，其最上緣表面處，因鍍層厚度一旦超過阻劑厚度，將發生兩側橫向生長的情形。此種細長的懸邊因正下方並無支撐，經常容易斷落留在板上，將可能出現短路的情形，此種已斷或未斷的邊條邊絲，即稱為 Sliver。

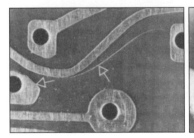
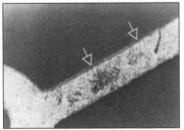

Slot, Slotting 槽口、開槽

指PCB板邊或板內某處，為配合組裝之需求，而須進行 "開槽" 以做為匹配，謂之槽口。在金手指板邊者，也稱為 "偏槽" 或 "定位槽" （Polarizing Slot or Locating Slot），是故意開偏以避免金手指之陰式接頭不致插反。

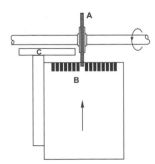
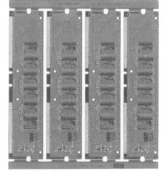

Sludge 沉澱物、淤泥

槽液發生沉澱時，其鬆軟的泥體稱為Sludge。有時電鍍用的陽極不純，在陽極袋底亦常累積一些不溶解的陽極泥Anode Sludge。

Slump 塌散、坍塌

指各種較厚的塗料在板面上完成最初的塗佈後，會發生自邊緣處向外擴散的不良現象，謂之Slump。此種情形在錫膏的印刷後續暫存中尤其容易發生，其配方中需加入特殊的"抗垂流劑"（Thixotropic Agent）以減少Slump的發生。

▲ 此為瞭解黏著指數所刻意印刷的錫膏，可做為現場對比之用。希望其數據能落在0.4與0.65之間，即最為理想最適合生產用途。

Slurry 稠漿、懸浮漿

指水中有懸浮狀粒子的濃稠溶液而言。

Small Hole 小孔

以目前的技術水準而言，孔徑在15 mil以下者應可稱為"小孔"。

Small Outline Integrated Circuits（SOIC）小型兩側伸腳之積體電路

其用途功能與早期雙排腳插孔組裝（DIP）者並無不同，只是體積還可以再形縮小及減薄，功能亦可更為加強。

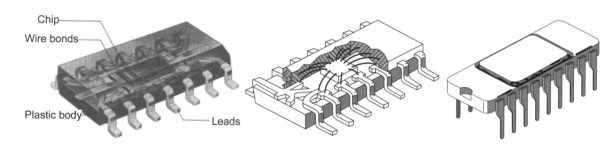

Smear 膠糊渣、膠渣

當電路板在進行鑽孔製程時，其鑽頭與板材在快速切削摩擦中，會產生高溫高熱，而將板材中的樹脂（如環氧樹脂）予以軟化甚至液化，以致隨著鑽頭旋轉而塗滿了孔壁，冷卻後即成為一層膠渣。若所鑽者為多層板時，其內層板之銅孔環的側面，在後續PTH製程中必須與孔銅壁完全密接，以達到良好互連之目的。因而在進行PTH之前務必應將裸孔壁上的膠渣予以清除，稱為"除膠渣"Smear Removal或Desmear。

新式HDI之雷射成孔也會在孔底形成膠渣，甚至半加成法的盲孔也需要進行除膠渣（下列各圖均已取材自阿托科技）。

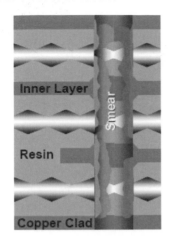
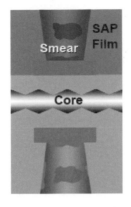
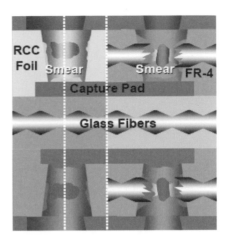

Smudging 錫點沾污

指焊點錫堆（Mound）外緣之參差不齊，或錫膏對印著區近鄰的侵犯，或在錫膏印刷時其鋼板升起後背面有異常殘膏的蔓延，進而沾污電路板面等情形。

Snowman 雪人式互連

是指組裝板上BGA球墊與通孔內層的PTH兩者為節省板面用地的緊密互連而言，其形狀有如雪人一般故稱之，不過這種過渡期的通孔做法很快就被更省地的墊內微盲孔互連所取代，目前電鍍銅已可輕易填平口徑5mil的μ-Via，根本不再需要費事較貴且訊號還較差的通孔互連了。

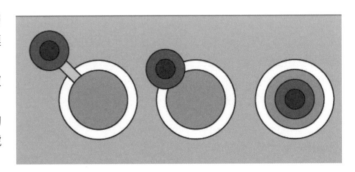

Snap-off 彈回高度

是指進行網版印刷時，其網布距離板面的高度；亦即刮刀壓下而到達板面的深度。另一種說法就是"架空高度"Off-Contact Distance。

S

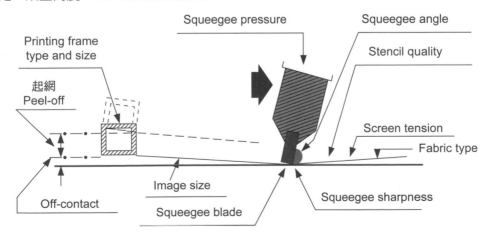

Socket 插座

是指電路板上各種活動"插拔式"連接器的陰性部份。通常為了降低"接觸電阻"起見,其各種陰陽插拔接點都鍍有黃金層。但插座與電路板所接裝的一端,則多採插孔焊接或機械式梢緊方式予以固定。

Soft Contact 輕觸

光阻膜於曝光時,須將底片緊密壓貼在乾膜或已硬化之濕膜表面。稱為Hard Contact。若改採平行光設備時則可不必緊壓,稱為Soft Contact。此"輕觸"有別於高度平行光自動連線之非接觸(Off-Contact)式架空曝光。

Soft Glass 軟質玻璃(鉛玻璃)

指含鉛量很高而軟化點較低的玻璃類。電子業常於陶瓷IC方面充做密封劑用途,如加蓋用的低溫密封劑(熔點在450℃以下)即是此種玻璃。此物料也會對多種金屬產生接著作用,故亦稱為Solder Glasses。

Solder 銲錫、銲料

是指各種比例的錫鉛合金,可當成電子零件焊接(Soldering)所用的銲料。其中以63/37錫鉛比的Solder最為電路板焊接所常用。因為在此種比例時,其熔點最低(183℃),且係由"固態"直接熔化成"液態"。反之固化亦然,其間並未經過漿態,故對電子零件的連接有最多的好處。除此之外尚有80/20、90/10等熔點較高的銲錫,以配合不同的用途。無鉛焊接來到後,SMT回焊之銲料以SAC305為主,而波焊之銲料則以SCNi或SCSi兩者為宜。

注意當"銲"字從金旁時,專指銲錫合金之本體金屬而言,若從火部的"焊"時,則係針對焊接的操作之謂,不宜混為一談。

Solder Ball 銲錫球、錫球

簡稱"錫球"有正反兩種說法,其是一種焊接過程中發生的缺點。當板面的綠漆或基材樹脂硬化情形不良,又受助焊劑影響或發生濺錫情形時,在焊點附近的板面上,常會附著一些零星細碎的小粒狀銲錫點,謂之"錫球"。此現象常發生在波焊或錫膏之各種熔融焊接(Soldering)製程中。而波焊後有時也會在焊點導體上形成額外的錫球,常會造成不當的短路,是焊接所應避免的缺點。其二是此詞亦指錫膏組成中的眾多小錫球而言,有時較大錫球也用於BGA之錫球腳中。附圖即為①不良錫球與②可允收之上限③產生錫網或拖錫。

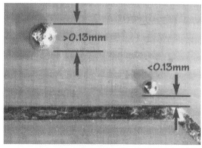

Solder Bridging 錫橋

指組裝之電路板經焊接後，在不該有通路的地方，因出現不當的銲錫導體，而造成錯誤的短路，謂之錫橋。

 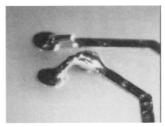 

Solder Bump 銲錫凸塊

晶片（Chip）可直接在電路板面上進行覆扣式焊接（Flip Chip on Board），以完成晶片與電路板的組裝互連。這種反扣式的COB法，可以省掉晶片許多先行封裝（Package）的製程及成本。但其與板面之各接點，除PCB需先備妥對應之焊接基地外，晶片本身之外圍各對應點，也須先做上各種圓形或方形的微型"銲錫凸塊"，當其凸塊只安置在"晶片"四周外圍時稱為FCOB，若晶片全表面各處都有凸塊分佈時，則其覆焊法特稱為"Controlled Collapsed Chip Connection"，簡稱C4法。

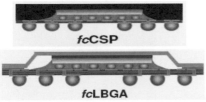 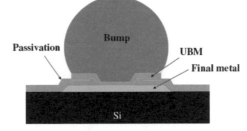

Solder Column Package 錫柱腳封裝法

是IBM公司所開發的製程。係陶瓷封裝體C-BGA以其高柱型錫腳在電路板上進行焊接組裝之方法。此種銲錫柱腳之錫鉛比為90/10。高度約150mil，可在柱基加印錫膏完成熔焊。此錫柱居於PCB與C-BGA之間，有分散應力的功效，對大型陶瓷零件（邊長達35mm～64mm）十分有利。

Solder Connection 焊接點

是指以銲錫做為不同金屬體之間的連接物料，使在電性上及機械強度上都能達到結合的目的，亦稱為Solder Joint。

Solder Coat 銲錫皮膜

指板面（銅質）導體線路接觸到熔融銲錫後，而沾著在導體表面的錫層而言。

Solder Dam 防焊、錫堤、阻焊堤

指焊點周圍由綠漆厚度所形成的堤岸，可防止高溫中熔錫流動所造成之短路，通常以乾膜式的防焊膜較易形成Solder Dam。較厚的LPSM液態綠漆也可形成之。

Solder Fillet 填錫

在銲點的死角處，於焊接過程中會有熔錫流進且填滿，使接點更為牢固，該多出的銲錫稱為"填錫"。

Solder Joint Density 焊點密度

指零件或元件其各接腳需焊接在PCB板面上，以完成整體之互連（Interconnection）任務。目前板面上安裝零件增多，焊點密度也自然增大。凡每平方吋中之焊點數在130點以上者，即稱之為"高密度互連"（HDI）。

Solder Levelling 噴錫、熱風整平

裸銅線路的電路板，其各待焊點及孔壁等處，係以Solder Coating方式預做可焊處理。做法是將印有綠漆的裸銅板浸於熔錫池之中，令其在清潔銅面上沾滿銲錫，再以高溫的熱空氣把孔中及板面上多餘的錫量予以強力吹走，只留下一薄層錫而做為焊接之基地，此種製程稱為"噴錫"，大陸業界用語為"熱風整平"。不過業界早期除熱空外亦曾用過其他方式的熱媒，如熱油、熱蠟等做過整平的工作，現今均已走入歷史。

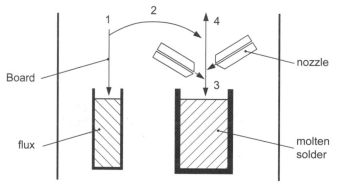

Solder Mask（S／M）綠漆、防焊膜

原文術語中雖以Solder Mask較為通用，但卻仿似Solder Resist是較正式的說法。所謂防焊膜，是指電路板表面欲將不需焊接的部份導體，以永久性的樹脂皮膜加以遮蓋而不沾錫，此層皮膜即稱之為S／M。綠漆除具防焊功用外，亦能對所覆蓋的線路發揮保護與絕緣作用。不過業界習慣把防焊膜說成綠漆，倒不一定是綠、黑、白、藍、紅、黃等各種顏色都有，要看用途而定，絕大多數還是綠色的。

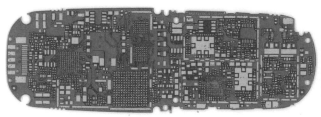

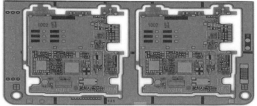

Solder Paste 錫膏

是一種高黏度的膏狀物，可採印刷方式塗佈分配在板面的某些定點，用以暫時固定表面黏裝的零件腳，並可進一步在高溫中熔融成為銲錫實體，而完成焊接的作業。歐洲業界多半稱為Solder Cream。錫膏是由許多微小球形的銲錫球粒，外加各種有機助劑予以調配而成的膏體。

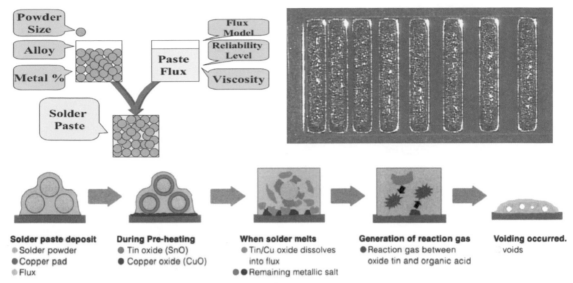

Solder paste deposit	**During Pre-heating**	**When solder melts**	**Generation of reaction gas**	**Voiding occurred.**
● Solder powder	● Tin oxide (SnO)	● Tin/Cu oxide dissolves into flux	● Reaction gas between oxide tin and organic acid	voids
● Copper pad	● Copper oxide (CuO)			
● Flux		●● Remaining metallic salt		

▲ 此圖說明印妥之錫膏在預熱中，會引起錫粉表面甚至銅墊的氧化，但到達峰溫時，2在助燃劑迅速發揮威力下可對各種氧化物進行化學反應並使之溶解，進而出現錫粉的熔融癒合。在此等反應進行的同時也將出現金屬鹽類與多量的氣體，以致冷卻後的銲點中免不了會出現空洞。

Solder Plug 錫塞、錫柱

指在波焊中湧入鍍通孔內的銲錫，冷卻後即留在孔中成為導體的一部份，稱為"錫塞"。若孔中已有插接的零件腳時，則錫塞還具有"焊接點"的功用。至於目前一般不再用於插接，而只做互連目的之PTH，則多已改成直徑在20 mil以下的小孔，稱之為導通孔（Via Hole）。此等小孔的兩端都已蓋滿或塞滿綠漆，阻止助焊劑及熔錫的進入，這種導通孔當然就不會再有Solder Plug，取消錫塞孔不但無損於功能而且還可節省成本與減輕重量。

Solder Preforms 預銲料

指電路板在進行各種焊接過程時，為使全板能夠一次徹底完成焊接起見，而將許多"特殊焊點"所需銲料的"量"及助焊劑等，都事先準備好，以便能與其他正常焊點（如錫膏或波焊）同時完成焊接。如當SMT組裝板紅外線熔焊時，某些無法採用錫膏的特殊零件（如端柱上之繞接引線等），即可先用有"助焊劑"芯進行的銲錫絲，做定量的剪切取料，並妥置在待焊處，即可配合板子進入高溫熔焊區中，同時完成熔焊。此等先備妥的銲料稱為Solder Preforms。

S

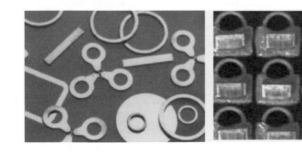

Solder Projection 銲錫突點

指固化後的焊接點，或板面上所處理的銲錫皮膜層，其等外緣所產生不正常的突出點或延伸物，謂之Solder Projection。

Solder Sag　銲錫垂流物

是指在噴錫電路板上，其熔融錫面在凝固過程中，由於受到風力與重力而下垂，以致出現較厚而隆起的外形，如板子直立時孔環下緣處所流集的突出物，或孔壁下半部的厚錫，皆稱為"錫垂"。又某些單面板的裸銅焊墊（孔環墊或方形墊），經過水平輸送之滾錫製程後，所沾附上的銲錫層，其尾部最後脫離熔融錫體處，亦有隆起較厚的銲錫，也稱為Solder Sag。

Solder Side　焊錫面

早期電路板組裝完全以通孔插裝為主流，板子正面（即零組件面）常用來插裝零件，其佈線多按"板橫"方向排列。板子反面則用以配合引腳通過波焊機的錫波，故稱為"焊接面"，其線路常按"板長"方向佈線，以順從錫波之流動。此詞之其他稱呼尚有Secondary Side，Far Side等。

Solder Resist Defined　綠漆設限

綠漆之原文除了Solder Mark之外，Solder Resist也很常見。板面上有銅面較大者刻意利用綠漆對其可焊的範圍加設限。例如BGA載板腹底植球的銅墊為了要與接著力不是很強的BT板附著更好起見，於就蝕刻上較大的銅但卻用綠漆在銅墊外圍設限，而只在較小的內面鍍鎳鍍金再去焊接錫球者稱之S/R Defined。與此對應更為常見的是Copper Defined。

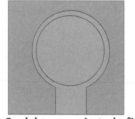

Solder resist defined　　Copper defined

Solder Spatter　濺錫

指焊接後某些焊點附近，所出現不規則額外多出的碎小錫體，稱為"濺錫"。

Solder Splash　濺錫

指波焊或錫膏熔焊時，由於隱藏氣體的迸出而將熔錫噴散，落在板面上形成碎片或小球狀附著，稱為濺錫。

Solder Spread Test　散錫試驗

助焊劑對於被焊物所產生效能如何的一種試驗。其做法是取用一定量的銲錫，放置在已被助焊劑處理過的可焊金屬平面上，然後移至高溫熱源處進行熔焊（通常是平置於錫池面中），當冷卻後即觀察其熔錫散佈面積的大小如何，面積愈大表示助焊劑的清潔與除氧化物能力愈好，或表示待焊表面之焊錫性良好。

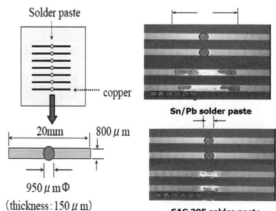

Solder Webbing　錫網

指波焊後附著在焊錫面（下板面）導體間底材上，或綠漆上表面之不規則錫絲與錫碎等，稱為"錫網"。有異於另一詞Solder Ball，所謂錫球是指出現在"上板面"基材上或綠漆上的錫粒；兩者之成因並不相同。

錫網成因有：
① 基材樹脂硬化不足，在焊接中軟化，有機會使銲錫沾著。
② 基材面受到機械性或化學性之攻擊損傷後較易沾錫。
③ 錫池出現過度浮渣或助焊劑不足下，常使板面產生錫網。
④ 助焊劑不足或活性不足也會異常沾錫（以上取材自 Soldering Handbook for Printed Circuits and Surface Mounting；P.288）。

可能由於綠漆之硬化不足，或基板表面樹脂之聚合情況不良，或是由於錫波中浮渣（Dross）太多，又受到助焊劑及高溫的作用，而在焊後板子的綠漆面上，形成網狀錫膜的附著，稱為錫網，也簡稱為Web。

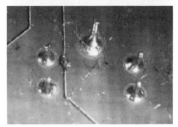

Solder Wicking 銲錫之燈芯效應、滲錫

指某些編織狀的金屬線，或集絲旋扭成束的導線，在浸沾到熔融銲錫時，會有熔錫沿著其毛細管狀的細隙中滲入，稱之為Solder Wicking。

Solder Wire   焊錫絲、軟焊絲

係供徒焊接用的63/67或60/40焊料，有各種不同的直徑，其中心處還加入膏狀之助焊劑芯材，可直用以進行手焊或補焊。

Solderability 焊錫性、可焊性

各種零件引腳或電路板焊墊等金屬體，其等接受銲錫所發揮的焊接能力如何，謂之焊錫性。無論電路板或零件，其焊錫性的好壞都是組裝過程所須最先面對的問題，焊錫性不良的PCB，其他一切的品質及特點都將付諸空談。

由於SMT各種散裝零件愈來愈小，已經到了0201與01005等微件，其銲墊也隨之變少，是故在無鉛焊接上線後，焊錫性就愈發重要了。附圖之MUST II即為SMT焊墊專用的沾錫天平。

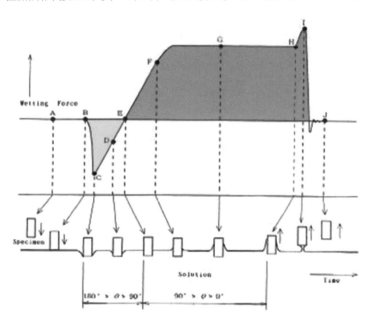

Soldering 軟焊、焊接

是採用各種錫鉛比的"銲錫"做為焊料，所進行結構性的連接工作，主要是用在結構強度較低的電子組裝作業上，其"銲錫"之熔點在600℉（315℃）以下者，稱之為軟式焊接。熔點在600～800℉（315～427℃）稱為硬式焊接，簡稱"硬焊"。

錫鉛比在63／37者，其共熔點（Eutectic Point）為183℃，乃合金中之最低熔點，不但節省能源而且還無漿態出現，品質與可靠度均好，在電子業中用途最廣。

Soldering Fluid Soldering Oil
助焊液、護焊油

指波焊機槽中熔錫液面上，所施加的特殊油類或類似油類之液體，以防止銲錫受到空氣的氧化，以及減少浮渣（Dross）的生成，有助於焊錫性的改善，此等液體也稱Soldering Oil或Tinning Oil等。又某些"熔錫板"在其錫鉛鍍層進行紅外線重熔（IR Reflow）前，也可在板面塗佈一層傳熱性液體，令紅外線的熱量分佈更為均勻，此等有機助熔液體則稱為IR Reflow Fluid。

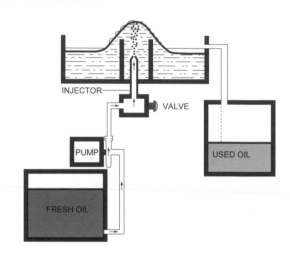

Soldering Iron 烙鐵、焊槍

是各種助焊芯之銲料錫絲（Solder Wire）的熱源與搬運設備，為手焊的基本工具，其尖端的烙鐵頭（Iron Bit）可隨機更換，以匹配不同需求的焊點。此種手藝的純熟則需假以時日。目前除了極少數不耐熱的零件需要焊後裝，與最後完工的機組的特殊區域才需用以手動補焊外，量產工業中也不再動用烙鐵了。但作業員的基本訓練中手銲仍為重要課程。

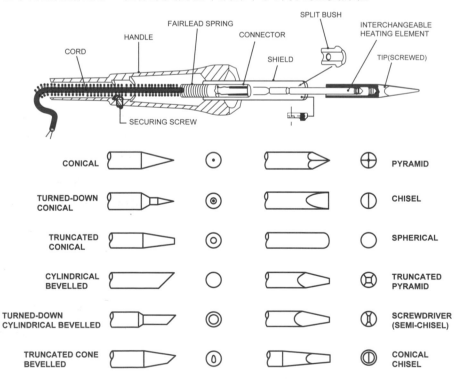

Solid Content 固體含量、固形份、固形物

電子工業中多指助焊劑內所添加的固態激活性物質，近年來由於全球對CFC的嚴格管制，故組裝焊接後的電路板，也必須尋求CFC溶劑以外的水洗方式，甚至採用免洗流程。因而也連帶使得助焊劑中固形物的用量大為減少，目前僅及2%左右，以致造成電路板銲墊或零件腳在焊錫性的維護上更加不易。

Soldium Carbonate Formation 碳酸鈉生成

鹼性高溫的高錳酸鈉除膠渣槽液，經長時間攪拌浸泡處理與過濾循環等動態工作中，除不斷累積所溶解下來的樹脂與膠渣等有機物，空氣中的二氧化碳也將持續溶入形成碳酸鈉，甚至還會有Mn^{+4}沉澱物的堆積，此等外來物質一再增多後，將造成槽液黏度增大除渣反應效應降低等負面效應，想要降低此等外來物質目前並無良好的辦法，曾有說法是降溫到零度長時間放置讓某些固態物沉降，但實戰方面並不容易。因而只好訂定Na_2CO_3的上限為100g/l，而以排放舊槽液的辦法行之，以確保除膠渣處理的起碼水準。

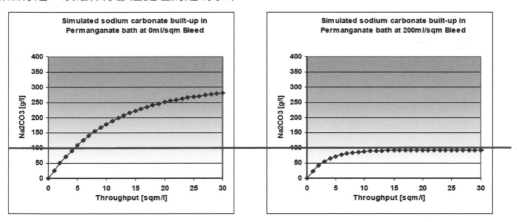

Solidus Line 固相線

指各種比例的錫鉛合金，當受熱或冷卻時，其外形會發生相態的變化，升溫時會由固態（Solid）先變軟成為漿態（Pasty，注意當錫鉛合金之錫量為61.9%之共融點時，即無漿態存在，指彩色圖中之兩個三角形紫色與黃色區而言）；再進而熔化成液態（Liquid暗紅色L區）。所謂"固相線"是指右彩色圖中淺藍色上方的水平直線而言，也就是各種比例合金能完全保持固態的上限溫度連線，超過此連線之合金，即將轉變成漿態或液態。

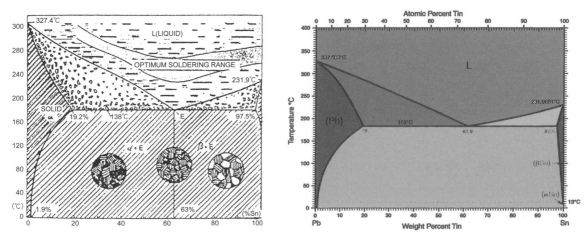

Solubility Product 溶解度乘積、溶解度積

是一種分析化學上常見的名詞，表達物質在水中溶解後成為離子狀態，其兩種離子濃度（以方括表示之）的乘積謂之SP。當液中某離子與另外新出現的離子相遇時，若其"濃度乘積"一旦超過其"溶解度積"之常數時，即將發生沈澱。例如硝酸銀的水溶液中，一旦出現氯離子時，則很容易超過氯化銀的SP而發生AgCl的沈澱。這就是為什麼目前化學浸鍍銀的生產線，要求清洗水必須非常乾淨，不可存在有任何氯離子的原因了。

Spacing 間距

指兩平行或相鄰導體間其絕緣空地之寬度而言，有時亦另以Gap表之。業者通常將"間距"與"線路"二者合稱為"線對"（Line Pair）。

Span 跨距

指兩特殊目標點之間所涵蓋的寬度，或某一目標點與參考點之間的距離。

Spark Over 閃絡

當板面兩導體電極之間處在高電壓狀態下，可能會造成附近空氣的電離化，以致有火花放電的情形出現，謂之Spark Over。

Specification（Spec.）規範、規格

規範是指各種物料、產品，及製程，其單獨正式成文的品質或作業手冊。一般而言，此等文件具有文字嚴謹、配圖詳盡、考慮周到、參考詳實等特質。至於對某項特殊要求的具體及格數字，類似Criteria時，則應譯為"規格"，但有時刻意強調數據之重要性時，也用Speaification表達之，此詞通常都簡說為spec.很少說全單字的。

Specific Heat 比熱

在15℃時物質的熱容量（Thermal Capacity）對水熱容量的比值稱為比熱。

Specimen 樣品、試樣

是指由完工產品或局部製程中，所得之取樣單位（Sample Unit），其局部或全部實際代表性的樣品，謂之Specimen。

Spectrophotometry 分光光度計檢測法

金屬鹽類溶液在某一特定波長下，將具有最大吸光度，利用此原理採用特定的光電池感應器，可對各金屬溶液濃度進行監視。在此之前須對已知濃度的溶液試樣，完成標準檢量線的製作，再在此分光計與檢量線合作下，去檢測未知液濃度。這種定量分析所用的儀器稱為Spectrophotometer，其檢測法則稱之為Spectrophotometry。

Spindle 鑽軸、主軸

在電路板工業是指鑽床上的主軸，可夾緊鑽針進行高速旋轉（60～120K RPM），而在數層板材中進行鑽孔的工作。

Spinning Coating 自轉塗佈

半導體晶圓（Wafer）面上光阻劑之塗佈。可採自轉式離心塗佈法。係將晶圓裝設在自轉盤上，以感光乳膠液小心澆在圓面中心，然後利用離心力（Centrifugal Force）與附著力兩者較勁後的平衡，而在圓面上留下一層均勻光阻皮膜的塗佈法稱之。此法亦可用於其他小量生產需加阻劑之製程場合。但此法屬批次做法不適合輸送式量產。

Spiral Contract-Meter 螺旋片應力計

電鍍鎳金可用在腳架（Lead Frame）或載板（Substrate）的打線（Wire Bond）墊的功能性表面處理，此時電鍍鎳層厚度要夠。

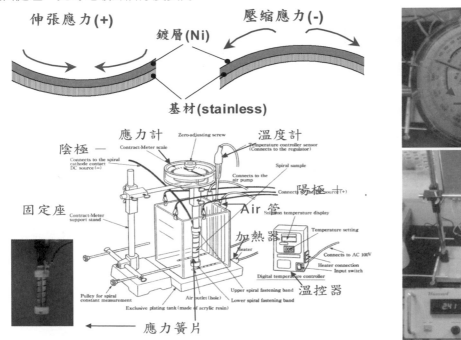

Splay 斜鑽孔

指所鑽出的孔體與板面未能保持垂直的關係，這種斜孔的形成可能是由於鑽針之鑽尖面大小不均勻，或過度的偏轉（Runout），以致當與板面接觸的剎那，因阻力不均而發生偏斜刺進板材的情形。

Spoke Connection 輪輻狀連接墊

即內層板大銅面與通孔銅壁的特殊連接墊，也就是孔環加上十字橋的導通法。係在孔壁四周銅面上加以鍍空四段扇狀的伸縮縫，以便在通孔進錫之高溫劇烈膨脹時，而能減少大銅面的鼓脹，故又稱為Thermal Pad，此後反而更見流行。

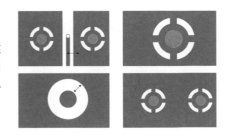

Spray Coating 噴著塗裝、噴射塗裝

利用壓縮空氣將液體塗料自小口噴出，以細小的霧化粒子射塗在待處理的物件表面。類似"噴漆"稱為"Spray Coating"。亦可在噴口處施加靜電裝置，使噴出的霧點帶有靜電，並在處理件上也施加相反的靜電，使直接吸附。不但可節省塗料，減少污染，並可令死角處也能分佈均勻，稱之為"靜電噴塗法"。電路板的新式綠漆加工也有採用此法者。

Spur 底片圖形邊緣突出

指底片上的透明區或黑暗區的線路圖形，當其邊緣解像不良發生模糊不清時，常出現不當的突出點，稱為Spur。

Spurs and Nodules 突刺與殘瘤

係指線路製作中的影像轉移不良或蝕刻有問題，造成應有的間距不足與隔絕品質不良，前者是依附在線邊的突刺，後者則已離開線邊而孤立於間距之中。如今板面高速與高頻訊號之傳輸，均不允許此等缺點之存在。表中規格則係IPC／JPCA-6202（1999.2）所列，是美日雙方試行合作之樣本，並不具約束力。

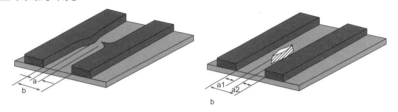

Level	Extraneous Copper/Spurs and Nodules
1 and 2	a or (a1+a2) $\geq \frac{1}{2}$b
3	a or (a1+a2) $\geq \frac{2}{3}$b

Sputtering 濺射

即陰極濺射Cathodic Sputtering之簡稱，係指在高度真空的環境及在高電壓的情況下，處於陰極的金屬其外表的原子將被迫脫離本體，並以離子形態在環境中形成電漿，再奔向處在陽極的待加工物件上，並累積成一層皮膜，均勻的附著在表面，稱為陰極濺射鍍膜法，是金屬表面處理的一種技術。

Squeege 刮刀

是指網版印刷術中推動油墨在網版上行走的工具。其刮刀主要的材質是以PU為主（Polyurethane聚胺脂類），可利用其直角刀口下壓的力量，將油墨擠過網布開口，而到達被印的板面上，以完成其圖形的轉移。

Stacked Height 疊高

指板子在鑽孔中其所疊置的片數。

Stacked Microvia 疊置式微盲孔

此詞目前尚有爭議，有些人認為"一層通到三層"的二階微盲孔，也有人認為是微盲孔坐在內在核板"蓋通孔"或"蓋微盲孔"上所形成的互連方式。IPC-T-50則因其太新而尚未能納入說明。

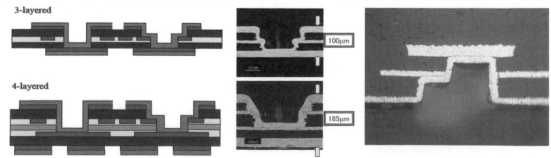

Stacked CSP（Stacked Chips）重疊式晶片級封裝體

通常每個IC封裝體中只有單顆晶片，有時以較大面積之載板或互連體（Interposer）方式，搭載數顆晶片者稱為MCM，但若載板面積無法加大時，亦可將兩個或三個晶片上下疊置之立體安置，仍利用外圍打線互連者，則稱為Stacked Chips或Stacked CSP或Stacked MCM等，日本Sharp公司最早從事此種做法，其成品多用於手機板上。

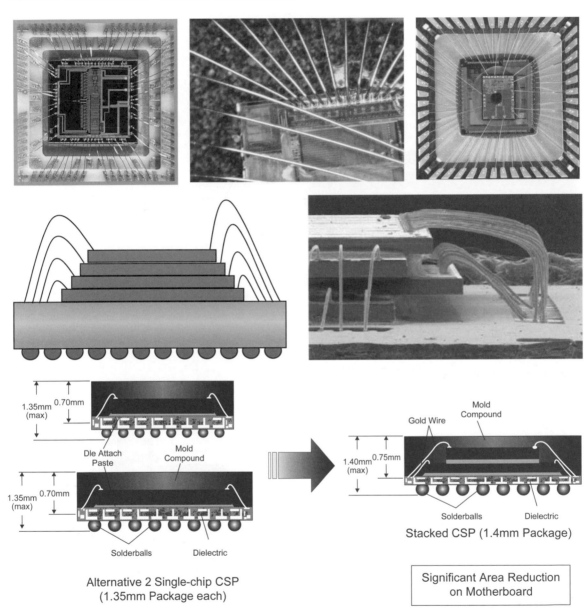

Alternative 2 Single-chip CSP
(1.35mm Package each)

Stacked CSP (1.4mm Package)

Significant Area Reduction
on Motherboard

Stagger Grid 蹣跚格點

是一種PCB孔位落點（格點）與線路佈局的設計模式。早期插焊組裝時代，其標準模式均為100 mil縱橫交錯的格點（Grid），現在密集SMT板類已將格距逼緊到50 mil，使得難度大為提高。若在四個相距100 mil正統格點的中央，再多加1點，則於100 mil地峽上可佈到五條線，其中四條須以迂迴方式避開中央通孔，此種左右閃避的格點模式稱為"Stagger Grid"。

100 mil方正格點（Square Grid）的佈孔密度為15.5孔/cm²。50 mil密距方正格點之佈孔密度增為62孔/cm²，而處於其間的"蹣跚格點"佈局者，則可達31孔/cm²。

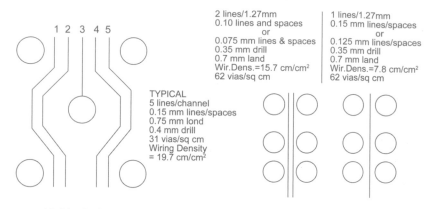

2 lines/1.27mm
0.10 lines and spaces
or
0.075 mm lines & spaces
0.35 mm drill
0.7 mm land
Wir.Dens.=15.7 cm/cm²
62 vias/sq cm

1 lines/1.27mm
0.15 mm lines/spaces
or
0.125 mm lines/spaces
0.35 mm drill
0.7 mm land
Wir.Dens.=7.8 cm/cm²
62 vias/sq cm

TYPICAL
5 lines/channel
0.15 mm lines/spaces
0.75 mm lond
0.4 mm drill
31 vias/sq cm
Wiring Density
= 19.7 cm/cm²

Stalagometer 滴管式表面張力計

　　在精密的玻璃吸管中，吸入一定量的液體，然後再令其自由滴下，並計數其所滴出的滴數。凡表面張力愈大的液體，在管末所形成的滴形也愈大，故全部流完的滴數也就愈少。反之表面張力愈小者所形成滴形也愈小，總滴數自然會愈多，其計算式如下：

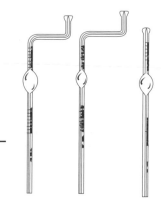

$$待測液之表面張力 = \frac{(73 \text{ dyne/cm}) \times 純水滴數 \times 待測液之比重}{待測液之滴數}$$

Stand-off Terminals 直立型端子

　　指電路板面所插裝的各式直立型端子（俗稱金針），可做為繞線的根據地。

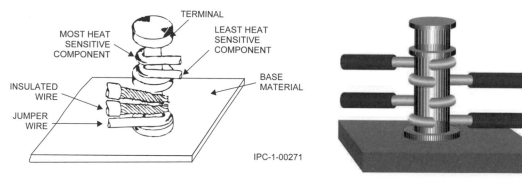

MOST HEAT SENSITIVE COMPONENT
TERMINAL
LEAST HEAT SENSITIVE COMPONENT
INSULATED WIRE
JUMPER WIRE
BASE MATERIAL
IPC-1-00271

Starvation 缺膠

　　此字在電路板工業中，一向常用在多層板壓合中"缺膠"Resin Starvation問題上的表達上。係指樹脂流動不良，或壓合條件配合不當，造成多層板完成後，其板體內出現局部缺膠的情形。

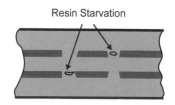

Resin Starvation

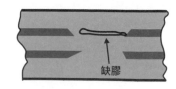

缺膠

State of the Art 藝術境界

指困難度極高，非常前衛性之未來設計式的少量產品，且距離現行量產的情況尚遠者，謂之State of the Art。如現行稍難的正常PCB其線寬線距為4～5 mil，若要求到2 mil／2 mil者，即可稱之"藝術境界"的PCB。當然若更換為封裝板的Substrate時，則1 mil／1 mil以下者將為其之"藝術境界"了。

Static Eliminator 靜電消除器

電路板係以有機樹脂為基材，常在製程中的某些磨刷工作時會產生靜電。故在清洗後，還須進行除靜電的工作，才不致吸附灰塵及雜物。一般生產線上均應設置有各種除靜電裝置。

Stauffer Tablet 曝光階段表、曝光格數表

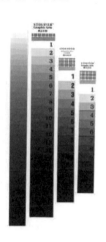

是利用長條形的膠片，刻意小心製作上從全黑到全白深淺有序的多格或多段藥膜面的試片，現場實用的做法是在已貼有乾膜的板面範圍內貼上工作底片，外框則加貼此等階段表同時進行曝光，之後撕乾膜外的透明蓋膜進入濕製程的顯像（Developing）。此時板邊的階段表的低數字區（例如1,2,···）會因透光而使得光阻膜得以發生聚合反應而在銅面上保留。另一方面最高數字的21,20等則在遮光下無法讓阻劑聚合因而被沖洗掉。於是在其某一格數上會留下半殘的阻劑層，此即為曝光標準能量的指標，每種乾膜都有其標準的半殘格數而必須遵照去進行光量的調整。

Steel Rule Die（鋼）刀模

是軟板製程中切外形用的"刀模"，其做法是將薄鋼刀片，按板子外形嵌入厚木板中做成為切模，再墊以軟橡皮組合的另一片墊板，以沖壓方式切出軟板的外形，其作業方式與一般紙器工業所用的刀模切外形皆為相同。

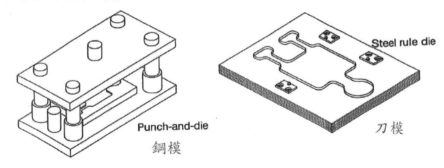

Stencil 版膜

網版印刷重要工具之一的間接網版，在其網布"印墨面"上所貼附的一層圖案即為"版膜"。此種Stenci1也是用一種特殊的感光膜，可自底片上先做影像轉移、曝光。及顯像後貼於網布上，再經烘烤撕去護膜後即成為網版。

Step and Repeat 逐次重覆曝光

面積很小的電路板為了生產方便起見，在底片製作階段常將同一圖案重複排列成較大的底片。係使用一種特殊的Step and Repeat式曝光機，將同一小型圖案逐次局部曝光並併連成為一個大底片，再用以進行量產。

Step Microvia（Via）梯階式微盲孔（盲孔）

當SBU板類出現兩次增層時，由"增二"的外層直接穿過"增一"而到達內在的Core板時，此種二階以上的微盲孔稱之Step Microvia。注意此種大排板之對準度非常困難，在孔徑太小，而RCC又無補強材料的支助下，即使背膠樹脂的T_g高達180℃，如18"×24"大面積的XY失準還是相當可觀。故目前為止量產中尚未見過"增三"的SBU板類。

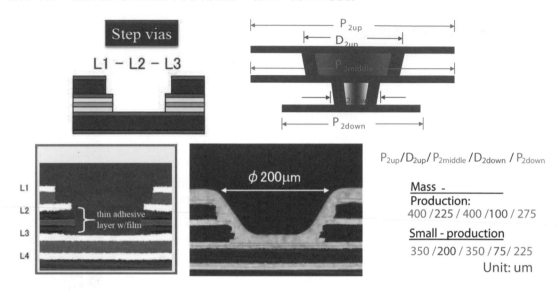

P_{2up}/D_{2up}/ $P_{2middle}$ /D_{2down} / P_{2down}

<u>Mass -</u>
Production:
400 / 225 / 400 /100 / 275

<u>Small - production</u>
350 /200 / 350 /75/ 225

Unit: um

Step Plating 梯階式鍍層

這是一種早期焦磷酸鍍銅時期常出現的毛病。當板面直立時其高電流區孔環下緣處，常發生鍍銅層厚度較薄的情形，從正面看來外形有如嵌入的淚滴一般，故又稱為Tear Drop，亦稱為Skip Plating。

造成的原因可能是孔口附近的兩股水流衝激過於猛烈，形成渦流（Turbulance）或擾流之半真空狀態（Cavitation），且還因該處之光澤劑吸附太多，以致出現局部陰膜（Cathodic Film）太厚，使得銅層的增長比附近要相對減緩，因而最後形成該處的銅層要比附近區域，甚至比孔壁還要薄，特稱為Step Plating。

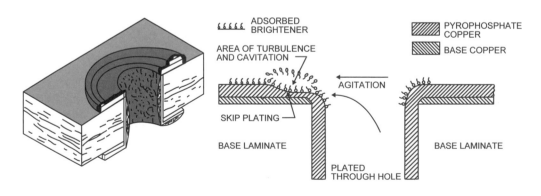

Step Tablet 階段式（光密度）曝光表

是一種窄長條型的軟性底片，按光密度（即遮光性）的不同，由淺到深做成階段式曝光試驗用的底片，每一"段格"中可透過不同的光量，然後，將之印覆在乾膜上，只需經一次曝光即可讓板邊狹長形各段格的乾膜，得到不同程度的感光聚合反應，找出曝光與後續顯像（Developing）的各種對應條件，是乾膜製程的現場管理工具，又稱為Step Scale、Step Wedge等。常用者有Riston 17、Stauffer 21、Riston 25等各種"階段表"。

Stiffener 補強條、補強板

某些軟板在其零件組裝處，需另加貼一片補強用的絕緣板材，稱為Stiffener。但此種做法與"軟硬合板"不同，所謂Regid-Flex其硬板部份也有線路及通孔的分佈。而Stiffener則無任何電性功能，只做為補強用途。

Stop-off 阻劑、防鍍膜

在對物件欲進行選擇性的局部表面處理時，其外表須先附著上反形圖案的"阻劑"，謂之Stop-off。較正式的說法是Resist。

Strain 變形、應變

指物體受到外力而發生的變形而言。這種已"變形"的物體將存在一股欲回到原來自然狀態之反抗力量，即通稱之"應力"（Stress）。

Strand 絞

是指由許多股單絲（Filament）所集束並旋扭而成的絲束，稱為"絞Strand"，一般與"紗Yarn"可通用。不過有時紗是再由絞所"併燃"（Ply）而成的。在電路板工業中多指玻纖布中的紗束，也用於一般電子業之金屬導線上。

Strain Gage 應變計

PCB進入強熱的回焊爐中約5-7分鐘之久，致使板材在Z方向板厚大幅膨脹（α2約250ppm／℃）的平面性脹縮，經常造成無鉛焊點的拉傷拉裂，造成關鍵性元件的失效。此時可在關鍵區加貼非常敏感的應變計（變形量）計測試片，檢查具回焊中變形量的數值，以做為重要元件佈局與修改的指標參數。此等雙條細長與末端的精密感片，此等一次性的測試耗材很貴，每片約在3000元左右。此法近年來已在失效分析中逐漸被認同與採用。

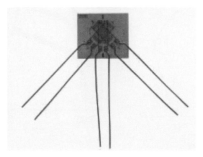
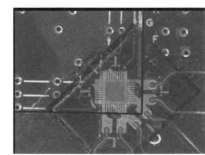

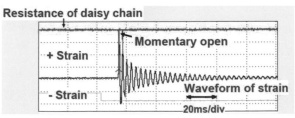
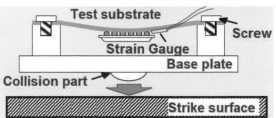

Stray Current 迷走電流、散雜電流

電鍍槽系統中，其直流電是由整流器所供應的，應在陽極板與被鍍件之間的匯電桿與槽液中流通。但有時少部份電流也可能會從槽體本身或加熱器上迷走、漏失，特稱為Stray Current。

Stress Corrosion 應力腐蝕

金屬體受力最大的部份，最容易造成鏽蝕，如鋼筋彎曲處就是明顯的例子。若承受應力之處又出現內部腐蝕的情況下，則將會發生突然斷裂的危險。

Stress Relief 消除應力

原指金屬體經過機械加工後，可利用熱處理方式，以消除變形部份所蘊藏之應力，其處理過程謂之"消除應力"。在電子工業中則多指零件腳的彎折成型處，為避免應力集中之後患，常刻意將彎折處予以擴大成弧形，以預先消減其可能形成的應力。

Stress Strain Diagram（Curve）應力應變曲線

這是材料力學上最基本的原理，幾乎每位現代工程師都必須具備的起碼智識，學術上所謂的應力其實就是外力，無論是拉力、壓力、扭力等，都會讓各種外形的材料產生變形，也就是學理上的應變。現以塑料桿材之拉伸為例；於是在下左圖的"應力、應變"圖中①處為彈性模量（也就是應力÷應變所得之商數）模量大斜率大表剛性強，反之就是剛性小而撓性大了。②處為降伏點（Yield Point），超過此點即離開彈性範圍而進入塑性領域，進入即發生斷裂者即表脆性材料（例如中圖之A材）。③處表極限抗拉強度，之後即一路下滑到達X點，即垂直處下降成為斷點（例如下圖中間之B材），④處橫標即為經常使用的延伸率（Elongation），而⑤總面積就是材料的韌度（Toughness），或稱為抗斷裂強度或能量（Fractune Energy）。下右圖說明一般電鍍銅出槽後呈現脆性，經熱處理後即呈現展性了。

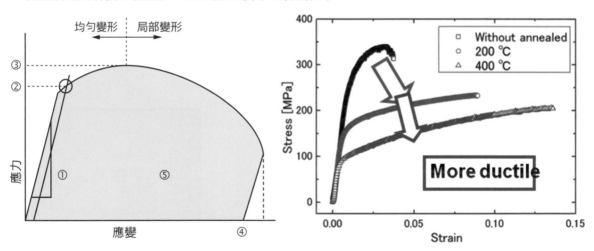

Strike 預鍍、打底

某些鍍層與底金屬之間的密著力很難做到滿意，故須在底金屬面上，以快速方式先鍍上一層薄鍍層，再迎接較厚的同一金屬主鍍層，而使附著力增強之謂。如業界所常用到的銅、鎳或銀等預鍍或打底等即是。

之後此字若譯為"衝擊電鍍"則不免有些過份僵硬不合實情。除電鍍層外，某些有機皮膜的塗裝，也常有打底或底漆的做法。

Stringing　拖尾、牽絲

在下游SMT阻裝之點膠製程中，若是採用注射筒式之點膠操作，則在點妥後要抽回針尖時，當會出現牽絲或拖尾的現象，稱為Stringing。

Stripline　條線、帶線

係指訊號線之上下均有介質層與參考層，由五種參數所共同組成的傳輸線而言。六層板以上組合者則經常會出現這種Stripeline。其傳輸品質之"訊號完整性"(SI)要比Microstirp Line更好。但由於已與Dk為1的空氣形成隔絕，故其傳播速度反而不如微條線。此種"條線"特性阻抗值之計算相當複雜，目前各品牌TDR中所採用軟體其精確度尚不太夠，故其測值須與網路分析儀(Network Analyzer)相互切磋才行。

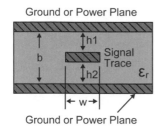

Symmetrical (Standard) Stripline

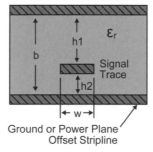

Ground or Power Plane Offset Stripline

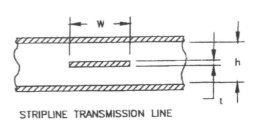

STRIPLINE TRANSMISSION LINE

Stripper　剝除液、剝除器

指對金屬鍍層與有機皮膜等之剝除液，或漆包線之外皮剝除器等。

Stub　支線、線腳、無用的部分孔壁

指訊號線的分叉副線而言。良好的設計從Driver的Output到Receiver的Input，其彼此互連最好都是最短的單一訊號線，不要出現叉路或旁路加裝零件，以免訊號能量的分散與反射。

對於某些厚大高層板而言，其高縱橫比的深孔其實只有某一段有用而已，為了減少這種無用的盲孔且為了減少雜訊起見，於是再完工後又將部份孔鑽掉稱之為背鑽工法。

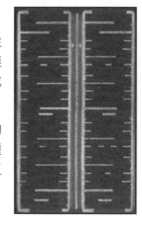
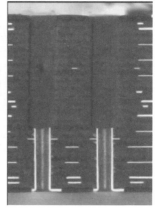

Sublimates　昇華

指物質三態變化中，由固態直接變成氣態而未經液態者，稱為"昇華"，如碘即是。

Substractive Process　減成法

是指將基板表面局部無用的銅箔減除掉，而達成電路板的做法稱為"減成法"，是多年來電路板的主流。與另一種在無銅底材板上，直接加鍍銅質導體線路的"加成法"恰好相反。

S

Substrate 板材、素材、底材、封裝載板

是一般通用的說法，在電路板工業中則專指無銅箔的基材板而言。此字原來是指各種材料之素材或板材而言，但自從IC封裝產品除了原來金屬載具之腳架（Lend Frame）外，亦可採用有機材料之載具（如BGA）。最先進入之業者在未用大腦而隨便找來一個Substrate當成"基地板"使用。而國內部份業者在未完全攪清楚之前，也糊里糊塗、馬馬虎虎的直譯為"基板"。然而如此一來將置業界存在已久的"CCL基板"於何地？若從其封裝整體功能而言，"載板"之譯不但最為恰當，且還可彌補原本粗糙之原文於一二。日本人卻大搖其頭而另稱其等為Module Board，但也實在高明不到哪去。

事實上許多半桶水的外行們，多半自以為是道聽塗說且莫名其妙的將PCB胡謅稱為"IC板"，而此原本不太妥當的原詞Substrate，豈不正是記者們所謂的"IC板"了！

Super Solder 超級焊錫

係日商古河電工與Harima化成兩家公司共同開發一種特殊錫膏之商品名稱。其配方中含金屬錫粒與有機酸鉛（RCOO-Pb），及某些活性的化學品。當此特殊錫膏被印著在裸銅焊墊上又經高溫熔銲時，則三者之間會迅速產生一連串複雜的"置換反應"。部分生成的金屬鉛會滲入錫粒中形成合金，並焊接在銅面上，效果如同水平"噴錫層"一般，不但厚度十分均勻，而且只在銅面上生長。介於銅墊之間的底材表面將不曾出現"牽拖"的焊錫。

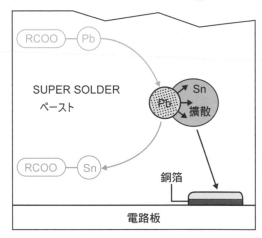

SUPER SOLDER PRE COAT とは

因此本法可做為QFP極密墊距的預佈焊料。十多年前國內已量產的P5筆記型電腦，用以承載CPU高難度小型8層板的Daughter Card，其320腳9.8 mil密距及5 mil窄墊者，係採SMT烙焊法，此種Super Solder錫膏法已成為良率很高的少數製程（詳情請見電路板資訊雜誌74期）。

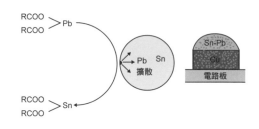

銅墊上L-type的Super Solder印膏內，於攝氏210℃的重熔高溫中，在特殊活性化學品的促進下，其"有機酸鉛"與金屬錫粒兩者之間，會產生一極置換反應，而令金屬錫氧化成"有機酸錫"（RCOO-Sn），隨即也有金屬鉛被還原而附著在錫粒及銅面上，並同時滲入錫粒中形成銲錫。在此同時印膏中的活化劑也會在高溫中使金屬銅溶解成為銅鹽，且參與上述的置換反應，而讓新生的銲錫成長於銅墊上。

Supported Hole（金屬）支助通孔

指正常的鍍通孔（PTH），即具有金屬孔壁的鑽孔。一般都省略前面的"支持性"字眼。原義是指可導電及提供引腳焊接用途的通孔。

Surface Energy 表面能

任何物質在進行化學反應前，其表面將應具有某種活性程度，即參與化學反應能力強弱

的一種表示數值，謂之 "表面能" 。例如清潔新鮮的銅面，其在真空中的表面能可高達1265 dyne/cm，但若將該新鮮的銅放置在空氣中2小時，因表面產生各種銅的污化物或鈍化物後，則 "表面能" 將下降至25 dyne/cm，必須仰賴助焊劑的清洗作用，才能完成焊接所需的良好沾錫 （Wetting）品質。

Surface Insulation Resistance（SIR）表面絕緣電阻

指電路板面各種導體之間，其基材表面的絕緣性質（程度）如何。是在特定的溫濕環境中，又外加定額的電壓，且長時間進行每8小時測一次規律 "定時性" 的絕緣測試，而得到的一種監視製程或物料的 "品質數據" ，所用樣板為梳型電路(同層用)及Y型電路(異層用)。其實際的做法見IPC-TM-650中2.6.3D的內容敘述。

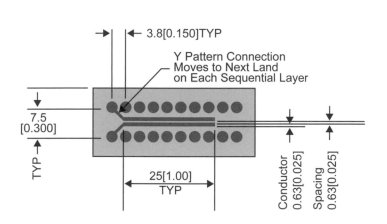
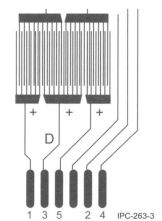

Typical "Comb Pattern" (from IPC-B-25A)

Surface Mount Device 表面黏裝零件

不管是否具有引腳，或封裝（Packaging）是否完整的各式零件；凡能夠利用錫膏做為焊料，而能在板面焊墊上完成焊接組裝者皆稱為SMD。但這種一般性的說法，似乎也可將COB（Chip On Board）方式的Bare Chip包括在內。

Surface Mounting Technology 表面黏（貼）裝技術

係指利用板面焊墊，在印著錫膏與暫貼零件腳後，再經熱風或紅外線的高溫熔融焊接（Reflow）即可成為焊點。或將腳數少的小零件另採點膠定位，再以波焊完成焊點之其他做法等，代替早先的通孔波焊插裝法，稱為SMT。

SMT的好處不但可減少鑽孔降低成本，避免參考層被刺穿而不致造成迴路的破壞；引腳且只在板面放置也比插孔更為容易。近年來手機板大為流行，其精密組裝之難度與密度已無法再採用通孔插裝了。15年前SMT開始流行，如今之技術不但更為精密而且也更十分成熟，例如手機板之基頻區（Baseband），其多顆Mini-BGA或CSP困難的印著錫膏與精密定位踩腳，其細微精采幾乎已到達藝術境界而令人讚嘆不已。

然而部份學者與業者，當年不經大腦馬馬虎虎、隨隨便便的將SMT譯為 "表面黏著" ，其粗俗及不夠傳神，與 "表面貼裝" 或 "表面黏裝" 者，相去不可以道計。然而風行已久，想要糾正談何容易，智者慎始，落筆之初敢不謹慎乎？

有鉛錫膏時代SMT技術常用到紅外線（IR）與熱風回焊，但無鉛SMT則已無紅外線了。

S

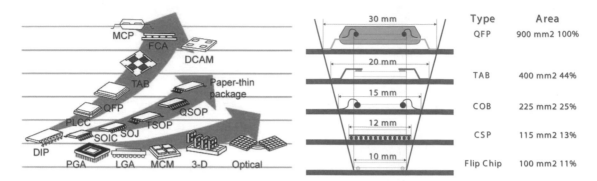

Type	Area
QFP	900 mm2 100%
TAB	400 mm2 44%
COB	225 mm2 25%
CSP	115 mm2 13%
Flip Chip	100 mm2 11%

Surface Resistivity 表面電阻率

　　係量測單一板面上，相鄰10 mil兩導体間之表面電阻率。不過當板材的事先適況處理與試驗環境不同時，其之測值亦有很大的變化。本試驗前各種板材所應執行的10次適況前處理，則與前項體積電阻率之做法相同，而125℃的高溫中試驗也按前項實施。

　　IPC-4101亦將此項目收納在其表5中，測試方法與12個月測試之頻度，也與前項完全相同。早年樹脂的生產技術自然不如目前之精良，時常擔心樹脂或玻纖布中夾雜有離子性的殘渣，一旦如此將造成板材絕緣品質的劣化，是故早年的老舊規範中，都加設了上述兩項絕緣品質之"電阻率"規格。

　　然而基材板中若要12個月才測一次的品質項目，又能對每天大量出貨的PCB工業有何幫助？有什麼把關的必要？真是天曉得！想必此等可有可無不關痛癢的陋規，將來遲早會被取消而成為歷史。

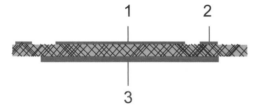

▲ 從1與3之間可測得體積電阻率，
1與2之間可測得表面電阻率。

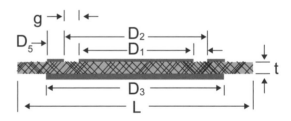

此為試樣製作的尺碼，其數字如附表

Dimension Table

Base Thickness	D₁ Diameter	D₂ Diameter	D₃ Diameter	D₄	D₅	A(cm²)	P/D₄
Less than 0.78mm (0.031 inhes)	1.000 (2.540) ±0.005 (0.013)	1.020 (2.591) ±0.005 (0.013)	1.375 (3.493) ±0.005 (0.013)	0.010 (0.025) ±0.001 (0.003)	0.177 (0.460) ±0.005 (0.013)	5.169	317.4
0.78mm (0.031 inches) and greater	2.000 (5.080) ±0.015 (0.038)	2.500 (6.350) ±0.015 (0.038)	3.000 (7.520) ±0.015 (0.038)	0.250 (0.636) ±0.005 (0.038)	0.250 (0.636) ±0.015 (0.038)	25.652	28.27

For the above: $D_0 = (D_1 + D_2)/2$　　$P = \pi D_0$　　$A = \dfrac{\pi D_0^2}{4}$

Surface Speed 鑽針表面（切線）速度

指鑽針一面旋轉一面刺入時其外緣之切線速度。一般是以"每分鐘所行走的呎數"為單位（Surface Feet Per Minute；SFM）是一種線性速度。業界常說的"Feed and Speed"其後者即為本詞（註：Feed是指進刀率inch/min）。

Surface Tension 表面張力

是指液體（如水）表面與空氣交界處，其液體表層分子之間的相互拉力（親和力）而言，如下圖水體中的A處，其上下左右相鄰分子之拉力相等，故可處於平衡的狀態。但B處則已接近水面，故向上的拉力小，向下的拉力大，其能量計算的結果是向下拉。至於表層的C處者其上下能量的差距更大，幾乎全是向下或左右前後被拉緊，因而產生了內聚力式的表面張力。

水面可停留及迅速游滑的水蘴，自由空間中的水珠與水滴等，都是表面張力所展現的結果，純水的表面張力常溫約為73 dyne/cm，而PCB各種濕製程為了要讓小孔與深孔都能得到良好的處理起見，其等槽液中均加有Wetter或Surfactant，以降低其表面張力而易於進出交換也。

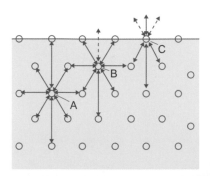
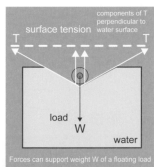
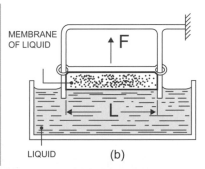

Surfactant 表面潤濕劑

濕製程之各種槽液中，所添加用以降低水體表面張力的化學品，以協助降低油污或塵垢的附著，如使通孔之孔壁產生潤濕作用，故又稱為"潤濕劑"（Wetting Agent）此等物質之組成分子中含疏水端(Hydrophobic)及親水端(Hydrophilic)兩部份，故能增加水分子對油性分子的溶解力而清除之。

Surge 突流、突壓

指電路中某一點，其電流或電壓呈現瞬間突然增大或升高的暫短現象。

Swaged Lead 壓扁式引腳

指插孔焊接的引腳，在穿孔後打彎在板子背後焊墊面上的局部引腳，為使其等能與墊面更加焊牢起見，可先將腳尖處予以壓扁，使與焊墊有更大的接觸面積而更為牢固之做法。

Swelling Agents, Sweller 膨鬆劑

多層板鑽孔後，為了使孔壁上的膠渣更容易盡除起見，可先將板子浸入一種高溫鹼性含有機溶劑式的槽液中，讓所附著的膠渣得以軟化鬆弛而易於清除。

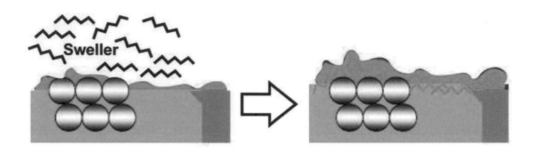

Swimming 線路滑移

指多層板在壓合中，常造成內層板面線路的少許偏滑移位，稱為Swimming。此與所採用膠片的"膠性時間"（Gel Time）長短很有關係，目前業界已多趨向使用膠性時間較短者，故問題已減少很多了。

Switching Noise（高低準位間）跳換雜訊

指代表0與1不同電壓的數位訊號，當其各訊號線中高低準位（電壓）在跳動交換時，所出現的雜訊，謂之交換雜訊。

Synthetic Resin 合成樹脂

指由聚合方式所合成的樹脂，或將天然樹脂再予以化學處理而具有水溶性，使進而可改質或改型成為所需性能的各種有機材料，皆稱為合成樹脂。

Syringe 擠漿法、擠膏法、注漿法

係採精密自動化機具，將黏滯度較高的漿體或膏質，定量擠著在板面固定點的一種做法。其配給量要比針管式（Needle）注射多一些。

S

Scattered Parameters 散射參數、S參數 NEW

高頻類比(Analog)線路與高速數碼(Digital)線路中，其極速快跑的電磁波訊號可視為光波的行為，而刺激訊號快速移動的能量在兩不同界面交接處具有入射、反射與穿透等物理現象。若以後頁所列中圖對待測物(DUT)正向測量的進口與出口為例；其原始入射能量a_1，在介面處被打散成b_1反射與b_2繼續傳輸等兩股能量，於是就有了S_{11}反射能量與穿越DUT後繼續前行的S_{21}能量。S_{21}正是非常著名的插入損耗，此S_{21}簡稱為"插損"。

後頁所列下圖對DUT反向測量時也出現了S_{22}與S_{12}號兩個參數。

不管是PCB高頻類比線路或高速數碼線路，當頻率很高時即已具有電磁波的波動性，因而DC或低頻AC等傳統電學的集總模型與邏輯就不再適用了。對高頻訊號的特性量測，也只能利用VNA在頻域中去量測其S參數的差異了。(取材自網路上Lock洛克儀器的VNA基礎介紹)

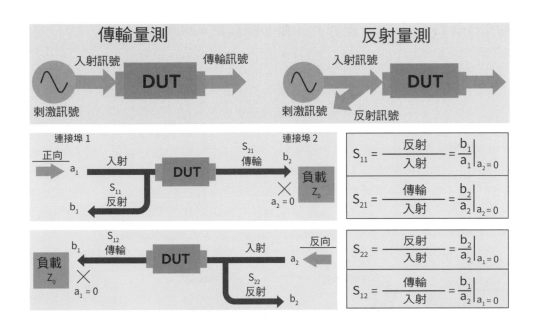

Selective ENIG Board 選擇性化鎳金板（選化板） NEW

現行高階智慧型十層手機板的兩面外層，幾乎都會同時出現棕色的OSP皮膜與金色的ENIG 皮膜，此兩種皮膜同時出現的PCB，業界習慣稱之選擇性鎳浸金板為選化板。意思是指只有局部超小焊墊才選擇性採用ENIG，為的是讓許多超小零件的超小焊腳等（例如01005的封頭，或QFN的焊墊等）為了好焊而不得不採用ENIG，其他各種皮膜的瞬間可焊性均不如ENIG。然而好焊並不代表焊點強度也跟黃金而變好。

ENIG皮膜銲點所生成的IMC是Ni_3Sn_4，後來製做的OSP皮膜生成的IMC卻是Cu_6Sn_5；一般性焊接後與老化後的焊點強度幾乎都是銅面比鎳面更好，因而高階手機重要大型主動元件的眾多球腳，也不得不採用OSP的銅基，至於其他超小被動元件的眾多超小承墊，又不得不用快速可焊的ENIG。注意，此時的EN最好採用抗蝕性較好的高磷化學鎳，以減少後做OSP流程中各種槽液對ENIG皮膜所產生的賈凡尼腐蝕。

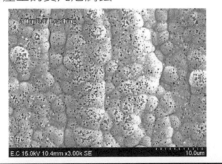 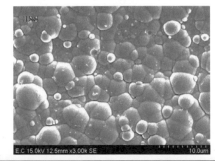

上列橫寬切片圖即為筆者利用Olympus STM-7工具顯微鏡所攝取2000倍接圖的ENIG皮膜的精彩畫面，其表面3－4μm的金面清晰可見。

Self Resonant Frequency 自我共（諧）振頻率 NEW

　　這是指高速電路或高（射）頻等分散式電路中，所組裝電容器或電感器於工作中出現的反應，事實上該等元件已不再是低頻集總式電路中的單純電容器或電感器了。例如當高速分散（佈）式電路中的電容器，通過極高交變頻率的訊號電流時，除了本身的原本電容外，還另外寄生了電阻及電感。下中7個小型兩隻腳通孔插焊的低頻電容器，及第二排所列的簡單等效電路圖，虛線包圍藍色區即為此等電容器的本體，左右外伸紅色電感者即為其軸心式引腳所寄生的電感。此簡圖説明一旦通過高頻（速）訊號時，除了原本理想的電容值外，還在體內與體外引腳分別出現寄生電感與寄生電阻。從下左圖可見到電容器若其中訊號往高頻範圍移動時，其容抗值將逐漸下滑，到了其共振頻率的阻抗最低處又轉變為感抗值且繼續上升，也就是過了共振點原本的電容器竟已變成電感器了。故選用電容器時一定要注意到能否適用於工作頻率才不致徒勞無功。下右圖為電感器在高頻領域中對頻的響應，也就是變成電容器了。

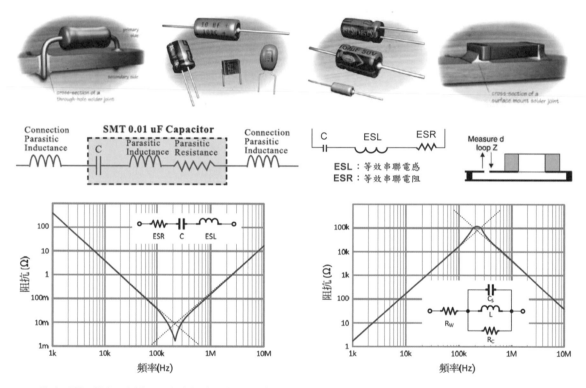

　　此處所謂共振點就是到達該頻時，會出現忽然電容又忽然電感跳來跳去的情形，而且從座標阻抗值極低看來只剩下電阻值了。

　　此種共振頻率的行為不但出現在電容器，也同樣出現在電感器的頻率響應上，右圖即為感抗值逐漸上升到共振點時，竟轉成為容抗值而逐下滑。

Sensitization 敏化處理 NEW

　　孔壁非導體板材在電鍍銅之前，必須先取得活化鈀的種子與金屬化的化學銅皮膜，才能順利導電下進行電鍍銅。早先的活化過程是兩槽式反應，即先對絕緣孔壁進行Sn^{++}二價錫的敏化，之後才能進Pd^o二價鈀的活化反應。自從Charles Shipley在1961年將兩槽式的活化做法，整合為單槽式的活化後，使得PCB在PTH的金屬化處理中有了更簡單與良率更好的製程，且一直維持到目前仍為業界化學銅之前的標準工法。此種單槽式的活化反應其公認反應式如下：

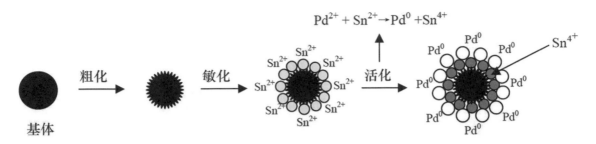

$$Pd^{2+} + Sn^{2+} \rightarrow Pd^0 + Sn^{4+}$$

由上列反應式可知敏化是先取得Sn^{+2}的膠體粒子，再與Pd^{+2}反應才能取得黑色鈀金屬的活化膠體。還要再與大量氯離子反應，讓膠體外圍被大量氯離子所保護，最後才得到十分安定顆粒較大的錫鈀膠體。

Structure of Tin/Palladium-Cluster

傳統帶負電的氧化鈀原為較大之錫鈀膠體，槽液不安定時容易形成大顆粒

Serial Transmission / Parallel Transmission
串行傳輸 / 併行傳輸 `NEW`

數碼方波訊號的基礎，1 Byte=8 bit或1碼流(字)=8碼，PCB板內或IC晶片內各發訊端Driver所發出的訊號，是以Byte或Word為單位而向收訊端發送傳輸。IC晶片內對8個bit的內頻訊號是採用8條訊號線的Parallel併行傳輸，在每個bit齊頭併進與短距離優勢下，其速度當然就非常快了。然而這種Byte或Word的訊號外出到BGA載板或PCB主板時，則只能採8個bit頭尾相連魚貫而行的Serial串行傳輸，這種外頻訊號的速度當然就快不起來了。

由於Parallel比Serial需用到8倍以上的訊號線，且晶片面積又遠小於Carrier或PCB，因而其8去8回的線寬必須極細到10nm等級，小小多層晶片上才能容納所需的線數。至於載板或電路板雖然面積很大而線數又少了8倍，但所佈一去一回的訊號線寬度連20μm都做不到。內頻與外頻兩者訊號線寬相差達2000倍之巨。主要原因當然是生產設備不同、耗材不同，與成本相差太大之故。

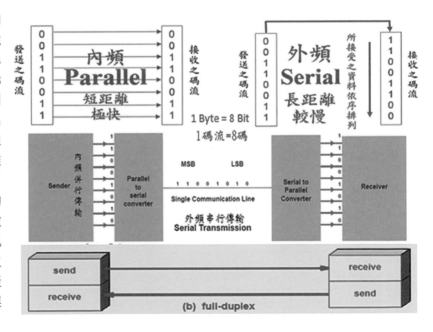

以個人電腦的主機板為例，一般佈線均為串行傳輸為主，但CPU與北橋之間的溝通為了要特別快速起見，只好採用非常占用面積的併行式佈線(去10條回10條，見下右圖)，且繪圖晶片GPU內部以及CPU與DRAM兩模塊之間的溝通，也刻意採用併行極快佈線。此外PC主機板上CPU對列表機Printer為了節省時間也不得不採用併行極快佈線。

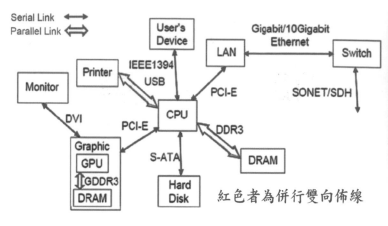

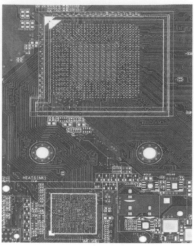

紅色者為併行雙向佈線

Serpentine 蛇線 NEW

　　當Driver發訊端往收訊端Receiver通過雙股式差動線,同步推送一正一反兩個方波訊號時,此種可避免雜訊的雙股長途傳輸線必須要彼此等長才行。一旦此雙股線要轉彎時就會出現外側變長而內側變短的現象(見下圖轉了兩次彎的Part A),為了保持彼此長度必須相等條件下,可見到下圖中Part B與Part C的兩種做法,或將距離較近者故意採蜿蜒蛇線之方式,使其正負兩訊號得以同時到達目的地而完成差動訊號的功能,在厚大板的內外佈線中經常見到這種蛇線的畫面。

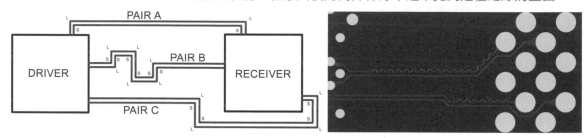

Sheet Resistance 方塊電阻值、面積電阻值、片電阻值 NEW

　　一般將電阻值均簡稱為電阻,而物質的電阻值又可分線性電阻、長方形的片電阻,或正方形的片電阻等。後兩者單位應寫為Ω/□(Ohms per Square)或寫成"歐姆/平方";其等關係如下:

1、線電阻$R=\rho \cdot \dfrac{L}{A}$　　　　　式中:1、R為電阻值

2、長方形片電阻$R=\rho \cdot \dfrac{L}{W \cdot T}$　　　　2、ρ為物質的電阻率

3、正方形片電阻$(L=W)R=\dfrac{\rho}{T}$　　　3、L為長度

　　　　　　　　　　　　　　　　　4、A為截面積

　　　　　　　　　　　　　　　　　5、W為線寬

　　　　　　　　　　　　　　　　　6、T為線厚

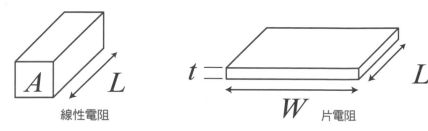

線性電阻　　　　　　　　　　片電阻

片電阻與膜厚有關，採真空蒸發與磁控濺射法所得膜厚小於10μm者稱為薄膜電阻，採網印法厚膜超越10μm者稱為厚膜電阻。例如發光二極體(LED)其電極之金屬膜厚即會影響到發光效率。薄膜電阻常用於判別半導體的摻雜(Doping)程度，正方形不管多大多小其邊到邊的方塊電阻值Ω/□都是相同的。

Shunt Capacitor 旁路電容器 NEW

早年簡單IC模塊(例如下列左上圖中16腳之模塊者)的工作原理，是一腳接電源層(Vcc)取得能量後，即可提供其他訊號腳發送訊號的能量。同時還有另一接地腳(Gnd)可處理回歸的訊號電流能量。目前IC模塊中超大型BGA的互連球腳數已多達18K腳，其佈局可分成許多小區(見左下圖)，而每個小區中都有自己的電源腳(含Core Vcc與I/O Vcc)與自己的接地腳，而厚大多層板本身當然也有許多電源層與接地層。IC模塊利用電源層自某Vcc層汲取能量時，難免會同時夾帶了一些雜訊。於是即可在電源腳旁加裝一個解耦合電容器(Decoupling Capacitor；DC)，把夾帶來的雜訊導入接地中而使之消失，進而讓IC模塊取得的是潔淨的能源，此種DC又稱為旁路電容器。注意，此種DC要愈接近工作的訊號腳愈好，以減少路途中的寄生電感。因而常把這許多DC直接裝在的BGA的載板正面上，以減少路途中的電感。

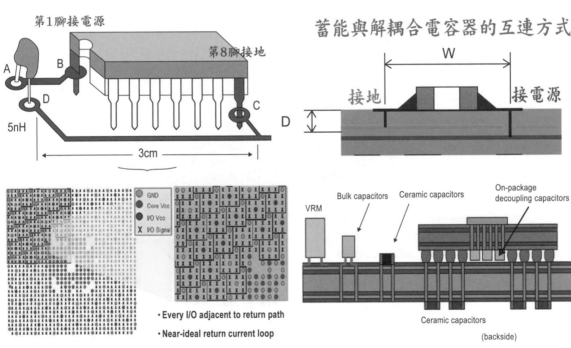

Signal Skew 差動訊號正時的歪斜 NEW

厚大板長途高速傳輸的重要訊號，為了減少被外界雜訊干擾起見，其原本的單股訊號線經常改為：長度相等間距很近（不可大於線寬）的雙股訊號線的Differential Line（大陸稱差分線）。由於長途佈局中會有多次轉彎的需求，造成正線與負線兩者長度的不相等，使得紅正訊與藍負訊的交點不準確（如右圖），也就是正訊號與反訊號不能同時到達目的地，出現了所謂正時完整性Timing Integrity的缺失，特稱為訊號歪斜。

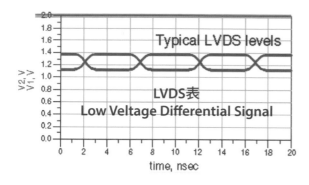
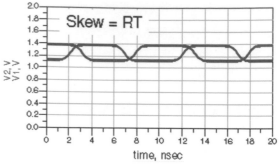

Silicon Interposer 矽材互連板 NEW

　　大型IC模塊中矽晶片上眾多奈米級超細佈線所執行內頻的眾多資料，很難透過RDL功用與微米級外頻串行的有機載板直接溝通。兩者線寬相差了2000倍之下，只好在兩者之間另加設一種伸介式的矽材互連板做為橋樑(2019年台機電曾公開說明也在進行有機材料互連板的製作)，以舒緩兩者間的巨大落差。這種額外多加的矽材互連板與常見的有機載板很相似，也在上下多層之間製作矽通孔Through Silicon Via的TSV，用以協助有機載板共同完成內與外溝通的再佈線RDL功能。而此種完工的封裝模塊在業界即稱為2.5D互連，以承擔現行2D封裝與未來3D封裝之間過渡產品的角色。下列三圖即為矽連板在完工模塊中的位置，而整體2.5D模塊的封裝製程，台機電又稱為Chip on Wafer on Substrate(CoWoS)。而此種矽連板也可改用玻璃載板來代替，以加大尺寸與降低成本。

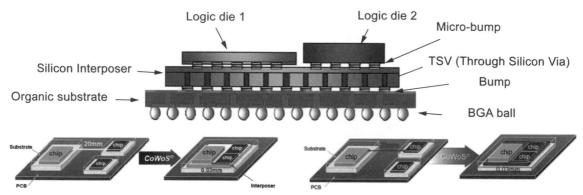

Silkscreen Polarity 字符方向標、器件方向標 NEW

　　這是指完工板綠漆後所加印白字的方向標誌，目前PCB的下游組完全不用人手而採自動化貼裝，之所以還須要印白字是的零組件方向與位置的標誌者，是為了事後一旦要單獨手動換裝零組件時，不致弄錯方向（Polarity）而設計的。早年的品管規矩一旦字符破損時也會構成剔退的原因。兩附圖左下角白點即為零組件的方位標，可用以對準PCB的白字方向。

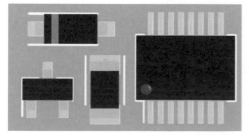

Simultaneous Switch Noise（SSN）同步切換（開關）雜訊 NEW

一般半導體IC模塊眾多接腳可分為三大類：①微帶線或帶狀線用的訊號腳②接Vcc電源層的電源腳③接Gnd層的接地腳，而種訊號腳又有發訊端與收訊端之分。

於是當某一模塊的多個發訊腳同時向收訊端發送許多0與1的方波訊號時，會在Vcc與Gnd之間產生很多雜訊，稱之為"同步開關雜訊"。所謂Switch開關的"開"是指方波的"1碼"，而"關"則是指方波的"0碼"

請注意右附的上圖可見到紅色接Vcc的電源腳，與綠色的接Gnd的接地腳，其兩者間淺色橢圓的截面積（Loop Area）很大，從右上的簡式與小圖可知，截面積A較大者其寄生電感值也就跟著大。但若移動綠色接地腳的位置使靠近紅色電源腳時，則可使得其截面積變小，於是其寄生電感L也就由15.6nH減小到4.9nH了。

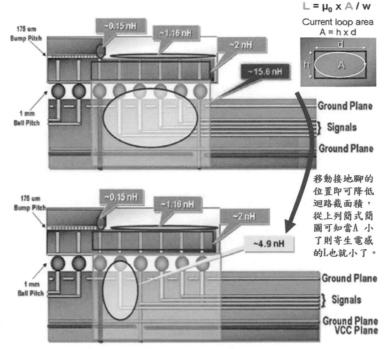

移動接地腳的位置即可降低迴路截面積，從上列簡式簡圖可知當A 小了則寄生電感的L也就小了。

Single Side Double Access 單面銅卻可雙面利用的軟板 NEW

軟板多半是用在必須彎曲或扭曲的立體空間，因而就愈薄愈軟愈好了。下列各圖之上兩圖即為單面製作與雙面使用的單面軟板，左下圖為具有通孔互連成本較貴的雙面軟板，右下圖為雙面利用的三層軟板。這正是FPC的另一種特色。此詞又稱Back-Bared Flex。

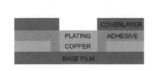 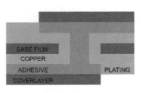  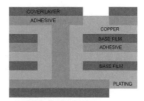

S

Sizing 上漿處理、漿紗 NEW

從白金盒(1200℃高溫免於氧化，只好用高貴的白金)中熔融玻璃液漿中抽出的玻璃絲(Filament)，為了預防磨斷首先就要噴塗一層澱粉皮膜稱為上漿，以防止成紗中的彼此磨擦而斷絲。完成紗束後整經的經紗有時還要再塗佈一層澱粉類的皮膜，以避免在織布時與機件的磨擦而破損，兩者均稱為Sizing。完成織布後還要把無用的漿料採

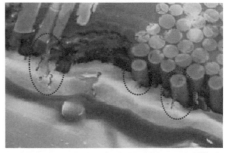

用強熱高溫連續式第一次燒掉大部分漿料。然後將一燒棕色的連續玻璃布撓成捲軸，再以批式入爐採悶燒的二次燃燒退漿，才可得到純白的玻璃布。為了要能與樹脂相容起見，還要在潔白玻璃布表面最後還再附加一層矽烷處理的皮膜，才能去進行含浸樹脂而成為膠片。

通常PCB在做金屬化處理前的除膠渣處理，若做得太過度時會使得玻纖絲外表的矽烷皮層 (Alkoxysilane)遭到水解而出現分離，此種細縫可能成為後來CAF的濫觴。

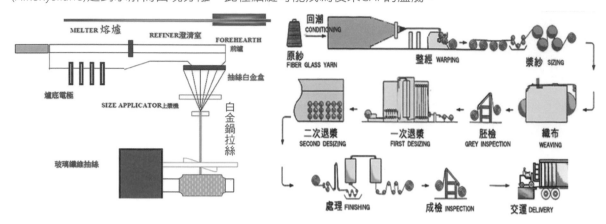

Skin Depth 皮膚深度 NEW

高速訊號的需求將越來越迫切，從Google網站資料之豐富與方便來説，幾乎已改變了每個人的生活。對學術研究者而言連圖書館都可以不去了，坐在個人電腦前即可無遠弗屆無所不及，資料之新之多令人嘆為觀止。然而這種高速資訊的取得，對PCB的厚大板而言卻是非常棘手。所列下左圖即為多層板外層傳輸線的 Microstrip微帶線，並從此彩圖中見到訊號線與

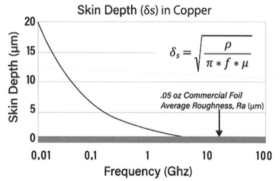

介質層下緣藍色處為電流的皮膚深度，而回歸大銅面上緣藍色位置亦為回歸電流的分佈。右彩圖為一組帶狀線Stripline，由於帶狀線本身就自有上下兩個回歸大銅面，故居中的訊號線也會出現上下兩處藍色的皮膚，至於上下兩銅面也有兩處回歸電流的藍色皮膚分佈。當傳輸速度越快時，上述各種訊號線的皮膚深度都將越薄。

此處兩圖之左圖為外層的微帶線組成，
右圖為位於內層的帶狀線結構。

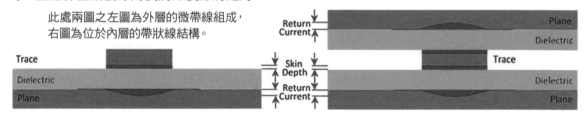

Soak Time 吸熱時間、恒溫時間、預熱時間 NEW

這是指SMT錫膏熱風或熱氮氣回焊Reflow曲線（Profile）的第二段加熱時間而言。從所附日本千住金屬對SAC305錫膏所建議的回焊曲線，可看出此曲線針對9熱2冷式回焊爐所做出的 Profile。也就是此曲線所標示從縱軸130℃到170℃所經歷橫軸較平坦的90秒者，即稱為吸熱時間。許多商用資料將其譯為『浸潤時間』，那只是查查字典不負責任的直譯硬翻而已。

Soak Time真正的意義是讓待焊的PCB，於其承墊與零件之間的錫膏，在緩步升溫的90秒中，讓錫膏中助焊劑在高溫中發揮活化功能與除銹的功能，同時更讓錫膏中錫粉的氧化物也都一併被助焊劑所清除，如此才得以熔合成良好的銲點。此段吸熱時間不可太長，以免造成助焊劑的乾涸而失去助焊的能力。

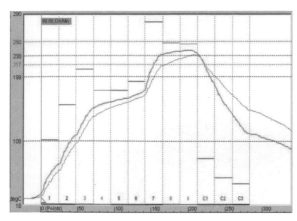
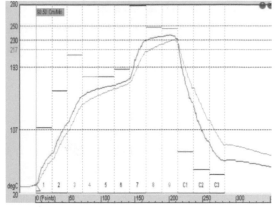

Solder Caps 銲帽、封帽、封頭 NEW

這是指SMT貼焊立體長方形陶瓷被動元件(如電阻器或電容器)，其兩端的金屬封頭既可做為對外電路互連的進出口，也可做為PCB承墊所印錫膏的貼焊位置。此種被動元件兩端封頭的金屬層次，內部經常是真空濺鍍銅，外部經常是槽液滾鍍鎳的電鍍鎳層，有時還加上最外皮膜的槽液滾鍍錫層以方便焊錫性的改善。

下列即為10層式HDI手機板，正反兩面所貼焊最小型英制01005或公制0402之電容器，所附多種圖像為其各種角度的精彩畫面。此種只有米粒1/175的微小被動元件，其兩端封頭總加起來也只占長度的一半而已。當然PCB表面的承墊不但要小要準，且其防焊的黑漆綠漆的開口(SRO)還要落在銅墊頂面的中央，其印刷對準度的困難可想而知。至於下游組裝焊接工程對此等超小件也十分困難，一不小心就會出現立碑Tomb-Stoning的麻煩。

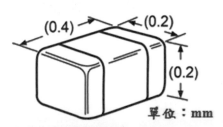

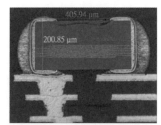

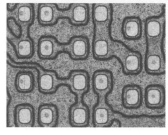

S

Solder Iron 烙鐵 `NEW`

這是用於手焊的基本加熱熔融銲料的工具,因應工作環境而有多種不同型的烙鐵槍及烙鐵頭(Solder Tip見所列的三種型式),與右圖所示的烙槍或焊槍。常見烙鐵頭分為加熱用的實心頭,與抽取移走銲料的空心頭。烙鐵頭除了可執行某些對熱敏感特殊器件的手焊工作外,還可執完工組板重工返修的精細工作。

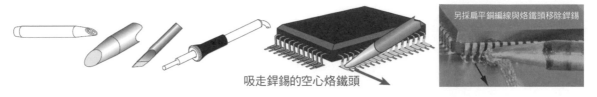

吸走銲錫的空心烙鐵頭

另採扁平銅編線與烙鐵頭移除銲錫

Solder Meniscus(Depressed Fillet)通孔填錫的凹陷 `NEW`

通孔插腳波焊最理想情況是全部填滿銲料則可靠度必然很好,事實上這種情況在量產中並不容易出現。PCB焊接允收規範J-STD-003C(2013 Sept)的5.2節中即明文規定,一旦通孔插焊填錫未能全滿者,其各種凹陷(Depressed Fillet)處的接觸角(Contact Angle)均須小於90度才可允收。

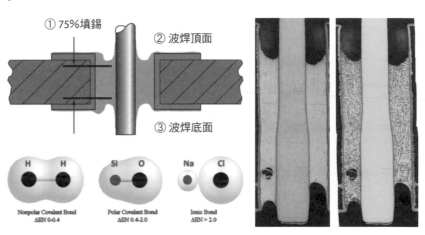

① 75%填錫

② 波焊頂面

③ 波焊底面

Solder Resist Opening(SRO)綠漆開口 `NEW`

完工載板的兩外層板的頂面還須另用銲料凸塊去承焊客戶的IC晶片,而載板底面也要先植焊上錫球才能再去貼焊到PCB承墊的錫膏上,以完成上下游的封裝與組裝。於是載板頂面與底面的綠漆都必須要精密的解像而取得極其眾多的開口,而且此等開口底部的銅墊還要小心做上可焊性皮膜(如此處Server用16層大型BGA載板頂面1.8萬開口底銅上所浸鍍的ENEPIG,見下六圖)。由於載板頂面眾多SRO的解像非常精密,因而只能採用比濕膜綠漆貴了8倍厚度均勻的乾膜綠漆了。至於載板底面的SRO其精密度還不算太高,因而還可採用較便宜的液態綠漆加工。

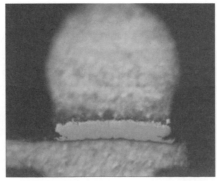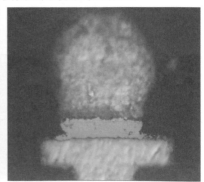

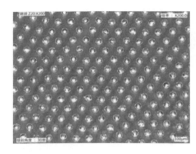  

Stainless Steel Wire 清除多餘銲料的銅編線 [NEW]

當PCB完成回焊或波焊後，經常會發現許多處搭橋連錫的短路不良，此時可採用特製的純銅或黃銅編線，在烙鐵強熱的協助下可將多餘焊料加以吸走移除，此外也可用純銅或黃銅絲球另對烙鐵頭進行除錫的作用。

Solder Wicking 滲銲 [NEW]

就軟板而言是指焊接強熱造成表面棕色PI保護膜Coverlay的瞬間浮離，致使助焊劑與液態銲錫，在細縫中呈現毛細現象的快速滲入而成為滲錫。硬板通孔外層孔環的各次鍍銅間若發生銅前酸所產生的沙銅時，此種出自稀硫酸的介面鬆散的不良鍍銅層，在波焊強熱脹縮的瞬間也會出現瞬間浮裂的滲焊，冷卻收縮後成為兩銅之間的夾錫畫面。

Solder wicking under coverlayer can occur during solder coating processes

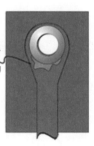 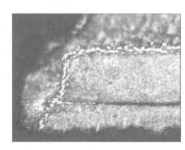 

Source（Near End）Termination 發訊端（近端）的端接 [NEW]

外層板面單股微帶線(Microstrip)的訊號線欲往收訊端(Receiver)發出訊號時，為了防止訊號能量遭到PCB特性阻抗不匹配處的回彈並對下一個訊號造成干擾起見，特別在Driver出大門

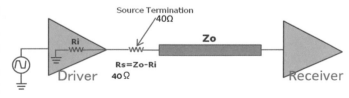

上路前即先行串聯1個電阻器；稱為Source端接或Near End的端接。這就是PCB或載板Carrier中刻意用了許多電阻器的原因與用途。假設發訊端的內阻是10Ω，而傳輸線的Zo值為50 Ω，於是此端接電阻器的阻值即為40 Ω了。

Sparger 噴流器 NEW

可在槽液中產生噴流或強力沖流的噴頭或噴嘴，也就是利用文氏管Venturi tube原理的強力噴流器。由左圖所示；藍色進水是出自泵浦本身

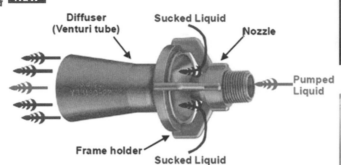

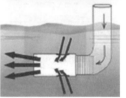

的沖流而使得進口處的流速增大，於是在柏努力流體的 "流速強大處壓力反而變小" 定律發揮下，周圍壓力較大的槽液即不斷隨著泵浦進水而從周圍被吸入，並與進水同時湧向出口，於是就形成了沖進1股卻噴出5股的強力沖出畫面，而得以發揮大力攪動槽液的效果。

這種水中噴水的Sparger（or Eductor）有兩種安裝方式，如左圖在往返移動的PCB兩側垂直噴打板面，或右圖裝在槽底對著PCB從板子兩面向上強噴。兩側式垂直噴打板面方式可加強高縱橫比深通孔的鍍銅分佈力Throwing Power；

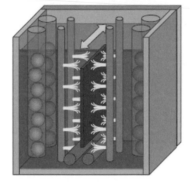
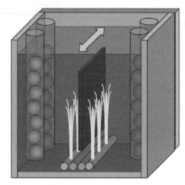

Perpendicular eductor / sparger design   **Bottom eductor / sparger design**

槽底向上噴射滑過板面的方式更可協助眾多微小盲孔中槽液的交換。不過一旦噴流中夾雜氣泡時，又可能造成盲孔填銅之藏氣或空洞而形成局部孔破。

Spiral Contractometer 螺管式應力計 NEW

各種電鍍皮膜或化學鍍皮膜，對被鍍的基地金屬而言，所鍍上的皮膚基本身都會出現某些內應力。欲遠離基地者稱為伸張性應力Tensile Stress，欲壓迫基地者稱為壓縮性應力Compressive Stress。以化學銅皮膜而言，軟板PI孔壁上的附著力原本就比常規硬板的Epoxy要差很多，此時若化銅皮膜的內應力能夠控制很低者，將可減少強熱後的浮離。而其內應力的取得方法則可採"螺管式應力計"進行量測。

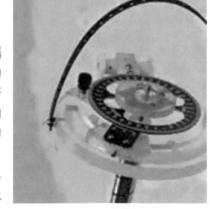

由附圖可見到此種特殊測具下端有一個斜片狀不銹鋼片形成的螺管，進入槽液實鍍之前須先將其內壁塗蠟，之後掛定在液中並通電使成為陰極，或經前處理活化後浸在化學銅液而令外表沉積皮膜逐漸增厚。此時外表鍍膜所呈現的應力，會對螺管施加壓力並使得所連接的指針發生向左或向右的轉動，從放大畫面即可看出伸張或壓縮的應力。完測後還可剝除實驗所鍍的皮膜以便再次重用。

S

Spread Glass Clothes 開纖式玻纖布 `NEW`

　　這是將玻纖布原本經緯的橢圓柱形玻纖紗束，刻意用特殊方法弄成扁平的紗束；於是所織成玻纖布的均勻性就更好了。經緯紗束中原有的方型空曠區（也就是樹脂填滿區）被扁織擠成很小的空曠區，如此可使得雷射燒成盲孔的孔型得以大幅改善。這種原為雷射成孔而改善的玻纖布，近年來反而成為高速High Speed傳輸所用板材的寵兒。因為樹脂的Dk約為3.0，而玻纖束的Dk却高達6.0，而所開發的開纖布將使得整體Dk更為均勻，進而使得低電壓的高速訊號歷經長途傳輸後，其能量的衰減（也就是訊號品質的劣化）可得以降低，對於『訊號完整性』反而更為有利。下四圖即取材自台灣南亞1080的資料與示意圖說明。

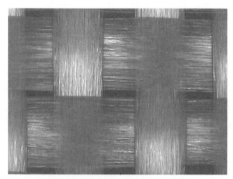 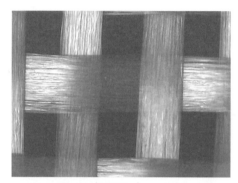

Original 1080 glass style　　　　　　　Spread 1080 glass style

To enhance the varnish penetrate performance for more flat glass yarn.

Stacked Chip 3D IC Package 疊晶封裝，立體封裝 `NEW`

　　IC 封裝技術最先是單晶片單獨封裝成模塊，為了加速互連與縮小體積起見，逐漸將關係緊密的晶片如Logic晶片與DRAM記憶晶片兩者同放置在同一片載板上，也就是多晶片平面放置於載板頂面的2D封裝模塊。之後又有智慧型手機把DRAM完工模塊與AP(即電腦的CPU)完工模塊，從其體外部將兩者綑綁成為PoP的單件，雖然已從平面封裝走向立體封裝，但那只是把兩個完工模塊立體組裝而已，還算不上是從內部的3D封裝。

　　真正的3D IC封裝是將各獨立晶片，利用其本身的銅質矽通孔TSV與銲料Solder上下部立體焊接互連後，再放置於有機載板上完成模塊的最後封裝，這才是真正的3D IC。也正是全球業界十多年來不斷努力的目標。未來一旦量產成功後，更小更輕更精密的電子產品如：電子眼鏡，5G通訊，人工智慧AI，等為來電子產品等，將會創造更大的商機。下列附圖即為Intel所發表的四片DRAM與在底部一片Logic是晶片，利用TSV互連所完成的疊晶3D IC封裝，與PCB板面再組裝的畫面。

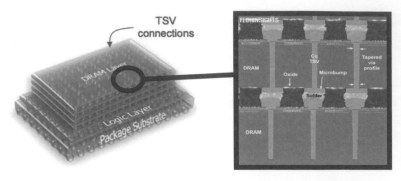

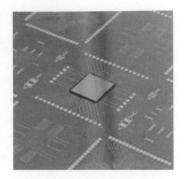

至於電子業界經常說到2D、 2.5D、3D等不同世代不同內容的封裝，下三圖即為其一般性概念的說明。（取材自tsmc）

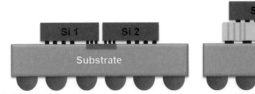

3D-ICs and stacks with TSV structure

Chip-stacking assembly

Standard Deviation
標準差 `NEW`

這是SPC統計製程管制中的重要術語，品管業者們一向把『標準差』簡稱為Sigma（甚至更簡化為希臘字母的σ；讀音Sigma）。還是那句老話，精彩的好圖從來就遠勝於堆抽象的文字，此處就利用兩個鐘形曲線（Bell

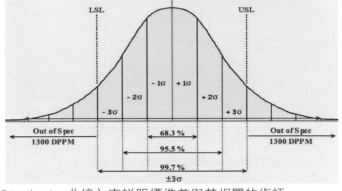

Shaped Curve；又稱為常態分佈Normal Distribution曲線）來說明標準差與其相關的術語。

（1）首先說明3個σ（嚴格的說應為±3σ；其Cpk為1.33）：

由右上圖可見到直立紅線的中值或標準值，產品規格的上限為USL（Upper Spec.Level），規格下限為LSL。於是當總出貨量中，符合規格的良品若落在此允收範圍內，也就是落在±3σ範圍內者，則其百分良率（Yield）即為99.7%。至於不合規格或超規者（Out of Spec.）的百萬分不良率則為：1300DPPM＋1300DPPM÷2700DPPM。此種不及格的劣貨又稱為製程尾巴（Process

Tails）。更可從圖中見到：1個σ時（±1σ）其良率為68.3%，兩個σ時良率為95.5%，3個σ（也就客戶規格的要求）時，良率為99.7%了。

（2）其次說明著名的6個σ（也就是Cpk為2.0）

一旦客規的要求嚴格到達6個σ時，則其良率將達到99.9997%，至於不良率則只有3.4 DPPM而已。此

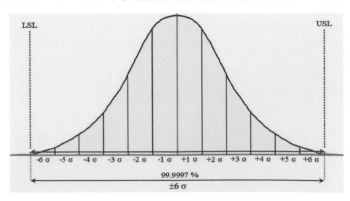

時其上下超規者連2 DPPM都不到。當然這只是所有製造業的理想境界，或只是口號而已。美商
Motorola即以6個σ當做精神教材，並將理念強力向各供應商推銷！諷刺的是這家心高氣盛的自
大業者自己卻早已走入歷史了。

Stern Plane
電雙層的內層 NEW

以電鍍原理的陽極或正電性膠體粒子的
最表面，都存在著一種電雙層Electric Double
Layer，亦即著各的Helmholtz Double Plane，
而此電雙層又有內外的Inner HP與Out HP的
兩種層次，其內層又稱為Stern平面。右圖中
e處紅色文字指示者即為IHP或Stern Plane。

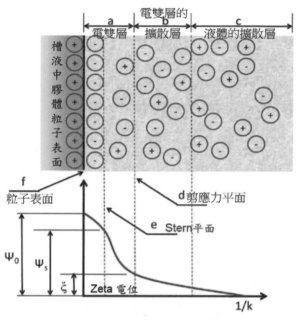

Stray Capacitance
雜散電容 NEW

當PCB在快速傳輸工作時其相鄰線路之厚
度側壁間，以及層與層導體之間，都會出現微
小的寄生電容者即稱為雜散電容。但當PCB兩
導線中並無未工作並無電流通過時，且此種雜散電容
就不存在了，故又稱為寄生電容Parasitic Capacitance。

此種無法避免的雜散電容，其好處是可用以組成
訊號的特性阻抗Z_0（$Z_0=\sqrt{(L/C)}$），壞處是會拖累訊號
的傳輸速度，且又會使訊號方波的振鈴（Ring）惡化。

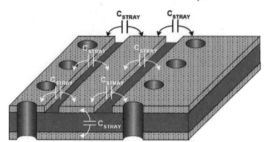

Stretchable Circuits 可伸縮式電路 NEW

在軟質板材（如PI）表面做上銅質蜿蜒（Meander）如蛇狀的線路，即成為可伸縮性（5%左
右）極薄的軟板，但局焊接零組件的小島區別仍為薄型硬板，只在互連區採用伸縮性電路。此
種特殊組合可在某些特殊服裝上展現特殊的效果，如某些舞台上會發光的衣服，或夜晚會發光
的交通安全外套等。

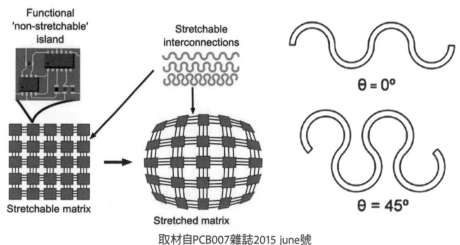

取材自PCB007雜誌2015 june號

Substrate-Like PCB（SLP）類載板 `NEW`

這是2016與2017年間業界所流行的術語，也就是i-8手機板的量產大排板中，要做出30μm/30μm以下的細線時，不得不採用5μm超薄銅皮的特殊板材，並利用載板技術之mSAP（modified Semi-Additive Process）模擬出加成法去進行量產（載板mSAP用的是1.5-3μm的超薄銅皮）。不過載板業mSAP流程所用板材是Tg高達250℃以上的BT樹脂，此種昂貴板材既硬又脆而且無法通過UL的V0級阻燃試驗（UL原本就管不到載板業），因而不得不換成可通過V0考試Tg200℃的環氧樹脂，於是稱這種只利用其5μm超薄銅皮（含18μm的載箔）而放棄BT樹脂所做的手機板，即稱為類載板，事實上類載板式的手機板技術與難度早已遠高於一般載板了。

Sulfur Corrosion 硫腐蝕 `NEW`

空氣中微量的含硫落塵，再配上水氣對腐蝕反應的加速下，對於銀與銅兩種金屬很容易發生硫化性腐蝕。這種PCB/PCBA出現的硫腐蝕，已成為全世界業界共同的問題，是以多年來所發表過的文章與報告堪稱不計其數。然而改善方面卻乏善可陳，業界至今仍然不斷蒙受其害。知道並不代表做到，要徹底解決當然很困難。下左圖說明其發生的機理。事實上大氣中早已存在著各種硫化物，若恰巧落到PCB/PCBA板面上而又遇到了水氣時，於是銅或銀的表面上就會發生反應而生成CuS/Cu₂S的黑色硫化物了，水分較多者甚至出現結晶樹枝狀硫化銅。有時甚至在已有護型漆（Conformal Coating）的底下也會發生。

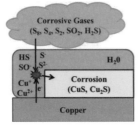 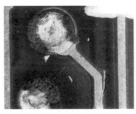  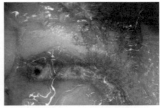

Supported Holes 插腳孔 `NEW`

1980年以前早先PCB在下游組裝零組件時，幾乎全採用零件腳插入板體的鍍通孔中再進行波焊Wave Soldering予以焊牢。此種通孔的功能還可完成層間互連。之後SMT興起後所採的錫膏貼焊，不但更夠能自動與加速組裝速度，而且各種零組件也都能再往小型化發展，使得各種電子產品更能擴大市場方便人類的生活，SMT貼焊堪稱功不可沒。

然而板面錫膏貼焊的強度與可靠度仍然不如通孔插腳波焊來的好，根據長年經驗插孔波焊總體要比板面貼焊耐操到10倍以上，因而現行的某些汽車板或某些軍用板仍堅持要用通孔插焊的做法。IPC-A-610FC（2017-Jan）在其7.3.5.1節中以彩色示意圖方式，明確要波焊的填錫量不可低於75%。但實際量產的填錫並沒有書面規範那麼單純，經常為供需雙方帶來很多困擾。

所列的四個高倍切片的清晰接圖即為筆者十多萬張切片圖的一小角，如何允收卻非常麻煩。

System in Package（SIP）系統層級的封裝產品 NEW

　　是把一個小型電子系統的眾多主動與被動元件，在精密工藝下完成緊密互連，再如同單一IC模塊(Module)般使之封裝成為一個牢靠的大模塊如同大型的PCBA者，稱之為SIP

　　這如同桌上型個人電腦完成組裝的主機板，那就是一個較大型的電子系統，當然是難以全部封裝成一個單模塊。

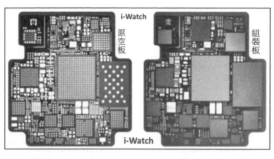

　　但若把蘋果i-watch的精密微小系統，將其各種超小零組件經過如此眾多晶片的封裝，晶片堆疊，內埋主動或被動元件等緊密封裝與組裝後，再整體封裝成為單一模塊者即可稱為SIP了。右上圖為手拿i-watch的外形，左黑白兩圖即為其空板與組裝板。另一立體右圖亦為SIP的實例。

　　此種高精密高難度的SIP雖然具有極多的優點，但在各種物理障礙下並不容易達成，不過那卻是電子業界努力的目標。

　　事實上SiP只是更精密的封裝產品的總稱呼，也就是把很多種主動與被動元件密集擠裝在一塊高難度的載板上，以完成更快速傳輸與雜訊更少的任務。SiP的元件互連可概分為水平、立體堆疊，甚至部份埋入載板之內埋式做法，下列簡圖即為此三大類的概念示意圖

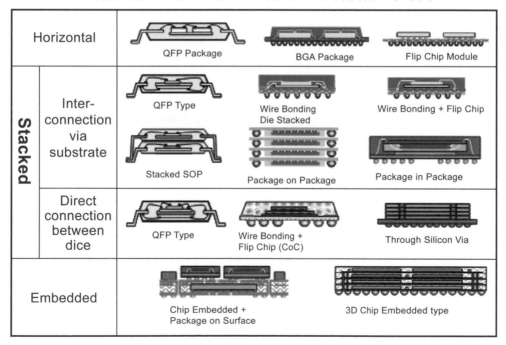

S

Tab 接點、金手指

在電路板上是指板邊系列觸接導通的單片金手指而言，是一種非正式的說法。

Taber Abraser 泰伯磨試器

是利用兩個無動力的軟質砂輪，將之壓附在被試磨的樣板表面上，而此樣板則另放置在慢速旋轉的圓形平檯上。當開動馬達水平轉動時，該樣板的水平轉動會驅動另外兩額外壓著之配重砂輪，各自進行順時針與反時針的直立轉動，進而對待試驗的表面，在配重壓力下進行磨試。最常用在化學鎳鍍層的耐磨性測試。

也常用在已印綠漆的IPC-B-25小型試驗板上，於其板面中央鑽一套孔後，即可安裝在平檯上。另在兩直立磨輪上各加1公斤的配重，然後開動平檯轉動若干圈，可使綠漆直接受到慢速軟砂輪的連續壓磨。磨完指定圈數後即取下試驗板，並檢視環狀磨痕的綠漆層，是否已被磨透而見到銅質線路。按IPC-S-840B的3.5.1.1節，對耐磨性（Abrasion Resistance）試驗的規定，Class 3的綠漆須通過50圈的磨試而不可磨穿才算及格。又金屬表面處理業的鋁材硬陽極處理層，或其他電鍍層也常要求耐磨性的試驗。

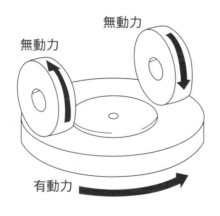

無動力　無動力　有動力

Tack Dry 預乾、預硬化

某些塗料或樹脂在施工後，需先行預乾或半乾才能繼續後段工程，稱之為（不沾手Tack Free）預先乾燥。PCB製程中之感光綠漆塗佈後的預先烘乾就是典型的例子。

Tackiness 黏著性、黏手性

在板面塗佈液態感光綠漆（LPSM）後（如空網印刷、垂流、噴塗、垂直刮塗，與滾塗等方法），還要預烤以待曝光。這種預烤漆面在強光照射下仍會沾黏底片的性質稱為Tackiness。

又下游各SMD焊墊上印著錫膏與放置零件後，在等待紅外線與熱風熔焊前，錫膏必須暫時發揮黏貼定位的功能，也稱為Tackiness。

Tape Automatic Bonding（TAB）捲帶自動結合

此製程原為美國業者所開發，但卻在日本進行量產，後日本業者改稱"捲帶載體封裝"Tape Carrier Packaging（TCP）。此法曾用在第一代Pentium CPU的封裝。

是一種將多接腳大型積體電路器（IC）的晶片（Chip），不再先進行傳統封裝成為完整的個體，而改用TAB載體，直接將未封晶片黏裝在板面上，即採"聚亞醯胺"（Polyimide）之捲帶，及所附銅箔蝕成的內外引腳當載體，讓大型晶片先結合在"內引腳"上，經自動測試後再以"外引腳"對電路板面進行結合而完成組裝。這種將封裝及組裝合而為一的新式構裝法，即稱為TAB法。不過此法的載板不好做，成本高良率低之下已漸去競爭力了。

十餘年前認為TAB法不但可節省IC事前封裝的成本，且對300腳以上的多腳VLSI，在其採行SMT組裝而困難重重之際，TAB將是多腳大零件組裝的希望（然而時至今日已明顯的區分為中低端產品的打線封裝與高端的覆晶封裝而已。）。

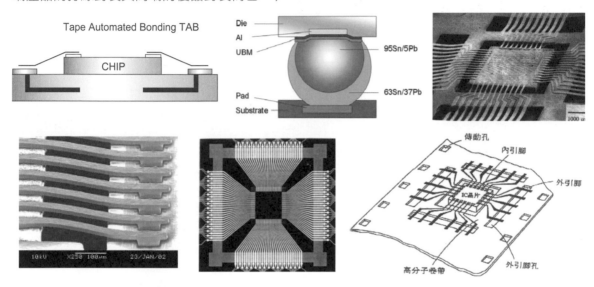

Tape Casting 帶狀鑄材

是一種陶瓷混合電路板（Hybrid）其基材板之製造法，又稱為Slip Casting。係採濕式澆塗而成型的長帶狀薄材，由陶瓷所研細與調製的液態泥膏（Slurry），經過一種精密控制的扁平出料口（Doctor Blade），擠塗於載體上成為帶狀濕材，經烘乾後即得各種尺寸的原材（厚度5～25 mil），經切割、沖孔與金屬化之後即得雙面板，也可將各薄層瓷板壓合與燒結成為多層板。

Tape Test 撕膠帶試驗

電路板上的各種鍍層及有機塗裝層，可利用一小段透明膠帶在其表面上壓附，然後瞬間用力的撕起，即可測知該等皮膜之附著力的品質如何。常用之透明膠帶有3M公司的＃600及＃691等商品。

Tape-up Master 原始手貼片

早期電路板之底片，並非使用CAD/CAM及雷射繪圖機所製作，而是採各種專用的黑色"貼件"（如線路、圓墊、金手指等尺寸齊全之專用品，以Bishop之產品最為廣用），在方眼紙上以手工方式貼成最原始的"貼片"（Tape-up Master），再用照相機縮照成第一代的原始底片（Master Artwork）。十餘年前日本有許多電路板的手貼片工作，即以空運來往台灣尋求代工，而且還造就了不少就業機會，但卻都是靠"眼力"與時間來賺小錢者。近年來由於電腦的發達與精準，早已取代手工的做法了。

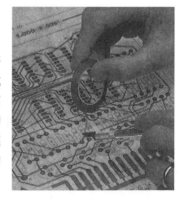

Taped Components　捲帶式連載零件

許多在板面上待組裝（插裝或黏裝）的小零件，如電阻器、電容器等，可先用牛皮紙材捲帶做成 "連載零件帶" ，以方便進行自動化之檢驗、彎腳、測試，及組裝機自動裝配。

Taper Pin Gauge　錐狀孔規

是一種逐漸變細的錐狀長形針狀體，可插入通孔檢測多種孔徑，並有錶面讀值呈現所測數據，堪稱甚為方便。

Taping and Reeling　帶捲式載料（小零件）

指許多被動小零件(Devices)之集體載裝方式，以方便快速自動化之拾取、成型與排件之捲帶式送料，為早期插孔組裝之量產作業做法。

Target Pad（微盲孔）底墊

原指CO_2雷射成孔之微盲孔底墊，現亦可泛指YAG雷射或電漿成孔或感光成孔的底墊。其含意係隱喻內層已事先備妥之靶位，將雷射或其它成孔方法當成打靶或射箭的動作，其品質的好壞與板材漲縮對準確度大有影響。

Tarnish　污化、污著

指某些新加工金屬的光澤表面，在空氣中放置一段時間後。由於氧化、硫化或外來雜物的附著，以致失去金屬光澤與變色（Discoloration）稱為Tarnish。此詞最常用於鍍銀表面的 "污化" ，為了確保鍍銀表面的美觀與實用功能起見，其Anti-tarnish技術也成為鍍銀的重要課題。不過這種耐變色皮膜也造成浸鍍銀（I-Ag）層回焊後的多量介面空洞與無窮的後患。

Teflon　鐵氟龍

是杜邦公司一種碳氟樹脂的商品板材，即聚四氟乙烯（PTFE；Poly-Tetra-Fluoro-Ethylene）類。此種樹脂之介質常數（D_k）甚低，在1 MHz下僅2.2而已，即使再與介質性質不佳的玻纖布去組成板材（如日本松下電工的R4737），尚可維持在2.67，仍遠低於FR-4的4.5。

此種介質常數很低的板材，在超高頻率（3GHz～30GHz）衛星微波通信中，其訊號傳送所產生的損失及雜訊等都將大為減少，是目前其他板材所無法取代的特點。不過Teflon板材之化性甚為遲鈍，其孔壁極難活化，在進行PTH之前，必須要用到一種含金屬鈉的危險藥品Tetra-Etch，才能對Teflon孔壁進行粗化，方使得後來的化學銅層有足夠的附著力，而能繼續進行通孔的流程。

鐵氟龍板材尚有其他缺點，如T_g很低（19℃），膨脹係數太大（20 ppm/℃）等，故無法進行細線路的製作。幸好通信板對佈線密度的要求很鬆，板子的面積很小，與零件的數目等，均遠遜於一般個人電腦的水準，故目前尚可使用此種板材。

Telegraphing　浮印、隱印

早期多層板壓合時，為防止溢膠之煩惱，在已疊合散材之銅箔外或薄基板外，多加一張耐熱的薄膜（如Tedlar），以方便壓後脫模或離型之用途。不過當外層板所用的膠片較薄，而銅箔僅為0.5oz時，則該內層板的線路圖案，可能在高壓下會轉印在脫模紙上。當此脫模紙又重

用在下一批板子上時，則很可能又將原來的圖案再次轉印在新的板子銅面上，此種現象稱為
Telegraphing。

Temperature-Time Profile 溫時曲線、回焊曲線

在電路板工業中的壓合製程，或下游組裝的紅外線熔焊(IR Reflow 此法目前已從產線上消失
了)或熱風熔焊（Hot air Reflow）等製程，皆需尋求溫度（縱軸）與時間（橫軸，即輸送帶之速
度）所匹配組成的最佳"溫度曲線"，以提升焊錫性的在量產中的良品率。

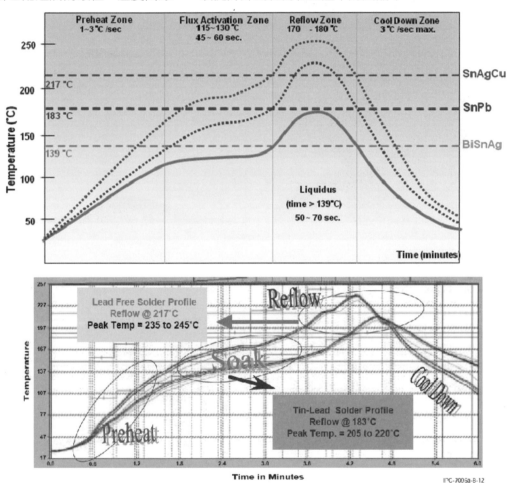

Template 模板

早期完工的電路板欲切外形（Routing）時，其切形側面銑刀之路徑，需順沿一片專用模板
的"外圍"行走，故應先製作一片電木（Bakelite）的模板，才能進行手動切外形之工作。如今
業界皆已採CNC方式之自動化切型機加工，多半不會再用到模板了。

Tensile Strength 抗拉強度

是指金屬材料的一種重要的機械性質，可將待試金屬做成固定的"試驗桿"或"試驗片"
裝在拉力機上進行拉試。其拉斷前之最大拉力謂之"抗拉強度"。

此乃CNS之正式譯名，其他尚有直接引用日文之"抗張強度"或"高張力"或"拉伸強度"
等說法，並不妥當。

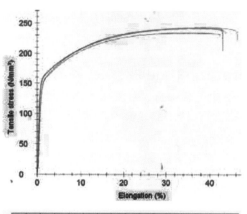

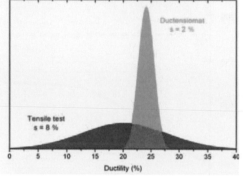

Tensiomenter 張力計

當網框上的網布已張妥固定後,可利用
"張力計"去測出網布張力(Tension)的大
小,其單位以Newton/cm較為通用。這種測量
的原理,是在底座兩側備有兩根固定的支持
桿,而中央另有一根較短,又可自由沉降的活
動支桿,此"活動短桿"在配重的重力作用
下,會出現一段"落下"的動作壓在待測的網

布上,因而可測出該局部網布所支撐的"張力"。其校正的方法是先將"張力計"直立放置在
一平坦的玻璃板上,由下方一個內六角的螺絲,去調整錶面讀值的歸零,之後即可用以測量網
布的張力。

Tenting 蓋孔法

是指利用乾膜在外層板上做為抗蝕銅阻劑,進行正
片法流程,將可省去二次銅及鍍錫鉛的麻煩。此種連
通孔也遮蓋的乾膜施工法,稱為蓋孔法。這種蓋孔乾
膜如同大鼓之上下兩片蒙皮一般,除可保護孔壁不致
受藥水攻擊外,並也能護住上下兩板面待形成的孔環
(Annular Ring)。

本法是一種簡化實用的正片法,但對無環
(Landless)有孔壁的板子則力所不及也。原文選詞起
初並未想到鼓的"蒙皮",而只想到"帳棚",故知

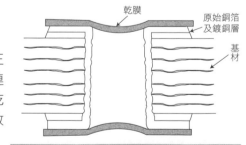

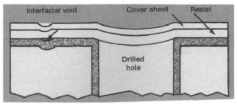

電路板與載板術語手冊　578

原文本已不夠傳神，而部份外行人竟按其發音譯為"天頂法"，實在匪夷所思不知所云。大陸業界之譯名是"掩蔽法"及"孔掩蔽法"，亦甚拗口。

Terminal 端子

廣義上所說的"端子"，是指做為電性連接的各種裝置或零件。在電路板上的狹義用法是指內外層倒線起始與終止的各種孔環（Annular Ring）而言。同義詞尚有Pad、Land、Terminal Area、Terminal Pad、Solder Pad等。

Terminal Clearance 端子空環、端子讓環

在內層板之接地（Ground）或電壓（Power）兩層大銅面上，當"鍍通孔"欲從中穿過而又不欲連接時，則可先將孔位處的銅面蝕掉，而留出較大的圓形空地，則當PTH銅孔壁完成時，其外圍自然會出現一圈"空環"。另外在外層板面上加印綠漆時，各待焊之孔環周圍也要讓出"環狀空地"，避免綠漆沾污焊環甚至進孔。這兩種"空環"也可稱為"Terminal Clearance"。

不欲接通GND或VCC者之孔採空環隔離之(Clearance or Antipad)

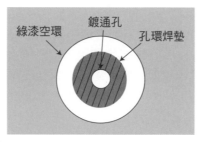

綠漆空環　鍍通孔　孔環焊墊

Tetra-Etch 氟樹脂粗蝕劑

是針對氟樹脂PTFE（聚四氟乙烯）微蝕粗化的特殊蝕劑，係美商W.L. Gore的一種商品名稱。此劑含Sodium-Naphthalene有機鈉鹽，現場須使用原裝藥液不可加水，化性非常猛烈。但新一代商品已不再像金屬鈉一般，會有遇水燃燒的危險。此劑可將PTFE樹脂分子中之氟原子咬掉而露出碳原子，進而親水使PTH後的鍍銅層也可牢固的生長在裸孔壁上。

Tetrafunctional Resin 四功能樹脂

廣義是指每個聚合物之"分子單位"中具有四個可反應之官能基者，由其所形成的樹脂則稱之"四功能樹脂"。電路板業狹義是指具有四個反應基的環氧樹脂，這是一種本身為黃色的基材，其T_g可高達180℃，尺度安定性也較FR-4好，但因價格很貴，故一般只加入2-10%w/w不等，但多少一定會加，因其具有阻擋UV光的效能故稱之為UV Blocker。

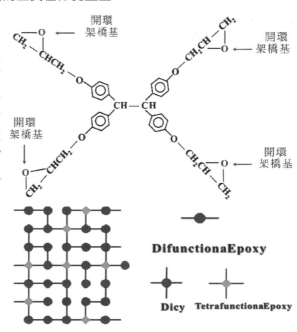

Texturing 粗化、紋理化

增層法出現後，許多外表光滑的樹脂表面，為了後增線路之附著力更好起見，在進行金屬之前必須要對底材完成粗化，謂之Texturing。其它各種粗化亦可稱之。

Thermal Coefficient of Expansion（TCE）熱膨脹係數

指各種物質每升高1℃所出現膨脹情形，但以CTE的說法較為正式。

Thermal Conductivity 導熱率

指導熱物質將定值的熱量，經由本身傳送的速率而言。基材板最新規IPC-4101C已將此詞正式列為板材的規格要求。

Thermal Cycling 熱循環、熱震盪

當電路板或電路板組裝品，為測知其可靠度（Reliability）如何，可放置在高低溫循環的設備中，刻意進行劇烈的熱脹冷縮，以考驗各個導體、零件，與接點的可靠度，是一種加速性老化試驗，IPC稱為Thermal Shock "熱震盪" 試驗JEDEC稱為 "溫度循環" 試驗。按MIL-P-55110D對完工FR-4的電路板，其一個完整週期的Thermal Cycling試驗，應按下述方式進行：

室溫中15分鐘 $\xrightarrow[\text{移入}]{\text{2分內}}$ 高溫125℃15分 $\xrightarrow[\text{移入}]{\text{2分內}}$ 室溫15分 $\xrightarrow[\text{移入}]{\text{2分內}}$ 低溫-65℃15分 $\xrightarrow[\text{移入}]{\text{2分內}}$ 室溫15分

55110D規定FR-4板子須完成100個週期上述的試驗後，其銅線路導體會發生劣化情形，從 "電阻值" 的增加上可以得知。55110D規定電阻值不能超過原測值的10%，且通孔切片後亦不能出現不允許的缺點。本法可考驗出孔壁鍍銅層及板材結構的耐熱與耐疲勞品質。此詞又稱為Thermal Shock或Temperature Cycling。現行IPC-6012B的做法也如上，只是將低溫改為-55℃而已。目前已修正到了-40℃了。

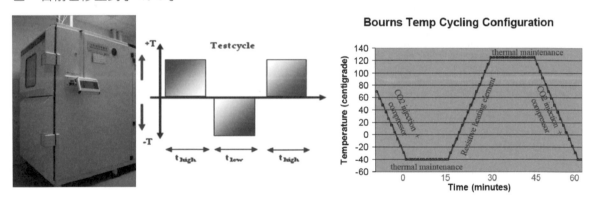

Thermal Direct Image（TDI）感熱式直接成像

是一家有關影像轉移機組的以色列供應商Creo公司，所推出有關細線（2mil）成像無底片的直接製程。係採濕膜（厚度5～10μm，只有乾膜厚度的三分之一）之正型阻劑（感光分解式），所用電腦掃描之雷射光，其所含熱量較高，可採兩次掃描式感光，而令局部皮膜得以分解逸走。與常見紫外光式對光阻進行負型聚合反應的其他LDI並不相同，刻意稱為TDI。Creo號稱可量產製作2mil以下的細線，解像度達5μm，無需任何底片之參與。

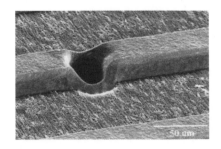  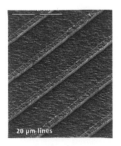

不過早先TDI之機組，其可曝光之產品均屬可捲曲者之外圓筒型操作法，只能用於軟板或薄型內層板，無法製作厚板與外層板。

Thermal Expansion Coefficient（TEC）熱脹率

任何物質都會出現加熱膨脹與冷卻收縮的效率，稱為熱脹性。若以每個攝氏度能夠膨脹多少個ppm時，即稱為熱脹率（CTE, Cofficient of Thermal Expansion），附圖即為PCB業界常用板材之熱脹率比較圖，此詞的說法有TEC、CTE，其實並無差別。

Thermal Mismatch
感熱不同、感熱失諧

指兩種口貼合在一起的物質，因其熱脹係數不同，故受熱後兩者間會有剪力發生，而埋下彼此分離的潛因。如銅箔與樹脂基材之結合體受到高熱後，一旦其附著力不足以抗衡膨脹失配的力量後，將出現分離或起泡的後果。

Thermal Pad　孔環十字橋、抗熱墊

當通孔之孔銅壁與內層大銅面不欲接通互連者，則採隔離空環（Clearance）予以隔絕。當孔壁需要與銅面接通互連者，則可採"十字橋"或"一字橋"予以連通。之所以採行此類設計者，當然為了防止高溫熔錫進孔所造成劇烈膨脹對四周的衝擊，避免可能爆開板體結構的危險起見，而刻意在兩者間留出見底的四個缺口，以吸收熱衝擊之效應，故稱之為Thermal Pad。其功用正如同橋樑或鐵軌的伸縮縫一般，可在高溫中保持整體之安全，而不致發生鼓漲爆板的異常。

Thermal Paste　導熱膏、傳熱膏

某些高功率零件為了要把工作中所累積的熱量散到外界的散熱座去，如此才不致影響本身的工作品質，於是在零件本身的分熱座（Heat Spreader）與外界散熱座之間可加塗導熱膏以提高散熱的效率。此詞又可稱為Thermal Grease。

Thermal Radiation　熱幅射

通常是指三種傳熱方法之一（其他兩種是傳導Conductance與對流Convection），也就是所發出的光線中，其中紅外線（IR）部份會帶有多量的熱能，因而各式曝光機進行感光阻劑的光源中，只會用到部份有效的紫外光（UV，常用者有g、h、i等三line），兩各種UV光所帶有少許熱量仍必須設法將其熱移走，才不致干擾到光化反應。

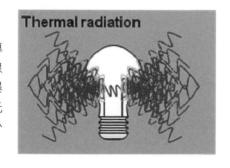

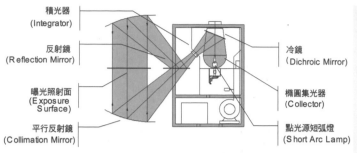

積光器
(Integrator)

反射鏡
(Reflection Mirror)

曝光照射面
(Exposure Surface)

平行反射鏡
(Collimation Mirror)

冷鏡
(Dichroic Mirror)

橢圓集光器
(Collector)

點光源短弧燈
(Short Arc Lamp)

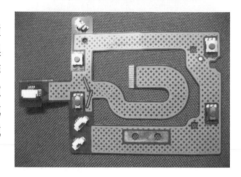

g-line: 436nm h-line: 405nm i-line: 365nm

Thermal Relief 散熱式鏤空

不管是在內外層板上的大銅面,其連續完整的面積皆不可過大,以免板子在高溫中(如焊接),因板材與銅皮之間膨脹係數的差異而造成板翹、浮離,或起泡等毛病。一般可在大銅面上採"網球拍"式的鏤空(軟板最常用),以減少熱衝擊。此詞亦稱為Halftonning或Crosshatching等。UL規定在其認證的"黃卡"中,需登載在板子上最大銅面的直徑,即是一種安全的考慮。

Thermal Shock Test 熱震盪試驗

本詞JEDEC稱為"熱循環試驗"Thermal Cycling Test或Temperature Cycling Test "溫度循環試驗";但英語中從未有任何正式文獻稱為"熱衝擊試驗"(Thermal Impact Test),這也許是JPCA日本規範而被誤以為是國際規範,且以訛傳訛者頗多。

係將Daisy Chain樣板(如FR-4)在+125℃及55℃的不同環境之間來回折騰100次,然後檢查樣板線路電阻值增大劣化情形如何。IPC-6012B規定電阻值的增加不可超過10%是一種可靠度試驗。

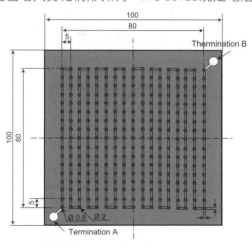

Thermal Stress 熱應力

係取2in X 2in各種厚度之板材,有銅箔與無銅箔者分別試驗,也就是在288℃的錫池表面漂浮10秒鐘。洗淨之後在正常視力下(左右眼各為2.0/2.0)檢查板面之外觀,或另用4倍與10倍放大鏡觀察板面,是否出現炭化(Charing)、表面污染、樹脂損傷、樹脂變軟、爆板分層、起泡、織紋顯露、瑕疵擴大、白點、白斑與坑陷等缺點。至於有銅箔者則只檢查是否起泡或分層即可,此項品質與樹脂之T_g及板材吸水率有關。目視標準可參考IPC-A-600G之各種圖示。

Thermal Stress Test 熱應力試驗

是一種對板材與結構之可靠度試驗，早期美軍規範MIL-P-55110E中規定，完工板須耐得住288℃（550℉）漂錫試驗10秒鐘，然後進行目視與切片檢查下，須通過規範中之各項品質要求。現行IPC-6012在其3.6.1及IPC-TM-650之2.6.8法（1997.8）中，已將漂錫試驗重新劃分為A級288℃、B級260℃，與C級232℃等三種試驗溫度，時間均仍維持10秒鐘。但執行本試驗之前，其樣板必須在121℃的烤箱中烘烤6小時，以排除水氣，否則很容易拉斷孔壁，結果並不標準。

本熱應力試驗經常被許多似懂非懂者說成熱衝擊試驗，其說法可能是出自日本的JIS規範。歐美正式成文規範中並未出現過此種說法，一般人很少仔細追究，多半是想當然耳的跟著起哄而已。本試驗刻意採用嚴格的高標去考驗板子的結構完整性，瞭解其可靠度是否能禁得住惡劣環境的折磨，故條件遠苛於焊接作業（250℃，3秒鐘）。此做法已超出品質規格，是一種可靠度方面的要求。而且某些客戶還要求需做5次熱應力試驗，全部及格後才算過關。對商品而言未免失之過嚴，日本業者就經常表演這一招。

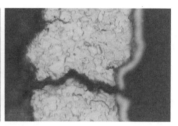

Thermal Via 導熱孔、散熱孔

是分佈在高功率（如5W以上）大型零件（如CPU或其他驅動IC）腹底板面上的通孔，此等通孔不具導電功能只做散熱用途。有時還會與較大的銅面連接，以增加直接散熱的效果。此等散熱孔對Z方向熱應力具有舒緩的作用。精密Daughter Card的8層小板，或在某些BGA雙面板上，就常有這種格點排列的散熱孔，與兩面鍍金的"散熱座"等設計。另見後詞Thermo-via。

Thermal Zone 感熱區

指多層板的鍍通孔壁，及套接的各層孔環，其在板材Z軸所占據的區域，很容易感受到通孔傳來的高熱，故稱為"感熱區"。如鍍通孔在高溫中受強熱後（如焊接），其"感熱區"的受熱，遠比無通孔區更快也更多。其詳細內容請見附圖之說明。

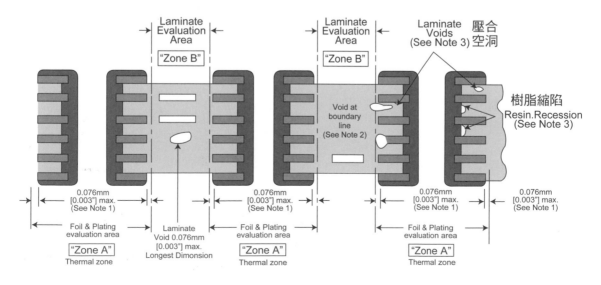

Thermocompression Bonding
熱壓結合（大陸稱綁定）

是IC的一種封裝方法，即將很細的金線或鋁線，在加溫加壓下將其兩線端分別結合在晶片（芯片）的各電極點與腳架（Lead Frame）各對應的內腳上，稱為"熱壓結合"，簡稱T.C. Bond。目前量產最細金線已達0.7mil。

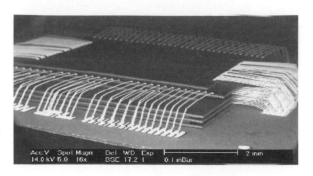

Thermocouple 熱電偶

是一種利用"熱電"原理測溫的裝置。即將兩種不同的金屬導體以兩接點予以結合，當升溫時將引起金屬兩端電壓的差異，且此差異會與升溫的高低成比例，因而只要以電壓計測其兩端電壓的變化，即可表達出該環境的實際溫度。實用上可將兩種金屬線以小棒協助而加以絞扭。使緊纏成一體，再剪去多餘尾端，並經封膠後即成為實用的熱電偶。

Thermode 發熱體

指直接接觸而傳熱的發熱體，如"熱把"焊接裝置（Hot Bar）中之發熱體即是。

Thermode Soldering 熱模焊接法

又稱為Hot Bar熱把焊接法，即利用特製的高電阻發熱工具，針對某些外伸多腳之密距零件，在密集腳背上直接烙焊的一種方法。如現行P5筆記型電腦承載CPU的Daught Card（即第一代Pentium），其TCP（TAB）式10mil腳距，5mil墊寬，總共320腳的貼焊，即採用此種"熱模焊接法"逐一烙焊。至於其他板面上某些不耐強熱而需焊後裝的零件，也可採用此種焊法。此法又稱Pulsed Thermode Hotbar Bonding（PTHB）。右下圖即為熱模焊接的示意圖。右上圖為腳距8 mil的TAB接腳，經本法所烙焊的放大實景。

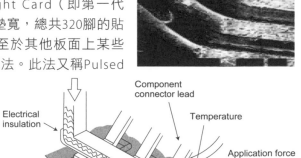

Thermogravimetric Analysis
（TGA）熱重分析法

利用溫度上升熱量增加而造成物質重量對應減輕的一種分析法（參閱Decomposition Temperture 及附圖）。

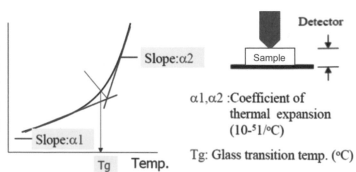

Component connector lead

Temperature

Electrical insulation

Application force and displacement

Solder

Flux

Thermocouple

Circuit track

Thermomechanical Analysis
（TMA）熱機分析法

是一種利用溫度上升而各種材料體積發生變化時，測量其微小線性膨脹的分析方法。例如可取少量的板材樹脂試橡，即可利用TMA法分析其T_g點之所在。事實上用以測定Tg的儀器很多，例如DSC, TGA等，但各種數據都有差異，故業界一向以TMA者為準。

Slope:α2

Slope:α1

Tg Temp.

Detector

Sample

α1,α2 :Coefficient of thermal expansion (10⁻⁵/°C)

Tg: Glass transition temp. (°C)

Thermoplastic 熱塑性

指高分子塑膠類，受到高溫的影響會軟化而其有可塑性，冷卻後又會變硬。這種可隨溫度做反覆軟硬之變化，而本質卻甚少改變之特性，謂之"熱塑性"。常見者如PVC或PE等皆屬之。

Thermosetting 熱固性

指某些高分子聚合物，一旦在高溫中吸收能量而架橋硬化後，即固定成型不再隨溫度升高而軟化可塑者，謂之"熱固性"。此類聚合物以環氧樹脂最為常見，電路板材皆屬此類。

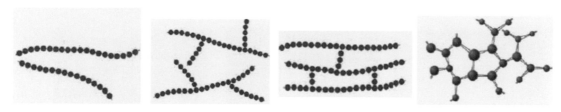

Glycidylether of BPA 基礎環氧樹脂 + TBBPA

TBBPA-Advanced Resin 阻燃性基礎環氧樹脂 n, m>0
樹脂廠將基礎Epoxy做完溴化後賣給CCL廠

Thermosonic Bonding 熱超音波結合

指積體電路器中，其晶片與引腳間"打線結合"的一種方法。即利用加熱與超音波兩種能量合併進行，謂之Thermosonic Bonding，簡稱T.S. Bond。

Thermount 聚醯胺短纖蓆材（紙材）

是杜邦所開發一種纖維的商品名稱。該芳香族聚醯胺類（Poly Aramid）組成的有機纖維，通稱為Aramide纖維，現有商品Kevelar（Para位）、Nomex（Meta位）及Thermount（與Kevelar屬同類）等三類，均已用於電子工業。

Kevelar是由長纖紡紗並織成布材者，可代替玻纖布含浸樹脂做成板材，尺寸安定性極好。另在汽車工業中也可用做輪胎的補強纖維。其二為耐高溫（220℃）質地較密的布材Nomex，可製做空軍飛行衣或電性絕緣材料用途。

Thermount則為新開發的"不織式紙材"（Nonwoven），重量較FR-4輕約15％，其尺寸甚為穩定，且物性極為堅強，可用以製作防彈衣；有希望在微孔式MCM-L小板方面嶄露頭角。

日本松下電器公司即採Thermount與其第二代Thermount RT等含浸環氧樹脂做為著名製程ALIVH之板材，並佔日本行動電話手機板市場之60％。杜邦公司預計2001年推出第三代之Thermount。但由於價格太貴尚未見到廣泛流行。

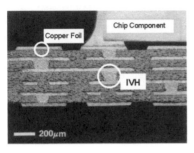
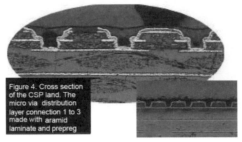

Figure 4. Cross section of the CSP land. The micro via distribution layer connection 1 to 3 made with aramid laminate and prepreg

Thermo-Via 導熱孔

指電路板上之大型IC等高功率零件，在工作中會發生多量的熱能，組裝板必須要將此額外的熱量予以排散，以免損及該電子設備的壽命。其中一種簡單的散熱方法，就是利用表面黏裝大型IC的底座板材空地，刻意另加製作PTH，將大型IC的發熱，直接引至板子背面的大銅面上，以進行散熱。此種專用於傳熱而不導電的通孔，稱為Thermo-via或前詞Thermal via。

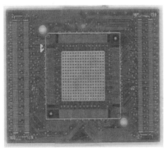

Thick Film Circuit 厚膜電路

是以網版印刷方式將含有貴金屬成份的"厚膜糊"（PTF；Polymer Thick Film Paste），在陶瓷基材板上（如三氧化二鋁）印出所需的線路後，再進行高溫燒製（Firing），使成為具有金屬導體的線路系統;謂之"厚膜電路"。是屬於小型"混成電路"板（Hybrid Circuit）的一種。單面PCB上的"銀跳線"（Silver Paste Jumper）或"銀貫孔"也屬於厚膜印刷，但卻不需高溫燒製。

在各式基材板表面所印著的線路，其厚度必須在0.1mm（4 mil）以上者才稱為"厚膜"線路，有關此種"電路系統"的製作技術，則稱為"厚膜技術"，此種技術亦曾用在埋入式電阻或埋容方面出過風頭，不過仍因成本貴而逐漸消聲匿跡了。

Thief 輔助陰極、竊流陰極、邊框銅點

處於陰極之待鍍電路板面四周圍，或其板中的獨立點，由於電流密度甚高，不但造成鍍層太厚，且亦導致鍍層結晶粗糙品質劣化。此時可在板面高電流區的附近，故意加設一些無功用又不規則的小方點或圓點鍍面

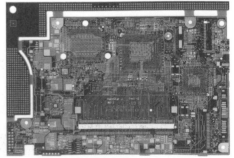

或框條，以分攤消化掉太過集中的電流，或為了保持板邊足夠強度與節省電鍍銅起見，而留下半蝕的銅面。。此等刻意加設非功能性的陰極面，稱為Thief或Robber。

Thin Copper Foil 薄銅箔

銅箔基板表面上所壓附（Clad）的銅皮，凡其厚度低於0.7mil（0.002m/m或0.5oz）者即稱為Thin Copper Foil。若更低於1/3 oz（12μm）者又稱為超薄銅皮Ultra Thin Copper Foil（UTC）。現在由於銅箔生產技術進步，因而12μm者以大幅降價，使得許多HDI式載板也都單價不高了。

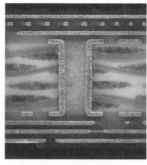

Thin Core 薄基板

多層板的內層板是由"薄基板"所製作，這種如核心般的Thin Laminates，業界習慣稱為Thin Core，取其能表達多層板之內部結構，且有稱呼簡單之便。

Thin Film Technology
薄膜技術

指基材上所附著的導體及互連線路，凡其厚度在0.1mm（4mil）以下，可採真空蒸著法（Vacuum Evaporation）、熱解塗裝法（Pyrolytic Coating）、陰極濺射法（Cathodic Sputtering）、化學蒸鍍法（Chemical Vapor Deposition）、電鍍、陽極處理等所製作者，稱之為"薄膜技術"。實用產品類有Thin Film Hybrid Circuit及Thin Film Integrated Circuit等。

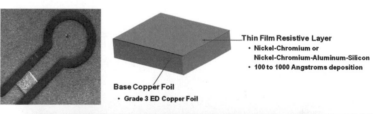
Thin Film Resistive Layer
· Nickel-Chromium or
Nickel-Chromium-Aluminum-Silicon
· 100 to 1000 Angstroms deposition
Base Copper Foil
· Grade 3 ED Copper Foil

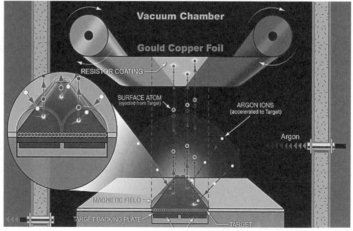
Vacuum Chamber
Gould Copper Foil
RESISTOR COATING
SURFACE ATOM (ejected from Target)
ARGON IONS (accelerated to Target)
Argon
MAGNETIC FIELD
TARGET BACKING PLATE
TARGET

Thin Small Outline Package
（TSOP）薄小型積體電路器

小型兩側外伸鷗翼腳之"IC"（SOIC），其腳數約20～48腳，含腳在內之寬度約6～12mm，腳距0.5mil。若用於PCMCIA或其他手執型電子產品時，則還要進一步將厚度減薄一半，稱為TSOP。此種又薄又小的雙排腳IC可分為兩型；Type I是從兩短邊向外伸腳，Type II是從兩長邊向外伸腳。或按大中小再去細分等。

Thinner 調薄劑、稀釋劑

即稀釋用的"溶劑",通常並不與被稀釋的溶質發生化學反應。

Thixotropy
抗垂流性、搖變性、搖溶性、靜凝性

某些膠體物質,如加以攪動、搖動,或震動時會呈現液化而發生流動之黏度降低現象,但當其完全靜止後,則又呈現膠著凝固的情形,此種特性稱為Thixotropy。常見者如蕃茄醬或黏土質之稀泥類等。電路板工業中印刷術用的油墨,尤其是綠漆或錫膏等都必須具有這種"抗垂流性",使所印著的立體"墨跡"或"膏塊"造型,不致發生坍塌或流散等不良現象(右二圖為搖變儀及測試部分)。

Three Point Bending 三點壓彎試驗

係將組裝板自下板面外側兩桿予以支持,再自上面中心第三點向下施力壓成板彎,然後觀察各貼焊點強度的一種試驗法。

Threshold Limit Value(TLV)極限值

指自然空氣中原來不存在的物質,經由各種途徑而進入空氣,其中某些氣態物質如二氧化硫、甲醛以及各種粉塵等,對動植物生態都有害。美國政府之"工業衛生協會"(OSHA),曾根據相關工作者每天所接觸的時間(小時數),對各種有害物質在空氣的含量分別訂有上限,稱為TLV。如PTH生產線現場,其甲醛之TLV即僅為0.7 ppm。

Through Hole Mounting 通孔插裝

早期電路板上各種零件之組裝,皆採引腳插孔及填錫方式進行,以完成零件與電路板的互連工作。彼時之插腳孔徑均為40mil而孔心到孔心之跨距(Pitch)一律以100mil為主要規格,當年所謂孔間幾條線就是按此種規格的說法,後來HDI興起後這種說法才慢慢消失了。目前的格距更改逼進到25mil了。

Throughput 物流量、物料通過量

如將生產線視做河流,其間設有各種製程站,從源頭站進入生產線之物料稱為"入料量"(Input),然後即按各站順序進行連續施工,直到完工產品離開生產線時,稱為"產出量"(Output)。物料在生產線流程各站間之製作、品檢、退回重做,及報廢等,稱為生產線之"物流量"Throughput。此詞有時也直接用以表達量產之大小。

Through Silicon Via（TSV）矽通孔

　　這是05年後全新發展之3D立體封裝，是最節省空間的理想境界。其做法是在成線完工的單矽晶片上先"打出"較大的盲孔（例如口徑約1-2mil大小，深度約在2-3mil左右），然後再利用鍍銅技術將之填滿，隨即從背面削薄而成為矽通孔。如此可將已具填銅通孔的多枚晶片，再利用銲錫將上下焊牢而垂直互連成為立體的晶塊（e-Cube）。之後可先將此種晶塊首度安裝在矽材之載板上（Silicon Substrate），隨即又再度轉裝在目前已成熟的有機載板上，然後即可完成元器件的構裝工程。之所以要這麼麻煩的多道程序，其目的是在拉近晶圓晶片與PCB兩者間1000倍的尺寸差異（前者線寬線距為50nm，後者為50μm）。如此多次進行擴展散出（Fan Out）與再佈線（Redistribution）的工程，方得以達到3D立體密集封裝與組裝。

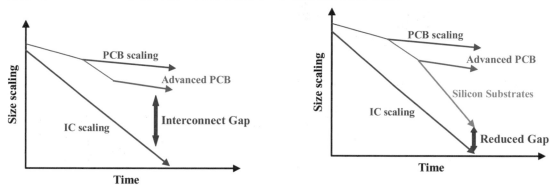

　　這種TSV口徑很大（3μm～30μm）且深度頗深，與先前晶片本身各層次溝內佈線（Trench）而互連用的Damascene Via（口徑僅0.08μm或80nm）兩者相差極遠。TSV的鍍銅與目前PCB的所鍍之銅已無差別，大可將PCB之鍍銅稍加精緻化即可進軍TSV了。而此種TSV的量產研究，工研院電子所已砸下重金開始進場。

　　TSV在矽材上成孔方式有雷射法與電漿法（或離子蝕刻）兩種，又以後者最具量產希望。常見者以Bosch的"深層反應型離子蝕刻"（DRIE）最為著稱，再搭配上電鍍銅流程則可出現①先孔後薄或②先薄後孔等兩種做法。具備TSV的完工單晶片可利焊接技術予以互連成為晶塊，預計到達2012年此種TSV與矽載板將會商業化生產的境界。

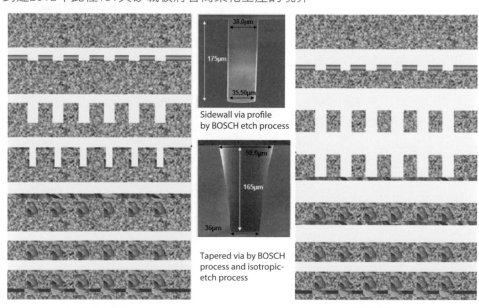

▲ 先孔後薄　　　　　　　　　　　　　　　　　　　　▲ 先薄後孔

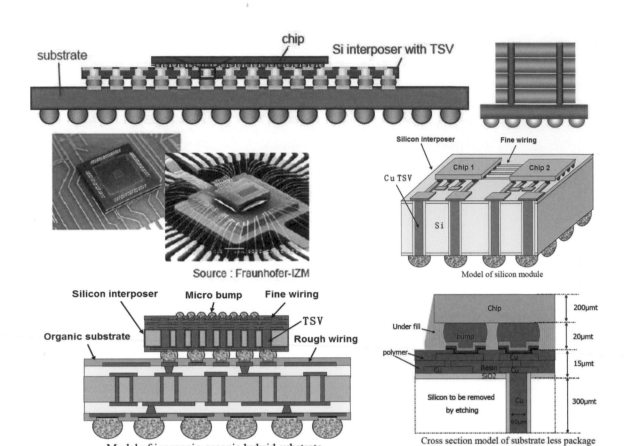

Source : Fraunhofer-IZM

Model of silicon module

Model of inorganic-organic hybrid substrate

Cross section model of substrate less package

Throwing Power 分佈力

係指鍍液對被鍍件表面鍍層厚度的差異性,亦即鍍液對其有效電流大小的分佈能力之謂。

當電鍍進行時,因處在陰極的工作物受其本身外形的影響,在與陽極距離遠近不同以致槽液的電阻有異下造成"原始電流分佈"(Primary Current Distribution)的高低不均,而出現鍍層厚度的差異。此時可在槽液中添加各種有機助劑(如光

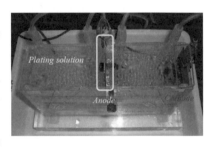

澤劑、整平劑、潤濕劑等),使陰極表面原有之高電流區域,因在各種有機物的影響下,而讓高電流區快速增厚的鍍層得以減緩,從而得以拉近與低電流區域在鍍厚上的差異。這種槽液中有機添加劑對陰極鍍厚分佈的改善能力,即為槽液的"分佈力"好壞,是一種需高度配合的複雜實驗結果。此詞若直譯拋置力或投置力者,皆未臻"信雅達"的境界。

當濕式電解製程為陽極處理時,則此"分佈力"一詞也適用於掛在陽極的工作物。如鋁件的陽極處理,就是常見的例子。對PCB而言全板面為巨分佈,深孔內則為微分佈。

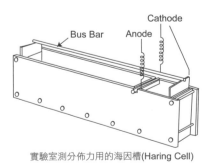

實驗室測分佈力用的海因槽(Haring Cell)

Lowenheim 氏所設計在現場槽液中使用的的分佈力測定器

Tie Bar 分流條

　　在電路板工業中是指板面經蝕刻得到獨立線路後，若還需再做進一步電鍍時，須預先加設導電的路徑才能繼續進行。例如於金手指區的銅面上，再進行鍍鎳鍍金時，只能靠特別留下來的Bus Bar（匯流條）及Tie Bar去接通來自陰極的電流。此臨時導電用的兩種"工具線路"，在板子完工後均將自板邊予以切除。目前P-BGA的雙面多條"逃線"完成蝕刻後，還要再續鍍鎳金者，也是各自以"分流條"連接到板外的匯流條上。鍍完鎳金後切斷各導電用的分流條，會在板邊留下不良的尾巴，必須還要以綠漆加以封閉以減少漏電的後患。

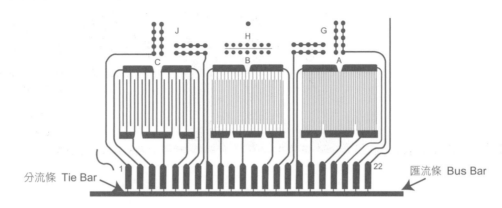

分流條 Tie Bar　　　　　　　　　　　　　　　　　　　　匯流條 Bus Bar

Tier 階、階層、層級

　　此詞常用於晶片封裝載板不同板面打線的階層，或同一載板層面而不同晶片層級的打線，皆可謂二階或三階等。

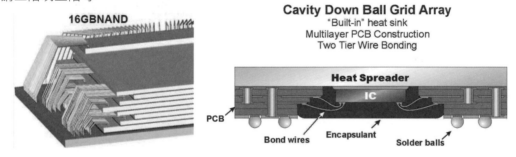

Tin Drift 錫量漂飄失

　　以63/37或60/40為"錫鉛比"的銲錫，其在波焊機之熔融槽內經長期使用後，常發生銲錫中的錫份會逐漸降低。此乃由於錫在高溫中較鉛容易氧化，而形成浮渣（Dross）且被不斷移除所致。需要時常加以分析，並隨時補充少量純錫以維持良好的焊錫性。有些銲錫槽面加有防氧化之油類則問題較少。其中之機理在Printed Circuits Handbook 3rd. edition P.24.19（by C.F. Coombs）中，曾有如下的解釋：

$2Pb + O_2 \longrightarrow 2PbO$，　　　　$2Sn + O_2 \longrightarrow 2SnO$，

$Pb + Sn + O_2 \longrightarrow PbSnO_2$，　　$PbO + SnO \longrightarrow Pb + SnO$

Tin Immersion 浸鍍錫

　　清潔的裸銅表面很容易出現污化或鈍化，為保持其短時間（如一週之內）之焊錫性起見，較簡單的處理是採用高液溫之浸鍍錫法，使銅面浸鍍上薄錫而暫時受到保護，此種"浸鍍錫"常在PCB製程中使用。此詞與Immersion Tin相同，請再參考前詞。

自從歐洲業者宣布自2004.1.起將逐漸淘汰鉛的使用後，此禁鉛令將對PCB工業造成極大的影響。想必噴錫不能用而Entek也將無法因應增加30℃的焊溫。於是供應商又紛紛研究改進存在已久的"浸鍍液"，目前焊錫性已可延長到1年以上，對業者有正面的助益。

Tin Pest 錫疫

常見白色之金屬錫稱為"β錫"，但當溫度低於13.2℃時，則此白錫將逐漸轉變成粉末狀灰色的"α錫"，稱為"錫疫"。不過當溫度回升到100℃時，將又會迅速回復到β錫。

Tin Whishers 錫鬚

鍍純錫層或化學錫與浸鍍錫等，在經過一段時間後，會向外產生鬚狀的突出物而且還會愈來愈長，往往造成的電路導體之間的短路，其原因大概是在鍍錫過程中，鍍層結晶格子中的原子，由於某種原因已累積了不少應力，錫鬚的生長可能是"消除應力"降低位能的一種方式。或因焊接後生成IMC體積變大後就將對面錫產生推擠的力量而發生錫鬚。鍍層中只要加入2%～4%少許的鉛量即可防止此一困擾，因而電子產品不宜選擇純錫鍍層。

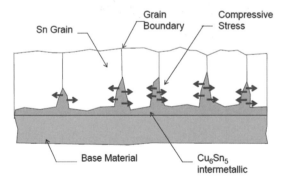 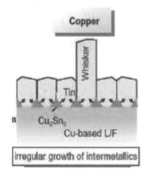 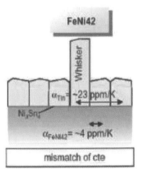

Tinning 熱沾銲錫

指某些零件腳之焊錫性不良時，可先採用熱沾銲錫的方式做為預備處理層，以減少或消除氧化層，並增強整片組裝板在流程中的焊錫性。

Tolerance 公差

指產品需做檢測的各種尺度（Dimension），在規格所能允許的正負變化總量謂之公差。

Tombstoning 墓碑效應

小型片狀（Chip）如電阻器或電容器之表面黏裝零件，因其兩端之金屬封頭與板面焊墊之間，在焊錫性或焊錫力量上可能有差異存在。經過熱風熔焊後，偶而會出現一端焊牢而另一端被拉起的浮開現象，特稱為墓碑效應，或吊橋效應、曼哈頓效應（指紐約曼哈頓區之大樓林立現象）等術語。

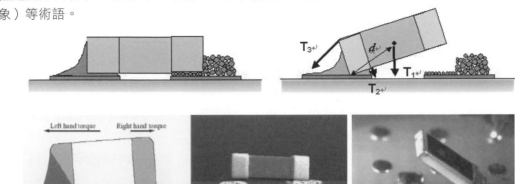

Tooling Feature 工具標的物、工具諸元、工具成員

是指電路板在各種製作及組裝過程中，用以定位、對準、參考之各種標誌物。如工具孔、參考點、裁切點、參考線、定位孔、定位槽、對準記號等，總稱為"工具用成員"。

此Feature也常指板面上的線路、通孔、焊墊與金手指等PCB組成份子，不易找到匹配的中文，只得以"諸元"或"成員"譯之。

Top View 俯視圖

立體物品可從三個方向加以觀察，其中俯視圖稱為Top View。通常側視圖搭配俯視圖即可對全方位立體形象有更深入的瞭解，一般稱之為上視圖乃原文之直譯很難正確表達出正確的含意。附圖所列者為化學鎳的明場與暗場3000倍微觀，第三圖則為紅墨水試驗拉掉CSP後由於已拉斷頭頂板材而將載板的銅墊與錫球一併留在主板上的三個斷頭畫面。

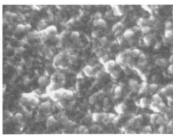
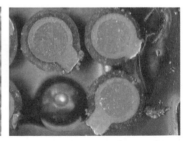

Topography 表面地形、粗糙度

指空板或組件外表之高低起伏地形，有如大地之外表，謂之Topography。而同樣地表之側

視稜（ㄌㄥˊ）線圖則稱為Profile。

例如蝕銅後表面之微觀地形，其高低起伏之粗糙情形，則謂之Topography。

Torsion Strength　抗扭強度

指已用接著劑黏牢的物體，或零件黏著之介面間，當欲以扭動力量加諸其上而使之分離時，所能忍耐的最大扭力謂之 "抗扭強度"。

Total Indicated Runout（TIR）總體標示偏轉值

工作中高速旋轉的鑽針，多少都會產生一些偏轉（Runout），正如汽車輪胎需要加掛配重以緩和偏轉的不良效應。動態鑽針的總體標示偏轉，其來源有①主軸Spindle的偏轉②夾筒的偏轉③鑽針本身三個同心圓誤差的偏轉等，總稱為TIR。

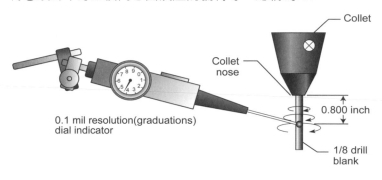
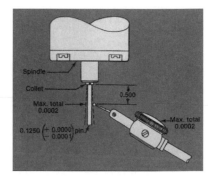

Touch Up　觸修、簡修、小修

指對板面一些不影響功能的小缺點，以簡單的工具在手操作下即可進行的小規模的檢修，稱之Touch Up，與Rework有些類似。

Trace　線路、導線

指電路板上一般導線或線路而言，通常並不包括通孔、大地、焊墊及孔環等。原文中當成 "線路" 用的術語尚有Track、Line、Line run、Conductor等。

Traceability　追溯性、可溯性

軍用電路板或IPC-6012B中所明定高可靠度的Class 3板類，在製造過程中所用到的各種原物料、設備及檢驗過程等，其資料皆需詳加紀錄及保存，以備出品後三年中仍具可查考及可追蹤的證據，謂之 "追溯性"。

Track　線路

PCB板面 "線路" 的原文用字有Line、Line run（跑線）、Track、Trace等。

Transducer　轉能器

在超音波清洗機中，將電能轉變為機械振動能的特殊組件，謂之 "轉能器"。

Transfer Bump　移用式突塊、轉移式突塊

捲帶自動結合式的晶片載體，其內引腳與晶片之結合，必須要在晶片各定點處，先做上所需的銲錫突塊或黃金的突塊，以當成結合點與導電點。其做法之一就是在其他載體上先備妥突

塊，於進行晶片結合前再將突塊轉移到內腳上，以便與晶片完成結合。這種先做好的突塊即稱為 "移用式突塊"。

Transfer Laminatied Circuit 轉壓式線路

是一種新式的電路板生產法，係利用一種93 mil厚已處理光滑的不銹鋼板，先做負片乾膜的圖形轉移，再進行線路的高速鍍銅。經剝去乾膜後，即可將有線路的不銹鋼板表面，於高溫中壓合於半硬化的膠片上。再將不銹鋼板拆離後，即可得到表面平坦面線路已埋入板材中的電路板了，且尚可鑽孔及鍍孔以得到層間的互連。

或者利用不鏽鋼立體模具轉壓在B-Stage的樹脂材料上，分開後即成為表面起伏的立體板，經固化後即可全面鍍銅與填銅，再削去面銅後即成為獨立線路非傳統加工式的電路板了。

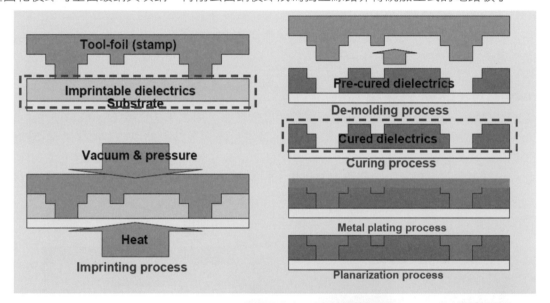

Transformer 變壓器

是指在具有全磁性之鐵質磁性材料（Ferromagnetic）上一併纏繞原級（Primary）線圈與次級線圈（Secondary），當某種電壓的交流電進入原級線圈時，則經由磁性而在第二線圈中感應出另一種電壓的交流電，稱之為變壓器。各式插接外電源的轉接器（Adaptor）中都設有小型的變壓器。因而在長時間工作都有散熱現象。

Transfer Soldering 移焊法

是以烙鐵（Soldering Iron）、銲錫絲（Solder Wire），或其他形式的小型銲錫塊，進行手工焊接操作之謂。也就是讓少部份焊絲被烙鐵移到待焊接處，並同時完成焊接動作，稱之Transfer Soldering。

Transistor 電晶體

是一種半導體式的動態零件（Active Components），具有三個以上的電極，能執行整流及放大的功能。其中晶片之原物料主要是用到鍺及矽元素，並刻意加入少許雜質，以形成負型

（N-type）及正型（P-type）等不同的簡單半導體，稱之為"電晶體"。此種Transistor有引腳插裝或SMT黏裝等方式。

Translucency 半透性

指物質表面可半透或部份透過輻射線的特殊性質；另有Transparency是指全數透過輻射線之物質特殊性而言。

Transmission Line 傳輸線

是指由導線、介質層與接地層三者所共同組成的體系，用以傳送訊號（Signal）及接地回歸的迴路系統，亦即常見之多層板的組合。此等傳輸線之特性阻抗需加小心管制，而得以輸送高頻電子訊號，或狹窄的脈衝電訊（Narrow Pulse Electrical Signal）等，此種高速Logic或高速通信用途之線路均謂之"傳輸線"。電路板上最常見的傳輸線有附圖中的Microstripe及Stripline等兩種。訊號傳輸的品質保證可利用特性阻抗之管理與監控而達成之。

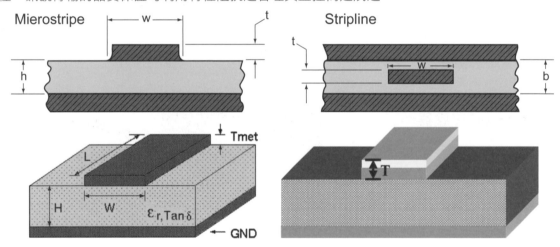

Transmittance 透光率

當入射光（Incident Light）到達物體表面後，將出現反射與透射兩種效果，其透光量與入射光量之比值稱為"透光率"。

Trapezoid Shape 梯形

電路板蝕刻所成線路的兩側面，多呈現上窄下寬的梯形，且兩側腰還稍呈內凹形狀，大體上仍稱之為"梯形"。其原因是水池效應（Puddle Effect）及愈往底部稜線面接近時，其銅原子結晶變得愈粗糙之故。此種變化是出自銅箔之電鍍成形時，

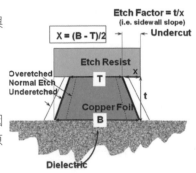

由光面逐漸長厚也逐漸變粗之故。但在蝕刻液的配方調整與蝕刻機改善而得到更大的蝕刻因子（EF）時，則其梯形也將逐漸變得不明顯反而接近方形了。

  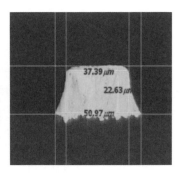

Treament, Treating 含浸處理

在電路板工業中專指在膠片（Prepreg）生產時，其玻纖布或牛皮紙等主材之樹脂含浸工程。即先將捲狀主材連續慢速拖過樹脂的溶液槽，再通過紅外線及熱風的長途連續烤箱，迫使其中溶劑揮發掉並同時供給熱能，使樹脂產生一部份的架橋聚合反應。此種整體連貫製程之正式名稱為"Impregation Treatment"，而其大型生產設備則稱為"處理機"（Treator）。FR-4玻纖環氧樹脂之膠片是採用直立式Treator（高達13米左右），而CEM-1、CEM-3及酚醛紙板等，則多採平臥式Treator（長達100米）。

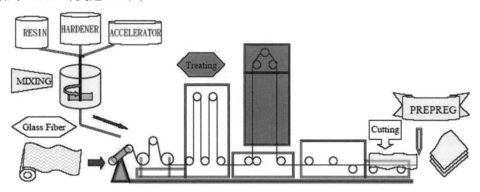

Treeing 枝狀鍍物、鍍鬚

在進行板面線路鍍銅時，導體線路的邊緣常因電流密度過大而有樹枝（Dendritic）狀的金屬針狀物出現，稱為Treeing。但在其他一般性電鍍中，鍍件邊緣高電流密度區域也會偶有枝狀出現，尤其以硫酸錫之鍍純錫操作中，有時會在物件邊緣發生多量的鬚狀鍍枝，故也稱為Whiskering。

Trim 修整、修改數值、精修

碳膠質網印式電阻器（Resistor），當硬化後之厚度與寬度固定時，則仍可用噴砂法或雷射切割法，精確修整長度而控制其電阻值。且所溢出多餘的碳膠，也可用同法予以清除，稱為Trim。此詞亦引用於其他製做方式所得電阻器、電容器或線圈等在數值方面的精修動作。

Trim Line 裁切線

電路板成品的外圍，在切外型時所應遵循的邊界線稱為Trim Line。

Trimming 修整、修迭

在薄膜狀或片狀元件（如電阻器或電容器等）上，可用雷射光束或噴砂法對其長寬或外形加以修整，即可為所需要的數值而進行微量調修，謂之Trimming。

True Position 真位

指電路板孔位或板面各種成員（Feature），其等在設計上所坐落的理論位置，稱為真位。但由於各種圖形轉移以及機械加工製程等，不免都會隱藏著誤差公差。當板子在完工時，只要"成員"仍處於真位所要求圓面積的半徑公差之範圍內（True Position Tolerance），而不影響組裝及終端功能時，則其品質即可允收。

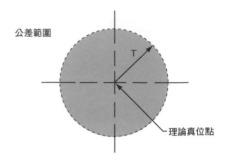

公差範圍

理論真位點

Tungsten 鎢

鎢也稱為Wolfram，其元素符號為W，原子序74，原子量183.85，價數有2、4、5、6等四種。熔點高達3410℃，是金屬中之最高者。鎢也是一種極堅硬的金屬，導電性很好，故可用做低電壓之接點及白熾燈之發光燈絲。

Tungsten Carbide 碳化鎢

碳化鎢之分子式為WC，是所有結構性物質中，在強度上的最高者，其燒結後的桿材為電路板切削玻纖布之鑽頭和銑刀的主要原料。此物之熔點高達2780℃，固體硬度更在"自然硬度"的Mohs度9度以上。

鑽頭桿料是以94%的碳化鎢細粉做為主體，另外加入6%的鈷粉做為黏結劑及抗折物料，再加入少許的"碳化鉭"做為黏結劑，並以石臘為混料的載體，送入高溫爐在1600℃的強熱中，於3000大氣壓（Atm）或44100 PSI強大壓力下，將所有氣泡及有機物擠出，而成為桿狀的堅硬實體，提供給各種超硬切削工具做為原材。此種特殊處理稱為Hot Isostate Pressing，或簡稱Hipping。目前全世界能製造桿材的廠商甚少，只有美、日等數家而已。

Turnkey System（Solution）
包辦式系統、整體解決方案、委外全包式做法

此美式說法係指某種製程設備或連線，其供應商在生產組裝時，已仔細考慮到軟體及硬體細節，並為客戶準備妥當，使用者只需轉動鑰匙即可開始工作。甚至某些全新建立的工廠，只要打開大門即可投產。其整廠也可採全包式的供應，大陸業界稱為"鑰匙工廠"。

例如有人出資要開一家PCB工廠，於是將建廠、規劃、購機、招募與培訓員工等事項，全數委託專業人員或團體，業主只要取得一把開大門的鑰匙，帶來訂單進廠開工，即可立刻投產出貨。此種整體委外的方式稱為Turnkey Solution。

Turret Solder Terminal 塔立式焊接端子

是一種插裝在通孔中的直立突出板面的金屬端子，本身具有凹槽（Groove）可供纜線之鉤搭與繞線，之後還可進行焊接，稱為"塔式焊接端子"。

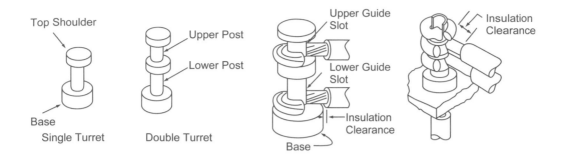

Twill Weave 斜織法、菱織法

是網布的一種斜絞織法。常見的平織法（Plain Weave），其布材中的經緯紗是一上一下交織而成。斜織法則是一上兩下，或兩上兩下等各種跳織方式，從大面積上看來如同斜紋布一般。此種網布對板面印刷所產生的效果如何，各種文獻中均尚未見。

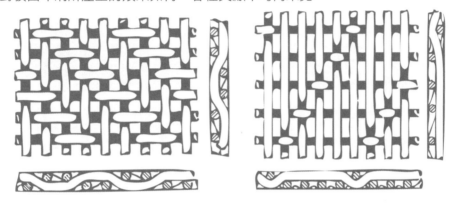

Twist 板翹、板扭

指板面從對角線兩側的角落發生變形翹起，謂之Twist。造成的原因很多，以其有玻纖布的膠片，其緯經方向疊放錯誤者居多（必須經向對經向，或緯向對緯向才行）。板翹檢測的方法。首先是應讓板子四角中的三點落地貼緊平檯，再量測所翹起一角的高度。或另用直尺跨接在對角上，再以"孔規"去測直尺與板面的浮空距離。

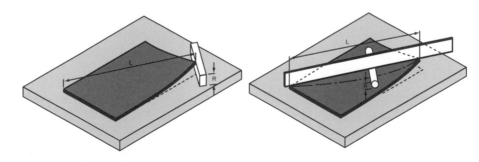

Two Layer Carrier 兩層式載體

這也是"捲帶式晶片載體"的一種新軟質材料，與業界一向所使用的三層式軟板載體不同。其最大的區別就是取消了中間的接著劑層，只剩下"Polyimide"的樹脂層及銅箔層等兩層直接密貼，這種2L軟材不但在厚度上變薄及更具柔軟性外，其他性能也多有改進，目前雖已達到量產化的地步但價格仍比3L者要貴。

Tear Drop 掉眼淚 NEW

　　這是指板面垂直鍍銅後通孔切片上下孔銅厚度不均的現象,從板面看到有如同淚滴狀的低陷(下左圖),故稱之。與此詞相同的其他兩種說法,有Step Plating ,Fish eye等已收納在本書2009版中。不過業界最早用的Tear Drop卻未列入,特在此2019版中增列之。事實上不但通孔兩端面銅出現梯階狀的銅厚不均,連孔壁上下的銅厚也差異很大,再以切片佐證之。從下左俯視圖可知,若從 "1" 的方向微切片,即可見到如右圖之孔銅,上側較薄而下側較厚的畫面。但若從 "2" 的方向去切時則所見左右孔銅厚度並無差別(取材自阿托科技)

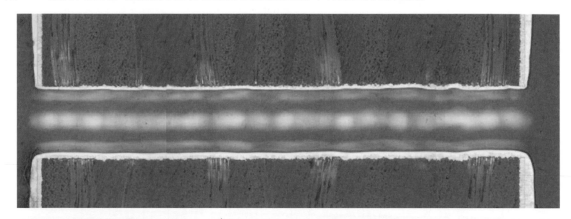

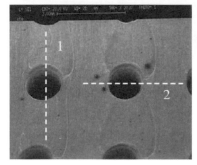

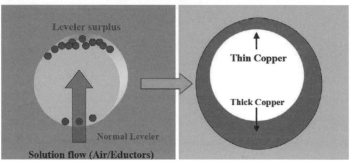

　　再從阿托科技另一圖示的說法,當板子直立在槽液中掛鍍時,通常高縱橫比深通孔為了使孔內槽液更容易交換起見,刻意利用柏努力定律(Bernoulli's Principle)所製作文氏管(Venturi Tube)多個液中噴液的噴流器(Eductor),在槽液中從掛板處的左右自下往上噴,而讓橫方向的深通取得更多槽液中的Cu^{2+},而免於深孔鍍銅兩端厚而中間薄的狗骨現象。但如此一來卻可能使深通孔孔頂部份累積整平劑太多,造成下側銅厚正常而上側銅厚卻變薄的現象。此種現象經常在各PCB廠內不斷發生,只是詳情很難被發現而已。

Tear Resistance Design 抗撕裂設計 NEW

　　各類軟板設計之初即應考慮到可能被撕裂的問題,可利用不同手法予以補強其外形整體應力集中的軟弱區。下圖有7種方式均可加強軟板外形的抗撕裂特性。

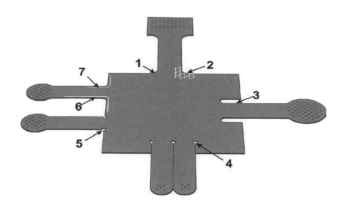

1. 轉直角處加大其圓弧
2. 轉直角處壓貼玻纖膠片
3. 轉直角處刻意朝板內衝切成弧形開槽
4. 轉直角處切斷成細縫並鑽孔
5. 轉直角處鑽孔
6. 轉直角處埋入aramid纖維
7. 轉直角處增加銅箔

Teardrop Junction 淚滴型孔環 NEW

軟板電鍍孔環與向外連線之唧接處,與硬板孔環或與線路採正交式直接連出者有所不同。這當然是為了加強孔環與引線之間的強度所設想。幾乎所有軟板都採用這種淚滴型的唧接法,以加強互連處板材的安全。

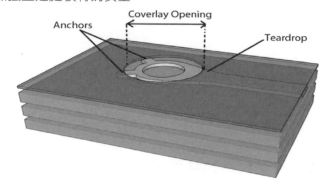

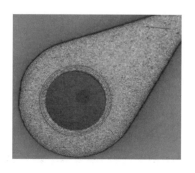

Termination 端接、終止化 NEW

當通過PCB單股傳輸線的訊號線從某發訊端(Driver or Transmitter)往另一收訊端(Receiver)發送1個Byte方波訊號的路途中,難免會遇到路徑缺失的異常點(術語説法是"特性阻抗Z_0不連續"的位置,例如訊號線缺口,介質層忽然變厚變薄,或回歸的大銅面上有缺口等。),則到達收訊端的訊號能量,會出現部份前進者已出現損耗,與部份卻往發訊端回彈的分裂現象。

此種Z_0未能守恆的不當回彈能量,若與Driver下一次發送訊號遭遇碰撞時,即將對下一個訊號造成碼間干擾(Inter Symbol Interference;ISI)甚至造成誤碼(Errior bit)。為了避免這種不當回彈的干擾起見,於是就在發訊端接腳銲點外刻意串聯一個電阻器,以吸收掉回彈的電流能量並使之發熱而消失掉,這種每支發訊腳外都加裝吸收回彈用的電阻器即稱之為端接。

傳輸線的標準特性阻抗Z_0是50Ω,假設Driver本身訊號的振幅為10Ω,於是串聯端接上40Ω的端接電阻器,即可拉高送出訊號的阻抗至50Ω以匹配傳輸線的Z_0。為了訊號完整目前幾乎所有發訊腳外都已端接上電阻器了。

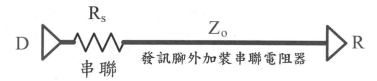

發訊腳外加裝串聯電阻器

上述發訊腳外加裝串連電阻器的端接法是最常見最便宜的做法,其他還另四種端接法則成本較貴,因而並不常用。

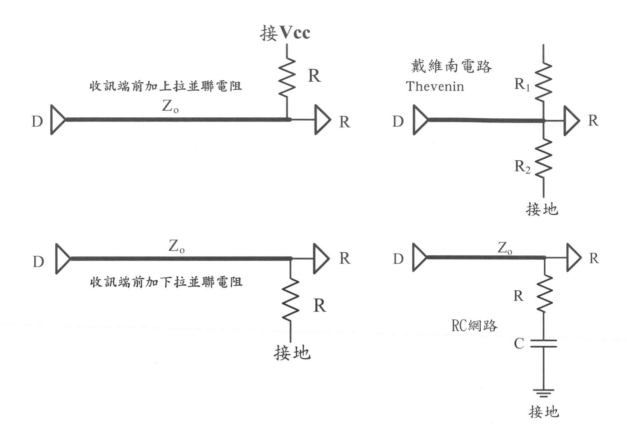

Thermal Interface Material（TIM）介面導熱物料 NEW

　　廣義TIM是指兩硬質導熱體(如金屬)其介面間所另加軟質或流質的導熱物料，可使兩者間凹凸不平的介面取得更好的導熱效果，凡可提高導熱效率的各多種物料均謂之TIM。常見者如Thermal paste導熱膏，Thermal grease導熱脂，Thermal adhesive導熱膠等均屬之。

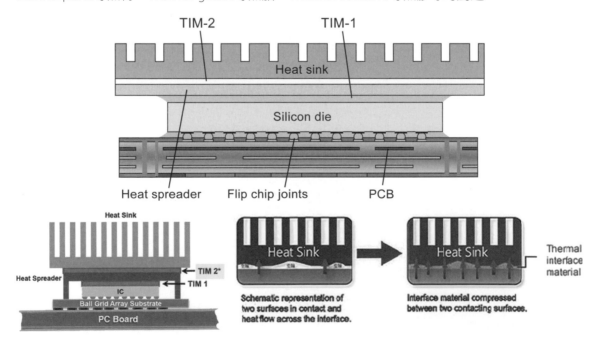

Thermoplastic polyimide（TPI）熱塑型聚醯亞胺 `NEW`

PI聚醯亞胺樹脂是軟板最主要的絕緣板材，早先PI與銅箔兩者的黏合是採用丙烯酸樹脂Acrylic(通稱此Adlesive為AD層)。目前已改用成本較貴但卻可更薄的TPI熱塑型樹脂，不但可減薄厚度而且顏色與PI極為接近而柔軟度也更好(不過壓合溫度却拉高到300℃)。以單面銅箔的單面FCCL為例，早先是採Cu+AD+PI方式故稱為3層式板材，現已改為Cu+TPI+PI(後二者事先即已完全密合且外觀顏色相同)故稱為2L式的單面FCCL。下列從兩個軟板材料的2000倍精彩切片中可見到最中央的PI及上下極薄的兩個TPI層。

事實TPI最早是由杜邦開發的Arimid(即所列之結構式)，之後美國太空總署開發了另一種品質更好更實用的TPI，後來才商轉給日商三井，拓自達Tatsuta及美商Rogers商名的Durimid。第三種TPI是美國GE開發的Ultem，目前在航空及電子業界都非常廣用。

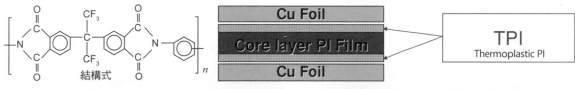

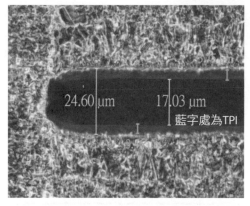

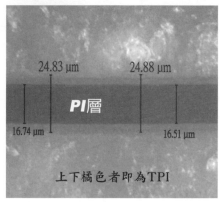

Through Glass Via 玻璃板通孔 `NEW`

奈米級超細線的晶圓晶片其並行傳輸的內頻資料，想要透過微米級細線串行外頻的有機載板，到達PCB而得與其他主動元件溝通時將非常困難。原因是內頻奈米細線與有機載板的微米細線兩者線寬落差達2000倍之多，於是大型模塊於其兩者間另押入互連板Interposer做為仲介。此種互連板可採圓形矽材或方形大排板的玻璃板去製做；於是前者會有矽通孔TSV，而後者就有直徑30μm的玻璃通孔TGV了。後者成孔的方法是雷射光能量把孔位的玻璃材質先打碎，然後再用氟化物溶液把已碎的玻璃屑溶除掉而對完整性玻璃的傷害很小，即可得到TSV了。

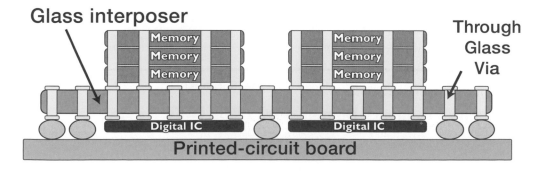

Through Mold Via（TMV）細綁球盲孔 `NEW`

　　是將手執電子產品中PoP二樓完成封裝的DRAM打線式模塊，與一樓覆晶式的CPU（手機另稱為AP; Application Processor）模塊，將此上下兩完工模塊事後焊在一起成為PoP，然後再總體貼焊於手機板上成為PCBA的成品。此種安置在一樓載板外圍封膠中的銲球，可使得兩個單件能夠上下互連導通的兩圈或三圈銲球，而其底件外圍樹脂層待安放銲球的盲孔即稱為TMV。

Time Above Liquidus（TAL）維持熔錫的時間 `NEW`

　　這是指採錫膏回焊SMT工藝所用回焊曲線（Profile）中維持熔錫的時段，也就是所用不同銲料時，其回焊曲線頂部所具備的一段液態熔錫時間也不同。從下列回焊曲線圖可見到ⓓ到ⓗ所橫跨的時段（60-120秒）即為該銲料的TAL，也就是錫膏開始液化到開始固化之間所維持液態的時段。此段TAL正是快速生長介金屬IMC而展現強力焊牢的時間，對銲點強度非常重要。

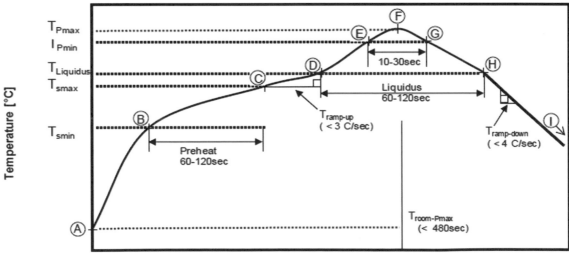

Time Domain / Frequency Domain　時域 / 頻域 `NEW`

　　此兩詞是用於類比正弦波訊號，與數碼方波訊號的術語，用以表達兩者的內容與特性。由於此兩詞非常抽象，因而須利用標準圖形加以說明。

左圖為正弦波類比（Analog）訊號的時域圖，其縱座標為電壓而橫坐標為時間，也就在時間領域中呈現的紅色波動圖形。當改換成頻域時，由於只有一種紅色頻點因而在頻率橫坐標上也只出現1個頻點所形成的振幅（Amplitude）而已。

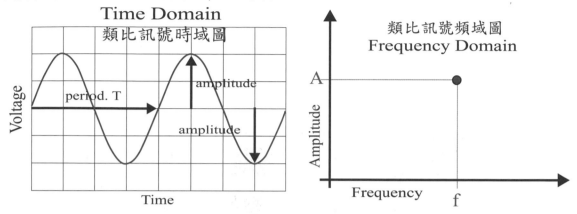

方波數碼（Digital）訊號在時域圖中，呈現理論式方波以表達0與1（即0V與1V）的不斷跳變，但由於此種理論方波是由無窮個正弦波能量所組成的，因而把時域方波轉成為頻域正弦波時，於是即在其頻譜圖展現出無窮個奇數次的頻率能量（即振幅）的諧波，通常只考量0，1，3，5，7，9，等六個頻率的能量（振幅），其他多個高頻者能量太小均可忽略。

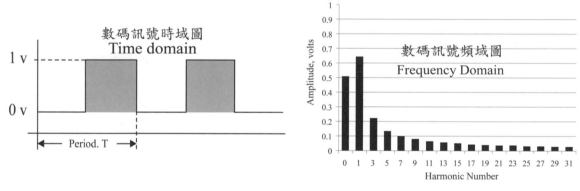

時域與頻率的關係還可從下兩圖再進步瞭解，由下左圖可見到紅色虛線的方波是由0+1主弦波的能量（或面積），再加上3rd，5th，7th，等三個諧波能量（面積）等所組成的。下右圖即為其頻域圖所呈現7個頻率的振幅，至於9th，11th，13th，等三個高頻諧波的能量太小，而可以忽略了。注意主波中的0次波即為方波中直流電的能量。

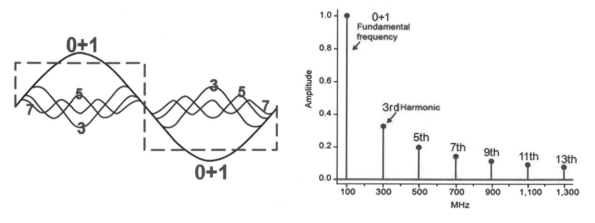

Titanium Copper Sputtering 鈦銅濺射 NEW

　　這是半導體工業對介質材料進行金屬化Metallization的真空乾式做法，正如同PCB業界對通孔或盲孔絕緣孔壁所進行濕流程PTH金屬化的原理一般，兩者目的完全相同。而且半導體的除膠渣所採用的電漿plasma法也屬真空乾製程。對於小徑的通孔與盲孔而言，濕製程的良率遠不如乾製程來的更好，主要原因是濕製程必須要克服各種槽液都具有表面張力，必須要全數孔壁得到潤濕才能進行反應，也就是槽液必須把孔內的空氣完全趕光才能濕作，然而這並不容易。

　　乾式法是先對絕緣材料濺射上一層鈦膜，然後再另濺射一層銅即可去進行電鍍銅。前者不但可增加後續銅層的附著力，而且還可阻止銅原子向外擴散與遷移。濺銅猶如化銅一樣是

做為導電用途，以利後續濕製程電鍍銅的進行。右三圖即為濺射鈦銅乾式金屬化法所量產的8層載板，係出自筆者對i-phone7拆解所見到的真實產品。

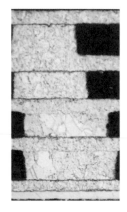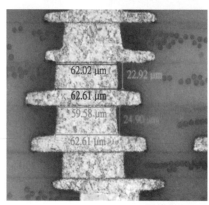

　　上三圖為筆者拆解i-phone7研究時，所見到板子正面貼焊的功率放大管理(PAM)模塊所用的8層精密載板，其供應商係採濺射鈦銅乾式金屬化方法，於其量產堆疊盲孔的放大畫面中，可清楚見到各介面處的灰色鈦層(濺銅層已與電鍍銅層合為一體了)，與全未經過濕製程除膠渣咬蝕的完好孔壁。右圖為相同料號的8層載板但卻是採用傳統濕流程所生產者，可清楚見到各盲孔孔壁經除膠渣咬蝕出的玻纖紗，與後來金屬化紅色的化學銅。兩者切片畫面差異極大。就成本而言逐批式batch type的乾式金屬化方法，其設備當然要比連續式濕流程貴了很多。

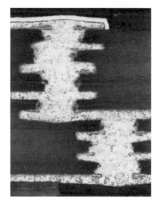

Two Chamber Thermal Shock 兩箱式熱振盪試驗 NEW

　　此詞正式的明文詮釋，若就管轄PCB的IPC規範而言，是落在IPC-6012D（2015.9）的3.10.7節中，其內文是這麼說的：PCB必須按IPC-TM-650的2.6.7.2法去進行可靠度試驗，試驗後所測得的電阻值一旦超出未做可靠度的10%者，則視為剔退不合格。至於完成可靠度試驗的試樣切片結果，還應符合Table3-10與Fig3-10的要求，其原文如下：

3.10.7 Thermal Shock Printed board or test coupons **shall** be tested in accordance with IPC-TM-650, Method 2.6.7.2. An increase in resistance of 10% or more **shall** be considered a reject. After microsectioning, the printed boards or test coupons **shall** meet the requirements of Table 3-10 and Figure 3-10.

　　所指定試驗方法Test Method（TM）650的2.6.7.2法，其實做內容則共有6種條件，此即熱箱與冷箱等兩箱式Air to Air的操作條件。

Table 1

Step	Test Condition A Temperature °C [°F]	Time (min)[1]	Test Condition B Temperature °C [°F]	Time (min)[1]	Test Condition C Temperature °C [°F]	Time (min)[1]
1	0, +0/5 [32, +0/9]	15	-40, +0/-5 [-40, +0/-9]	15	-55, +0/-5 [-67, +0/-9]	15
2	25, +10/-5 [77, +18/-9]	0	25, +10/-5 [77, +18/-9]	0	25, +10/-5 [77, +18/-9]	0
3	+70, +5/-0 [158, +9/-0]	15	+85, +5/-0 [185, +9/-0]	15	+105, +5/-0 [221, +9/-0]	15
4	25, +10/-5 [77, +18/-9]	0	25, +10/-5 [77, +18/-9]	0	25, +10/-5 [77, +18/-9]	0

Step	Test Condition D Temperature °C [°F]	Time (min)[1]	Test Condition E Temperature °C [°F]	Time (min)[1]	Test Condition F Temperature °C [°F]	Time (min)[1]
1	-55, +0/5 [-67, +0/-9]	15	-65, +0/-5 [-85, +0/-9]	15	-65, +0/-5 [-85, +0/-9]	15
2	25, +10/-5 [77, +18/-9]	0	25, +10/-5 [77, +18/-9]	0	25, +10/-5 [77, +18/-9]	0
3	+125, +5/-0 [257, +9/-0]	15	+150, +5/-0 [302, +9/-0]	15	+170, +5/-0 [338, +9/-0]	15
4	25, +10/-5 [77, +18/-9]	0	25, +10/-5 [77, +18/-9]	0	25, +10/-5 [77, +18/-9]	0

[1] Or until samples reach test temperature.
Tolerance shall be +2 and -0 minutes.

　　下列溫度變化圖即出自兩箱式Thermal Shock（IPC的術語）的其實測的自動紀錄，藍線為試驗箱的設定溫度，紅線為試樣板面的實測溫度，此項試驗出自上列2.6.7.2的Test Condition E.

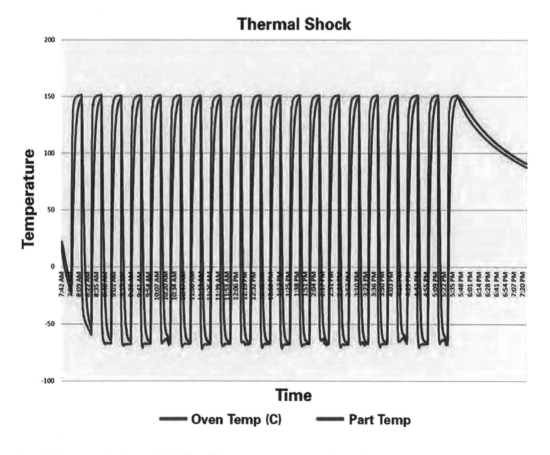

Thermal Shock

— Oven Temp (C)　　— Part Temp

　　很不幸的是，這種相同試驗對IC載板Carrier而言，卻在後起之秀的JEDEC規範JESD22-A104C中，卻被另稱為"TCT溫度循環試驗"（Temperature cycling test），試驗原理與內容相差不多，但名稱上卻大大不同經常造成業者們的困擾。其操作條件共有11種之多，詳細內容如下表。

Table 1 — Temperature cycling test conditions

Test Condition*	Nominal Ts(min)(°C) with Tolerances	Nominal Ts(max)(°C) with Tolerances
A	-55(+0, -10)	+85(+10, -0)
B	-55(+0, -10)	+125(+15, -0)
C	-65(+0, -10)	+150(+15, -0)
G	-40(+0, -10)	+125(+15, -0)
H	-55(+0, -10)	+150(+15, -0)
I	-40(+0, -10)	+115(+15, -0)
J	-0(+0, -10)	+100(+15, -0)
K	-0(+0, -10)	+125(+15, -0)
L	-55(+0, -10)	+110(+15, -0)
M	-40(+0, -10)	+150(+15, -0)
N	-40(+0, -10)	+85(+10, -0)

UL Symbol "保險業試驗所" 標誌

U.L.是Underwriters Laboratories,INC.的縮寫,這是美國保險業者所共同出資組成的大型實驗及試驗構機。成立於1894年,現在美國各地設有五處試驗中心,專對美國市場所銷售的各種商品,在其"阻燃"及"安全"兩方面把關。但UL對任何產品其本身的品質好壞卻從不涉入,很多業者在其廣告資料中常加入"品質合乎UL標準"等字樣,這是一項錯誤也是"半外行"者所鬧的笑話。遠東地區銷美的產品,皆由UL在加州Santa Clara的檢驗中心管轄。以電路板及電子產品來說,若未取得UL的認可則幾乎無法在美國甚至全球市場亮相。UL一般業務有三種,即:①列名服務(Listing);②分級服務(Classification);③零組件認可服務(Recognition)。

通常在電路板焊錫面所加註板子本身的製造商之標記(Logo),及向UL所申請的專用符記等,皆屬第三類服務,其標誌是以反形的R字再併入U字而成的記號。又UL對各種工業產品,皆有文字嚴謹的成文規範管理其阻燃性。與PCB有關的是:"UL 94"(Test for Flammability 燃性試驗),與"UL 796"(PCB印刷電路板與阻燃性)。

此處反R之UL代碼將不強制加上

此UL認可標誌須加在PCB焊錫面的空地上三項"字碼"的次序並無一定的要求

Ultimate Tensile Strength(UTS)極限抗拉強度

當抗拉強度之試樣置於抗拉試驗之器具上,一直到拉斷前所呈現的最大拉力數值,謂之UTS。對有結構強度需求的金屬材料,此值甚為重要。有圖請參考Modulus of Elasticity之説明。

Ultra High Frequency(UHF)特高頻率

指頻率在300MHz～3GHz之間,或波長在1m～10cm之"極超短波",稱為UHF。如電視、汽車電話、大哥大電話等皆屬此一範圍,其所使用之電路板材FR-4則尚可達成使命。致於頻率更高的微波電子產品,則需用到Teflon板材了(詳見電路板資訊雜誌50期之專文)。

Ultra-Violet(UV)Light 紫外光

電路板設計所用各種負型光阻劑其感光聚合反應所需的能量,需來自各類型曝光機,此等紫外光的波長以365mµ(或nm)為主的i-line,未來也許會用到405mµ的h-line,但目前為止由於周邊原物料與產線機器配合度尚有差距,故一時還不容易改變光源成為更敏銳的波長。

Ultra Violet Curing(UV Curing)紫外光(線)硬化、UV固化

所謂紫外線是指電磁波之波長在200～400nm的光線(nm是指nanometer,即10^{-9}m,也可寫

成mμ，mili-micron），已超出人類視覺之外。此領域之光波具有較強的光化反應的能量，一般製版用的感光塗料或電子界使用之光阻物質，其最敏感的波長約在360～410nm之間（以365nm最廣用），特稱為有效光（Actinic Light）。可利用其特定能峰能量對感光性塗料予以快速聚合硬化或固化，而免用烘烤且亦無需稀釋劑，對自動化很有利。電路板工業可利用UV硬化油墨進行線路印刷，在單面板或多層板內層板之直接蝕刻方面用途甚廣。

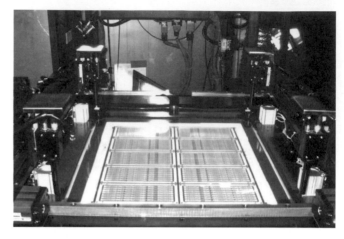

至於乾膜光阻或濕膜光阻當然也用到UV曝光之半固化反應，但尚不至用到UV全固化（UV Bump）工程，但感光綠漆則需用之於後硬化之工程中。

Ultrasonic Bonding 超音波結合（大陸稱綁定）

是利用超音波頻率（約10KHz）振盪摩擦的熱能量，及機械壓力的雙重作用下，可將金線或鋁線，在IC半導體晶片上完成打線互連的操作。當然也可在封裝載板的全面上打線。

Ultrasonic Cleaning 超音波清洗

在某種清洗液中施加超音波振盪的能量，使產生半真空泡（Cavitation），並利用這種泡沫的磨擦力及微攪拌的力量，令待清洗物品之各死角處，也同時產生機械性的清洗作用，此法常用在電路板組裝板之清洗工程。一般當音波頻在18KHz以上即稱為超音波，槽液中UC的頻率約在20-50KHz之間，50KHz以上者則用於更精細之清洗。

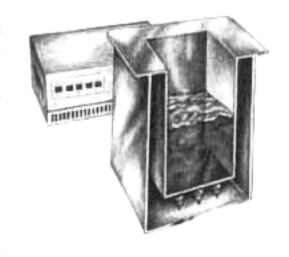

此種清洗法的能量來源，是出自裝在槽底或水中側壁或底面的轉能震盪器(Transducer)，以其所發出的強力超音波快速推動水體打擊待洗物，並產生或密或疏的〝半真空泡〞磨擦待洗物，而令死角處也能得到強力之清洗。

U

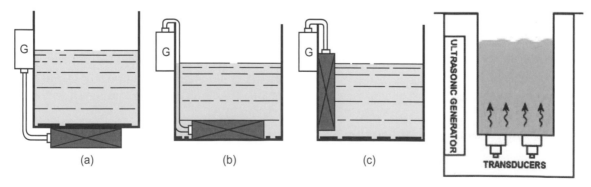

(a)　　　　　(b)　　　　　(c)

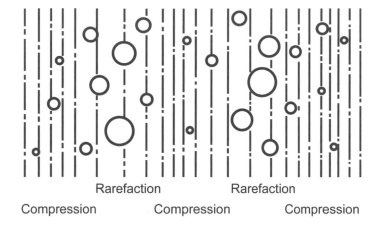
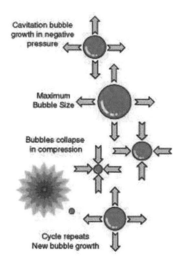

Rarefaction   Rarefaction

Compression   Compression   Compression

Ultrasonic Soldering 超音波焊接

是當熔融焊錫與被焊物件接觸時,再另施加超音波的額外能量,使此能量進入融錫的波中,在固體與液體之介面處產生半真空泡摩擦,對被焊之固體表面產生磨擦清潔,而將表面之污物與鈍化層除去,並對熔錫與基地(銅或鎳)產生化學反應而生成IMC之餘更賦予額外動能,以利死角的滲入。如此可使液態熔錫與清潔的基地金屬面直接焊牢,減輕對助焊劑預先清潔處理的依賴。此法對不能使用助焊劑的微細精密焊接場合,將非常有用。

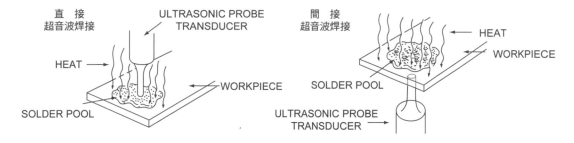

Ultra-Thin Laminate 超薄基材板

為了節省組裝板與整機的總體厚度起見,目前某些超薄電子機器或手執電子品所用PCB與CCL都一再被逼薄。日立化成已推出一款稱為Cute R的超薄基材板其中之絕緣核材厚度只有40μm,附圖即此種超薄硬材與軟材所製作厚度4.4mil的軟硬合板(Rigid Flex),與其中1.6mil的硬核板以及4mil的盲通孔畫面。

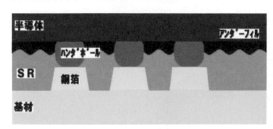

Liquid Photoimageable Soldermask

Dry Film Soldermask

Unbalanced Transmission Line 非平衡式傳輸線

當微條線(Microstrip)或條線(Stripline)兩種傳輸線中,刻意製作兩條相鄰的平行訊號線者，稱為"平衡式傳輸線"，或稱"差動式傳輸線"（Differential Transmission Line 大陸稱為差分線）。若只有單條訊號線者則稱為"非平衡式傳輸線"，即常見之傳輸線。

Under Bump Metal / Under-Bump Metallurgy（UBM）突塊底部金屬層

在晶圓上生長凸塊之前，須先在鋁墊上長出數層底座金屬薄墊(如鉻、銅與金等)，之後錫球才能焊接上去，此數層UBM又可稱為Limiting

Metallurgy層，分別具有屏障，可焊及抗氧化的功能。不過目前半導體晶元已漸由鋁製程改為銅製程了，故UBM也與早先不同。

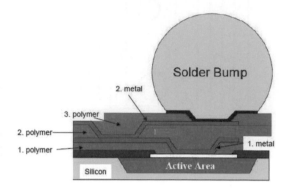

Under Bump Metallization（UBM）銲錫凸塊底部金屬層

覆晶（Flip Chip）式的半導體主動元件，自從在CPU之量線以來，此種成熟的高端板已在大型IC如北橋與繪圖晶片上十分流行，而少許RF小型IC也用到FC技術。目前仍以C4技術【焊錫凸塊之內部為高鉛（Pb95/Sn5）銲料外包63/37】為主流，但此種銲料凸塊在矽晶片上的固著卻需要在UBM底金屬層做為焊牢與導電的承墊，此種承墊即稱為UBM。

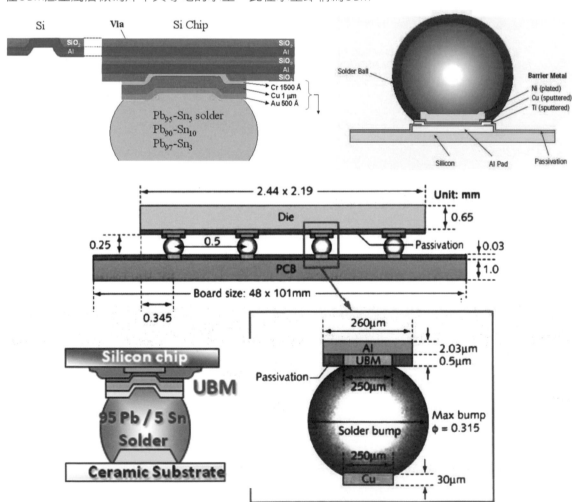

常見之UBM有四種形式①Al/Ni(V)/Cu ②Cr-Cu/Cu/Au ③Ti/Cu ④ENIG（EN厚10μm，IG厚0.1μm）。這種精密的金屬表面處理多乾式法，例如濺鍍製作，以減少槽液濕式法的污染，是花大錢砸銀子的精密加工。

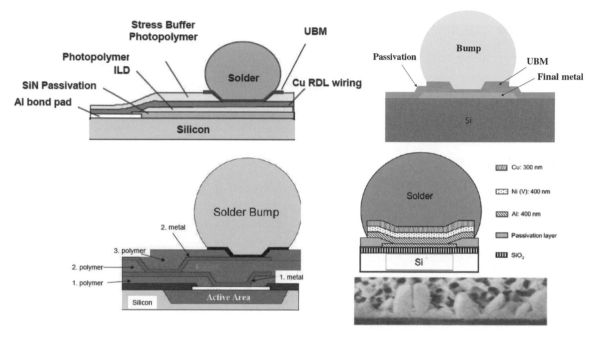

Undercut, Undercutting（Lateral Etching）側蝕

此字原義是指早期人工伐木時，以斧頭自樹根兩側處，採上下斜口方式將大樹逐漸砍斷，謂之Undercut。在PCB中則是用於蝕刻製程，當板面導體在阻劑的掩護下進行噴蝕時，理論上蝕刻液會向銅面的垂直方向進行攻擊，但因藥水的作用並無方向性，故也會產生左右的側蝕，造成蝕後導體線路在截面上，顯現出兩側的內陷，稱為Undercut。

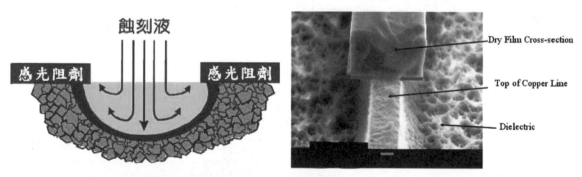

▲ 水平輸送中，垂直打擊待蝕區的向下水箭，會在水溝效應中產生渦流造成側蝕。但擴散層中所暫時出現的Cu+難溶物（黑色皮膜），卻可在側壁處當成護岸劑。一旦水溝淹滿及新舊液的交換不易時，難免會妨礙溝底正蝕的進行。幸好水平行進朝下的板面，將不會發生水溝效應。

但要注意只有在油墨或乾膜掩護下，直接對銅面蝕刻所產生的側蝕才是真正的Undercut。一般Pattern Process在鍍過二次銅及錫鉛後，去掉抗鍍阻劑再行蝕刻時，則可能有二次銅與純錫層超越阻劑厚度而自兩側向外增長出，故完成蝕刻後側蝕部份只能針對底片上線寬計算，其向側內蝕入的損失，不能將鍍層向外增寬部份也計算在內。電路板製程中除了銅面蝕刻有此側蝕的缺陷外，在乾膜的顯像過程中也有類似這種側蝕的情形，前頁所附俯視圖（Top View）中兩個玫瑰色箭頭處即為真正的側蝕所在。PCB製程中除了蝕刻銅成線會產生側蝕外，綠漆之顯像不良也會形成邊緣呈現虛空泛白現象的側蝕缺失。

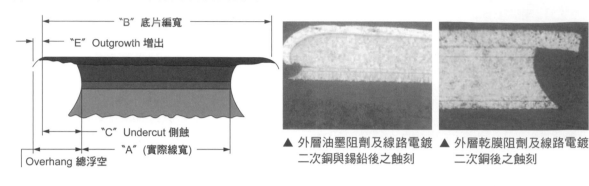

▲ 外層油墨阻劑及線路電鍍　　▲ 外層乾膜阻劑及線路電鍍
　二次銅與錫鉛後之蝕刻　　　　二次銅後之蝕刻

Underfill 底膠、填底膠

此為覆晶（Flip Chip）封裝法中一種封膠（Encapsulation）做為保護之製程。由於待填膠的對象是處於主動元件底部之狹小空間，如何使其能全部填實封滿減少空洞，比起打線法（Wire Bond）或自動捲帶結合法（TAB）由頂部向下澆灌封膠（Overmold），又都要來得困難。

其做法是當封裝載板或電路板上完成覆晶或BGA等球腳焊接動作之作業後，在其底部約3 mil高度的空間中，逐漸自四周流佈下定量的特殊液膠，於已加熱的環境中經由毛細作用的推動下，可以較快又均勻的流動而趕走空氣填滿底部空間。

然後再於四周另加液膠完成外圍斜坡式的圍封，此後者之外圍封劑，對應力的消除十分重要。如此一來可以協助封裝元件本身或PCB組裝品而達到更好的強度。

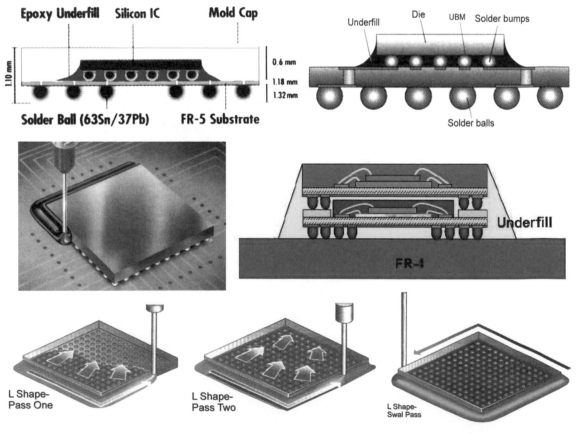

Underplate　底鍍層

　　某些功能性的複合鍍層，在表面鍍層以下的各種鍍層皆可稱為Underplate。如金手指中的鍍鎳層，或線路兩次鍍銅中的"一次全板鍍銅"等。Underplate與Strike Plate不同，後者是指厚度極薄，其目的只是在增強後續鍍層的附著力，其譯名應為"打底鍍層"（直譯成"衝擊電鍍"者未免太過粗糙），如"銀打底"即為常見者。

Universal Tester　汎用型電測機

　　指具有極多測點（常達萬餘點）標準的大型測試機，可採用"格距"（Grid）固定的大型針盤，並可分別按不同料號而製作活動式探針的針盤，將兩者對準套接後所進行的實測而言。量產時只要改換活動針盤，就可對不同料號繼續測試。且此種大型機，尚可使用高電壓（如250V）以對完工電路板進行Open/Short的電測。此種高價"自動化測試機"（ATE，Automatic Testing Equipment），謂之汎用型或廣用型電測機。相對的另有較簡單之手動"專用型"測試機（Dedicated Tester）。

Unsupported Hole　非鍍通孔

　　指不做導通或插裝零件用途，是一種無鍍銅孔壁之鑽孔常做為鎖螺絲之用，通常此等NPTH孔徑多半很大，如125mil之鎖螺絲孔即是。

Urea　尿素

　　是一種白色結晶或粉末狀無臭的化學品，分子式為$CO(NH_2)_2$，自然界存在於尿液中。尿素是歷史上第一種人工合成的化合物，可做為肥料及飼料。其與甲醛所合成的熱固型樹脂，可充做電性絕緣材料，俗為尿素板。

Urethane　胺基甲酸乙脂

　　由此單體所聚合而成的熱固型樹脂Polyurethane（簡稱PU），是一種常見的絕緣材料，也可進行發泡做為囊封包裝的材料。由於其耐磨性、耐濕性、耐化性都很好，表面又很光滑，故常為電子界當成絕緣的材料。

UV Blocker　紫外光阻絕劑

　　當內層板很薄時，在做雙面影像轉移的曝光過程中，尤其是薄板外層要進行綠漆成像的曝光中，其強力紫外光將會透過環氧樹脂與玻纖布的基材而使另一面的光阻膜也感受到UV光的能量而產生某種程度的聚合效應，以致造成另一面的成像品質不佳。若在傳統象牙色的雙功能環氧樹脂中加入3%重量比的黃色四功能（Tetrafunctional）的環氧樹脂後，將可阻絕UV光的穿透故稱之為UV阻絕劑。

U

UV Bumping　強紫外光固化

　　感光成像之液態綠漆（LPSM），在完成半固化、曝光（能量高達500mj/cm2），與解像後，為了在板面上完成其永久性（Permanency）起見，不但需要高溫（150℃）長時間（60分鐘）的後烘烤，而且要加做一道強力紫外光的後固化工程者謂之。

UV Meter 紫外光能量計

UV光按波長約可分為UVA(365mμ)、UVB(~300mμ)、UVC(254mμ)及UVV(420mμ)，單位面積單位時間所測到的光強度（Watt/cm^2）也稱為照度（Irradiance）。而長時間（例50秒）所累積的光強度則稱為光能量（Energy）或光劑量（Dose），其單位為Joule/cm^2。用以量測曝光檯面光能量之精密計器則稱為UV Meter，常用約有四種，見附圖所示。

Selected UV Meters

- IL 1400
  - UVA 單一波段
  - 測量強度
  - 測量能量

- EIT UVIRad
  - UVA 波段
  - 測量能量

- ORC 351
  - UVA 單一波段
  - 測量強度
  - 測量能量

- EIT UV Power Puck
  - UVA/B/C/V 四波段
  - 測量強度
  - 測量能量

・UV Photodiode based intensity & dose meters

Universal Serial Bus（USB）通用串傳匯流排、隨身碟、U盤 NEW

是個人電腦主機記憶體以外可分離的簡便記憶裝置，台灣早年稱為 "大拇哥" 現稱隨身碟，大陸稱為U盤。這是一種隨插隨用，不需要額外驅動程式的熱插熱拔式記憶體。目前USB3.0已有128Gb的大容量小型裝置，大大提升了個人電腦的記憶容量。2008年11月所推出的USB3.0，將串傳的傳輸速率從USB2.0原本的480Mbps，一口氣提升10倍而到達5Gbps的高速傳輸。

USB最早在1996年推出USB1.0其最高串傳速度只有12Mbps，之後2000年5月推出的USB2.0，一口氣加快到480Mbps，然而速度不斷升級所耗用的電源，也從USB2.0的5V/500mA拉高到USB3.0的5V/900mA。現行USB/3.0接在主機板上所用的傳輸線，均為高速度低雜訊的LVDS式雙股差動線。下列者即為USB的規格比較表，附圖接口處具有藍色塑料填充墊USB3.0的透視外觀，可見到D＋及D－差動訊號線的端口接頭。

	Logo	速　度	傳　輸	電源供應	纜線長度
USB1.1	CERTIFIED USB	Low-speed (1.5 Mbps) Full-speed (12 Mbps)	兩線差分傳輸	5V / 500mA	5M
USB2.0	HI-SPEED CERTIFIED USB	Low-Speed (1.5 Mbps) Full-Speed (12 Mbps) High-Speed (480 Mbps)	兩線差分傳輸	5V / 500mA	5M
USB3.0	SUPERSPEED CERTIFIED USB	Low-Speed (1.5 Mbps) Full-Speed (12 Mbps) High-Speed (480 Mbps) Super-Speed (5.0 Gbps)	四線差分傳輸	5V / 900mA	5M

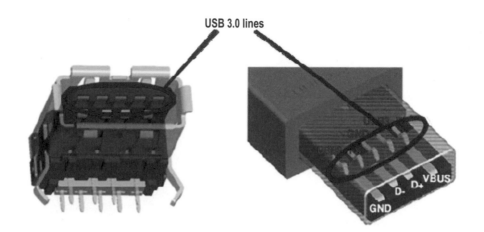

USB 3.0 lines

U

V-Cut　V型切槽

　　某些完工的小型電路板,常將多片小板以極薄的殘餘板材相連維持暫時性的較大板面,以方便下游的自動化組裝與焊接。此種併合式的較大板上其各小板接壤處之正反面,需以上下對準的V型刮刀,預先刮削出V型溝槽以方便事後的折斷,稱為"V-cut"(見V-Score之圖)。

Vacuoles　焊洞

　　通孔波焊中可插焊或直接湧錫填錫而成錫柱體,當焊板遠離錫波逐漸冷卻之際,其填錫體之冷卻固化是從頂部開始的。因板材是不良導熱體,故下板面擦過錫波時其溫度要高於距離錫波稍遠的上板面。故孔內錫柱是先自頂部固化後,其次才輪到底部固化,錫柱中段最後才會固化。因而在四周上下已經硬化,其中心繼續冷固收縮時,經常會出現真空式無害的空洞,稱為"Vacuoles",不過此詞數較為罕見,一般仍以Void稱之。

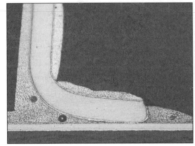

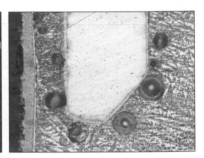

Vacuum Evaporation（or Deposition）　真空蒸鍍法

　　在一密封的真空系統中,將其中的鍍層金屬加高溫使之蒸發,並使均勻的沉降在待處理物件的表面上,此種未加電壓金屬表面處理法稱為"真空蒸鍍法"。至於外加電壓在陰極靶材針對陽極待加工物件之射鍍者,則另稱為真空濺射法。常見的蒸鍍金屬法以鋁最廣用。半導體晶圓的背面,則需施加極薄黃金的蒸鍍層,以利後續各式接合法之操作。

Vacuum Lamination　真空壓合

　　此詞在電路板工業中常出現於多層板的內外層壓合與光阻乾膜以及綠漆乾膜的貼合中。多層板各層次的真空壓合又分為真空外框式(Vacuum Frame),可配合原有液壓式壓機而改行"抽壓法"。此外另有真空艙式(Autoclave)壓法,是利用高溫高壓的二氧化碳進行壓合的"氣壓法"。前者抽壓法(Hydralic Vacuum Pressing)的設備較簡單,價格便宜操作又很方便,故占有九成以上的市場。後者則因設備與操作都很複雜,且設備體積也很大,所需耗材之費用又較貴,故採用者不多。至於光阻乾膜尤其是綠漆乾膜則多用於封裝載板,一般並不常見。因綠漆皮膜對載板而言,除了防焊功用外,更大的用途是保護載板的線路,有如一般漆包線的功能,故其厚度也在1mil以上,因而必須改用乾膜式綠漆之真空貼膜技術。

　　載板工業為了增層及板面平坦的需求下,不但綠漆用到真空壓膜的技術,連增層的極薄板材,例如 ABF之X3或X13以及太陽與杜邦合作的Ultimax等,也用到真空壓貼而得增層的技術,而不再用到大型重壓的壓合機了。

V

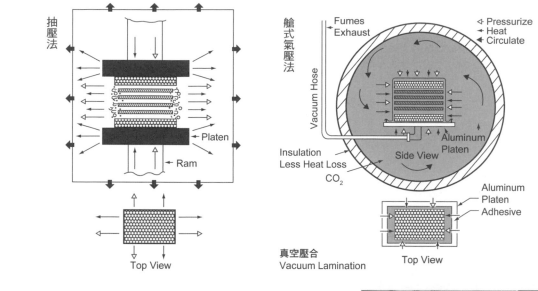

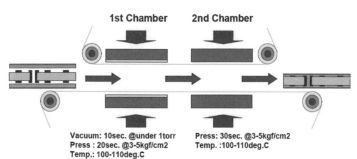

Vacuum: 10sec. @under 1torr
Press : 20sec. @3-5kgf/cm2
Temp.: 100-110deg.C

Press: 30sec. @3-5kgf/cm2
Temp. :100-110deg.C

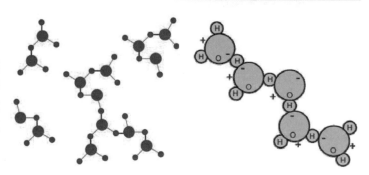

Van Der Waals Force
凡得瓦力

　　極性分子之間其正負電性相互吸引的微弱力量，稱為"凡得瓦力"。如氨氣分子之間的靜電吸引力即為一例，水分子中的氫鍵也屬此力且更為著稱。

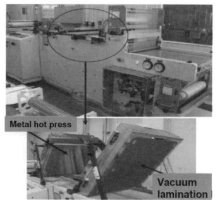

Vapor Blasting　蒸氣噴砂

　　早期多層板鑽孔後，曾採用高壓水蒸氣另加細砂進行噴打，以除去孔壁上的膠糊渣，稱為"蒸氣噴砂"法。但此法問題很多，故已改採化學溶蝕法，成功後即取而代之。蒸氣噴砂法已成為歷史名詞了。

Vapor Degreasing　蒸氣除油法

　　是利用有機溶劑受熱蒸發上升，並冷凝落到待清潔產品之表面進行清洗，其溶出污物又將滴回到加熱槽內。此法可讓死角甚多之待洗品，經由連續新鮮蒸氣的洗淨，其成績比其他浸洗方式更為乾淨及有效。所採用之溶劑以三氯乙烷較為常見。自從1995年全球禁用CFC溶劑改用免洗製程後，此種做法已逐漸式微了。

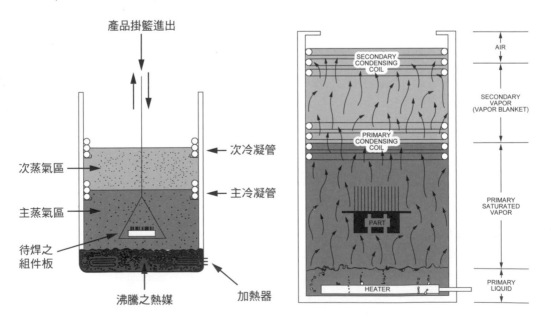

Vapor Phase Soldering 氣相焊接

利用沸點與比重均較高且化性安定的液體，將其所夾帶的大量"蒸發熱"，於其冷凝中轉移能量到電路板上，使各種SMD之引腳與錫膏經吸熱而完成熔焊的方式，稱為"氣相焊接"。

常用的有機熱媒液以3M公司的商品Frenert FC-70（化學式為C_8F_{18}）較廣用，其沸點為215℃，比重1.94。一般生產線所用的清洗設備，有單批式小規模的直立型機器，與大規模水平自動化輸送的連線機組等。

氣相焊接因為是在無空氣無氧的高溫狀態下進行熔焊，故無需助焊劑且焊後也無需進行清洗，是其優點。缺點則是熱媒FC-70太貴（每加侖約600美元），且高溫維持太久，將因熱媒之裂解而產生有毒的多氟烯類（PFIB）氣體，與危險的氫氟酸（HF）。而板面各種片狀電阻或電容等小零件，在焊接中也較易出現"墓碑效應"（Tombstoning），故在台灣業界的SMT量產線上，絕少用到Vapor Phase之焊接法。

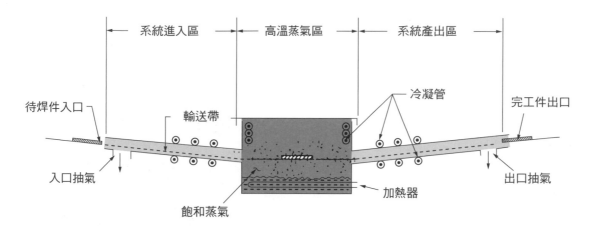

Vapor Deposition 氣相鍍著、氣相蒸鍍

　　半導體晶圓製造通常有化學氣相鍍著(Chemical Vapor Deposition; CVD)及電漿或物理氣相鍍著（Plasmaor or Phsycal Vapor Deposition）等兩種，前者是利用金屬化合物與輔助反應氣體等，在高溫中於被鍍物表面鍍著一層皮膜的做法。後者不但需要高溫環境，而且還要另加外電壓，使成為帶電的漿體進行鍍著。是水溶液一般正統電鍍以外的特殊金屬表面處理方法。

Coating	Starting Constituents	Decomposition Temperature
Si	SiH_4	800-1300 C (1472-2372 F)
Ni	$Ni(CO)_4$	200-300 C (392-572 F)
W	WCl_6+H_2	850-1400 C (1562-2552 F)
TiC	$Yicl_4+CH_4$	800-1100 C (1472-2012F)
GaAs	$GaCl_3+As_4+H_2$	~700 C (~1292 F)
Al_2O_3	$Al_2Cl_6+CO_2+H_2$	800-1400 C (1472-2552 F)

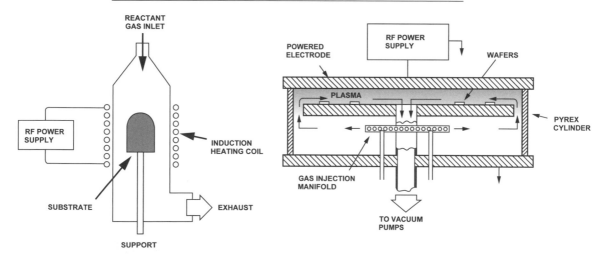

Varnish 清漆，凡力水

　　樹脂之液態（如環氧樹脂之A-Stage者）單體，經特殊調配混合妥當後，可做為牛皮紙或玻纖布等補強材料之"含浸"用料，再經熱風吹乾與初步聚合後，即成為半硬化之膠片。這種液態之樹脂單體。術語稱為A-stage之Varnish。

Vertical Burning Test 直立燃燒試驗

此為UL-94中規定對各類CCL基材板的阻燃性試驗法，一般FR-1紙基板類採較低階的水平試燒法（Horizontal Burning），而FR-4以上玻纖環氧樹脂之CCL者則一律要通過垂直試燒法而取得不同等級的認可如V-0、V-1等，目前只有V-0級才有市場銷售的機會。

Vertical Hoist Plating
龍門式電鍍線

是一般大型垂直式濕製程的自動化連線設備，具有垂直上下及水平前後移動的飛把，可將數片大型生產板（20×20吋）做浸槽，出槽平移到下一槽的各種連續處理動作。具有兩端兩支架者移為龍門式，只有一端單架支撐者稱懸臂式自動線。

Vertically Integration 垂直整合

以PCB產業為例，若業主也將上游基材板之製造與其各原料的生產，以及下游的PCBA組裝業務等，一併拉攏組成上下結合的企業，或進行彼此密切合作者，稱為垂直整合。

Very Large-Scale Integration（VLSI）極大積體電路器

凡在單一晶粒（Die）上所裝置的半導體（Transistor），其數量在8萬個以上，且其間互連線路的寬度在1.5μ（60μ-in）以下，而將此種極大容量的晶粒封裝成為四面多接腳的方型IC者，稱為VLSI。按其接腳方式的不同，此等VLSI有J型腳、鷗翼腳（QFP）、扁平長腳、堡型無腳，與焊墊式無腳（QFN）或PGA、BGA、CSP、LGA等多種封裝方式。目前容量更大接腳更多（如250腳以上）的IC，由於在電路上的SMT安裝日漸困難，於是又改將裸體晶粒先裝在TAB載架的內腳上，再轉裝於PCB上；以及直接將晶粒反扣焊裝，或正貼焊裝在板面上，不過目前皆尚未在一般電子性工業中流行。

不過上述10年前的說法今日視之已完全不合時宜，以現行Pentium II的CPU晶片（Chip）而言，其所累計的半導體數目已在600萬以上，而且還在飛快進步中。此VLSI的說法也不再流行，多已改稱為QFP（Quard Flat Package）"四邊接腳扁平封裝體"，大陸統稱為。"積成塊"。

Via² (Via Square) 溝內細線

這是阿托科技公司與封裝業者Amkor合作的未來超細線路（$12\mu m$）的做法，係先將絕緣基材（如ABF X-13）挖溝（Trench）然後利用電鍍銅將其溝內填滿甚至還鍍滿板面，然後小心磨掉面銅即成獨立之超細線路，目前尚未量產。下二圖即為Via²與SAP的比較。

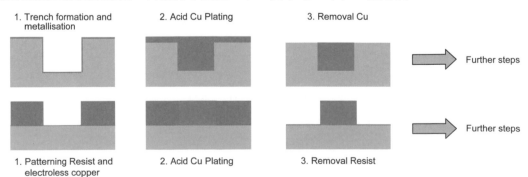

下一代的超細密線路的佈局與目前的細密線路佈局的格距（Grid）仍然相同（250μm或10mil），目前則在尚有面環（Capture Pad 80μm）之餘地中佈入5條線，其線寬線距只有15μm而已。然而下一代的超細線卻在無面環兩盲孔（30μm）之間佈入10條僅10μm L/S的超細線路，為了附著力良好起見不得不埋入板材之中了。

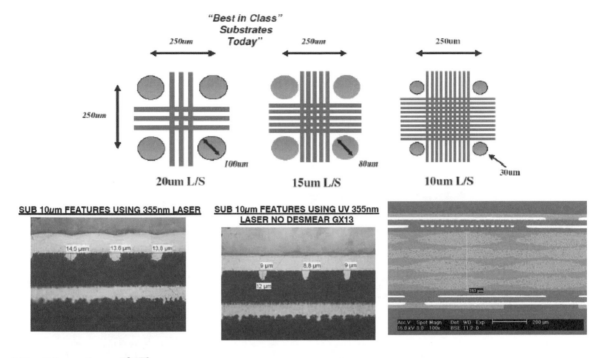

Via Plugging 塞孔

不管是多次壓合的傳統多層板或HDI多層板，其具有通孔的內層板都要先用特殊的樹脂塞孔，然後再去增層壓合，如此將可減少膠片流膠後的內應力與膠量不足的問題，此等塞孔樹脂為了剛性更好起見常加入多量的球型粉料，因而單價非常貴，少量採購1公斤單價在台幣1萬左右。除此之外也可用綠漆塞孔，封裝載板可利用滾塗法去進行板面與通孔盲孔的滿塗，精確的做法可利用有動力活塞的印墨盒去小心加工。

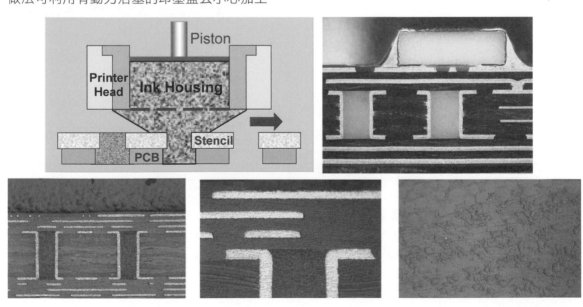

Via Hole 導通孔

指電路板上只做為層次間彼此互連導電用途，而不再插焊零件腳之PTH而言。此等導通孔有貫穿全板厚度的"全通導孔"（Through Via Hole）、有只接通至板面而未全部貫穿的"盲導孔"（Blind Via Hole）、有不與板子表面接通卻埋藏在板材內部之"埋通孔"（Buried Via Hole）等。此等複雜的局部通孔，是以逐次連續壓合法（Sequential Lamination）所製作完成且均需樹脂填實。此詞也常簡稱為通孔或過孔"Via"可做為導電或散熱之功能。一般組裝板之孔徑在0.2mm-0.3mm之間，封裝載板則更小到0.1mm-0.2mm。

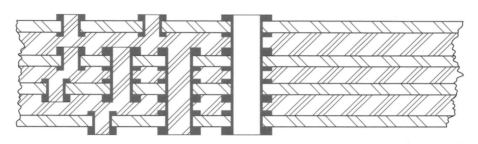

Via In Pad 墊內盲孔

HDI密集組裝的板類，為節省板面起見，特取消早先"狗骨式"（Dog-Bone）"通孔+導線+焊墊"的傳統佈線法，而直接將通孔或微盲孔做在墊內，稱為Via in pad。如此不但可節省板面用地，而且互連變短訊號品質也會更好。

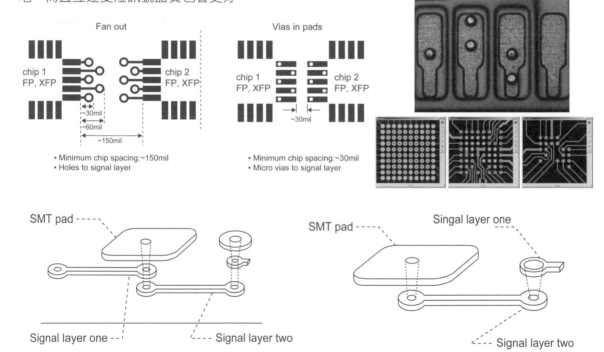

Via Planarization 塞孔削平

各式HDI多層板，若其各階段核板（Core）具有導通孔者，在其增層之間必須先將眾多通孔先用樹脂充填塞實，而且固化後還要用到陶瓷刷輪徹底加以削到真平才能去進行增層，以減少事後的爆板分層。

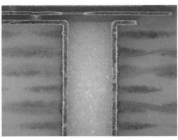
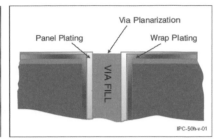

Vickers Hardness 維氏硬度

　　是一種電鍍薄金屬層"微硬度"的單位,其壓痕(Indentation)呈倒金字塔之深入立體菱形,菱形對角立體稜線的交角為148°,對角基線之長度為d,壓痕底點深度為p;而d是p的7倍。維氏硬度可簡寫成MHV(Microhardness Vickers),其計算公式為:MHV=(1854.4×P)/D²。

　　但要注意的是,此種維氏微硬度的數值,與另一種鍍金層Knoop微硬度數值之間,並沒有換算的途徑。(下三圖取材自阿托科技)

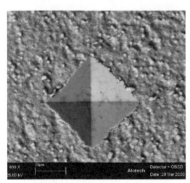
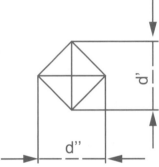
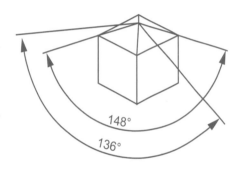

Viscosity 黏滯度、黏度

　　此詞在電路板製程中,簡單的說是指油墨在受到外來推力產生的流動(Flow)中,所出現的一種反抗性阻力(Resistance),稱為Viscosity。一般較稀薄的油墨其黏滯度較小,而較濃稠的油墨其黏滯度也較大。至於黏滯度真正定義則與各種流體之基本性質有關,其計算相當複雜(詳見電路板資訊雜誌第47期之專文)。附圖為測試用的各種量杯。

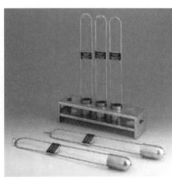
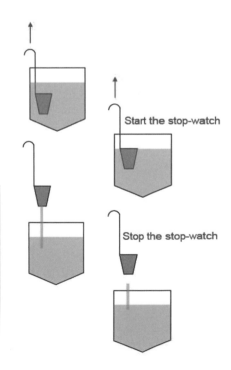

V

Vision Systems 視覺系統

利用光學檢驗的技術，對板面導體線路與基材在"灰度"（Gray-scale）上的不同反應，進行對比檢查的一種方法，亦即所謂的"自動光學檢查"（Automatic Optical Inspection；AOI）的技術，可對內層板在壓合前進行檢查。

Visual Examination（Inspection）目視檢查

以未做視力校正的肉眼，對產品之外觀進行目視檢查，或以規定倍率的放大鏡（3X～10X）進行外觀檢查，二者都稱為"目視檢查"。

Void 孔破、破洞、空洞

此詞常用於電路板的通孔銅壁上或盲孔之底部的銅壁破損，是指已見底的穿孔或局部銅厚低於允收下限的區域，皆謂之"破洞"。另在組裝焊接板上，若係插孔焊接的錫柱中（Solder Plug），局部發生"出氣"（Outgassing）而形成空洞；或表面黏裝錫膏接點的"填錫"（Solder Fillets）中，因水份或溶劑的氣化，或助焊裂解之氣體來不及逸走者所形成另一種空洞，此二種缺點皆稱為"空洞"。

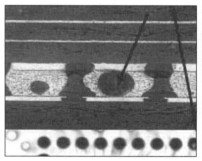 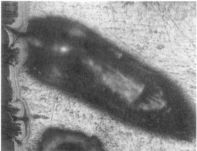 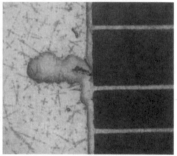

Visible Light 可見光

可見光之光波也是屬於電磁波的一種，而且可從電磁波的光譜中找到可見光的位置。牛頓爵士在1672年即利用三稜鏡（Prism）將白光折射出七種有顏色的單色可見光，也就從短於390nm的紫外光到高於780nm的紅外光。

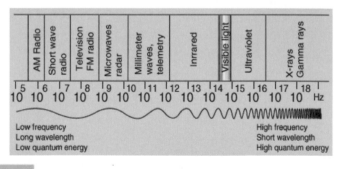

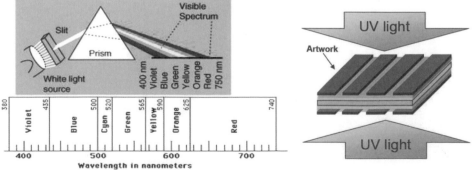

Vibration Test 震（振）動試驗

組裝板PCBA完工後，為了瞭解各種銲點強度的品質與可靠度如何，需將其裝置在不同振幅不同頻率與固定時程之振動機台上，進行連續性之振動試驗，然後觀察其銲點強度與零件或PCB的失效情形。此種試驗與瞬間性的摔落試驗並不相同，亦為組裝板的一種可靠度試驗。

Victim Line 感應線路、被動線路

當重要訊號線中通過電流時其相鄰無動作的線路，因電磁的物理現象也會被感應而出現方向相反的電流，稱之為感應線路。

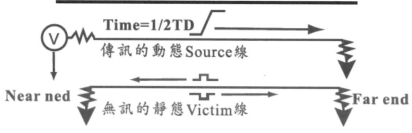

Voiding 銲點空洞、球腳空洞

此字一開始採用是專指BGA的球腳在PCB具有盲孔的球墊上利用錫膏進行回焊時，由於孔內表面處理不良不易入錫且強熱又讓空氣吹脹，或錫膏內半數有機物之裂解成氣，在未能及時逸出球腳之外者形成空洞。BGA腹底中央之密集球腳球墊，惡劣者相鄰兩球腳還會吹成連錫。如此造成大大小小球腳的空洞者均稱之。不過後來則逐漸廣用於所有銲點空洞了。

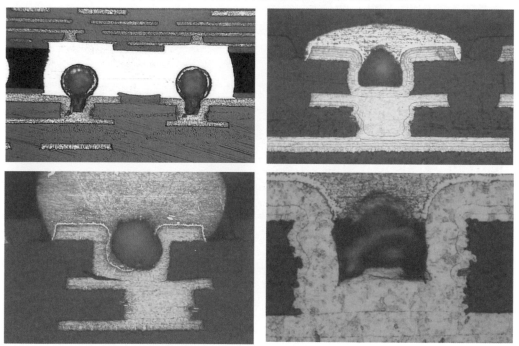

Volatile Content 揮發份含量

在電路板工業中常指膠片（Prepreg）所含的殘餘揮發份而言。一般板材最權威的規範MIL-S-

13949H在其4.8.2.4節中指定（但現已被IPC-4101所取代）須按IPC-TM-650的2.3.19檢驗法對揮發份進行測試，其做法如下：

- 在室溫環境中，將4吋見方的膠片試樣，進行4小時以上的穩定處理。
- 在天平上精稱試樣到0.001g的精度。
- 將試樣以鉤孔方式懸空掛在163±2.8℃的烤箱中，烘烤15±1分鐘。
- 取下試樣在乾燥器中冷卻到室溫後再精稱之，其計算如下：

$$揮發物含量\% = \frac{前重-後重}{前重} \times 100$$

再按13949H之3.1節所指定"規格單"或"規格書"（Specification Sheet）編號MIL-S-13949/12B（1993.8.16發佈）中的規定：各種膠片"揮發份"之重量比上限值為0.75%。

通常由於膠片中揮發物之沸點甚高，故一旦當揮發份太多時，即表示其中之水份含量也可能很高，如此一來可能導致壓合中的"流膠"量（Flow）太大，故良好膠片的揮發份應維持在0.5%左右。

Voltage 電壓

廣義上是指驅動電子流動的原動力，如同水壓一般迫使水流在管路中產生流動。通常Voltage在不同的場合，也當成某些類似術語的代詞，如電動勢（Electmotive Force）、電位（Potential）、電位差（Potential Difference）、電壓降落（Voltage Drop）等。也可從另一觀點加以解釋，如在完整的迴路中，某兩點間如有電子流或電流產生時，其兩點在電位上的差別就是Voltage或稱偏壓Bias。

Voltage Breakdown（崩）潰電壓

是指板子在層與層之間，或板面線路之間的絕緣材料，要能夠忍耐不斷增大的電壓，在一定秒數內不致造成故障失效，此耐壓的上限數值謂之"潰電壓"。正式的術語應為"介質可忍耐之電壓"（Dielectric Withstanding Voltage）。其測試方法在美軍規範MIL-P-55110D的4.8.7.2節中談到，板材須能耐得住1000 VDC在30秒中的考驗。而商用規範IPC-RB-276的3.12.1節中也規定（註：已被IPC-6012C所取代），Class 2的板級應耐得住500 VDC在30秒內的挑戰；Class 3板級也須耐得住1000 VDC歷經30秒的試煉。另外基板本身規範中也有"潰電壓"的要求。

Voltage Drop 電壓降落、壓降

指某系統從輸入電流的原始接點起，經過一段導體長度或導體的體積後，其所喪失掉的電壓值，謂之Voltage Drop。大陸術語稱之為"電壓降"。

Voltage Efficiency 電壓效率

是指在某一電化學反應（如電鍍）進行過程中，其"反應平衡電壓"與"槽液電壓"（Bath Voltage）之間的比值，以百分比表示謂之"電壓效率"。

Voltage Plane 電壓層、電源層

是指電路板上驅動各種零件作工所需的電壓，可藉由板面一種公共銅導體區予以供給，或多層板中以一個層次做為電壓層，如四層板的兩內層之一就是電壓層（早期如5V或12V，目前PC已降到1.1V），一般以Vcc或Vdd符號表示。另一層是接地層（Ground Plane）。通常多層板中的電壓層除供給零件所需的電壓外，也兼做散熱（Heat Sinking）與屏障（Shielding）之功能。

又，此多層板之電壓層亦可稱為電源層（Power Plane）。

Voltage Plane Clearance 電壓層的空環

　　當鍍通孔須穿過多層板之內層電壓層而不欲與之接觸時，可在電壓層的銅面上先行蝕刻出圓形空地，壓合後再於此稍大的空地上鑽出較小的孔並繼續完成PTH及鍍銅孔壁。此時其桶狀孔銅與電壓層的大銅面間即有一圈絕緣空環存在，稱之為Clearance。如欲接通可以十字橋為之。

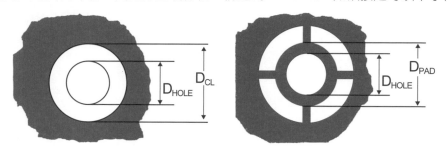

Volume Resistivity 體積電阻率

　　係在量測板材本身的絕緣品質如何，是以"電阻值"為其量化標準。例如在各種DC高電壓下，測試兩通孔間板材的電阻值，即為絕緣品質的一種量測法。由於板材試驗前的情況各異，試驗中周遭環境也不同，故對本術語與下述之"表面電阻率"在數據都會造成很大的變化。

　　例如銅箔基板之軍規MIL-P-13949要求20mil以上的FR-4厚板材，執行本試驗前須在50℃/10%RH與25℃/90%RH兩種環境之間，先進行往返10次的變換，然後才在第10次25℃/90%RH之後進行本試驗。至於試樣在20mil以上的FR-4厚板材，則另要求在C-96/35/90（ASTM表示法，即35℃，90%RH，放置96小時）之環境中先行適況處理，且另外還要求在125℃的高溫中，量測FR-4的電阻率讀值。

　　IPC-4101在其表5中對此項基板品質項目，要求12個月才測一次（由此可見本項並不重要）。每次取6個樣片，須按IPC-TM-650手冊之2.5.17.1測試法進行實做，而及格標準則另按各單獨板材之特定規格單。至於最常見FR-4之厚板（指0.78mm或30.4mil以上)經吸濕後，其讀值仍須在10^6 megohm-cm以上，高溫中試驗之及格標準亦應在103 megohm-cm以上。

　　其實此種"體積電阻率"也就是所謂的"比絕緣"（Specific Insulation）值，係指板材在三度空間各邊長1cm的塊狀絕緣體上，分別自其兩對面所測得電阻值大小之謂也。因目前基材板的

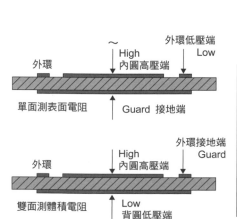

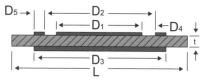

Thickness(t)	D₁ dia	D₂ dia	D₃ dia	D₄	D₅	Length of one side of specimen(L)
0.031 or less (.79)	1.000 (25.40) ±0.005 (.13)	1.020 (25.91) ±0.005 (.13)	1.375 (34.93) ±0.005 (.03)	0.010 (.25) ±0.001 (.03)	0.177 (4.50) ±0.005 (.13)	2.000 (50.80) ±0.015 (.38)
137 (3.48) or less	2.000 (50.80)	2.000 (63.50)	3.000 (76.20)	.250 (6.35)	.250 (6.35)	4.000 (101.60)
138 (3.51) ot 0.250	3.500 (88.90)	4.500 (114.30)	5.500 (139.70)	.500 (12.70)	.500 (12.70)	6.500 (165.10)

技術已非常進步，此種基本絕緣品質想要不及格還不太容易呢，似無必要詳加追究。

Volumetric Analysis 容量分析法

係指以溶液滴定之簡易手動化學分析法，是化學實驗室中最常用到的方法。

Voxel 體元，體素

是指X光透視3D立體掃瞄畫面解析度的最小單位，一般
2D平面邊緣解析度最小單位稱為Pixel（畫素），兩者的關
係是V=P/M，也就是附圖之P/M，其中M是指物鏡焦點到成
像畫面的距離（FDD）針對焦點到觀察物體的距離（FOD）
兩者之比例而言。（取材德商Phoenix之X光斷層掃瞄）

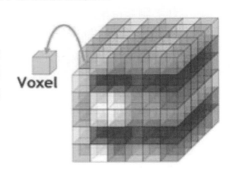

V-Score V型切槽

將連載板分割用之V槽或跳刀式（Jump）的V槽，不但要
上下瞄準長短對齊，而且中間所留殘材既不能太薄又不能太
厚，以方便下游組裝後的手工或機械的折斷分開而成單板，
一旦稍有出入即可能造成薄板板內的破損。是故其溝內殘厚
的檢查也成了愛挑剔客戶的藉口，加以板彎板翹與板厚的控
制都成了不可忽視的重點，是故此等機具都要求十分精密，
馬虎不得。右圖為量測殘材厚度的專用精密卡計，下三圖依
次為切外形、上下切外緣與上下切V槽之示意圖。

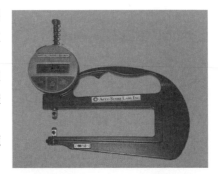

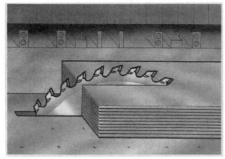

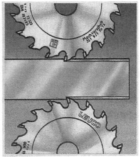

Vulcanization 硫化，交聯

當一彈性物質（Elastomer）進行加硫反應，或其他種類之交聯架橋反應，而導致其物性發
生變化者，稱為硫化或交聯。

Vector Network Analyzer（VNA）向量網路分析儀、矢量網路分析儀 NEW

當高頻類比線路或高速數碼線路等傳輸速度極快，而不再只呈現一般交流低頻傳統電性的
集總Lumped式電路，也就是在電性之外還參與了光學式入射、反射與穿透觀念，進而演變成為
分散Distributed式電路。也就是說跑線中不再僅以電流為主，還參與電波與磁波觀念。從下列
圖中可見到靜態的電場磁場，與動態的電波與磁波的說明。於是對線路與元件等待測物(Device
Under Test；DUT)的分析，只能將其視為一整個網路系統，用以分析的儀器就是網路分析儀。

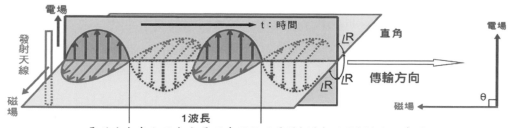

電磁波在直立面與水平面中所呈現電場(波)與磁場(波)的示意圖

此種VNA機種早期以"純量網路分析儀"為主,只能分析訊號能量的大小,也就是只能測試各種特性(如反射係數)的絕對值。但目前所用的的VNA不但可測量出訊號能量的大小,還可以測到訊號相位(Phare)的物理量,在用途大增下VNA已成為設計、量產品管與失效分析的最重要儀器。通常電磁波的方向都以箭頭表示,因而大陸學界業界又將VNA稱為"矢量網路分析儀"。

從下列左上圖可知VNA具有取樣的接收器,電腦與顯示器,而右上圖訊號能量在兩界面處(機器本身與DUT)的反射係數(S_{11}),與傳輸(穿過)係數(S_{21})等特稱與S參數(Scattered Parameters)。此上左圖的PCB是"插入"在左Part1入射電纜與右Part2傳輸電纜之間;而右兩圖及下圖即說明兩種S參數(分散參數)的行逕,至於二列圖是說明VNA可測PCB之頻域特性,至於三列圖則說明TDR可另測PCB的時域特性。

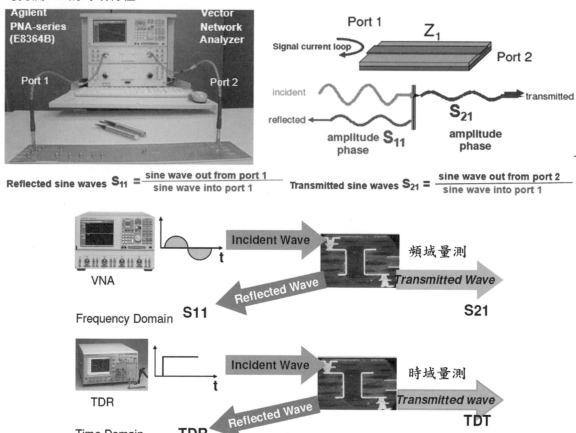

Via Stub Effect 過孔殘樁效應 NEW

當高速傳輸的速度超過3GHz且需換層傳輸時,也就是經由訊號孔與孔環的跳層傳輸。而該通孔剩餘無用的孔銅則稱為殘樁（Stub）；高速傳輸中此Stub會造成孔銅本身的寄生電感，與多餘孔環的寄生電容等負面效應；極高速傳輸者甚至會出現RF雜訊而成天線的煩惱。但當速度不太快而Noice雜訊（大陸稱燥聲）尚不太嚴重者，可以不加理會。一旦傳輸速度變快，厚大板的板厚越厚而過孔越長時，則殘樁的負面效應就將越為明顯，此時必須執行背鑽Back Drill將多餘殘樁孔銅去除以改善訊號的品質。

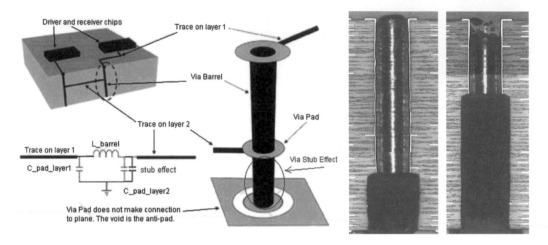

Wafer 晶圓

　　是半導體元件"晶粒"或"晶片"的基材,從拉伸機檯中所長出的高純矽元素晶柱(Crystal Ingot)上,所切下之不同直徑圓形薄片稱為"晶圓"(如8吋圓或10吋圓)。之後,採用精密"光罩"經感光製程得到所需的"光阻",再對矽材進行精密的蝕刻溝槽(Trench),及續以金屬之真空蒸著製程,分別在各自獨立的"晶粒或晶片"(Die,Chip)上完成其眾多微型電晶體及微細線路。至於晶圓背面則還需另行蒸著上黃金層,以做為晶粒固著(Die Attach)於腳架(Lead Frame)上的用途。以上流程稱為Wafer Fabrication。早期在小型積體電路時代,每一個6吋的晶圓上可製作數以千計的晶粒,現在次微米線寬的大型VLSI,每一個8吋的晶圓上也只能完成一兩百個大型晶片。Wafer的製造雖動輒投資數百億,但卻是所有電子工業的基礎。

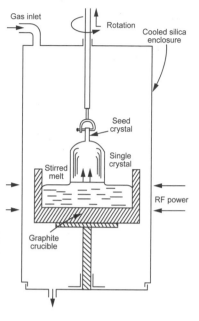

Wafer Level Package 晶圓級封裝

　　係目前最小最密而且還是在發展當中的封裝法,是直接在晶圓或晶片上製作對外互連的凸塊(Bump),然後再去進行覆晶封裝(Flip Chip Package),或覆晶組裝(F.C. on Board即DCA之做法)等,以代替訊號速度較慢的打線技術(Wire Bond大陸稱綁定)總稱之WLP,下列在晶圓上採印刷法或電鍍法兩種FC之凸塊即為WLP的一種。

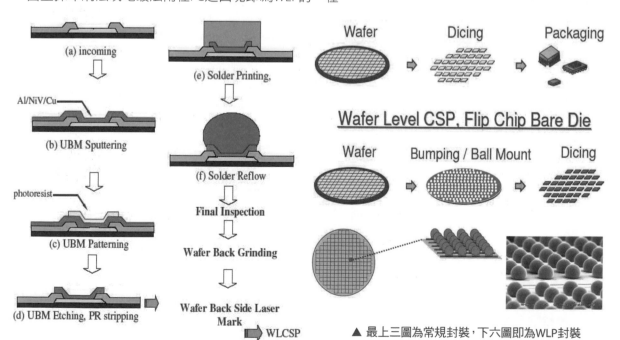

▲ 最上三圖為常規封裝,下六圖即為WLP封裝

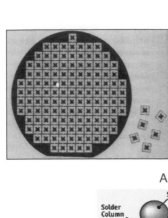
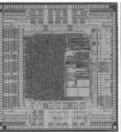

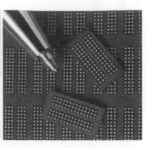

AIS WL-CSP   Sandia Mini BGA

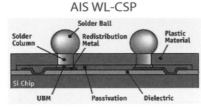
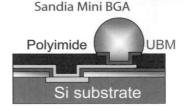

Flip Chip in Package(FCIP)   Flip Chip on Board(FCOB)   V.S.

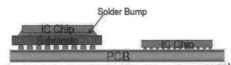

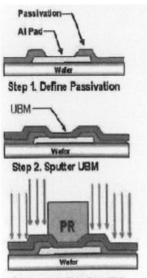
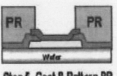
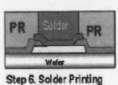

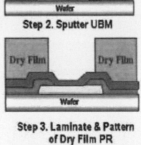

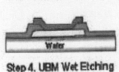
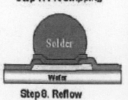
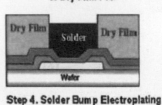

▲ 在晶圓上利用兩種成像及電鍍合金銲料與回焊成凸塊所進行的WLP封裝過程。

W

Waive 暫准過關、暫不檢驗

　　產品出現較次要的瑕疵時,由於情勢需要,只好暫時過關,或主觀認可貨品的品質,而暫時放棄檢驗,美式行話稱為Waive。

Waived Condition 暫時允收、有條件過關

常指進廠的原物料，當其未能符合正常規格而無法允收時，由於客觀情勢的壓力（如廠內缺料），或對方保證限期改善否則以後拒收。於是在主觀衡量之下而加以離規（Off-spec）允收者，稱為Waived Condition。其實講穿了這也是一種供需雙方的謀略，生意好時小小缺點當然可以允收，但供應商卻要寫下改善的切結書，生意差時立即將到貨予以剔退以減輕負擔也。

Warp、Warpage 板彎（大陸術語稱翹曲）

這是PCB業早期所用的名詞，是指電路板在平坦度（Flatness）上發生問題，即板長方向發生彎曲變形之謂，現行的術語則稱為Bow，早先亦就板子對角方面的不平坦稱為板翹或扭翹（Twist）。由於封裝載板也屬於PCB的一環，而載板或完成封裝的BGA或CSP其本身不能彎翹，否則就無法在主板上進行SMT的貼焊了。因而此詞原本只用於PCB或PCBA但現在的全新定義又更廣泛了。

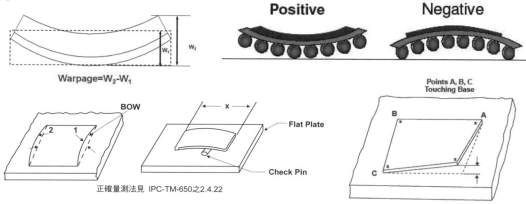

正確量測法見 IPC-TM-650之2.4.22

Warp Size 漿經處理

Warp原本意思是指布材中的經紗（Warp Yarn），通常在緯紗（Fill Yarn）穿梭交織之前，經紗應完成整理而排列成為平行的經紗。且尚須進行澱粉式的"上漿"處理（Sizing Treatment），使在交織過程中減少各紗束之間的摩擦損壞。又，織布廠所購入的原紗（如玻纖紗），需先加以整理成為間距相等，且相互平行可用的"經紗"，這種整理經紗的機器稱為Warper。

Washer 墊圈

是一種中間有孔的扁平圓環，可採金屬或塑膠做為材質加工製作，以達配合螺桿與螺帽相互鎖緊之用。

Waste Treatment 廢棄處理

廣義上是指各種廢水、廢氣及廢棄物處理的統稱，所使用的技術包括減量、代用品、再生、固化等不同方式，是近年來環保的熱門重點工作。其目的當然是在減少製造業的大量工業污染，維持應有的生態環境。

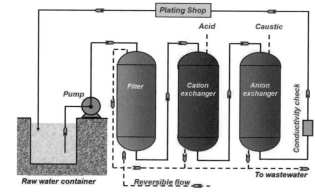

Waste Water Treatment 廢水處理

各種工業廢水具有不同濃度的污染物，

W

其處理方法自必也各有很多途徑，並已成為一項重要的專門處理工業。其中低濃度的水洗水等，則可用交換樹脂法而再生再利用，對於水資源之節省的確提供很大的貢獻。

Water Absorption 吸水性

指基板板材的"吸水性"，按MIL-S-13949/4D中規定，各種厚度的FR級板材（即NEMA代字之FR-4），其等吸水性（或稱Moisture Uptaking）之上限各為：

20mil～31mil：0.80% max　　　32mil～62mil：0.35% max
63mil～31mil：0.25% max　　　94mil～125mil：0.20% max
126mil～250mil：0.13% max

本詞在IPC-4101中又稱為Moisture Absorption，21號規格單中規定FR-4薄板吸水率上限為0.80%，厚板上限為0.35%。此詞亦可稱為Moisture uptaking吸濕性。

由於水分本身的介質常數（或相對容電率）為75，故板材吸水後不但有漏電及高溫爆板的危機，且按Maxwell電磁波傳播原理$V_p = C/\sqrt{\varepsilon_r}$可知，$\varepsilon_r$變大時，傳播速度將減慢。且吸水後傳輸線的特性阻抗值也由於ε_r變大而致Z_0變小，增加管制的困難。

其測試須按IPC-TM-650之2.6.2.1法去進行，即試樣為2吋見方，各種厚度的板材邊緣須用400號砂紙磨平。試樣應先在105～110℃的烤箱中烘1小時，並於乾器中冷卻到室溫後，精稱得到"前重"（W1）。再浸於室溫的水中（2±31℃）24小時，出水後擦乾又精稱得"後重"（W2）。由其增量即可求得對原板材吸水的百分比。板材的"吸水性"不可太大，以免造成在焊接高溫中的爆板，或造成板材玻纖束中的遷移性的"漏電"，或"陽極性玻璃束之漏電"（CAF，Conductive Anodic Filament）等問題。

Water Break 水膜破散、水破

當板面油污被清洗得很乾淨之下，浸水時由於親水性增大，將在表面形成均勻的一層水膜，能與板材或銅面保持良好的附著力（即接觸角很小）。通常直立時可保持完整的水膜約5～10秒左右。清潔的銅面上在水膜平放時可維持10～30秒而不破。至於不潔的板面，即使平放也很快就會出現"水破"，呈現一種不連續而各自聚集的"Dewetting"現象。此乃因不潔的表面與水體之間附著力，不足以抗衡水體本身的內聚力所致。這種檢查板面清潔度的簡便方式，稱為Water Break法，係乾膜壓附前處理的一種管理指標。

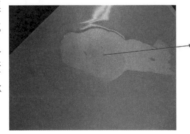

Oxidised Cu spot
The different surface tension of the spot causes the break of the water film (dewetting).

Watermark 水印

雙面板之基板板材中（Rigid Double-Sided；通常有8層7628的玻纖布），在第四層玻纖布的"經向"上，須加印基板製造商的"標誌"（Logo）或商標（Trade Mark）。凡環氧樹脂為UL認可之阻燃性之FR-4者，則加印紅色標誌，非阻燃者則加印綠色標誌，稱為"水印"。故雙面板可從板內的"標誌"方向，判斷板材經緯方向。不過此等水印只存在於雙面板之板材中，多層板材則不必加印。

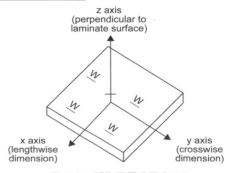

z axis
(perpendicular to laminate surface)

x axis
(lengthwise dimension)

y axis
(crosswise dimension)

圖中之W即為西屋公司之水印

Watt 瓦特

　　為功率（Power）的單位，是指每秒中已做的"功量"（Work Down）而言。所謂的"瓦特"即每秒所做的功為1焦耳（Watt＝joule/sec）之謂也。Watt簡寫為W。在電功方面，凡1安培的電流在一伏特電壓下，所做的電功，亦稱為1瓦特；即Watt＝Volt×Ampere。

Watts Bath 瓦茲鍍鎳液

　　以硫酸鎳（330 g/l）、氯化鎳（45 g/l），及硼酸（37 g/l）所配製的高溫（55～60℃）電鍍鎳溶液，很適合光澤鎳與半光澤鎳的製程，已成為業界的標準配方。這是O.P.Watts在1916年所首先宣布的，由於性能良好，故一直延用至今，特稱為Watts Bath。

Wave Guide 導波管、波導

　　是用於播送及接受電磁波（如微波）能量的外在硬體裝置，是一種如同耳朵功能般的金屬管狀物。係以銅"電鑄"或鎳"電鑄"方式（Electroforming）製造成形，其內壁須鍍銀，以利微波在多次反射達到所需波長後送出。Wave Guide則是特殊"電鑄工業"的重要產品，二次大戰才興起的行業。大陸術語稱為"波導"。又廚房用的微波爐中，也是另一種可發出微波的導波管裝置。

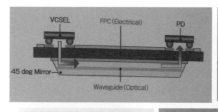

　　近年來高頻訊號高速訊號快速發展，已使得銅導線相形見拙，於是已有光波導PCB的研發，未來將出現另一種高科技的領域。

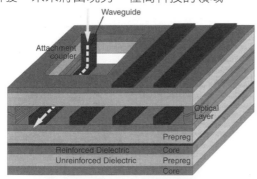
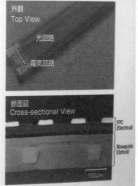
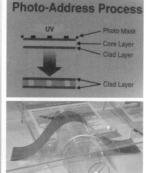

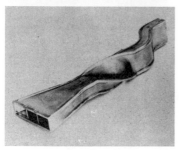

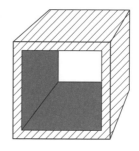

▲ 早期軍用無線電所使用的兩種導波管

Wave Shield 擋波板、擋熱板

　　大型組裝板完成正反面兩次熱風回焊後可能還要再進行一次波焊，以完成多枚連接器強度更好的插孔波焊。此時為了防止全板底面已焊妥的零件不再被無鉛波焊強熱所影響時，多採特製托盤（Pallet）做為阻板以通過錫波。某些大型BGA為了阻止熱源經由通道上傳起見，還可在托盤上另外加裝擋熱板以預防強熱之傷害。

W

常規鑽針的芯材（Web，在鑽尖處呈現有如鴨掌指間之皮蹼，故可稱為蹼部）是尖部較薄而延伸到柄部處又變得較厚，以方便刺入板材及旋轉時保有足夠的強度。故內部芯材呈現尾厚尖薄的正錐角，而鑽針外緣為減少與板材的磨擦起見，乃刻意做成頭大尾小的反錐角。

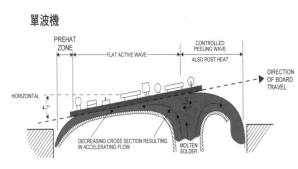

Wave Soldering 波焊

為電路板傳統插孔組裝量產式的焊接方法。是將波焊機中多量的"銲錫"熔成液態之後，再以機械攪動的方式揚起液錫成為連續流動的錫波，對輸送帶上送來已插妥腳孔與點膠板面各式零件之組裝板，可自其焊接面與錫波接觸時，讓各焊墊與通孔中湧入熔錫。當板子通過錫波而冷卻後，各通孔中即形成焊牢的錫柱。即使SMT流行之後，板子反面已先點膠的各種SMD，可與插焊同時以波焊法完成表面焊接。此詞大陸業界稱為"波峰焊"，對於較新式的雙波系統中的平波而言，似乎不太合適。（上圖説明BGA腹底適孔不可填錫以免造孔頂的短路）

自從2007.7起無鉛焊接正式上路後，許多組裝廠及下游品牌客戶對於無鉛銲料都不甚深入瞭解，均認定以回焊錫膏名氣最大的SAC305銲料做為波焊之銲料。此SAC305不但單價很貴，而且在操作溫度270℃的波峰沖刷中，板面或孔壁的銅層極易被SAC305所溶蝕（Erosion），這種含銀昂貴的銲料不但造成板子銅面受損，而且更讓錫池中的銅量快速增多。如此一來既使得銲點品質變差又讓高價的錫池不堪使用。痛苦教訓後目前業者們已逐漸改為價廉物美的SCN錫銅鎳或SCSi錫銅矽等銲料做為波焊的用途了。

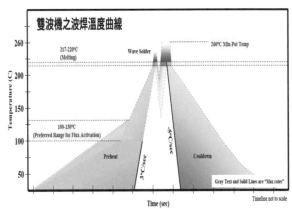

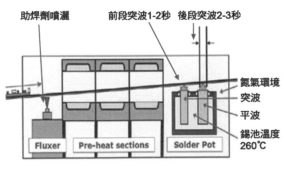

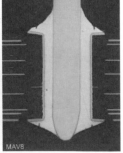

▲ 新式波焊機之雙波流動情形,前波為擾流波(Turbulant Wave)用以促錫進孔,後波為平滑波,目的在去除錫尖或錫橋等問題。直立者為揚起錫波之兩具Pump。

Waviness 波紋、波度

指玻纖布表面高低起伏不平之情形，對乾膜壓膜影響頗大。

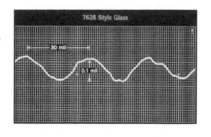

Wear Resistance 耐磨度、耐磨性

此詞與Abrasion Resistance同義，有時也可稱為Wearability。

Weatherability 耐候性

指產品本身或表面處理層，在室外不同的環境中，由於各種保護措施之得宜，避免發生功能故障及具有耐久能力，稱為耐候性。

Weave Exposure / Weave Texture 織紋顯露 / 織紋隱現

此二詞在IPC-A 600G的第2.2節中有較正確的說明。所謂 "織紋顯露" 是指板材表面的樹脂層（Butter Coat俗稱奶油層）已經破損流失，致使板內的玻纖布曝露出來。而後者的 "織紋隱現" 則是指板面的樹脂太薄，呈現半透明狀態，以致內部織紋情形也隱約可以看見。

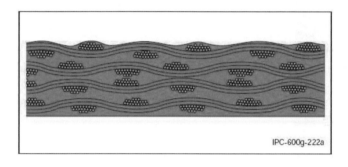

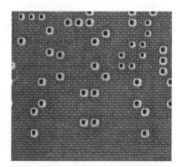

Web 蹼部

是指鑽頭在 "鑽部" 中心較薄，且稍呈盤旋之 "軀軸部份"，用以支撐鑽尖外側的兩把 "厚斧"，於高速旋轉中得以發揮刺入及切削的功能。正如鴨掌腳趾之間相連的蹼膜一般，故稱為Web。

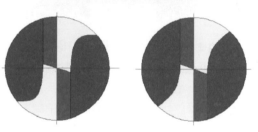

當鑽頭進行鑽孔時，鑽尖蹼部是最先刺入板材的尖兵。愈往桿體尾端的蹼部，其厚度愈厚，目的在支持及增強旋轉的動量，以避免扭斷，這種蹼部尖薄尾厚所形成的錐形角度，稱為 "Web Taper"。

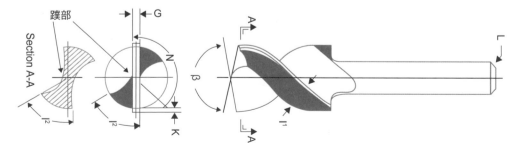

Wedge Angle 楔形角

是指鑽針尖部第一面（First Facet）切削前緣之刃口所具有的夾角而言，稱之為Wedge

Angle。也就是由鑽針尖部"第一面"與"排屑溝面"兩者所組成的夾角,是執行切削板材成孔的實戰前鋒。

Wedge Bond 楔形結合點

半導體封裝工程中,在晶片與腳架(Lead Frame或譯導電架)引腳或載板金手指之間進行各種純金線(0.6-1.0mil)之打線;如熱壓打線TC Bond、熱超音波打線TS Bond、及超音波打線UC Bond等,以完成晶片與IC封裝甚至再到PCBA組裝之互連等工程。完成兩點之間打牢結合後須將之拉斷,以便另在其他區域繼續打線。此種壓扁與拉斷的第二點稱為Wedge Bond。

至於打線頭在晶片上起點處,先行高溫熔縮並壓打成另一種球形結合點,則稱為Ball Bond或First Bond。下列各圖分別為兩種結合點的側視圖與俯視圖,以及其等之實物放大圖等。

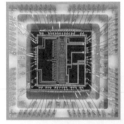

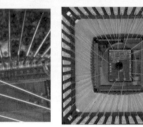
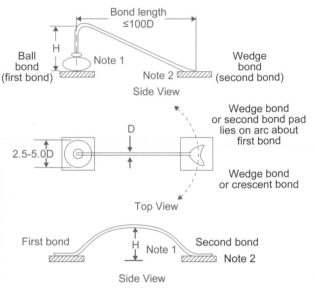

Wedge Void 楔形缺口(破口)

多層板內層板鑽孔後形成孔環之黑化層側緣,由於劣質搖擺之鑽孔造成板材被衝撞而鬆弛,致使PTH製程中經常受到各種強酸槽液的橫向攻擊。從右下微切片暗場可見到所出現三角形的楔形缺口稱為Wedge Void。若黑化層被侵蝕得較深入時,即出現水平切片逼近之膠片處俯視入內即可見到的"Pink Ring"(右圖取材自阿托科技)。

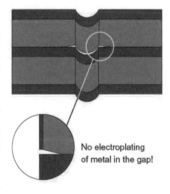
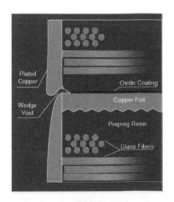

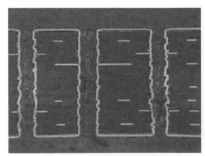
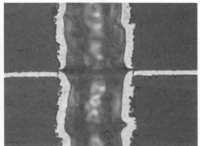
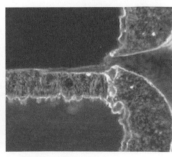

W

此種Wedge Void發生的比例，前幾年曾熱門過一陣的新式"直接電鍍"（DP）其楔形孔破要比傳統"化學銅"來的更多，原因是化學銅槽液為鹼性，較不易攻擊黑化膜，而直接電鍍流程（含鈀系，高分子系或碳粉系等）多由酸槽組成，且在既無化學銅層之迅速沉積覆蓋保護與導電良好之下，又因電鍍銅之硫酸（10%）繼續攻擊與DP導電不良下，一旦黑化層被攻擊成破口時，將會出現Wedge Void。即使電鍍銅多鍍幾次也不見得就能補牢填平，因毛細深入的攻擊經常會超過低電流處鍍銅的填平能力。由長期量產經驗可歸納出這種不良品質的兩大原因：①鑽孔粗糙 ② 黑化層耐酸性不足。

Weft Yarn 緯紗

與Fill及Woof同義，是指玻纖布或印刷用網等織物中，其長度較短且紗數較少之橫向織紗，稱為"緯紗"。以常用的7628為例，其每吋中的經紗是44支，而緯紗只有32支。再以薄布1080為例，其每吋中經紗為60支而緯紗只有47支。故知此等玻纖布的經向強度較好，所附實圖即為兩種1080之常規布與開纖布的比較。

  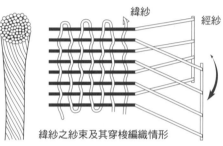

緯紗之紗束及其穿梭編織情形

Welding 熔接

也是屬於一種金屬的結合（Bonding）方法，與軟焊（Soldering或稱錫焊）、硬焊（Brazing）同屬"冶金式"（Metallurgical）的結合法。熔接法的強度雖很好，但接點之施工溫度亦極高，須超過被接合金屬的熔點，故較少用於電子工業。半導體封裝工業中之打金線或打鋁線，也是一種微型的熔接。

Wet Blasting 濕噴砂

是金屬表面一種物理式的清潔方法，係在高壓氣體的驅動下，迫使濕泥狀的磨料（Abrasive）噴打在待清潔的表面，用以去除污物的做法。電路板各前處理製程中曾用過的濕噴浮石粉（Pumice）技術，即屬此類。

Wet Film Photo-Resist 濕膜光阻

內層板無通孔者其成線並不需要用到乾膜光阻，因成捲的乾膜本身需要隔膜與蓋膜的包夾致使其成本較貴。而且其中阻劑層的厚度也在25μm以上，對於細線的製作非常不利。至於濕膜光阻乾燥後的厚度不足10μm，因而對細線及廢水處理都很方便。若已採精密滾塗法者連通孔與雷射盲孔均可擠入滿塞，對HDI有孔的核板（Core）也很方便。不過濕膜對無塵室的要求卻比乾膜更為嚴格，而且所用連線機組不但排場很大，而且設線

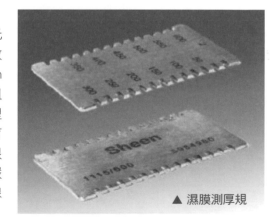

▲ 濕膜測厚規

W

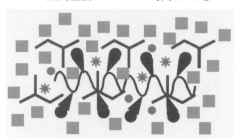

烘烤溫度80-120℃，時間45-60秒

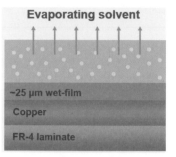

Evaporating solvent

~25 μm wet-film

Copper

FR-4 laminate

▲ 濕膜厚度檢測設施

▲ 乾燥不足者膜面會呈現沾黏，乾燥過度者小分子(例如單體與PI被趕走太多甚
至造成熱交連之過度異常，導致後續解像困難。(此處6圖均取材自阿拖科技)

塑黏劑
(皮膜骨幹)

染料

丙烯酸單體

~10 μm resist layer

Copper

FR-4 laminate

▲ 單體聚合固化之示意圖

成本與日常耗費也都不便宜。現行
的各種綠漆也可歸納為濕膜。

Wet Lamination
濕壓膜法

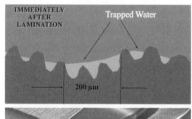

IMMEDIATELY AFTER LAMINATION　Trapped Water

200 μm

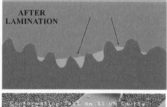

AFTER LAMINATION

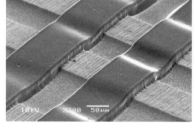

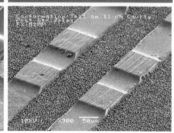

　　是在內層板進行乾膜壓合的操
作中，也同時在銅面上施加一屬薄
薄的水膜，讓"感光膜"吸水後產
生更好的"流動性"（Flow）。對
銅面上的各種凹陷，發揮更深入的
填平能力，使感光阻劑具有更好的
吻合性（Conformity），提升對細
線路蝕刻的品質。而所出現多餘的水膜在熱滾輪擠壓的瞬間，也迅速被擠走。此種對無通孔全
平銅面的新式加水壓膜法，稱為Wet Lamination。杜邦公司商品Yield Master即為此種專用乾膜。

Wettability
潤濕力、焊錫性

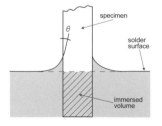

specimen

θ

solder surface

immersed volume

　　此詞用在固體與液體之介面活化或清洗作用時，是指能否親水
或新水的能力如何？用在玻纖布含浸樹脂時係指親和樹脂的能力，
用在焊接者則說明液態銲料與被焊之基地間的關係，事實上與焊錫
性Solderability同義。下列潤濕角 θ 愈小時則潤濕性愈好。

θ

TOTAL NONWETTING(θ=180°)

θ

PARTIAL WETTING (180°>θ>0)

θ

TOTAL WETTING (θ=0°)

GAS　N

LIQUID

M

SOLID

W

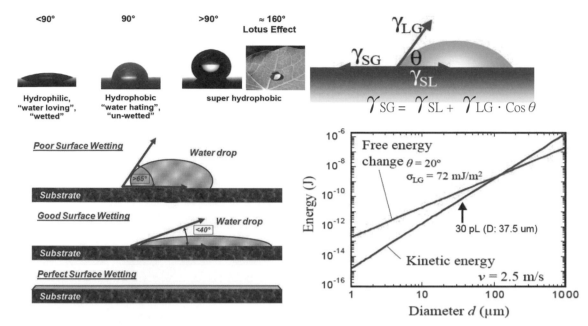

$$\gamma_{SG} = \gamma_{SL} + \gamma_{LG} \cdot \cos\theta$$

Wet Process 濕式製程

電路板之製造過程有乾式的鑽孔、壓合、曝光等作業,但也有需浸入水溶液中的鍍通孔、鍍銅,甚至影像轉移中的顯像與剝膜等站別,後者皆屬濕式製程,原文稱為Wet Process。

Wetting 沾濕、沾錫

清潔的固體表面遇有水份沾到時,由於其間附著力較大故將向四面均勻擴散,稱為Wetting。但若表面不潔時,則附著力將變小且親和性不足,反使得水的內聚力大於附著力,致令水份聚集不散。凡在物體表面出現局部聚攏而不連續的水珠者,稱為"不沾濕"Dewetting。此種對水份"沾濕"的表達,若引伸到電路板的焊錫性上,即成為"沾錫"與"沾錫不良"(或縮錫)之另一番意義。

Wetting Agent 潤濕劑

又稱為Wetter或Surfactant,是降低水溶液表面張力的化學品。取其少量加入溶液中,可令溶液容易滲入待處理物品的小孔或死角中,以達到處理之目的。也可讓被鍍件表面的氫氣泡,在降低表面張力下便於脫離逸走,而減少凹點的形成。

Wetting Balance 沾錫天平

是一種測量零件腳或電路板在"焊錫性"方面好壞的精密儀器。試驗中須將試樣夾在觸動敏感的夾具上,再舉起小錫池以迎合固定的測試點,並使

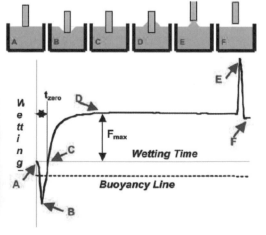

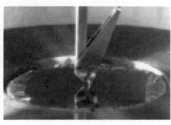

W

測區得以沉沒於錫池中。在扣除浮力後即可測得試樣"沾錫力量"的大小，及"沾錫時間"的長短。即使少許"力量"的差異，亦可從儀器上忠實測出，故稱為"沾錫天平"。（詳見電路板資訊雜誌第二十六期之專文）

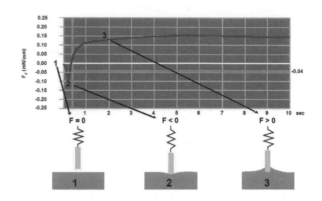

Wetting Force 沾錫力量

是指沾錫天平所繪製曲線之縱軸所呈現的力量而言，也就是後續的銲點強度。

Wetting Time 沾錫時間

當沾錫天平進行沾錫試驗時，其曲線從起步之0點下降（即相反的浮力）到底點又回升到達第二個0點時，其所跨越兩個0點所用掉的時間稱之為沾錫時間，也就是液錫與固銅在介面生成IMC（Cu_6Sn_5）所用掉的時間。此WT愈短者表示焊錫性愈好，一般以0.6秒左右為宜。

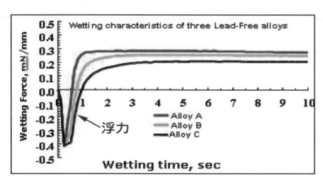

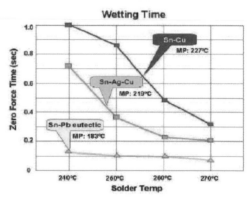

White Oxide Treatment
白化處理、浸錫處理

多層板壓合前各內層板所有銅面均需完成氧化銅或氧化亞銅的皮膜，也就是所謂的黑氧化或棕氧化處理。此等皮膜一則可增加銅面的表面積增大固著力，二來更重要的卻是高溫壓合中，膠片B-Stage的樹脂在與固化劑Dicy進行聚合反應中，會出現攻擊裸銅表面的化學反應並帶來副產物的水份，埋下後續容易發生爆板的隱憂，這就是為什麼裸銅面必須要做黑棕氧化皮膜才能去與膠片壓合的基本原理。（右上圖為FC載板內層未做黑棕化而分離之情形）

1980年代杜邦公司曾開發一種Dura Bond的內層銅面處理，也就在內層銅面製作一層浸鍍錫（I-Sn）的皮膜，使在壓合過程中錫得與銅轉化成Cu_6Sn_5的另一種介金屬式的皮膜，還會使得附著力更好，特稱為"白化處理"。不過此法20多年來在業界卻一直未能展開量產廣用，後來阿托科技又接手這種浸鍍錫的做法，商業製程稱為Secure HTg。從已壓合多層板的樣品改採FIB式高倍電鏡去觀察，

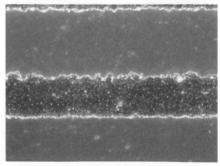

可見到銅面已長出如手指般的IMC（Cu_6Sn_5）連結體，對於某些封裝載板細線到達20μm甚至更細到12μm者，在不敢進行黑棕化以防細線再度受損下，只好改採銅面超粗化微蝕加大表面積以強化裸銅面與板材樹脂間的抓地力，如此一來覆晶（FC）增層板在只有機械連鎖力（Mechanical Interlock）而無化學鍵合力（Chemical Bond）協力下仍然會發生爆板。阿托科技除了上述的白化法Secure HTg以外，最近又嘗試另一種利用Silane矽烷偶合處理增加銅面與樹脂的接著力，商品名稱為Secure HFz，以針對超細線路增層載板所面臨爆板的困難。

Whirl Brush 旋渦式磨刷法

這是一種鑽孔後對孔口銅屑毛刺等，以平貼板面旋轉式刷除的方法，與現行上下兩輪直立旋轉之局部壓迫磨刷方式相比時，這種平貼旋刷法只將毛刺刷掉，不會對孔口銅環之緣口處產生強力壓迫，避免使其陷向孔中而殘存應力。如此也許可使孔壁在受到熱應力時，減少發生孔口轉角拉斷的危險。不過這全面平貼旋刷法卻不易自動化，故從未在國內流行過。

Whirl Coating 旋渦塗佈法

將待塗裝的扁平物件放置在一水平旋轉的檯面上，在待塗件表中央傾倒少量塗料，開始旋轉後利用離心力使塗料均勻的散佈在表面上，並可同時自蓋子上加熱進行烘乾與硬化。此種塗裝法方式稱為Whirl Coating。由於此種"批式做法"只適用於小量製作，難以進行自動化量產，故亦未流行。

Whisker 晶鬚

板面導體之間，由於鍍層內應力或環境的因素（如溫度及電壓），使得純銀或純錫鍍層中，在老化過程中會有單晶針狀異常的"晶鬚"出現，常造成搭橋短路的麻煩。但若在純錫中加入部份鉛量後，則可防止其生鬚的問題。銅金屬在硫化物環境中也偶會有晶鬚出現。

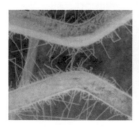

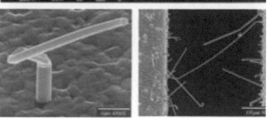

White Residue 白色殘渣

經過助焊劑、波焊，及清洗製程後，在板面綠漆之外表或基板之裸基材面上，偶有一些不規則的白色或棕色殘渣出現，稱為"White Residue"。經多位學者研究後大概知道，此種洗不掉的異物是由於綠漆或基材之硬化不足，在助焊劑的刺激下，於高溫中與熔錫所產生的白色"錯合物"，且此物很不容易洗淨。（詳見電路板資訊雜誌第25期之專文介紹）。

White Spot 白點

特指玻纖布與鐵氟龍（Teflon即PTFE樹脂）所製成高頻用途的板材，在其完成PCB製程的板面上，常可透視看到其"次外層"上所顯現的織點（Knuckles），外觀上常有白色或透明狀的變

W

色異物出現，與FR-4板材中出現的Measling或Crazing稍有不同。

此"白點"之術語，是在IPC-T-50E（1992.7；2008.7.的50H仍保留此詞）上才出現的新術語，較舊的各種資料上均未曾見。

Wicking 燈芯效應、滲銅

質地疏鬆的燈芯或燭心，對油液會發生抽吸的毛細現象，稱為Wicking。電路板之板材經鑽孔後，其玻璃紗束切斷處常呈現疏鬆狀，也會吸入PTH的各種槽液，以致造成一小段化學銅層存留其中，此種滲銅也稱為"燈芯效應"。這類Wicking在技術高明的垂直剖孔"微切片"上，幾乎是隨處可見。IPC-6012在表3-7中規定，Class1的板級其滲銅深度不可超過5mil；Class2不可超過4mil；Class3更不可

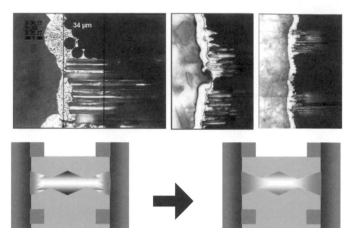

Wicking　　Electro Migration　　Short

超過3mil。就密孔薄牆而言CAF唯避之而不及，如此寬鬆未免太過仁慈了。

另外在銅絲編線或銅絲線束中，在沾錫時也會有Wicking發生，故在焊點重工返工時可用以吸走多餘的舊錫，但已生成的IMC卻成再焊與強度的負片效果。

Window 操作範圍、傳動齒孔

各種製程操作條件的參數中，其最佳範圍俗稱為Operation Window。又在"自動捲帶結合"（TAB）製程的捲帶兩側，其傳動齒孔也稱做Window。

Wiping Action 滑動接觸（導電）

指全平板面導體間的電性連通，是靠其一之滑動接觸來完成者，稱之Wiping。

Wire Bonding 打線結合（大陸稱綁定）

係半導體IC封裝製程的一站，是自IC晶粒（Die或Chip）各電極出口處，以金線或鋁線（直徑3μ）進行各式打線結合成餅狀，再牽線至腳架（Lead Frame）的各內腳處續行打扁線以完成互連，這種兩端打線的工作稱為Wire Bond。

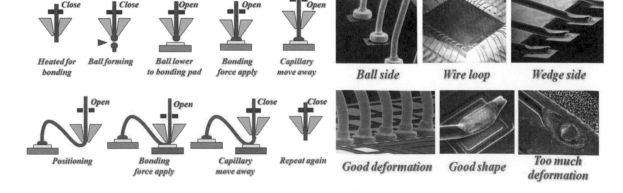

Heated for bonding　Ball forming　Ball lower to bonding pad　Bonding force apply　Capillary move away　Ball side　Wire loop　Wedge side

Positioning　Bonding force apply　Capillary move away　Repeat again　Good deformation　Good shape　Too much deformation

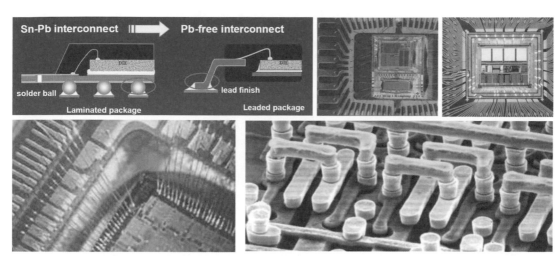

▲ 此為晶圓內多層次之間線路互連的精采畫面

Wire Gauge　線規

乃是規定各種金屬絲（如銅絲、鐵絲等）直徑的規範。常見的各種線規中以AWG（American Wire Gauge）較為流行。

Wire Lead　金屬線腳

是以無絕緣外皮的裸露單股金屬線，或裸露的集束金屬線，在容易彎曲下成為所需之形狀，以做為電性互連的一部份。

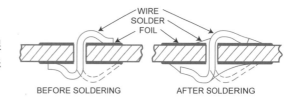

Wire Wrap　繞線互連

係採用局部剝皮的金屬線，以特殊的繞線機將之針對某種端子，進行強力緊迫式的纏繞，以達到非焊接的臨時電性互連。

Wiring Capability　佈線能力

指單位面積的板面其量產或試產中，到底能夠佈置排列（Layout）多少總長度的細線能力，稱為"佈線能力"。其算法如下：

$$\text{Wiring Capability} = \frac{(\text{Wires Per Channel})(\text{Layers})}{\text{Grid-Via Spacing}}$$

此種能耐包括薄光阻、成像能力（如LDI或玻璃底片）、薄銅皮、蝕刻能力、小孔能力，甚至還包括測試能力、品檢能力在內。目前流行的HDI其起碼的佈線能力為117in/in²/layer，約在俗稱的3mil/3mil左右。

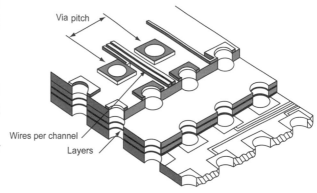

Wiring Pattern　佈線圖形

指電路板設計上之"佈線"圖形，與Circuitry Pattern、Line Run Pattern等同義。

Work In Process（WIP）製程中半成品

電路板的流程很長，故處於每星期盤點算帳的時間點時，要搞清楚有哪些料號批次是停留在哪一站，或客戶要停產某批板子時，也要快速反應其WIP半成品的成本是多少。此等有關WIP的管理是經營者必須隨時掌握者。

Working Master　工作母片

指比例為1:1大小，能用於電路板生產的底片，並可直接再翻製成生產線上的實際使用的底片，這種原始底片稱之Working Master，有時亦稱為Pot Life。

Working Time（Life）堪用時間

常指各種接著用途的膠類，當原裝容器開封後，或兩液型環氧樹脂類經調和後，在其變質失效前，可用以施工的壽命長短，稱為 "Working Time"。

Workmanship　手藝、工藝水準、製作水準

製造業早期採手工方式生產時，其產品的品質，與從事工作者的功夫手藝大有關係。不同來源的產品，在用途上或功能上也許差別不大，但在 "質感" 上的精緻與粗糙，以及耐久耐用程度上，還是有所不同。

時至今日的自動化生產線，雖大多數產品均由機器所製造，然而工作機器的品牌、調整、操作管理與維修等，對產品外觀上的質感仍有影響，如色澤、毛邊、密合匹配度等，確有區別。此種 "功能" 以外的綜合性 "質感" 與 "觀感" 或是否人性化（Friendly）等，稱為 "Workmanship"，與傳統含意上已稍有差異。

舉簡單實例而言，如兩家公司在細線蝕刻品質之比較時，其截面切片上出現的殘足大小，即為允收品質以外非外觀性Workmanship的好壞。

Woven Cable　扁平編線

是一種將金屬線（銅絲為主）編織成扁平長帶狀，以適應特殊用途的導線。

Wrinkle　皺摺、皺紋

常指壓合時由於流膠量太大，造成外層強度與硬度稍差的0.5oz銅箔發生皺紋或摺紋，謂之Wrinkle。此詞亦用於其他領域。

Wrap　纏繞

是指某些不適宜或不方便進行焊接，但又必須進行互連導通的場合，則可利端子與導線自動纏繞的互連做法完成使命。

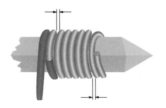

Wrap Plating　包鍍銅、覆鍍銅

電路板國際允收規範IPC-6012D（2015.9）版本中，在3.6.2.11.1節中曾對HDI多層板之樹脂孔塞

核心板（core）在增層之前，或一般常規通孔或樹脂塞孔，其孔銅延伸到兩端孔環的寬度稱之為包銅。其實這只是部份參加IPC規範討論會議者的意見，却在成文規範中大費周章加以擴充。事實上對現場的量產品管並無任何價值，而且該罕見的術語在業界也很冷僻，本書所列僅供讀參考吧。

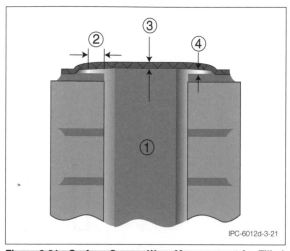

Figure 3-21 Surface Copper Wrap Measurement for Filled Holes
Note 1. Fill.
Note 2. Minimum wrap distance 25 μm [984 μin].
Note 3. Cap plating.
Note 4. Minimum copper wrap thickness.
Note 5: Cap plating, if required, over filled holes is not considered in copper wrap thickness measurements.

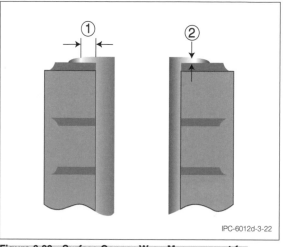

Figure 3-22 Surface Copper Wrap Measurement for Non-Filled Holes
Note 1. Minimum wrap distance 25 μm [984 μin].
Note 2. Minimum copper wrap thickness.

Wrought Foil 鍛碾金屬箔

將鑄造的金屬錠塊，經多次的加溫輥輾（Rolling）而成的薄片，稱之Wrought Foil。一般動態軟板（Dynamic FPC）所用的壓延銅皮就是此類產品。不過業界較少使用此詞，反而多稱為R.A. Foil（Rolled Annealed Foi1）。

Wagner Number 華格納比數 NEW

此比數可簡寫為Wa，是用以說明被鍍物件表面鍍層厚度分佈的均勻程度，也就是說當鍍液中全無任何添加劑時，待鍍件表面鍍厚的分佈與陰陽極的電流分佈(Cathode Current Distribution)幾乎相等，稱原始電流分佈Primary CD。

但當鍍液中已有數種添加劑，而在鍍件的高電流區呈現妨礙鍍厚的沉積(此即大分子量載運劑或抑制劑的功用)，甚至刻意採用帶正電的添加劑使吸附在高電位置，阻止正常鍍層的沉積效果(此即整平劑的功能)；至於所另加入小分子量的光澤劑，却可協助槽液進入鍍件低電流的死角處，而令其死角處有機會增加鍍厚。於是在各種助劑對於鍍厚分佈的改變下，而比原始鍍液更為均勻。此種刻意精緻改變均勻鍍厚的電流，即稱為"二次電流分佈"Secondary CD。

於是就可以說有助劑槽液的Wa要大於無助劑槽液的Wa。其實華格納比數就是業界較熟悉的Throwing Power(TP%)分佈力或均佈力，只是科學成分較多的Wa常用於學術論文的發表，而較少用於業界實用場合做為溝通。

表達被鍍件表面電流分佈Uniformity均勻度的華格納比數Wa，可用下式加以定義；當Wa>>1(例如Wa>5)時則鍍厚分佈均勻，當Wa<<1(例如0.2)時則鍍厚分佈不均勻。右上兩組藍色示

W

意圖說明電力線(或電流)分佈過於集中者，其沉積金屬也必非常集中，右下兩圖說明電力線分佈均勻者其鍍厚分佈也很均勻的畫面。

$$Wa = \frac{\text{Polarization Resistance 極化電阻}}{\text{Ohmic Resistance 歐姆電阻}} = \frac{Ra（添加劑的作用）}{R\Omega（鍍件幾何外形）}$$

於是可將兩者關係整理為TP=100[1-10^(1Wa/5)]與下左圖的進一步明瞭

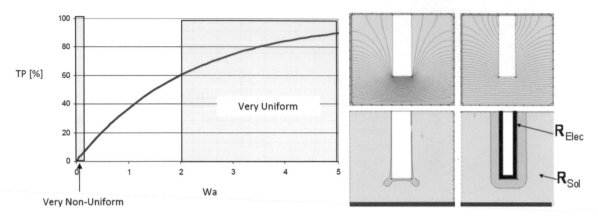

Warp copper Plating 通孔的孔壁鍍銅 NEW

　　這是在IPC-6012C(2010.4)規範中才出現的奇怪名詞，竟然連做了幾十年PCB的老手們都看不懂這是什麼玩意兒。讀者們須知所有IPC的規範都是美國大型電子公司把自己內部的規範送給IPC，而IPC藉每年展會所附帶許多專門會議中，即有一種稱為"規範討論會"(筆者早年也曾多次現場參與)，將所取得的規範對參與現場者事先提出的意見加以討論(IPC每份規範前數頁均已列出各參與者的公司與個人姓名)，通過後即成為有效版本而向全球業界推廣。實際上這就是美式業者的一種文化侵略而已，至於各種規範內容或用語是否精典或貼近實務，那就又另當別論了。

　　像是這種常見的通孔鍍銅孔壁，老生常談的孔銅竟然被稱之為Warp Copper plating，而且還出現在著名規範6012C及6012D的Table3-4及3.6.2.11.1節中。這種莫名奇妙的術語勉強從字面上來看，應該是"彎曲的鍍銅"，倘若從字面上來翻譯的話，那才是愈弄愈糊塗了。不但如此該規範對樹脂塞孔的附圖Fig3-21的標號④也稱為warp，更令人丈二金剛摸不著頭腦。其他諸如封裝載板當年命名為"Substrate"也令人十分不解，多年後才逐漸改用現行的Carrier。可見新事物出現之初的命名或譯名有多麼不容易，要多麼小心才不至成為始作俑者。

3.6.2.11.1 Copper Wrap Plating Copper wrap plating minimum as specified in Table 3-3 through Table 3-5 **shall** be continuous from the filled plated hole onto the external surface of any plated structure and extend by a minimum of 25 μm [984 μin] where an annular ring is required (see Figure 3-16 and Figure 3-17). Reduction of surface wrap copper plating by processing (sanding, etching, planarization, etc.) resulting in insufficient wrap plating is not allowed (see Figure 3-18).

以上原文取自IPC-6012C

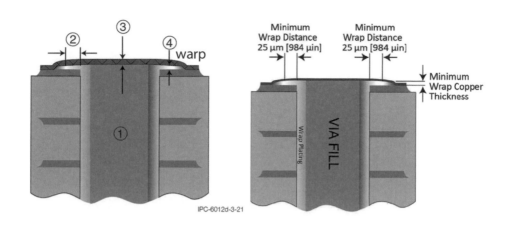

IPC-6012d-3-21

Waveguide 波導、導波管 NEW

　　這是針對正弦波式的無線通信微波（注意：不是數碼方波），而在PCB板中執行傳輸電磁波能量的傳輸工具。是以銅質的訊號線與接地層或接地平面，以及居中支撐用的絕緣板材做為整體性的工具。至於光波的傳播則以透明的各種光纖管路為主。先進研究者甚至還曾把光波導直接做到PCB板材之中，使能夠傳輸光訊號，此舉將成為未來業界努力的目標。下列左三圖即為光波導的代表，中間灰色部分為透明可傳輸光波的透明材料，外圍則是不透明的絕緣材料。下右圖為最常見傳輸電磁波能量用的共面波導CPW。

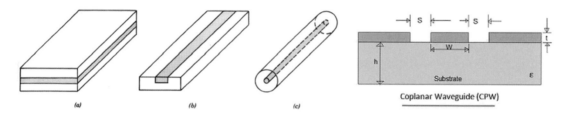

X-Axis X軸

指二度空間平面坐標（Coordinates）上的橫軸而言。

X-Out 打叉報廢

許多小型PCB為方便下游組裝在錫膏上貼著零件或自動插孔起見，刻意將許多片小板用外框與小連片（Tie Bar）彼此相連，當做成一片較大板子於組裝線上件與走回焊或波焊。然而此種連片式（Array or Strip）組合板中一旦有一兩片不良品存在時，只好打叉報廢警告下游不必上件，且把相同位置報廢者集中在一起同時一併組裝以增加生產效率。近年已能將報廢者小心取下另外替補上良好的板子再出貨以減少下游的麻煩與避免浪費資源。

X-Ray X光

"X光"是德國物理學家倫琴在1895年發現的，是他在進行自真空管陰極上所射出電子，用以撞擊"金屬靶"的研究時，碰巧造成附近的"螢光物質"意外發出光輝。因而判斷被撞的金屬靶，肯定已反射出某種能量很大的"不可見光"。此"光線"肉眼雖然看不見，但卻能刺激螢光物質又再發出"可見光"來。且此"不可見光"本身也能使底片感光。由於倫琴對此前所未聞的"光"一無所知，故將之命名為"X光"（他本想命名為倫琴光，後來還是作罷）。倫琴並於1901年獲得首屆諾貝爾物理獎。

"X光"產生的原理，是由於某一物質受到很大外來能量（如電子射線）的衝擊時，其原子內層軌道上的成員電子，很可能會受激動而跳出原子逸走，使得外層電子有機會落下去補充空缺。而此高階電子本身所具有多餘的能量，便以光的形式發出，這就是"X光"。在電路板工業中，對多層板的壓合對準，及鑽孔前其工具孔的補償對準方面，"X光"均可發揮監視的功能，附圖即為著名商品機種Phoenix之PCB/PCBA之X光透視檢查機及其所呈現的畫面。

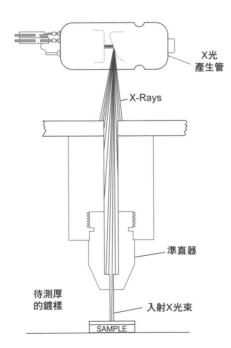

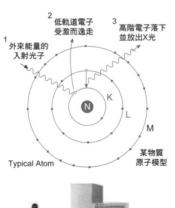

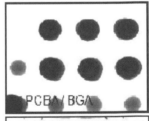

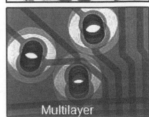

X光並可做成"X-Ray Diffraction Camera"，能放出X光使射擊未知物質的樣本，再自其折射光所感光的底片，經由各種特定繞射圖案的判讀（如冕Corona、暈Helo、環Ring、點Points等），可逕行定性分析出是何元素來，稱之為"X光繞射分析法"。

X-Ray Fluorescence Analysis
X射線螢光分析法、X螢光分析法（XRF）

當"X光"射擊到各種物質時，將再引發不同性質不同程度的螢光，稱為"X螢光"（XFR，X-Ray Flourescence）。在鍍層品檢方面，由於X光對鍍層與底金屬將激發各自不同性質的"X螢光"，進而可利用其等在螢光強度上的差異，據以測定出鍍層的厚度。對零件腳面積極小之鍍層，此法之測厚非常有效。且各種物質的"X螢光"在光譜上都有特定的位置，故還可用以進行定性及定量分析。

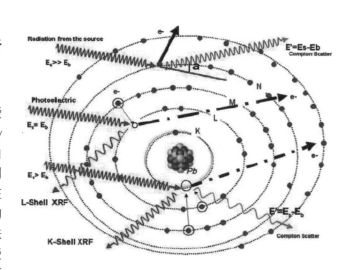

利用X螢光進行元素之非破壞性分析技術已超過50年，最近才因RoHS要大幅度檢驗電子產品中的6項有害物質而聲名大噪，XRF不但具備大型的桌上機種外，尚已做成小型手執式的檢測儀而非常方便。XRF的原理是當特定的元素受到外來能量衝擊下，其內殼層軌道束縛能較大（Binding Energy）的電子會被激盪而躍升到束縛能較小的外層去，例如由K層跳到L層或N層去，但當

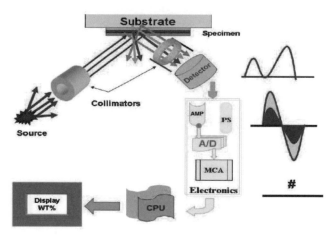

外來能量消失之後，該激動態電子又將回歸常態軌道，並將多餘能量以特定的X光或稱X螢光的方式發射出來。而每種元素都有其特定波長的XRF，故在不受干擾的情況下將可以非破壞性的方式定性分析出特定元素的存在與否。要注意的是XRF只能測元素不能測化合物（可利用商業軟體協測）。所附二圖即為XRF的原理與檢測儀的概要。

X-Ray Inspection　X光透視檢查

是利用某種能量的X光檢查機，以透視法檢查多層板各金屬層之間的對準情形。目前的機種均為"及時"（Real-time）反應立即觀察的高能類型，對改善行動與策略取決均頗有幫助。

X-Ray Measurement　X光量測

利用X光的透視能力，可觀察到PCB各層數據如何，也就是利用X光檢驗設備的穿透能力檢查多層板的對準能力或內在的缺失等，可用於IC或PCB的失效分析，例如德商Phoenix的高價儀器Nanomex，不過用起來卻不便宜。

X

Y-Axis Y軸

指二度空間平面坐標的縱軸而言。

Yarn 紗、砂束線

"指由多支的單絲（Filament）或單纖絲（Fiber），所集合組成的細長線體而言，有時可與 Strand（次級絲束；股）通用。

Yield 良品率、良率、產率

生產批量中通過品質檢驗的良品，其所佔總產量的百分率稱為Yield。

Yield Point 屈服點、降（ㄒㄧㄤˊ）伏點

對某種金屬或非金屬施加拉力使產生彈性限度以外的永久性拉伸變形，此種外來應力的大小，或桿材抵抗變形的彈性極限，謂之屈服點；亦可以Yield Strength "屈服強度"做為表達。還可說成是彈性行為（Elastic Behavior）的結束或塑性行為（Plastic Behavior）的開始，即兩者之分界點。下左圖橫軸應變源點到斷點處即為延伸率，而曲線下的面積即為破壞能量（Fnactw Energy）或Toughness韌度韌性。

從曲線斷點垂直向下到達橫軸處，是理論的延伸率；實際上是拉斷後的兩截又各自收縮一點，因而相加後的長度就短一些了。

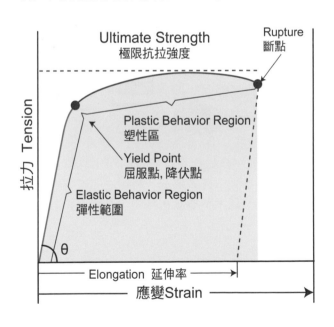

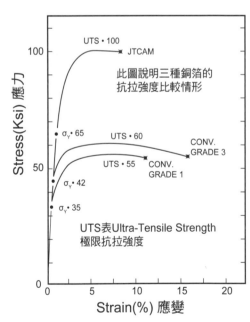

▲ 註：右圖係新式JTCAM之ED銅箔與傳統Grade 1及Grade 3 ED銅箔，在抗拉強度方面於屈服點上的比較情形

Yaung's Modulus 楊氏模數、楊氏模量

由上左圖 "應力／應變"之重要曲線看來，物件試樣在做拉伸試驗時，凡未超過屈服點而於彈性範圍內的直線階段，其 "應力／應變"相除後所呈現之斜率即為楊氏模量。此模量

所呈現的斜率較大者（θ角大者）即表剛性(Stissness)較強，斜率較小（θ角小）者即表撓性(Flexibity)較好。板材型錄中經常會出現此詞。

Yellow Light Room 黃光室

影像轉移之乾膜光阻之壓膜與曝光等操作都需在隔絕紫外線的無塵室中進行，以免光阻被UV所意外感光而造成後續無法解像（即Developing顯像）無法成像（Imaging）的煩惱，於是貼膜與曝光等工作只能在黃光照明（不存在紫外光）的無塵室內進行（室外的UV光也應杜絕），黑白底片其母片與子片的轉影工作甚至還要在昏暗的紅光照明中作業，才不至干擾到"成影"的品質。

Z-Axis Z軸

指三度空間立體坐標系統中，垂直於平面的"直立軸"而言。在電路板上常用以表達板厚方向的膨脹及銅孔壁之斷裂。

Z-Axis CTE Z軸熱脹率

自從無鉛焊接與無鉛化板材上路後(2006.07)，各種回焊爆板的事故即層出不窮。當然若繼續使用有鉛焊接時代的標準FR-4板材者(指樹脂中未加任何粉料而固化劑仍以Dicy為主)，其爆板情形將更加不堪。爆板的主要原因是板材的Z膨脹太大，以及板材傳熱不良造成面燙裡冷。Z脹不均之下就會爆板，板材愈厚者愈容易開裂，某些板內局部之開裂外觀完全看不到，對後續的CAF問題時埋下很大的隱憂。

ZBC-2000 埋入式公用電容器之板材

這種專用於埋入式公用電容器之專利板材，原為美商板廠Zycon在1992年所申請的專利，係將銅箔毛面朝外、光面朝內所壓成的雙面板當作電容材料，進而做出各種埋入式公用電容器基材。後1997年另一家大板廠Hadco併購Zycon，也取得此種專利而改稱為BC-2000。2000年時Hadco又被Sanmina買下，於是此種BC板材專利直到目前皆為新主人所擁有，不過一般商用多層板中使用者仍不多，成本太貴應為原因之一。

Z-Direction Expansion Z方向膨脹、板厚方向膨脹

早期通孔插裝時代，全板通過高溫波焊，當熔融銲錫被壓迫湧進孔中之際，除在XY方向造成膨脹外，更在Z方向更引發猛烈的拉脹，一旦鍍銅層之物理性質不夠好時，經常在孔口處被拉斷，即所謂的斷角（Corner Crack）。甚至孔壁中應力集中點或較薄處也容易被拉斷，而且縱橫比（Aspect Ratio）愈高者愈容易斷。不但如此在Tg以上（α-2狀態）的Z膨脹更是造成各類爆板的真因，是故如何降低α2/Z-CTE才是正本清源釜底抽薪的解困之道。

自從SMT與BUM之貼焊技術興起後，一般商品不再插孔焊接，而且連全通孔也愈來愈少，Z方向斷孔與斷角的情形，也就不再成為問題。代之而起的反倒是眾多盲孔與底墊的拉脫，以及兩者間的對準度問題。

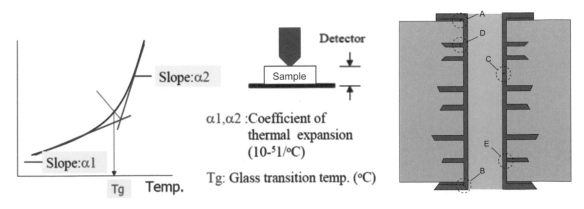

Zero Centering 中心不變（疊合法）

多層板各散材於疊合對準時，採用一種特殊的工具槽口，此等類似長方形槽口的兩短邊呈

圓弧形，兩長直邊的寬距可匹配對準梢的插入（稱為挫圓梢Flated Round Pin）。此種槽口分佈在散材（指多層板壓合前的各種板材）的四邊中央，並將板子長邊槽口之一刻意衝偏一點，做為防呆用途。如此可令板材在高溫中仍可分別向外膨脹，冷卻時又可自由縮回，但其中央板區卻可穩定不變，避免固定孔與插梢之間產生拉扯應力，謂之中心不變式疊合法。實用機組以美商Multiline之產品最受歡迎。

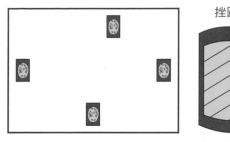
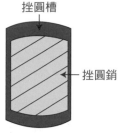

挫圓槽

挫圓銷

Zigzag Inline Package（ZIP）鏈齒狀雙排腳封裝件

凡電子零件之封裝體只具有單排腳之結構，且其單排腳又採不對稱"交錯型式"的安排，如同拉鏈左右交錯之鏈齒般，故稱為Zigzag式。ZIP是一種低腳數插焊小零件的封裝法，也可做成表面黏裝型式。不過此種封裝法只在日本業界中較為流行。

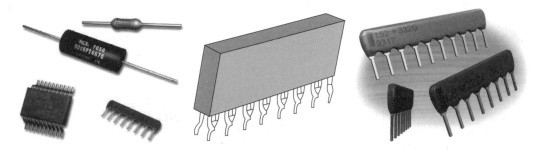

Zincate Treatment　鋅化處理

鋁材或鋁合金材質因其化學性質過度活潑，故無法進行一般電鍍與無電鍍製程。但卻可先在鹼性鋅鹽液中預先加以處理，使在表面上產生一層鋅金屬之皮膜，於是即可再用以進行其他電鍍。最常見之後續鍍層即為化學鎳。

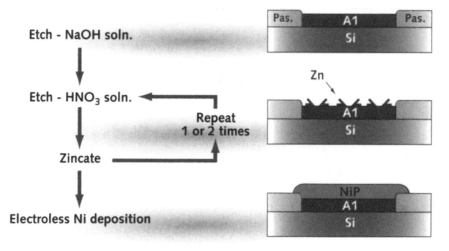

Zone A / Zone B　A區 / B區

美國軍用PCB規範MIL-P-55110E中曾對通孔插裝傳統多層板在結構上分成Zone A與Zone B兩

種區域，由於通孔波焊過程中強熱的液錫進孔之際不但對孔銅壁造成很大的衝擊外，同時也對孔銅周圍的板材帶來猛烈的熱應力，於是將眾多通孔與銅壁向外擴展3mil遭受強熱的區域定義為Zone A；將非通孔遭受熱應力較緩的板材區定義為Zone B，兩區中出現的缺失也不盡相同。

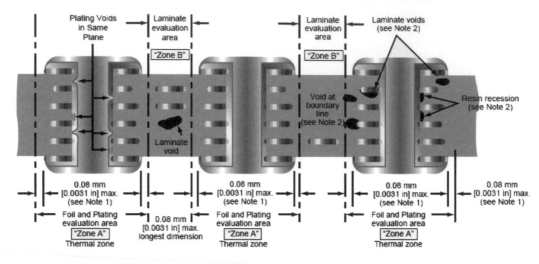

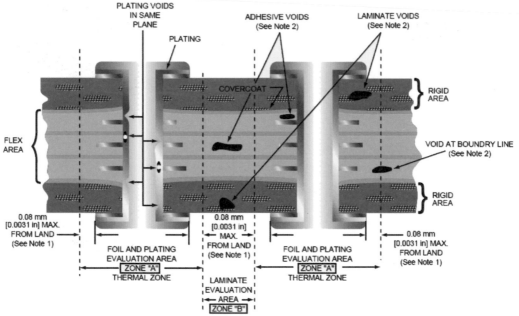

例如Zone A通孔銅壁外圍板材遭強熱迅速攻擊後，聚合不足的樹脂立即釋放溶劑與迅速聚合低分子量的成份，在體積緊縮下於是銅壁外原本密接的樹脂乃出現退縮性的空洞稱之為Resin Recession（樹脂縮陷）。但若在Zone B中也發現樹脂的空洞者，那卻是原本壓合過程後早已存在的瑕疵並非波焊強熱所造成的，故稱之為

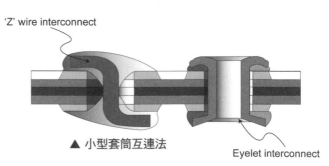

▲ 小型套筒互連法

Lamination Void（壓合空洞）。然而當PCB業進入SMT與HDI時代後，這種按受熱快慢與多寡而將多層板分區的邏輯已不具意義了。

Z-Wire Interconnection　Z形連線

　　最早PTH尚未量產前，板子雙面必須互連者，即採圖中所示之Z形金屬連線及填錫方示完成互連，亦可稱為S形連線。目前尚可用於補救完工板的用途。

　　實際上這種Z導線穿過NPTH的互連，當年多層板產量不多單價還很昂貴時捨不得丟掉，或完工組裝板發現有某個通孔通電不良時，即採取這種外加引線方式先在兩外層上焊妥，再於孔內填錫想辦法救回產品的做法，比起空心鉚釘（Eyelet）還更方便。當然目前PCB大量供無缺，這種瑕疵品老早就遭到報廢而無須再花力氣去救了。

　　不過此等Z-Interconnect的觀念卻在現行封裝領域出現新機，下列圖示者即為一家美商Endicott Interconnect公司（其前身為著名IBM內部的PCB廠，80年代最盛時員工超過1萬人）所製做五種高階式的Z-Interconnect產品之說明。

Technology & z-Interconnect	Module	Application
Die Stacking (ChipPAC)　　　Wire Bond		▶ Memory ▶ ASIC + Memory
Package Stacking (ChipPAC)　　Wire Bond		▶ Memory ▶ ASIC + Memory
Die Stacking (ChipPAC)　　　Flip Chip		▶ ASIC + other
Package Stacking (Amkor)　　　Solder Ball		▶ Memory
Folded Stacking (Tessera)　Substrate + Solder Ball		▶ Memory ▶ ASIC + Memory

Zeta Potential　界達電位、電雙層介面電位　NEW

　　各種不透明的懸浮液（例如牛奶或豆漿）中浮動的粒子稱微膠體。通常膠體一遇到強電解質（如醋酸）時，膠體粒子即會出現聚集沉降（Coagulation）現象。浮游的膠體粒子之所以不會聚沉的原理，是彼此之間會出現凡德瓦爾式的斥力或吸力，斥力大時則會保持浮游，當彼此吸力大於斥力較多時就會出現聚沉現象。

從下兩圖可知當膠體粒子成鹼性者，其水解後粒子表面帶正電性（見下左圖）。當膠體粒子呈微酸性者，其水解後粒子表面會帶負電性。

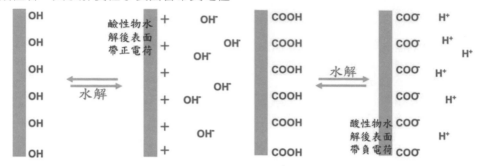

於是負電性的酸性粒子會在表面吸著上一種電雙層，此電雙層與主溶液（Bulk Solution）的交界面稱為滑動面（Slipping Plane），此交界面所呈現微弱電位差（mv）即稱為Zeta電位，從下兩圖即可見到Zeta電位的所在。通常電雙層為正電者，其Zeta電位須大於30mv才不易聚沉。

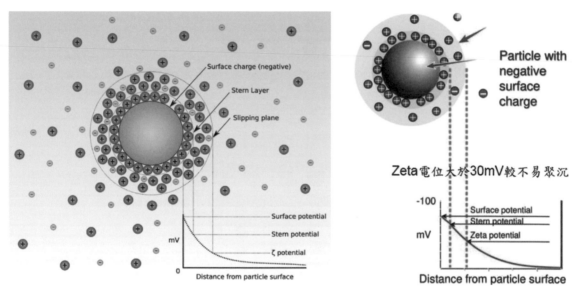

汽車用板非常計較長期使用中的銅遷移問題（即CAF），因而較不敢再用化學銅做為金屬化製程，而改用黑孔、黑影，甚至導電高分子以代替化學銅。下左圖為黑影懸浮粒子表面已吸著附電的電雙層，一旦遭遇帶正電性的電解質就會減少表面的負電荷，進而造成彼此斥力不足而發生"聚沉"的麻煩。因而供應商要求黑影槽液應保持其Zeta電位愈低愈好（是指負電性的負值越大越好），以避免遭遇正電離子而產生聚沉的麻煩。通常黑影當Zeta電位低於-25mv時，其背光等級可到8級，-34mv以下者背光可達9級以上。

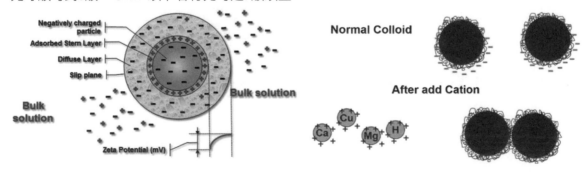

電路板簡字(共485則)

A **Ampere；安培**
是電流強度的單位。當導體兩點之間的電阻為1 ohm，電壓為1 Volt時，其間的電流強度即為1 Ampere。

Å **Angstrom；埃**
是為紀念瑞典光學物理學者Angstrom而公定成為一種長度的微小單位，即公分（cm）的1億分之1。此微小長度常用以表達原子間的距離、分子的大小、輻射波之波長等。

AA **Atomic Absorption Spectrophotometer；原子吸收光譜分析儀**

ABS **Acrylonitrile-Butadiene-Styrene；丙烯腈，丁二烯，苯乙烯**
是一種由"丙烯腈、丁二烯、苯乙烯"等三種有機物，以各種比例混合共同聚合而成一種塑膠。其機械強度良好，又可進行真空蒸著及一般電鍍之表面處理，可用於汽車零組件、電話機、旅行箱、冰箱門以及各式適用機器等，為相當廣用的工程塑膠。

AC **Alternating Current；交流電**

ACA **Anisotropic Conductive Adhesive；單向導電膠（註：與ACF同義，日文異方性導電接著劑）**

ACF **Anisotropic Conductive Film；單向導電接著膜**

ACL **Advanced CMOS Logic；改進式「互補型金屬氧化物半導體」邏輯**

AES **Auger Electron Spectroscopy；歐傑電子能譜儀**
是一種高能儀器分析法。

AFM **Atomic Force Microscopy；原子力顯微鏡**

AI **Artificial Intelligence；人工智慧、人工智能**

AG **Aktie Gesellschaft；有限公司（德文）**

ALIVH **Any Layer Interstitial（Inner）Via Hole；阿力夫製程**
為日本松下電器公司之多層板專利製程，係使用CO_2雷射成孔再塞入銅膏，及壓合銅箔與成線，而完成層間互連的新式多層板製程，唸做"阿力夫"。

AM Amplitude Modulation；振幅調變、調幅

ANOVA Analysis Of Variance；變異數分析
    是 "實驗計劃法" （DOE）的一種表列分析法。

ANSI American National Standard Institute；美國標準協會（簡讀 "恩西" ）

AOI Automatic Optical Inspection；自動光學檢驗

AOQ Average Outgoing Quality；平均出貨品質

AQL Acceptable Quality Level；合格允收水準，允收品資水準

ASF Ampere per Square Foot；每平方英呎所施加的安培數（係電鍍時整流
    器所施加之電流密度單位）

ASIC Application-Specific Integrated Circuit；特定用途之積體電路器
    是依照客戶特定的需求與功能而設計及製造的IC，是一種可進行小量生產，快速變更生產機
種，並能維持低成本的IC。

ASME American Society for Mechanical Engineers；美國機械工程師協會

ASQC American Society for Quality Control；美國品管協會

ASTM American Society for Testing and Material；美國材料及試驗協會
    此協會每年出版一次年鑑，對所有工業應用的規範規格及試驗方法都詳加敘述，其試驗方
法尤具權威性而為各界所引用。

ATE Automatic Test Equipment；自動電測設備
    是指電路板或下游組裝板的自動化電測設備，也就是俗稱的 "泛用型" 測試機（Universal
Testing Machine）。

ATM Atmosphere；大氣壓

AUX Auxiliary；輔助設備，備用品

AV Audio-Video；視聽

AWG American Wire Gauge；美國線號規

$\boxed{B^2it}$ **Buried Bump Interconnection Technology**

$\boxed{BB\ Ratio}$ **Book to Bill Ratio；訂單與帳單比例**

指一段時間內（通常以三個月的持續動態為準）收到訂單的金額與出貨金額之比，當此比值大於1時表示市場景氣較好。

$\boxed{BC}$ **Buried Capacitor；埋入板內式電容器，內建式電容器**

$\boxed{BCB}$ **Benzocyclobutene；苯基環丁烯**

為介質常數很低的感光介質材料，可用於某些載板。

$\boxed{BCC}$ **Body Centered Cubic Lattice；體心式立方體**

$\boxed{BCS}$ **Butyl Cellosolve；丁基溶纖素（俗稱防白水，學名乙二醇單丁醚）**

$\boxed{BDMA}$ **Benzyldimethylamine；苯二甲基胺**

是用於FR-4板材之環氧樹脂，為其生膠水配方中所加入的"加速劑"。

$\boxed{Be'}$ **Baume′；波美度（英制比重表示法）**

$\boxed{BER}$ **Bit Error Rate；誤碼率**

$\boxed{BGA}$ **Ball Grid Array；球腳格列封裝元件（與PGA類似，但卻為SMD）**

$\boxed{BIPS}$ **Billion Instruction Per Second；每秒10億指令**

$\boxed{BITE}$ **Built-In Test Equipment；內建式測試設備**

$\boxed{BOC}$ **Board on Chip；簡單型載板**

指雙面或單面的硬質IC載板而言。

$\boxed{BOD}$ **Biochemical Oxygen Demand；生化需氧量（係對水體有機污染之檢驗法）**

正常的水體中原本溶解有氧氣，正常標準須在4 ppm以上，使水族類得以生存。但若水體中發生有機污染時，則喜氣（氧）性細菌會消耗溶解氧而對有機物進行分解。一旦溶氧消耗殆盡時，則厭氣性細菌將會大量繁殖，造成水體發臭及水族死亡，而成為一灘死水。BOD就是一種生物檢驗法，利用喜氣性細菌刻意對水樣中的有機污染物進行分解，直到達穩定狀態時所總共耗掉的溶氧量，謂之BOD。此試驗需要5天才能完成。

BOM Bill of Material；材料清單

常指組裝產線所有待備齊的各種物料材料之清單，俗稱BOM表。

BP Boiling Point；沸點

BS British Standard；英國標準

BSE Backscattered Eleetron Datector；（反）背彈散射偵測儀

BT Resin Bismaleimide Triazine Resin；"雙順丁烯二酸醯亞胺／三氮亘" 之複合樹脂

為一種暗棕色的高功能樹脂，係日本"三菱瓦斯"公司在1980年所研發成功的，可與玻纖布組成優良的板材。其T_g在180～190℃之間，尺度安定性很好，不過價格也比FR-4貴的很多。

BTA Benzotriazole；苯基三連唑

是一種良好的水溶性護銅劑，美國Enthone公司之商品Cu-56，即以此物為主要配方的處理槽液。

BTAB Bumped Tape-Automated Bonding；已有突塊的自動結合捲帶

指TAB捲帶的各內腳上已轉移有突塊，可用以與裸體晶片進行自動結合。

BTO Build to Order；接單生產 **NEW**

BTU British Thermal Unit；英制熱量單位（1 Joule＝1.055×10 Btu）

BUM Build-Up Multilayer；增層法多層板

BW Band Width；頻寬

c，C Capacitance，Carbon；電容（小寫c），碳（大寫C）

C&C Computer and Communication；電腦與通信

C3 Command，Control and Communicate；命令，監控及溝通

C4 Controlled Collapse Chip Connection；可掌握熔塌焊接高度之覆晶互連

CAD Computer-Aided Design；電腦輔助設計

$\boxed{CAE}$ **Computer-Aided Engineering；電腦輔助工程**

$\boxed{CAF}$ **Conductive Anodic Filament；陽極性玻纖絲之漏電現象**

$\boxed{CAM}$ **Computer Aided Manufacturing；電腦輔助製造**

$\boxed{CAR}$ **Corrective Action Report；改善行動報告（指客訴品質不良所採行改善 行動之紀錄）**

$\boxed{CAT}$ **Computer Aided Testing（or Teaching）；電腦輔助測試（或教學）**

$\boxed{CATV}$ **Cable Television；有線電視**

$\boxed{CC\text{-}4}$ **Copper Complexer 4；是美國PCK公司所開發在特殊無銅箔基板上的全 加成法**
（詳見電路板資訊雜誌第47期有專文介紹）

$\boxed{CCD}$ **Charge Coupled Device；電荷偶合器**
　　為影像感測及影像處理的主要元件。其中硒質之"光敏電阻器"將因感光而發生忽大忽小 的電阻變化，在固定外加的電荷下將形成忽大忽小的電流脈衝。因而構成了電子訊號的"像 素"或"圖素"。一個普通的攝影鏡頭常含有256×256＝65,536個"像素"。CCD對許多光電機 器貢獻極大。

$\boxed{CCL}$ **Copper Clad Laminates；銅箔基板（大陸業者稱為"覆銅板"）**

$\boxed{CCTV}$ **Closed Circuit Television；閉路電視**

$\boxed{CCW}$ **Counter Clockwise；反時針方向**

$\boxed{C.D.}$ **Current Density；電流密度（是電鍍或陽極處理的基本操作條件）**

$\boxed{C\text{-}DIP}$ **Ceramic Dual Inline Package；瓷質雙排腳封裝體（多用於IC）**

$\boxed{CDMA}$ **Code Division Multiple Access；"分區編碼多重存取式"行動電話系統**

$\boxed{CD\text{-}ROM}$ **Compact Disc Read-Only Memory；唯讀式記憶光碟**

$\boxed{CD\text{-}RW}$ **Compact Disc Rewrittable；可覆寫式光碟**

CEM Composite Epoxy Material；環氧樹脂複合板材

CEM Contract Equipment Manufacturer；合同式設備製造商

CEO Chief Executive Officer；主導執行官（指企業體之決策者）

CFC Chloro-Fluoro-Carbon；氟氯碳化物
　　是含氟與氯或只含氟氯的各種有機溶劑的集合名詞，其中電子業界用量最多、效用最好的是CFC-113（三氯三氟乙烷），目前已禁止使用。將來連"三氯乙烷"也會逐漸遭到禁用，以減少臭氧層的傷害而使地球生態得以維護。

CGA Column Grid Array；柱腳陣列封裝體

CFM Cubic Feet per Minute（ft³/min）；每分鐘所流過的立方呎數（是一種氣體或液體的流量單位）

CGA Column Grid Array；柱腳格列封裝元件

cgs centimeter，gram，second；公分，公克，秒之公制（即一般稱之cgs制）

CIC Copper-Invar-Copper；銅箔層／鐵鎳合金層／銅箔層
　　是一種限制板材在X及Y方向的膨脹及散熱的金屬夾心層（Metal Core）。

CIM Computer-Integrated Manufacturing；電腦整合製造

CL Center Line／Control Level；中心線／管制水準

CISC Complex Instruction Set Computer；複雜指令集式電腦

CMC Critical Micelle Concentration；臨界膠團濃度
　　水本身的表面張力很高（73達因/公分），使得許多物質不易溶解，此時加入潤濕劑則可降低其表面張力，直到形成膠團微胞時，其表面張力已達下限無法再降低的話，則潤濕劑之濃度謂之"臨界膠團（或微胞）濃度"。當溶液到達CMC時，其各種物化性質都將發生很大的改變。

CMOS Complimentary Metal-Oxide Semiconductor；互補性金屬氧化物半導體
　　是融合P通路及N通路在同一片"金屬氧化物半導體"上的技術。

CMP Chemical Mechanical Planarization（Polishing）；化學加工式拋光

[CNC] **Computerized Numerical Control；電腦化數值控制**

係指在數值控制之系統中，以一台專用內建程式的電腦，去完成全部或部份基本數值控制之功能。

[CNT] **Carbon Nanotube；碳奈米管**

[COB] **Chip On Board；晶片直接安裝板面**

是一種早期將裸體晶片在PCB上直接組裝的方式。係以晶片的背面採膠黏方式結合在小型鍍金的PCB上，再進行打線及膠封即完成組裝，可省掉IC本身封裝的製程及費用。早期的電子錶筆與LED電子錶等均採COB法。不過這與近年裸體晶片反扣封裝法（Flip Chip）不同，新式的反扣法不但能自動化且連打線（Wire Bond）也省掉，而其品質與可靠度也都比早期的COB要更好。

[COD] **Chemical Oxygen Demand；化學需氧量**

當水體中發生有機物的污染時，因其中所含的碳和氫都可被氧化，故只要加入定量的強氧化劑（重鉻酸鉀$K_2Cr_2O_7$），刻意將水樣中的碳與氫予以氧化，即可由所耗去的氧量而測知已污染"有機物"約含量如何。COD的檢驗只需3小時，遠比BOD檢驗所需的5天要來的更有效率，但COD卻無法分辨出穩定的有機物與不穩定的有機物，故只能當成BOD的參考。

[COF] **Chip On Film；晶片直裝薄膜電路片**

[COG] **Chip On Glass；晶片直裝玻璃電路板**

[C_p] **Capability of Process；製程能力指數**

（註：類似之術語尚有Capability Performance、Capability Potential Index、Capability of Precision等，是SPC及全面品管的重要指標）

[CpK] **Capability Process Index；綜合製程能力指標** NEW

[CPU] **Central Processing Unit；中央處理單位**

為電腦計算系統中的一部份，含控制指令的解釋和執行的電路，以及為執行指令所必須具有的運算、邏輯和控制電路。其中主要元件有運算器、控制器、儲存器，和輸入輸出裝置等。一般個人電腦主機板上所裝配大型IC的80386與80387即為常見CPU。

[CRT] **Cathode-Ray Tube；陰極射線管**

是利用電子束在螢光幕上聚焦，且不斷改變其位置及強度以產生各種影像。此種做為電子束操作的喇叭形玻璃管，即稱為CRT；也就是俗稱的"映像管"。是由電子槍、偏轉系統及螢光幕三者所構成。

[CSA] **Canadian Standard Association；加拿大標準協會**

CSP Chip Scale Package；晶粒級封裝

CT Computer Tomography；電腦斷層掃瞄

CT-2 Cordless Telephone-Second Generation；第二代無線電話（俗稱二哥大）

CTE Coefficiency of Thermal Expansion；熱膨脹係數（亦做TCE）

CTI Comparative Tracking Index；比較性漏電指數

　　是對單面板材或綠漆之絕緣性質所進行的一種"抗漏電"試驗。其做法是將兩白金電極相距4 mm刺入待測的板材上，通以48～60 Hz，100～600V的交流電，並於兩電極間不斷滴以0.1%的氯化銨導電液（每30秒1滴，總共50滴）。當兩電極間有導電液時則有電流通過，也會出現電阻，因而發熱使導電液蒸發變乾，按著又有新液滴下。當持續50滴後尚不漏電時，即表示板材的"抗漏電"性質已經及格。所謂"漏電"，是指測試線路出現0.5A以上的電流並持續兩秒鐘時，就表示有"漏電"發生。

　　如此同一板材經過5個不同位置試驗皆及格時，即以其五次過關之最高電壓表示其讀值，如"CTI 425"之寫法，即表示五次測試過關之最高電壓為425V。當然CTI的電壓值愈高，就表示其板材之"抗漏電"性愈好。用於高功率產品（如大型電視及分離式冷氣等）的單面板很重視此一品質。（詳見電路板資訊雜誌第53期之專文）。

CVD Chemical Vapor Deposition；化學蒸鍍

CVS Cyclic Voltametric Stripping；循環週期性變換電壓之溶蝕試驗法（可用以測出電鍍銅槽液中添加劑之消耗情形）

CW Continuous Wave；連續光波

db Decibel；分貝（音量的單位）

DC Direct Current；直流電

DCA Direct Chip Attach；晶片直接安裝

　　指將未封裝之裸晶片直接安裝在PCB上（以Flip Chip覆晶法較常見），是整體構裝工業之最高境界，與COB同義。

DDR/DDRII Double Data Rate；倍速資料存取

　　指數位訊號時脈方波之前緣與後緣均可產生訊號，現另有DDR II之第二代是由TEDEC予以標準化，其速率含400與533 Mbit/sec

DES Developing Etching Stripping；顯像蝕刻剝膜 **NEW**

(這是指多層板內層板三站的連續自動化製程而言)

DESC Defense Electronic Supply Center；美國國防部電子品供應中心

是有關電子品之各種美軍規範之發佈，及其品質管理的機構。

DFN Dual-in-line Flat pack No-lead；扁平雙排無腳封裝體

DFM Design For Manufacturing；製造導向之設計

強調設計之初即已預先考慮到生產製造之種種方便，稱為DFM。其它類似詞串尚有DFT（Testing）、DFA（Assembly）等。

DFT Design For Testing；考慮測試之設計

DI Water Deionized Water；去離子水

DICY Dicyandiamide；雙氰胺（環氧樹脂聚合反應過程之架橋劑或硬化劑）

DIMM Dual Inline Memory Module；雙面貼裝之記憶卡板

DIN Deutsches Institute for Normung；德國標準協會

DIP Dual Inline Package；雙排腳封裝體（多指早期插孔組裝的積體電路器）

DIY Do It Yourself（Parts，Tool……）；自助式（零件，工具……等）

D_k Dielectric Constant；介質常數（即ε_r相對容電率）

DMA Dynamic Mechanical Analysis；動態熱機分析

是用以檢驗聚合物在升溫中其"黏彈性變化"之數據，並可測出聚合物之T_g，對壓合中樹脂的動態流性探討甚有助益。

DMAB Dimethylamine Borane；二甲基胺硼烷

是一種強力的還原劑，可用以削薄黑氧化皮膜之厚度，而得以防止事後可能發生的粉紅圈。也可用於鈀系直接電鍍之還原劑，以控制所需的氧化還原電位。

DNP Distance from the Neutral Point；到中立點的距離

DMF Dimethyl Formamide；二甲胺

DoD Department of Defense；美國國防部

DOE Design Of Experiment；實驗計劃法

DOS Disk Operating System；磁碟作業系統
將功能簡單的作業系統儲存在磁碟上，用於電腦之周邊設備控制和檔案管理。

DRAM Dynamic Random-Access Memory；動態隨機存取記憶器

DSA Dimensional Stable Anode；尺度穩定之陽極

DSC Differential Scanning Calorimeter；示差掃瞄熱量儀

DSC Differential Scanning Calorimetry；示差掃瞄熱量分析法

DSC Digital Still Camera；數位像機

DSTF Double Side Treated Foil；雙面後處理之銅箔

DTL Diode Transistor Logic；二極電晶體邏輯

DUT Device Under Test；待測元件

DVC Digital Video Camera；數位攝錄影（像）機

DVD Digital Video Disk；數位影像光碟

DVH Dimple Via Hole；係NEC所開發之微盲孔技術（Dimple原意為酒渦）

ECL Emitter-Coupled Logic；射極耦合邏輯
由許多電晶體和電阻器在矽晶片上所合併而形成的一種高速邏輯運算電路。

ECM Electro-Chemical Machining / Electro Chemical Migration；電化加工 / 電化遷移

ECN Engineering Change Notice；工程內容變更通知單

ECO Engineering Change Order；工程內容變更執行令（比ECN更強勢）

ECTC Electronic Components and Technology Conference；電子元件與技術大會
　　係由IEEE所主導之全球性最大型電子業界之技術研討會，每年6月在美舉辦2009年已達59屆。每次發表各類論文在300篇以上。

ECWC Electronic Circuits World Convention；電子線路世界大會
　　為全球PCB業與載板業之聯合大會每三年舉辦一次，2011年11月將輪到TPCA在台北舉辦ECWC12之重要會議。

ED Electro-Deposited Photoresist；電著光阻

EDA Electronic Design Automation；電子自動化設計 **NEW**

ED Fiol Electro-Deposited Copper Foil；電鍍銅箔

EDM Electro-Discharge Machining；放電加工法

EDTA Ethylene Diamine Tetracetic Acid；乙二胺四醋酸
　　是一種極重要的螯合劑，通常為使其水解良好起見多採用其二鈉之鹽類。能於水溶液中很輕易的捕捉住多種的二價金屬離子形成錯合物，在化工及醫藥上都非常有用。

EDX Energy Dispersive X-ray Fluorescent Spectrometer；能量分散式X螢光光度計

EER Energy Efficiency Ratio；能源效率值

EHF Extra High Frequency；特高頻率之電磁波（30～300 GHz）
　　亦稱毫波，其波長為1～10 mm

EIA Electronic Industries Association；美國電子工業協會
　　歷史很久的EIA最近與IPC合作，已發行十餘份有關焊接與銲錫的聯合規範，對電子工業有很重要的影響。

EIPC European Institute of Printed Circuit；歐洲印刷電路板協會

EMC Electro Magnetic Compatibility；電磁共容性

EMC Epoxy Molding Compound；環氧樹脂模封料（一般口語只說後二單字）

EMF Electro-Motive Force；電動勢

EMI Electromagnetic Interference；電磁干擾

EMS Electronic Manufacturing and Service；電子製造及服務業

EN/IG Electroless Nickel and Immersion Gold；化學鎳（無電鎳）與浸鍍金製程（一般簡稱為化鎳金製程）

ENEPIG Electroless Nickel Electroless Palladium and Immersion Gold；化鎳化鈀浸金製程 NEW

EOCB Electro Optical Circuit Board；光電電路板

EPA Enviromental Protection Agency；美國（聯邦）環保署

EPS Earning Per Share；每股盈利 NEW

ePTFE Expanded Polytetrafluoraethylene；擴張型聚四氟乙烯

為美商W.L. Gore的一種基板補強材料，係將鐵弗龍樹脂以特殊手法擴張成網狀組織，再經含浸環氧樹脂後所得板材，其商品稱為ePTFE。此料之D_f很低，可做為製作高頻電路板的基材板。

ESCA Electron Spectroscopy for Chemical Analysis；X射線電子分光化學分析儀

ESD Electrostatic Discharge；靜電釋放

許多電子零件及電子組裝機器，常因靜電聚積造成瞬間放電，而可能發生損壞情形，故整體機組常需接地（Grounding），將所聚集靜電逐漸釋放，以避免ESD所產生的傷害。

ETS Embedded Trace Substrate；埋入線路式載板 NEW

(亦即Coreless Substrate，以三層板居多)

EU European Union；歐盟

FA Failure Analysis；失效分析、故障分析

Fab. Fabrication；製造（指從原物料製造生產而非組裝而已。）

FC/FCA Flip Chip / Flip Chip Attach；覆晶，覆晶安裝

FCBGA 覆晶式球腳格到封裝體

FCC Face-Centered Cubic lattice；面心立方體

FCC Federal Communication Commision；美國聯邦通信委員會

FCIP Flip Chip In Package；封裝載板式之覆晶

FCOB Flip Chip On Board；電路板面直接覆晶

FCT Flip Chip Technology；覆晶技術

FEA Finite Element Analysis；有限元素分析

FESEM Field Emission Scanning Electronic Microscopy；場發式電子顯微鏡

FET Field-Effect Tranistor；場效電晶體
　　利用輸入電壓所形成的電場，可對輸出電流加以控制的一種半導體元件，能執行放大、振盪及開關等功能。一般分為"接面閘型"場效電晶體，與"金屬氧化物半導體"場效電晶體等兩類。

FIB Focused Ion Beam（Microscopy）；聚焦性離子束切樣電子顯微鏡

FIFO First-In First-Out；先進先出；先到先做

FM Frequency Modulation；調頻、頻率調變

FMEA Failure Mode and Effects Analysis；失效模式與影響分析

FPC Flexible Printed Circutits；軟性電路板（軟板）（大陸術語稱為"撓性印制板"）

FPD Flat Panel Display；平面顯示器

FR-4 **Flame Resistant Laminates；耐燃性積層板材**

   FR-4是耐燃性積層板中最有名且用量也是最多的一種，其命名是出自NEMA規範LI1-1988中。所謂"FR-4"，是指由"玻纖布"為主幹，含浸液態耐燃性"環氧樹脂"做為結合劑而成膠片，再積層而成各種厚度的板材。其耐燃性至少要符合UL94的V-I等級，及5樣共試燒10次，總延燒時間低於250秒者。NEMA在"LI1-1988"中除了FR-4之外，耐燃性板材尚有：FR-I、FR-2、FR-3，（以上三種皆為紙質基板）及FR-5（環氧樹脂）。至於原有的FR-6板材現已取消（此板材原為Polyester樹脂）。

FRL **Film Redistribution Layer；特定膠片之再佈線增層（此為IBM一種增層法的商名）**

FRP **Fiber Reinforced Plastic；纖維強化塑料**

FTIR **Fourier Transform Infrared Spectrophotometer；霍氏（或傅立葉）紅外光譜儀**

GaAs **Gallium Arsenide（Semiconductor）；砷化鎵半導體**

   是由砷（As）與鎵（Ga）所化合而成的半導體，其能隙寬度為1.4電子伏特，可用在電晶體之元件，其溫度上限可達400℃。通常在砷化鎵半導體中其電子的移動速度，要比矽半導體中快六倍。GaAs將可發展成高頻高速用的"積體電路"，對超高速電腦及微波通信之用途將有很好的遠景。但目前之良率與成本均未達經濟規模。

GB **Grain Boundary；晶界**

   以銅材為例，此GB即為其電阻之主要來源。

Gb/GB **Gigabit / Gigabyte；十億位元 / 十億位元組**

GC **Gas Chromatography；氣相層析法，氣相層析儀**

   色層分析法以氣體做為展開劑者稱為"氣相層析法"，此法對有機物微量分析很重要，各種品牌的儀器現都相當流行。

GMT **Greenwich Mean Time；格林威治標準時間**

GND **Ground；接地**

GSM **Global System for Mobile-Communication；全球行動電話通訊系統**

HALT **Highly Accelerated Life Test；高加速壽命試驗**

HASL Hot Air Solder Levelling；噴錫（大陸譯為"熱風整平"）

HAST Highly Accelerated（Temperature and Humidity）Stress Test；高加速應力試驗（指高溫與高濕性連續老化試驗。）

HDD Hard Disk Drive；硬碟機

HDI High Density Interconnection(or Interconnecting)；高密度互連技術

係指在傳統多層板外另行增層細線及非機鑽成孔（微盲孔），以達到相鄰層間短近互連代替全板穿孔的新式多層板類。

HDTV High Definition Television；高畫質電視

HEPA High Efficiency Particulate Air Filter；高放空氣塵粒過濾機

（註：其中之A也有文獻寫成Attenuator衰減器）

HIC Hybrid Integrated Circuit；混合積體電路

將電阻、電容與配線採厚膜糊印在瓷板上，另將二極體與電晶體以矽片為材料，再結合於瓷板上，如此混合組成的元件稱為HIC。

Hi-Fi High Fidelity；高度傳真（表示系統原音再生的精確程度）

Hi-Rel High Reliability；高可靠度（亦譯為高信賴度，與日文之信賴性相同）

Hi-Tech High Technology；高科技

HPLC High Performance Liquid Chromatography；高效能液相層析法，高效能液相層析儀

HTE High Temperature Elongation；（銅箔）高溫延伸性（率）

電鍍銅箔在180℃高溫中進行延伸試驗時，根據IPC-MF-150F之規格，凡厚度為0.5 oz及1 oz者，若其延伸率在2%以上時，均可稱為HTE銅箔。

IA Information Appliance；資訊家電

IACS International Annealed Copper Standards；國際退火銅標準

是一種國際公認的標準銅材，其在20℃時的電阻被訂定為1.7241×10^{-6} ohm/cm^{-2}/cm^{-1}，可做為其他各種金屬在電阻上的標準。

IC Integrated Circuit；積體電路器

　　是將許多主動元件（電晶體、二極體）和被動元件（電阻、電容、配線）等互連成為列陣，而生長在一片半導體基片上（如矽或砷化鎵等），是一種微型元件的集合體，可執行完整的電子電路功能。亦稱為單石電路（Monolithic Circuits）。

IC Ion Chromatography；離子層析儀

ICA Isotropic Conductive Adhesive；等向導電膠（指垂直與水平均勻導電者）

ICD Interconnect Defect；孔環孔壁之互連缺失（指各環與壁互連處之後分離情形）

ICT Interconnect Testing；孔環孔壁互連之品質試驗

IEC International Electrotechnical Commision；國際電工委員會

　　是除了IPC以外，另一電路板重要國際規範的發佈單位。且其最近亦積極推行IECQ（International Electronic Component Qualification System），是針對電子界的專業品質認證制度。台灣目前並未被接受為成員，但部分業務仍可推行，主管單位是"電子檢驗中心"（ETC）。

IEEE The Instiute of Electrical and Electronic Engineers，INC；美國電子電機工程師協會（通常口語讀做I triple E）；1963創會現已更名為"國際電子電機技術者協會

ILB Inner Lead Bonding；內引腳結合

　　是指將TAB（即TCP）的內引腳與晶片上的突塊（Bump；鍍錫鉛或鍍金者），或內引腳上的突塊與晶片所進行反扣結合的製程。

IMC Intermatallic Compound；（金屬）介面合金共化物

　　如Cu_6Sn_5或Cu_3Sn即為銅錫之間的兩種合金共化物，此外尚有多種其他相鄰金屬間的IMC存在。

I/C Interconnection；互連

I/O Input / Output（Termination）；輸入與輸出之引腳（亦稱端子）

IOE Internet of Every Things；萬物聯網 NEW

IOT Internet of Things；物聯網 NEW

IPA Isopropyl Alcohol；異丙醇（助焊劑之稀釋溶劑）

IPC Institute for Interconnecting and Packaging Electronic Circuits；美國
電子線路互連及封裝協會

　　IPC是美國電路板業在1957年成立的民間組織，原來全名是Institute of Printed Circuits "印刷
電路板協會"。後自1977年即改成現在的名稱。

IPM Inch Per Minute；每分鐘進入吋數

　　指鑽孔操作中鑽針每分鐘刺入板材的吋數，係指鑽針進入的速率而言。

IR Infrared；紅外線

　　電路板業利用紅外線的高溫，可對熔錫板進行輸送式 "重熔" 的工作，也可用於組裝板對
錫膏的 "紅外線熔焊" 工作。

ISDN Integrated Service Digital Network；整體數位網路

ISHM International Society for Hybrid Microelectronics；國際混成微電子協會

ISO International Organization for Standardization；國際標準組織

IST Interconnect Stress Testing；（鍍通孔）互連介面熱應力試驗

　　係採連續溫度循環方式，對孔壁與孔環互連處之可靠度，所進行的加速老化試驗。用以觀
察長期熱脹冷縮下其互連品質是否可靠。本試驗共進行1000小時，原本是為各種直接電鍍處理
（DP）的可靠度而設之試驗，較少用於正常出貨板類之品檢。

ITI Information Technologh Industry；資訊工業

ITO Indium Tin Oxide；氧化錫銦（透明導電線路，即液晶顯示器玻璃板中可
導電的淺灰色圖案）

IVH Interstitial Via Hole；局部層間導通孔（指埋通孔與盲通孔等）

JEDEC Joint Electronic Devices Engineering Council；美國聯合電子設備工
程評議會（隸屬EIA）

JEIDA Japan Industry Development Association；日本電子工業振興協會

JIPC Japan Elec. Institue of Printed Circuit；日本印刷回路學會

簡
字

JIS Japan Industrial Standard；日本工業規格（標準）

JIT Just-In-Time；適時供應

JPCA Japan Printed Circuit Association；日本印刷回路工業會

KGB Known Good Board；測試用標準板（即俗稱之Golden Board）

KGD Known Good Die；確知良好之晶片

KPI Key Performance Indicators；關鍵績效指標 **NEW**

LAN Local Area Network；區域網路
　　利用連續管線或內部電話系統，將一建築物內不同電腦硬體設備，連在一起的通信網路。

LASER Light Amplification by Stimulated Emission of Radiation；雷射（大
　　　陸術語為"激光"）

LCC Leadless Chip Carrier；無腳晶片載體（是大型IC的一種）

LCCC Leadless Ceramic Chip Carrier；陶瓷質無腳晶片載體（大型IC的一種）

LCD Light Coupled Device；光耦合元件

LCD Liquid Crystal Display；液晶顯示器
　　在兩片玻璃之間封入透明的液晶材料，而每片玻璃外面又有ITO的透明導電皮膜層，此層中
之電壓會破壞液晶分子的規律排列，使局部液晶變暗，而顯示出黑白或彩色畫面。雖然LCD不會
發光但也可在明光下顯示出文字及數字來，且非常省電。

LCL Lower Control Limit；管制下限（SPC製程管制之用語）

LCP Liquid Crystal Polymer；液晶聚合物、液晶樹脂

LDI Laser Direct Imaging；雷射直接成像

LED Light-Emitting Diode；發光二極體
　　是由砷化鎵半導體製成的二極體，當施以連續式或脈衝式電壓時，便會自行發光而得以產
生顯示的功能，較LCD耗電。

[LGA] **Land Grid Array；承墊格點排列**

指焊墊呈矩陣式排列之元件或晶片（加P III 或P IV），與BGA "球腳陣列封裝體"，或CGA "柱腳陣列封裝體" 等類同。

[Liq.] **Liquid；液體**

[LNA] **Low Noise Amplifier；低雜訊放大器**

[LSI] **Large Scale Integration；大型積體電路**

指一片矽半導體的晶片上，其每個邏輯閘中具有1,000～100,000個電晶體之獨立微型元件者，稱為LSI。

[LTCC] **Low-Temperature Co-fired Ceramic；低溫共燒陶瓷（指900℃以下者）**

[uBGA] **Micro-Ball Grid Array；微型球腳格列封裝體（原為Tessera的商名）**

[MCM] **Multichip Module；多晶片模組**

是指一片小型電路載板上（如BGA），組裝多枚裸體晶片，且約占表面積70%以上者稱為MCM。此種MCM共有L、C及D等三型。L型（Laminates）是指由樹脂積層板所製作的多層板。C（Co-Fired）是指由瓷質板材及厚膜糊印刷所共燒的混成電路板，D（Deposited）則採積體電路的真空蒸著技術在瓷材上所製作的電路板。

[MEA] **Mono-Ethanolamine；單乙醇胺（是一種常用的潤濕劑）**

[MEK] **Methyl-Ethyl Ketone；丁酮（是一種常用的有機溶劑）**

[MELF] **Metal Electronic Face；圓柱形散裝貼焊小零件**

[MEMS] **Micro Electro Mechanicel System；微機電系統**

[MID] **Molded Interconnection Device；模造立體互連元件（即立體電路板）**

[MIPS] **Million Instructions per Second；每秒百萬指令**

[MIR] **Moisture Insulation Resistance；濕氣絕緣電阻（指樣板在高濕環境中所進行絕緣品質試驗之數據）**

[MLB] **Multilayer Board；多層板（指PCB的多層板）**

MLC Multilayer Ceramic Capacitor；小型瓷質多層電容器

MODEM Modulator-Demodulator；數據傳送機

MOS Metal Oxide Semiconductor；金屬氧化物之半導體

MSL Moisture Sensitive Level；濕氣敏感水準（源自J-STD-020D)

MTBF Mean Time Between Failures；故障間之平均時間（亦做Mean Time Before Failure；即故障前之平均時間）

是衡量各種機器設備其"可靠度"的一種方法，即在各種故障出現之前，能夠維持正常功能的平均時間。此MTBF可從機器零組件的已知故障率上，以統計方法計算而得知。

MTTF Mean Time To Failure；平均可工作之時間（指不能維修用壞只能拋棄的零件，與耗品及設備等，一旦失效時即需更換）

MTTR Mean Time To Repair；平均維修時間（指重要機組故障時，其停機進行維修之平均耗時）

MW Molecular Weight；分子量

NASA National Aviation and Space Administration；美國航空及太空總署

NBS National Bureau of Standards；美國標準局

NC Numerical Control；數值控制

NCR Non-Conformity Report；品質不合格報告

Nd:YAG Laser Neodymium：Yttrium Aluminium Garnet Laser；指YAG中摻入少許Nd所形成晶體而產生之雷射光

NDI Non-Destructive Inspection；非破壞性檢驗（或NDE；Evaluation）

NDT Non-Destructive Testing；非破壞性試驗

NEMA National Electrical Manufacturers Association；美國電機製造業協會（讀音為"尼馬"，並非字面之"耐馬"）

NIST National Institute for Standard and Technology；美國國家標準與技術協會（即原來之美國標準局NBS）

NMR Nuclear Magnetic Resonance；核磁共振分析法

NMR Nuclear Magnetic Resonance Spectrometer；核磁共振儀

NRE Non Recurring Engineering Cost；非經常性工程成本

NSMD Non-Solder Mask Defined；非綠漆設限之銲墊（與Copper Defined同義）

OA Office Automation；辦公室自動化

OA Organic Acid；有機酸型（指助焊劑中所加的活化成份）

ODM Original Designer and Manufacturer；原始設計及製造商（指代工設計及製造者，比OEM的層次要更高一級）

ODP Ozone Depletion Potential；臭氧消耗潛值

OEM Original Equipment Manufacturer；原始設備（指半成品或零組件）製造商（代工製造）

通常ODM及OEM皆為代工業者，所生產之產品只打客戶的品牌。

此詞按字面翻譯原是指部份設備代工製造者（如PCB），係專為擁有品牌的整機業主供應所需的零組件，即供應商的一種。但近年來此詞含意已有改變，目前是指擁有品牌的整機貨主，例如Dell或Compaq等電腦商才稱為OEM，以別於新興專做代工組裝的CEM合同業者。

OFHC Oxygen-Free High-Conductivity Copper；高導電型無氧銅材

是一種鍍銅製程所用的陽極銅材，亦用於各種有線通信的電纜中。

OJT On the Job Training；在職訓練，在職教育

OLB Outer-Lead Bonding；外引腳結合（指TAB對裸體晶片組裝製程中，其外引腳在電路板面的結合動作）

OMPAC Over Molded Package；頂澆模封法

ORP Oxidation Reduction Potential；氧化還原電位

OSHA Occupational Safety and Health Administration；美國職業安全健康
管理局（屬勞工部，其所發佈的法案稱為OSHAct）

OSP Organic Solderability Preservative；有機保焊劑
　　指各種裸銅焊墊面之護銅保焊劑，如美商Enthone-OMI的商品Entek即是。

Pa Pascal；巴斯葛，氣壓單位，1 Pa＝1 N/m²

PBGA Plastic Ball Grid Array；塑料球腳格到封裝體

PC Personal Computer；個人電腦，微電腦

PC Polycarbonate；聚碳酸樹脂類

PCB Printed Circuit Board；印刷電路板
　　（註：亦做PWB，其中間為Wiring，不過目前已更簡稱為Printed Board。大陸術語為“印制
電路板”）

PCI Peripheral Component Interconnection；周邊元件互連（即Bus匯流系統）

PCM Photochemical Machining；光化式機械加工

PCM Photoresisted Chemical Machining；光阻式化學加工（亦做Photoresist
Chemical Machining 光阻式化學銑鏤）
　　是在金屬薄片（如不銹鋼）兩面施加光阻，再進行局部性精密蝕透鏤空之技術。

PCMCIA Personal Computer Memory Card International Association；國
際個人電腦記憶卡協會
　　此協會係將PC所用各種記憶卡的設計及製造加以整合，目前已訂定“PCMCIA Card”的規
格，希望筆記型或掌上型電腦的主機不變，在擴充功能時只要換用這種薄型的“IC卡”即可奏
效。最薄的多層卡板，在組裝IC與其他零件後，其總厚度只有3 ㎜而已。目前國內業界已開始生
產這種薄卡小板。

PCS Personal Communication System；個人通訊系統

PCT Pressure Cooker Test；壓力鍋試驗

PDA Personal Digital Assistant；個人數位助理。

PE Polyethylene；聚乙烯（$CH_2 \cdot CH_2$)ₙ

PERL Plasma Etched Distribution Layer；電漿蝕孔之增層法（指背膠銅箔壓貼後其厚度不一之外加介質層，採電漿法成孔做法之商名）

PET Polyester聚酯類(具強度的透明薄膜，如乾膜之蓋膜) **NEW**

pF pico Farad；微微法拉（10^{-12}法拉，常見電容單位）

PGA Pin Grid Array；矩陣式針腳封裝元件、針腳格列封裝體

pH Acidity or Alkalinity of Aqueous Solntion；水溶液之酸鹼度值（注意此符號一定要寫成小p大H，否則就錯了）

PHS Personal Handyphone System；個人行動電話手機系統（此為日本系統與PCS類同）

PI Ployimide；聚亞醯胺
　　是一種T_g高達260℃的優良高功能樹脂，可用以製造高價位的特殊板材，大陸術語稱為 "聚醯並胺"。

PID Photo Imagible Dielectric；感光介質材料（指用於增層法所塗佈的感光板材）

PLA Programable Logic Array；可程式化邏輯陣列（或PLD，其中D為Device）

PLC Programmable Logic Circuit；可程式化之邏輯線路

PLCC Plastic Leaded Chip Carrier；勾腳塑料封裝體（晶片載體）

PLD Programmable Logic Device；可程式化之邏輯元件

PPB Parts Per Billion；十億分之幾

PPE Poly Phenylene Ether；聚苯醚類樹脂

PPM Parts Per Million；百萬分之幾

PPR Periodic Pulse Reverse；定時反脈衝

PR Periodic Reverse；定時反轉（指電解或電鍍之陰陽極的瞬間互換極性）

PS Pico Second；微微秒

PSI Pounds Per Square Inch；每平方吋中受壓的磅數（壓力強度之單位）

PTF Polymer Thick Film；聚合物厚膜電路片（指用厚膜糊印製之薄片電路板）

PTFE Poly-Tetra-Fluoro-Ethylene；聚四氟乙烯（即Teflon鐵氟龍）

PTH Plated Through Hole；鍍通孔

PVA Polyvinyl Alcohol；聚乙烯醇

PVC Polyvinyl Chloride；聚氯乙烯（是最常見熱塑性塑膠）

PVD Physical Vapor Deposition；物理式氣相鍍著法

PWA Printed Wiring Assembly；電路板組裝體（亦做PCBA）

QA Quality Assurance；品質保證

QAE Quality Assurance Engineering；品質保證工程

QAI Quality Assurance Inspection；品質保證檢驗

QC Quality Control；品質控制

Q-Factor Quality Factor；品質因素（即D$_f$散失因素的倒數）

QML Qualified Manufacturers List；合格製造廠商名單

QFN Quad Flat pack No-lead；扁平四面無腳封裝體

QFP Quad Flat Package；扁平四面接腳封裝體（指大型晶片載體之瓷封及膠封兩種IC）

QML Qualified Manufacturers List；合格製造廠商名單

QPL Qualified Products'List；合格商品名單（此二者皆指能符合美軍規範而由DESC列名發佈之清單）

QTA Quick Turn Around；快速接單交貨（指快速打樣或小量產之製造業）

R&D Research and Development；研究發展

RA Rosin Activated；活化松香型

RA Foil Rolled Annealed Copper Foil；壓延銅箔（用於軟板）

RADAR Radio Detection And Ranging；雷達
　　指利用頻率在1000 MHz～40 GHz間之無線電波，可用以進行尋標、測位、測距及測速之電子機組。

RAM Random Access Memory；隨機存取記憶體

RCC Resin Coated Copper Foil；背膠銅箔（或RCF）

RDL Redistribution Layer；擴散佈線層

REACH Registration Evaluation and Authorization of Chemicals；歐盟全新化學品政策

Ref. Reference；參考資料

RF Radio Frequency；無線電波，射頻（日文稱高週波）

RFI Radio-Frequency Interference；射頻干擾

RFIC Radio-Frequency Integrated Circuit；射頻用IC

R/G Ratio Resin / Glass Ratio；（膠片中）樹脂對玻璃的重量比

簡字

RGB Red Green Blue；紅綠藍（光的三原色）

RH Relative Humidity；相對濕度

RI Refractive Index；折射率
有機溶劑在室溫中都有固定的折射率，故可對未知者予以定性。

RIE Reactive Ion Etching；反應型離子蝕刻
係對半導矽材的蝕刻方法。

RISC Reduced Instruction Set Computer；減化指令式電腦

RMA Rosin Mildly Activated；松香微活化型（指助焊劑的一種）

RMS Root Mean Square；均方根（數值）

RO Reverse Osmosis；反滲透法
即俗稱之壓濾法，如同泡漲之黃豆磨碎後在布袋中壓擠出豆漿之方式。此法常用於廢水處理、海水淡化及食品加工業用途。

ROM Read-Only Memory；唯讀記憶體

RPM Revolutions Per Minute；每分鐘轉數
指固定軸心的旋轉物每分鐘所旋轉的週數。

RSA Rosin Super Activated；超活化松香型助焊劑

RTL Resistor-Transistor Logic；電阻體／電晶體之邏輯

RTV Room Temperature Vulcanized；室溫硬化型（指某些常溫硬化型按著劑類）

RTV Room Temperature Vulcanizing；室溫硬化（指含醋酸氣味的矽酮膠，是一種常用的按著劑，原文為RTV Silicone，也是GE公司的商標）

SA Synthetic Activated；合成活化型（助焊劑）

SAE Society of Automotive Engineers；美國自動車工程師協會

$\boxed{SAM}$ **Scanning Acoustic Microscopy；掃瞄式超音波顯微鏡**

$\boxed{SBU}$ **Sequential Build-Up；持續增層法**

係指傳統多層板完工後，又在板面另外進行非機鑽微盲孔式之增層，例如1＋4＋1者。有時不但要雙面各增一次，甚至還要再增第二次，如2＋4＋2者，皆稱為SBU。

$\boxed{SCR}$ **Silicone Controlled Rectifier；矽控整流器**

是一種由PNPN四層結構，具有陽極、陰極及閘極等三接頭的半導體元件，平時是呈現不導電的斷路，但當控制性閘極接受到適當的觸發信號時。該元件很快就變成導電狀態，可用以控制大電流的操作。

$\boxed{S\text{-}CSP}$ **Stacked Chip Scale Packaging；疊高式晶片級封裝法**

係1998.4首先由日本Sharp公司所推出，係為手機板數位基頻區（Base Band）之密集組裝，而設計的多枚晶片立體封裝法。該公司並於1999.8再度首先推三層疊高晶片之打線封裝。詳情請另見本書前部分之術語手冊。

$\boxed{SEM}$ **Scanning Electron Microscope；掃瞄式電子顯微鏡**

$\boxed{SERA}$ **Sequential Electrochemical Reduction Analysis；持續性電化還原分析法**

$\boxed{S.G.}$ **Specific Gravity；比重**

$\boxed{SHF}$ **Super High Frequency；超高頻率**

即頻率在3～30 GHz間的微波；波長為1～10㎝，可用於遠程無線之大哥大或衛星通信。

$\boxed{SI}$ **Internation System of Units；國際單位系統**

亦即公制單位（Metric System）的簡稱，此詞原來法文的寫法乃是Systime International d'Units，故縮寫為SI。

$\boxed{SI}$ **Signal Integrity；訊號品質之完整性**

$\boxed{SIMM}$ **Single Inline Memory Module；單面記憶模組（電腦主機板上各種插卡之一）**

$\boxed{SiP}$ **System in Package；系統封裝** **NEW**

（這是指密積度極高的小型多層板，不但正反板面都已擠滿各式零組件，甚至還有內埋的器材在內，i-watch 主板即為一例）

簡字

SIP Single Inline Package；單排腳封裝體

SIR Surface Insulation Resistance；表面絕緣電阻
其試驗法係按IPC-TM-650，2.6.3D去做，是檢驗PCB或PCBA清潔度的品質標準。

SIT Secondary Imaging Technology；二次成像技術
常用於ENIG與OSP兩種前後製程。

SLC Surface Laminar Circuits；表面薄層線路
係IBM日本Yasu實驗室於1993年6月發表的新技術，是在完工雙面板的外面再以Curtain Coating式綠漆之感光成孔及電鍍銅形成數層互連的線路，已無需再對板材鑽孔及鍍孔。（電路板資訊雜誌第67期有專文介紹）

SLP Substrate Like PCB；類載板 **NEW**
(這是2017年蘋果手機板的新工法，其內核板採用4-5um超薄銅皮做為起步，類似1.5-3.0um超薄銅皮起步的mSAP載板)

SMD Surface Mount Device；表面黏裝元件（零件）

SMD Solder Mask Defined；（較大銅面上）綠漆設限之銲墊

SMOBC Solder Mask Over Bare Copper；綠漆直接印於裸銅線路之板類（即現通稱之噴錫板）

SMT Surface Mount Technology；表面黏裝技術

S/N Serial Number；序號

S/N Signal to Noise（Ratio）；訊號對雜訊之比值

SO Small Outline；小型外伸腳封裝體

SOJ Small Outline J-lead Package；雙排J型腳之封裝元件

SOC System on Chip；晶片上進行之系統組裝

SOIC Small Outline Integrated Circuit；小型外伸貼焊腳之積體電路器
指雙排引腳之小型表面黏裝IC，有鷗翼腳及J型腳兩種。

$\boxed{SOJ}$ **Small Outline J-lead Package；雙排J型腳之封裝元件**

$\boxed{SOP}$ **Small Outline Package；小型外伸腳封裝體**

$\boxed{SOT}$ **Small Outline Transistors；小型外貼腳之電晶體**

$\boxed{Sp.\ Gr.}$ **Specific Gravity；比重**

$\boxed{SPC}$ **Statistical Process Control；統計製程管制**

$\boxed{SPICE}$ **Simulation Program for Integrated Circuit Emphasis；特別為積體電路模擬的程式**

$\boxed{SQC}$ **Statistical Quality Control；統計品質管制**

$\boxed{SRMA}$ **Static Random-Access Memory；靜態隨機存取記憶器**

$\boxed{STD}$ **Standard；標準**

$\boxed{STH}$ **Silver Through Hole；銀膏通孔（指銀膏或銀漿塗佈而導電之通孔）**

$\boxed{STN}$ **Super Twist Nematic；超扭曲向列型（是LCD所用液晶的一種）**

$\boxed{STP}$ **Standard Temperature and Pressure；標準溫度及壓力，即所謂的標準狀況（指0℃及1個大氣壓之狀況）**

$\boxed{SWG}$ **Standard Wire Gauge；標準線規**

$\boxed{SWOT}$ **Strengths、Weakness、Opportunities、Treats；強項、弱點、機會與危機（為市場分析所常用到的事項）**

$\boxed{TAB}$ **Tape Automatic Bonding；捲帶自動結合技術**
　　是先將裸體晶片以鍍金或鍍錫鉛的"突塊"（Bump）反扣結合在"捲帶腳架"的內腳上（ILB），經自動測試後，再以捲帶架的外腳結合在電路板的焊墊上（OLB），這種以捲帶式腳架為中間載體，而將裸體晶片直接組裝在PCB上的技術，稱為"TAB技術"。

$\boxed{TBBA}$ **Tetra-Bromo-Bisphenol A；四溴丙二酚（即FR-4基材中所添加之難燃劑，不過近年流行成TBBPA了）**

簡字

TBGA Tape Ball Grid Array；捲帶式BGA

T.C. Bond Thermal Compression Bonding；熱壓打線

TCE Thermal Coefficient of Expansion；熱脹係數

TCE Trichloro Ethane；三氯乙烷

TCE Trichloro Ethylene；三氯乙烯

TCP Tape Carrier Package；捲帶載板封裝（此為日式說法，其美式說法TAB "捲帶自動結合" 相同）

TCT Thermal Cycling Test；熱循環試驗

TCT Temperature Cycling Test；溫度循環試驗

TCR Temperature Coefficient of Resistance；電阻之溫度係數

TDR Time-Domain Reflectometry；時域反射儀測法
是一種能產生入射波，並利用對傳輸線諸元（如線寬線厚與介質層厚度等）變化而呈現之反射波大小，與所經歷時間之關係，可對不同長度的傳輸線，所進行阻抗值（Impedance）測量的一種儀器裝置，類似雷達原理。

TEA Transverse Excited Atmosphere；橫流式增能氣體（指一種CO_2雷射鑽孔之供氣方式）

TEM Transmission Electron Microscope；穿透式電子顯微鏡

TFT Thin Film Transistor；薄膜式電晶體
可用於大面積LCD之彩色顯像，對未來之薄型電視非常有用。

T_g Glass Transition Temperature；玻璃態轉換溫度
是板材樹脂中的重要性質，指由樹脂常溫堅硬的玻璃態，在升溫中轉換成柔軟橡皮態的關鍵溫度。T_g愈高表示板材愈耐溫而不易變形，其尺度安定性（Dimension Stability）也將愈好。

TGA Thermalgravimetric Analysis；熱重分析法（是對板材樹脂的分析法）

$\boxed{TGA}$ **Thermogravimetric Analyzer；熱重分析儀**

$\boxed{THB}$ **Temperature Humidity and Bias Test；溫濕度與偏壓試驗**

$\boxed{TI}$ **Timing Integrity；訊號正時之完整性**

$\boxed{TIR}$ **Total Indicated Runout；總偏轉顯示值**

是當鑽針在鑽孔時，因鑽孔機的轉軸或夾頭的偏心，或鑽頭同心圓度的不良，而導致的"總偏轉"謂之TIR。一般以0.4 mil為上限。

$\boxed{TLV}$ **Threshold Limit Value；極限值**

是指工作場所之空氣中，對人體安全有害物質所存在的濃度上限值，稱為TLV。是一種時間的平均值，以8小時連續暴露的安全濃度為衡量標準。如甲醛之TLV濃度，目前美國OSHA訂為0.7 ppm。

$\boxed{TMA}$ **Thermal Mechanical Analysis；熱機分析法（是對板材樹脂的分析法）**

$\boxed{TN}$ **Twist Nematic；扭曲向列型（是LCD中的一種液晶）**

$\boxed{TOC}$ **Total Organic Carbon；有機碳總量（指電鍍銅與電鍍鎳槽液中的有機污染而言）**

$\boxed{Torr}$ **Torricelli；氣壓單位，1 Torr＝1 mm Hg＝133.322 Pa**

$\boxed{TQFP}$ **Thin Quad Flat Package；薄方型扁平封裝體**

$\boxed{TQL}$ **Total Quality Control；全面品管（或TQA，Total Quality Assurance）**

$\boxed{TQM}$ **Total Quality Management；總體品質管理**

$\boxed{T.S.\ Bond}$ **Thermal Supersonic Compression Bonding；加熱與超音波打線**

$\boxed{TSOP}$ **Thin Small Outline Plackage；薄超型外引腳封裝體**

是一種又薄又小雙排腳表面黏裝的微小IC，其厚度僅1.27 mm，為正統SOJ高度的四分之一而已。

$\boxed{TTL}$ **Transistor Transistor Logic；電晶體與電晶體邏輯**

$\boxed{Tx/RX}$ **Transmitter/Receiver；發訊端/收訊端** **NEW**

簡字

UBM Under Bump Metalization；覆晶凸塊底部之金屬化
在矽晶片上為回焊承接高鉛凸塊或未來之無鉛凸塊之用途

UCL Upper Control Limit；管制上限（是SQC及SPC的用語）

UF Ultrafiltration；超過濾法
採用適當半透膜之壓濾方式，可令膠體溶液中各種大小不同的粒子，也得以被濾清，稱為UF。

UF Underfill；填底膠（某些場合與Encapsulation同義）

UHF Ultra-High Frequency；特高頻率之電磁波
是指頻率在300～3,000 MHz的電波，或波長在1～10 dm（10～100 cm）的"極超短波"而言，常用於高畫質電視。

UL Underweiters' Laboratories；美國保險業實驗所
UL在PCB業中是針對板材耐燃性檢驗執行及認可，凡在美國銷售的電子電器品皆須UL認可。目前亦涉足於ISO-9000之認證。

ULSI Ultra Large Scale Integration；超大型積體電路

UPS Uninterruptable Power Supplies；不間斷式電源供應器

UPS Uninterruptible Power System；不斷電機組 **NEW**

UTC Ultra Thin Copper Foil；超薄銅皮（指厚度在0.5 oz以下者）

UTS Ultra Tensile Strength；極限抗拉強度

UUT Unit Under Test；待測單元

UV Ultraviolet；紫外線

UV-VIS 紫外光與可見光

V Volt；伏特（電壓單位）

|VCR| **Video Cassette Recorder;卡式錄影機（大陸術語為"錄像機"）**
  即常見的卡帶式錄影機，亦稱為VTR（Video Tape Recorder）。

|VCSELS| **Vertical Cavity Surface Emitting Lasers;垂直共振腔面射型雷射**

|VDE| **Verband（Verein） Deutscher Elektrotechmiker;德國電機工程師協會（耐燃安規方面如同美國之UL）**

|VGA| **Video Graphics Array;視頻圖像陣列**

|VHF| **Very High Frequency;極(特)高頻率電磁波（即超短波）**
  指頻率在30～300 MHz間的電波，其波長在1～10 m間，用於廣播及電視。

|VHSIC| **Very High Speed Integrated Chips;極高速積體電路晶片**

|VLP| **Very Low Profile;極低稜線（指銅箔之稜線）**

|VLSI| **Very Large Scale Integration;極大型積體電路器（單一晶片上的電晶體在十萬枚以上）**

|VOC| **Volatile Organic Compound;揮發性有機化合物**

|VPS| **Vapor Phase Soldering;氣相焊接（用於SMT）**

|VSWR| **Voltage Standing Wave Ratio;電壓與駐波之比值（回流損失）**

|W| **Watt;瓦特（電功率單位）**

|WAN| **Wide Area Network;廣域網路**

|WB| **Wire Bonding;打線封裝法**

|WDM| **Wave Division Multiplexer;分波多工器**

|WEEE| **Waste Electrical and Electronic Equipment;廢棄之電子與電器產品**

簡字

WIP Work In Process；（尚在）製程中的半成品；在製品

WLP Wafer Level Packaging；晶圓級封裝法

XPS X-Ray Photoelectron Spectroscopy；X射線光電子能譜術

XRF X-Ray Fluorescene（Spectroscopy）；X射線螢光譜術，X螢光術

YAG Laser Yttrium-Aluminium-Garnet Laser；釔鋁柘榴石雷射
可用以進行材料切斷及錫膏之焊接，PCB目前更可用以直接穿銅而製作3 mil以下的微盲孔。

ZIP Zigzag Inline Package；鏈齒狀單排腳封裝體

ZIP Zero Insertion Pressure；不用力即可插入

國家圖書館出版品預行編目資料

電路板與載板術語手冊 / 白蓉生編著. --
桃園市：臺灣電路板協會, 2019.10
面；19×26 公分
ISBN 978-986-93829-8-4 (平裝)

1.印刷電路 2.術語

448.6204   108016763

電路板與載板術語手冊
Terminology for PCB & Carrier

發 行 人：李長明

發行單位：台灣電路板協會

執行單位：台灣電路板產業學院(PCB學院)

作　　者：白蓉生

地　　址：桃園市大園區高鐵北路二段147號

電　　話：886-3-3815659

傳　　真：886-3-3815150

網　　址：http://www.tpca.org.tw

電子信箱：service@tpca.org.tw

出版日期：2020年1月

定　　價：(會　員) 新台幣 2300 元整
　　　　　(非會員) 新台幣 3000 元整